## 第 3 篇 CAM 部分

### 1.1.2　MasterCAM 的功能

MasterCAM 9.0 版中共包含四个模块：Design —— 设计模块；Mill —— 铣削模块；Lathe —— 车削模块；Wire —— 线切割模块。其中后三个模块都完整地包含了Design 模块。你可以根据实际需要进入相应的模块进行 CAD/CAM 工作。本书对应用最广的 Mill 模块进行详细介绍。

MasterCAM 主要完成三个方面的工作：

1. 二维绘图和三维造型

在二维空间（即平面上）得到图形的过程称为绘图，而在三维空间里创建的是一个“活生生”的虚拟形体（有前后、左右、上下关系，就像一个模特在你眼前摆各种姿势一样），这种创建过程我们习惯上称为三维造型。

可以非常方便地完成各种平面图形的绘制工作，并能方便地对它进行尺寸标注、图案填充（如画剖面线）等工作。

可以非常直观地用多种方法创建规则曲面（圆柱面、球面等）和复杂的异形曲面（波浪形曲面、鼠标状曲面等），而且能随意修改。创建曲面模型的过程称为表面造型。

可以非常随意地创建各种基本实体，联合多种编辑功能可以创建任意复杂程度的实体，并可灵活地进行修改。实体建模采用的是目前流行的 Parasolid 核心（另一种核心是ACIS）。构建实体的基本思想就如小孩堆积木，所以其创建思路非常容易被人理解。创建实体模型的过程称为实体造型。

创建出来的三维表面模型或实体模型可以进行着色、赋材料和设置光照效果的处理，这个过程又称渲染，经过合理渲染的模型，加上能极自由地对模型进行任意旋转和移动，会产生非常逼真的效果，是非常令人振奋的操作。

2. 生成刀具路径

MasterCAM 的最终目的是将设计出来的作品进行加工，在电脑上仅能完成模拟的加工，但能产生在数控机床上真实加工时所必需的加工程序单。

加工必须使用刀具，只要被运动着的刀具接触到的材料都将被切除（所向披靡），所以刀具的运动轨迹实际上就决定了零件加工后的形状，因而设计刀具的运动轨迹是至关重要的，刀具的运动轨迹常称为刀具路径。

在 MasterCAM 中，你可以凭借你的加工经验，利用软件提供的多项功能，完成刀具路径的设计工作，这个过程实际上就是 CAPP 中的最重要部分。

MasterCAM 可以生成二维的刀具路径，即刀具在连续的切削过程中不下降或上升（对立式数控铣床而言），只在 X、Y 方向联动，这样的刀具动作对 MasterCAM 来说还是大材小用。需要进行这样的操作的有：刮平面，挖槽（含刻字）、铣轮廓（如平面凸轮）等，钻孔也属于二维的刀具路径，因为孔和孔之间的位置移动属于二维平面内移动，钻孔的深度可以由工人控制（特别是通孔），但 MasterCAM 也可以为它设计控制动作的相关语句。

曲面或非水平的实体面加工则可能需要同时控制 X、Y、Z 三个方向的运动（称三轴联动），例如铣削球面，对手工操作而言是不可想像的，但数控机床能够轻松做到这一点，还可四轴联动、五轴联动等（统称为多轴加工）。MasterCAM 中为三维面的加工规划了 10 多种加工方式，如放射状铣削、流线铣削、投影铣削、平行式铣削、环绕等距铣削、插削式铣削等等，利用刀具运动的不同轨迹和姿态加工出高质量的三维面。

可以酌情选择合适的加工方式，生成所谓的三维刀具路径。

创建刀具路径中当然少不了对刀具的选择，你可以在软件中看到各种生产中常用的刀具，甚至还可以自创新刀具。刀具的规格尺寸可以自由选择或者自行设置，当然要与实际相符。另外，加工所需的工艺参数（速度、切削深度等等）都可以设置或者自动计算出来。

3. 生成数控程序，并模拟加工过程

以上还只是完成了刀具路径的规划，在数控机床上正式加工，还需要一份对应于机床上的控制系统的程序—— 符合 ISO（国际标准化组织）或 EIA（美国电子工业协会）标准规定的 G 代码程序。MasterCAM 可以在图形和刀具路径的基础上，进一步自动和迅速地生成这样的程序，并允许你根据经验或加工实际条件对它进行修改和调整。数控机床采用的控制系统不一样，则生成的程序有差别，MasterCAM 可以根据你的选择生成符合系统要求的程序，这样的过程称为“后置处理”，简称后处理，系统中自带了国际上常用数控系统的后处理程序，并可以扩充，以适应各种不同的数控系统的需要。

特别是为了使你直观地观察加工过程、判断刀具轨迹和加工结果的正误，MasterCAM 中设置了一个功能齐全的模拟器，你可以在屏幕上就预见到“实际”的加工过程，非常有真实感，还可以设置一些实际加工时不能做到的效果（如透明处理、不同的刀具加工的表面颜色不一等等），加工所需的机动时间也可以统计出来……一句话：真爽！

生成的数控程序（NC 程序）可以直接传送到与计算机相连的机床，数控机床将按照程序进行加工，而加工过程和结果与你在屏幕上见到的一模一样。

如果你需要一份加工清单，也是可以做到的。

除了以上主要功能，MasterCAM 还可以完成一系列辅助工作，如与别的一些软件进行数据交换（可“看懂”别的软件中画出的图形，等等）、查询坐标、计算面积等等。对屏幕状态、图形效果、工作环境等的设置也是灵活自如的。

### 1.1.3 MasterCAM 对硬件的要求及安装要点

运行 MasterCAM 对计算机的要求不高，目前家庭或单位购买的计算机都能很好地满足使用要求，对常规工作（绝大多数情况如此，非常复杂的三维形体创建和加工的情况并不多见）而言，目前的购机配置甚至显得有点“奢侈”。对计算机硬件的低配置要求，加上简易的安装方法和设置，也是该软件吸引客户的一个原因。

MasterCAM 的安装非常简单，可以按照软件说明书或说明文件的介绍成功安装，对国内用户来说，特别要注意在安装过程中按提示选择米制单位（Metric Units），具体安装过程在很多书中也有介绍，不予赘述。

总之，MasterCAM 性能优越、功能强大、运行稳定、易学易用、对硬件要求低，是一个应用广泛的、实际应用和教学均宜的、开发和推广成功的 CAD/CAM 集成软件，值得从事与产品制造相关的人员学习和掌握。

## 1.2 工作界面与图标工具条介绍

MasterCAM 工作界和图标工具栏的解释，分别见图 1-1 和图 1-2。

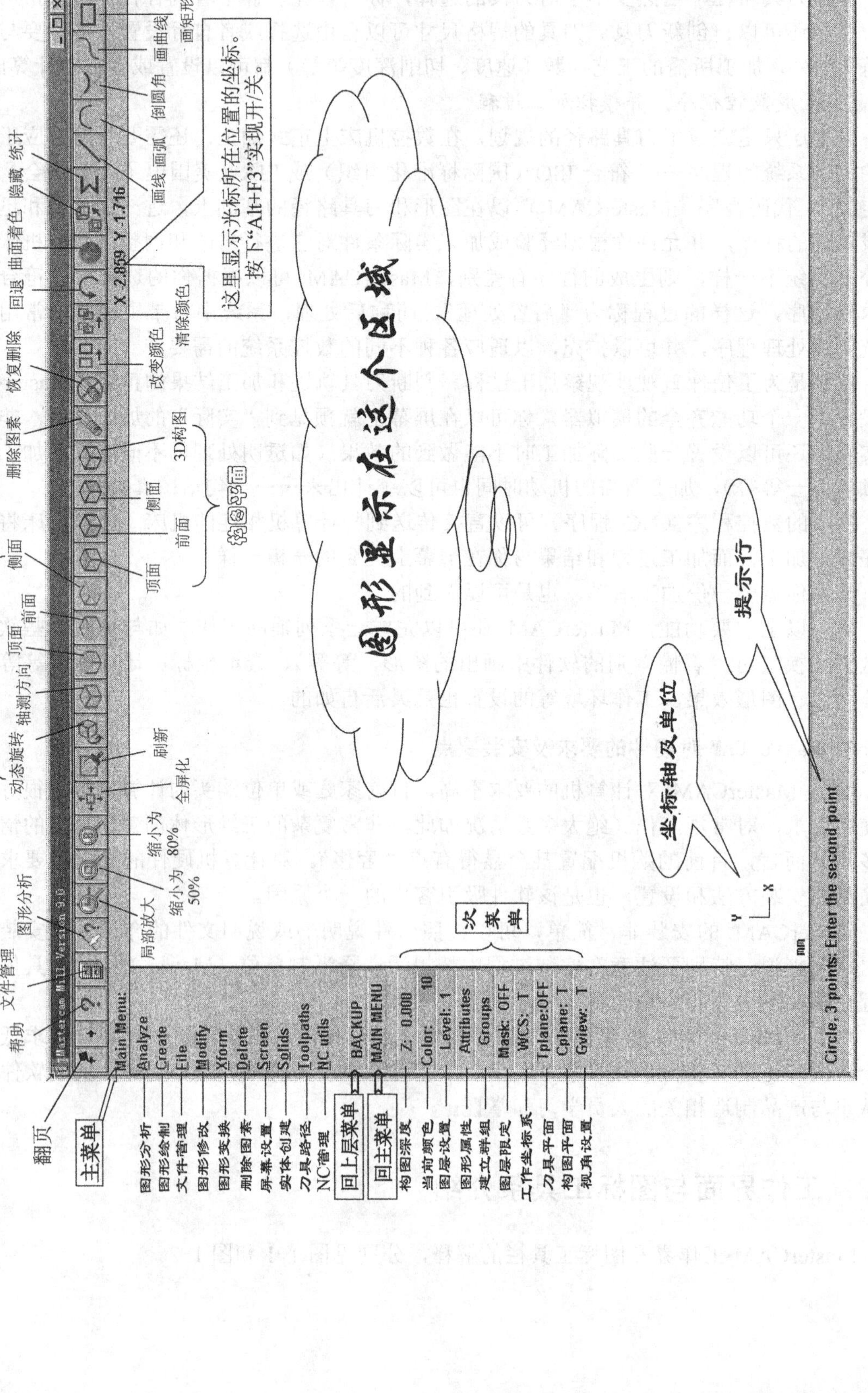

Mastercam Mill Version 9.0
帮助
文件管理
图形分析
局部放大
缩小为50%
缩小为80%
全屏化
刷新
动态旋转
轴测方向
顶面
前面
侧面
视角平面
顶面
前面
侧面
3D构图
构图平面
删除图素
恢复删除
改变颜色
清除颜色
回退
曲面着色
隐藏
统计
画线
画弧
倒圆角
画曲线
画矩形
X 2.859 Y 1.716
这里显示光标所在位置的坐标。按下"Alt+F3"实现开/关。
图形显示在这个区域
坐标轴及单位
提示行
Main Menu:
Analyze
Create
File
Modify
Xform
Delete
Screen
Solids
Toolpaths
NC utils
BACKUP
MAIN MENU
Z: 0.000
Color: 10
Level: 1
Attributes
Groups
Mask: OFF
WCS: T
Tplane:OFF
Cplane: T
Gview: T
次菜单
Circle: 3 points: Enter the second point
翻页
主菜单
图形分析
图形绘制
文件管理
图形修改
图形变换
删除图素
屏幕设置
实体创建
刀具路径
NC管理
回上层菜单
回主菜单
构图深度
当前颜色
图层设置
图形属性
建立群组
图层限定
工作坐标系
刀具平面
构图平面
视角设置


图1-1 工作界面

**图标工具条：**——可用“Alt+B”来实现**隐藏/显示**该工具条。

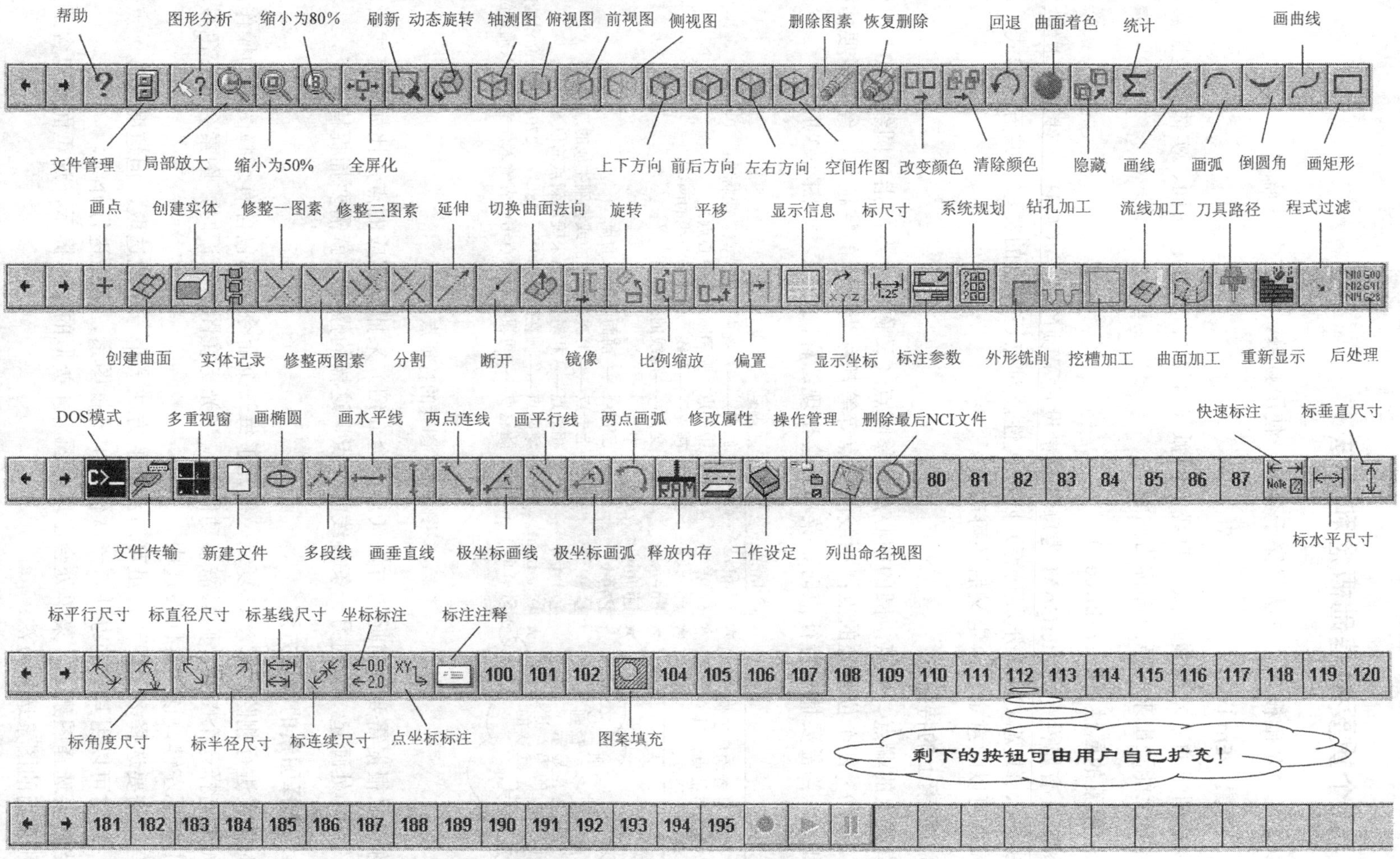


图1-2　图标工具条解释

## 1.3 几个重要的基础概念和方法

以下几个基础概念和方法贯穿于全书，使用频繁，需首先明确。

### 1.3.1 图素（Entity）

构成图形的基本要素：点、直线、圆弧（含圆）、曲线、曲面、实体都是图素，或者说，屏幕上能画出来的东西都称为图素。

### 1.3.2 图素的属性（Attributes）

图素具有属性，MasterCAM 为每种图素设置了颜色、层（后述）、线型（实线、虚线、中心线等）、线宽（粗细分为五等）四种属性，对点还有点的类型（共五种样式）属性，这些属性可以随意定义，定义后还可改变。

### 1.3.3 图素上的特征点

直线上的端点、中点，圆的中心点、象限点（又称四分点，指在圆线上 0°、90°、180°、270° 四个位置处的点；两线的交点等等都称为图素的特征点，经常需要捕捉这样的特征点。当需要捕捉特征点时，菜单处会出现这样的信息，如图 1-3 所示。

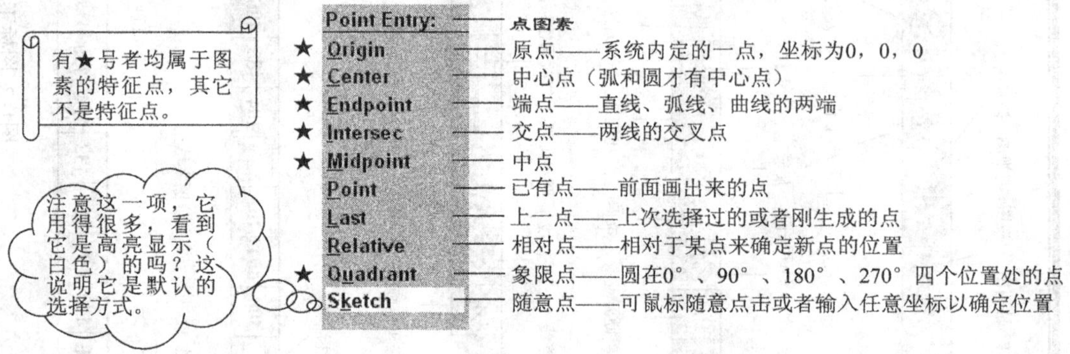


图 1-3 图素的特征点

你可以根据需要用捕捉的方法（后面会介绍）来捕捉相应的点，比如画直线要从已有的弧的中心处画起，画到另一条直线的中点，这样的操作中就需要捕捉特征点。

### 1.3.4 选择图素的常用方法

对图素进行删除、移动、复制……几乎每一个命令中都包含有选择图素的操作。

如果选择一个图素，则只需移动鼠标，当光标在图素附近时，图素会改变色显示，此时点击鼠标左键，该图素即被选中。

有时需要选择多个图素，虽可用上面的方法一个一个地选取，但速度太慢，点击次数太多。这时可以用其它的办法，一次便选中一批图素，下面进行介绍。

当需要选择图素时，菜单处会出现与图 1-4 类似的菜单提示，这里面就包含了几种重要的和常用的图素选择方法：

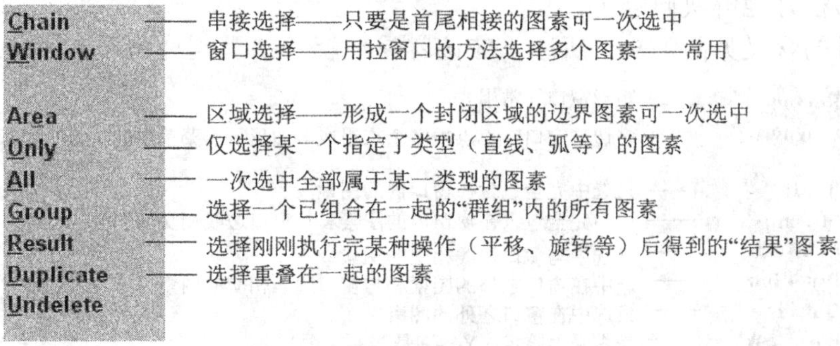


图 1-4　图素选择菜单

1. 串接选择

例如，图 1-5 是由首尾相接的六条线（六个图素）构成：

如果需要同时选中这六条线，可点击菜单中的 Chain，然后点击六条线中的任意一条（如点击①线），则另外五条可以自动选中，选完后，点击随后出现的菜单中的 Done 项即可。

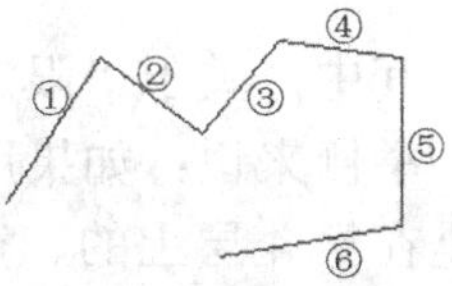


图 1-5　串接实例

这种方法叫做串接选择。

**注意：**图 1-6a 存在“分支点”（Branch，又称为歧点），就像到了岔路口不知道往哪边走一样，系统到了分支点也不知道该选择哪边前进，遇到这种情况，你必须帮它一把：

当你选择了 Chain 方式，然后点击了一条线后，会在分支点处出现一个箭头（图 1-6b），箭头表示系统不知道往哪边进行搜索，需要你的指点。

如果你这时在⑦线上点击一下，则⑦线被加入到串中，而④⑤⑥线未选中；

如果是在④线上点击一下，则④⑤⑥线被加入到串中，而⑦线未选中。

这种情况下指定了前进方向后，到了结束处点时，还要选择菜单中的 End Here 项（见图 1-7），表示在这里结束。

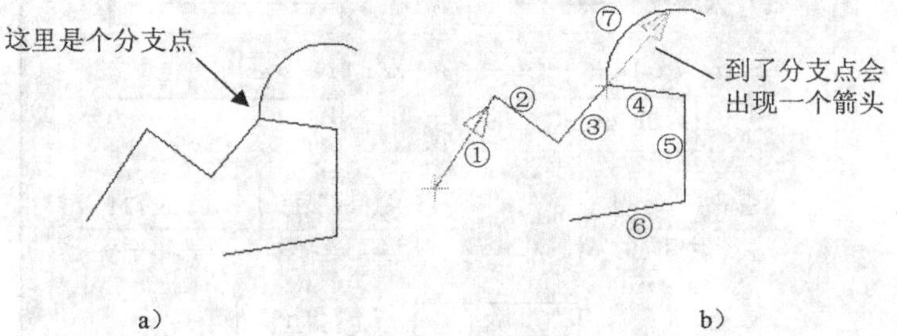


图 1-6　分支点及串接方向选择

a）分支点　b）确定分支点处的串接方向

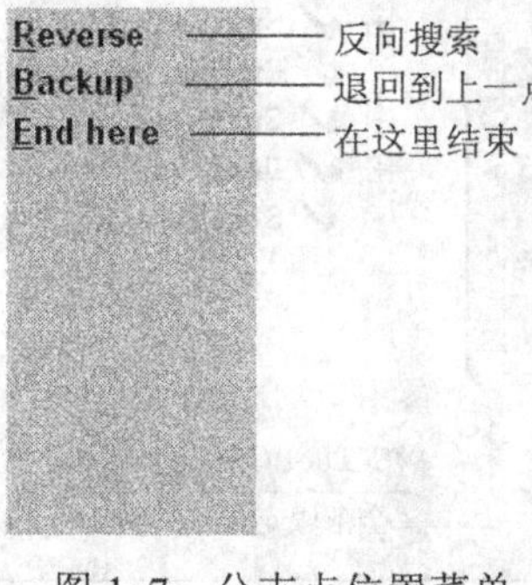


图 1-7　分支点位置菜单

图 1-8 属于两线有相交点，相交点不是分支点，不影响串接选择。

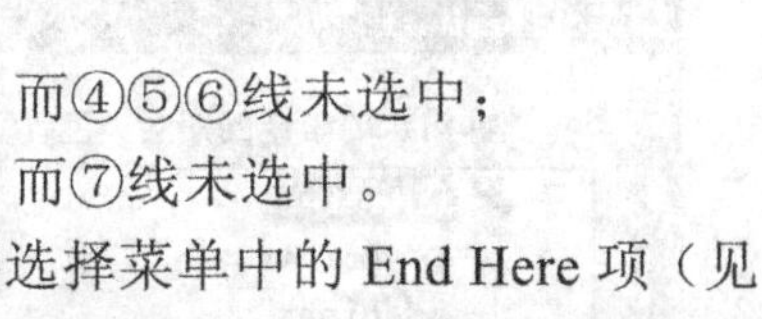


图 1-8　交叉点

2. 窗口选择

点击菜单中的 Window 项后，菜单变为图 1-9 所示的形式，需要你进行一些设置，不过一般情况下，采用默认设置已经能够很好地解决问题了。

各个项目的含义见图 1-9 上所注，应该容易理解。

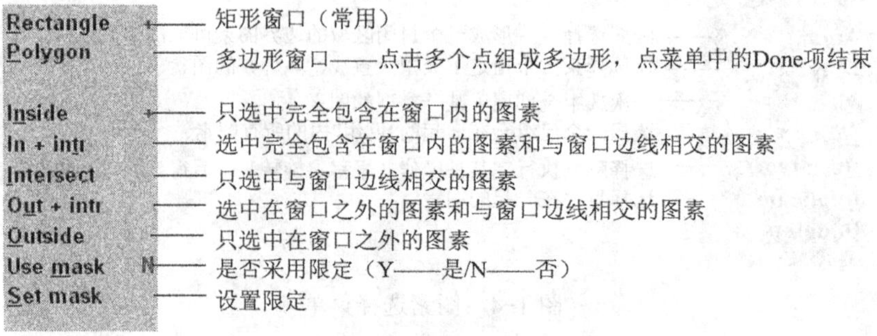


图 1-9　窗口选择菜单

其中，关于“限定”后面会详细介绍，在这里先说明一下：

举例来说：如果用窗口选中的区域图形非常复杂，而你又只想删除其中的直线，而且只是在第 4 层上的、黄色的、虚线（Hidden）线型的、线宽为第二档的直线，这时可以用“限定”的方法来帮忙。

先要设置限定哪些东西——点击菜单中的 Set mask 一项后，会弹出如下对话框（图 1-10），供你选择需要限制的图素类型，以及这些图素中哪些属性要限制。设置完后点击 OK 按钮退出对话框。

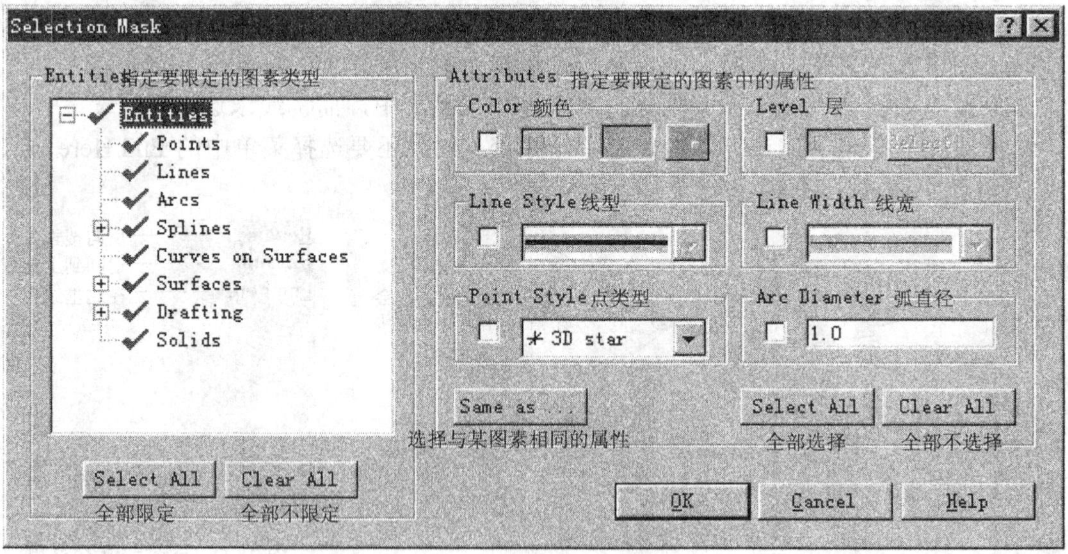


图 1-10　限定设置对话框

设置完后，还要将图 1-9 所示的菜单中的 Use mask 项设为 Y 方能生效。

当拉出一个窗口后（设选中 Inside 项），在窗口之内的同时又满足上面限定设置条件的图素将被删除。

3. 按区域选择

如果要选择的图素正好形成首尾相接的封闭区域，则可选择 Area 项，然后在区域内点击一下，则形成边界的数条线被一次选中，如图 1-11 所示。

**注意**：图 1-12 虽然也是形成了“区域”，但却不能用区域选择的方法选中外围的四条线，因为它们不是首尾相接的，而是相交的。

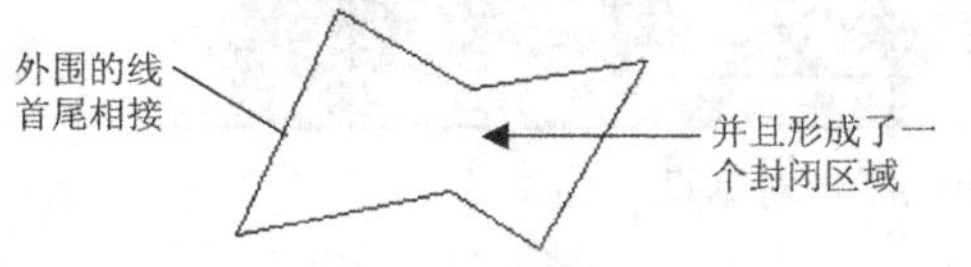


图 1-11　区域选择

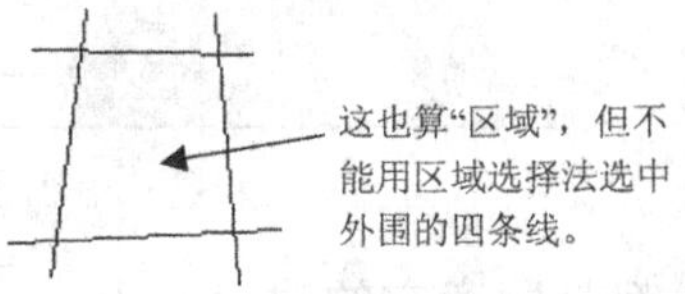


图 1-12　MasterCAM 不能识别的区域

4. 按类别选择

图素选择菜单中的 Only 和 All 都是用于选择某一类图素，不同的是：Only 只选择一类图素中的一个图素，例如删除所有直线中的一条；而 All 是选择一类图素中的全部，例如，移动所有的曲线。

选择 Only 或 All 项后，会接着出现图 1-13 所示的菜单。

图 1-13　按类别选择图素

### 1.3.5　两种命令输入方法

主菜单有多层，可以逐级展开，因此内含了 MasterCAM 中所有的命令。

对一些应用较多的命令，还专门设计了图标工具，置于屏幕上方，而且可以翻页，共有约 100 多个图标，其中第一页中的图标是最常用的。注意，并不是每个命令都有对应的图标的。

因此，要完成某个操作，可以用菜单方式或图标方式输入命令。

### 1.3.6　新建图形和打开图形的方法

每次打开 MasterCAM 软件后，系统自动进入新建图形的状态。

但如果画了一些图形后又想重新画过，除了删除已画的图形外，还可以用“新建图形”的办法完全从头开始，只需要选择 File\New 命令就可做到。但系统考虑得很周到，因为你在画图时可能已对系统中的某些设置做过改动，比如颜色、层等等，所以会首先出现一个对话框，问你是否完全按系统内部默认设置重新开始（直接翻译的意思是：你想初始化图形和操作吗？），如图 1-14 所示。

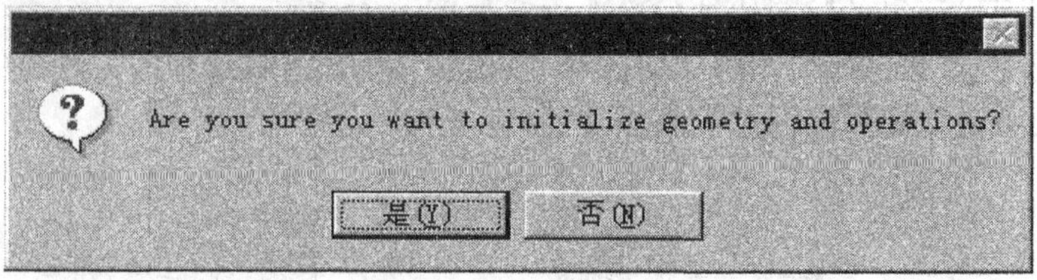


图 1-14　初始化图形对话框

一般都是同意它的建议，点击 是（Y） 按钮，则系统将不“理睬”你已做过的设置，重新以默认的设置值开始新建图形。

然后，会接着出现一个对话框，非常体贴地询问你是否保存已画出的图形见图 1-15。

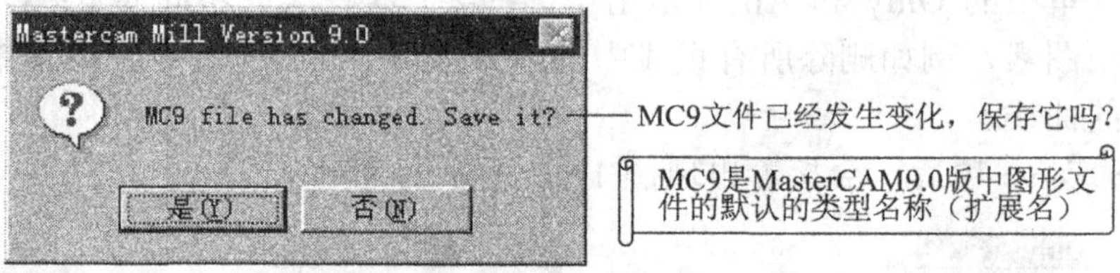


图 1-15　提示保存文件对话框

经常需要打开已有的图形，以便观赏或接着绘图，方法是选择 File\Get 命令，就会打开一个对话框，选择好图形所在的目录、图形类型、图形名称，然后点击 Open 按钮，就可打开图形见图 1-16。

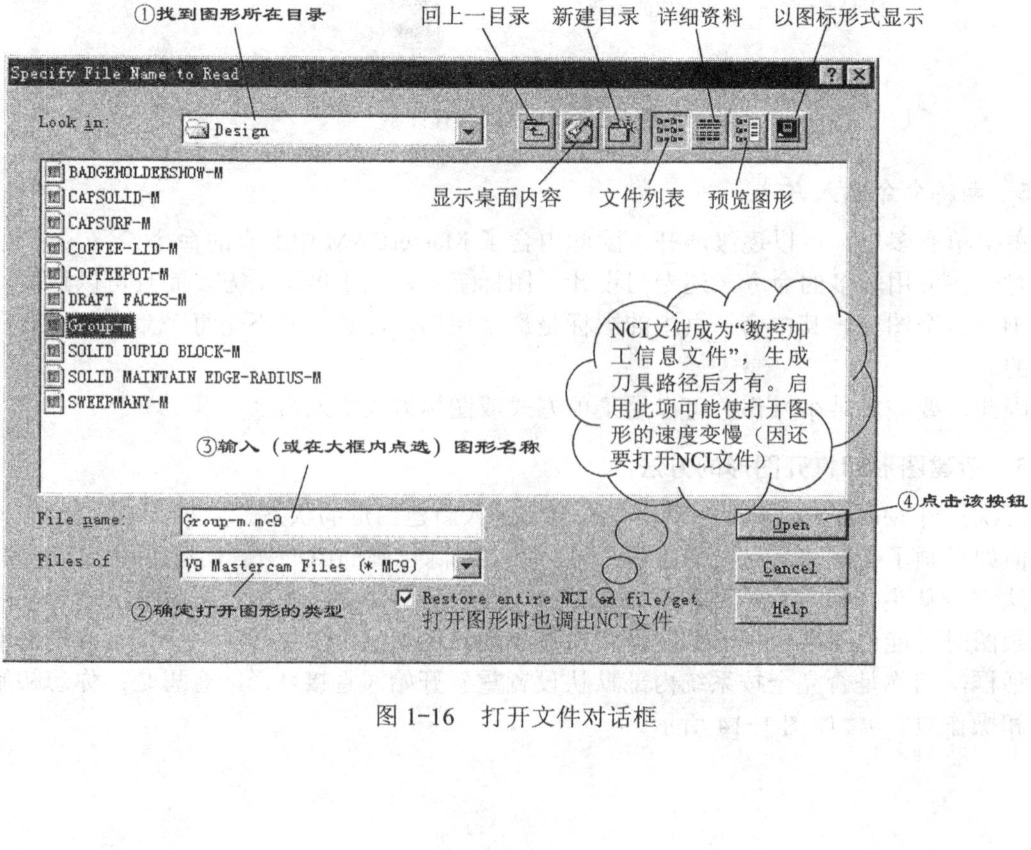


图 1-16　打开文件对话框

### 1.3.7　退出 MasterCAM 软件的方法

常用两种方法：

1）点击屏幕右上角的☒图标。

2）选择 File\Next menu\Exit 命令。

不论用哪种方法，都会出现一个询问对话框（见图 1-17），要你确认是否真的要退出：

图 1-17　退出询问对话框

点击［否（N）］，则不能退出，点击［是（Y）］，则退出。

如果绘制了图形（哪怕是动了一笔），则退出之前还会出现对话框（见图 1-15），询问你是否保存图形。

### 1.3.8　三种退出正在执行命令的方法

一个操作完毕后，系统常仍然保持在该命令开始处，准备再执行同一个命令，但多数情况下，可能并不是想接着执行这个命令，而是想执行新的命令，这就牵涉到退出命令的问题。

按下主菜单和次菜单之间的 BACKUP 项，按一次可以返回一级菜单，相当于退出命令。

按下主菜单和次菜单之间的 MAIN MENU 项，可以一次跳过几级菜单，返回到第一级菜单处，即主菜单处，当然也是退出了命令。

另外，按下键盘上的［Esc］键（一次或多次），也可以退出命令。而且，因右手操作鼠标频率很高，而左手空闲时间多，用这个方法可以利用左手操作，所以本法应用较多。

AutoCAD 中回车键（［Enter］键）用得很频繁，但 MasterCAM 中回车键就用得少多了，用惯了 AutoCAD 软件的，可能老是受到影响，要注意。

### 1.3.9　怎样改变图形在屏幕窗口中的摆放位置？

屏幕的大小是有限的，而我们绘制的图形可能很大，或者位置不同，你要把绘图区（或称工作区）看成是一个窗口，而绘出的图在一张“大图样”上，从窗口处只能看到“图样”的一部分，也许恰巧图形全部在这个部分内，那么你就可以看到整个图形，但也许有一部分图形可能超出这个窗口的范围，这时你就不能看到全部的图形，怎么才能全部看到呢？你可以移动“图样”（注意：是移动“图样”，不是移动“图形”，怎么移动图形后面章节中会介绍）。

AutoCAD 中移动“图样”是靠滚动条，而 MasterCAM 中移动“图样”是用键盘上的［←］、［↑］、［→］、［↓］四个方向键。

趣味操作：你可试试按下键盘上的 End 键，看图形有什么变化，再按一次可以取消该功能。

### 1.3.10 怎样改变图形在屏幕窗口中的大小？

上面介绍了如何改变了图形的摆放位置，但如果图形很大，你再怎么改变位置也可能不能在窗口内看到全图，就像一只鸟贴着你家的窗前飞过，你可以看到它的全身，但如果一架飞机贴着你家窗前飞过，你就要分段看飞机的全貌了，不过，如果飞机是在离窗前1km的地方飞过，则又可以看到它的全部。

在MasterCAM中作图，你要把窗口和图形的关系想像成上面的事例就好理解了。

如果想改变图形在屏幕窗口中的大小，可以按下面的方法之一操作：

1）点击图标——可将画出的图形全部而且尽可能大地显示在窗口内，快捷键为Alt+F1。

2）点击图标——可将窗口内的图形缩至80%倍，快捷键为Alt+F2。

3）点击图标——可将窗口内的图形缩至50%倍，快捷键为F2。

4）点击图标——可以在局部拉出一个矩形区域，然后该区域内的图形放大显示在窗口之内，这有利于观察图形的局部细节，快捷键为F1。

**特别注意：**上面讲到的放大和缩小并不是像洗照片一样将图形真的放大或缩小了，而只是像近距离或远距离看图形，或者拿放大镜（或缩小镜，可惜没有这玩意儿）看图一样，图形的大小尺寸并没有丝毫变化。要使图形的大小尺寸变化（真放大缩小），将在后面的章节中进行介绍。

### 1.3.11 怎样改变屏幕的颜色？

这并不是一个常用的操作，但初学者常常想知道如何做到这一点，因为软件安装好后，最开始屏幕的颜色是黑色的，其实这对保护使用者的眼睛有利，但很多年轻人却喜欢鲜艳夺目的颜色，所以，下面介绍一下改变屏幕颜色的方法。

点选择 Screen\Configure 命令→弹出系统配置（System Configuration）对话框→选择Screen标签页→点右下角的 System colors… 按钮→弹出System colors（系统颜色）对话框→选中第四项（Graphics Background Color）→点下面的选色图标→弹出颜色选择对话框→点击你喜欢的颜色（常用白色）后，点 OK 按钮，退出颜色选择对话框→点 OK 按钮退出系统颜色对话框→点 OK 按钮退出系统配置对话框→弹出一个询问对话框，问你是否保存改变了的设置，当然是点 是（Y） 按钮→成功。

另外，次菜单中的项目大都是使用十分频繁的项目，将在下节介绍。

其它一些重要概念，如刀具路径、曲面类型、后置处理等，并不是在软件使用的全过程中都用得到的，而是进行某类操作时才用得到，所以留在后面需要的时候再介绍。

## 1.4 次菜单介绍

次菜单（图1-18）中包含了一系列在许多情况下都要用到的工具，是一些状态设置工具。

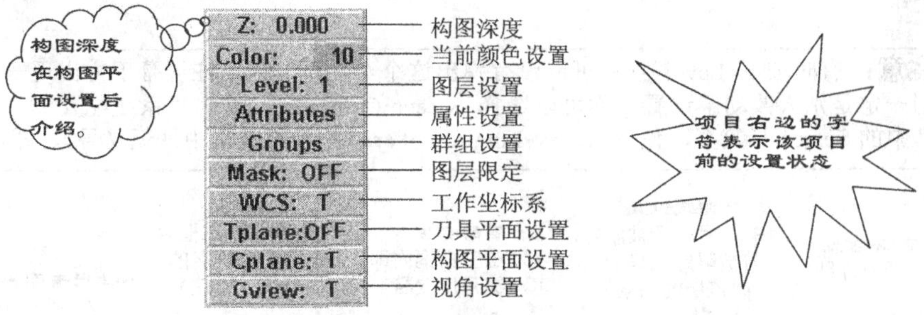


图 1-18　次菜单中的项目

下面逐一进行介绍。

### 1.4.1　当前颜色设置

按下该项后，会弹出“颜色”对话框，如图 1-19 所示。

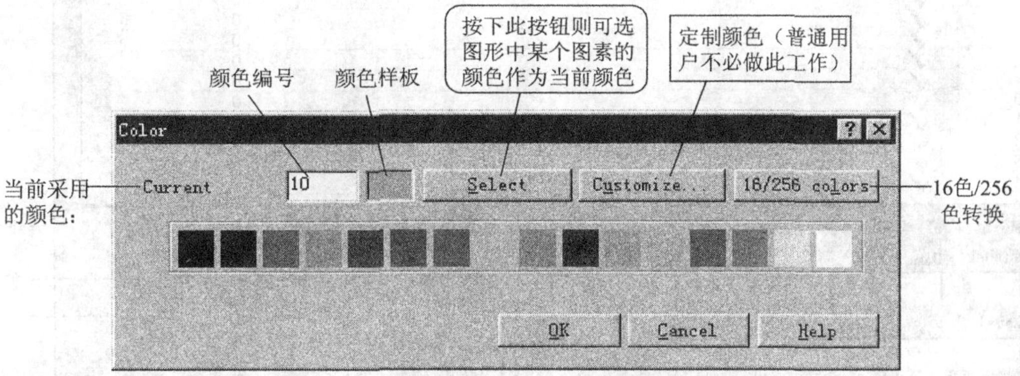


图 1-19　“颜色”对话框

从中选择你中意的颜色后，按 OK 按钮，则以后绘制的图素使用这种颜色（直至下次修改设置为止）。

### 1.4.2　图层设置

图层（简称层）是目前很多软件中使用的一种方法，它可使图形文件的数据量大为减少，从而使文件精简，不占太多存储空间。

如果学过 AutoCAD 软件，对此应该是十分清楚的了，是它“首创”了图层的概念。

你可以将每个图层当作一张塑料薄膜，可以将同一类的图素（比如矩形、圆等线条）画在一个层上，而将另一类图素（如尺寸标注等）画在另一个层上……将多张塑料薄膜叠在一起（当然要有一个统一的对齐点），图形看起来是不是很复杂呢？复杂的图要是在一个层上，则要修改某些线条肯定就不方便了，稍不小心可能就误选了其它线条，但如果要画在多个层上，则可以将不相干的层暂时关闭（设置为不可见），就像暂时抽走几张塑料薄膜一样，这时就只剩下要修改的层上的图形显示在你面前，线条要少得多了，你可以从从容容地修改，待改完后，再将关掉的层重新设为可见，于是……明白了吧，这只是设置层的优点之一，即修改图形方便。还有很多优点，就不一一说了。

下面介绍层的设置方法。

按下次菜单中的 Level：1 项（1 表示目前在 1 层）后，将弹出“层管理”对话框（图

1-20）。

| | |
|---|---|
| 🔈 | **注意：** 有时按下 Level 项后可能没有弹出这个对话框，而是在屏幕下方出现一个输入框，则一定是别人改动了设置，你可以选择 Screen\Configure，弹出“系统配置”对话框，选择其中的 Screen 标签页，使 Enter level in prompt area 一项不被选中（无√号），即可恢复。 |

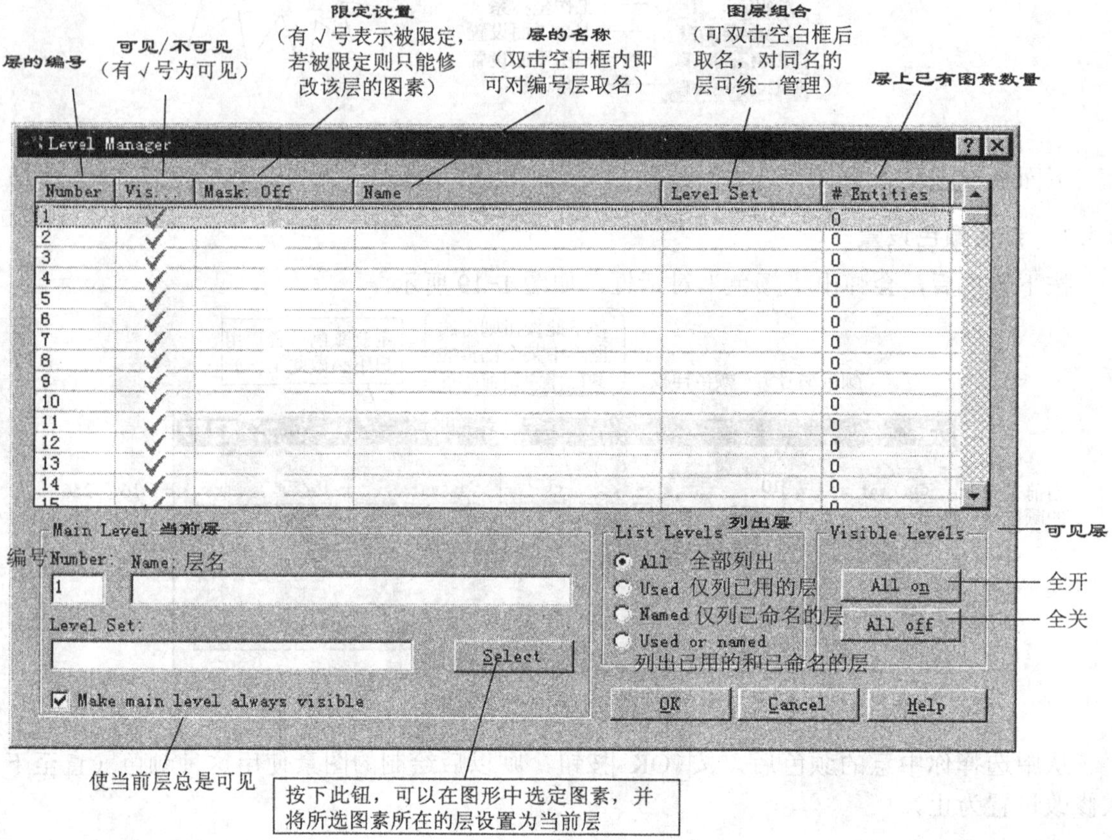


图 1-20　“层管理”对话框

1. *层的编号和层的名称*

编号可为 1～255，也就是说最多可建 255 个层，这么多层一般是足够了，初学者能够用到几层就行了。但按层的编号来区分不同层，就像部队的番号一样，不便于识别，不如给它取个便于识别的名字，第四栏（Name 栏）中可以做到这一点，只要在某层的 Name 栏内双击鼠标，则该栏会变成可编辑栏的状态，可以在内输入文字作为层的名字，取名最好望名知意，如 CEN——中心线层，HID——虚线层，BTL——标题栏层，TXT——文字层，DIM——标注层等等。

2. *图层可见性设置*

图层如果设为不可见，则该层上的图素将不显示出来（但图素并没有删掉，只是在旁边“待命”而已），需要的时候，只要再将该图层设为可见，则该层上的图素又可全部呈现在你的眼前。灵活地利用这个功能，在修改和分类显示图形等方面将大有帮助。

3. *图层限定（又称遮蔽、束定等）*

如果某个图层被限定（该层的 Mask 栏处有√号），则只有该层上的图素可以修改，而其它层上的图素则只能看，不能“动”。这个功能也是为了便于修改图形而设的。

4. 图层组合

与给图层取名一样，只要在框内双击（注意不是双击 Level Set 文字处），则可给该层再取名，但这里取名的意义不同与 Name 栏内的取名，Level Set 栏内可以给多个层取一样的名字，以后可对同一名字的层实行统一管理（如统一设置为可见或不可见、排序等），因此为图层组合，同名的图层被视为一组。

在取名处点击鼠标右键，会弹出一个浮动菜单（在框内其它地方点击鼠标右键也会弹出该菜单，只是后两项会是灰显的，表示无效），如图 1-21 所示。

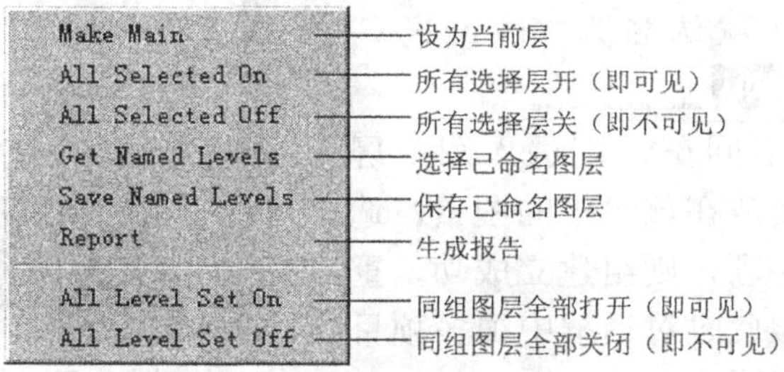


图 1-21 层状态浮动菜单

该菜单中最后两项就是用于管理图层组的。

另外，如果有了同组的图层，你再按 Level set 按钮，就可以发现图层会重新排序，同名的层会排在一起，列在最前面。

## 1.4.3 属性设置

按下 Attributes 按钮后，会弹出如图 1-22 所示的对话框，可以改变五种属性。

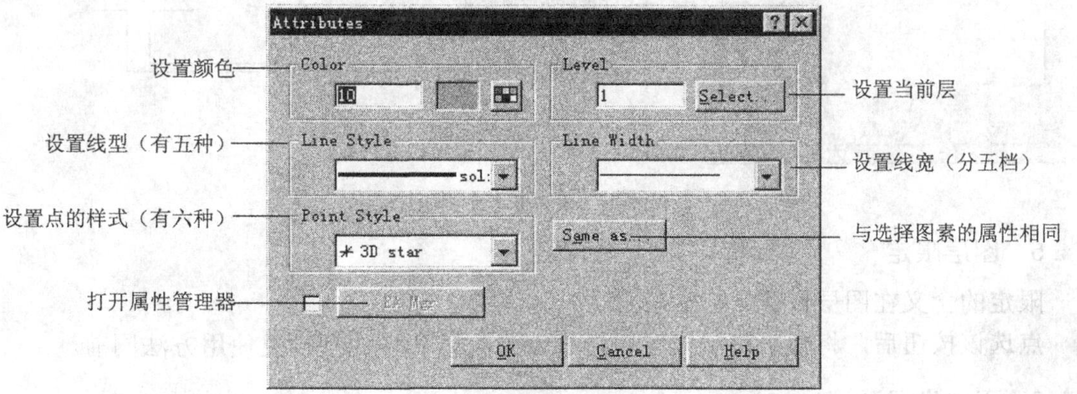


图 1-22 “属性设置”对话框

更深一层的介绍见 4.1 节（Screen\Configure）。

## 1.4.4 群组设置

可以将某些图素结为一组，这样的组称为群组，建立群组时，系统会要求给组取一个名字，并提示你逐一选择组内的成员——任一图素。

将若干图素组合成一组后，对该组可以当作一个图素一样地处理，比如删除时，如果选择的对象是群组，则该组内图素不论多少，均会全部删除。这样做可以加快处理的速度，所以必要时用一用是有帮助的。

按下 Groups 按钮后，立即会弹出一对话框（图 1-23）。

点击其中的 New… 按钮，在屏幕左下角会出现输入组名的提示（默认名为 Group1）：Enter unique group name Group1。

输入你喜欢的组名后回车，则进入图形屏幕，你可以尽情地选择要放在该组里的图素，选完后点击菜单中的 Done 项，则组建立成功，重新返回到对话框状态，但此时对话框中很多项目都不再是灰显状态了，如图 1-24 所示。

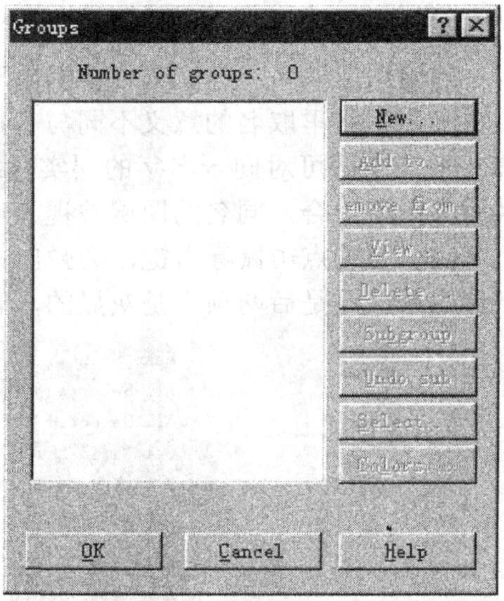


图 1-23　群组设置对话框

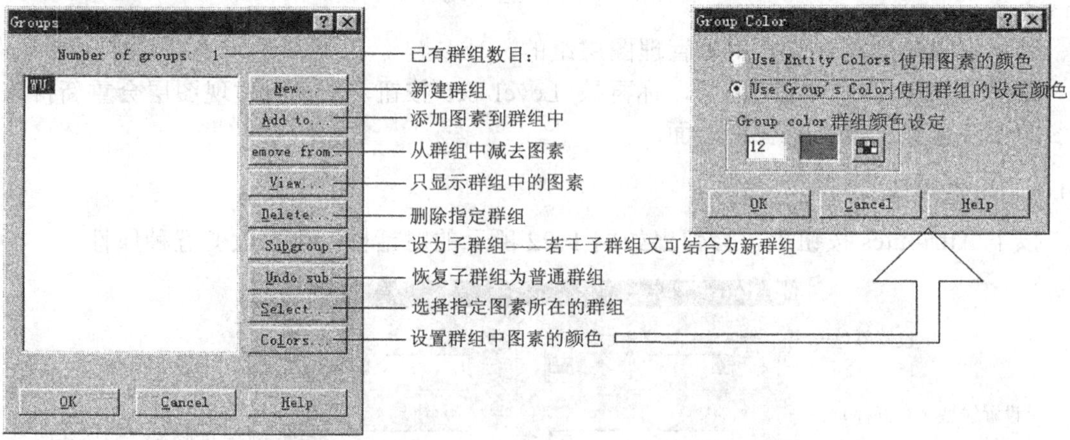


图 1-24　新建群组

### 1.4.5　图层限定

限定的含义在图层设置中已做解释。

点选该按钮后，将弹出与层设置一样的对话框，各项的含义及使用方法同前。

### 1.4.6　工作坐标系（WCS）

工作坐标系是 9.0 版中新增的。

WCS 是 Work Coordinate System 的缩写，翻译为工作坐标系。

为了正确描述物体在空间所处的位置，我们使用了坐标系的概念，利用相互垂直的三根轴（分别称为 X 轴、Y 轴、Z 轴）形成一个坐标系统，所以常将空间说成是三维空间。如果确定了一个参考点，物体在空间中的位置就可以用三个坐标值来表示。

MasterCAM 中要创建三维图形，所以也必须有一个坐标系统，为使工作方便，

MasterCAM 中在不同的场合使用了特定的坐标显示系统，而这些坐标显示系统有什么不同，均必须有一个做基准的坐标系来描述，或者说供参照用，这个坐标系就称为工作坐标系（WCS）（有些书中称它为原始坐标系、绝对坐标系等）。

这个坐标系的规定符合笛卡儿右手法则，如图 1-25 所示。

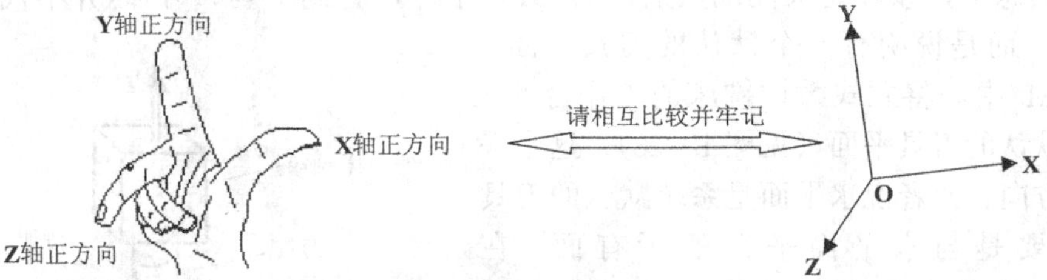


图 1-25　坐标轴方向

如果画图画到中间某个时候想知道目前图形处于什么方位，只要按下屏幕顶端蓝色的图标，则屏幕中间会立即出现一个蓝色的坐标轴系统，而且不同的情况下，显示状况不一样，如图 1-26 所示：

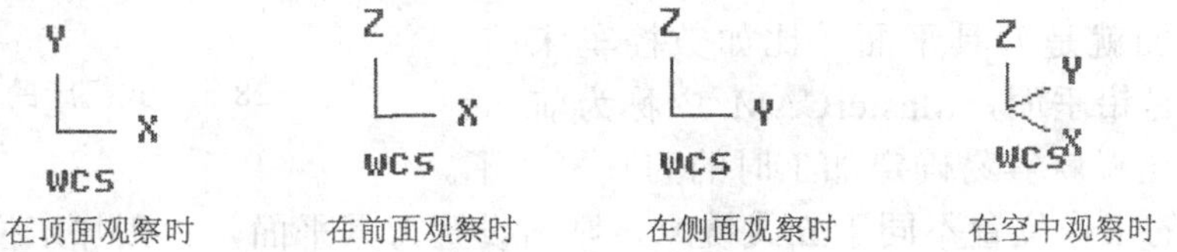


图 1-26　坐标系统的不同显示

这个显示出来的坐标系就是工作坐标系，在坐标轴下面有 WCS 的提示的（见图 1-26），实际上，即使不打开 WCS，屏幕左下角也会显示一个坐标系图标，它是当前坐标系，与 WCS 是有关系的。

如果按下次菜单中的 WCS: T 项，会弹出图 1-27 所示的“视角管理器”对话框。

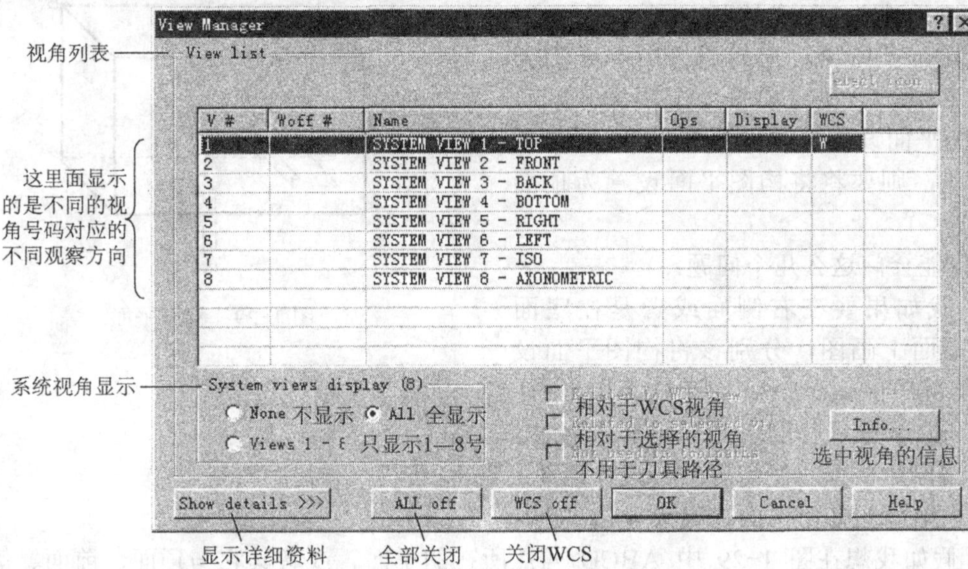


图 1-27　“视角管理器”对话框

框中目前列出来的是系统已定义了的各个视角，序号是 1、2、3…8，以后你自己可以新建视角并命名，命名的视角也可以在这个对话框中显示出来。

### 1.4.7　刀具平面设置

默认状态下，该项是关闭的（后面有 OFF 字样，看到了吗？），这并不代表没有设置刀具平面，而是说明有一个默认的刀具平面，MasterCAM 中，将立式数控铣床的工作台的表面设置为默认的刀具平面（见图 1－28），这个平面在水平方向，或者说水平面是系统默认的刀具平面，只要是与水平面平行的所有面，在 MasterCAM中都统称为“顶面”（Top）

那么，如果在车床上加工零件，或者是在卧式数控机床上加工零件，刀具平面会有什么不同吗？当然有，肯定会与立式数控铣床的刀具平面有区别。可以这么来确定：与安装刀具的轴线垂直的面就是刀具平面［比如数控车床的刀具平面就是铅垂面，MasterCAM 中称为前面（Front）］，这样就容易确定加工时的刀具平面了。

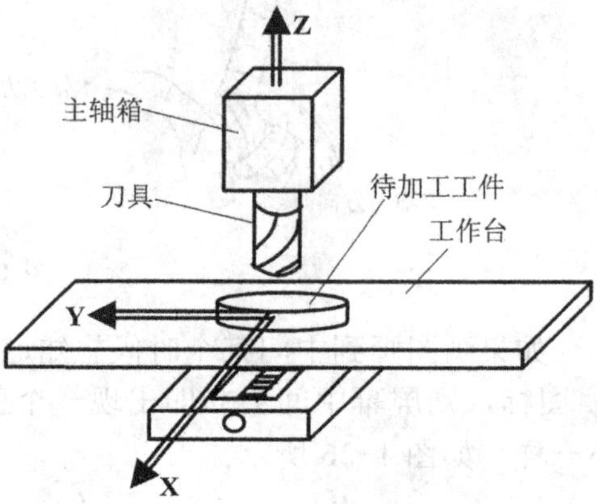


图 1-28　立式机床的刀具平面

如果刀具的工作位置不同于立式铣床，则需设置刀具平面，否则加工位置就会不正确的。

设置方法很简单：按下 Tplane：Off 项，然后在菜单中选择一种刀具平面就可以了，菜单中的内容与下面要介绍的构图平面、视角设置中将出现的菜单内容一样。

### 1.4.8　构图平面设置

MasterCAM 中，在“空间”哪个位置绘图是很“僵硬”的，比如：要在图 1-29 中的左侧面上画图，则需将构图平面设置为侧面（Side），要在前平面上画图，则要将将构图平面设置为前面（Front），要在顶面上画图，则要将将构图平面设置为顶面（Top）

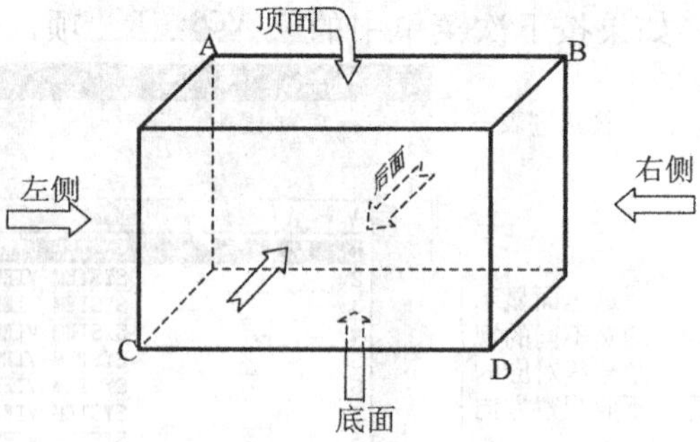


图 1-29　构图平面

你可能会问这么几个问题：

1）我如果要在右侧面或者是在底面上、后平面上画图，分别该将构图平面设置为什么呢？MasterCAM 中是这么规定的：

- 与左侧面平行的任何平面都称为侧面（Side）；
- 与顶面平行的任何平面都成为顶面（Top）；
- 与前面的任何平面都称为前面（Front）。

2）假如我想在图 1-29 中 ABCD 四点所在的平面、或者其它与顶面、前面、侧面都不平行的面上画图，如何设置构图平面呢？

答：上面所讲的顶面、前面、侧面只是三种特殊但最常用的构图平面，除此之外，还有多种构图平面的设置方法，你按下菜单中的 Cplane：T 项后，主菜单位置会出现新菜单（图 1-30）。

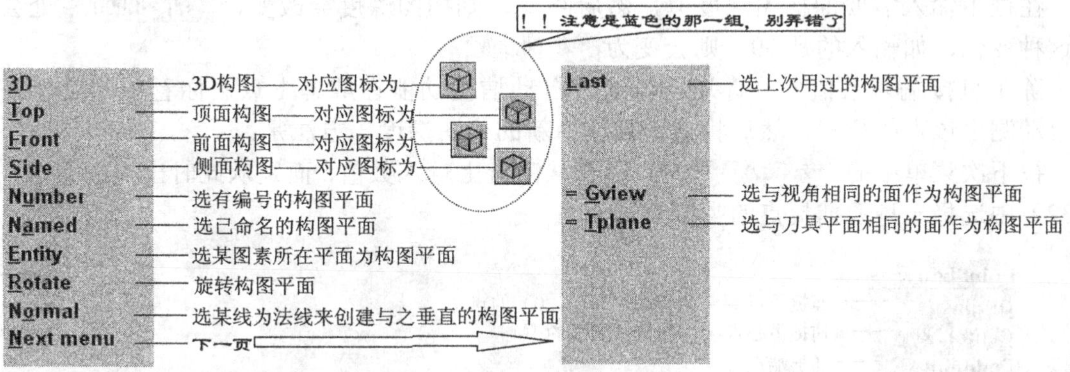


图 1-30　构图平面设置菜单

你可以根据需要选择一种特别的构图平面设置方法。

3）例如，与前平面平行的平面有无数个，我想在离前平面 10mm 远的平行平面上绘图，难道只需选择前面作为构图平面就够了吗？

答：不够，我还有一个重要的东西没有讲，它就是下面要介绍的——构图深度 Z。它是与构图平面配套的，设置好构图平面后，就必须对它进行设置。

### 1.4.9　构图深度设置

与前平面平行的面有无数个，同样，与侧面、顶面平行的面也有无数个，为了区分某个方向上这个面与那个面的区别，采用了构图深度这一概念，用 Z 表示。

对构图深度的理解如图 1-31 所示。

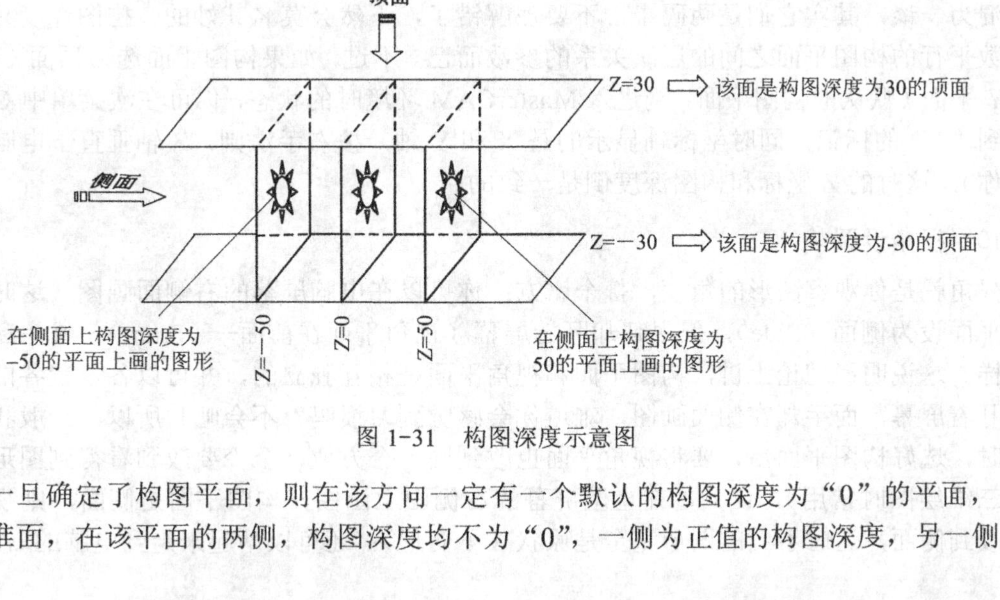


图 1-31　构图深度示意图

一旦确定了构图平面，则在该方向一定有一个默认的构图深度为“0”的平面，以此为基准面，在该平面的两侧，构图深度均不为“0”，一侧为正值的构图深度，另一侧则为负值的构图深度，值的大小由你根据情况选定，方法为：

按下次菜单中的 Z: 0.000 项（默认构图深度为“0”），然后只管输入数值，只要一按键，就会在屏幕下方出现输入框：Enter coordinates: 50 。

在框中输入需要的构图深度值，然后回车，则构图深度会改变，Z: 0.000 处会显示这种变化，如输入的是 50，则会变为 Z: 50.000 。

除了直接输入数值外，你还可以通过自动捕捉功能在屏幕上点选你看中的点，系统会自动测出该点的位置，然后将该位置作为新的构图深度，方法是：

按下次菜单中的 Z: 0.000 项，不要从键盘上输入数值，而是从此时出现的菜单（图 1-32）中选择一种要捕捉点的类型。

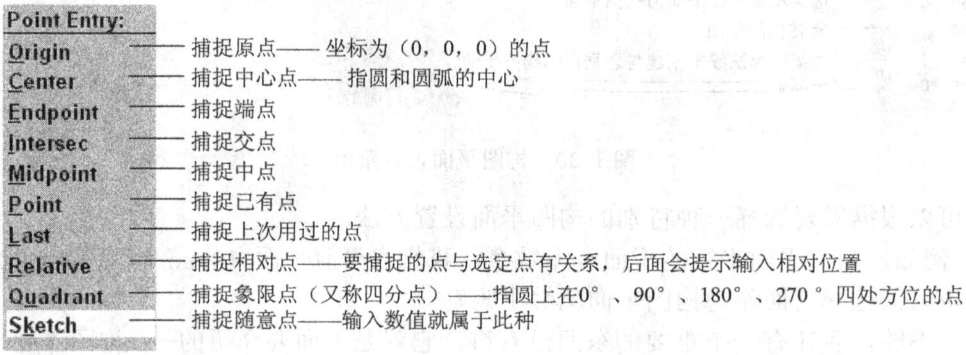


图 1-32　构图深度设置菜单

选择后，下一步是在屏幕上已画出的图形中选择一点，之后，系统自动测出该点的位置，并将该位置作为构图深度位置，次菜单中的 Z 值就会改变，如 Z: 36.191 。

确定构图平面和构图深度都是绘图过程中频繁用到和必不可少的操作，在以后的实例中，我们会学到具体的用法。

关于构图深度 Z，因为用了 Z 来表示，所以初学者常常将它与 X、Y、Z 坐标中的 Z 坐标混为一谈，其实它们是两码事，不要理解错了，不然会莫名其妙的。构图深度只是表明无数平行的构图平面之间的层次关系的参数而已。不过，如果构图平面选为顶面（Top），即 XY 平面（默认的构图平面，刚进入 MasterCAM 环境时的状态，你可在次菜单中 Cplane 栏看到“T”的标记，同时坐标轴显示的是 X 和 Y 轴，按右手法则，Z 轴垂直于电脑屏幕指向你），这时的 Z 坐标和构图深度倒是一致的。

### 1.4.10　视角设置

视角就是你观察图形的角度，打个比方：你可以在电脑屏幕的右侧面画图（这时应将构图平面设为侧面（Side），但眼睛却盯着屏幕（视角平面在前面——Front），就像盲人摸象一样。这说明：理论上讲，构图平面和视角平面是相互独立的，并可以各设置各的，但眼睛盯着屏幕，而手却在侧面画图，难道你会感觉到习惯吗？不会吧！所以，一般我们在画图时，选好构图平面后，要将视角平面也改到同一个方位，至少要改到看得到图形的方位（三维绘图时常用），比如，在电脑屏幕的右侧面上画图，构图平面是侧面，则视角平面也改到侧面，这时看到的图形完全是原状（不变形）；还可以站起来走到电脑的右前方，也可以看到所作的图，只是图有些变形而已，这个方位称为“轴测方向”。

因为视角设置经常用，特别是作三维图时更要经常变换，所以屏幕上方放置了五个常用的视角图标（图 1-33），而且，这些图标都非常形象，见图标即知其意：

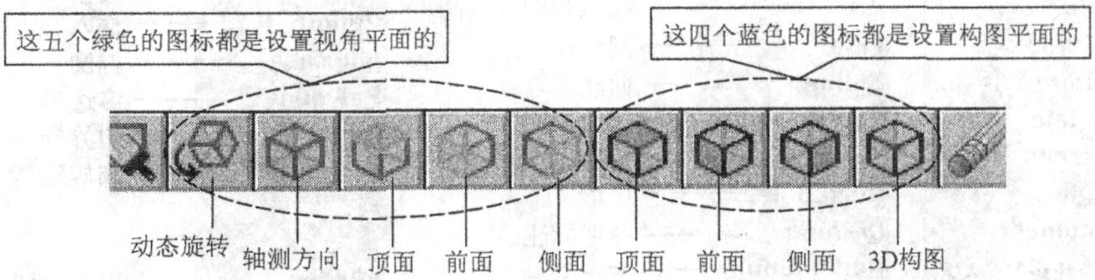


图 1-33　视角平面设置与构图平面设置图标

书中图形没有用彩色，所以这些形状相似的两类图标有时不好区分，因此在这里请认真分清楚，以后讲到视角或者构图平面时，应该立即能够反应过来，而且会随意设置。

以上对次菜单中的十个项目逐一作了介绍，因它们都是常用的工具，所以必须完全弄清各项的意义，掌握设置方法。

## 1.5　主菜单功能简介

主菜单（图 1-34）中的项目可以逐级展开，有些可以展开 4、5 级之多，所以看起来只有 10 个大项目，其实却包含了 MasterCAM 的全部命令。

下面先用图解的方法粗略看看各个大项目下又包含了哪些子项，具体的内容和各个命令的操作方法后面会依次详细介绍的。

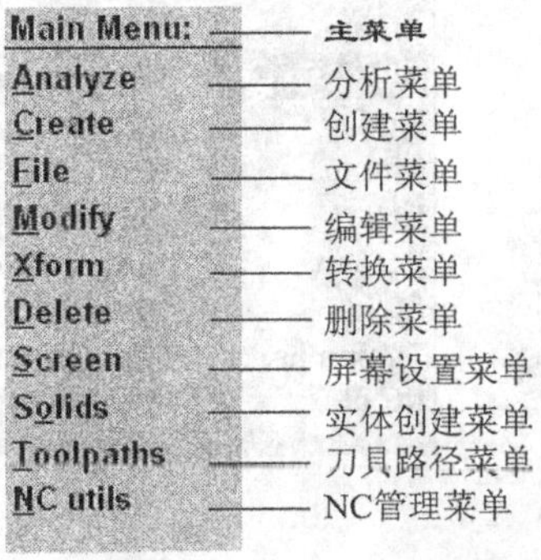


图 1-34　主菜单中的项目

### 1.5.1　分析菜单（图 1-35）

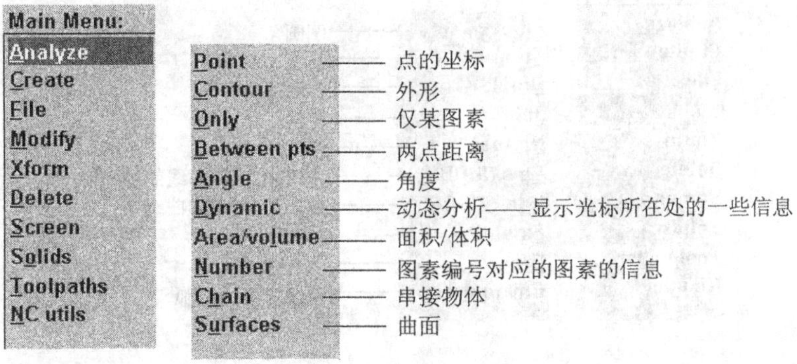


图 1-35　分析菜单

### 1.5.2 创建菜单（图 1-36）

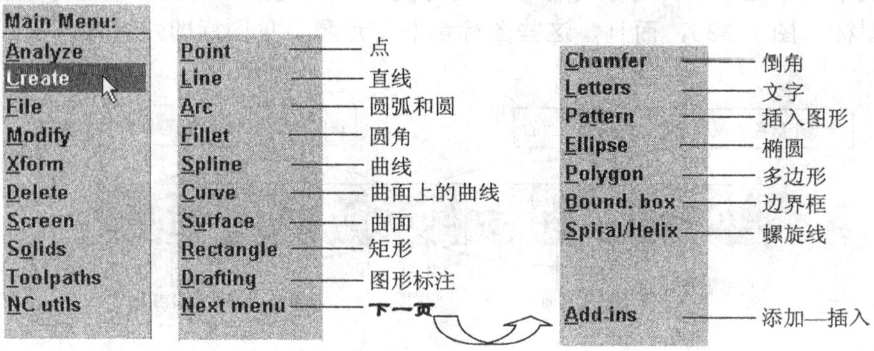


图 1-36　创建菜单

### 1.5.3 文件菜单（图 1-37）

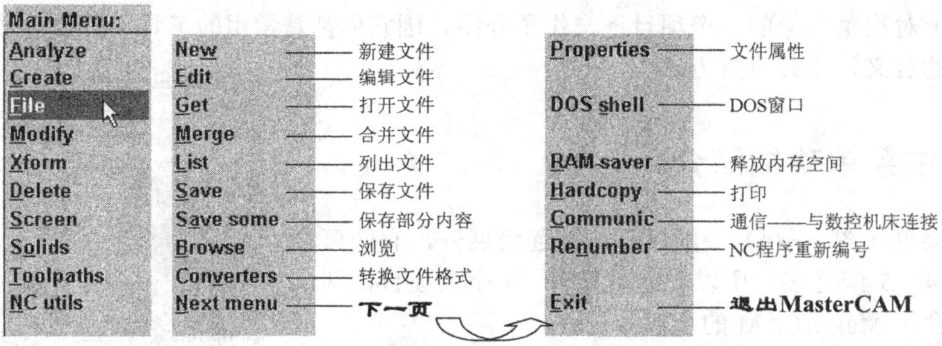


图 1-37　文件菜单

### 1.5.4 编辑菜单（图 1-38）

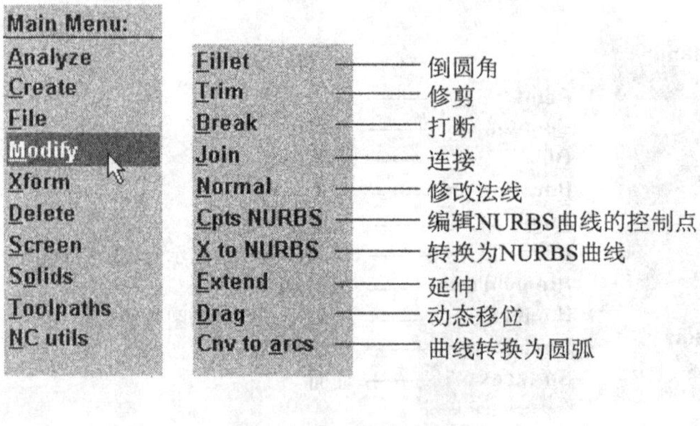


图 1-38　编辑菜单

### 1.5.5　转换菜单（图 1-39）

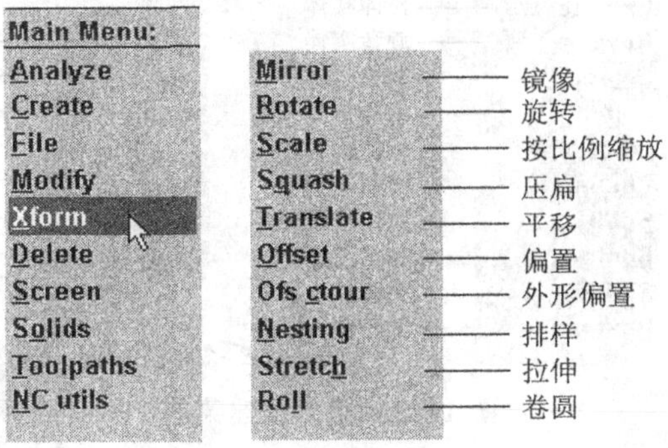


图 1-39　转换菜单

### 1.5.6　删除菜单（图 1-40）

图 1-40　删除菜单

### 1.5.7　屏幕设置菜单（图 1-41）

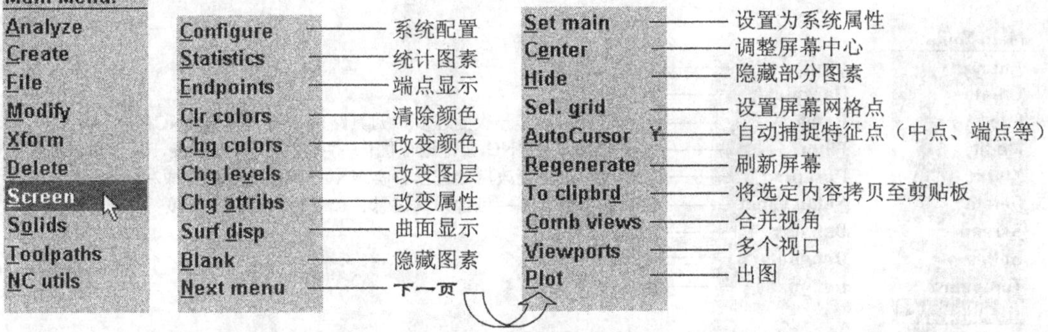


图 1-41　屏幕设置菜单

### 1.5.8 实体创建菜单（图 1-42）

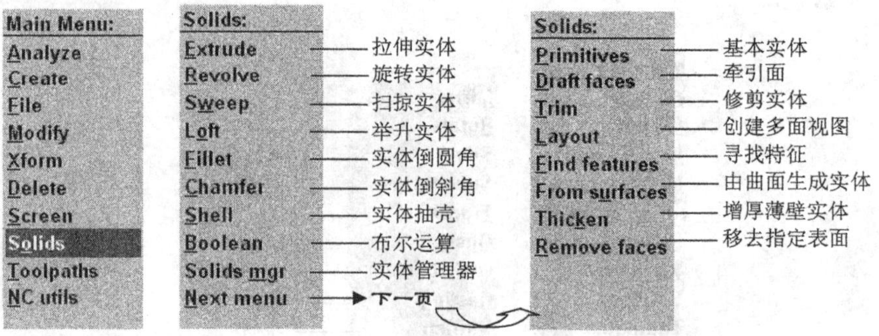


图 1-42 实体创建菜单

### 1.5.9 刀具路径菜单（图 1-43）

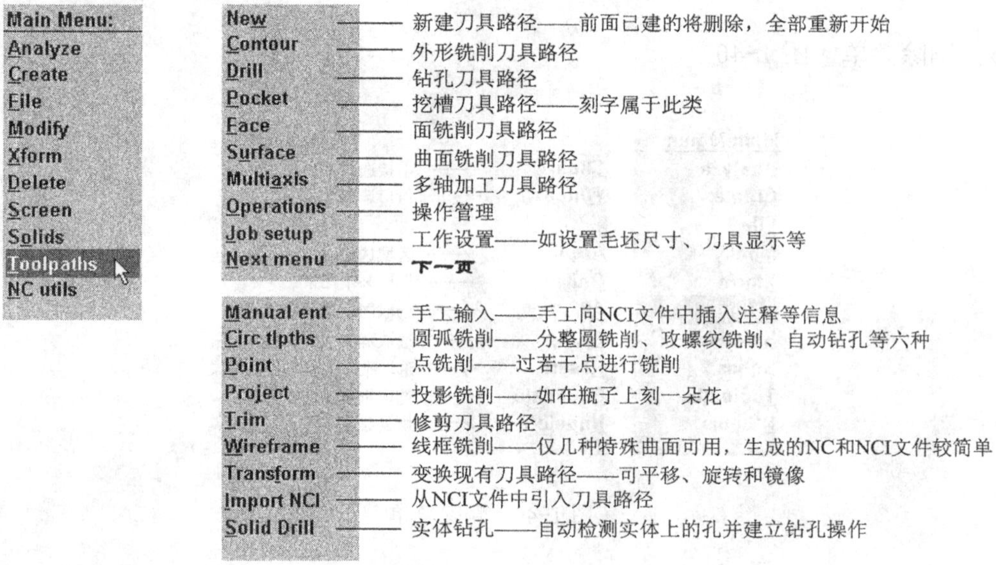


图 1-43 刀具路径菜单

### 1.5.10 NC 管理菜单（图 1-44）

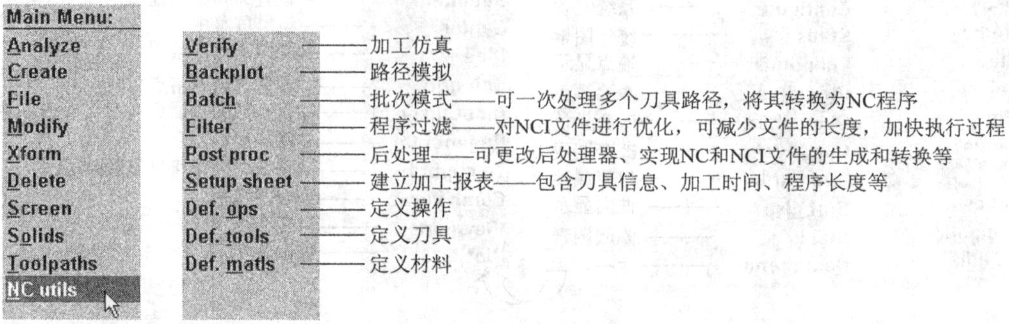


图 1-44 NC 管理菜单

# 第 2 章　分析菜单功能介绍

导读：本章可先浏览，不必细究，在后面用得到的时候回头来查询。

分析菜单的位置和功能见图 2-1。

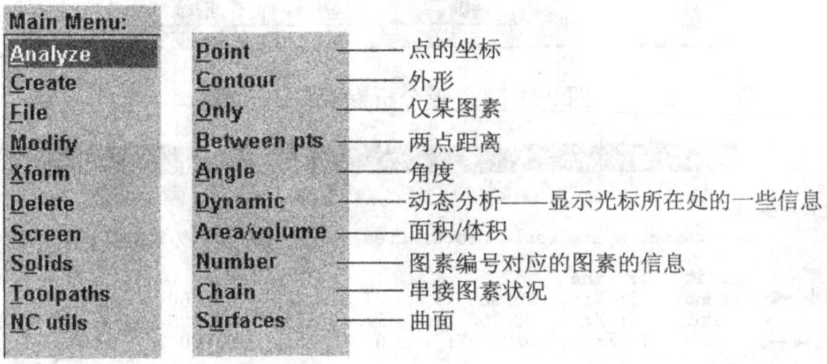


图 2-1　分析菜单

下面逐一介绍各项功能。

## 2.1　分析点的坐标

选择 Analyze\Point 命令后，系统提示选择一个点，用鼠标点击要查询的点之后，屏幕左下方会显示出该点的 X、Y、Z 坐标。

可连续查询，不再查询时，按键盘上的 Esc 键返回。

## 2.2　分析外形

该命令用于分析构成外形轮廓的图素及其关键参数（起点坐标、终点坐标、周长……）。

例如：创建一个由两条直线和一圆角组成的图形（见图 2-2）：

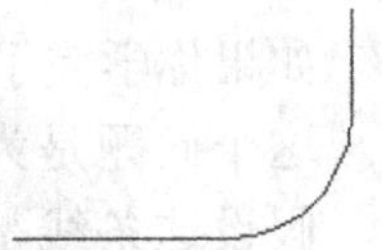

图 2-2　外形分析用的图形

下面对它进行外形分析：

选择 Analyze\Contour 命令，用 Chain 的方式选择整个图形，然后点击菜单中的 Done 项，接着会弹出图 2-3 所示的对话框。

按图 2-3 所示选择参数（其实没改变参数，都是系统默认值），然后点 OK 按钮，退出对话框。

接着屏幕下方会出现一个输入框（图 2-4），要你为本次工作取个名（做个注解 Comment，这是为了便于系统管理），随你输入一个什么名，比如 A1 吧，输入后回车，接着就出现了一个分析结果。

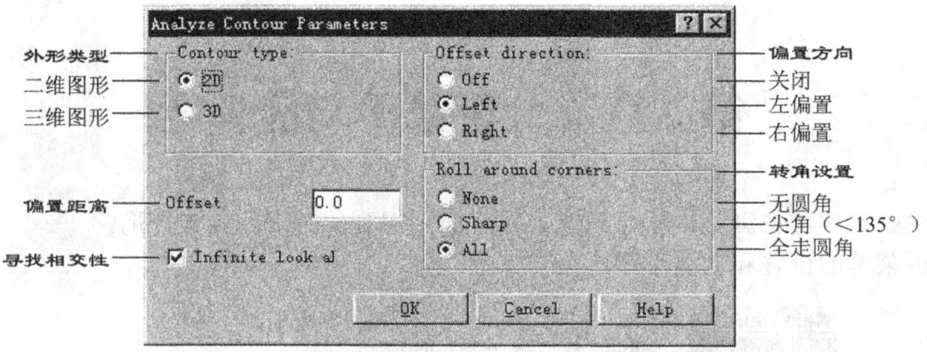


图 2-3 “外形分析参数”对话框

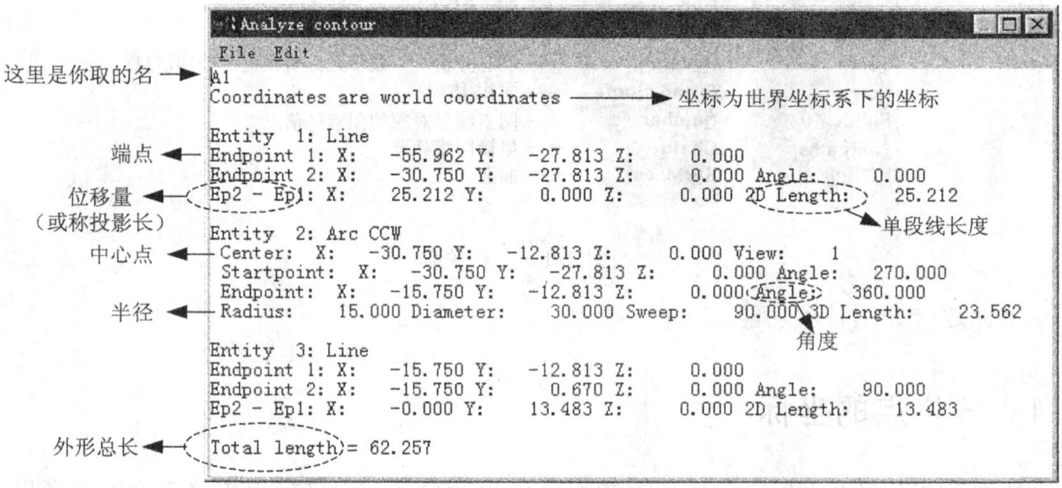


图 2-4　外形分析结果

这份分析记录是可以保存和编辑的（看到上方的 File 和 Edit 项了吗？）。

下面来解释一下图 2-2 所示“外形分析参数”对话框中的某些内容。

1. 外形类型

可以对二维图形或三维图形进行分析。

2. 偏置

如果你学完了加工部分再回过头来看这里，就没有什么问题了，在这里还是先解释一下：这个问题是为加工做准备的。

假设这条线是要通过加工才得到的轮廓线，如图 2-5 所示。

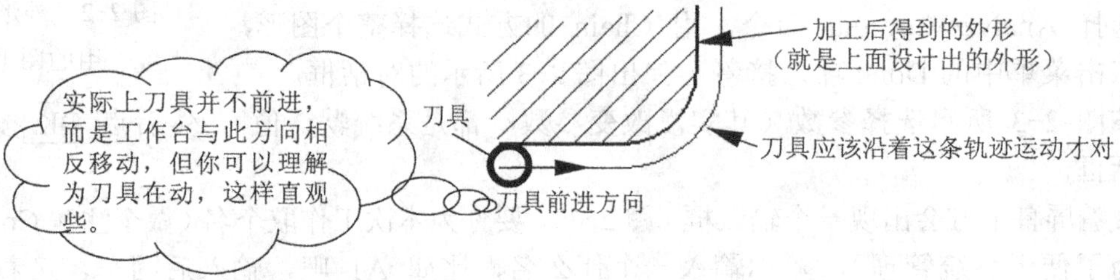


图 2-5　加工外轮廓示意图

由图 2-5 可知：刀具运动轨迹会与绘制的轮廓线平行，而且向外偏移一个距离。那么请问：刀具运动轨迹线并没有画出来，我能够像上面分析外形轮廓一样知道这条轨迹线的一些情况吗？比如转弯半径该多大？直线该多长，总长是多少？从哪点开始转弯……，这都是加工时必须知道的。提示到这里，你应该醒悟了吧！知道什么是偏置方向和偏置距离了吗？见图 2-6。

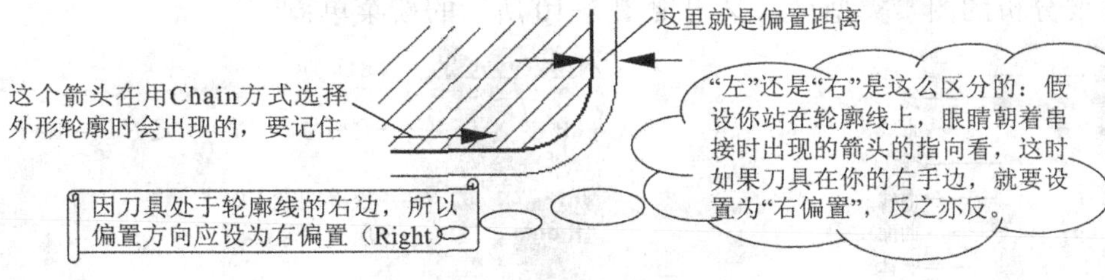


图 2-6　偏置距离和偏置方向示意

3. 转角设置

也是考虑到加工而设置的项目。

比如刀具切削图 2-7 所示意的轮廓，注意拐弯时刀具有两种走法 —— 走直线和走圆弧线，两种方法都可以加工出轮廓线来，比较而言，走圆弧对刀具受力有利，所以多用此法，只是路径的计算复杂一点。

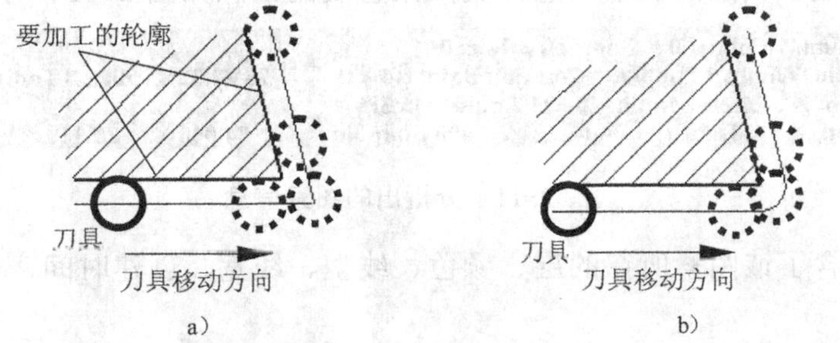


图 2-7　加工拐角处示意图

a）走直线　b）走圆弧

拐弯越尖越应该走圆弧（走直线时有一个脱离工件然后又进入工件的动作，使刀具受冲击，而走圆弧则刀具一直不脱离工件，所以冲击要小些），但如果拐弯不很剧烈（转角大，如图 2-8 所示），则走直线和走圆弧差别就不大了。

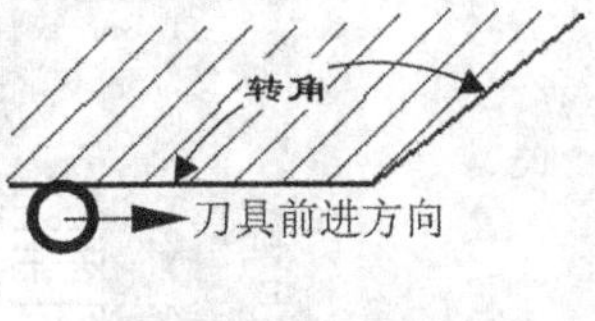


图 2-8　转角示意

MasterCAM 中，认为转角小于 135° 则属于"尖角"，建议刀具应该走圆弧，但你若想不论多少度的转角都要在拐弯时走圆弧，则要将转角设置中的"All"项选中。

4. 寻找相交性

如果此项被选中，则系统将自动查找刀具轨迹上是否有相交处，刀具如遇到这样的情况可能会掉刀（局部地方不切削），当发现有这样的地方后，系统会自动调整轨迹线（即偏置后的轮廓线），以防止掉刀。

## 2.3 分析某图素

该功能用于分析指定的某一类图素，如分析图形中的直线、分析图形中的曲面等。

选择 Analyze\Only 命令后，菜单内容变为图 2-9 所示。

选择好要分析的图素类型后，又出现图 2-10 所示的新菜单：

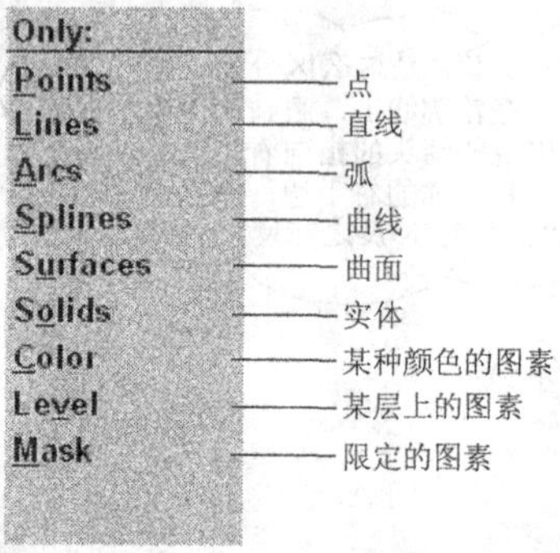


图 2-9　分析图素类型

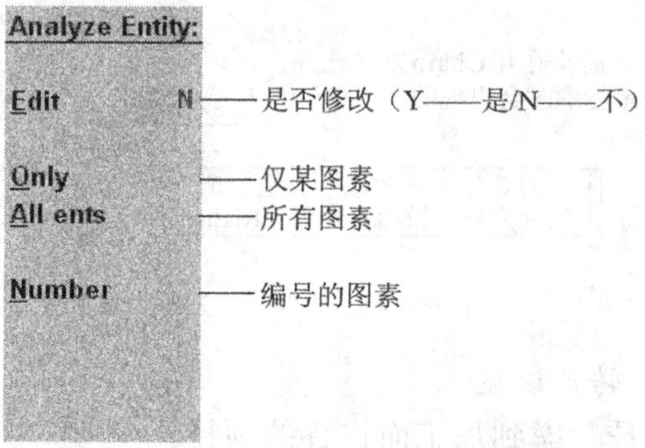


图 2-10　分析图素菜单

这时在屏幕上点击要分析的图素（注意：只允许点击上一步指定了类型的图素），则在屏幕下方将出现该图素的全部信息，例如某直线的信息如图 2-11 所示。

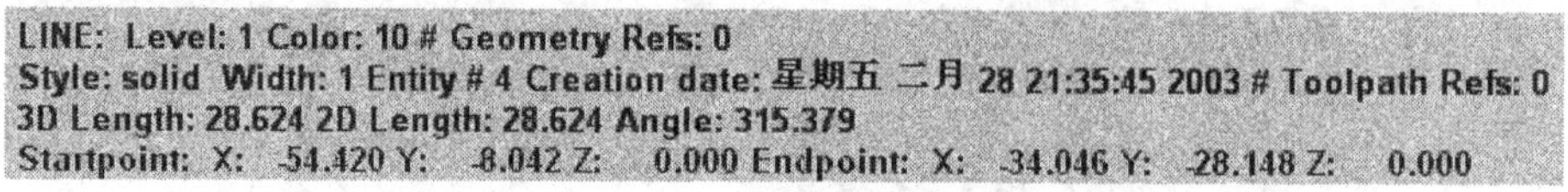


图 2-11　分析出的图素信息

可见里面包含了该图素所在的层、颜色、线型、线宽、创建时间、长度、角度、特征点位置等信息。

如果将菜单中的 Edit 项设置为 Y，则会弹出图 2-12 所示的对话框，对话框中列出了被选择的图素的相关信息，并可在其中进行修改。

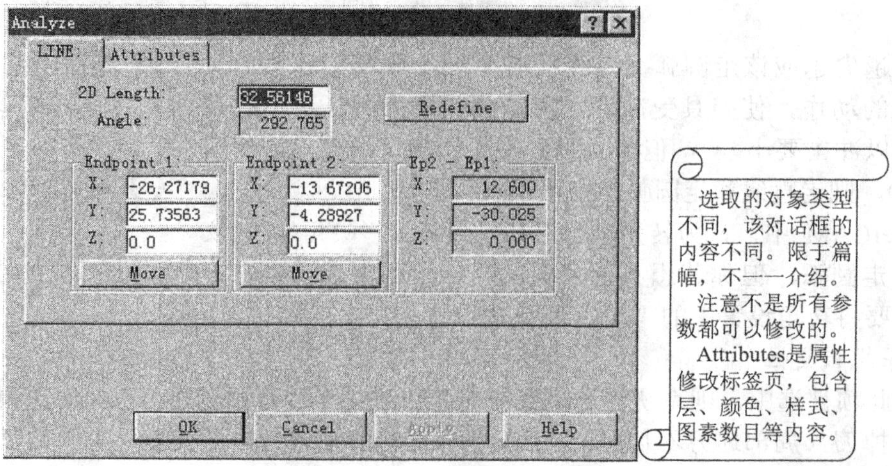


图 2-12　分析图素对话框

参数修改后，图形会随之变化。

## 2.4　分析两点之间的距离

这是用得较多的一个项目，可分析直线长度。

选择命令后，点击两点，系统将自动测量出两点之间的有关参数，包括两个点的坐标、二维长度、三维长度、两点连线与水平方向的夹角等，列在屏幕下方，如图 2-13 所示。

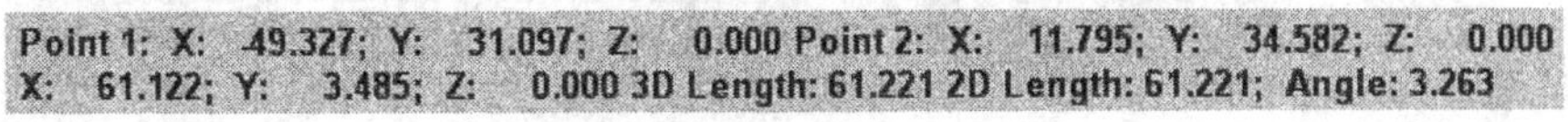


图 2-13　分析两点之间距离后的结果

## 2.5　分析角度

用于分析两条直线之间的夹角。

选择命令后，按提示先选择一条线，再选择另一条线，则屏幕下方出现两线之间的夹角数据，如图 2-14 所示。

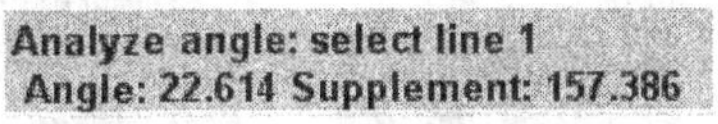


图 2-14　分析角度结果

注意：列出来的两个角度加起来正好是 180°（数学上称为互补），所以你应该知道 Supplement 指的是哪个角度了。

## 2.6　动态分析

选择命令后，按提示选择一个图素，立即会出现一个可以在该图素上滑动的箭头，箭头滑动到哪一点，就会在屏幕下方出现该点处的相关信息，如图 2-15 所示。

指哪一点就立即分析哪一点，这就叫动态分析。

图 2-15　动态点位置及对应点的信息

## 2.7　分析面积/体积

这个功能的意思不用多说。

选择命令后，菜单变为如图 2-16 所示。

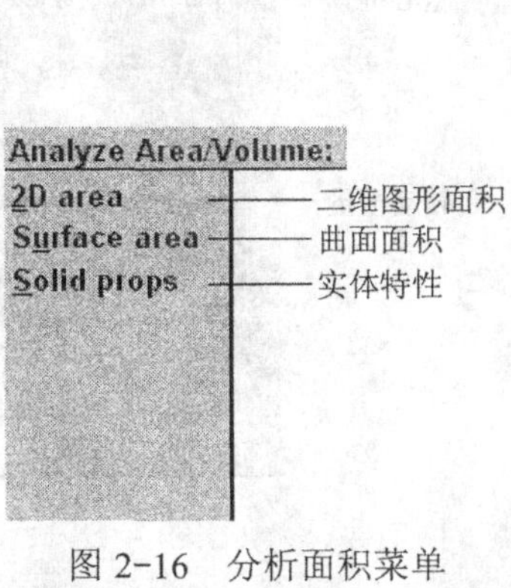


图 2-16　分析面积菜单

1）若选择分析二维面积，可按菜单提示选择 Chain 或 Window 或 Area 等方式来选取要分析的封闭区域，然后点菜单中的 Done 项，于是弹出图 2-17 所示的对话框，里面列出了相关结果。

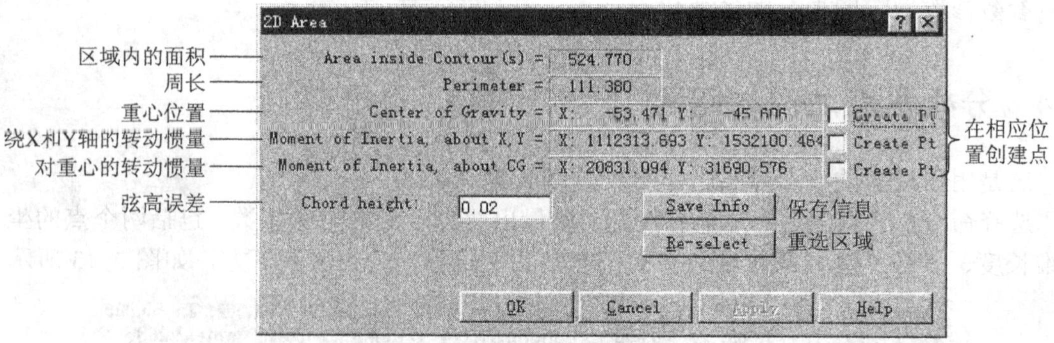


图 2-17 二维面积分析结果

2）若选择分析曲面面积，则点击曲面后，点菜单中的 Done 项，将弹出图 2-18 所示的对话框，里面列出了分析结果。

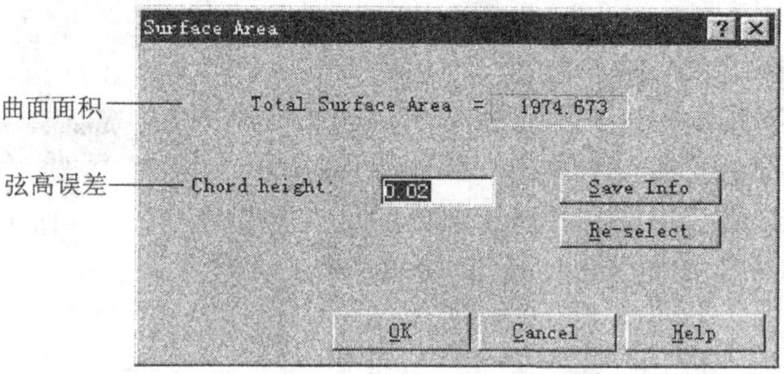


图 2-18 曲面面积分析结果

3）若选择分析实体特性，则按提示选择一个实体（若屏幕上只有一个实体，则不需选择），立即会弹出图 2-19 所示的对话框，其中列出了该实体的相关信息。

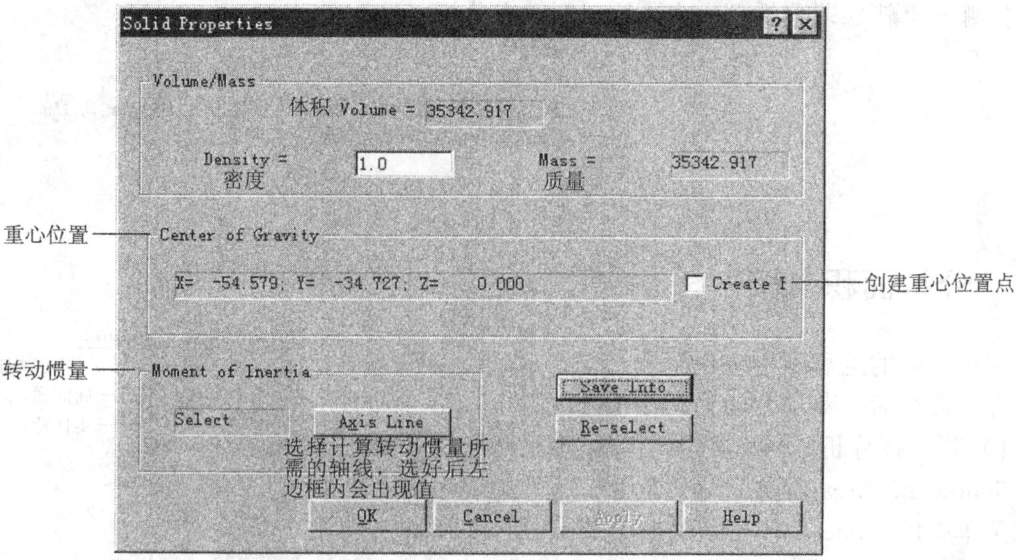


图 2-19 实体特性分析结果

## 2.8　分析编号图素的信息

你在绘制图形的过程中，系统为了便于管理，其实是对每个图素都编了号的，如果你知道某图素的编号，就可以选择这个命令对编号图素进行分析。

选择该命令后，会在屏幕下方出现一个输入框，要你输入一个编号，输入后回车，如果该编号存在，这时对应的图素会高亮显示，同时出现该图素的分析结果对话框；如果该编号不存在，系统也会出现图 2-20 所示的对话框告之。

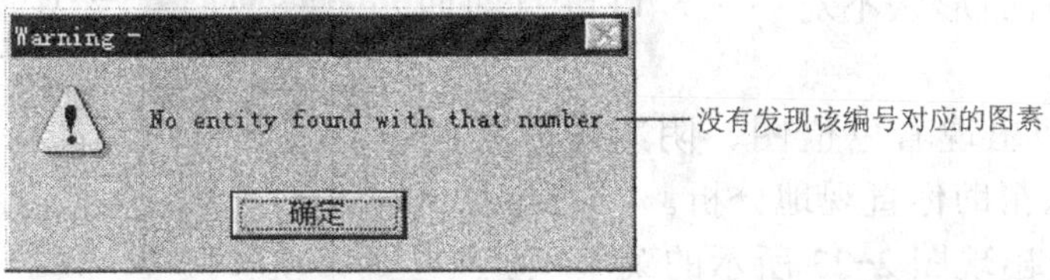


图 2-20　搜索未成功警告框

## 2.9　分析串接图素

本命令用于分析所选图素是否串接及串接状况。

选择命令后，按系统的提示选择要分析的图素，选完后点 Done 项，系统弹出图 2-21 所示的对话框，对分析串接状况进行设置。

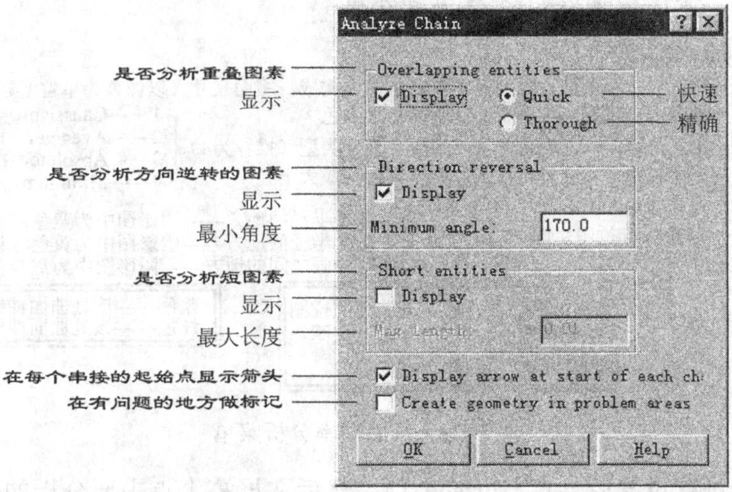


图 2-21　“串接分析”对话框

按需要设置好参数后，点 OK 按钮退出该对话框，这时在屏幕下方提示区显示分析结果，如图 2-22 所示的。

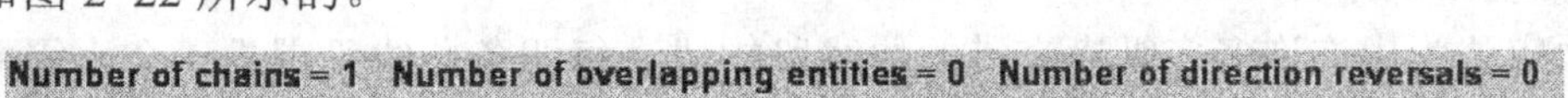


图 2-22　串接分析结果

## 2.10 分析曲面

可以分析曲面多方面的情况。

曲面创建以后，看起来可能没有问题，非常漂亮，但加工时不一定没有问题，有时甚至无法加工，或者出现局部拒切和过切现象，所以模拟加工演示时，如果发现刀具在曲面上的动作不正常，或者生成的曲面形状不对……，可以对曲面进行分析。

分析时，可能出现着色位图、阴影图、标记等形式的显示，以帮助你直观地分析。

选择命令后，出现图 2-23 所示的菜单项。

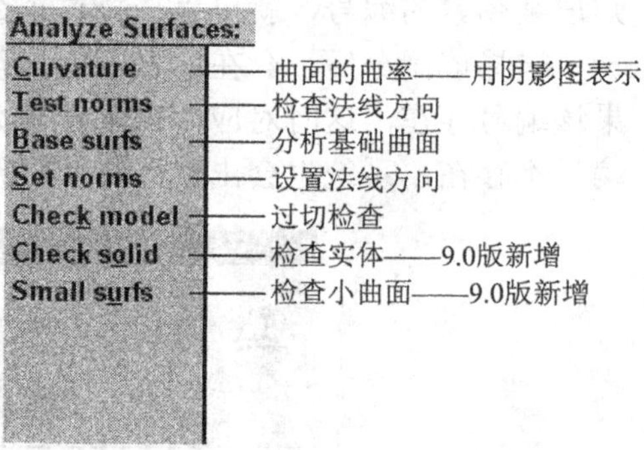


图 2-23 分析曲面菜单

图 2-23 里面列出了可以对哪些项目进行分析，下面介绍一下各项的功能。

读者可按后面介绍的昆式曲面的创建方法，创建一个波浪形的曲面作为练习曲面，试验如何分析曲面。

1. 分析曲面的曲率

曲率是表征弯曲程度（起伏程度）的一个指标，曲率越大弯曲越严重（起伏越剧烈）。

分析曲面的曲率后的结果将用一个阴影图表示。

选择该项后，下一级菜单如图 2-24 所示的。

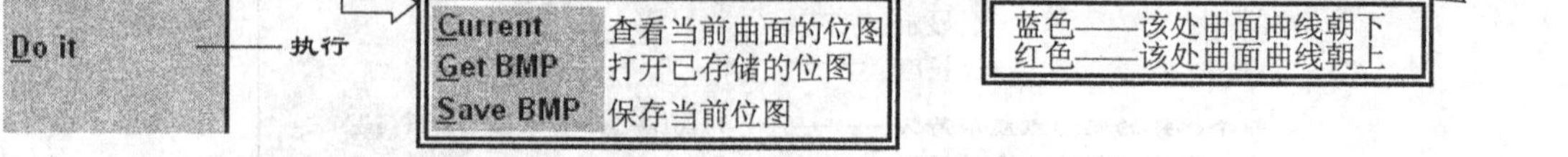


图 2-24 曲面曲率分析菜单

对相应项目进行设置后，点 Surface 项，然后在屏幕上点击要分析的曲面，再点菜单中的 Done 项，点上面菜单中的 Do it 项，于是会出现下列结果：

图 2-25a 为要分析的曲面，图 2-25b 为分析曲率后的结果。

2. 检查法线方向

曲面应认为由许许多多纵横交错的曲线段构成，每四条曲线段围成一个小缀面，小缀面一个挨一个地排列起来，就形成了大大小小的“大”曲面。

大曲面应该是连续的和光顺过渡的，这个思想体现在数学上，就是相邻两曲线在连接处的坐标要相等，这样才是连续的；同时还要两条曲线的方程在连接点处的一阶导数相等，二阶导数也相等，这样才是光顺地过渡的。

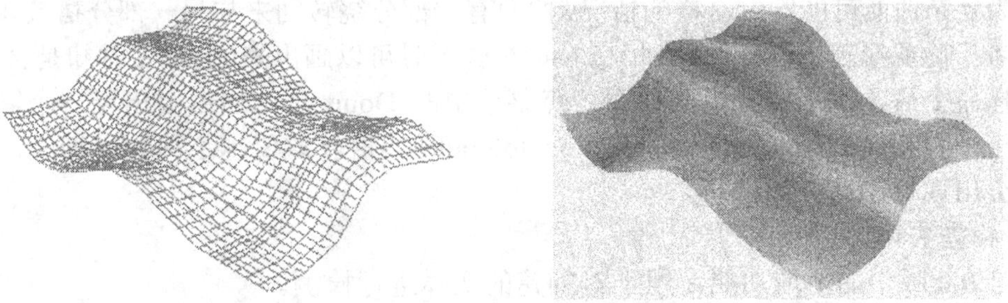

a）　　　　　　　　　　　　　　　　b）

图 2-25　分析曲面的曲率

a）要分析的曲面　b）分析曲面曲率后得到的位图（BMP 图）

体现在法线方向上，因为曲面从头至尾都是光顺的，所以各处的法线方向不应该产生突变（如反向了），如果存在这个问题，则认为曲面上有“坏”区，有可能导致加工此处时出现问题 —— 如拒切或过切。

检查方法是：选择 Analyze\Surfaces\Test norms 命令→点击要分析的曲面→点菜单中的 Done 项→用对话框形式显示检测结果，如图 2-26 所示的。

图 2-26　曲面法线分析结果

里面告诉了你发现了几个坏曲面，还说明了什么才是坏曲面。

上例图中没有发现坏曲面，如果某曲面存在坏曲面，则有进一步的提示（如坏曲面用另外颜色表示等）。

3. *分析基础曲面*

有些曲面是经过修剪以后才得到的，基础曲面是指未修剪时的曲面。

修剪曲面时，系统是将修剪后的曲面当做一个新创建的曲面，而原来的曲面（就是基础曲面）一般是隐藏起来了的，以免影响你以后的操作。

分析基础曲面就是让系统自动检查屏幕上是否有未被隐藏的基础曲面，如果有的话，可以根据提示选择“隐藏基础曲面”。

4. *设置法线方向*

曲面上某点的法线方向一般是指向曲面的正方向 —— 即指向当前构图平面的上方方向。如果你不愿意这样，可以用这个命令改变，变为指向当前构图平面的下方。

选择命令后，点击要改变的曲面，点菜单中的 Done 项，即会在屏幕左下方出现结果提示（注意曲面有编号）。

5. 过切检查

用于检查曲面是否有交错和重叠现象。

因为复杂曲面可能发生这样的情况：曲面有一部分绕转回来与另一部分搭接在一起（重叠），或者干脆就穿越了自身曲面（相交）。这在画图时可以画出来，在加工时却是会出问题的。

选择命令后，点选要分析的曲面，点菜单中的 Done 项，然后会出现一个输值框，要你输入一个自相交公差（Self-intersection tolerance）值，该值越小检测越彻底，输值后回车，就会出现检测结果的提示。

6. 检查实体

这是 9.0 版中的新增功能，用于对创建的实体进行检测。

选择命令后，会首先出现图 2-27 所示的对话框。

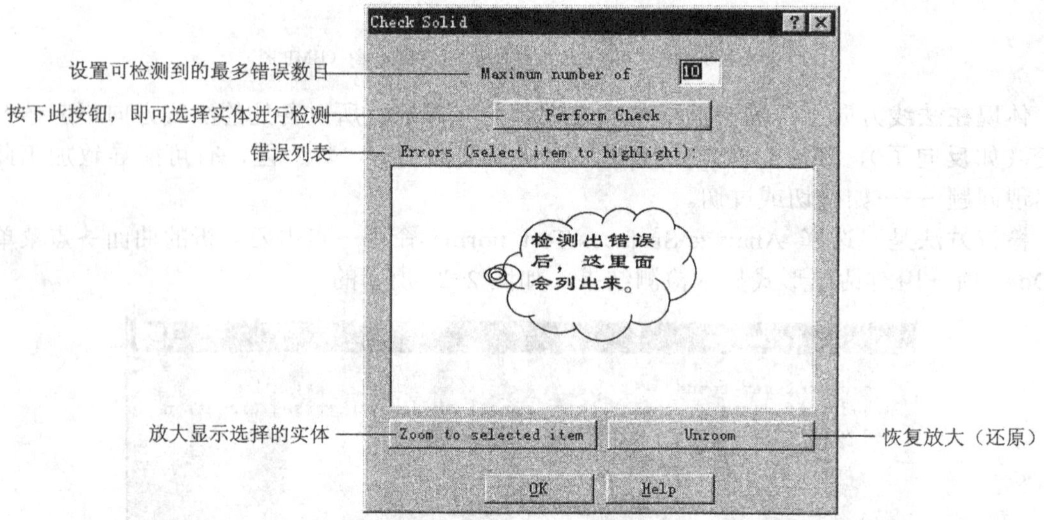


图 2-27 检测实体对话框

按下 Perform Check 按钮，则会提示你选择要检测的实体，然后就会出现结果。没问题，会出现一个对话框提示，有问题，则将问题列出在上一个对话框中，然后可对这些错误进行处理。

7. 检查小曲面

这也是 9.0 版中的新增功能，用于检测微小曲面，如果不影响加工，可以去除这些微小的地方。

选择命令后，会出现一个如图 2-28 所示的新菜单。

可以改变最小面积的设置（默认为 0.1），不需选择曲面，点 Do it 项后，即自动检测屏幕上存在的所有曲面，如果没有，会出现一个对话框告知结果；如果存在，则可用不同颜色显示出来，然后你可以采取措施（如删除某种颜色的图素）处理这些微小的地方。

以上对分析菜单中的各个项目的主要内容作了或详细或简略的介绍，可在需要的时候查询。

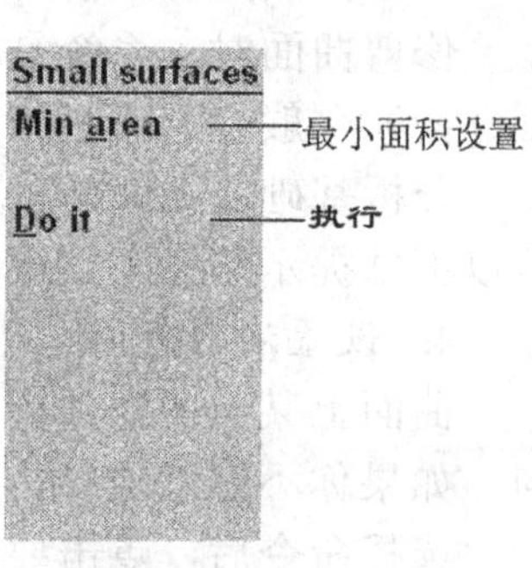


图 2-28 检测小曲面菜单

# 第 3 章　文件菜单功能介绍

导读：本章重要的部分已在第 1 章介绍，剩下的内容在本章介绍，也可先浏览，不必细究，在后面用得到的时候回头来查询。

文件菜单的位置和功能如图 3-1 所示。下面逐一介绍各项功能。

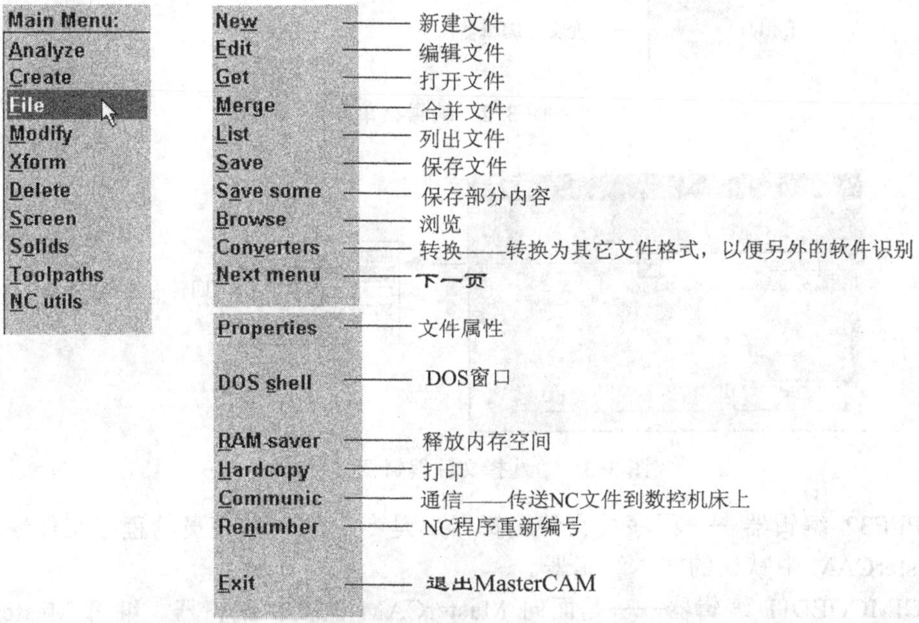


图 3-1　文件菜单

## 3.1　新建文件

已在第 1 章进行了介绍，见 1.3.6 节。

## 3.2　编辑文件

输入命令后，出现如图 3-2 所示的菜单。

菜单里列出了可供编辑的文件类型。

关于各种类型的文件的介绍，请见 3.9 节。

点击 Editor 项，将打开一个如图 3-3 所示的对话框，从中可以选择文件编辑器的类型，已内带四种编辑器，并且可以扩充。

四种内带的文件编辑器简介如下：

★ MCEDIT 编辑器——MasterCAM 自己开发的编辑器，可进行常规的文本编辑，也可以编辑 NC 和 NCI 文件。

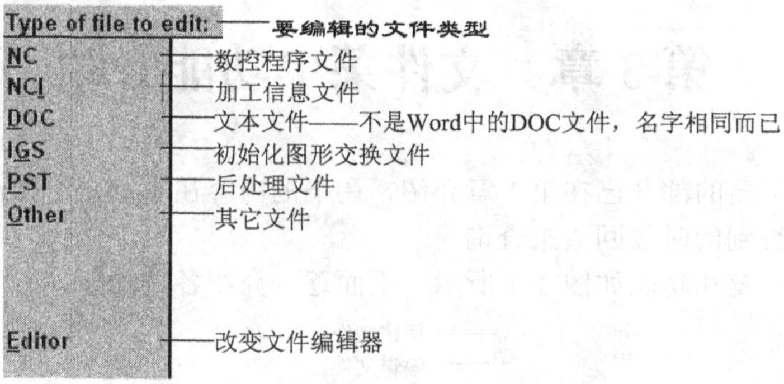


图 3-2 编辑菜单

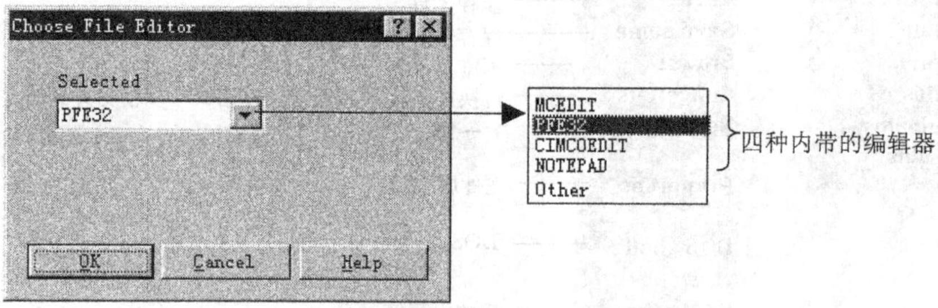


图 3-3 “选择文件编辑器”对话框

★ PFE32 编辑器——程序员文件编辑器，是专门面向程序员的程序文件编辑软件，也是 MasterCAM 中默认的文本编辑器。

★ CIMCOEDIT 编辑器——是面向 MasterCAM 的文件编辑器，编辑 MasterCAM 文件较方便，其中集成了一些面向 CAD/CAM 方面的功能，如 NC 函数等，还具有传输文件的能力。

★ NOTEPAD 编辑器——Windows 操作系统中的“记事本”编辑器，MasterCAM 用它作产品演示等用，具有一定的编辑能力。

Other——可以装载并使用其它的文本编辑器。

## 3.3 打开文件

又称获得（Get）文件，已在 1.3.6 节中介绍。

## 3.4 合并文件

实际上它是用来插入图形，即将选定的图形文件中的图形插入到本图中来。

选择命令后，将弹出选择文件对话框，选择要插入的图形文件名后，点 Open 按钮，系统弹出一个如图 3-4 所示的告示框。

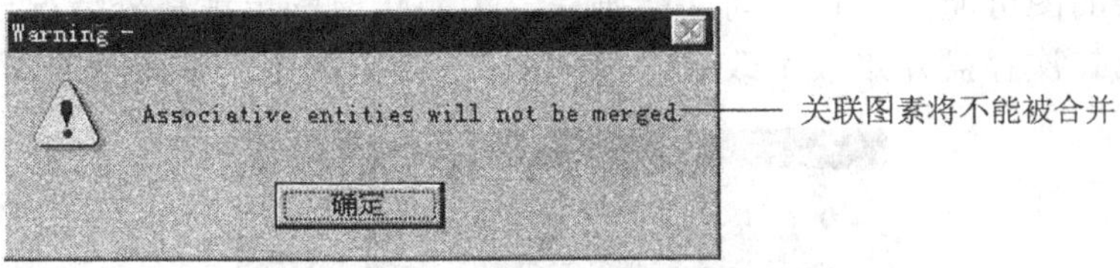


图 3-4　合并文件警告框

框中的意思是，建立了关联关系的图素（如刀具路径）将不能被合并。

点 确定 按钮，则图形被插入。

**注意**：插入的图形可以保留其原来的属性（颜色、层等不变）。

## 3.5　列出文件

选择该命令，也会弹出如图 3-2 所示的编辑菜单，可以打开 NC、NCI、DOC、IGS、PST 等类型的文件，但这次不能指定文件编辑器，而且文件打开后只能看，不能改动数据，所以称为列出文件。

## 3.6　保存文件

选择命令 File\Save 后，打开图 3-5 所示的保存文件对话框。

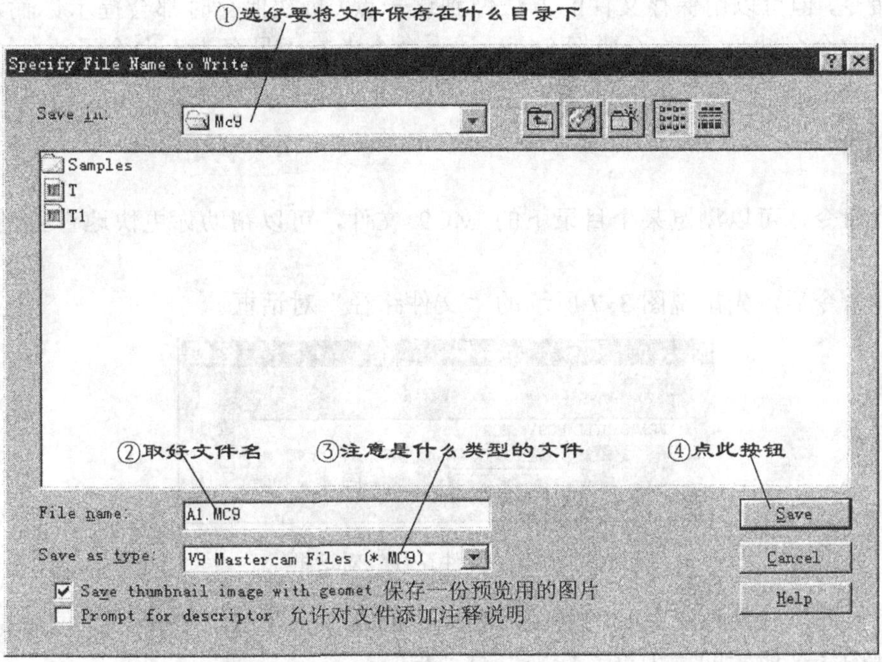


图 3-5　保存文件对话框

按图 3-5 所示步骤即可完成文件的保存工作。

注意：复杂的图可能要较长时间才能画完，为防止电脑出现意外情况，常在作图过程中定时存盘，第二次存盘开始（不改名，按原名），会出现图 3-6 所示的提示框。

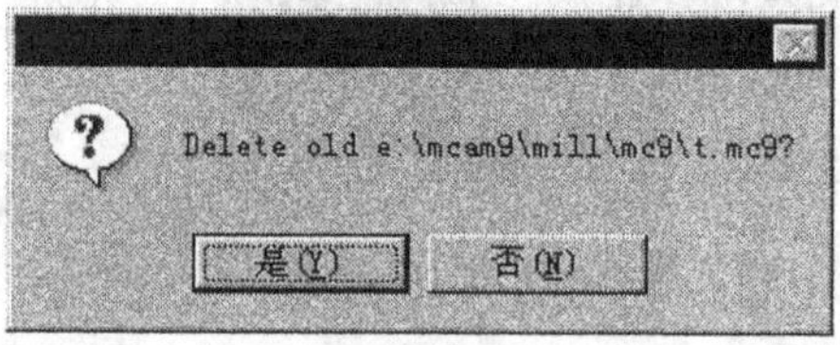


图 3-6　保存文件提示框

询问你“是否删除原文件”，点 是（Y） 按钮，则原文件删除，而新文件则当然保存。

当然，保存图形时无意中取了同名的文件名，也会出现这样的情况，注意这会覆盖掉原来的文件，所以看到这个提示框要注意考虑一下。

## 3.7　保存部分内容

有时对图形中的一部分感兴趣，想保留，这时可以选择此命令。

选择命令后，用菜单中列出的方式选择欲保存的局部图形（或个别图素），点菜单中的 Done 项，余下的工作就与上面保存文件的方法一样了。

注意；目前很多软件中都有 Save as（另存为，或称为改名存盘）命令，而 MasterCAM 中没有此命令，但可以用保存文件的方法做到这一点（每次保存时都会提示你输入文件名，想不一样，改个名就是了），不要把 Save some 命令当成“另存为”命令了。

## 3.8　浏览

选择此命令，可以浏览某个目录下的 MC9 文件，可以帮助你更快地查找到所需的文件。

输入此命令后，先出现图 3-7 所示的“文件路径”对话框。

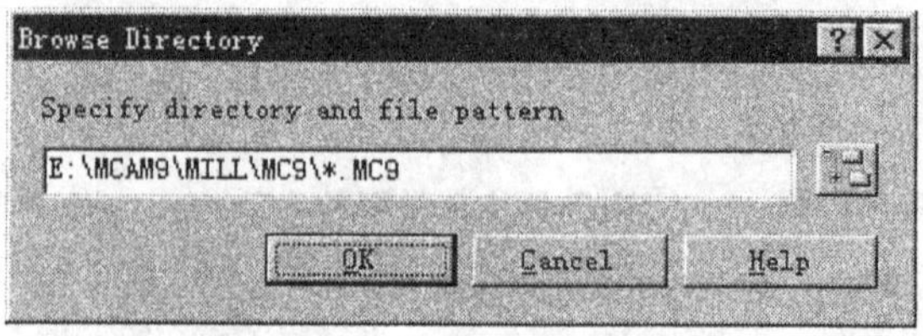


图 3-7　“文件路径”对话框

框内列出的路径是系统默认的路径，如果你的文件不在这个路径下，可点击右侧的图标，则出现图 3-8 所示的“浏览文件夹”对话框。

这里面以目录树的形式显示各级目录，必须找到文件所在的目录，点击该目录使它变成蓝色，然后点 确定 按钮退出对话框，会回到图 3-7 所示的对话框状态，再点其中的 OK

按钮，系统会将该目录下的所有 MC9 文件按顺序自动循环显示出来——工作区显示图形，提示区显示文件名。

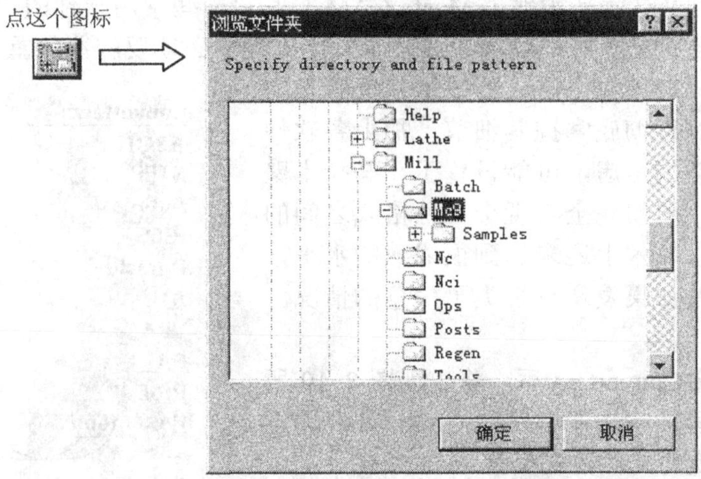


图 3-8　“浏览文件夹”对话框

按下键盘上的 Esc 键后，将停止播放，菜单内容变为图 3-9 所示。

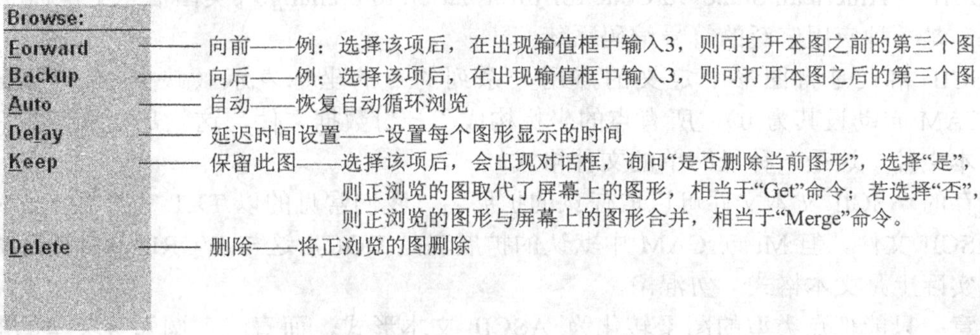


图 3-9　浏览参数设置菜单

可根据需要进行设置或处理。

## 3.9　转换

CAD/CAM 软件很多，每一种软件中对文件的格式规定一般都是不相同的（就像每个国家的语言一样，表达“吃饭”这个意思用不同的语言有不同的说法），怎么能“读”懂用其它软件绘制的图形，或者怎么让别的软件识别出 MasterCAM 软件画出的图形呢？这就牵涉到文件格式的转换问题，就像要让日本人读懂我的这本书，就要将这本书翻译成日文一样。

MasterCAM 中可识别目前应用较广的一些 CAD/CAM 软件的文件格式，并将它们转换为 MasterCAM 软件本身的格式，这样就能使用别的软件创作出的作品了。例如，很多人习惯了在 AutoCAD 软件中绘制二维图形，你可以通过转换的方法在 MasterCAM 中读出 DWG 或 DXF 格式的图形（均为 AutoCAD 中的图形格式）。

反过来，MasterCAM 也能将画出的图形转变为其它一些软件能够识别的文件格式。

说得更雅一点，这就是实现了 MasterCAM 与其它一些常用软件的“数据共享”。

产品间实现数据交换是 CAD/CAM 技术发展过程中必须要解决的重要问题之一。

要说明的是：每种文件格式的技术构成都是非常复杂的，可能难以彻底掌握其细节，加上各软件公司出于个人利益的考虑，可能设置了一些技术壁垒，到目前为止，要想完全实现个文件格式之间的自由和完整转换，技术上还未达到很成熟的水平，所以，转换以后，如果发现有丢失了信息的情况，不要感到太意外。

选择命令 File\Converters 后，将出现图 3-10 所示的如下菜单，里面列出了 MasterCAM 可以进行正反方向数据转换的文件格式类型：

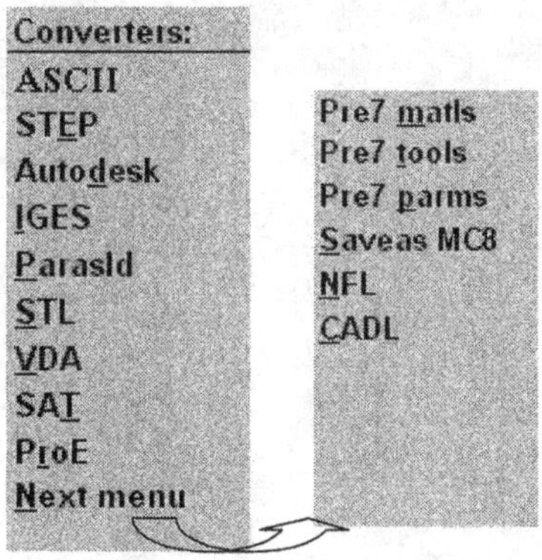


图 3-10　转换菜单

下面简单介绍一下各种数据类型：

1. ASCII 格式

ASCII 是 American Standard Code for Information Interchange（美国信息交换标准代码）的缩写，是一种应用广泛的符号编码系统。

ASCII 格式是将图形中定义的点用一系列的点的坐标表示（缺少 Z 坐标值时，MasterCAM 自动设其为 0），所有点的坐标构成了一份数据文件，这就是 ASCII 文件，是一种文本文件，这是一种最简单的文件格式。

保存的 ASCII 文本文件可以取任意的扩展名，我们常见的以.TXT 为扩展名的文件也属于 ASCII 文件。但 MasterCAM 中默认的扩展名是 DOC，这与 WORD 软件的后缀名相同，但实际上是文本格式，勿混淆。

**注意**：只能把点类型的图素转化为 ASCII 文本形式，而直线、圆弧等类型的图素并不能在 ASCII 中保存，所以其表述图形能力有限。

但从坐标测量机中测出零件表面的多点坐标，形成一份 ASCII 数据文件后，MasterCAM 能读懂这样的文件，于是就能将点的数据转变成屏幕上显示的点图素，有了这些点图素，就可以进一步对它们进行处理，比如将点连成线，或将点连成面等，因此，这种转换功能是有实际意义的。

2. STEP 格式

STEP 是 Standard for the Exchange of Product Mode Data（产品模型数据交换标准）的缩写，是国际标准化组织（ISO）制订的一个国际标准，专门研究产品之间的数据交换问题，力图使各产品采用统一的方式和方法描述零件的特征等，受到广泛重视，只是还未普及，美国的 IGES 标准与之相比为“元老”级，反而比它更有市场（“新”产品毕竟会有一个接受和适应过程），不过 STEP 中完整覆盖了 IGES 中的核心内容，包含了 IGES 的所有性能，此外，还有许多 IGES 中没有的功能（如实体功能、装配功能等），而且定义严谨明确，是一个极有前景的标准。

STEP 格式是由一系列应用协议（AP——Application Protocol）组成的 ISO 标准格式，

各种产业采用不同的应用协议，比如机械行业采用 AP203、AP204 等，汽车业和机床业设计采用 AP214 等。

STEP 格式可以描述二维和三维线框、曲面和实体。对实体，可以采用 Solid 形式或者 Surface 的形式引入，每一实体被引入到一个特定层。如果是以 Surface 的形式引入的实体，MasterCAM 将把实体中的每一个面转化为一个修剪处理后的表面，把面间的边转化为直线、圆弧和 NURBS 曲线（非均匀有理 B 样条曲线，工程中应用很广，表达能力强、修改方便）。

MasterCAM 提供了读/写 STEP 格式的能力。

3. Autodesk 格式

Autodesk 是美国一个公司的名称，目前市场上有两个大名鼎鼎的软件——AutoCAD 和 3DS MAX 就是该公司开发的。

AutoCAD 被认为是目前世界上最好的二维绘图软件（也有不错的三维造型功能），很多同类软件都是以它为模板，或多或少可以看到它的影子，该公司作品中的一些创意被其它一些软件广泛采纳（如图层、DXF 文件格式等等）。

AutoCAD 软件目前已发展到 2002 版本，目前在国际国内应用最广的估计是 R14 版和 2000 版。与 AutoCAD 进行数据交换目前在工程设计中应用较普遍。

AutoCAD 中的图形格式默认为 DWG 格式。此外，为与外界交流，还可以转换为 DXF 格式，它已是一种图形交换标准，很多软件都“认”得这种格式。

为应对 CAD/CAM 软件市场的竞争，Autodesk 公司采取了三管齐下的战略，由最初的 AutoCAD 产品，发展了应对中层用户的 MDT 软件，几年前，又开发出了面向高端用户的 Invertor 软件，完成了从高、中、“低”三个层面拼抢市场的战略，目前 Inventor 软件正越来越被市场接受。Inventor 软件中采用的文件格式是 IPT（零件造型用）和 IAM（零件装配用）两种。

这样，加起来，MasterCAM 中可以与 Autodesk 公司的软件进行读或写的文件格式就有 DWG、DIF 和 IPT、IAM 四种。

MasterCAM 可以读取此前的多个 AutoCAD 版本中的 DWG 文件，当然，反过来，将 MasterCAM 中的图形文件格式转为各种版本下的 DWG 格式也行。

DIF 是 Drawing Interchange File（图形交换文件）的缩写，是由 Autodesk 公司创建的一种文件格式，已成为大部分 2D 系统所必备的文件格式，应用广泛，提供多种图素[点、线、复合线（Polyline）、圆、圆弧、图块（Block）、粗线（Trace）等]、颜色、图层、尺寸标注等的支持，不过受能力限制，一般用于线框图的数据交换。

4. IGES 格式

IGES 是 Initial Graphics Exchange Standard（初始化图形交换标准）的缩写，是美国 20 世纪 70 年代末开发的，对美国工业贡献很大（在它的基础上开发过其它标准规范，如 PDDI、PDES 等），因其先入为主的性质，被美国和其它一些工业国家广泛采用，至今仍是影响最大、使用最广泛的格式之一，被许多 CAD 系统作为标准文件格式，Pro/Engineer、UGⅡ、CATIA、I-Deas 、SolidEdge、SolidWorks 等软件都支持它。

IGES 格式比其它文件格式复杂很多，所以适合较复杂图形的转换，支持曲线、曲面（最擅长复杂曲面）及一定复杂程度的实体等，一般用于交换曲面。

IGES 文件的后缀名是 IGS 或 IGES。

5. Parasld 格式

Parasld 格式是 Parasld 公司开发的一种三维 CAD 实体模型格式。

目前实体造型是绝大多数 CAD 软件中采用的造型方法，不管是哪种 CAD 软件，都只采用两种核心（实际上是程序模块）之一，个别的两者都用（MasterCAM 对两者都支持）。这两种核心，一种是原来的 ACIS 核心（采用该核心的软件有 MDT、CADKEY 等），另一种是目前应用日广的 Parasld 核心，它克服了 ACIS 核心的许多不足之处（如倒角、抽壳时易出问题），所以一些原来采用 ACIS 核心的软件，都在逐步向采用 Parasld 核心转变，有些就在保留前者的基础上再加入 Parasld 核心。

MasterCAM 可以读取或写为多种版本（Version）的 Parasld 文件（从 Parasld9.0 到 13.2 版），因软件公司不同，所以即便是采用 Parasld 格式，文件的扩展名也可能不同，目前以 X-T、或者 X-B、或者 XMT-TXT 为扩展名的，都是 Parasld 格式的文件，另外，SolidWorks 和 SolidEdge 也采用 Parasld 核心技术，用这两种软件创建的图形文件的扩展名分别为 *.SLDPRT（SolidWorks 的 Part 文件）和*.PAR 或*.PSM（都是 SolidEdge 创建的文件）。

6. STL 格式

STL 格式是美国 3D System 公司开发的、在 Stereo Lith Ography 软件中采用的三维图形文件格式，应用于三维多层扫描中，是一种 3D 网格数据格式，目前工业上极有前景的快速成型（RP）新技术采用它对原型体进行描述（有了扫描数据，能快速“复制”出一个与原型一模一样的新件），另外，目前有很多 CAD/CA 支持它，用作对图形文件的浏览和分析。

一个 STL 文件由一些小三角形面片数据组成，大（巨）量的这些三角形面片组成了表面和实体模型。

小三角形面片（Triangle）的数据可以采用 ASCII 码的形式，也可以采用二进制码形式，MasterCAM 可以读写 ASCII 和二进制文件形式的 STL 文件，但没有提供读目录和写目录功能。

STL 文件的扩展名就为 STL。

选择 File\Converters\STL 命令后，菜单中会有 Xform file（转换文件）一项，选择该项，会弹出下一级菜单，里面列出了可对 STL 文件进行修改的操作项，如图 3-11 所示。

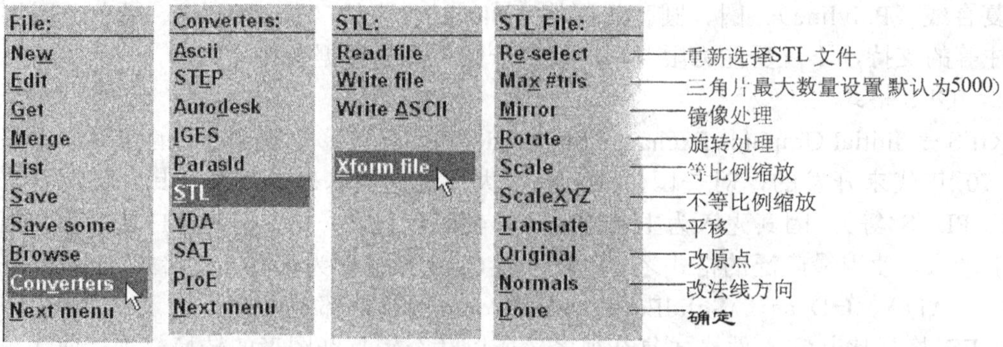


图 3-11　转换 STL 文件

由此可见，对 STL 文件的处理功能是很强的。

MasterCAM 还可以不必将 STL 文件转换为 MC9 文件，直接从 STL 文件生成曲面或实体的刀具路径，方法是将图 3-12 所示的菜单中的 CAD 项设为 Y。

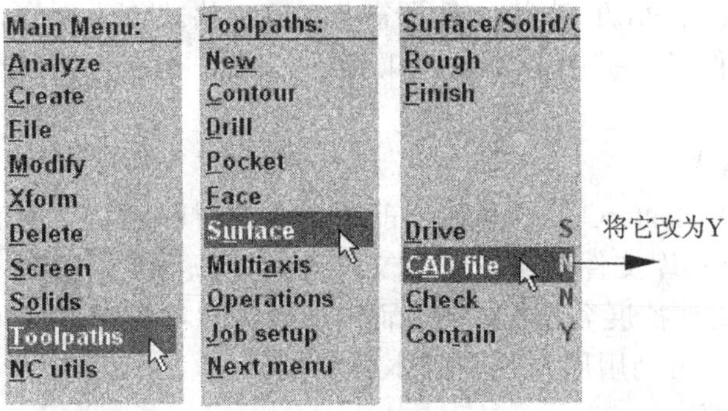


图 3-12　由 STL 直接生成刀具路径的设置项

之后的操作中，会提示你选择一个 STL 文件（只要你有的话），随后的操作就没有什么特别的了。

7. VDA 格式

VDA 是德文 Verband der antomobilindustrie（汽车工业联合会标准）的缩写，VDA 文件格式是一种德国三维标准。

MasterCAM 可以读出和写为 VDA 格式的文件，转化中出现的错误信息将记录在 MasterCAM 目录下 convert.err 文本文件中，不支持颜色和图层的转化，不过，会自动将 VDA 文件中的每类信息放到一个新图层中，超出了 255 层之后，又会回到 1 层开始继续放置转换信息。如果是实体模型，将会描述为 Surfaces（曲面）形式。

在将 MC9 文件写为 VDA 文件时，系统会弹出 VDA Write Header 对话框，允许你创建一个文件头，设置一些注释等个人信息。

8. SAT 格式

SAT 格式是由美国 Spatial Technology 公司发展起来的实体模型格式，由前面讲到的实体模型核心之一 ACIS 所产生。

MasterCAM 可以引入包含实体模型和表面的 SAT 文件。对 SAT 实体，MasterCAM 的处理方法是将其转变为修剪曲面，而且是只读的。另外，MasterCAM 还可从 SAT 实体上提取出线框模型（Wireframe Model），可用于二维加工和几何体编辑。

MasdterCAM 中绘制的图形也可以转换为 SAT 格式。

如果要将 AutoCAD 软件中创建的实体模型转换到 MasterCAM，可以用 AutoCAD 中的 File\Export 命令，将实体模型输出为 SAT 格式或 STL 格式，再在 MasterCAM 中读取 SAT 或 STL 格式，这样转换过来的图形是实体模型，如果只想将图形转变为看起来像立体图的“假”实体（就像我们用粉笔在黑板上画一个“立体”的盒子一样），可以将 AutoCAD 中的实体用炸开（Explode）命令炸开数次，直至实体变为由线和弧等基本图素构成的框架为止，再将它转换为 DXF 格式的文件，就可在 MasterCAM 中读出了。

9. ProE 格式

Pro/E 有时写为 Pro/Engineer，这是美国参数技术公司（Parametric Technology Corporation）开发的 CAD/CAM 集成软件，最初产品在 1987 年底推出。软件突出特色是参数化造型技术，功能异常强大，至今在当前工业界可说是大名鼎鼎，应用十分广泛。

原来 MasterCAM 与 Pro/E 交换文件还需靠 IGES 格式作为中介，9.0 版起可以直接读取 Pro/E 中的图形文件了（扩展名为.prt 和.asm），但将 MasterCAM 中的图形写为这种格式还不行。

10. Pre7 matls 格式

Pre7 matls 格式是 MasterCAM7.0 版之前版本中的材料库，是用 DOC 作扩展名的文本文件，7.0 版开始，材料库文件采用二进制文件形式，以 MT 后接版本号为文件的扩展名，如 8.0 版中的材料库文件扩展名是*.MT8，而 9.0 版中的材料库文件扩展名是*.MT9。如果转换这种格式的文件，可利用原来的旧版本材料库。

11. Pre7 tools 格式

Pre7 tools 格式是 MasterCAM7.0 版之前版本中的刀具库，也是文本文件，采用 MTL（Mill 模块中用）或 LTL（Lathe 模块用）作为扩展名，7.0 版本开始，刀具库文件采用二进制文件形式，以 TL 后接版本号为文件的扩展名，如 8.0 版中的材料库文件扩展名是*.TL8，而 9.0 版中的材料库文件扩展名是*.TL9。如果转换这种格式的文件，可利用原来的旧版本刀具库。

12. Pre7 parms 格式

Pre7 parms 格式是 MasterCAM7.0 版之前版本中的刀具参数库，包含外形铣削、挖槽加工、钻孔加工、曲面加工的刀具参数文件，也是文本文件，以 PRM 作为扩展名，7.0 版开始，采用二进制文件形式，以 OP 后接版本号为文件的扩展名，如 8.0 版中的材料库文件扩展名是*.OP8，而 9.0 版中的材料库文件扩展名是*.OP9。如果转换这种格式的文件，可利用原来的旧版本刀具参数库。

13. Saveas MC8 格式

MC8 是 MasterCAM8.0 版中默认的图形文件格式，MasterCAM9.0 版中默认的图形文件格式是 MC9。

该项是允许将 MC9 格式的图形文件转换为 MC8 格式。

MasterCAM9.0 中可以随意读取前面任意版本的 MasterCAM 图形文件，只要选择 File\Get 命令，在对话框中选择好文件类型就可以了。

14. NFL 格式

NFL 是 Neutral File Format 的缩写，它是法国 Mcs 公司的 Anvil 软件中采用的图形格式，以 NFL 为扩展名，这种文件格式只支持二维的点、线和圆弧类型，对三维图形，它采用投影到二维平面的方法记录数据。

15. CADL 格式

CADL 格式是美国 CADKEY 软件采用的三维图形数据标准。CADL 是 CADKEY Advanced Design Language（CADKEY 高级设计语言）的缩写，是一种三维文件格式，扩展名为 CDL。

如何转换文件呢？选择命令，并点击要转换的数据类型后，菜单处将显示如下信息（大都有如下四项信息，有些类型的略有不同）：

Read file——查找一个文件。

Write file——将 MC9 文件（即 MasterCAM9 中的图形文件）写为该格式的文件。

Read dir——查找某目录下的所有选定格式的文件。

Write dir——将一个目录下的所有 MC9 文件写为指定格式的文件。

## 3.10　文件属性

该命令用于显示当前图形文件的一些属性（文件名、创建时间、修改时间、文件大小）以及对该文件所做的注释，属性由系统自动记录，而注释可以随意修改。

打开一个图形或者新建一个图形后，选择 File\Next menu\Properties 命令，立即会出现如和 3-13 所示的对话框。

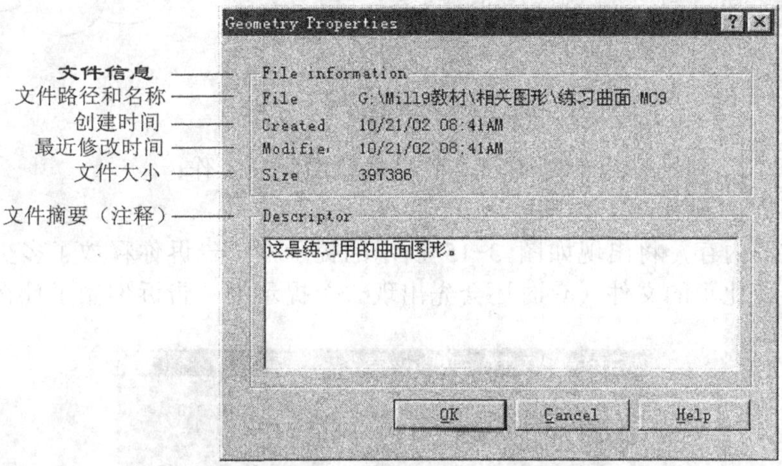


图 3-13　文件属性对话框

## 3.11　DOS 窗口

该命令允许你在 MasterCAM 环境下打开一个 DOS 工作窗口，可以像在 DOS 环境下一样执行一些 DOS 的命令。

DOS shell 又称 DOS 壳，好似 DOS 在借“壳”生蛋一样。

想退出 DOS，可点击窗口右上方的☒标记，或在命令行输入 Exit 后回车。

有时可用 DOS 中的文本编辑器写一份文本文件，当然，你对 DOS 未生疏的话，可用 DOS 操作系统中的命令做一些删除、移动、拷贝、比较等工作。

## 3.12　释放内存空间

任何软件一旦开始工作（启动软件即算开始），会将所需要的数据全部调入内存中，随后可能还不断调出或调入一些数据，工作过程中，每一个操作都会形成新的数据，所以，内存中的容量会不断减小，如果是多任务工作，甚至会导致内存空间不够的故障。目前大多数优秀软件可以定时自动地对本身的工作进行优化（重写），将不需要的信息进行清理，以减少在内存中的占据空间，提高软件的运行速度。当然，除了让它自动做这样的工作外，操作者自己动手也是可以的，这个功能就是让你手动地整理一下 MasterCAM 所占据的内存空间。

选择命令后，屏幕上首先会出现一个图 3-14 所示的提示框。

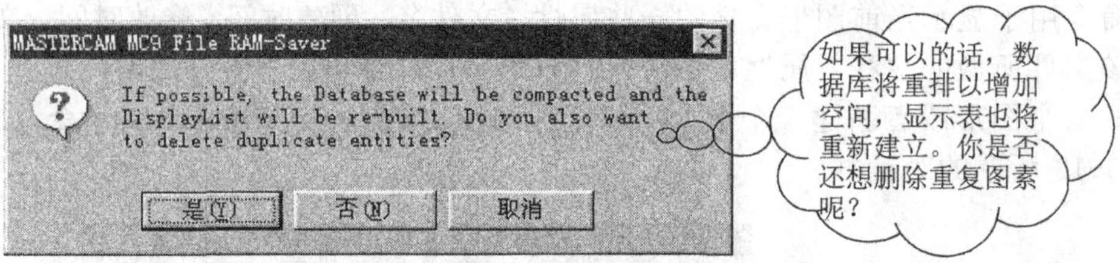


图 3-14　释放内存提示框

若选否（N），则不删除重复图素，而只做前面两项工作；

若选是（Y），则三项工作都会做。

如果释放了内存，将出现如图 3-15 所示的提示框，告诉你释放了多少内存空间，并询问是否保存变化了的文件（有时还会先出现一个提示框，告诉你做了什么操作）。

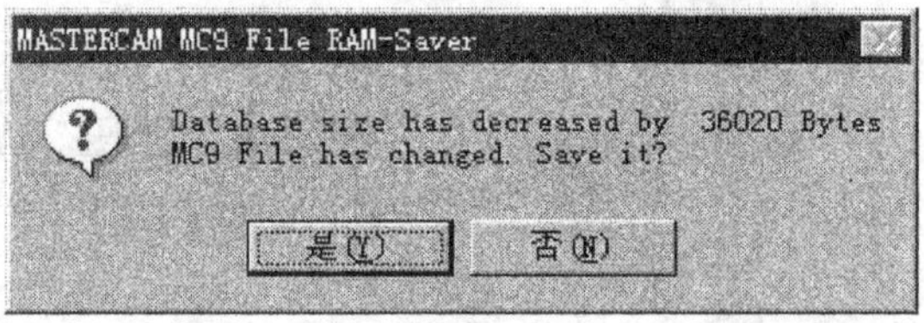


图 3-15　释放内存结果提示

如果没有释放出内存，也会给出提示（图 3-16），告诉你没有必要进行改变。

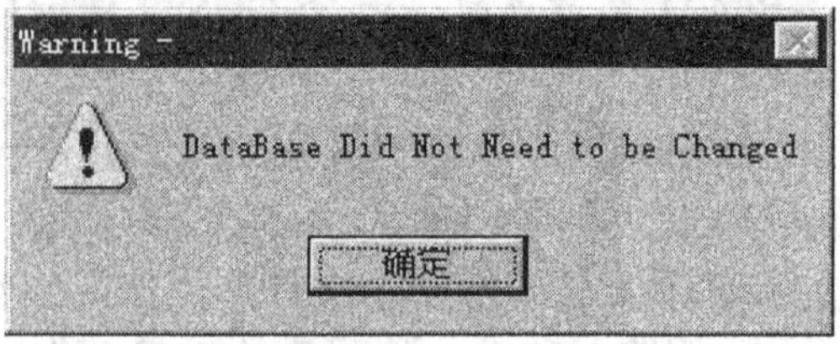


图 3-16　未释放内存提示框

**注意：**系统默认给图形分配 8MB 的内存，除非图形非常复杂，一般情况下是够了的，这个数据可以选择 Screen\Configure 命令，在出现的对话框中选择 Allocations 标签页，其中 Database allocation in Kbytes 一栏中就会看到，如图 3-17 所示。

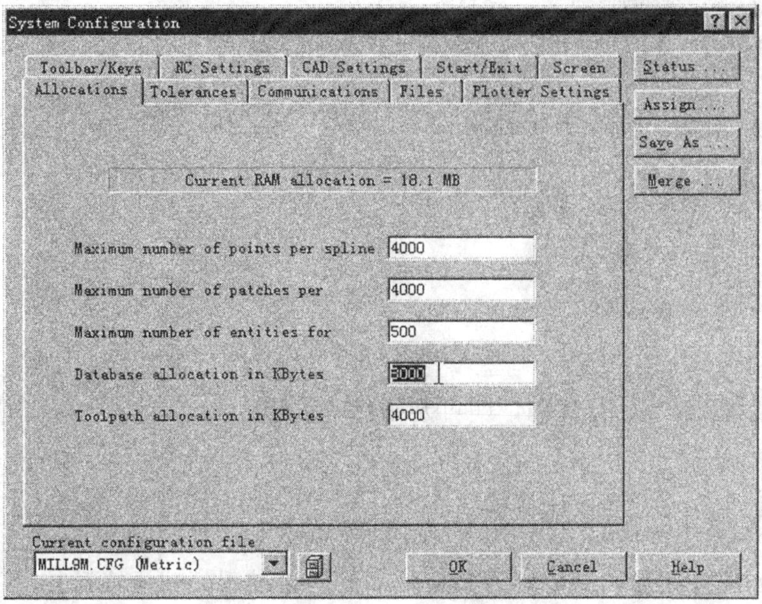


图 3-17 “系统配置”对话框

## 3.13 打印

用于将当前屏幕上的可见图形打印出来。

选择命令后，首先出现图 3-18 所示的打印对话框。

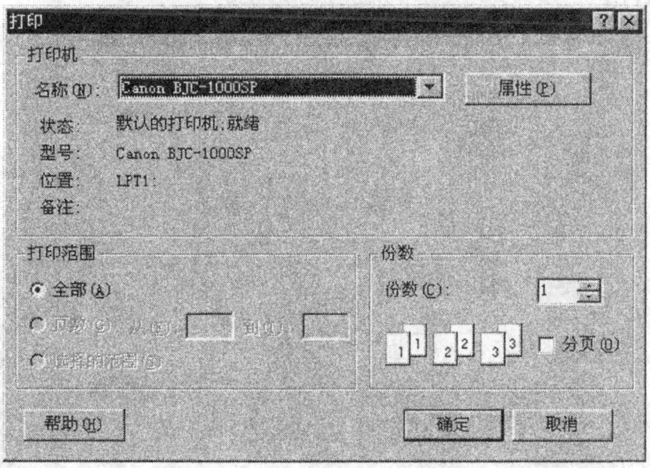


图 3-18 “打印”对话框

这是我们很熟悉的对话框，借用了 Windows 下的打印管理功能。

设置好打印机及其它必要的设置后，点 确定 按钮退出对话框。

菜单处内容变为图 3-19 所示的内容。

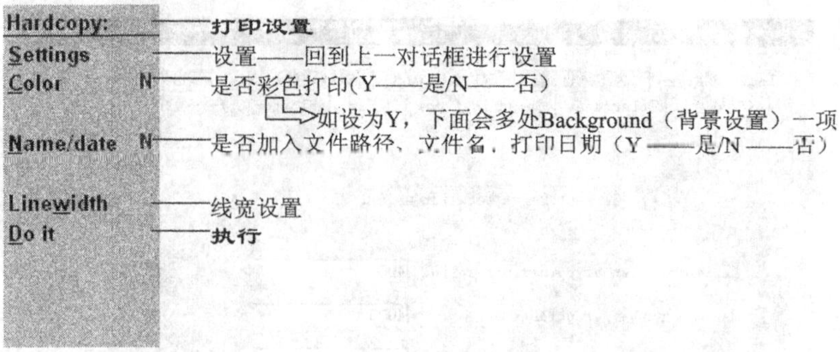


图 3-19 打印设置菜单

做好相应设置后，点 Do it 项，即可开始打印工作。

## 3.14 通信

在电脑上创建好图形，规划好刀具路径，然后通过后处理生成数控程序文件（NC 文件）后，剩下的问题就是将这份文件传输到数控机床上，当然，传输线是必不可少的，如果你的电脑不是与数控机床相连的工作机，而是在家里或是在电脑房中做完前面的工作，则最后这一步做了也没意义。

电脑和机床之间传输信息的方法（指通信软件）机床厂家会提供，而且调试机床时就会设置好，后面除非出了状况或做了更改，一般是不必再动了的。

电脑和机床的传输线接口一般是国际通用的 RS232 接口，如果没有通信软件，你可以使用 MasterCAM 内部的通信模块来进行传输，这样就牵涉到通信设置的问题。

选择命令后，会出现图 3-20 所示的通信对话框。

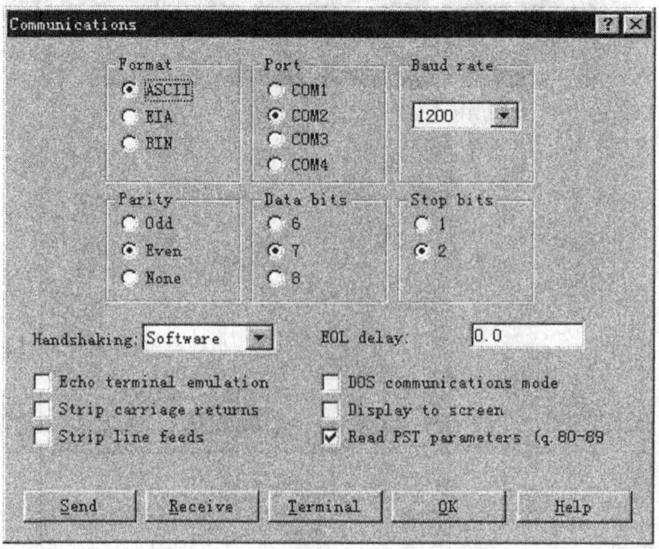


图 3-20 “通信”设置对话框

在图 3-17 中看到了 Communications 标签页了吗？那里面的内容与这个对话框中一模一

样，但那是在系统配置对话框中，下一章将介绍这个对话框中的内容，那里会有详细解释。

## 3.15 NC程序重新编号

顾名思义，该项功能是对生成的NC程序重新编号，注意只改行号，不改内容。

由 MasterCAM 自动生成的 NC 程序可以由操作者根据生产经验或加工条件做一些修改，或者有时数控机床需要一个特别的行号排列，这些情况下，可能牵涉到要对程序重新编号的问题，设想一下，成百上千行的程序如果用手工方法改变行号，会是多大的工作量。

命令执行过程中，会出现“输入起始行号”和“输入行号增量”两个提示，由你确定，比如起始行号为100，行号增量为5，则行号序列将是N100、N105、N110、N115、N120、N125、N130…。

## 3.16 退出MasterCAM软件

选择该命令，即可自动退出MasterCAM，退出之前会出现两个提示框，一是问你“真的想退出吗？”，二是问你“是否保存现有图形”。可酌情选择。

以上对文件（File）菜单中的各项内容做了介绍，重要的几个命令在前面已作介绍，为使知识完整，此章仍然列出，但未重复介绍，其它命令则作了或轻或重的介绍，建议用做查询，不必一一钻研，特别是文件转换一节，牵涉到很多横向知识，只能管中窥豹。

# 第4章 屏幕菜单功能介绍

导读：本章内容太多，可以先粗略浏览，在以后用到之时再回头查询。

屏幕菜单位置和功能如图4-1所示。

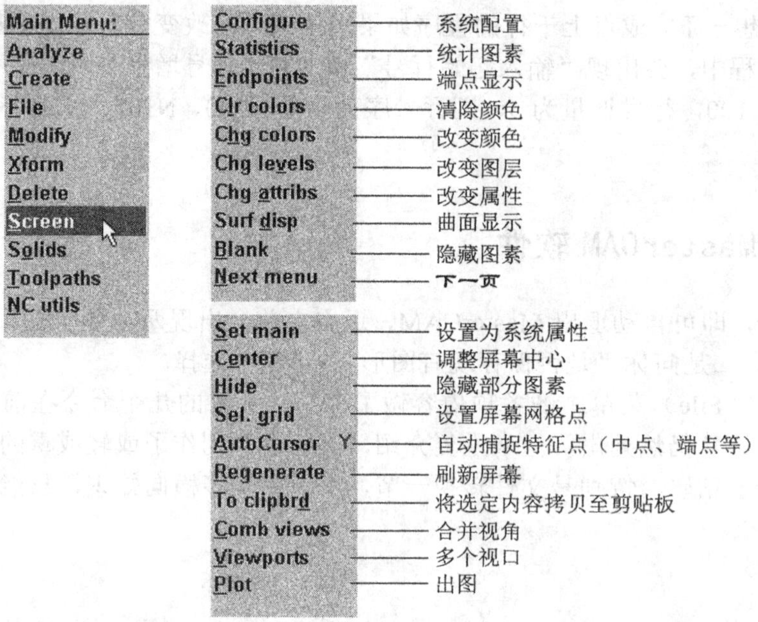


图4-1 屏幕设置菜单

综合来看，菜单中的各个项目主要是设置屏幕上图形显示状态、工作状态等，其中最关键的和内容最庞大的是第一项 —— Configure（系统配置）。这里面包含了 MasterCAM 软件正常工作时所需的各方面的参数设置，以后工作过程中见到的多个设置对话框，都可以在这里面见到。

下面对各个项目逐一进行介绍。注意：主要采用图解法介绍，附加说明比较少。

## 4.1 系统配置

有些书中又叫系统规划。

输入命令后，会出现一个有10个标签页的对话框，四周的按钮是各个标签中共有的，下面称其为公共部分，每个标签页中的内容各不相同，按类别进行区分，决定了系统的运行环境。里面包含了大量的系统参数设置，一般而言，采用系统默认的参数设置值可以较好地完成各项工作，但在一些场合下，也可能需要改变一下个别项目的设置，以便更好地工作，或者说按用户的需要进行工作。

建议初学者不要随意或无目的地改动各项参数，以免带来一些“异常”的状况。

### 4.1.1　公共部分——每个标签页中都出现的内容

公共部分的内容，如图 4-2 所示。

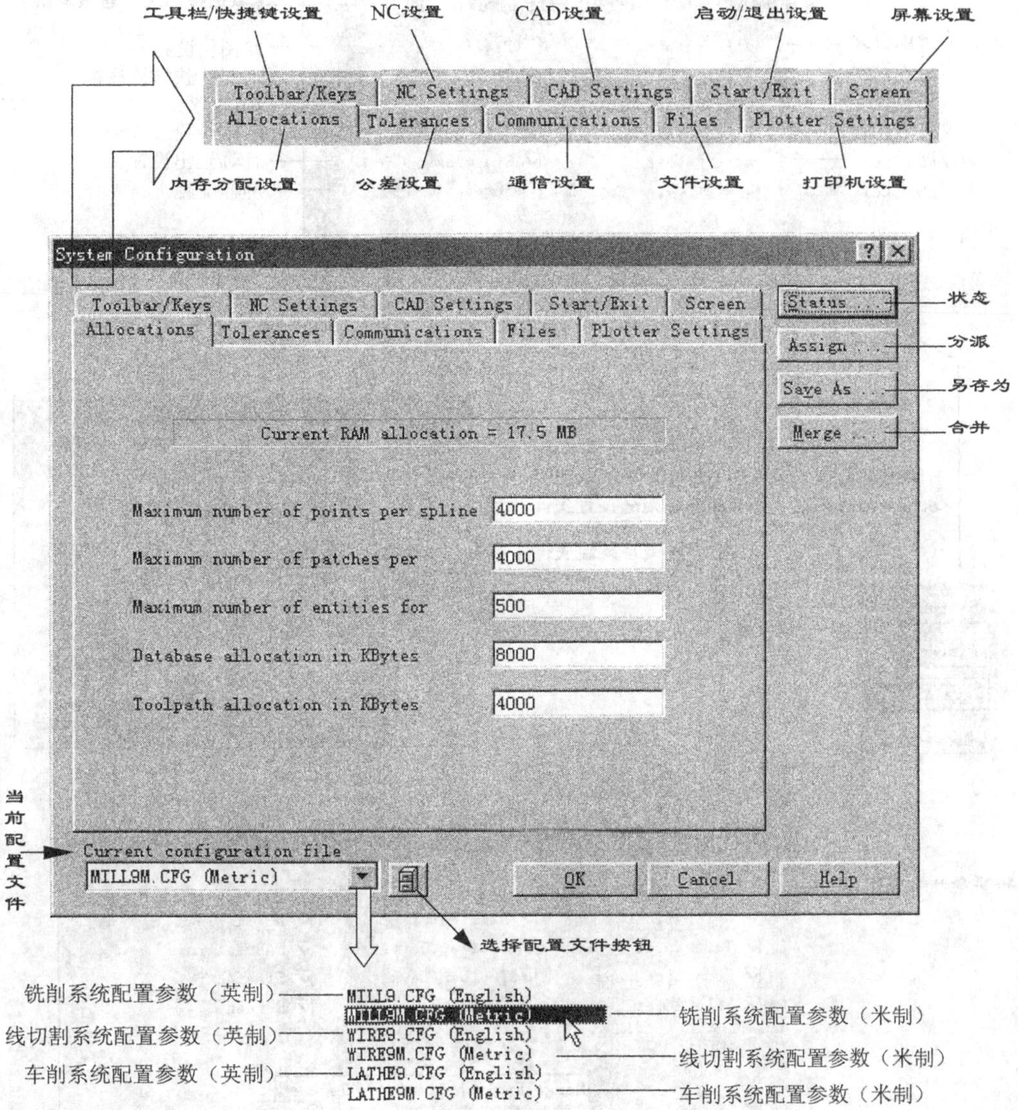


图 4-2　系统规划对话框总况

对右上角的四个按钮的解释如图 4-3 所示。

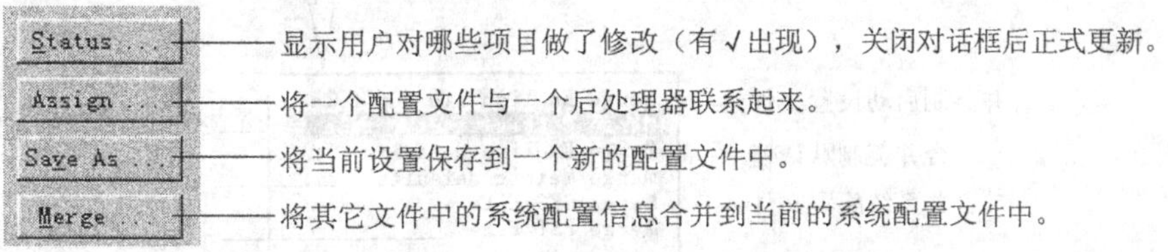


图 4-3　四个按钮的解释

对按下各按钮后出现的子对话框的解释如图 4-4 所示。

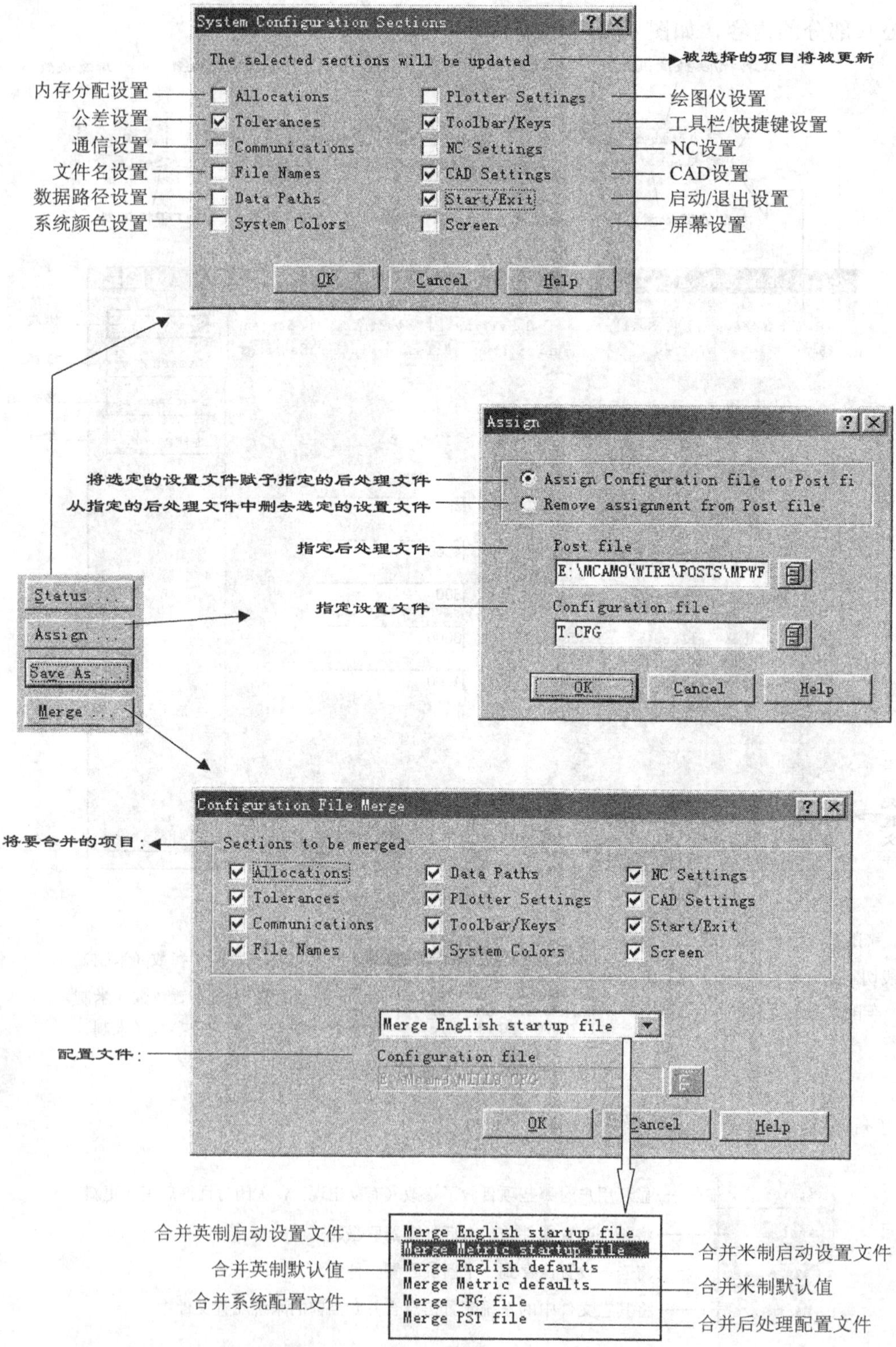


图 4-4　四个按钮的子对话框介绍

### 4.1.2 各标签页的含义

1. Allocations —— 内存分配标签页（图 4-5）

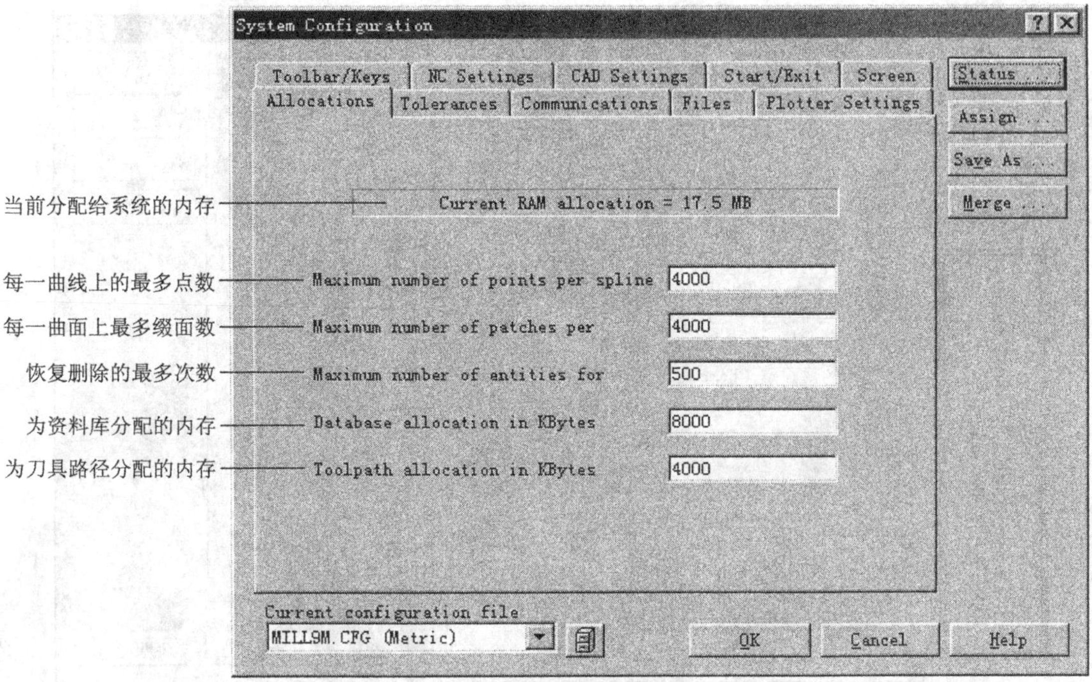


图 4-5 内存分配标签页

2. Tolerance —— 公差设置标签页（图 4-6）

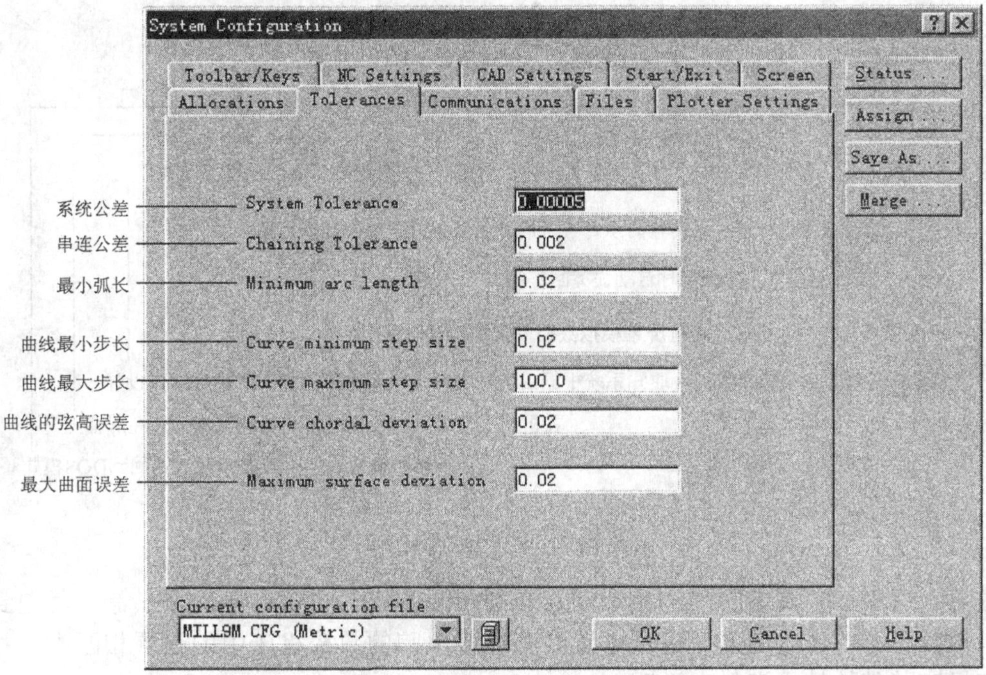


图 4-6 公差设置标签页

3. Communications —— 通信设置标签页（图 4-7）

MasterCAM 与数控机床之间传递信息所需设置的参数。

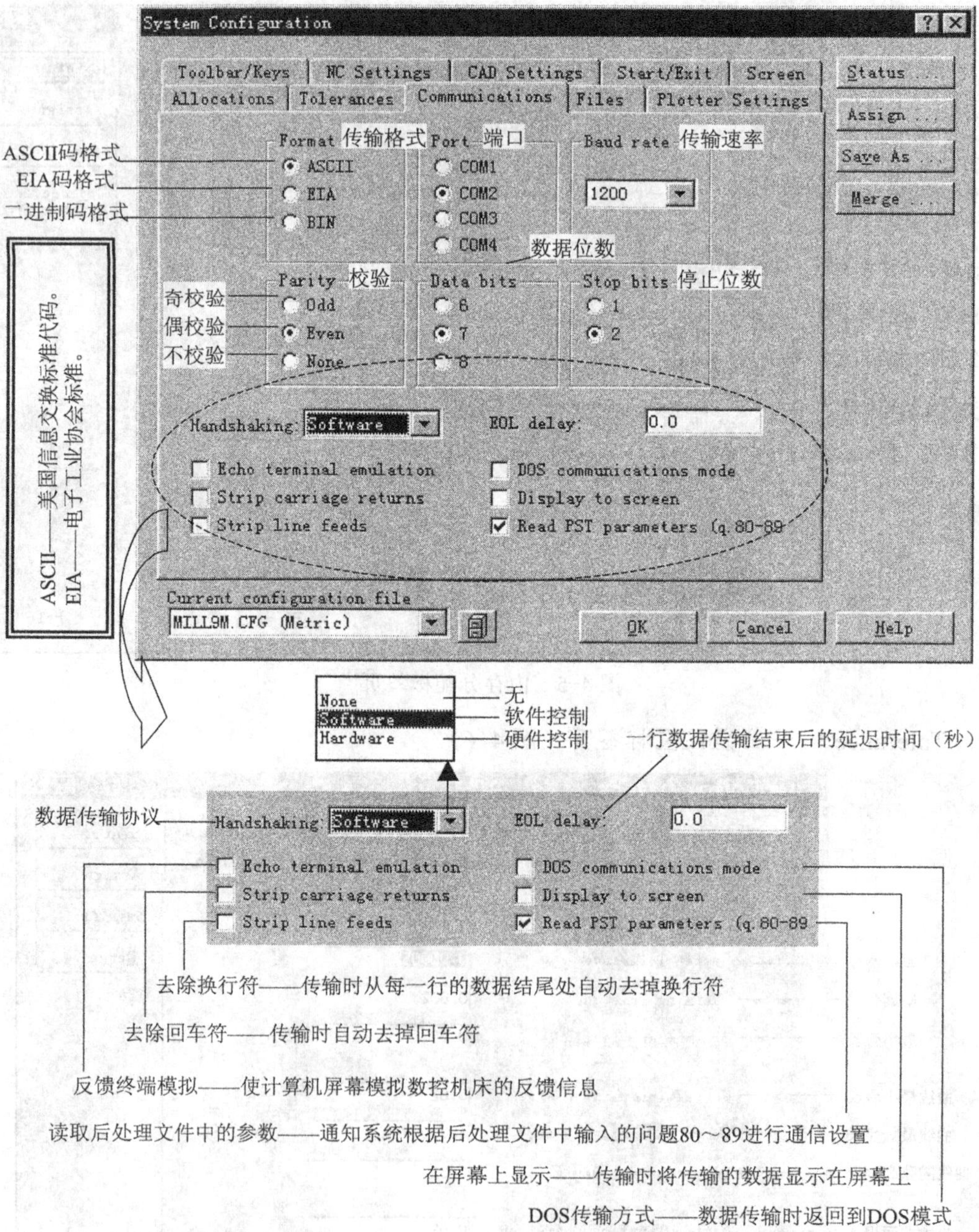


图 4-7　通信设置标签页

**注意**：这个标签页中的内容在上一章介绍 File\Next menu\Communic 命令时遇到过，当时未做解释。要小心的是：各项设置要与连接电脑的数控机床中的设置相匹配，相关参数会在机床随带的技术资料中说明。

4. Files —— 文件设置标签页（图 4-8）

该项用于设置不同类型的文件的存储位置、不同文件的默认名称及转换文件时的默认参数等。

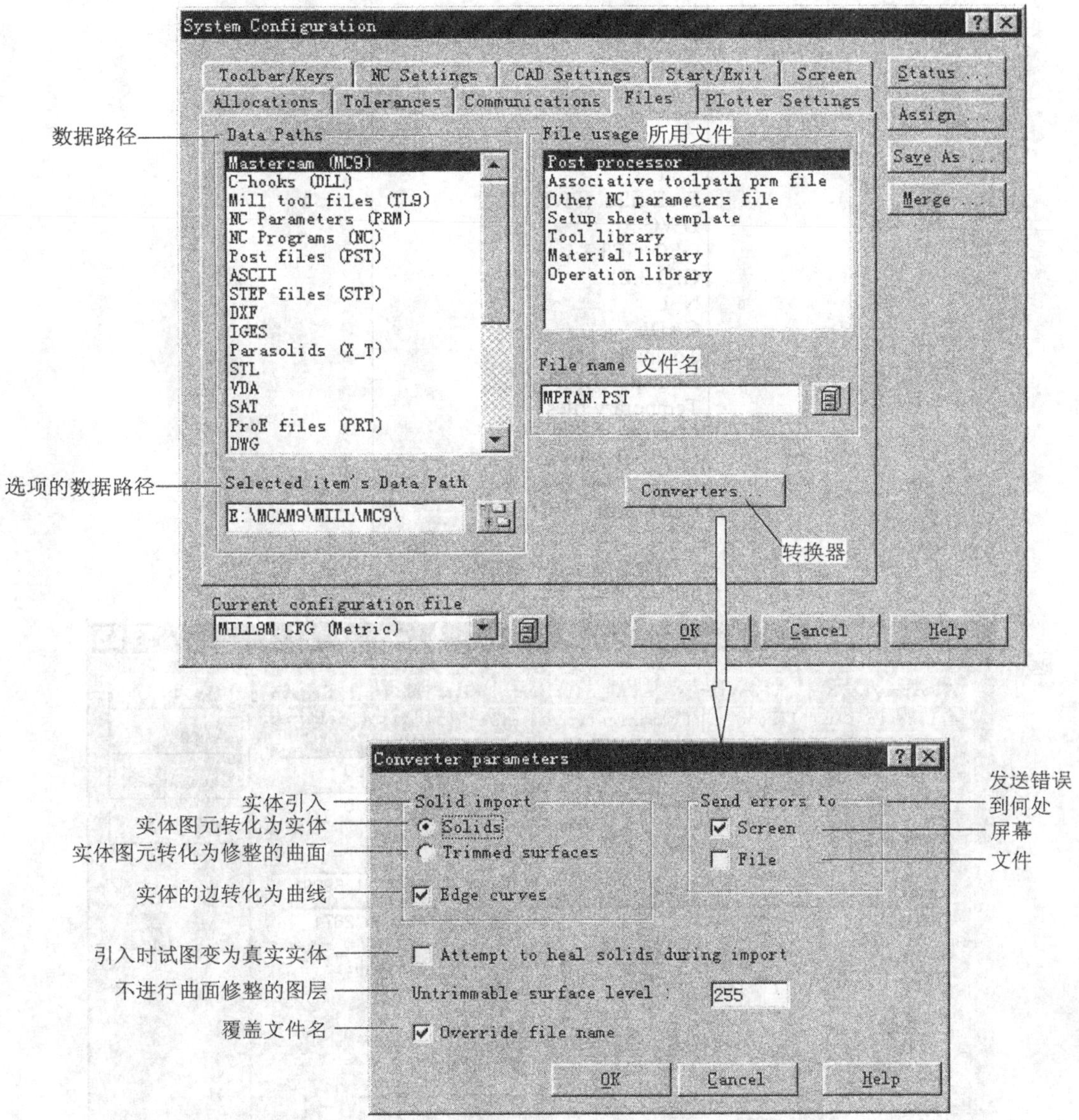


图 4-8　文件设置标签页

有图 4-9 所示的一些数据类型。

5. Plotter Settings —— 打印机设置标签页（图 4-10）

本标签页的各项设置含义如图 4-11 所示。

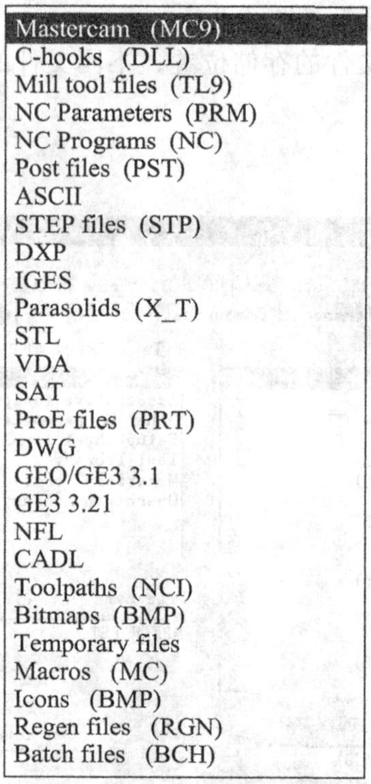


图 4-9　文件类型汇总

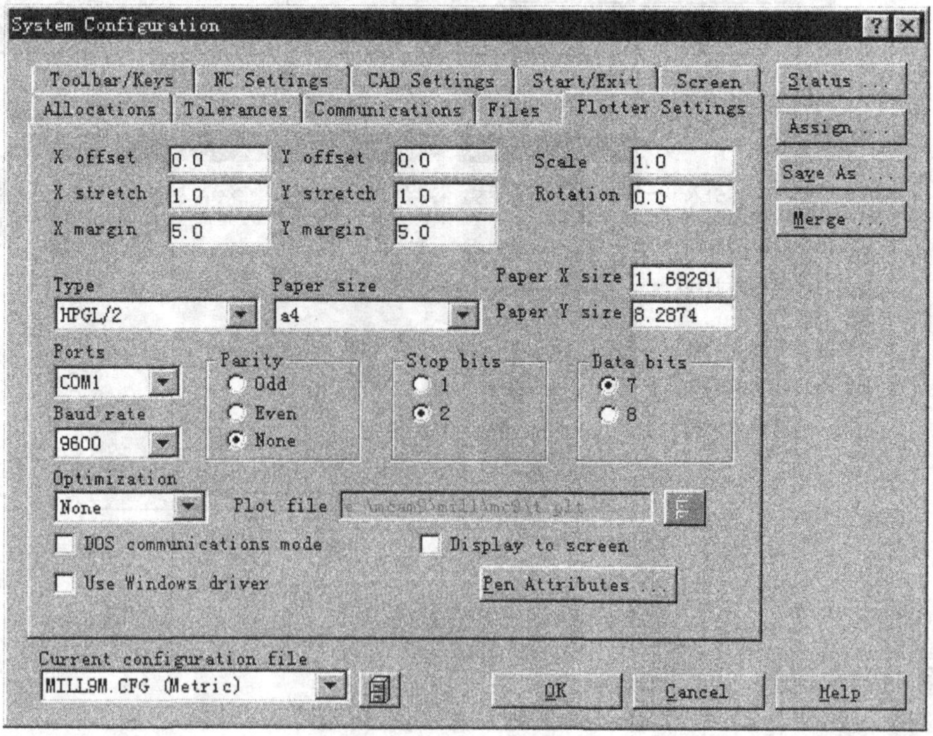


图 4-10　打印机设置标签页

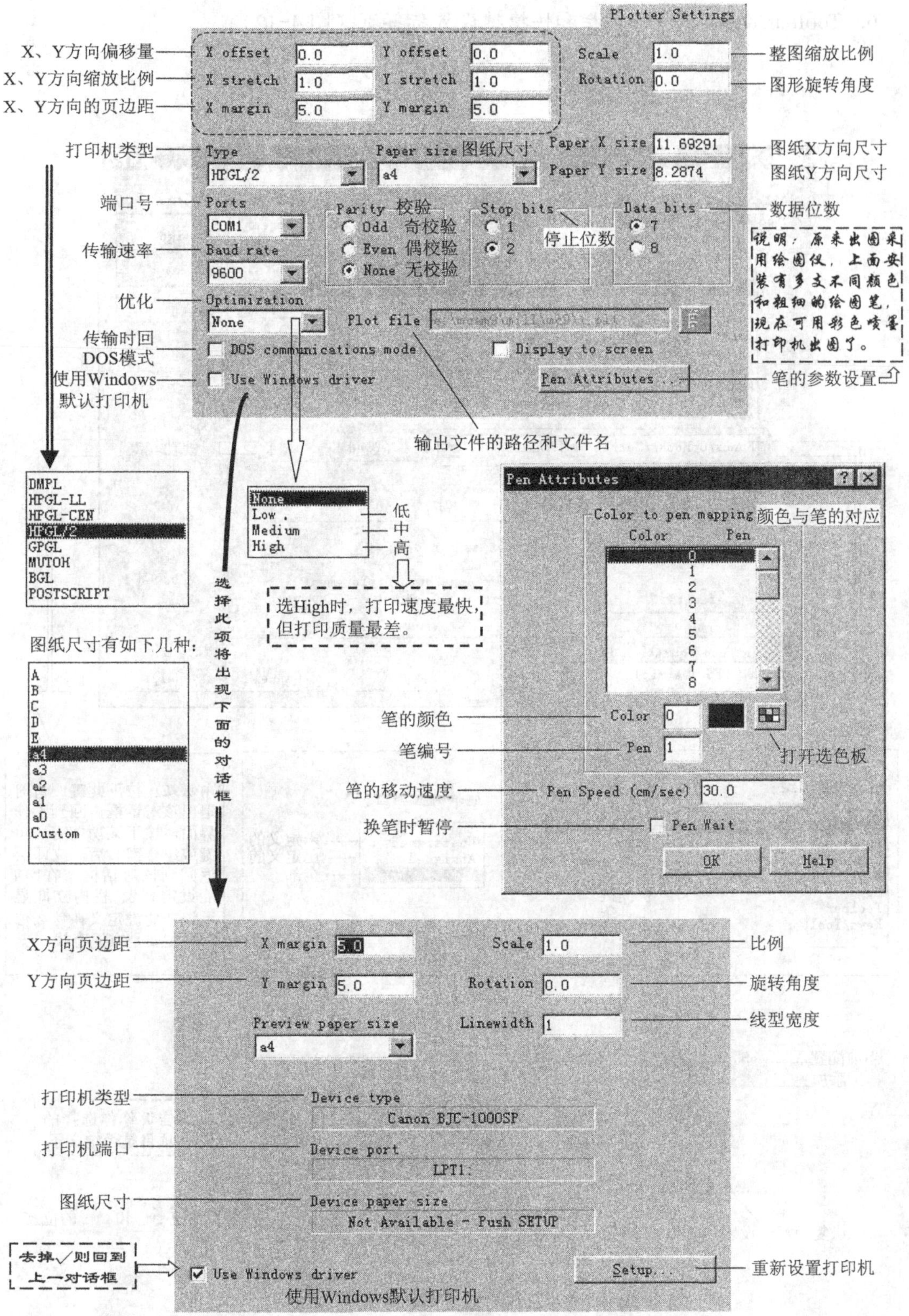


图 4-11　打印机设置内容

6. Toolbar/Keys —— 工具栏和快捷键设置标签页（图 4-12）

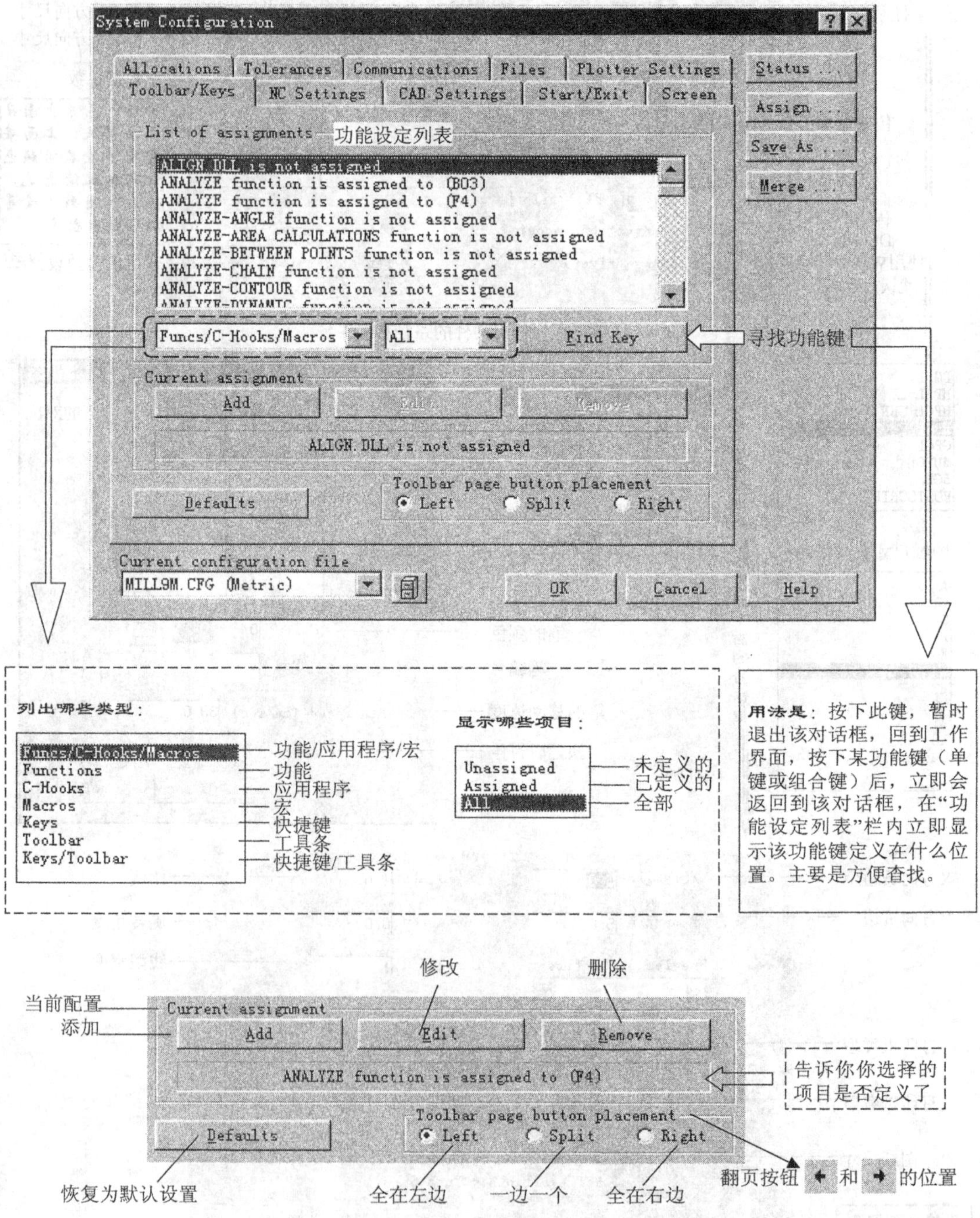


图 4-12　工具栏快捷键设置标签页内容

7. NC Settings ——NC 设置标签页（图 4-13）

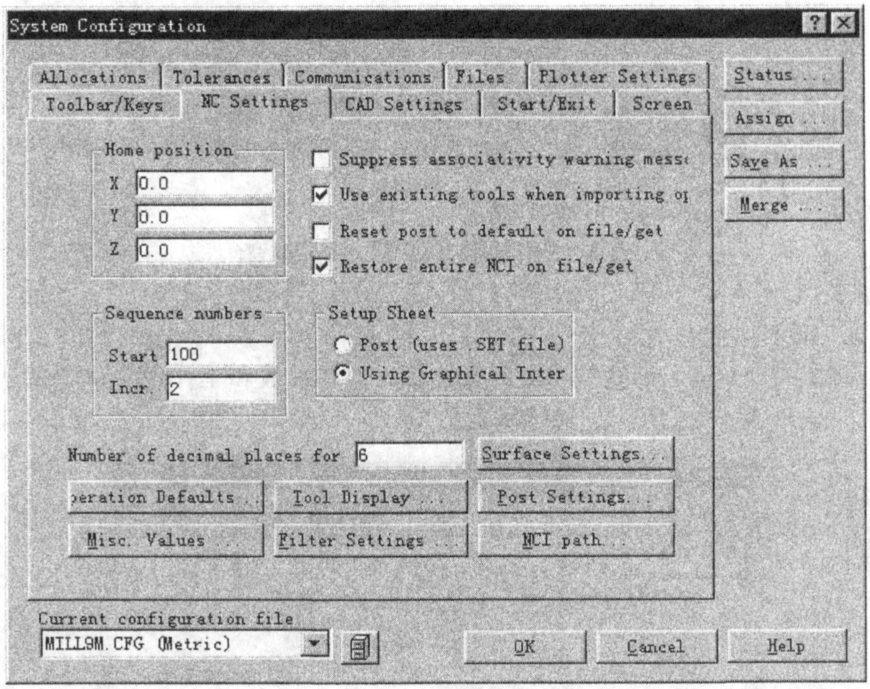


图 4-13　NC 设置标签页

解释如下：

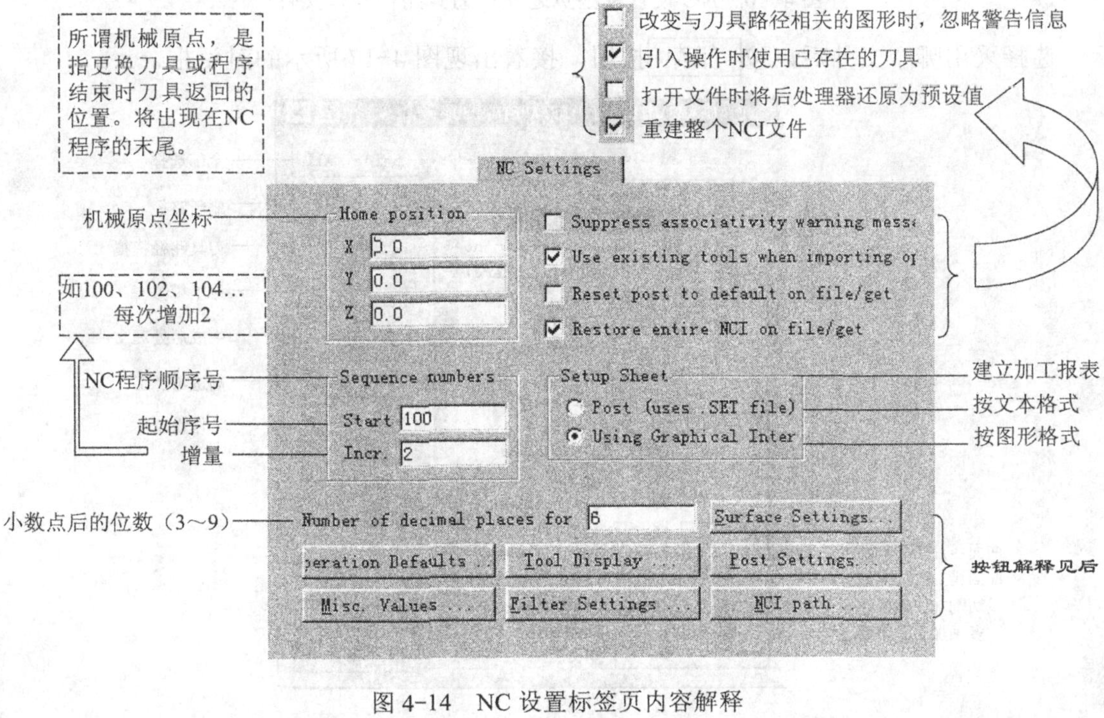


图 4-14　NC 设置标签页内容解释

七个按钮的含义如图 4-15 所示。

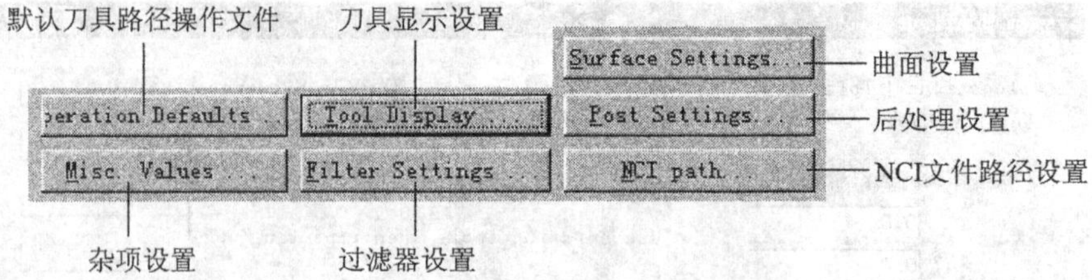


图 4-15　NC 设置标签页中按钮解释

解释如下：

1）默认刀具路径操作文件

可为各种类型（挖槽、钻孔等）的刀具路径、刀具参数和工作设置进行默认参数设置。按下按钮后，出现图 4-16 所示的对话框。

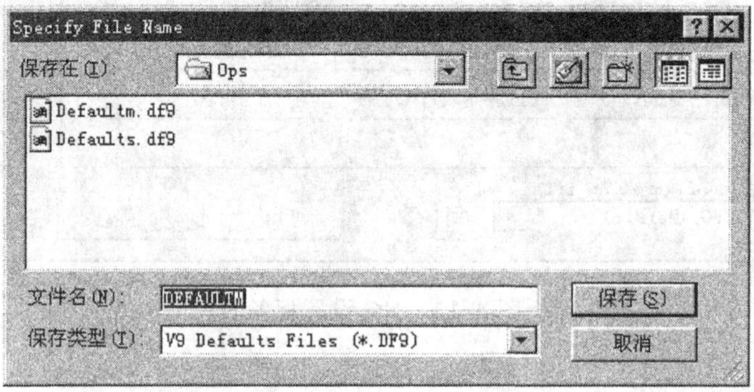


图 4-16　NC 设置标签页之默认刀具路径操作文件

选择采用哪个文件后，按 保存 按钮，接着出现图 4-17 所示的对话框。

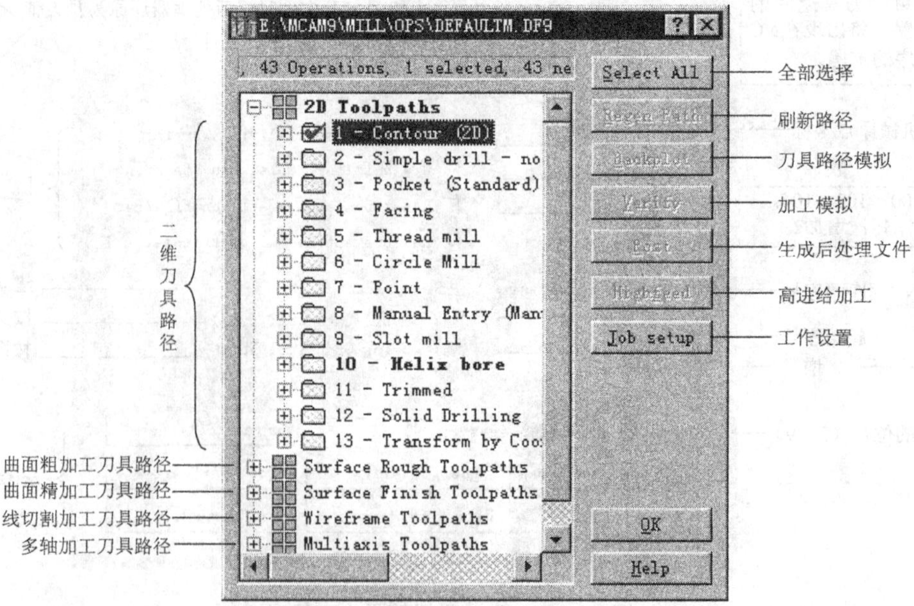


图 4-17　NC 设置标签页之操作的默认设置

图 4-17 所示的对话框中列出了 17 类共 43 种操作的默认设置。

选择要改动的一个操作，按下前面的[+]号，展开其下的四个项目 —— 加工参数、刀具设置、图形、NCI 文件，如图 4-18 所示。点击一项，会弹出相应的对话框，可修改其中的参数。

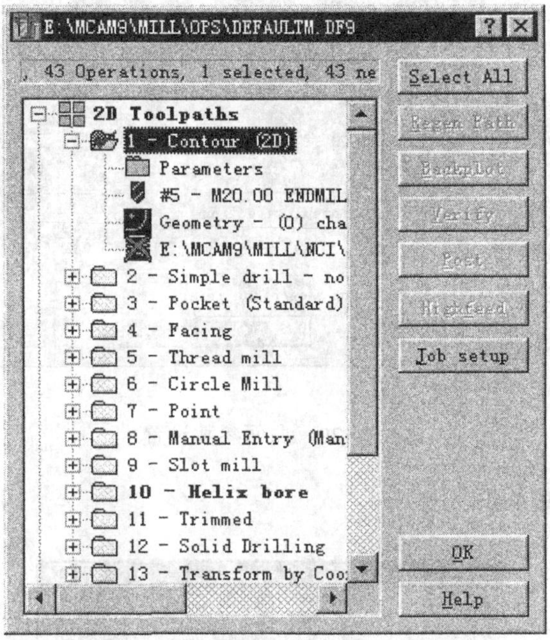


图 4-18　修改操作的默认设置

2）刀具显示设置

按下按钮后出现图 4-19 所示的对话框。

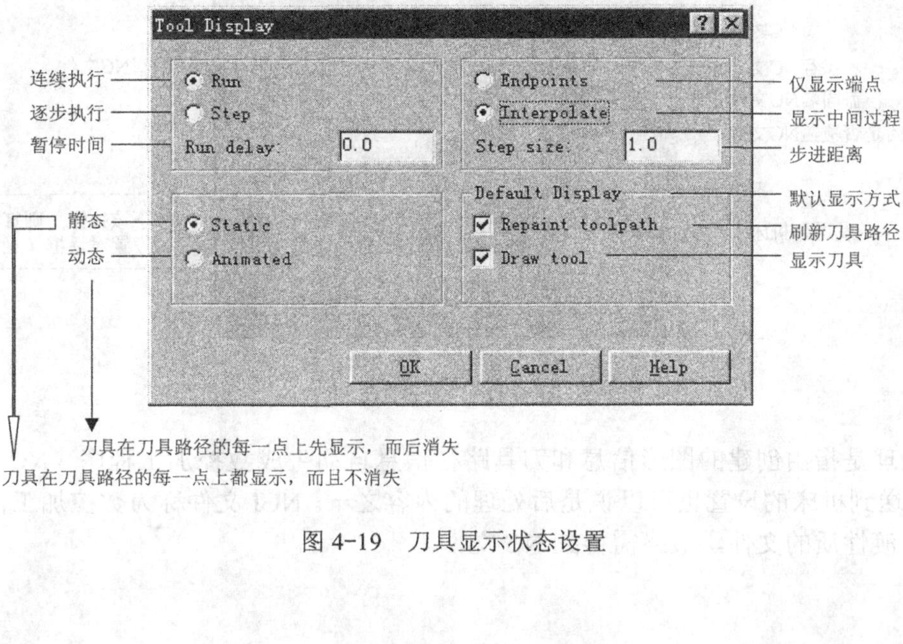


图 4-19　刀具显示状态设置

3）曲面设置（图 4-20）

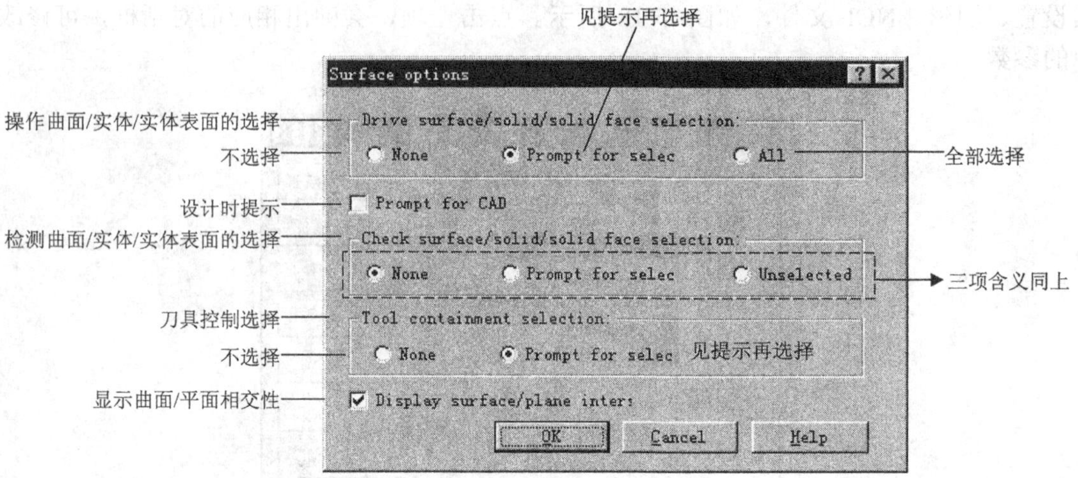


图 4-20　曲面参数设置

4）后处理设置（图 4-21）

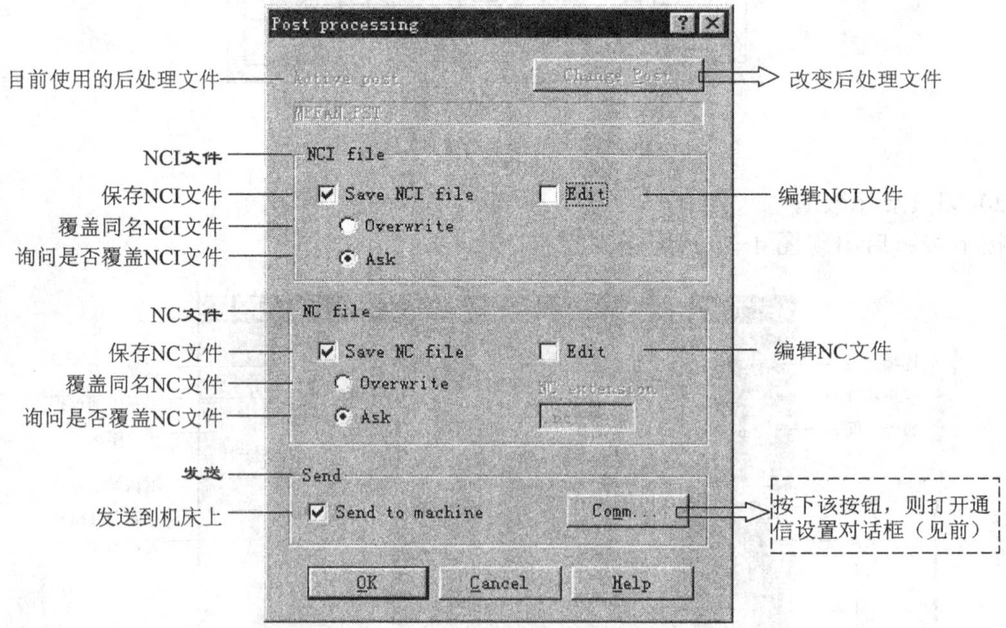


图 4-21　后处理设置

后处理是指由创建的图形信息和刀具路径信息自动生成数控加工程序（NC 程序）的过程。发送到机床的设置也可以说是后处理的内容之一。NCI 文件称为数控加工信息文件，是一种过渡性质的文件，最终需得到 NC 文件。

5）NCI 文件路径设置（图 4-22）

用于设置在什么时候提示输入或选择 NCI 文件的路径及初始化 NCI 文件的名称和路径的方法。

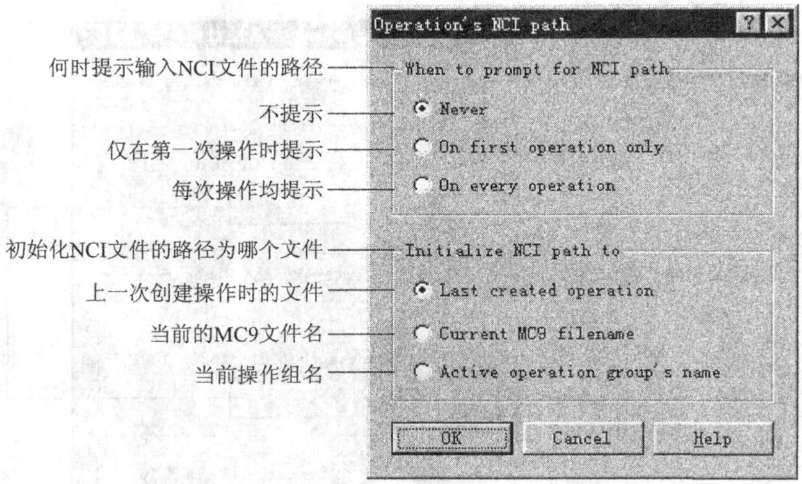


图 4-22　NCI 文件的设置

6）过滤器设置（图 4-23）

通过删除共线的点和不必要的刀具移动来优化和简化 NCI 文件，称为过滤。

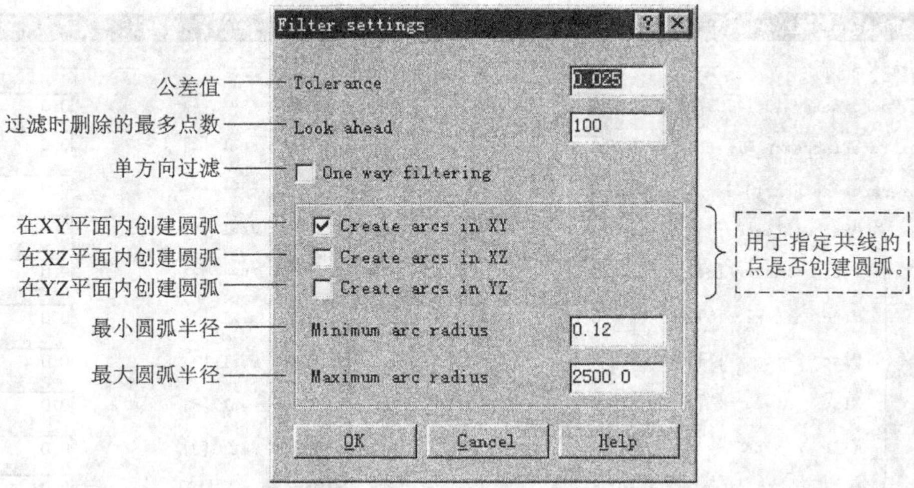


图 4-23　过滤器设置

7）杂项设置（图 4-24）

用于设定选定的后处理文件（有时称后处理器）中各杂项的值，配置文件中允许存放 10 个整数值和 10 个实数值，在创建 NCI 文件时，这些杂项值将写在每个操作的开始位置，后处理过程中，会将这些杂项值与某些变量一一链接。

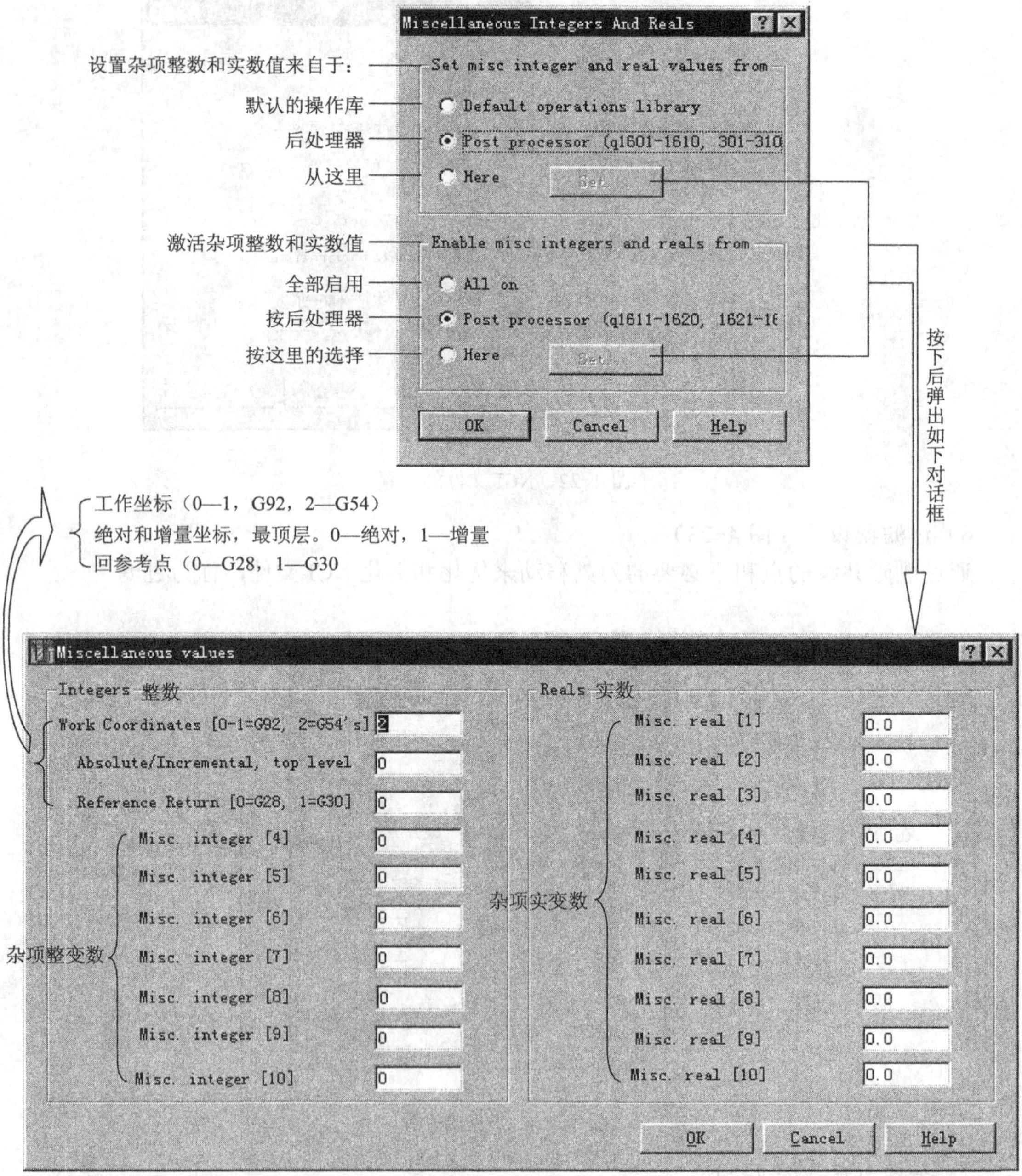
Miscellaneous Integers And Reals
设置杂项整数和实数值来自于：
Set misc integer and real values from
默认的操作库
Default operations library
后处理器
Post processor (q1601-1610, 301-310
从这里
Here
Set
激活杂项整数和实数值
Enable misc integers and reals from
全部启用
All on
按后处理器
Post processor (q1611-1620, 1621-16
按这里的选择
Here
Set
OK
Cancel
Help
按下后弹出如下对话框
工作坐标（0—1，G92，2—G54）
绝对和增量坐标，最顶层。0—绝对，1—增量
回参考点（0—G28，1—G30）
Miscellaneous values
Integers 整数
Work Coordinates [0-1=G92, 2=G54's]
Absolute/Incremental, top level
Reference Return [0=G28, 1=G30]
Misc. integer [4]
Misc. integer [5]
Misc. integer [6]
Misc. integer [7]
Misc. integer [8]
Misc. integer [9]
Misc. integer [10]
杂项整变数
Reals 实数
Misc. real [1]
Misc. real [2]
Misc. real [3]
Misc. real [4]
Misc. real [5]
Misc. real [6]
Misc. real [7]
Misc. real [8]
Misc. real [9]
Misc. real [10]
杂项实变数
OK
Cancel
Help

图 4-24 杂项设置

8. CAD Setting —— CAD 设置标签页（图 4-25）

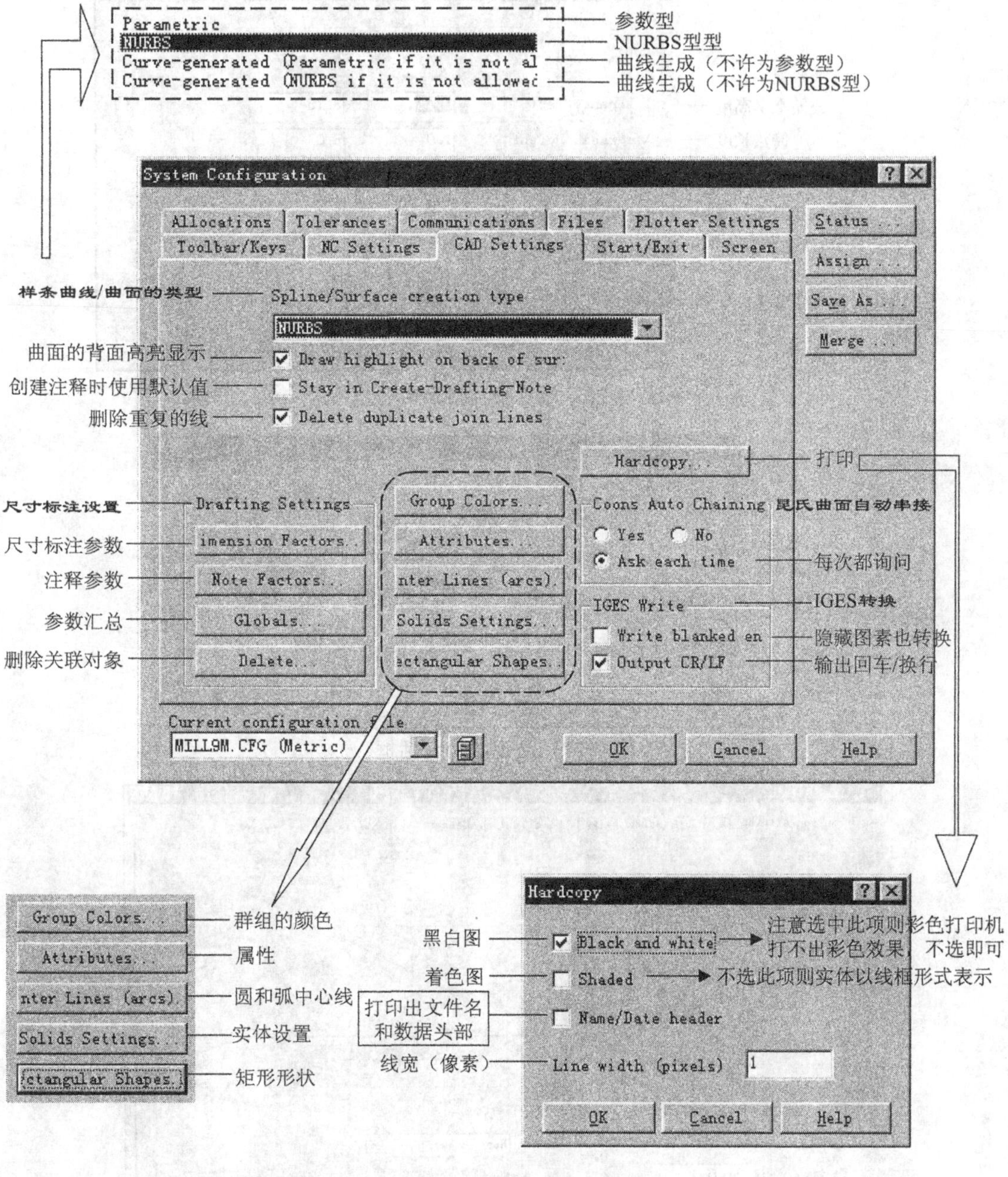


图 4-25　CAD 设置标签页

按下其它各个按钮，打开相应的对话框，含义解释如下：

1）尺寸标注参数对话框，如图 4-26 所示。

2）注释参数对话框（未解释的项目含义同上），如图 4-27 所示。

3）参数汇总对话框，如图 4-28 所示。

这个对话框是常用的对话框，将在尺寸标注一节详细介绍，此处略。

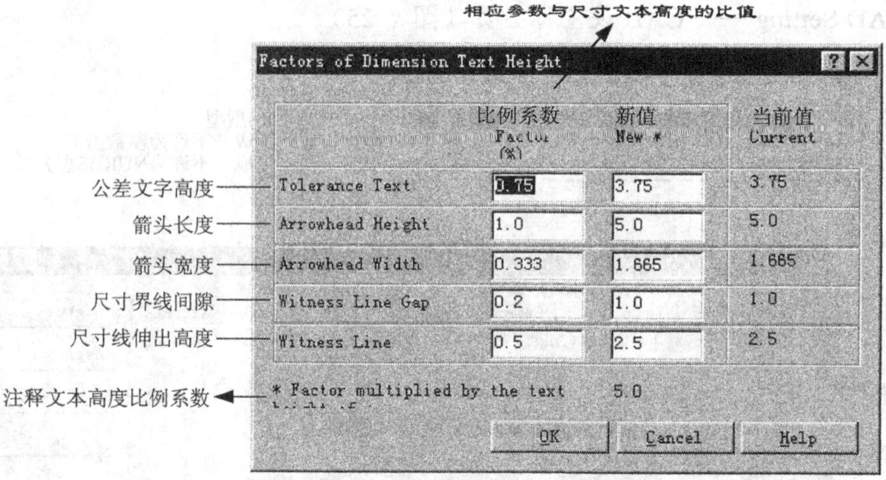


图 4-26　尺寸标注参数对话框

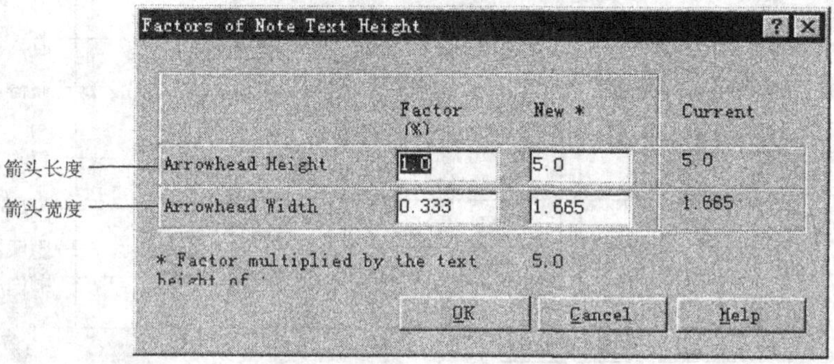


图 4-27　注释参数对话框

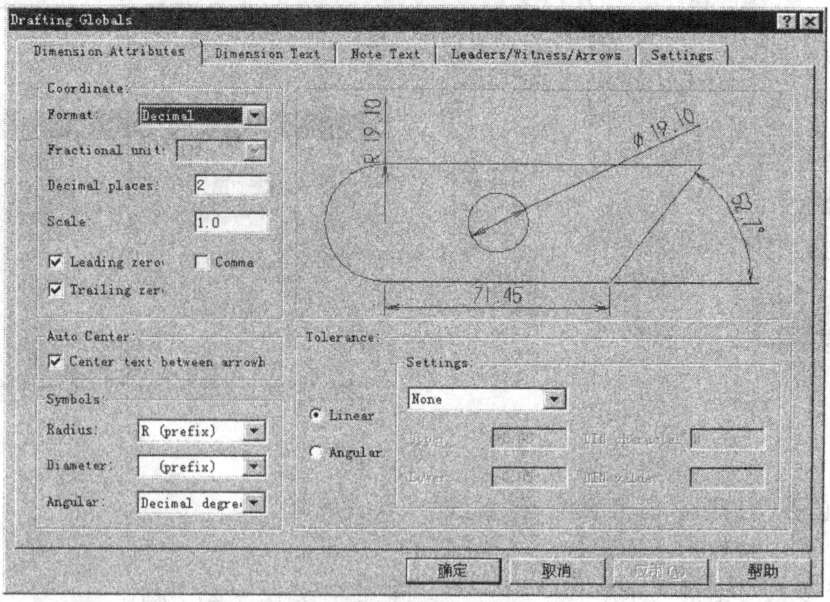


图 4-28　标注参数汇总对话框

4）删除关联对象对话框，如图图 4-29 所示。

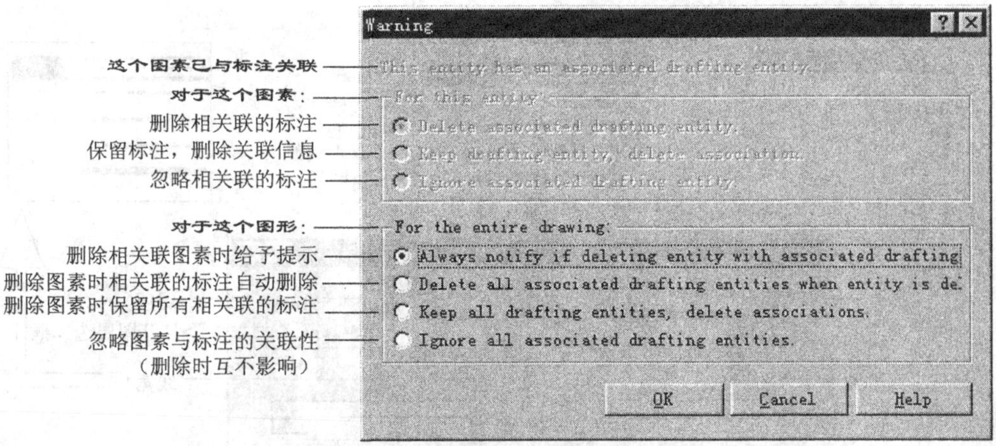


图 4-29　删除关联对象警告框

5）群组颜色对话框，如图 4-30 所示。

6）属性对话框，如图 4-32 所示。

颜色、所在图层、线型、线宽等称为图素的属性。

7）圆和弧中心线设置对话框，如图 4-31 所示。

图 4-30　群组颜色设置对话框

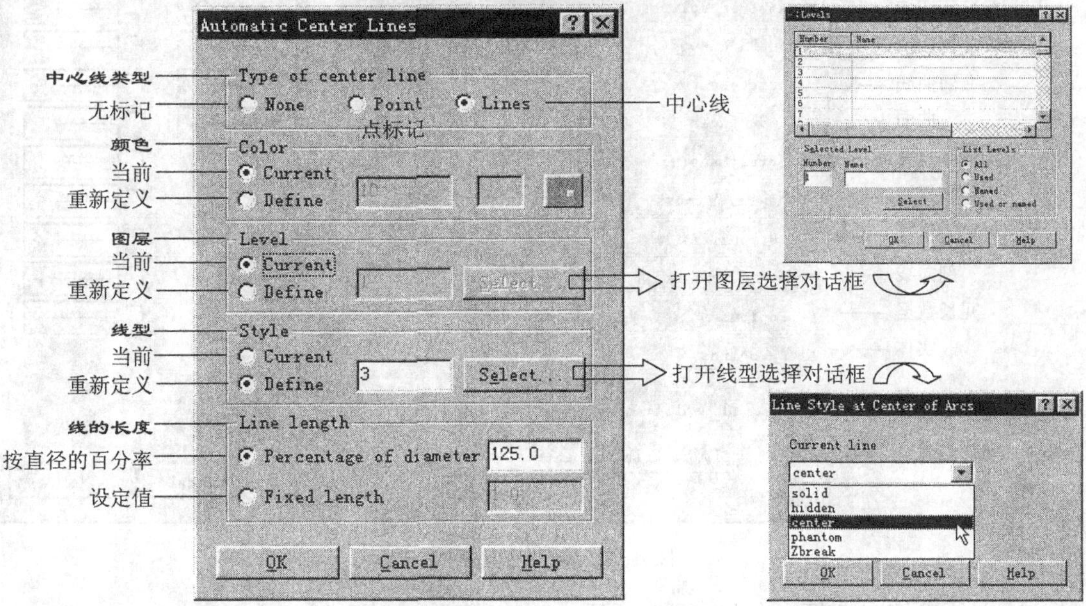


图 4-31　中心线设置对话框

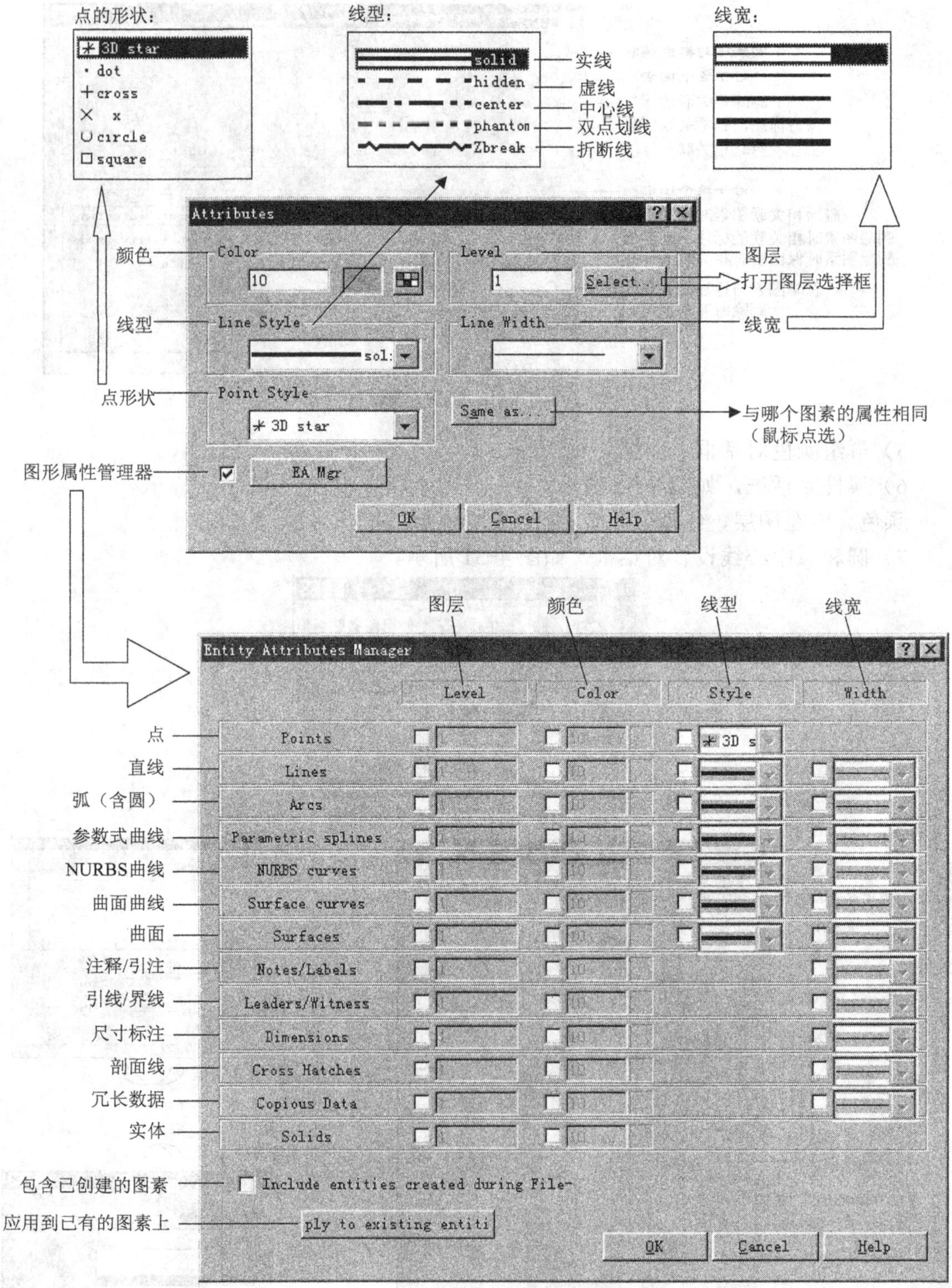


图 4-32　属性设置对话框

8）实体设置对话框，如图 4-33 所示。

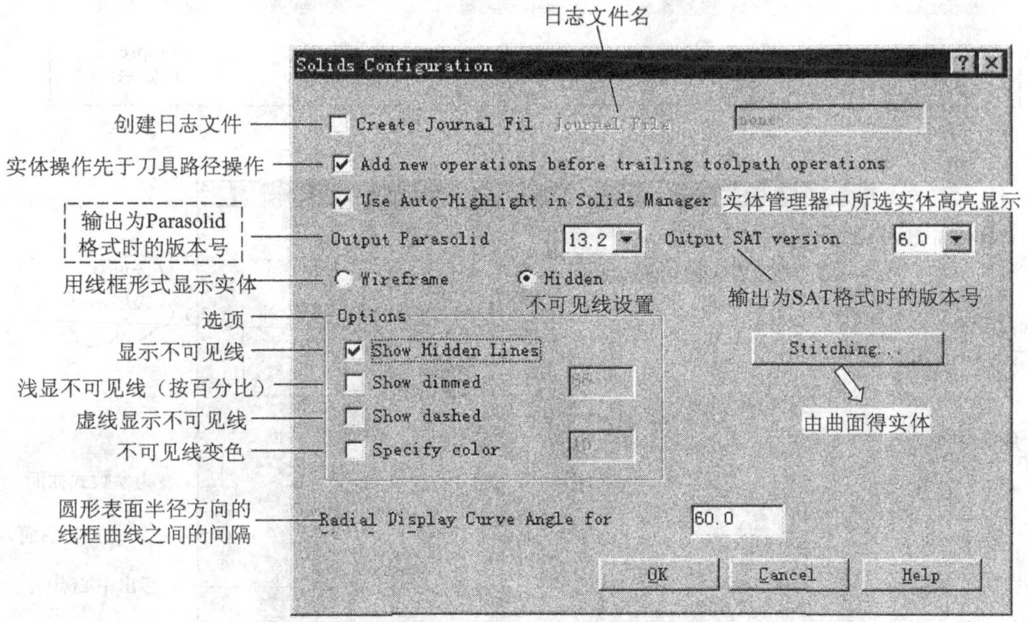


图 4-33　实体设置对话框

按下 Stitching… 按钮，弹出如图 4-34 所示的对话框。

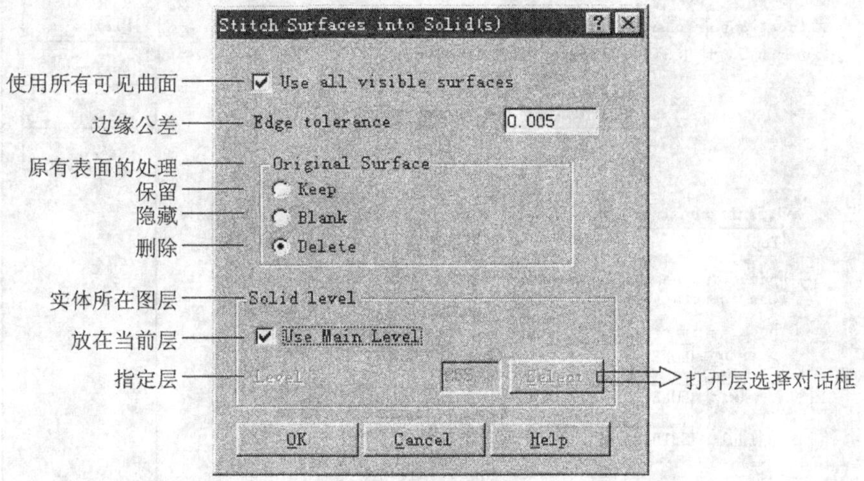


图 4-34　曲面缝合为实体对话框

9）矩形形状设置对话框，如图 4-35 所示。

9. Start/Exit —— 启动/退出设置标签页（图 4-36）

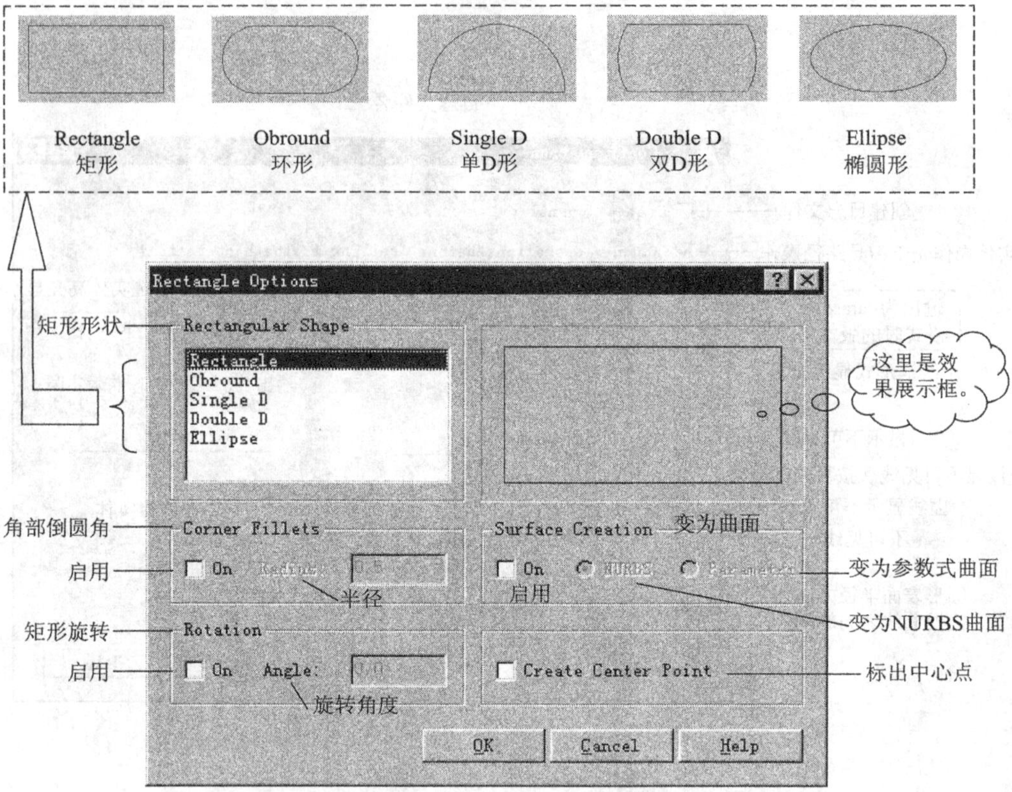


图 4-35　矩形形状设置对话框

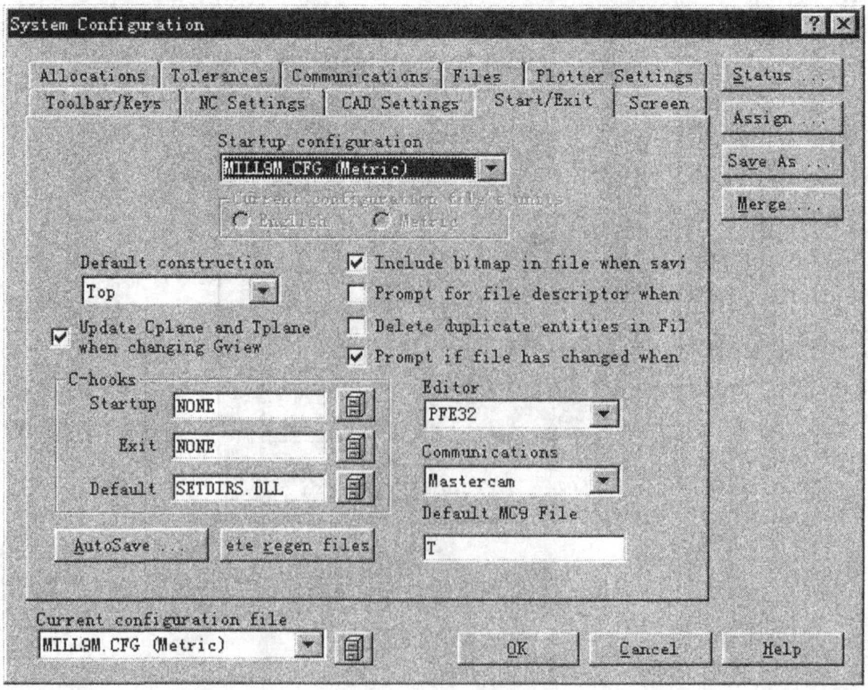


图 4-36　启动退出设置标签页

各项内容如图 4-37 所示。

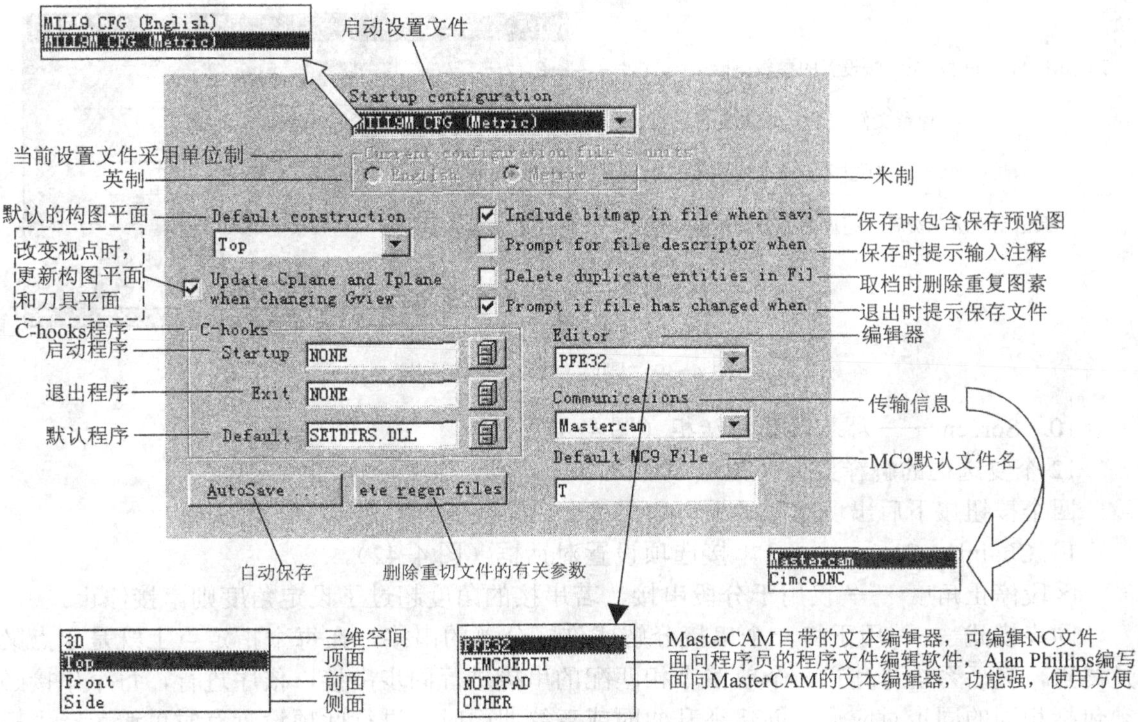


图 4-37　启动退出标签页解释

按下 AutoSave… 自动保存按钮，出现图 4-38 所示的对话框。

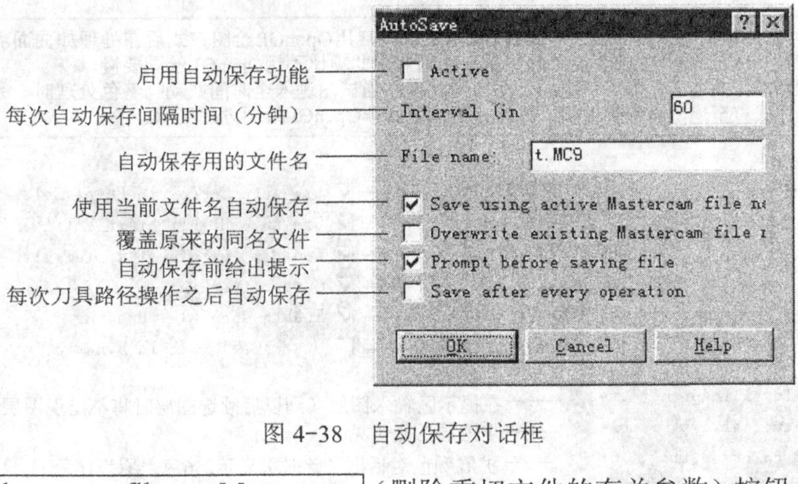


图 4-38　自动保存对话框

按下 Delete regen files on Mastercam （删除重切文件的有关参数）按钮，出现图 4-39 所示的对话框。

**重切文件（Regen）** —— 曲面重切文件是 MasterCAM 为每一条曲面刀具路径生成的临时文件，保存有图形的尺寸参数、刀具移动的计算等信息，使用重切文件可以加速曲面刀具路径的重建。

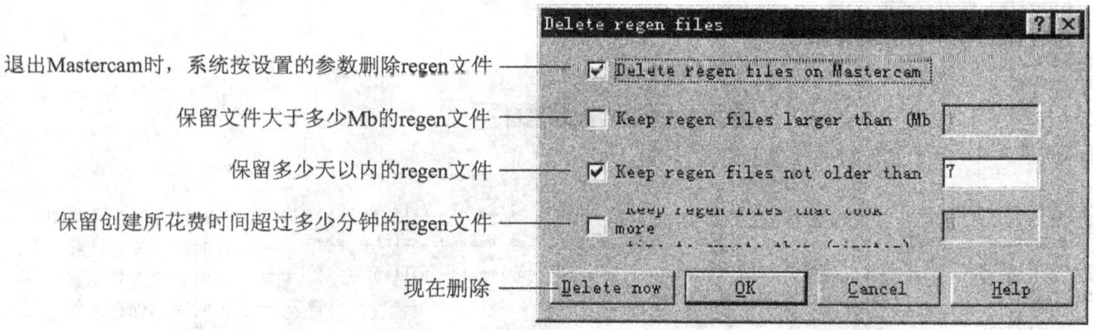


图 4-39　删除重切文件对话框

10. Screen —— 屏幕设置对话框（图 4-41）

12 个复选框的解释如下（图 4-40）：

四个按钮按下后出现的对话框：

1）Chaining Options —— 串接选项设置对话框（图 4-42）。

区段停止角度 —— 仅用于分段串接，若串接的角度超过了设定角度则串接停止。

同步模式 —— 用于将一个串接分解成许多分离的串接，在每个指定点上既是起点又是终点，然后系统与其它一个或多个相匹配的串接进行同步串接，依序进行，每个串接必须包括相同的同步对应点。创建举升曲面或直纹曲面时，进行此项设置有时可避免产生扭曲现象。

2）System Colors —— 系统颜色设置对话框（图 4-43）。

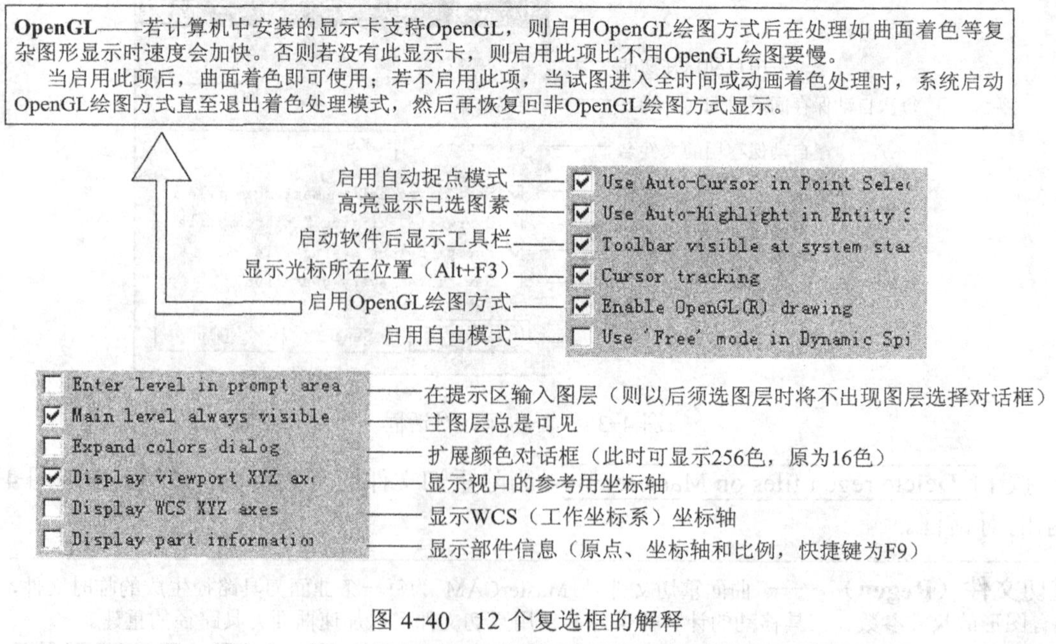


图 4-40　12 个复选框的解释

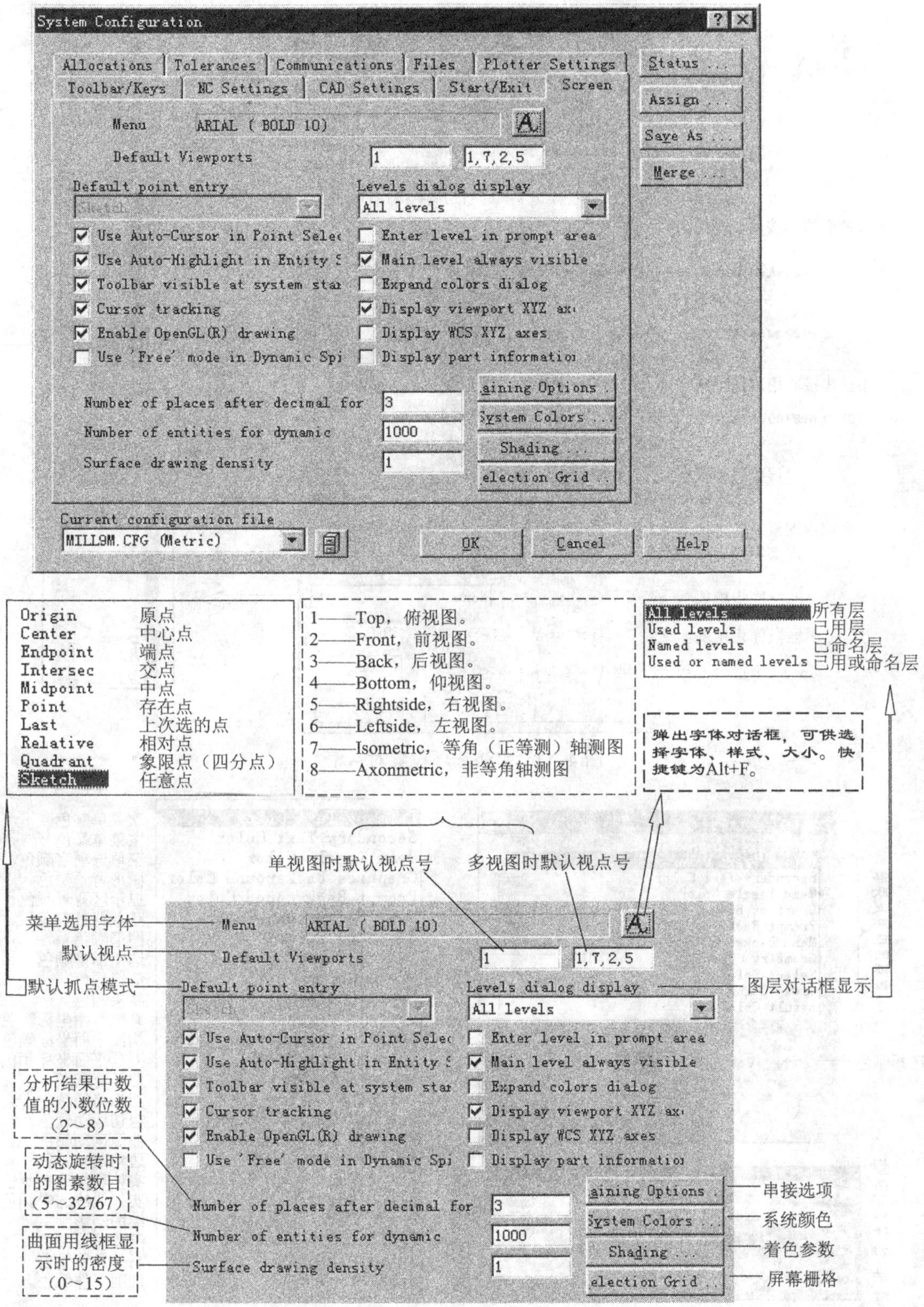


图 4-41　屏幕设置对话框

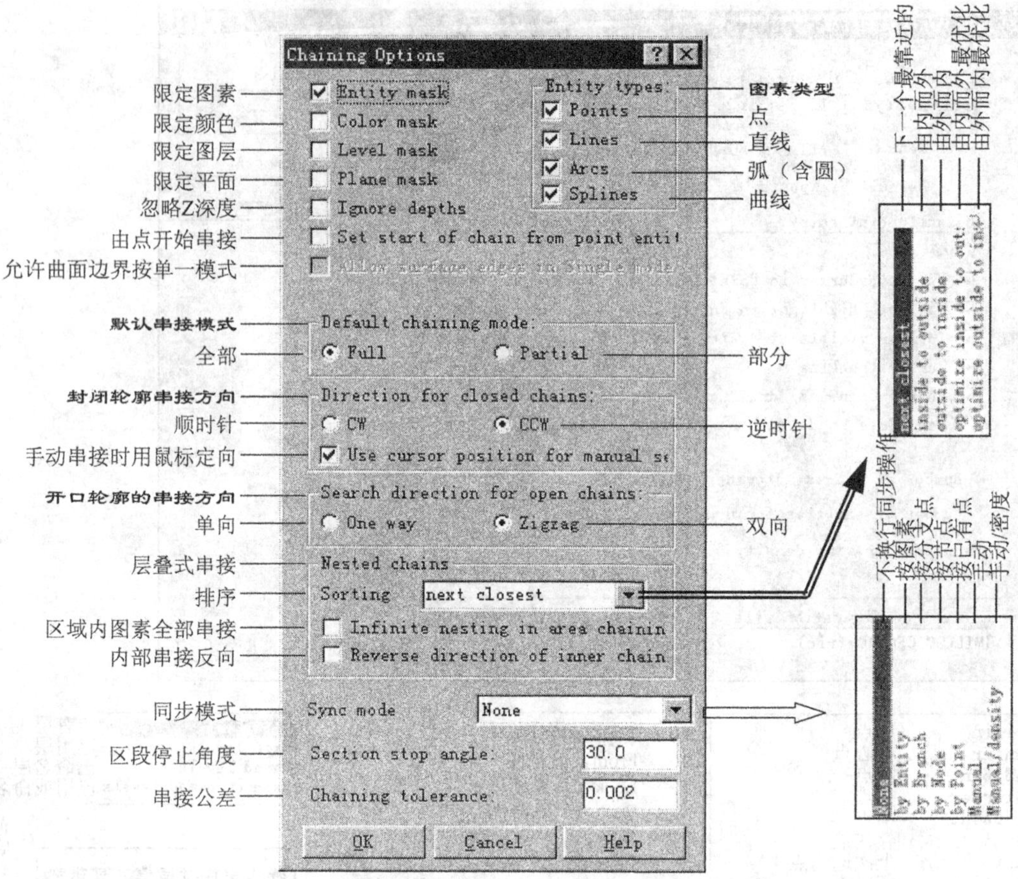


图 4-42　串接选项设置对话框

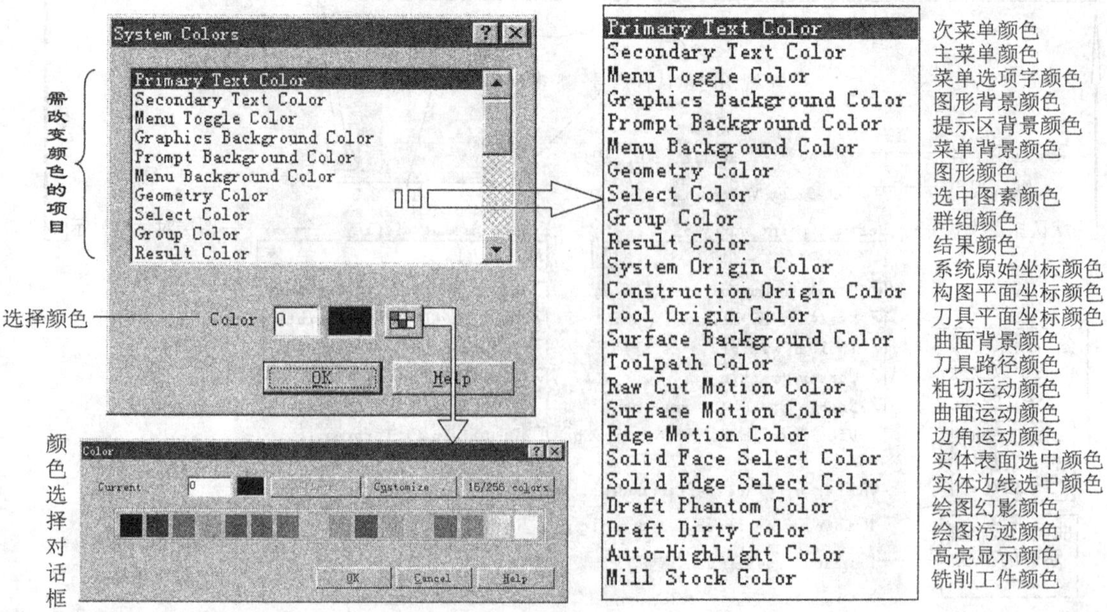


图 4-43　系统颜色设置对话框

3）Shading Settings —— 着色参数对话框（图 4-44）。

下面对材料和光源设置对话框进行解释：

a）材料选择对话框（图 4-46）。

b）光源设置对话框（图 4-45）。

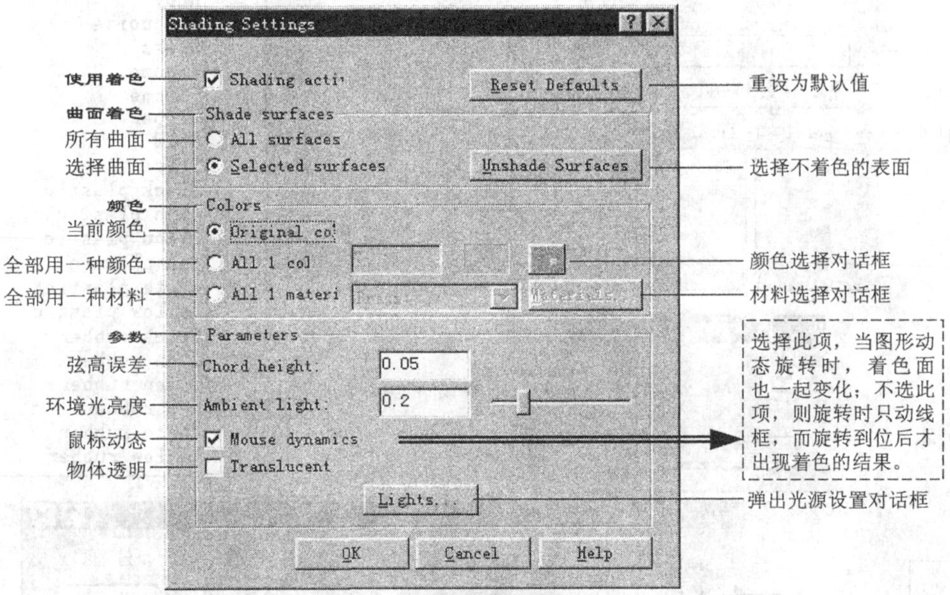

图 4-44　着色参数设置对话框

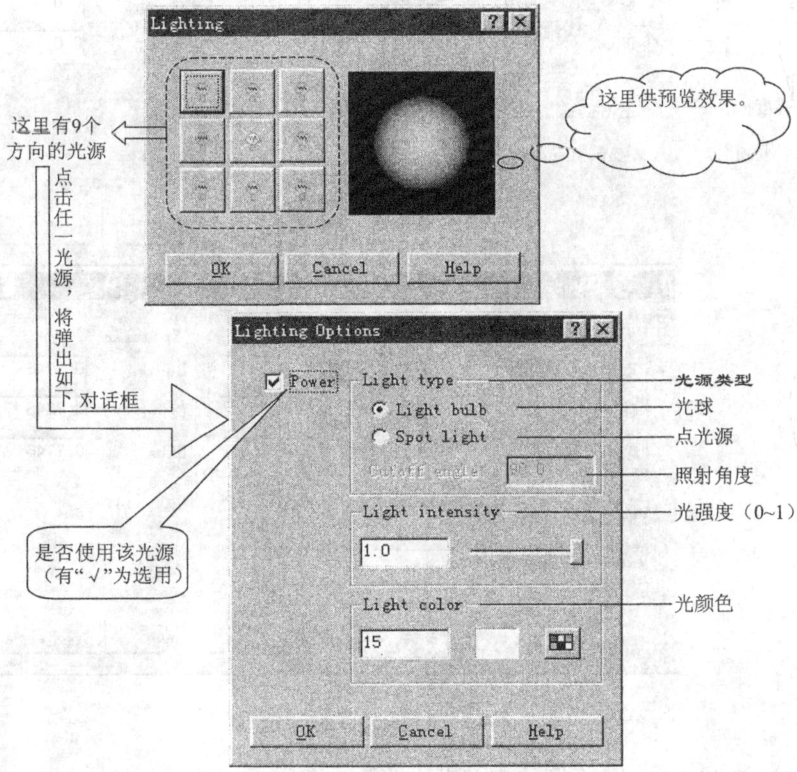

图 4-45　光源设置对话框

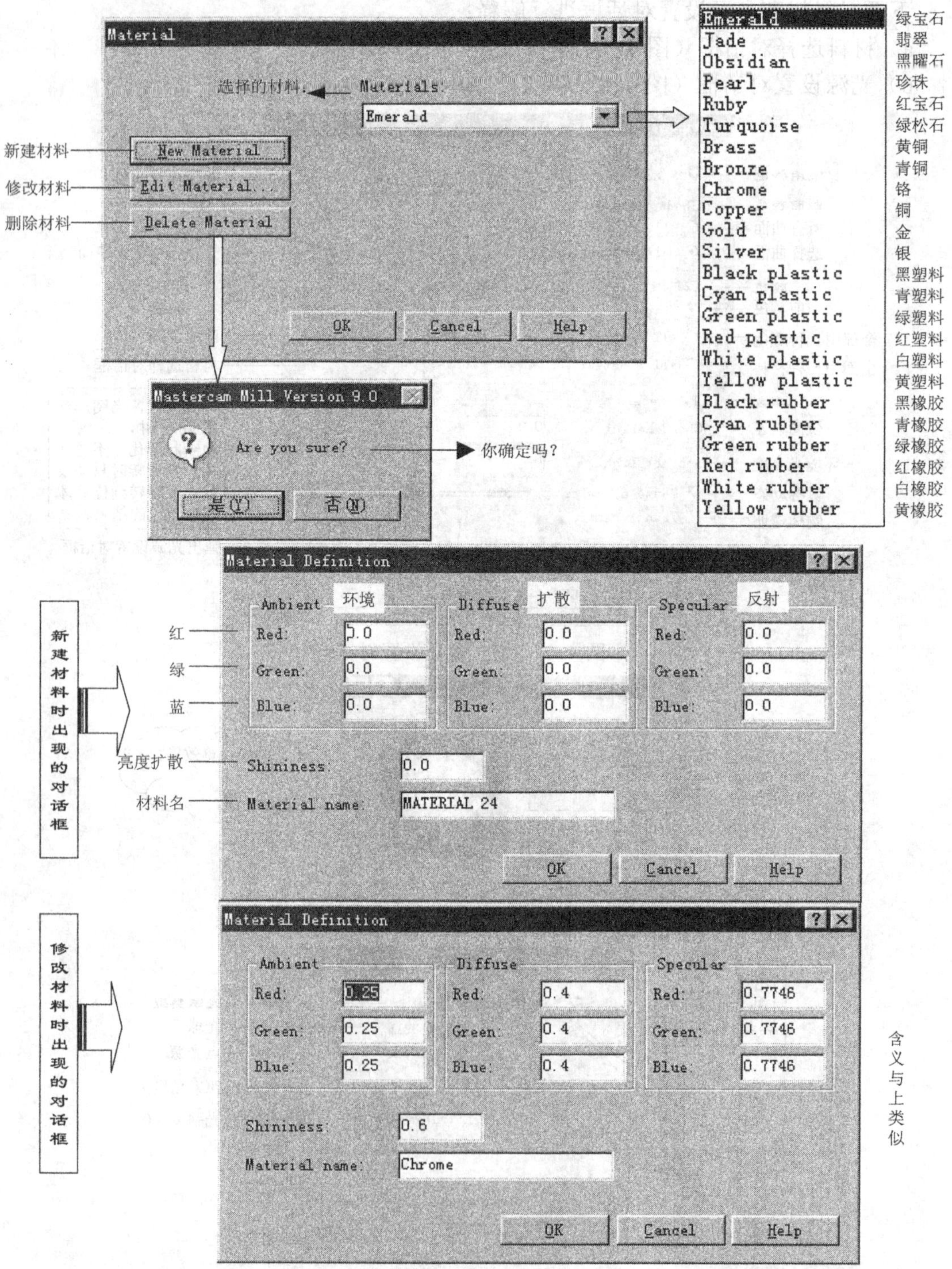


图 4-46　材料选择对话框

4）Selection Grid —— 屏幕栅格对话框（图 4-47）。

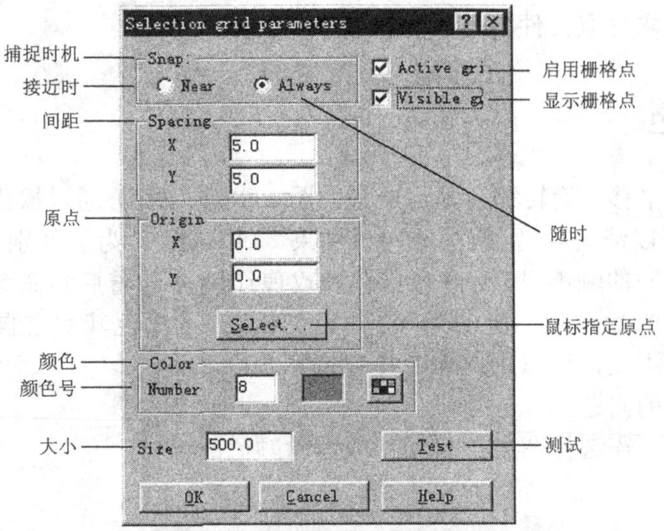


图 4-47　屏幕栅格设置对话框

## 4.2　统计图素

选择命令后，可自动统计屏幕上的图形中每种类型的图素各有多少，显示在屏幕下方的提示区，如图 4-48 所示。

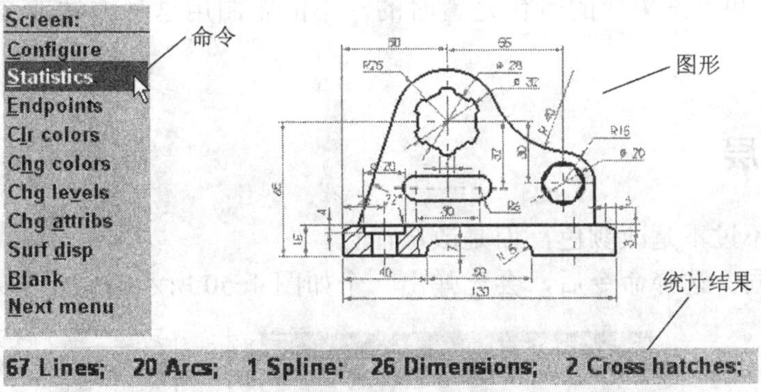


图 4-48　统计图素

## 4.3　端点显示

可以显示出构成图形的各图素（直线、弧、曲线等）的端点，并且允许保存显示出来的点。

选择命令后即自动进行显示，同时出现保存菜单，如图 4-49 所示。

保存菜单中的 Save dups 有 Y 和 N 两个选项：选 Y 时，即便点有重叠在一起的，也都保存；选 N，则在重叠点处，只保留一个点的信息。

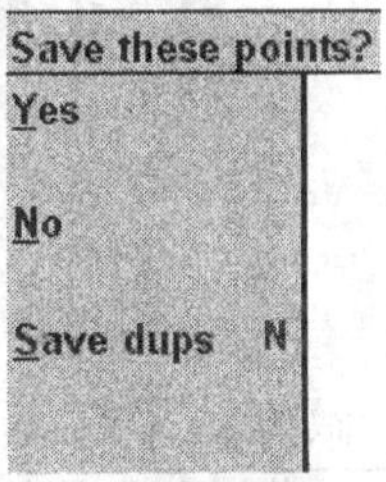


图 4-49　保存端点菜单

保存时不会要求另取文件名，就存在本图中。

## 4.4 清除颜色

有些命令（如平移、旋转等）是将原来的图（称为“源”）通过操作命令生成新图（源图可以保留，也可以消失），则新图成为“结果”（Result），为了区别，MasterCAM 将源图和结果图采用不同的颜色来显示（如红色和玫瑰红色），随着后续命令的执行，新的“源”和新的“结果”出来后，则上次的“源”和“结果”的颜色其实会自动复原为其本来的颜色，但你如果等不及，可以用此命令提前恢复本色。

群组也有同样的问题。

选择命令后，不需选择图素，自动完成清除颜色的工作。

## 4.5 改变颜色

本命令可以将选择的图素的颜色改为当前系统规定的颜色。

例如，原来的图形是用红色画的，现在系统颜色改为绿色了（以后画的图素就将是绿色的，直到再改颜色为止），如果希望某些红色的图素改为绿色，就用此命令，选择这些图素后它们颜色即会改变，而没有被选择的图素将保留原来的颜色。

**注意**：“源”和“结果”的颜色是暂时的，不能企图用这种方法改变，而要用上面的方法。

## 4.6 改变图层

与上类似，不过不是改颜色，而是改层而已。

还有一点不同，选择命令后，会先弹出一个如图 4-50 所示的对话框。

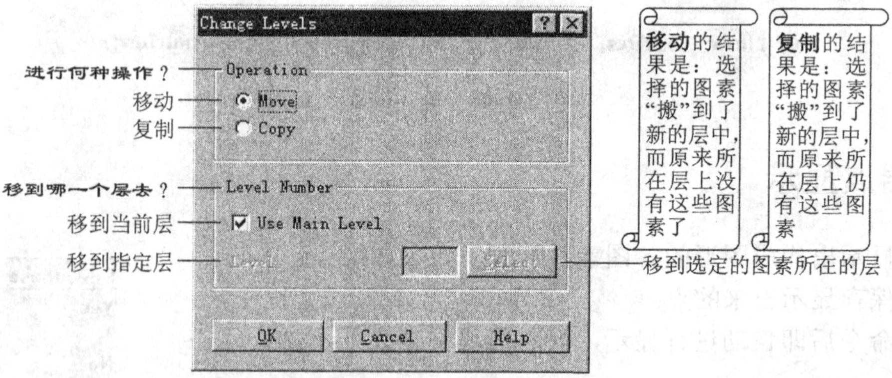


图 4-50 改变图层对话框

做好选择后，点 OK 按钮退出对话框，然后点选要改变的图素，选完后按键盘上的 Esc 键返回到上一菜单，点 Done 项即可。

## 4.7　改变属性

图素的颜色、线型、线宽、所在层属于图素的属性，可以改变，比如把一条实线变为宽一些的虚线，并改到 7 层上……类似这样的操作要用到此命令。

选择命令后，会出现图 4-51 所示的菜单。

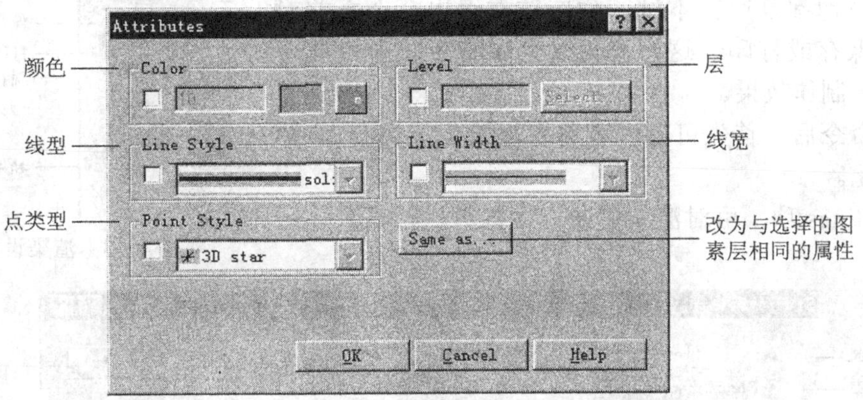


图 4-51　改变属性对话框

要改变哪一个属性，就要使哪一项前的方框中出现“√”的标记（点击方框即可），表示选中该项，然后再在右侧的框中选择要改为何种属性值（比如红色、3 层、虚线 Hidden……），改好后点 OK 按钮退出对话框，然后点选要改变的图素，选完后按键盘上的 Esc 键返回到上一菜单，点 Done 项即可（实际上点击了图素后就改变了）。

可以同时选择多项。

## 4.8　曲面显示

该命令可以设置曲面显示在屏幕上的一些状态。

选择命令后，菜单发生如图 4-52 所示的变化。

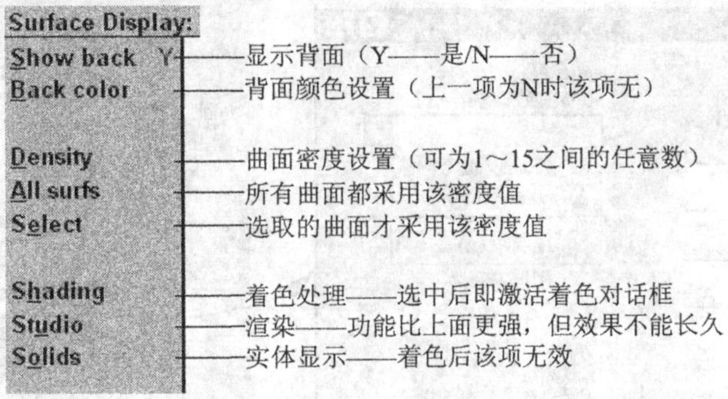


图 4-52　曲面显示设置菜单

曲面着色处理时出现的对话框在本章 4.1 节系统配置中有详细介绍，具体用法在第 11 章之后会经常遇到，在此不重复。

下面介绍一下渲染和实体显示两项，至于前面的五项，相信看了图 4-52 的注释就清楚了。

1. 渲染

有些书中称其为多工着色或动态着色。

这个命令可对曲面和实体进行渲染，功能比 Shading 还强，但这种渲染效果不能长久维持，一旦退出 Studio 命令，就一切都复原，不过，你应该在退出命令之前对效果进行保存或打印，这样就可永久保存了。所以此命令主要用于制作效果。

选择命令后，首先可发现菜单内容发生了如图 4-53 所示的变化。

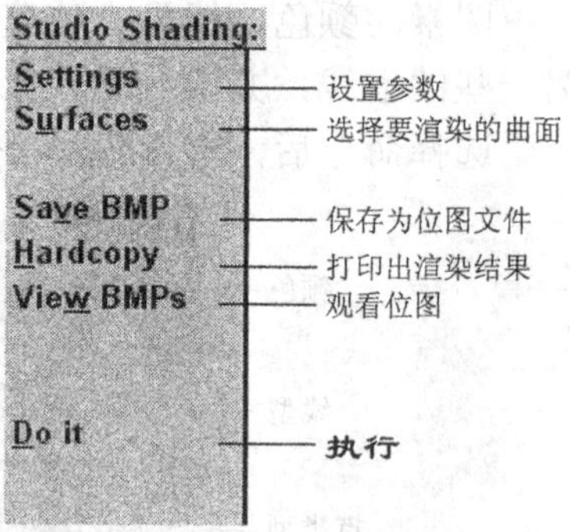


图 4-53　渲染设置菜单

点 Settings 项，可对渲染中的许多参数进行设置（图 4-54）。

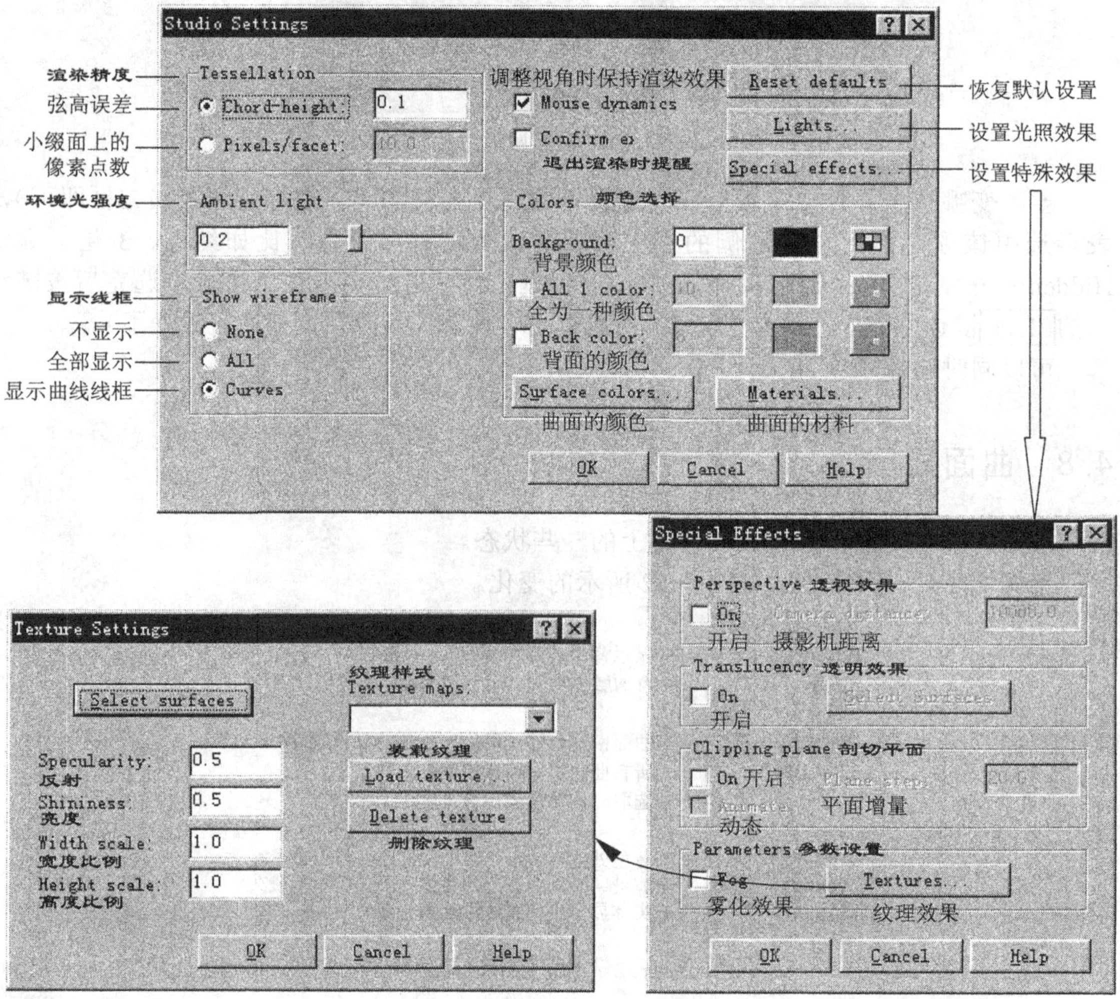


图 4-54　渲染参数设置

从图 4-54 可见：有一些项目（如设置光照效果等）与着色处理中的是一样的。

设置好参数后，选择曲面，点菜单中的 Done 项，再点菜单中的 Do it 项，就可看到效果，平移、旋转和改变视角等操作都随意，只要不退出该命令（返回到上一级菜单也属于退出），渲染的效果就可维持。

2. 实体显示

用于设置创建的实体的显示方式，如果着色处理被启用，则即便做了实体显示设置也无效，仍按着色处理办。

输入命令后，会弹出一个如图 4-55 所示的对话框。

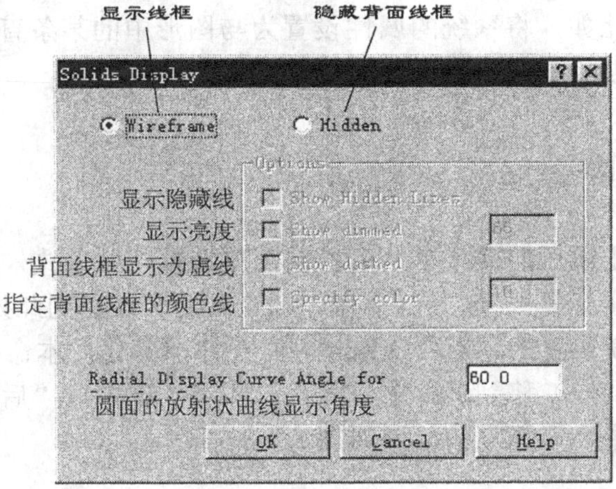


图 4-55 “实体显示”设置

做好设置后，点 OK 按钮退出对话框，则实体显示方式会改变。

## 4.9 隐藏图素（Blank）

该功能用于将屏幕上指定的图素隐藏起来，使其不可见，但并没有删除。

选择命令后，屏幕上出现如图 4-56 所示的选择菜单。

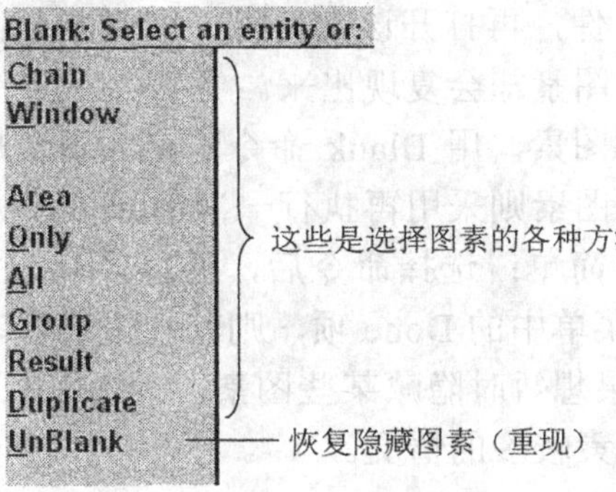


图 4-56 选择隐藏图素菜单

可采用菜单中列出的各种方法选择要隐藏的图素，这些图素将立即在屏幕上消失。

重现被隐藏图素的方法：

如果想让被隐藏的图素重新显示在屏幕上，可以选择图 4-56 所示的菜单中的 UnBlank 项，点击该项后，屏幕上首先会出现出被隐藏的图素，你可以选择准备重现的图素（如果全选，当然就全部重现），再按 BACKUP 按钮或键盘上的 Esc 键返回到上一级菜单（退出了命令），则被隐藏的图素重新显示在屏幕上。

## 4.10 设置为系统属性

本功能可以将屏幕上指定的一个图素的属性（包括其颜色、所在层、线型、线宽）作为当前系统的属性。比如，将系统的属性设置为与图形中的某条直线的属性相同。

选择命令后，只要点击你“相中”的一个图素即可。

## 4.11 调整屏幕中心

选择命令后，会出现点捕捉菜单，可根据需要选择一种方式（如捕捉特征点，或者用坐标输入法输入点的坐标等），选择一个点，则屏幕的中心移到此处，你试一次就明白了。

要放心的是：系统设置的原点（Origin）位置并不变化，本命令不过是将你眼睛注意的焦点（就是你选择的点）移到屏幕中心而已，相当于把窗口“后面”的图样移动一个位置，让你把注意力集中在选择点的位置周围。

## 4.12 隐藏部分图素（Hide）

本命令与 4.9 节中刚讲过的 Blank 命令有共同之处，也有差别。

共同之处是 —— 都可使一部分图素隐藏起来成为不可见。

不同之处有以下几方面：

1）选择 Blank 命令，系统提示你选择要隐藏的图素；而选择 Hide 命令，系统提示你选择要保留在屏幕上的图素（其它的将隐藏）。

2）隐藏后如果存储了文件，再打开该文件时，则用 Blank 命令隐藏的图素仍然是隐藏的；而用 Hide 命令隐藏的图素却会复现出来。

3）如果想恢复被隐藏的图素，用 Blank 命令隐藏的图素是用命令下的 UnBlank 项来恢复；而用 Hide 命令隐藏的图素则采用再执行一次 Hide 命令的方法来恢复。

Hide 命令的操作过程很简单：选择命令后，通过多种方式选择要保留（不隐藏）的一个或多个图素，选完后点菜单中的 Done 项，则其它未选图素全部被隐藏。

按照操作方法来看，如果想暂时隐藏某些图素，则 Blank 命令适合隐藏图素较少的情况，而 Hide 命令适合隐藏图素较多的情况。

## 4.13 设置屏幕网格点

屏幕上如果存在网格（又称栅格）点，将有助于你判断位置、范围和定点捕捉（可自动捕捉这些网格点）。这是一种辅助绘图的手段。

选择命令后，会弹出一个对话框，该对话框中各项内容已在 4.1 节图 4-47 中做了解释，看看并试试就明白了。图 4-57 是设置了网格后的屏幕效果。

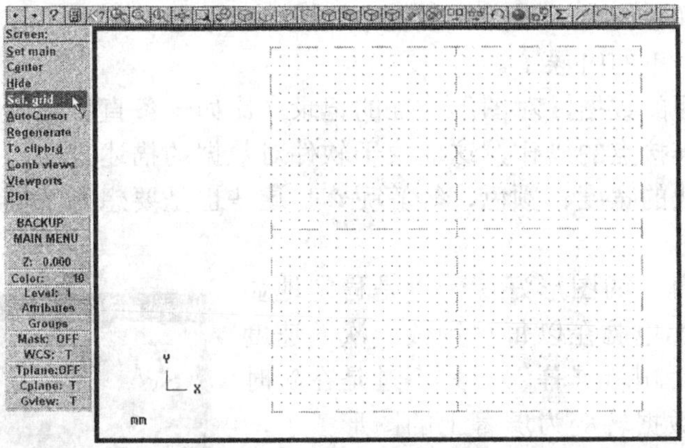


图 4-57　设置屏幕网格

## 4.14　自动捕捉特征点

该项是一个选择项，可选为 Y 或 N，如果设置为 Y，则移动鼠标时，屏幕上与之随动的光标将随时捕捉附近的特征点（端点、中点、中心点等），并在特征点处显示方框形标志，如果看到你要确定的点上出现了捕捉标志，则点击鼠标左键，于是就正式捕捉到了这个特征点。如果设置为 N，则光标不具有捕捉特征点的功能。

要注意的是：要在命令执行过程中需要捕捉点时才可以见到捕捉功能，平时是不会无缘无故出现捕捉标志的。

另外，在屏幕空白处点击鼠标右键，会弹出一个图 4-58 所示的浮动菜单，其中也有 AutoCusor 一项，如果它的前面有“√”号，则表示选中了该项，同样设置了自动捕捉特征点的功能，这是另外一种设置方式。

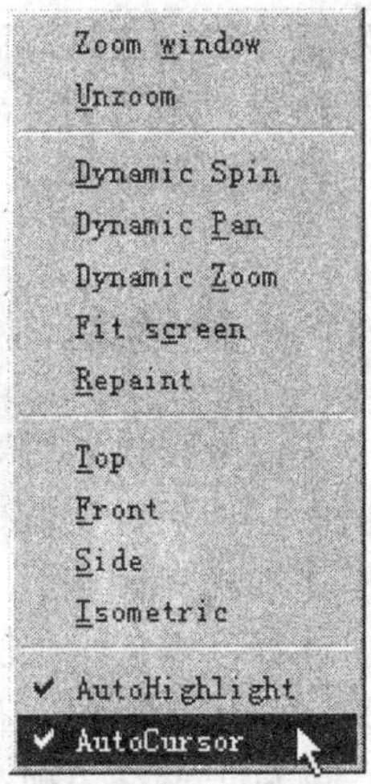


图 4-58　浮动菜单

## 4.15　刷新屏幕

屏幕上的图形是逐步复杂的，你在启动 MasterCAM 后做的每一个操作，系统都会有相应的记录，并存储在内存中的临时数据区。操作时哪怕是删除或修剪了图素，记录还在，所以到了一定的时候，对图形的记录、对操作的记录、对状态的记录……会使存储区内容繁杂，这可能影响到系统的运行速度，使屏幕上的图形显示相对于操作有滞后的现象等等，就像家里要定时搞清理一样，适当的时候，你也应该刷新一下内存中关于图形部分的数据，完成这样的工作，可以用这个命令。

实际上，如果进行保存图形的操作，系统会自动对图形部分的数据进行整理和重写，也是相当于做上面的工作，但有些操作者可能没有定时存盘的习惯，不存盘的话，用这个命令对图形数据进行重写（就是刷新）也是可以起到作用的。

如果操作时发现系统有“吃力”的现象，图形显示也常有些不正常（如图线粗糙等），就到了该“清扫”一下的时候了。

数据包括多方面的数据，对图形特征的记录（比如一条直线起码要记录起点和终点两个点的数据，还有连接点的操作，这取决于软件对数据的描述方法，这样还只描述了直线的形状特征，还有线的宽度、颜色、等等呢？！这些也是要想办法描述的……）称为显示表列（或显示列表）。

另外，你看屏幕上的图形好像一直是稳定地显示在你的眼前，其实电脑在以每秒钟数十次的速度更换图形呢（雅称“刷新屏幕”），只不过是在随时利用“手头”上的数据转变为屏幕上的图形罢了，数据未变、图形就没变，因此你在每秒种内看到的图实际上是很多张连续播放的、差别不大（或没差别）的图形，多少张数取决于电脑的刷新频率等指标。

图 4-59　刷新屏幕提示框

好，回到主题。选择该命令后，会出现一个如图 4-59 所示的提示框。

内中的意思是：“按目前的比例重建显示表列吗？”，点 是（Y） 按钮，则按目前的比例重建显示表列，同时刷新屏幕，点 否（N） 按钮，则不重建显示表列，只刷新屏幕。

**注意**：本节的标题虽然是“刷新屏幕”，但里面可能会包含两个操作 —— 重建显示表列或者只刷新屏幕。

## 4.16　将选定内容拷贝至剪贴板

该命令可以将屏幕上的图形（一部分或整个工作区）复制到 Windows 操作系统的剪贴板中，然后，在其它某些被 Windows 支持的软件中，可以粘贴入剪贴板上的图形。剪贴板在其中只起到个“搭桥”、“牵线”的过渡作用。

选择命令后，如果只想复制一部分图形，可用拉窗口的方法将要复制的图形的一部分框起来；如果想将工作区窗口内的图形全部复制，可按下键盘上的 Esc 键。

屏幕上方会出现下面这样操作的提示：

**To Clipboard : Enter the first window corner or 'Esc' for full screen**

复制时是毫无声息的，剪贴板也是看不到的，只有在别的软件（如 Word）上进行“粘贴”操作时，才可看到复制的效果。

## 4.17　合并视角

该功能可将所有平行的视图（比如左视图和右视图是平行的，俯视图和仰视图是平行的）合并为同一个视图，而且是合并在视图编号最小的视图上（俯视图、前视图、后视图、仰视图、右视图、左视图、等角轴测视图、非等角轴测视图的编号分别为 1、2、3、4、5、6、7、8），其它视图中的圆弧会移动到该视图中。

例如：可以将分别在左视图和右视图中绘制的圆弧合并到右视图上。

该功能在从别的软件中转换文件时，并且想减少不同的视角数目以便进行编辑时用得着，普通情况下意义不大。

## 4.18　多个视口

工程中用的图是多面视图，里面绘出了从不同的观察角度观看零件（或组合件）的结果（称视图），如主视图（即前视图）、俯视图、左视图等。

多个视口虽然不是要得到这样的工程图（Solids\Next menu\Layout 命令可以做到这一点，后面将介绍），但与之相似。开多个视口就像电视台的导演在数台电视机上同时看一个节目，但每台电视机上显示的是这个节目从不同角度摄影的效果。所以，开了多个视口，就可以同时从不同角度欣赏你正在创作或已经完成的作品。

选择命令后，会出现一个如图 4-60 所示的视口设置对话框。

这个对话框完全是图形显示，你很容易明白它的意图。

选中其中一个（比如选第四行左边一个），点 OK 按钮退出对话框，如果屏幕上已有图形，则结果如图 4-61 所示。

图 4-60　视口布局设置对话框

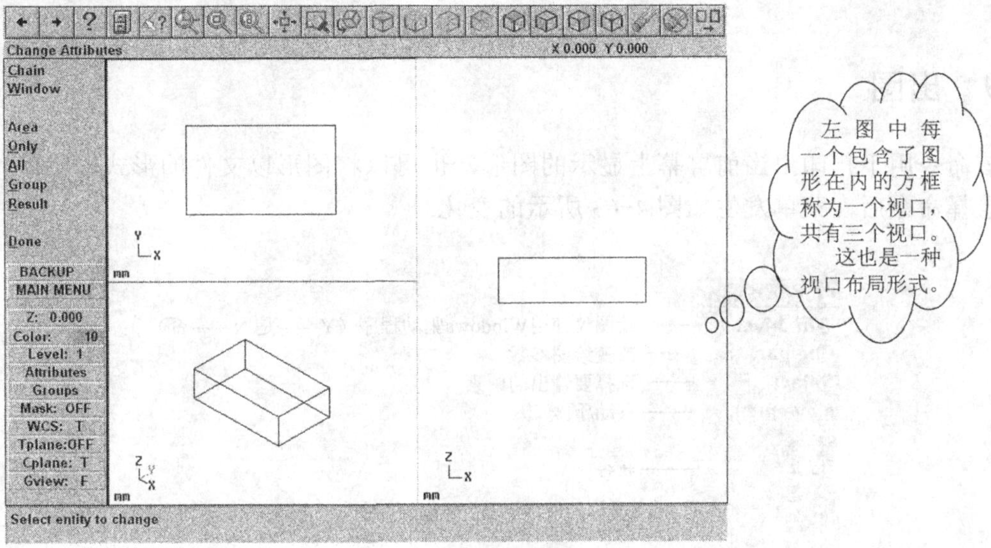


图 4-61　开多视口

共有八种视口布局形式（见图 4-60），系统默认的各个视察口布局形式中各视口内的视图名称，如图 4-62 所示。

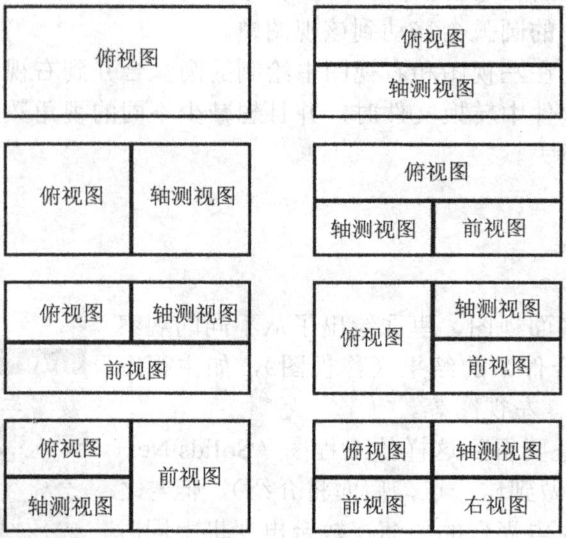


图 4-62　多视口的视图分配（默认）

这种多视口的视图分配可以选择 Screen\Configure 命令，选择对话框中的 Screen 标签页，在 Default Viewports 中进行改变。

**注意**：每个视口内图形的视角可能不如意，除了上面的方法可以设置外，还可以这样操作：选择一种视角（点视角图标最快），然后点击一个视口，则该视口内图形的视角被改变，依此类推。

光标落在哪个视口内，就可以用键盘上的四个方向键←、↑、→、↓移动该视口内的图形（注意：是“图样”移动，图形没有移动）。

……。

## 4.19　出图

该命令用于打印出当前屏幕上显示的图形，也可以将图形以文件的形式输出。

选择命令后，菜单发生如图 4-63 所示的变化。

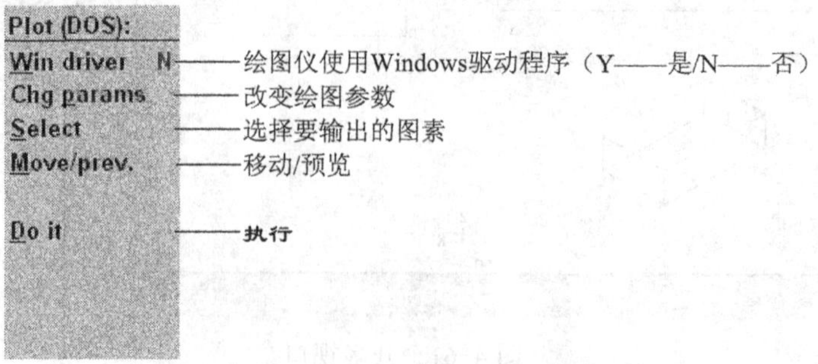


图 4-63　出图设置菜单

如果选择 Chg params 项，将弹出打印机（绘图机）参数设置对话框（同图 4-10），其中各个项目的含义见图 4-11，在此不重复。

选择 Move/prev 项，会在屏幕上出现一矩形框和一个十字标记，矩形框相当于一张预览的“图样”，十字标记显示的是该“图样”的中心位置，你用鼠标点击某个位置，系统会立即将该点移动到十字标记处（图形跟着移动），所以实际上这个功能是确定图形在图样上的摆放位置的。

如果你觉得图形相对于纸而言大了一些，可以直接从键盘上输入比例（屏幕下方有提示），一开始输入数值，立即会在下方出现一个输值框，供你输入比例用，输入大于 1 的数是放大，输入小于 1 的数是缩小，输入后回车，比例就会改变。

这个项目一般用于采用工业绘图机（有多支粗细和颜色都不同的笔，轮番上场……）出图，目前，喷墨打印机已可保证很高的打印质量和打印速度，成本还能接受，可以取代原来的工业绘图机完成出图任务，所以实际上用 File\Next menu\Hardcopy 命令，选择好打印机就能完成任务了，当然，选择 Screen 菜单下的这个命令也同样能设置喷墨打印机完成出图任务，两个命令功能上还是有些差异的。

至此，屏幕（Screen）菜单中的各项功能全部介绍完毕。这些功能可能有很多在学习 MasterCAM 的过程中还用不上，是辅助功能或附加功能。待使用 MasterCAM 比较熟练，想深入钻研，全面学习时，才可能接触得到，所以初学者在这里不要耗费太多精力，将本章的内容作为查询资料比较合适。

# 第5章 用MasterCAM软件进行CAD/CAM工作的全过程

MasterCAM是一个CAD/CAM集成软件，可以完成从CAD→CAM过程中的全部工作，从开始绘图起，最终可以生成数控机床加工所必须的程序文件——NC文件。具体过程如下：

1. CAD工作

CAD是Computer Aided DesignD的缩写，意为计算机辅助设计。

MasterCAM可以辅助你进行平面图形的设计和零件的设计。

（1）二维平面图形的设计　系统提供了强大的绘图工具（可以画直线，圆弧、椭圆、矩形、任意曲线、螺旋线……）、编辑工具（旋转、修剪、断开、缩放、平移、偏置、删除……）、辅助绘图工具（捕捉、分析、隐藏、视角……），灵活应用，可以绘制出任意复杂的平面图形，并能在封闭区域填充图案（画剖面线）、标注各类和各种形式的尺寸、任意书写文字。

（2）三维立体图设计　零件在电脑中可以用曲面和实体两种形式表示。

用曲面表示的零件称为表面模型，零件内部是空心的，其创建过程称为表面造型。

用实体表示的模型称为实体模型，零件内部是实心的，其创建过程称为实体造型。

MasterCAM提供了齐全的三维造型的创建命令和修改命令，操作直观、方便、迅速，并提供了着色（渲染）功能，配以可调节的光照效果，可使创建出来的零件具有非常逼真的效果，并能随心所欲地从各个角度观察零件，剖切零件也易如反掌……表现力令人震撼。

创建好的图形（二维的或三维的）的文件扩展名为MC9。

不光自己能够创建各种各样的图形，MasterCAM还能够将其它一些软件中画出的图形转换到MasterCAM环境中，并在此基础上修改。反过来，MasterCAM的图形也可以保存为其它文件格式，从而可以为别的一些软件所识别。这种过程称为“数据转换”，在目前的CAD/CAM领域，这是很有实际意义的，也是必须解决的关键问题。

2. CAPP工作

CAPP是Computer Aided Process Planning的缩写，意为计算机辅助工艺过程设计。

没有哪本介绍MasterCAM的书中提过这一个概念，但我觉得，在人的规划指导下，利用MasterCAM提供的各种工具，设计出加工各类零件时的刀具运动轨迹（在MasterCAM中称为创建刀具路径），而且是顺序采用多种刀具加工，加工过程中的刀具参数、工艺参数（速度、进给量、背吃刀量、走刀次数……）等均可按加工经验设置，还能出加工清单……这不正是CAPP的精髓吗？所以说，MasterCAM可以进行CAPP的工作，至少是做了CAPP中规定的基本工作的。

当然，也不能说别的书上就讲错了，本来，CAD/CAM技术中的CAM就有两种解释的，一是广义的解释，这种解释是将CAPP包含在CAM中的；另一种是狭义的解释，认为 CAM 技术只是用电脑辅助设计者编写出数控程序（NC 程序）出来，这时讲的 CAM 中就不包含 CAPP，如果是这么理解，则 CAD/CAM 技术应该写为 CAD/CAPP/CAM 技术（确实有一些书中或文章中是这么提的）。但一般我们将 CAM 技术按广义的定义来理解，所以你要确定——所讲的 CAM 中其实是已经包含了 CAPP，我这里单列出来，是为了突出一下 CAPP。工程实际中，“设计→编制工艺→制造”是生产过程中技术方面必须经历的三个环节，缺一不可。

MasterCAM 可以按平面图形生成二维加工的刀具路径，简称二维刀具路径，包含有刮面、外形铣削、挖槽加工、钻孔加工等。

还可以按三维图形（曲面的或实体的）生成三维加工的刀具路径，简称三维刀具路径，包含平行铣削、放射状加工、流线加工、等高外形加工、投影加工等十多种加工方式。

综合运用，可以加工出各种形状的零件表面，达到需要的加工要求。

为了直观观察刀具运动轨迹是否合乎要求，MasterCAM 提供了模拟加工路径的功能，可帮助你判断规划是否正确。

生成好的刀具路径可以转化为一份加工信息文件——NCI 文件。还可以将加工过程定义为一种独特的操作（Operation）进行保存。还可以生成一份包含有刀具信息、加工时间等情报的的加工报表。

3. CAM 工作

CAM 是 Computer Aided Manufacturing 的缩写，意为计算机辅助制造。

上面既然将 CAPP 分离出来了，那么这里的 CAM 就只剩下自动编程了。

MasterCAM 可以在已有图形和刀具路径的基础上极为迅速地自动生成数控机床所必须的程序——NC 程序。而且可以根据数控机床上采用的控制系统的不同，生成符合要求的 NC 程序，这个过程称为后处理（Post processing）。

令人振奋的是：MassterCAM 还提供了一个功能强大的加工模拟器，可以按前面已经完成的工作结果，非常逼真地模拟出实际加工的效果，从而可以在虚拟的坏境下判断加工过程是否正常，及时解决可能出现的问题，从而避免可能造成的损失。

以上就是 MasterCAM 软件所能做到的工作以及工作的过程，以后的内容就以这样的过程为主线进行介绍。

# 第2篇　CAD部分

# 第6章　创建二维图形

本章主要介绍创建（Create）菜单中关于二维图形绘制的各个项目。

创建菜单中的项目介绍，如图6-1所示。

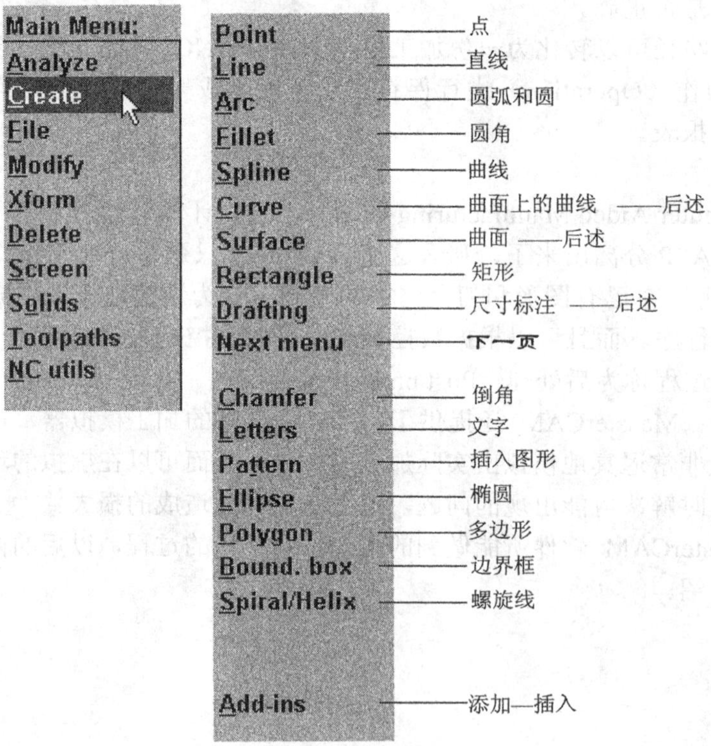


图6-1　创建菜单中的项目介绍

下面分别进行介绍。

## 6.1　创建点

创建点的步骤如图6-2所示。

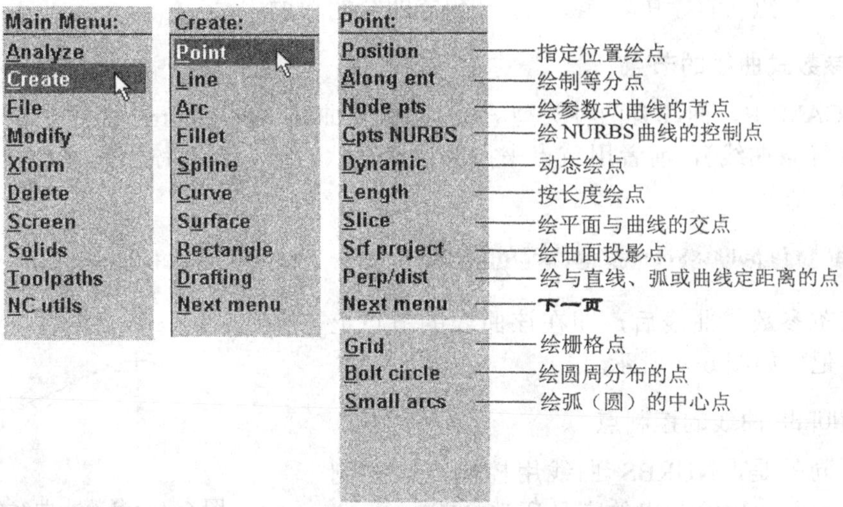


图 6-2　创建点菜单及功能

### 6.1.1　指定位置绘点

选择此项后，出现下面的菜单（见图 6-3），可在某图素的各特征点（中点、中心点、端点等）处绘制一个点，也可用鼠标点击的方法或输入坐标的方法绘制出点来。

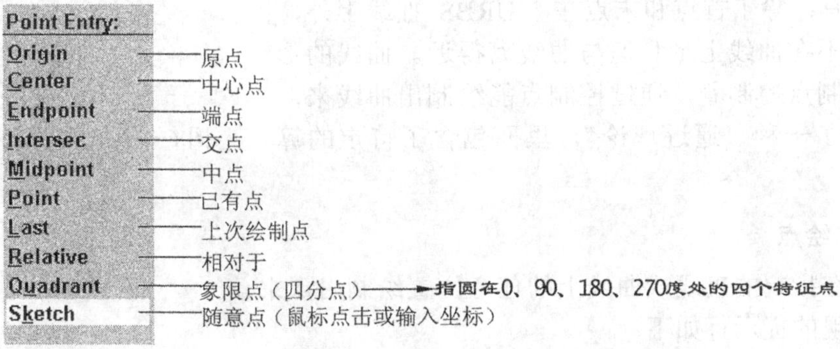


图 6-3　指定位置绘点菜单

注意：使用 Sketch 项时，若想输入坐标，不会有什么提示的，只管按数学中所学的坐标输入方法输入直角坐标（如 30，50）回车即可。

### 6.1.2　绘制等分点

可对直线或弧线进行等分（没有真的分开），在各等分点处绘制出点来。

提示如下：

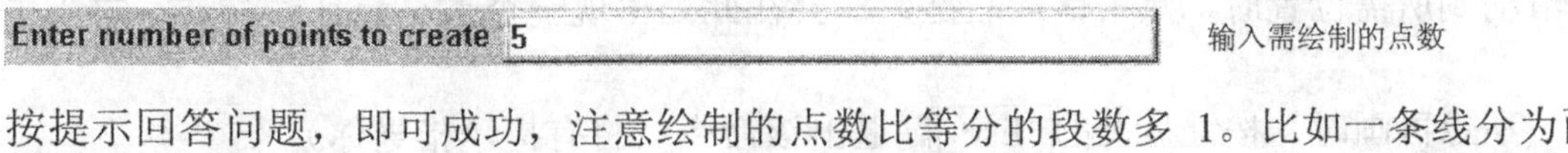


按提示回答问题，即可成功，注意绘制的点数比等分的段数多 1。比如一条线分为两

段，但会有三个点（首、中、尾），想一想立即会明白的。

### 6.1.3　绘参数式曲线的节点

MasterCAM 中，曲线有两种类型 —— 参数式曲线（Parametric 曲线）和 NURBS（非均匀有理 B 样条曲线），前者用节点来控制曲线形状，而后者用控制点来控制曲线形状。

提示为：

**Create point at node points: Select a parametric spline**　　在节点处绘点：选择一条参数式曲线

选中某条参数式曲线后，即在该曲线的节点上出现点的标记，如图 6-4 所示。

图 6-4　参数式曲线的节点

### 6.1.4　绘 NURBS 曲线的控制点

与上不同的是，NURBS 曲线用控制点来控制曲线形状。因而此项绘制出的点是所选 NURBS 曲线的控制点。

提示如下：

**Create point at control points: Select a NURBS spline**　　在控制点处绘点：选择一条 NURBS 曲线

选中某条 NURBS 曲线后，即在该曲线的节点上出现点的标记，如图 6-5 所示。

看到没有：除了首点和末点在 NURBS 曲线上外，其它的点可不在曲线上哦！但与曲线离得近。曲线的形状有这些控制点控制着，通过控制点能绘制出曲线来，是因为采用了一种“逼近理论”，里面包含了特定的算法。

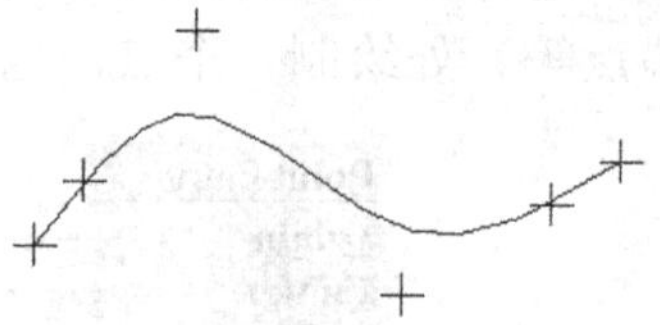

图 6-5　NURBS 曲线的控制点

### 6.1.5　动态绘点

该项可在指定的直线或曲线上的任意位置绘制出点来。

首先出现的提示行如下：

**Create point along an entity: Select an entity**　　创建在某个图素上的点：选择一个图素

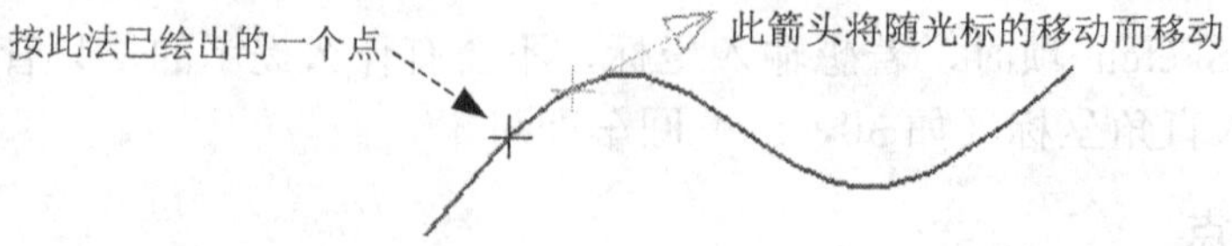


图 6-6　动态绘点

选好某个图素后，立即会在该图素上出现一个沿图素滑动的箭头形光标（见图 6-6），当滑动到所需位置时，点击鼠标左键，即会在此处出现一个点，而且这个点一定会在图素上。

不想再画时，按键盘上的 Esc 键退出该命令（将有提示指导你）。

### 6.1.6　按长度绘点

给出一长度值，然后选择一个图素，则会自动从离该图素的一端（鼠标点击位置离哪端近就从哪端量起，这点特别要注意）相距给定长度处绘制出一个点来。

提示如下：

**Create point along an entity: Select an entity**　　创建在某个图素上的点：选择一个图素

选好图素后，接着出现提示：

**Length = 25.**
**(or X,Y,Z,R,D,L,S,A,?)**　　在框中输入距离值

> 下面的（orX，Y，Z，R，D，L，S，A？）是什么意思呢？它的含义是：若你不想亲自输入距离值，而是看中了某点的X、Y、Z 坐标，或某个弧（圆）的半径 R 或直径 D，或某个图素的长度 L，或两点之间距离 S、或某个夹角 A，想以它们中的某一个作为距离值，则输入相应符号后，计算机会提示你进行相应的选择，从而获得所需的距离值。其实就是用另外的方法间接得到距离值。

距离值确定后，立即会在所选图素上出现一个点，如图 6-7 所示。

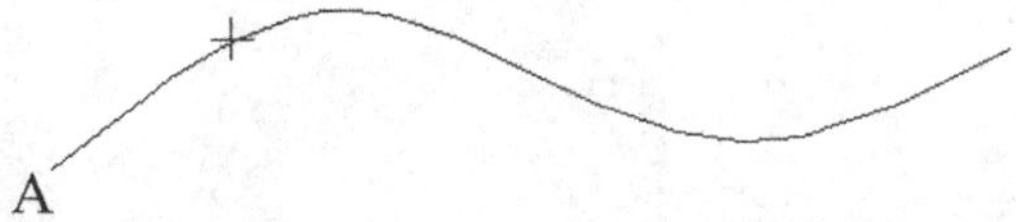


> ！对弧线，这个长度值是指弧长而非弦长。

图 6-7　按长度绘点

特点是：该点距 A 端距离为输入的距离值。

特别注意：选择图素时鼠标要在靠近 A 端时才点击。

### 6.1.7　绘平面与线的交点

用一个平面（可以是真实存在的平面，也可以是虚拟的平面）截交多条直线、弧线和曲线，绘制出各相交点来。

选中 Slice 项后，首先出现的是选择图素菜单（图 6-8），可用你习惯的一种方法选择一个或多个图素。

选定之后，点击 Done 项，结束图素的选择。

接着出现图 6-9 所示的定义平面菜单。

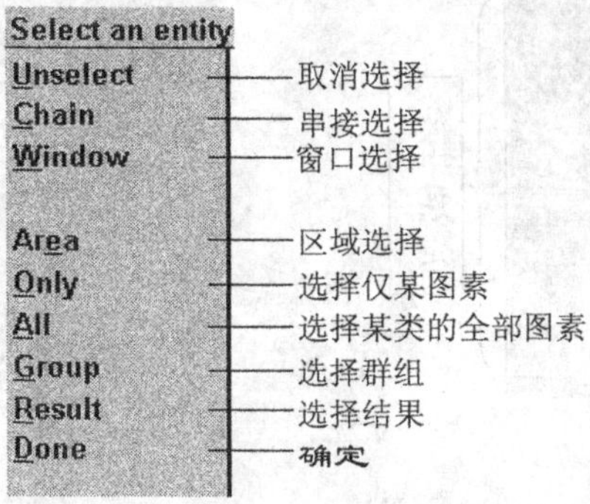


图 6-8　选择图素菜单

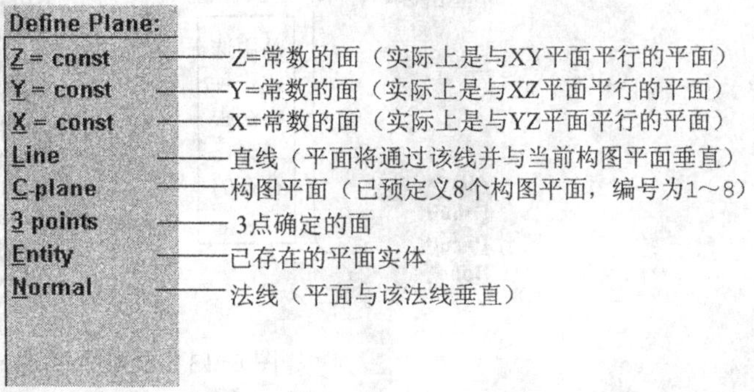


图 6-9　定义平面菜单

按其中一种方法确定平面后，出现图 6-10 所示的剖切菜单。

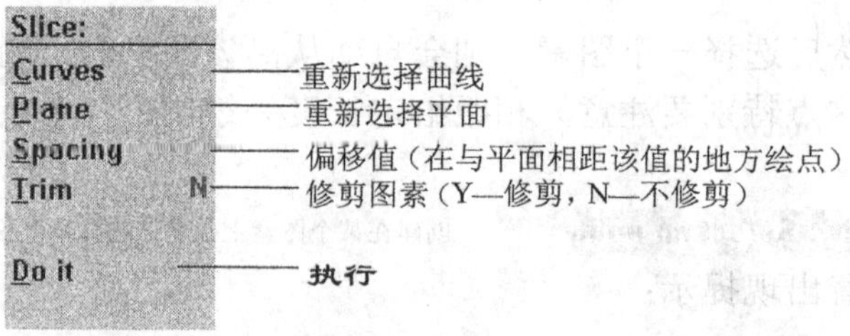


图 6-10 剖切菜单

点击 Do it 选项，则出现执行结果。

## 6.1.8 绘曲面投影点

将选择的点向某曲面投影，绘制出投影点来。

选中该选项后，首先出现曲面选择菜单（图 6-11）。

按其中一种方法选择曲面后，点击 Done 选项。

然后会弹出图 6-12 所示的询问框。

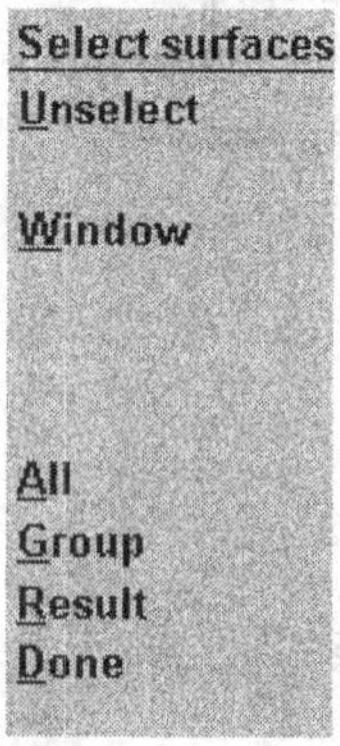


图 6-11 选择曲面菜单

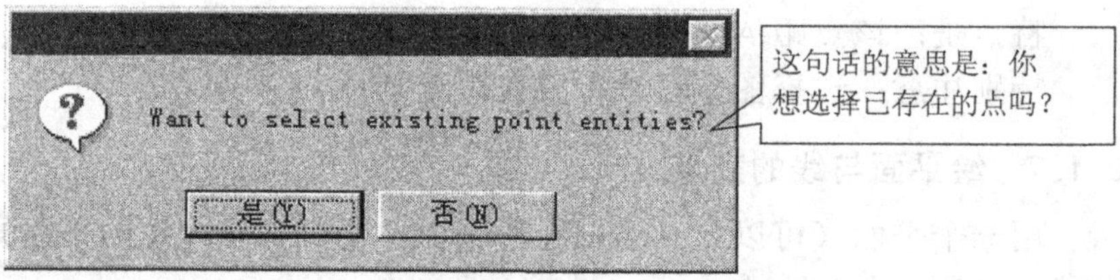


图 6-12 询问框

此对话框让你确定选择要投影的点的选择方法（图 6-13）。

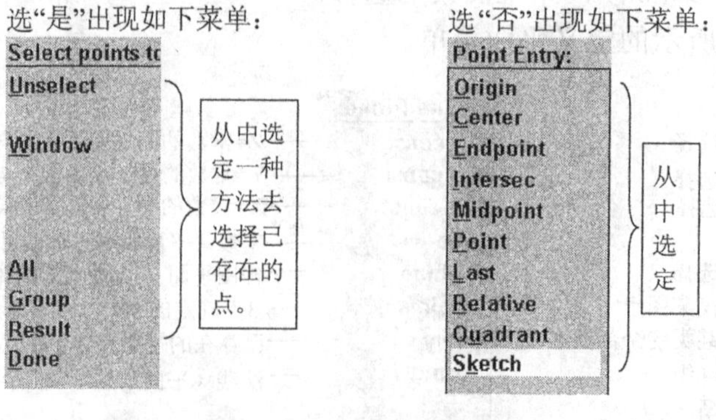


图 6-13 投影点的选择

选好点后，点击 Done 项（选已有点时用），或 Esc 键（选特征点时用），退出点的选择，出现如下菜单（图 6-14）。

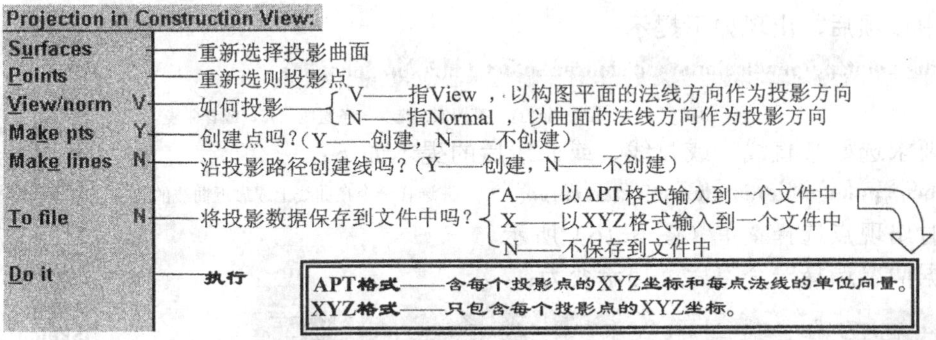


图 6-14　投影方式

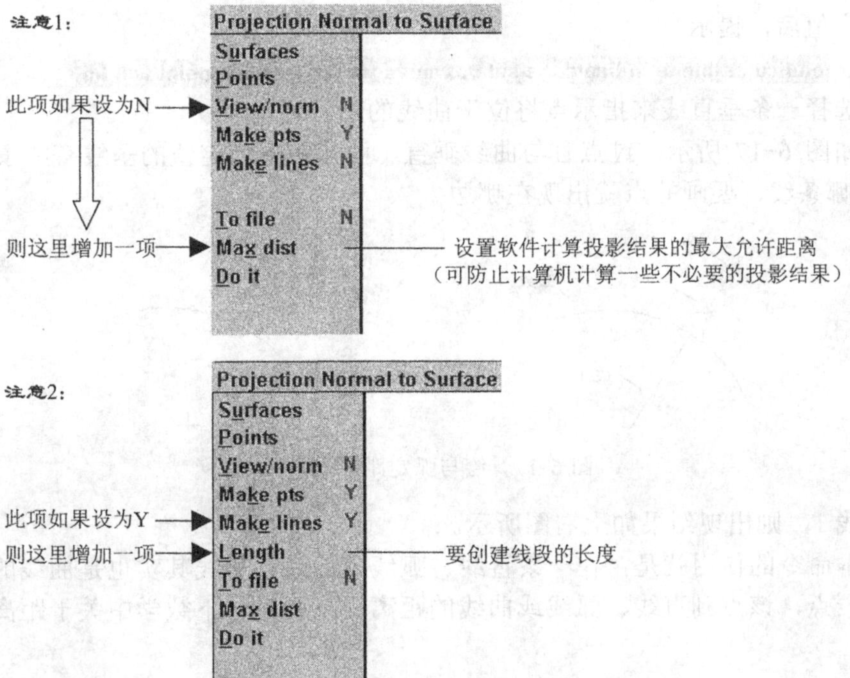


**注意 3**：如果设置了将投影数据保存到一个文件中（APT格式或XYZ格式），则在按下Do it项后，会弹出对话框，要求你选择保存文件的位置和文件名。

如果该文件名已存在，菜单中会有Append和Overwrite两个选项：

- Append——将投影数据附在该文件末尾；
- Overwrite——覆盖原来的内容。

你可根据情况选择其一操作之。

提示栏显示 **Enter a Comment (optional)** 是要你输入一句说明文字(后面将在数据文件的头部出现）。你可随意。

图 6-15　注意三个问题

最后，系统将在提示栏告知成功投影的点数等信息。

### 6.1.9　绘与直线、弧或曲线定距离的点

选中该项后，出现如下提示：

**Create point, perpendicular at a distance: Select a line, arc, or spline**

——创建点，以一定距离垂直于某图素：选择一条直线、弧、或者曲线

按要求选好某直线、或弧线、或曲线后的提示如下：

**Select a point on or near the selected curve**　　选择一个在曲线上或靠近曲线的点

同时出现点选择菜单（图 6-16）所示。

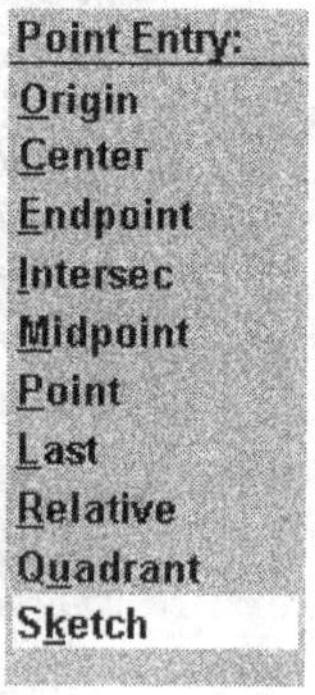


图 6-16　点选择菜单

根据情况选择一个点后，提示变为：

**Distance from the curve where the point is to be created at = 25.**
**(or X,Y,Z,R,D,L,S,A,?)**

这是要求你在右边框中输入点到曲线之间的距离。

输入距离值后，提示为：

**Select perpendicular line to indicate the side of curve where the new point will be**

要求你选择一条垂直线来指示点将位于曲线的哪一边。

因为：如图 6-17 所示，过点且与曲线垂直，而且距离为定值的垂线有两条（线 1 和线 2），点选哪条线，要画的点就出现在哪边。

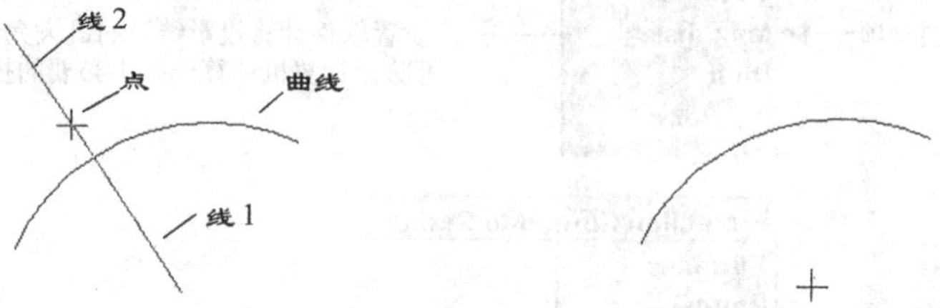


图 6-17　绘与弧定距离的点

若点选线 1，则出现结果如上右图所示。

因此，本命令的作用就是：在一条直线、弧线或曲线（直线其实也是曲线的一种特殊情况）外做一点，该点到直线、弧线或曲线的距离（请回忆一下数学中关于距离的定义）为一定值。

### 6.1.10　绘栅格点

选中该命令后，出现如下菜单（图 6-18），按顺序从上到下回答五个问题。

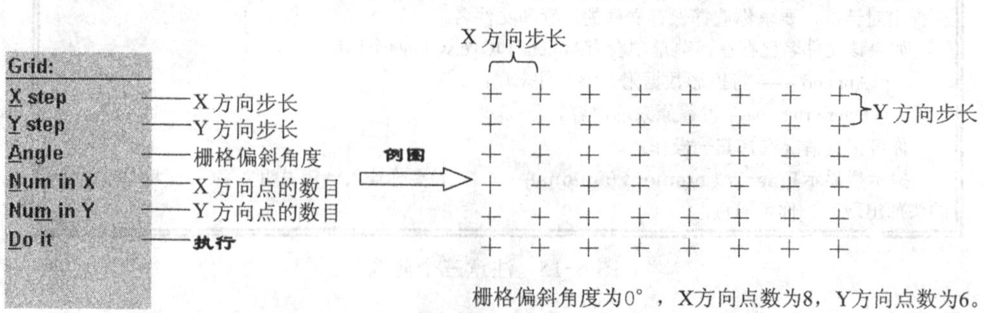


栅格偏斜角度为0°，X方向点数为8，Y方向点数为6。

图 6-18　绘栅格点

**注意**：其实五个问题可能不必一一回答，因为系统会自动记录前一次设置的值，并在提示行显示出来（如下），如你的某个项目值正好与前次设置的值一样，则该项目可不更改，也就是不必回答这一项的问题。

Distance between pts in X = 25.000; Distance between pts in Y = 25.000; Angle = 0.000
Number of points in X = 5; Number of points in Y = 2

然后按 Do it，系统提示将这些栅格点放在何处，在适当位置点击鼠标或选择某个特征点，即可完成任务。

### 6.1.11　绘圆周分布的点

选中该命令后，出现如下菜单（图 6-19），按顺序从上到下回答四个问题。

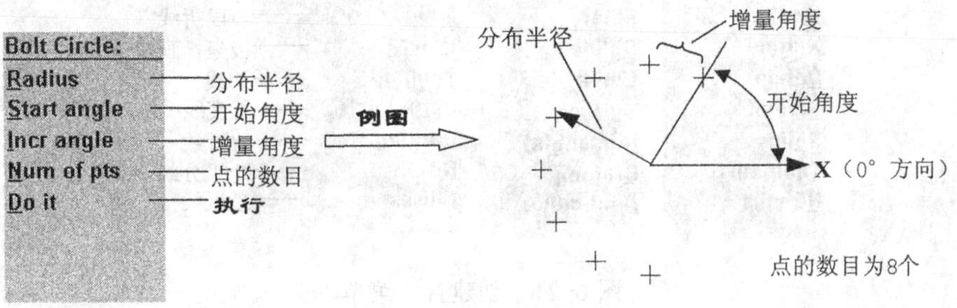


图 6-19　绘圆周分布的点

**注意**：其实四个问题可能不必一一回答，因为系统会自动记录前一次设置的值，并在提示行显示出来（如下），如你的某个项目值正好与前次设置的值一样，则该项目可不更改，也就是不必回答这一项的问题。

Radius = 25.000; Start angle = 0.000
Incremental angle = 45.000; Number of points = 8

然后按 Do it，系统提示指定中心位置放置在何处，在适当位置点击鼠标或选择某个特征点，即可完成任务。

### 6.1.12　绘弧和圆的中心点

该命令用于创建所选弧或圆的中心点。

点击该命令后，首先出现选择菜单，需选择弧或圆。

选择后按 Done 项，结束选择，菜单变为图 6-20 所示。

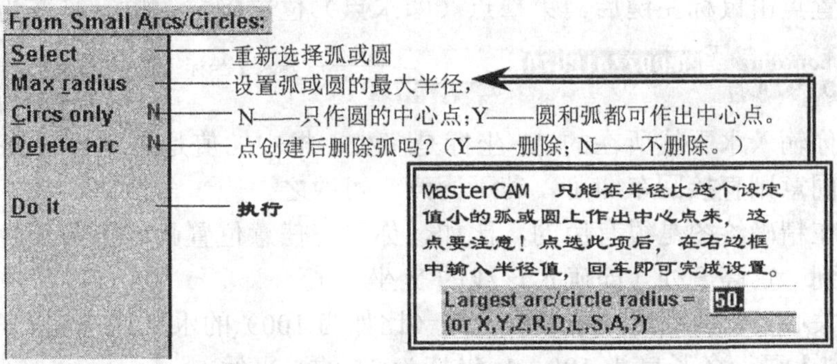


图 6-20　绘圆或弧的中心点设置菜单

作好设置后，点击 Do it 项，即完成预定工作。

至此，关于点的绘制方法全部介绍完毕。

## 6.2 创建直线

创建的步骤如图 6-21 所示

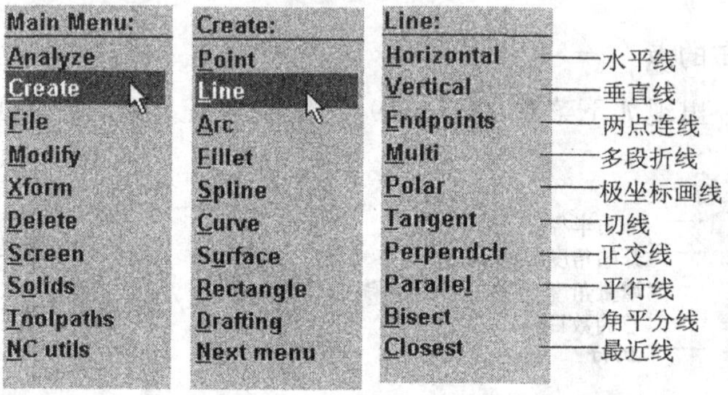


图 6-21 创建直线菜单

### 6.2.1 绘水平线

选择该命令后，首先要求你选择第一点。

提示为：

**Create line, horizontal: Specify the first endpoint** 创建直线，水平线：指定第一点

与此同时，出现点选择菜单，你可以选择特征点（端点、中点、中心点等）或用坐标输入和鼠标点击的方法任选一点（Sketch 项可做到）。

第一点选好后，系统提示选择第二点：

**Create line, horizontal: Specify the second endpoint** 创建直线，水平线：指定第二点

只要一移动鼠标，上面的提示立即变化，变为与下相仿的提示：

**Length = 45.148**

这是在告诉你，鼠标所在位置与第一点（即起点）的长度是多少，可以供你参考。

因已限定画水平线，所以移动鼠标，直线会随之伸长或缩短，但一定会在水平方向。

在适当位置点击鼠标左键后，第二点（即末点）位置确定。提示又变为：

**Enter the y coordinate 20.8077412879**
**(or X,Y,Z,R,D,L,S,A,?)** —— 输入 Y 坐标（框中的值是系统自动测得的该水平线目前的 Y 坐标值）

这是要求你输入水平线所在的 Y 坐标是多少？框中的值是系统自动测出来的当前 Y 坐标值，如你同意则直接回车即可，若不同意，可改之。

这一功能在精确绘图是很有用的，比如，你可在任意位置画好一条长度一定的线，然后将它“搬”到一定高度处（即确定该线的 Y 坐标值）。

很多人都关心：怎样画出一条长度一定（比如为 100）的水平线来呢？下面举例介绍。

**【实例 6-1】**画一条长度为 100，Y 坐标为 25 的水平线。

作图过程：

① 选择 Create\Line\Horizontal，进入画水平线命令。

② 鼠标在屏幕上适当位置点击，确定起点。

③ 点击“点选择”菜单中的 Relative（相对于）项（解释见图 6-22）。

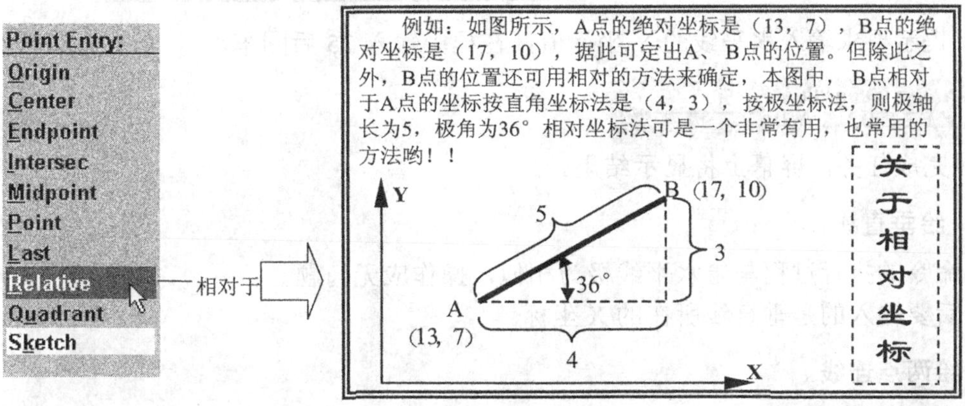


图 6-22　相对点用法

④ 菜单变为如下形式，要你输入一个已知点（即用作参考的点，后面将相对于这一点进行操作）。选择 Last 项，表示采用刚刚作出的一点为参考点。

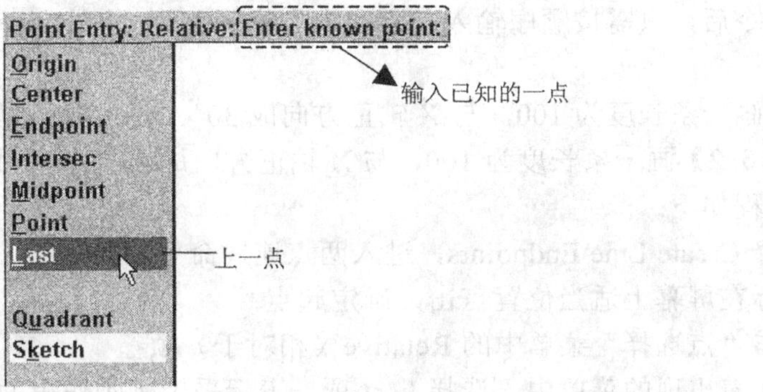


图 6-23　相对于上一点的菜单项

⑤ 菜单变为如下形式，有两种方法来确定第二点的位置，选 Rectang 项。

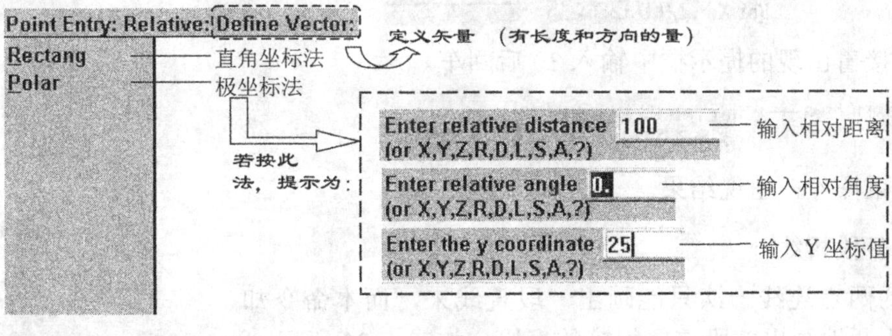


图 6-24　确定点的位置的两种方法

⑥ 屏幕下方出现提示，在框中输入相对坐标值后回车。

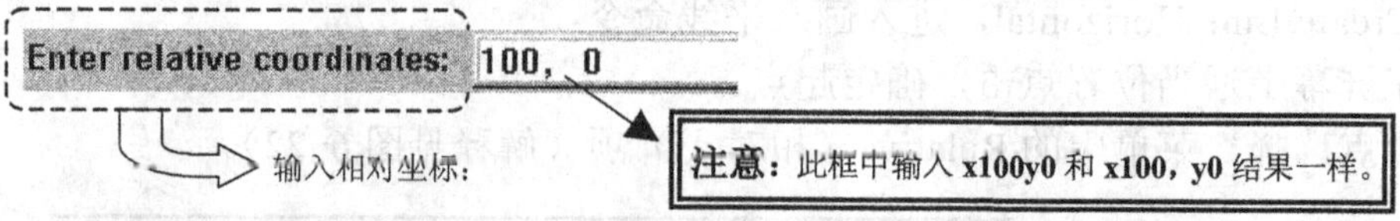


⑦ 提示要求输入水平线的 Y 坐标值，在框中输入 25 后回车。

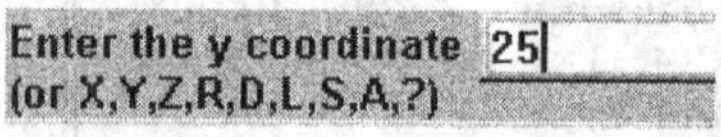


⑧ 完成任务，屏幕上将显示结果。

### 6.2.2 绘垂直线

此命令的执行过程与绘水平线极为相似，操作应无问题。

最后要输入的是垂直线所在的 X 坐标。

### 6.2.3 绘两点连线

此命令只能画出一段直线来。

只要告之两个点的位置，即可画出连接这两点的直线。

实际上，用该命令也可画出水平线和垂直线来，水平线和垂直线实际上是一种特殊情况，但因应用很多，所以 MasterCAM 专门设置了绘水平线和垂直线的命令。

输入命令后，只需按顺序输入起点和末点位置即可，而起点和末点的位置，可以采用多种方法。

如果想画一条长度为 100，与 X 轴正方向成 30° 的斜线，将如何作出呢？

**【实例 6-2】**画一条长度为 100，与 X 轴正方向成 30° 的斜线。

作图过程如下：

① 选择 Create\Line\Endpoints，进入两点连线命令。

② 鼠标在屏幕上适当位置点击，确定起点；

③ 点击“点选择”菜单中的 Relative（相对于）项；

④ 在接着出现的菜单中，选择 Last 项，表示采用刚刚作出的一点为参考点。

⑤ 在接着出现的菜单中，选 Polar 项，准备采用极坐标法确定末点的位置。

⑥ 在出现的提示框中输入 100 后回车。

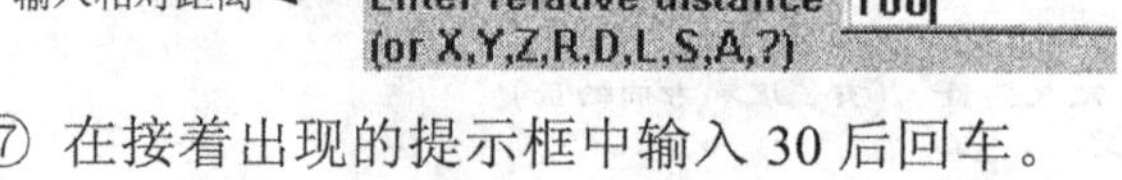


⑦ 在接着出现的提示框中输入 30 后回车。

⑧ 结束操作，出现结果。

### 6.2.4 绘多段折线

上面的两点连线一次只能画出一段直线来，而本命令却可以连续不断地画出多段首尾相接的直线，如图 6-25 所示。

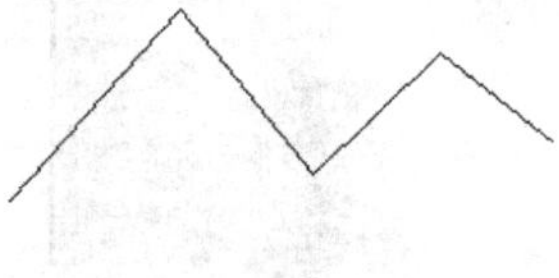

图 6-25 多段折线

操作也极为简单，只需按顺序输入各点位置即可自动连成多段折线，若想结束画线，按下 Esc 键即可。

各点的位置，可以采用此时出现的点捕捉菜单中列出的多种方法（捕捉特征点或输入点坐标等）。

### 6.2.5 极坐标法画线

如果知道要画的线的长度和它与 X 轴正方向的夹角，则用这种方法画线最妙。

选择该命令后，提示依次为：

① 指定起点位置。

② 在提示框中输入线与 X 轴正方向的夹角后回车。

**Enter the angle in degrees 30.**

③ 在接着出现的提示框中输入直线的长度后回车。

**Enter the line length 100.**

于是，一条直线即绘出。

### 6.2.6 绘切线

该命令用于绘制与指定图素相切的直线。

选择该命令后，弹出如下菜单（图 6-26），共有三种绘制切线的方法：

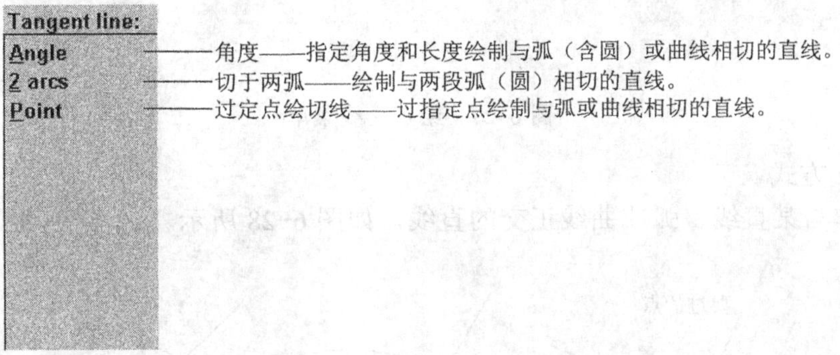


图 6-26　绘切线菜单

因绘制切线较常用，故分别介绍。

A．按角度绘切线

选择该项后，提示依次如下：

① **Select arc or spline**　　指定弧或曲线

② **Enter the angle in degrees 30**　　输入切线角度（与 X 轴正方向的夹角）

③ **Enter the line length 80**　　输入切线长度

④ **Select Line to Keep**　　选择要保留的线（符合条件的线有几条，会全部显示出来，可用鼠标点击要保留的一条）

⑤ 完毕。

B．绘与两个圆弧相切的切线

选择该项后，提示依次如下：

① Select an arc　　选择一段弧（或圆）

② Select another arc　　选择另一段弧（或圆）

} 注意：鼠标点击位置要尽量靠近切点

③ 完毕。

C．过定点作切线

选择该项后，提示依次如下：

① Select arc or spline　　指定弧或曲线

② Specify an endpoint　　指定要通过的点（可按出现的点选择菜单进行点的选择）

③ Enter the line length 50.7795084987　　输入切线长度（框中的值为自动测出的指定点到切点的距离）

④ 完毕。

## 6.2.7　绘正交线

用于绘制一条与某直线、圆弧、或曲线垂直的直线，称为正交线。

选择该命令后，出现如下提示（图 6-27），有两种绘制正交线的方法：

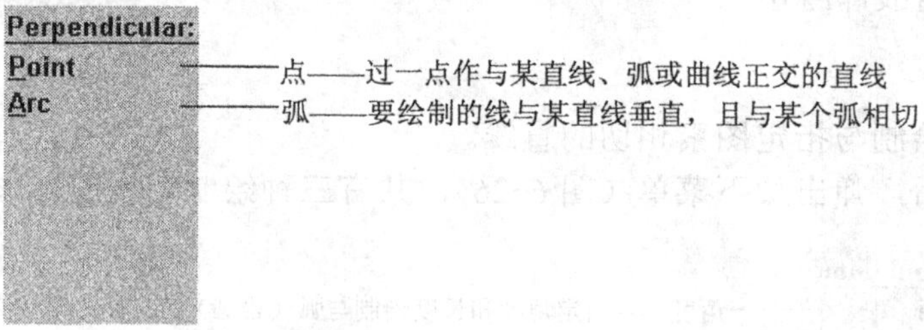


图 6-27　绘正交线菜单

A．Point 方式

过一点作与某直线、弧或曲线正交的直线，如图 6-28 所示。

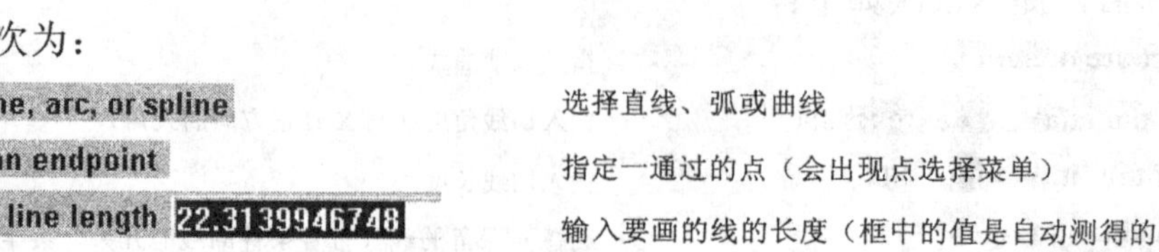


图 6-28　过一点的正角线

提示依次为：

Select line, arc, or spline　　选择直线、弧或曲线

Specify an endpoint　　指定一通过的点（会出现点选择菜单）

Enter the line length 22.3139946748　　输入要画的线的长度（框中的值是自动测得的值）

B．Arc 方式

要绘制的线与某直线垂直，且与某个弧相切。

【实例 6-3】设已绘制一直线 A 和一圆弧 B（见图 6-29a），作一直线既垂直于直线 A，又与圆弧 B 相切。

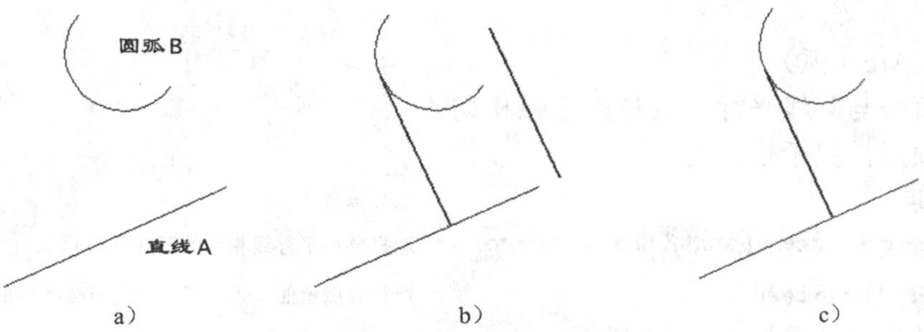


图 6-29　相切且正交的直线

过程如下：

| | |
|---|---|
| Select a line. | 选择要与之垂直的直线 A |
| Select an arc to place a perpendicular line tangent to. | 选择将要与之相切的圆弧 B |
| Enter length of the perpendicular line. 33.205183162 | 输入正交线的长度（框中为测得值，可默认） |
| Select which line to keep | 选择要保留哪条线（因符合条件的线有两条，见图 6-29b，注意弧会当做圆来处理） |

完毕，结果见图 6-29c。

### 6.2.8　绘平行线

用于绘制一条与指定直线平行的线。

选择该命令后，出现如下提示（图 6-30），有三种绘制平行线的方法：

Parallel:
- Side/dist ——边/距离——告知偏离方向和平行距离画线
- Point ——点——过一点作与某直线平行的直线
- Arc ——弧——要绘制的线与某直线平行，且与某个弧相切

图 6-30　绘平行线菜单

A．采用 Side/dist（边/距离）方法

选择该项后，提示依次为：

| | |
|---|---|
| Select line | 选择源直线 |
| Indicate the offset direction | 指示偏离方向（在该线的一侧点击鼠标即可） |
| Parallel Line Distance = 25. | 输入平行线间的距离（见图 6-31） |

成功。

B．采用 Point（点）法

此法创建的直线一定与指定直线平行，且通过某一点。

选择该项后，提示依次为：

| | |
|---|---|
| Select line | 选择源直线 |
| Select the point to place a parallel line through. | 选择平行线要通过的点 |

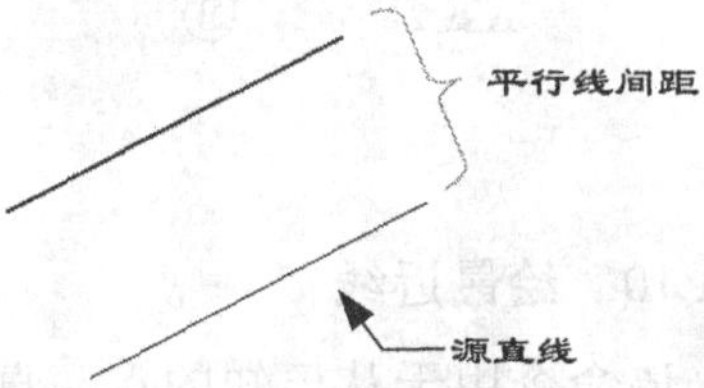


图 6-31　绘平行线

成功。

C．采用 Arc（弧）法

所作的直线与某线平行，且与指定弧相切。

选择该项后，提示依次为：

| | |
|---|---|
| Select line | 选择源直线 |
| Select an arc to place a parallel line tangent to. | 选择要与平行线相切的弧（含圆） |
| Select which line to keep | 选择要保留的一条直线（因为符合条件的有两条直线） |

成功，过程和结果如图 6-32 所示。

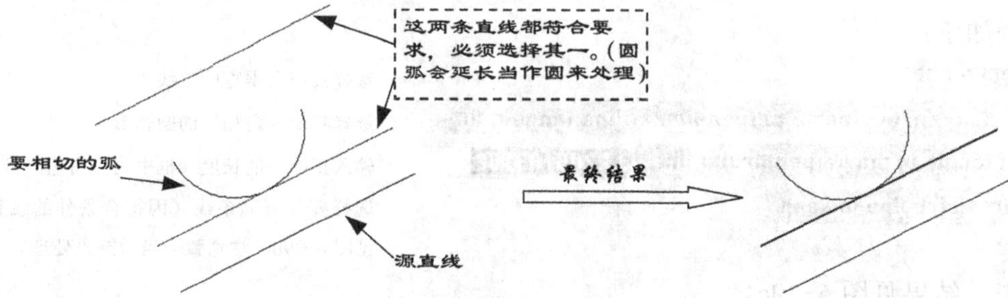


图 6-32　与弧相切的平行线

### 6.2.9　绘角平分线

用于作出两条直线间的角平分线。

注意两条直线间的角平分线共有四条，应选择其一。

选择该命令后，提示为：

| | |
|---|---|
| Select two lines to bisect. | 选择两条要平分的直线 |
| Enter the length of the line from the intersection point. 50 | 输入角平分线的长度（从交点算起） |
| Select which line to keep | 选择要保留的一条线 |

成功，过程及结果如图 6-33 所示。

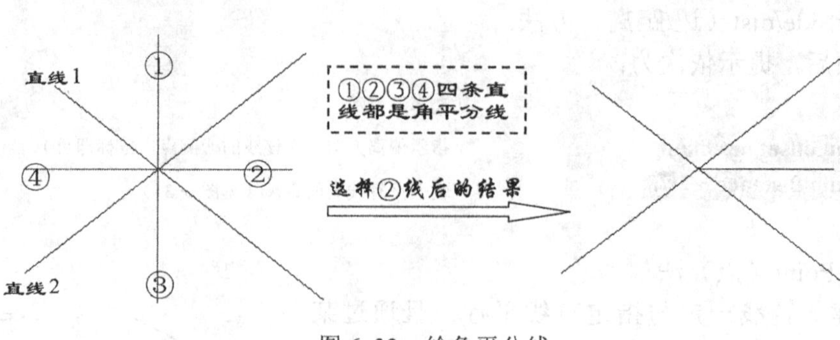


图 6-33　绘角平分线

### 6.2.10　绘最近线

该命令用于从已知的点、直线、圆弧或曲线到其它直线、圆弧或曲线之间绘制一条距离最近的直线，如图 6-34 所示。

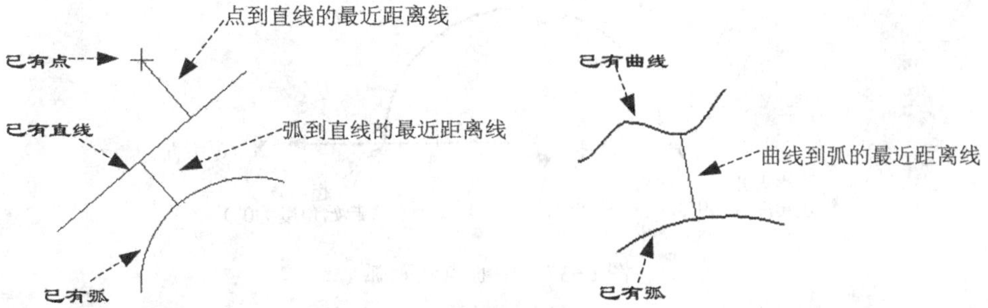


图 6-34　绘最近距离线

命令输入后，提示依次为：

Select line, arc, or spline　　选择直线、弧或曲线

Select point, line, arc, or spline　　选择点、直线、弧或曲线

成功。

## 6.3　创建圆弧和圆

创建圆弧和圆的步骤，如图 6-35 所示。

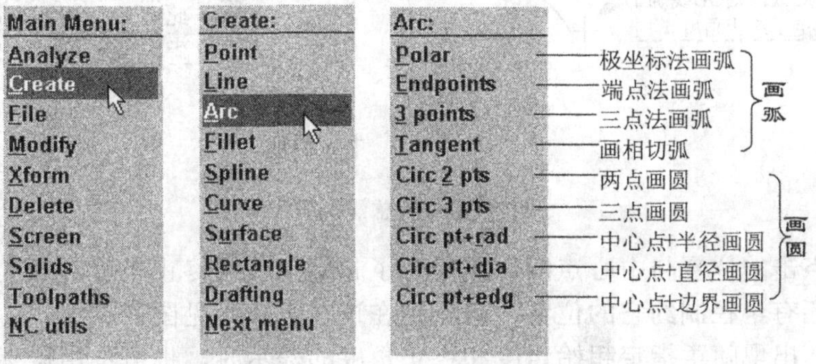


图 6-35　创建圆弧菜单

### 6.3.1　极坐标法画弧

选择该命令后，出现如下对话框（图 6-36），表示有四种方法完成任务。

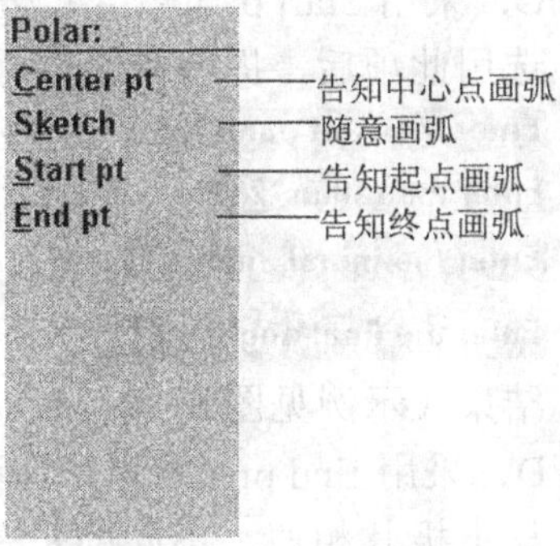


图 6-36　极坐标画弧选项

A．采用 Center pt（中心点）法画弧

选用此项后，提示依次为：

Enter the center point　　输入中心点

Enter the radius 25.　　输入半径

Enter the initial angle 0.　　输入起始角度

Enter the final angle 180　　输入终止角度

成功。示例见图 6-37。

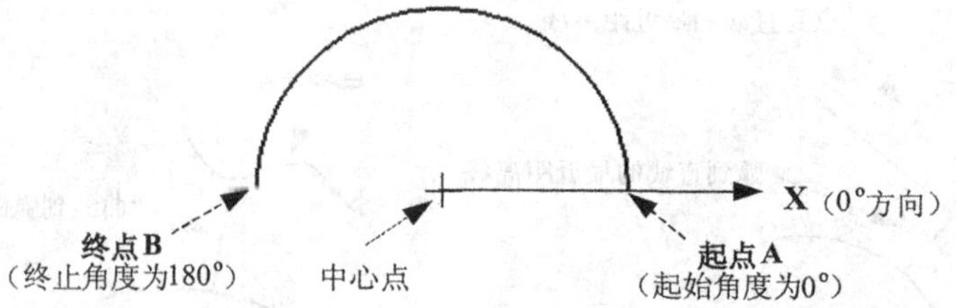


图 6-37　中心点法画弧

B．采用 Sketch（随意）法画弧

此法可用鼠标点击或坐标输入的方法自由确定起始角度和终止角度。

选用此项后，提示依次为：

Enter the center point　　输入中心点

Enter the radius 25.　　输入半径

Sketch the initial angle　　随意指定起始角度

Sketch the final angle　　随意指定终止角度

成功，示例见图 6-38。

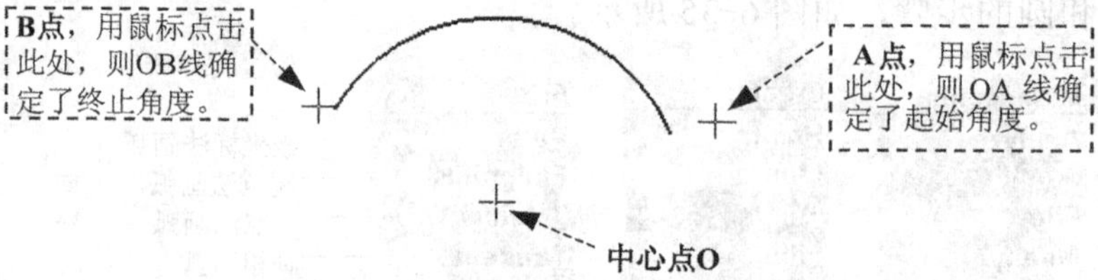


图 6-38　随意法画弧

注意 1：点击的位置与中心点的连线确定了起始角度或终止角度，弧的起点并不会在点击处，因为还有半径制约它的位置，但一定在连线上（参见图 6-38）。

注意 2：在出现随意指定起始角度和终止角度的提示时，也可不用鼠标点击的方法，而是直接输入点的坐标值（会立即自动弹出如下提示和输入框，在框中输入坐标值即可）

Enter coordinates: 0,50

C．采用 Start pt（起点）法画弧

选用此项后，提示依次为：

Enter the start point　　输入起点位置

Enter the radius 25.　　输入半径

Enter the initial angle 0.　　输入起始角度

Enter the final angle 180.　　输入终止角度

结束（示例见图 6-39）。

D．采用 End pt（终点）法画弧

与上极其相似，不同的是首先指定弧的终点而已。

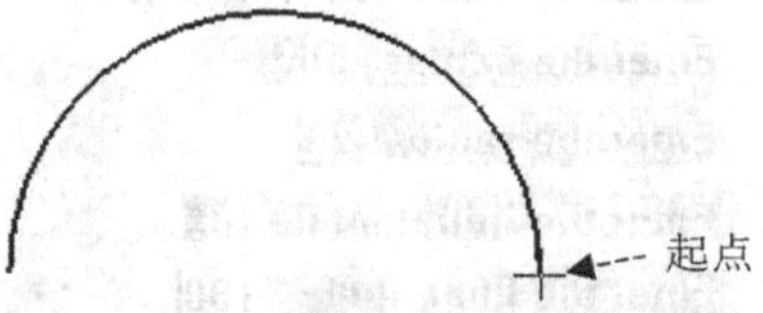


图 6-39　起点法画弧

### 6.3.2　端点法画弧

告知弧的两端点位置，接着按要求输入弧的半径，于是弧被画出，注意满足要求（过两点且半径一定）的弧有多条，所以最后还须选择所需要的弧。

命令执行时的提示依次为：

| | |
|---|---|
| Enter the first point | 输入起点 |
| Enter the second point | 输入终点 |
| Enter the radius 25. | 输入半径 |
| Arc, endpoints: Select an arc | 画弧、端点法：选择需要的一段弧 |

成功，示例见图 6-40。

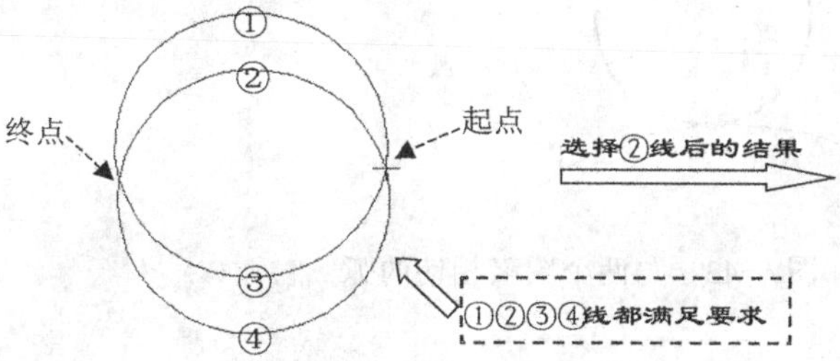


图 6-40　端点法画弧

### 6.3.3　三点法画弧

此法最为简单，只须依次选择三个点，则自动生成一条通过三点的弧。

### 6.3.4　画相切弧

选中该命令后，出现如下菜单，表示共有六种方法画出相切弧，如图 6-41 所示。

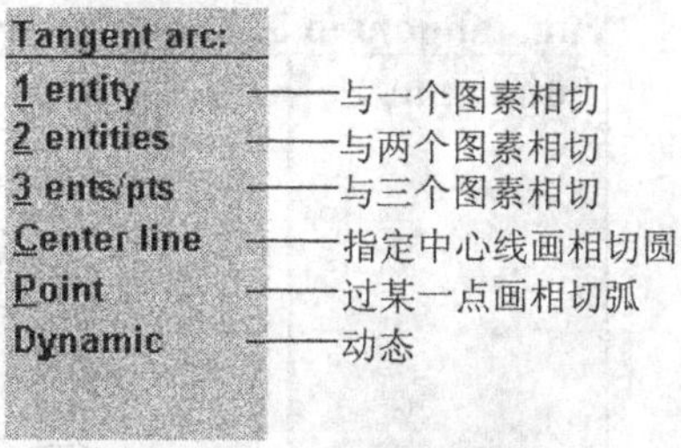


图 6-41　画相切弧选项

A．与一个图素相切的弧

选中该项后，提示依次为：

| | |
|---|---|
| Select the entity that the arc is to be tangent to | 选择将要与弧相切的图素（可以是直线或弧线） |
| Specify the tangent point | 指定相切点（偏离图素一点也不要紧，能识别） |
| Enter the radius 25. | 输入弧的半径 |
| Select an arc | 指定需要的弧（因符合条件的弧可能有多条） |

结束，示例如图 6-42 所示。

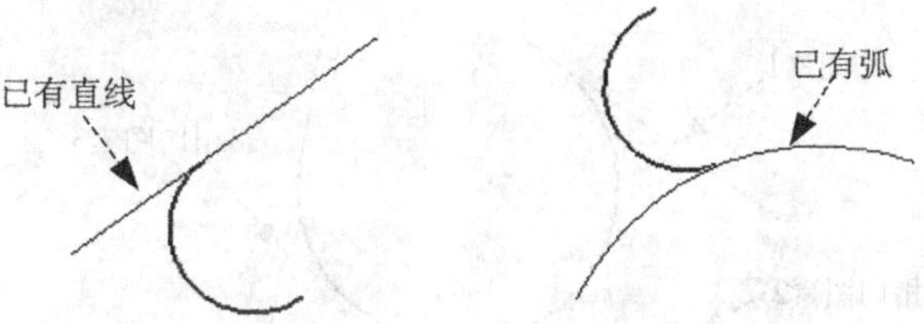


a)　　b)

图 6-42　与一个图素相切的弧

a）与直线相切的弧　b）与弧相切的弧

B．与两个图素相切画弧

选中该项后，提示依次为：

Create arc, tangent to 2 entities: Enter Radius 12. 创建圆弧，与两个图素相切：输入半径

Select Entities 选择一个图素（可为直线或弧）

select another entity 选择另一个图素（可为直线或弧）

成功，示例如图 6-43 所示。

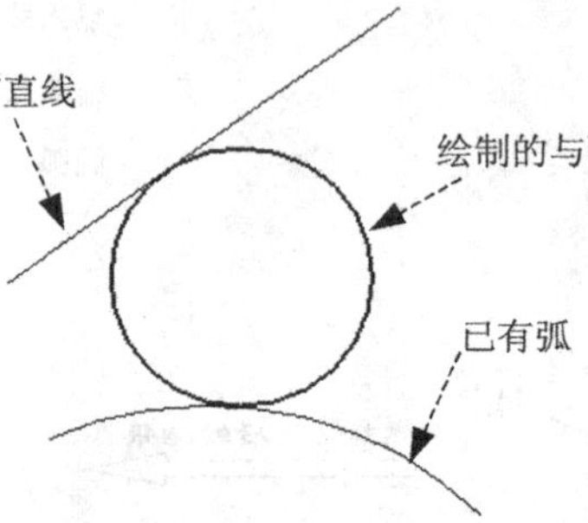


图 6-43 与两个图素相切的弧

C．与三个图素相切的弧

与三个图素相切的圆弧是唯一的，半径会自动计算得出，因此不必输入半径。选中该项后，会在左上方出现提示（见图 6-44）。

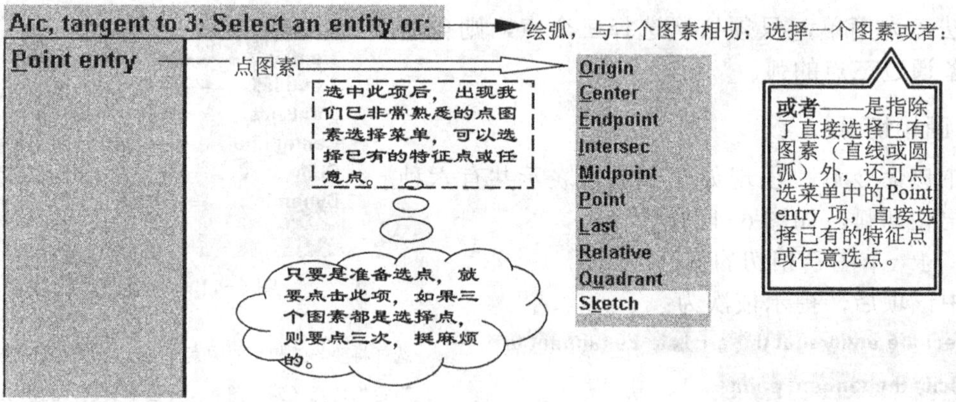


图 6-44 与三个图素相切的弧选项

依次选择要相切的三个图素后，即得到结果，如图 6-45 所示。

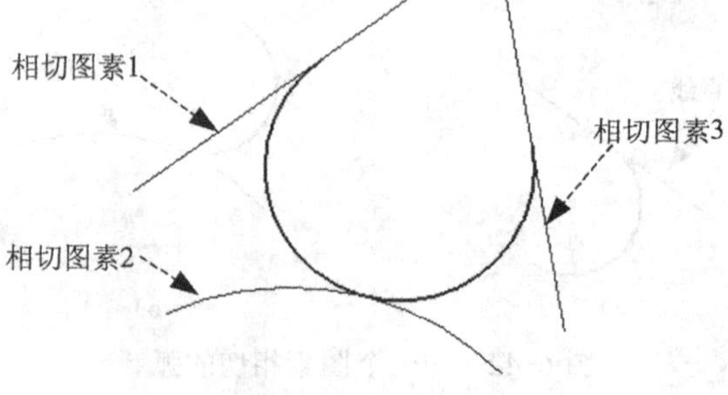


图 6-45 与三个图素相切的弧

D．指定中心线画相切圆

所画的圆与某直线相切，同时圆的中心线在指定的直线上。

选中该项后，提示依次为：

Select the line to be tangent to the circle.　　选择要与圆相切的直线

Select the line to put the center of the circle on.　　选择圆的中心线所在的直线

Enter the radius of the circle. 15.　　输入圆的半径

Select which arc to keep　　选择要保留的圆（因符合条件的圆有两个）

完毕，出现结果，如图 6-46 所示。

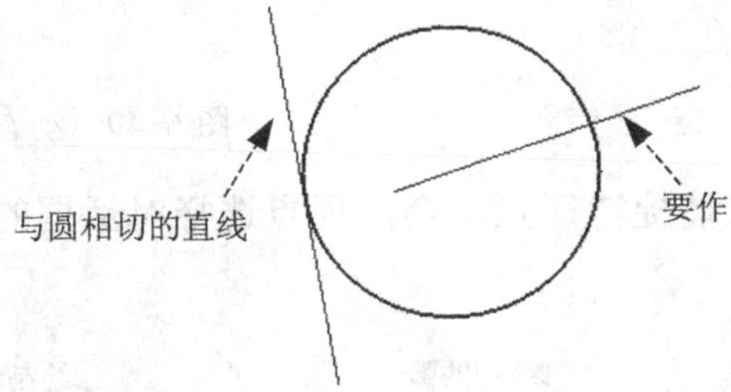


图 6-46　指定中心线的相切弧

E．过一点画相切弧

所作的弧既与某图素相切，又通过指定的点。

选中该项后，提示依次为：

Select the entity that the arc is to be tangent to　　选择要与弧相切的图素（可为直线或弧）

Enter the thru point　　选择要通过的点

Enter the radius 10.　　输入弧的半径

Select an arc　　选择要保留的弧

结束，示例如图 6-47 所示。

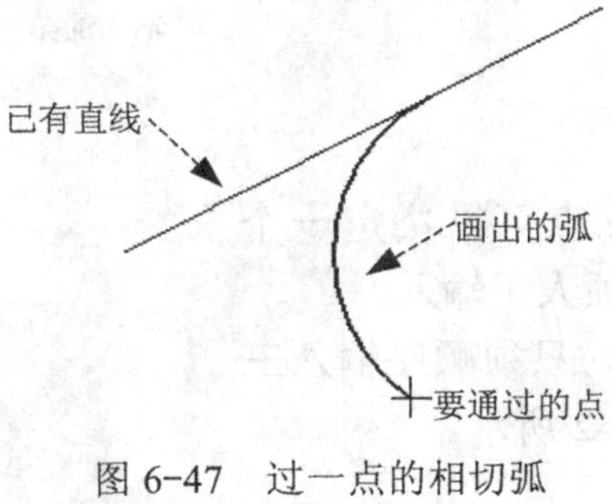


图 6-47　过一点的相切弧

F．动态画弧

所谓动态，是指可以在相切图素（可为直线、弧或曲线）上任意选择切点，而弧的另一端点也可自由选择。

选中该项后，提示依次为：

Select the entity that the arc is to be tangent to　　选择要与弧相切的图素（可为直线、弧或曲线）

Slide Arrow to position to be tangent to　　滑动箭头到切点位置（由鼠标控制，见图6-48）

Snapping is OFF - type <S> to turn snapping ON——捕捉功能已关—按下S键打开

当箭头到达所需位置时，点击鼠标左键，则该点被视为切点。

然后移动鼠标，可见一圆弧随鼠标移动而变化，见图 6-49。

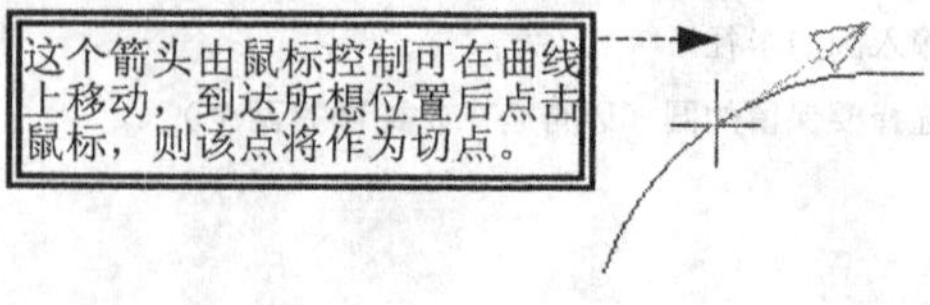


图 6-48　动态画弧切点选择

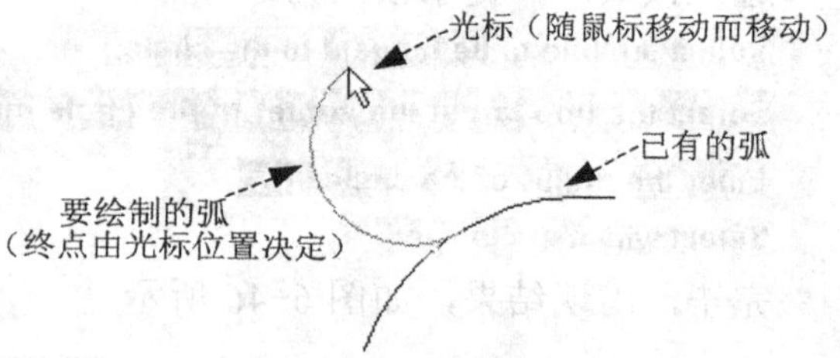


图 6-49　动态画弧

到达满意位置（可为任意点或捕捉特征点，会出现点选择对话框的）后，点击鼠标左键，则弧被画出，见图 6-50。

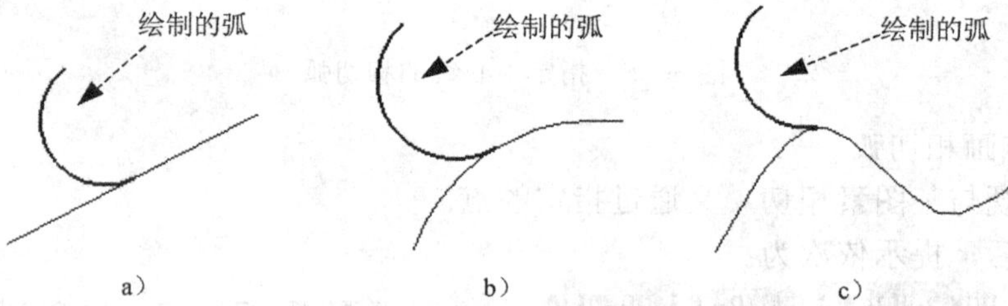


图 6-50　动态画弧图例

a）与直线相切的弧　b）与弧相切的弧　c）与曲线相切的弧

## 6.3.5　两点画圆

指定的两点将作为圆的直径，操作极为简单（见图 6-51）。

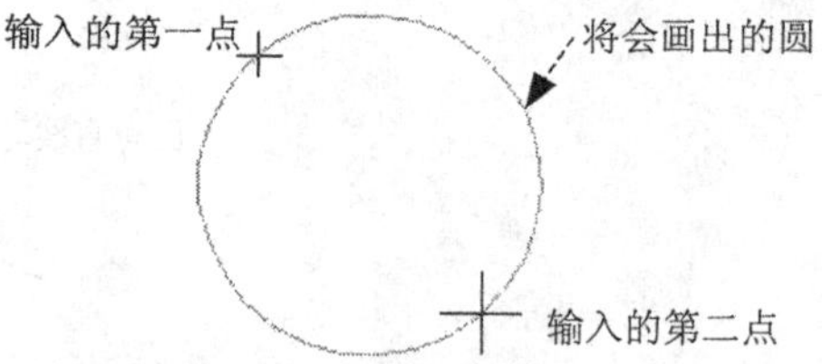


图 6-51　两点画圆

## 6.3.6　三点画圆

中学数学中即已学过，三点可以决定一个圆，圆的半径可自动算出，毋须人工输入。

操作方法与上个命令类似，只须顺序输入三点的位置，圆即画出，如图 6-52 所示。

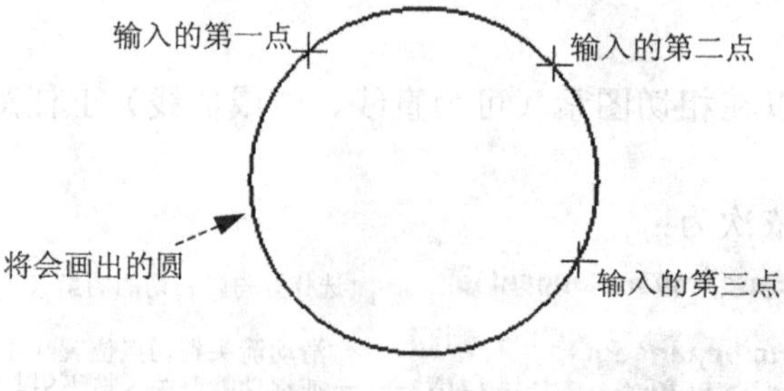


图 6-52　三点画圆

### 6.3.7 中心点—半径画圆

这是最常用的一种画圆方式。

选中该项后，首先出现提示：

**Enter the radius 25.** 输入半径

回车后，屏幕上出现大小不变的圆，并随鼠标的移动而移动，当在适当的位置（出现点选择菜单，可选已有的特征点或任意选择一点）点击鼠标左键，则以此处为圆心绘出一个圆。

### 6.3.8 中心点—直径画圆

与上基本相同，唯一不同的是在出现的提示框中输入的值是直径而非半径。

**Enter the diameter 25.** 输入直径

### 6.3.9 中心点—边界画圆

选中该项后，提示为：

**Enter the center point** 指出圆心位置

接着，以此点为中心，出现了一个大小随光标的移动而变化的圆，见图 6-53。

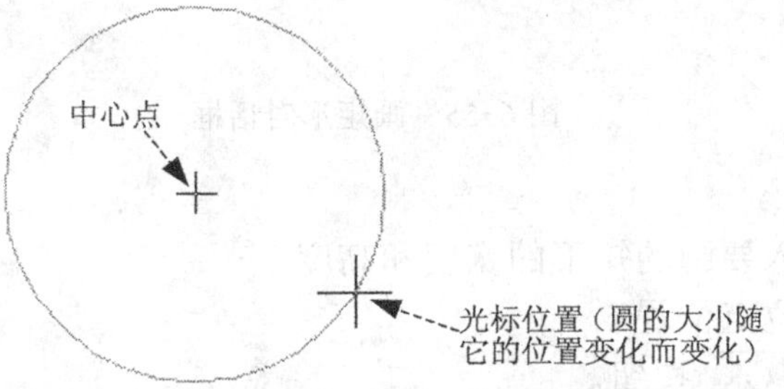


图 6-53 中心点——边界画圆

观察圆的大小适当时，点击鼠标左键，则圆被绘出。

光标的位置实际上是圆的边界，所以称为按中心点—边界画圆。

## 6.4 创建矩形

创建矩形的步骤，如图 6-54 所示。

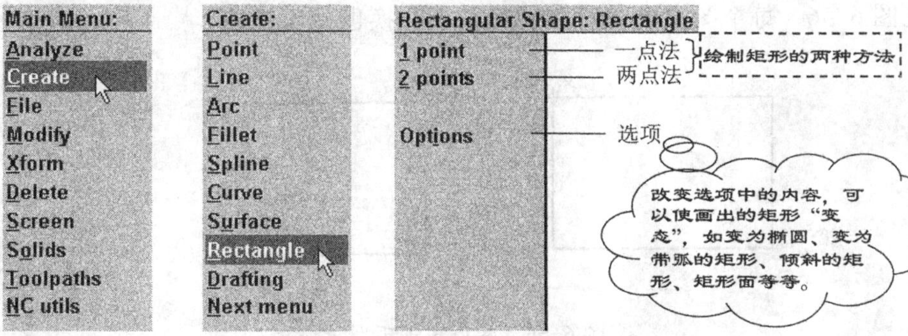


图 6-54 创建矩形菜单

### 6.4.1　一点法画矩形

选择该项后，弹出如下对话框（图 6-55）。

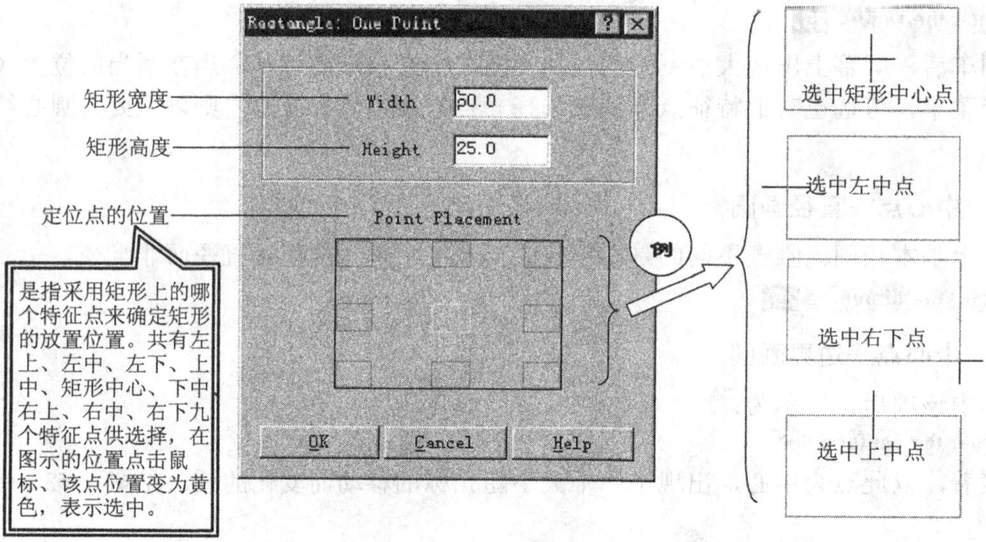


图 6-55　画矩形对话框

执行过程：

① 在对话框中输入要画的矩形的宽度和高度。

② 选择矩形的定位点位置。

③ 点对话框中的 OK 按钮。

④ 退出对话框，回到图形屏幕，在适当位置（可以捕捉图形中的特征点或任意选点）点击鼠标左键，则矩形的定位点被确定在此处，矩形也随即被绘出。

### 6.4.2　两点法画矩形

若选用此项，则操作极为简单，只须在屏幕上点击两点（可选图形中的特征点或任意选点），则矩形被绘出，这两点将作为矩形的对角线。

提示虽然是要你输入左下角的位置（Enter the lower left corner）和右上角的位置（Enter the upper right corner），其实只要从任意一角到与之相对的另一角都可。

示例见图 6-56（每个图中的第一点和第二点互换也是可以的）。

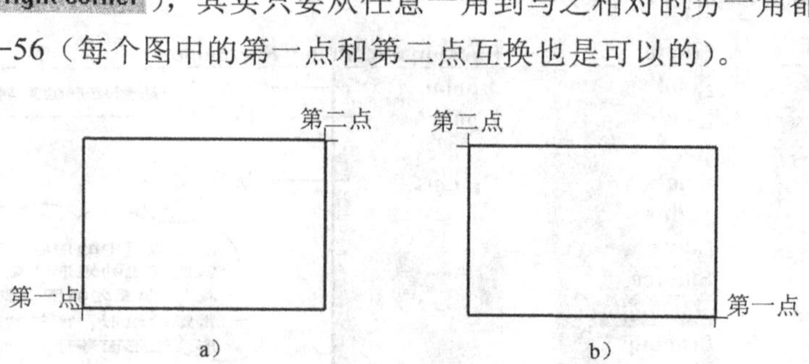


图 6-56　两点法画矩形

### 6.4.3　矩形选项

这并不是一种绘制矩形的方法，而是通过改变选项对话框中的内容，可以使矩形“变态”(没错，原来的版本中就有称变态矩形的)。

选中 Options 项后，会弹出如下对话框（图 6-57）。

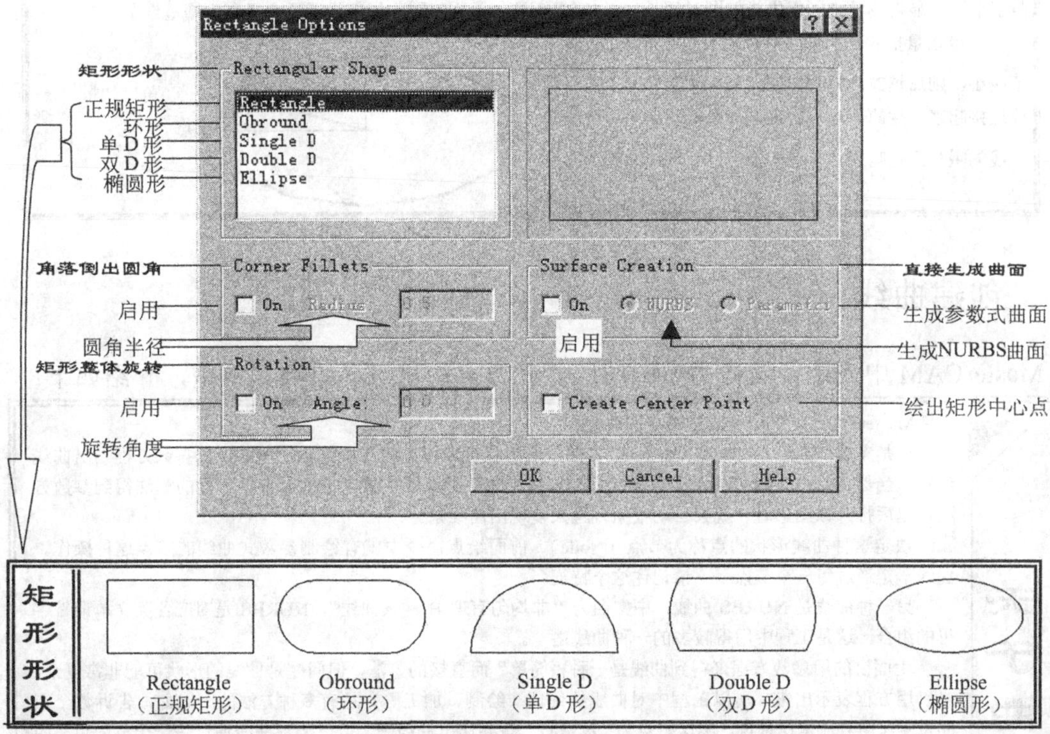


图 6-57　矩形选项

对话框中其它几项的图例见图 6-58，请自行体会。

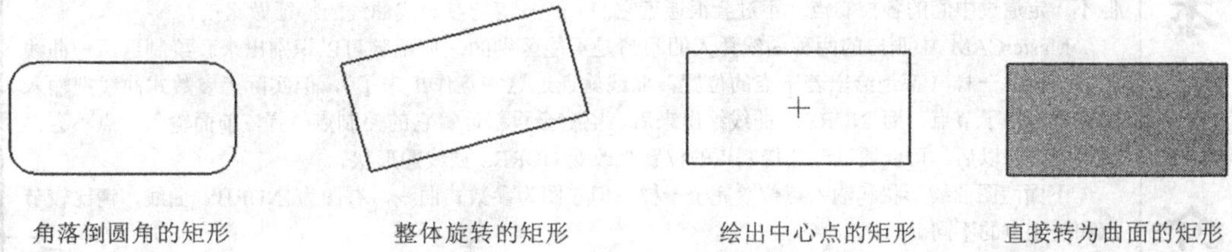


图 6-58　矩形的其它设置

通过改变对话框中各项设置，可得到所需的各种样式的矩形。

注意，须先设定本对话框中的相应项目，按 OK 按钮退出该对话框，然后再用前面介绍的两种画矩形的方法画出矩形来，才可看到设置后的效果。

**提醒你：** 当设置为椭圆形状的"矩形"后，画这个"矩形"时，左下方会出现如下提示：

Enter the angle increment 3. ——— 输入角度增量

==========================================

那么，"**角度增量**"是什么意思呢？

**答：** 椭圆线可认为是无数个点构成的，但画出无数个点来是不可能的，所以只能画出有限个点来近似表示这条椭圆线，那么，到底用多少个点呢？显然，点越少椭圆会显得越粗糙（但生成椭圆时间短），而点越多椭圆会显得越精细（但生成椭圆时间长），如何权衡这一矛盾就看你如何设置这个"角度增量"了。

角度增量指的是相邻两点之间的圆心角（如下图），值越小，则点越多，将相邻的点一一用直线连接起来，猛的一看，还挺象一条椭圆弧线的哦！不是吗？

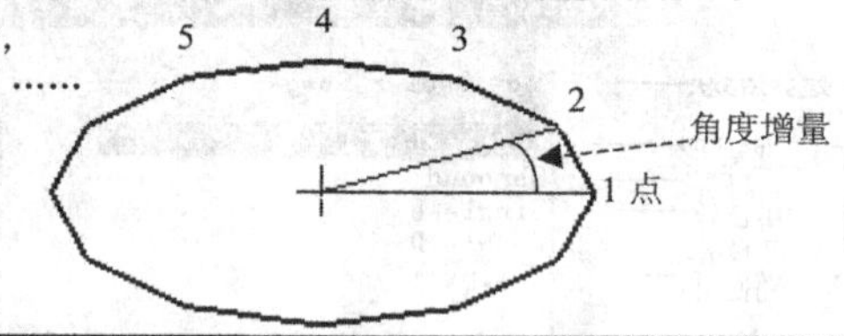


## 6.5 创建曲线

MasterCAM 中采用了两种类型的曲线，其概念和特点一定要弄清楚，介绍如下：

**关于曲线的基本知识介绍**

MasterCAM 中采用了两种类型的曲线：

一是**参数式曲线**（Parametric 曲线），曲线的形状可以用参数方程描述，电脑根据参数方程画出曲线形状，当然，这个参数方程不需你输入，你只需告知数个点的位置，电脑会根据一定的算法得到参数方程，以后打开该图形时，就会自动根据方程来复现出曲线来。

决定这种曲线形状的点称为节点（Node），前面绘点命令中就有绘制参数式曲线的节点这种操作。曲线一定通过每一个节点——请记住这个特征。

另一种曲线是 **NURBS 曲线**，中文名为"非均匀有理 B 样条曲线"，NURBS 是对应各英文单词首字母的组合，这是工程中用得较多的一种曲线之一。

上面讲的用参数方程来得到曲线是一种"简单"而直接的方法，但问题是曲线的形状可能非常复杂，难以用方程表示出来，所以工程中对曲线的处理（绘制、加工等）是有多种方法的。比如，告诉数个点的位置（用专业术语来说，称这些点为"离散点"），要作出曲线来，可以要求曲线通过每一个离散点（如上面刚介绍的参数式曲线），也可以要求曲线不必通过每一个离散点，而是根据点的分布状况，近似地勾勒出曲线来（其实是想用简单一些的函数方程来代替复杂的方程），但前提是曲线应光滑流畅，且尽量逼近各离散点…，这种处理方法称为曲线拟合，是形成曲线的另一类方法，其中，如何逼近离散点，什么才是逼近，如何才使曲线光滑流畅（有时简称光顺）等等，又派生出了不少理论，从而形成了多种类型的曲线，如贝则（Bezier）曲线、B 样条曲线，三次曲线等等，NURBS 曲线也是其中之一。

NURBS 曲线的特点是，由控制点（Control Point）来控制曲线的形状，曲线一定通过首点和末点，但不一定通过中间的各控制点（不过会很逼近它们）——请与参数式曲线的特征做比较。

MasterCAM 中画出的两种曲线凭人的眼睛是不能区别的，但电脑可以识别出来。绘制这两种曲线的方法似乎一样（都是给出若干点的位置，曲线就通过这些点作出来了），但实际上参数式曲线把输入的点就作为了节点，而 NURBS 曲线绘出来后，电脑会重新计算它的控制点位置，前面输入的点不会再见得到了，以后，可以通过改变控制点的位置来改变 NURBS 曲线的形状。

下面两图曲线形状和输入点位置完全一样，但左图为参数式曲线，右图为 NURBS 曲线，请比较节点和控制点的不同。

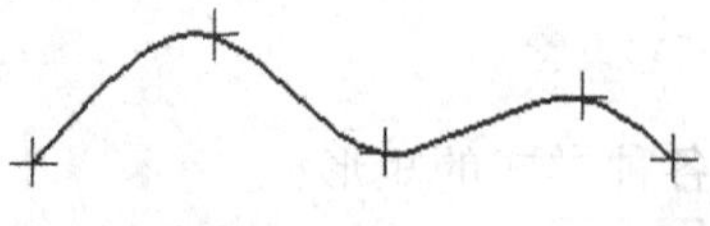

参数式曲线的节点
（输入点也在此处）

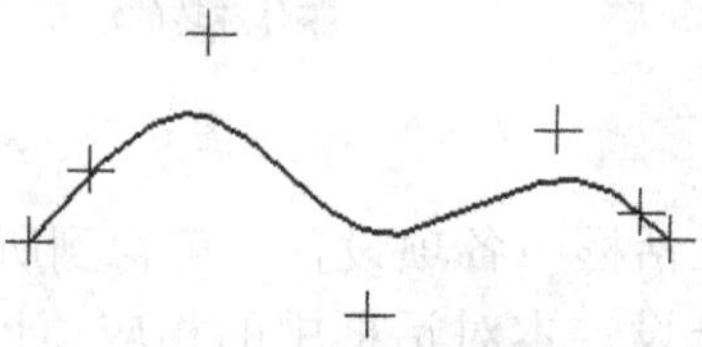

NURBS 曲线的控制点
（输入点在左图节点位置处）

**采用了两种曲线**

创建曲线命令的位置和内容如图 6-59 所示。

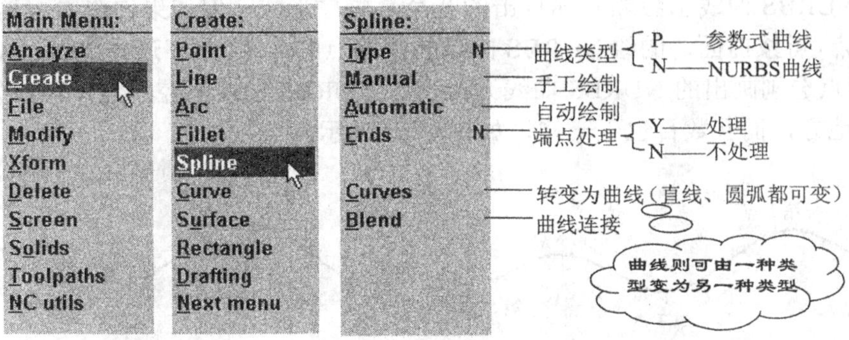


图 6-59　创建曲线菜单

两种曲线的绘制方法是完全一样的，只是系统以后会对不同的曲线不同地对待。下面以绘制参数式曲线为例进行说明。

绘制曲线有两种方法 —— 手工绘制和自动绘制。

手工绘制是指绘曲线时按提示逐个输入点的位置得到曲线。

自动绘制是指电脑按事先绘出的点来自动形成曲线（只需告知第一、第二和最后一点的位置即可）。

### 6.5.1　手工绘制参数式曲线

步骤如下：

① 将曲线类型改为 P。

② 点击 Manual 项（图 6-61），选择手工绘制的方法。

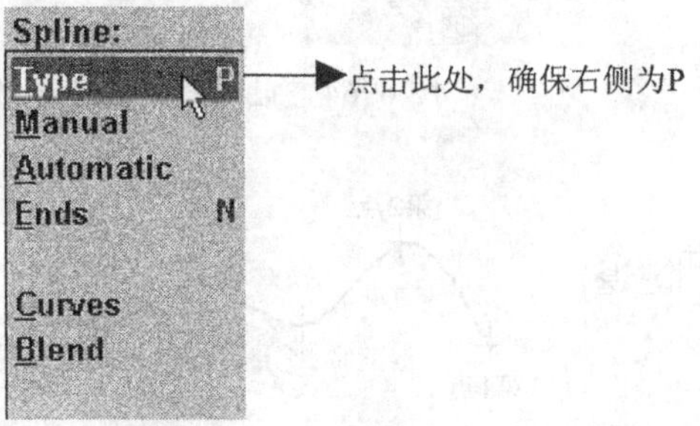


图 6-60　曲线设置菜单

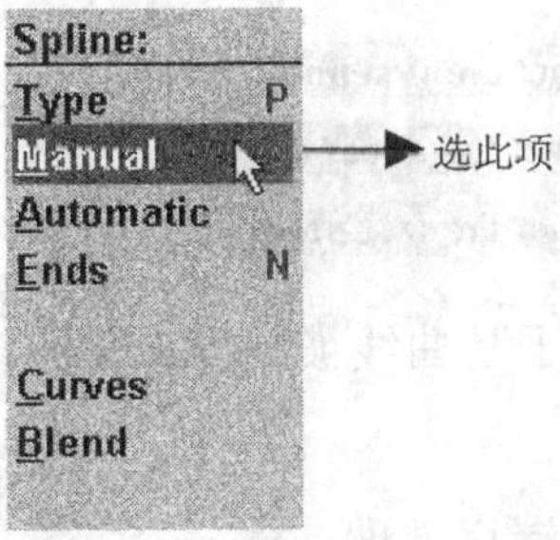


图 6-61　手工绘制曲线选项

③ 自动返回到图形屏幕，在屏幕上用鼠标顺序地点击几处（可捕捉已有的特征点），见图 6-62。

④ 欲结束画曲线，按键盘上的 Esc 键即可。

于是，绘出了一条参数式样曲线。

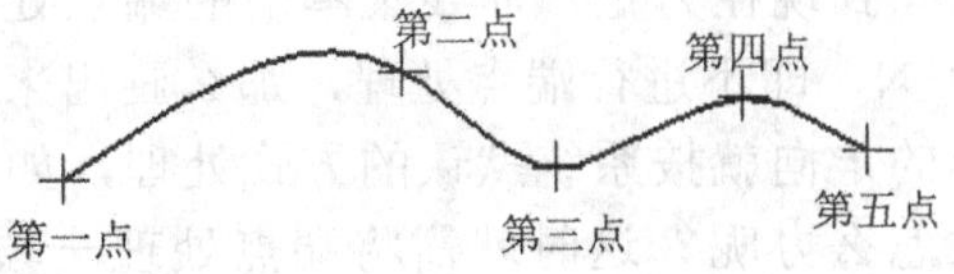


图 6-62　绘制曲线过程

### 6.5.2　手工绘制 NURBS 曲线

步骤如下：

当将曲线类型（Type）转变为“N”型后，余后的操作与上完全一样。

**注意**：NURBS 曲线也会顺着你点击的几个点顺序形成，但如果你想看看这条 NURBS 曲线的控制点，可按前面讲的绘 NURBS 曲线的控制点的方法（顺序选择 Creat→Point→Cpts NURBS，再点选刚画出的 NURBS 曲线）绘出该 NURBS 曲线的控制点，可以发现：两种点不在一个地方，而且数目也不一样，如图 6-63 所示。

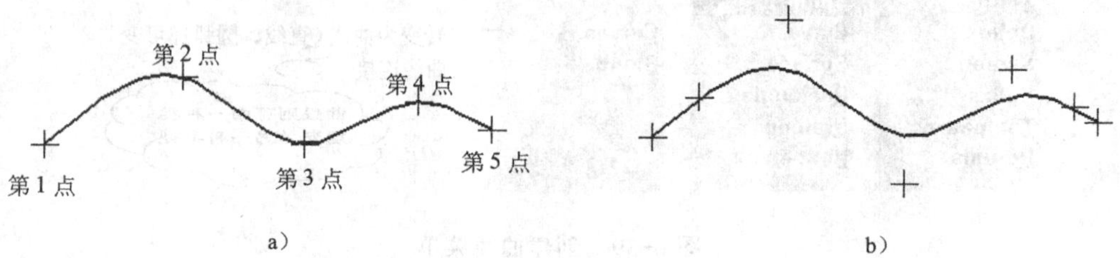


图 6-63 绘制 NURBS 曲线

a）绘 NURBS 曲线时需输入的点的位置 b）绘出 NURBS 曲线后显示控制点的位置

### 6.5.3 自动绘制曲线

步骤如下：

不管是参数式还是 NURBS 曲线，方法都一样。首先应按绘点的方法绘出一些点来。

① 指定要绘的曲线类型（P 或 N 型）。

② 选择 Automatic（自动）一项（图 6-64）。

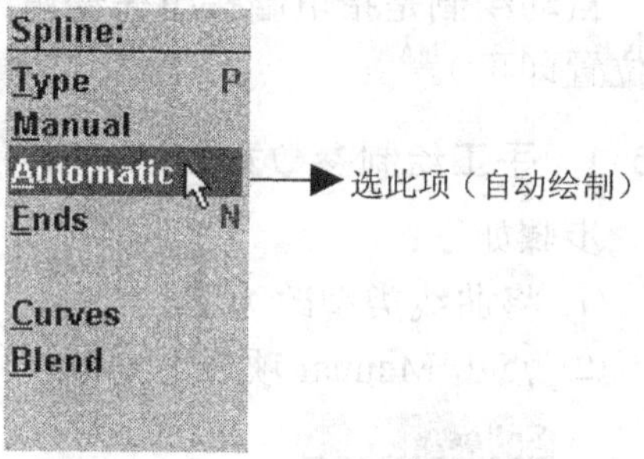


图 6-64 自动绘制曲线选项

③ 依次选择已有的点中的第一点、第二点和最后一点：

| | |
|---|---|
| Select the first point | 选择第 1 点 |
| Select the second point | 选择第 2 点 |
| Select the last point | 选择最后点 |

④ 于是曲线被画出，见图 6-65。按 Esc 键退出命令。

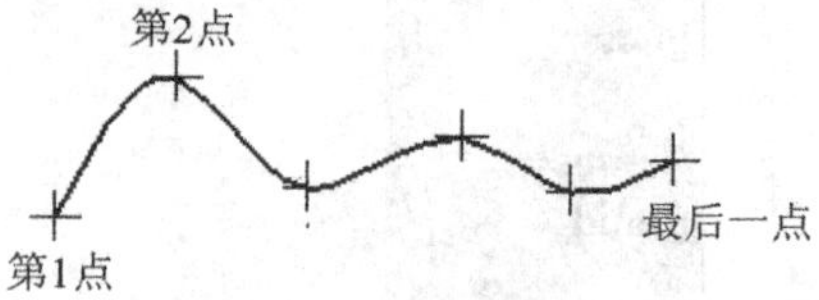


图 6-65 自动绘制曲线

### 6.5.4 端点处理

所谓端点处理其实就是改变曲线两端的切线方向，端点的切线方向决定了曲线的走向。

到现在为止，曲线菜单中的端点处理一项还设为 N，即不进行端点处理，那么画出来的曲线其两端的走向就按系统默认的方式处理，如果不如你的意怎么办呢？这时就需将端点处理一项设为 Y 如图 6-66 所示，请你在选完最后一点后多做一个工作 —— 指定两个端点（第一点和最后一点）处曲线的走向。

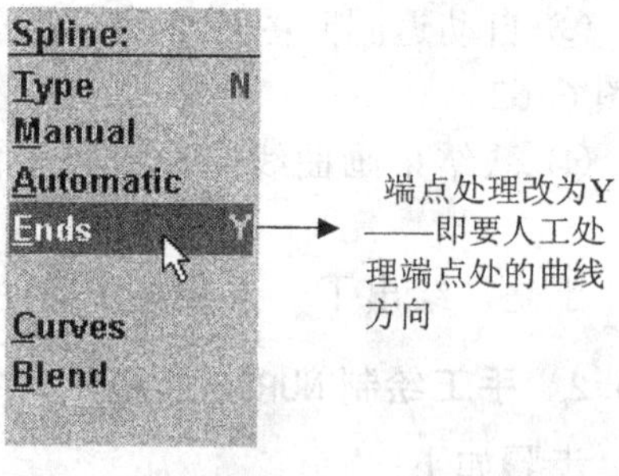


图 6-66 曲线端点处理选项

将端点处理改为 Y 后，仍按上面介绍的方法绘制曲线，但在输入最后一个点后，并不会立即出现曲线，而是在两端出现箭头，如图 6-67 所示。

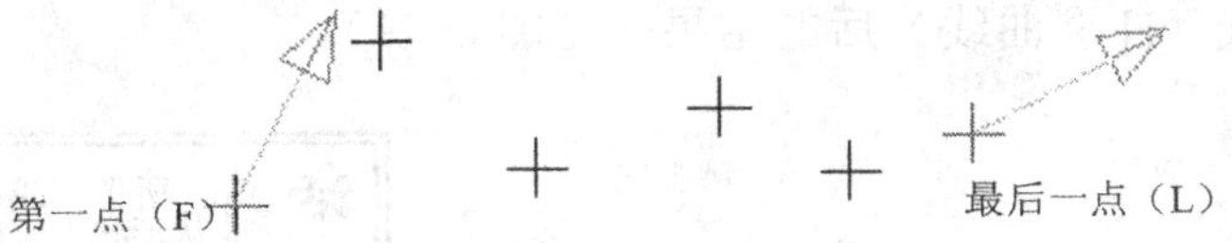


图 6-67　端点切线方向显示

同时，菜单也发生了变化，提供了改变两端点方向的各种方法。

图 6-68 已有详细解释，不再举例，读者自行试验。

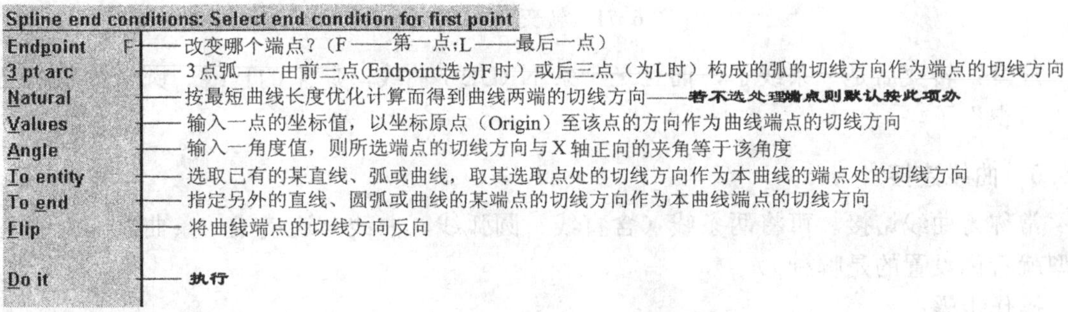


图 6-68　改变曲线端点方向的方法

## 6.5.5　转变为曲线（Curve 项）

启用本项，可将一条或多条曲线（还可以为直线或圆弧）变为所设置类型（参数型或 NURBS 型）的曲线。当然，如果设置的曲线类型与原来的曲线类型一样，则不变化。

厉害之处是：如果是分多次画出的曲线，并且是首尾相接的，则用此项可将这几条曲线合并为一条，并且曲线的类型也可改变（P 型变为 N 型，或 N 型变为 P 型）。

操作步骤是：

① 选择要改变的曲线类型。

② 点击 Curves 项目（见图 6-69）。

③ 选择要改变的直线、圆弧或曲线（可一次选多条未连接在一起的线）。

④ 点击菜单中的 Done 项。

⑤ 弹出如下菜单，可根据情况自行选择。

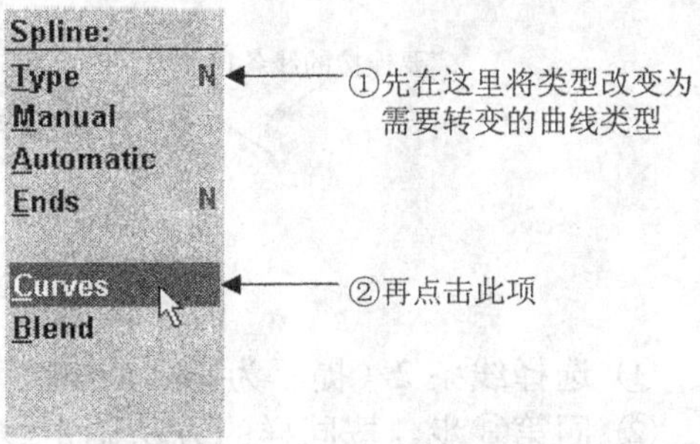


图 6-69　转变曲线选项

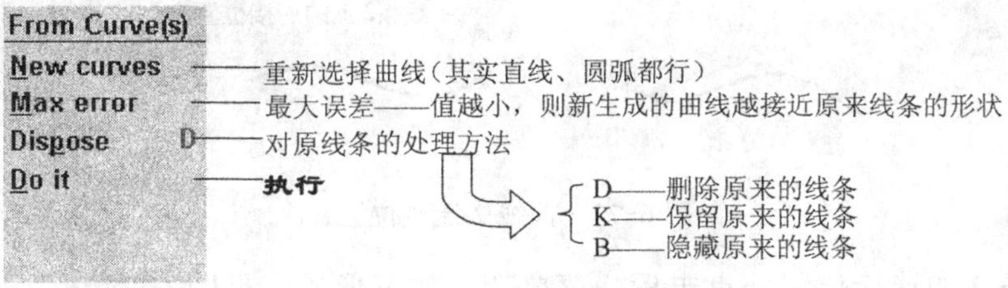


图 6-70　转变曲线设置菜单

⑥ 最后，点击 Do it 项，即完成任务。

【欣赏图例】：将首尾相接的一条参数式曲线（P 型曲线）、一条直线、一段圆弧转变成一条 NURBS 曲线（N 型曲线）后的结果（见图 6-71）。

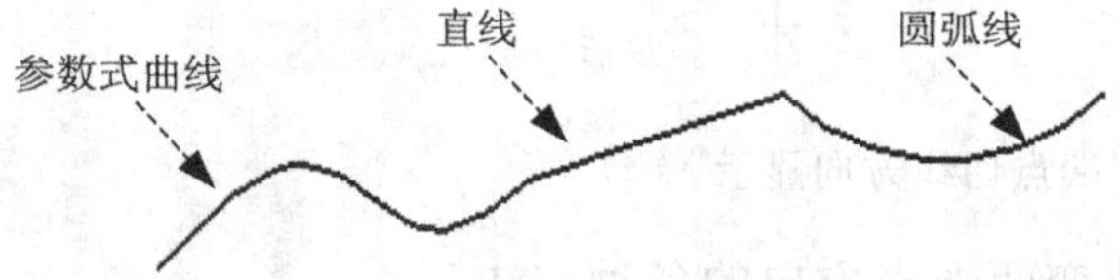


**话外音**　所谓直线、圆弧我们已习惯从形状上来区分，其实，从本质上来说，直线也可看成是弧线或曲线的一种特殊情况，弧线不过是一种比较规则的曲线而已……不是吗？MasterCAM 中，对直线、圆弧和曲线的认识可要解放一点思想哦！！

图 6-71　转变曲线的结果

**注意**：转变后是一条线了，而且是一条 NRUBS 曲线，原来的直线、圆弧等系统已不再“认得”了。

### 6.5.6　曲线连接

常称为曲线熔接。可将两条线（含直线、圆弧线、曲线）连接成一条曲线（P 型还是 N 型就看你设置的是哪种）。

操作步骤：

① 点击 Blend 项。

② 选择线条 1（提示为 **Select curve 1**）。

③ 提示变为：

**Slide arrow to position to blend onto**　将箭头滑动到连接位置处

这时所选的线条上出现一玫瑰红色的箭头（见图 6-72），并能随鼠标的移动而沿着线条滑动，在满意的位置点击鼠标左键，这个位置就成为了连接位置点。

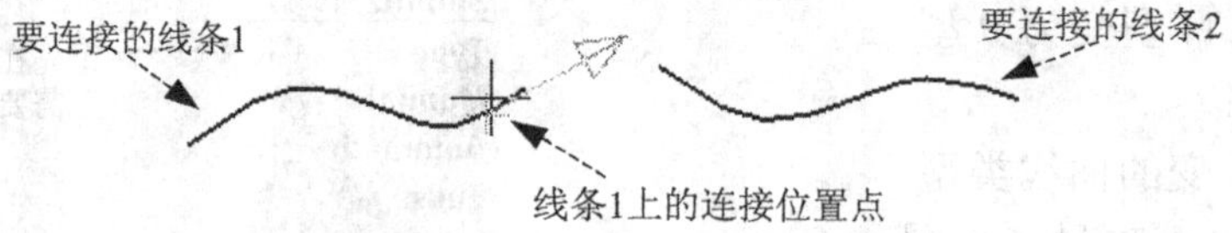


图 6-72　曲线 1 连接位置

① 选择线条 2（提示为 **Select curve 2**）。

② 同第③步，按同样的方法确定线条 2 上的连接位置点。

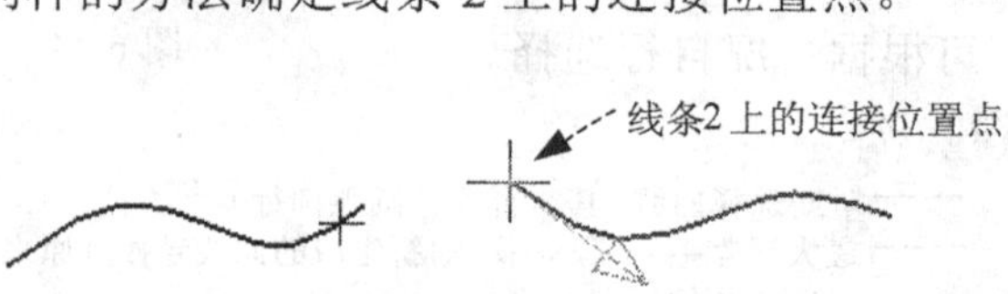


图 6-73　曲线 2 连接位置

③ 在线条 2 的连接位置处点击后，菜单变为如下形式；见图 6-74。

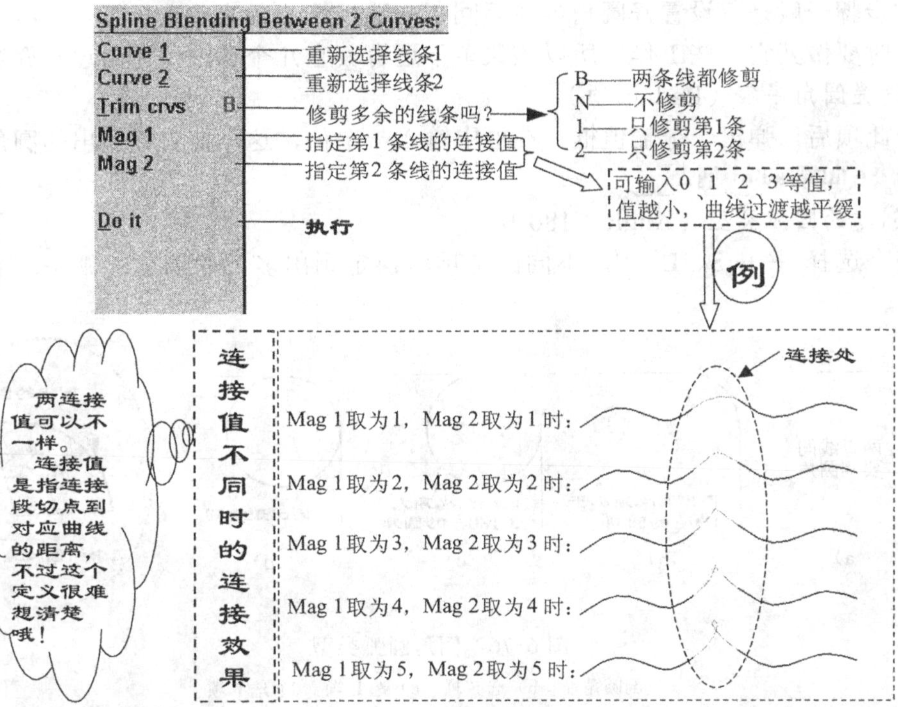


图 6-74　曲线连接设置

④ 改变了相应项目的取值后，按 Do it 项，即出现结果。

至此，关于曲线的绘制过程介绍完毕，可见花样挺多的。

## 6.6　创建圆角

这是常须做的一项工作，目的是在两条线（可以是直线、圆弧或曲线）之间倒出一个圆角来（工程中常俗称为倒圆角）。

创建圆角命令的位置及参数见图 6-75。

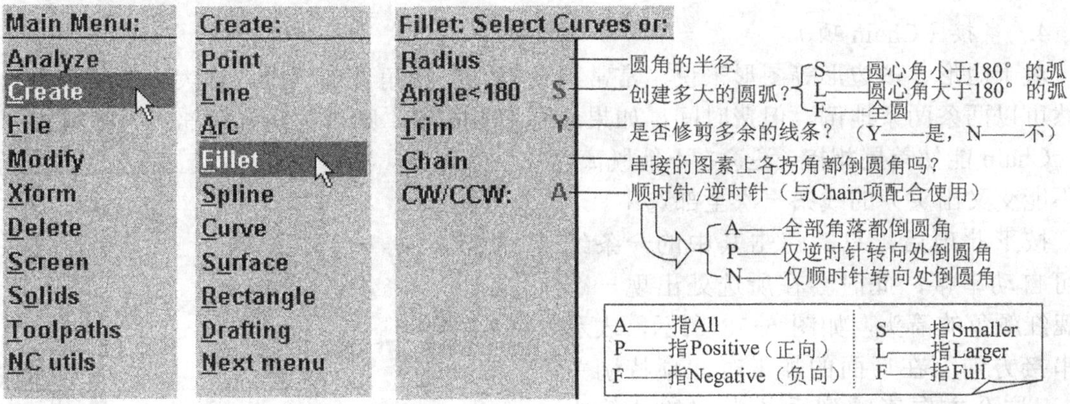


图 6-75　创建圆角菜单

操作步骤一般是：设置好圆角半径后回车→选择第一条线→选择第二条线→结束。

但有时要做其它一些工作，所以该菜单下还有其它几个选项，下面逐一介绍：

1. 设置圆角半径（Radius 项）

选中此项后，弹出一个输值框，在框中输入一个值，这个值将是倒出的圆角半径值。

Enter the fillet radius 6.

2. 创建的圆弧类型（Angle < 180 项）

有三个选择 —— S、L、F，不同的选项将决定画出多大的倒角圆弧来，请比较下图理解：

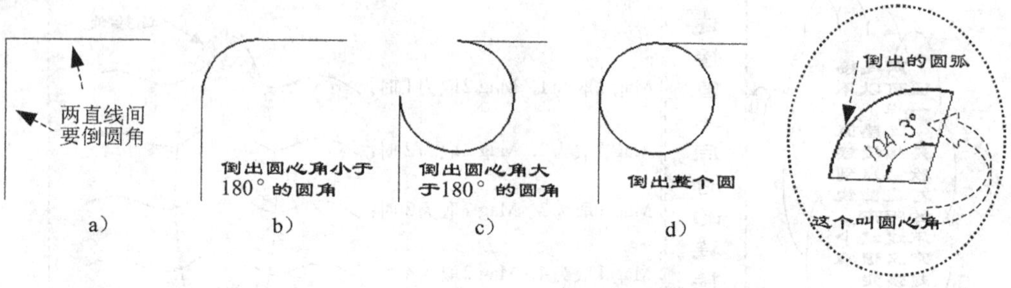


图 6-76 倒角圆弧类型

a）倒圆角前 b）选 S 项 c）选 L 项 d）选 F 项

3. 修剪多余线条（Trim 项）

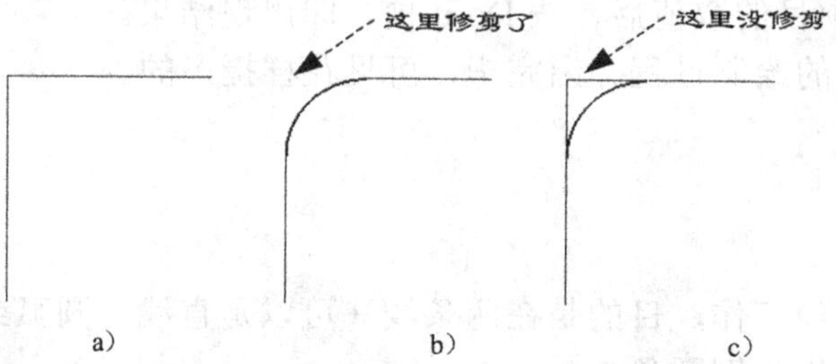


图 6-77 修剪多余线条

a）倒圆角前 b）修剪后效果 c）不修剪的效果

4. 串接（Chain 项）

对于矩形、多边形等图形来说，常常须在每一个拐角处都倒出同样大小的圆角来，你当然可以两条两条地倒，但费时间，如果选择 Chain 项，则可一次就全部倒出圆角来。

Chain 能使首尾相接（注意：不能脱离，也不能交叉出头）的线条一次全部选中。

按下此项后，只需点击其中的一条线即可自动串接，此时会在所选处出现一个玫瑰红颜色的箭头，如图 6-78 所示，表示了串接方向（在后面的加工时此项特别关键），这个方向影响到系统内部的计算方法，下面一个选项就与这项密切相关。

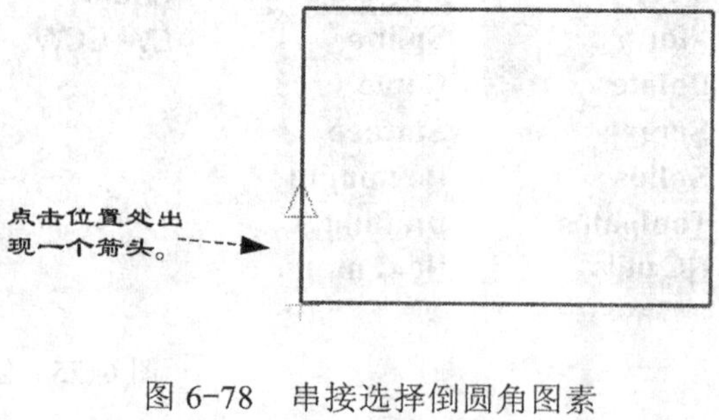


图 6-78 串接选择倒圆角图素

5. CW/CCW 项

CW 是顺时针的意思 —— Clockwise。

CCW 是逆时针的意思 —— Counterclockwise。

CW/CCW 项只有在使用了 Chain 项进行串接选取时才有效。

这一项也是 MasterCAM9.0 中新增的（在线切割加工中更为有用）。

是什么意思呢？请先看下图 6-79，注意是在哪个地方倒了圆角，而且要顺着串接方向的走向来看各个拐角处的旋向。

设用 Chain 串选多边形时，串接方向有如下两种情况：

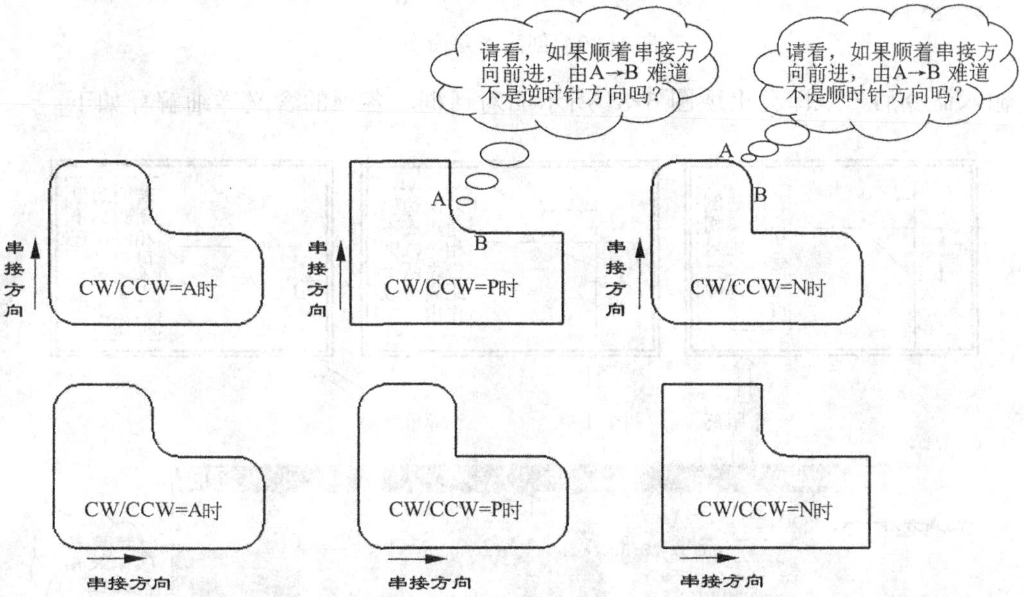


图 6-79　顺时针/逆时针串接

分析图形特点后可以发现：

◆ 选 A 项 —— All，指在各个圆角处都倒出圆角。

◆ 选 P 项 —— Positive（正向），从容易理解的角度翻译，就是按着串接方向前进，遇到逆时针转弯处就倒出圆角。

◆ 选 N 项 —— Negative（负向），翻译得通俗一点，就是按着串接方向前进，遇到顺时针转弯处就倒出圆角。

特别注意：所谓顺时针、逆时针，都是相对于串接方向而言的。

## 6.7　创建斜角

俗称倒斜角，简称倒角。这也是常须进行的工作，如倒出 2×45°（新标准规定，可简写为 *C*2）的斜角等。

命令位置如下：

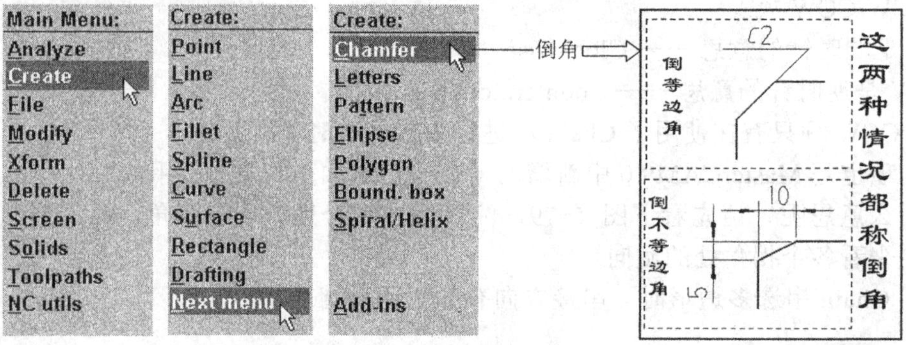


图 6-80　创建斜角命令位置

输入命令后，立即会出现图 6-81 所示的对话框，各项的含义详细解释如下：

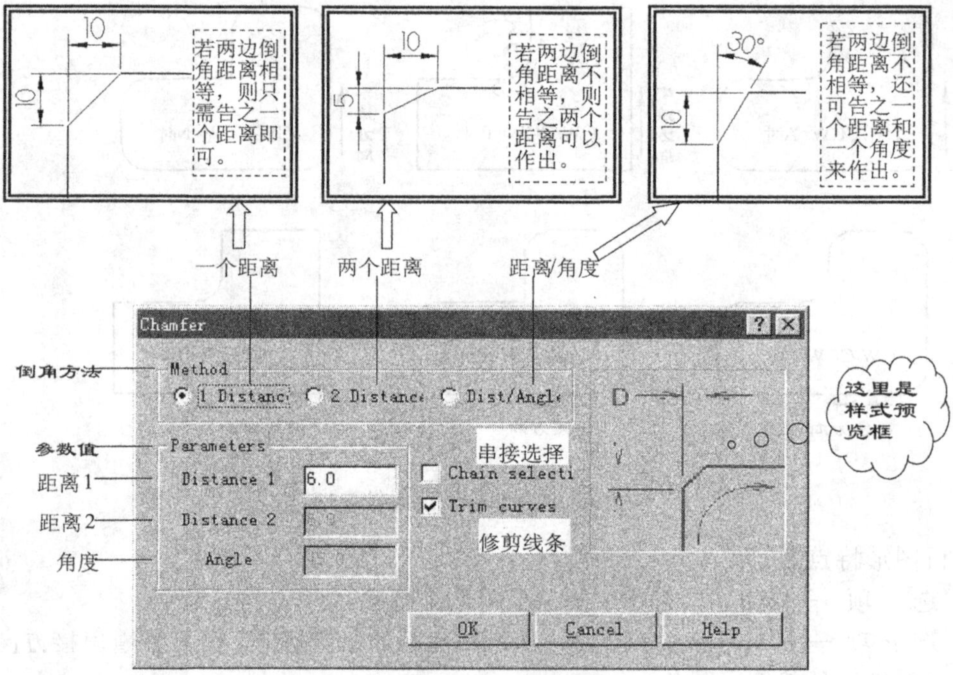


图 6-81　倒角参数设置对话框

设置好相关的参数后，按 OK 按钮，退出该对话框，按次序点击两条线，即能在这两条线之间倒出斜角来。

串接选择 —— 选用此项后，可使首尾相接的多条不平行的线条之间都倒角。

修剪线条 —— 选用此项，则倒角后，将多余的线条自动剪去（同倒圆角之中的修剪）。

## 6.8　创建椭圆

命令位置如图 6-82 所示。

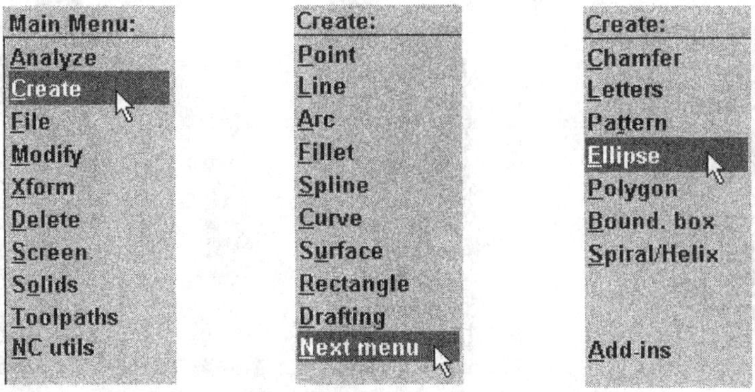


图 6-82 创建椭圆命令位置

按图 6-82 顺序选中绘椭圆命令后，即出现如下对话框，在五个框中输入值（如果某框中已有值合乎要求则可跳过）后按 OK 按钮（见图 6-83），便退出对话框，在屏幕上指定椭圆的中心位置，则椭圆被画出。

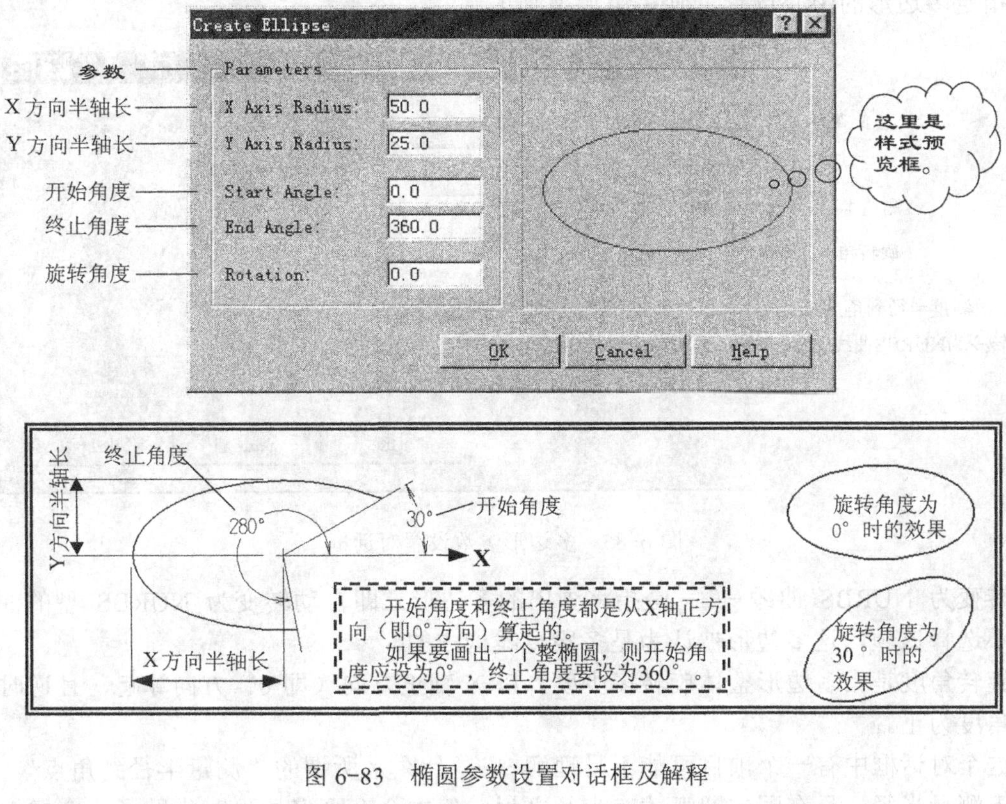


图 6-83 椭圆参数设置对话框及解释

## 6.9 创建多边形

创建多边形的步骤如图 6-84 所示。

图 6-84 创建多边形

**注意**：本命令只能创建正多边形，即每边长度相等的多边形。

按图 6-84 顺序选中绘多边形命令后，即出现如下对话框，在三个框中输入数值（如果某框中已有值合乎要求则可跳过）后按 OK 按钮（见图 6-85），便退出对话框，在屏幕上指定多边形的中心位置，则多边形被画出。

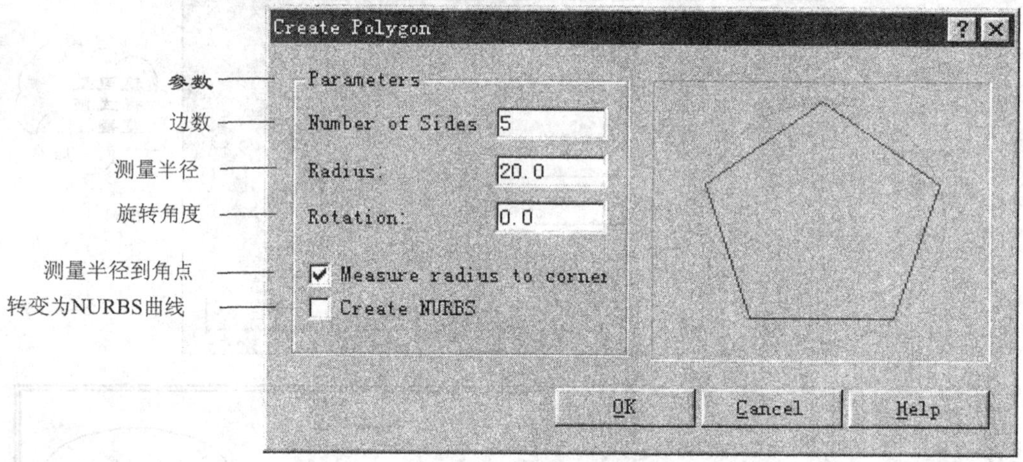


图 6-85 多边形参数设置对话框

转变为 NURBS 曲线 —— 是指将画出的多边形立即自动转变为 NURBS 型的曲线。如果不选择该项，这多边形被认为是多段直线构成的。

旋转角度是指多边形整体旋转多少度，以 X 轴正方向（即 0° 方向算起，且逆时针方向的角度为正。

这个对话框中有一个项目可能不易理解 —— 什么是所谓的“测量半径到角点”，先解释一下测量半径：只有圆或圆弧才有半径之说，但本命令画多边形时借助了一个虚拟圆的帮助，认为要画的多边形要么与这个圆内接（见上图右边的预览框），要么与这个圆外切，而这个圆并不需要画出来，所以是一个虚拟圆。

那么，到底是要与这个圆内接还是外切呢，这就要看“测量半径到角点”一项是否选择了，请看图 6-86（设两图圆的半径都一样）。

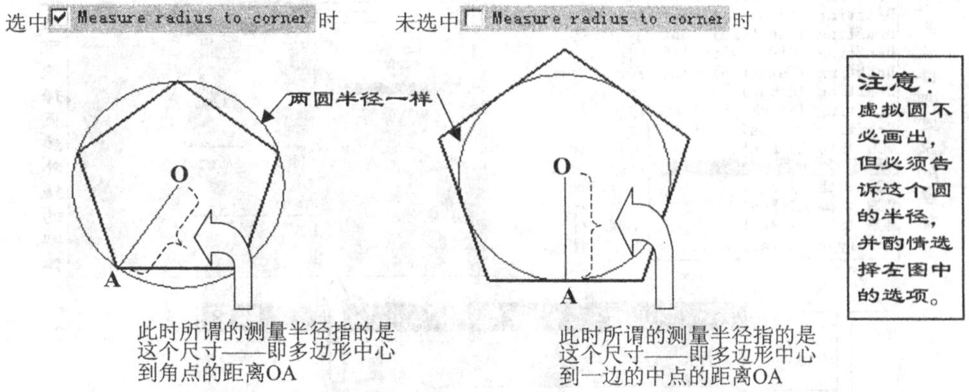


图 6-86　两种画多边形方式的区别

## 6.10　创建图形文字

创建图形文字的步骤，如图 6-87 所示。

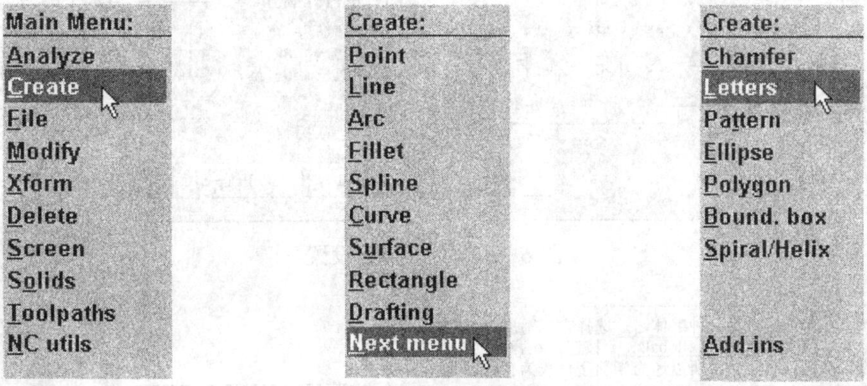


图 6-87　创建文字命令位置

图形文字是指虽然是文字，但其实是就象画图一样画出来的，MasterCAM 将它们当作图形看，既然是当作图形看，这种文字就可以编辑（如倒圆角、修剪等）。

如果不是单线条字，而是双线条的字（图 6-88），则可以用来加工（刻沉陷字或凸起字，如印章）。

图形文字与标注尺寸时的标注文字不一样，后者目的不是加工的，而只是显示给你关于图形线条的一些信息。

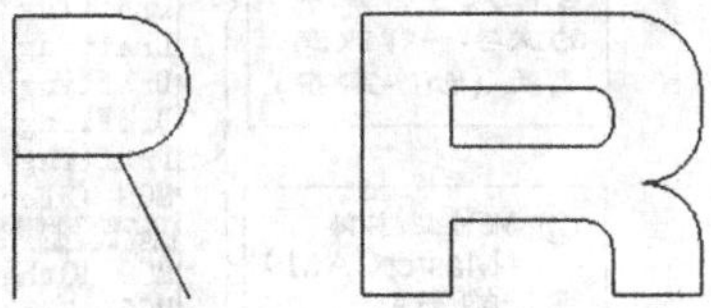

a)　　b)

图 6-88　创建文字

a）单线条字　b）双线条字

按 Creat\Next menu\Letters 顺序输入命令后，立即出现如下对话框（图 6-89）。

MasterCAM 软件预定义的字体有三种类型，如图 6-90 所示。

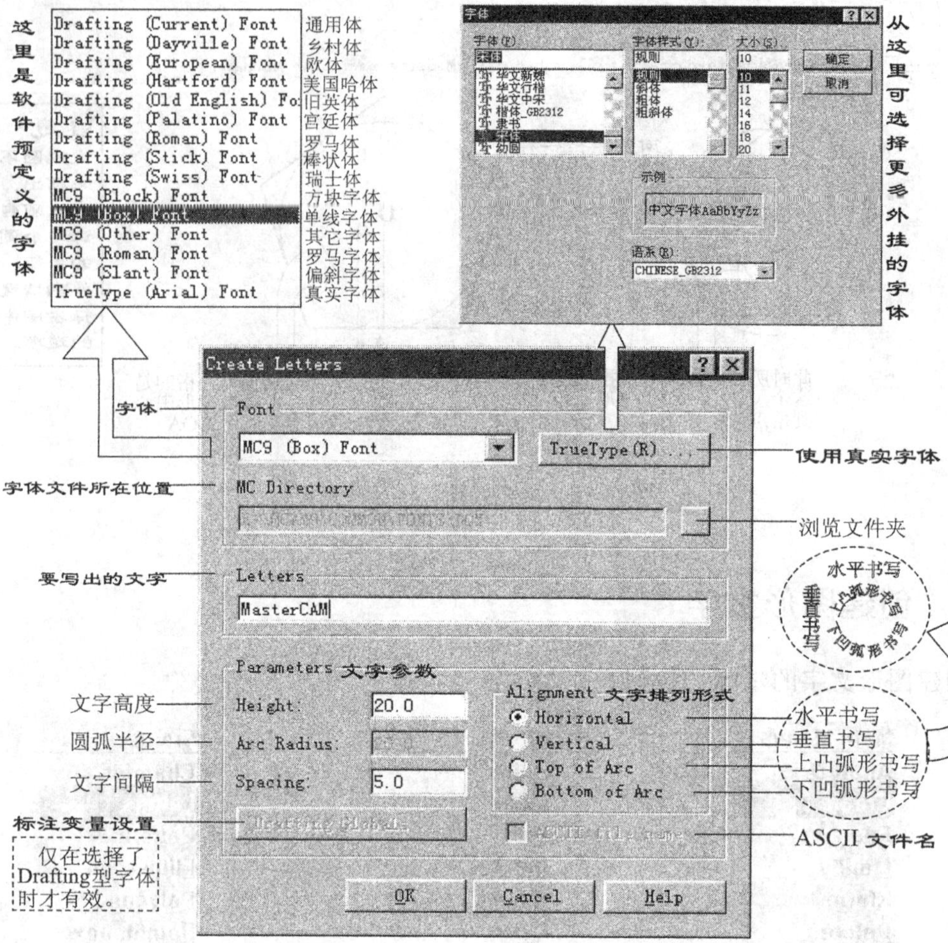


图 6-89 文字参数设置

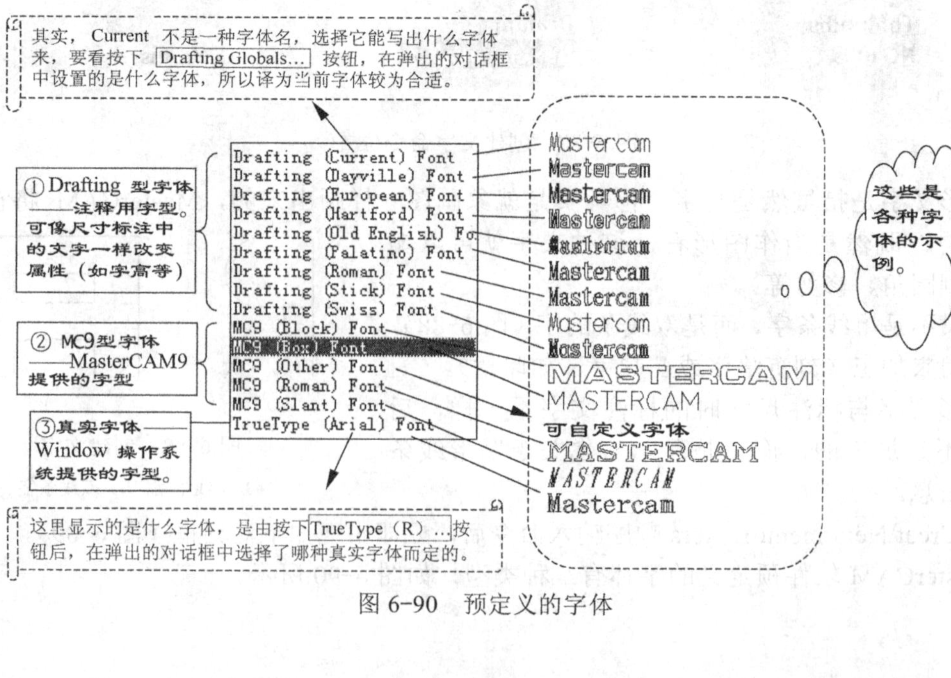


图 6-90 预定义的字体

1. Drafting 字体 —— 标注字体

与后两种不同之处是：用这类字体写出来的字就像标注尺寸时的注释文字一样，可以更改它的属性（字高、间距、旋转角度等）。

MasterCAM9 中，安排了 9 种这一类型的字体（见图 6-90)，选择了这些字体后，对话框左下角的 Drafting Globals··· 按钮有效，按下后弹出下面的对话框（图 6-91)，其中各项的含义请看标注设置一节（这仅为标注设置对话框中的一个标签页）。

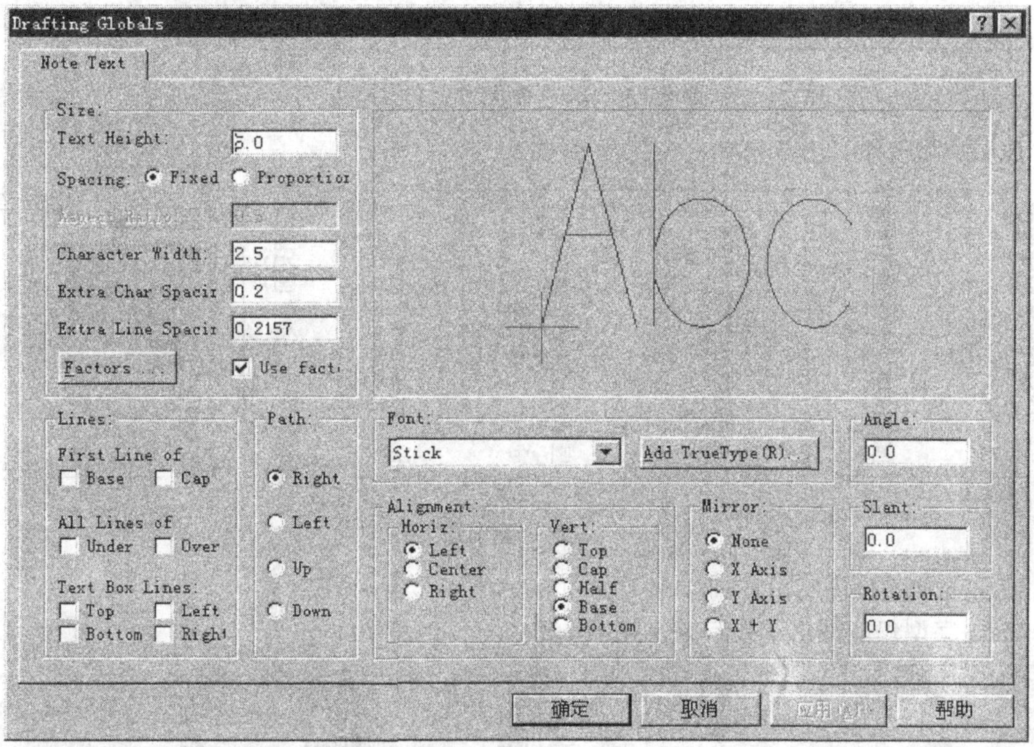

图 6-91 文字参数设置

这些字体不能象 MC9 型字体一样写出上凸弧形、下凹弧形、垂直书写等文字排列形式，仅为默认的水平书写形式。

2. MC9 型字体 —— 软件自创字体

这是 MasterCAM9 中自行设置的字体，已有 4 种形态不同的字型，分别为 Block（方块字型）、Box（单线字型）、Roman（罗马字型）、Slant（偏斜字型)，还有一种可由用户自定义（Other)。

其实，这些“字”都是用 MasterCAM 软件画出来的图形，例如，Block 字型中的字母“R”图形如图 6-92 所示。

MC9 型字体所在的位置是：Mcam9\Common\Fonts\。

注意，这几种都没有对汉字的定义，也就是说写不出汉字来。

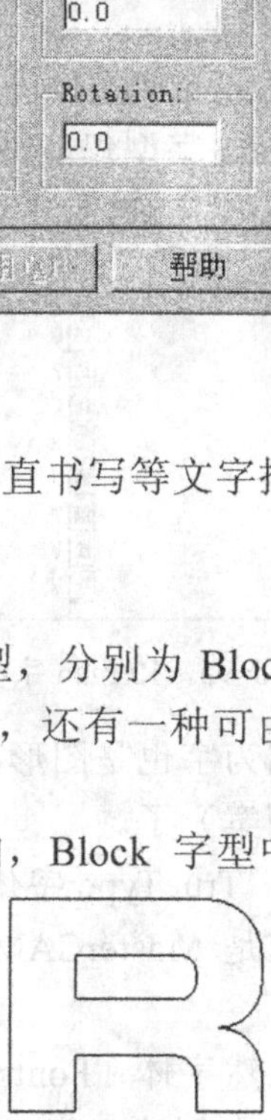
图 6-92 MC9 型字体示意

Block 字型仅能写出下列字来（见图 6-93)。

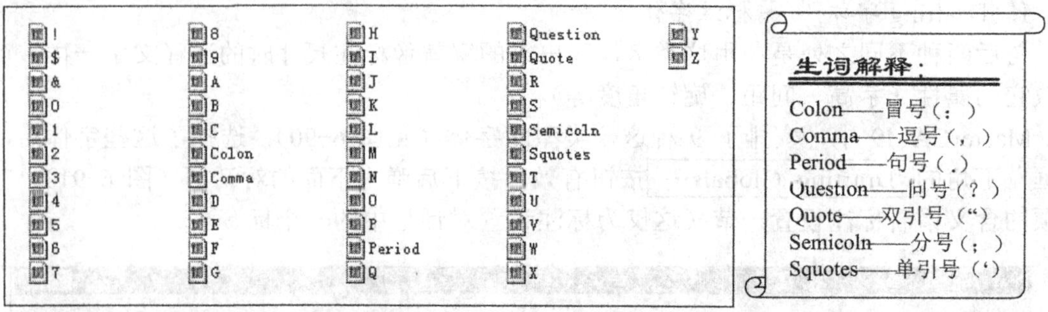


图 6-93 Block 字型中定义的文字

Box 字型仅能写出下列字来（见图 6-94）。

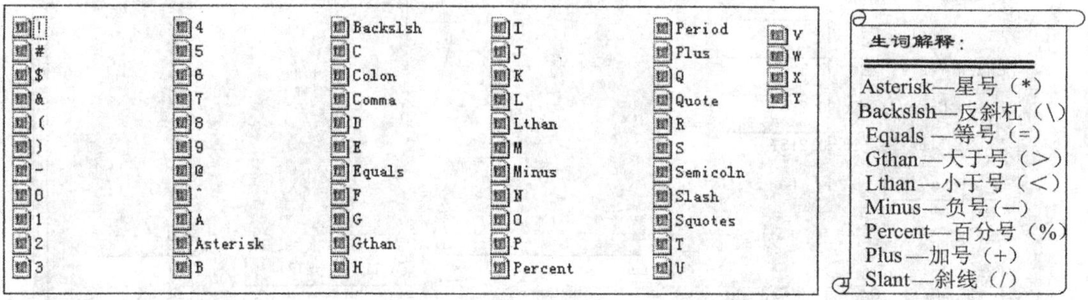


图 6-94 Box 字型中定义的文字

Roman 字型仅能写出下列字来（见图 6-95）。

Slant 字型仅能写出下列字来（见图 6-96）。

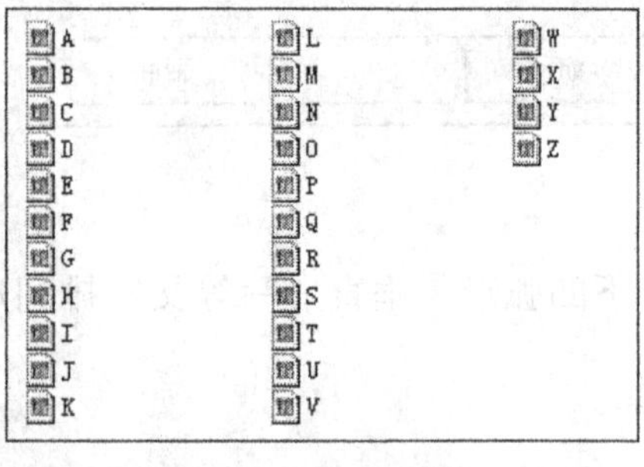


图 6-95 Roman 字型中定义的文字

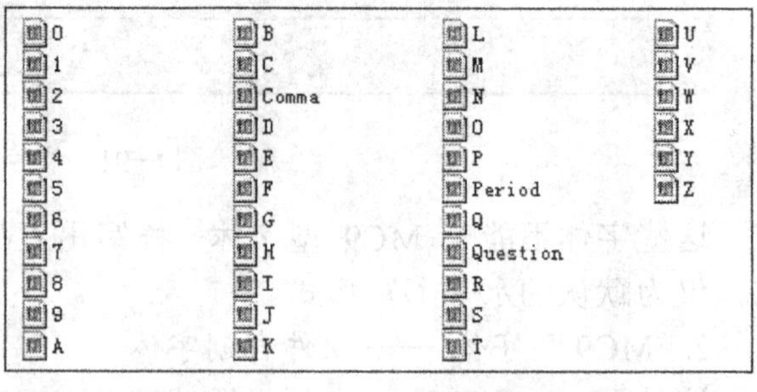


图 6-96 Slant 字型中定义的文字

因为字也是图形，所以打开几个看看之后，你很快就能模仿着制作一些你需要的文字（或图案）了。

3. TrueType 字体 —— 真实字体

这是 MasterCAM 利用电脑中的操作系统（Windows 操作系统）中装载的字体来输出文字。

虽然字体（Fonts）一栏的下拉框中只在最后列出了一种 TrueType 字体（Arial 体），但若点击创建文字（Create letters）对话框中右上角的 TrueType（R）… 按钮，弹出如下对话框，如图 6-97 所示。

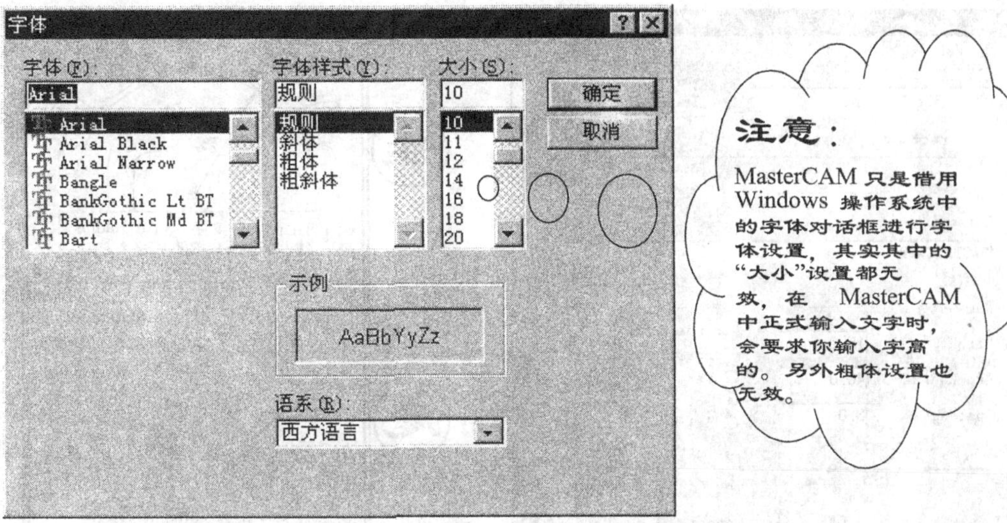


图 6-97　真实字体选择

从"字体"栏中选择一种你需要的字体（其中有汉字字体，注意勿选前面带@的汉字字体，这种字是卧放的，而要选后面的不带@的汉字字体）。按 确定 按钮，即可输入选中字体的文字。

使用各种 TrueType 字体可得到 MC9 字体可做到的所有效果（如上凸弧形排列、下凹弧形排列等）。

【实例 6-4】绘制图 6-98 所示的牌匾

图 6-98　绘制牌匾

步骤：

1）绘制一个长 200mm，宽 140mm 的矩形，其中心在原点（Origin）。

A．输入绘矩形命令：Create\Rectangle\1 Point。

B．弹出的对话框中，在 Width 框中输入 200，在 Heigth 框中输入 140；按 OK 按钮。

C．在菜单中点 Origin；

于是矩形绘出（也许要按下 标才能看到），按键盘上的 ESC 键，终止绘矩形命令。

2）绘制一个半径是 65mm 的圆，圆心在原点（Origin）。

A．输入绘圆命令：Create\Arc\Circ pt+rad。

B．在左下方出现的框中输入半径值 65，回车。

C．在菜单中点 Origin。

于是圆被绘出，按键盘上的 Esc 键，终止绘矩形命令。

3）写出上凸弧形文字 —— MASTERCAM9

A．输入绘文字命令：Create\Next menu\Letters；

B．在弹出的对话框中设置各项参数，如图 6-99 所示。

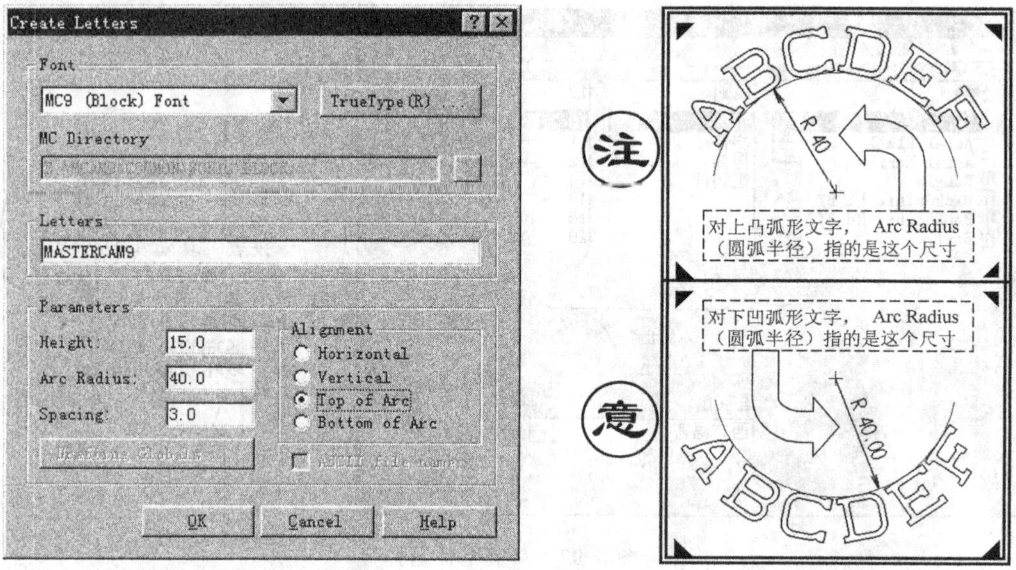


图 6-99　凸形文字参数设置

在 Font 一栏中选 MC9（Block）字体，

在 Letters 下的框中输入要写出的文字 —— MASTERCAM9，

在 Alignment 处，选择 Top of Arc 单选项，

在 Parameters 栏中，将 Heigth 框中的值改为 15，将 Arc Radius 框中的值改为 40，将 Spacing 框中的值改为 0.5。

按 OK 按钮，退出对话框。

C. 出现 Enter starting location of letters 的提示，要你指出文字的放置位置。

移动鼠标，当光标在圆线附近时，看到菜单中的 Center 一栏变白（表示捕捉到了圆心位置，圆心位置会同时出现一个方框标志）时，点击鼠标左键，选中圆心为上凸弧形文字的中心位置；

于是，上凸弧形排列的文字 MasterCAM9 被写出。

4）写出水平排列的“培训处”三字，采用“宋体”字体

A. 输入绘文字命令：Create\Next menu\Letters。

B. 在弹出的对话框中，按下右上方的 TrueType（R）… 按钮。

C. 在接着弹出的对话框中，选择“宋体”字体后，按 确定 按钮退出该对话框。

D. 回到前一对话框。

选择你习惯的输入法（全拼、五笔等），在 Letters 下的框中输入要写出的文字 —— 培训处，

在 Alignment 处，选择 Top of Arc 单选项，

将 Heigth 框中的值改为 20，

将 Spacing 框中的值改为 1。

设置结果如图 6-100 所示。

按 OK 按钮，退出对话框。

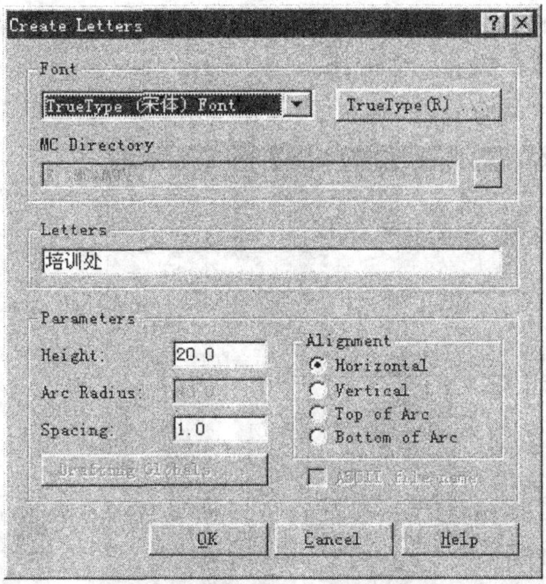


图 6-100　汉字文字参数设置

E．出现 **Enter starting location of letters** 的提示，要你指出文字的放置位置。

在 MASTERCAM9 中第二个字母“A”底部稍右一点（距离约大半个字）点击鼠标左键，则文字写出。

**注意**：如果这几个字的位置不满意，可立即点击图标撤消，然后再进入写文字命令进入对话框，这次不需重新输入参数（系统能自动记录下上次输入的参数），只需直接 OK 按钮，退出对话框，再重新选择文字位置即可，相信不出两三次你就会吸取教训，很快写好的。

**说明**

- ■ 水平排列的文字是以第一个字的左下角来确定摆放位置的，垂直排列的文字是以首字的左上角为摆放位置，上凸或下凹弧形排列则是以“圆”心为摆放位置。
- ■ 其实文字位置不满意，可以用平移的方法来移动，但那是编辑命令，现在还没学呢！先委屈一点吧！

这时的效果如图 6-101 所示：

图 6-101　创建文字效果

5）写出左侧垂直排列的字——“**功能强大实用易学**”，使用“隶书”字体

A．输入绘文字命令：Create\Next menu\Letters。

B．与上类似，在弹出的对话框中，将各框中的参数设置为图 6-102 中所示。

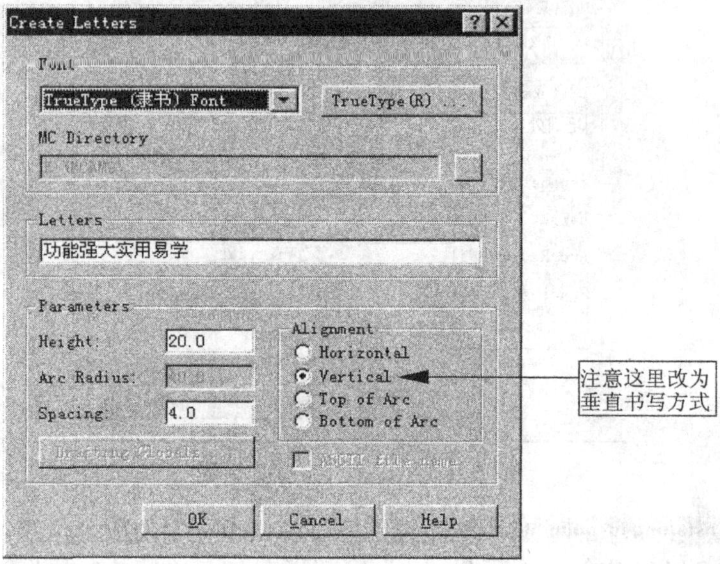


图 6-102　垂直排列文字设置

C．按 OK 按钮，退出对话框。

D．出现 Enter starting location of letters 的提示，要你指出文字的放置位置。

在矩形框内离矩形框左上角约一个图标距离远的地方点击鼠标左键，则文字写出，位置不满意，可撤消重来一次。

6）使用图 6-103 所示的设置，模仿上面的操作过程，写出右侧的竖排文字。

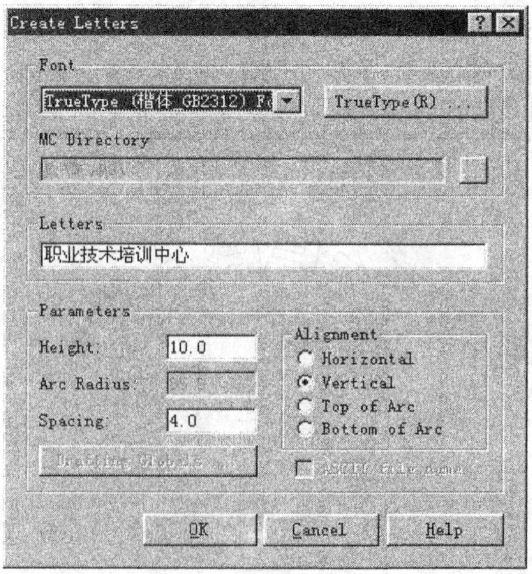


图 6-103　设置文字参数

有一个问题要注意：

使用真实字体（True Type）书写弧形文字时，默认效果可能并不理想，要想如你所愿，可能还需对文字进行旋转（那是我们常希望得到的效果），对比如图 6-104 所示。

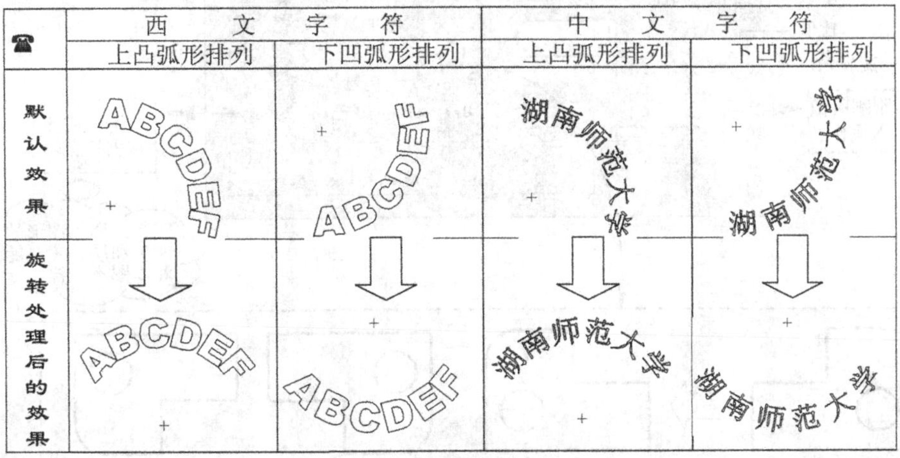


图 6-104　弧形文字样式

在 MasterCAM9.0 之前的版本中，却不需要进行这样的旋转，可以直接得到上表中下一排的效果。

另外，如采用 MC9 型字体，也不存在需要旋转的问题。

Drafting 字体根本就不能玩出弧形排列等花样，只能水平书写（但写完后可以改变属性，或象图形一样进行旋转等编辑操作。

## 6.11　插入图形

插入图形（图 6-105）是指将其它的图形（当然只能是 MasterCAM 软件绘制的图形）插入到当前图形中，这样可以利用原来的或别人的工作成果，减少重复劳动，加快本图形的绘制速度。而且，可以在插入时对插入的图形进行旋转、改变比例、镜像等操作。

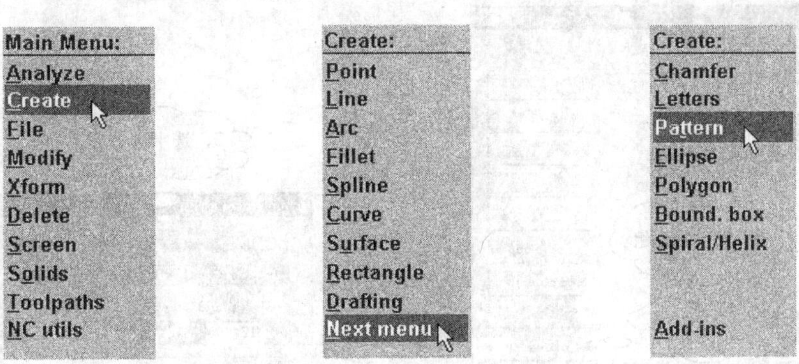


图 6-105　插入图形命令位置

输入命令后，出现对话框，如图 6-106 所示。

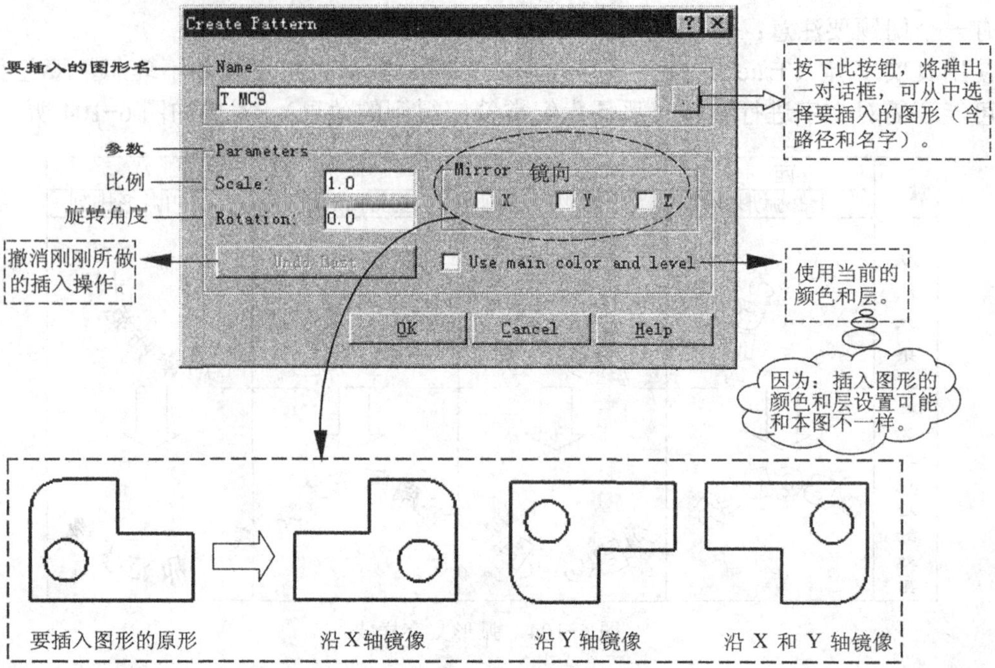


图 6-106　插入图形参数设置

填好上面对话框中各项所需的参数后，按 OK 按钮退出对话框，然后指定将图形插入到哪一点，则图形会出现在屏幕上。

位置、大小等可能并不如意，可用编辑命令进一步修改。

**注意：**

1）每次插入的图形，MasterCAM 都将其视为一个群组（Group），并会自动赋给它一个组名以作为标识，组名由原图形文件名加上编号数字构成。

2）正因为将它作为了群组，所以选择 ☑ Use main color and level 项后，理论上应该使用当前的设置颜色，但可能不能如意，因为群组可能限制了使用什么颜色，必须取消这种限制才能改变原图颜色。

可以点击次菜单中的 Group 按钮，弹出对话框，如图 6-107 所示。

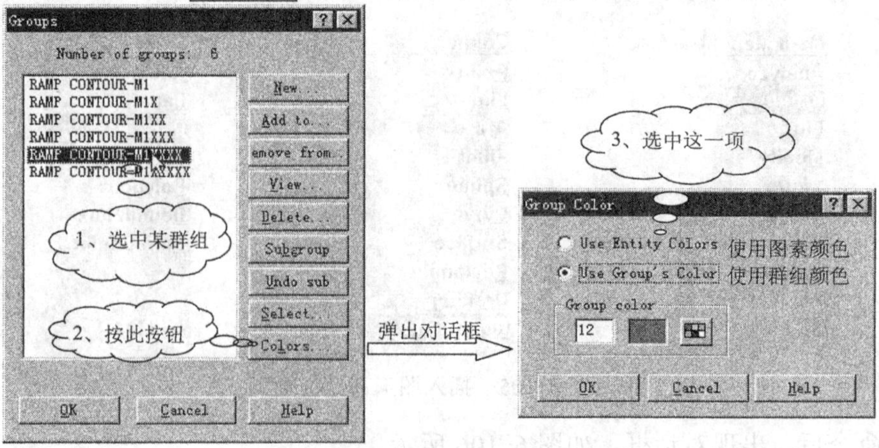


图 6-107　取消群组颜色

3）刀具路径不能插入，但实体（Solid）和标注（Dimension）可以插入。

## 6.12　生成边界框

根据图形最长、最宽、最高的尺寸自动生成一个盒形（长方体状）框架，就像鞋盒正好装入鞋一样，这个边界框正好把图形（二维的或三维的）包含在内。

这个边界框在以后确定加工边界、确定工件中心、确定毛坯外形尺寸、粗估毛坯重量等等时，可以派上用场、甚至帮个大忙。

二维图形的边界框没有高度，仅为一个矩形框。创建步骤如图 6-108 所示。

图 6-108　创建边界框命令位置

边界框图例如下（见图 6-109）。

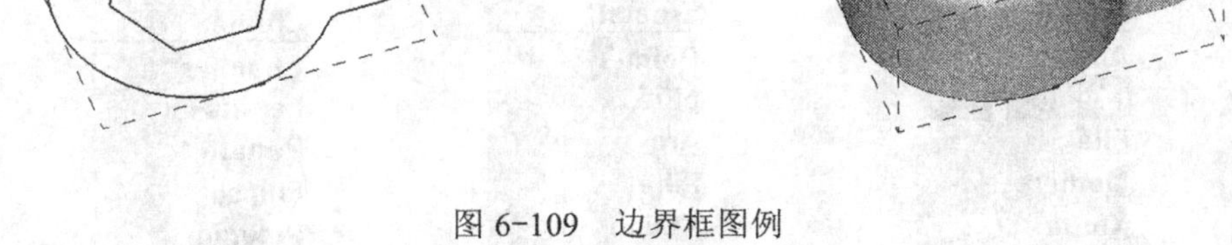


图 6-109　边界框图例

边界框由一根根直线构成，可以利用它来捕捉特征点，也可以一条一条删除。

操作过程：

A．按 Creat\Next menu\Bound.box 的顺序输入命令。

B．弹出对话框，如图 6-110 所示。

C．填写需要的选项后，按 OK 按钮退出对话框。

D. 选择要制作边界框的图素（如用窗口方式）。

**注意**：如在上面的对话框中选择了 All entities 项，则不必选择图素。

E. 按菜单中的 Done 项；则边界框绘出。

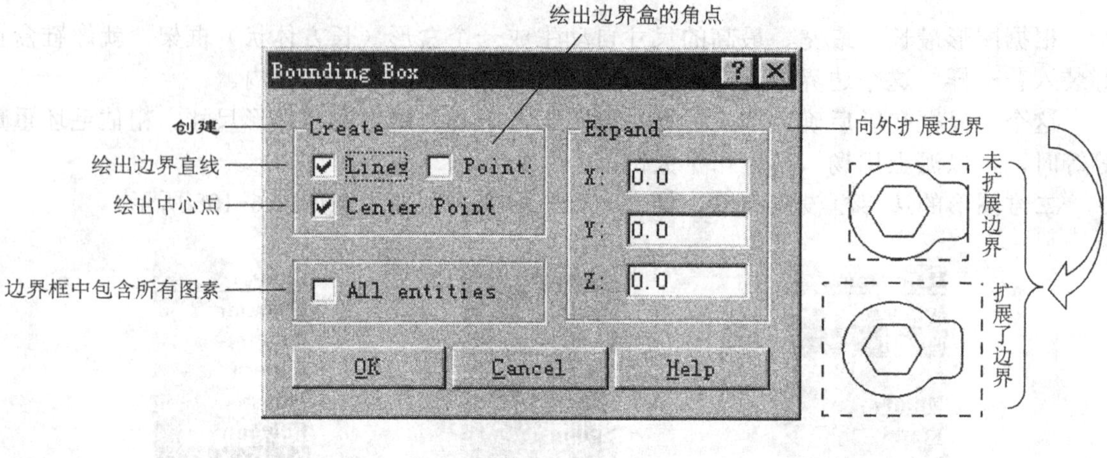


图 6-110　边界框参数设置

## 6.13　绘制螺旋线

这里面包含了两种画螺旋线的方法，对于工程中最常用的螺旋（等距、等径），两种方法都能画出来，但方法有些不一样，你可根据自己的喜好选择。但其实两者还是有差别的，可以画出一些“古怪”的螺旋线来，比如塔形螺旋线、变距螺旋线等。在 MasterCAM9.0 之前的版本中，它们是分开的，但 9.0 版中将它们整合在一起了。

按图 6-111 顺序输入命令后，即弹出如下对话框（见图 6-112）。

可以画出两种螺旋线 —— Helix（取名为塔形螺旋线）和 Spiral（取名为变距螺旋线），名称是根据它们最擅长画的螺旋线的形状特征来起的。

对话框中左边是两种螺旋线的共同参数，而右边根据绘制何种螺旋线而只有一半是有效的。

图 6-111　创建螺旋线命令位置

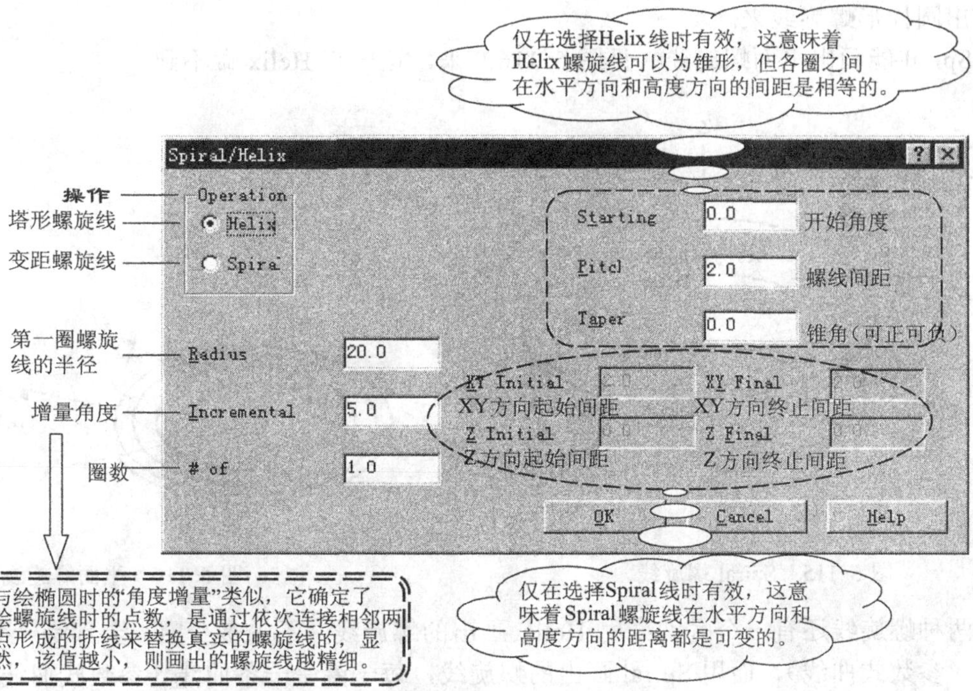


图 6-112　螺旋线参数设置对话框

### 6.13.1　Helix 型螺旋线

它的特点是可以画出塔形的螺旋线来（当然圆柱形的螺旋线亦不在话下），但高度方向上各圈的间距是相等的，请参考图 6-113 进行理解。

锥角取得特别的话，还可能出现如下效果，见图 6-114。

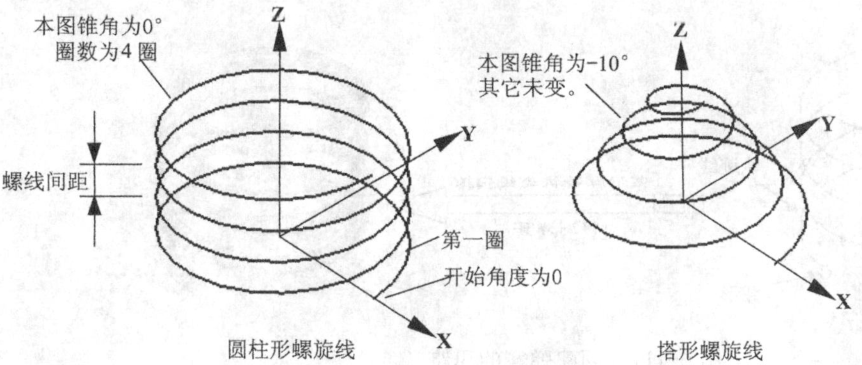


图 6-113　Helix 螺旋线图例

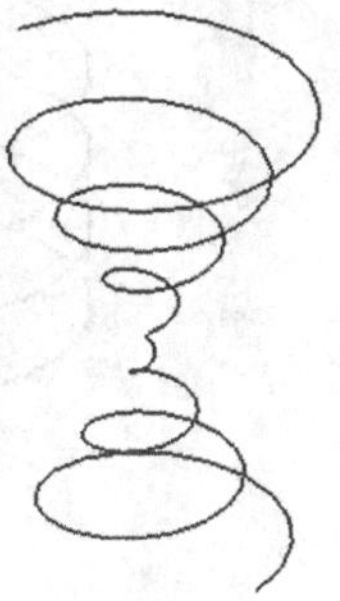

图 6-114　特殊效果 Helix 螺旋线

### 6.13.2　Spiral 型螺旋线

这种螺旋线（图 6-115）的特点是水平面（XY 平面）方向和高度方向的螺旋线间距都可以是变化的，当然，取值得当的话（XY 方向的起始间距和终止间距都为 0），同样可以画出圆柱形螺旋线来。

Spiral 能画出平面螺旋线（见图 6-116）来，这一点 Helix 做不到。

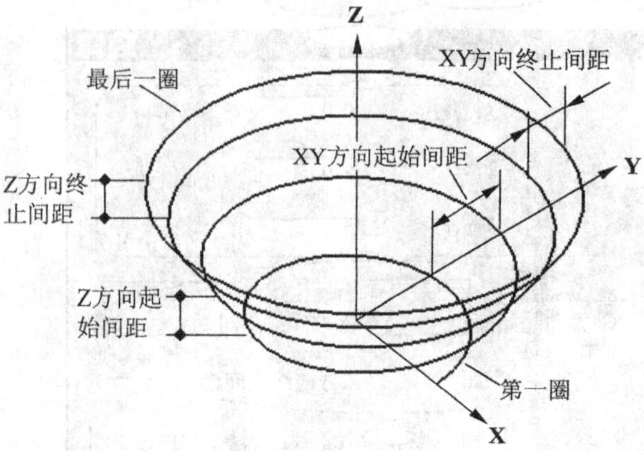


图 6-115 Spiral 螺旋线

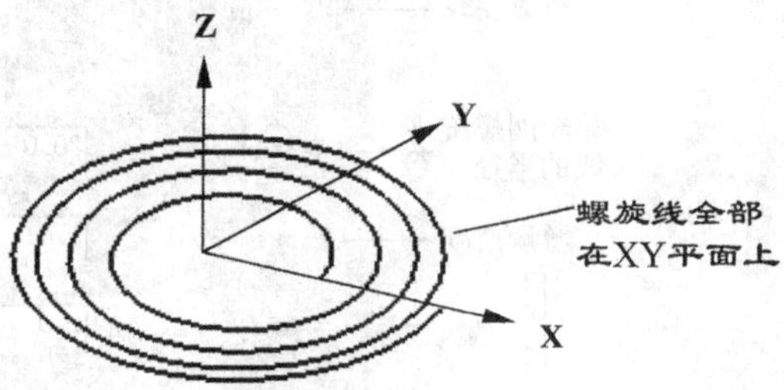


图 6-116 平面螺旋线

两种螺旋线还有一个区别：用 Helix 画出的螺旋线，不论多少圈，全部是一条完整的曲线（参数式曲线），而用 Spiral 画出的螺旋线，每一圈是一条曲线（参数式曲线）。

命令的执行过程很简单，只要在对话框中设置好各项参数，按 OK 按钮退出该对话框，然后在作图区确定螺旋线中心点的放置位置就可以了。

如果你想画一个弹簧，可以采用上面的方法画出一条螺旋线作为轨迹线，然后再在螺旋线的一端画一个与螺旋线垂直的圆（圆的直径等于弹簧丝的直径），用它作为截形（截面形状），然后用这个截形绕轨迹线扫描到末端，则弹簧就画出来了（见图 6-117）。这种方法是后面要讲的实体造型中的一种重要方法，称为“扫掠（Sweep）”法。

从这种用途来看，绘制 Helix 螺旋线更为合适，因为它是一条完整的曲线。

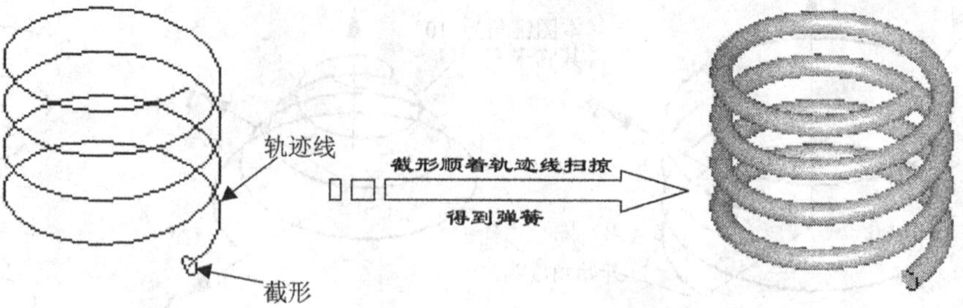


图 6-117 创建弹簧的思路

## 6.14 添加—插入

这个选项（见图 6-118）下包含了几个附加的功能 —— 用函数绘图、画齿轮、统计圆形资料，有了这样的工具，在有的场合可以提供一些帮助。

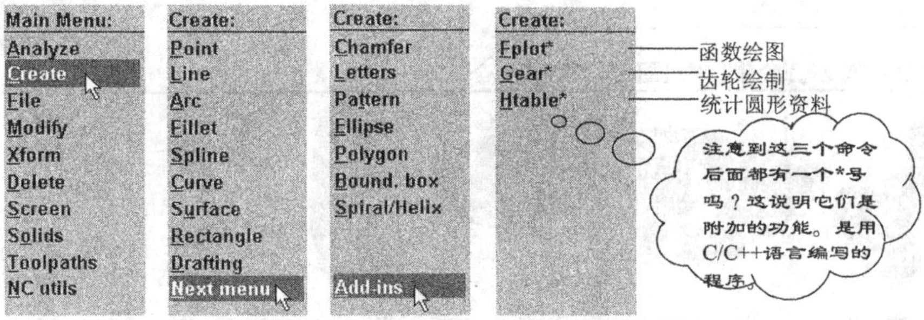


图 6-118　添加插入命令位置及功能

### 6.14.1 函数绘图

就象数学中根据方程（也是函数）来画线条一样，MasterCAM 中也可以根据函数来画出图形，当然这种图形不会太复杂。

函数如何构建，MasterCAM 中有专门的规定，限于篇幅，在此不详论，仅介绍如何使用。

按 Creat\Next menu\Add—ins\Fplot 顺序选择命令，出现一菜单，含义及解释如图 6-119 所示。已有函数及对应的图形，见图 6-120。

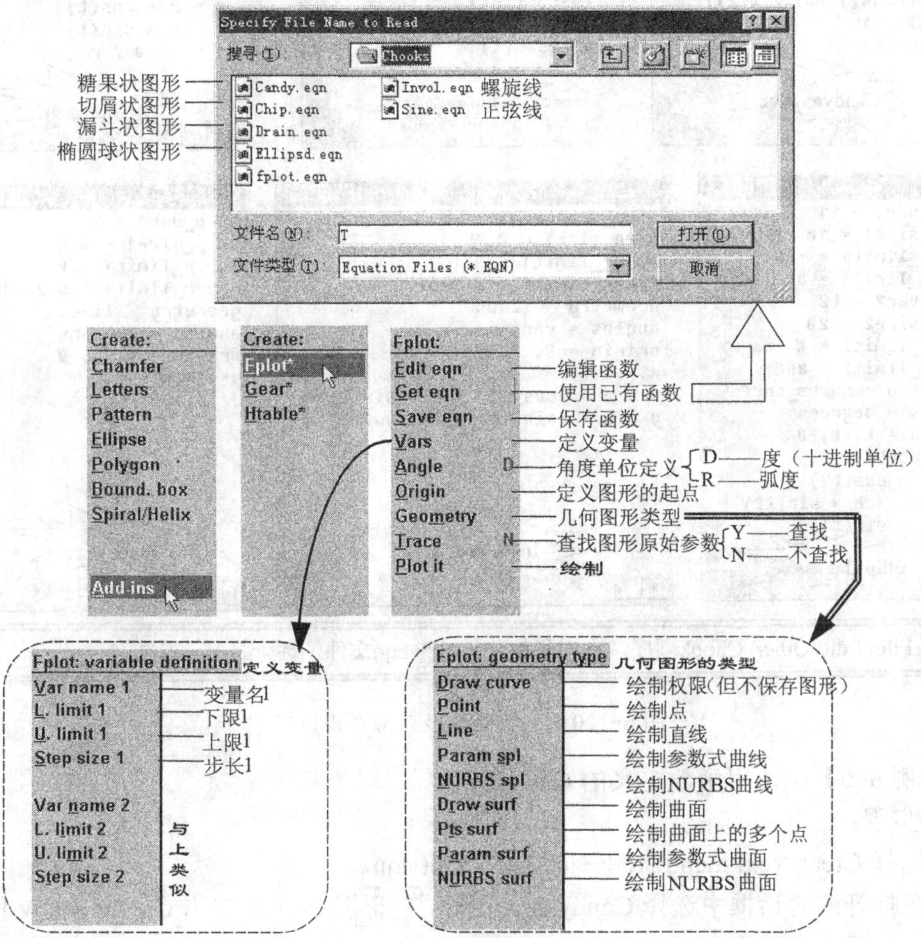


图 6-119　函数绘图设置

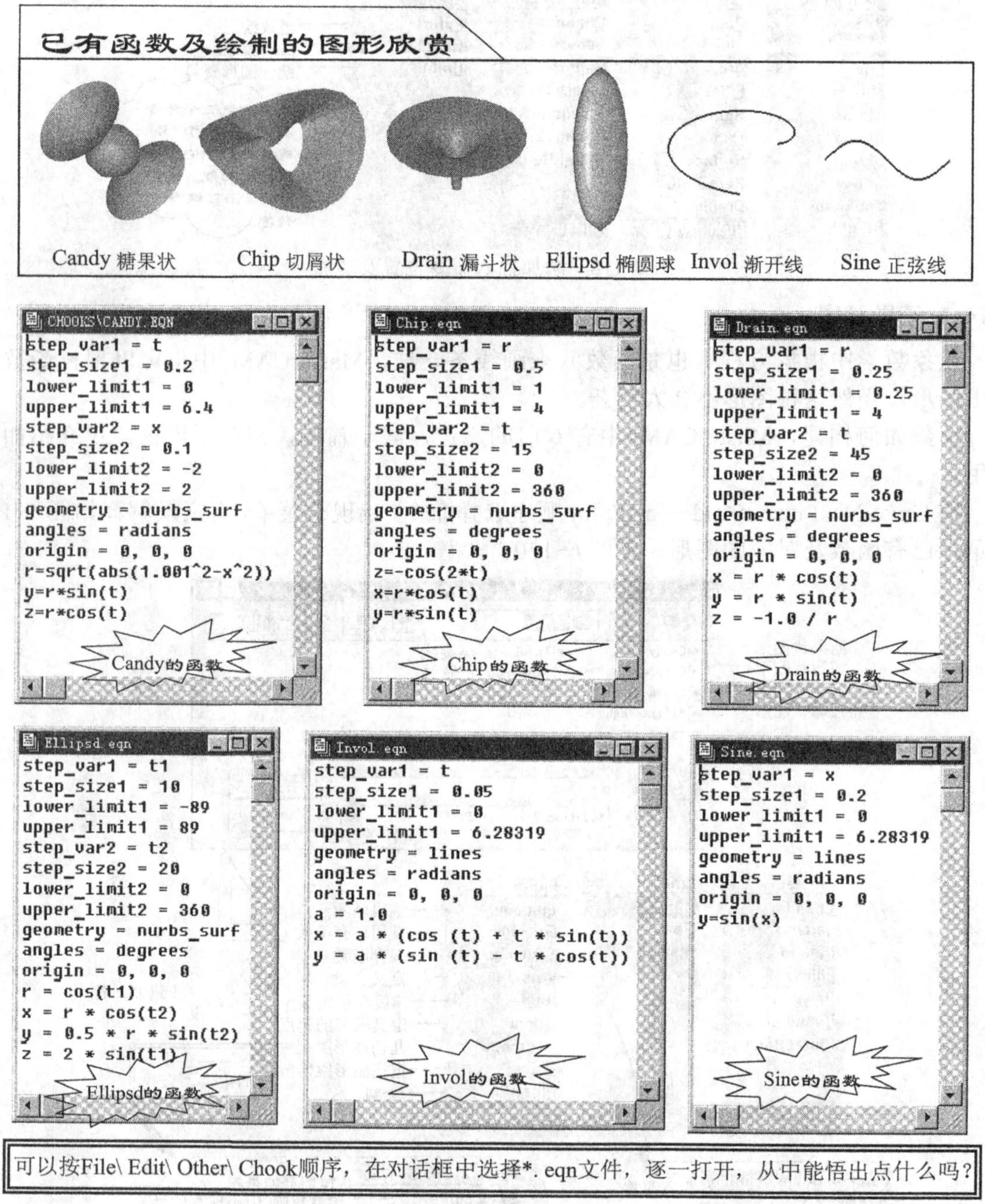


图 6-120　已有函数及对应图形欣赏

【实例 6-5】画出用函数定义的 Candy 图形

操作步骤：

A．选择 Creat\Next menu\Add—ins\Fplot\Get eqn。

B．在打开的对话框中选择 Candy.eqn，按 打开 按钮（或双击 Candy.eqn 文件）。

C．点击菜单中的 Plot it。

图形绘出，然后可做着色和旋转等操作。

### 6.14.2 齿轮绘制

选择 Creat\Next menu\Add—ins\Gear，出现下面的“齿轮参数”对话框（图 6-121）。

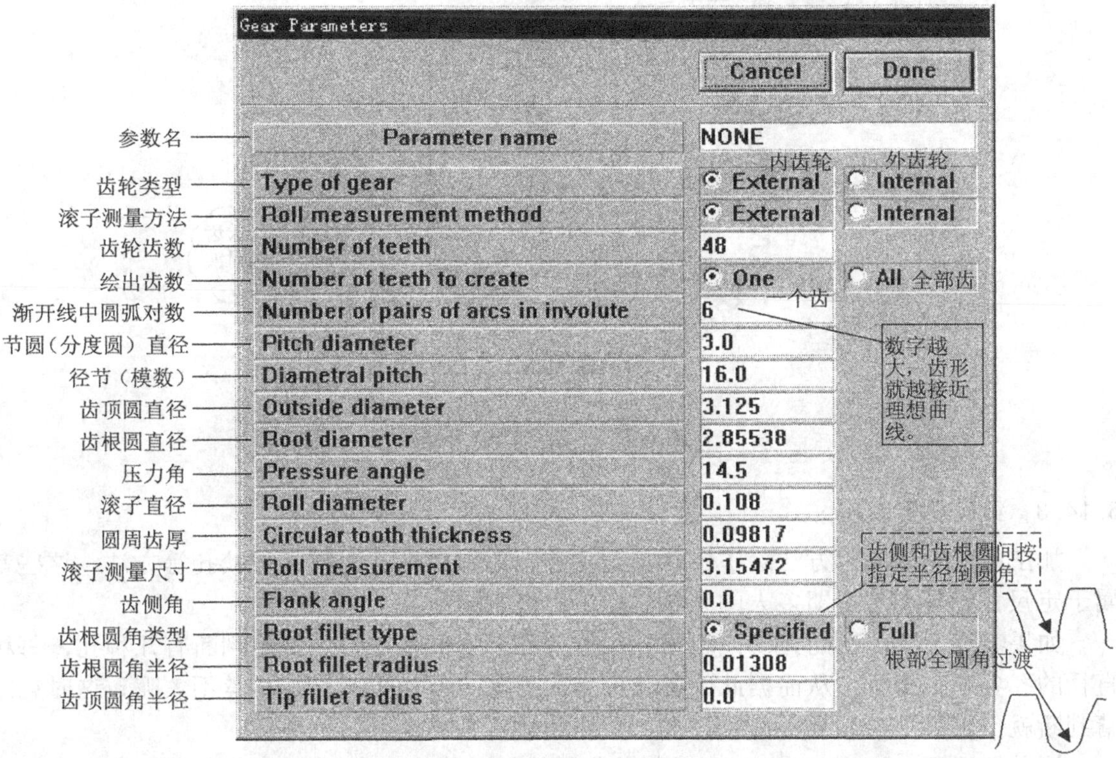


图 6-121　齿轮参数设置对话框

**注意：**以上齿轮参数是按英制径节齿轮的标准设置的，我国习惯采用的是米制模数齿轮，上面的节圆直径和径节两项后面括号中的名称是对应的米制模数齿轮中的称呼。

齿轮中各参数的含义，如图 6-122 所示。

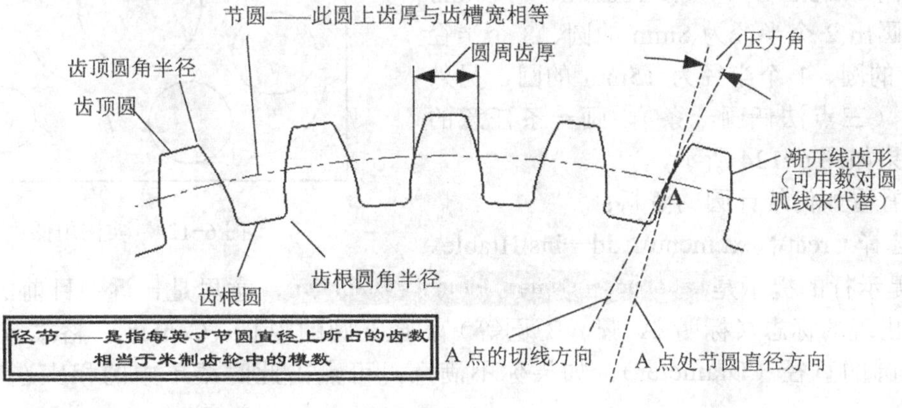


图 6-122　齿轮参数的含义

关于滚子及滚子测量方法等见图 6-123。

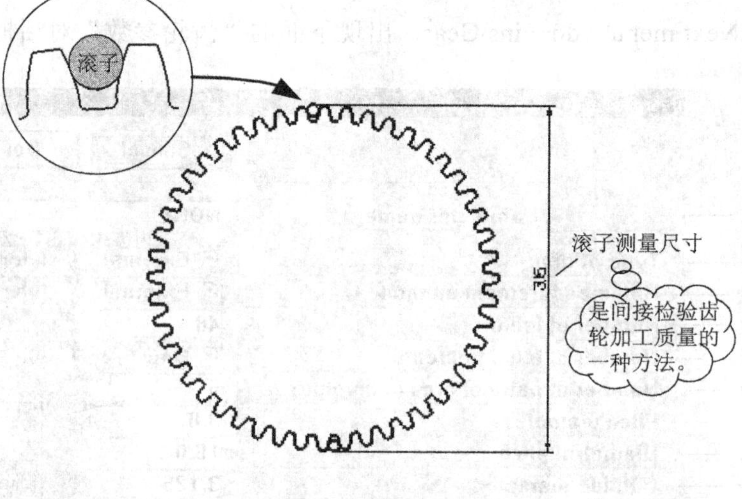


图 6-123 滚子测量方法

### 6.14.3 统计圆形资料

加工中，孔的加工方法除了镗孔、铣孔外、还常用钻孔、扩孔、铰孔等方法，这些都属于定尺寸刀具加工，即多大的刀具就加工出多大的孔。

如果零件上要加工的孔多，若尺寸相差悬殊，倒可以一目了然地判断有几种孔，每种直径的孔各有多少个，从而据此准备加工用的刀具，但如果有些孔相差不大呢？这时凭眼睛判断就不可靠了，如果孔数目很多，数清楚数目都不是容易的事。

这种情况下，MasterCAM 可以帮助你很快地统计出每种直径的孔有多少个，而且，还会在同样大小的孔上做一个标识用的标记，这在规划加工工艺和进行加工准备是十分有意义的。

**注意**：它只统计圆的相关资料，其它如点、直线、曲线等则一概不管。

**【实例 6-6】**画出 1 个长 100mm、宽 70mm 的矩形，画出 2 个半径为 8mm 的圆、3 个半径为 10mm 的圆、1 个半径为 15mm 的圆，另外画一条弧（三点法任画一条），画一条任意的曲线，效果如图 6-124 所示。

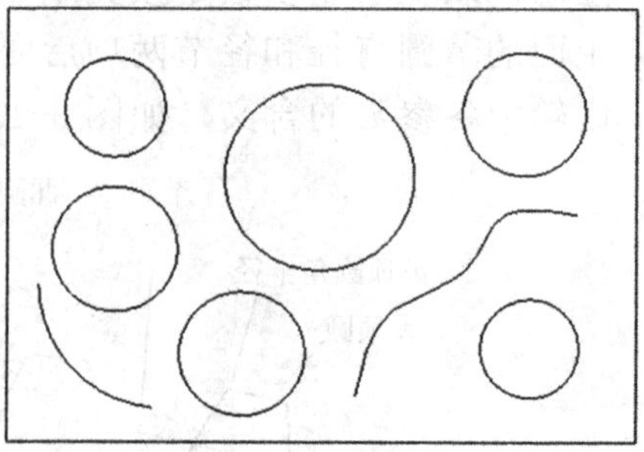

图 6-124 实例用图

下面看看如何统计圆的资料：

A．选择 Creat\Next menu\Add—ins\Htable。

B．提示行的提示是 Label pos = Center Format = Diameter，意思是告诉你目前的设置是：过一会要出现的标志（标明 A 圆、B 圆等）将放在圆的中心（Center），格式（Format）标注的是圆的直径（Diameter）。如果你不满意，可点击此时菜单中的相应选项进行修改。

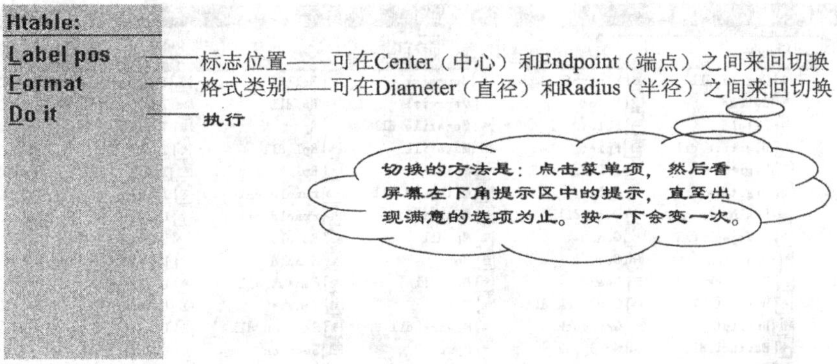


图 6-125　统计圆形资料参数设置

C．按图 6-125 介绍的方法将 Format 项的设置值改为 Radius。

D．按 Do it 项。

E．提示变为 **Select hole table position (upper left corner)**，意思是要你选择放置统计结果标签的地方（点击处将成为标签的左上角）。

F．在矩形框的右边线外点击一下。

则出现结果，如图 6-126 所示。

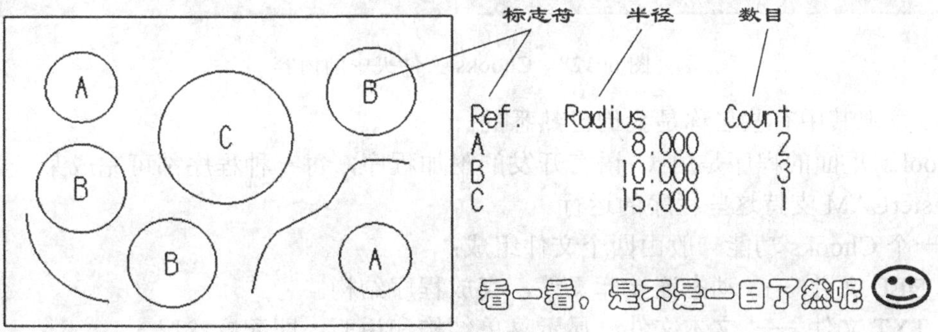


图 6-126　统计结果

G．此时菜单变为图 6-127 所示。

H．选择 Yes，则工作完成。

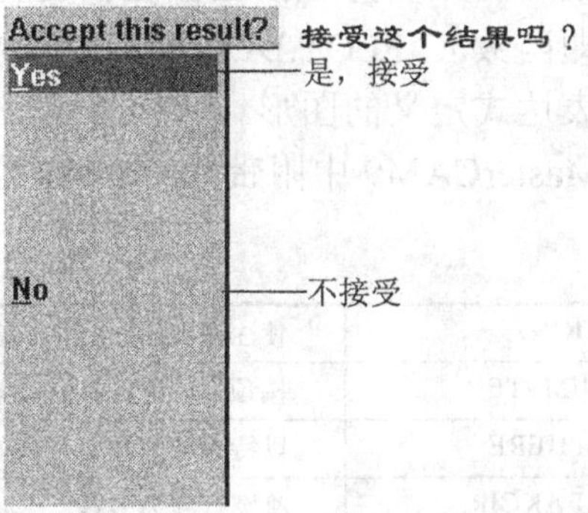


图 6-127　接受结果询问菜单

**小讲座：关于 Chooks 程序**

其实，上面介绍的三类功能（命令）全部放在 MasterCAM 软件的 MCAM9\Chooks 目录（见图 6-128）下，你可以在 MasterCAM 环境中用快捷键 Alt+C，或者按 File\List\Other 顺序点击，再在对话框中双击 Chooks 文件夹，便可看到其中的内容（注意文件类型一栏改变的话，结果不同）。

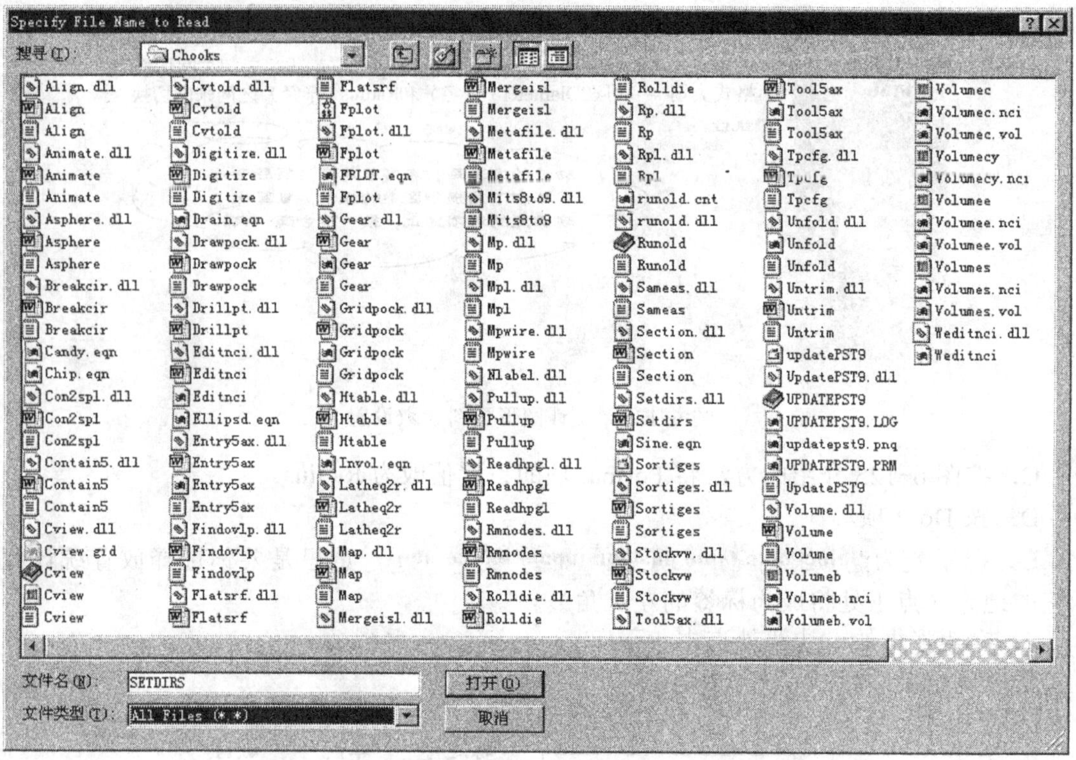


图 6-128 Chooks 文件夹中的内容

可以发现其中有些名称是我们已熟悉的。

Chooks 里面的程序是用 C 语言开发的附加程序，每一种程序都可完成某一特定的功能，MasterCAM 支持这些程序的运行。

每一个 Chooks 功能一般由四个文件组成：

◆ DLL 文件 —— 动态连接库文件，存放程序结构。
◆ TXT 文件 —— 文本文件，显示菜单结构和说明，即配置状况。
◆ DOC 文件 —— 注释文件，存放程序执行的相关资料、使用说明等。
◆ SCR 文件 —— 脚本文件。

采用函数（方程）绘图还需首先生成一个*.EQN 文件，里面包含了描述图形的表达式（即函数）。FLOT.DLL 可以帮助你进入函数绘图功能，然后你可以调用*.EQN 文件画出由表达式定义的图形。

MasterCAM9 中附带的 Chooks 程序如表 6-1 所示。

表 6-1 Chooks 程序名及功能

| | |
|---|---|
| ALIGN | 使注释（note）或标签（label）水平或垂直对齐 |
| ANIMATE | 按预先创建的文件动态播放各层的内容 |
| ASPHERE | 以特殊的多次方程式在非球面上产生点、线、弧（圆）或曲线 |
| BREAKCIR | 将圆打断为多段 |
| CAN2SPL | 将曲面曲线转换为参数式曲线 |

（续）

| | |
|---|---|
| CONTAIN5 | 将三轴的刀具路径转换为五轴的刀具路径 |
| CVIEW | 设置 C 轴加工的刀具面、构图面和起始角度 |
| CVTOLD | 转换老版本的 GEO、GE3 文件（3.1、3.21 版）为 MC9 文件，或相反。 |
| DIGITIZE | 让数字板能够绘制 2D 的点、直线和曲线 |
| DRAWPOCK | 绘制特殊的槽形 |
| DRILLPT | 绘出全圆的圆心 |
| EDITNCI | 激活原来的 NCI 编辑器，只能编辑*.NCI 文件 |
| ENTRY5AX | 在多轴加工 NCI 文件中增加 5 轴进入/退出向量（多轴参数标签页无此选项） |
| FINDOVLP | 查找、显示和清除重叠的线和弧 |
| FLATSRF | 将三维曲面压平为二维曲面 |
| FPLOT | 按函数（方程）绘图 |
| GEAR | 画齿轮外形 |
| GRIDPOCK | 在封闭的区域中按排版的方式绘制要钻孔的点或圆 |
| HTABLE | 统计圆形的资料 |
| LATHEQ2R | 将快速车削操作转换为正常车削操作 |
| MAP | 将一个曲面上的曲面线映像到另一个曲面上 |
| MERGEISL | 合并要挖槽的区域，以加快计算刀具路径的速度 |
| METAFILE | 将选定图形生成为增强型图元文件（.EMF 文件），并在白色背景上画出 |
| MITS8TO9 | 转换*.WP8 文件为*.WP9 文件 |
| MP | 执行铣床的后处理程序 |
| MPL | 执行车床的后处理程序 |
| MPWIRE | 执行线切割机床的后处理程序 |
| NLABEL | 改变注释的位置，并成为引线标注形式 |
| PULLUP | 移动节点或已有的参数式曲线向上生成一条样条曲线 |
| READHPGL | 将 HPGL 格式的图文件（.PLT 文件）转换为图形 |
| RMNODES | 按允许值减少曲线的节点或控制点 |
| ROLLDIE | 围绕一根旋转轴生成刀具路径 |
| RP | 反转铣床的后处理程序（由 NC 变为 NCI） |
| RPL | 反转车床的后处理程序（由 NC 变为 NCI） |
| RUNOLD | 将旧版本的 NCI 文件转换为 NC 文件 |
| SAMEAS | 将当前的系统颜色、层、线型、线宽等属性设置得和选定的图素相同 |
| SECTION | 将 NCI 文件按允许的大小进行分割 |
| SETDIRS | 设置文件的路径 |
| SORTIGES | 将选定的图素按 IGES 格式重新设置颜色和层 |
| STOCKVW | 按车削的工件的边界生成一个旋转实体或旋转曲面 |
| TOOL5AX | 处理 5 轴刀具路径 |
| TPCFG | 配置曲面和多轴加工的刀具路径 |
| UNFOLD | 钣金件展开 |
| UNTRIM | 对所有被修剪的的参数式曲线和 NURBS 曲线恢复修剪为原来的长度 |
| UPDATEPST9 | 将原来版本的后处理器（.PST）和后处理文本（.TXT） 更新为 9.0 版形式的 |
| VOLUME | 由 NCI 文件计算体积 |
| WEDITNCI | 采用 NCI 文件编辑器 |

下表为函数绘图中采用的基本表达式：

**表 6-2　函数绘图时的基本表达式**

| 表 达 式 | 含　　义 | 表 达 式 | 含　　义 |
|---|---|---|---|
| （X） | Parentheses 括号 | cos（X） | Cosine 求余弦值 |
| -X | Unary minus 求负 | tan（X） | Tangent 求正切值 |
| X+Y | Addition 加法 | asin（X） | Arc sine 求反正弦值 |
| X-Y | Subtraction 减法 | acos（X） | Arc cosine 求反余弦值 |
| X*Y | Multiplication 乘法 | atan（X） | Arc tangent 求反正切值 |
| X/Y | Division 除法 | exp（X） | Power 求 e 的 X 次幂 |
| X^Y | Exponentiation 指数 | ln（x） | Natural log 求 X 的自然对数 |
| abs（X） | Absolute value 求绝对值 | log（X） | Logarithm 求 X 的常用对数 |
| sqrt（X） | Square root 求平方根 | pi | π 值=3.141592653589793…… |
| sin（X） | Sine 求正弦值 | e | E 值=2.71828459045 |

至此，关于创建菜单中的命令介绍完毕，仅有个别项目留在后面专门介绍。

# 第 7 章　图形标注和图案填充

对图形进行标注是工程图中必不可少的一项内容，主要是标注各类尺寸，虽然 MasterCAM 的最终目的不是为了生成工程图，而是为了编写出加工用的 NC 程序，但仍然提供了相当强的图形标注功能。

标注的过程其实相当简单，不出两分钟就学会了，但要想标注出各种效果的标注，则要学会修改标注参数。考虑到各位读者学习 MasterCAM 时的用机环境不同（比如公用机房中，可能电脑中的一些参数已被前面的使用者修改过了，因此如果一开始就介绍标注方法，可能效果是糟糕的（比如字很小或很大），还要去找如何修改参数的内容。有鉴于此，本章将如何修改标注参数的内容提前一些介绍。

**导读：**第 7.1 节的内容是基础，可以弄清与标注相关的一些术语的含义，必须掌握。7.2 节你可以采取粗略浏览的方法，大致知道有哪些参数以及修改方法，然后把精力放在 7.3 节及以后的标注方法上，按照介绍自己在电脑上对图形进行标注，一旦发现某个标注不如意，想修改时，再回头在 7.2 中查找修改的方法。

图形标注命令的位置及功能如图 7-1 所示。

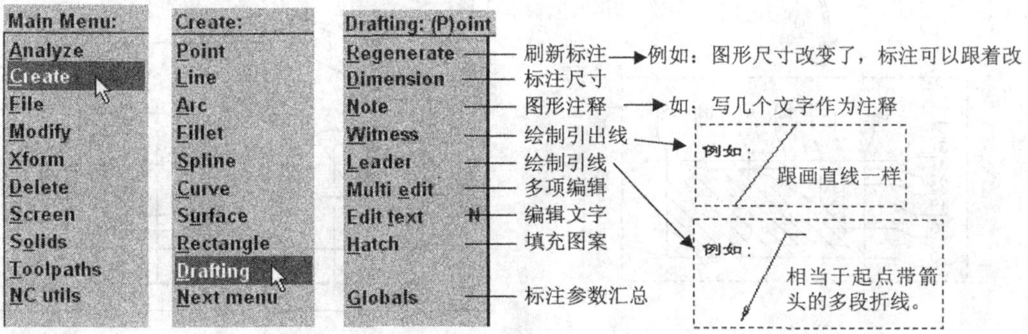


图 7-1　尺寸标注命令的位置及功能

## 7.1　尺寸标注的基础知识

目的是要统一一下说法，注意：讲的是尺寸的标注，图形标注中包含了尺寸标注，而且主要就是尺寸标注。

### 7.1.1　尺寸标注的四个要素

尺寸文本、尺寸线、尺寸界线、箭头是一个标注中的四要素，它们的大小、位置、方向、是否显示等都是可以修改的，见图 7-2。

尺寸界线明显是有两条的，按标注时先点哪一边，哪一边的就为第一尺寸界线，另一条为第二尺寸界线。

尺寸线其实也分第一尺寸线和第二尺寸线（图 7-3），当尺寸文本标在尺寸线中间时看得出，但尺寸文本标在尺寸线之上时看不出，却确实存在。

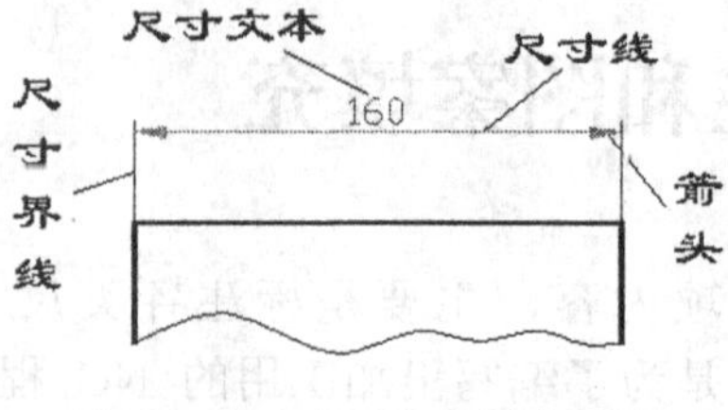


图 7-2 尺寸标注的四个要素

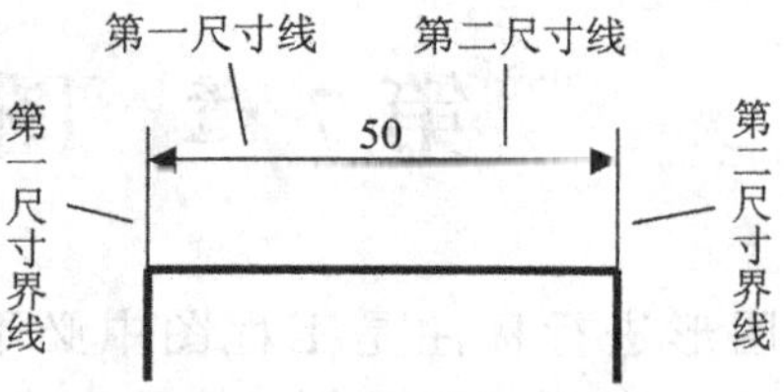


图 7-3 尺寸线和尺寸界线都有两条

### 7.1.2 尺寸标注的基本类型（图 7-4）

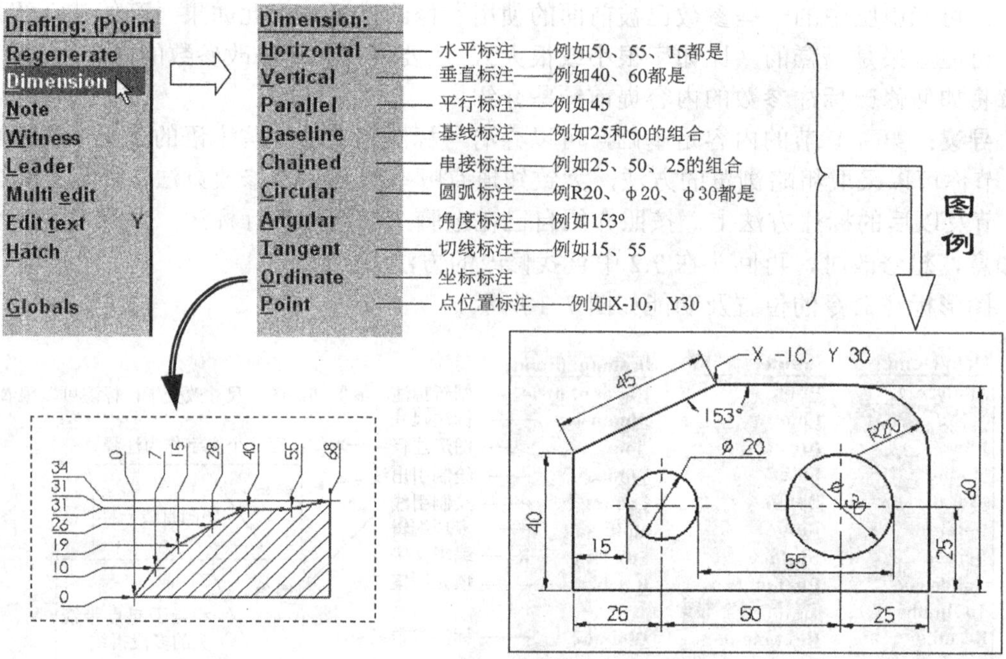


图 7-4 尺寸类型菜单及图例

### 7.1.3 尺寸标注的方式

MasterCAM 中安排了两种标注方式 —— 普通方式和智能方式。

如果你点击了上图所示的 Dimension 项，则等于启动了普通方式标注，它是一种正规标注方式，由人来判断标注属于哪种类型，然后按各自的方法进行标注。

事实上，如果进入了图形标注命令后，还没有点击 Dimension 项，这时你将光标移近图形，会发现接近的图素会变色，这是在进行智能识别，若点击该图素，系统可以判断出改图素是直线、圆弧、还是别的类型的图素，从而自动选择相应的标注方式进行标注，灵活性很大，给操作带来了很大的方便。

建议先学会普通方式标注，再去学智能标注方法，本章重点介绍普通标注。

### 7.1.4 尺寸标注中常可能要改变的式样

1）尺寸文本在尺寸线的上方还是在中间，见图 7-5。

切换这两种效果的方法是：选择 Create\Drafting\Globals 命令，弹出对话框，选择 Leaders/Witness/Arrows 标签页，在 Leaders 栏中的 Leader Style 项中有两个选择：选中 Stadard 项 —— 产生图 7-5b 的效果，选中 Solid 项 —— 产生图 7-5a 的效果。

2）箭头从里指向外，还是从外指向内，见图 7-6。

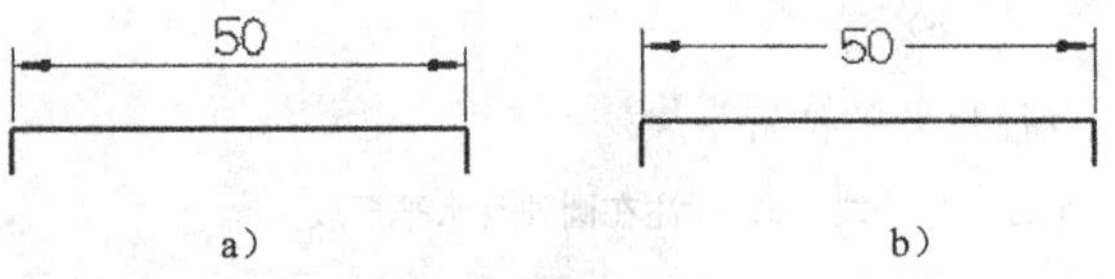


图 7-5 文本与尺寸线的位置关系

a）文本在尺寸线上方 b）文本在尺寸线中间

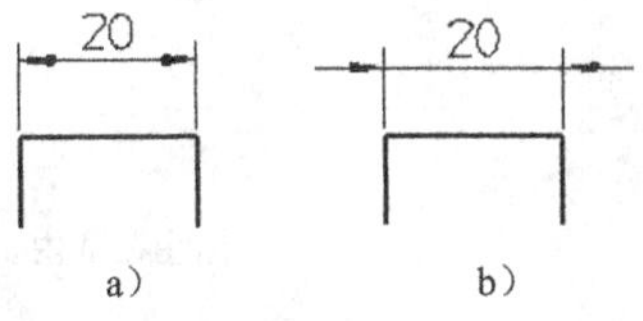


图 7-6 箭头的指向

a）箭头从里到外 b）箭头从外到内

切换这两种效果的方法是：选择 Create\Drafting\Globals 命令，弹出对话框，选择 Leaders/Witness/Arrows 标签页，在 Leaders 栏中的 Arrow Direction 项中有两个选择：选中 Inside 项 —— 产生图 7-6a 的效果，选中 Outside 项 —— 产生图 7-6b 的效果。

3）改变尺寸文本的大小（高度）。

选择 Create\Drafting\Globals 命令，弹出对话框，选择 Dimension Text 标签页，左上角第一个项目（Text Height 项）就是改文本高度的。

4）标出来的尺寸只想取整数，不想取几位小数。

选择 Create\Drafting\Globals 命令，弹出对话框，选择 Dimension Attributes 标签页，Decimal places 栏中的数字就是表示小数位数的，改为 0 就是只有整数了。

5）改箭头大小和形状。

选择 Create\Drafting\Globals 命令，弹出对话框，选择 Leaders/Witness/Arrows 标签页，右下角 Arrows 栏中就是修改箭头大小和形状的。

6）尺寸文本位置是默认放在尺寸线正中间还是要放在其它任意位置，如图 7-7 所示。

若想随意放置文本，方法是：选择 Create\Drafting\Globals 命令，弹出对话框，选择 Dimension Attributes 标签页，将 Auto Center 栏中的勾号去掉。

7）垂直方位的尺寸文本是与尺寸线平行还是恒在水平方向，如图 7-8 所示。

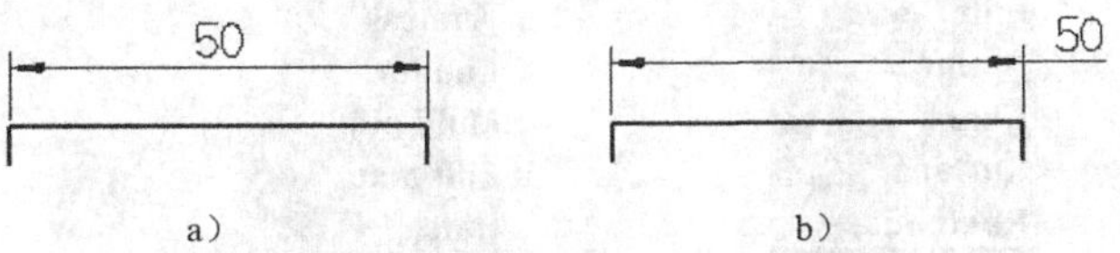


图 7-7 尺寸文本放置位置

a）文本默认放在尺寸线正中间 b）文本放在任意位置

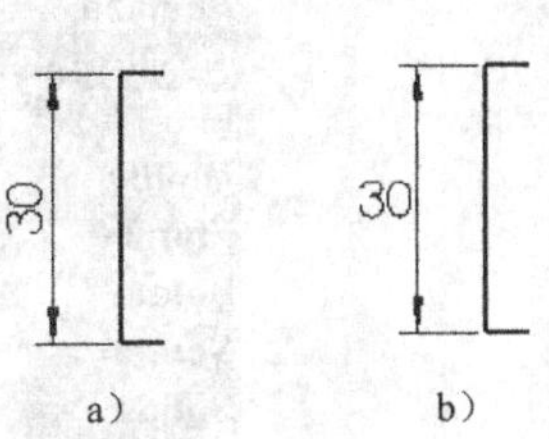


图 7-8 尺寸文本的放置方位

a）文本与尺寸线平行 b）文本总在水平方向

改变文本方位的方法是：选择 Create\Drafting\Globals 命令，弹出对话框，选择 Dimension Text 标签页，下方中间的 Text Orientation 栏中两个项目就是用于设置文本方位的，选中

Aligned 项，则文本与尺寸线对齐，选 Unidirectional 项，则文本总是水平摆放。

8）直径（半径同理）的标注是在圆内还是在圆外，如图 7-9 所示。

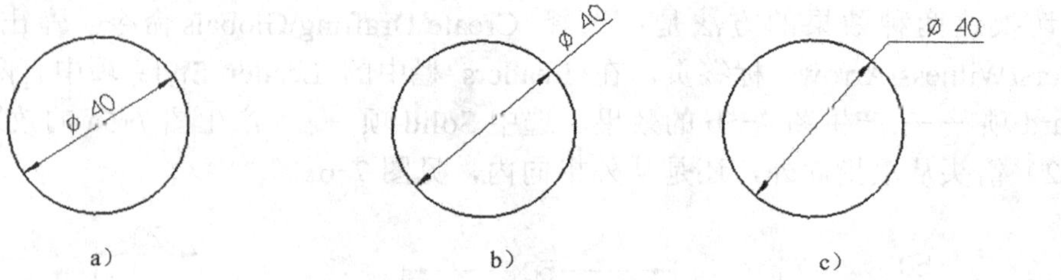


图 7-9　直径尺寸的位置

a）标注在圆内　b）标注在圆外且平行于尺寸线　c）标注在圆外且水平摆放

没有专门的设置项目，用前面的设置方法即可，标注时，鼠标往圆外拖，则尺寸自动移到外面，想要将尺寸水平放置（图 7-9c 效果），用上面刚介绍的方法。

9）标注尺寸公差。

选择 Create\Drafting\Globals 命令，弹出对话框，选择 Dimension Attributes 标签页，右下角的 Tolerance 栏中就是用于标注尺寸公差的几个设置项，试试就明白了。

10）标注表面粗糙度符号和形位公差代号。

MasterCAM 中尚未准备这两个标注的专门命令或设置项，需要自己亲自绘制，或利用软件功能自己想些简单点的办法。

……

你可能还有一些标注的特殊要求，基本上都可在尺寸标注汇总对话框（Globals 对话框）中找到解决方法，我觉得不比 AutoCAD 中的标注功能弱，有些方面还容易一些、直观一些。

## 7.2　尺寸标注参数汇总对话框

本节内容供查询用，开始学习时不必细究。

按如下方式可打开尺寸标注参数汇总对话框（图 7-10）。

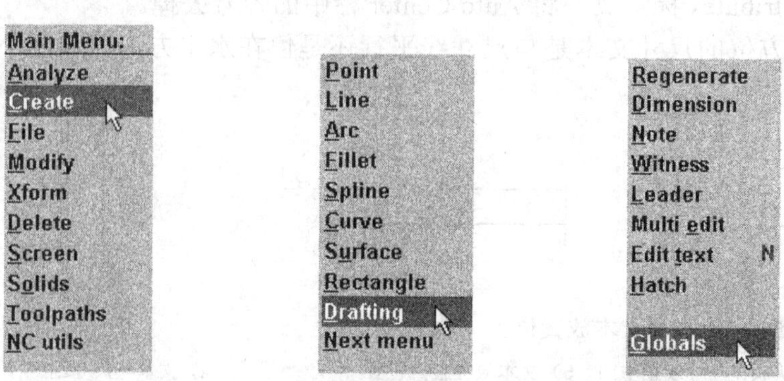


图 7-10　尺寸标注参数汇总命令位置

对话框概貌如图 7-11 所示。

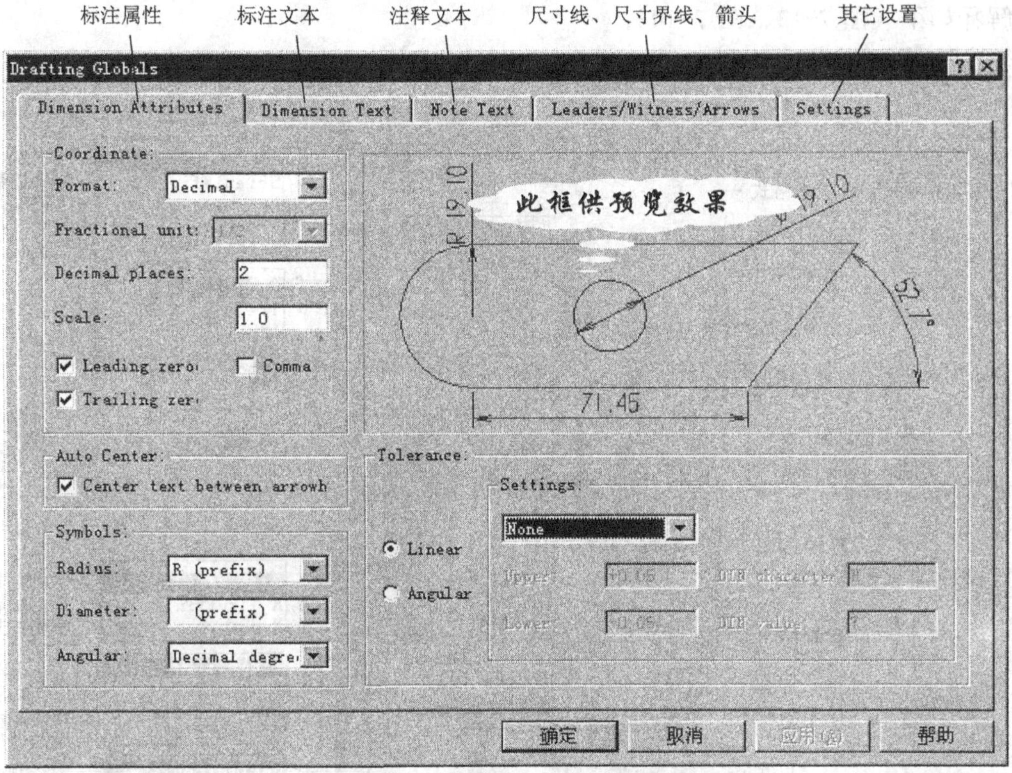


图 7-11 尺寸标注参数汇总对话框

下面介绍各标签页的含义：

### 7.2.1 Dimension Attributes ——标注属性标签页（图 7-12）

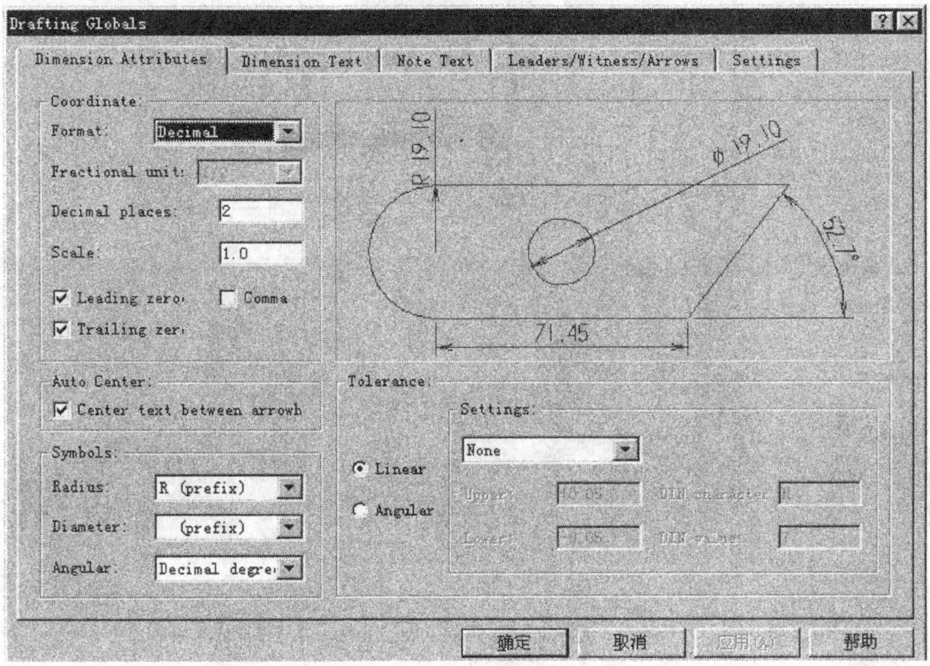


图 7-12 标注属性标签页

解释如下（图 7-13、图 7-14）：

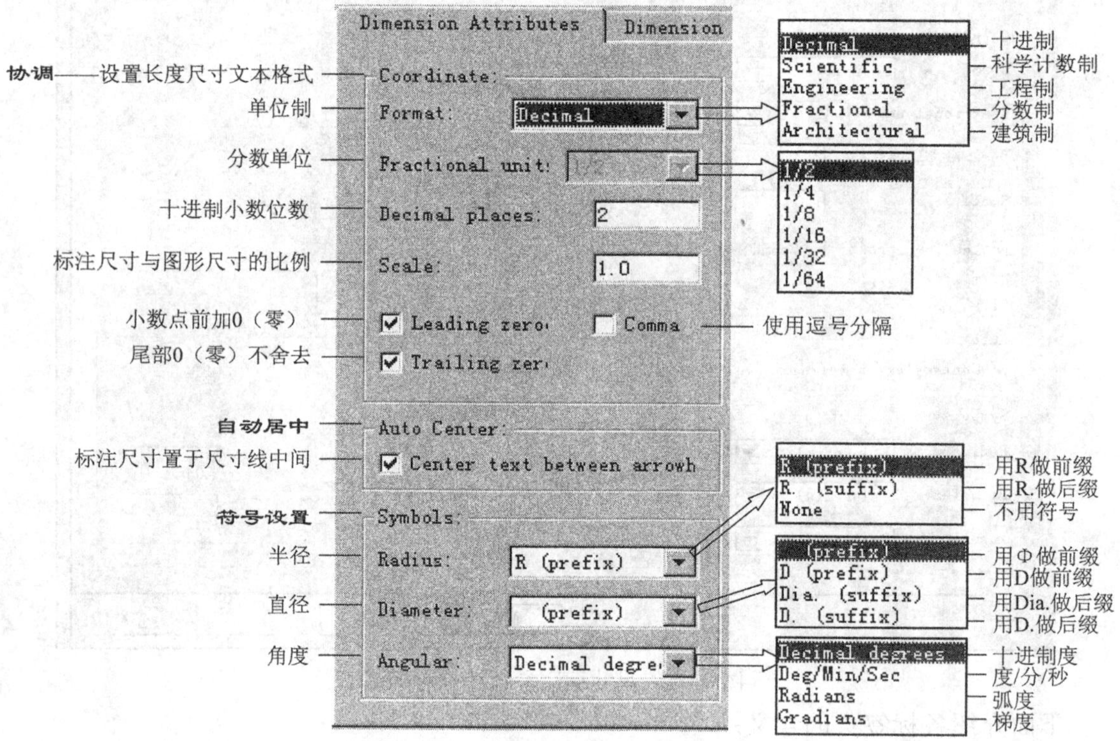


图 7-13　标注属性标签页解释之一

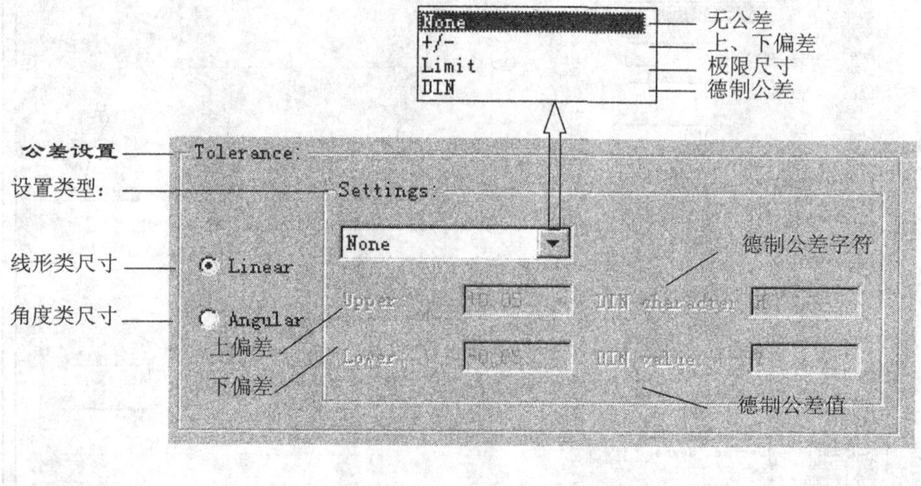


图 7-14　标注属性标签页解释之二

## 7.2.2 Dimension Text —— 标注文本标签页（图 7-15）

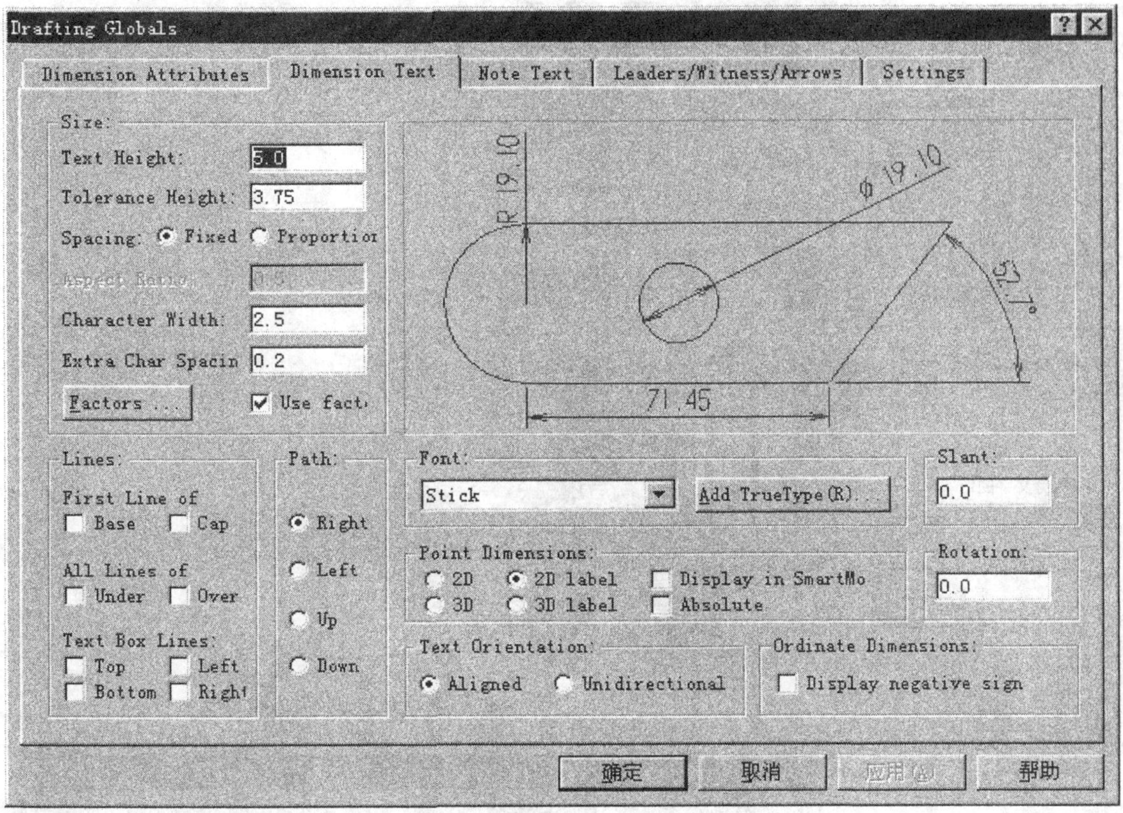


图 7-15　标注文本标签页

解释如下（图 7-16，图 7-17）：

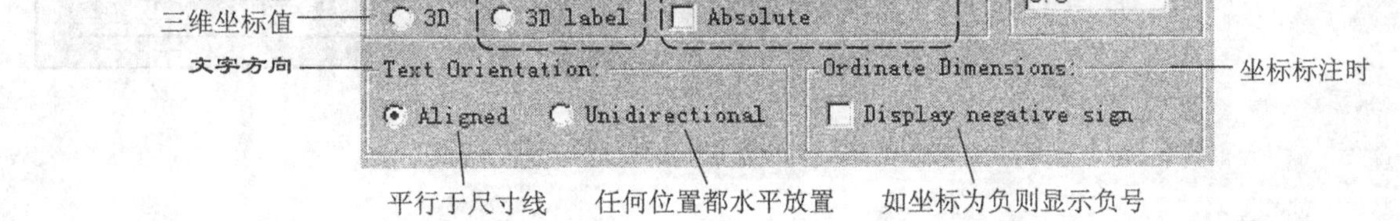


图 7-16　标注文本标签页解释之一

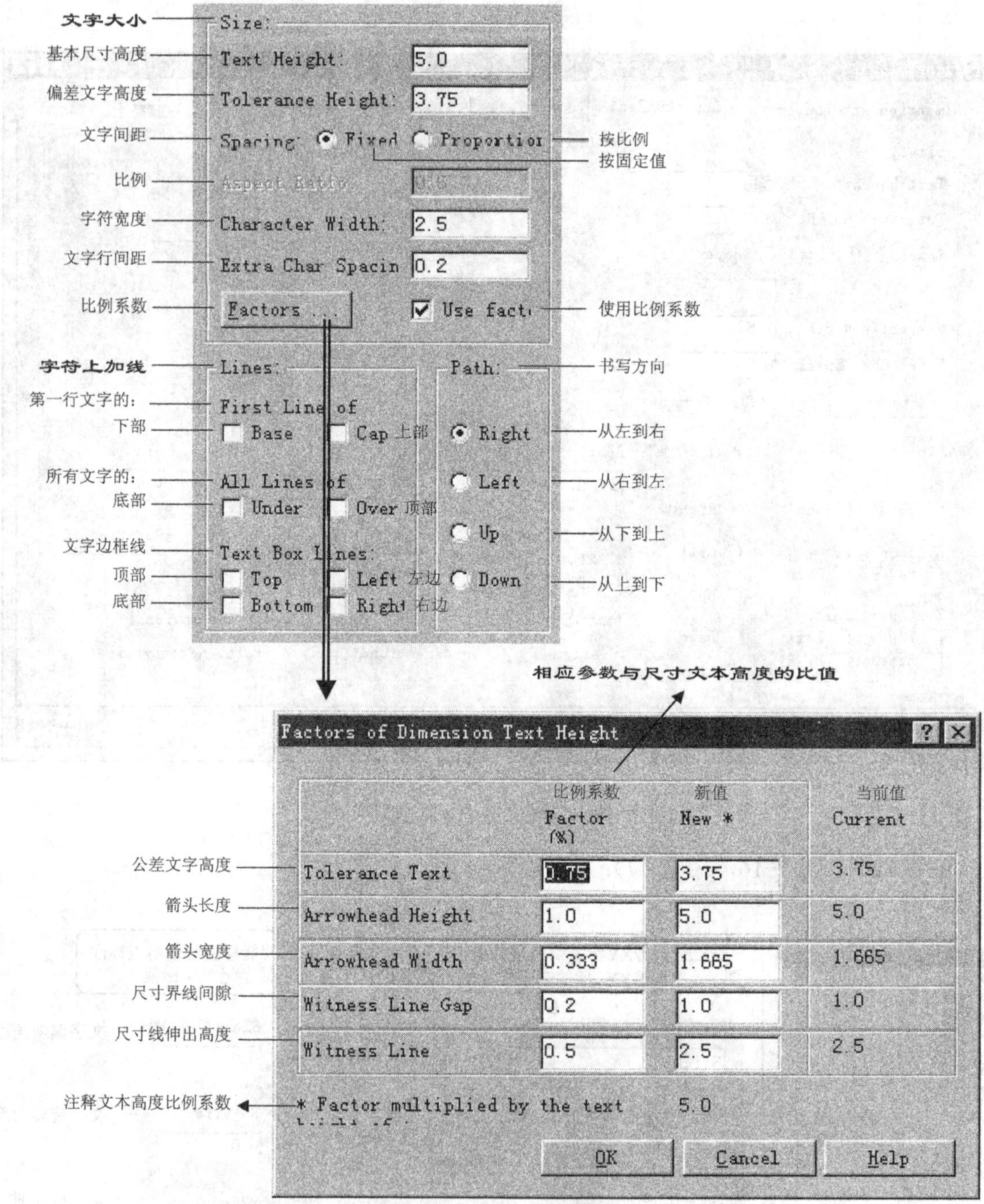


图 7-17 标注文本标签页解释之二

### 7.2.3 Note Text —— 注释文本标签页（图 7-18）

其中大部分项目与上面标签页相同，仅介绍不同处。

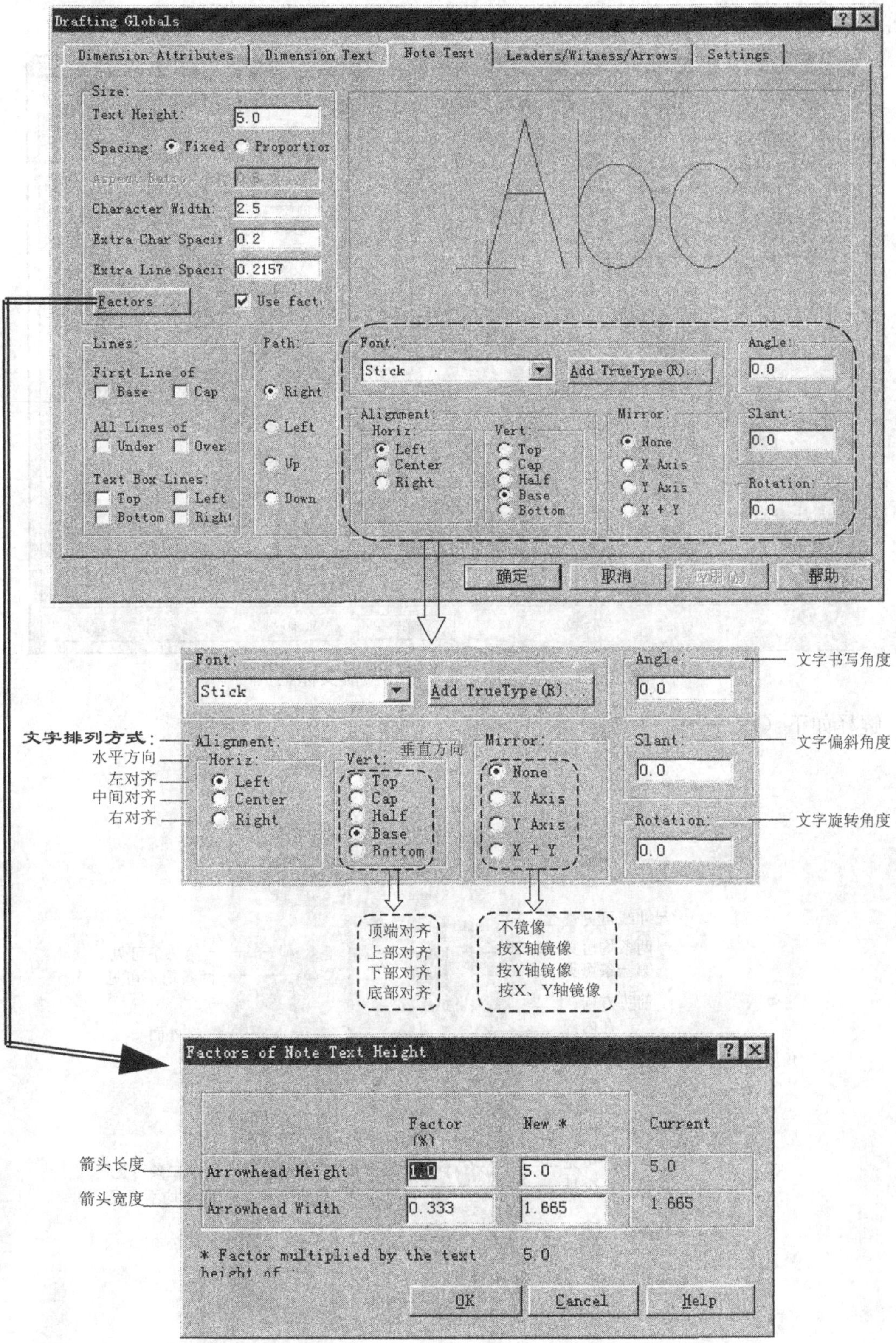


图 7-18　注释文本标签页及解释

### 7.2.4 Leaders/Witness/Arrows——尺寸线、尺寸界线、箭头标签页（图 7-19）

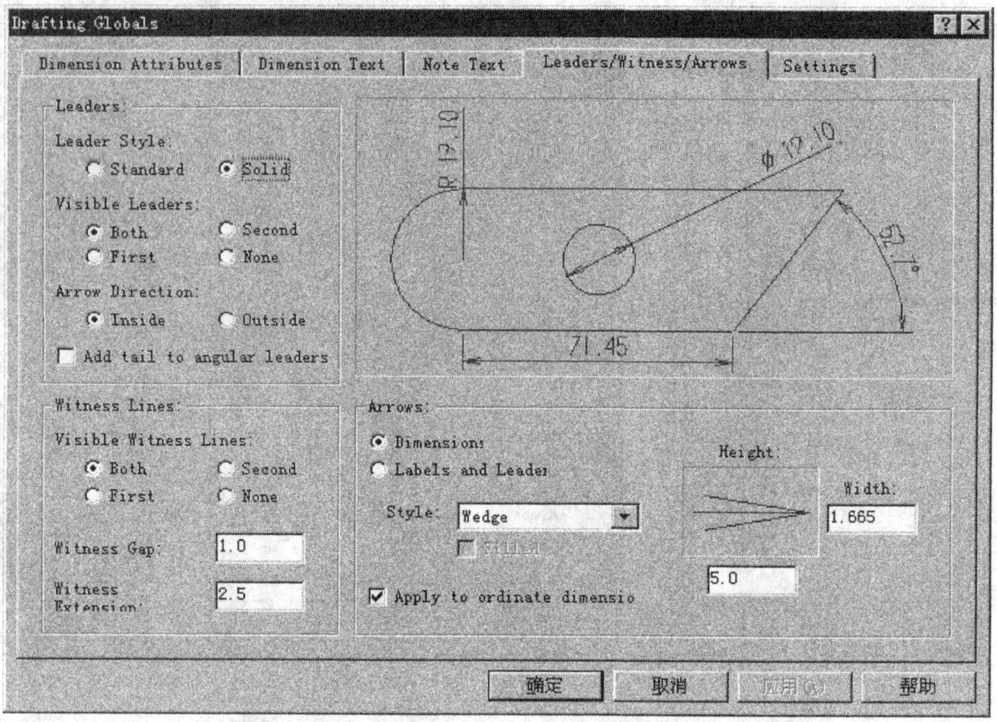


图 7-19 尺寸线、尺寸界线及箭头标签页

解释如下（图 7-20、图 7-21）：

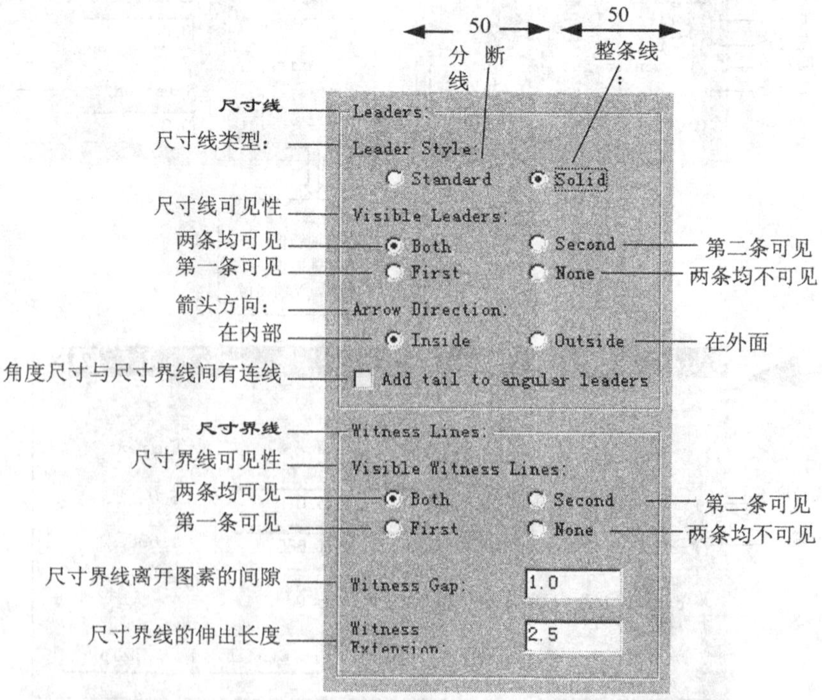


图 7-20 尺寸线、尺寸界线设置解释

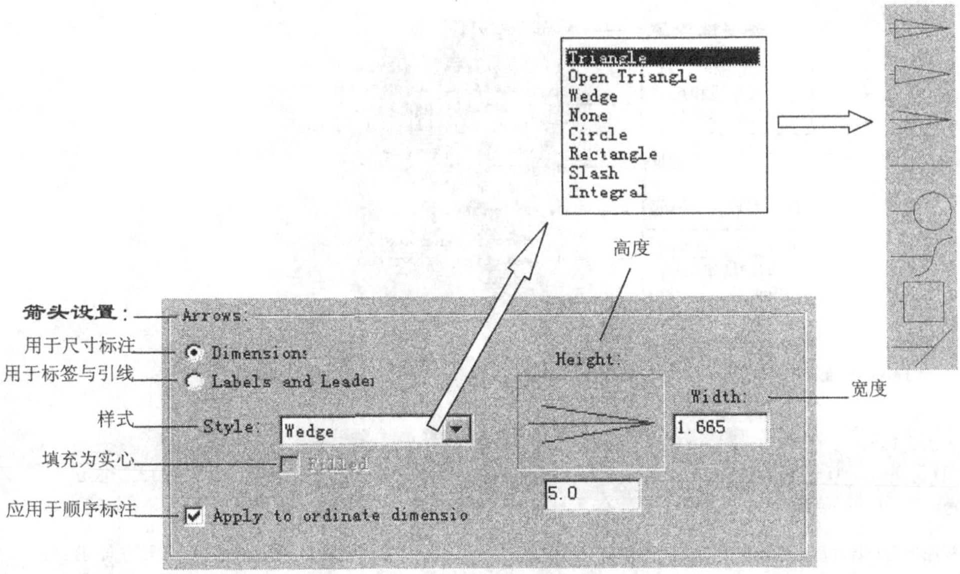


图 7-21　箭头设置解释

### 7.2.5　Settings —— 其它设置标签页（图 7-22）

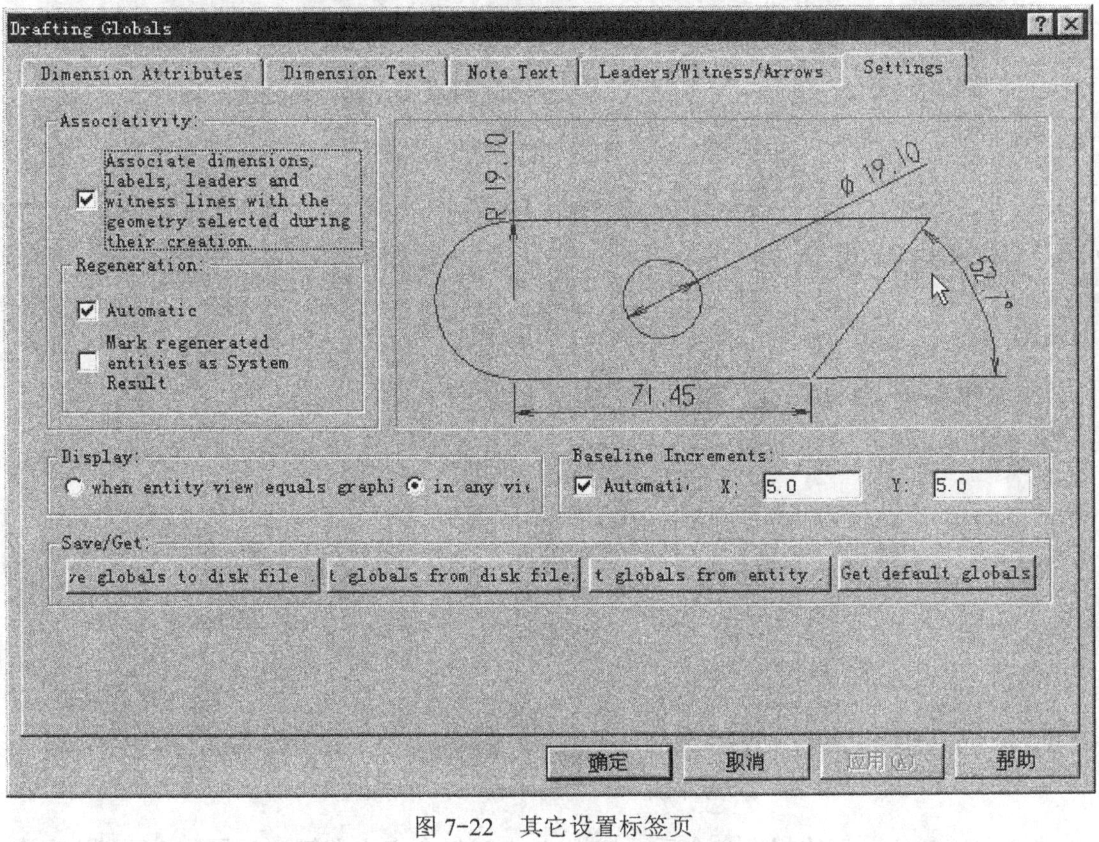


图 7-22　其它设置标签页

解释如下（图 7-23）：

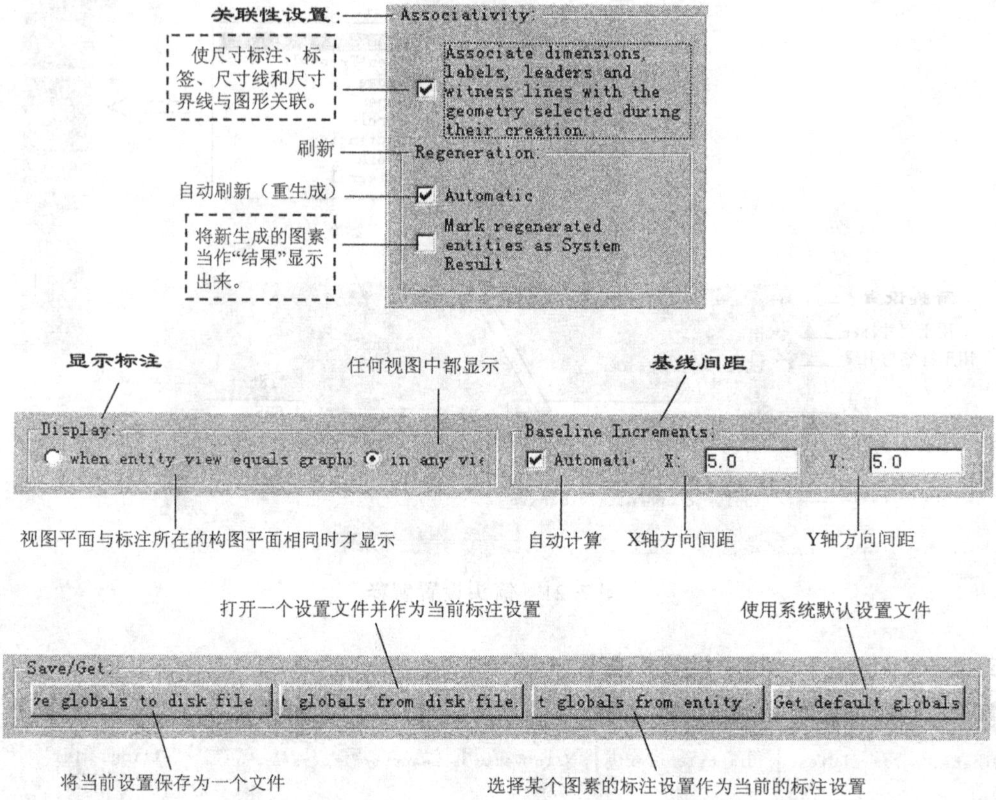


图 7-23　其它设置标签页的解释

## 7.3　尺寸标注的方法

标注的方法极易掌握。

### 7.3.1　水平标注、垂直标注、平行标注的操作方法

参见图 7-24

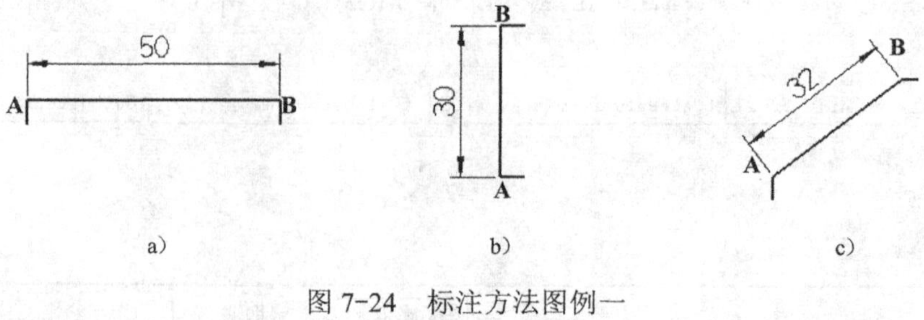


图 7-24　标注方法图例一

a）水平标注　b）垂直标注　c）平行标注

进入 Dimension 下的相应命令后，捕捉 A 点（包含点击左键，后同），再捕捉 B 点，移动鼠标，观察尺寸标注到了满意的位置后，点鼠标左键，成功。

## 7.3.2　基线标注和串接标注方法

其实这两种并不是属于基本标注方法，而是一种标注方式，它还是建立在上面三种标注的基础上，只是在某些特别的场合（如下图），有了一个标注作基础后，后面与之相关的尺寸标注的速度更快些而已。

1. 串接标注

如图 7-25 所示，先用水平标注的方法标出尺寸 15→再选择 Create\Drafting\Dimension\Chained 命令→屏幕下方出现提示，要你选择一个做基准的标注，这时点击刚标出的尺寸 15（可点在任何地方）→捕捉 C 点（见图 7-25b 中）→往下移动尺寸，直至与尺寸 15 对齐时才点击鼠标左键→标出了尺寸 18→接着捕捉 D 点（见图 7-25b 中）→往下移动尺寸，直至与尺寸 18 对齐时才点击鼠标左键→标出了尺寸 15→完成任务，结果如图 7-25c 所示。

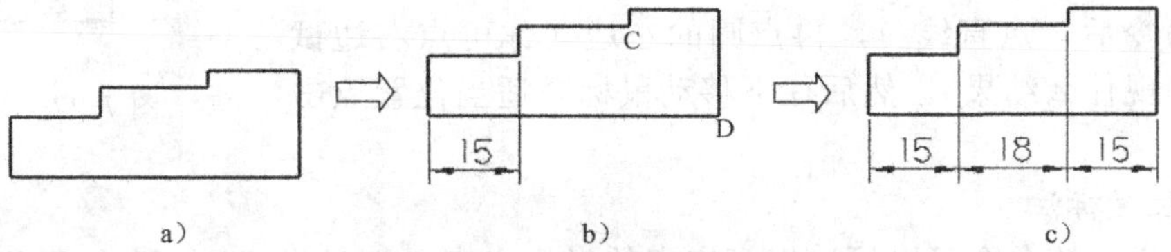


图 7-25　串接标注

a）要标尺寸的图形　b）先标出一个基准尺寸　c）再按串接标注法标出其它尺寸

可见，三个尺寸一个接着一个，所以称为串接标注。

2. 基线标注

如图 7-26 所示先用水平标注的方法标出尺寸 15→再选择 Create\Drafting\Dimension\Baseline 命令→屏幕下方出现提示，要你选择一个做基准的标注，这时点击刚标出的尺寸 15（可点在任何地方）→捕捉 C 点（见图 7-26b 中）→会自动标出尺寸 33→接着捕捉 D 点（见图 7-26b 中）→会自动标出尺寸 48→完成任务，结果见图 7-26c。

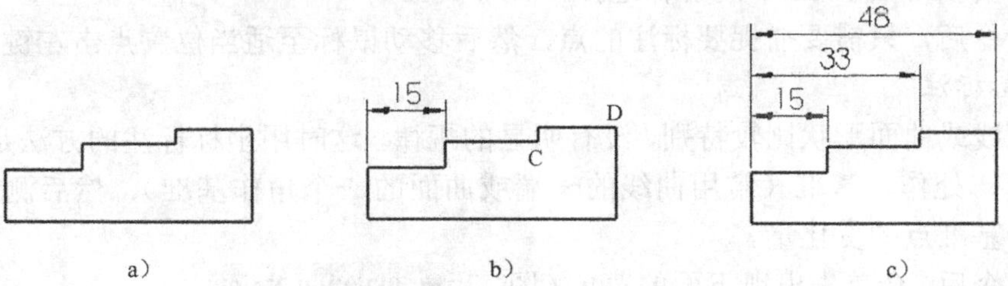


图 7-26　基线标注

a）要标尺寸的图形　b）先标出一个基准尺寸　c）再按基线标注法标出其它尺寸

可见，三个尺寸共用一条尺寸界线，公共界线称为基（准）线，所以称为基线标注。

**注意：**如果发现两个尺寸之间的距离不够（会重叠一部分），可以在尺寸标注参数汇总对话框（Globals）中，选择 Settings 标签页，将 Baseline increments 栏中的 Y 值改变（见图 7-23，建议取为 2 倍字高）。

3. 圆弧标注

选择命令后，只须点击圆或弧，然后移动鼠标，至尺寸位置满意时点左键，则标注成功。

**注意**：如果想标的是直径（应有$\phi$ 符号），但显示的是半径（有 R 符号），可以注意观察屏幕上方出现的快捷工具条，其中有（D）ia 项，可用左手点下键盘上的 D 键，你会发现显示的尺寸文本马上变为带$\phi$ 的了。

4. 角度标注

如果想标注两条直线之间的夹角，输入命令后，只需先点击一条线，再点击另一条线，然后移动鼠标至适当位置点击左键即可。

如果想标注一条弧的圆心角，则输入命令后，只要点击该弧，然后移动鼠标至适当位置点击左键即可。

5. 切线标注

它是标注某点（弧、线）到一个圆的边线而不是中心的距离，如图 7-27 所示。

选择命令后，点直线 1，再点圆的左边（你可点右边试试，看会出现什么结果），然后往下移动鼠标至适当位置点击左键即可。

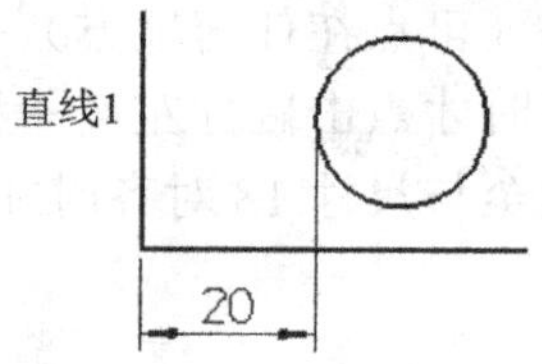


图 7-27　切线标注

6. 点位置标注

顾名思义，该命令可以标注出指定点的坐标出来，而且坐标显示有如下几种方式，见图 7-28。

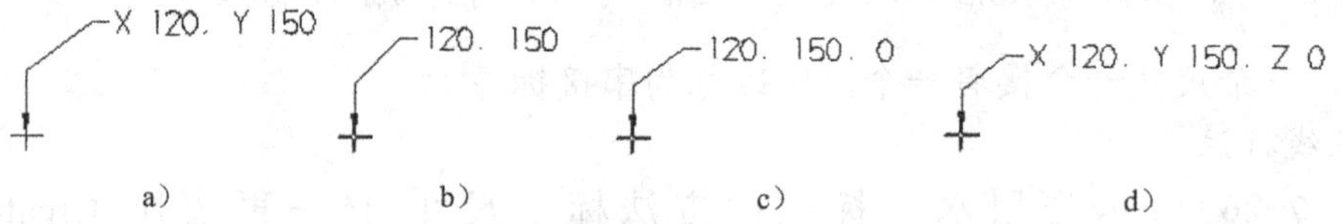


图 7-28　点的坐标标注形式

a）二维坐标　b）带标签二维坐标　c）三维坐标　d）带标签三维坐标

可按需要参考图 7-16 中的解释选择一种方式。

输入命令后，只需要捕捉要标注的点，然后移动鼠标至适当位置点击左键即可。

7. 坐标标注

如果曲线或曲面形状比较特别，没有明显的规律，这时用坐标标注的方法是较常用的。设想是选择一处作为基准（常用曲线的一端或曲面的一个角作基准），然后测出其它位置相对于这个基准点的变化量。

输入命令后，会首先出现下面的菜单（图 7-29）。

选择一种标注方式（一般常用前两种），然后在你准备作为基准点的点上点击一下，系统会自动将这第一次点击的点作为起点（显示的值为 0），以后，再依次点击选定方向（水平还是垂直方向……）上的各点，则坐标尺寸会自动标出，而且与基准点的标注平行。

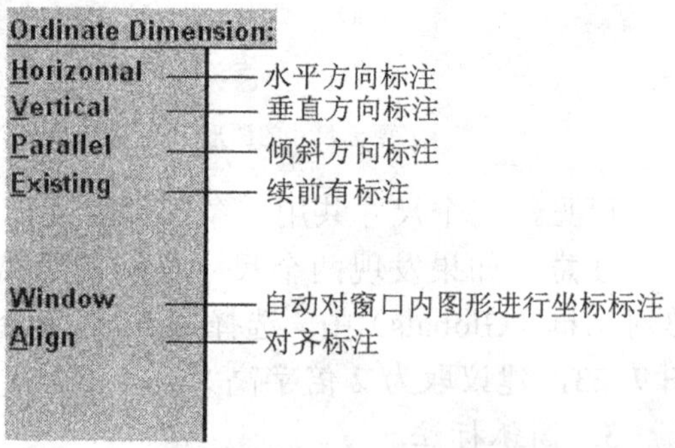


图 7-29　坐标标注菜单

当选择 Window 项时，会出现下面的对话框（图 7-30）。

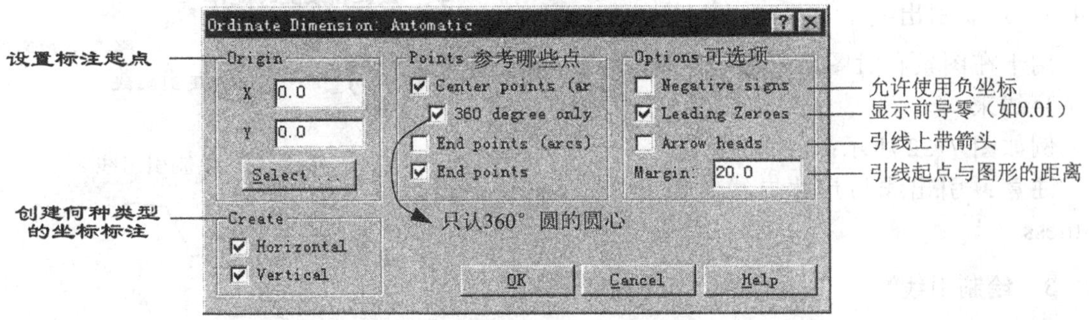


图 7-30　自动坐标标注的参数设置对话框

这种方式是只要做好了上面对话框中的设置，拉出一个窗口包围图形，则图形上的坐标尺寸自动全部标出。

你可以自己任画一个图，然后标注坐标尺寸，相信很快就明白了。

## 7.4　其它类型的图形标注

### 7.4.1　图形注释

选择 Create\Drafting\Note 命令，可以在图形上进行注释（常为文字注释）。

输入命令后，会出现如下对话框（图 7-31）。

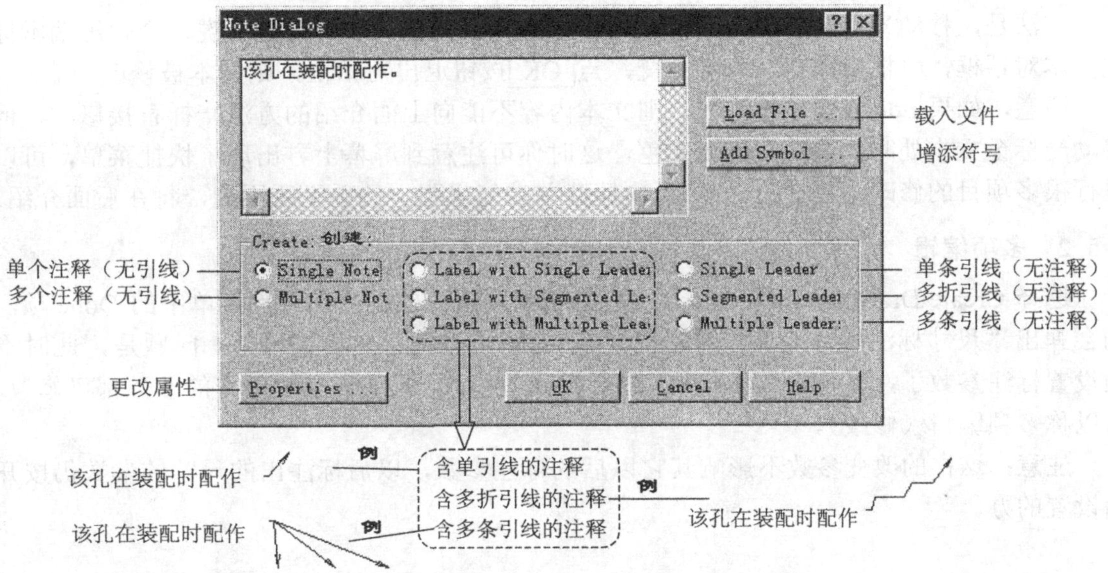


图 7-31　注释文字对话框

在框内输入要写出的文字后，点 OK 按钮退出对话框，然后在图形上指定一点，则这些注释文字将在该点出现（注意：若想写出汉字，要点上图中的 Properties… 按钮，然后选择一种汉字字型）。

你可按上图中各个项目的解释逐一试验。

### 7.4.2　绘制引出线

用于在图素和对图素所做的注释文字之间绘出一条直线来。

例如图 7-32 所示：

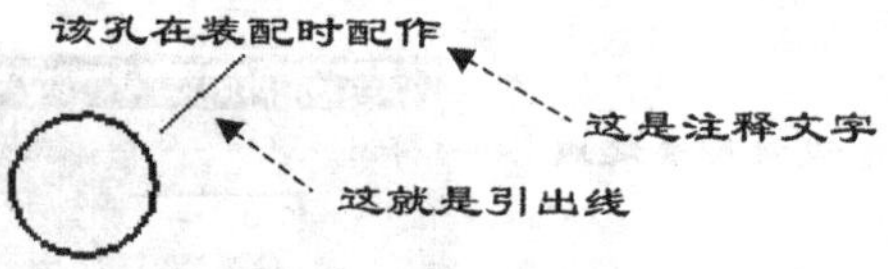


图 7-32　绘制引出线

注意：引出线与尺寸界线共用一个单词 —— Witness。

### 7.4.3　绘制引线

引线与上面的引出线不同，引线是带箭头的，而且可以是多段的折线，见图 7-33。

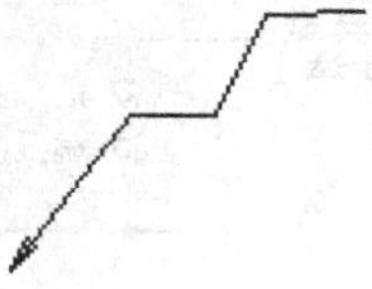

图 7-33　引线

绘制的方法就像绘制多段直线（Create\Line\Multi）一样，依次点击几个位置，最后按键盘上的 Esc 键（会提示），则引线绘出。

其实前面的图形注释中已包含了绘制引线的功能（图 7-31 中右侧三个项目）。

## 7.5　标注编辑

### 7.5.1　修改标注文本

如果将图形标注菜单（Drafting）下的 Edit text 项设为 Y，则可以修改已标注出来的尺寸文本（注释文本也可以改）。

方法是，移动光标至要修改的文本处，该文本会变色，此时点击左键，会弹出编辑标注文本对话框，将框中的文字内容改变，点 OK 按钮退出对话框，则文本被修改。

注意，如果 Edit text 项设为 N，则文本内容不能向上面介绍的方法一样直接修改，但移动光标至文本处时，该文本仍会变色，这时你可注意到屏幕上方出现了快捷菜单，可以进行很多项目的修改（包括改文字）。快捷菜单功能极强，几乎无所不能，将在后面介绍。

### 7.5.2　多项编辑

选择 Create\Drafting\Multi edit 命令后，选择要改变的标注，再点菜单中的 Done 项，则会弹出“尺寸标注参数汇总”对话框（Globals 对话框，见图 7-11），问题是，此时不是设置标注参数了，而是对作好的标注进行参数的修改，只要对话框中有的参数都可修改，所以称多项编辑（修改）。

注意：这样的改变参数不影响其它以后的标注参数，以后标注出的尺寸的参数仍按开始设置的办。

## 7.6　智能方式标注和编辑尺寸

当选择命令 Create\Drafting 后，不需要进入下一级的命令，此时点击某图素，系统能自动判断该图素的类型，从而自动选择合适的标注方式完成标注，这种功能称为智能标注方式，为防止系统误判，或者你的想法与系统默认的作法不一样，在屏幕上方还会出现一个快捷工具条（选中图素后移动鼠标立即就会出现），如图 7-34 所示。

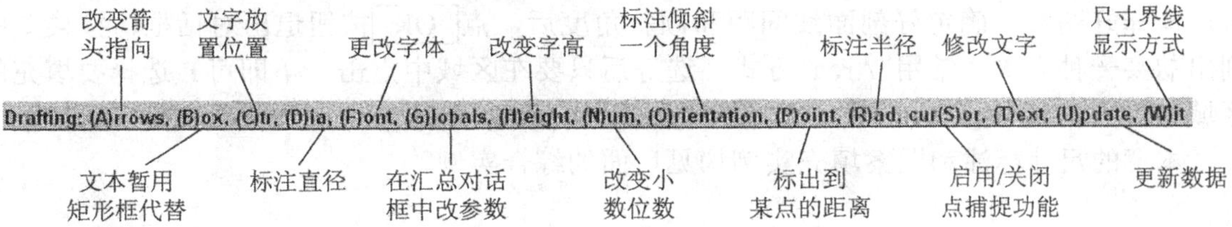


图 7-34　快捷工具条

注意到每个项目中都有一个用括号括起来的大写字母吗？这个字母叫做该项功能的快捷键，你只要用左手按下键盘上的相应字母，就能采用这一项功能，会接着出现相应的修改方法（对话框形式、输值框形式……），从而实现个性化标注要求。

这个功能是从 8.0 版开始有的，非常灵活好用，试一试，三分钟之后你就掌握了，你会喜欢的。

它的优点还不仅在于此。当尺寸标注完毕后，若想再改变，也可以用到这种智能功能，方法是：选择 Create\Drafting 命令后，不要再进入下一级的命令，确保菜单中的 Edit text 项设为 N，这时点击要修改的标注，移动鼠标，就会出现与上类似的快捷工具条（根据被选标注的类型，快捷工具条中的内容略有不同），可用同样的方法修改各个项目。

## 7.7　填充图案

工程中用得最多的图案是剖面线。

**注意**：填充图案的区域必须是由首尾相接的线条围成的封闭区域，交叉的线条虽然也可以围成一个区域，但 MasterCAM 中不能对这样的区域进行图案填充，必须先将各线条在交点处断开才可填充。

选择 Create\Drafting\Hatch 命令后，会弹出填充图案对话框（图 7-35）。

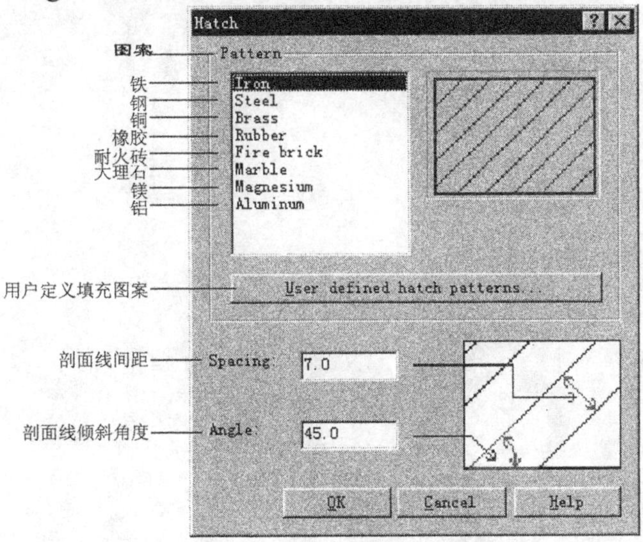


图 7-35　填充图案对话框

铁的图案满足机械工程中常用的剖面线形状要求。

选择好图案、确定好剖面线间距和倾斜角度后，点 OK 按钮退出对话框，按菜单中列出的某一种方式（常用 Area 方式，选好后只要在区域中点击一下即可）选择要填充的区域，再点菜单中的 Done 项，则完成了图案的标注。

本章的尺寸标注和图案填充实例均见后面的综合实例。

# 第 8 章　编辑二维图形

对二维图形（有些命令也适用于三维图形）进行编辑的命令包含在如下三个菜单项中，见图 8-1。

除删除菜单外，另两个菜单项下有多个编辑命令，汇总如下，见图 8-2。

下面分别介绍。

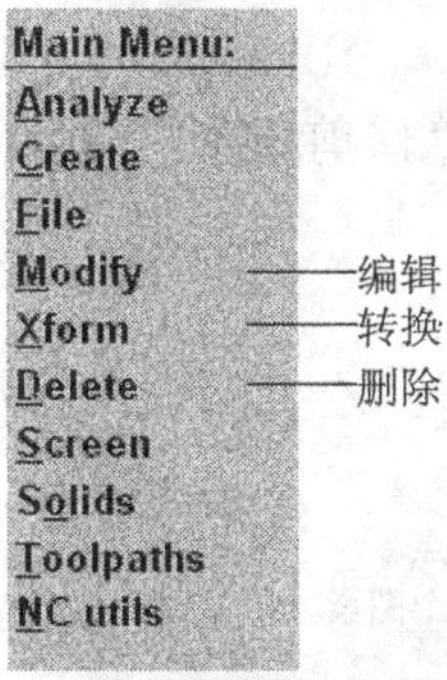


图 8-1　编辑命令所在菜单项

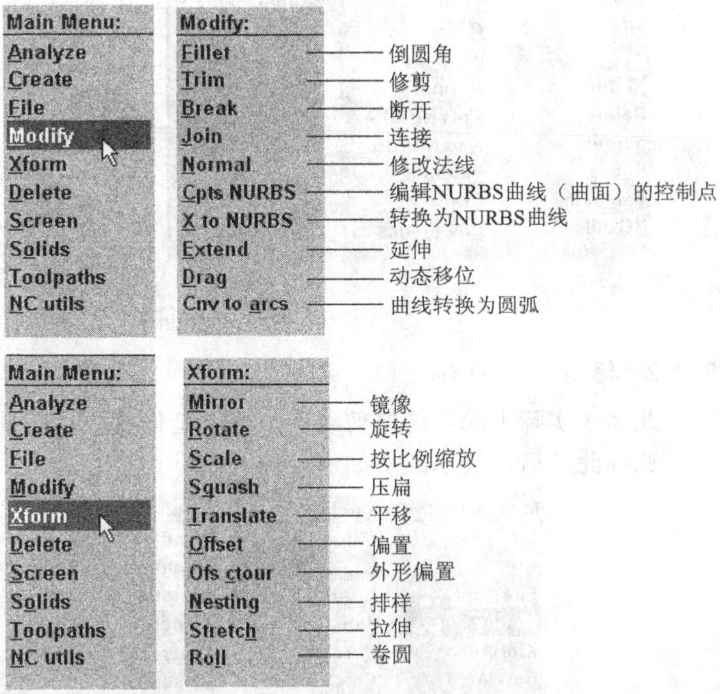


图 8-2　编辑命令汇总

## 8.1　删除图素

因为这个命令用的最多，所以直接放在主菜单中。

选择命令 Delete 后，出现下一级菜单（8-3）。

里面列出的是选择图素的各种方法，如何选择图素在 1.3 中已作介绍。

最后一项是恢复删除命令，可以挽回误删除造成的损失。

**注意**：如果用撤消命令（图标为↶），也可以恢复删除，不过只能恢复一次（恢复刚刚删除的一个图素），而恢复删除命令可以恢复回去很多次。

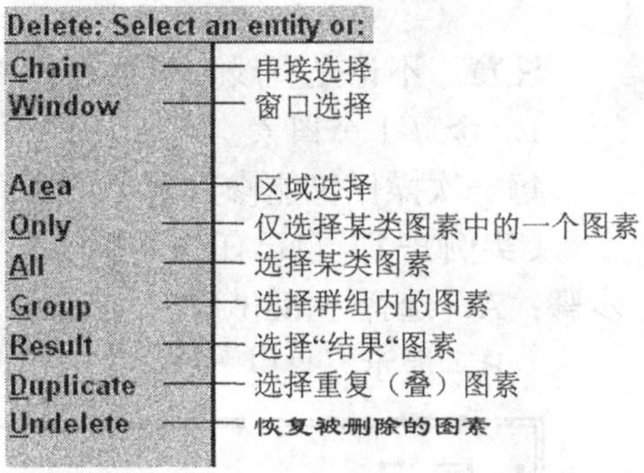


图 8-3　删除命令中选择图素的方法

## 8.2　编辑图素

### 8.2.1　倒圆角 ——Fillet

在创建菜单中有一"绘制圆角"命令，此处命令与它一模一样，也是出现如下菜单（图8-4），按要求逐一回答问题即可。

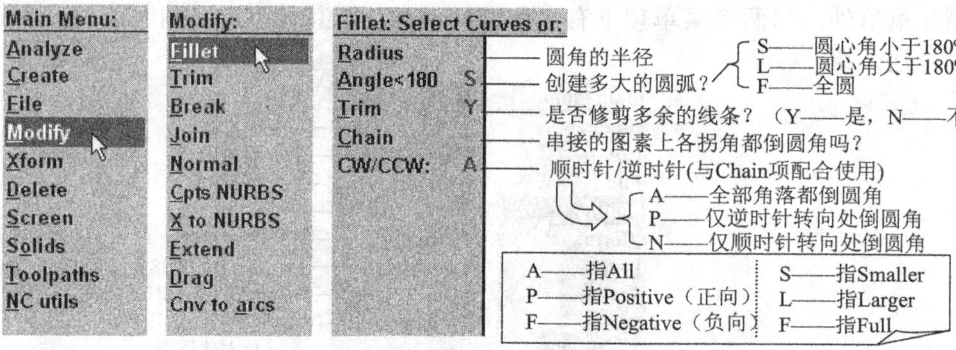


图 8-4　倒圆角命令的参数设置

### 8.2.2　修剪 ——Trim

此命令实际上除了能修剪线条、还能延伸线条，因此翻译为"修剪/延伸"更为贴切。选择此项后，菜单改变如下（图 8-5）：

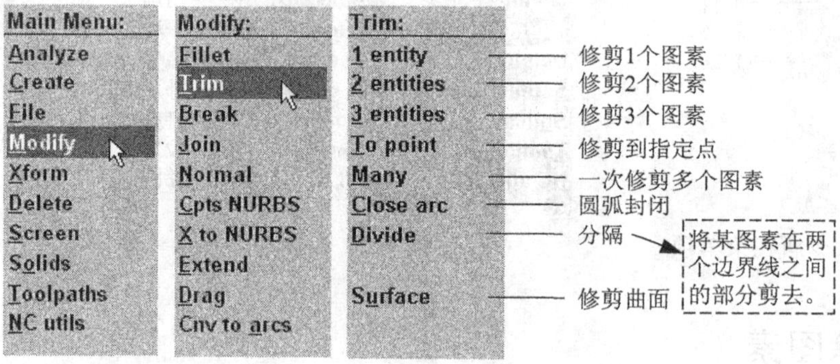


图 8-5　修剪命令选项

注意：不论是直线、弧线还是曲线都能修剪。

1. 修剪 1 个图素

每一次操作仅能修剪一个图素。

【实例 8-1】自己任画两条线，修剪线条 L1，结果如图 8-6 右边所示。

步骤：A. 选择 Modify\Trim\1 entity命令。

B. 提示 **Trim (1): select the entity to trim**，要你选择要修剪的图素 —— 选 L1 线左侧。

> **! 切记——使用修剪命令时，选择要修剪的图素时要点在需保留的一边。**

C．提示 Trim (1): select the entity to trim to，要你告之要将图素剪到何处 —— 选 L2 线（这次只要点在线上，哪里都行，反正它又不要修剪）。

D．完成，按键盘上的 Esc 键退出此命令（否则，又可开始同样的工作）。

**补充说明：** 如果画出的线条如图 8-7 左未相交，也能通过与上完全一样的操作达到图 8-7 右侧的效果。

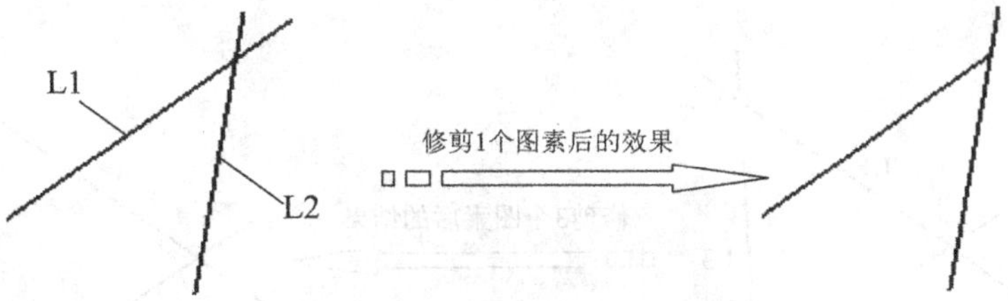


图 8-6　修剪一个图素

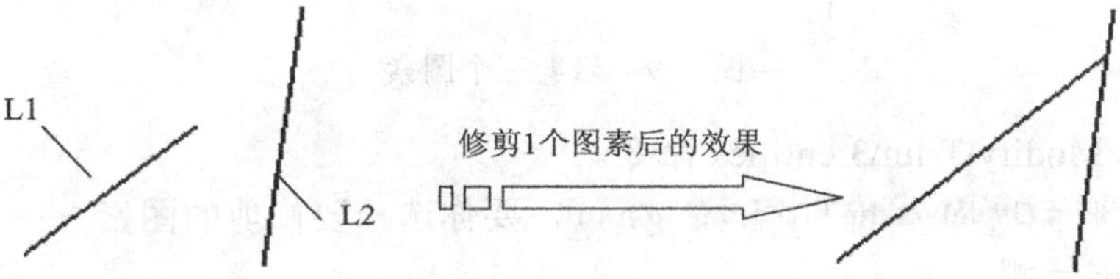


图 8-7　延伸图素

这其实是将 L1 线延伸到了 L2 线上，修剪命令可以做到这一点。

2．修剪 2 个图素

每一次操作能同时修剪 2 个图素。

**【实例 8-2】** 自己任画两条线，修剪线条 L1 和 L2，结果如图 8-8 右边所示。

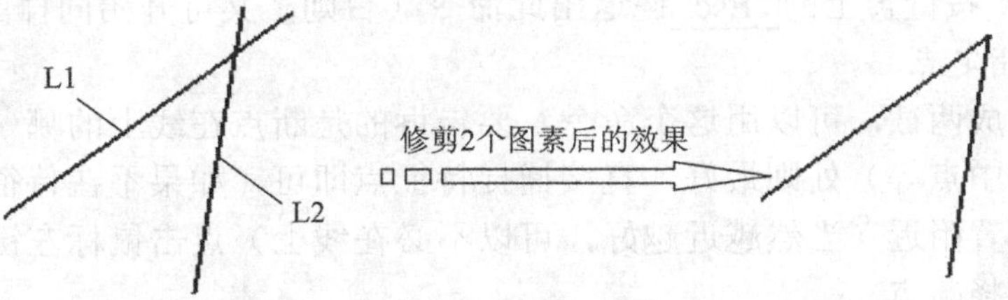


图 8-8　修剪两个图素

步骤：A．选择 Modify\Trim\2 entities 命令。

B．提示 Trim (2): select the entity to trim，要你选择要修剪的图素 —— 选 L1 线左侧。

C．提示 Trim (2): select the entity to trim to，要你告之要将图素剪到何处 —— 选 L2 线（这次注意一定要点在 L2 线上要保留的一侧，因为它也会被 L1 线修剪的）。

D．完成，按键盘上的 Esc 键退出此命令（否则，又可开始同样的工作）。

可见，修剪 2 个图素实际上是两条线条互相修剪，两条线条既是要修剪的线，又作为另一条线的修剪边界。

3．修剪 3 个图素

这个命令有点让人难琢磨，见下例，三条互相相交的线如果同时修剪的话，常认为结果可能是一个三角形，但实际上并非如此，它的结果实际上相当于 L1 线与 L3 线做“修剪 2 个图素”的操作，然后 L2 线与 L3 线也做“修剪 2 个图素”的操作，而 L1 线与 L2 线却并不做“修剪 2 个图素”的操作，所以留了个“尾巴”，要想把这个“尾巴”割掉，还要另外对 L1 线与 L2 线做一次“修剪 2 个图素”的操作。

**【实例 8-3】**自己任画 3 条线（见图 8-9），进行 3 个图素的修剪，结果如图 8-9 右边所示。

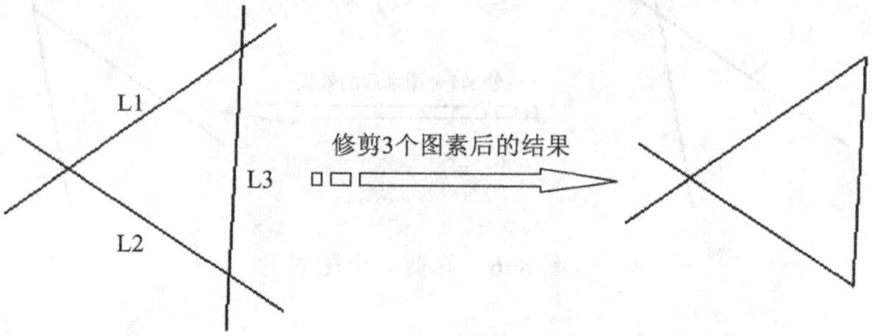


图 8-9 修剪三个图素

步骤：A. 选择 Modify\Trim\3 entities 命令。

B. 提示 Trim (3): select the first entity to trim，要你选择要修剪的图素 —— 选 L1 线上要保留的一侧。

C. 提示 Trim (3): select the second entity to trim，要你选择要修剪的第 2 个图素 —— 选 L2 线上要保留的一侧。

D. 提示 Trim (3): select the entity to trim to，要你告之要将图素剪到何处 —— 选 L3 线（这次可以随便点在 L3 线上任一点，被保留的一定是被 L1 线和 L2 线“夹”住的一段）。

E. 完成，按键盘上的 Esc 键退出此命令（否则，又可开始同样的工作）。

4. 修剪到指定点

一条线想断成两截，可以用这个命令，要告诉的是断点在线上的哪一个位置，断点在特征点（交点、中点等）处则最好，直接捕捉特征点即可，如果不在特征点也没关系，可在需要断开的位置附近（当然越近越好，可以不必在线上）点击鼠标左键，系统能知道你的意图，正确选择断点。

**【实例 8-4】**自己任画一条弧线（用三点画弧方法），进行修剪到指定点的操作，在 A 点处剪断，结果如图 8-10 右边所示。

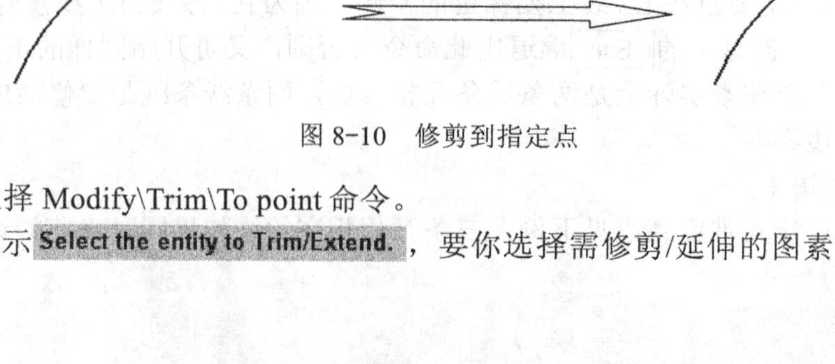


图 8-10 修剪到指定点

步骤：A. 选择 Modify\Trim\To point 命令。

B. 提示 Select the entity to Trim/Extend.，要你选择需修剪/延伸的图素，选弧线（点线

上任一点都可)。

C．提示 Indicate Trim/Extend location.，要你确定剪断/延伸的位置，在靠近 A 点的地方点击鼠标左键。

> **提醒你：**点这个位置时，自动捕捉（Autocursor）功能可能会帮你的倒忙，可能老是见到在弧的中心位置出现一个方框状的光标，同时左侧菜单中的 Center 项也变白，这表示自动捕捉倒了弧的中心点，而我们要找的点并不是这一点，所以，此时千万不能点鼠标左键。可以采用下面的几种办法之一选到 A 点：
> ① 在屏幕空白处点击鼠标**右**键，弹出浮动菜单，点击（左键）其中的 Autocursor 项（去掉 √），则取消了自动捕捉功能，以后就不能捕捉到特征点了（注意需要时再用同样的方法恢复），你可以随心所欲地任意选择点的位置（这种机会其实不多）。
> ② 也可以不取消自动捕捉功能，而是点击菜单中的 Sketch 项，表示要强制选择任一点（Sketch 就是随意的意思），然后就可以无忧无虑地点选到 A 点了。

D．任务完成，记得按键盘上的 Esc 键退出此命令（否则，又可开始同样的工作）。

注意到提示中的“修剪/延伸”了吗？如果你选择的是线的前方（或后方）一点，线可以延伸到这个位置处，如图 8-11 所示。

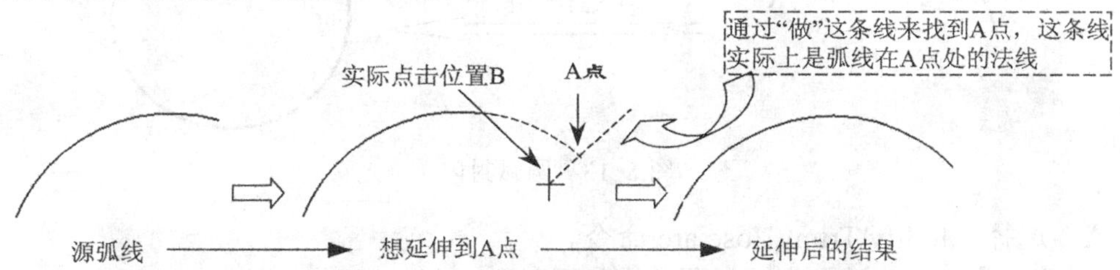


图 8-11　延伸到指定点

上图中点击的位置虽然并不在 A 点（事实上你几乎不可能准确找到 A 点的），而在与之相距很近的 B 点（你会凭你的直觉或本能找到 A 点附近去的），但系统能明白你的“企图”进行处理，它的处理方法是 —— 过 B 点做与延伸的弧线（假想延伸）距离最近的直线，该直线与弧线的的交点就是弧线将要延伸到的 A 点（从数学知识可知：该直线实际上是在弧线上 A 点的法线方向上）。当然，这个过程你并看不到。参见上图中的图解。

上例介绍的虽是对弧线的修剪和延伸，但对直线同样可以进行这种操作，对曲线（Spline），可以修剪，但不能用这种方法延伸。

5. 一次修剪多个图素

这个命令可以将与一条剪切线相交的多条线一次剪断。

**【实例 8-5】**按图 8-12 自己任画一些线条（直线、弧线、曲线都有），然后用线 AB 进行修剪，一次修剪 L1 ～L5 五条线（保留下面的部分），结果如图 8-12 右边所示。

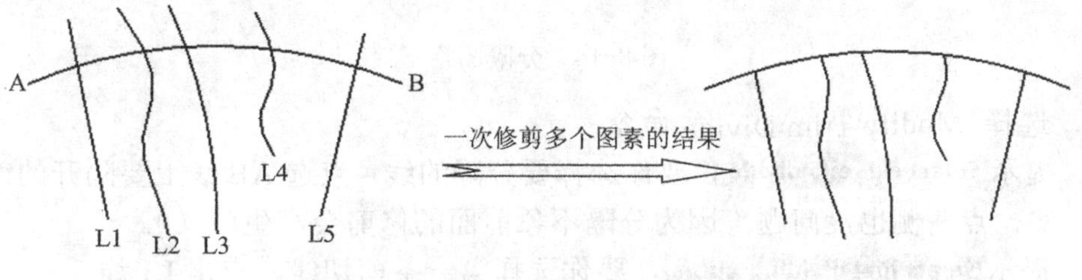


图 8-12　修剪多个图素

步骤：A．选择 Modify\Trim\Many 命令。

B．出现选择菜单，要你选择要修剪的图素。

依次点选 L1、L2、L3、L4、L5 五条线，然后点击 Done 项。

C．提示（在左下方）：Select Trimming Curve，要你选择修剪边界线，点击 AB 线。

D．提示 Indicate Side of Trimming Curve，要你指明保留哪一侧的线条，在 AB 线的下方任一点点击一下鼠标左键。

E．完成任务，达到目标，按键盘上的 Esc 键退出此命令。

6．圆弧封闭

这个命令可以将选择的弧封闭成一个圆。

【实例 8-6】用三点画弧方法画一段弧，然后将它封闭为一个圆（见图 8-13）。

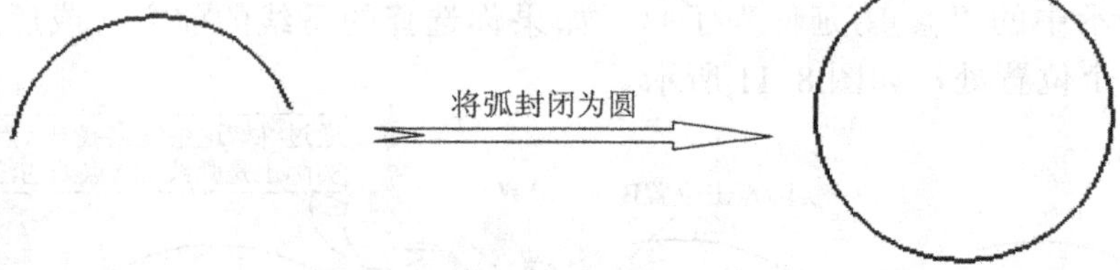


图 8-13　圆弧封闭

步骤：A．选择 Modify\Trim\Close arc 命令。

B．提示 Select an Arc to convert to a full circle，要你选择欲封闭为圆的弧，点击弧线。

C．任务完成，但提示仍为上面的提示，可以继续选择弧进行封闭，直至按下键盘上的 Esc 键才退出此命令。

| 说明 | 有一点要说明：在 MasterCAM 中：圆也被视为弧，只是一条始于 0°、终止于 360°的弧而已，这点没弄清楚，对“圆”的修剪、断开等编辑操作，结果可能常常不好理解。 |
|---|---|

7．分隔

这个命令可以将落在两线之间的线段剪掉。

【实例 8-7】画出图 8-14 所示三条线，然后对 AB 线进行分隔操作。

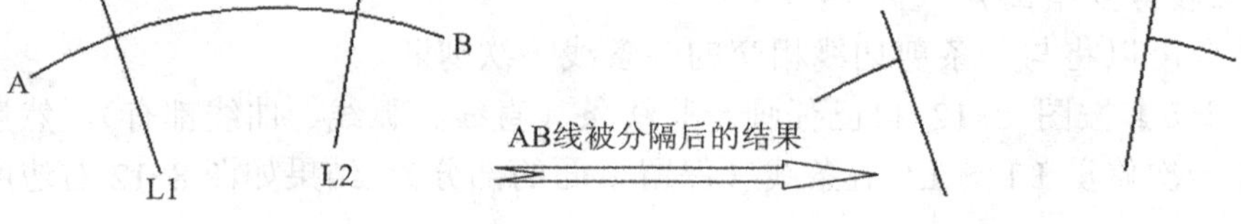


图 8-14　分隔图素

步骤：A．选择 Modify\Trim\Divide 命令。

B．提示 Select curve to divide，要你选择要分隔的线，点选 AB 线上要隔开的部分（其实，点两侧也没问题，因为分隔不象前面的修剪会产生歧义）。

C．提示 Select first dividing curve，要你选择第一条剪切线，点击 L1 线。

D．提示 Select second dividing curve，要你选择第二条剪切线，点击 L2 线。

E. 出现结果，按下键盘上的 Esc 键才退出此命令（否则重复执行上面的命令）。

注：先点 L2 线，后点 L1 线也是可以的。

值得一提的是圆和圆之间的分隔问题，操作不当，常“不听使唤”，如实例 8-8。

**【实例 8-8】** 画出相交的两个圆，然后将相交部分的弧线剪掉，如图 8-15 所示。

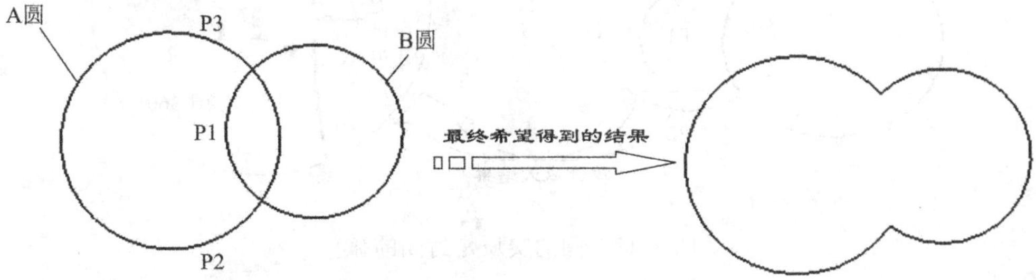


图 8-15 分隔圆弧线

步骤：①先将 B 圆上的 P1 所在段剪掉。

A. 选择 Modify\Trim\Divide 命令。

B. 提示 **Select curve to divide**，要你选择要分隔的线，点选 B 圆上的 P1 点处（此段弧线是要去掉的，其实你点在 B 圆上要保留的一段上也没关系）。

C. 提示 **Select first dividing curve**，要你选择第一条剪切线，点击 A 圆上的 P2 处。

D. 提示 **Select second dividing curve**，要你选择第二条剪切线，点击 A 圆上的 P3 处。

E. 可以发现 B 圆被断开了，如图 8-16 所示。

②再把 A 圆上被 B 圆包住的一段剪掉。

如果按上面的方法在输入命令后按提示顺序点选 A 圆上的 P1 点、B 圆上的 P2 点和 P3 点，结果将如图 8-17 右边所示，这不是我们需要的。

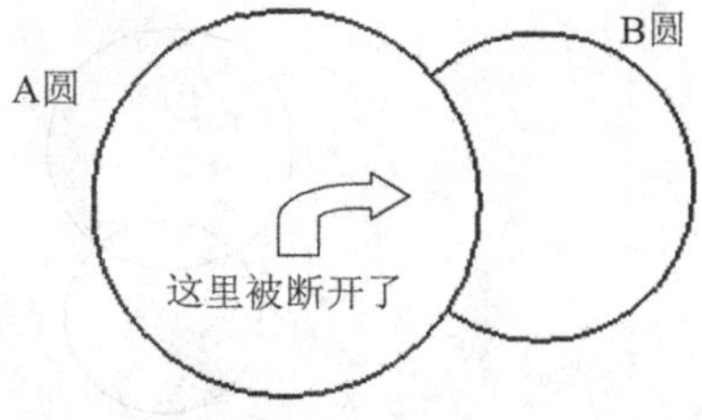


图 8-16 断开圆中一截弧线

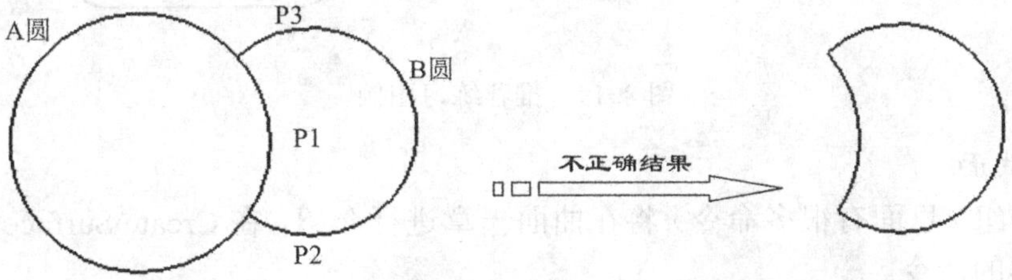


图 8-17 错误的修剪

这是什么原因呢？圆弧封闭一处我已打了伏笔 —— 圆其实是弧，就像用铁丝卷成一个铁环一样，它是有接头的，圆的接头在 0° 处，见图 8-18 解释。

这样一来，A 圆就不能被 B 圆分隔（Divide）了，因为分隔的本意是将一条线拦腰断开，而本例却是希望将 A 圆的两端各去掉一截，因此，这种情况正好适合用前面讲过的“修剪一个图素”的方法，只是要连续用两次。

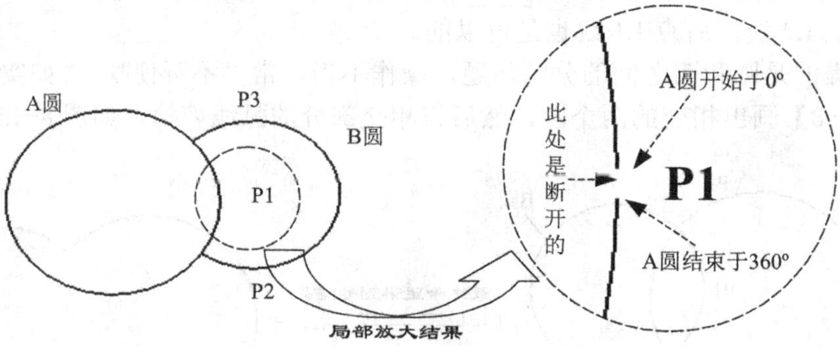


图 8-18　圆的实质是封闭的弧

请按此方法完成图形。

> **悄悄话**　其实，仍用 Divide 还是可以把 A 圆上的这段弧去掉的，但要连续用三次 Divide 命令，第一次，提示选择剪切线时，你可以先不要点 B 圆两边的两点 P2、P3，而是在一边（如 P2 点）连续点两次，完成一次操作；第二步操作时，提示选择剪切线时连点 P3 点两次；第三次，提示选择剪切线时，再先点 P2、后点 P3，同样能完成任务，只是麻烦一些。
> 你可以尝试一下，可以更深入地了解 Divide 命令的操作规律。

【推荐练习】为了加深你的印象，可以自想办法完成下面的工作（图8-19）。

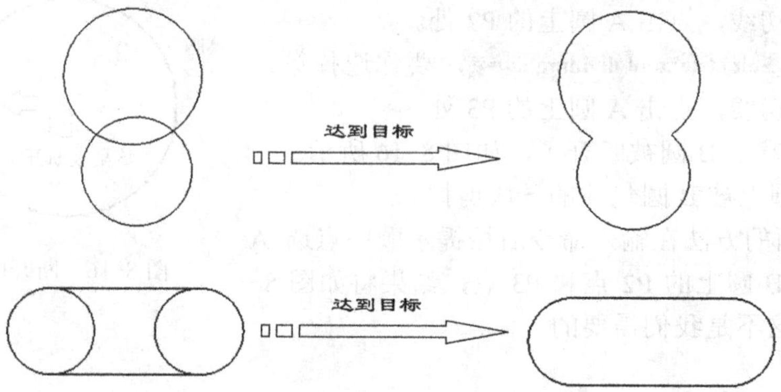


图 8-19　推荐练习图例

8. 修剪曲面

这个命令组（里面有很多命令）将在曲面一章进行介绍，在 Create\Surface\Trim\Extend 下有完全一样的命令。

### 8.2.3　断开 ——Break

断开是指将一条完整的线断成 2 截或多截。

断开命令（图 8-20）只能断开线条，不会把其中某一段删掉，因此要想去掉某一段，还需再采用删除命令来删除。

上面刚讲的 Divide 命令所能达到的结果，其实也可以用断开命令+删除命令来做到。

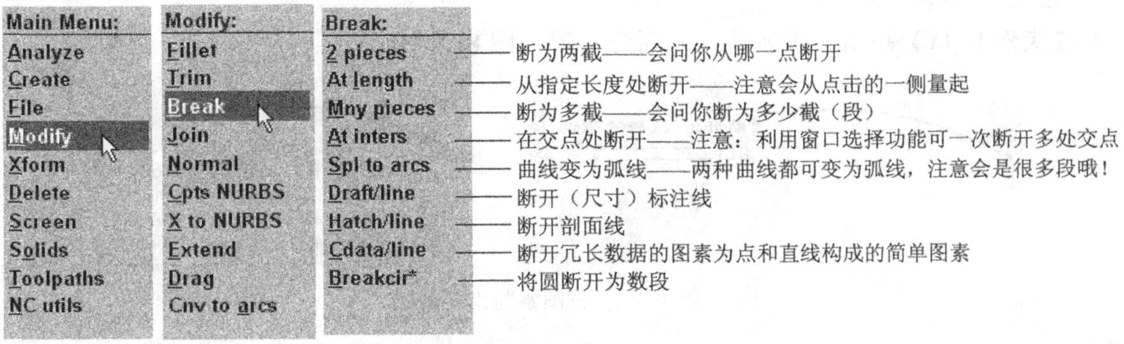


图 8-20　断开命令选项

1. 断为两截

【实例 8-9】画出一条直线，并将它在 A 点处分为两段（图 8-21）。

步骤：A．选择 Modify\Break\2 pieces 命令。

B．提示 **Break (2): select an entity**，要你选择要断开的图素，点选直线（任一点均可）。

C．提示 **Enter the breakpoint**，要你选择断点（可为特征点或任意点，有菜单显示），点选任意点 A（附近即可）。

D．完成（这时直线似乎没什么动静，但你将光标移到直线上不同位置时，可以发现颜色不同，表明已经是两段了）。

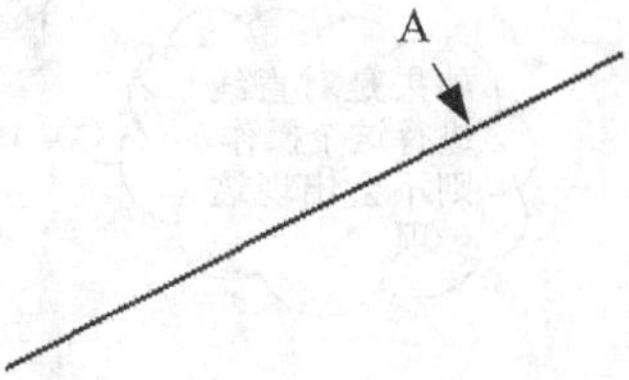


图 8-21　在 A 点断开直线

E、按键盘上的 Esc 键退出命令。

2. 从指定长度处断开

【实例 8-10】画出一条弧线（画长一点），并从离 A 端 25mm 处分为两段（图 8-22）。

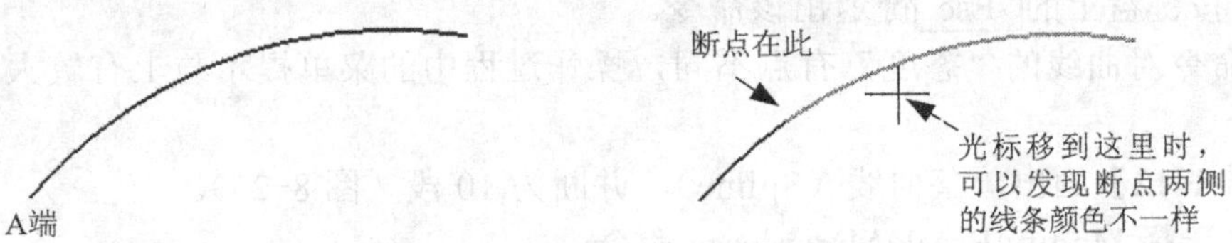


图 8-22　在指定长度处断开图素

步骤：A．选择 Modify\Break\At length 命令。

B．提示 **Break at length: select an entity**，要你选择要断开的图素，**切记！**要点击弧线上靠 A 端一方（否则会从另一方量起的）。

C．提示 **Length = 25.**，要你输入长度值，在框中输入值后回车。

D．完成（可将光标移到弧线上不同位置，能发现颜色不同，表明已经是两段了）。

E．按键盘上的 Esc 键退出该命令。

| 小心 | 这个命令要注意的是：选择要断开的图素时，点在线条上靠哪边一些，就会从那一边测量起。<br>另外要注意，对弧线和曲线来说，本命令中的长度指的是弧长。 |
|---|---|

3. 断为多段（截）

【实例 8-11】画出一条弧线，并断为 5 段（图 8-23）。

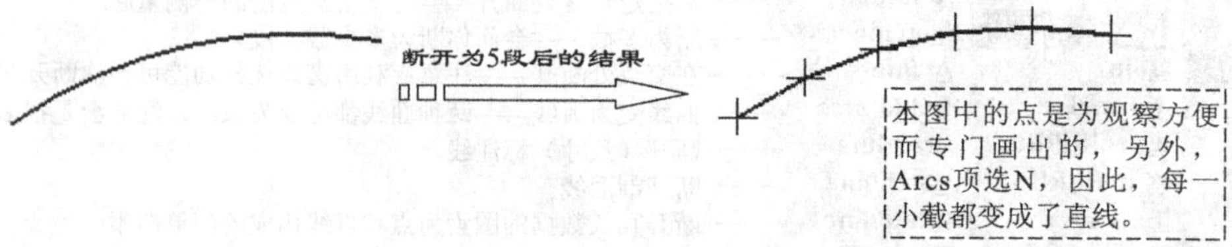


图 8-23 将图素断为多截

步骤：A. 选择 Modify\Break\Mny pieces 命令。

B. 提示 **Break Many: select an entity**，要你选择要断开的图素，点击弧线上任一点。

C. 左下方的提示是 **Number of segments = 34 Segment length = 7.000**，告诉你目前默认的断开段数是 34 段，每一段长度是 7mm（这是系统自动测量出来的），不满意的话，可按菜单中的提示改变，见图 8-24。

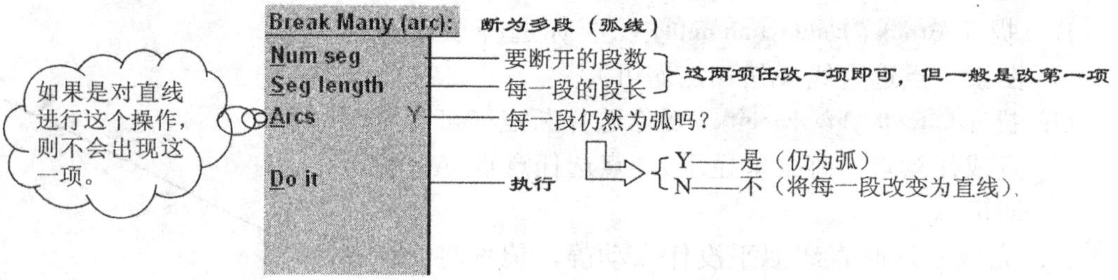


图 8-24 断为多截参数设置菜单

D. 选 Num seg 项，并注意 Arcs 项的设置（你可自选）。

E. 提示为 **Enter number of segments** 5，要你在框中输入要断开的段数，输入 5 后回车。

F. 按菜单中的 Do it 项，工作完成。

G. 按键盘上的 Esc 键退出该命令。

这个命令对曲线的"态度"有点不同，操作过程中的菜单提示与上有较大差异，下面做个介绍。

【实例 8-12】画出一条曲线（Spline），并断为 10 段（图 8-25）。

步骤：A. 选择 Modify\Break\Mny pieces 命令。

B. 提示 **Break Many: select an entity**，要你选择要断开的图素，点击曲线上任一点。

C. 菜单变为如下状况，有两种方式断开曲线，图 8-26。

D. 选择其中的 by length 项，左下方出现提示。

图 8-25 要断开的曲线

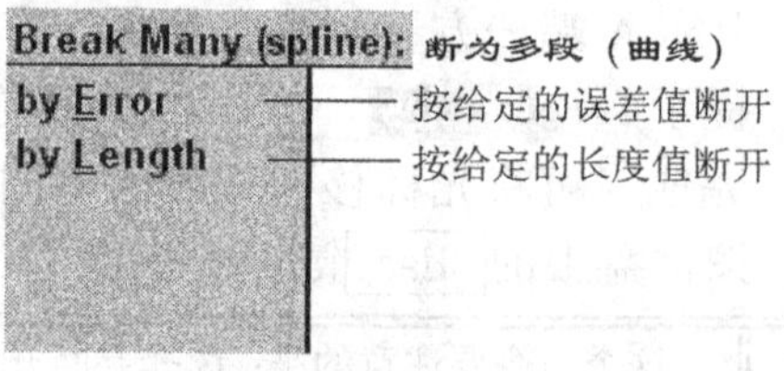


图 8-26 断开曲线的方式

**Number of segments = 4　Segment length = 17.724**

这里告诉你目前系统默认的段数是 4 段，每段长为 17.724（这是系统自动计算出的，你画的图提示的结果不会与这个提示一样）。

若选择 by Error 项，左下方提示为 **Chordal deviation = 0.020**，这是告诉你目前系统设定的弦高误差值为 0.02，你若不满意，可在菜单中点击 Error 项，在弹出的提示框中进行修改。

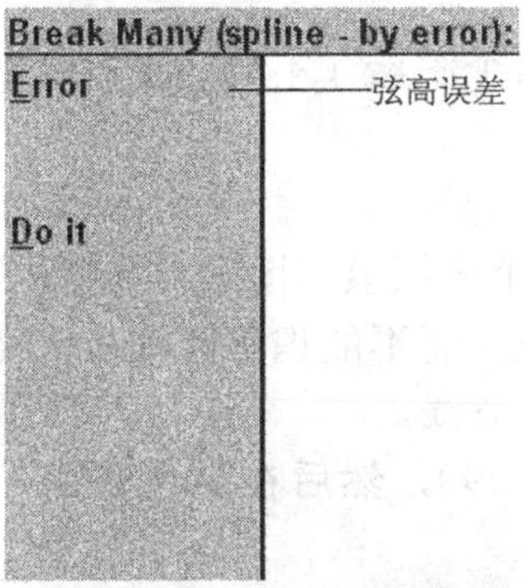


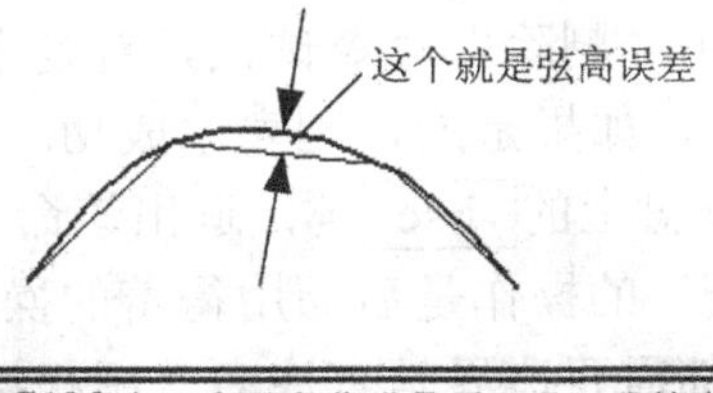


MasterCAM 中，实际上曲线是用一段一段的直线近似绘出来的，只是每一段直线都很短，或非常接近曲线，使你看不出来罢了。因为曲线是由无数点构成的，要逼真模拟需要记录很多点的位置信息，而直线则只要记录端点的信息，所以，可以省下不少存储空间。

这种方式会将曲线断成长短不一的很多段，但每一段的弦高是相等的。

如果不满意，可在同时出现的菜单（图 8-27）中选择相应选项进行修改（一般是选 Num seg 项）。

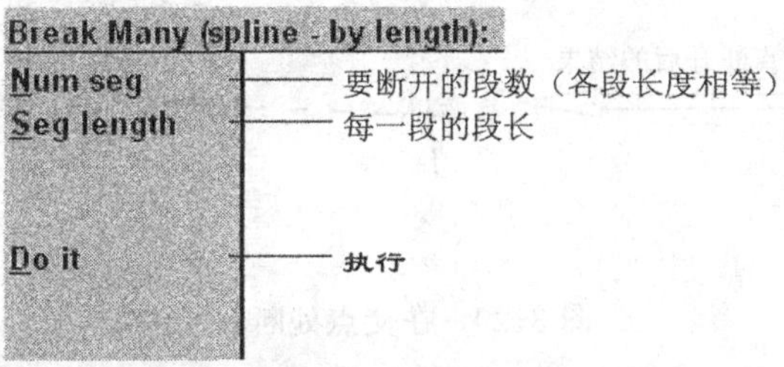


图 8-27　修改参数

E. 选 Num seg 项，出现提示 **Enter number of segments 10**，将框中的值改为 10，然后回车。

F. 点击菜单中的 Do it 项。

G. 完成任务，你可以用前面介绍的方法检验一下是否断成了 10 段，最后记得按下键盘上的 Esc 键退出该命令。

4. *在交点处断开*

【实例 8-13】画出两条相交的线，然后在交点断开（图 8-28）。

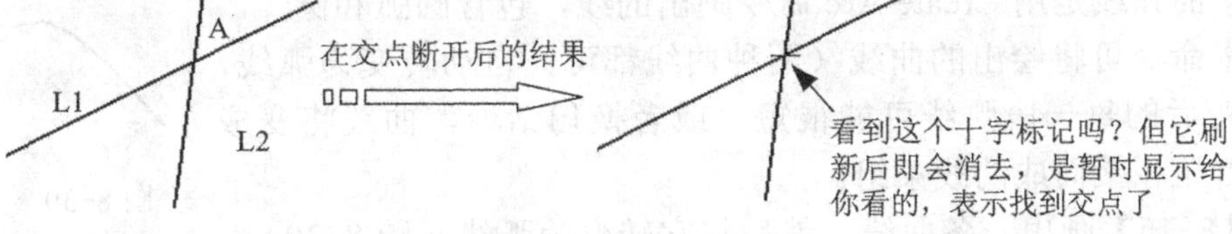


图 8-28　图素在交点处断开

步骤：A．选择 Modify\Break\At inters 命令。

B．出现提示（在左上方）**Select entities to break**，要你选择需断开的图素，点选 L1 线，再点选 L2 线（若 L2 线不想断开就不要点击）。

C．按菜单中的 Done 项。

成功，可以发现在交点处有一个十字标记（但它是暂时的，按图标（刷新）后即会消去。

你可假想地用“删除”命令试试，看是不是变为了四个图素（不要当真删除哦，只试一试有几个图素），如果是的，则表示成功。

D．按下键盘上的 Esc 键，退出该命令。

“在交点断开”的操作是后面用得着的操作，如在某个区域填充图案、选择加工区域，确定边界等等，都需要边界是有许多首尾相接的线段组成，而不能识别有许多交叉的线条围成的边界，因此，常需按下例介绍的方法在交点断开多条线。

**【实例 8-14】**画出呈“井”字形的四条线条（图 8-29），然后在交点处断开全部线条。

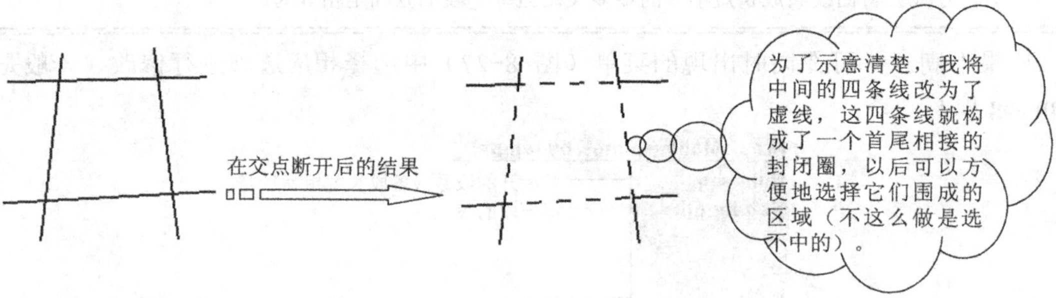


图 8-29　在交点处断开

步骤：A．选择 Modify\Break\At inters 命令。

B．出现提示（在左上方）**Select entities to break**，要你选择需断开的图素，因为线条多，一条一条地点击嫌麻烦，所以点选菜单中的 Windows 项，用窗口方式选中全部的四条线。

C．按菜单中的 Done。

D．成功，按下键盘上的 Esc 键退出该命令。

5．曲线变为弧线

按数学的观点，圆弧、甚至直线都可以看成是曲线，只不过这些“曲线”规则一些而已。MasterCAM 中，曲线指的是用 Create\Spline 命令画出的线，有参数式曲线和 NURBS 曲线两种，而弧线是用 Create\Arc 命令画出的线，包含圆弧和圆。

使用本命令可将绘出的曲线（两种曲线都可）自动转变为弧线，注意：转变后的每一段弧线可能很短，或者换句话说，曲线将变成多段圆弧首尾相接而成的线条组。

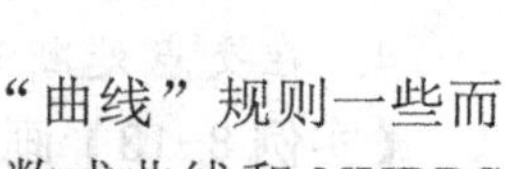

图 8-30　要转变为弧的曲线

**【实例 8-15】**画出一条曲线，然后将它转变为弧线（图 8-30）。

步骤：A．选择 Modify\Break\Spl to arcs 命令。

B. 提示（在左上角）Break splines to arcs: select splines，要你选择要改变为弧的曲线，点选绘好的曲线（可连续选择，或用窗口等方式一次选择多条曲线）。

C. 选完后按菜单中的 Done 项。

D. 此时左下角的提示为。

Chordal deviation = 0.020
Dispose = Delete
——告诉你目前设置的弦高误差为0.02，对原曲线的处理方式为“删除”

如果你不满意这样的设置，可以在菜单（图 8-31）中点击相应的项目进行修改。

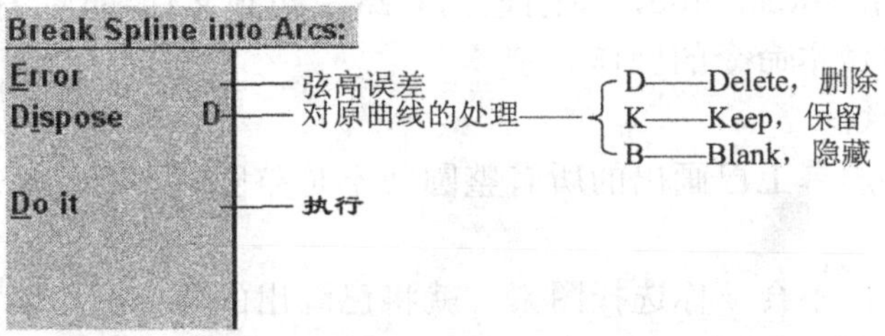


图 8-31 参数设置

E. 改好后按菜单中的 Do it。

F. 成功，你可以用“删除”命令去假试一下，可以发现是一段一段的弧线了。

H. 按下键盘上的 Esc 键退出该命令。

6. 断开尺寸标注线

对一个图形进行尺寸标注时，每个尺寸标注由尺寸文本、尺寸界线、尺寸线和箭头四部分构成，但它们被自动地视为一个整体，如果想将它们“拆开”以便分别进行修改（比如删除），用此命令可达到目的。

**注意**：文字会断成一截一截的直线（有些可能极短），就像一个用若干段直线描出来的文字一样。尺寸线、箭头和尺寸界线也会分解成直线或弧（如角度标注）。

操作步骤很简单：输入命令后，选择要断开的尺寸标注，然后点击菜单中的 Done 项即可（见图 8-32）。

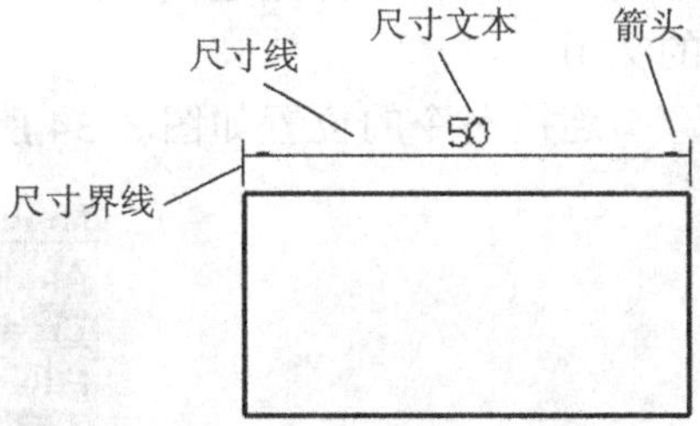


图 8-32 断开尺寸标注线

7. 断开剖面线

在一个封闭的区域中可以填充已有的图案，工程图形中，常要填充的是剖面线，如图 8-33 所示，填充后，这些剖面线也会自动地成为一个整体，若想分解为一条一条的线，请用此命令。

操作步骤很简单：输入命令后，选择要断开的剖面线，然后点击菜单中的 Done 项即可。

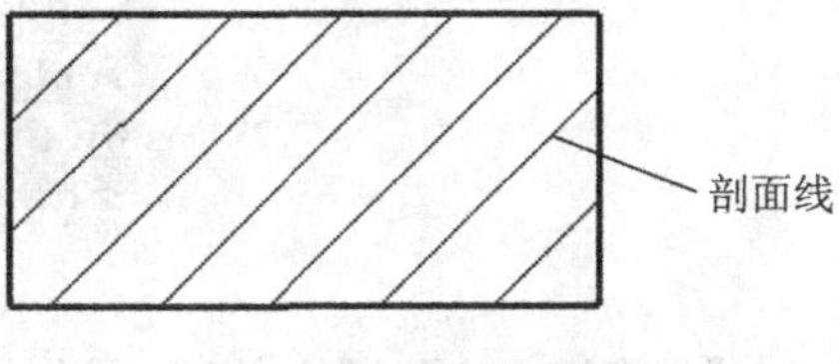


图 8-33 断开剖面线

8. 断开冗长数据的图素

冗长数据图素主要来源于 IGES 文件。

IGES 文件格式（扩展名为.IGS）是一种国际通用的文件格式，全称是“初始化图形交换标准”，很多 CAD/CAM 软件都支持这种格式，MasterCAM 也不例外。它适合描述较复杂的图形，但图形复杂，记录这个图形的数据就会很多，如果不是为了出图，而是为了加工，且加工误差在允许范围之内的话，可以对这样的图形进行简化，这个命令就是干这样的事的，它将复杂数据的图形转变为若干点和直线构成的图形。

操作过程为：输入命令后，选择要处理的图形，然后点击菜单中的 Done 项即可。

如果你的电脑中还装有 Pro/Engineer、SolidWorks 等软件，可以查找它们中的 IGES 文件（在 Windows 环境下点开始→查找，在出现的对话框中“名称”一栏填入“*.IGES”，搜索 C、D、E、F……各区可得结果，记住路径和文件名，然后在 MasterCAM 环境中选择 File\Converters\IGES\Read file，按刚查到的路径找到文件，点 打开 按钮，可以看到这个图形，然后可以做本命令的操作。

9. 将圆断开为数段

这个命令可以将屏幕上已画出的所有整圆（不是整圆的不行）断开为数段，段数由你决定。

这个命令很霸气，不会要你选择图素，就将已画出的所有圆全部断开为数段，所以如果你只想断开某个或某几个圆，可要小心了。

操作极简单：输入命令后，出现提示 Number of arcs to break circles into 2，要你输入需断开的段数，在框中输入一个值后，回车即可。

### 8.2.4 连接 —— Join

这个命令比较生硬，只能连接在一条线上，只是中间断开了一段的直线，或者是同圆心，同直径，只是中间断开了一段的圆弧线。其它不共线的直线（如首尾相接但相交的），不同圆上的弧线都是连接不上的。有点像为上个命令（断开）的执行结果“疗伤”、“复原”的味道。

连接命令的位置如图 8-34 所示。

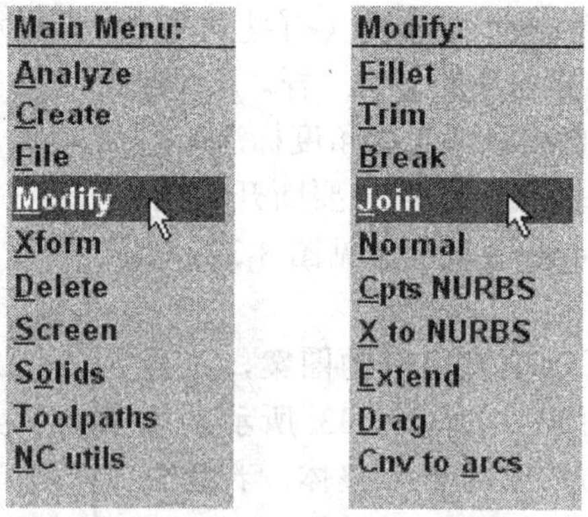


图 8-34 连接命令的位置

**【实例 8-16】** 综合前面所学，完成下面的工作：

（1）画出一条直线 L1 和一条弧线 A1（图 8-35a）。

（2）将它们断为三截（用 Modify\Break\Mny pieces，执行两次）。

（3）删除中间一截（图 8-35b）。

（4）再用 Modify\Join 命令将直线连接起来；继续用此命令将圆弧连接起来(图8-35c)。

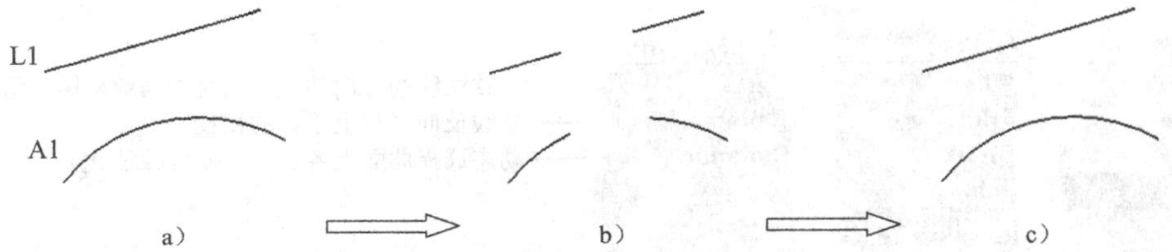


图 8-35　实例操作过程

a）画直线和弧线　b）断开并删除中间一截　c）再用连接命令连接起来

其中第（4）步的操作步骤是：

A．选择 odify\Join 命令。

B．提示 **Join: select an entity**，要你选择一个图素，点击 L1 上的一截。

C．提示 **Join: select another line**，要你选择另一条线，点击 L2 线上的另一截。

D．成功地连接为一条直线。

E．按 A→C 的方法将断开的弧线再连接起来。

F．按下键盘上的 Esc 键退出该命令。

连接直线时，如果不成功，会出现提示，如图 8-36 所示。

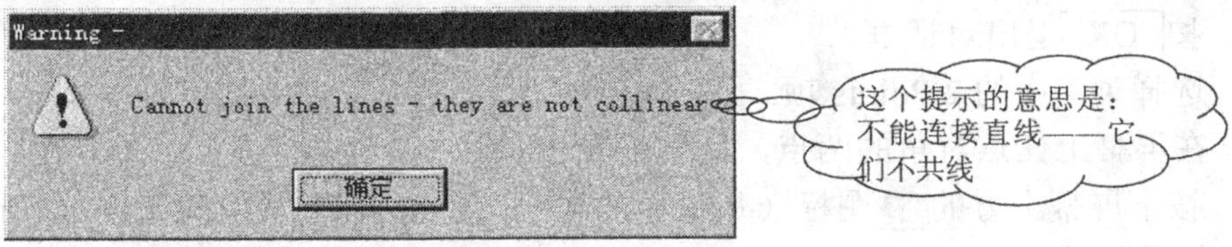


图 8-36　连接直线不成功的提示

连接圆弧时，如果不成功，会出现提示，如图 8-37 所示。

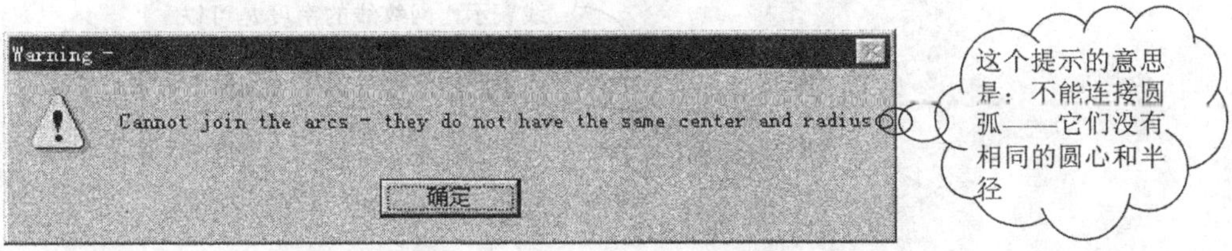


图 8-37　连接圆弧不成功的提示

### 8.2.5　修改法线 —— Normal

某点的法线，是指与曲面上该点所在处的切平面相垂直的直线，这种直线有两个方向 —— 朝外和朝内，你可以根据需要选择其一，后面要讲的曲面倒圆角等地方，这种修改是十分必要的，否则就可能得不到正确的结果。

因为现在尚未接触到曲面绘制和编辑的问题，所以在此我们仅通过对平面进行法线的修改，来明确一下法线的概念和修改的方法。注意：平面其实也属于曲面哦！它是一种形状规则的曲面而已，所以对曲面的任何操作，对平面都是同样有效的。

还记得绘矩形命令中，可以通过改变设置，使绘出的矩形自动转变为平面吗？不记得的话，赶快回头复习一下。

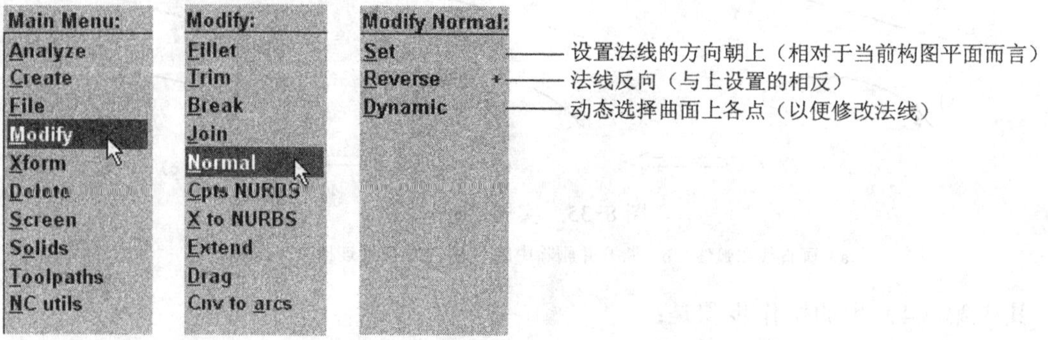


图 8-38　修改法线命令的位置及选项

【实例 8-17】绘制一个矩形平面，然后修改其法线。

步骤：（1）绘制一个矩形曲面

A．选择 Create\Rectangle 命令。

B．在出现的菜单中选择 Options 项。

C．在出现的对话框中，只将 Surface Creation 栏中的 On 项勾选（出现√号）。

D．按 OK 退出对话框。

E．选择菜单中的 2 Points 项。

F．在屏幕上任点对角的两点，则平面做出。

G．按下屏幕上方的图标（是绿色的那个，别错了），从空间角度来看这个平面，结果如下。

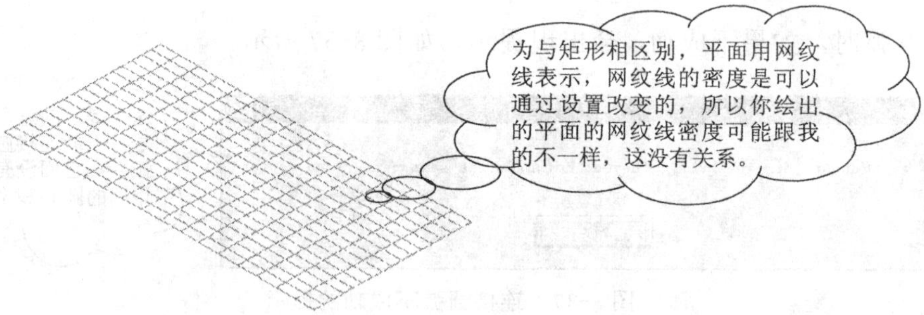


图 8-39　绘制矩形曲面

（2）显示并修改法线

A．选择 Modify\Normal 命令。

B．提示 Select a surface:，要你选择曲面，点击平面。

C．在菜单中选择 Dynamic 项，然后在平面上的某处点击一下。

D．可以发现在该点处出现了一个箭头，如图 8-40 所示，它就是目前该点处的法线方向。

E．如果对这个方向满意，则点击新出现的菜单中的 OK 项。如果不满意，可以改变方向，方法是：在出现的新菜单（图 8-41）中，点击 Flip 项，则方向改变，再按 OK 表示确定。

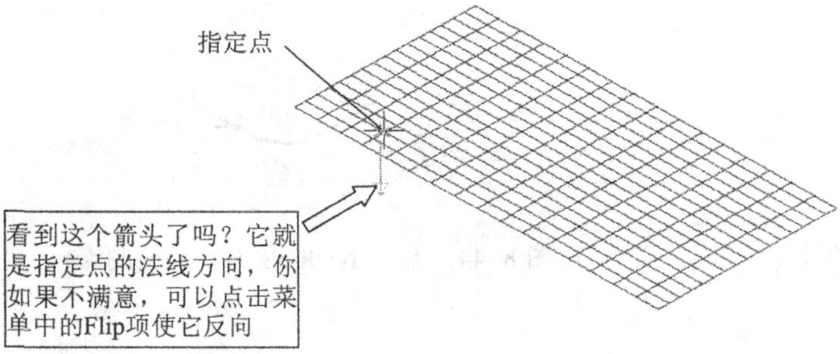


图 8-40　显示法线方向

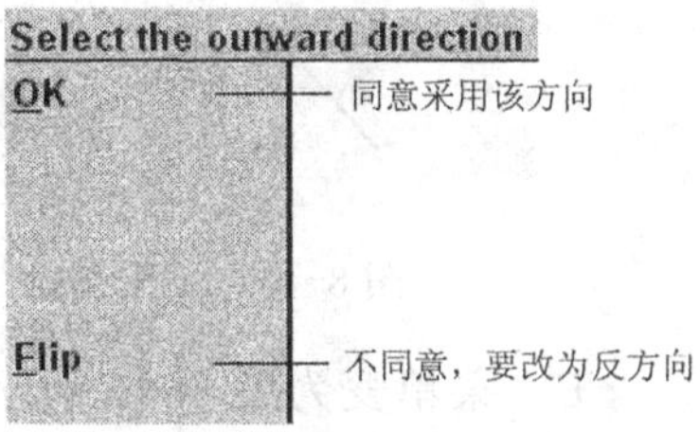


图 8-41　确定法线方向菜单

F．按下键盘上的 Esc 键退出该命令。

### 8.2.6　编辑 NURBS 曲线的控制点 —— Cpts NURBS

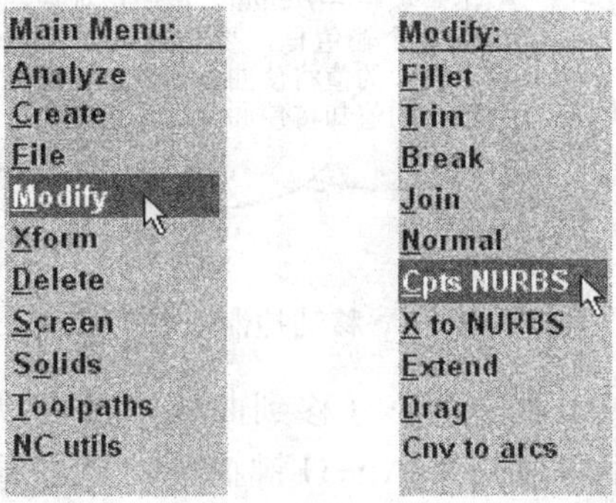


图 8-42　命令位置

只有 NURBS 曲线和 NURBS 曲面才存在控制点（Control point）的问题。

已画出的 NURBS 曲线（曲面）的形状可以通过改变控制点的位置来进行修改。

本命令即是专门用于这一目的。

**【实例 8-18】**首先画出一条 NURBS 曲线，然后通过修改控制点的位置来改变 NURBS 曲线的形状。

步骤：（1）画出 NURBS 曲线

A．选择 Create\Spline 命令。

B．弹出新菜单，确保 Type 一项选为“N”。

C．点 Manual 项。

D．按图 8-43 变化趋势在屏幕上点击几处，画出如下一条曲线。

（2）修改 NURBS 曲线的控制点，改变曲线的形状。

A．选择 Modify\Cpts NURBS 命令。

B．出现提示 Select a NURBS spline or surface ，要你选择要编辑的 NURBS 曲线或 NURBS 曲面；点选刚画出的曲线。

C．此时结果如图 8-44 所示。

D．同时左下方会出现提示 Select a control point ，要你选择一个控制点，点选上图所示的 P1 点。

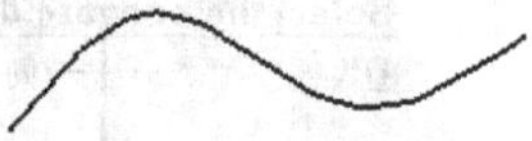

图 8-43 画出 NURBS 曲线

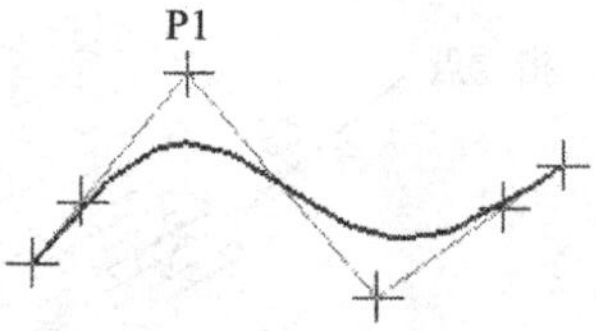


图 8-44 显示 NURBS 曲线的控制点

E．菜单变为图 8-45 所示。

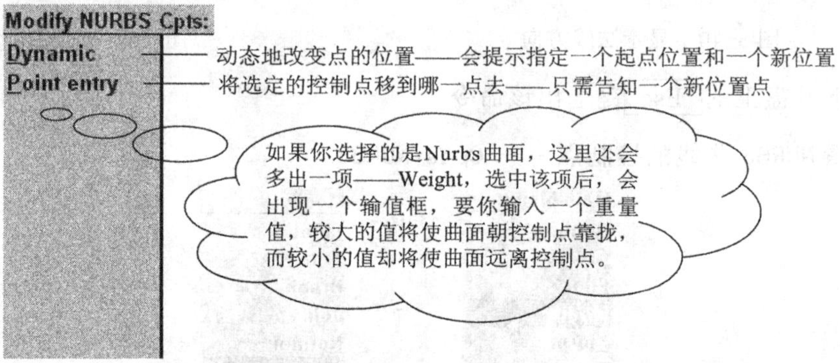


图 8-45 移动控制点的方式

你可以任选一种方法将 P1 点往下移（移到曲线的起点以下）；

（如果发现操作失误，不可以按下 Alt+U 键撤消，只能重新改变）；

移动后图形如图 8-46 所示。

F．控制点可能不会自动消失，可以点击图标对屏幕进行刷新，则新曲线生成，如图 8-47 所示。

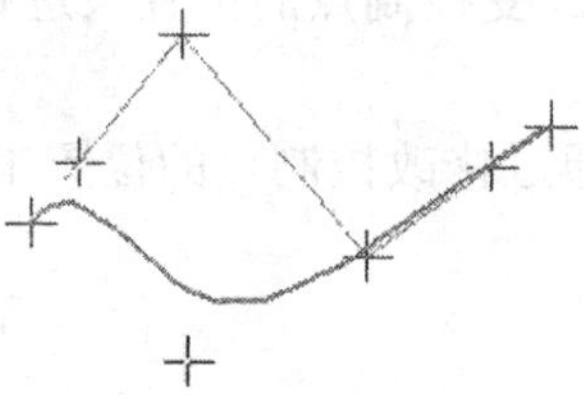

图 8-46 控制点移动后的曲线

图 8-47 刷新后的曲线

G．可以接着重复 D、E 两步的操作，再改变其它的控制点。

H．最后记得按下键盘上的 Esc 键退出该命令。

可以发现曲线形状已明显改变了。

### 8.2.7 转换为 NURBS 曲线 —— X to NURBS

可以将指定的直线、圆弧线（含圆）、参数式曲线转变为 NURBS 曲线，也可以将非 NURBS 曲面转变为 NURBS 曲面。

输入命令后，会出现提示 **Select line, arc, spline, or surface to convert to NURBS**，要你选择要转变的直线、弧、参数式曲线或曲面，选定后，按下菜单中的 Done 项即可达到目的。

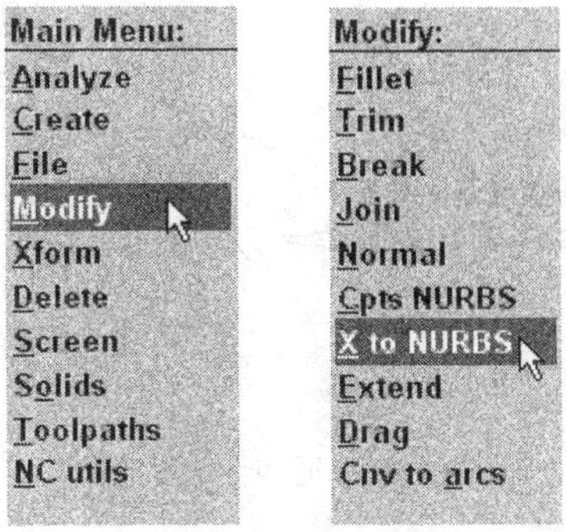


图 8-48　转换为 NURBS 曲线的命令位置

### 8.2.8　延伸 —— Extend

可以将选定的线条（直线、弧线、曲线均可）延伸一个给定的长度，如果是曲线，将沿端点的切线方向延伸，也就是说，延伸部分是直线；而如果是弧线，则会沿弧线延伸，也就是说，延伸部分将仍是弧线，而且与原弧线同心。

另外，曲面也能延伸。关于曲面的延伸，我们在曲面一章再学习，那时的命令在 Create\Surface\Trim/extend\Extend 下，可与该命令一模一样地延伸曲面。

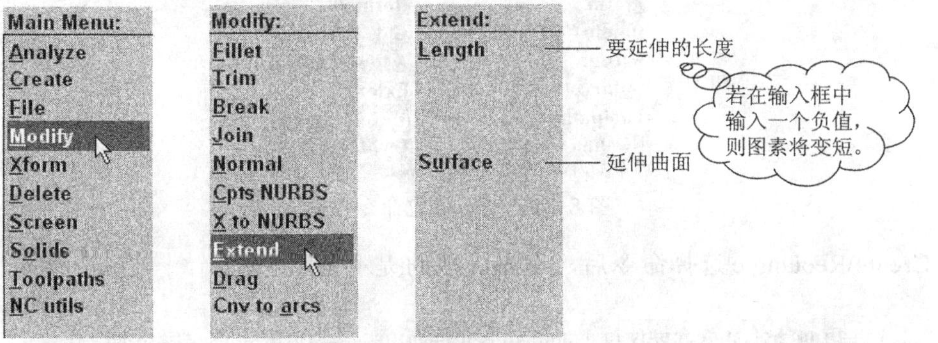


图 8-49　延伸命令的位置

命令的执行过程是：

A．输入 Modify\Extend 命令。

B．在出现的菜单中点击 Length 选项，以修改要延伸的长度，左下方的提示为。 **Enter the length to extend 20.**，在框中输入要延伸的长度值，然后回车。

C．出现提示 **Modify, Extend: Select a curve near the endpoint to extend**，要你选择要延伸的线条，注意要点击将要延伸的一边，以后就会往这个方向延伸。

D．达到要求后，按下键盘上的 Esc 键退出该命令。

图 8-50 显示了一条直线、一条弧线和一条曲线往右侧延伸 20mm 的效果，读者可自己试之。

**注意**：如果想使图素变短，则要在长度输入框中输入一个负值。

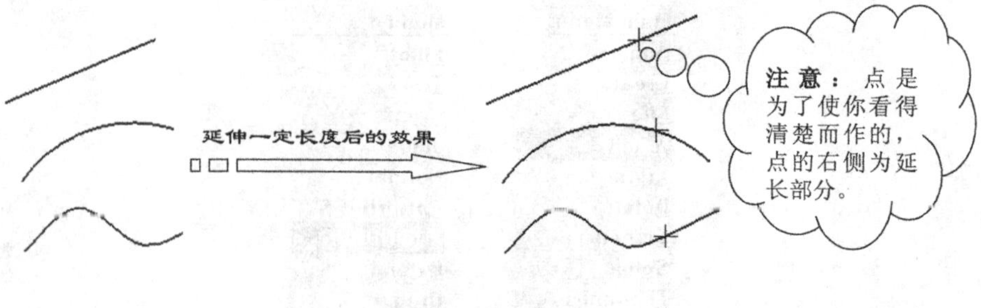


图 8-50 延伸图素的图例

### 8.2.9 动态移位 —— Drag

可以对选中的图素进行平移、旋转、拉伸（这个命令与如何选择图素有关），其实，主菜单中的 Xform 下也有平移、旋转、拉伸三个命令（后面即将介绍），也可以完成同样的工作，但它们更精确一些，而动态移位因为是“动态”的，所以移动位置可以任意选择，鼠标点到哪个地方，图素就移到哪个地方，因此更随意一些。

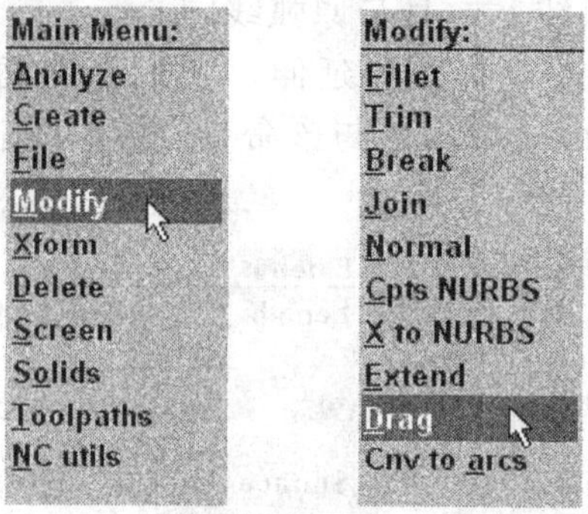


图 8-51 动态移位命令位置

按 Create\Rectangle 选择命令后，首先出现的提示见图 8-52。

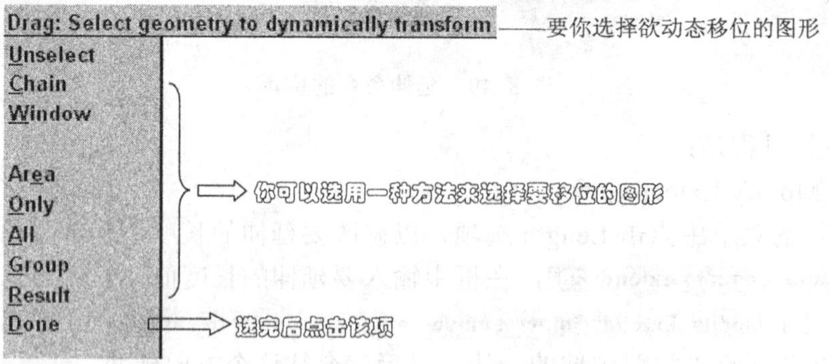


图 8-52 选择菜单

选完要移位的图形后，按 Done 项（有些可能要按两次，如用 Chain 的方法选择时），直到出现下面的对话框（图 8-53）。

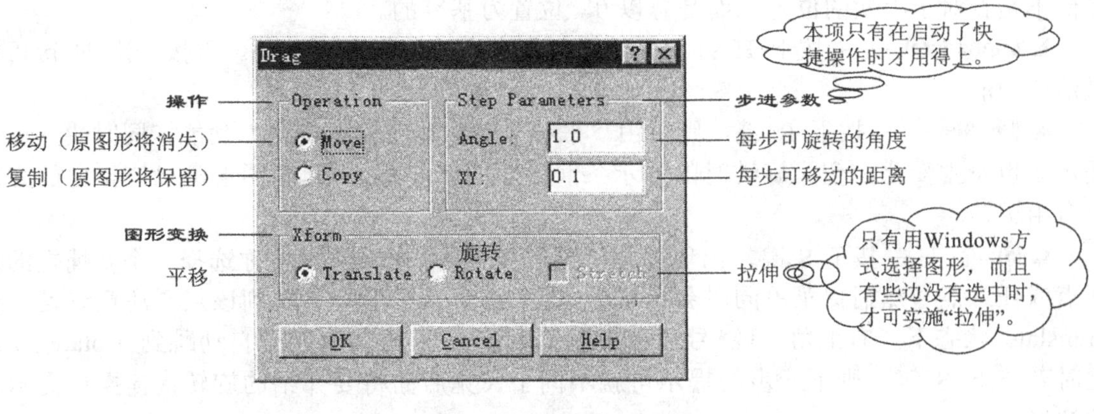


图 8-53　动态移位对话框

从对话框中可知：

◆能够对图形进行三种形式的变换 —— 平移、旋转、拉伸。

◆操作结果的处理有两种方式 —— 移动和复制。

移动 —— 将图形平移之后，原图消失，在新位置出现图形；

复制 —— 将图形平移之后，在新位置出现图形，但原图仍然保留。

◆步进参数 —— 这个项目开始可能不好理解，它的意思是：后面的操作将可能遇到采用快捷操作，到那时，如果选择的是转动，则每步可以转动一个固定的角度；如果选择的是移动，则每步可以移动一个固定的距离。而固定角度或固定距离到底是多少，就看你在该项目下面的框中输入的值是多少了。

选择好该对话框中的相应参数后，按 OK 按钮退出该对话框，则接着的提示是：

**Drag: Select the starting point** ——选择开始点

选择图形中的一点作为开始点，则屏幕左上方会出现如图 8-54 的提示。

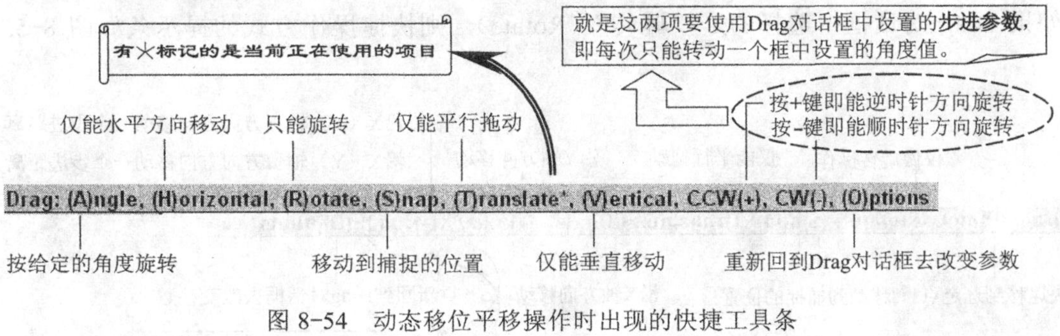


图 8-54　动态移位平移操作时出现的快捷工具条

这就是快捷操作方式的提示条，只要按下（）中的字符，就能进行所在项目的操作，各项目的操作目的已在图中介绍，读者可以逐项试验。不明之处，请看下面详细的解释：

▶ **(A)ngle** —— 按下 A 键，出现提示 **Drag: Enter the snap angle 30**，在框中输入一个角度值，则图形旋转到这个角度的位置，正值为逆时针方向旋转，负值为顺时针方向旋转，X 轴的正方向为 0° 方向，角度值不论改变多少次，均以此处为基准，也就是说，输入的角度值不是相对于上次的位置，而是总以 0° 位置为基准的。

▲ (H)orizontal —— 按下 H 键，则图形仅能在水平方向自由移动。再按一次 H 键可以撤消此功能。

▲ (R)otate —— 按下 R 键，则可由“平移”功能转变为“旋转”功能，同时快捷操作提示条也发生变化，变为旋转时的提示条（后面即将介绍）。此时图形可以绕指定的开始点自由旋转。

▲ (S)nap —— 按下 S 键，出现提示 Drag: Select the snap point，要你选择一个要捕捉的特征点或任意点（点捕捉菜单同时会出现），选中点后，图形即移动到该点。注意看是否在 Translate 状态下（右上角出现*号表示正在使用该项），因为有时会自动跳到 Rotate 项，这时若按下 S 键，则下一步的提示可就不同了（见后面将要介绍的旋转快捷操作提示条的解释）。

▲ (T)ranslate* —— 按下 T 键，可以由“旋转”操作变为“平移”操作，此时该项的右上角会出现一个*号，在没有选中其它项目（如 Horizontal 或 Vertical 等）的情况下，图形可随光标的移动而移动到新位置。

▲ (V)ertical —— 按下 V 键，则图形仅能在垂直方向自由移动。再按一次 V 键可以撤消此功能。

▲ CCW(+) —— 尽管是在平移状态（Translate 项被选中），但若按下键盘上的+号键，图形便可以绕光标所在位置**逆**时针旋转，只是不能自由旋转，而是每按一次+键，便逆时针旋转一个固定的角度，而这个固定的角度值，是在 Darg 对话框中设定的。

▲ CW(-) —— 尽管是在平移状态（Translate 项被选中），但若按下键盘上的−号键，图形便可以绕光标所在位置**顺**时针旋转，只是不能自由旋转，而是每按一次-键，便顺时针旋转一个固定的角度，而这个固定的角度值，是在 Darg 对话框中设定的。

▲ (O)ptions —— 按下键盘上的 O 键（是字母 O，不是数字 0），则打开 Drag 对话框，可对其中的项目进行修改。

其实以上快捷操作方式只是 Drag 对话框中选择“平移”（Translate）后才出现的结果，而如果 Drag 对话框中选择的是“旋转”（Rotate），则快捷操作方式的提示条如图 8-55 所示。

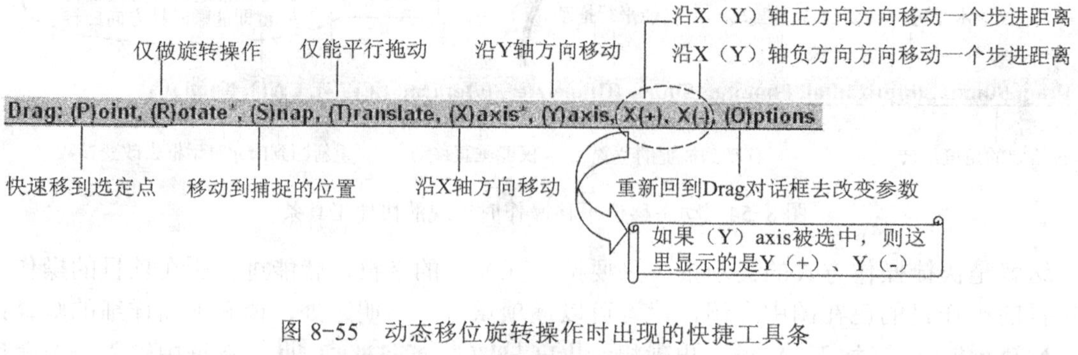


图 8-55　动态移位旋转操作时出现的快捷工具条

对其中各项的详细解释如下：

▲ (P)oint —— 按下 P 键，图形可以快速地移动到指定的点（会出现点捕捉菜单）。

▲(R)otate* —— 按下 R 键，则可由“平移”功能转变为“旋转”功能。此时图形可以绕指定的开始点自由旋转。

▲(S)nap —— 按下 S 键，出现提示 Drag: Enter the snap angle 23.962482961，要你输入一个角度值，输入后回车，图形即自动旋转到该角度方位。注意看是否在 Rotate 状态下（右上角出现*号表示正在使用该项），因为有时会自动跳到 Translate 项，这时若按下 S 键，则下一步的提示可就不同了（前面已作介绍）。正角度值表示逆时针旋转，负角度值表示顺时针旋转。

▲(T)ranslate —— 按下 T 键，可以由“旋转”操作变为“平移”操作，此时该项的右上角会出现一个*号，在没有选中其它项目（如 Horizontal 或 Vertical 等）的情况下，图形可随光标的移动而移动到新位置。

▲(X)axis* —— 按下 X 键，再配合 X(+), X(-) 两项，便能使图形沿 X 轴方向移动，按下+键，则沿 X 轴正方向移动，按下−键，则沿 X 轴负方向移动。注意，只是图形上前面选中的开始点会沿 X 轴移动，其它部分则可能既移动又旋转，而且，并不是能自由移动，而是每按一次+或−键，便能沿 X 轴的正方向或负方向移动一个固定的值，而这个固定的值是在 Darg 对话框中设定的。

▲(Y)axis—— 按下 Y 键，则其右侧的两项会由 X(+), X(-) 变为 Y(+), Y(-)，这三个项目配合使用，可以使图形沿 Y 轴方向移动，按下+键，则沿 Y 轴正方向移动，按下−键，则沿 Y 轴负方向移动。注意，只是图形上前面选中的开始点会沿 Y 轴移动，其它部分则可能既移动又旋转，而且，并不是能自由移动，而是每按一次+或−键，便能沿 X 轴的正方向或负方向移动一个固定的值，而这个固定的值是在 Darg 对话框中设定的。

▲X(+), X(-) 或 Y(+), Y(-) —— 与它前面的 (X)axis* 或 (Y)axis 配合使用，确定移动的方向。

▲(O)ptions —— 按下键盘上的 O 键（是字母 O，不是数字 0），则打开 Drag 对话框，可对其中的项目进行修改。

如果能够选择“拉伸”（Stretch）时，操作过程中也会出现快捷操作方式的提示条：

Drag: (P)oint, (R)otate*, (S)nap, str(E)tch*, (T)ranslate, (X)axis*, (Y)axis, X(+), X(-), (O)ptions

其中各项的意义与前相同，不再赘述，注意 Translate 和 Rotate 两者只能取一，如果不选中 Stretch 项，则会回到前两个快捷提示条之中的一个去，这要看你这时选择的是 Translate 项，还是 Rotate 项。

与 MasterCAM8.0 相比，Modify 菜单中的 Drag 命令功能大为加强，而且操作方式做得非常活，读者要多多练习、细心体会才能掌握。

**【实例 8-19】**绘制一个矩形，然后进行动态移位中的三种处理。

操作步骤：

（1）绘制一个矩形

A．选择 Create\Rectangle 命令。

B．选择菜单中的 2 points 项。

C．在屏幕上点击两处（将是矩形的对角线的两点）。

D．得到如图 8-56 所示的矩形。

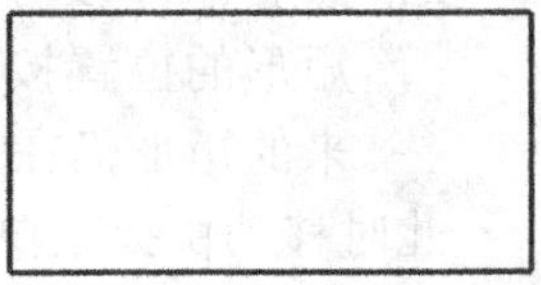

图 8-56　绘制出矩形

（2）进行动态平移

A．选择 Modify\Drag 命令；

B．出现提示 Drag: Select geometry to dynamically transform，要你选择欲动态移位的图形；先点菜单中的“Chain”项，再点击矩形上的任一条边线（用 Chain 项可自动将矩形的四条边一次选中），点菜单中的 Done 项，再点新出现菜单中的 Done 项，则图形选择完毕。

C．出现对话框，如图 8-57 所示。

使 Copy 和 Translate 两项选中（有点则为选中），然后按 OK 按钮。

D．提示 Drag: Select the starting point，要你选择一个开始点，选择矩形的一个角点；

E．然后可移动光标，在准备放置新矩形的位置按下鼠标左键，则在该位置出现一个与原矩形一样的新矩形（图 8-58），同时原来的矩形仍在（因为选择了 Copy 项）。

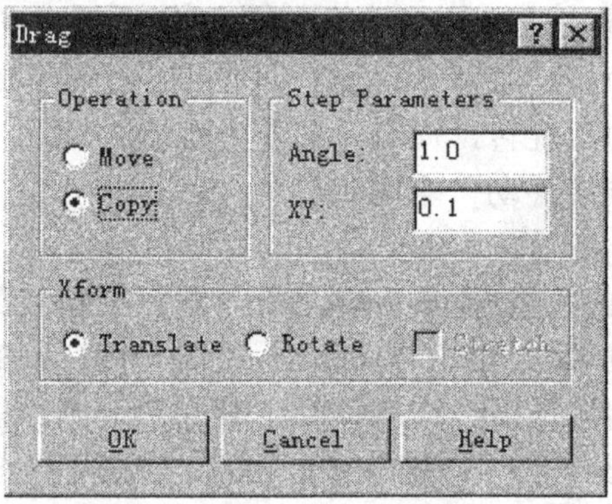


图 8-57 动态平移参数设置

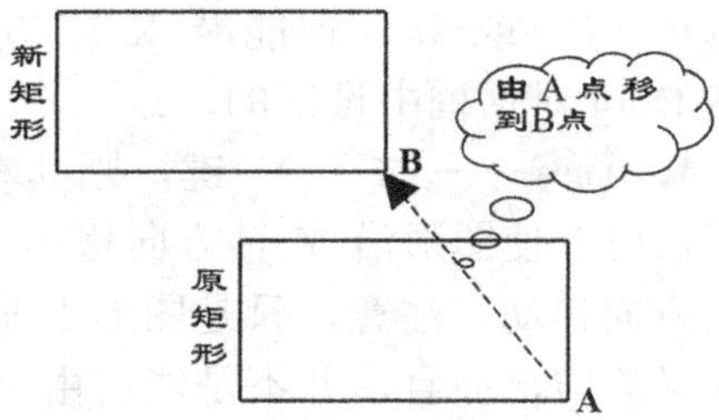


图 8-58 移位结果

此时移动快捷菜单同时出现在屏幕的上方，你可以按照前面的解释试一试各个项目的功能，相信你很快就能领悟。

F．操作完成后，按下键盘上的 Esc 键退出该命令。

（3）进行动态旋转

A．再次选择 Modify\Drag，进入动态移位命令；

B．出现提示 Drag: Select geometry to dynamically transform，要你选择欲动态移位的图形，先点菜单中的“Chain”项，再点击矩形上的任一条边线（用 Chain 项可自动将矩形的四条边一次选中），点菜单中的 Done 项，再点新出现菜单中的 Done 项，则图形选择完毕。

C．出现对话框，如图 8-59 所示。

使 Copy 和 Rotate 两项选中（有点则为选中），然后按 OK 按钮；

D．提示 Drag: Select the starting point，要你选择一个开始点，选择矩形的一个角点；

E．然后你可移动光标，会发现一个矩形随光标的移动而不断转动，在你准备放置新矩形的位置按下鼠标左键，则在该位置出现一个与原矩形一样的新矩形，同时原来的矩形仍在（因为选择了 Copy 项），如图 8-60 所示。

此时移动快捷菜单同时出现在屏幕的上方，你可以按照前面的解释试一试各个项目的功能。

F．操作完成后，按下键盘上的 Esc 键退出该命令。

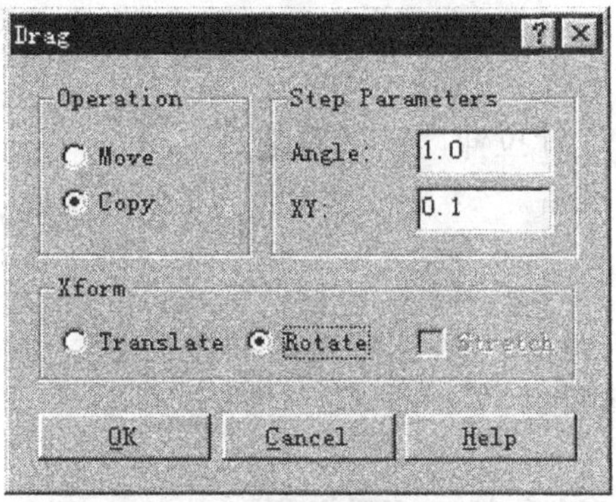


图 8-59　动态旋转参数设置

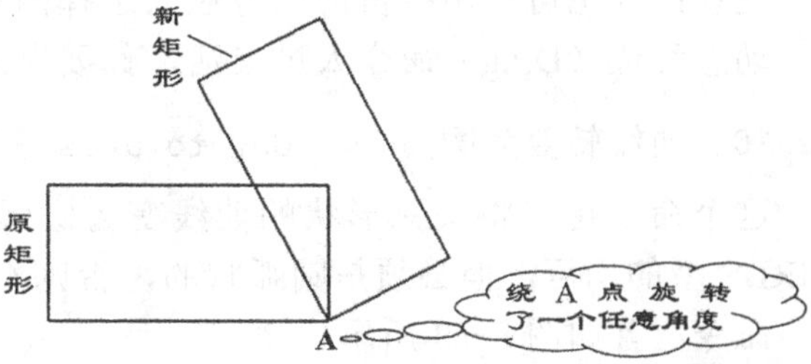


图 8-60　动态旋转结果

（4）进行动态拉伸

A. 先删除前面平移和旋转生成的新矩形，只留下最开始绘制的矩形；

B. 再次选择 Modify\Drag，进入动态移位命令；

C. 出现提示 Drag: Select geometry to dynamically transform，要你选择欲动态移位的图形，这次不再用 Chain 的方法，而是用 Window（窗口）的方法，先点击菜单中的 “Windows” 项，在下一级菜单中，“In+intr” 项右侧应出现 “+” 号，表示被选中，意味着以后包含在窗口中的和被窗口边线相交到的线均会被选中；

D. 按图 8-61 所示意从 A 点向 B 点拉出一个窗口。

则除了 L1 线未被选中外，其余三条线均被选中（会以不同颜色显示）。

E. 按下此时出现的菜单中的 Done 项，接着出现如下对话框：

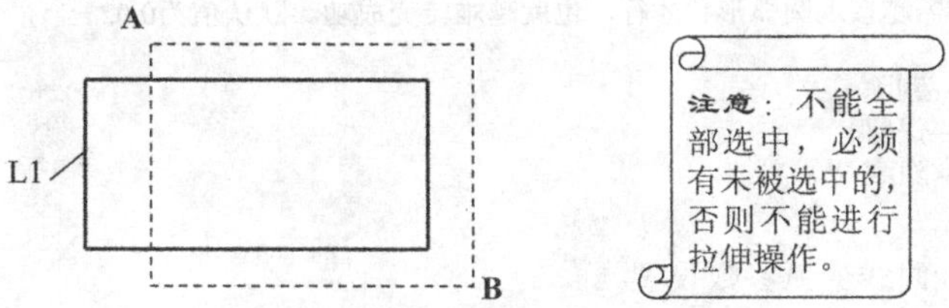


图 8-61　选择要拉伸的图素

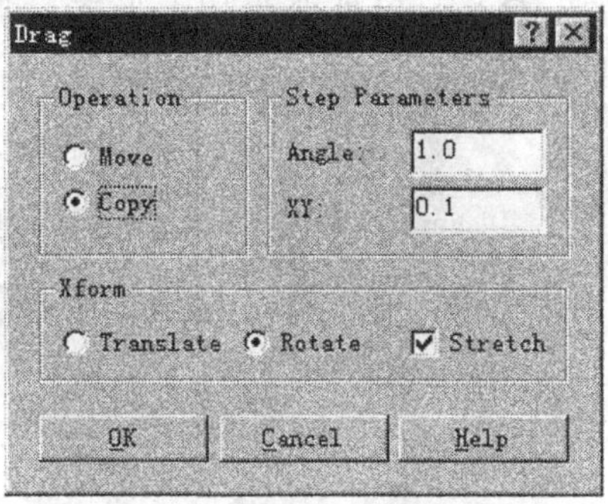


图 8-62　动态拉伸参数设置

可以发现 Stretch 项被自动选中，表示能够进行拉伸。

F. 按下对话框中的 OK 按钮。

G. 提示 Drag: Select the starting point，要你选择一个开始点，选择矩形的右下角点。

H. 于是，移动鼠标，你可以发现矩形在发生形状的变化（选中 Copy 项的话，原矩形是保留和不变化的，而新图形发生变形）；

同时，快捷操作提示条也出现在屏幕上方，你可以一一试验；

因可以发生的变化实在太多，在此不便举例，请你自由试验。

一个矩形可以因为拉伸而“折磨”得奇形怪状。

I．当新图形满意时，按下鼠标左键以示确定。

J．操作完成后，按下键盘上的 Esc 键退出该命令。

**注意**：你也可以用拉窗口的方法只选择两条线进行拉伸，试试看吧！

动态移位（Drag）命令太过灵活，你要有思想准备。

### 8.2.10　曲线转变为圆弧——Cnv to arcs

这个命令可以将圆弧形状的曲线变为圆弧线。注意，所能转变的曲线为参数型的或NURBS 型的均可，但必须是圆弧状的，否则不能转变。

命令位置如图 8-63 所示。

记得 Modify 下有一个 X to NURBS 项吗？它可以将直线、圆弧线等转变为 NURBS 曲线，如果某条圆弧线用它转变成了 NURBS 曲线，则用 Cnv to arcs 命令当然又可以将它变为圆弧，因为这条 NURBS 曲线一定是圆弧形状的。

在 Modify\Break 下有一个 Spl to arcs 命令，也可以将曲线变为弧线，但是是将曲线变为很多短圆弧线串起来的线条，而本命令则是将曲线变成一条完整的圆弧，所以曲线必须非常接近圆弧形状才行，请特别注意这一点。

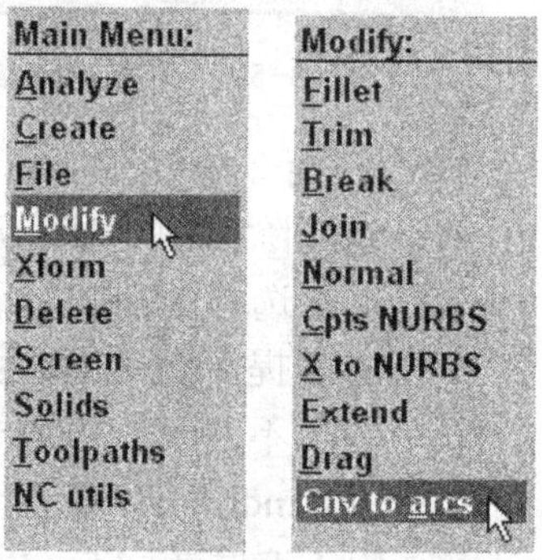


图 8-63　曲线变圆弧命令位置

该命令的执行过程也很直观，步骤如下：

A．选择 Modify\Cnv to arcs 命令。

B．提示 Select splines，要你选择需要进行转变的曲线。

C．选定曲线后，按下菜单中的 Done 项。

D．菜单处变为如下形式，见图 8-64。

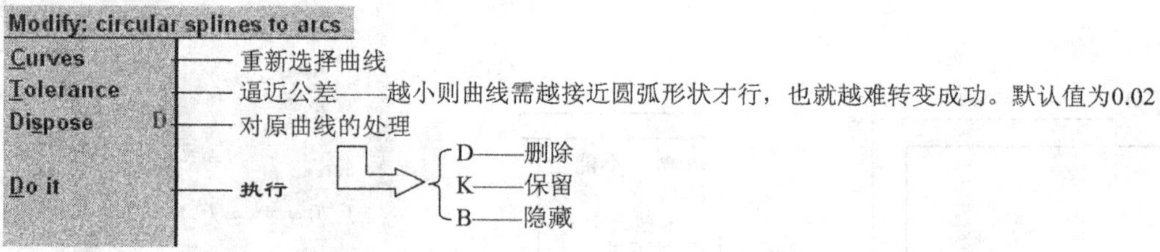


图 8-64　曲线变弧参数设置

注意 Tolerance 项，转变成功与否与它的取值有关系，值越大越容易成功，但弧也越"不成样子"。

E．选择好相应的项目中的值或选项后，按 Do it 项。

F．如果左下角出现如下提示，则表示转变不成功。

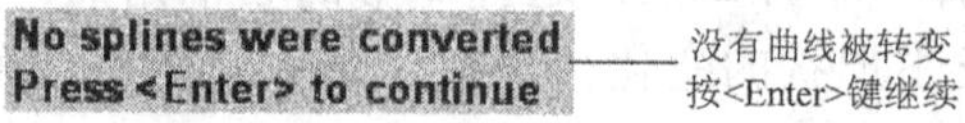


如果出现如下提示，则表示转变成功：

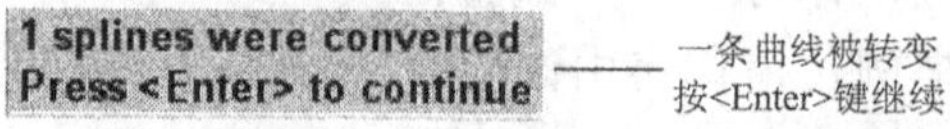


G．最后记得按下键盘上的 Esc 键，以退出该命令。

至此，编辑菜单中的各命令介绍完毕。

## 8.3　转换图素

### 8.3.1　镜像 ——Mirror

可以将选定的图素沿某条直线对称地复制一个，这条直线称为镜像线，可以是已绘制好的直线，也可以用鼠标选定两点来“虚拟”这条并未存在的直线，还可以定义 X 轴或 Y 轴作为镜像线。

**【实例 8-20】**绘制一个矩形，然后进行镜像操作。

步骤：A．在屏幕上随意绘制一个矩形，然后再绘制一条任意直线，如图 8-65 所示。

B．选择 Xform\Mirror 命令。

C．左上方出现提示：Mirror: select entities to mirror，要你选择要镜像的图素，在菜单中选用 Window 方式，然后拉出窗口来选择整个矩形。

D．选好图形后，按下菜单中的 Done 项。

E．菜单变为如下形式（图 8-66）。

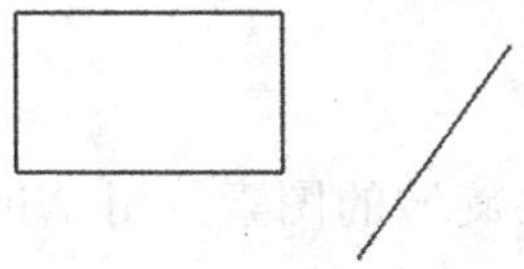

图 8-65　镜像操作用图

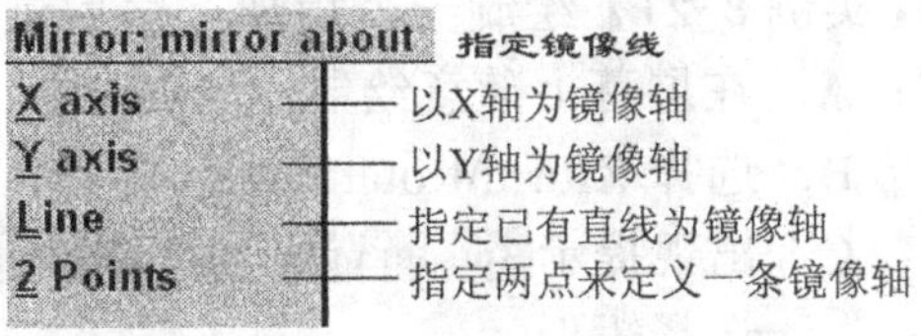


图 8-66　镜像命令选项

本例选择“Line”方式进行镜像，用鼠标点击 Line 项。

F．左下角出现提示 Mirror: Select line about which to mirror，要你选择用作镜像线的直线，用鼠标点击绘制的直线；

G．出现对话框，如图 8-67 所示。

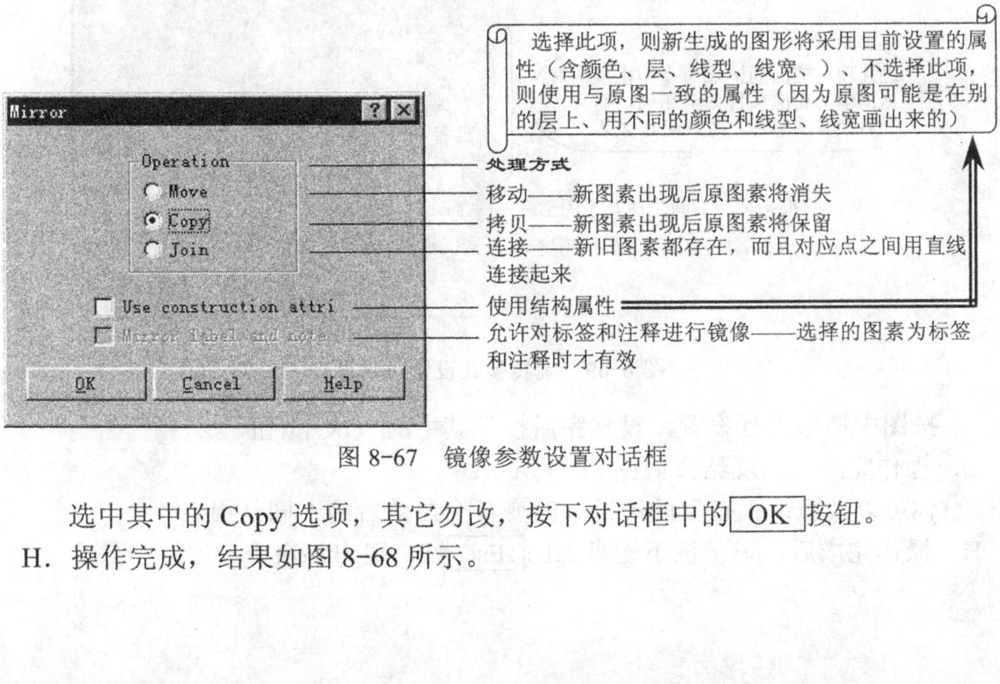


图 8-67　镜像参数设置对话框

选中其中的 Copy 选项，其它勿改，按下对话框中的 OK 按钮。

H．操作完成，结果如图 8-68 所示。

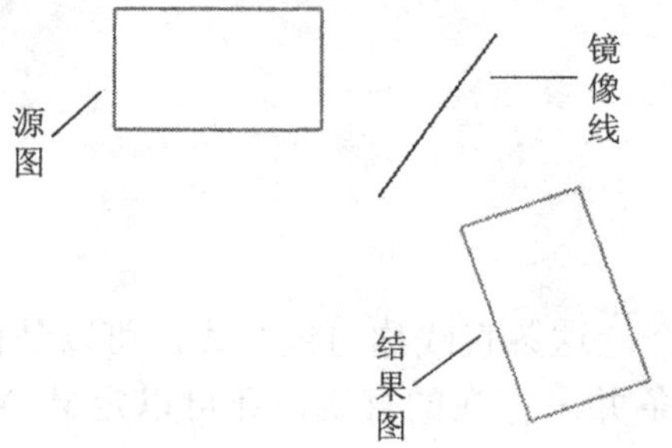


**告诉你**

从这个命令开始，以后有多个命令的执行结果都可能出现这么一种情况：操作结束后，新生成的图形为玫瑰红色，而原来的图形变为红色。我们将原图形称为“源”，而把新生成的图形称为“结果（Result）”，两者用不同的颜色区分。这种颜色是暂时的，再执行别的命令后会自动恢复为本色（即系统设定的颜色），如果你迫不及待地想要清除这种颜色，可以点击图标

图 8-68　镜像操作结果

I．按下键盘上的 Esc 键，退出该命令。

### 8.3.2　旋转 —— Rotate

该命令可对选定的图素按给定的角度进行旋转。

**【实例 8-21】**绘制一个矩形，然后进行旋转操作。

步骤：A．在屏幕上随意绘制一个矩形。

B．选择 Xform\Rotate 命令。

C．出现提示 Rotate: select entities to rotate，要你选择要旋转的图素，用 Window 方式选择矩形。

D．按下菜单中的 Done 项。

E．左下角的提示为： Enter the point to rotate about，要你指定绕哪一点旋转，用鼠标捕捉矩形的右下角点。

F．立即会弹出对话框：（见图 8-69）。

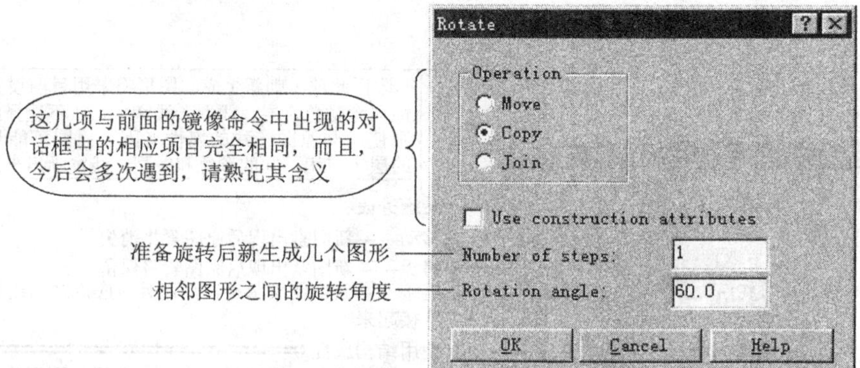


图 8-69　旋转参数设置对话框

按图中情形进行设置，设置完后按下其中的 OK 按钮。

G．操作完成，出现结果如图 8-70 所示。

你可以大胆地、有目的地试验改变各个参数后的不同结果。

H．操作完成后，记得按下键盘上的 Esc 键，退出该命令。

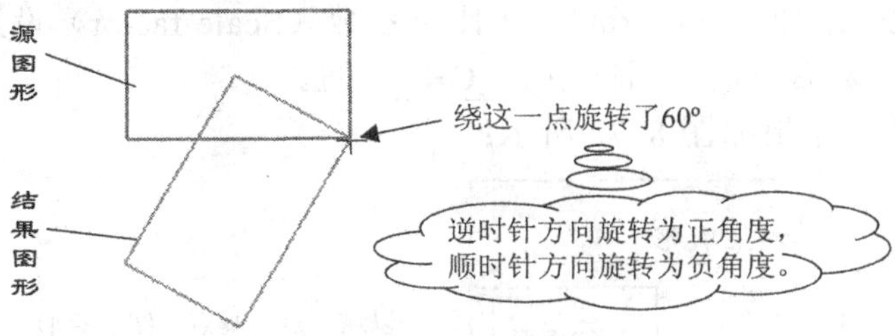


图 8-70 旋转图形

### 8.3.3 按比例缩放 —— Scale

该命令可以将图形按给定的比例进行缩放，而且，各方向（指 X、Y、Z 轴方向）的比例可以不一样（这时图形的形态会发生变化）。

【实例 8-22】绘制一个矩形，然后进行按比例缩放操作。

步骤：A、在屏幕上随意绘制一个矩形、

B．选择 Xform\Scale 命令、

C．左上角出现提示 **Scale: select entities to scale**，要你选择需要缩放的图素，采用 Window 的方式选择矩形。

D．按下菜单中的 Done 项。

E．左下角出现提示 **Enter the point to scale about**，要你指定缩放的基点（以后图形将以这点为基础进行缩放），用鼠标捕捉矩形的右下角点。

F．出现如下对话框（见图 8-71），仅对前面未遇到的几个项目做了注释，其余项目同前。

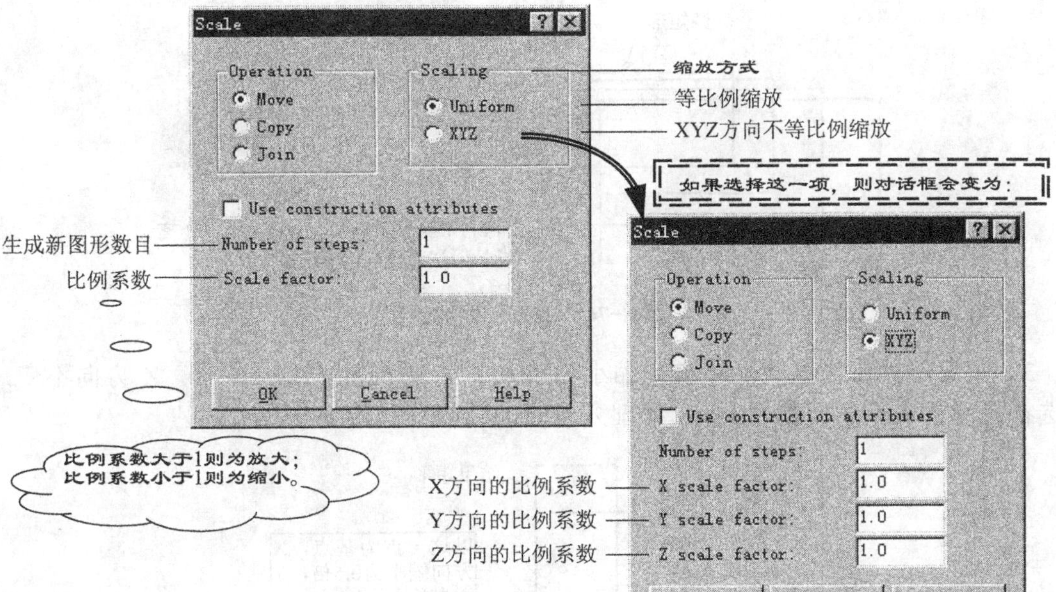


图 8-71 比例缩放对话框

选择等比例缩放（Uniform），将比例系数（Scale factor）设为 2，将处理方式设为 Copy，然后点击对话框中的 OK 按钮。

G．操作完成，结果如图 8-72 所示：

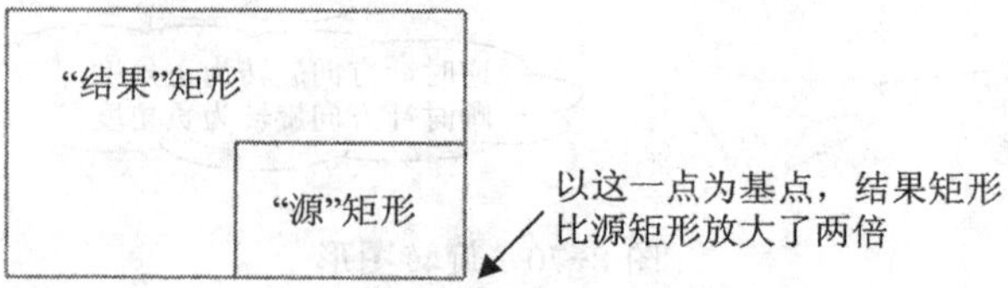


图 8-72 等比例缩放图形

你可以大胆地、有目的地试验改变各个参数后的不同结果。

H．操作完成后，记得按下键盘上的 Esc 键，退出该命令。

【不同设置后的结果欣赏】：

1）基点位置不同时（8-73）

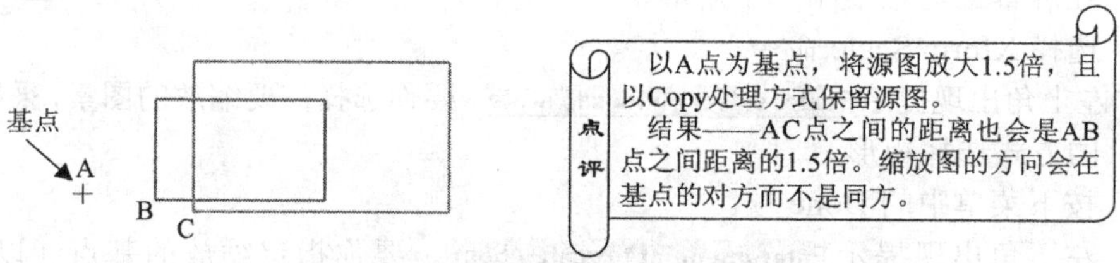


图 8-73 基点位置不同时的缩放结果

2）采用等比例缩放，数目选择为 3，处理方式选为 Copy，基点选择在右上角以外某点时（如图 8-74）：

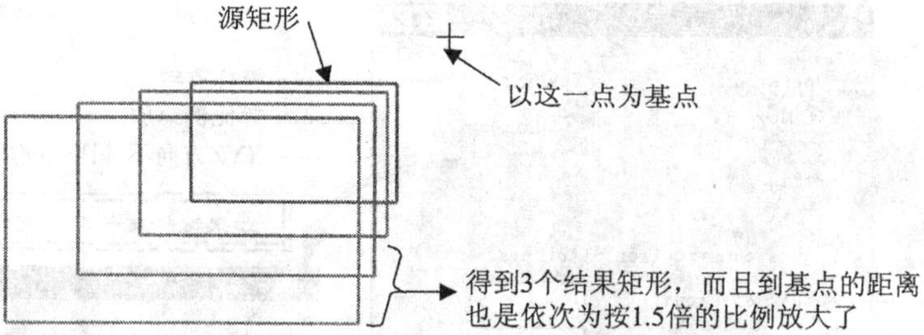


图 8-74 多数目缩放结果

3）采用不等比例缩放，X 方向缩小为 50%，Y 方向放大为 1.5 倍，Z 方向不变，基点选在矩形的右下角，采用 Copy 处理方式时的结果（如图 8-75）：

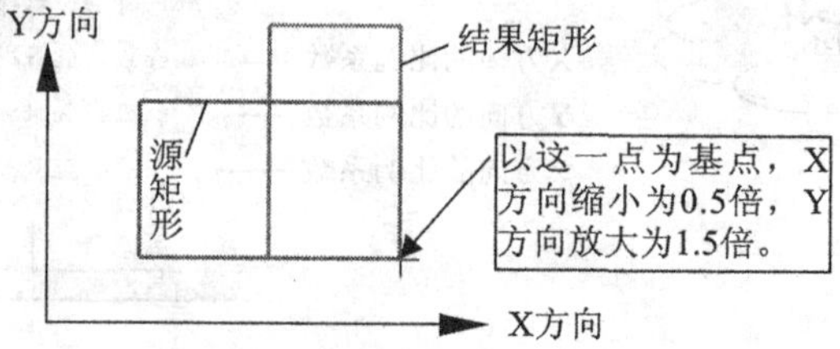


图 8-75 不等比例缩放的结果

### 8.3.4　压扁 —— Squash

压扁（Squash）在 MasterCAM8.0 版中还是一个 C-hook 程序（用 C 语言编写的附加程序，与绘齿轮、函数绘图一样），但在 9.0 版中，将它提取出来，放在 Xform 菜单内，成了一个正式的命令。这个命令可以将图素投影到一个指定的平面。

下面通过实际例子来说明这个命令的功能：

**【实例 8-23】**对二维图素进行压扁操作。

步骤：

A．将构图平面设为 Top，Z 轴深度设为 0（这两项为默认设置，你只要不改动就可以了），然后画出下面所示的三个图素（一个是任意曲线、一个是一段直线、一个是一段弧线（图 8-76），我是希望通过这个例子告诉你，曲线、直线和弧线都是可以压扁的）。

图 8-76　要压扁操作的图素

B．不改变构图平面，然后选择 Xform\Squash 命令。

C．提示为 Squash: Select entities to project，要你选择要压扁的图素。

D．选择刚画出的三条线后，点菜单中的 Done 项。

E．出现对话框，（图 8-77）只有作了注释的一项是新的，其它各项同前。

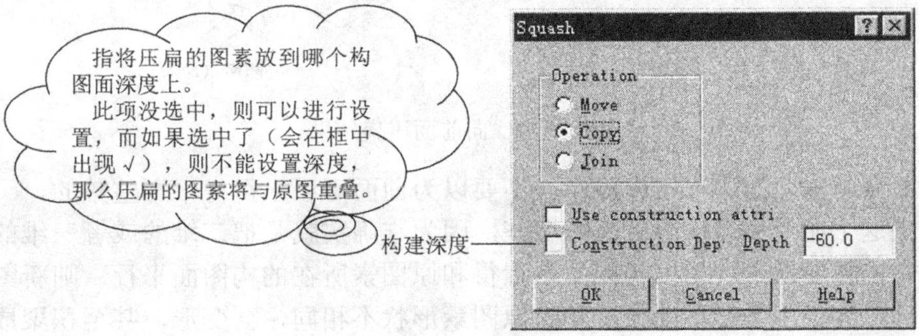


图 8-77　压扁操作参数设置对话框

F．在构建深度框中设置一个深度（如图中的-60），然后按下对话框中的 OK 按钮。

G．这时出现的结果如图 8-78 所示。

可见，相当于将图形平行投影到了它的下方 Z=-60 处，图形完全保持原来形状。

**注意：**B 步时如果将构图面改为了 Front（前面），以后的各步完全不变，则结果如图 8-79 所示。

可见，操作的结果是将本处于水平面上的图形投影到了垂直面上，则原本弯曲的线就积聚（这是机械制图中的名词）成了直线。

到此，你应该对压扁的目的有了一点认识了 —— 它可以将选定的图形投影到设定的构图面（操作前就要改变好构图面）上指定的深度处（深度是在操作过程中输入的）。

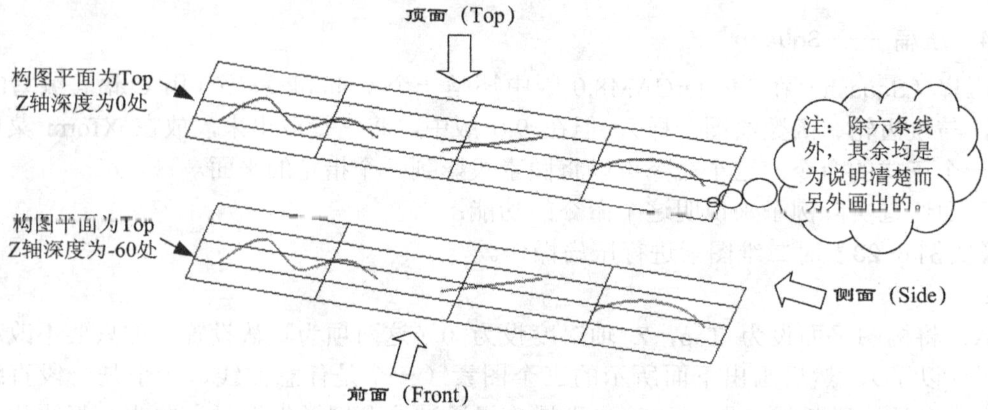


图 8-78　向顶面压扁结果

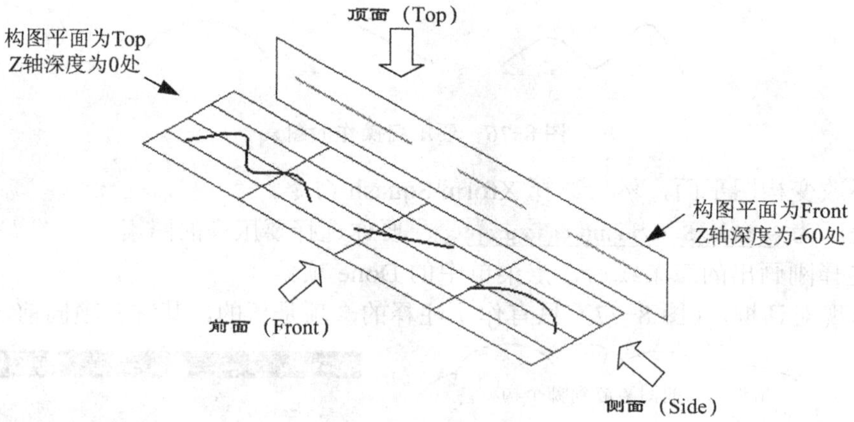


图 8-79　向前面压扁结果

这个命令不能曲面进行压扁操作，不要以为曲面可以压得得平平整整的。

实际上这个命令称为投影更为贴切些，因为它确实就是把二维的或者三维的图素投影到预先设定的构图面上。如果构图面设置得和原图素所在的构图面平行，则新图素与原图素形状相同，如果不平行，则新图素与原图素形状不相同，会变形，甚至积聚成一条直线或一个点，只要学过机械制图，对这个问题是很容易搞清楚的。

### 8.3.5　平移 —— Translate

平移命令是一个很常用的命令，选定的图素经过平移，可以得到一个或多个与原图素平行的相同形状和大小的新图素。

**【实例 8-24】**绘制一个矩形，然后对它进行平移操作。

步骤：

A．随意绘制一个矩形。

B．选择 Xform\Translate 命令。

C．出现提示：Translate: select entities to translate，要选择须平移的图素，点 Chain 项，再点击矩形上任一线，则矩形被全部选中，按下菜单中的 Done 项。

D. 再点击新出现菜单中的 Done 项（因为可以再选其它图素进行平移，但此例不再需要选择了，所以按 Done 跳过此步）。

E. 提示菜单变为图 8-80 所示。

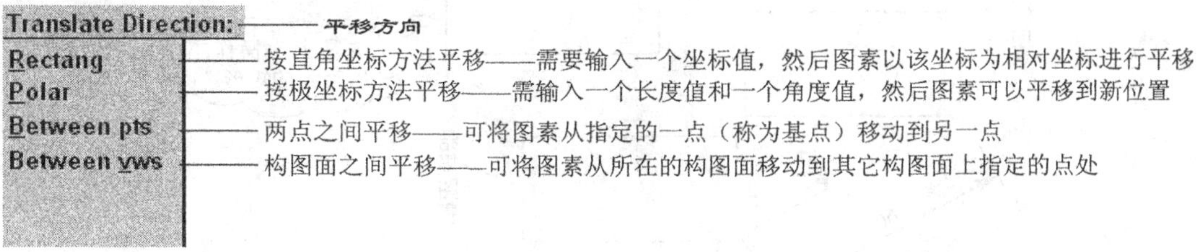


图 8-80　平移方式菜单

你可以选择一种方法对图素进行平移，我们先试一试前面的三种方法。

F. 选择 Rectang 项，则左下方出现提示及参数输入框：

Enter the translation vector: 70, 15

在框中输入要平移的相对坐标值（Vector 是矢量、向量的意思，即该坐标值将决定图素移动的方向），然后回车。

G. 出现对话框，见图 8-81。

这个对话框中的内容我们已经多次学习过了，不再解释，将操作方式设为 Copy，将数目设为 1（如图），然后按下 OK 按钮。

H. 出现结果，见图 8-82。

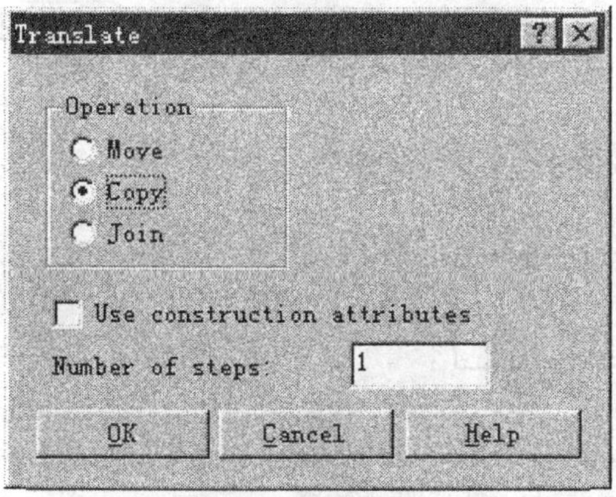


图 8-81　平移参数设置对话框

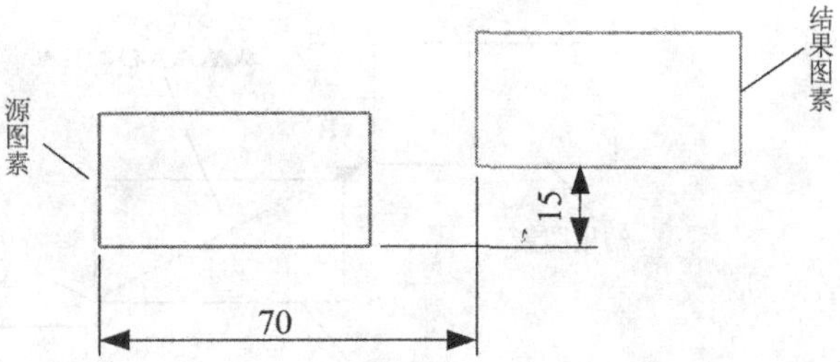


图 8-82　平移图形结果

I. 此时，命令仍自动重复执行，又回到选择平移的图素的提示（即步骤 C，如果不小心错过或者操作失误了，再从选择 Xform\Translate 命令开始当然绝无问题），此时重复步骤 C、D，再选中最开始画出的矩形。

J. 在出现的提示菜单中选择 Polar 项。

K. 出现提示：Enter the translation distance 60，在输入框中输入需要移动的距离，填入 60，然后回车。

L. 新的提示为：Enter the translation angle -30，在输入框中输入要偏转的角度，填入-30，然后回车。

M. 在出现的对话框中仍将操作方式设为 Copy，将数目设为 1（其实，会自动记录上一次操作所设置的值，因完全一样，所以不必改动），然后按下 OK 按钮。

N．出现结果，如图 8-83 所示。

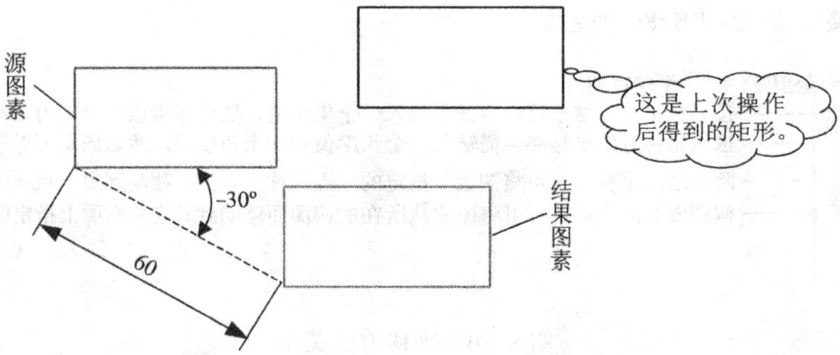


图 8-83　极坐标方式确定平移位置

O．再次选择第一次画出的矩形（准备用 Between pts 方式平移），选完后按下 Done 项。

P．选中新出现菜单中的 Between pts 项。

Q．左下角出现提示：Enter the point to translate from，要你选择一个移动的基点（以后矩形将随着这个基点移动到新位置），点击第一次画出的矩形的右下角点。

R．新的提示是 Enter the point to translate to，要你选择移动到何处（注意只要鼠标一动，这个提示就消失了，接着动态显示鼠标移动的位置），在矩形的左上方某处点击一下。

S．出现对话框，确认操作方式是否设为 Copy，数目是否设为 1，然后按下 OK 按钮。

T．最终结果如图 8-84 所示。

图 8-84　平移操作最终结果

U．最后，按下键盘上的 Esc 键退出平移命令。

下面用一个实例来介绍如何实现图素在不同的构图面之间移动：

**【实例 8-25】**先绘制一个长方体，然后在其顶面正中间画一个圆，再将此圆复制一个到长方体的前平面上。

步骤：

（1）画出长方体

A．用 Create\Rectangle 命令画出一个矩形，长 100，宽 70，中心放在原点（Origin 点），

注意，构图平面 Cplane 应是 T，Z 轴深度应为 0，这是 MasterCAM 的初始设置。

B．按下左侧 Z: 0.000 处，出现提示：Select point for new construction depth，要你指定新的构图深度，直接按键盘输入-60，提示处自动变为：Enter coordinates: -60，输入后回车。

C．此时画矩形的命令仍在继续，没有中止，所以只需再点 Origin 项，又可在原点处画一个一模一样的矩形，只是这个矩形在上一个矩形的下方，距离为 60。

**注意**：如果不小心中止了绘矩形的命令，则再从头用 Create\Rectangle 命令绘制矩形即可。

D．点击上方的图标（注意是靠左边绿色的那个），进入三维观察状态，此时屏幕上状况如图 8-85 所示。

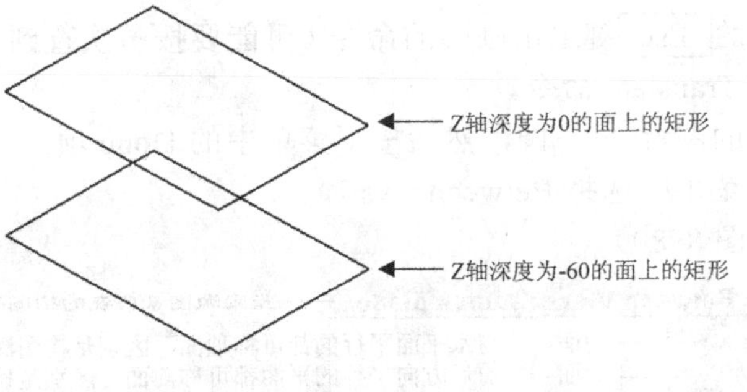


图 8-85 将视角改为轴测方向后的图形

E．按下图标（这次是靠右边一些的那个蓝色的图标），将构图面改为 3D 状态（此时次菜单上的 Cplane 项应会自动改为 Cplane: 3D ），以便进行下面的连线工作。

F．按下键盘上的 Esc 键退出画矩形的命令。

G．选择 Create \ Line \Endpoints 命令，进入两点连线状态，将两个矩形的对应点全部连接起来，结果如图 8-86 所示。

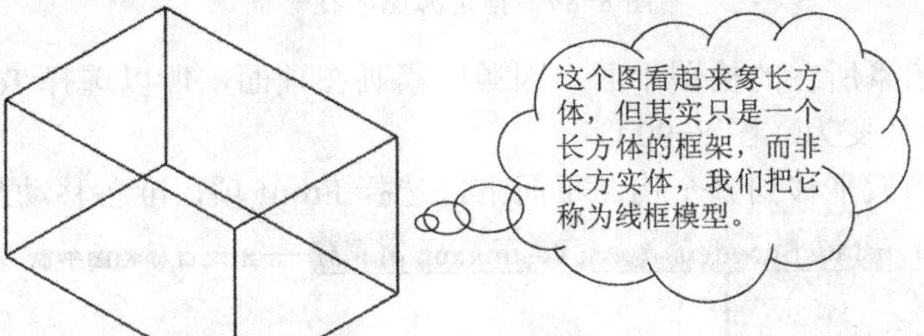


图 8-86 构图平面改为 3D 状态后创建直线

（2）作平移图形的准备工作

A．再继续画出图 8-87 所示的两条对角线。

B．按下键盘上的 Esc 键退出画直线的命令。

C．选择 Create\Arc\Circ pt+rad 命令，画出一个半径是 15mm，圆心在顶面上对角线中点的圆，如图 8-88 所示。

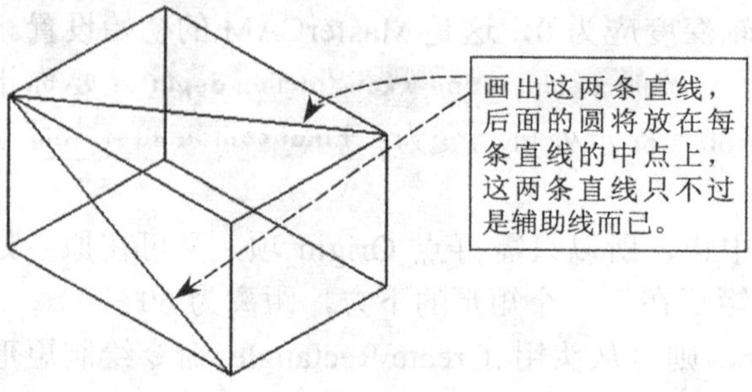


图 8-87　连接对角线

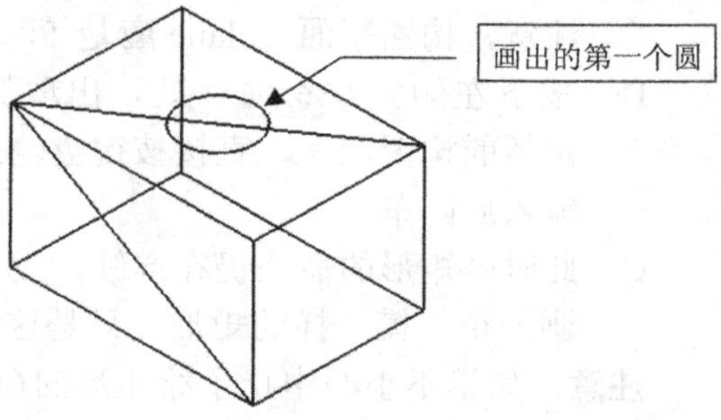


图 8-88　在顶面上画圆

（3）下面的工作是将这个圆复制到长方体的前平面，圆心放在前平面上已画出的中心线的中点：

A．按下键盘上的 Esc 键退出画圆的命令（可能要按多次直到出现第一级菜单为止）。

B．选择 Xform\Translate 命令。

C．选择要平移的图素 —— 圆，然后按下菜单中的 Done 项。

D．在出现的新菜单中选择 Between vws 项。

E．菜单变为（图 8-89）。

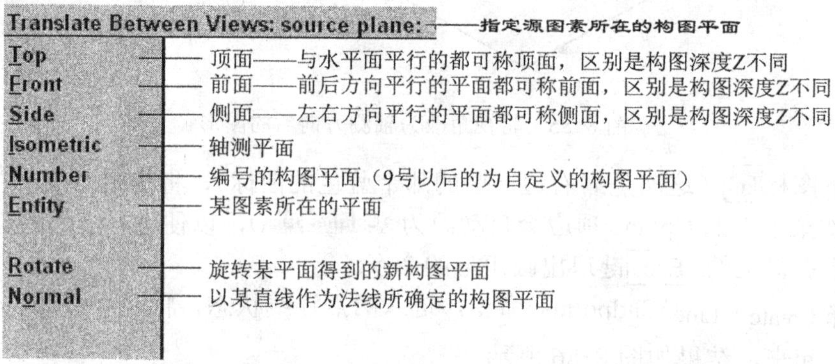


图 8-89　指定源图所在平面

要你指定源图素所在的构图平面，因源图素画在顶面，所以选择 Top 项。

F．菜单随后又变为（图 8-90）

要你指定将图素平移到哪个构图平面上，选择 Front 项，准备移动到前面。

图 8-90　指定目标图所在平面

G．左下角出现提示 **Enter the point to translate from**，要你选择一个移动的基点 —— 捕捉选择圆的中心（此时菜单位置显示点捕捉菜单）。

H．左下角的提示变为 **Enter the point to translate to**，要你选择图素要平移到哪一点去 —— 捕捉选择前平面上对角线的中点。

I．出现对话框，按图 8-91 所示进行设置，然后点击对话框中的 OK 按钮。

J．出现结果，见图 8-92。

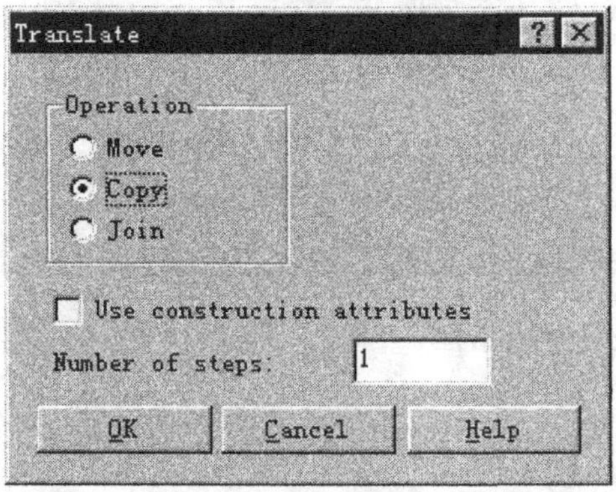


图 8-91　设置平移参数

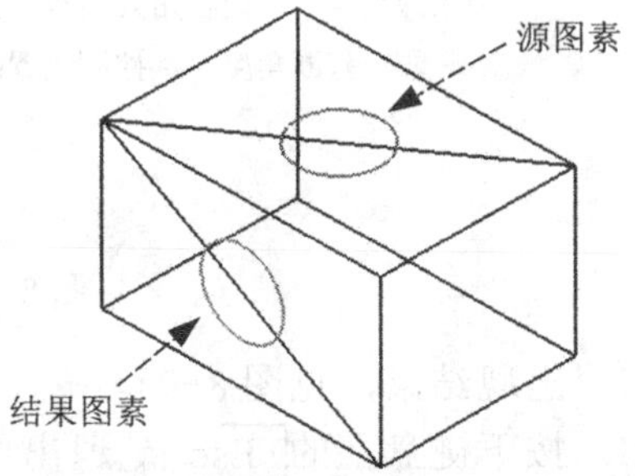


图 8-92　平移结果

K．可以删除两条对角线，然后按下键盘上的 Esc 键退出平移命令，操作结束。

**注意：**

1）画出长方形体是为了让你感觉到直观，你如果概念清楚，想象力足够，不画也可以。

2）其实在长方体的前面用 Create\Arc 命令画出圆来更为方便，但你想一想，如果源图素不是一个简单的圆，而是一个好不容易才画出来的复杂图形，你会愿意在前平面再重复做一次复杂的工作吗？

3）Modify\Drag 下也有平移命令，但它更随意和灵活一些，甚至灵活得让你不好把握；而本命令要显得正统一些。

### 8.3.6　偏置 —— Offset

这个命令可以将直线、圆弧或曲线按给定的距离向指定的一侧平移。

**【实例 8-26】** 画出一条直线，然后进行偏置。

步骤：

A．任意画出一条直线。

B．选择 Xform\Offset 命令。

C．弹出对话框。

将操作方式设置为 Copy，将数目设为 1，将偏置距离设为 25，其它不变，然后按下对话框中的 OK 按钮。

D．左下角出现提示：**Select the line, arc, spline or curve to offset**，要选择须偏置的直线、圆弧、曲线 —— 点选画出的直线。

E．提示变为 **Indicate the offset direction**，要指定偏置方向 —— 在直线的右侧任意位置点击一下。

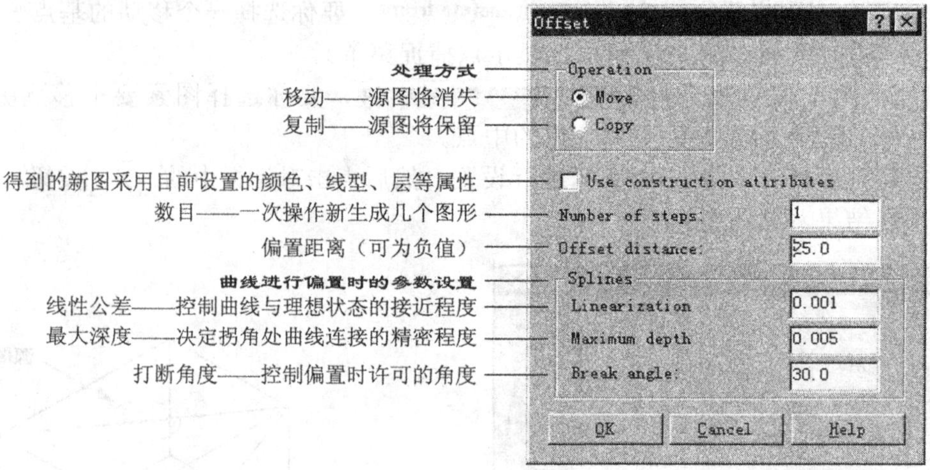


图 8-93 偏置参数设置对话框

G．出现结果，见图 8-94。

H．按下键盘上的 Esc 键退出偏置命令，操作结束。

**注意：**

1）上例中，如果是对画出的一段弧线进行偏置，其余均不变，则结果将如图 8-95 所示。

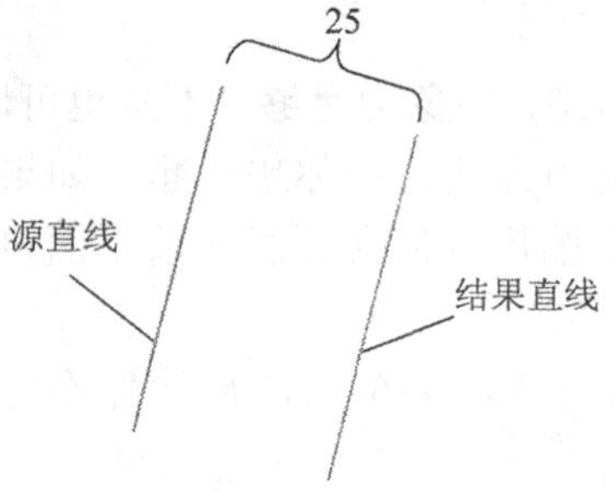


图 8-94 图素偏置后的结果

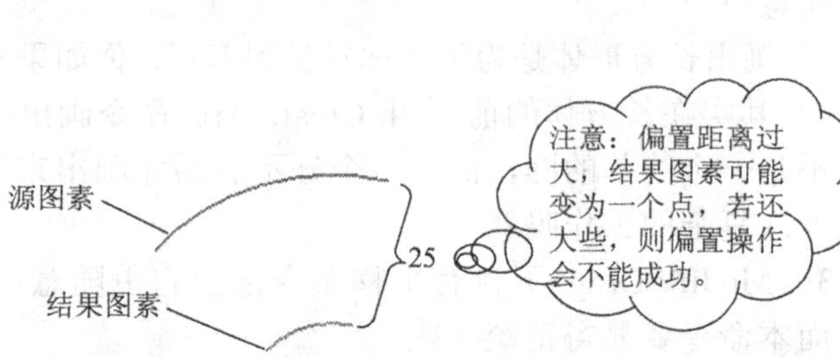


图 8-95 弧的偏置

2）如果是对画出的一段曲线进行偏置，其余均不变，则结果将如图 8-96 所示。

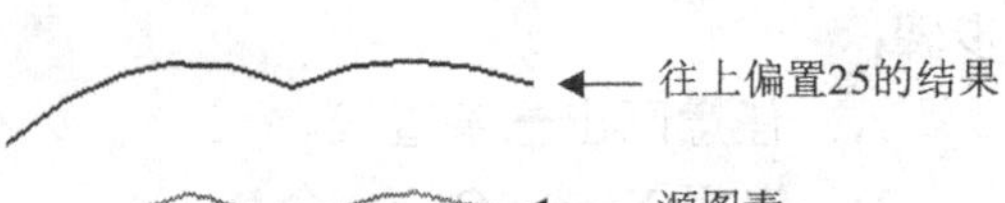


图 8-96 对曲线进行偏置

个中缘由请读者自行揣摩，可以发现曲线偏置后的结果与源图有较大出入，原因是 MasterCAM 中对曲线偏移采用的算法 —— 先将要偏置的源曲线分解成若干段直线，然后对这些直线进行偏置，再将偏置后的直线的端点连接成一条曲线作为结果曲线，这其中就会有许多相交或分开的可能性，而又有严格的公差对结果图素做种种限制，所以结果图素产生了较大的变形，甚至某些段未做偏置处理。

### 8.3.7 外形偏置 —— Ofs ctour

如果要将一个由多条线首尾相接组成的外形轮廓进行偏置，用上面的方法是达不到要求的，必须用专门的外形偏置命令（Ofs ctour）。

**【实例 8-27】**画一个矩形，然后进行外形偏置。

步骤：

A．画出一个长 100mm，宽 70mm 的矩形，中心位置任意。

B．选择 Xform\Ofs ctour 命令。

C．出现选择图素菜单，点其中的 Chain 项，然后点矩形左侧线，便可选中整个矩形，再点击菜单中的 Done 项。

D．出现对话框，见图 8-97。

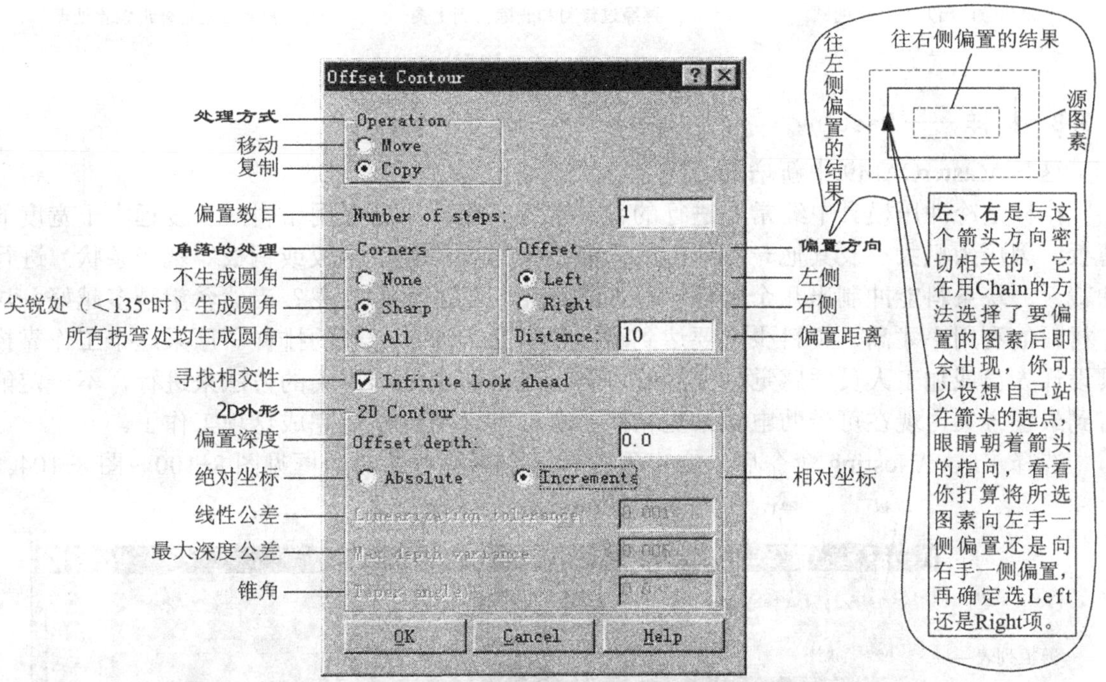


图 8-97　外形偏置参数设置对话框

按图 8-97 中所示选中五处参数（仅看上半部分，下半部分不作改动）然后点击 OK 按钮。

E．出现偏置后的结果，见图 8-98。

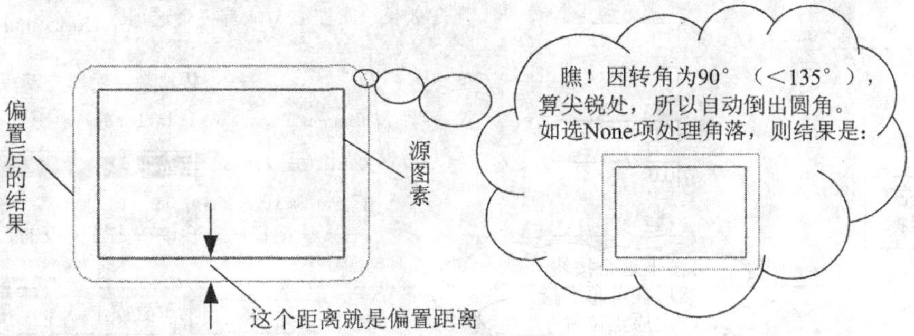


图 8-98　外形偏置结果

F．按下键盘上的 Esc 键退出偏置命令，操作结束。

【推荐综合练习】做完这个练习，你能体会到外形偏置在某些场合是很有用的（图 8-99）。

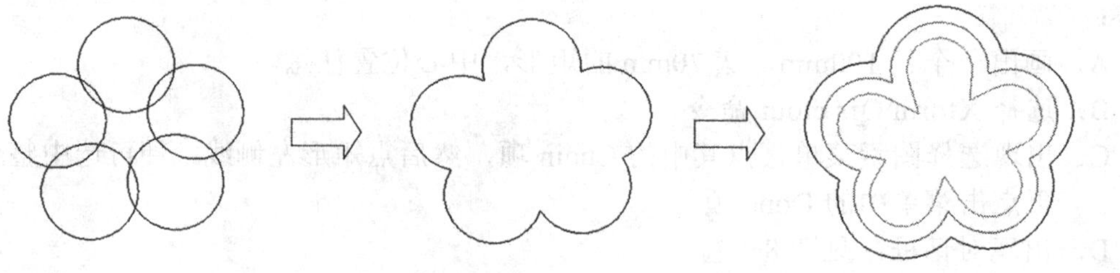


图 8-99　练习用图

### 8.3.8　排样 ——Nesting

这是 MasterCAM9 中新增的。

排样是冷冲压模具中经常要进行的设计准备工作，比如采用条料（长度远大于宽度的薄板，因压力机大小及其他一些原因的限制，常常要将整块钢板或铜板等裁成条状）进行冲裁，一块条料能冲制出几个零件（比如是三角形状的零件）呢？当然希望越多越好，这样材料的利用率才高，废料少，要达到这个目的必须通过合理的排样。原来这个工作靠模具设计人员或加工人员凭感觉、凭经验，甚至是用剪出纸样拼凑的方法来进行，不一定能得到最佳方案，现在可借助电脑来更精确、更合理、更迅速地完成这项工作了。

选择 Xfrom\Nesting 命令后，会出现含有五个标签页的对话框见图 8-100～图 8-104。

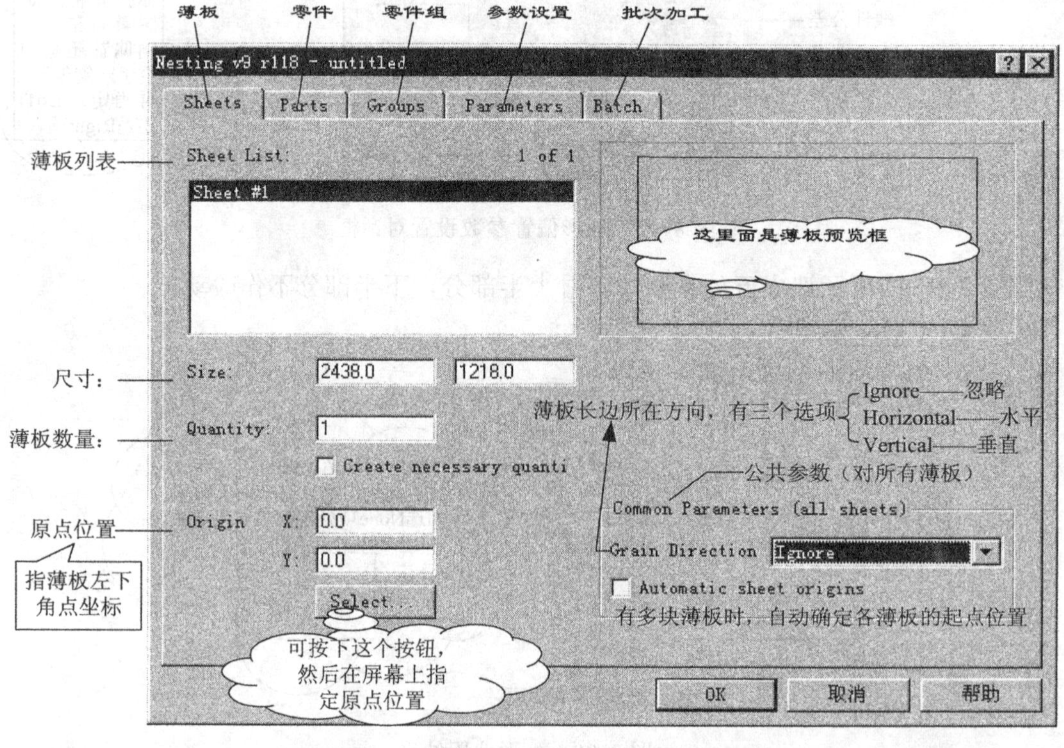


图 8-100　排样对话框之薄板设置标签页

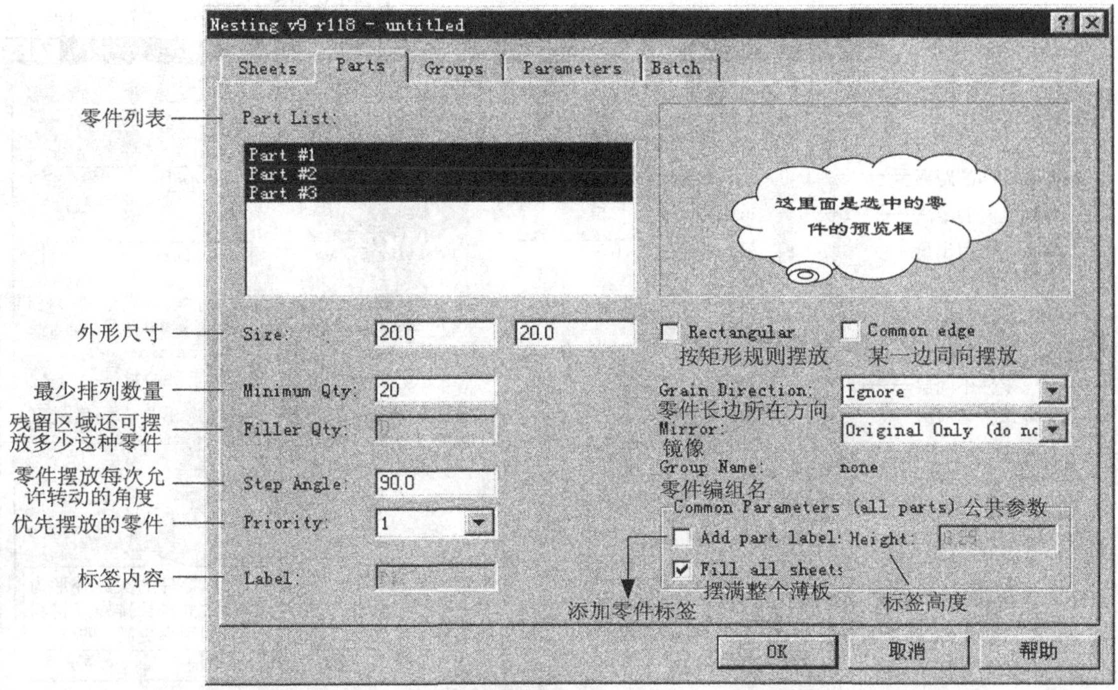


图 8-101 排样对话框之零件设置标签页

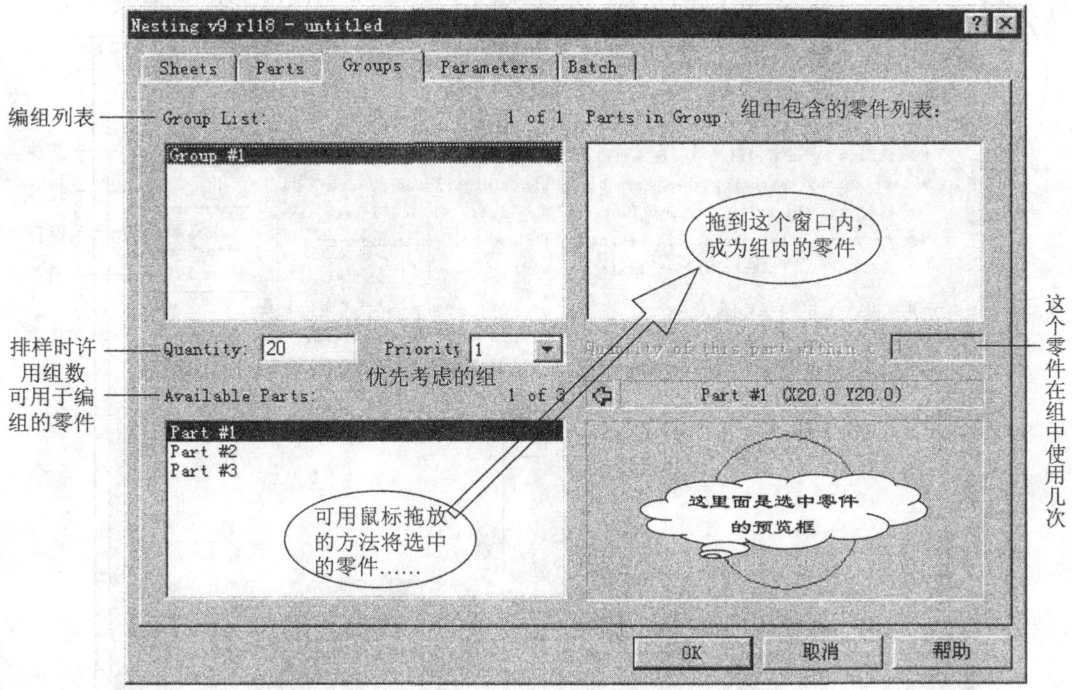


图 8-102 排样对话框之零件组设置标签页

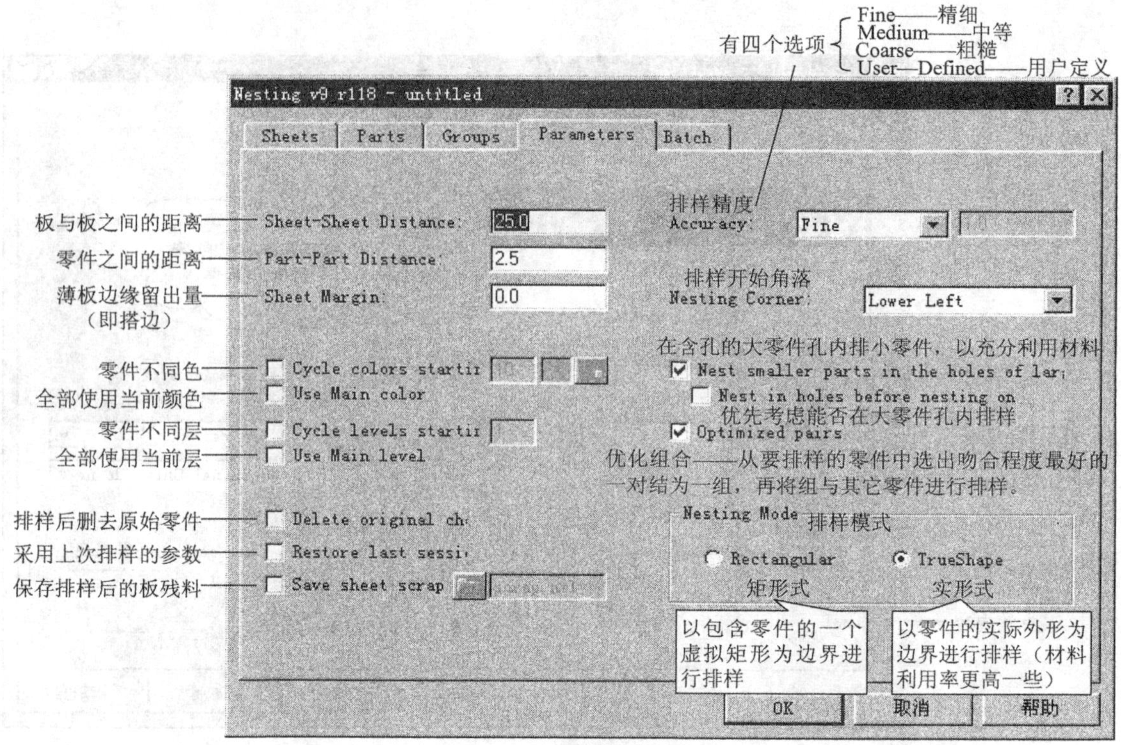


图 8-103　排样对话框之排样参数设置标签页

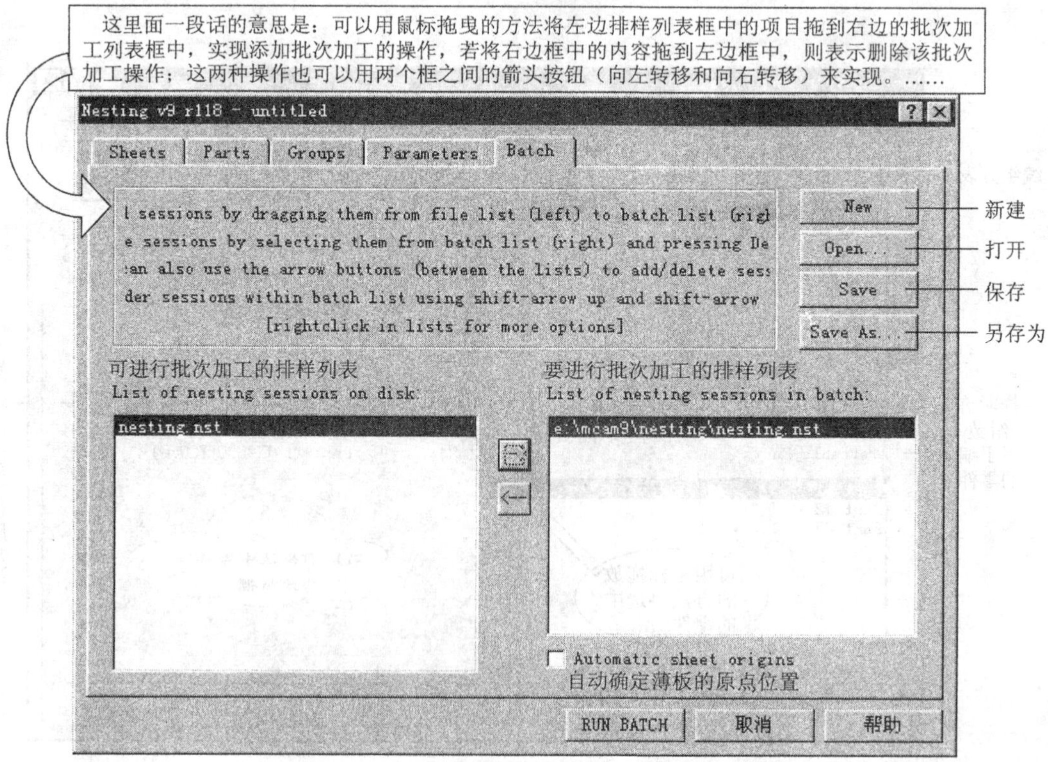


图 8-104　排样对话框之批次加工设置标签页

以上是对五个标签页所做的解释，从中可以感觉得到内容很多，当然这也意味着功能很强。下面通过一个实例简单介绍一下常规排样的操作。

【实例 8-28】画出如图 8-10 所示三个图形（外形尺寸控制在 50mm 以下），然后在 1000mm×400mm 的薄板上对它们进行排样。

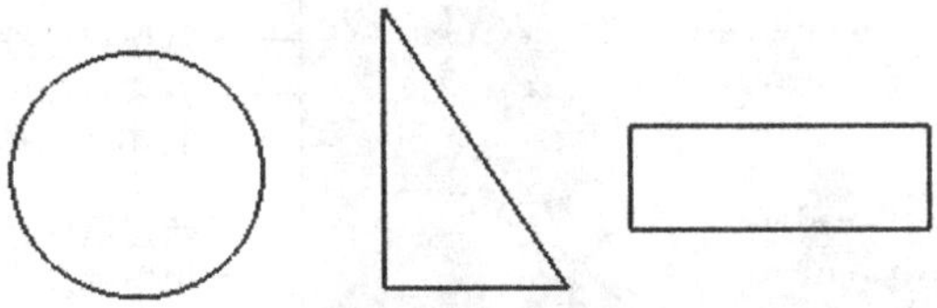

图 8-105 要排样的图形

操作步骤如下：

A．选择 Xfrom\Nesting 命令。

B．出现对话框，在 Sheet 标签页的左上空白框内点鼠标右键，弹出浮动菜单，见图 8-106。

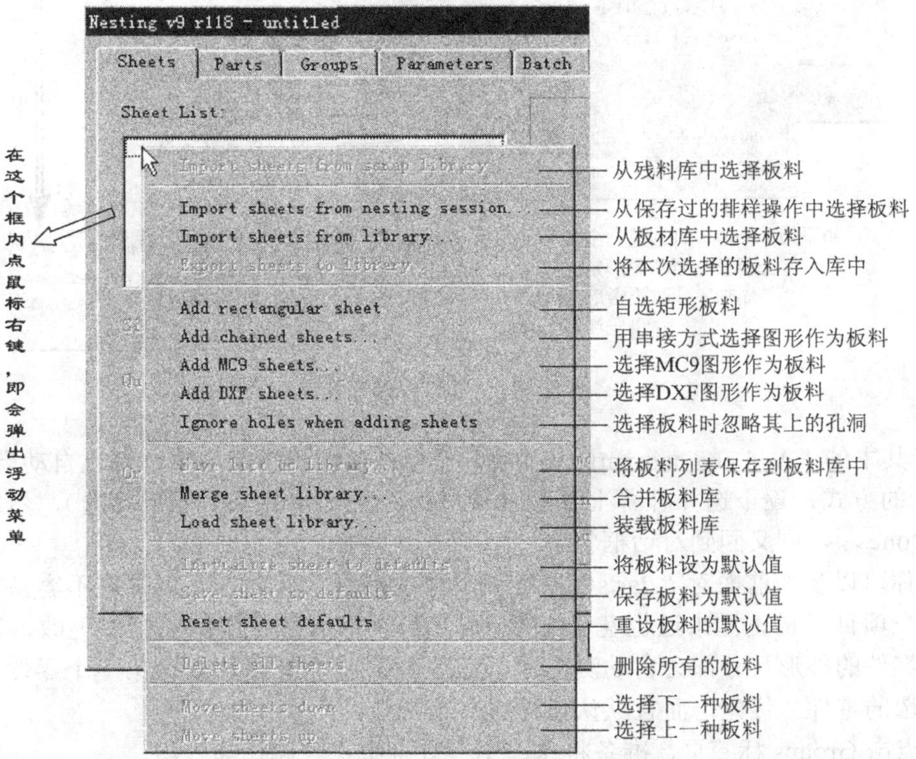


图 8-106 选择薄板

选择其中的“Add rectangular Sheet”项，准备采用新的矩形形状的薄板。

这时菜单会消失，重新进入 Sheet 标签，将 Size 栏中的两个框中的数字分别改为 1000 和 400，表示矩形板料的长为 1000mm，宽为 400mm，右边窗口中将看到矩形板的预览图。

其它各框的值不变（但可学习一下各项的含义）。

C．鼠标点击 Parts 标签页，然后在 Partst 标签页的左上空白框内点鼠标右键，弹出浮动菜单，见图 8-107。

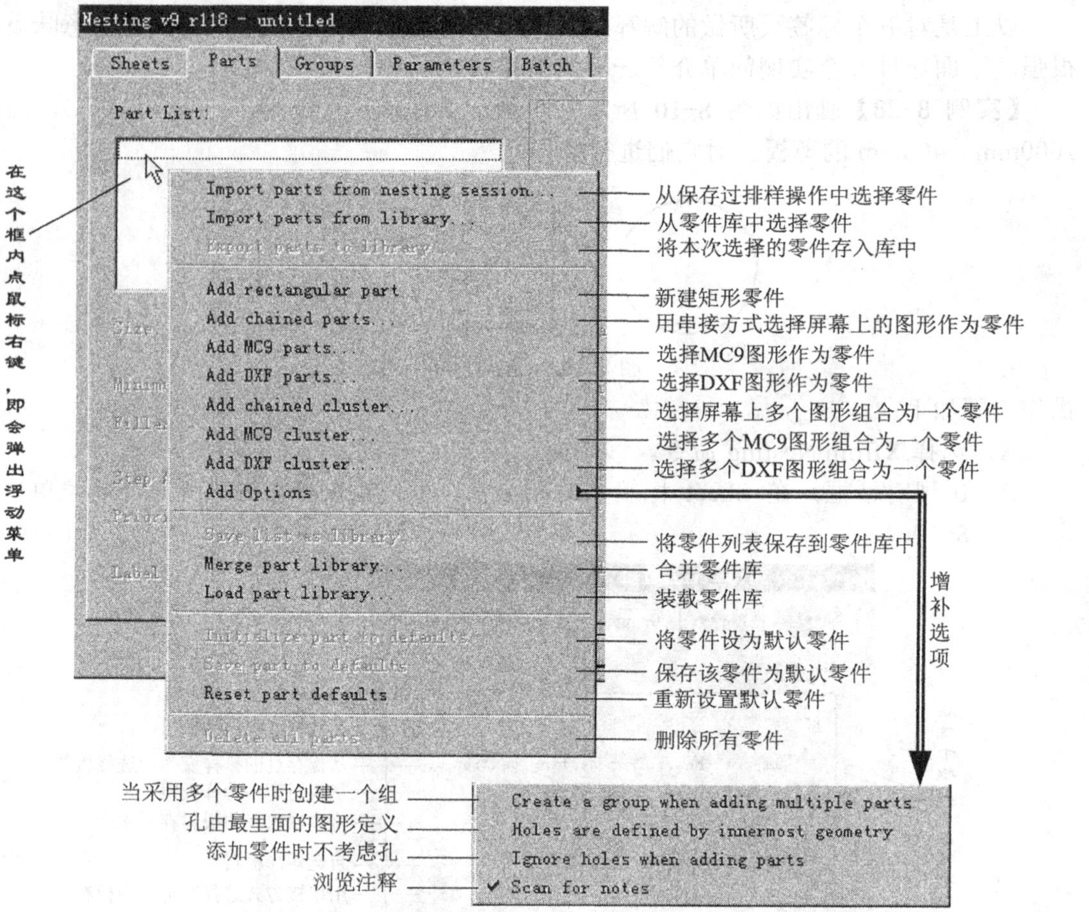


图 8-107 选择排样零件

选择其中的“Add chained parts…”项，会自动返回到图形屏幕，而且自动启用 Chain（串接）的方式，逐个选择屏幕上要准备排样的图形（本例三个图形都选），然后点击菜单中的 Done 项，则又回到对话框状态。

D. 你可以参考前面对“Parts”标签页所作的解释，试验一下你觉得不容易理解的几个项目（反正重来过也花不了多少时间），本例不对任何项目做更改，注意每个零件的外形尺寸都会自动测出显示在 Size 的两个栏内，默认第一个零件（最先点选的零件）优先，而且默认排样数目为 20。

E. 点击 Groups 标签页，准备将这三个零件捆绑在一起作为一组。

在 Groups 标签页的左上空白框内点鼠标右键，会弹出浮动菜单（见图 8-108），选择“Add new group”项，设置一个组（这时的组还是一个空组，没有任何成员），然后将左下框内的零件逐一用鼠标拖动（选中零件，按下鼠标左键不放并移动）到右上框内，则被拖过去的零件成为了组中的成员。

F. 点击 Parameters 标签页，将该标签页中的“Part-Part Distance”（零件与零件之间的距离）和“Sheet Margin”（薄板边缘留出量）均设为 2.5，Nesting Mode（排样模式）改为“TrueShape”，其它地方不做改动。

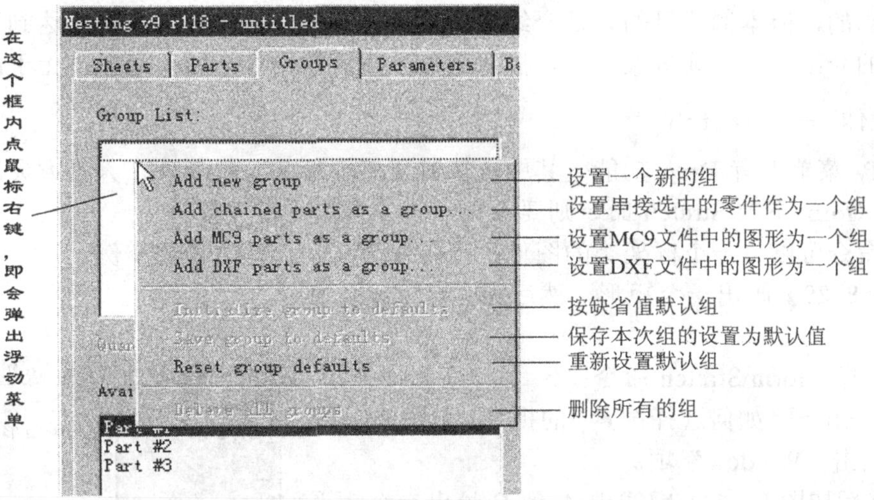


图 8-108　设置零件组

G．因不准备进行批量加工，所以不对 Batch 标签页进行设置。

H．在 Parameters 标签页中按下 OK 按钮，设置完毕。

I．屏幕上首先出现一个预览框，见图 8-109。

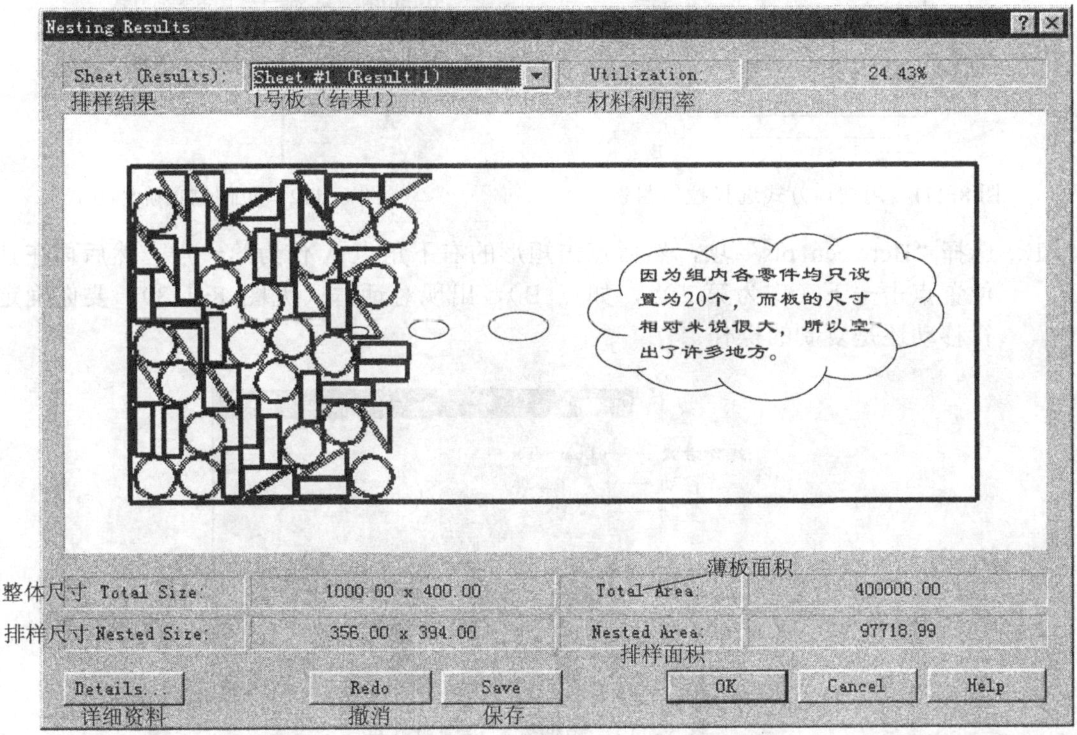


图 8-109　排样结果预览

J．如果觉得满意，就按下框中的 OK 按钮，则排样操作完毕。

衡量排样质量的标准是材料利用率，值越大越好，本例的材料利用率仅 24.43%，显然是不恰当的，但本例的目的只是介绍排样的基本过程，这个目的应该是达到了。你可以参考本节的介绍，大胆地多做试验，搞清楚每个项目的内容，限于篇幅，止于此。

### 8.3.9 拉伸 —— Stretch

Modify 菜单下有 Drag 功能，其中可以实现对图形的拉伸工作，只是太灵活，不太好把握，而 Xform 下的 Stretch 命令则要规矩一些，操作比较方便。

拉伸命令可以将一个框架类的图形拉扯得成为其它形状，请看实例。

**【实例 8-29】**画出一个矩形，然后对它进行拉伸操作。

操作步骤：

A. 选择 Xform\Stretch 命令；

B. 首先出现“如何选择图素”的提示，见图 8-110：点击“Window”项。

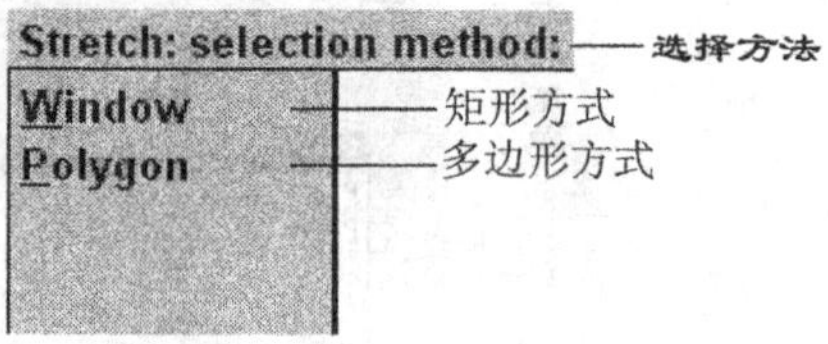


图 8-110 选择拉伸图素的方式

C. 然后按图 8－111 虚线由 A 到 B 拉出一个矩形窗口，选中矩形的三条边：

D. 然后菜单变为图 8-112 所示。

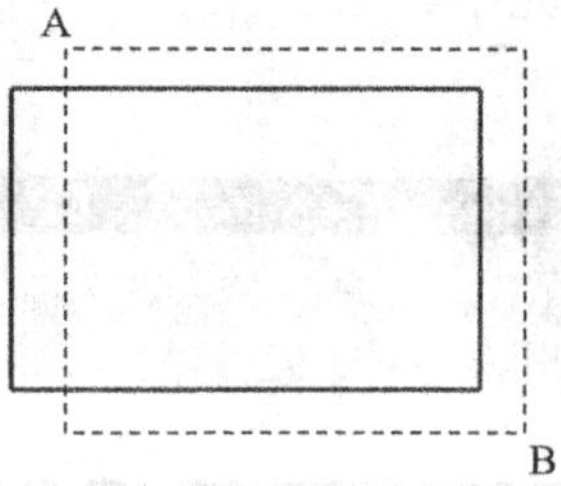


图 8-111 用窗口方式选择拉伸图素

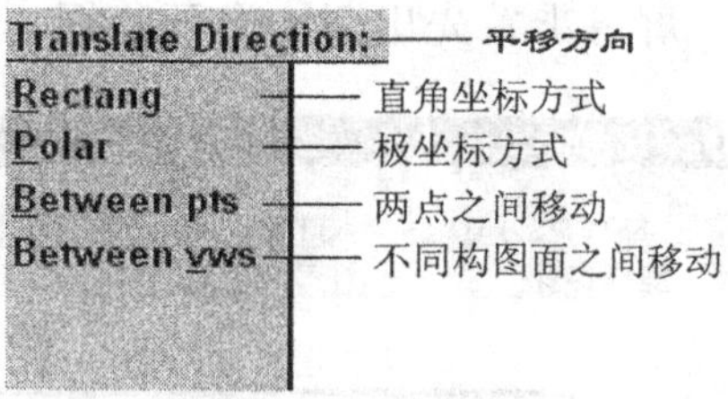


图 8-112 拉伸位置确定方式

E. 选择“Between pts”项，然后点击矩形的右下角点 A 作为第一点，然后再在其它位置点击一下（作为第二点，如点 B），出现对话框（见图 8-113），要你确定执行移动还是复制的操作。

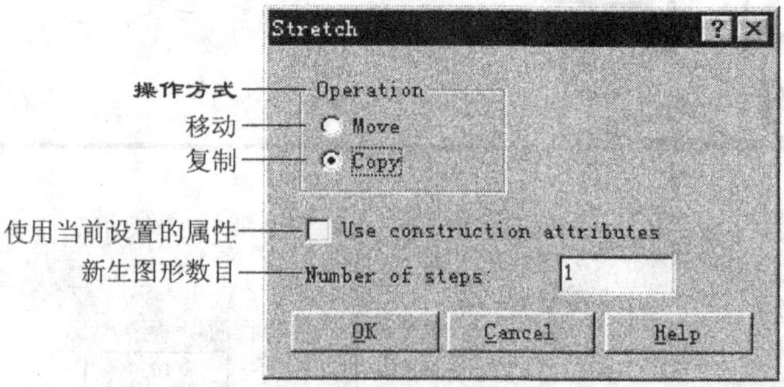


图 8-113 拉伸参数设置对话框

F. 选择 Copy 项（复制，则原图不会消失），则 A 点会移到 B 点处，同时与第一点连接的两条边也会随这一点的移动而拉伸（或压缩），就像橡皮筋一样，结果如图 8-114 所示。

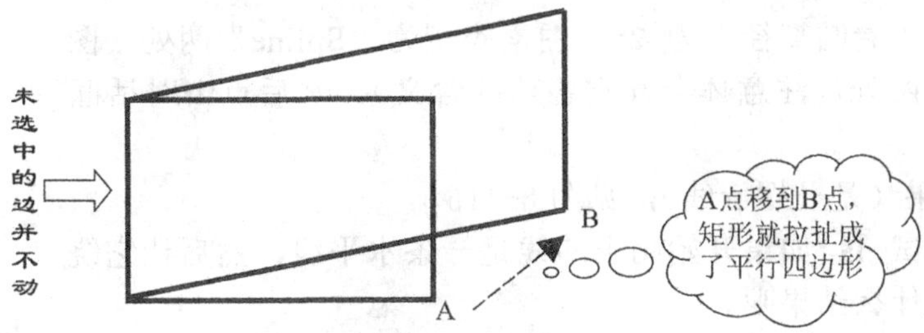


图 8-114　拉伸结果

G．按下键盘上的 Esc 键退出命令，操作结束。

你可以试一试选择一条边、两条边或选择全部的四条边来执行此命令，看看会有什么结果，相信你很快就能领悟的。

## 8.3.10　卷圆——Roll

该命令可以将一条直线（弧线、曲线也可，只是卷后可能比较古怪）卷成圈，就像工厂中绕制弹簧一样。

当然，卷好以后也可以重新展开成直线，也是用这个命令，不过，设置可能使得这个操作不能恢复为原状哦。

**【实例 8-30】**先画一条长为 300mm，与 X 轴成 10° 的直线，然后对它进行卷圆操作。

操作步骤：

A．画出斜线——方法已在创建直线时介绍过，请模仿制作，并使直线能全部看到。

B．选择 Xform\Roll 命令。

C．出现菜单提示，选择要卷圆的直线，再按下菜单中的 Done 项。

D．出现对话框，如图 8-115 所示。

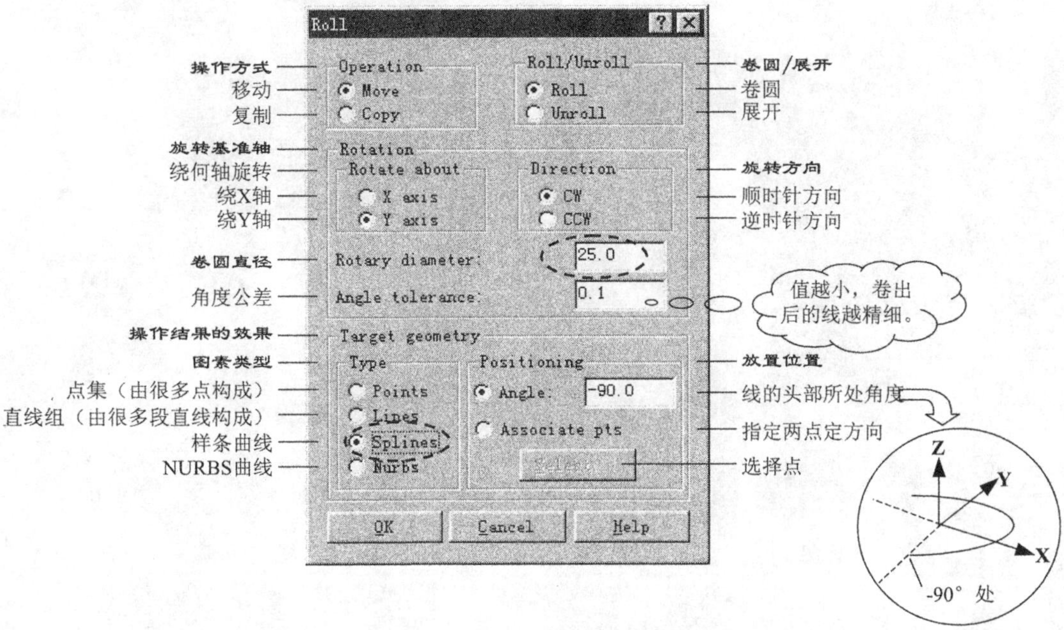


图 8-115　卷圆参数设置对话框

改动其中的“卷圆直径”为 25，图素类型为“Spline”两处（图中用虚线框住的两处，注意体会其它各项的含义），然后点击对话框中的 OK 按钮；

图 8-116　卷圆得到螺旋线

E．出现结果（是一螺旋线），见图 8-116。

◆思考并尝试 1：如果开始画出的线是一条水平线，然后让它绕 Y 轴卷圆，会是什么结果呢？

◆思考并尝试 2：多段直线也可以用“Chain”的方法串接起来一起卷圆，你试验一下，看会是什么效果（很有艺术性哦）？

◆思考并尝试 3：几个没有连接起来的图素可以全部选中，一起卷圆，只是各卷各的。

F．按下键盘上的 Esc 键退出命令，操作结束。

至此，对转换菜单中的所有命令的介绍全部结束。

# 第 9 章　二维绘图综合实例

本实例综合了图形创建、图形编辑、图形标注、图案填充等全部内容。

目标：练习绘制图 9-1，并完成尺寸的标注。

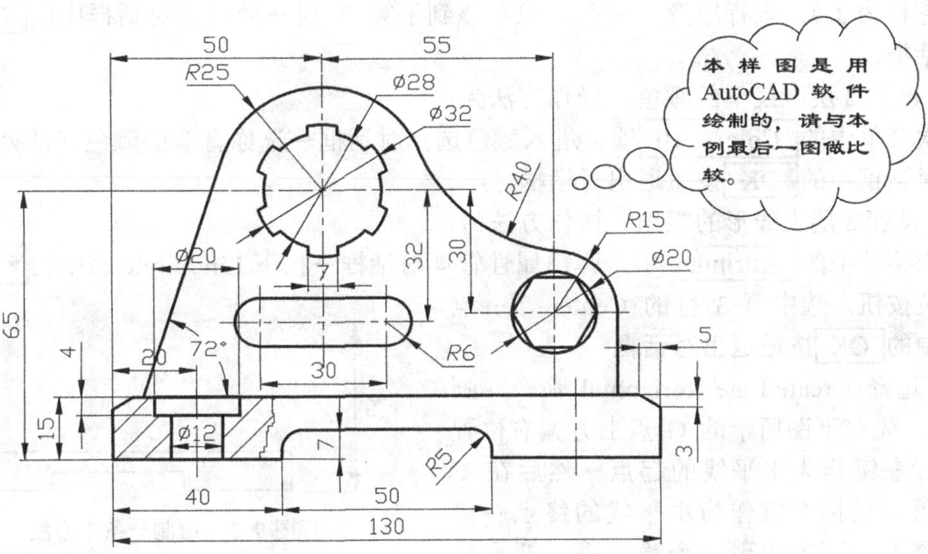


图 9-1　要完成的图形

操作步骤：

（1）绘制底座初形（细节处最后画）

A．选择 Create\Line\Multi 命令。

B．点 Origin 项（从原点开始画起，这样可以使坐标计算方便）。

C．输入 40，0 后回车；

输入 40，7 后回车；

输入 90，7 后回车；

输入 90，0 后回车；

输入 130，0 后回车；

输入 130，15 后回车；

输入 0，15 后回车；

点 Origin 项（回到原点）；

按键盘上的 Esc 键退出画线命令；

按图标全屏显示图形，再按图标将图形缩小一半，按键盘上的↑方向键将图形向下移动一些距离；

此时图形如图 9-2 所示，坐标输入顺序是 O→A→B→C→D→E→F→G→O。

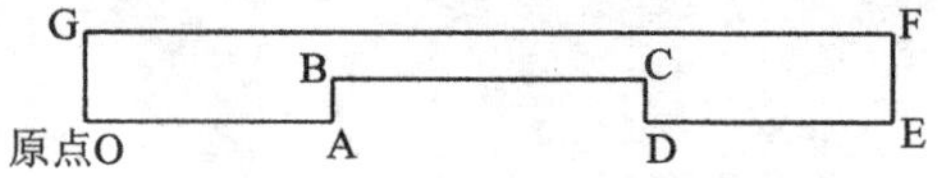


图 9-2 绘制底座初形

（2）画出各中心线

A. 改到第 2 层，操作方法为：

点次菜单中的 Level：1 项，进入层管理器对话框→双击“2”处（第一个框，不要点到其它框内了），该行应变为黄色，表示该到了第 2 层→最后点对话框中的 OK 按钮退出对话框。

B. 设置 2 层上线型的颜色，操作方法为：

点次菜单中的 Color：10 项，进入颜色选择对话框→选你喜欢的颜色（此处选红色）→再点对话框中的 OK 按钮退出对话框。

C. 设置 2 层上线形的粗细，操作方法为：

点次菜单中的 Attributs 项，弹出属性管理对话框→按下 Line Style 栏中的▼下拉按钮，选中第 3 行的 Center 项→点对话框中的 OK 按钮退出对话框

D. 选择 Create\Line\Horizontal 命令（画水平线），先在下图所示的 G 点上方偏右位置点击鼠标左键作为水平线的起点→然后在 C 点上方再点鼠标左键作为水平线的终点→接着会在屏幕左下方出现一个输值框，要你输入水平线的 Y 坐标（即高度），输入 65 后回车→则该水平线画出，见图 9-3。

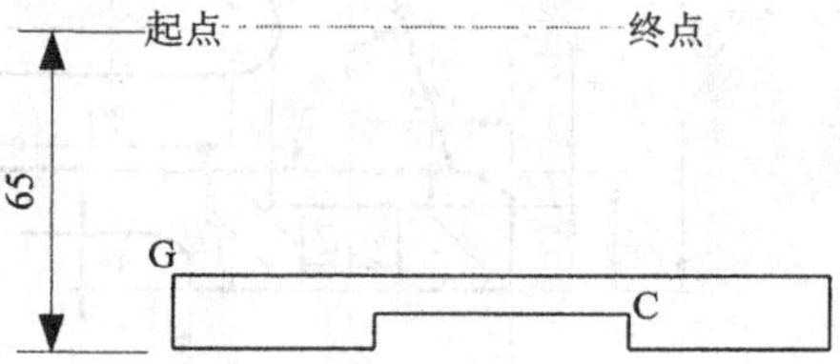


图 9-3 绘制一条中心线

E. 选择 Create\Line\Vertical 命令（画垂直线）→先在刚画出的水平中心线的中点上方点击鼠标左键作为垂直线的起点→然后在水平线的下方靠近底座处点击鼠标左键作为水平线的终点→接着会在屏幕左下方出现一个输值框，要你输入垂直线的 X 坐标，输入 50 后回车→则该垂直线画出，见图 9-4。

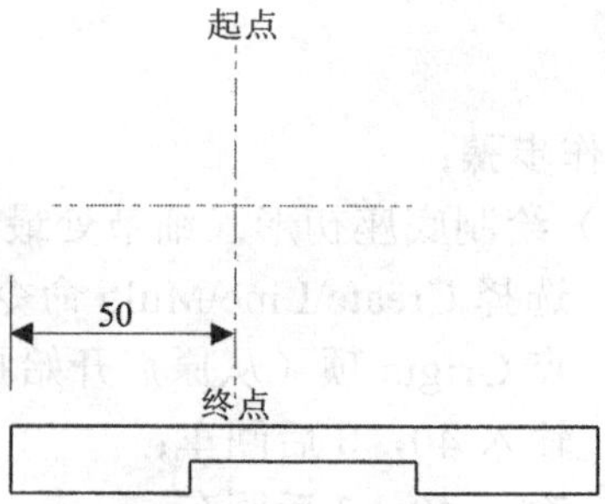


图 9-4 绘制垂直中心线

F. 复制两条中心线到六边形中心的位置，方法是：

选择 Xform\Translate 命令→然后点击已画出的两条中心线→点 Done 项→点 Rectang 项→在出现的输入框中输入 55，–30 后回车→在出现的对话框中选中 Copy 项，数目框中确保为 1，点 OK 按钮退出对话框→出现结果如图 9-5 所示（长了一点没关系，后面会

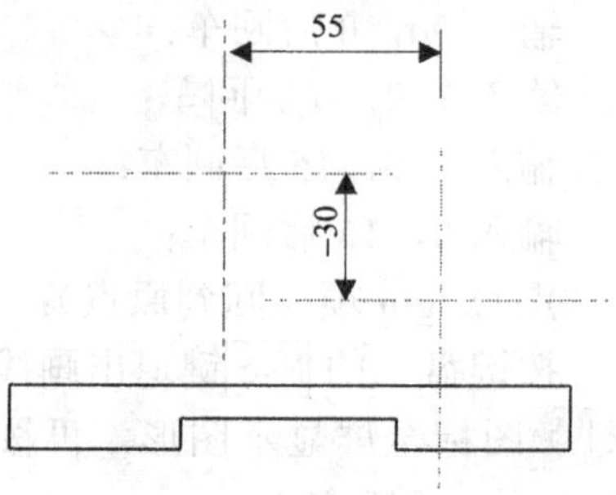


图 9-5 复制两条中心线

修改的）。

按下键盘上的 Esc 键退出本命令。

G．偏置水平线 1 到 2 的位置（见图 9-6），方法是：

选择 Xform\Offset 命令→在出现的对话框中，选中 Operation 栏中的 Copy，Number of steps 框中的值确保为 1，Offset distance 框中的值改为 32，其它不变，按下对话框中的 OK 按钮退出对话框→点中 1 线→在 1 线下方任意位置点鼠标左键→操作成功→按下键盘上的 Esc 键退出本命令，结果如图 9-6 所示。

H．将首次画出的垂直线 3 向左和向右偏置 15，得线 4 和线 5（见图 9-7），方法与上类似：

选择 Xform\Offset 命令→在出现的对话框中，选中 Operation 栏中的 Copy，Number of steps 框中的值确保为 1，Offset distance 框中的值改为 15，其它不变，按下对话框中的 OK 按钮退出对话框→点中垂直线 3→在 3 线左边任意位置点鼠标左键→得到 4 线→命令会自动继续→再点中垂直线 3→在 3 线右边任意位置点鼠标左键→得到 5 线→操作成功→按下键盘上的 Esc 键退出本命令，结果如图 9-7 所示。

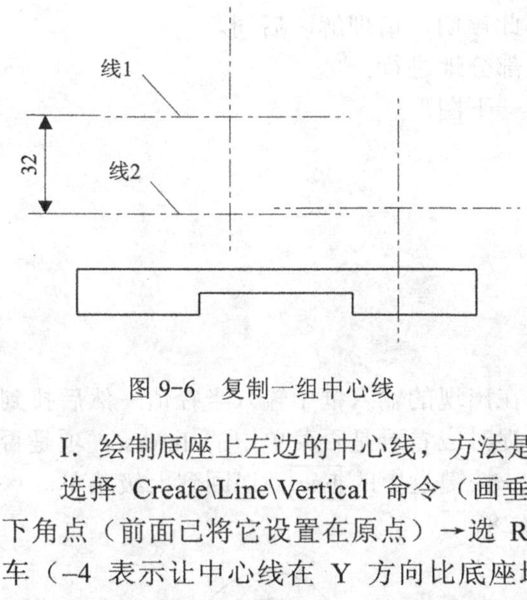


图 9-6　复制一组中心线

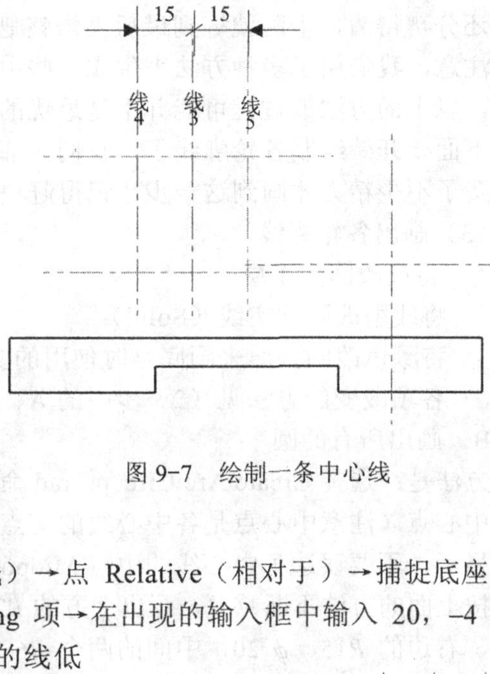


图 9-7　绘制一条中心线

I．绘制底座上左边的中心线，方法是：

选择 Create\Line\Vertical 命令（画垂直线）→点 Relative（相对于）→捕捉底座的左下角点（前面已将它设置在原点）→选 Rectang 项→在出现的输入框中输入 20，–4 后回车（–4 表示让中心线在 Y 方向比底座地面的线低 4mm，即下图 N 点位置）→在超出底座顶面直线一点的位置（即图 9-8 中 M 点位置）点击鼠标左键→确保出现的输入框中的值为 20，然后回车→直线绘出，按下键盘上的 Esc 键退出本命令，结果如图 9-8 所示。

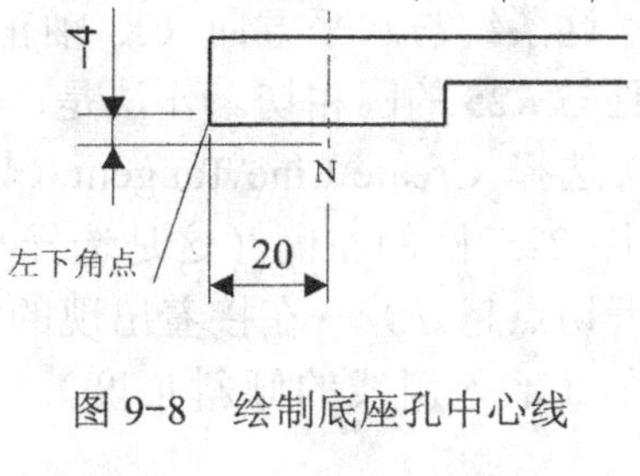


图 9-8　绘制底座孔中心线

J．用镜向命令复制底座上的右侧中心线，方法是：

选择 Xform\Mirror 命令→点选刚画出的中心线

MN→点菜单中的 Done 项→点接着出现的菜单中的 2 Points 项→捕捉图 9-9 所示两线的中点（如捕捉到了，则左侧菜单中的 Midpoint 项会高亮显示）→在出现的对话框中选择 Copy 项，然后按 OK 按钮→出现结果，按下键盘上的 Esc 键退出此命令，结果如图 9-9 所示。

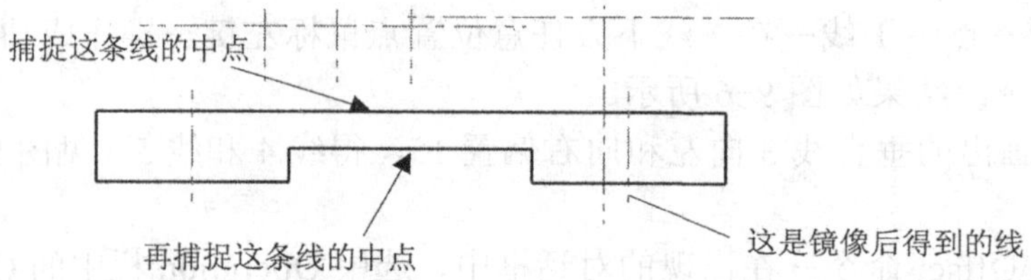


图 9-9 复制得到另一侧的中心线

至此，所有中心线都已生成，有了这些中心线及其交点，就有了基准位置，可以很方便地绘圆、多边形等了。

你如果对目前某些中心线的长度看不顺眼，可以在这时就对它们做一个初步的修剪；如果还分辨得清，干脆就等到最后再修整吧。

注意，我们用了多种方法来生成这些中心线，目的是通过此例尽量多学几种方法，实际上，以上的方法或过程可能并不是最优的，在此声明，请理解，后同。

下面要开始绘制各轮廓线了，我们一部分一部分地进行。

费了不少精力才画到这一步，记得赶快保存一下图形。

（3）画出各轮廓线

A．将层改回到 1 层

将线型改回到实线（Solid）；

将颜色改回到原来画底座时使用的颜色；

各项改变的方法见（2）步中的 A、B、C。

B．画出所有的圆

方法是：选择 Create\Arc\Circ pt+rad 命令→在出现的输入框中输入半径值→然后找到圆的中心点（注意中心点是各中心线的交点，捕捉时应看看是否菜单中的 Intersec 项是否高亮显示，不要误选了中心线的中点 Midpoint）→按键盘上的 Esc 键退回到上级菜单。

按上面的方法不断重复，画出上方的 *R*25、$\phi$28、$\phi$ 32，右边的 *R*15、$\phi$ 20，中间的两个 *R*6 的圆，总共 7 个，结果如图 9-10 所示。

C．画出左边 72° 的斜线

这条线与水平方向（X 轴正方向）成 72° 角，而且与 *R*25 的圆相切。作法是：

选择 Create\Line\Tangent（切线）\Angle 命令→点击 *R*25 圆的左侧（这是选择与斜线相切的圆，越靠近切点越好）→在接着出现的输值框中输入 72 后回车（输入斜线的倾斜角度）→在随后出现的输值

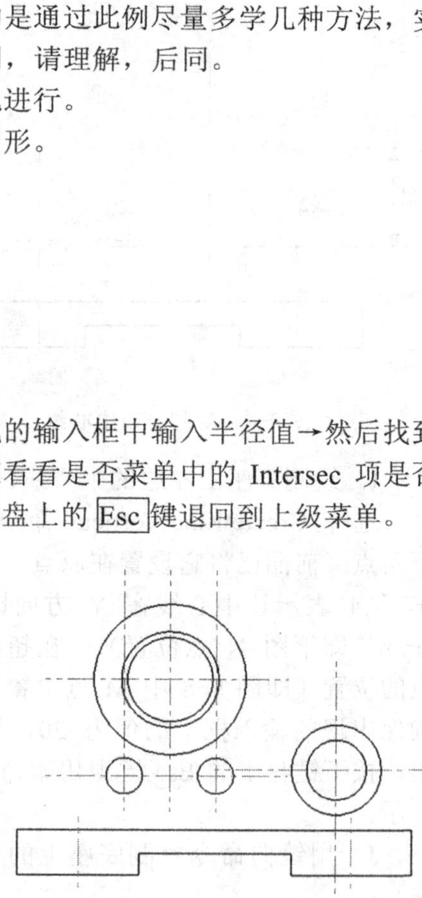

图 9-10 画出所有的圆

框中输入线的长度 80（估计值，后再修剪）后回车→点击需要的一段直线，结果如图 9-11 所示。

D. 画出与顶上 $R25$ 和右边 $R15$ 圆弧相切，半径为 $R40$ 的圆弧

作法是：选择 Create\Arc\Tangent\2 entities 命令→在出现的输值框中输入弧的直径 40 后回车→点 $R25$ 圆弧的右侧（尽量在切点附近）→点 $R15$ 圆弧的左侧（尽量在切点附近）→屏幕上会出现很多圆弧（因为符合条件的弧有很多），点击需要的那一条→剩下一个圆，结果如图 9-12 所示。

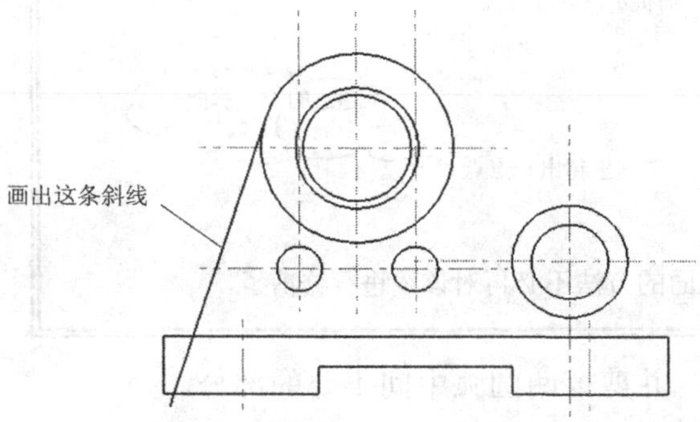


图 9-11　画出斜线

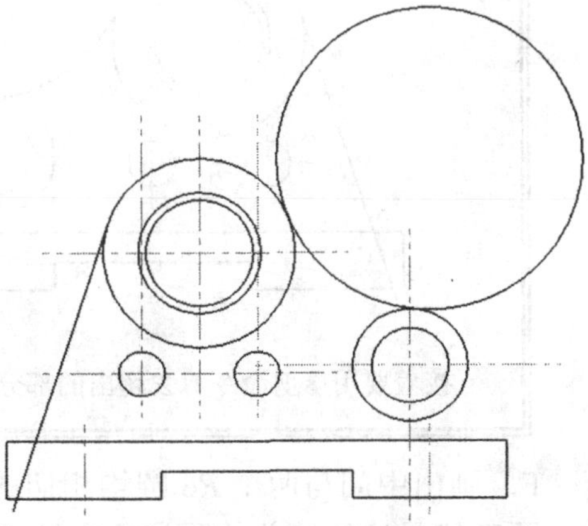

图 9-12　画相切弧

下面将多余的圆弧线剪掉：

选择 Modify\Trim\1 entity 命令→点击上图中的 1 处（要保留处）→再点击上图中的 2 处→圆被剪掉一截→再点 1 处→再点 3 处→又被剪掉一截→成功，结果如图 9-13 所示。

E. 画出右边与 $R15$ 圆弧相切、且与底座垂直的小段垂直线，方法是：

选择 Create\Line\Perpendclr（正交线）\Arc（与弧相切）命令→点底座顶面的直线（与该线垂直→点 $R15$ 的圆（与该圆相切）→出现输值框，要你确定直线的长度，直接回车即可→出现两条符合条件的直线→点选右边的那一条→成功，结果如图 9-14 所示。

图 9-13　修剪后得到弧线

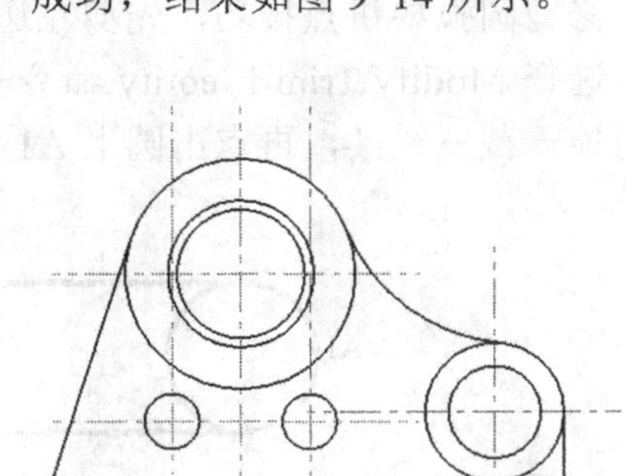

图 9-14　画出右边垂直线

**注意：** 如果不习惯这种方法，也可以用土办法：

选择 Create\Line\Vertical 命令→捕捉右边 *R*15 圆的右端点（圆弧被认为是始于 0°，终于 360° 的弧，所以有端点 Endpoint）→在底座顶面稍下位置点击鼠标左键（使线超出一点）→接着出现输值框，要你输入该线的 X 坐标，因采用了捕捉，所以自动测出的值会是准确的，故直接回车→直线画出，结果如下图。

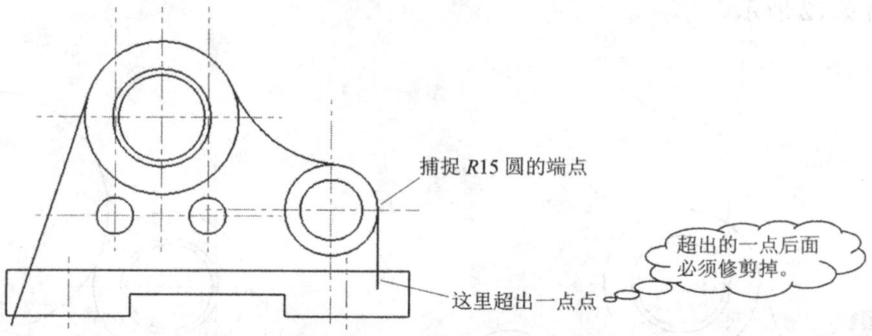


接着要用修剪命令剪去超出的部分，而上面的方法不必再对该线进行修剪了。

F．画出中间与两个 *R*6 圆均相切的直线，并剪掉两圆弧中间不要的部分。

画直线是比较简单的一步，方法是：

选择 Create\Line\Endpoints 命令→捕捉左边 *R*6 圆在 90° 处的象限点（Quadrant，又称四分点，见图 9-15 中 P1 点）→捕捉右边 *R*6 圆在 90° 处的象限点（见图 9-15 中 P2 点）→画出一条线，可以继续→捕捉左边 *R*6 圆在−90° 处的象限点（见图 9-15 中 P3 点）→捕捉右边 *R*6 圆在−90° 处的象限点（见图 9-15 中 P4 点）→成功，按下键盘上的 Esc 键退出命令，结果如图 9-15 所示。

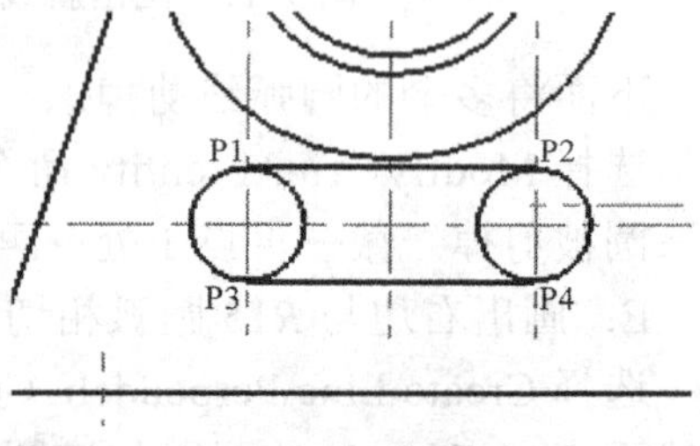


图 9-15　画出两圆的公切线

修剪圆弧要讲点技巧，先剪左边圆，方法是：

选择 Modify\Trim\1 entity 命令→点圆上的 A1 点（见图 9-16）附近→点击线 L1→圆被剪掉一截→继续，再点击圆上 A1 点附近→点线 L2→成功。

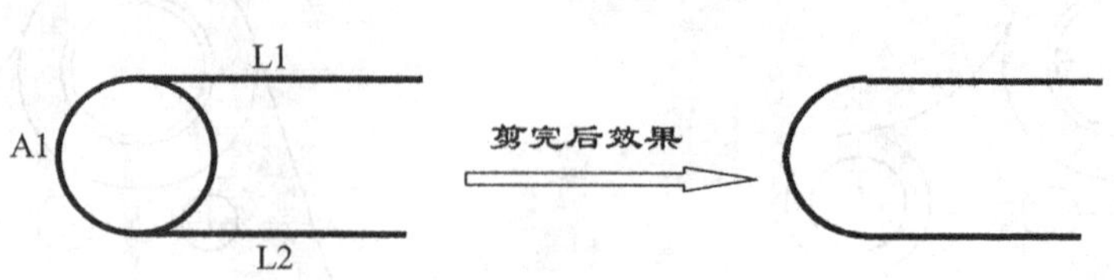


图 9-16　修剪弧线

再剪右边圆，注意不用修剪（Trim）命令，而用分隔（Divide）命令。

> MasterCAM 中圆被认为是一条开始于 0°、终止于 180° 的弧，所以“剪”掉圆左边的一段应该像剪掉弧中间的一截一样，见下图。
>
> 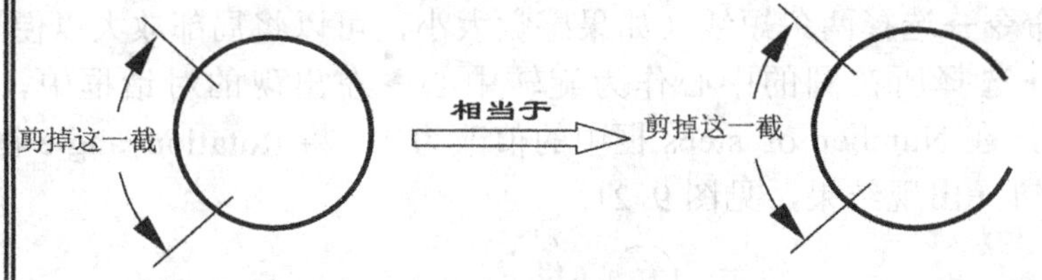
> 

方法如下：

选择 Modify\Trim\Divide 命令→点圆上的 A2 点（见图 9-17）附近→点击线 L1→点击线 L2→成功，按下键盘上的 Esc 键退出命令，结果见图 9-18。

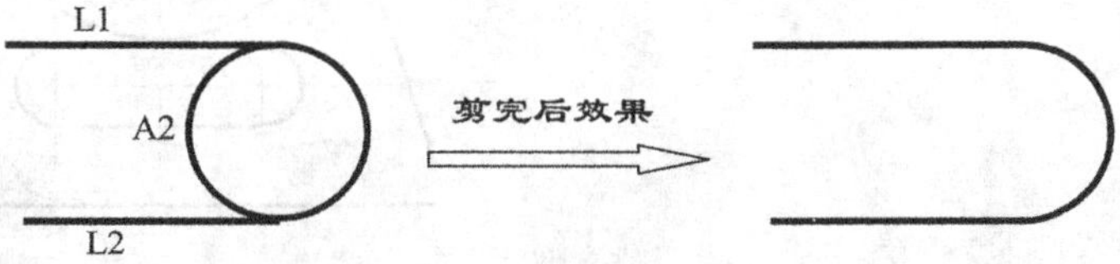


图 9-17　断开弧线

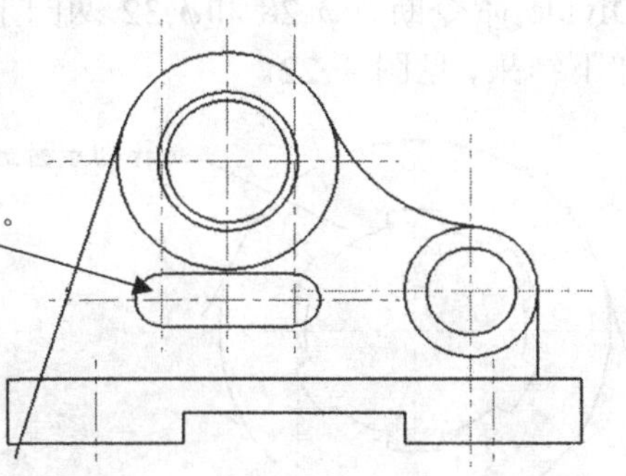


图 9-18　修剪后效果

G. 画出花键孔

思路：因为每一花键槽的宽度为 7，所以先将垂直中心线向左和向右各偏置 3.5，得两条辅助线，与$\phi$ 28 和$\phi$ 32 的圆相交，将交点连接起来，得到一个键槽的两边，然后删除偏置的两条辅助线，再旋转复制 5 组键槽侧边，再修剪……

作法如下：

先向左和向右偏置中心线 C1（见图 9-19）——方法参见本例中（2）中的 G 或 I 步，得到四个交点 A、B、C、D，结果如下

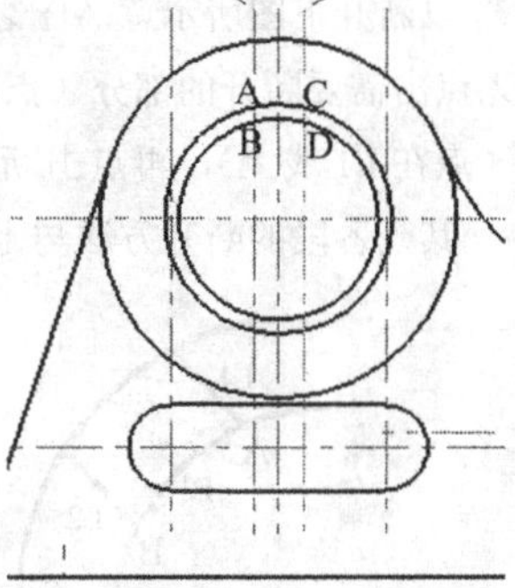


图 9-19　偏置得到辅助线

用 Create\Line\Endpoints 命令连接 AB 和 CD，

得到两段短短的直线（是键槽的两侧）；

删除偏置得到的两条线，此时结果如图 9-20 所示。

旋转复制刚得到的两段短线（复制数量为 5 组，加上本身的一组，一共 6 组），方法是：

选择 Xform\Rotate 命令→选择两条短线（如果感觉太小，可以将局部放大以便操作）→点菜单中的 Done 项→选择所在圆的中心作为旋转中心→在出现的对话框中，选中 Operation 栏内的 Copy 项，在 Number of steps 框中的值改为 5，将 Rotation angle 框中的值改为 60，点击 OK 按钮→出现结果，见图 9-21。

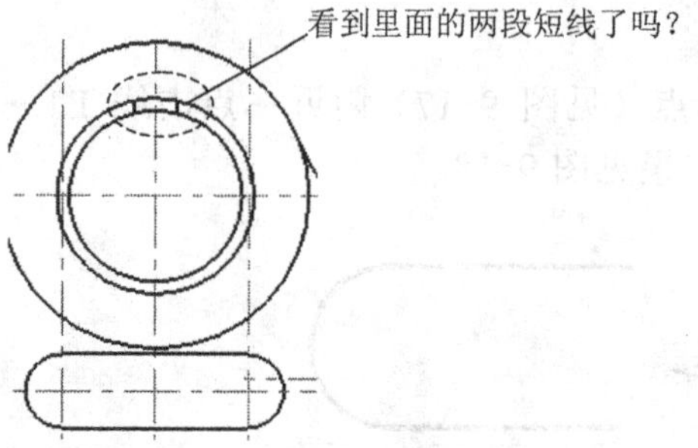


图 9-20　作出一组花键孔侧面线

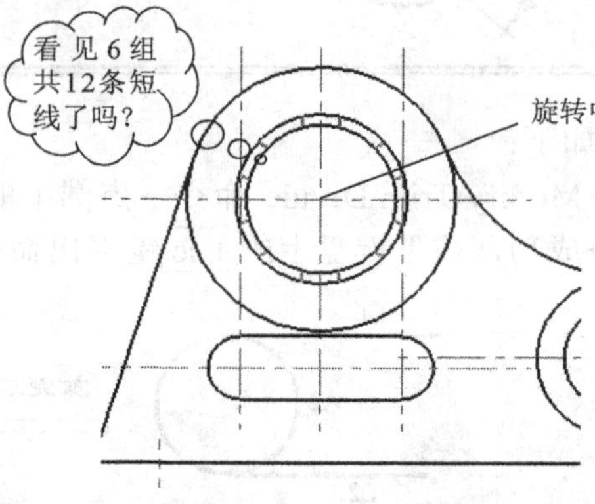


图 9-21　旋转复制得到其它花键侧面线

用 Modify\Trim\Divide 命令断开$\phi$ 28 和$\phi$ 32 两圆上的一些线段［方法参见本例（2）中的 F 步］，应得到如下结果，见图 9-22。

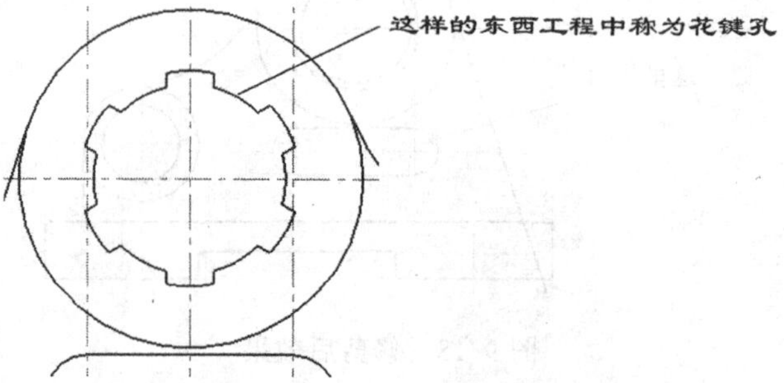


图 9-22　修剪后得到花键孔

以断开下图所示意 AB 之间的弧为例：选择 Modify\Trim\Divide 命令后，要先点击需要断开的部分（点在 AB 弧之间 P1 点附近），然后点击从哪里开始断（点在 L1 线上），再点击断到哪里结束（点在 L2 线上），则一个操作结束。

其余各段的断开方法与上类似，请自行完成，注意谨慎操作！

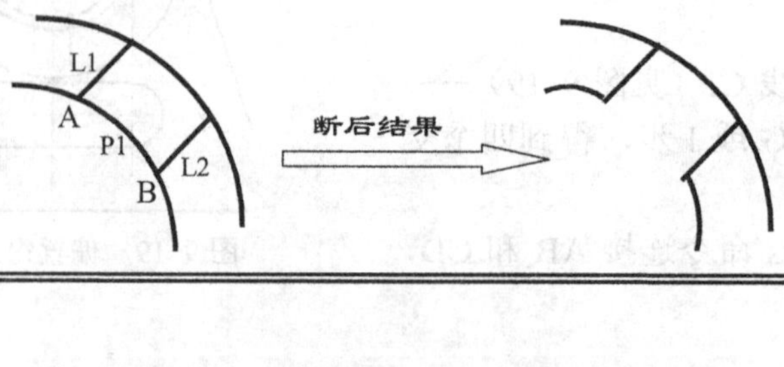

H．画出右侧的六边形

选择 Create\Next menu\Polygon 命令→出现对话框，在 Number of sides 栏中填入 6，在 Radius 栏中填入 10，其它不变，点 OK 按钮退出对话框→在图中捕捉右边 $\phi$20 圆的中心→成功，按键盘上的 Esc 键退出该命令，结果如图 9-23 所示。

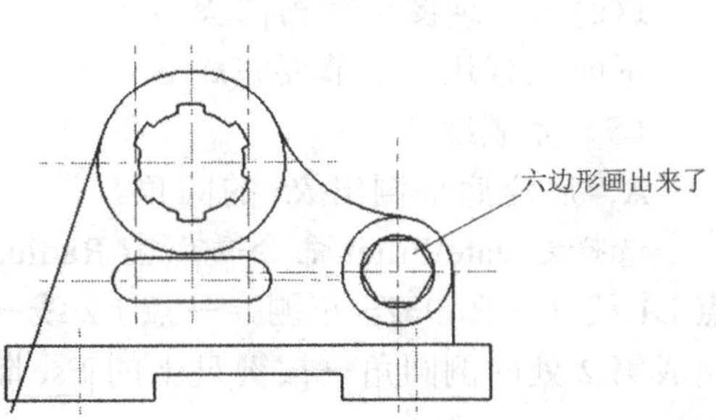


图 9-23　画出六边形

可见：图形已“初具规模”，主要的线条都已画出，下面要对图形进行修饰，然后处理图形的细节部分。

（4）修饰图形

A．用修剪命令剪掉上面 $R$25 圆、右侧 $R$15 的圆、斜线的多余部分。

选择 Modify\Trim\1 entity 命令→点 $R$25 圆上的 P1 点位置（下图左）→点斜线上 P2 点位置→圆被剪掉一截，但还有一点剩余→继续，点 $R$25 圆上的 P1 点位置→点 $R$40 圆弧上 P3 点的位置→$R$25 圆上多余部分全部被剪掉→命令继续，点 $R$15 圆上 P4 点位置→点 $R$40 圆弧上 P3 点位置→$R$15 圆的多余部分被剪掉→再继续执行命令→点斜线上 P2 点位置→点底座顶面水平线上 P6 点位置→任务完成，按下键盘上的 Esc 键退出命令→结果见图 9-24。

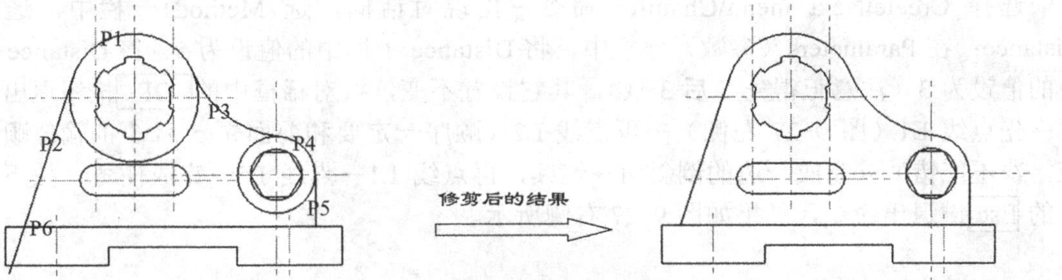


图 9-24　修剪线条

B．本步要将过长的中心线变短一些，方法是：

选择 Modify\Extend\Length 命令→在左下角弹出的输值框中输入长度–4（注意有负号，表示缩短），回车→然后，需要哪条线短一些，就点哪条线，注意一是要点在希望变短的那一侧，二是可能要点鼠标多次，一直到长度满意为止→最后结果应如图 9-25 所示。

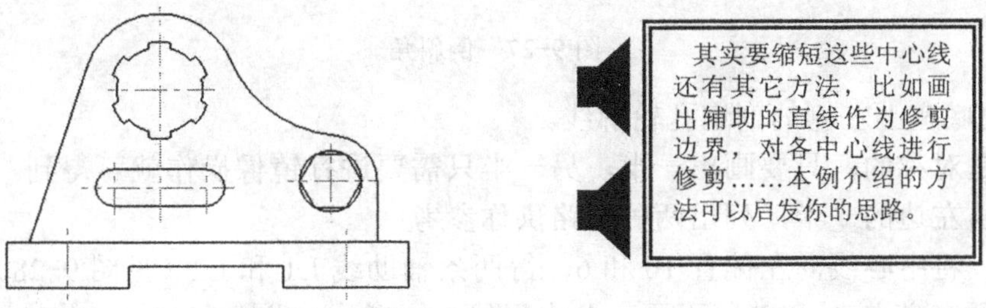


图 9-25　缩短线条

这时可发现图形变得清爽多了。

下面还有几处细节要完成。

（5）完成细节

A．底座底部倒出 *R*5 的圆角。

选择 Create\Fillet 命令→点击 Radius 项→在屏幕下面出现的输值框中输入 5 后回车→点 L1 线（见图 9-26 左侧）→点 L2 线→完成一处的倒圆角→继续，点 L2 线→点 L3 线→完成第 2 处的倒圆角→按键盘上的 Esc 键退出命令，结果如图 9-26 右侧所示。

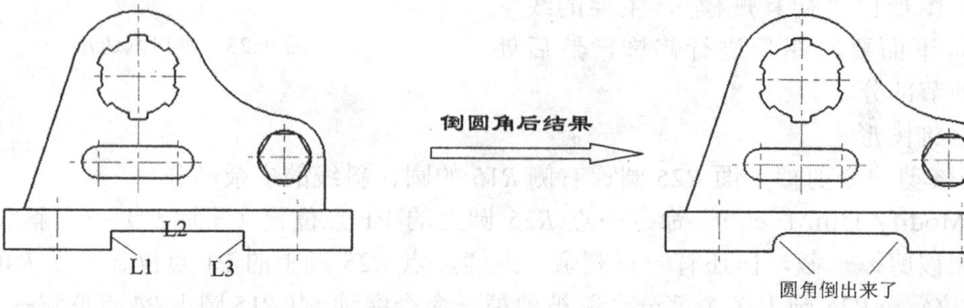


图 9-26　倒圆角

B．绘制底座顶面上 5×3 的斜角。

选择 Create\Next menu\Chamfer 命令→出现对话框，选 Method 一栏中，选中 2 Distance；在 Parameters（参数）一栏中，将 Distance 1 框中的值设为 5、将 Distance 2 框中的值设为 3（注意记得先 5 后 3 哦），其它设置不变，按对话框中的 OK 按钮退出对话框→先点线 L1（图 9-27 左侧）→再点线 L2（顺序一定要和前面先 5 后 3 的输值顺序对应，决不能错）→完成一边的倒斜角→继续，再点线 L1→点线 L3→完成任务，按下键盘上的 Esc 键退出命令，结果如图 9-27 右侧所示。

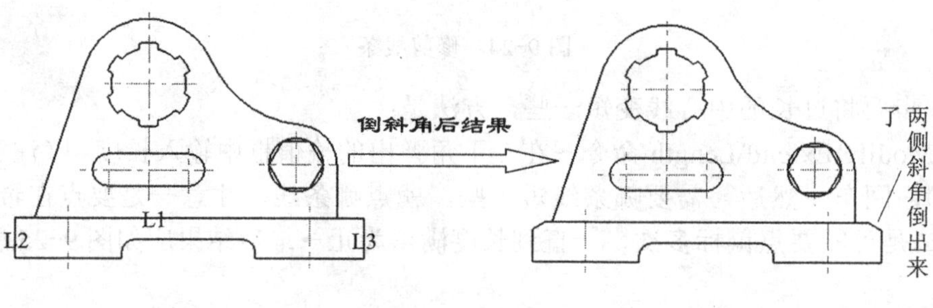


图 9-27　倒斜角

C．画出底座上左侧的剖切孔轮廓线。

这个孔是对称的，只要画出一半，另一半只需要进行镜像操作就可得到。

如何画出左边的一半，列出两种思路供你参考：

思路一：将中心线向左偏置 10 和 6，得两条辅助线 L1 和 L2（见图 9-28），它们与底座顶面和底面有交点 A 和 D；再画一条水平线 L3，其 Y 坐标为 11（15-4），长一点没关系，但位置尽量准一点，于是这条线与两条辅助线又有两个交点 B 和 C，有了这些交点，就只要用直线将 AB、BC、CD 连接起来；然后删除辅助线；修剪长出的部分，结果，嘿嘿，不用再说了吧！

思路二：利用坐标比较容易计算的特点，用相对于（Relative）功能，将图 9-28 中 AB、BC、CD 线直接画出来，而不采用辅助线。

思路一中的方法我们已经比较熟悉了，而思路二中包含了一种“不常用”（初学者常不清楚这种间接的方法）、却很好用的方法，或者说是一种思路，其实本例前面已经用到了这种方法，为了加深你的印象，这里再用此法。

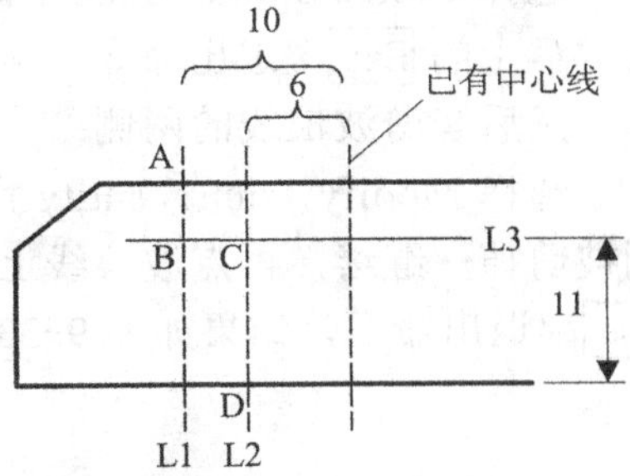

图 9-28　画孔的边线

为了方便计算坐标，我们从 D 点画起，依次画出 DC 线、BC 线、BA 线。

方法如下：

选择 Create\Line\Multi（多段线）命令→选菜单中的 Relative 项→捕捉底座左下角点（前面已选在原点位置）→点菜单中的 Polar（极坐标）项→在左下角出现的输值框中输入距离值 14（由 20-6=14 算出）后回车→在接着出现的输值框中输入相对角度 0 后回车→找到 D 点了→再点 Relative 项→点 Last（上一点，即 D 点）项→点菜单中的 Polar 项→在输值框中输入距离值 11（由 15-4 算出）后回车→在接着出现的输值框中输入相对角度 90 后回车→DC 线绘出→点 Relative 项→点 Last（即 C 点）→点 Polar 项→在输值框中输入距离值 4（由 10-6 算出）后回车→在接着出现的输值框中输入相对角度 180 后回车→CB 线绘出→点 Relative 项→点 Last（即 B 点）→点 Polar 项→在输值框中输入距离值 4 后回车→在接着出现的输值框中输入相对角度 90 后回车→BA 线绘出→按下键盘上的 Esc 键（按三次）退出命令，结果如图 9-29 所示。

下面要将 BC 线延长到中心线 L1 上。

步骤如下：

选择 Modify\Trim\1 entity 命令→点要延长的线 BC→点中心线 L1（见图 9-29）→成功，按键盘上的 Esc 键退出命令，结果如图 9-30 所示。

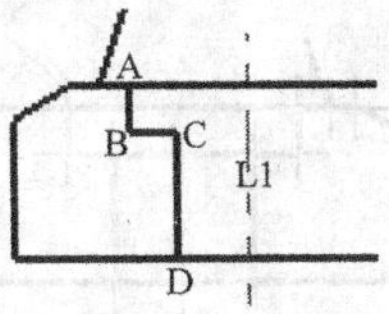

图 9-29　连接各点得直线

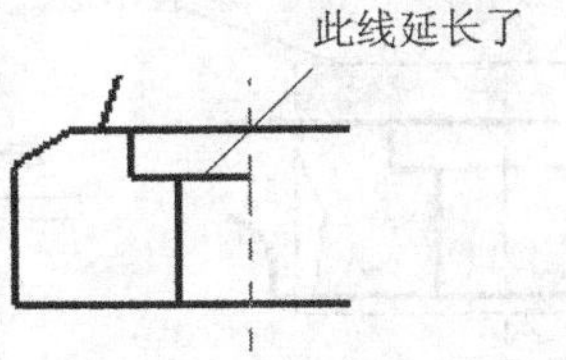

图 9-30　延伸直线

另一半用镜像命令得到，方法是：

选择 Xform\Mirror 命令→选择刚画出的 AB、BC、CD 三条线→点菜单中的 Done 项→点菜单中的 Line 项→点对称中心线→在出现的对话框中，选中 Copy 项，按下对话框中的 OK 按钮→成功，按下键盘上的 Esc 键退出命令，结果如图 9-31 所示。

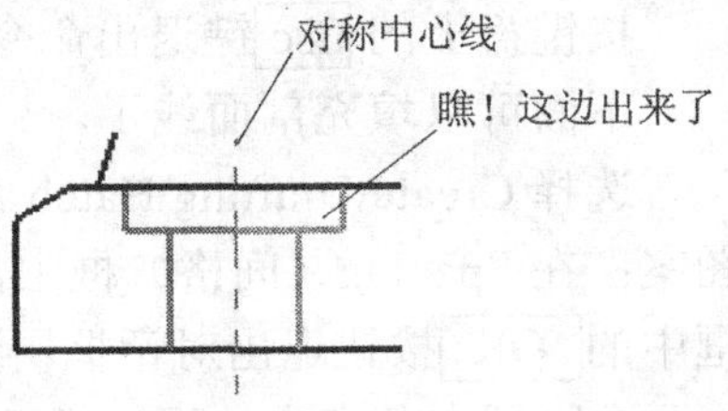

图 9-31　镜像图素

D．画出表示剖切边界的波浪线（即任意曲线）。

选择 Create\Spline\Manual 命令→按波浪线的走势点击几点，画出图 9-32 所示曲线→按键盘上的 Esc 键退出命令。

然后修剪波浪线的两侧：

选择 Modify\Trim\1 entity 命令→点波浪线上 P1 点（见图 9-32）位置→点 L1 线→上侧被剪掉→继续，再点波浪线上 P1 点位置→点 L2 线→下侧被剪掉→成功，按键盘上的 Esc 键退出命令，结果如图 9-33 所示。

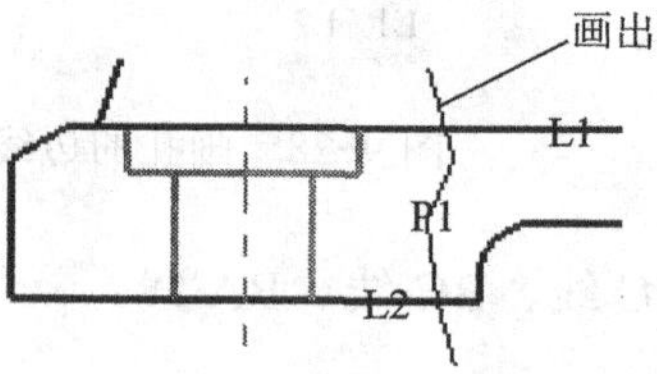


图 9-32　画任意曲线

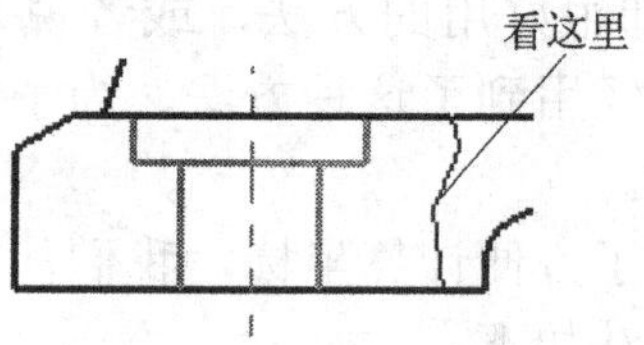


图 9-33　修剪后得波浪线

E．对剖切区域填充剖面线。

先必须对这个区域内的各相交点进行断开（Break）处理，不然，系统不能自动分辨出填充区域，从而不能绘出剖面线。

> 学过 AutoCAD 的读者，会感到 MasterCAM 在填充剖面线时要别扭得很，不过要原谅，MasterCAM 的主要目的不是要用来生成完美的图形（AutoCAD 的目的在于此），而是为了加工。

断开的操作步骤是：

选择 Modify\Break\At inters（在交点）命令→点菜单中的 Window 项→选中 In+intr 项（在内+相交，选中后该项末尾应有一个+号）→按下图所示拉出一个窗口→选菜单中的 Done 项→在各交点处会出现点标志，每个标志表示一个断点，见图 9-34。

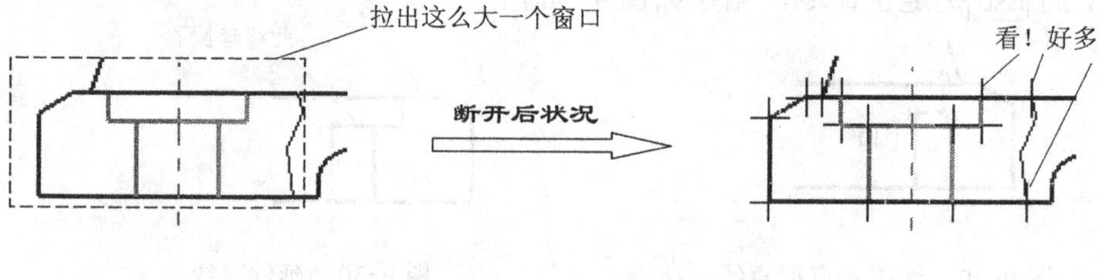


图 9-34　各线条在交点处断开

按键盘上的 Esc 键退出命令后，断点标志即会消失，但断点仍存。

下面可以填充剖面线了。

选择 Create\Drafting\Hatch 命令→出现对话框：在 Pattern（图案）一栏，选中 Iron（铁）图案；在 Spacing（间格）框中，填入 5；Angle（角度）框中，确保为 45；然后按下对话框中的 OK 按钮退出对话框→选择菜单中的 Area（区域）选项→分别在下图左所示的 A、B 两个区域中各点击一下鼠标左键→选菜单中的 Done 项→成功，结果见图 9-35。

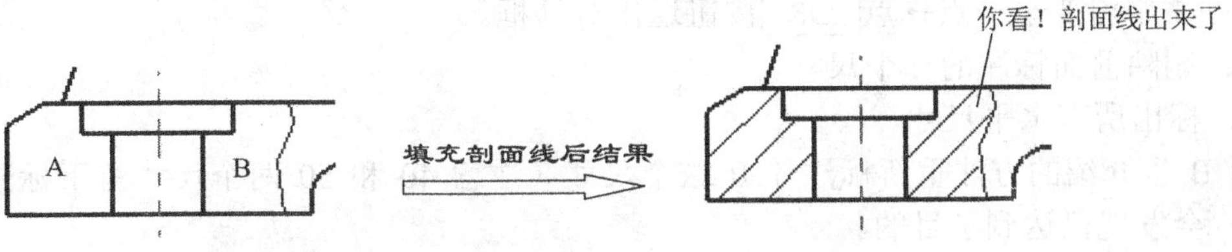


图 9-35　填充剖面线

（6）加粗各轮廓线。

本步是完成图形绘制的最后一步，除了各中心线、一条波浪线和一组剖面线之外，其余的线条全部要加粗（说明：为了使你看得清楚或者说为了图形美观，上面的各图实际上是加粗了的，你照样绘制时得到的可能还全是细线，没关系，到这一步再改）。

选择 Screen\Chg attribs 命令→出现对话框，在 Line Width 栏下的小方框中点鼠标左键，使其中出现“√”号，再按下其右边的▼展开线宽选项菜单，选择第二档宽度，按 OK 按钮退出对话框→逐一选择要加粗的各线条（你可以灵活应用你已知的方法减少点击次数、加快选择速度）→选完后按键盘上的 Esc 键退出命令，成功，最终结果如图 9-36 所示。

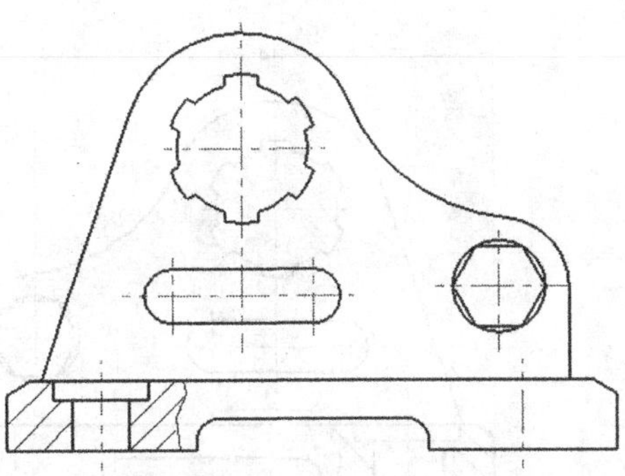

图 9-36　图形绘制完成

累了吧！存盘，休息一会，或者下次再继续完成最后的工作 —— 标注尺寸。

（7）标注尺寸。

A．先改到第 3 层；颜色改为玫瑰红色（第 13 号颜色）；线宽设为第一档（细线）。三者的设置方法本例前面均已介绍，不重复，不明处请回头学习。

B．选择 Create\Drafting\Dimension\Horizontal 命令→捕捉底座底面的左端点 A（见图 9-37）→捕捉底座底面的右端点 B→向下移动鼠标，并观察尺寸线的位置，当位置适当时点击鼠标左键→则标注出一个尺寸，见图 9-37。

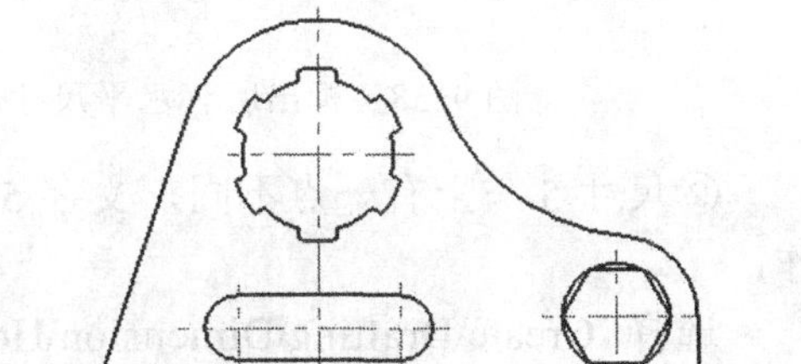


图 9-37　试标尺寸

与结果图相比较可知：系统可以自动测量出线的长度并标注出来（因为前面采用的是精确绘图），但尺寸精确到小数点后两位，所以 130 被标成了 130.00，不符合本例要求，应标出整数来，另外，与图形大小相比，标注文字显得稍大，要改小一点，其它地方还满意，所以只改动两处设置，下面看如何改变设置。

C．改变标注设置（仅将文字改小和将单位取为整数）。

选择 Create\Drafting\Globals 命令→出现有五个标签页的对话框→在第一个标签页（Dimension Attributes 标签页）中，将 Decimal Places 框中的值改为 0，则标注尺寸的单位取为了整数→在第二个标签页（Dimension Text 标签页）中，将 Text Heigth 栏内的值改为 4，则文字将变小一点→点 OK 按钮退出对话框。

D．删除前面标注的一个尺寸。

E．标出所有水平尺寸。

用 B 步介绍的方法重新标注 130 这个尺寸（注意 40 和 50 两个尺寸留下标注的位置哦!!），会发现已达到了目的。

再继续标注出本图与 130 尺寸风格相同的所有的水平尺寸（从上到下共有 50、55、20、30、40、50 六处），结果如图 9-38 所示。

几种特殊情况的处理：

①结果图中 7 这个尺寸也属于水平尺寸，可以用与上面完全一样的方法标注出来，因距离小，所以箭头会自动移出来，而文字 7 仍与 130 尺寸一样位于尺寸线中间，结果如图 9-39 所示。

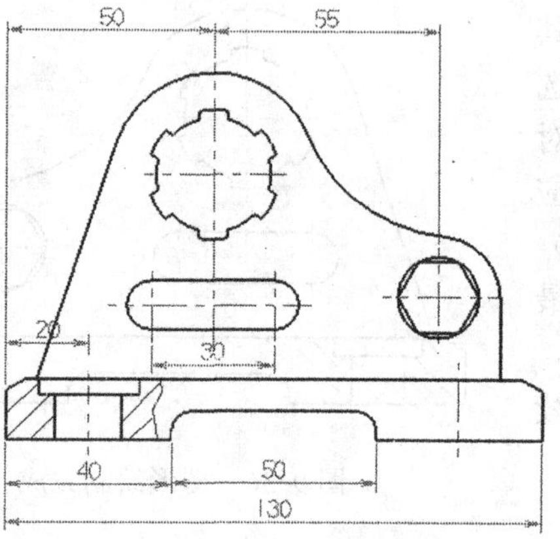


图 9-38　标出所有水平尺寸

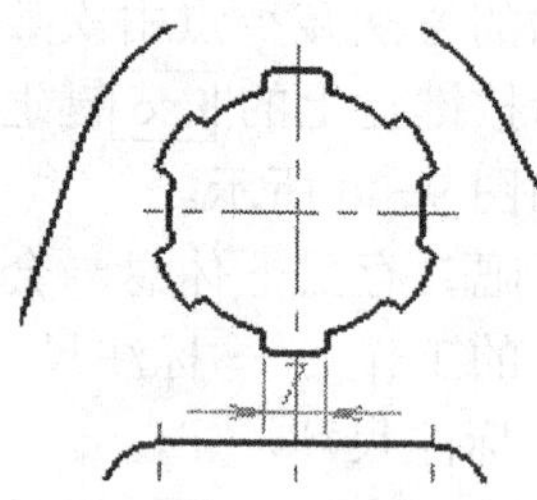


图 9-39　小尺寸的标注

②尺寸 5 与上有一点不同，文字 5 是在尺寸界线外面，要标出这个尺寸，可以这么操作：

选择 Create\Drafting\Dimension\Horizontal，进入标水平尺寸的命令后→先后捕捉到要标注尺寸的两个端点→移动尺寸到适当的位置→这时屏幕上方会出现一行快捷工具，请注意第 3 项是（C）tr（这一项可以改变文字的放置位置）→按下键盘上的 C 键，你就可以发现：左右移动鼠标，文字就可以自由放置了，当位置满意时，点击鼠标左键，则该标注完成，结果如图 9-40 所示。

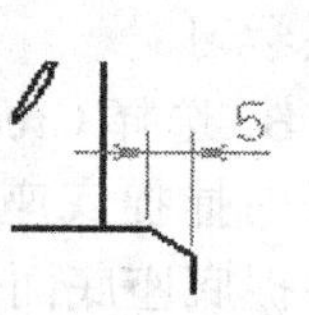


图 9-40　自由确定文本的位置

③$\phi$20 尺寸的标注。

这个标注在文字前有符号“$\phi$”，本来，如果图素是圆或弧，系统能够自动识别出来，当采用直径标注方法时，会自动给文字加一个前缀“$\phi$”的（后面就可以知道了），但本标注却是从侧面看“圆”，所以系统识别不出来，这种情况工程图中很常见，这时就要你亲自给它加前缀了。方法如下，仍采用水平标注，只是中间要“作点手脚”。

选择 Create\Drafting\Dimension\Horizontal 命令→先后捕捉该标注的两个端点→移动到适当的位置，此时会在屏幕上方出现快捷工具条，注意其中的（D）ia 项→按下键盘上的 D 键，你可发现文字 20 前立即多了一个“$\phi$”符号→将标注移到适当位置后点鼠标左键→则本标注完成，见图 9-41。

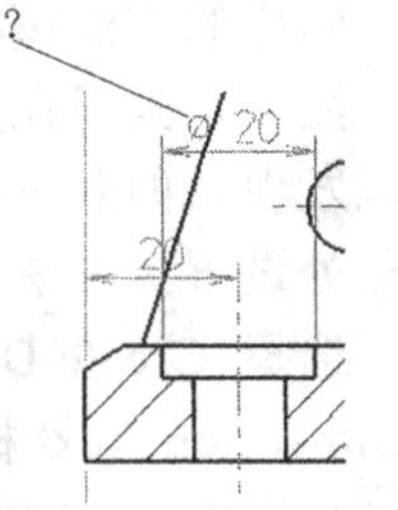


图 9-41　标注纵剖面的直径

用同样的方法完成它下面的“$\phi$12”的标注。

F．标注所有垂直方位的尺寸。

以标注左侧 65 尺寸为例，方法如下：

选择 Create\Drafting\Dimension\Vertical 命令→捕捉该尺寸的一个端点 A（图 9-42）→捕捉该尺寸的另一个端点 B→移动鼠标，当观察尺寸的标注位置满意时（注意给 15 和 4 两个尺寸留一点位置），按下鼠标左键→则尺寸标出，结果如图 9-42 所示。

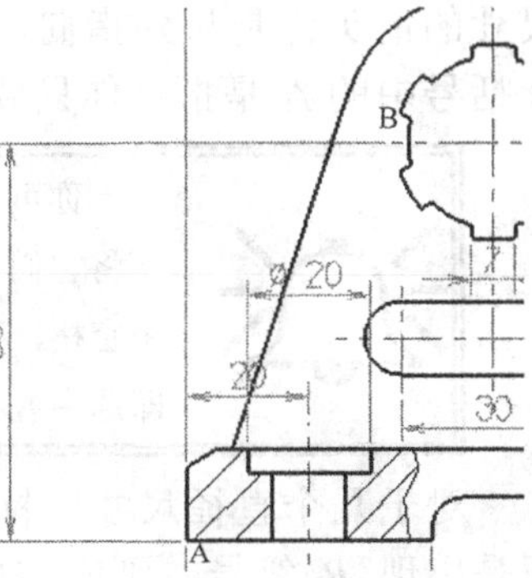


图 9-42　标注垂直方位的尺寸

用同样的方法标注出与 65 尺寸风格相同的所有垂直尺寸，共有 15、32、30 三处。

几种特殊情况的处理：

①底座下面的尺寸 7，仍是垂直尺寸，但箭头是从外指向里面的，这个风格与前面几个尺寸不一样，但因位置很窄，明显放不下两个箭头，这种情况下，若仍采用上面的标注方法，系统可以自动将箭头移至外面，所以本尺寸的标注方法与前面四个尺寸的完全一样。

②左侧的尺寸 4 和右侧的尺寸 3 与刚标注的尺寸 7 仅一点不同 —— 文字没有标在中间，而是放在尺寸线外面了，要达到这个效果，只需在命令执行过程中多作一项工作。

以标注尺寸 4 为例，方法是：

选择 Create\Drafting\Dimension\Vertical 命令→先后捕捉该尺寸所需要的两个端点 A 和 B（见图 9-43）→移动鼠标→此时会在屏幕上方出现快捷工具条，注意其中的（C）tr 项→按下键盘上的 C 键（表示选中了该项）→则文字立即变得可以自由确定位置的了→当文字和标注移动到合适位置时，按下鼠标左键→则该尺寸标出。

同样的方法标注出尺寸 3，（其实这时已用不着按键盘上的 C 了，系统能够自动记住上次的设置，所以上次的设置对本次仍然有效）。

这时的图形结果如图 9-43 所示。

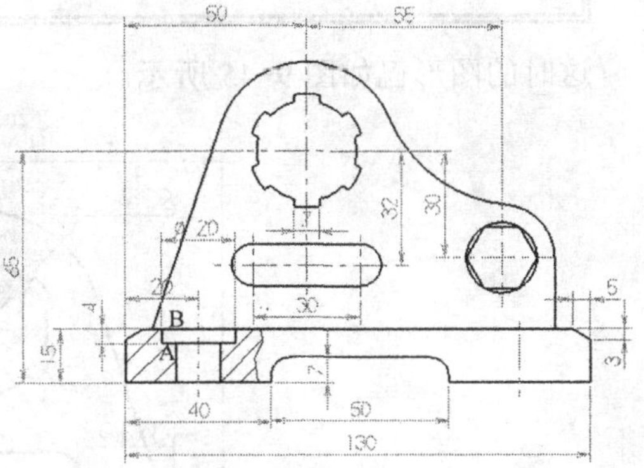


图 9-43　标注结果

G．标注出所有的直径和半径尺寸。

以标注底座下方 $R$5 尺寸为例，方法是：

选择 Create\Drafting\Dimension\Circular 命令→点中要标注的圆弧段→移动鼠标到适当位置→点击鼠标左键→则尺寸标出，结果如图 9-44 所示。

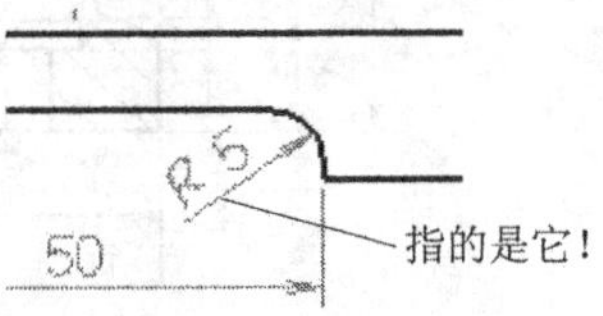


图 9-44　标半径尺寸

同样的方法可标注出右上侧的 *R*40，

注意！到现在为止，所有的标注文字全部与所在位置的尺寸线平行，但观察结果图，可以发现后面剩下的标注中，不论尺寸线如何倾斜，文字都是水平摆放的了，所以又要改动一处设置，方法是：

选择 Create\Drafting\Globals 命令→出现有五个标签页的对话框→选中第二个标签页（Dimension Text 标签页）→将下面中间的 Text Oruentation 栏中的 Unidirectional 项选中→按 OK 按钮退出对话框。于是以后的标注中文字将都是水平放置的，直到重新设置为止。

下面，可以按照标注 *R*5 一样的方法标注出 *R*25、*R*15、*R*6 来，但注意，这三个半径尺寸的箭头都是从外指向内的，这只要在出现快捷工具条时，选中其中的（A）rrows 项（括号中的 A 是指示你只要按下键盘上的 A 键就可选中该项），就可使箭头的指向改变。

> 你可能注意到：R 和后面的文字之间有一个间隙，其实是系统默认状态下将它们之间加了一个空格符号，这不符合我国标准习惯，如果你要去掉这个空格，可以在出现快捷工具条时，选中（T）ext 项（按下键盘上的 T 键即选中），在弹出的文字编辑对话框中，删除中间的空格符即可。

对于几个直径尺寸，标注方法同上面的半径尺寸标注，但如果不能自动出现$\phi$符号，而是出现 *R* 符号，则应在出现快捷工具条时，选择其中的（D）ia 项（按下键盘上的 D 键即表示选中），你就可以看到变为标注直径了。

> 这里也常容易出这样的问题：箭头从外指向内时，总是只看到一边有箭头，而另一边没有，可以这样解决——在出现快捷工具条时，选择其中的（G）lobals 项（按下键盘上的 G 键即表示选中），弹出对话框，选择 Leader/Witness/Arrows 标签页，在 Leaders 栏中，将 Visable Leaders 设置为 Both，然后按 OK 按钮退出对话框，则可发现问题得到解决，两个箭头都可见了。

这时的图形已如图 9-45 所示。

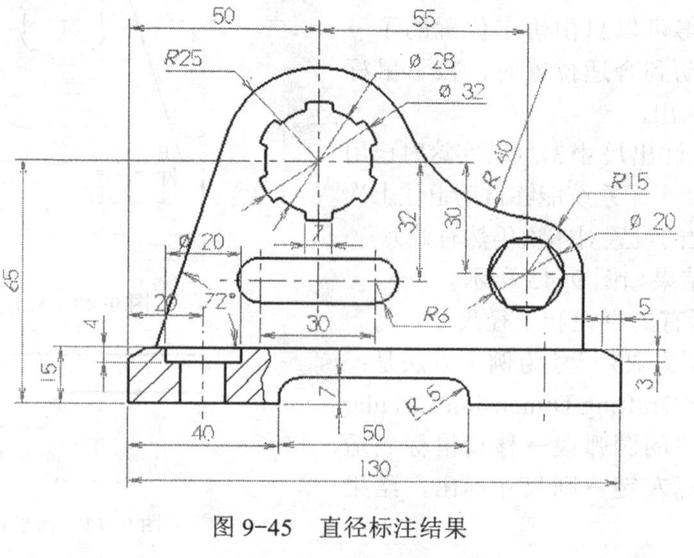


图 9-45　直径标注结果

只剩下一个角度尺寸没有标注了。

H. 标注出 72° 的角度尺寸。

这个标注又有点与众不同 —— 文字将尺寸线分为两截，而前面的所有标注中，尺寸线都是一条完整的线，没有被断开。因此，要达到结果图中的效果，又要改设置了，方法是：

选择 Create\Drafting\Globals 命令→弹出对话框→选择 Leader/Witness/Arrows 标签页→在 Leaders 栏中，将 Leader Style 设置为 Standard，按 OK 按钮退出对话框→设置完成，以后的尺寸线就是分开的了（这种模式称为标准模式 Standard）。

> 其实，在标注过程中，当出现快捷工具条时，选择其中的（G）lobals 项（按下键盘上的 G 键即表示选中），也会出现与上一模一样的对话框，同样可以改变各项设置。

标注角度尺寸的过程如下：

选择 Create\Drafting\Dimension\Angular 命令→点击线 L1（见图 9-46）→点击线 L2→可以发现出现的尺寸为 72.0°，自动取了一位小数，不符合要求，所以选择此时出现的快捷菜单中的（N）um 项（按下键盘上的 N 键则选中）→在屏幕下方出现的输值框中输入 0 后回车→则标注文字变为 72°，符合要求→当标注位置满意时按下鼠标左键，标注完成，结果如图 9-46 所示。

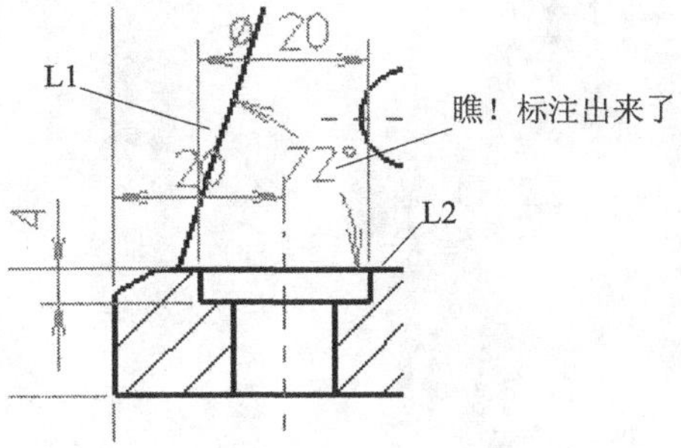


图 9-46　标注角度尺寸

至此，所有的标注工作完成，大功告成，最终结果如图 9-47 所示。

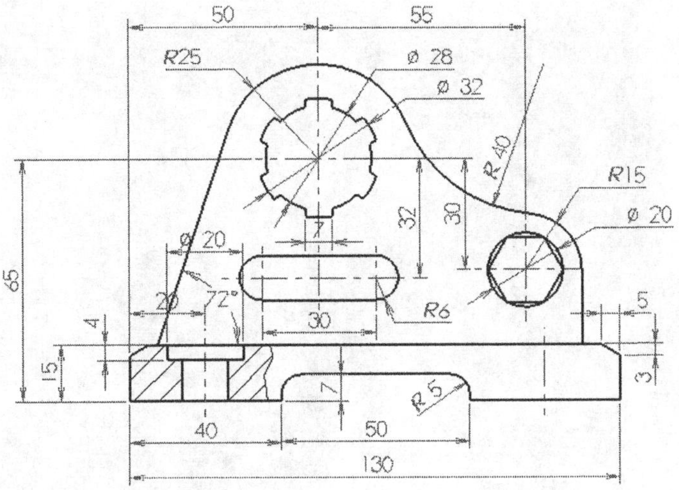


图 9-47　最终结果

你可以与本例最开始的样图做个比较。可能发现前者好像精细一些、美观一些，其实，只要再改几个设置（如箭头类型、文字类型等），用 MasterCAM 软件画出的图一样可以很精细。

有些先学 AutoCAD 后学 MasterCAM 软件的学员常感觉 MasterCAM 软件绘图不如 AutoCAD 软件绘图那么如意，其实这主要是习惯问题，我的感觉是两者各有千秋，有一些方面 MasterCAM 比 AutoCAD 做得还好、还细致一些，但也有一些方面确实不如 AutoCAD 方便。当然，AutoCAD 软件的主要目的是绘图，因此生成工程用图的所有功能（主要指绘图和标注）都很齐备，而 MasterCAM 中绘图功能也很强，目的是为了生成针对这个图形的加工程序（NC 程序），但对图形进行标注方面就弱一些，比如标注形位公差就难办；还有对颜色、线型等工作环境的设置时，也不像 AutoCAD 中那样灵便，要改来改去，比较繁琐，AutoCAD 中，可以将它们设置为“随层”（By layer），只要层改了，颜色和线型也随之改变。……

好，本次练习就到这，最后请记得保存你的作品。

# 第 10 章　三维曲面造型

曲面造型一度是 MasterCAM 的强项，至今谈起曲面造型仍让许多人自然联想到了 MasterCAM。7.0 版之后引入的实体造型功能，扩展了 MasterCAM 的三维造型能力。两者互为补充，使造型操作更加随心所欲。

曲面的创建和曲面的编辑命令全部在 Create\Surface 下，查找起来很方便（图 10-1）。

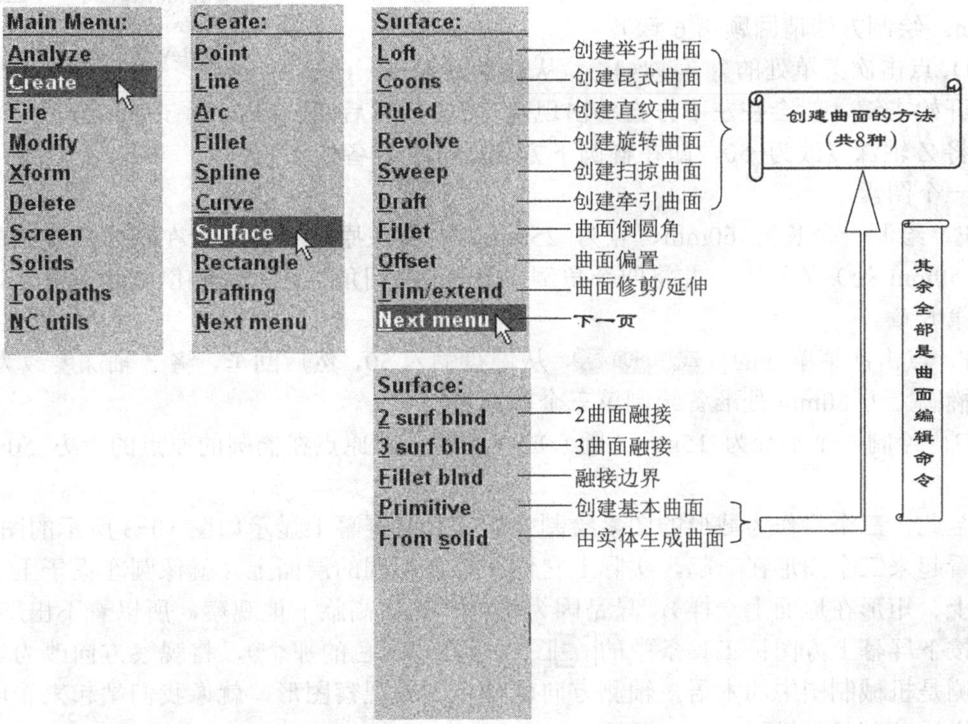


图 10-1　创建曲面命令位置及功能

## 10.1　曲面创建

### 10.1.1　创建举升曲面（Loft）

可将多个截形（截面形状简称为截形，后同）按一定的算法顺序连接起来形成曲面，该曲面一定是通过每一个截形的，由此生成的曲面称为举升曲面。

后面要讲的直纹曲面与之类似，不同之处是举升曲面中每个截形之间用若干曲线相连，而直纹曲面中每个截形之间用直线相连，你可以注意观察一下。

举升曲面的创建方法见实例 10-1。

**【实例 10-1】**创建三个平行的截形，然后用它们来生成举升曲面 —— 得到一个圆口、椭圆腰、矩形底的瓶状曲面。

操作步骤：

1. 创建三个平行的截形

A. 打开 MasterCAM 软件，或用 File\New 新建图形（为的是采用系统的原始设置，避免受到更改设置的影响）。

B. 确保次菜单中 Cplane 项为 T（顶面），Z 轴深度为 0，如图 10-2 所示。

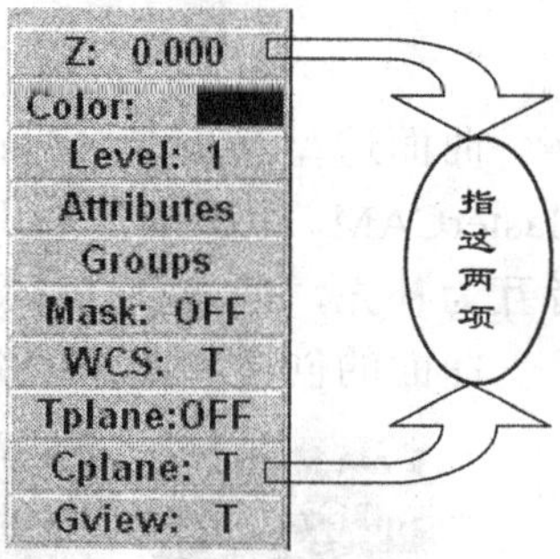


图 10-2　设置构图平面和构图深度

C. 用 Create\Next menu\Ellipse 命令绘制一个椭圆（X 轴半径为 50mm，Y 轴半径为 20mm，位置放在原点 —— Origin。绘制方法请回顾第 6 章）。

D. 点击次菜单处的 Z: 0.000 ，从键盘输入-50（只要一开始击键，就会在左下方自动出现输值框），然后回车，将 Z 轴深度改为-50，即在椭圆下方 50mm 处准备绘制下一个图素。

E. 绘制一个长为 60mm、宽为 25mm、中心在原点（此原点在刚才的椭圆的原点的下方 50mm 处）的矩形，并将四个角倒出 5mm 的圆角。绘矩形和倒圆角的方法请回顾前面的第 6 章。

F. 点击次菜单处的 Z: 0.000 ，从键盘输入 50，然后回车，将 Z 轴深度改为 50mm，即在椭圆上方 50mm 处准备绘制第三个图素。

G. 绘制一个半径为 15mm、圆心放在原点（此原点在椭圆的原点的上方 50mm 处）的圆。

至此，三个将作为截形的图素绘制完毕，此时屏幕上显示如图 10-3 所示的图形。

看起来三个图形在一起，实际上它们三个在不同的层面上（就像圆在桌子上、椭圆在凳子上、矩形在地面上一样），只是因为目前你是居高临下地观察，所以看不出层次而已。

按下屏幕上方图标工具条中的图标（左边绿色的那个），将观察方向改为轴测方向（轴测是机械制图中的术语，轴测方向就是从侧面观察图形，就像我们站起来看电脑显示器一样），则图形显示如 10-4 所示。

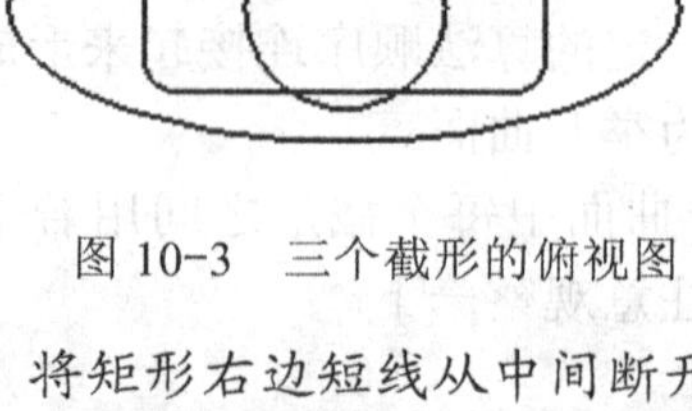

图 10-3　三个截形的俯视图

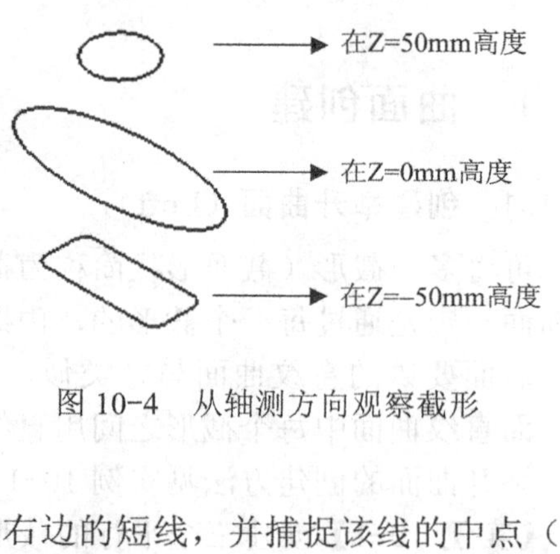


图 10-4　从轴测方向观察截形

2. 将矩形右边短线从中间断开

选择 Modify\Break\2 Pieces 命令，再选择矩形右边的短线，并捕捉该线的中点（详细操作方法见前），于是该线在中点被断开。

为什么要断开呢？请看下面的解释：

创建举升曲面时，要求选择的各个截形要同起点、同方向（到时会出现箭头供你判断的），否则，生成的曲面会发生扭曲现象，使曲面失真，特别是方向若不同向，生成的曲面甚至会扭曲得“惨不忍睹”。此例的矩形，如果不做本步的打断工作，后面生成的曲面还只会稍微有点扭曲，不仔细看可能还发现不了。

要注意养成习惯，使各截形“同步、同向”，切记！

后面的几种曲面创建时也要注意此问题。

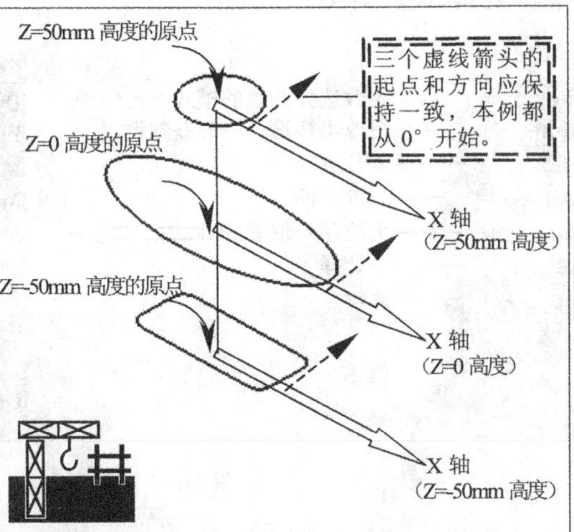


此时可以换一个层，然后在新层上生成曲面。

3．创建举升曲面

A．选择 Create\Surface\Loft 命令。

B．菜单处提示选择截形 1（见图 10-5）。

用鼠标选择矩形，注意鼠标点在刚断开的位置附近；

这时矩形会变色，同时在断点处出现箭头，如图 10-6 所示。

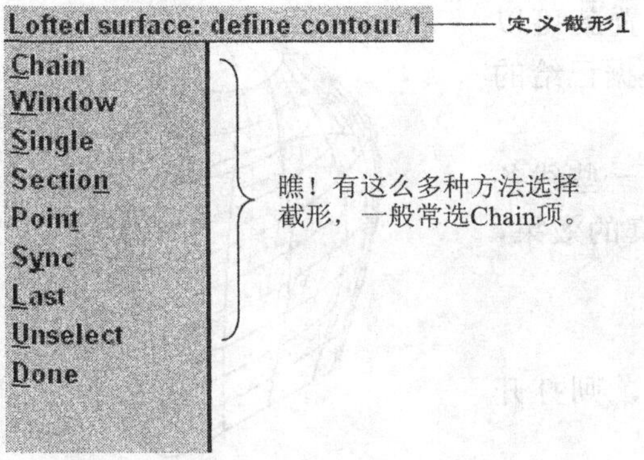


图 10-5 选择菜单

图 10-6 注意方向箭头

注意并记住这个箭头的起点和方向，后面选择的两个截形的起点和方向要与它一致，否则生成的曲面会出问题。

如果不满意这个起点和方向，可以选择此时出现在菜单中的相应选项进行修改（见图 10-7）。

如果同意这个起点和方向，则点击菜单中的 Done 项。

C．提示选择截形 2 —— 点选椭圆，注意起点和方向要与矩形的一致。

D．提示选择截形 3 —— 点选圆，注意起点和方向要与矩形的一致。

E．按下菜单中的 Done 项（此时的提示其实是“选择截形 4”……，别理它），则三个截形选择完毕。

F．这时菜单处提示如图 10-8 所示。

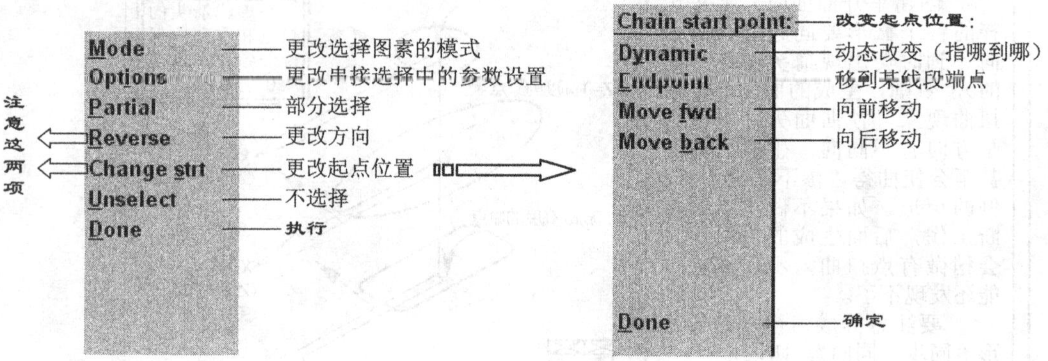


图 10-7　改变参数

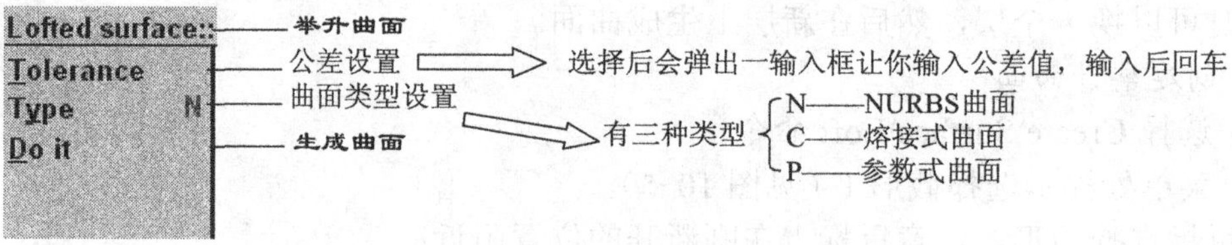


图 10-8　创建曲面设置

一般情况下，不需改变设置，使用默认设置就可以了，所以直接按下菜单中的 Do it 项，则系统根据已给的各个条件进行计算，得到曲面。

生成的曲面如图 10-9 所示，目前还只用了一些线条来“勾勒”出曲面的大致形状，要想看到更逼真的效果，需要进行着色处理。

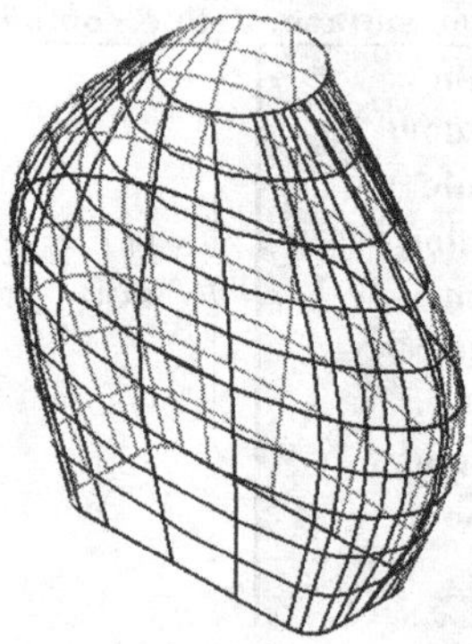

图 10-9　创建出的举升曲面线框

4．对曲面着色

A．按下屏幕顶端图标工具条中的图标，则打开如图 10-10 所示的着色对话框。

该对话框中各项内容在系统规划（Screen\Configure）一节中已作详细介绍，此处只作相关设置。

B．先要选中顶行的 ☑ Shading acti 项（打 √ 即为选中），则对话框中所有项目均可进行设置。

C．如果当前颜色是你满意的颜色，可选中 Original color（当前颜色）项。

如果当前颜色不是你满意的颜色（如黑色或白色），可选中 All 1 Color（全部用一种颜色）项，再点击该项右边的按钮，在弹出的颜色选择对话框中选择一种你喜欢的颜色。

以上两种都是给曲面赋颜色，此外，还可以给曲面赋以材料（不同的材料本身是有不同的颜色的），也可以得到真实感效果。

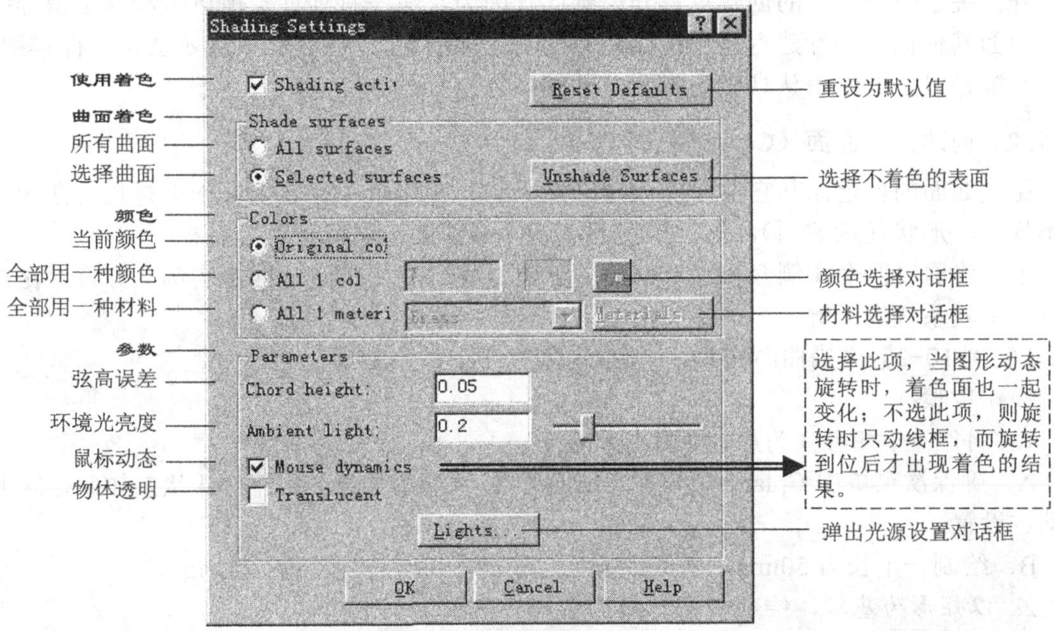

图 10-10 着色参数设置对话框

其它选项你可以根据解释一一试验，不难理解。

D．设置好后，按下着色对话框中的 OK 按钮，则出现经过着色处理的曲面，如图10-11所示。

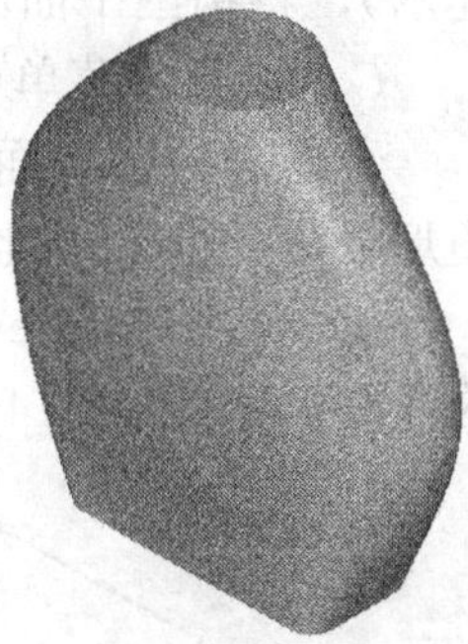
图 10-11 曲面着色后的效果

你可以按下屏幕顶端图标工具条中的图标，然后用鼠标拖动图形，就可以从多个角度欣赏曲面了（最后可以点图标恢复到开始时的观察角度），你可以发现这个曲面两边都是空的（后面会介绍封口，此处友情提示一下：选择 Create\Surface\Trim/extend\Flat blnd 命令，点矩形边线，再点 Done，然后点 Do it，这时看看瓶子有底了没有）。

注意观察一下曲面，看看是不是经过了指定的三个截形，从任意角度看，两截形之间是不是用曲线（而不是直线）联系起来的呢？这就是举升曲面的特点。

【思考并试验 1】如果选择截形时的顺序改变一下（如先选椭圆，再选圆，然后选矩形），最后生成的曲面会是什么样呢？—— 可能令人啼笑皆非吧，所以截形选择的顺序也是至关重要的，影响到曲面的形状。

截形可以很多，耐心的话，你可以用这种方法得到形状非常复杂的“瓶子”表面。

【思考并试验 2】受到上例的启发，是不是可以画出一个图 10-12 所示的“火锅”状的曲面来呢？注意圆的大小和截形选择顺序哦！

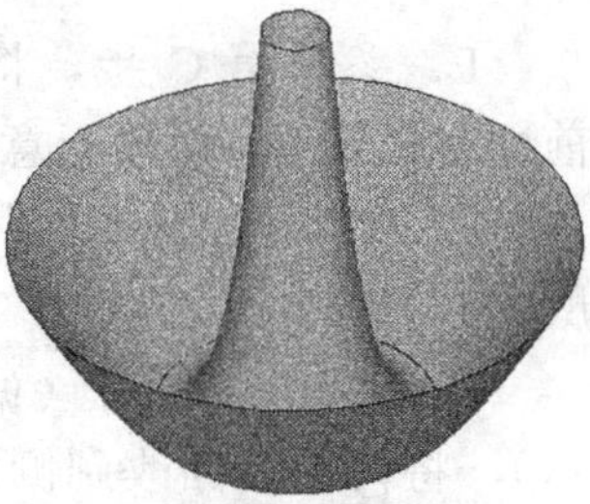
图 10-12 练习图例

好，关于举升曲面的创建过程介绍到此，因为是第一种曲面，所以过程介绍得详细一些，后面其他曲面的创建有些过程是相同的（比如着色、观察等），就不会再这样详细了，可能一笔带过，所以请认真做完本例，并细心领会过程。

### 10.1.2　创建昆式曲面（Coons）

昆式曲面的创建比其它曲面的创建麻烦一些，变化较多。它擅长于创建自由曲面（曲面不规则，形状任意的面），如被（盖的被子）形曲面、鼠标顶面、鞋模表面等。

下面将通过四个实例介绍昆式曲面的创建过程，相信学完这四个实例，你将对昆式曲面有一个较系统的了解。

**【实例 10-2】**昆式曲面初步 —— 自动创建一个被形曲面

操作步骤：

1. 制作一个矩形（为后续工作做准备）

A．确保次菜单中 Cplane 项为 T（顶面），Z 轴深度为 0（软件默认状态如此，除非你改动过设置）。

B．绘制一个长为 50mm，宽为 35mm 的矩形，中心放在原点（Origin）。

2. 以矩形为基准，绘制四条曲线

A．按下图标，将观察角度改为轴测状态，此时图形如图 10-13 所示。

B．按下图标（偏右蓝色的那个，鼠标移动到该图标上，将出现 Cplane-Front 的提示），将构图平面改到前面。

C．按下次菜单中的 Z: 0.000 项，然后点击上图所示的 A 点。

于是，构图平面就改到了过 A 点且与矩形垂直、过 AB 线的平面上，下一步所做的图形必在此面上，此时 Z 轴深度会变为 Z: 17.500 。

D．选择 Create\Spline\Manual 命令，手工创建一条起于 A 点、终于 B 点、形状任意的曲线，如图 10-14 所示（不必与我的一样）。

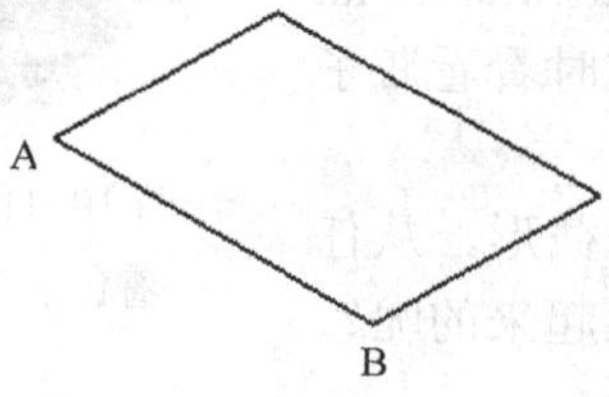


图 10-13　轴测方向观察的矩形

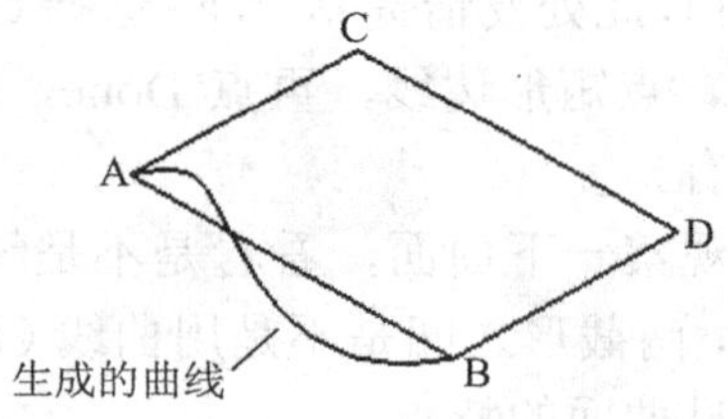


图 10-14　在过 A 点的前平面上画曲线

E．参考第 C 步，将构图深度 Z 改到图 10-14 中的 C 点（构图平面不要改变，仍为前面（Front），如果无意中变化了，要按第 B 步的方法改回来）。

F．参考第 D 步，手工创建一条起于 C 点、终于 D 点、形状任意的曲线，如图 10-15 所示。

G．按下图标（偏右蓝色的那个，鼠标移动到该图标上，将出现 Cplane-Side 的提示），将构图平面改到侧面。

H．按下次菜单中的 Z: -17.500 项，然后点击上图所示的 B 点。

于是，构图平面就改到了过 B 点且与矩形垂直、过 BD 线的侧平面上，下一步所做的图形必在此面上，此时 Z 轴深度会变为 Z: 25.000 。

I. 选择 Create\Spline\Manual 命令，手工创建一条起于 B 点、终于 D 点、形状任意的曲线，如图 10-16。

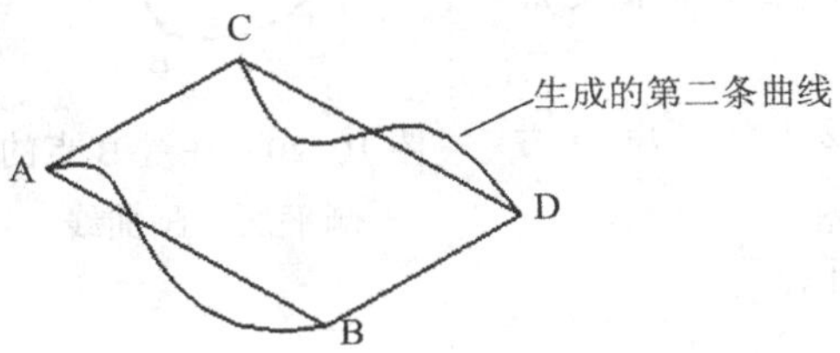


图 10-15　在过 C 点的前平面上画曲线

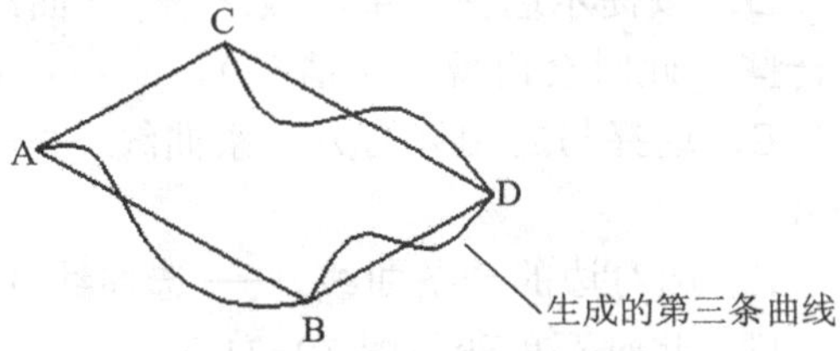


图 10-16　在过 B 点的侧平面上画曲线

J. 参见第 H 步，将构图深度 Z 改到 A 点（构图平面不要改变，仍为侧面 Side，如果无意中变化了，要按第 G 步的方法改回来），此时 Z 轴深度会变为 Z: 25.000 。

K. 参考第 I 步，手工创建一条起于 A 点、终于 C 点、形状任意的曲线，如图 10-17 所示。

L. 删除矩形，留下四条曲线，准备创建昆式曲面。

你还可以在此时改到另一个层去，在新的层内创建曲面。

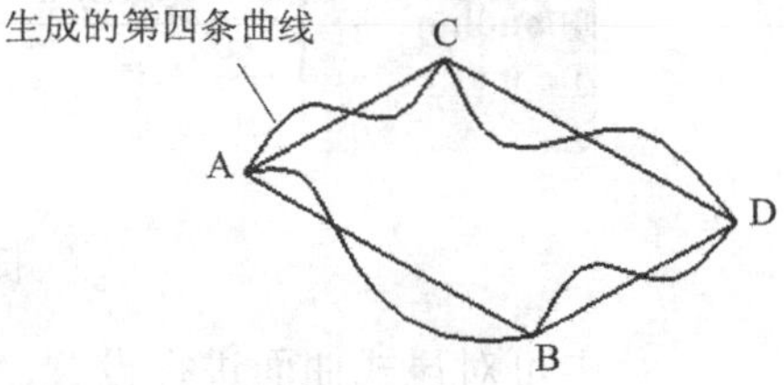


图 10-17　在过 A 点的侧平面上画曲线

3. 由四条曲线创建昆式曲面

A. 选择 Create\Surface\Coons 命令。

B. 弹出一个如图 10-18 所示的对话框。

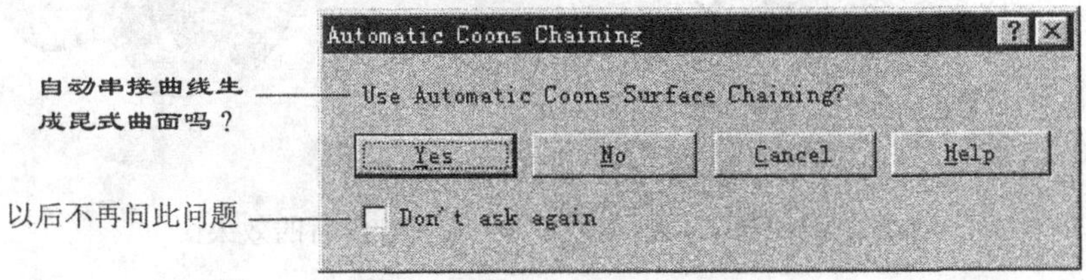


图 10-18　询问框

点击其中的 Yes 按钮，表示让系统自动通过对四条曲线的熔接生成昆式曲面。

C. 此时菜单处的提示如图 10-19 所示。

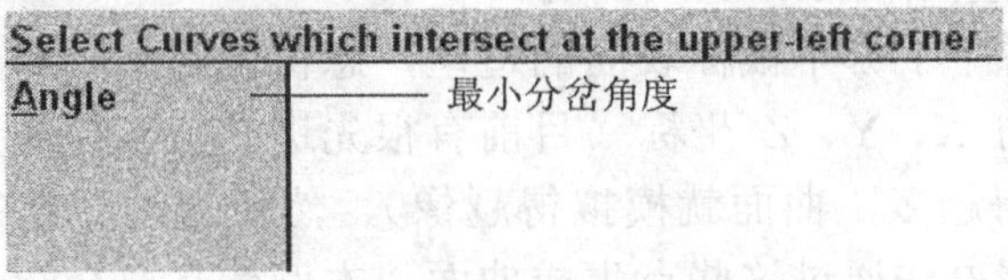


图 10-19　参数设置

你可以直接点击曲线开始曲面的创建工作，但有时要先改变 Angle（分岔角度）的大小（默认值为 30°），因为两条曲线之间的角度如果小于设置的分岔角，将被认为“太尖”，系统内的算法将计算不出结果，因而就不能生成曲面，所以只有在你感觉某两条曲线挨得太近时，才可能需要改变 Angle 的设置，本例不作更改，你可以跨过此步。

D．按提示选择一条曲线 —— 选曲线 1（图 10-20 中靠交点 B 一些，此时会出现一个箭头）。

E．选择与之相邻的另一条曲线 —— 选曲线 2（靠交点 B 一些）。

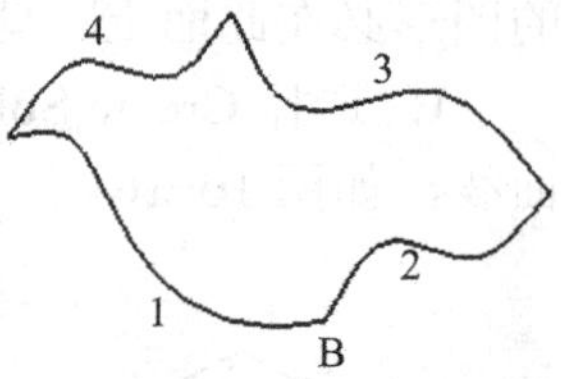


图 10-20　在过 B 点的侧平面上画曲线

F．选对边的一条曲线 —— 选曲线 3 或 4 均可。

G．此时菜单变为图 10-21 所示。

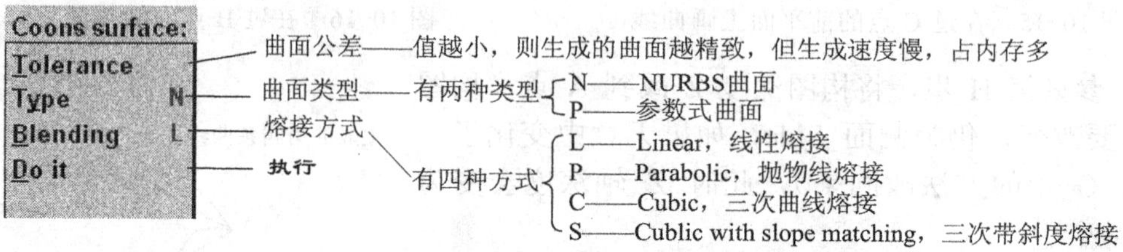


图 10-21　生成曲面参数设置

从中可对昆式曲面进行设置，本例使用默认设置，不做修改，直接点击其中的 Do it 项。

H．此时可发现曲面已经生成，只是用若干线条表示而已，如图 10-22a 所示。

I．按下屏幕顶端图标工具条中的图标，进行着色处理（方法见举升曲面创建中的实例），处理后的昆式曲面如图 10-22b 所示。

a）　　b）

图 10-22　创建的昆式曲面

a）生成的昆式曲面的线框图　b）着色后的效果图

是不是像一床被子呢？

这样的曲面用其它方法是无能为力的，或者很困难，而用昆式曲面的方法却很容易做到，只要有四条首尾相接的曲线，就可以用上面的办法创建出一个昆式曲面来。

**【实例 10-3】** 按测量出的坐标生成曲面。

打个比方，如果看中了哪个鼠标表面的造型，想仿制出来，而且要逼真，怎么办呢？可以先测量出若干点的 X、Y、Z 坐标（目前有很先进的三坐标测量机，当然用传统的测量方法也行；点数取得越多，曲面就模拟得越像），然后通过一定的方法将这些坐标点绘制在电脑屏幕上，再想办法通过这些点生成曲面。本例就是要介绍这样的过程。

为了测量和处理的方便，三坐标测量时点的选取并不是杂乱无章的，而是按一定规律来选取，比如 X 和 Y 方向都是相隔一个固定距离（见图 10-23），则得到很多交点，然后测出各交点的 Z 坐标，因此，实际上只有 Z 坐标是无规律，而 X、Y 坐标是有规律的。

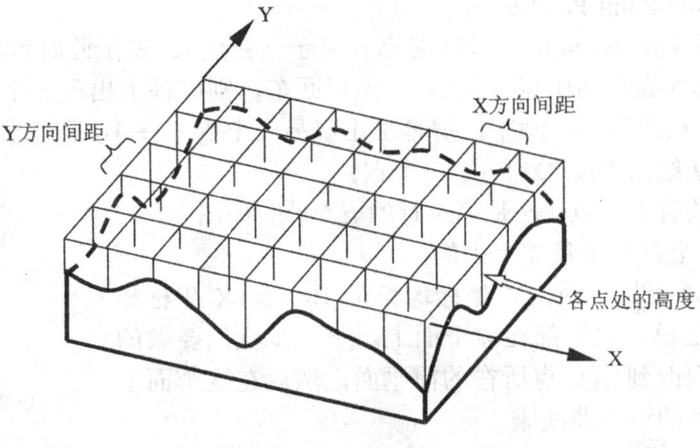


图 10-23　三坐标测量取点示意图

操作步骤：

1）绘第 1 行的点并连成曲线。

为简便起见，只“虚拟”出 4 行 5 列共 20 个点，各点坐标值见图 10-24。

| 行 | 点 | 坐　标 |
|---|---|---|
| 第1行 | A1 | （0，0，-5） |
| | B1 | （10，0，-3） |
| | C1 | （20，0，0） |
| | D1 | （30，0，2） |
| | E1 | （40，0，-10） |
| 第2行 | A2 | （0，10，-1） |
| | B2 | （10，10，3） |
| | C2 | （20，10，-2） |
| | D2 | （30，10，-7） |
| | E2 | （40，10，-3） |
| 第3行 | A3 | （0，20，3） |
| | B3 | （10，20，-2） |
| | C3 | （20，20，-5） |
| | D3 | （30，20，-6） |
| | E3 | （40，20，2） |
| 第4行 | A4 | （0，30，2） |
| | B4 | （10，30，0） |
| | C4 | （20，30，-2） |
| | D4 | （30，30，2） |
| | E4 | （40，30，0） |

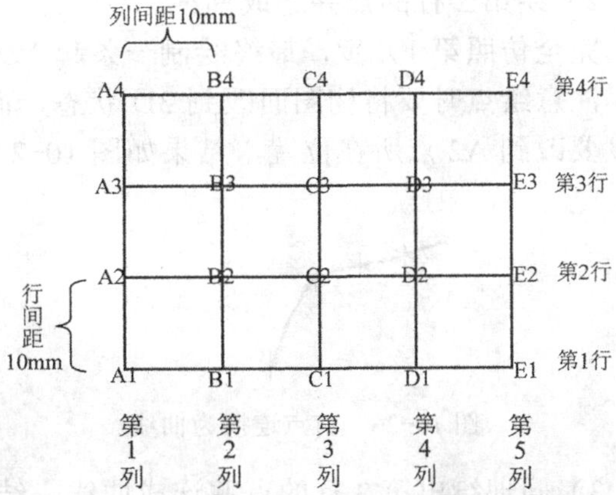


> **注意：** 点当然可以一次全部输入，并显示在屏幕上，但这么多的空间点显示在小小的屏幕窗口中，会让你眼花缭乱的，所以我们一条曲线一条曲线地画，免得搞错。

图 10-24　点的分布及坐标

A．先按下蓝色的图标（鼠标移至该图标处时，应提示 Cplane-3D），将构图平面改为 3D（空间构图）状态，此时次菜单中应出现 Cplane: 3D 。

B．为便于观察，按下绿色的图标（鼠标移至该图标处时，应提示（Gview-Isometric），将观察角度也改为轴测状态，此时次菜单中应出现 Gview: I 。

C．选择 Create\Point\Position 命令。

D．之后的菜单中 Sketch 一项应是高亮显示（白色），表示此时可以自由绘点，只管输入 A1 点的坐标（会自动出现输入框），然后回车，则屏幕上出现一个点；

继续输入 B1 点的坐标，回车，屏幕上出现另一个点 —— B1 点。

用同样的方法绘出 C1、D1、E1 三个点；

此时屏幕上共有五个点，这是第 1 行的五个点，如图 10-25 所示（A1～E1 五个符号是我加上去的）。

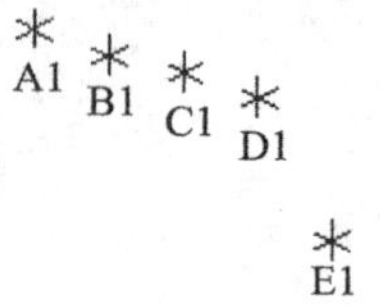

图 10-25　在屏幕上绘出点

虽然各点的 Z 坐标不同，Y 坐标均相距 10，但 X 坐标却是相同的，也就是说，它们都在前平面上。下一步我们要做的工作是将构图平面改到 A1 点所在的前平面，然后在这个面上画出通过这五个点的一条曲线来。

E．按下蓝色的图标，将构图平面改到前面，此时次菜单中应出现 Cplane: F 。

F．按下次菜单中的 Z: 0.000 按钮，然后点击 A1 点，则构图深度 Z 改到了 A1 点所在位置。

G．选择 Create\Spline\Manual 命令，手工创建一条起于 A1 点，终于 E1 点的曲线，结果如图 10-26 所示。

2）绘第 2 行的点并连成曲线。

完全仿照第 1）步，最终绘制一条起于 A2 点、终于 E2 点的曲线。

注意绘点时要将构图面改到 3D 状态，而绘曲线时构图平面要改到前平面，同时 Z 轴深度要改到 A2 点所在位置，结果如图 10-27 所示。

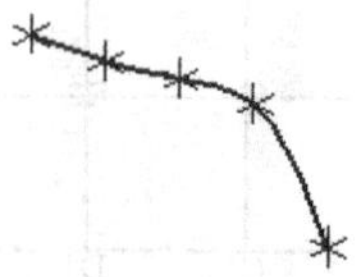
图 10-26　将点连接为曲线

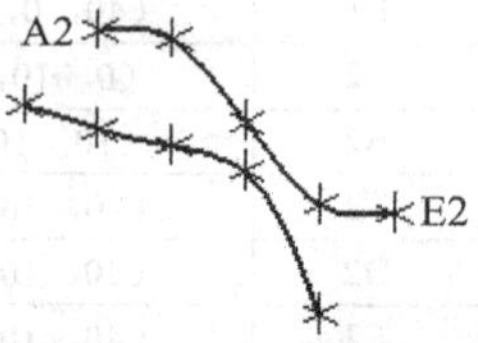

图 10-27　绘制第二条曲线

3）同理绘出第 3 行的点并连成曲线，结果如图 10-28 所示。

注意绘点时要将构图面改到 3D 状态，而绘曲线时构图平面要改到前平面，同时 Z 轴深度要改到 A3 点所在位置。

4）同理绘出第 4 行的点并连成曲线，结果如图 10-29 所示。

注意绘点时要将构图面改到 3D 状态，而绘曲线时构图平面要改到前平面，同时 Z 轴深度要改到 A4 点所在位置。

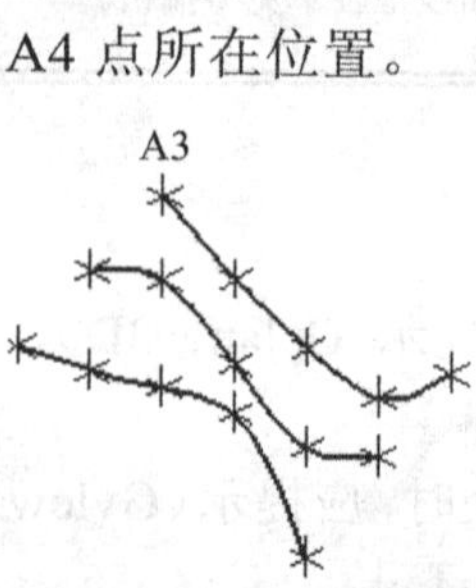

图 10-28　绘制第三条曲线

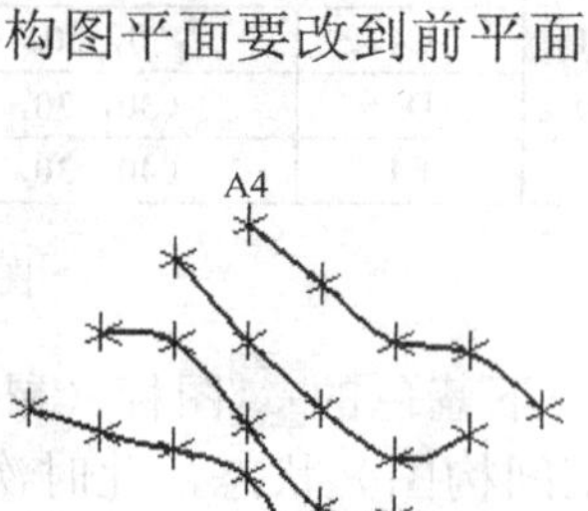

图 10-29　绘制第四条曲线

5）画出过 E1、E2、E3、E4 四点的曲线。

A．按下蓝色图标，将构图平面改到侧面，此时次菜单中应出现 Cplane: S 。

B．将 Z 轴深度改到 E1 点所在处。

C．选择 Create\Spline\Manual 命令，手工创建一条起于 E1 点、终于 E4 点的曲线，结果如图 10-30 所示。

6）同理画出过 D1、D2、D3、D4 四点的曲线；

同理画出过 C1、C2、C3、C4 四点的曲线；

同理画出过 B1、B2、B3、B4 四点的曲线；

同理画出过 A1、A2、A3、A4 四点的曲线。

**注意：**每次都要改变 Z 轴深度（统一选每条曲线的起点作为 Z 轴深度点）。

此时图形如图 10-31 所示。

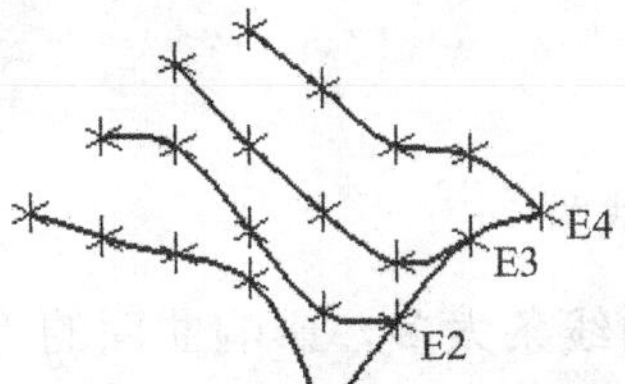


图 10-30　绘制另一个方向的曲线

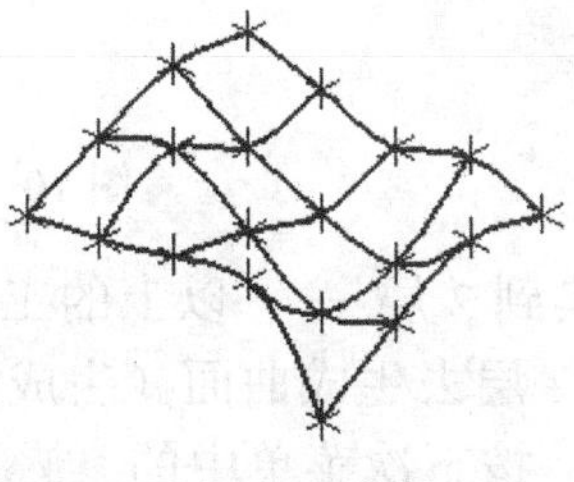

图 10-31　所有曲线绘制出来后的情形

这时已可看到曲面的雏形了，但毕竟它还不是曲面，只是一些纵横交错的曲线，下一步要通过这些曲线来生成曲面。

7）将各曲线在交点处打断。

如果按实例 10-2 的方法取边界上的四条曲线，可以生成一个曲面，但那是不符合我们要求的曲面，失真很严重，前面我们花了那么大的精力来创建许多曲线，显然不是仅仅想得到边界的四条曲线，内部的数条曲线也是要用得上的。

**大曲面的处理：**

对于较大的曲面，为了尽量与原曲面接近，我们这么处理一下：认为大曲面是由很多小曲面经过光滑连接而成的，每个小曲面称之为“缀面”，就像古时皇帝穿的“玉衣”——很多小玉片串起来，就成了一件衣，还是“柔软”的呢！

下一步，我们要将每条曲线在交点处打断，使曲线成为一截一截的，每四条短的曲线形成一个封闭框，按照昆式曲面的算法可以将一个个封闭框生成为一个个小缀面，而且自动将小缀面光滑地串接起来，就形成了一个大的曲面，这是构成曲面的思路。

如果构成曲面的四条曲线是参数式曲线，则生成的曲面就称为参数式曲面；

如果构成曲面的四条曲线是 NURBS（非均匀有理 B 样条）曲线，则生成的曲面就称为 NURBS 曲面。

A．按下绿色的图标，将观察平面（Gview）改到顶面（Top），如果图形没有全部显示出来，则可以按下图标以全屏显示图形。

> 如果不改，则断点位置不会正确，所以非改不可，不信你试试！

B．选择 Modify\Break\At inters 命令，然后选择 Window 项，拉出一个窗口将图形全部选中，点菜单中的 Done 项，则曲线全部在交点处被打断，按键盘上的 Esc 按钮退出打断（断开）命令。

C．按下绿色的图标，再将观察方向改为轴测方向，此时图形如图 10-32 所示。

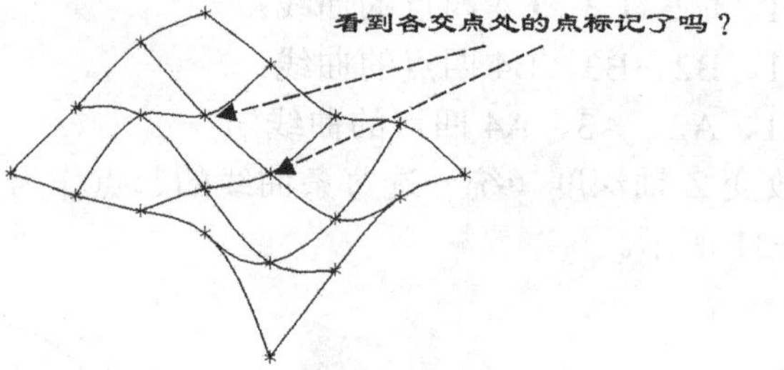


图 10-32　在各交点断开后的曲线图

D．转换到 2 层 —— 以上的工作都是在 1 层做的，怕线条太多，影响曲面的"美观"，所以准备到 2 层去生成曲面（生成好后把 1 层关闭，则所有曲线和点都看不到了）

方法是：按下次菜单中的 Level: 1 项，弹出"层管理"对话框，双击"2"那一格，使这一行变成黄色，则 2 层变为了当前层；

好，生成曲面的所有准备工作均已就绪，下面就要开始创建曲面了。

8）创建曲面。

先解释一下这种曲面的创建过程：

我们以 O 点为起点，将曲面分成两个方向 —— 顺方向和交方向，如图 10-33 所示。

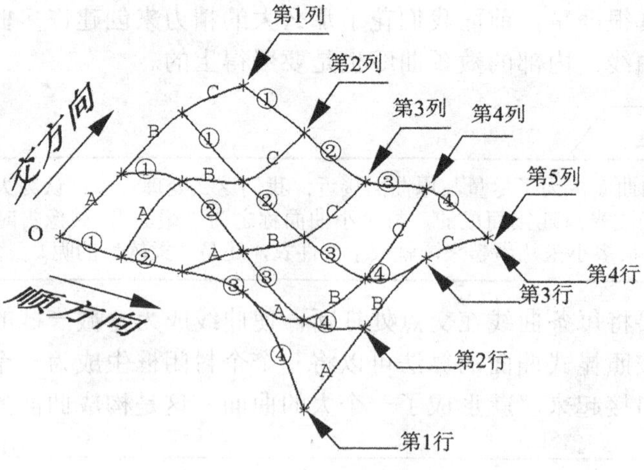


图 10-33　生成曲面的构思

可以看出：顺方向的长曲线分为 4 段，交方向长曲线被分为了 3 段，这两个数字后面是需要输入的，决不要数错。

创建曲面的过程中，需要用鼠标点击每一段短曲线，顺序是：将顺方向看作"行"，交方向看作"列"，先从第 1 行点起，按图中所示①②③④的顺序点击；然后点第 2 行，也是按①②③④的顺序；接着点第 3 行，按①②③④的顺序；点第 4 行，按①②③④的顺序；很有规律的，每一行都是从头到尾，节奏就像跳舞一样，不难掌握。行点选完后，就要点交方向的曲线段了，也很有规律：先点第 1 列的曲线，按 ABC 的顺序，接着点第 2 列，也是按 ABC 的顺序……最后点第 5 列，仍按 ABC 的顺序。这样，一共要点击 31 次才能将所有的曲线段选完，顺序决不能错哦，因为这决定了系统采用特定的算法计算后的结果，跟电脑是开不得玩笑的。

创建步骤如下：

A．选择 Create\Surface\Coons 命令。

B．在出现的对话框中选择“No”项 —— 即不由系统自动串接曲线，而是手工选择曲线。

C．左下方出现提示：Number of patches in the across direction = 4，要你输入顺方向曲线段数，输入 4 后回车。

D．下一个提示是：Number of patches in the across direction = 3，要你输入交方向曲线段数，输入 3 后回车。

E．提示改到了屏幕左上方：Coons surface: define along contour 1 of row 1，要你输入第 1 行的第 1 段曲线，注意选择之前先点击菜单中的“Single”项（表示要一段一段地单独选，而不是要串接选择，此次选后以后可不要再选了），然后点选第 1 行的①线（点在靠左边一些的位置上，以后各段均如此）。

提示又变为：Coons surface: define along contour 2 of row 1，要你输入第 1 行的第 2 条曲线 —— 点选第 1 行的②线。

以后的提示与上类似：

点选第 1 行的③线；

点选第 1 行的④线；

点选第 2 行的①线；

点选第 2 行的②线；

点选第 2 行的③线；

点选第 2 行的④线；

点选第 3 行的①线；

点选第 3 行的②线；

点选第 3 行的③线；

点选第 3 行的④线；

点选第 4 行的①线；

点选第 4 行的②线；

点选第 4 行的③线；

点选第 4 行的④线；

这时提示变为：Coons surface: define across contour 1 of column 1，要你输入第 1 列的第 1 段曲线 —— 点选第 1 列的 A 线。

后面的提示与之类似，只是序号变化：

点选第 1 列的 B 线；

点选第 1 列的 C 线；
点选第 2 列的 A 线；
点选第 2 列的 B 线；
点选第 2 列的 C 线；
点选第 3 列的 A 线；
点选第 3 列的 B 线；
点选第 3 列的 C 线；
点选第 4 列的 A 线；
点选第 4 列的 B 线；
点选第 4 列的 C 线；
点选第 5 列的 A 线；
点选第 5 列的 B 线；
点选第 5 列的 C 线；

全部的 31 段曲线选完后，提示变为：Chaining complete，表示串接完成。

F．点选此时出现的菜单中的 Done 项。

G．再点接着出现的菜单中的 Do it（其它项目不改），则曲面生成，如图 10-34 所示。

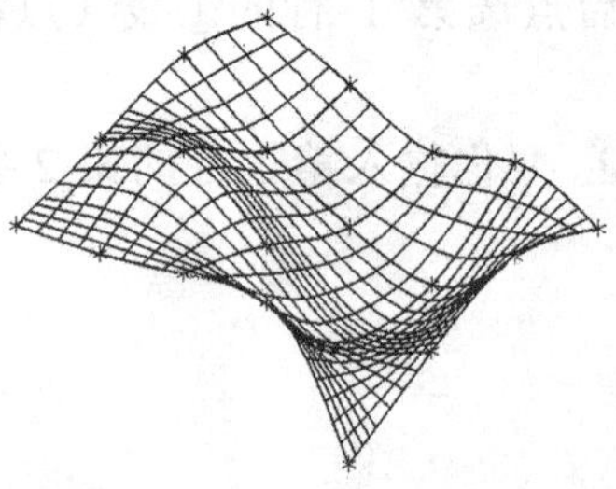

图 10-34　生成的昆式曲面

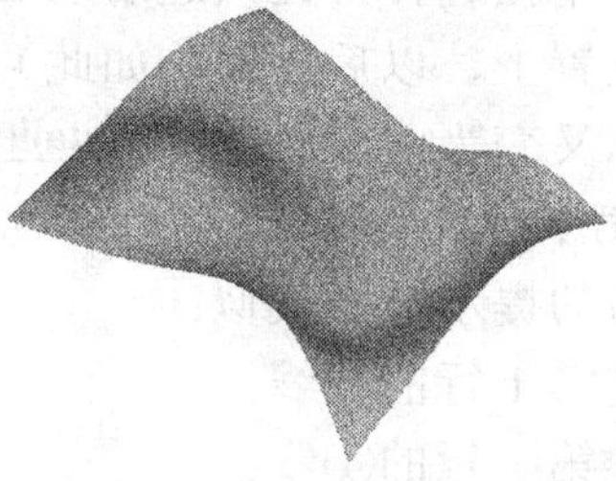

图 10-35　着色后的昆式曲面

H．按下键盘上的 Esc 键，退出创建曲面的命令。

9）关闭“1”层。

方法是：按下次菜单中的 Level: 2 项，弹出“层管理”对话框，单击“1”层有“√”的那一格，使勾号消失，则 1 层变为不可见（即关闭）。

10）对曲面进行着色处理 —— 方法见前，最后效果如图 10-35 所示。

此例结束。

总结一下：

1）从创建过程可看出，创建曲面并不复杂，复杂的是前期的准备工作，其它的曲面创建也是如此，所以要熟练掌握好基本图素的绘制方法，当然有时候还要动点脑筋。

2）本例幸好只有 20 个点，如果把点的密度定得密一些，或者曲面很大（比如汽车覆盖件），则点的数目就会很多，按这种方法可就麻烦了，甚至是非常麻烦，光点的输入就够你受的，有没有直接从点的文件直接生成曲线的方法呢？当然有，这种困难自然有人想办法解决，下面介绍这种方法。

坐标测量机一般都是可以自动记录测出结果的，而且会保存为数据文件形式，

MasterCAM 可以识别用 ASCII 格式（ASCII 是美国信息交换标准代码的缩写）写成的数据文件，我们常见和常用的文本文件 —— 以.TXT 为扩展名的文件，就是一种 ASCII 文件，Windows 中的“写字板”和“记事本”程序（都在“开始\程序\附件”下）都可以建立这样的文本文件，如果是其它格式的文件（如.DOC 格式等），目前要转换成文本文件格式也是很容易的。

下面我们就上一个实例来介绍一下操作过程：

1）得到数据文件。因为读者在学习时一般是得不到用三坐标测量机测出的数据的，所以我们模拟一份这样的数据文件。

A．在 Windows 环境下按“开始\程序\附件\写字板”的顺序打开写字板。

B．将 20 个点的数据顺序输入，每个数据一行，如图 10-36 所示。

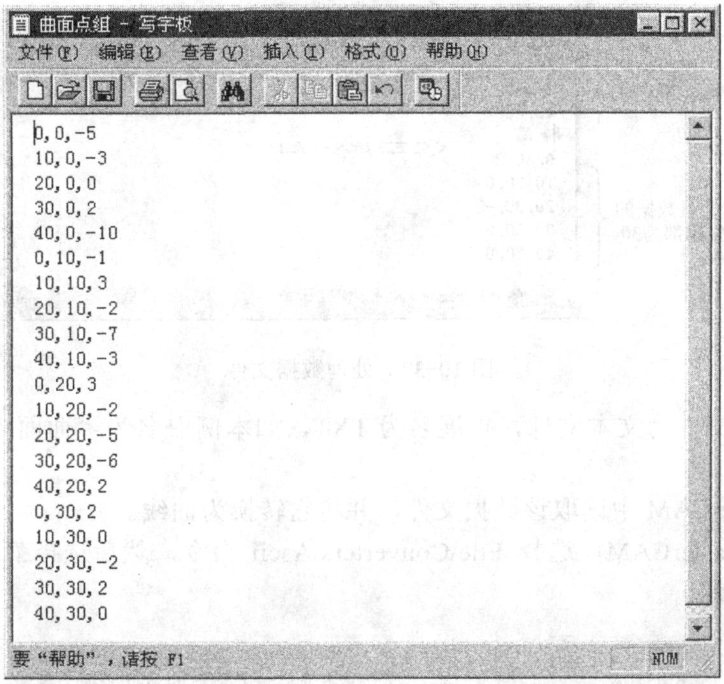


图 10-36　生成数据文件

C．数据处理 —— 在适当位置输入空行。

这一步很重要，因为 20 个点连续写出来，然后要系统将它们转换成图形，则系统不知道从何处“分行”，会一鼓作气将 20 个点全部连成一条线，这不是我们希望的。

正如前面讲过的，测量时测量点的选择其实是有规律的，如 X 和 Y 坐标都是相隔一个确定的距离，因此每行数据的前两个值也都是有规律的，于是我们可以分析一下数据，比如顺方向上每一条曲线的数据，其 Y 坐标都是相等的，如图 10-36 所示 ；数据文件中第一个数据，总是由小到大递增的，而且周期性变化（如 0，10，20，30，40→0，10，20，30，40→…），这样一来，就很容易分清楚每条曲线上的数据有哪些。

数据处理就是在一条曲线的终点数据后插入一个空行，系统就能“知道”曲线到此要断开。插入空行后的文件如图 10-37 所示。

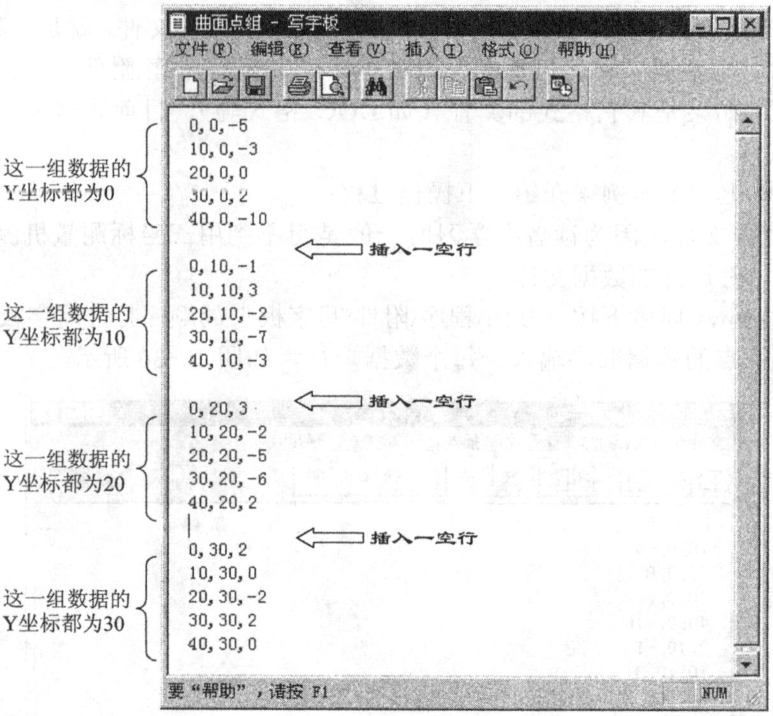


图 10-37　处理数据文件

D. 保存该文件为文本文件，扩展名为.TXT，如本例取名为"曲面点组.TXT"，要记住在哪个目录下。

2）在 MasterCAM 中读取该数据文件，并将它转换为曲线。

A. 打开 MasterCAM，选择 File\Converters\Ascii 命令，然后选择菜单中的 Read file 项如图 10-38 所示。

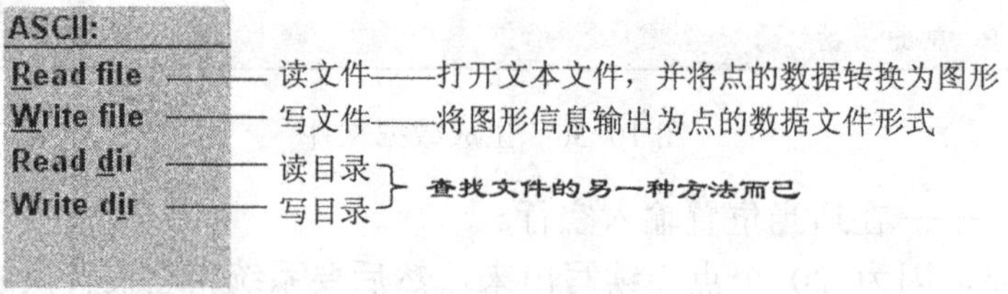


图 10-38　读取数据文件

B. 找到你刚保存的"曲面点组.TXT"（在对话框中文件类型可能要改为 All file（*.*）才能找到），点 打开 按钮。

C. 出现图 10-39 所示的对话框，问你"删除当前零件吗？"，点 是（Y） 。

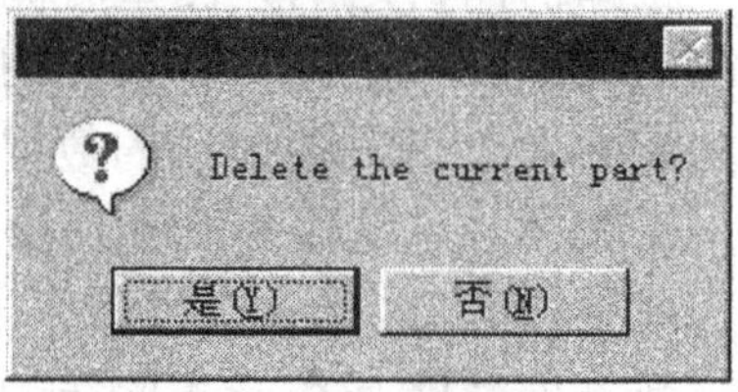


图 10-39　询问框

D. 菜单处的提示变为如图 10-40 所示。

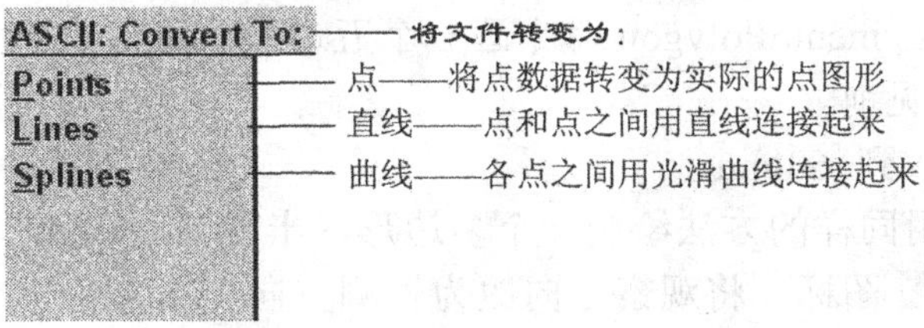


图 10-40 将点的数据创建为图素

选择 Spline 项。

E．于是屏幕上出现图形，按下绿色的图标，将观察方向改为轴测方向，结果如图 10-41 所示。

可见，已画出了曲面顺方向的四条曲线（是参数式曲线）。

那么交方向的五条曲线如何作出？曲面如何生成呢？方法有三：

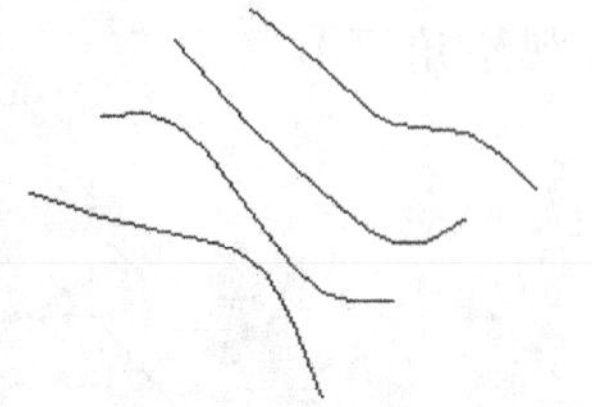

图 10-41 由点生成的曲线

★ 一是上一步不要将点的数据转变为曲线（Spline），而是只转变为点（Points），然后像上面那个实例一样亲自将各点连成两个方向的数条曲线，再在交点处打断，并手动串接各曲线成为昆式曲面。

★ 二是可以使用 Create\Point\Node pts，作出四条曲线的节点来（因为生成的是参数式曲线，所以可以得到其节点），有了这些点，就可以连接出交方向的五条曲线了，后面的工作与上述的一样。

★ 三是不采用昆式曲面，而是采用其它曲面，比如已介绍过的举升曲面，就可以由这四根曲线来生成曲面，只要将这四根曲线视作“截形”，按顺序，而且保持同向、同起点，逐一选择四个截形，就会自动转变为曲面。请试试这一种方法，你会对举升曲面加深认识的，说不定还能领悟到什么。

以上是昆式曲面的第二个实例，下面我们步步深入，逐步增加难度。

**【实例 10-4】**画一个台灯罩

这个例子只要改变一下观念，就会恍然大悟。

1）构建线形框架。

A．打开 MasteCAM（或新建图形文件），初始状态请注意次菜单中的两个地方，如图 10-42 所示。

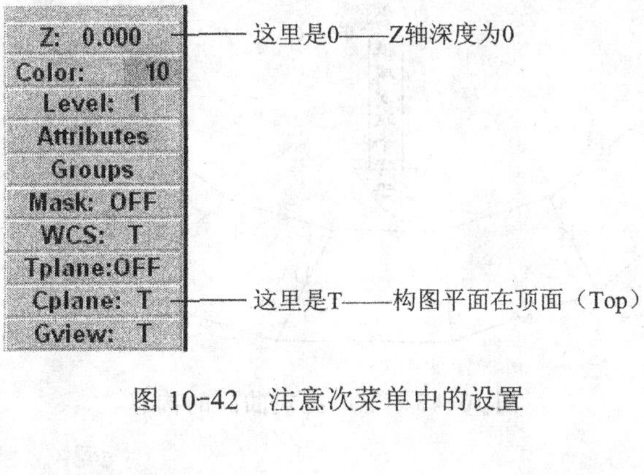


图 10-42 注意次菜单中的设置

B．用 Create\Next menu\Polygon 命令画一个五边形，半径为 50mm，中心位置在原点（Origin），具体步骤见前。

C．将 Z 轴深度改到-60mm。

D．在该深度再用同样的方法绘制一个多边形，半径为 80mm，中心位置在原点。

E．按下绿色的图标，将观察方向改为轴测方向。

此时图形如图 10-43 所示。

F．按下蓝色的图标，将构图平面改为 3D 状态，于是可以在三维空间自由作图。

G．选择 Create\Line\Endpoints 命令，将两个五边形的对应点连接起来，连接完成后图形如图 10-44 所示（观察效果如不理想，可按图标，然后拖动图形，适当调整一下观察角度）。

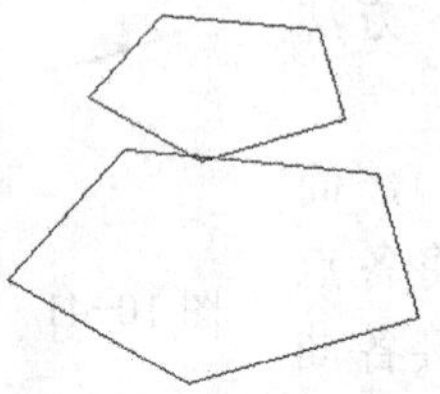

图 10-43　创建两个五边形

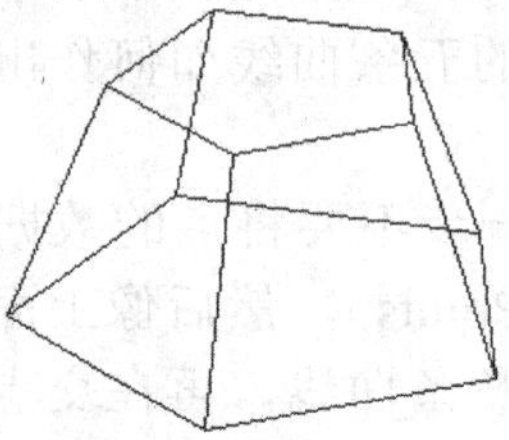

图 10-44　连接两个五边形得到线框

于是，一个台灯罩的线形框架就绘制出来了。

下一步要以这个线形框架为基础，创建出一个曲面来。

前面讲的要转变观念，就在这里了——我们对折纸的游戏都不陌生，设想一下：用一把剪刀将上面的台灯罩顺一条折线剪开，然后展开，会是什么样呢？！啊哈，不就变成与上面一个例子一样了吗？无非是顺方向是 5 段，交方向是 1 段而已，稍微变了一点条件（数据），类比上例的方法做就可以了。

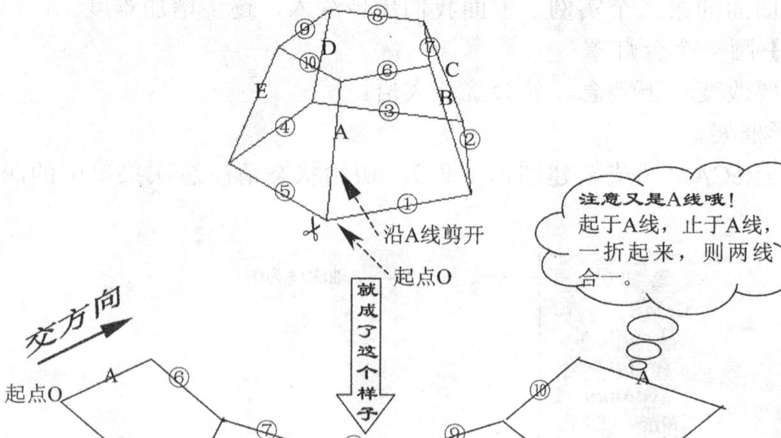


图 10-45　生成昆式曲面的构思

好，能够想清楚这一点，后面的事情就好办了。

2）“蒙皮” —— 即将四周（上下除外）创建为一个曲面。

创建曲面确实像在线框上蒙一层皮一样。

有了上例做基础，本例介绍会简单一些。

A．选择 Create\Surface\Coons 命令。

B．在出现的对话框中选择“No”项 —— 即不由系统自动串接曲线，而是手工选择曲线。

C．输入顺方向线段数目 —— 5，然后回车。

D．输入交方向线段数目 —— 1，然后回车。

E．提示选择顺方向的各线段，自己确定一个起点（记在脑中，本例选上图所示的起点 O），先选菜单中的 Single 项，然后按顺序依次点选①、②、③、④、⑤、⑥、⑦、⑧、⑨、⑩线，注意每一段线都要点在同一位置（总之，要使出现的箭头顺同一个方向）。

F．接着提示选择交方向的各线段，按顺序依次点选 A、B、C、D、E、A 线（注意 A 线被点了两次，起于 A 线，止于 A 线；另外每条线都要点在下侧，保持箭头一致朝上）。

G．提示串接完成，按下菜单中的 Done 项，再按接着出现的菜单中的 Do it 项（注意不改变其它设置），则曲面生成，结果如图 10-46 所示。

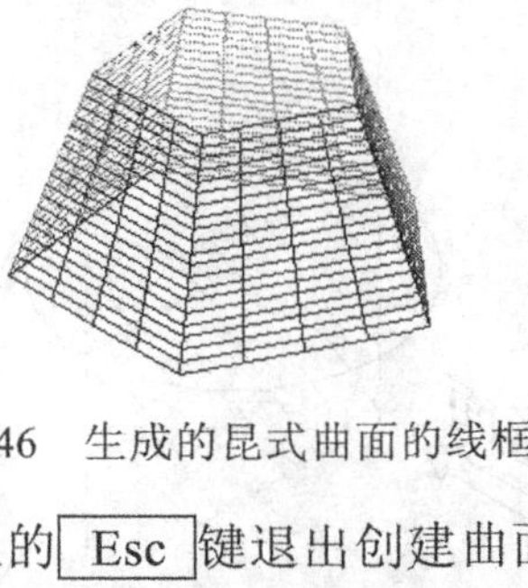

图 10-46 生成的昆式曲面的线框图

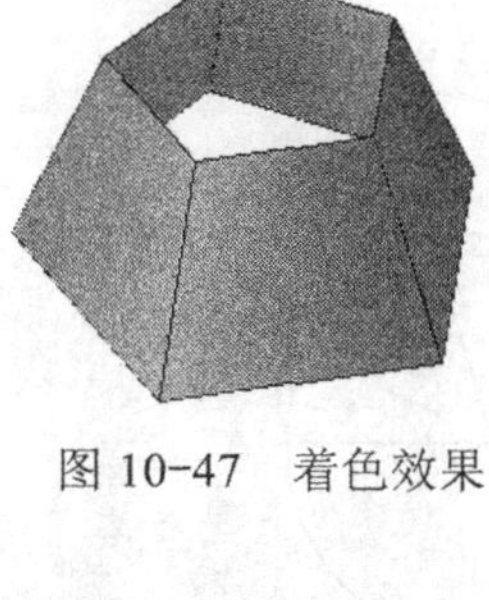

图 10-47 着色效果图

H．按键盘上的 Esc 键退出创建曲面的命令；

I．对曲面进行着色处理，结果如图 10-47 所示（图中改变了一下观察角度）。

怎么样，对昆式曲面有感觉了吗？

下面介绍最后一个昆式曲面的实例，这个实例又要在本例的基础上突破一个观念就没什么问题了。

**【实例 10-5】**创建一顶图 10-48 所示“瓜皮帽”

操作步骤：

1）创建一个线框。

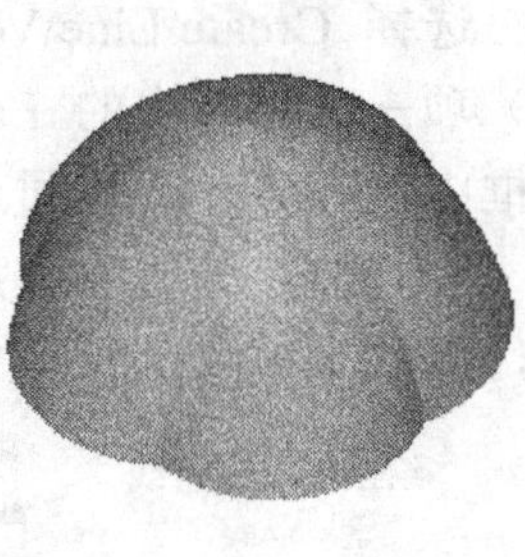

图 10-48 创建一顶瓜皮帽

A．打开 MasteCAM（或新建图形文件），确保构图平面为顶面（T），构图深度为 0（这两项为默认状态，所以不要改动，注意一下就行了）。

B．用 Create\Arc\Circ pt+rad 命令画一个半径为 50mm 的圆，中心在原点（Origin）。

C．用 Create\Line\Horizontal 命令画一条水平直线，起点在圆心，往右延长至超出圆外一点，如图 10-49 所示。

D．将该线绕圆心旋转 72°（=360/5，因为准备五等分）复制一条，方法是：

选择 Xform\Rotate 命令→选择水平线→点菜单中的 Done 项→捕捉圆心点作为旋转中心→在出现的对话框中选择 Copy 项，数目取为 1，旋转角度取为 72，然后按 OK 按钮，结果如图 10-50 所示。

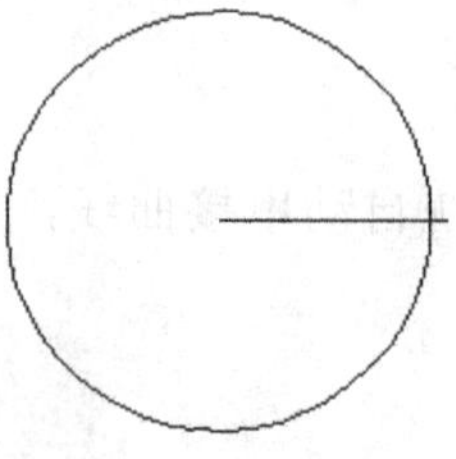

图 10-49 画出一圆和一直线

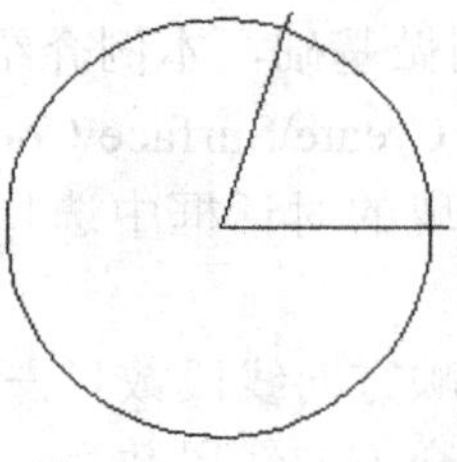

图 10-50 旋转复制一条直线

E. 用 Create\Arc\Endpoints 命令，过两交点 A、B 作一段圆弧，半径为 35mm，取图 10-51 所示的一段弧。

F. 将构图平面（Cplane）改到前面，构图深度不变（仍为 0）；为便于观察，将观察平面也改为轴测方向，如图 10-52 所示。

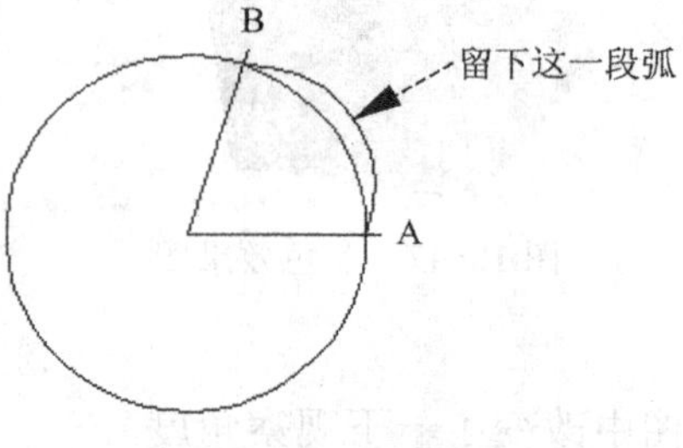


图 10-51 创建一条弧

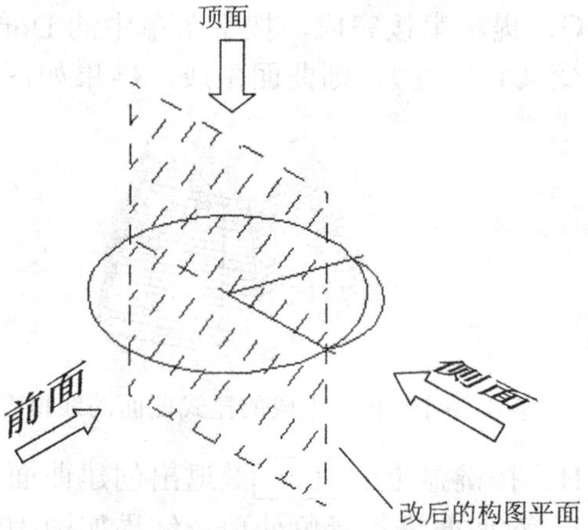


图 10-52 改变构图平面

G. 在该构图平面上创建一条垂直线，长度为 60mm，方法是：

选择 Create\Line\Vertical 命令→选圆心位置为线的起点→选菜单中的 Relative（相对于）项→选菜单中的 Last（上一点）项→选菜单中的 Rectang（直角坐标）→在出现的输值框中输入 0，60 后回车，则绘出直线，此时图形如图 10-53 所示。

H. 过交点 A 和端点 C（图 10-53 所示）画一段圆弧，半径为 70mm，留下外凸的一段，如图 10-54 所示。

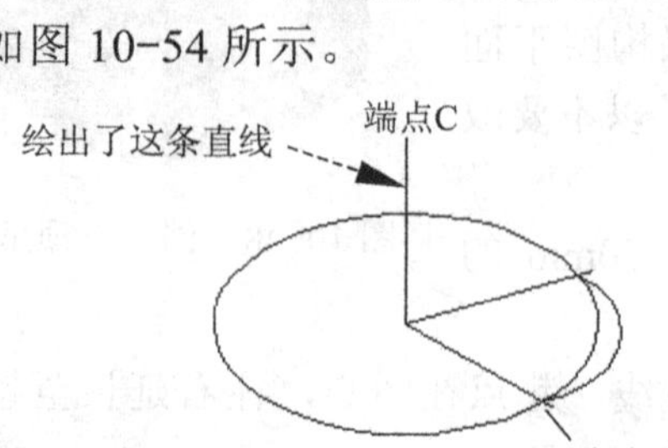


图 10-53 创建一条垂直线

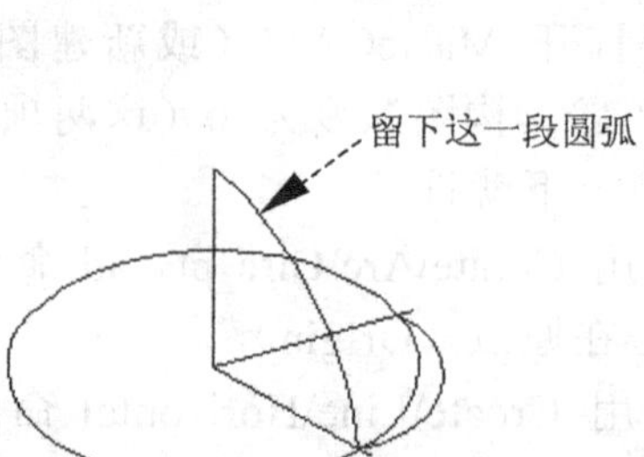


图 10-54 创建一条外凸的弧

I. 将构图平面改到顶面（Top），次菜单处应有 Cplane: T 显示。

J. 将前面画出的两段圆弧相对于原点（此例即圆心）旋转复制4个，方法是：

选择 Xform\Rotate 命令→选择两段圆弧→点菜单中的 Done 项→捕捉圆心点作为旋转中心→在出现的对话框中选择 Copy 项、数目取为 4，旋转角度取为 72，然后按 OK 按钮，结果如图 10-55 所示。

K. 删除圆和三条直线，最终结果如图 10-56 所示。

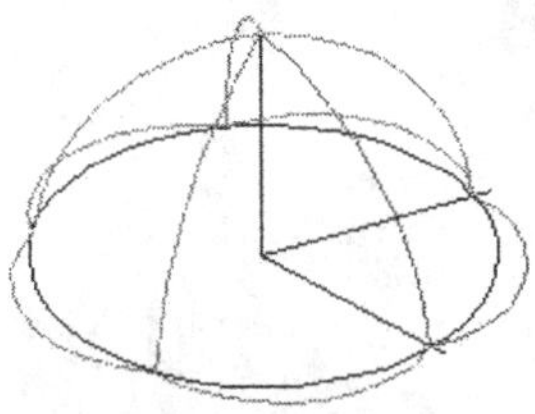

图 10-55 旋转复制得到五段弧

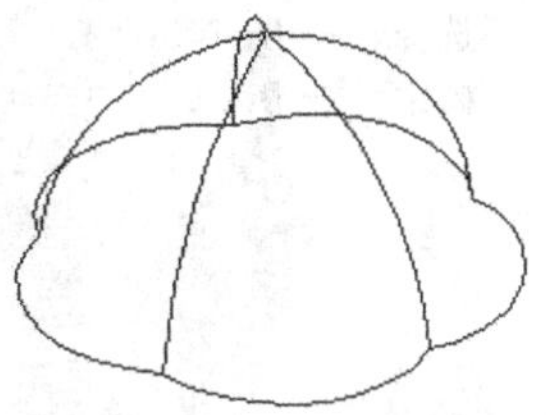

图 10-56 得到线框图

可见，“帽子”的形状已经勾勒出来了，但它还不是曲面，仅仅是一个线框，但得到曲面必须要这个线框帮忙。

这时可以改到 2 层，以便在 2 层上生成曲面，与 1 层上的线框可以互不影响。

2）生成昆式曲面。

前面一例是“台灯罩”，它的上下面都是五边形，本例中，你也可以认为上下两个面都是梅花形（五瓣），只不过上面的梅花浓缩为一个点而已，这一点想通了，则本实例与实例 10-4 就没什么不同了，这就是我前面说过的要突破的“观念”。

A. 选择 Create\Surface\Coons 命令。

B. 在出现的对话框中选择“No”项 —— 即不由系统自动串接曲线，而是手工选择曲线。

C. 输入顺方向线段数目 ——5，然后回车。

D. 输入交方向线段数目 ——1，然后回车。

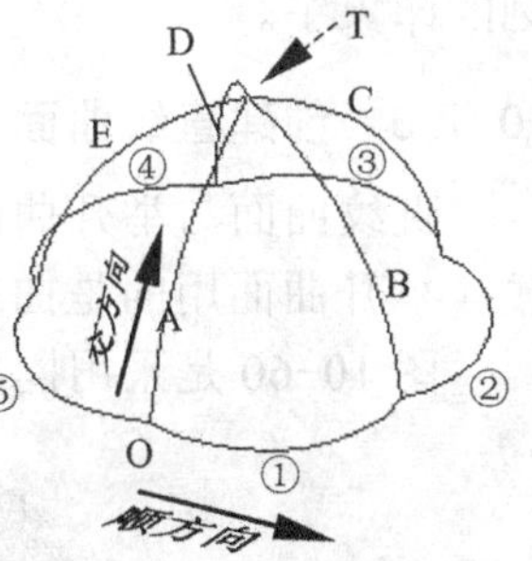


图 10-57 生成昆式曲面的构思

E. 按图 10-57 所示选择 O 点作为起点。

F、提示选择顺方向的各线段，先点菜单中的 Single 项，然后以 O 为起点，按顺序依次点选①、②、③、④、⑤线（注意都点在各段靠前一些的位置，箭头要同向），这是顺方向第一行的五段曲线。

接下来要输入顺方向第二行的五段曲线，但这“五段曲线浓缩为 1 点了，怎么选呢？好办，只要五次捕捉该顶点（图中的 T 点）就可以了，但本来是选线的，现在要改为选点，需要改一下捕捉模式，这时菜单如图 10-58 所示。

选择 Mode 项，在接着出现的菜单中选 Point（点）项，然后点击顶点 T（第一次），再点菜单中的 Point 项，点击顶点（第二次），重复这样的操作，一共点击顶点五次，直到菜单提示变为 Coons surface: define across contour 1 of column 1 为止。

G. 从提示 Coons surface: define across contour 1 of column 1 开始，要你选择交方向的各段曲

线（本例交方向均只有一段曲线）—— 按顺序依次点选 A、B、C、D、E、A 线（注意最后又是点 A 线哦！每段都要点在靠下侧一些的位置）。

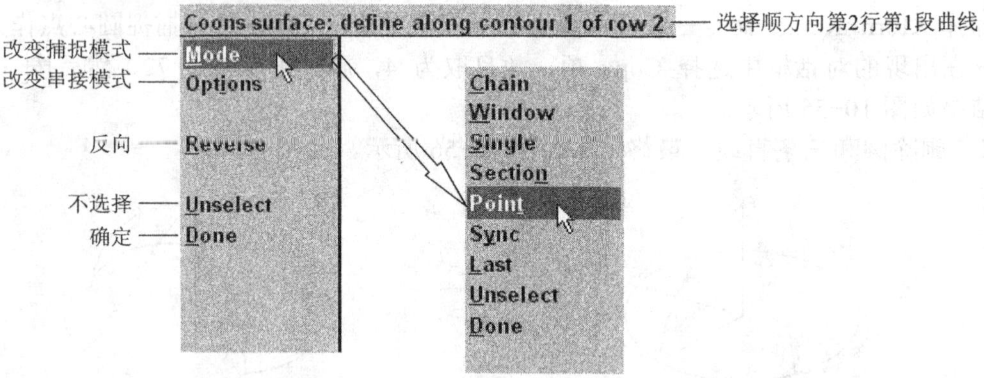


图 10-58 改变捕捉模式

H．提示串接完成，按下菜单中的 Done 项。

I．再按下接着出现的菜单中的 Do it 项，则曲面创建完成，结果如图 10-59 所示。

J．按键盘上的 Esc 键退出画曲面的命令，关闭 1 层，并对曲面着色处理，得到最终结果。

好！我们通过四个实例学习了昆式曲面的创建，应有一个较深刻的印象了。

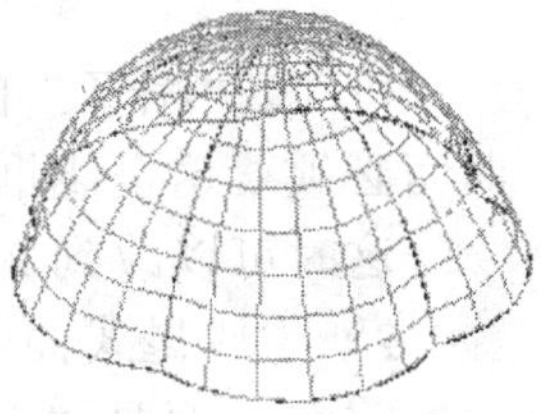

图 10-59 生成的昆式曲面的线框图

### 10.1.3 创建直纹曲面（Ruled）

直纹曲面与举升曲面的创建过程是一样的，但结果不一样，直纹曲面是将各截形用直线（举升曲面用的是曲线）熔接起来，也就是说，两截形之间的对应点连接用的是直线。

图 10-60 是采用同样的截形生成的两种曲面的比较：

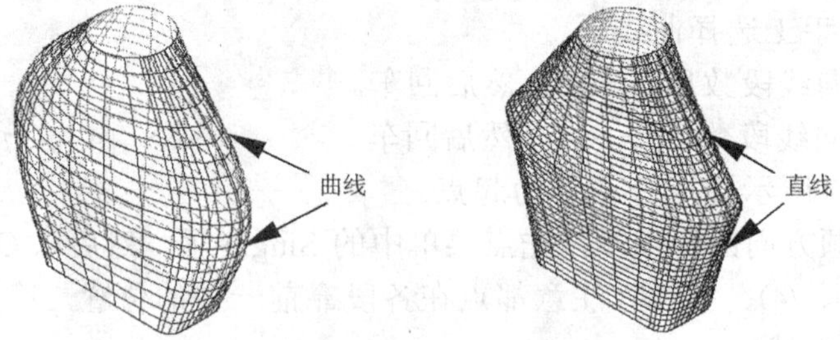


a） b）

图 10-60 两种曲面的比较

a）举升曲面 b）直纹曲面

直纹曲面的创建过程很简单，可以参照举升曲面的创建方法自行练习，。在以后讲曲面的编辑时还会见到创建直纹曲面的实例。

### 10.1.4 创建旋转曲面（Revolve）

旋转曲面的创建可能是几种曲面中最简单的了，只需要绘制出母线（或称素线），然后指定旋转轴线（可为画好的直线或定义两点而得到的不可见“线”），就能自动生成曲面，反过来说，这样生成的曲面一定是有中心轴线的回转体。

**【实例 10-6】**绘制一个花瓶

操作步骤如下：

（1）创建基本图素

A．打开 MasteCAM（或新建图形文件）。

B．将构图平面和观察平面都改到前面（Front），其它不变。

C．用 Create\Spline\Manual 命令按图 10-61 所示形状画一条曲线。

图 10-61　创建一条曲线作为素线

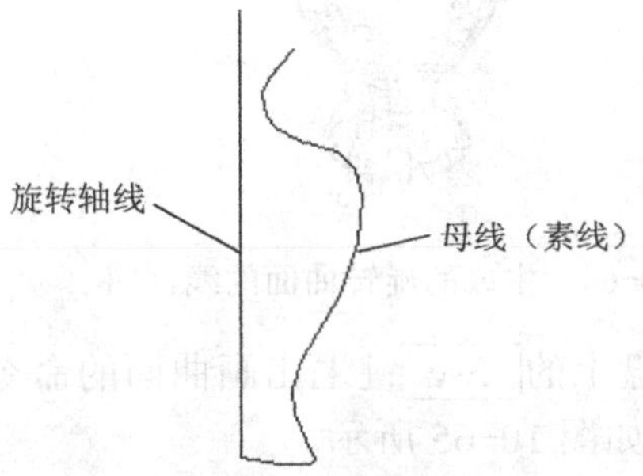


图 10-62　创建一条直线作为旋转轴线

D．再用 Create\Line\Vertical 命令过曲线下面的端点作一条垂直线，长度任意，如图 10-62 所示。

E．改到 2 层，并将观察方向改到轴测方向。

（2）创建旋转曲面

A．选择 Create\Surface\Revolve 命令。

B．菜单处提示选择轮廓图素 1（就是母线）—— 先选菜单中的 Single 项（因曲线与直线连接起来了，担心下一步选曲线时误选了直线），然后用鼠标点选画出的曲线。

C．此时提示仍为选择轮廓图素 2，因没有其它曲线要选，所以选择菜单中的 Done 项。

D．提示这时出现在屏幕左下方：**Select the axis of rotation**，要你选择旋转轴，用鼠标点选画出的直线。

E．于是在图中出现了一个圆圈和一个箭头，箭头表示了系统准备旋转图形的方向，菜单处也有了如图 10-63 所示的变化。

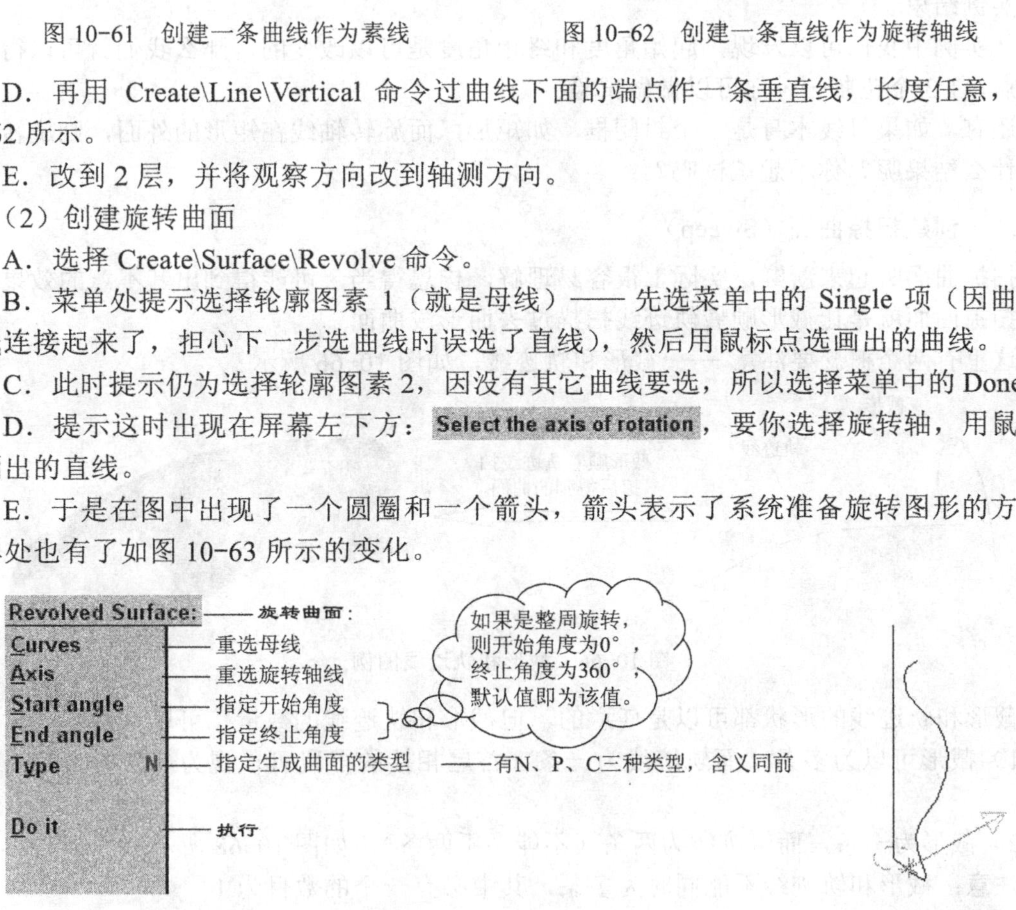


图 10-63　此时的图形显示和菜单

屏幕下方有当前的“开始角度”和“终止角度”值的提示，如要改变，可选择菜单中的相应项目进行修改，如不需改变，则选择菜单中的 Do it 项。本例不改参数，直接选择 Do it。

F. 曲面绘制完成，出现图 10-64 所示的结果。

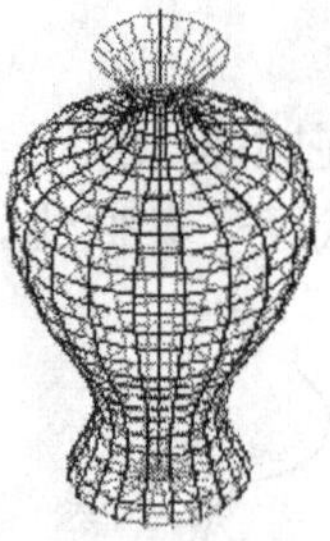

图 10-64　生成的旋转曲面的线框图

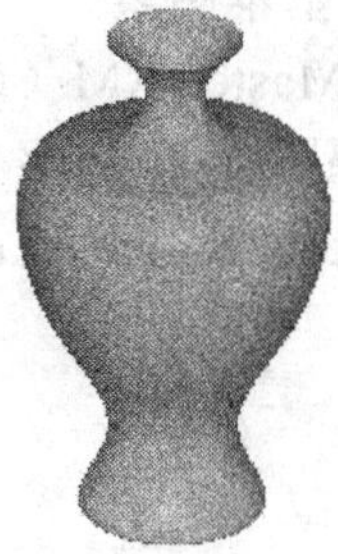

图 10-65　着色后的效果

G. 按键盘上的 Esc 键退出画曲面的命令；关闭 1 层；并对曲面进行着色处理，得到最终结果，如图 10-65 所示。

实例结束。

从实例中我们可以发现，起始角度和终止角度是可以改变的，那么我们就可以得到半个花瓶，1/3 个花瓶……你可以做做试验。

还有，如果母线本身是一个封闭框，如矩形，而旋转轴线在矩形的外面，则旋转以后会是什么结果呢？你不想试试吗？

### 10.1.5　创建扫掠曲面（Sweep）

扫掠曲面听起来新鲜，实际上很容易理解，构思得当，可能得到出其不意的效果。

扫掠曲面就是让截形顺着轨迹线扫描过去而形成曲面

这里有两个概念要注意 —— 截形和轨迹线，如图 10-66 所示。

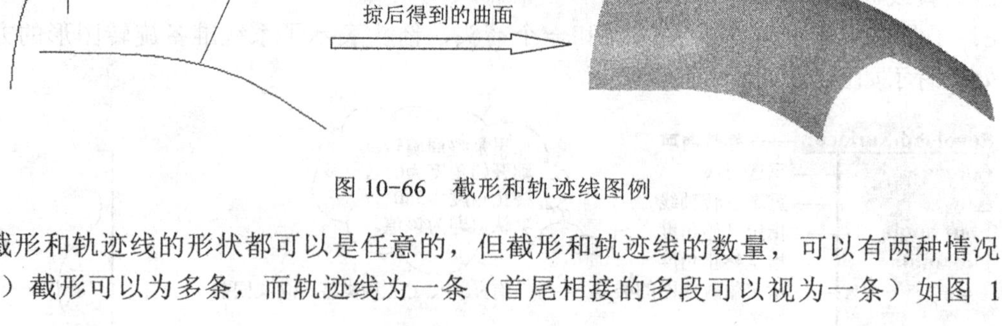


图 10-66　截形和轨迹线图例

截形和轨迹线的形状都可以是任意的，但截形和轨迹线的数量，可以有两种情况：

1）截形可以为多条，而轨迹线为一条（首尾相接的多段可以视为一条）如图 10-67 所示。

2）截形为一条，而轨迹线为两条（不能多于两条），如图 10-68 所示。

**注意：**截形和轨迹线不能同时为多条，其中必有一个的数目为 1。

下面以创建一个变形弯管为例介绍扫掠曲面的创建过程。

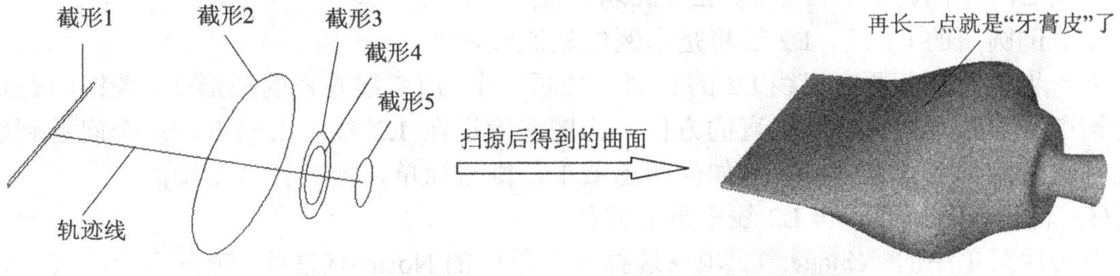


图 10-67　多个截形和一条轨迹线生成的扫掠曲面

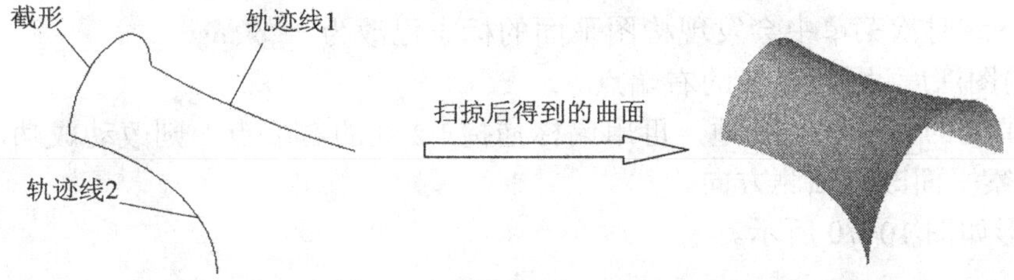


图 10-68　一个截形和两条轨迹线生成的扫掠曲面

**【实例 10-7】** 创建“变形弯管”状曲面

操作步骤：

（1）创建截形和轨迹线

A．启动 MasterCAM 软件。

B．将构图平面和观察平面都改到前面（Front），其它不变。

C．选择 Create\Arc\Polar 命令→选择菜单中的 Center pt 项→选择菜单中的 Origin 项→在屏幕下方出现的输值框中输入半径值 30mm 后回车→在接着出现的输值框中输入起始角度 0 后回车→在接着出现的输值框中输入终止角度 180 后回车→出现一个半圆弧，它将作为截形 1。

D．将构图平面和观察平面都改到顶面（Top）。

E．从刚画的圆弧的中心（画线时捕捉中心（Center）位置即可）位置开始，随意画出图 10-69 所示的两条相交的直线。

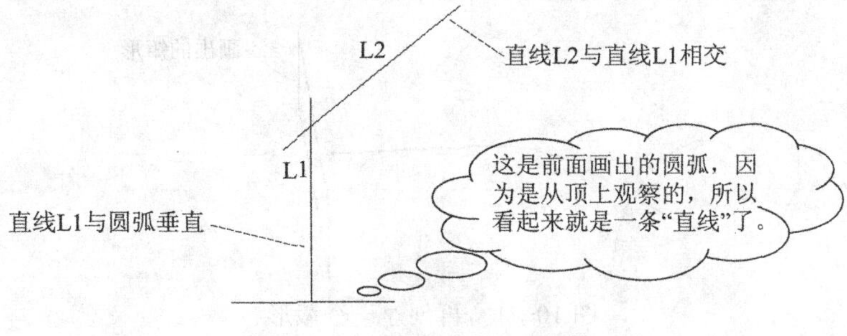


图 10-69　创建截形和轨迹线

F．在 L1 和 L2 之间倒出圆角（圆角半径取大一点，比如 40mm）。

方法是：选择 Create\Fillet 命令→选择 Radius 项→在输值框中输入半径值 40mm 后回

车→点线 L1（图 10-69）→点线 L2→成功。

经过倒圆角的 L1 线、L2 线将是本例的轨迹线。

下一步请注意，要在直线 L2 的右端点处画一个与 L2 线垂直的截形 2，关键问题是：要将构图平面改到与 L2 线垂直的方位，构图深度设在 L2 线的右端点，这个问题到现在还是首次遇到，请留意方法；而如何画出截形，则很简单，没有什么特别的。

G．将构图平面改到与 L2 线垂直的方位。

点击次菜单中的 Cplane: T 项→选择主菜单中的 Normal（法线）项→点中斜线 L2（作为构图平面的法线）→图形中会出现一个坐标轴标记，点菜单中的 Save 项，表示保存这个构图平面（编号从 9 开始，前面 8 个编号系统已定，以后再创建构图平面，则依次为 10、11、12…）→这时次菜单中会发现构图平面的标志已改为 Cplane: 9 。

H．将构图深度设到 L2 线的右端点。

点次菜单处的 Z：0.000 项，再用鼠标捕捉 L2 线的右端点，则改动成功。

I．将观察平面改为轴测方向。

此时图形如图 10-70 所示。

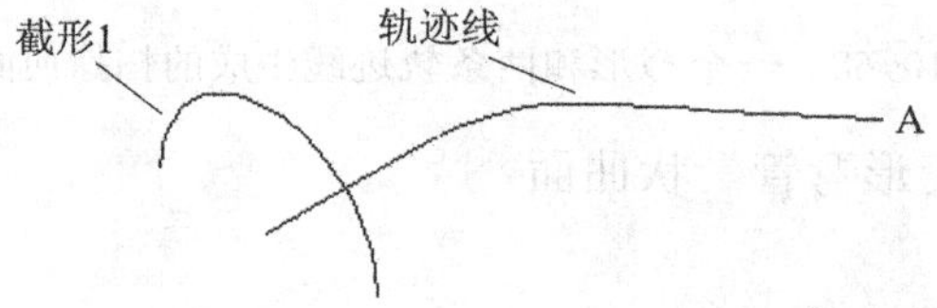


图 10-70　创建好的截形和轨迹线

**注意**：改了观察平面后，构图平面也常会自动变化，必须再改回来，这时又要点击次菜单中的 Cplane: T 项→选择主菜单中的 Number（编号）项→在下面出现的输值框中输入 9（刚建立的构图平面编号为 9）后回车，则改变成功。

J．创建截形 2。

先绘制一个矩形，中心放在 A 点（图 10-70）

选择 Create\Rectangle\1 point 命令→弹出对话框，将宽度（Width）设置为 100mm，高度（Heigth）设置为 30mm，按 OK 按钮退出该对话框→回到图形屏幕后捕捉 A 点（图 10-70 所示）→则矩形绘出，结果如图 10-71 所示。

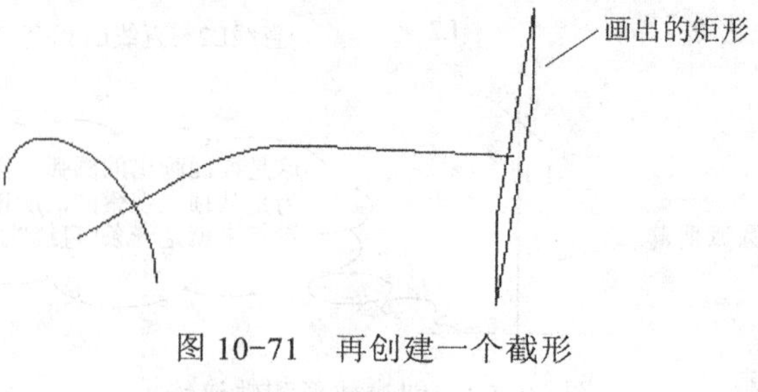


图 10-71　再创建一个截形

下面要将矩形截掉一半，只留下上半部分。

K．将矩形在两条窄边的中间处断开，并删除矩形的下半边。

选择 Modify\Break\2 pieces 命令→选矩形的一条窄边→捕捉其中点→选矩形的另一条

窄边→捕捉其中点→断开成功。

选择 Delete 命令，选择矩形下半部分的三条线（每条窄边均已断开为两截）进行删除，

L．对半边矩形倒圆角，半径为 5mm。

选择 Create\Fillet 命令→选择 Radius 项→在输值框中输入半径值为 5mm 后回车→点菜单中的 Chain 项→点击矩形上任一段线→点菜单中的 Done 项→倒圆角成功。

此时结果应如图 10-72 所示。

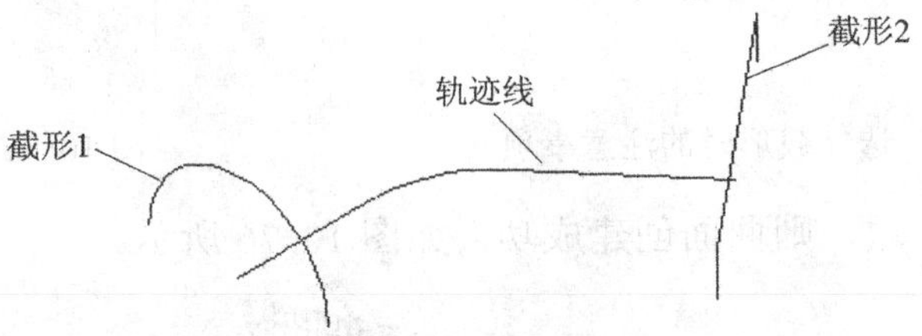


图 10-72　得到截形 2

至此，截形和轨迹线的创建结束，下一步是要生成扫掠曲面了，你会发现要比前面的过程轻松得多。其实各种曲面的创建大多如此，只是前期准备工作最麻烦。

（2）创建扫掠曲面

A．改到第 2 层。

B．创建曲面。

选择 Create\Surface\Sweep 命令；

出现选择图素菜单，要你选择截形：

用菜单中列出的一种方法选择截形 1 —— 半圆弧；

接着的提示如图 10-73 所示。

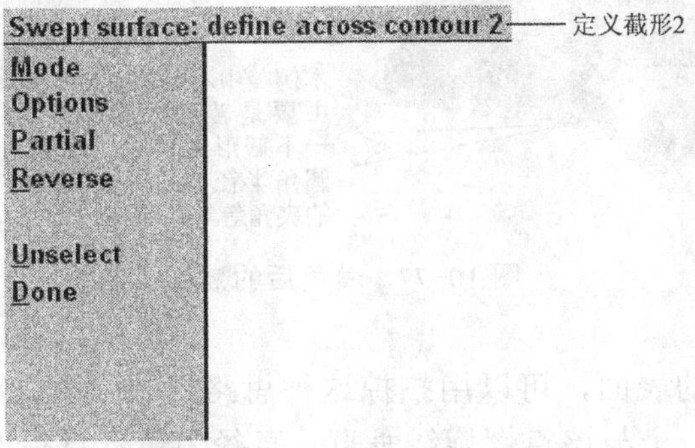


图 10-73　定义截形的方法

选择截形 2 —— 半边矩形。注意：①必须一次选中，可点 Mode 项，选其中的 Chain 以确保一次选中；②必须点在与截形 1 同边、同向、同起点的位置，这可以从出现的箭头上看出来，如图 10-74 所示。

点菜单中的 Done 项，以结束选择截形的操作；

又出现选择图素菜单 —— 要你选择轨迹线（Define the along contour）；

点 Chain 项，然后点击轨迹线上的任一点；

此时提示变为图 10-75 所示。

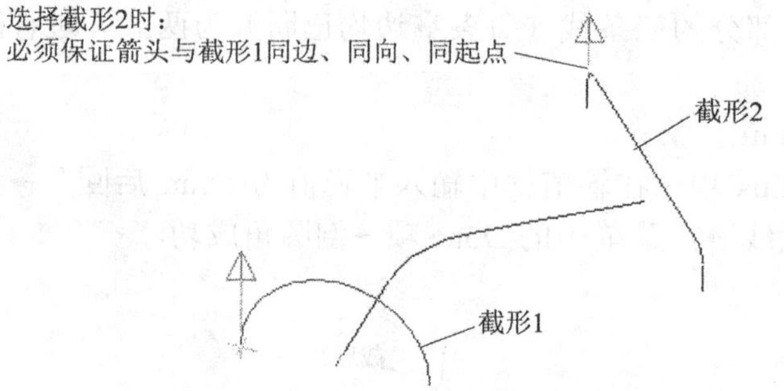


图 10-74　选择截形时的注意事项

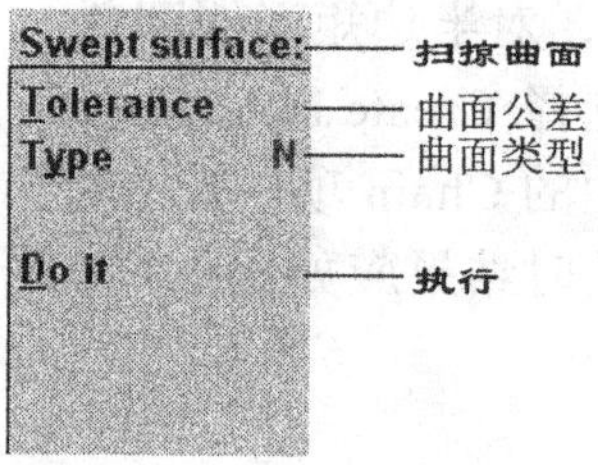


图 10-75　扫掠曲面菜单

选择其中的 Do it 项，则曲面创建成功，如图 10-76 所示。

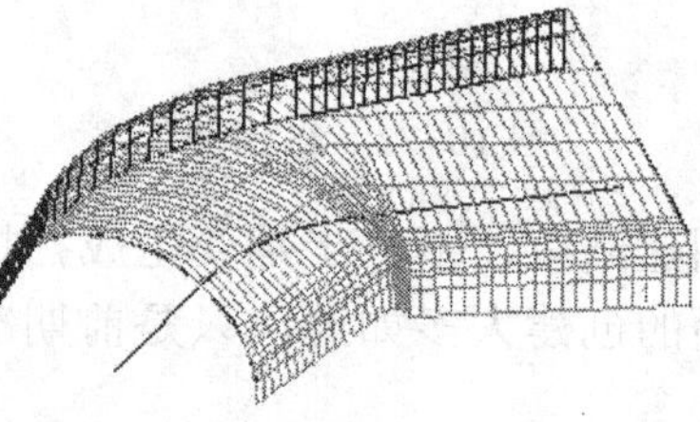

图 10-76　生成的扫掠曲面的线框图

（3）着色处理（方法见前），并关闭 1 层（1 层上有截形和轨迹线）后的效果如图 10-77 所示。

图 10-77　着色后的效果

实例结束。

如果想画一个弹簧的表面，可以用扫掠这种思路 —— 将画出的螺旋线作为轨迹线，然后在螺旋线的一端画一个与该点螺旋线垂直、直径为簧丝直径的圆作为截形，让该截形绕轨迹线扫掠，就能得到“弹簧”，不过螺旋线的直径和簧丝的直径稍不妥当，就可能导致“弹簧”局部地方干瘪哟！你不妨试试看。另外，工厂中，螺旋弹簧是用弹簧钢丝绕制出来的，而不是用切削加工的方法制造的，所以，创建弹簧不是 MasterCAM 应重点考虑的问题。

### 10.1.6　创建牵引曲面（Draft）

如果把画出的截形当作一头“牛”，那么，创建牵引曲面的过程就像牧童牵牛一样，要它往哪边就往哪边，要它斜着走就斜着走，走过的地方就变成了“曲面”。

我们通过实例介绍牵引曲面的作法。

**【实例 10-8】** 画出一个有圆角的矩形，然后创建一个锥形曲面。

操作步骤：

（1）画出矩形，宽度（Width）为 100mm，高度（Heigth）为 60mm，中心在原点（Origin）；

（2）给矩形倒圆角，半径为 10mm；

（3）将观察平面改到轴测方向，此时结果如图 10-78 所示。

（4）创建牵引曲面：

A．选择 Create\Surface\Draft 命令；

B．提示选择轮廓图素 1（profile entities 1），点击选择菜单中的 Chain 项，然后点击矩形上任一线段；

C．出现选择轮廓图素 2（与图 10-78 相仿）的提示，因无图素可选，所以选择其中的 Done 项；

D．这时图形上会看到如图 10-79 所示的箭头。

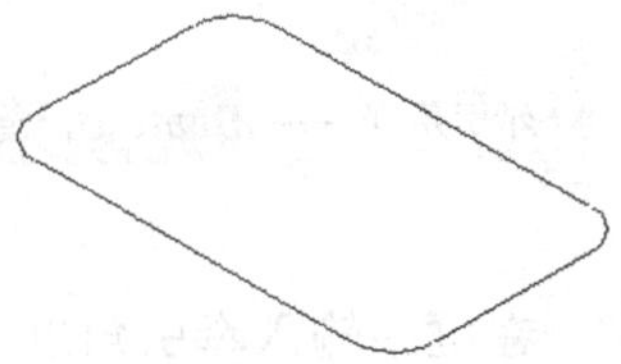

图 10-78 创建带圆角的矩形

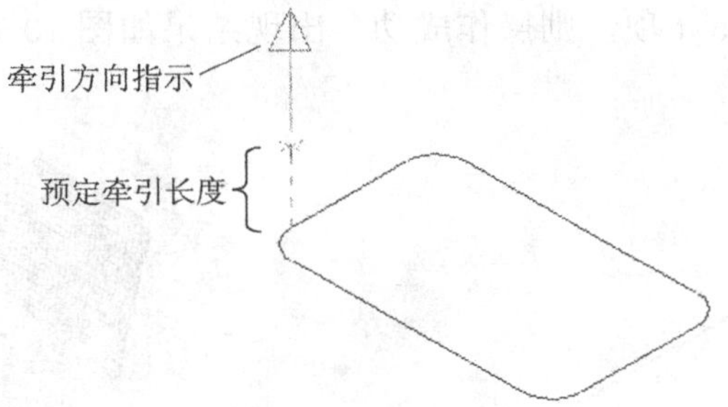


图 10-79 箭头指示牵引方向

同时屏幕下方会出现各参数值的当前值，如：

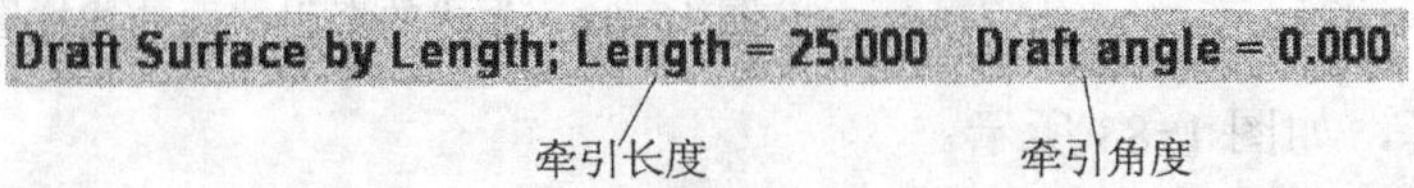


从两个地方都可知道牵引的走向，如果满意，当然就只要选择菜单中的 Do it 项就万事大吉了，但本例要改变一下设置。

这时的菜单变为图 10-80 所示形式，可根据需要改变某些项目的设置。

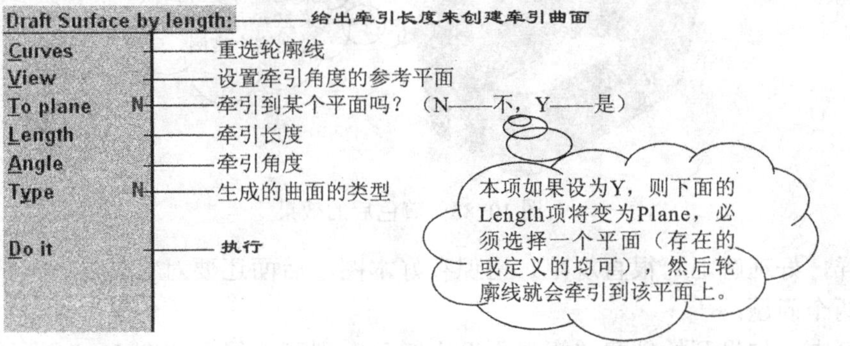


图 10-80 牵引曲面参数设置菜单

E．选择菜单中的 Length 项，在屏幕下方出现如输值框：

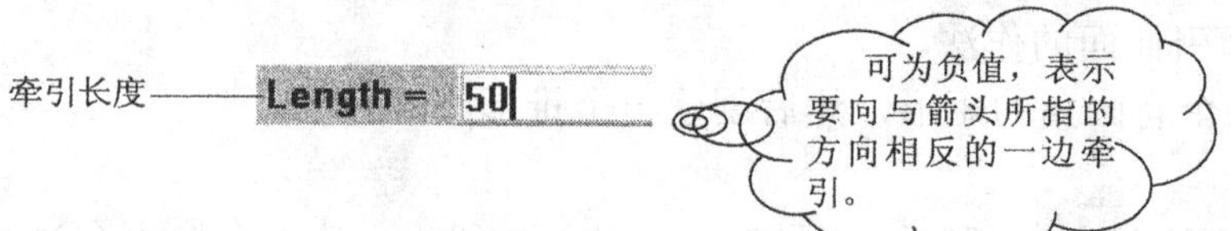


在框中输入牵引长度 50 后回车；

F．再选择菜单中的 Angle 项，在屏幕下方出现如下输值框：

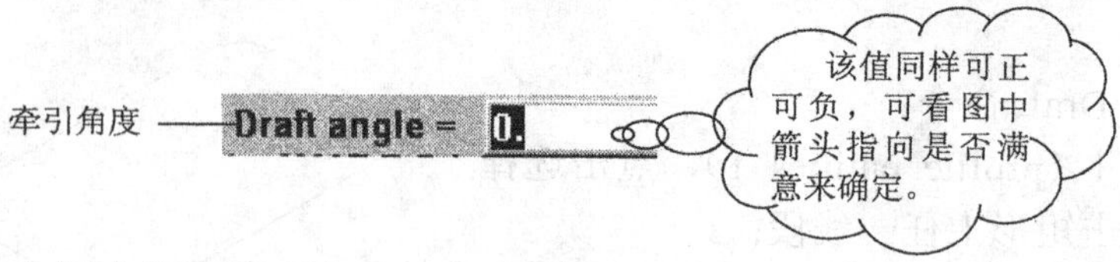


在框中输入牵引角度-10 后回车；

这时图形上的箭头的起点位置和指向发生了变化，如图 10-81 所示。

有了箭头示意，意图已非常明显了。

G．选择菜单中的 Do it 项，则操作成功，出现结果如图 10-82 所示的。

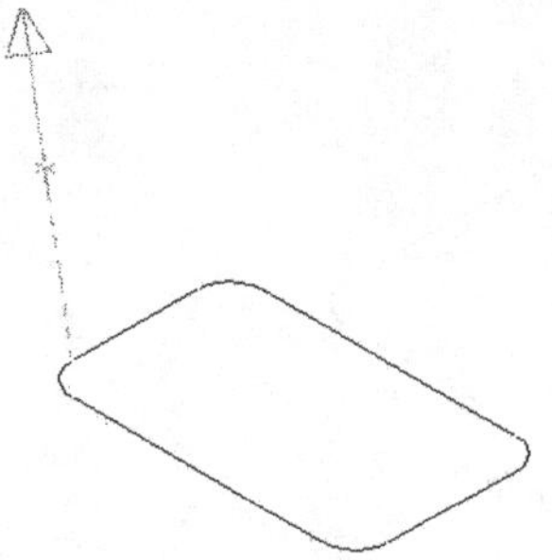

图 10-81　牵引箭头改变

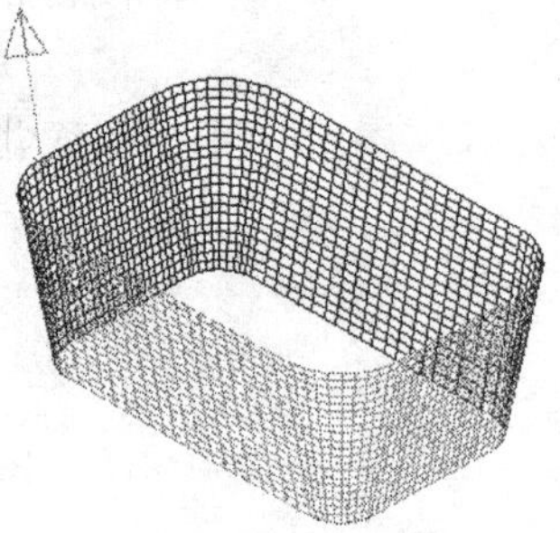

图 10-82　生成的牵引曲面的线框图

着色处理后效果更为逼真，如图 1-83 所示。

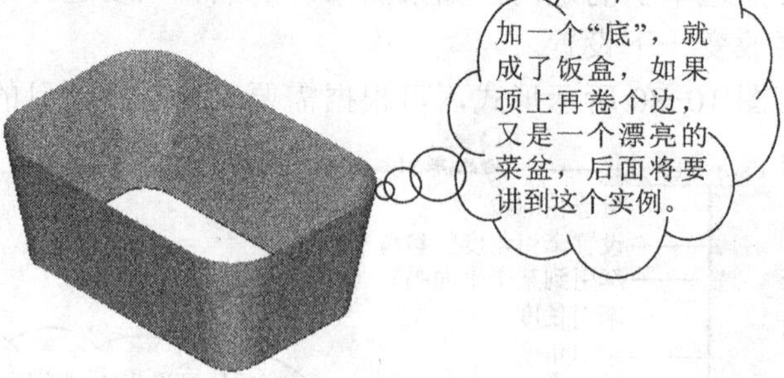


图 10-83　着色后的效果

怎么样，好理解吧！很直观吧！请保存好本图，后面还要对它做进一步的处理。

注意两个问题：

①本例中，如果开始创建的矩形不倒出圆角，则可能得到如图 10-84 所示的结果。

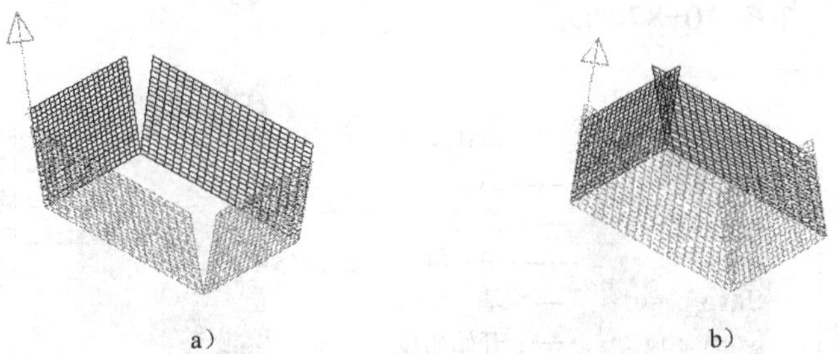

图 10-84　不倒圆角得到的牵引曲面

a）牵引角度为负值时　b）牵引角度为正值时

可见角部处理出了问题，系统将四条直线分别牵引。因此要记得在角部倒出圆角。

②即便倒出了圆角，但若牵引角度设置得过大，也可能出现图 10-85 所示的现象。

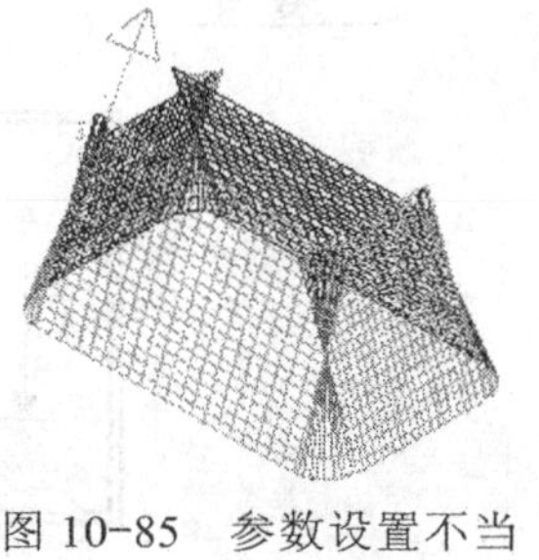

图 10-85　参数设置不当得到的牵引曲面

仍是在角部出了问题，可见参数的设置是受到限制的。

至此，MasterCAM 中根据线框来构建曲面的六种方法全部介绍完毕，下面介绍几种自动生成规则曲面的方法。

### 10.1.7　创建基本曲面

工程实际中遇到的曲面其实大部分都是规则的，比如长方体形、球形、圆柱形、圆锥形等，如果不是迫不得已，设计者不会没事找事地设计出奇形怪状的曲面，不会像美术工作者一样追求标新立异。工程设计的目标是能够将设计作品通过各种加工手段变为产品，如果使加工变得困难，则产品的生产成本就会提高，所以，在满足功能要求的前提下，应使设计尽量简单，便于加工，才是优秀的设计。

对于这些规则形状的曲面，系统中设计了专门的命令，可以很容易地生成。

下面介绍一下这些规则曲面的创建过程。

选择 Create\Surface\Next menu\Primitive 命令，就会进入绘制基本曲面的菜单，如图 10-86 所示。

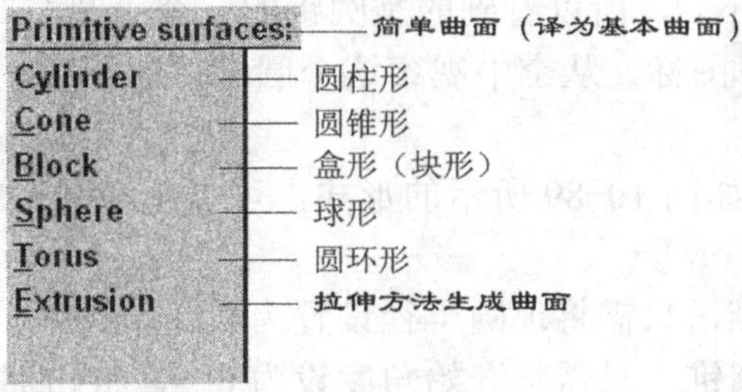


图 10-86　基本曲面菜单

#### 1. 创建圆柱形曲面

进入命令后，会立即在屏幕上出现一个圆柱，其尺寸大小和摆放方位均采用上次设置的参数，而且这些参数值会显示在屏幕下方的提示区中，如果不满意，可以选择菜单中的相应项目进行修改，如图 10-87 所示。

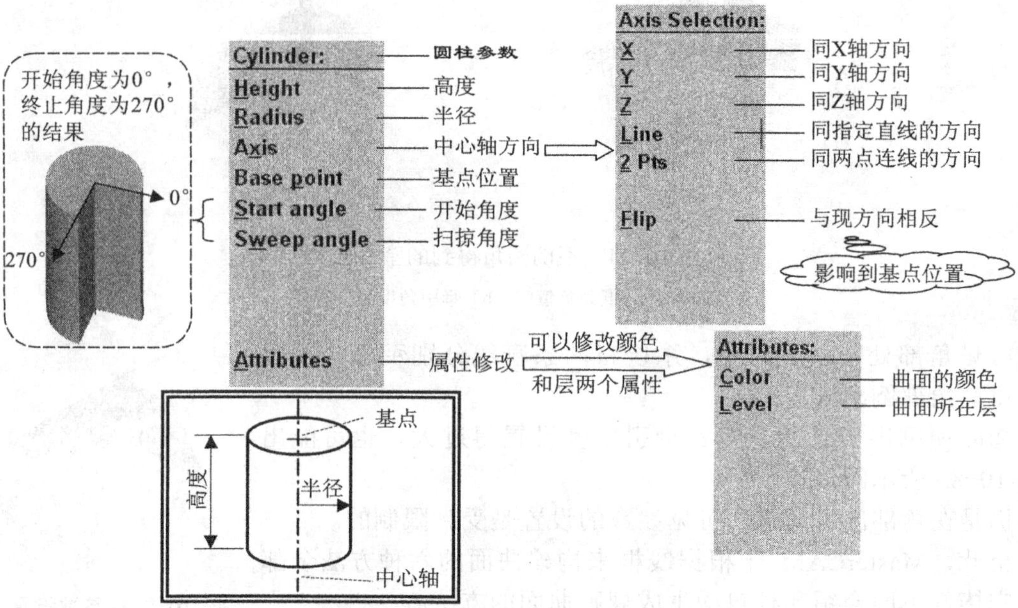


图 10-87　创建圆柱形曲面

改动参数后，图形会及时更新，你可以很直观地观察图形是否满意。

当返回上一级菜单或按下键盘上的 Esc 键退出命令后，创建曲面的操作也告结束，不能再像上一步那样进行修改了。

因为操作很简单，所以不专门安排实例，你自己大胆地试验吧！

**注意：**基点是圆柱上一个固定的点，指定基点位置，圆柱就跟随移动到相应位置。

2. 创建圆锥形曲面

选择 Create\Surface\Next menu\Primitive\Cone 命令，就能创建圆锥形曲面。

首先会在屏幕上出现一个按系统默认参数绘出的圆锥，因为观察平面是 T［顶面（Top）］，所以看到的是圆锥的一个“圆”，你可以按下屏幕顶端的图标，从空中观察这个圆锥，如图 10-88 所示。

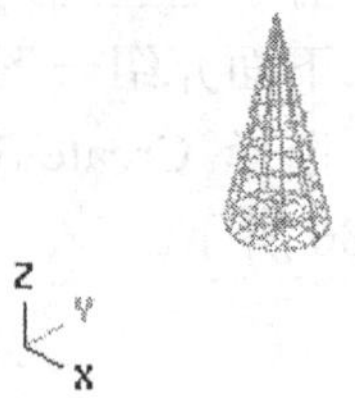

图 10-88　创建圆锥形曲面

与此同时，菜单变为如图 10-89 所示的形式，可以改变圆锥的各项参数。

**注意：**

1）要想得到尖的圆锥，只需将顶圆半径设置为 0。

2）要想得到整周的圆锥，只需将开始角度设为 0°，将扫掠角度设为 360°。

3）由高度、顶圆半径、底圆半径三个参数可以确定圆锥的形态，此外还可以由高度、锥角和顶圆半径（或底圆半径）三个参数确定圆锥的形态，可根据已知条件酌情选择一套方案，不必都进行设置。例如：如果高度、顶圆半径和底圆半径已进行设置，则锥角实际上已确定（系统能够自动算出）。

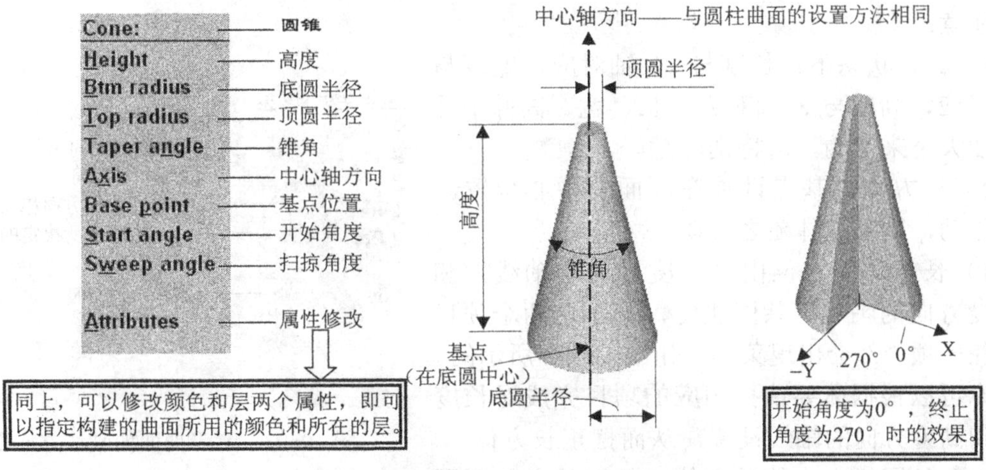


图 10-89　修改圆锥曲面的参数

一旦参数设置完毕，效果已经满意，只需返回上一级菜单或按键盘上的 Esc 键退出命令，则圆锥可以定型，也就是说创建完毕。

读者请自行试验。

3. 创建盒形曲面

即长方体，又称块形体，就像砖块一样。

这种形体是用得最多的形体。

选择 Create\Surface\Next menu\Primitive\Block 命令，就能创建盒形曲面。

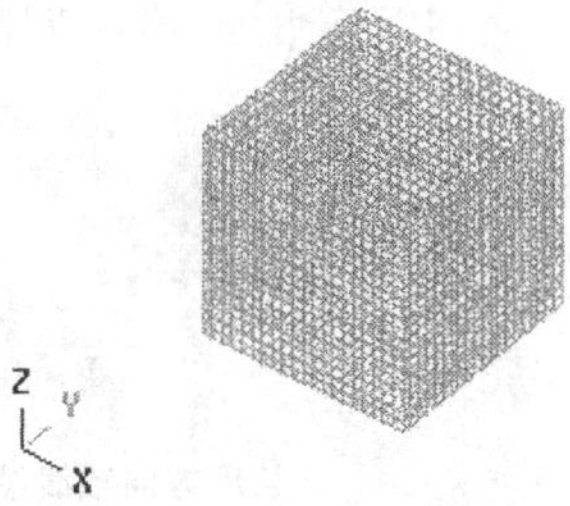

图 10-90　创建盒形曲面

首先会在屏幕上出现一个按系统默认参数绘出的长方体，因为观察平面是 T［顶面（Top）］，所以看到的只是它的顶面，你可以按下屏幕顶端的图标，从轴测方向观察这个长方体，如图 10-90 所示。

有了这个示意图，加上在屏幕下方出现的参数值提示，你可以方便地判断长方体是否符合要求。

如果对某个参数（如长、宽、高等）不满意，可以选择菜单中的相应项目进行修改，如图 10-91 所示。

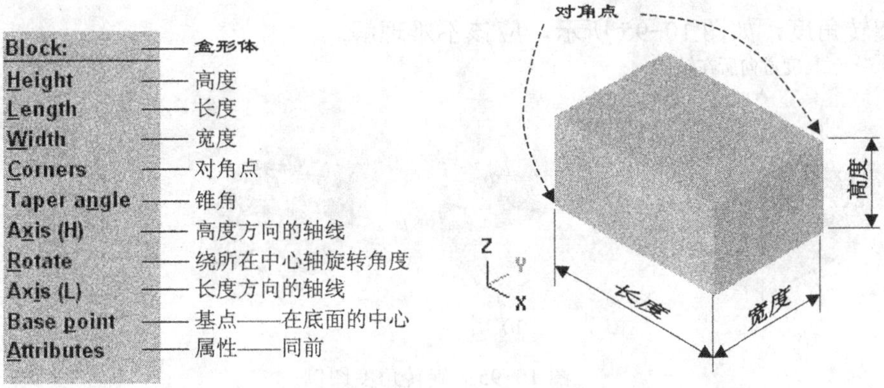


图 10-91　修改盒形曲面的参数

注意:

1）默认状态下：长度与 X 轴对应，宽度与 Y 轴对应，高度与 Z 轴对应，长、宽、高并不是按尺寸大小来定的，请特别注意。

2）长方体的基点设置在底面的中心位置。基点移动，则长方体随之移动。

3）长方体的方位由“高度方向的轴线”和“长度方向的轴线”共同决定，按下这两个项目中的任一项，都会出现菜单，如图 10-92 所示的。

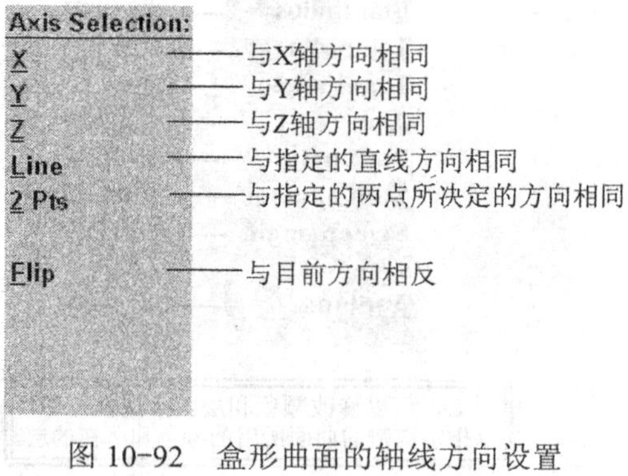


图 10-92　盒形曲面的轴线方向设置

你可以根据需要选择相应的项目完成对长度方向和高度方向的轴线设置，从而摆正长方体。

以下是同样大小的长方体，但摆放方位不同时的效果，请思考并理解，依此类推。

4）关于锥角，如图 10-94 所示，相信你一看就明白。

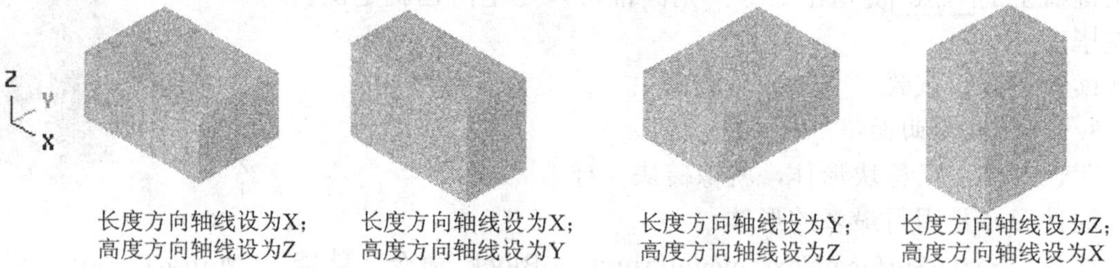


图 10-93　不同方位的效果

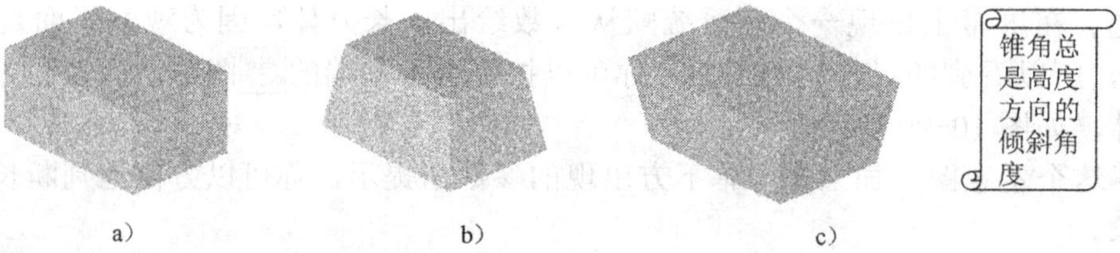


图 10-94　锥角图例

a）锥角为 0°　b）锥角为 10°　c）锥角为-10°

5）旋转角度，如图 10-95 所示，应该不难理解。

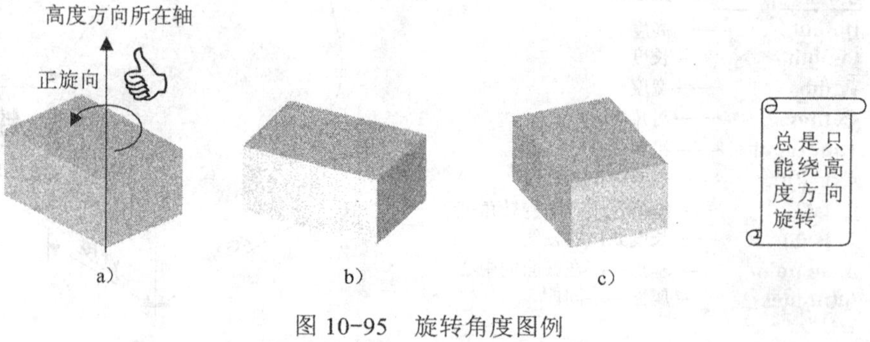


图 10-95　旋转角度图例

a）未旋转　b）旋转了 20°　c）旋转了-20°

6）如果选择 Corners 项，则会要求你在屏幕上指定（或捕捉）两点，系统会自动将这两点作为长方体的体对角线（长宽高当然就自动确定了），作出长方体来。

返回上一级菜单或按键盘上的 Esc 键退出命令，则长方体正式生成。

创建长方体时可变化的参数最多，请多做练习，从中体会。

4. 创建球面

选择 Create\Surface\Next menu\Primitive\Sphere 命令，就能创建球形曲面。

首先会在屏幕上出现一个按系统默认参数绘出的球面，因为观察平面是 T［顶面（Top）］，所以看到的只是它的顶面，你可以按下屏幕顶端的图标，从侧面观察这个球面，如图 10-96 所示。

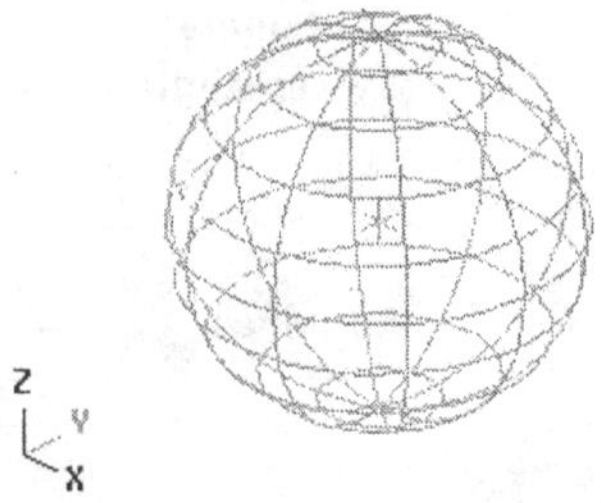

图 10-96　创建球形曲面

这仅是个示意图，如果对球的大小、位置等参数不满意，可选择此时出现的菜单中的相应项目进行修改，如图 10-97 所示。

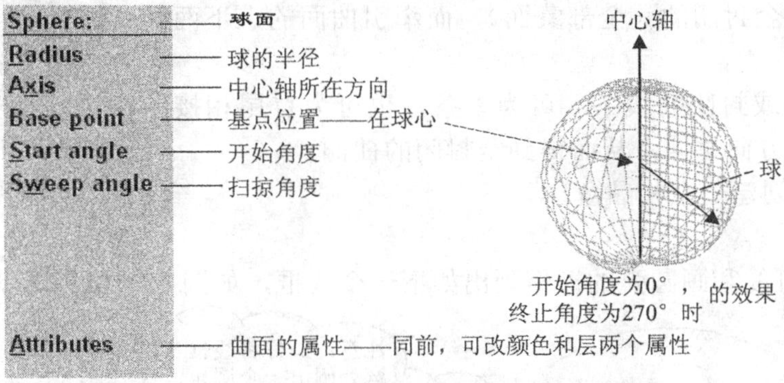


图 10-97　球形曲面的参数设置

球面的创建参数很少，变化不多，有了上面的介绍应该可以自行练习。

5. 创建圆环形曲面

形状像救生圈，或者说像手镯，如果参数设置得当，可能得到变异的形状，如苹果状曲面。

选择 Create\Surface\Next menu\Primitive\Torus 命令，就能创建圆环形曲面。

首先会在屏幕上出现一个按系统默认参数绘出的圆环形曲面，因为观察平面是 T［顶面（Top）］，所以看到的只是它的顶面，你可以按下屏幕顶端的图标，从轴测方向观察这个圆环面，圆环有两个特殊参数，如图 10-98 所示。

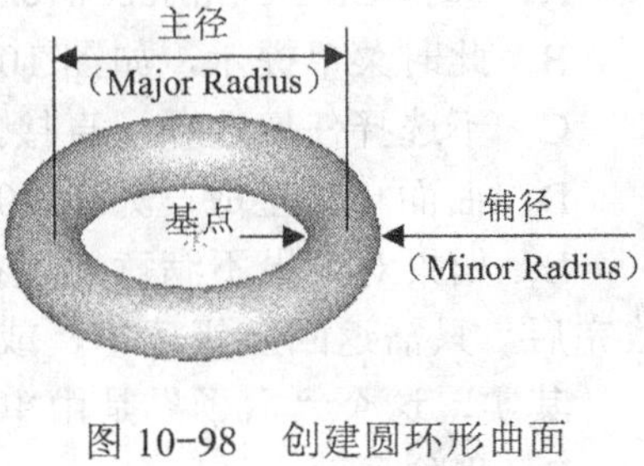


图 10-98　创建圆环形曲面

如果对圆环不满意，可以选择此时出现的菜单中的任一项进行修改，如图 10-99 所示。

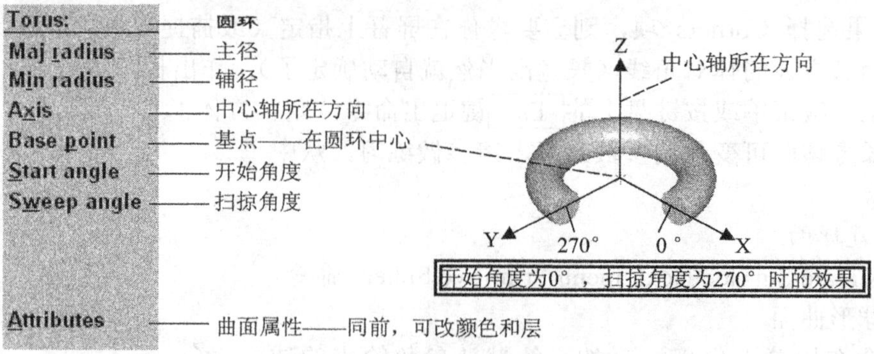


图 10-99 圆环形曲面的参数设置

修改后，返回上一级菜单或按键盘上的 Esc 键，则圆环面创建完毕。

【趣味实例】如果将辅径设置得大于主径，则可能得到图 10-100 所示的结果。像不像一个苹果呢？

6. 用拉伸方式生成曲面

这种方法生成曲面的构思与创建牵引曲面类似，不同的是：拉伸得到的曲面是全封闭的（全部蒙面），而牵引曲面的上下两面是开口的。

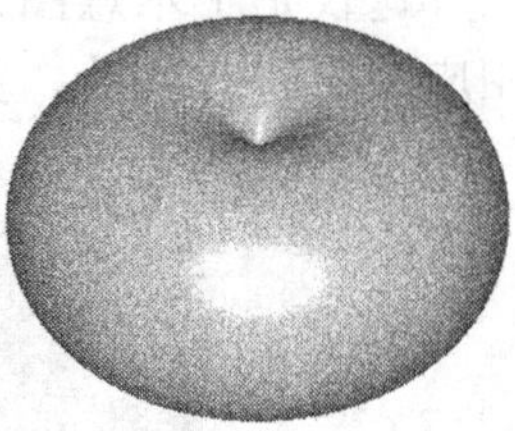

图 10-100 圆环曲面趣味效果

可将一开口的或封闭的线条（可为单条，也可为首尾相接的串接图素）向某个方向拉伸，从而得到全封闭的曲面。

【实例 10-9】创建一个礼品盒。

操作步骤：

1）先通过画直线和画圆弧的操作画出如下一个线框，如图 10-101 所示。

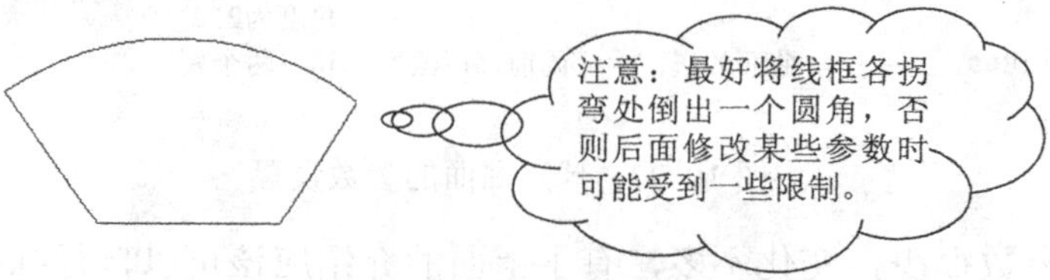


图 10-101 创建线框

2）将观察平面（视角平面）设为轴测方向，以便从侧面观察结果。

3）创建拉伸曲面。

A. 选择 Create\Surface\Next menu\Primitive\Extrusion 命令。

B. 此时菜单提示，如图 10-102 所示。

C. 不选择任何选项，直接点击线框任一处。

D. 曲面自动生成，如图 10-103 所示。

E. 如果对效果不满意，可在此时选择菜单（图 10-104）中的相应项目进行修改，修改完后，只需返回上级菜单，或按下键盘上的 Esc 键，就可以正式生成曲面。

其实，这个“盒子”是由单个的曲面“搭建”起来的，不信，请执行下一步。

F. 删除顶面。

选择命令 Delete，然后用鼠标选择顶面（可顺便把显示的基点也删掉），则会出现如

图 10-105 所示的结果。

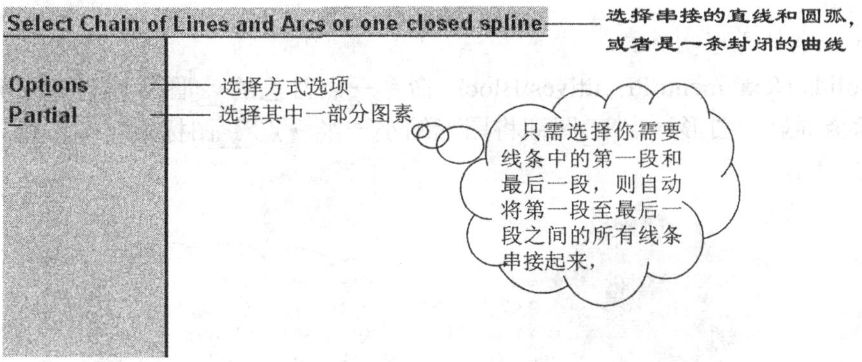


图 10-102 选择方式设置菜单

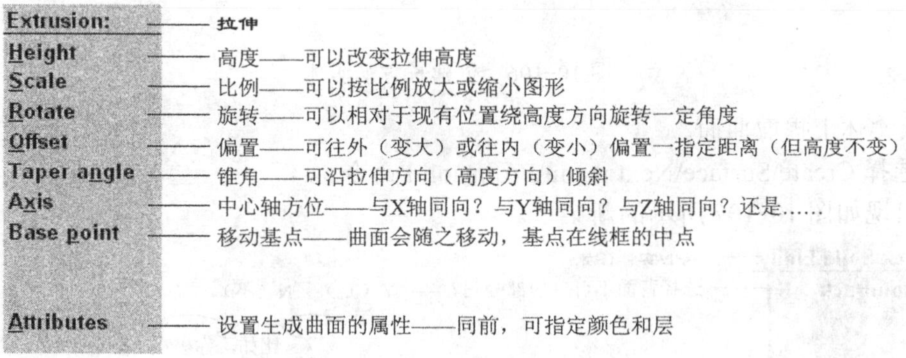


图 10-104 修改拉伸曲面参数

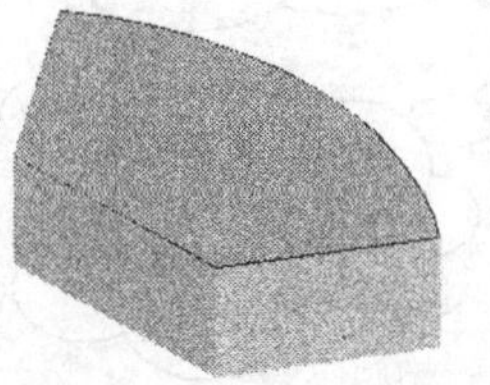

图 10-103 生成的拉伸曲面

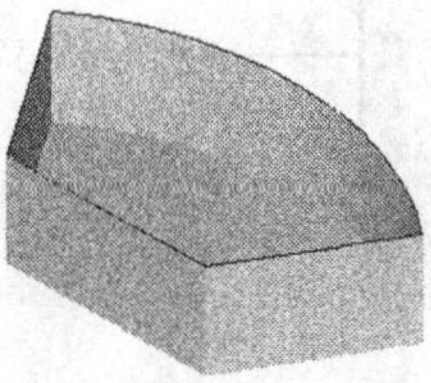

图 10-105 删除顶面后的曲面

没说错吧！“盒子”里面的底都看到了。

### 10.1.8 由实体生成曲面

这又是一种得到曲面的方法 —— 由创建的实体来生成曲面，实际上就是提取实体的表面。

实体造型技术已比较成熟了，应用也很广泛，其思路容易被人接受，因而很多人觉得实体造型比表面造型方便（其实还是各有千秋的），特别是创建复杂的形体时，实体造型的优点更突出一些，本项功能就是从创建的实体上剥离出曲面来，有时会带来很多方便。

目前我们还没有学到实体造型方法，下面以一个最简单的例子来介绍一下由实体转换出曲面的过程。

【实例 10-10】创建一个长方形实体，然后由它来提取出曲面。

操作步骤：

1）创建一个长方形实体。

选择 Solids\Next menu\Primitives\Block 命令→点蓝色的图标将视角转到轴测方向→点图标全屏显示图形→点图标将图形缩小一半→点图标给实体着色，结果如图 10-106 所示。

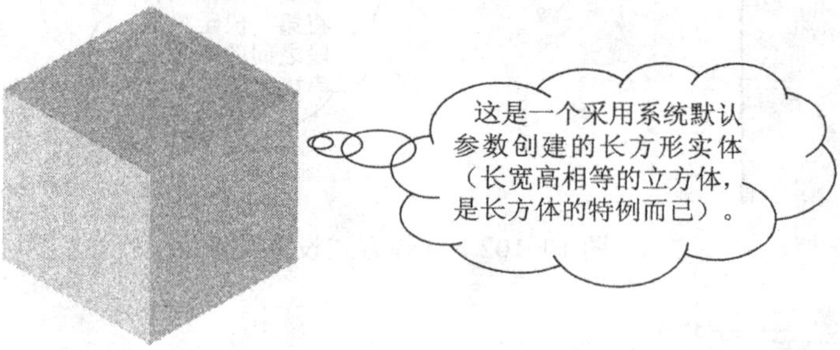


图 10-106　创建长方形实体

2）从实体上提取曲面。

A．选择 Create\Surface\Next menu\From solid 命令。

B．出现如图 10-107 所示的新菜单。

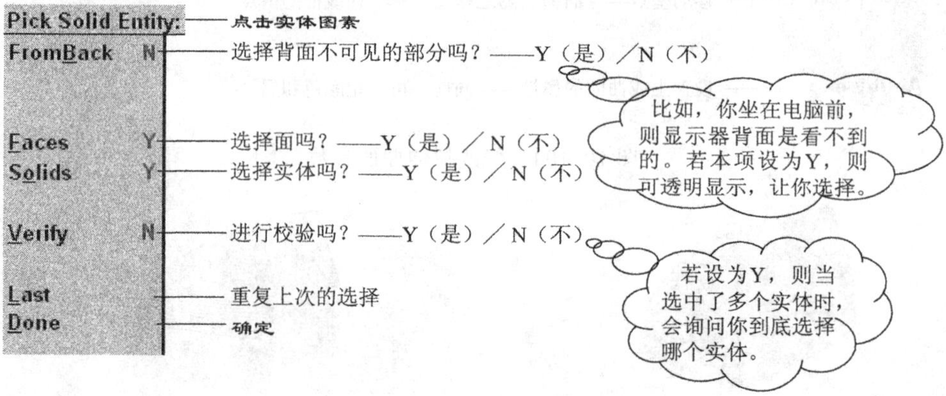


图 10-107　选择实体上图素的菜单

C．不改变上面的选项，移动鼠标，当出现“实体”标志时点击左键，选中画出的实体。

> **注意：** 鼠标移到图上时，会有两种标志：
>
> 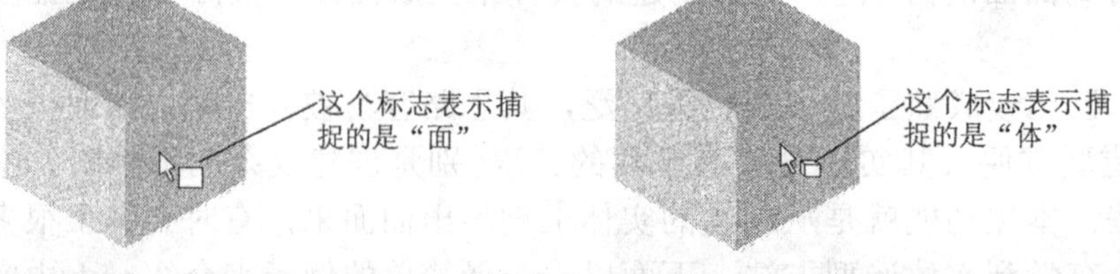
> 

D．选择菜单中的 Done 项，操作完成，按键盘上的 Esc 键退出命令。

但此时实体和新生成的曲面重叠在一起，所以看不出有什么变化，下一步用移动命令将它们分开。

3）移开实体。

选择 Xform\Translate 命令→选择菜单中的 Only 项→选择菜单中的 Solids 项→点击实体（可能没有任何动静，别慌，只管继续）→按键盘上的 Esc 键一次返回上级菜单→选菜单中的 Done 项→选新菜单中的 Between pts 项→随意点实体的左下角（不需很准确）→在图形左边适当位置（要比实体宽度大一些）再点击鼠标左键→出现对话框，确保 Operation 栏内的 Move 项被选中，Number of steps 框内的值为 1，点 OK 按钮→操作完成，退出本命令，结果如图 10-108 所示。

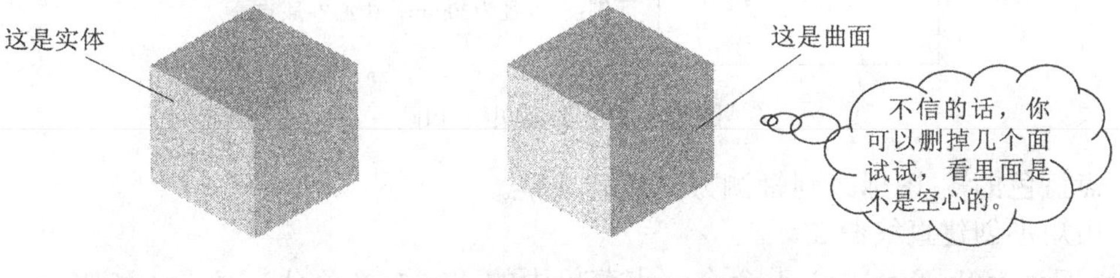


图 10-108　由实体自动生成了曲面

不管实体多复杂，由实体生成曲面的操作基本上就是这样的，只不过在前面选择实体图素时可能根据需要而有点变化（可能只选实体上的某些面，不需选择整个实体）而已。

好了！到现在为止，我们学习了 MasterCAM 中生成曲面的所有方法，灵活地应用这些方法，可以得到各种各样的基本曲面，如果再用上下面马上要讲的曲面编辑功能，则基本上任何形状的曲面都可得到了。复杂曲面无非是多花你一点时间而已，翻来覆去还是用有限的几个命令，所以学习时应该将基本的东西学精一些。

## 10.2　曲面编辑

曲面的创建和编辑命令很集中，全部在 Create\Surface 菜单内。

对曲面的编辑主要有：倒圆角、偏置、修剪/延伸、熔接等操作，下面将一一介绍。

### 10.2.1　曲面倒圆角（图 10-109）

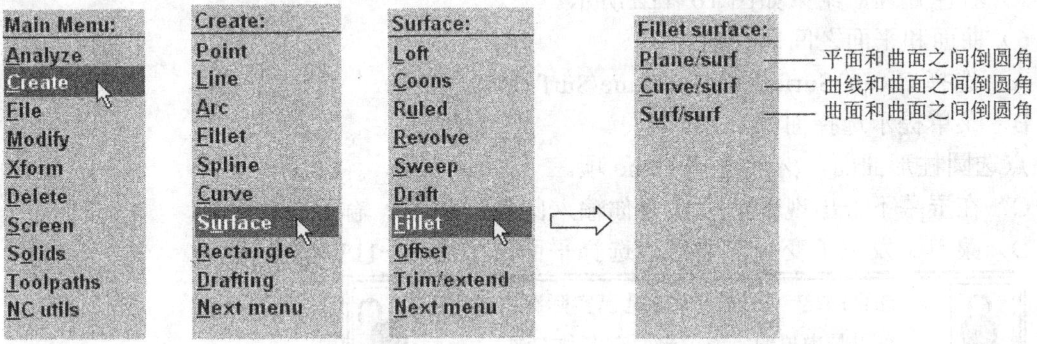


图 10-109　命令位置及功能

#### 10.2.1.1 平面和曲面之间倒圆角

意思不言自明，请看实例。

**【实例 10-11】**平面和圆柱面之间倒圆角

操作步骤：

1）画出基本线条。

进入 MasterCAM 绘图环境后，用 Create 命令创建图 10-110 所示的一个矩形和一个圆，中心均在原点（Origin）。

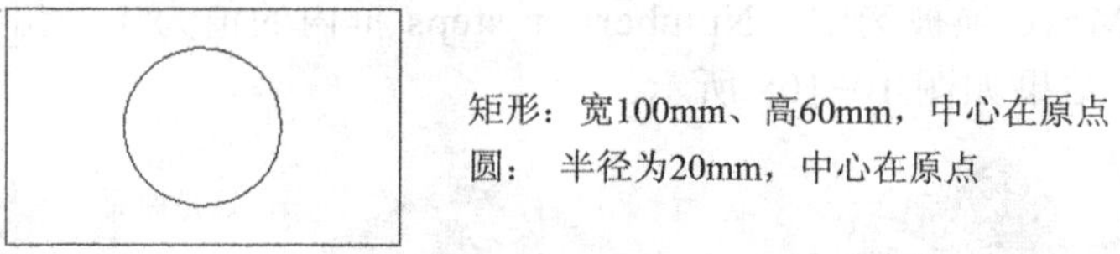


图 10-110　绘出矩形和圆

2）点蓝色的图标改到轴测方向进行观察。

3）由矩形创建直纹曲面。

选择 Create\Surface\Ruled 命令→点菜单中的 Single（单独）项→点矩形上一条边→点矩形上相对的另一条边（注意点在同一侧，保持箭头同向）→点菜单中的 Done 项→点菜单中的 Do it 项→直纹曲面创建完成。

4）由圆创建牵引曲面。

选择 Create\Surface\Draft 命令→点中圆线→点菜单中的 Done 项→点菜单中的 Length 项，在出现的输值框中，将长度设为 40（记住这个值，后面要用），然后回车→其它不变，点菜单中的 Do it 项→牵引曲面生成→按 BACKUP 按钮或键盘上的 Esc 键返回上级菜单，结果如图 10-111 所示。

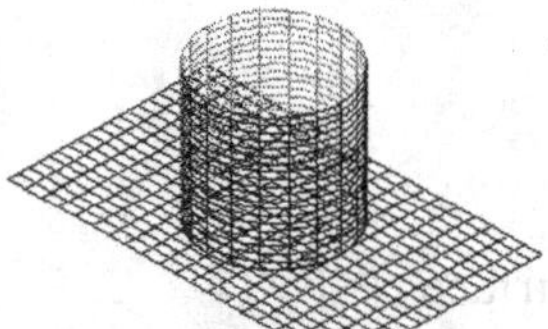

图 10-111　创建出曲面

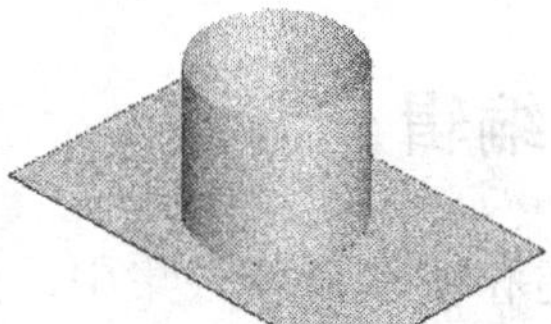

图 10-112　着色处理

5）着色处理，结果如图 10-112 所示。

6）曲面和平面之间倒圆角。

A．选择 Create\Surface\Fillet\Plane/Surf 命令。

B．菜单提示选择曲面。

点选圆柱形曲面，然后选择 Done 项。

C．在屏幕下方出现输值框，要你输入圆角的半径，输入 5 后回车。

D．菜单又发生了变化，要求你选择平面，如图 10-113 所示。

> **注意：**这个平面既可以是已实际存在的，也可以是虚拟的，虚拟平面有多种方法。

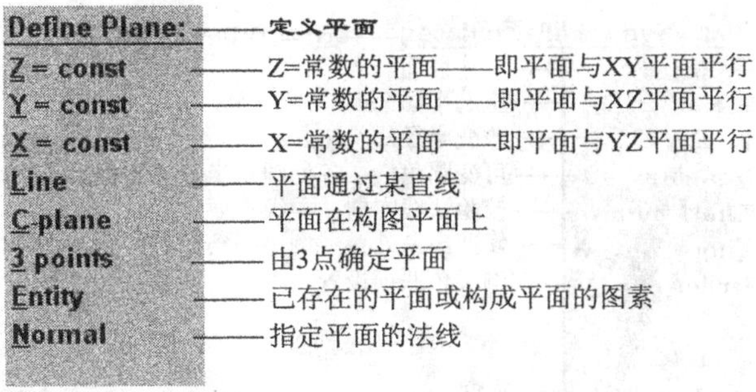


图 10-113　定义平面的菜单

因平面已经绘出，故选择菜单中的 Entity 项；

这时菜单处会出现新的提示，如图 10-114 所示。

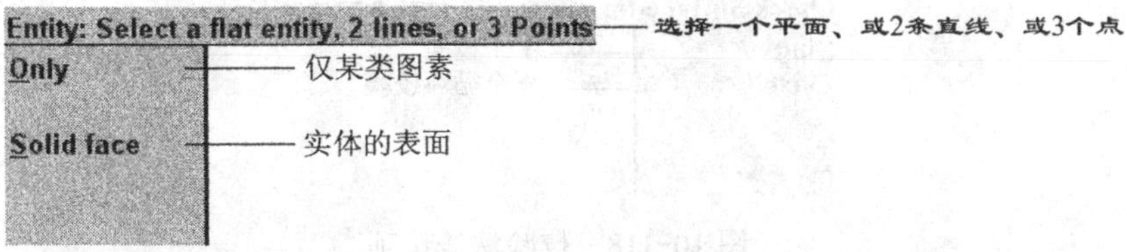


图 10-114　选择图素菜单

可不予理睬，直接点选图形中已绘出的平面（这个平面实际上是直纹曲面，但平面本来就可以说是曲面的一种特殊情况，不是吗？而且，当鼠标移动到平面位置时，平面会变色显示，表示系统已经识别，但移到圆柱面上时是不会有动静的）。

E．检查平面的法线方向是否正确，如图 10-115 所示。

这时会在平面上出现一个方向标志：

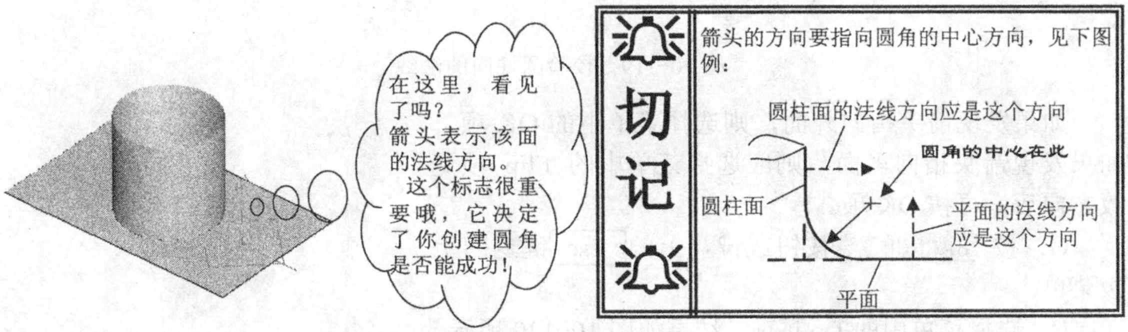


图 10-115　检查法线方向是否正确

这个箭头指示的平面法线方向是正确的（如果不正确，则要选择菜单中的 Flip 项进行反向），所以只需选择如图 10-116 所示的菜单中的 OK 项。

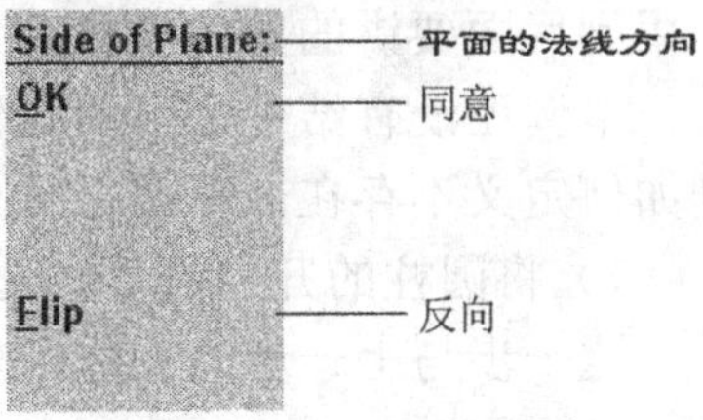


图 10-116　确认菜单

F．检验圆柱面的法线是否正确。

菜单提示变为如图 10-117 所示。

选择 Check norms 项，检验圆柱面的法线方向是否正确（平面的法线已在刚才校验过了）。

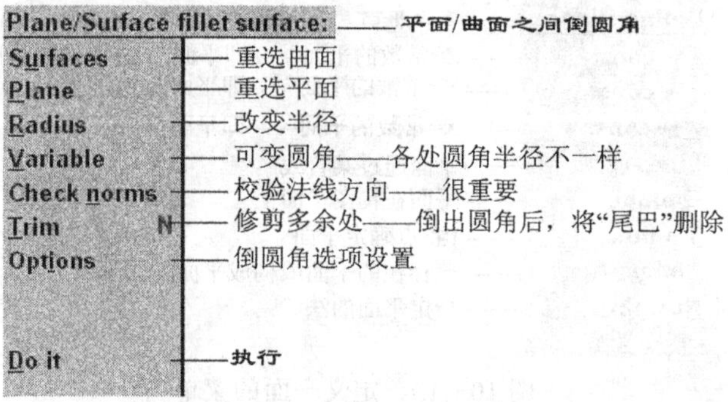


图 10-117 倒圆角选项菜单

菜单变为图 10-118 所示。

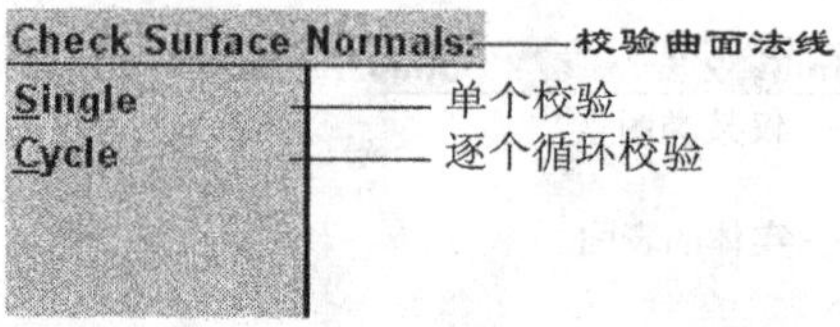


图 10-118 校验法线选项

因只有一个圆柱面需要校验，所以选择 Single 项，然后点击图形中的圆柱面，又会在圆柱面上出现一个方向标志，如图 10-119 所示。

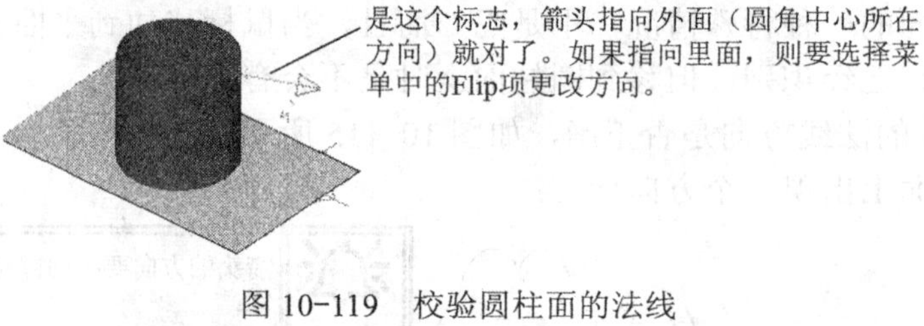


图 10-119 校验圆柱面的法线

如果发现箭头指向外面，则选择菜单中的 OK 项，如果发现箭头指向里面，则应选择菜单中的 Flip 项更改方向后，再按 OK 项。

G．按 BACKUP 按钮或键盘上的 Esc 键返回上级菜单。

H．选择菜单中的 Do it 项，结果如图 10-120 所示。

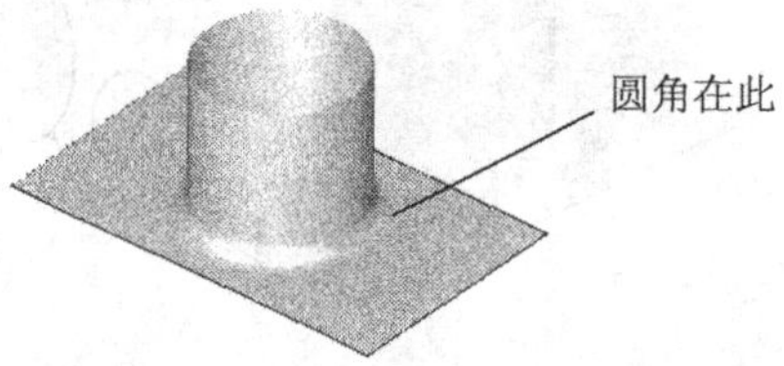


图 10-120 倒出圆角

**注意**：圆柱中间并未通，很多人想把它弄通，这须用到后面要讲的剪切操作，到时就知道如何做了。

本例还没有结束，下面我们要将圆柱的开口端“翻边”处理，从这个过程中我们将学到如何定义不存在的平面。

7）将圆柱的开口端“翻边”处理，得图 10-121 所示图形。

这一步与上一步的操作很多是相同的，所以介绍从简。

A．选择 Create\Surface\Fillet\Plane/Surf 命令。

B．选圆柱形曲面。

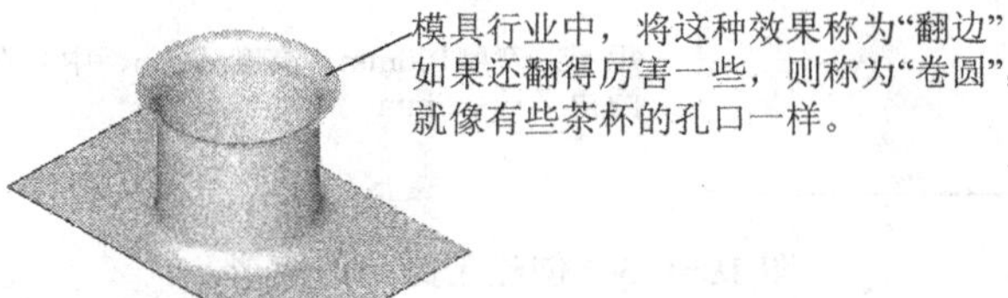


图 10-121　孔口翻边

C．点菜单中的 Done 项。

D．在出现的输值框中输入圆角半径值 5 后回车。

E．点菜单中的 Z=const 项（虚拟平面在圆柱的顶端，与底部的矩形平面平行且相距 40mm，而底部矩形平面恰好在 XY 平面上）。

F．在输值框中输入虚拟平面所在的 Z 坐标 40，然后回车。

G．出现方向标志，如图 10-122 所示。

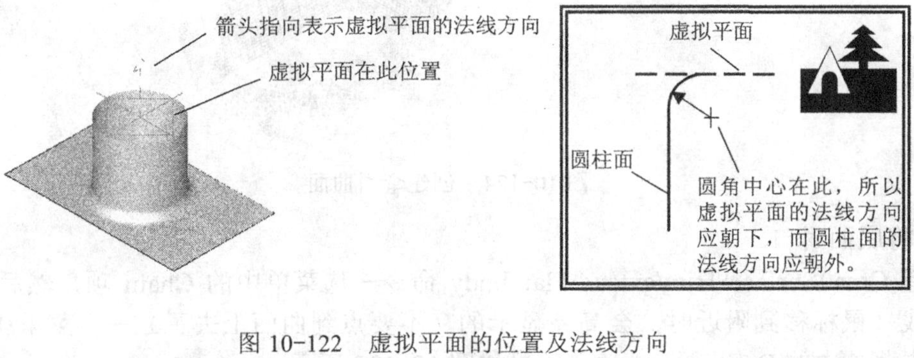


图 10-122　虚拟平面的位置及法线方向

这个法线方向是错误的，应该指向下方（圆角中心所在方向），所以选择菜单中的 Flip 项，使箭头反向，然后选择菜单中的 OK 项。

H．点接着出现的菜单中的 Check norms 项（准备检验圆柱的法线方向是否正确→点菜单中的 Single 项→点圆柱面→如果箭头朝外，则点击菜单中的 OK 项（否则，要先选 Flip 项将法线方向反向后再点击 OK）→返回上一级菜单。

I．将菜单中的 Trim（修剪）项设为 Y（点击一下即可）。

J．点击菜单中的 Do it 项，操作成功，出现结果。

本例结束。

【建议练习】你可试验一下，将虚拟平面的 Z 坐标（即高度）设置为大于 40mm 或小于 40mm（不要差得太多），其它操作不变，看看会有什么结果。

#### 10.2.1.2　曲面和曲面之间倒圆角

【实例 10-12】制作一个方形"洗菜盆"

本例的特色是多个曲面一起与平面倒圆角，而且结果让人感到有趣。

操作步骤：

1）画出一个倒了圆角的矩形，如图 10-123 所示。

图 10-123　创建带圆角的矩形

2）将视角平面改到轴测平面，以便观察。另外最好改到 2 层进行后面的工作。

3）创建牵引曲面。

选择 Creat\Surface\Draft 命令→选菜单中的 Chain 项，然后点击矩形→点菜单中的 Done 项→点菜单中的 Length 项，在出现的输值框中输入牵引长度 35 后回车→点击菜单中的 Angle 项，在出现的输值框中输入牵引角度-15 后回车→点击菜单中的 Do it 项→成功，结果如图 10-124 所示。

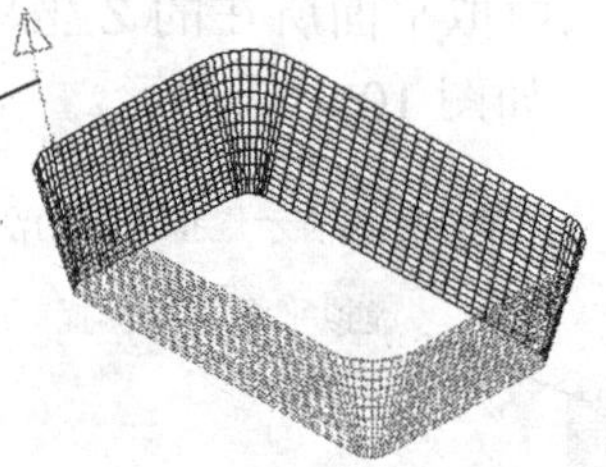


图 10-124　创建牵引曲面

4）将底面封口。

选择 Creat\Surface\Trim/extend\Flat bndy 命令→选菜单中的 Chain 项，然后点击矩形上任一线（鼠标移到附近时，会高亮显示的，不要点到曲面上去了）→点菜单中的 Done 项→点击菜单中的 Do it 项→成功，结果如图 10-125 所示。

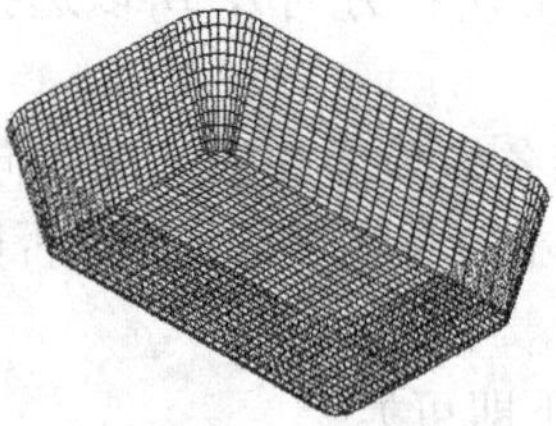

图 10-125　底面封口

图 10-126　着色效果

着色处理后结果如图 10-126 所示。

5）侧面与底面之间倒圆角。

A. 选择 Create\Surface\Fillet\Surf/Surf 命令；

B. 系统提示选择第一个曲面组 —— 依次选择侧面所有的曲面（共有 8 个，包括 4 个“平面”和 4 个拐角处的锥形曲面。鼠标移到某个面上，该面会变色显示，以方便你判断），选完后点击菜单中的 Done 项。

C. 系统提示选择第二个曲面组 —— 仅有底面一个，直接点击底面，然后点击菜单中的 Done 项。

> 注意：这次用的是曲面—曲面之间倒圆角，而不是平面—曲面之间倒圆角，从形态上说，底面确实是一个平面，但从理论上说，平面也属于是曲面中的一种特殊情况，此处如果采用平面—曲面倒圆角，在后面的操作中，平面将不能一次就修剪掉外围的边角，还要用其它方法才能处理干净，而用曲面—曲面倒圆角，就不存在这个问题，见下图：
>
> 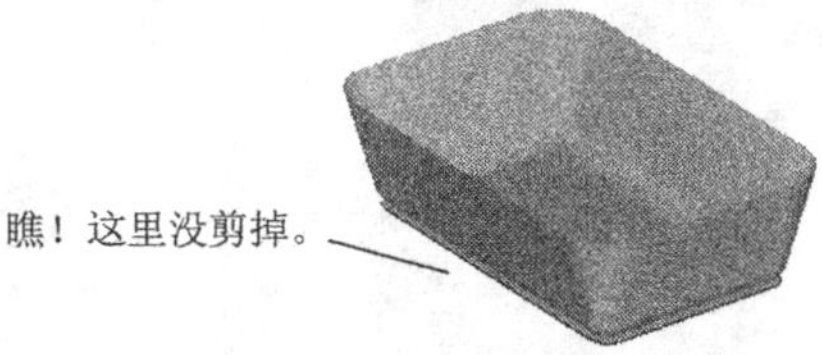
> 
> 平面—曲面倒圆角后的效果
>
> 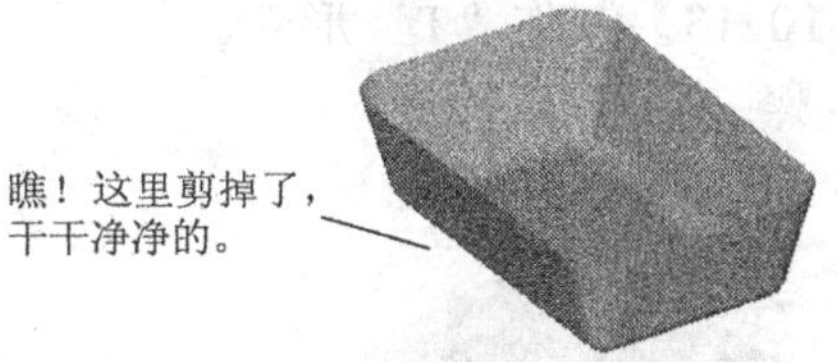
> 
> 曲面—曲面倒圆角后的效果

D．在出现的输值框中输入圆角半径 5 后回车。

E．点选菜单中的 Check norms 项（准备检验侧面各边和底面的法线方向是否正确，这一步很重要，决定着倒圆角是否能成功）→点 Cycle 项（自动循环检验）→会从某个面开始出现法线方向箭头（注意每个面的法线方向都应指向“盆”的里面，因为圆角中心在内部），如果方向正确，则点击菜单中的 OK 项（不正确的话，要先选 Flip 项改变法线方向，再点击 OK），系统会自动检测下一个面的法线方向，你可根据箭头的指向逐一判断，直至各面检验结束（检验过程中，如果某个面的方向看不清，可以点图标旋转图形，以便判断）→系统一共会自动检测所有 9 个面的法线方向。

F．检验完后，自动回到上一级菜单，将 Trim 项改为 Y（点击一下该项即可）。

G．点菜单中的 Do it 项，完成本次倒圆角的操作，结果如图 10-127 所示。

图 10-127　底面与侧面倒圆角

下一步要将“盆”的边缘进行翻边处理，你只要做过家务，就知道盆是有边缘的。

6）侧面顶端全部翻边。

A．选择 Create\Surface\Fillet\Plane/Surf 命令。

B．选择侧面 8 个边，底部平面和刚倒出的圆角（也是曲面）不要选，选完后点菜单中的 Done 项。

C．在出现的输值框中输入圆角半径 8 后回车（比底部半径大一点）。

D．点击菜单中的 Z=const 项。

E．在出现的输值框中输入 35 后回车（前面设置的牵引高度是 35mm，即盆的顶面在高度为 35mm 的水平面上）。

F．会出现虚拟平面的方向标志，应指向下面（如果指向上方则不对，应点菜单中的 Flip 项以改变方向），正确后点击 OK 项。

G．点击菜单中的 Check norms 项（准备检验侧面各边的法线方向是否正确）→点 Cycle 项（自动循环检验）→会从某个面开始出现法线方向箭头（注意此次每个侧面的法线方向都应指向“盆”的外面，因为圆角中心在外部），如果方向正确，则点击菜单中的 OK 项（不正确的话，要先选 Flip 项改变法线方向，再点击 OK），然后系统会自动检测下一个面的法线方向，你可根据箭头的指向逐一判断和处理，直至各面检验结束，系统会自动回到上一级菜单。

H．将 Trim 项设为 Y。

I．点菜单中的 Do it 项，结果如图 10-128 所示。

怎么样，效果不错吧！

**【实例 10-13】** 制作“T”形管。

操作步骤：

1）绘制下图所示线框。

图 10-128　最终效果

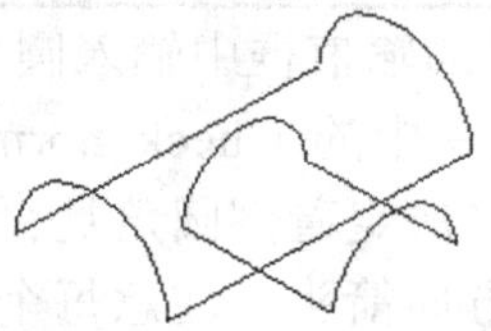

图 10-129　绘制出的线框

A．打开 MasterCAM，将构图平面和视角平面均设为前面（Front）。

B．将构图深度设为-50mm。

C．选择 Create\Arc\Polar 命令→选 Center pt 项→选 Origin 项→在输值框中输入半径值 25 后回车→在输值框中输入起始角度 0 后回车→在输值框中输入终止角度 180 后回车→出现半圆弧。

D．将构图深度设为 50mm。

E．完全重复 C 步，又创建一个半圆弧。

**注意：**①其实不必完全从头开始，会自动从选择圆弧的中心开始；②因为这是是从前面观察的，所以两个圆弧是重叠的，要改一个观察角度。

F．将视角平面改为轴测方向，图形应如图 10-130 所示。

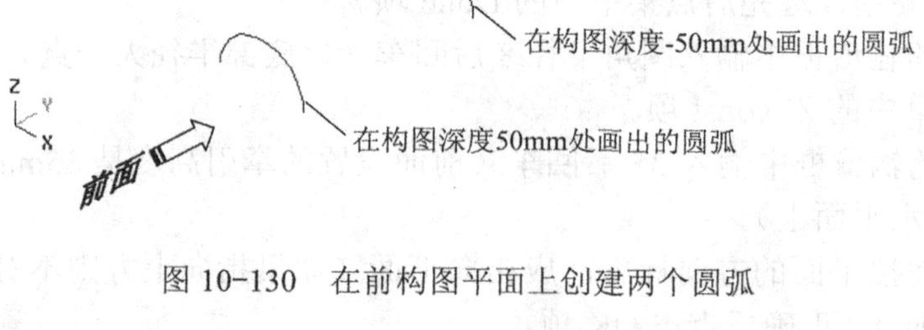


图 10-130　在前构图平面上创建两个圆弧

G．将构图平面改为侧面（Side），视角平面保持为轴测平面没有关系。

H．构图深度保持为上次的值（即 50mm）不变。

I．再重复 C 步的操作，只是将半径值改为 20mm，其余值不变化。

J．将构图深度设为 0。

K．再次重复 C 步的操作，只是将半径值改为 20mm，其余值不变化。

此时图形如图 10-131 所示。

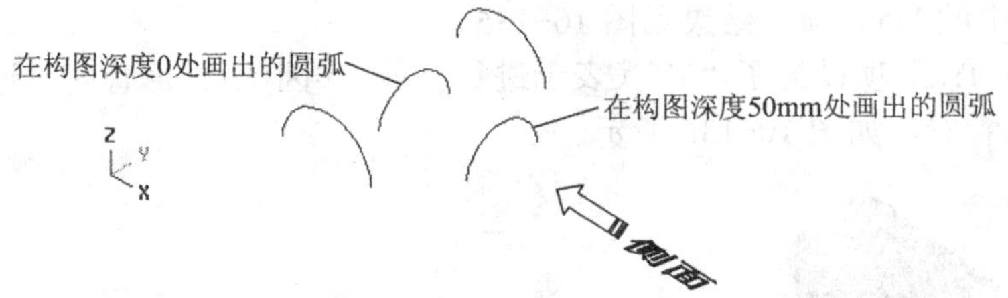


图 10-131　在侧构图平面上创建两个圆弧

L．将构图平面改为 3D 方式（按下蓝色的图标）。

M．选择 Create\Line\Endpoints 命令，将两组圆弧的端点用直线连接起来，结果如图 10-132 所示。

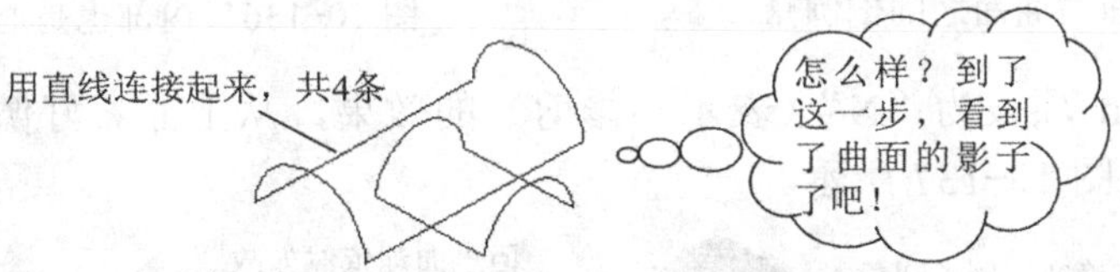


图 10-132　在 3D 构图方式下创建连接直线

至此，线框制作完毕。

2）构建曲面。

A．选择 Create\Surface\Ruled 命令。

B．点菜单中的 Single 项→点圆弧 1，再点圆弧 2（见图 10-133，注意要点在同一边）→点菜单中的 Done 项→点菜单中的 Do it 项→完成一个曲面的创建。

D．接着再点菜单中的 Single 项→点圆弧 1，再点圆弧 2（见上图，注意要点在同一边）→点菜单中的 Done 项→点菜单中的 Do it 项，完成另一个曲面的创建→着色处理，结果如图 10-134 所示。

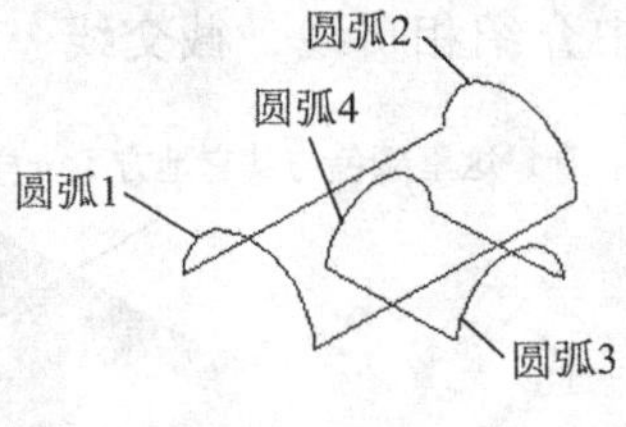


图 10-133　构建曲面时的点击顺序示意

图 10-134　创建的直纹曲面

3）曲面和曲面之间倒圆角。

A．选择 Create\Surface\Fillet\Surf/Surf 命令。

B．选择一个曲面，然后点 Done 项。

C．选择另一个曲面，然后点 Done 项。

D．在输值框中输入半径值 5 后回车。

E．选菜单中的 Check norms 项校验法线方向（应该都指向曲面外面，方法在前面几个例子中都介绍了）。

F．将 Trim（修剪）项设置为 Y。

G．点菜单中的 Do it 项，结果见图 10-135。

因为刚才将 Trim 项设为了“Y”（表示进行修剪），因此 T 形管内是通的，不信，你将图形旋转过来看看，如图 10-136 所示。

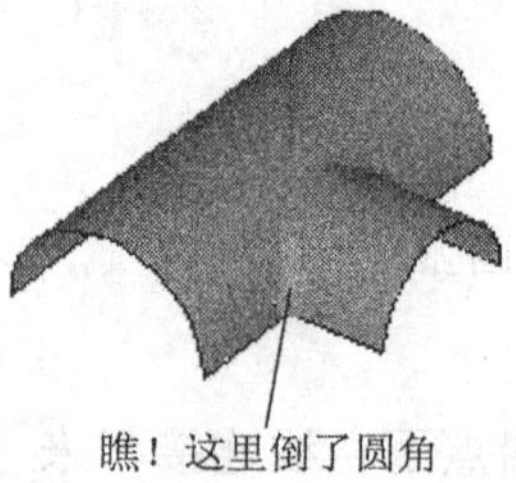


图 10-135　曲面与曲面之间倒圆角

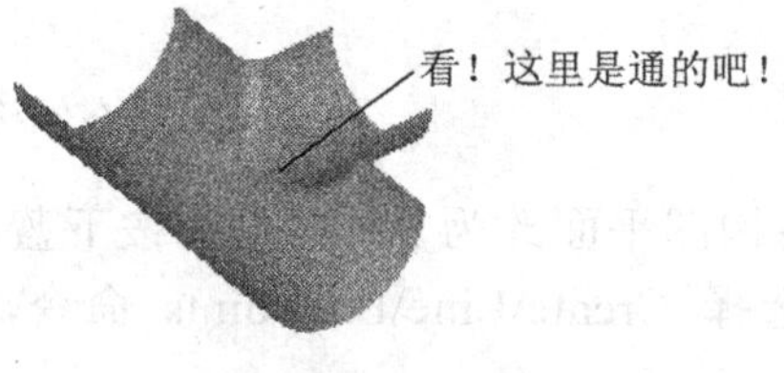


图 10-136　内部也是通的

下图是将 Trim 项设为“N”（表示不修剪）的效果，从上面看好像正常，但翻过边来就“露馅”了，如图 10-137 所示。

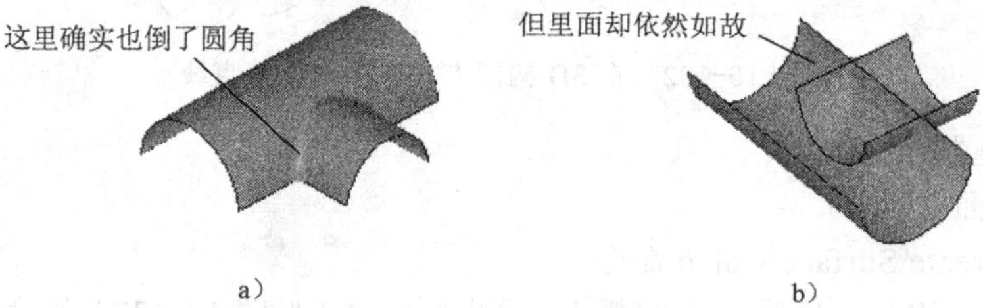


图 10-137　不修剪时的效果

a）从上面看的效果　b）翻过边来看的效果

好，本例到此结束！你如果觉得有保留价值，请保存。

最后介绍一下如何对圆角处的曲面变色，这对制作多媒体课件或电子教案中的图形有帮助，可使图形更为直观，比如《机械制图》课程中介绍相贯线、截交线……

方法如下：

如果你在着色对话框中选择的是 Original color，则先会对所有曲面采用系统设置的颜色进行着色，你可选择 Screen\Chg attribs 命令（改变属性）→在对话框中将颜色设置为你要改变的颜色→退出对话框→点击圆角处的曲面→则圆角处变了颜色，如图 10-138 所示。

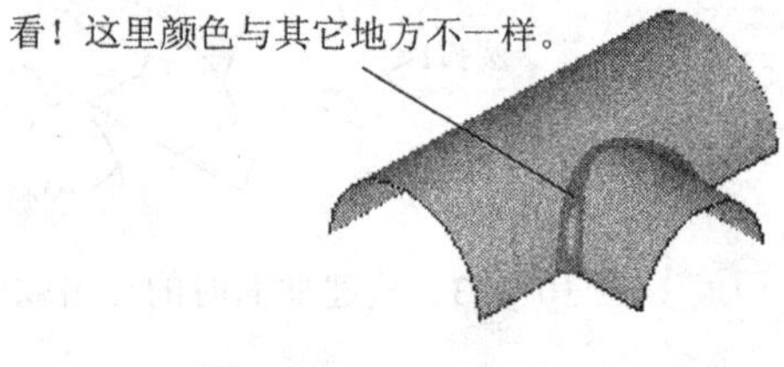


图 10-138　局部变色

### 10.2.1.3　曲线和曲面之间倒圆角

【实例 10-14】直管与曲线倒圆角

操作步骤：

1）绘制直管。

A．参照上例，先画两圆弧，如图 10-139 所示。

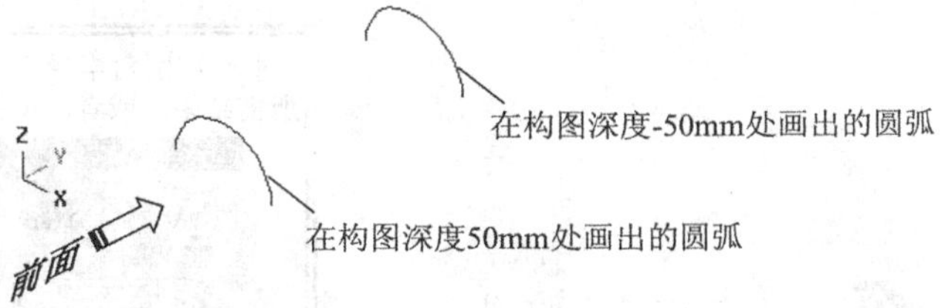


图 10-139　在前构图平面上画两圆弧

B．将构图平面设为 3D 方式，然后用画直线命令将两圆弧的对应点连接起来，得到线框，如图 10-140 所示：

C．参照上例，由该线框创建直纹曲面，并着色处理，结果如图 10-141 所示。

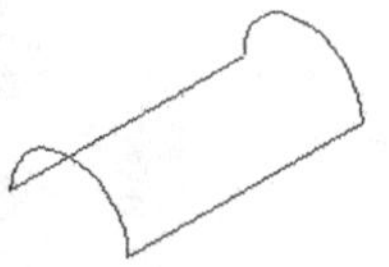

图 10-140　得到线框

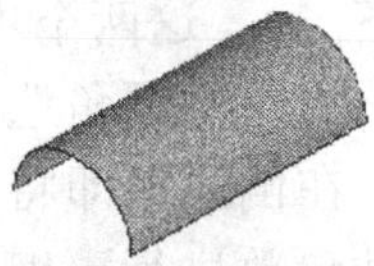

图 10-141　创建曲面

2）画一条曲线。

A．将构图平面改到顶面（Cplane—Top）。

B．将构图深度改为 5mm（要比线框上两条直线所在的平面高 5mm）。

C．将视角平面（即观察平面）也改为顶面（Gview—Top）。

D．用 Cteate\Spline\Manual 命令在直管的右边适当位置画一条与直管基本等长的任意曲线，如图 10-142 所示。

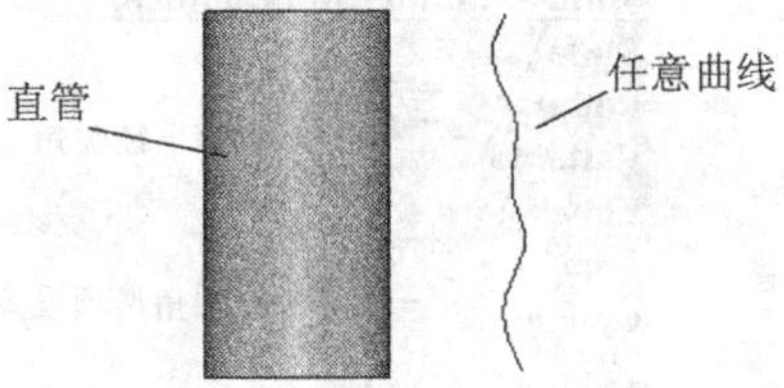


图 10-142　绘制一条曲线

3）曲线和曲面之间倒圆角。

A．将视角平面仍改回到轴测方向（Gview—Isometric），以便观察。

B．将构图平面改回到 3D 方式（Cplane—3D）。

C．选择 Create\Surface\Fillet\Curve/Surf 命令。

D．点击直管曲面，然后点击菜单中的 Done 项。

E．在出现的输值框中输入圆角半径值 20，然后回车。

F．点击直线，再点菜单中的 Done 项。

G．此时菜单处提示以及图形如图 10-143。

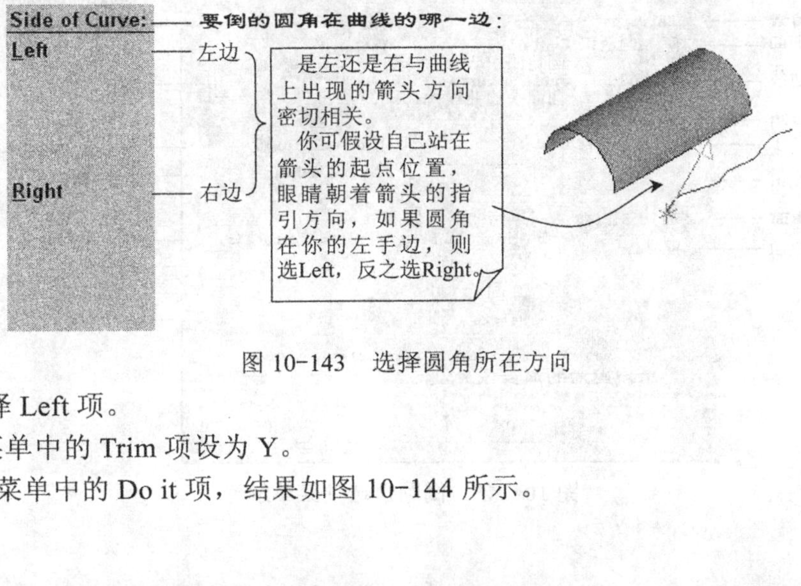


图 10-143　选择圆角所在方向

本例选择 Left 项。

H．将菜单中的 Trim 项设为 Y。

I．点击菜单中的 Do it 项，结果如图 10-144 所示。

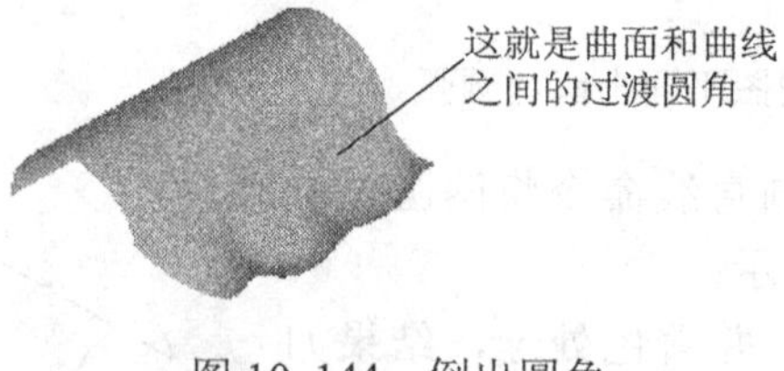


小心：圆角半径小了常得不到所需结果，或者出现警告提示：

表示不能倒角（算法计算不出）。

所以，要倒的圆角必须比曲线和曲面之间的最大距离还大。

图 10-144　倒出圆角

最后要附带说明两个没有讲到的选项 —— 倒圆角选项和可变半径的圆角（选项位置见下图），这两个项目不常用，所以另外介绍。

Ⅰ. 倒圆角选项的设置

在倒圆角即将结束前的菜单中都有 Options 项，见图 10-145，点击它就可以对圆角的各种参数进行更细致的设置，其实，绝大多数情况下，使用默认的设置已经够了，所以并不是每次倒圆角都要改变该项的。

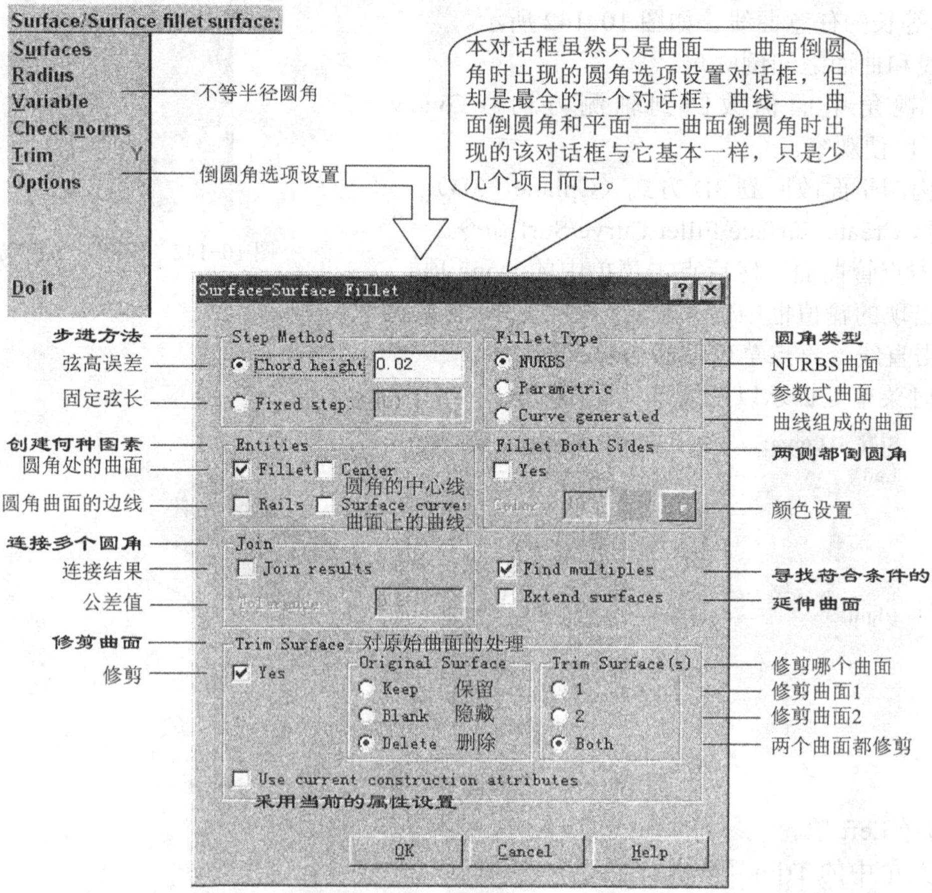


图 10-145　倒圆角选项菜单解释

Ⅱ．倒可变半径的圆角

用一个实例来介绍此项功能。

**【实例 10-15】** 在两平面间创建不等半径的圆角。

操作步骤：

1）创建一个长方形曲面。

选择 Create\Surface\Next menu\Primitive\Block 命令→出现图形→将视角平面改为轴测方向→点 Width（宽度）选项，将宽度值改为 40 后回车→着色处理，结果如图 10-146 所示（如果视觉效果不好，可适当旋转一下图形）。

2）删除四个面，只剩下顶面和侧面，如图 10-147 所示。

图 10-146 创建长方形曲面

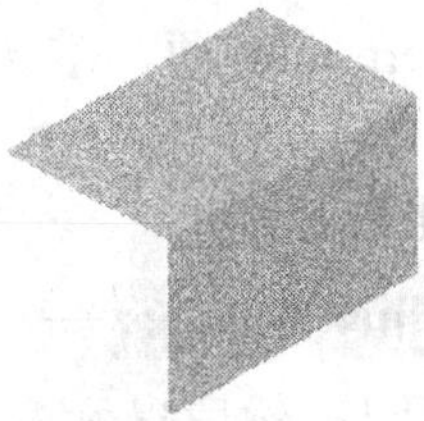

图 10-147 删除后只剩下两个面

3）为了后面的操作中观察方便，取消着色，使曲面以网格形式表示（这有助于看清曲面背后的点标记）。

4）在两面（把平面当作曲面看）之间倒出不等半径的圆角。

A．选择 Create\Surface\Fillet\Surf/Surf 命令。

B．点第一个曲面（随便哪个都可以），点菜单中的 Done 项。

C．点另一个曲面，点菜单中的 Done 项。

D．在出现的输值框中输入圆角半径值 5 后回车（这个值后面可以修改）。

E．选择菜单中的 Variable 项。

F．出现新菜单，如图 10-148 所示。

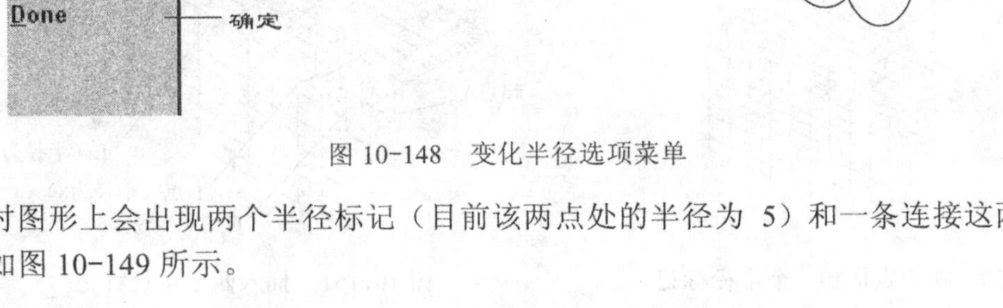


图 10-148 变化半径选项菜单

同时图形上会出现两个半径标记（目前该两点处的半径为 5）和一条连接这两点的中心线，如图 10-149 所示。

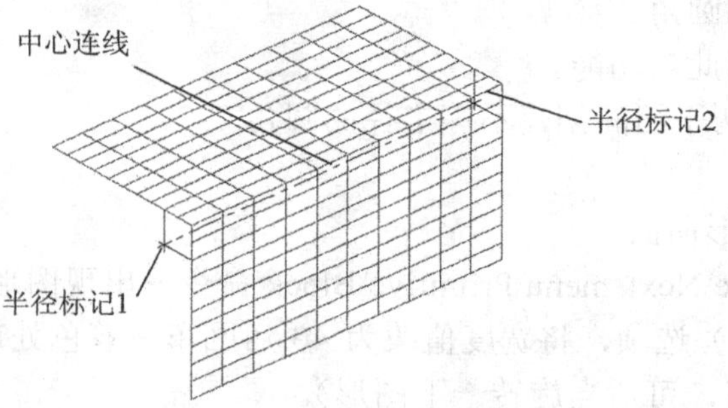


图 10-149 出现半径标记

G. 选择 Insert mid 项，准备在中点位置插入一个半径标记点（后面可以改变该点处的半径）。

在屏幕下方出现提示：

**Select a Radius Marker** ——选择一个半径标记

选择半径标记 1；然后提示变为：

**Select a neighboring Radius Marker** ——选择相邻的另一个半径标记

再选择半径标记 2，

在出现的输值框中输入中点处的半径值 15，然后回车，这时可发现中点出新增了一个半径标记，如图 10-150 所示。

H. 再选择菜单中的 Insert dyn 项，准备在任意几个位置插入半径标记（会提示你输入各点处的半径值的）。

在屏幕左下角出现提示：

**Select a Center Curve** ——选择中心连线

点击中心连线，在中心连线上立即会出现一个随鼠标移动而移动的箭头，当移到你准备改变半径的位置时，点击鼠标左键，则在该处增加了一个半径标记，随后会要你输入该点处的半径，输入后回车；再选 Insert dyn，重新插入半径标记……可不断重复。

本例如图 10-151 所示的 C、D、E、F 四处插入四个半径标记，四处的半径值分别为 6、8、7、3。

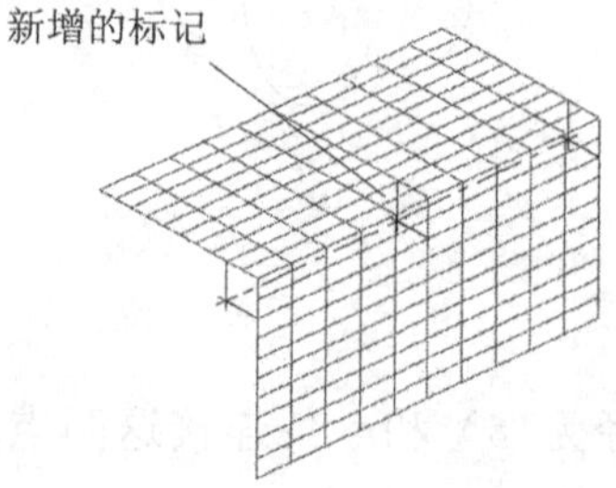


图 10-150 在中点增加一个半径标记

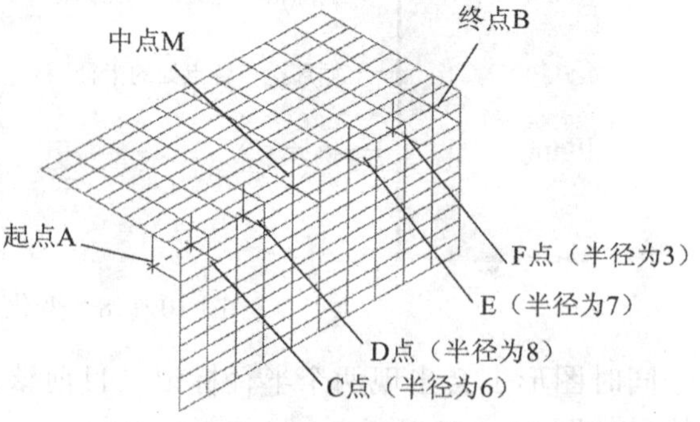


图 10-151 插入四个半径标记

I．选择菜单中的 Modify 项，准备修改几处的半径。

出现选择半径标志的提示：**Select a Radius Marker**

点击 A 点处半径标志，在出现的输值框中将半径值改为 4，然后回车。

再点菜单中的 Modify 项，用同样的方法将中点 M 处的半径改为 10，回车。

J．选菜单中的 Remove 项→点击 E 点处的半径标记→该半径标记立即消失（被删除）。

K．选菜单中的 Cycle 项，准备循环检查（当然也就可以修改）各半径标志处的半径值。

系统会自动从第一点（即 A 点）开始检测，检测点会用另外的颜色显示，同时屏幕下方出现该点处的半径提示框，可在框内改变半径，确定后会车，检测点自动移到下一处……。

当检测到 F 点时，将半径值改为 7；当检测到 B 点时，将半径值改为 10；检测完后，自动回到上一级菜单。

L．选菜单中的 Done 项。

M．将新出现菜单中的 Trim 项设为“Y”。

N．点击菜单中的 Do it 项，结果如图 10-152 所示。

你可以对它进行着色处理。

以上用多个实例对曲面倒圆角进行了详细介绍，因为这种操作用的较多。

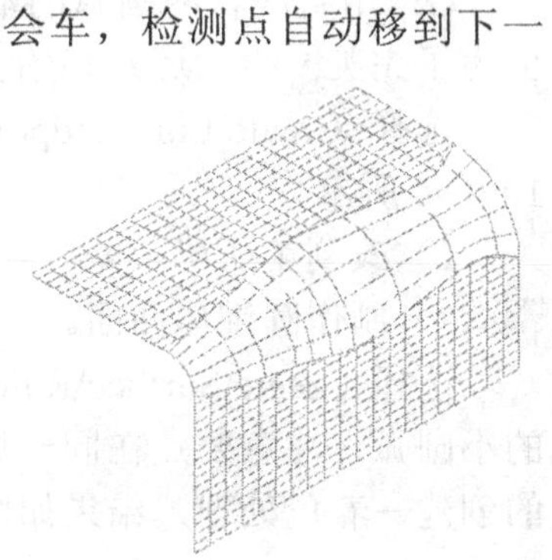

图 10-152　倒出变半径圆角

### 10.2.2　曲面偏置

该命令可将选定的曲面沿着法线方向（正反方向均可）移动一指定的距离，需要的话，原曲面也可以保留。

对曲面进行偏置的操作比较简单。

命令位置：Create\Surface\Offset。

**【实例 10-16】**制作一圆锥形曲面，并对其进行偏置。

操作步骤：

1）画出线框。

A．设置绘图环境

启动 MasterCAM 软件（或者新建图形文件）→将构图平面设为前面（Cplane—Front）→将构图深度设为-50mm→将视角平面也设为前面（Gview—Front）。

B．绘制一个半径为 25mm 的半圆弧。

选择 Create\Arc\Polar 命令→选 Center pt 项→选 Origin 项→在输值框中输入半径值 25 后回车→在输值框中输入起始角度 0 后回车→在输值框中输入终止角度 180 后回车→出现半圆弧。

C．改变绘图环境。

将构图深度改为 50mm，构图平面和视角平面仍为 Front 不变。

D．绘制一个半径为 35mm 的半圆弧。

重复 B 步，绘制一个半径为 35mm 的半圆弧。

E．将视角平面改为轴测方向，以便观察，此时结果如图 10-153 所示。

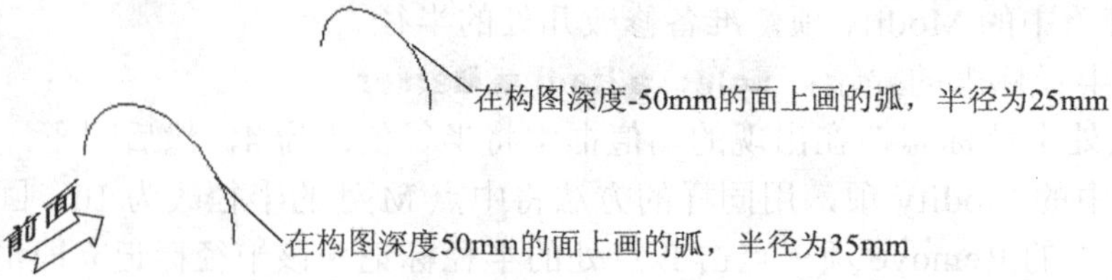


图 10-153　在前构图平面上创建两个半径不等的弧

F．将构图平面设为 3D。

G．用直线将两圆弧的端点连接起来（注意：不做这一步并不影响后面的创建曲面，但为了完美一点，还是善始善终吧，画好后图形似乎有整体感一些）。

选择 Create\Line\Endpoints 命令，画出两条连接圆弧上对应端点的直线，结果如图 10-154 所示。

2）改到第 2 层。

3）制作圆锥形曲面。

选择 Create\Surface\Ruled 命令→点菜单中的 Single 项→点前面的大圆弧→再点后面的小圆弧（注意要点在同一边）→点菜单中的 Done 项→点菜单中的 Do it 项→完成曲面的创建→着色处理，结果如图 1-155 所示。

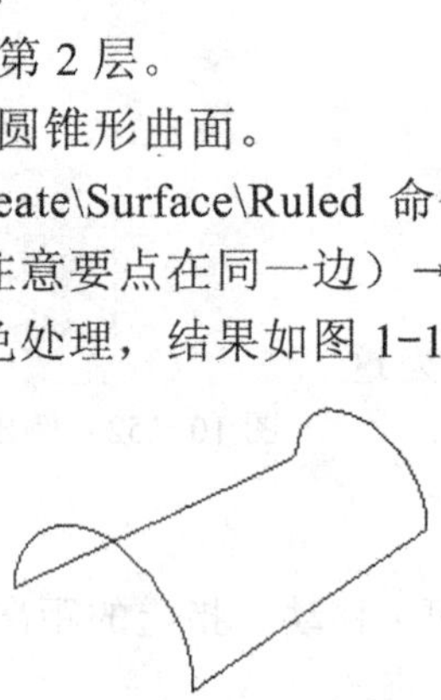

图 10-154　得到线框

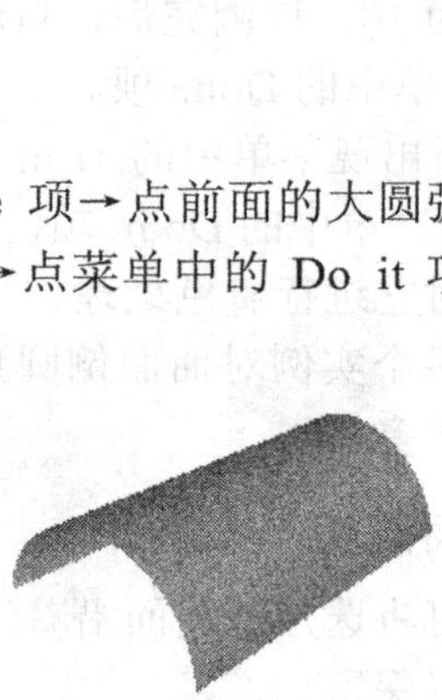

图 10-155　创建曲面

4）关闭第 1 层（线框在此层，关闭后即不可见）。

5）对圆锥曲面进行偏置处理。

A．选择 Create\Surface\Offset 命令。

B．选择要偏置办的曲面 —— 点击圆锥形曲面。

C．点菜单中的 Done 项。

D．出现偏置选项菜单，如图 10-156 所示。

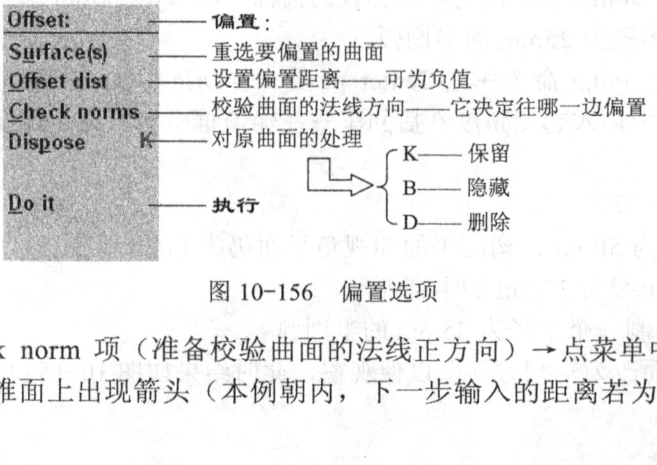


图 10-156　偏置选项

E．点击 Check norm 项（准备校验曲面的法线正方向）→点菜单中的 Single 项→点圆锥形曲面→在圆锥面上出现箭头（本例朝内，下一步输入的距离若为正，则向内偏置，若为负，则向外偏置，所以检测法线方向后才好确定距离值的正负，以得到需要的偏置结果）→记住这个方向，点菜单中的 OK 项→按键盘上的 Esc 键一次返回到上一级菜单。

F．点击 Offset dist 项→在出现的输值框中输入-10（将往外偏置），然后回车。

G．将 Dispose 项设为 K（保留原曲面）。

H．点击菜单中的 Do it 项，结果如图 10-157 所示。

实例结束。

本例要偏置的曲面虽然是单独的一个，但若是多个曲面组合而成的形体，同样也是这样的操作方法，只是在选择要偏置的曲面一步中，注意选择多个曲面就行了。

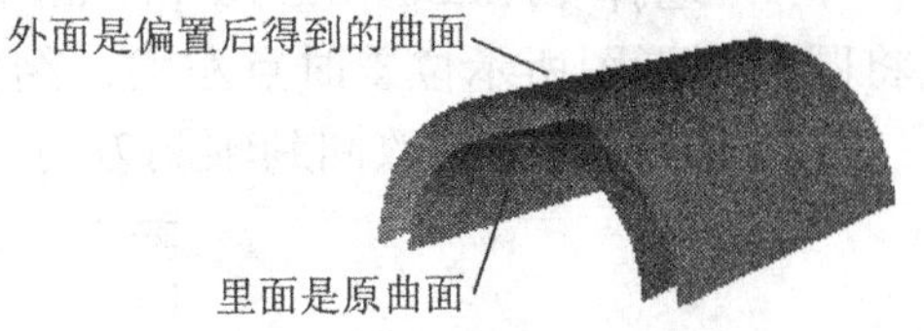


图 10-157　偏置结果

对曲面的偏置用得不很多，但有时是很有帮助的，比如制作模具制造中：先按零件的实际尺寸在电脑上画出了零件，然后要设置出制造该零件所用的模具，模具中凸模和凹模的型腔形状与零件轮廓形状是一样的，但考虑到材料热胀冷缩特性（塑料的收缩更加明显）和制造公差，尺寸却要比零件的尺寸大一点（或小一点），这样，经过热压加工的零件在冷却收缩后的尺寸才能正好达到要求。那么是否还要对型腔的形状再造型呢？不必了，只要将零件的形状做适当的处理，如切割、偏置……，就能得到形状与零件相同，尺寸稍有差别的型腔了。特别对复杂的形状，用这种方法更显得有益。

### 10.2.3　曲面修剪和延伸

本命令是经常用得到的命令。

命令的位置和功能如图 10-158 所示。

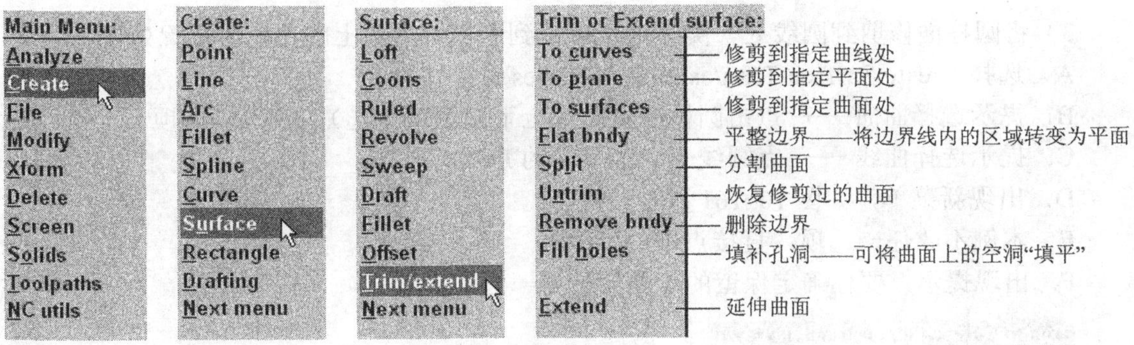


图 10-158　曲面修剪和延伸命令位置及功能

下面通过实例介绍各项功能的用法。

#### 10.2.3.1　修剪到曲线（To curves）

**【实例 10-17】**修剪到曲线 —— 在圆柱面上打出一个孔洞。

操作步骤：

1）创建圆柱面。

打开 MasterCAM（或新建图形文件）→将视角平面改为轴测方向→选择 Create\

Surface\Next menu\Primitive\Cylinder 命令→将 Radius（半径）改为 10，其它不变。

2）在圆柱面的正前方画出一个半径为 5mm 的圆。

A．将构图平面设为 F（前面），将构图深度设为 25mm，将视角平面也改为 F（前面）。

B．选择 Create\Arc\Circ pt+rad 命令→在输值框中输入半径值 5 后回车→移动鼠标，将圆移到下图所示位置时点左键，结果如图 10-159 所示。

C．将视角平面改回到轴测方向，并着色处理，结果如图 10-160 所示。

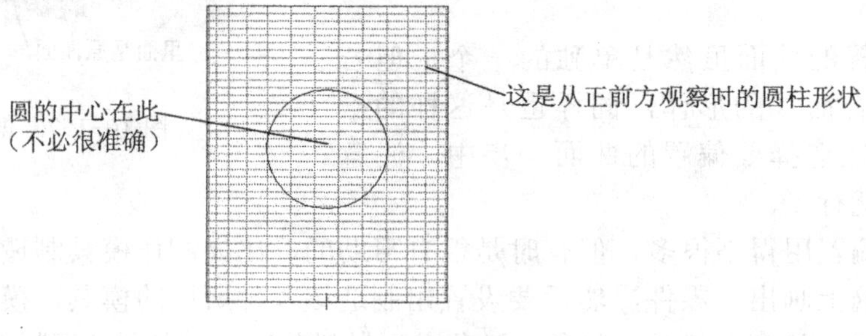


图 10-159　创建圆柱面和圆

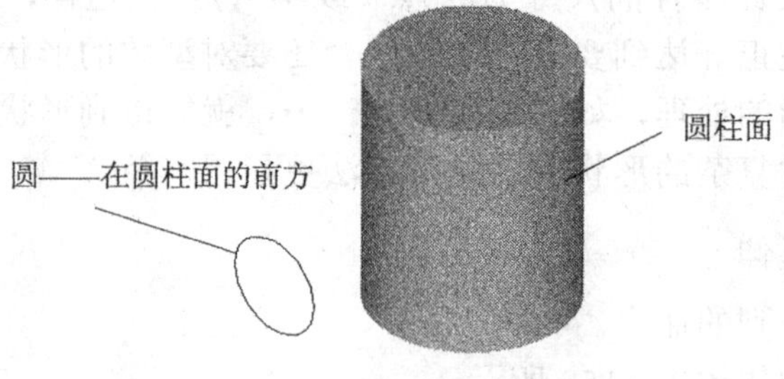


图 10-160　在轴测方向观察的效果

3）将圆柱面修剪到圆线处（实际上是修剪到圆在圆柱面上的正投影位置处）。

A．选择 Create\Surface\Trim/extend\To curves 命令。

B．提示选择曲面 —— 点击圆柱的侧面（上下两面可不选）→点 Done 项。

C．提示选择曲线 —— 点圆线→点菜单中的 Done 项。

D．出现新菜单，如图 10-161 所示。

E．本例不改任一选项，直接点击 Do it 项。

F．出现提示，要你确定保留的是曲面的哪一边。

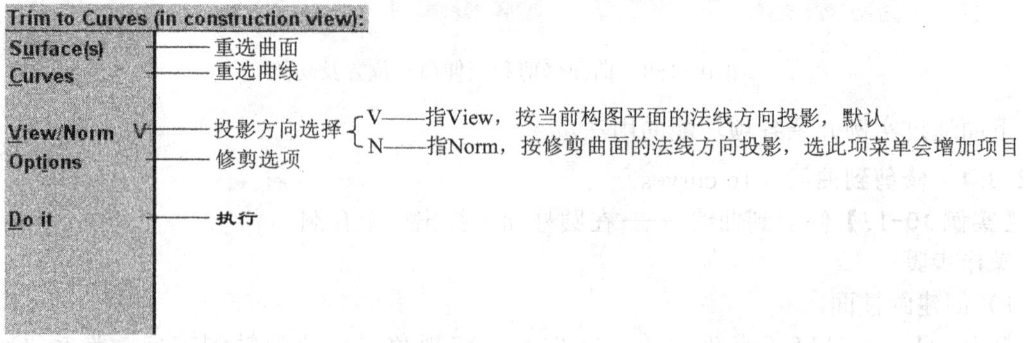


图 10-161　修剪曲面选项

**Indicate area to keep - select a surface to be trimmed**

将视角平面改为 F（前面，这样好在随后点击要保留的区域一些）→点击圆柱的左右两侧（只要不在圆线的投影范围内即可，如图 10-162 所示）→会出现一个箭头→适当移动一下鼠标，再点击左键，则系统能够领会你的意图，知道你要保留外围，

出现结果，如图 10-163 所示。

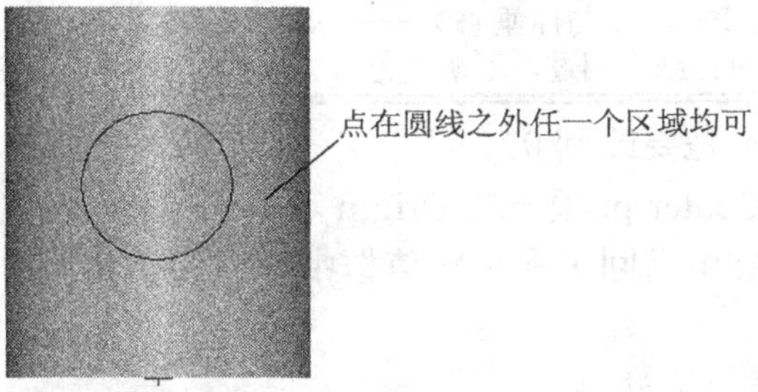


图 10-162 指定要保留的区域

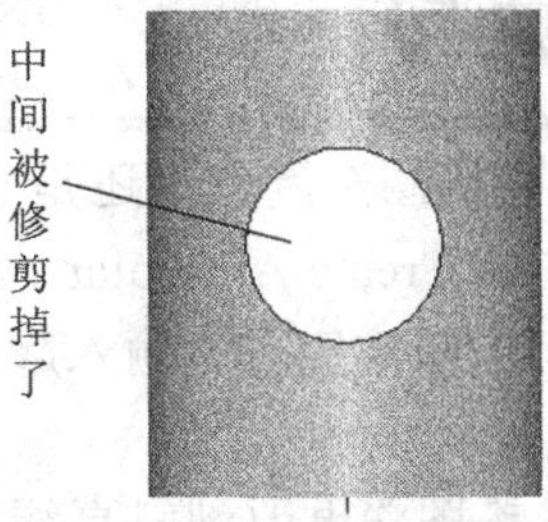


图 10-163 修剪后的结果

你可以旋转图形看看，是不是在圆柱面上出现了一个贯穿的孔呢！

圆是最简单的形状了，如果画的是梅花形或者其它稀奇古怪的形状，修剪的过程当然也是一样的。

【建议练习】如果选择保留区域时，选的是圆之内的区域，会是什么结果呢？试试看。

【建议练习】学到这里，你可以将本章的练习 1 中的圆柱内部打通，那么那个图形就有点像工厂中的“管接头”了，试试看。

10.2.3.2 **修剪到曲面**（To surfaces）

**【实例 10-18】**“Y” 形管的修剪。

操作步骤：

1）画出线框。

A. 进入 MasterCAM 后，将构图平面改为 F（前面）→将构图深度改为-50mm→将视角平面也改为 F（前面）。

B. 选择 Create\Arc\Polar 命令→选 Center pt 项→选 Origin 项→在输值框中输入半径值 25 后回车→在输值框中输入起始角度 0 后回车→在输值框中输入终止角度 180 后回车→出现半圆弧。

C. 将构图深度改为 50mm；

D. 重复 B 步，再画一个同样大小的半圆弧（与前一圆弧已相距 100mm 远）。

E. 将视角平面改为 T（顶面）→将构图平面也改为 T→将构图深度设为 0。

F. 选择 Create\Line\Endpoints 命令，画出如图 10-164 所示的斜直线（起点在原点）。

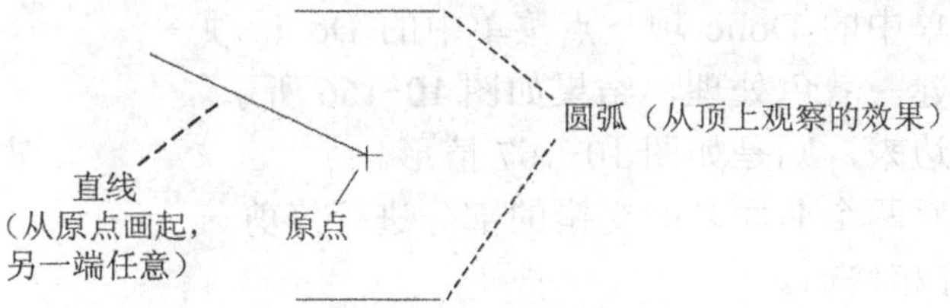


图 10-164 画出斜直线

G．将视角平面设为轴测方向。

H．点 Cplane: T 项→然后选菜单中的 Normal 项→再点斜直线→在图上出现坐标轴标记→点菜单中的 Save，保存这个构图平面，自动会将它编号为 9 号，菜单中会出现 Cplane: 9 的显示，表示成功。

**说明**　本步的目的是将构图平面设置在与斜直线垂直的方向，斜直线是这个构图平面的法线（法线与面垂直）—— Normal，这个问题在创建扫掠曲面时详细介绍过，不明之处请去查找。

这时的构图深度应该还是 0（如果不是要改到 0）。

I．选择 Create\Arc\Polar 命令→选 Center pt 项→选 Origin 项→在输值框中输入半径值 20 后回车→在输值框中输入起始角度 180 后回车→在输值框中输入终止角度 360 后回车→出现半圆弧。

J．将构图深度改到斜直线的另一端，方法是。

点击 Z: 0.000 项，然后捕捉斜线的端点，则构图深度可以自动测出并显示出来。

K．重复 I 步，在新位置绘制一个完全一样的半圆弧。

L．将构图平面设为 3D，准备在三维空间作图。

M．选择 Create\Line\Endpoints 命令，将两组圆弧的对应端点连接起来，结果应如图 10-165 所示。

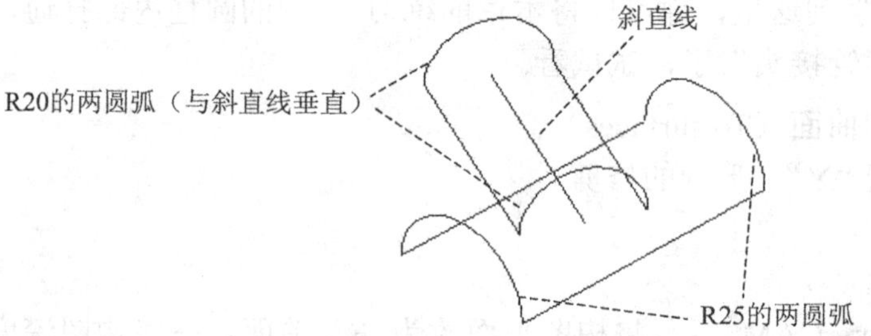


图 10-165　创建线框

至此，线框制作完毕。

2）由线框生成曲面。

A．改到 2 层。

B．选择 Create\Surface\Ruled 命令→点菜单中的 Single 项→点 R20 圆弧→再点另一个 R20 的圆弧（注意要点在同一边）→点菜单中的 Done 项→点菜单中的 Do it 项→完成 1 个曲面的创建→再点 R25 圆弧→点另一个 R25 的圆弧（注意要点在同一边）→点菜单中的 Done 项→点菜单中的 Do it 项→完成另一个曲面的创建→着色处理，结果如图 10-166 所示。

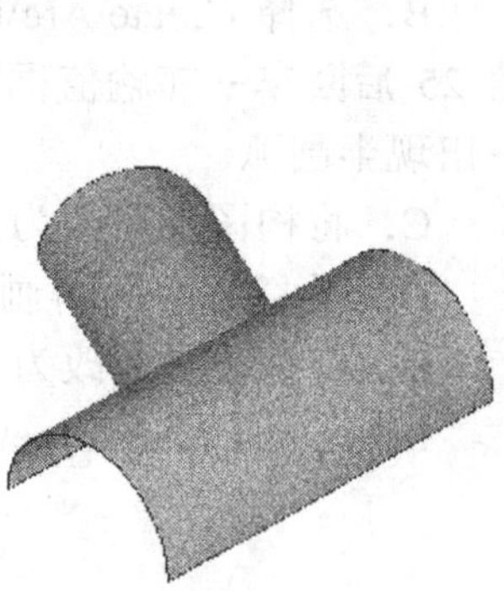

图 10-166　创建曲面

如果将图形翻过边来，则是如图 10-167 情形。

下面的工作就是对两个曲面之间交错的部分进行修剪。

3）曲面和曲面互相修剪。

A．点 图标将图形旋转到能够观察到内部情况的位置，如图 10-168 所示。

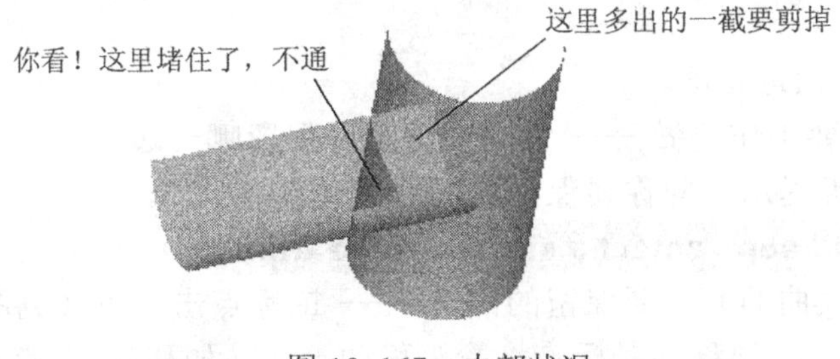


图 10-167　内部状况

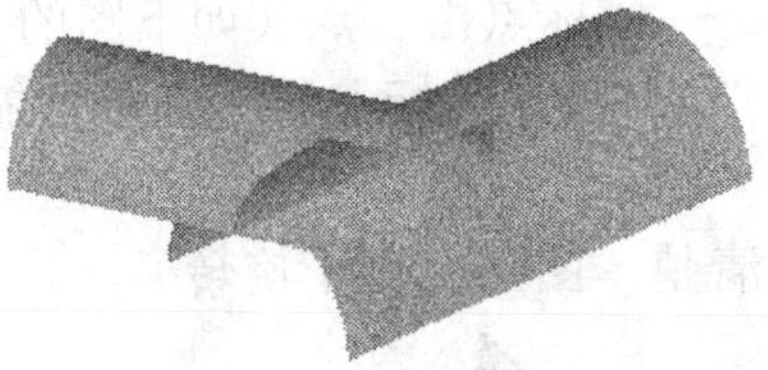

**建议：** 最好将此图复制几个，这样如果弄坏一个，还可用其它的来作练习，复制方法见前。

图 10-168　摆正位置准备修剪

B．选择 Create\Surface\Trim/extend\To surfaces 命令。

C．提示选择第 1 组曲面，点大些的曲面（特别要记得哟!!，先选的为 1，后选的为 2，后面要用的到的），然后点 Done 项。

D．提示选择第 2 组曲面，点小些的曲面，然后点 Done 项。

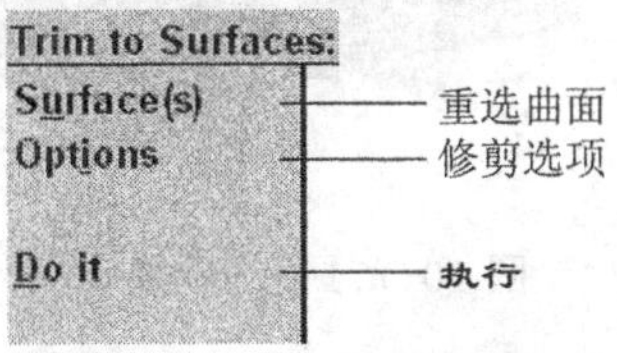


图 10-169　修剪曲面菜单

E．菜单提示变为图 10-169 所示。

下面要看看“修剪选项”中有什么内容。

F．点 Options 项，出现对话框（修剪时经常要改动其中的设置），如图 10-170 所示。

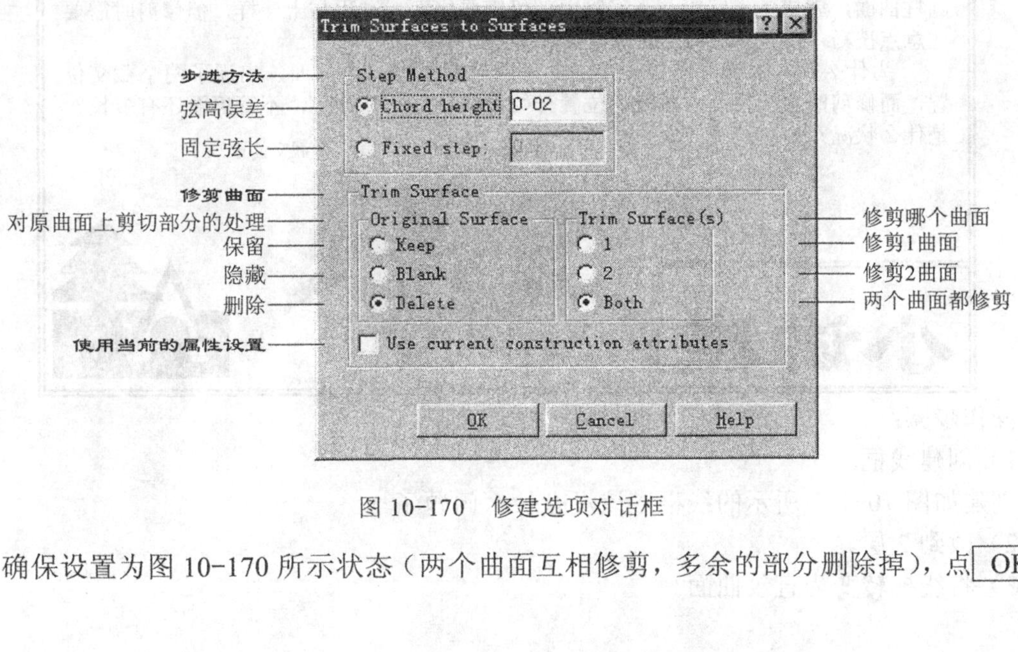


图 10-170　修建选项对话框

确保设置为图 10-170 所示状态（两个曲面互相修剪，多余的部分删除掉），点 OK 按钮退出对话框。

G．选择菜单中的 Do it 项。

下面还有一项重要工作要做 —— 每个曲面上要保留哪一边？

H．屏幕下方出现提示，问你要保留曲面的哪一部分？

**Indicate area to keep - select a surface to be trimmed**

先要选曲面 1（大曲面）上要保留的部分 —— 鼠标点击一点（见图 10-171 的 A 点）后，会出现一个箭头，必须移动鼠标，将箭头移动一下（如移到 B 点），再点鼠标左键，则系统能确定要保留的是哪一部分。

接着确定曲面 2（小曲面）上要保留的部分 —— 鼠标点击一点（如下图的 C 点）后，出现箭头，移动鼠标将箭头移动一下（如移到 D 点），再点鼠标左键，则系统能确定要保留的是哪一部分。

之后便出现结果，如图 10-172 所示（为看的清楚，图形经过了旋转）。

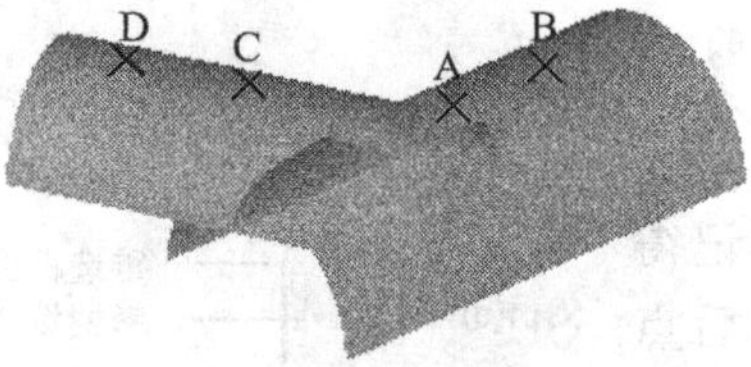


图 10-171　确定要保留的部分

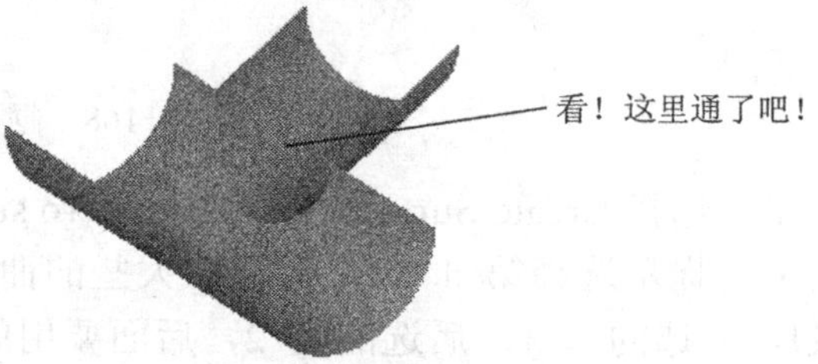


图 10-172　修剪后的结果

实例结束。

你可以对相交部位进行倒圆角处理。

**【实例 10-19】十字管的修剪**

**小讲座**

我们已学过 T 形管、Y 形管的制作方法了，如果将短的那一段延长，穿出长的圆柱曲面，就成了十字管，十字管内部仍需要修剪，过程与上一样，但修剪时需要注意点技巧，要分几次剪，否则，会只留下一半的。

为什么呢？关键在于每一个曲面都两次穿过另一个曲面，出现了两个截交位置，而修剪时会从第一次相交的位置开始修剪，“一刀两断”，不管后面还有多长？是什么状况？）

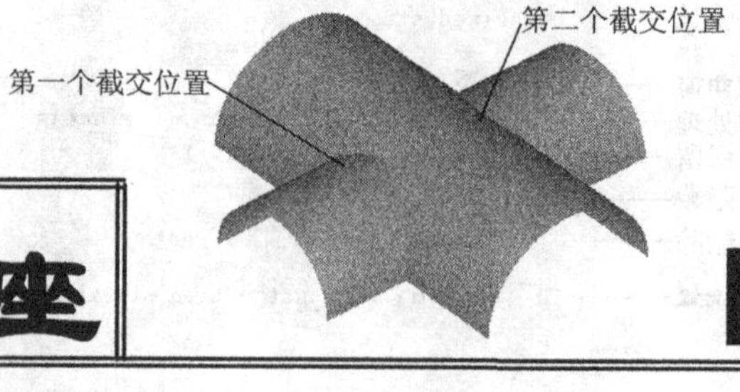


操作步骤：

1）创建线框。

创建如图 10-173 所示的线框应该没有什么问题了。

2）改到 2 层。

3）将线框转变为直纹曲面。

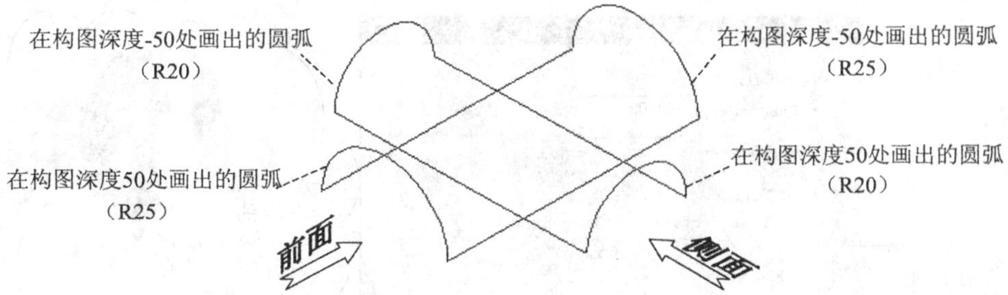


图 10-173 创建线框

参考前面实例中的方法，用 Create\Surface\Ruled 命令，创建两个直纹曲面，并着色处理，结果如图 10-174 所示。

4）关闭 1 层，使线框不可见。

5）修剪前的准备工作。

A．旋转图形，使内部可见（不至于做好了看不见结果，被蒙在鼓里），如图 10-175 所示。

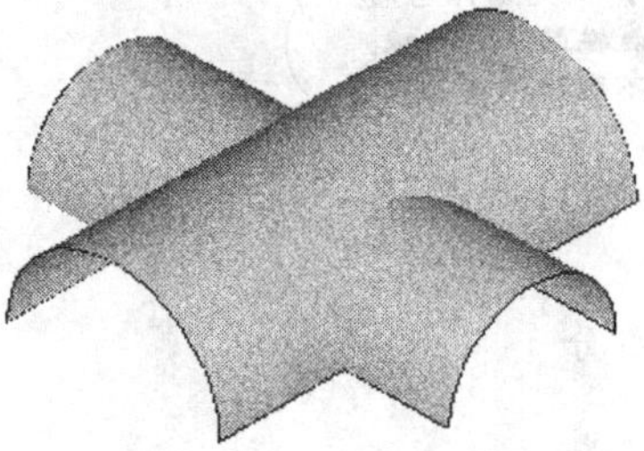

图 10-174 生成曲面

图 10-175 摆正位置准备修剪

B．建议：因本例很容易出错，最好先用 Xform\Translate 命令将该图复制几个在屏幕上备用，同时你也可以通过设置不同参数进行修剪来比较结果，从而加深印象。

6）修剪两曲面，使内部“通畅”。

A．选择 Create\Surface\Trim/extend\To surfaces 命令。

B．提示选择第一组曲面 —— 选大些的曲面（R25 的曲面）→点菜单中的 Done 项。

C．提示选择第二组曲面 —— 选小些的曲面（R20 的曲面）→点菜单中的 Done 项。

D．出现新菜单，选择其中的 Options 项，打开对话框，如图 10-176 所示。

选中 Keep 项，然后点 OK 按钮退出对话框；

E．点菜单中的 Do it 项。

F．提示你选择两个曲面上要保留的部分 —— 先在曲面 1（R25 的大曲面）上要保留的位置处（图 10-177 中的 A 点）点击鼠标左键，出现箭头后适当移动一下鼠标到新位置（如 B 点），再点左键→再用同样的方法在曲面 2（R20 的小曲面）上选择要保留的部分（点在 C、D 两处），操作结束。

此时图形似乎没有什么变化，但实际上已经“分了家”，只是没有删掉而已。

系统会将曲面从你点击要保留的那一边算起，在第一次被其它曲面截到的地方进行修剪，比如曲面 2（小曲面）上指定要保留的部分已经分离了，如图 10-178 所示。

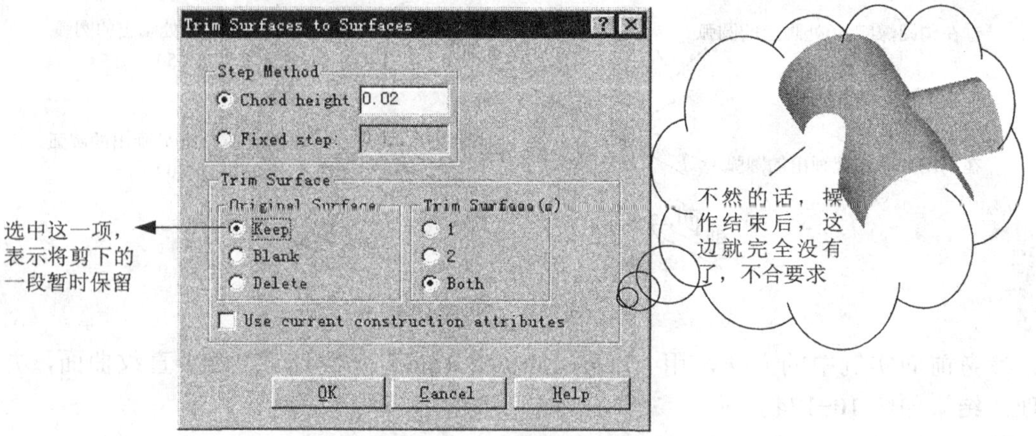


图 10-176　修剪选项对话框

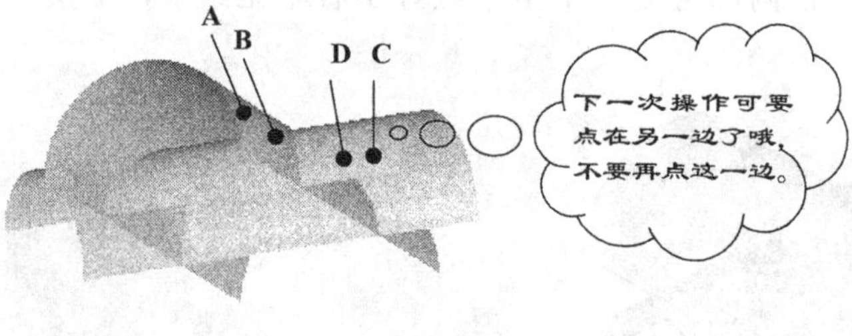


图 10-177　选择要保留的部分

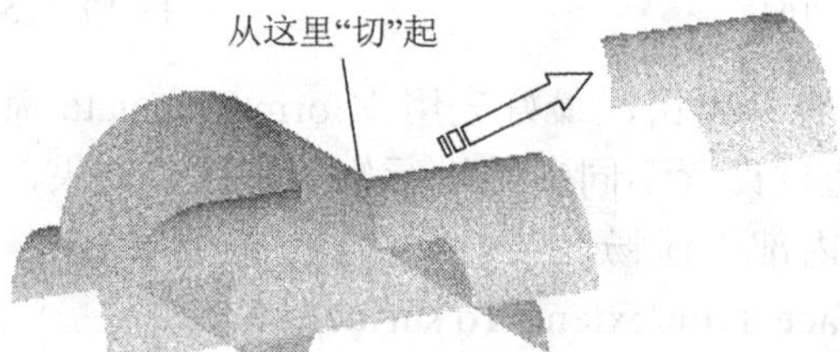


图 10-178　修剪的过程

下一步要继续进行剪切工作，将另一端（每个曲面已分为两段）的两个曲面再做一次修剪。

G．重复 A～F 步，不同的是选择曲面 1 和 2 时，要点在上次点击位置的另一侧，如图 10-179 所示。

最关键的是这次不能再“仁慈”了，在修剪选项（Options）对话框中，要选择 Delete 项，将“尾巴”丢掉。

在提示选择要保留的部分时，同样要点在本次修剪的两段曲面上，如上图中虚线椭圆区域。

最后可得到如下结果，如图 10-180 所示。

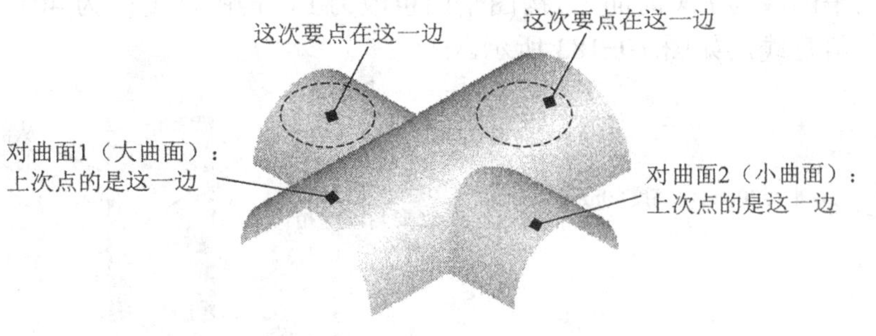


图 10-179　修剪另一边

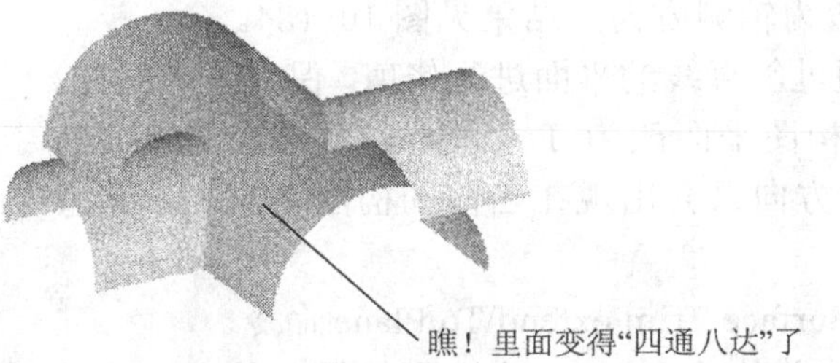


图 10-180　最终结果

本例操作过程中，可能需要经常旋转图形，以便找准点击的位置。命令执行过程中旋转图形不会影响正常操作的。

【建议练习】本例中两个曲面的大小不同，一个为 R25，一个为 R20，你试试将两个曲面的大小设为一样，然后用同样的方法进行修剪，看会不会出问题。

提示：仍用本例的思路进行修剪，不过培训过程中有时出现问题，不能得到正确结果，分析认为是每台电脑中设置不一样（学员喜欢改设置，令管理员防不胜防）了，如果出现如图 10-181 所示的提示，请将 Options 对话框中的弦高误差（Chord height）值改大一点，一般应该可以解决问题。

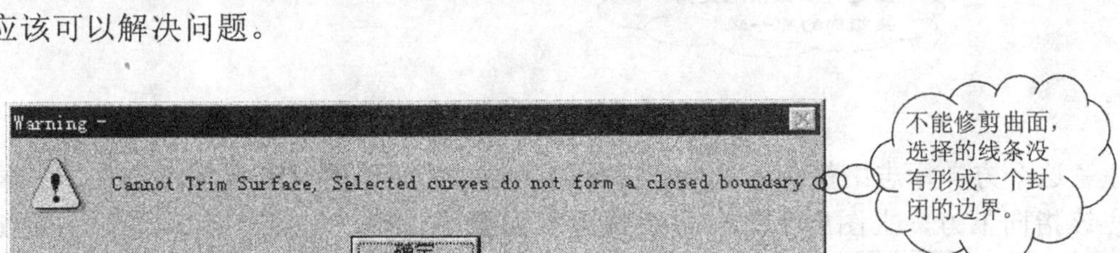


图 10-181　修剪不成功时的提示

#### 10.2.3.3　修剪到平面（To plane）

曲面被一个平面（虚拟的或实际存在的）截为两段，你可以选择要保留哪一段。

**【实例 10-20】**将一个圆柱面用斜平面“截断”，保留下部。

操作步骤：

1）创建一个圆柱面，如图 10-182 所示。

2）将视角平面改为 F（前面）、构图平面也改为 F，构图深度改为 40。

3）画一条斜直线，如图 10-183 所示。

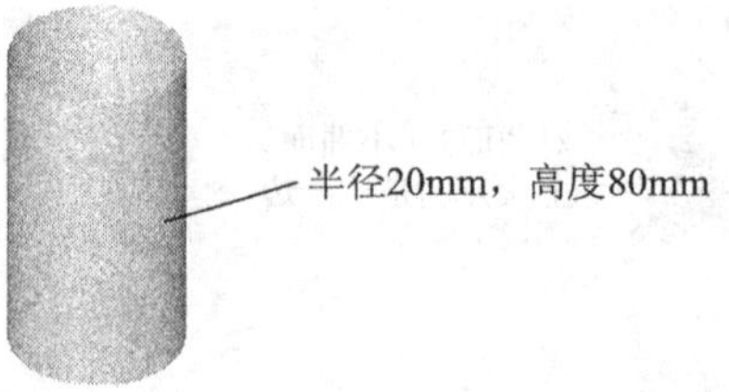


图 10-182　创建一个圆柱面

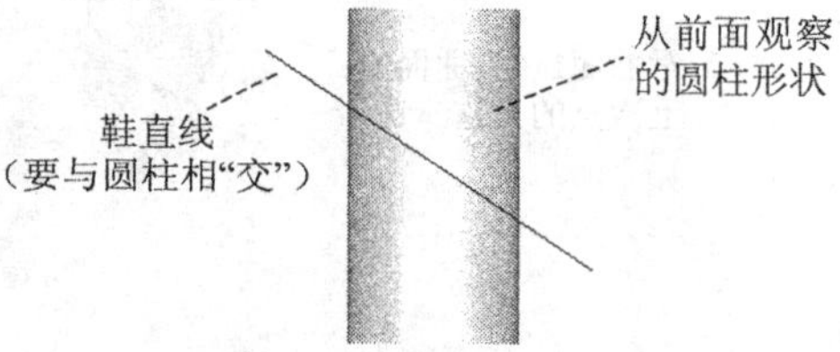


图 10-183　画一条斜直线

4）将视角平面改为轴测方向，结果见图 10-184。

5）将圆柱面用通过斜直线的平面进行修剪，保留下半部分。

A．切记先要把构图平面改为 F（否则后面定义的平面法线方向不正确，法线方向只会出现在当前的构图平面内，请思考、比较和领会）。

B．选择 Create\Surface\Trim/extend\To Plane 命令。

C．提示选择要修剪的曲面 —— 点选圆柱面，然后点菜单中的 Done 项。

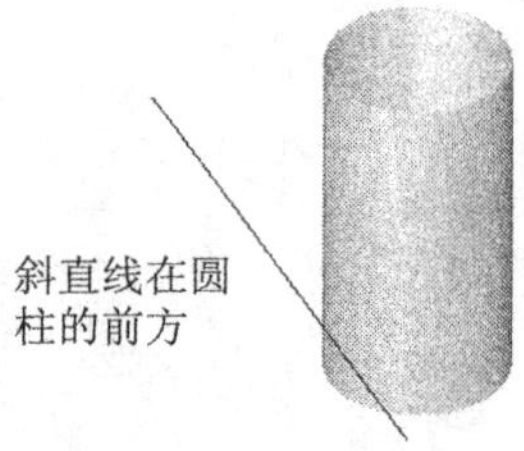


图 10-184　轴测方向观察

D．提示选择平面 —— 先点菜单中的 Line 项→再点直线→在直线上会出现一个方向标志，如图 10-185 所示。

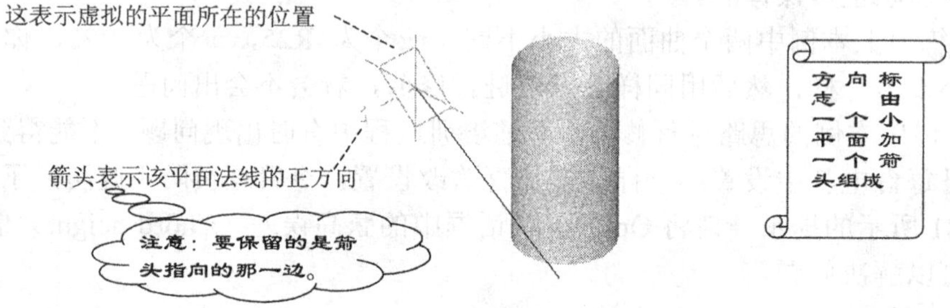


图 10-185　虚拟平面位置及法线方向

注意这个方向标志中箭头的指向，它指向哪边，曲面修剪后就保留哪一边，按本题意，箭头应该指向下方，上图所示方向是正确的（如果不正确，可点菜单中的 Flip 项进行反向），所以直接按 OK 按钮。

E．选菜单中的 Options 项，确保 Delete 项被选中，点 OK 按钮退出对话框。

F．点菜单中的 Do it 项，操作成功，出现结果，删除直线后的效果，如图 10-186 所示。

可见：圆柱面已经被平面“一刀两段”了。

本例介绍了一种定义平面的方法，以前没有讲过的，请注意。

这个命令可以很方便地截开零件，这在模具设计中是用得到的，关键是如何确定平面的位置了。

图 10-186　修剪后的效果

#### 10.2.3.4 平整边界（Flat bndy）

平整边界其实我们在前面已用过两次了（将瓶子底部和洗菜盆的底部封口，记得吗？），它的功能是：只要有一条封闭的边界线（整体的和串接的都可以），就可用命令将这个边界线内的区域变成一个平整的曲面（看起来是平面，但性质上属于曲面类型，不要老是觉得曲面一定是弯弯曲曲的，这一点要解放思想）。

**【实例 10-21】**绘制一个边界线，然后将该区域变成平整的“曲面”。

1）先画一个边界线框，如图 10-187（你任意画也可）。

2）将该线框内的区域变成曲面。

A．选择 Create\Surface\Trim/extend\Flat bndy 命令。

B．点菜单中的 Chain 项；然后点线框上的任一段线。

C．点菜单中的 Done 项。

D．再点接着出现的菜单中的 Do it 项。

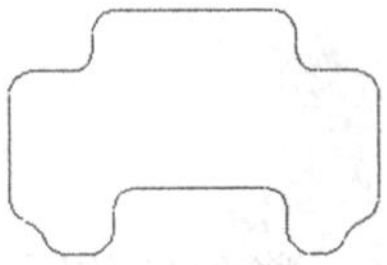

图 10-187 画出平面线框

操作成功，出现结果，改到轴测方向观察的效果如图 10-188 所示：

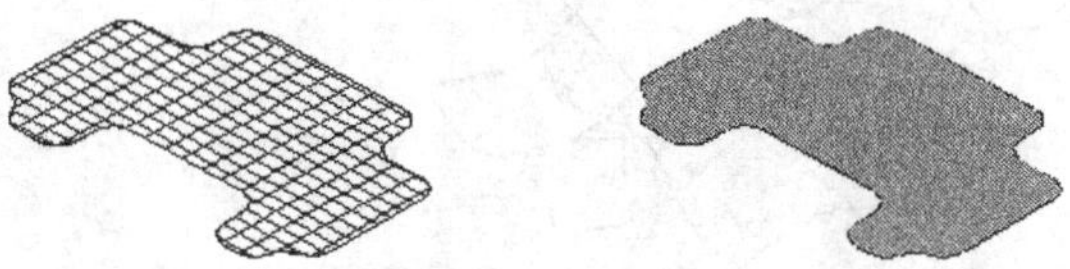

a） b）

图 10-188 平整边界后得到平坦的曲面

a）未着色效果 b）着色效果

可见：操作过程是很简单的，不论线框多复杂，它都能一气呵成。

**注意**：线框须是封闭的，若未封闭，在操作时会提示你将其封闭，点 Y 项，系统可以自动为你封闭图形，然后将区域变为平曲面，但无法再恢复。

#### 10.2.3.5 分割曲面（Split）

顾名思义，该命令的功能是将选定的曲面在指定的位置分开，一分为二。

**【实例 10-22】**对曲面进行分割操作。

1）先创建如图 10-189 所示的一个曲面。

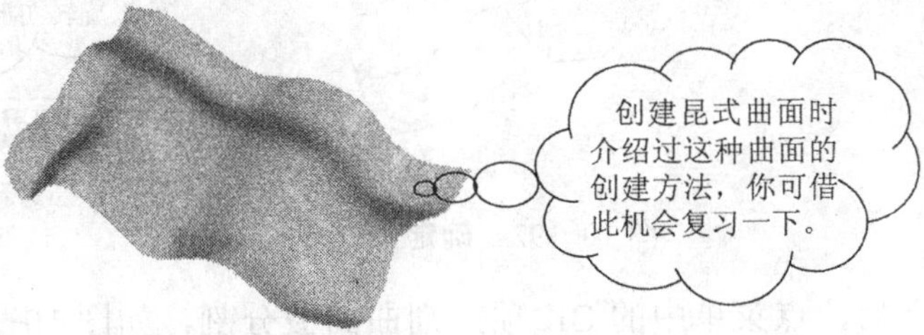


图 10-189 创建一个曲面

2）对该曲面进行分割。

A．选择 Create\Surface\Trim/extend\Split 命令。

B．提示选择要进行分割的曲面 —— 点选曲面。这时曲面上会出现一个箭头，如图

10-190 所示，而且可以随着鼠标的移动而移动，下一步很关键。

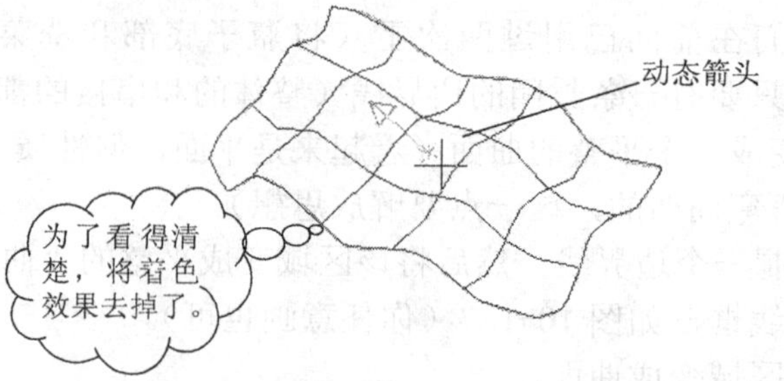


图 10-190　选择要分割的曲面

C．移动到欲断开的位置时，点鼠标左键，则曲面将在这个位置分割开来，如图 10-191 所示。

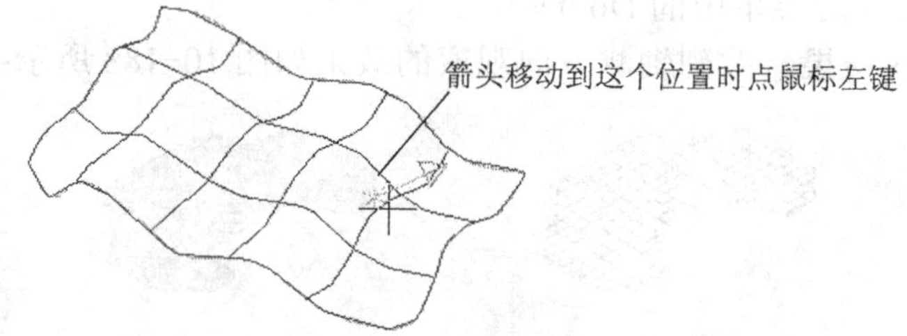


图 10-191　确定断开的位置

下一步也是至关重要重要的，因为分割位置确定之后，是左右分断？还是前后分断呢？这个问题也是留给你决定的，下一步就做这样的工作。

D．这时曲面上又会出现一个箭头，这将决定分割方式，同时菜单处也发生了变化，如图 10-192 所示。

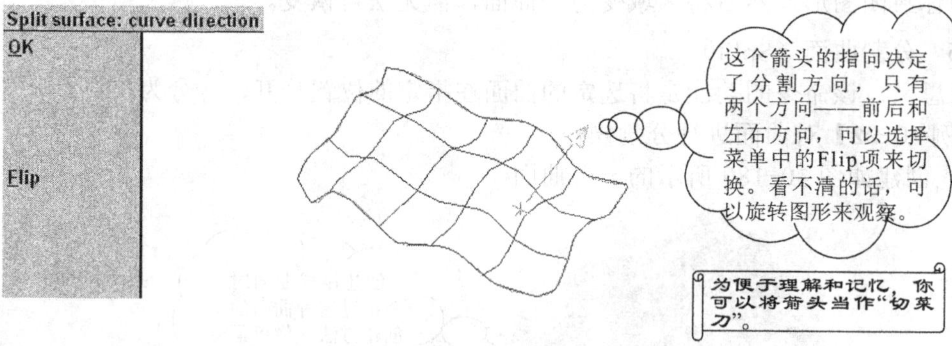


图 10-192　确定分割方式

分割方向满意之后，点菜单中的 OK 项，则曲面被分割，如图 10-193 所示。

可见，分割曲面的操作是非常简单的。

这个命令在剖分零件、确定分模线时是用得着的。

注意一个问题：在确定分割位置时，屏幕下方的提示是：

Slide arrow to splitting location——滑动箭头以确定分割位置

Snapping is OFF - type <S> to turn snapping ON——捕捉功能已关——按S键打开捕捉功能

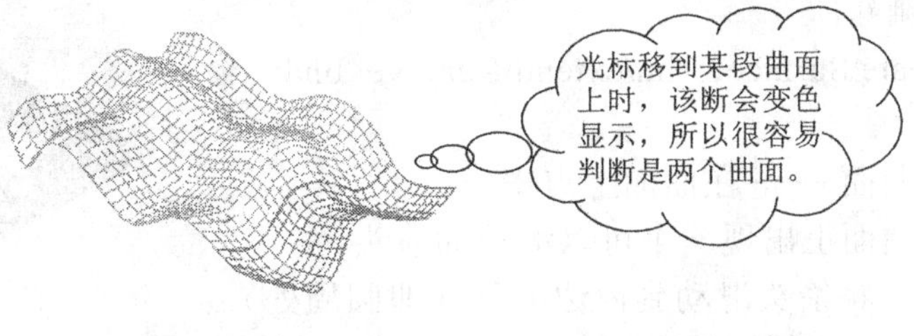


图 10-193　曲面被分割

解释见上，什么时候用得着捕捉功能呢？如果你想在一个准确的位置将曲面分割开来，（比如在正中间将零件分割开）就必须启用捕捉功能，只要按下键盘上的 S 键就可使用捕捉功能，问题是：必须有预先画出的点才能捕捉。需要捕捉时，可按下 S 键，然后在该点附近点一下鼠标的左键，则箭头会马上跳到该点处，从而准确定位。这个功能做得比较麻烦，而且讨厌的是：不能象捕捉端点、中点、交点一样看到捕捉标志，所以按下 S 键系统仍“无动于衷”，给人以“未成功”的假象。

#### 10.2.3.6　恢复修剪（Untrim）

如果对曲面进行修剪后又后悔了，可以用这个命令恢复。

选择命令后，出现菜单，其中只有一个项目，如图 10-194 所示。

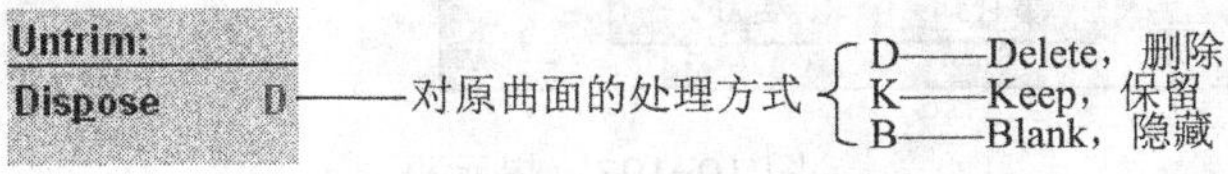


图 10-194　恢复修剪选项

先要确定对原曲面采用哪种处理方式，确定之后，点击曲面，即完成任务，恢复为修剪前的样子。

处理方式若选为 K，则修剪后的结果仍然保留，并重叠显示在图中；如选为 B，也保留，但不可见；而如果是 D、则修剪后的结果被删除，完全恢复到修剪前的状态。

#### 10.2.3.7　删除边界（Remove bndy）

Remove bndy 直译是“移开边界”，就象移开水坝的闸门一样，移开后的结果，肯定就是让水肆无忌惮地通过闸门，直到遇到新的边界为止。这个命令的意思大致就是如此，理解时遇到困难，可以想象放水的情形。

删除边界分两种情况 —— 外边界和内边界，举例如下。

**【实例 10-23】**删除内边界。

1）先做一个矩形曲面，中间用修剪命令掏掉一个孔，如图 10-195 所示。

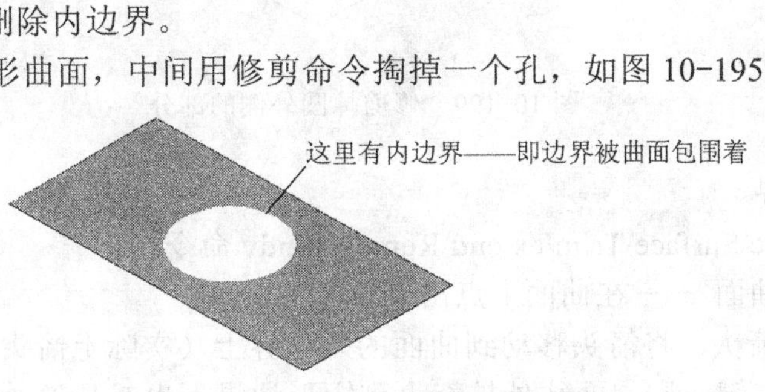


图 10-195　创建修剪出孔的曲面

2）将内边界删除。

A．选择 Create\Surface\Trim/extend\Remove bndy 命令。

B．提示选择曲面 —— 在曲面上点击一下。

C．立即会在曲面上出现一个可以滑动的箭头。

D．移动鼠标，将箭头滑动到内边界处（即圆周处），点鼠标左键，则圆内区域被填充，与圆外区域成为一个整体，如图 10-196 所示。

图 10-196 删除内边界

所以你看：如果将圆边界当做水闸，是不是像放水。

边界已完全消失，无影无踪了，整个矩形区域成了一个曲面（注意：这里我强调是一个，而不是二个，下一个命令与该命令相似，就是这里不一样），就像填补了一个洞一样。

说明：如果内边界不止一个，在箭头滑动到边界之后点鼠标左键，先会出现一个对话框，多问你一个问题，如图 10-197 所示。

图 10-197 提示框

若选 N，则仅删一个，若选 Y，则全删。

**【实例 10-24】**删除外边界。

1）先画一个矩形的平曲面，如图 10-198 所示。

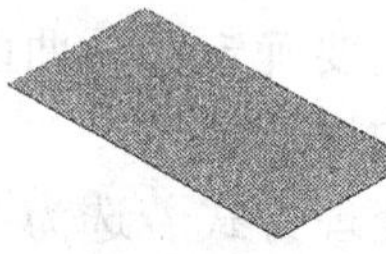

图 10-198 创建平曲面

2）在矩形内画一个圆。

3）用修剪到曲线的命令，修剪矩形平面，但保留圆内区域，结果见图 10-199 所示。

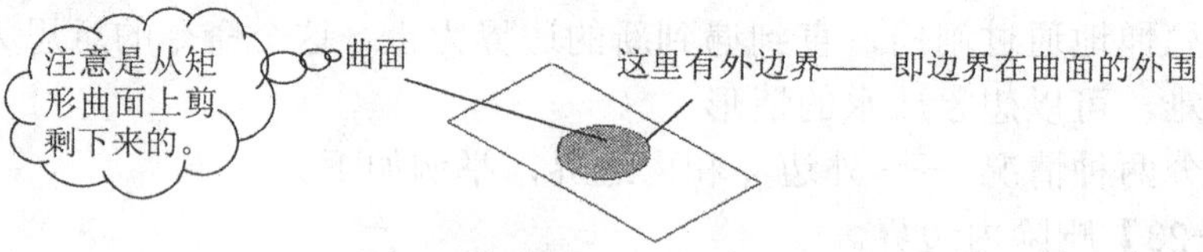


图 10-199 修剪掉圆外侧的部分

4）删除外边界。

A．选择 Create\Surface\Trim/extend\Remove bndy 命令。

B．提示选择曲面 —— 在曲面上点击一下。

C．出现动态箭头，将箭头移动到曲面的外边界上（实际上箭头到了边界就再也不能往外移动了），点左键，则曲面往外扩充直到矩形边界，也就是说：复原为最开始时的矩形曲面。

这里有个问题要说明：如果圆形曲面是用平整边界的方法作出来的，而不是用修剪到曲线的方法剪切后剩下来的，矩形也是后来画出的，则采用上面的操作步骤进行处理后，结果见图 10-200。

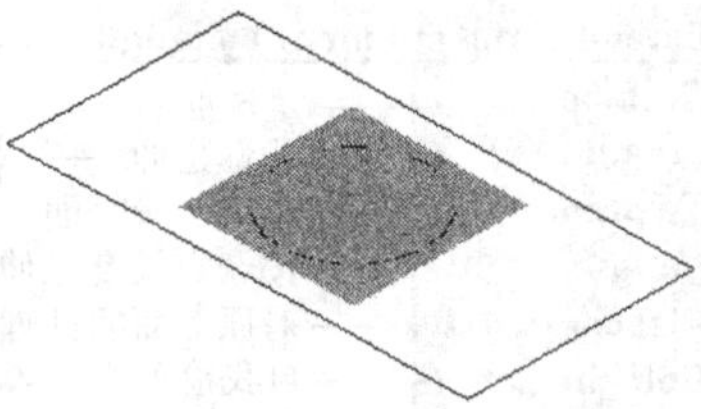

图 10-200　非修剪曲面删除外边界后的结果

可见，并不像期望的一样将圆形曲面扩充为矩形曲面了，只是稍微扩展了一点。

这意味着什么呢？意味着删除曲面的外边界后，它不知道该“跑”到哪个地方止，矩形似乎让它“视而不见”，所以只将曲面扩展一个系统内部设定的距离就停了；而实例中的圆形曲面是由矩形曲面修剪后剩下来的，所以一旦删掉了它的外边界，它知道“回娘家”，回到原来的边界上去，从这个意义上讲，这个命令有点像前面讲的“恢复修剪”功能。

因此，企图用此命令将创建出（不是剪出）的曲面扩展到一个画出的大边界上，是行不通的，要做到这一点，可以用后面要讲的延伸曲面（Extend）命令。

### 10.2.3.8　填补孔洞（Fill holes）

这是 9.0 版新增的命令。这个命令的操作过程与上个命令一模一样，结果看起来也一样，其实是有一点差别的，差别在于用本命令将“孔”填补后，填补处形成一个新曲面，如实例 10-23 用本命令操作，则结果如图 10-201 所示。

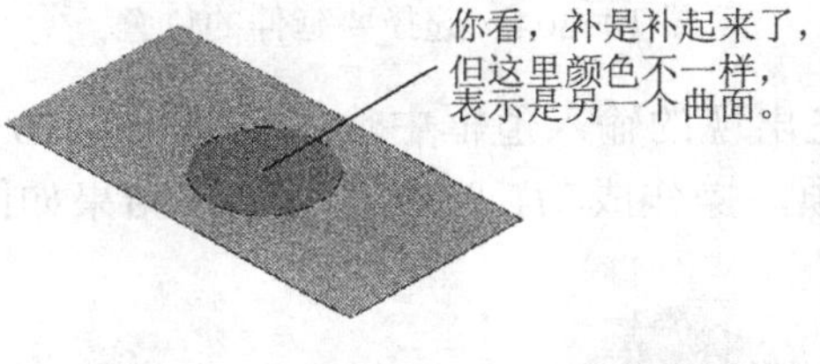


图 10-201　填补孔洞后的结果

也许有时你希望有此效果，那么就可以使用这个命令。

本命令还可以“补”实体面上的“洞”。

删除外边界时也会出现与“删除边界”命令一样的问题。

### 10.2.3.9　延伸曲面（Extend）

本命令可以将已有的曲面沿某一方向延长。

【实例 10-25】绘制一个任意曲面，然后进行延伸操作。

1）按昆式曲面的创建方法，创建一个曲面（形状任意），如图 10-202 所示。

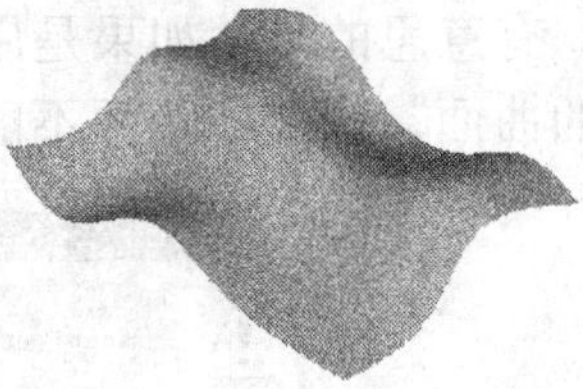

图 10-202　创建要延伸的曲面

2）对该曲面进行延伸。

A．选择 Create\Surface\Trim/extend\Extend 命令。

B．此时菜单显示为图 10-203 所示。

C．提示选择要延伸的曲面 —— 用鼠标点选。

D．曲面上会出现一个可滑动的动态箭头，将箭头滑动到要延伸的边界处（本例选右侧边），点左键，又会出现一个方向箭头，如图 10-204 所示。

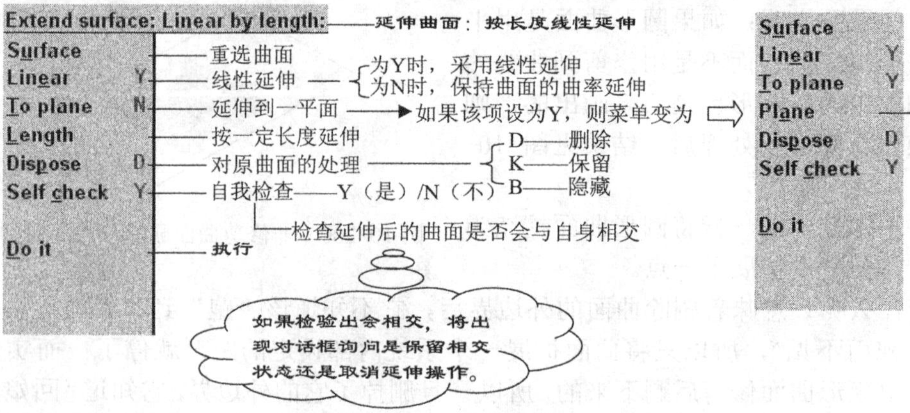


图 10-203 延伸曲面选项

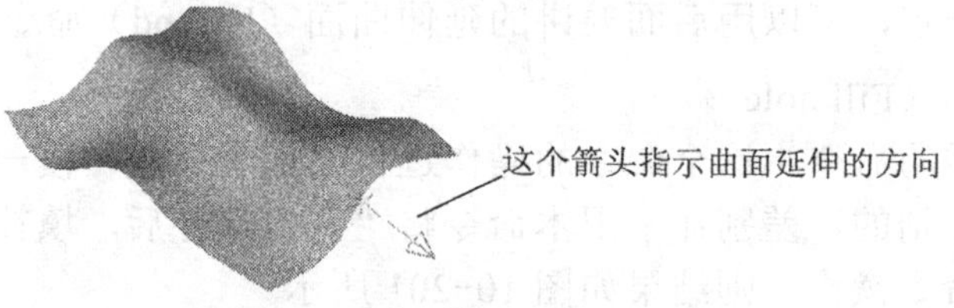


图 10-204 选择要延伸的位置

E．选择 Length 项，在出现的输入值框中输入延伸长度 10（不能为负值）后回车。

F．点菜单中的 Do it 项，操作成功，曲面被延伸，结果如图 10-205 所示。

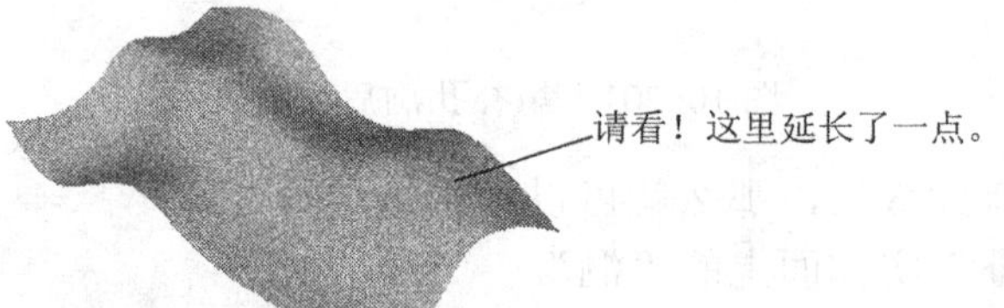


图 10-205 延伸后的曲面

有意思的是，如果是用 Trim/Extent 中的 Flat bndy 命令创建的曲面，系统认为是修剪过的曲面，修剪的曲面不能延伸，执行延伸命令时会出现提示，如图 10-206 所示。

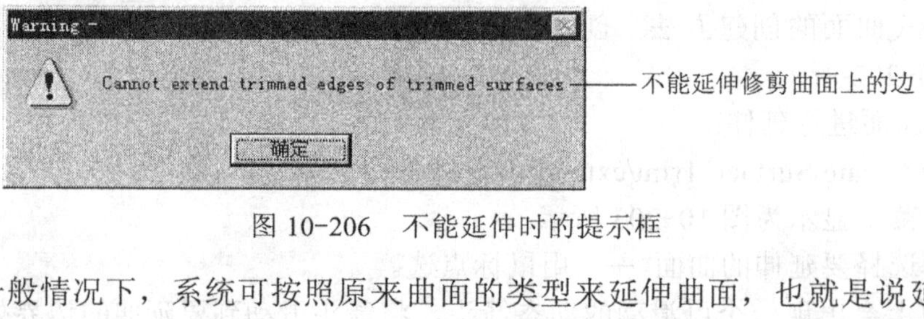


图 10-206 不能延伸时的提示框

说明：一般情况下，系统可按照原来曲面的类型来延伸曲面，也就是说延伸的部分保留原曲面的类型。但并不全部如此，有些类型的曲面（如 C 型曲面 —— Curve-generated,

曲线构成曲面）延伸时就不能保持原来的类型（主要是算法复杂），所以，系统会询问你是否用其它类型的曲面来近似代替，如图 10-207 所示。

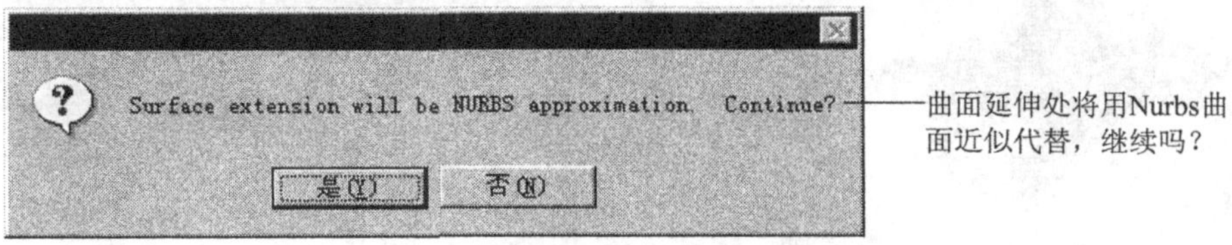


图 10-207 询问框

### 10.2.4 曲面融接

曲面融接（有些书中翻译为熔接、融合，仅名字不同而已）包含三种情况：两曲面融接、三曲面融接和圆角融接。

命令位置如图 10-208 所示。

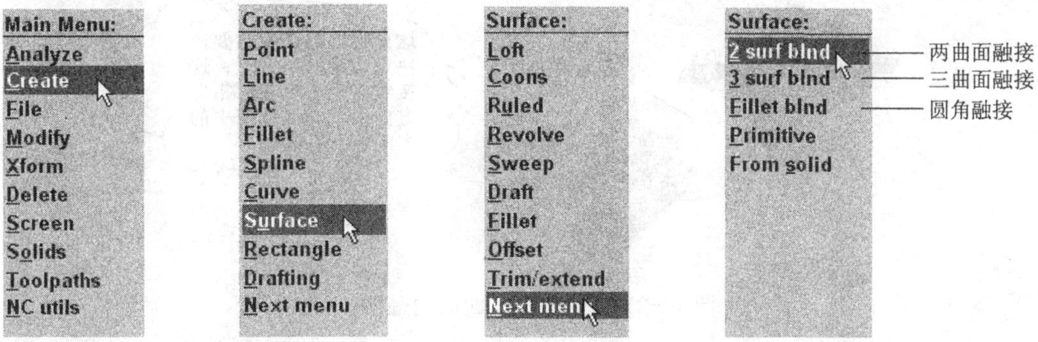


图 10-208 命令的位置

所谓融接是指将两个或三个曲面在指定的位置（不一定非在边界处不可）按一定的方位（水平还是垂直方位）连接起来，无缝地融合在一起成为一个“整体”（其实是三个曲面，但看不出）。

#### 10.2.4.1 两曲面融接

**【实例 10-26】**绘制两个任意曲面，然后进行融接操作。

1）按昆式曲面的创建方法，创建一个图 10-209 所示的曲面（本例采用上一个实例中创建的图形）。

为简单起见，本例不另外创建第二个曲面了，而是将上一个曲面复制一个在其右边（隔开一点）。

2）复制得到另一个曲面。

选择 Xform\Translate 命令→选择已有曲面→点菜单中的 Done 项→点菜单中的 Between pts 项→捕捉已有曲面的左下角点→在已有曲面的右下角点稍右的位置点鼠标左键→在出现的菜对话框中选中 Copy 项，数目为 1，点 OK 按钮退出对话框→操作成功，结果如图 10-210 所示。

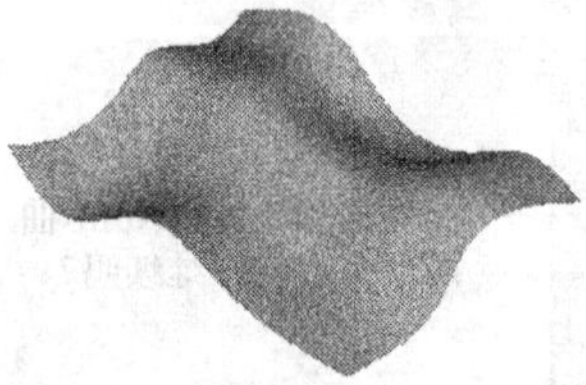

图 10-209　创建一个曲面

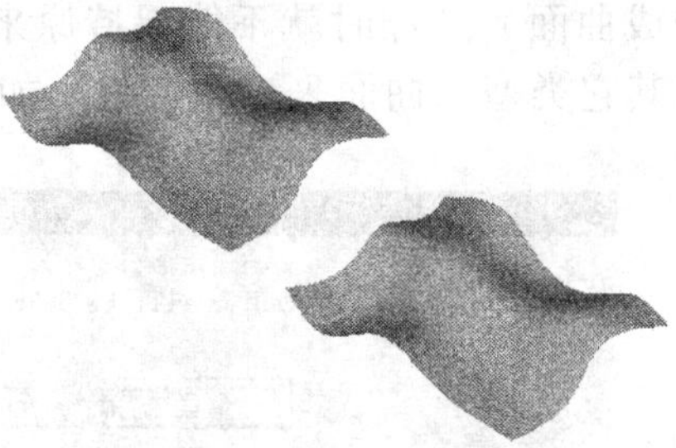

图 10-210　得到两个曲面

3）两曲面进行融接操作。

A．选择 Create\Surface\Next menu\2 surf blnd 命令。

B．按提示选择要融接的一个曲面（本例选左边的曲面）→出现一个可滑动的箭头，将箭头滑动到要融接的位置处（本例滑到右边界处）→点左键→出现一个方向箭头，如图 10-211 所示。

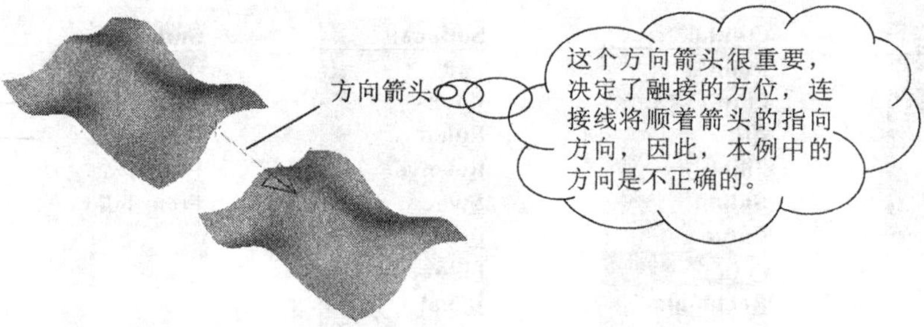


图 10-211　确定一个曲面的融接位置

D．选菜单中的 Flip 选项，改变融接方向后点 OK 项。

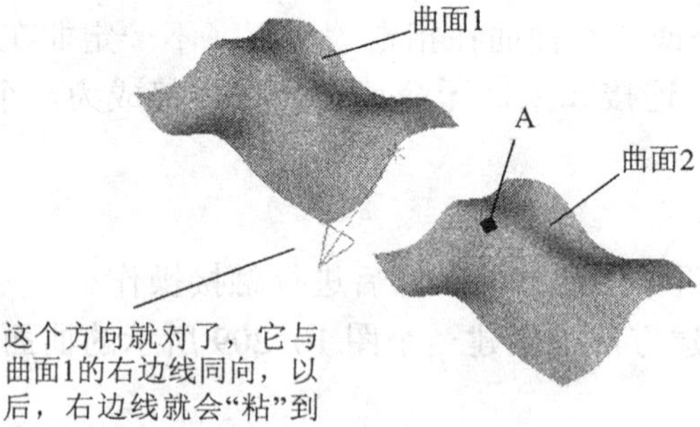


图 10-212　改变融接方位

E．提示选择要融接的第二个曲面 —— 点选曲面 2→出现可滑动的箭头，将箭头滑动到要融接的位置处（图 10-212 中A 点处）→点左键→出现一个方向箭头，如图 10-213 所示。

F．因方向不对，所以选菜单中的 Flip 项进行改向（如果你操作是不是这个方向，可跳过此步）。此时方向如图 10-214 所示。

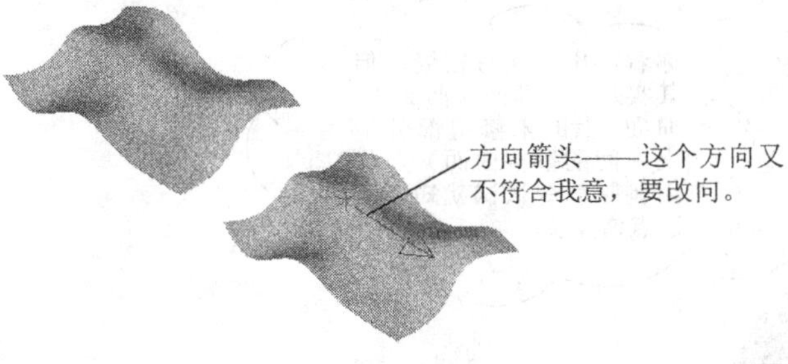


图 10-213　确定另一个曲面的融接位置

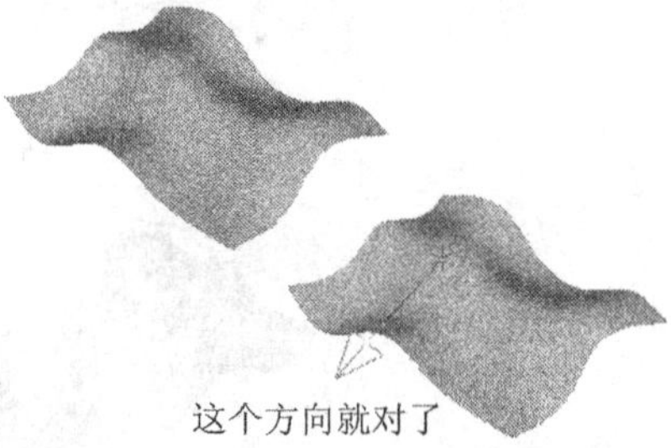


图 10-214　改变融接方位

G. 然后点菜单中的 OK 项，在正式融接之前，会出现融接示意图，如图 10-215 所示。

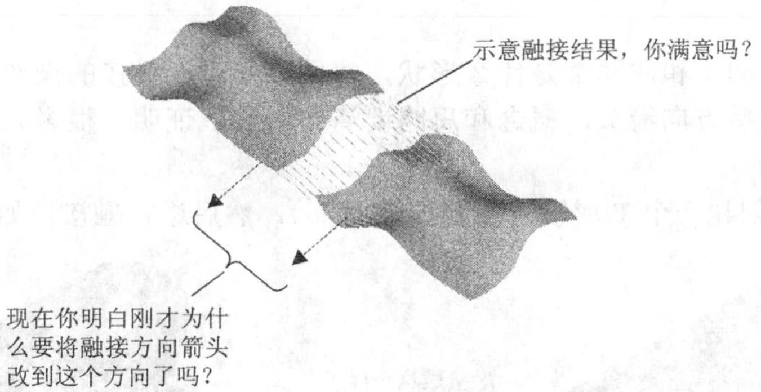


图 10-215　融接状况示意

H. 这时出现如图 10-216 所示的菜单，可按需要改变一些设置。

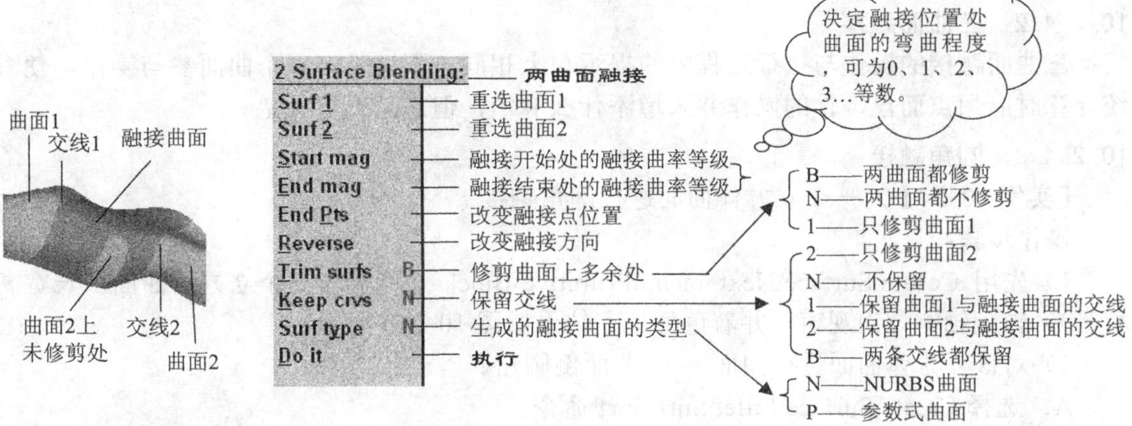


图 10-216　融接选项菜单

将 Trim surfs 项改为 N，其它不变。

I. 点击菜单中的 Do it 项，出现结果，如图 10-217 所示。

图 10-217 融接结果

实例结束。

**注意**：不论曲面 1 和曲面 2 是什么形状，对两曲面进行融接的操作均是如此，特别要小心的是其中的融接方向箭头，概念和思路要清楚，实践证明：很多人在这里被弄得迷迷糊糊。

**【建议练习】** 创建一个 T 形管（不要剪切内部），然后进行融接，如图 10-218 所示。

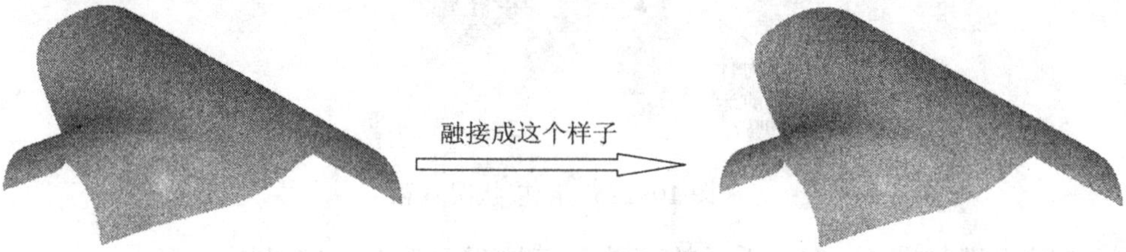


图 10-218 建议练习图例

### 10.2.4.2 三曲面融接

三曲面融接的操作与执行过程中的提示与上相同，不过是多一个曲面参与操作，使系统计算时麻烦点而已，你的操作并未增添什么麻烦，但思路要更清楚。

### 10.2.4.3 圆角融接

**【实例 10-27】** 对一个立方体曲面进行圆角融接

操作步骤：

1）先用 Ceeate\Surface\Next menu\Primitive\Block 命令创建一个立方体曲面（长宽高相等），转到轴测方向观察，并着色处理，结果如图 10-219 所示。

2）对该立方体曲面进行曲面 —— 曲面倒圆角。

A．选择 Create\Surface\Fillet\Surf/Surf 命令。

B．提示选择第一组曲面，点菜单中的 All 项。

C．点菜单中的 Surfaces 项。

D．点菜单中的 Done 项。

E．提示选择第二组曲面，直接点菜单中的 Done 项（上

图 10-219 创建一个立方体

一步已经全部选了）。

F. 在输值框中输入圆角半径5后回车。

G. 将菜单中的Trim项设为Y。

H. 点菜单中的Do it项，出现如图10-220所示的结果，注意角部。

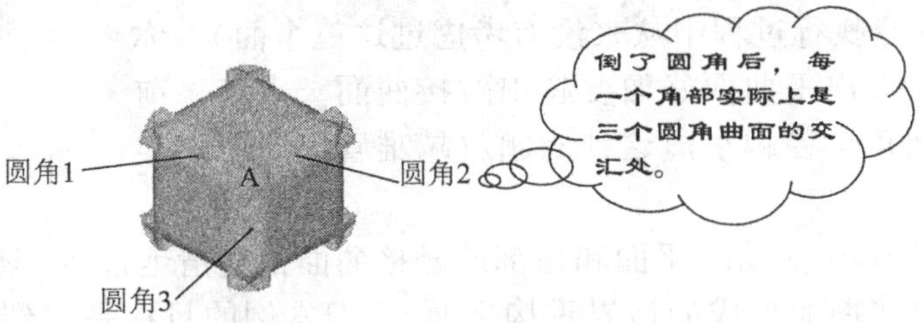


图10-220 各边倒出圆角

因为两个面之间倒圆角时，没有“考虑”另一个面的影响，所以角部状况比较紊乱，要进行进一步的处理。

3）对角部进行圆角融接处理（以修剪图10-220所示的A角为例）。

A. 选择Create\Surface\Next menu\Fillet blnd命令。

B. 出现新菜单，如图10-221所示。

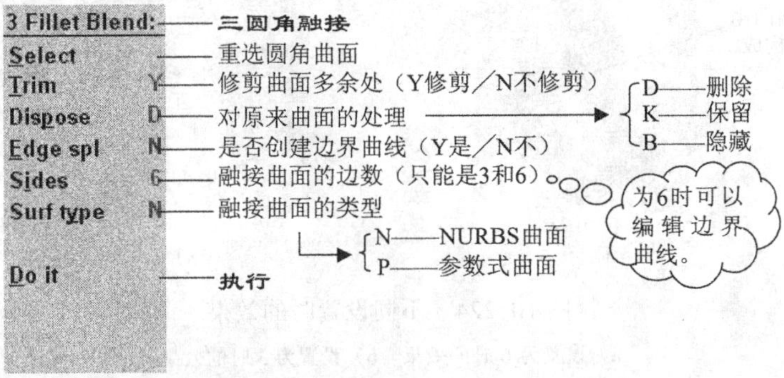


图10-221 三曲面融接设置菜单

C. 确保Trim项设置为Y，其余不变。

D. 依次点选圆角1、圆角2、圆角3。

E. 点菜单中的Do it项，出现结果，如图10-222所示。

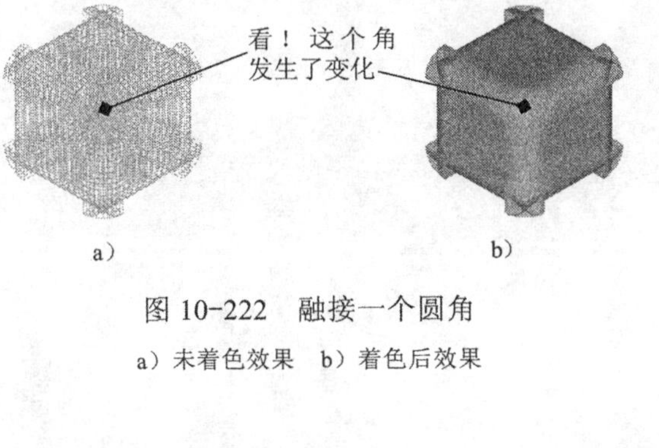


a） b）

图10-222 融接一个圆角

a）未着色效果 b）着色后效果

F．按同样的方法处理其它几个角，最终结果如图 10-223 所示。

操作过程中需要经常旋转图形以便选择个圆角曲面。

其实这个结果中存在一点问题 —— 角落处理好了，是由三个圆角曲面经过融接操作而得到的，但与相邻的三个平整的曲面又有了矛盾（命令执行过程中从来没有考虑过这三个面），你仔细看一下，能够看出平曲面好像要超出融接曲面一点点。前面倒圆角时如果圆角半径越小，这种问题就越难看出，但确实存在。

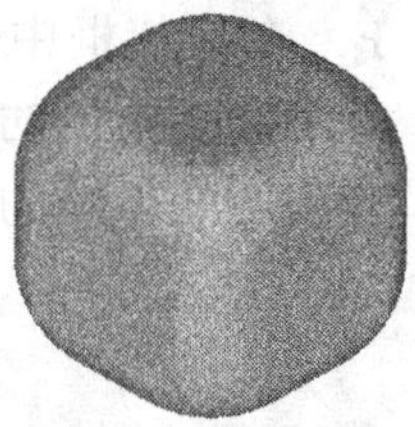

图 10-223 融接所有圆角

要想解决这问题，使圆角、平面和角部的融接曲面都光滑地过渡，还要想其它办法（如利用圆角曲面和融接曲面形成的边界重构平面），但本例的目标是得到角部的融接曲面，所以此处不再深入介绍。

本例的这种效果你也可以用前面的三曲面融接命令得到，但结果有点差别，不妨一试。

圆角融接命令主要就是处理本例这样的情况的，擅长修理角落。

前面菜单中“融接曲面的边数”可设置为 3 和 6，图 10-224 是其差别，应该是一目了然吧。

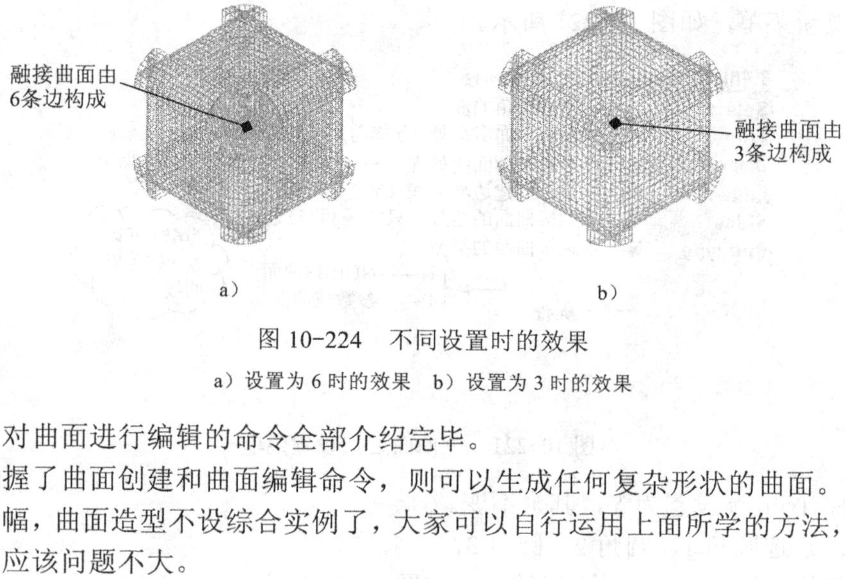


图 10-224 不同设置时的效果

a）设置为 6 时的效果 b）设置为 3 时的效果

至此，对曲面进行编辑的命令全部介绍完毕。

熟练掌握了曲面创建和曲面编辑命令，则可以生成任何复杂形状的曲面。

限于篇幅，曲面造型不设综合实例了，大家可以自行运用上面所学的方法，做一个“鼠标”出来，应该问题不大。

# 第 11 章　创建曲面曲线

曲面曲线又称空间曲线。

创建曲面曲线就是从已有的曲面上提取出所需要的曲线来，这样的曲线当然是三维曲线，即每一点的 X、Y、Z 坐标都可能是不同的，这不同于平面任意曲线（曲线总在某平面内）。

命令的位置及功能如下图 11-1 所示。

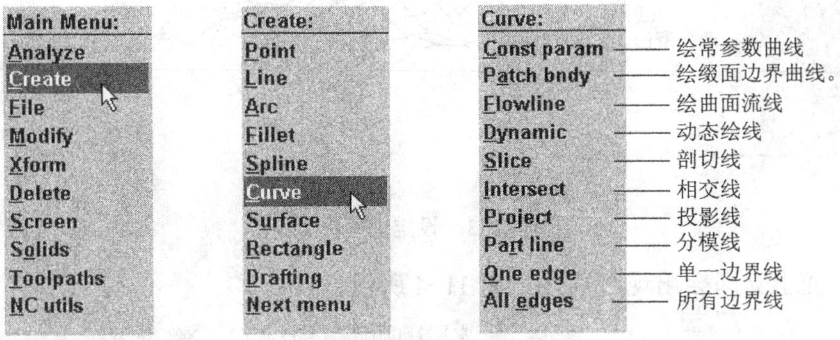


图 11-1　命令位置及功能

如果已有曲面，可采用图 11-1 中列出的多种方式绘制曲面上你需要的曲线。

**注意**：如果创建了实体，因实体是有多个面的，想在其中一个面上画出附着在该面上的曲线来，也是可以做到的，很多命令在选择曲面的提示时，菜单中都有 Solid face（实体表面）一项，选中该项后，即允许你选择实体的表面。

我们可以用同一个曲面为基础来创建各种曲面曲线，先画出一个曲面来。

按创建昆式曲面时介绍的方法，创建图 11-2 所示的一个曲面，形状任意，为了方便观察绘制的曲线，曲面未着色。

保存图形，取名为“练习曲面”。

下面利用此曲面逐一介绍各类曲线的绘制方法。

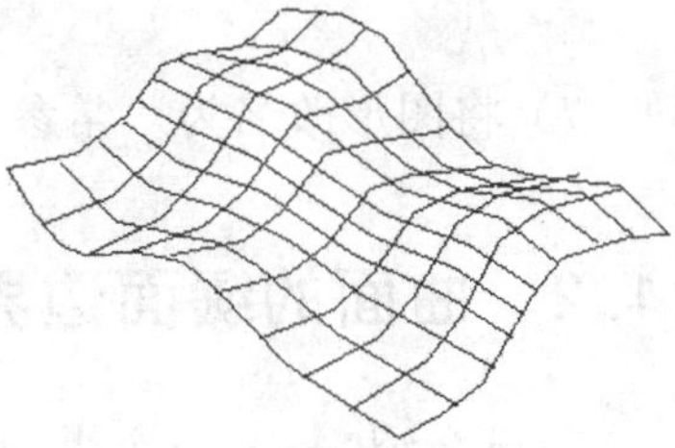

图 11-2　创建一个曲面

## 11.1　常参数曲线（Const param）

在曲面上选取点处绘出两个方向（如 X 和 Y 轴方向）中的一条或两条曲线，线上各点总有一个坐标值为常数（或者说，这条曲线总会和 XY 平面、XZ 平面、YZ 平面中的一个平行），所以称常参数曲线。

**【实例 11-1】** 创建常参数曲线。

1）打开图形“练习曲面.MC9”。

2）选择 Create\Curve\Const param 命令。

3）提示选择曲面 —— 点击曲面，这时会出现可滑动的箭头。

4）滑动箭头到欲画曲线的位置，点鼠标左键。

5）出现箭头，所画的曲线将在着箭头所指的方向上，满意的话，直接点 OK 项；不满意，可先点 Flip 项将方向改变，还可以点 Both 项，保留两个方向，则后面可以得到两条方向不同的常参数曲线，最后再点 OK 项，如图 11-3 所示。

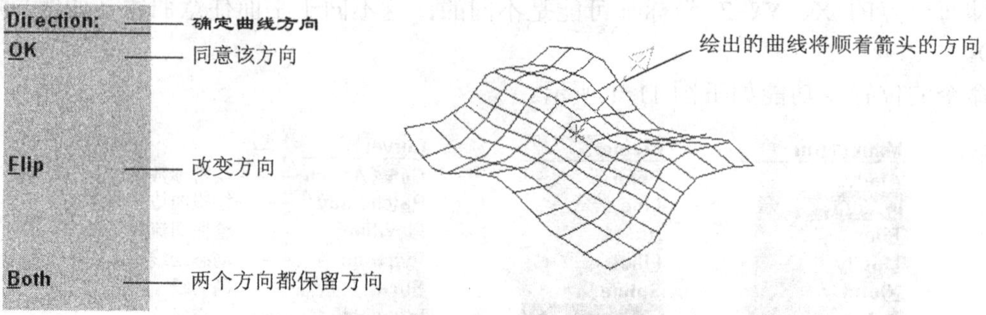


图 11-3　设定曲线方向

6）在曲面上立即会出现曲线，如图 11-4 所示。

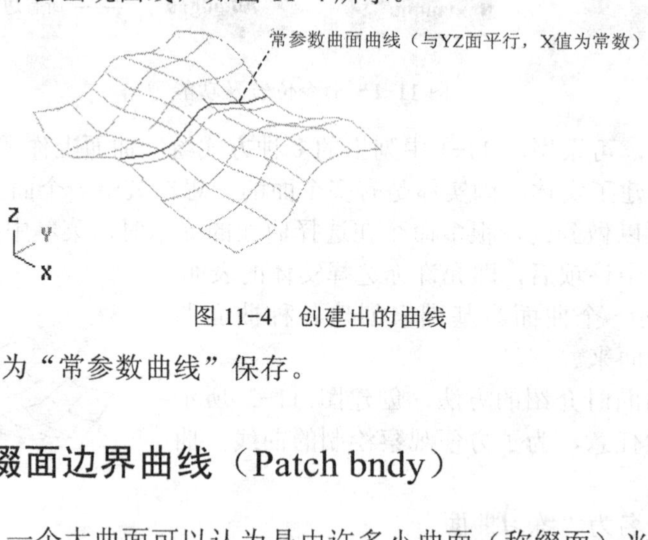


图 11-4　创建出的曲线

7）将图形改名为“常参数曲线”保存。

## 11.2　曲面的缀面边界曲线（Patch bndy）

前已介绍 —— 一个大曲面可以认为是由许多小曲面（称缀面）光顺地连接起来的。每个缀面有四边，而且是与周围的缀面共有的（边界上的缀面不完全共用），本命令就是自动将这些缀面的边线画出来。

但要注意：只有参数式曲面才能画出锥面边界曲线，所以如果“练习曲面”不是参数式曲面，必须改过来（其实，利用边界重新创建一个参数式曲面可能还快些，曲面类型可以在创建过程中指定）。

**【实例 11-2】** 创建缀面边界曲线。

1）打开图形“练习曲面.MC9”（曲面必须是参数式曲面，否则重画）。

2）选择 Create\Curve\Patch bndy 命令。

3）提示选择曲面——点击曲面。

4）立即会出现结果，如图 11-5 所示。

因重叠在一起，看不清，图 11-6 为将两者分开后的效果。

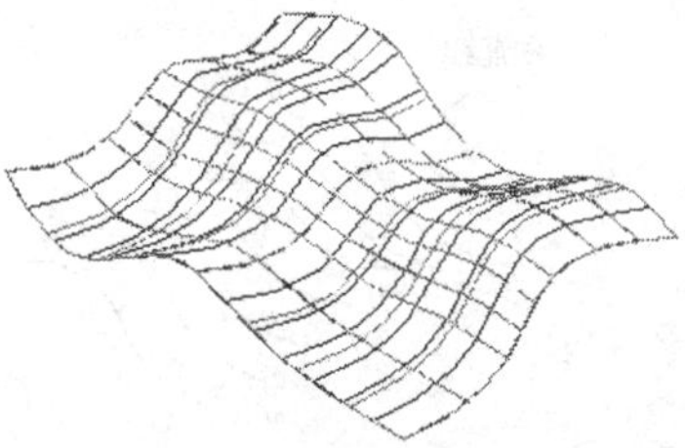

图 11-5　创建缀面边界曲线

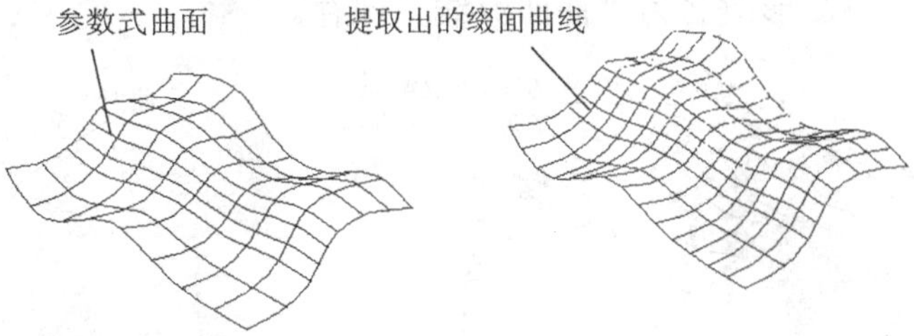


图 11-6　分开后的效果

可见：是一些纵横交错的曲线。

将图形改名为"缀面曲线"保存。

## 11.3 曲面流线（Flowline）

你可把曲面当作布料进行设想，布料是有很多纵横交错的纤维织成的，曲面的流线就像布料上的每一条纤维线。

【实例 11-3】创建曲面流线。

1）打开图形"练习曲面.MC9"。

2）选择 Create\Curve\Flowline 命令。

3）提示选择曲面——点击曲面。

4）会出现一个方向箭头，表示生成流线的方向（可点菜单中的 Flip 改变方向），确定后点 OK 项。

5）出现新菜单，如图 11-7 所示。

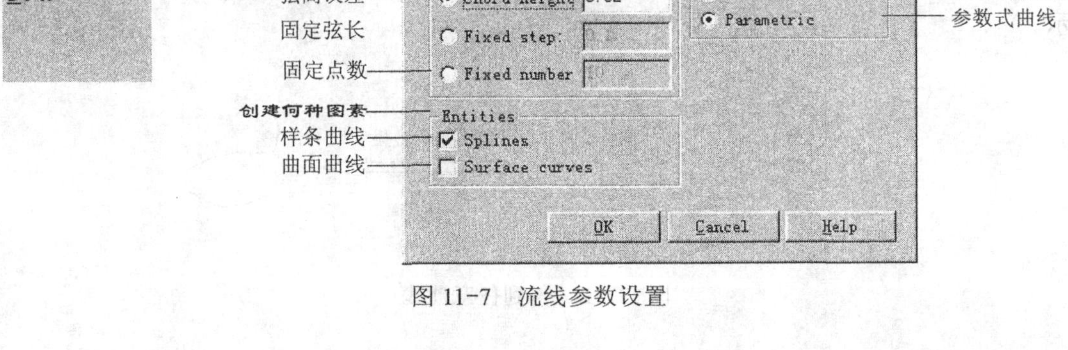


图 11-7　流线参数设置

点其中的 Number 项，在出现的输值框中输入要创建的曲线数目 8，然后回车。

6）点菜单中的 Do it 项，曲线绘出，结果如图 11-8 所示。

如果将曲线移出来，就如图 11-9 所示。

将图形改名为“曲面流线”保存。

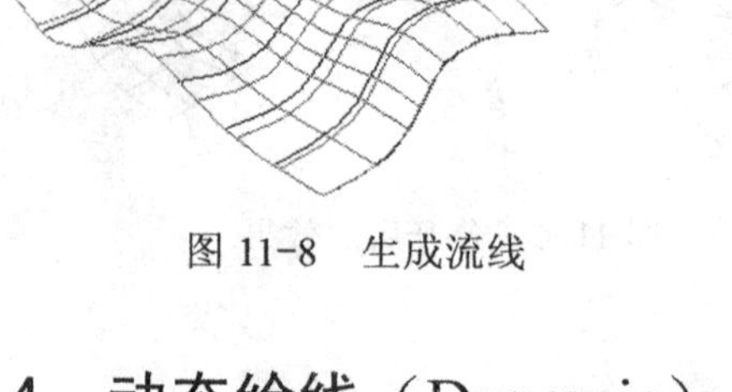


图 11-8　生成流线

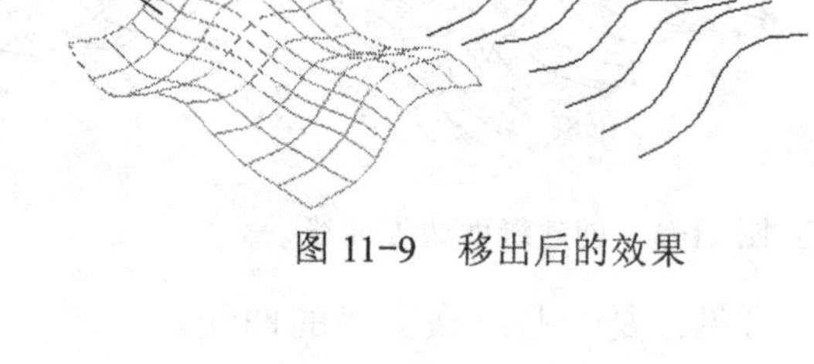


图 11-9　移出后的效果

## 11.4　动态绘线（Dynamic）

这种方式可以让你随心所欲地在曲面上绘出任一条曲线来，纵的、横的、斜的都行，而且一定是在曲面上。

**【实例 11-4】**在曲面上随意画出一条曲线。

1）打开图形“练习曲面.MC9”。

2）选择 Create\Curve\Dynamic 命令。

3）提示选择曲面 —— 点击曲面，会立即在曲面上出现一个可移动的箭头，如图 11-10 所示。

4）随意拖动鼠标，在满意的位置点击……不断重复，点击确定数个位置，完后按键盘上的 Esc 键退出，如图 11-11 所示。

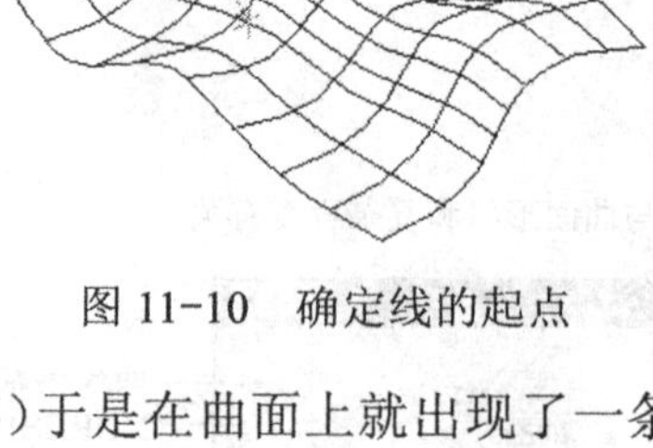

图 11-10　确定线的起点

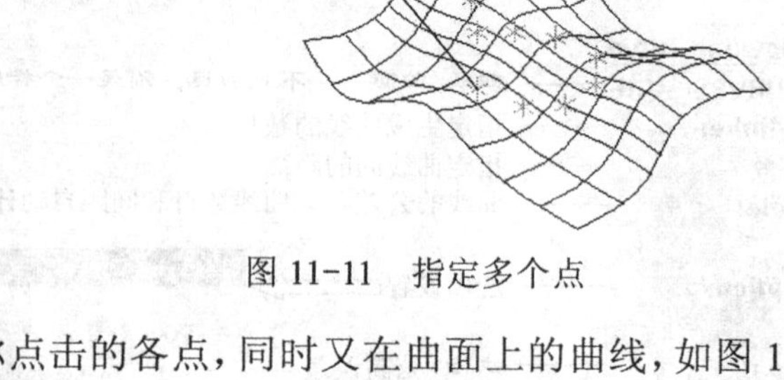


图 11-11　指定多个点

5）于是在曲面上就出现了一条通过你点击的各点，同时又在曲面上的曲线，如图 11-12 所示。

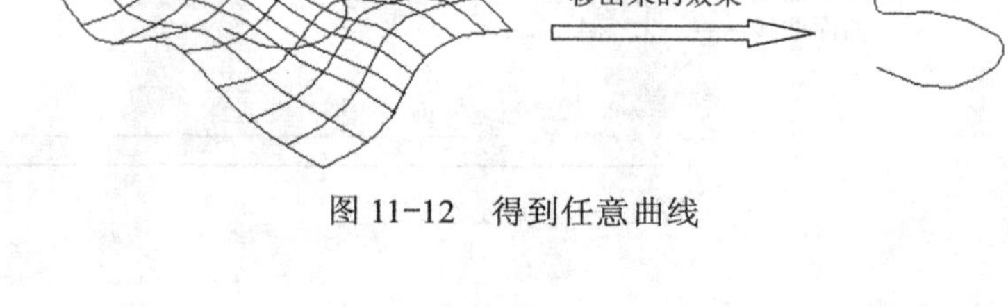


图 11-12　得到任意曲线

## 11.5　剖切线（Slice）

是曲面与平面的交线。

平面可以是已存在的，也可以是定义出来的。

**【实例 11-5】** 在曲面上画出一条剖切线。

1）打开图形“练习曲面.MC9”。

2）将构图平面和视角平面都设为 T（顶面），然后画一条斜直线，如图 11-13 所示。

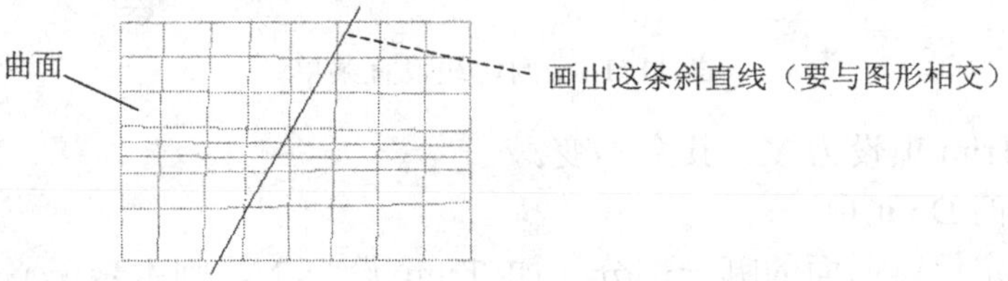


图 11-13　画一条斜直线

3）选择 Create\Curve\Slice 命令。

4）提示选择曲面 —— 点击曲面，然后点菜单中的 Done 项。

5）出现定义平面的菜单，如图 11-14 所示。

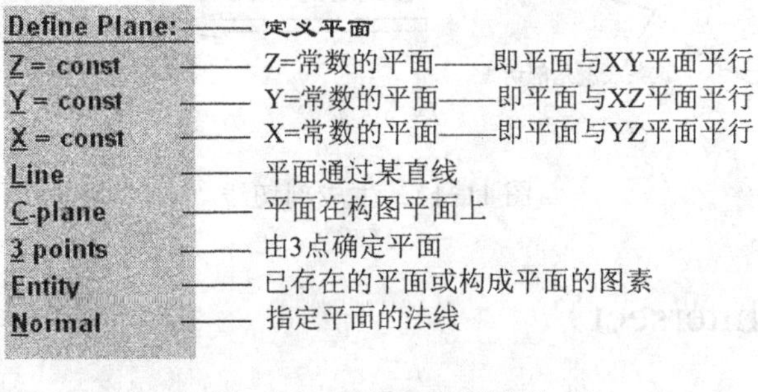


图 11-14　定义平面菜单

选 Line 项，然后点刚画出的斜直线。

6）会在直线上出现一个方向标志，如图 11-15 所示。

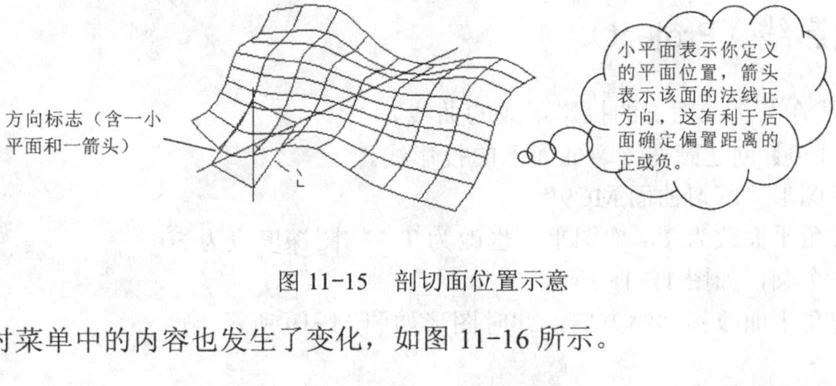


图 11-15　剖切面位置示意

7）同时菜单中的内容也发生了变化，如图 11-16 所示。

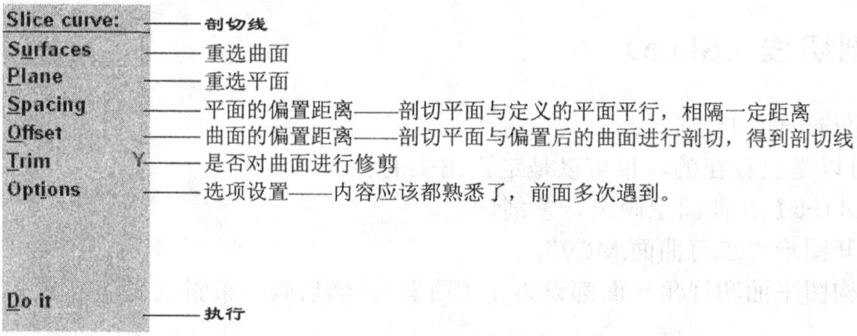


图 11-16 剖切线设置菜单

确保其中的 Trim 项设为 Y，其余不变。

8）点菜单中的 Do it 项。

9）提示你确定保留曲面的哪一部分（如 Trim 设为 N，则本步无）—— 在曲面左半部分点击鼠标左键，出现动态箭头，拖动一个距离后再点鼠标左键。

出现结果，删除斜直线后，如图 11-7 所示。

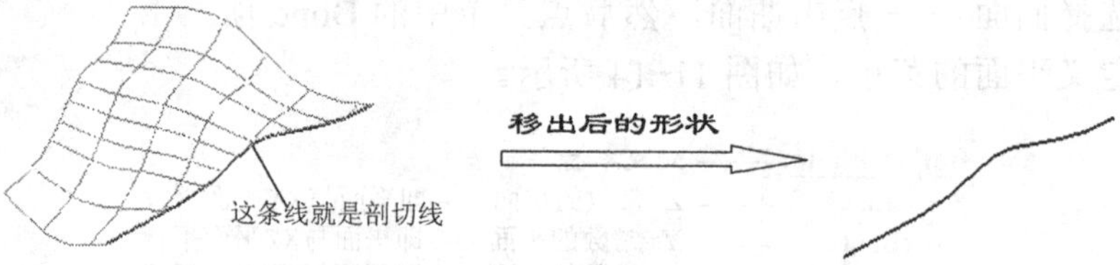


图 11-17 生成剖切线

## 11.6 相交线（Intersect）

两组曲面（平面也算曲面哦！）的相交线，就是制图中所说的截交线。

这种情况下创建曲线比上一种还容易些，操作过程相同，提示相似，请读者自行练习。

【建议练习】创建 T 形管的相交曲线。

## 11.7 投影线（Project）

一条曲线在某个曲面上的投影形成的曲线。

【实例 11-6】创建圆在练习曲面上的投影线。

1）打开图形“练习曲面.MC9”。

2）将视角平面改为 T、构图平面也改为 T，构图深度设为 50。

3）画一个圆，如图 11-18 所示

4）将视角平面改到轴测方向，此时图形如图 11-19 所示。

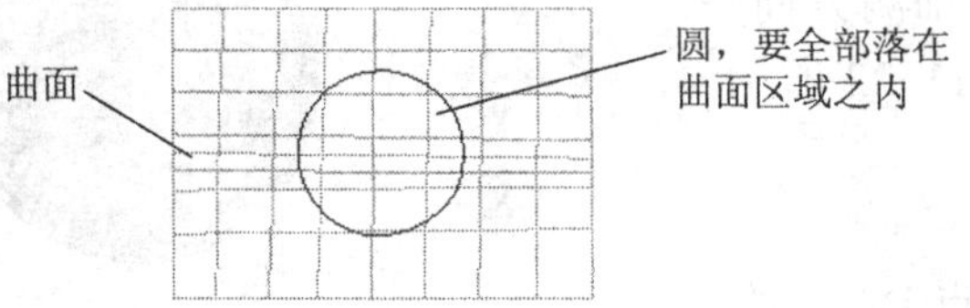


图 11-18　在曲面上方画一个圆

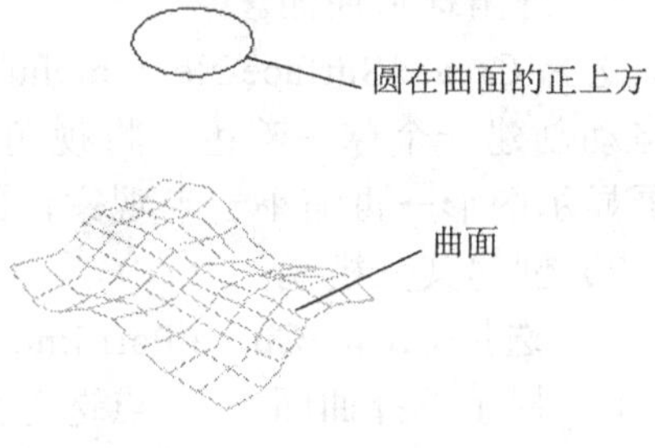


图 11-19　轴测方向观察的效果

5）创建圆在曲面上的投影线：

A．选择 Create\Curve\Project 命令。

B．提示选择曲面 —— 点选曲面，然后点菜单中的 Done 项。

C．提示选择曲线 —— 点选圆，然后点菜单中的 Done 项。

D．出现新菜单，如图 11-20 所示。

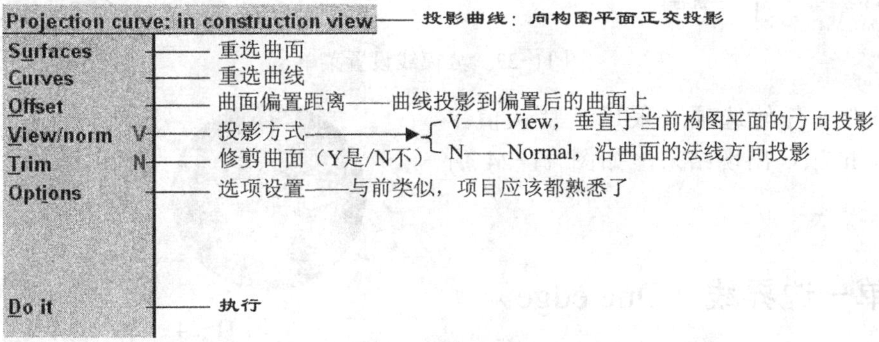


图 11-20　投影线设置菜单

保持上图所示的设置，点菜单中的 Do it 项。

E．出现结果，如图 11-21 所示。

这样的曲线，如果不是用投影的方法得到，不知用什么方法才能“画”出来。

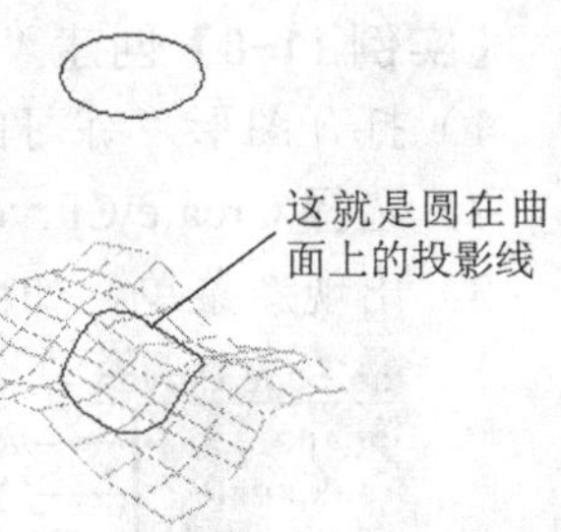


图 11-21　得到投影线

## 11.8　分模线（Part line）

分型模具设计和制造中常需解决分模线的问题，分模线将零件（用曲面表示）分成两部分，上模和下模的型腔分别按零件分模线两侧的形状进行设计（这类模具最简单直观的例子，可参考农村中做糍粑的模板）。

**注意**：系统将以平行于构图平面的平面去“剖切”曲面，而且会切在截面尺寸最大的地方。

**【实例 11-7】** 画一个球形曲面，然后创建其分模线。

1）画出球形曲面。

选择 Create\Surface\Next menu\Primitive\Sphere 命令→自动创建一个球→着色→将视角平面改到轴测方向→全屏显示图形→再缩小一半观察，结果如图 11-22 所示。

图 11-22　创建一个球面

2）创建其分模线。

A．选择 Create\Curve\Part line 命令。

B．提示选择曲面 —— 点选球面，然后点 Done 项。

C．出现新菜单，如图 11-23 所示。

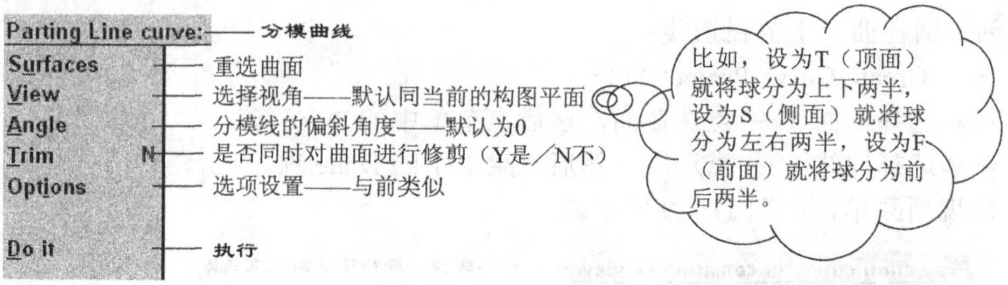


图 11-23　分模线设置菜单

D．不改变任何选项（采用其默认值，然后点 Do it 项，出现结果，如图 11-24 所示。

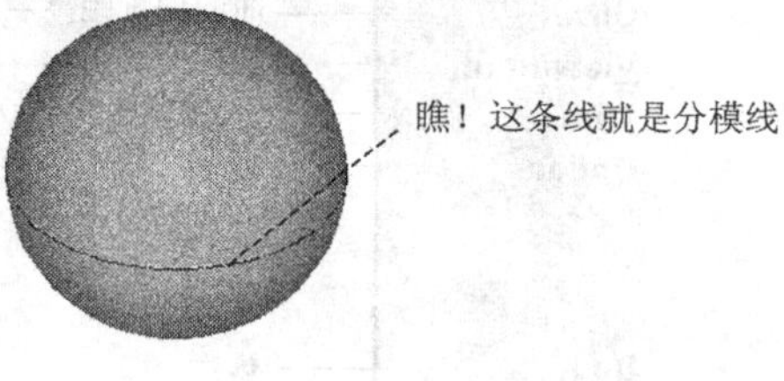


图 11-24　得到分模线

## 11.9　单一边界线（One edge）

曲面一般是有边界的，而且可能有多个边界，本命令可以绘制一条边界线，是哪一条由你确定。

**【实例 11-8】**创建“练习曲面”上的一条边界线。

1）打开图形“练习曲面.MC9”。

2）选择 Create\Curve\One edge 命令。

3）出现新菜单，如图 11-25 所示。

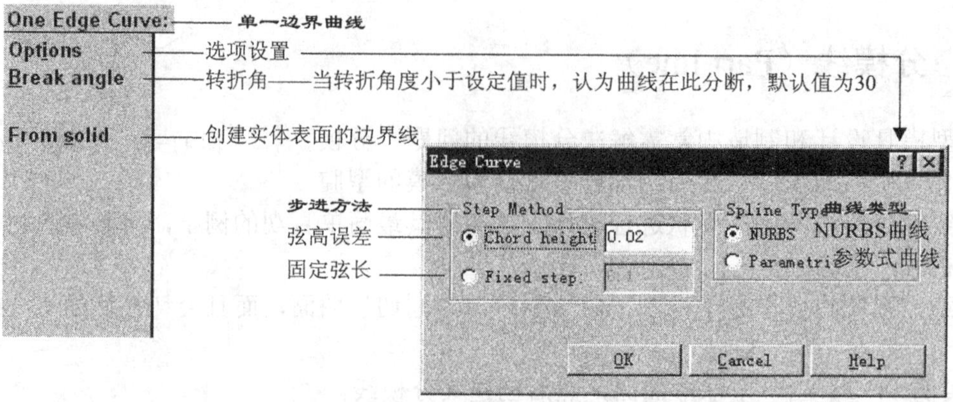


图 11-25　单一边界线设置菜单

不改变选项，直接点击曲面。

4）在曲面上会出现可移动的箭头，移动箭头到须画出边界线的一侧，点鼠标左键；

5）出现结果，如图 11-26 所示。

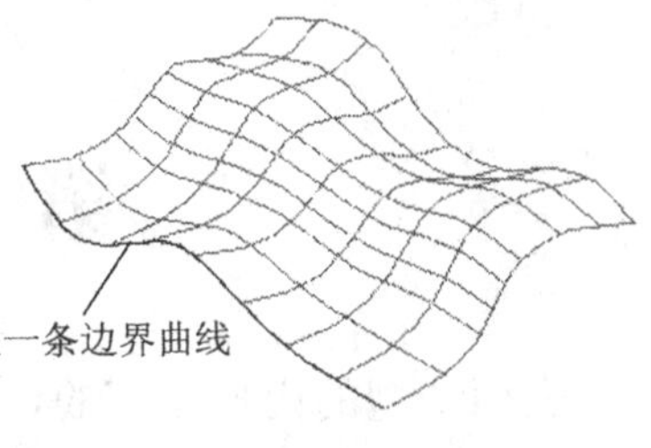


图 11-26　创建一条边界曲线

## 11.10　所有边界线（All edges）

意思不言自明，操作比上一个命令还简单

**【实例 11-9】**创建“练习曲面”上的所有边界线。

1）打开图形“练习曲面.MC9”。

2）选择 Create\Curve\All edges 命令。

3）点击曲面，然后点 Done 项。

4）出现菜单，含义同前，如图 11-27 所示。

5）不改变选项，直接点 Do it 项。出现结果，如图 11-28 所示。

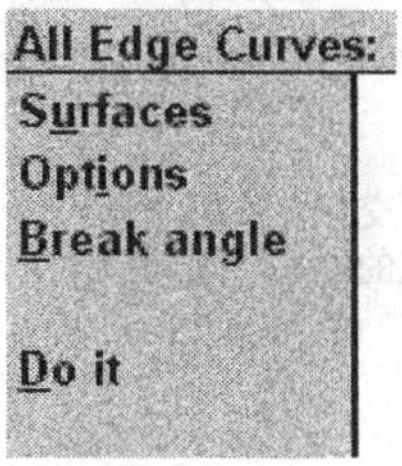


图 11-27　创建所有边界线设置菜单

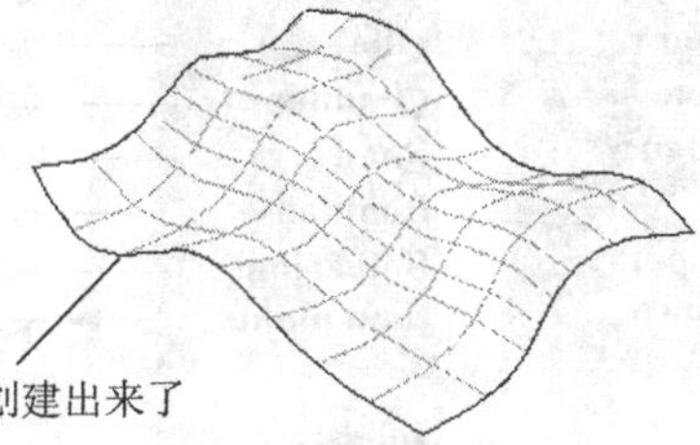


图 11-28　创建出所有边界线

以上对各种曲面曲线的创建方法做了一个介绍。

# 第 12 章　三维实体造型

表面造型的内部是空的，而实体造型却是实心的，这更接近真实物体。

MasterCAM 从 7.0 版开始引入了这种造型技术。

实体造型是目前比较成熟的造型技术，被广泛采用、其造型思想容易被人接受，过程直观、结果逼真，特别是有了表面造型和编辑做基础，掌握实体造型和编辑的操作更为容易，因为很多思路是相通的。

实体造型和编辑命令的位置及功能如图 12-1 所示：

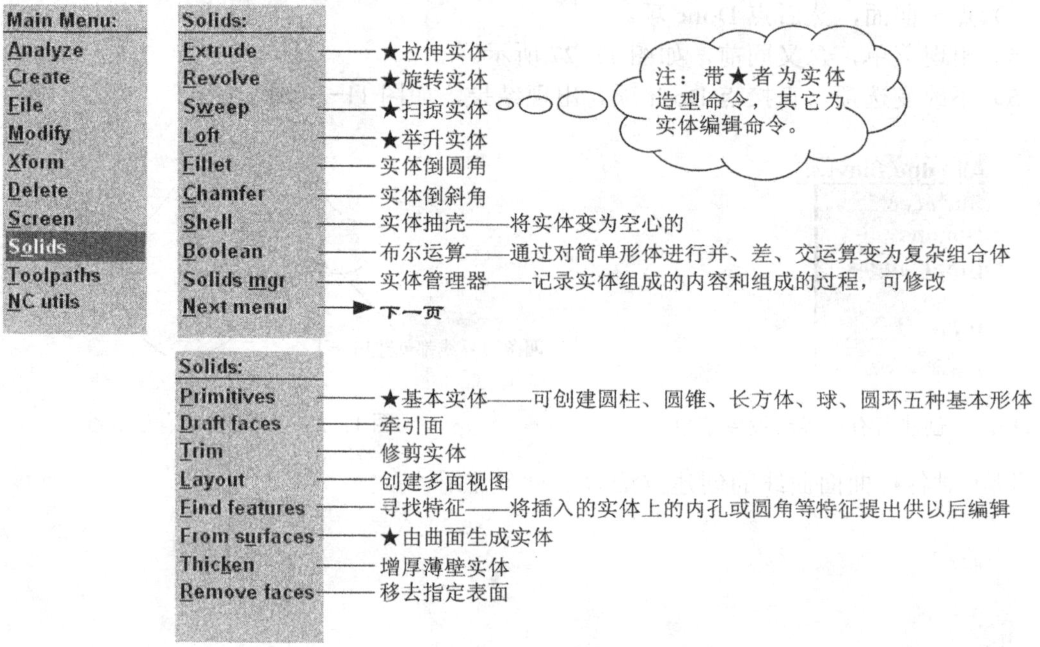


图 12-1　实体造型和编辑命令总览

## 12.1　实体创建

### 12.1.1　创建拉伸实体

有些书中称为挤出实体。

二维的串接封闭线条经过拉伸操作后可以变成实体。

可以同时对多个串接图形进行拉伸。

【实例 12-1】将平面线框图形拉伸为实体。

1）先画出如下图形、尺寸任意，见图 12-2。

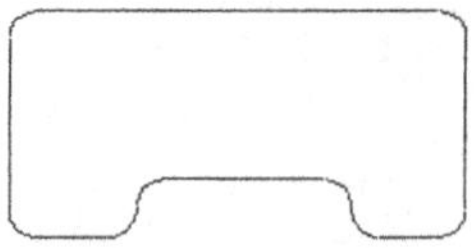

图 12-2　创建平面线框图

2）将视角平面改到轴测方向，将层改到 2 层。

3）创建拉伸实体。

A．选择 Solids\Extrude 命令。

B．点菜单中的 Chain 项，然后点线框中的任一线。

C．点菜单中的 Done 项，出现如下菜单，同时图形上出现一个方向箭头（图 12-3）。

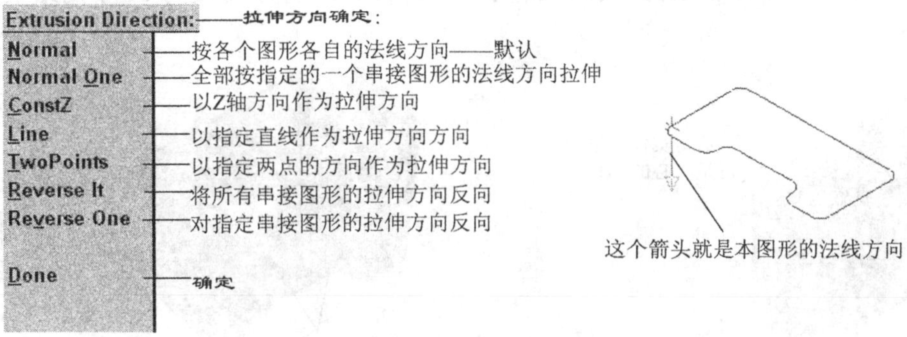


图 12-3　拉伸方向设置

点 Reverset it 项（Reverse One 项也可，但要多一个指定图形的操作），改变这个拉伸方向。

D．点 Done 项，出现对话框（这个对话框中的有些内容后面会经常遇到，请仔细体会），如图 12-4 所示。

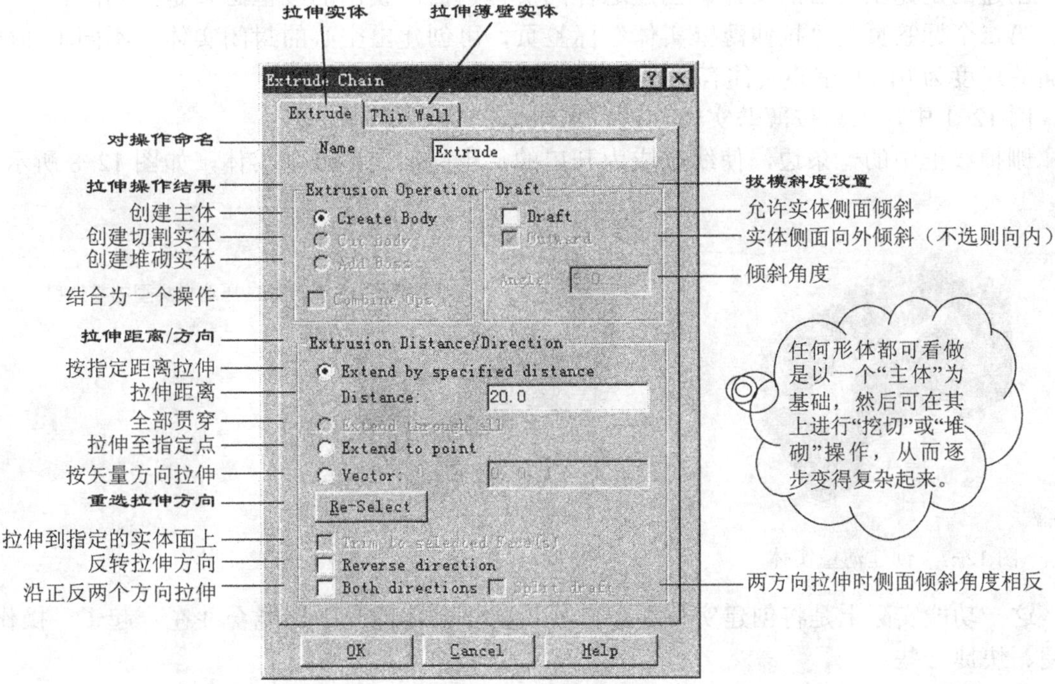


图 12-4　拉伸实体参数设置对话框

将操作命令为 Extrude1（别小看取名，创建复杂形体时用它来区分各部分呢！）；

将拉伸操作结果设置为 Create Body 项；将拉伸距离设置为 40；其它不变，点 OK 按钮，退出对话框。

E．出现结果，着色后如图 12-5 所示。

实例结束，说明几点：

① 如果在对话框中设置了拔模斜度，并设为向外倾斜，角度为 5°，则结果如图 12-6 所示。

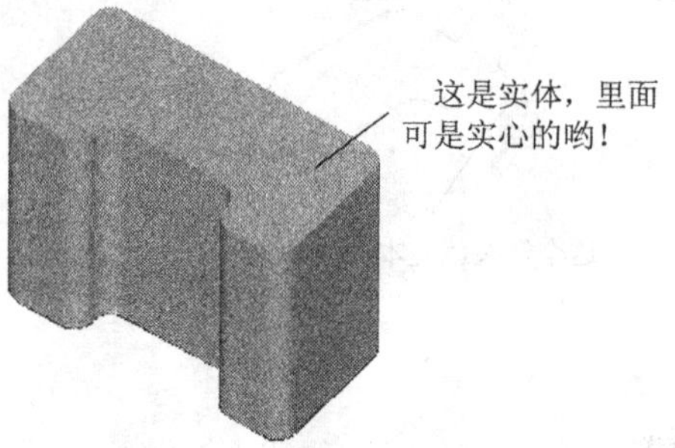


图 12-5　创建出拉伸实体

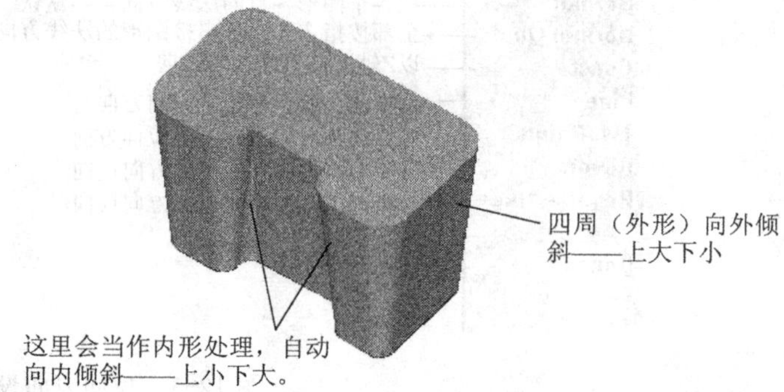


图 12-6　有斜度的拉伸实体

倾斜的目的主要是便于将零件从模具中拔出——称为拔模。

② 拉伸薄壁实体对话框（标签页）。

你可能注意到了上面介绍的对话框有两个标签也页，前面只介绍了“拉伸实体”标签页。创建的是完全实心的实体，创建这样的实体，前面画出的线框必须是封闭的。

第二个标签页是“拉伸薄壁实体”标签页，可创建出空心的封闭实体（不同于曲面，曲面的厚度为 0，而空心实体有壁厚）或开口的薄壁实体。

例 12-1 中，如果按薄壁实体创建，结果如图 12-7 所示。

删掉线框中的一条边，使线框成为开口的，也能创建出薄壁实体，如图 12-8 所示。

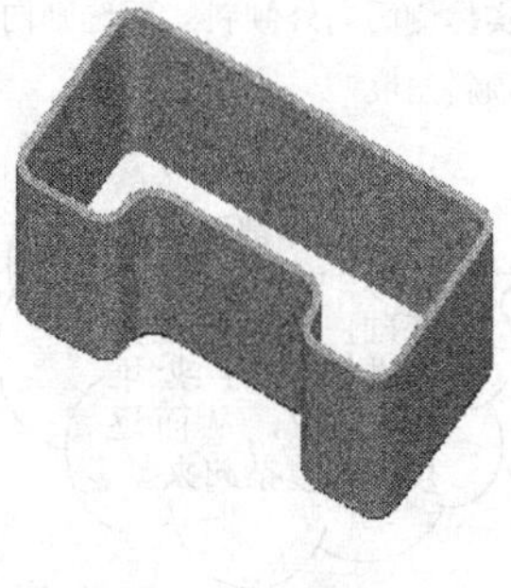

图 12-7　创建薄壁实体

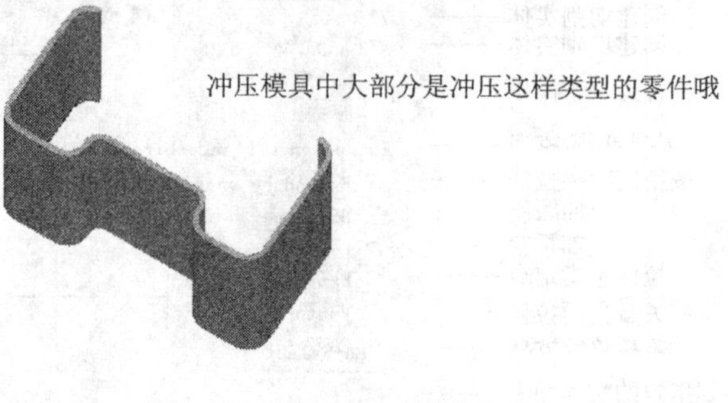


图 12-8　创建开口薄壁实体

这一功能实际上是将创建实体和后面要讲的“实体抽壳”功能合并在一起了，操作更方便、快捷一些。

该标签页中的内容如图 12-9 所示。

前一标签页中的设置对本标签页仍有效（比如拉伸高度、拔模斜度设置）。

③ 主体、切割实体、堆砌实体的问题。

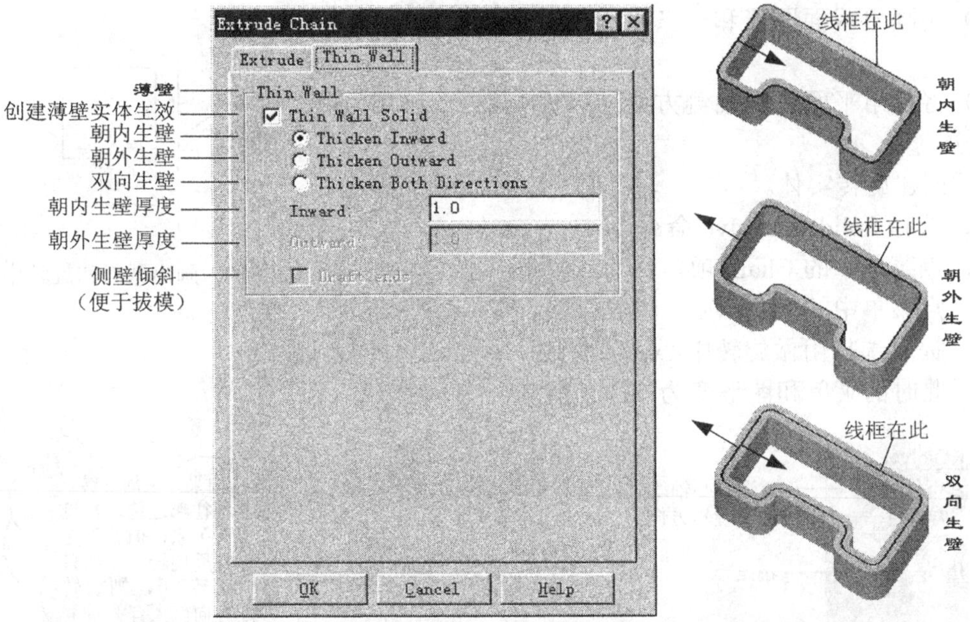


图 12-9　拉伸薄壁实体参数设置对话框

复杂的形体可以仍为是多个形体的的组合，象小孩堆积木，几个积木搭在一起，就成了房子、桥……这一思想在实体造型中被借用，就是实体堆砌，这样的操作是通过布尔运算中的“并”运算（后面介绍）来实现的。

就像砌房子要有地基、有框架一样，你也可以设定一个实体作为主体（主要实体，有些书中称为基本实体），然后其它实体相对于它才好确定位置，把哪个当作主体是由你确定的，一般是选较大的，形状较规则的实体做主体，总之要方便在它的身上“摆放”其它形体，要是整个零件的“主心骨”。

不要以为实体之间的关系只有堆砌，其实还有“挖切”，如从长方形形实体中抽走一个圆柱形实体，则长方形实体中间就有了一个孔，这也是实体造型中的一个重要思想，这样的操作是通过布尔运算中的“差”运算（后面介绍）来实现的。

这些内容都将在实体编辑一章中反复用到，现在你只需明白其概念就可以了。

对话框中将拉伸的实体创建为主体已不用解释，但后面的“创建切割实体”和“创建堆砌实体”是何意呢？其实也就是将创建实体和后面要进行的布尔运算（并运算、差运算）两步的操作合二为一而已，可以加快创建复杂实体的速度。比如，你选择的是“创建切割实体”项（此前主实体应已创建），则创建出来的实体自动与主实体进行差运算，得到被挖掉了“材料”的新实体，挖掉的“材料”的形状正好是创建出的切割实体的全部或一部分。

### 12.1.2　创建旋转实体

与创建旋转曲面一样，创建旋转实体的思路和过程是最容易的。

将一个截面图形（必须是封闭的）沿某根直线旋转，就可以得到旋转实体。

**【实例 12-2】**创建一齿轮轮坯。

1）先画出截面图形和一条直线，如图 12-10 所示。

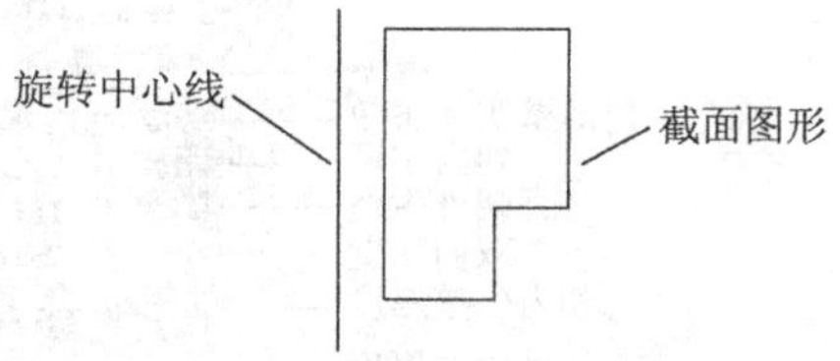


图 12-10　画出截形和旋转中心线

2）将视角平面改到轴测方向（以便观察），将层改为 2 层。

3）创建旋转实体。

A．选择 Solids\Revolve 命令。

B．点菜单中的 Chain 项，然后点线框。

C．点菜单中的 Done 项。

D．提示选择用做旋转中心线的直线——点画出的直线；

E．此时的菜单和图形变为 12-11 所示。

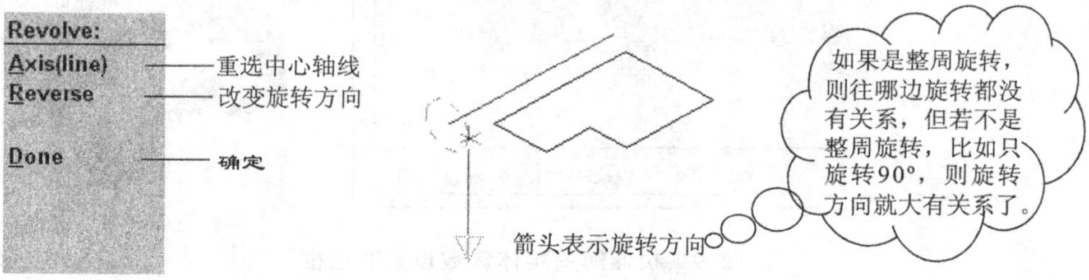


图 12-11　旋转实体菜单和旋转方向示意

根据需要改变设置（本例不改变），然后点 Done 项。

F．出现对话框（未解释的项目同前），见图 12-12。

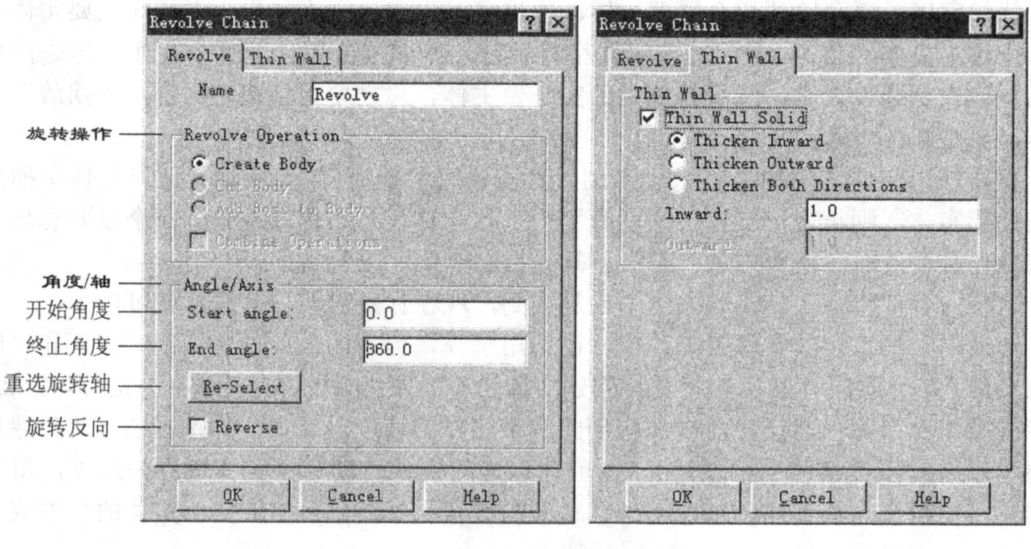


图 12-12　旋转实体参数设置

不改设置，直接点 OK 按钮退出对话框。

G．出现结果，着色处理后效果如图 12-13 所示。

【趣味练习】

① 旋转轴就在截面图形上。

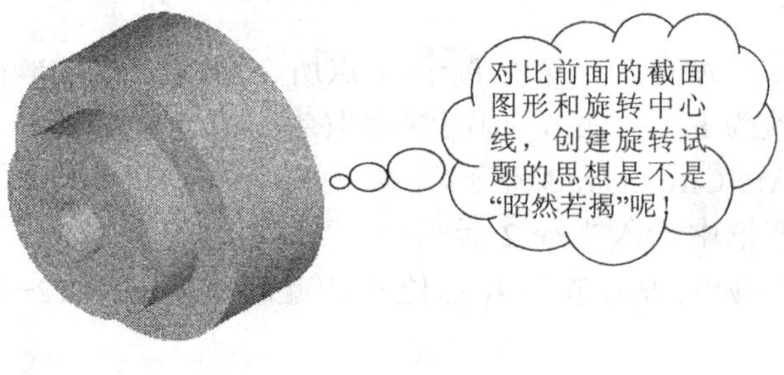


图 12-13　创建的旋转实体

② 若旋转轴与 AB 线（图 12-14）不平行，且将开始角度设为 90°，终止角度设为 300°，则结果见图 12-15。

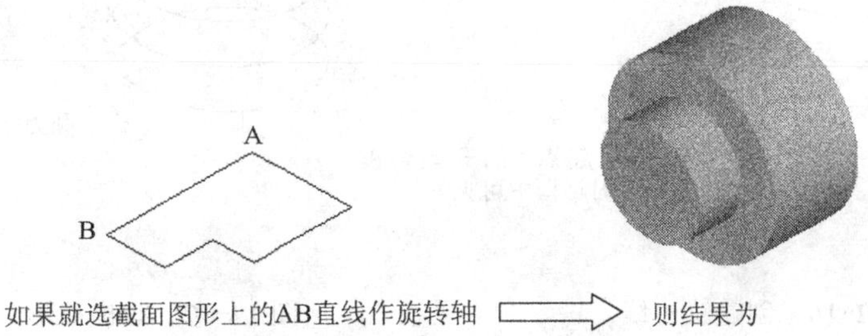


图 12-14　改变旋转轴位置后的结果

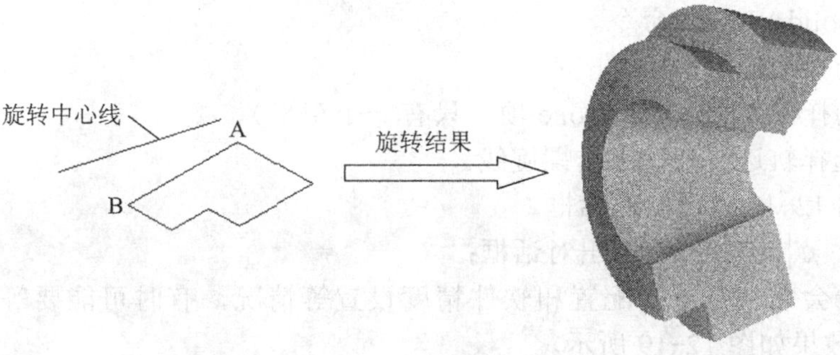


图 12-15　倾斜旋转轴得到的结果

**注意**：旋转中心线与截面图形若相交，则不能得到旋转实体。

### 12.1.3　创建扫掠实体

与扫掠曲面类似，将截形沿着轨迹线扫描过去，就可形成扫掠实体，不过创建扫掠实体比创建扫掠曲面要“娇气”一些，稍不如意就不能成功。

**【实例 12-3】** 创建一根弹簧。

1）先画出轨迹线。

选择 Create\Next menu\Spiral/Helix 命令→出现对话框，选中 Helix 项，在 Incremental 框中输入 1，在#of 框中输入 4，在 Pitcl 框中输入 10，在 Taper 框中输入 0，点 OK 按钮退出对话框→点菜单中的 Origin 项，将线的基点放在原点→改到轴测方向观察，结果如

图 12-16 所示。

2）画截形——要在 A 点画一个垂直于 A 点所在弧线的圆，半径为 2。

A．将构图平面改为 F（前面），构图深度取为起点 A 的深度。

B．选择 Create\Arc\Circ pt+rad 命令。

C．在出现的输值框中输入半径 2 后回车。

D．捕捉 A 点，将圆的中心放在 A 点位置，此时图形如图 12-17 所示。

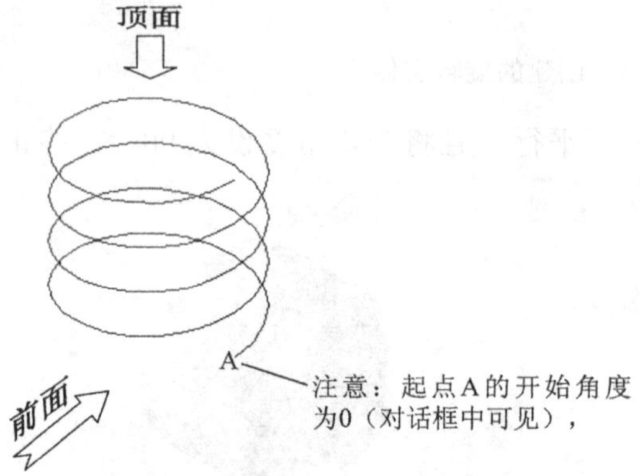


图 12-16　创建轨迹线

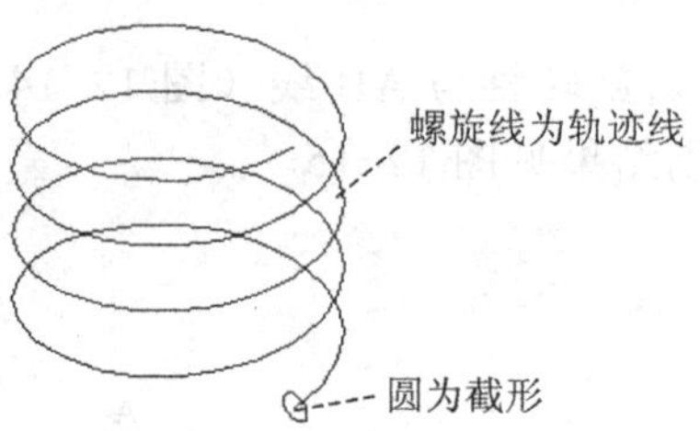


图 12-17　画出截形

3）改到 2 层。

4）创建扫掠实体。

A．选择 Solids\Sweep 命令。

B．提示选择截形 1——点击圆。

C．提示选择截形 2——点 Done 项（只有一个截形）。

D．提示选择轨迹线——点击螺旋线。

E．出现图 12-18 所示的对话框。

不做改动，点 OK 按钮退出对话框；

F．等待一会儿（视电脑配置和软件精度设置等情况，有时可能要等待很久），出现结果，着色后效果如图 12-19 所示。

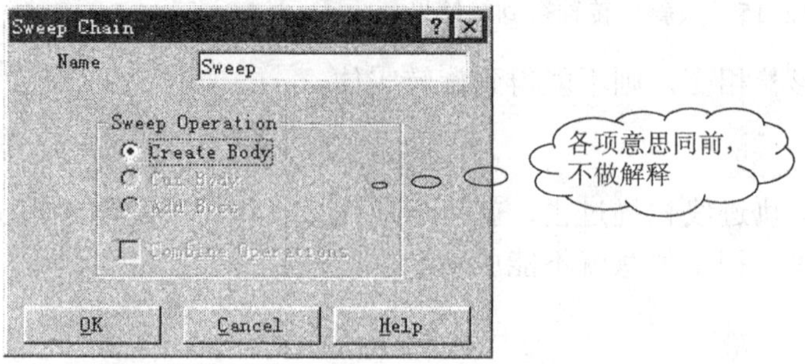


图 12-18　扫掠实体参数设置

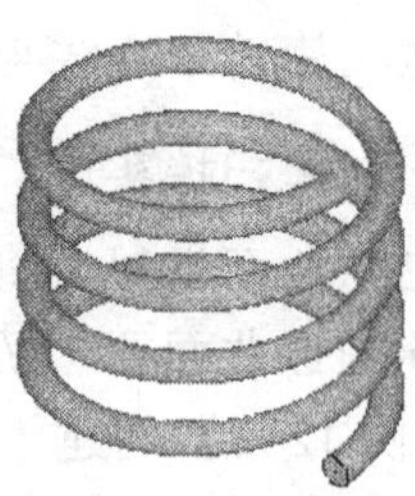

图 12-19　创建的扫掠实体

实例完成。

**注意**：创建扫掠曲面时，截形或轨迹线可以为多个（但不能同时为多个，其中必有一个为 1，另一个才可为多个。而创建一个扫掠实体时，轨迹线和截形都只能为一个，所以不要企图扫掠出可变截面尺寸的实体。

但不要产生错觉：因为提示中确实有选择截形 1、截形 2……的提示，但那是对同时扫掠几个实体而言的。例如：

如果截形不在同一平面上，如图 12-20 所示，操作时会出现警告提示，如图 12-21 所示。

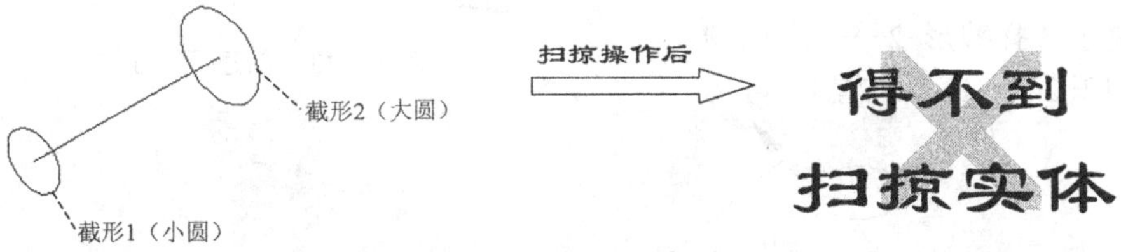


图 12-20　不能创建的扫掠实体

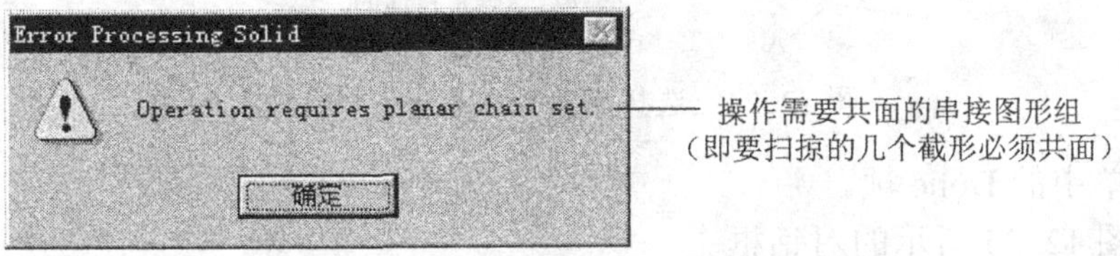


图 12-21　创建不成功提示框

但若是下面这种情况，却可以一次扫掠出两个实体来，如图 12-22 所示。

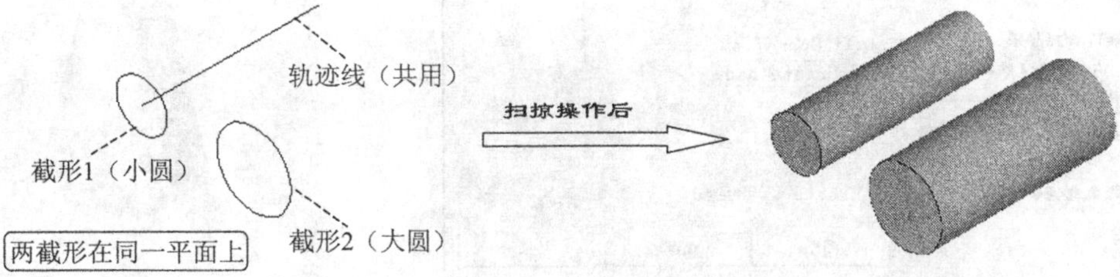


图 12-22　一次创建多个扫掠实体

所以操作中出现选择截形 1、截形 2……的提示，就是针对这种情况而言的。

截形数目虽然受到限制，但截面形状却没有限制，可以很复杂的呀！

### 12.1.4　创建举升实体

创建举升实体的操作与创建举升曲面的操作相仿。

该命令可将数个平行的截形用直线或曲线连接起来，形成实体。

表面造型中有一种是创建直纹曲面，实体造型中，创建“直纹实体”已包含在创建举升实体的操作之中。

**【实例 12-4】**创建举升实体。

1）先画出截形，如图 12-23 所示。

2）改到 2 层。

3）创建举升实体。

A．选择 Solids\Loft 命令。

B．提示选择截形 1——点选六边形（点在下图中的 A 点位置）。

C．提示选择截形 2——点选圆（点在图 12-24 中 B 点位置）。

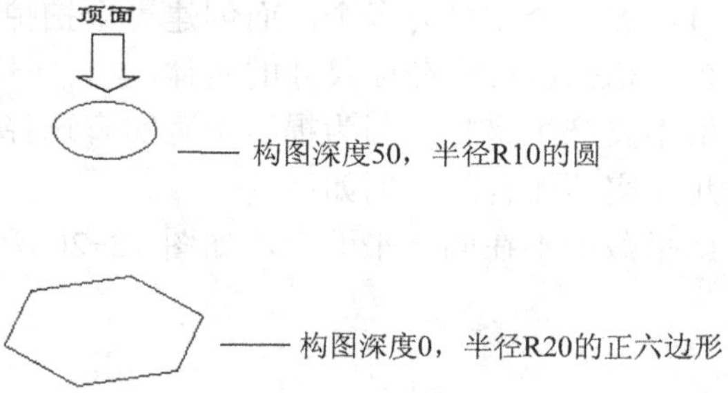


图 12-23　创建两个截形

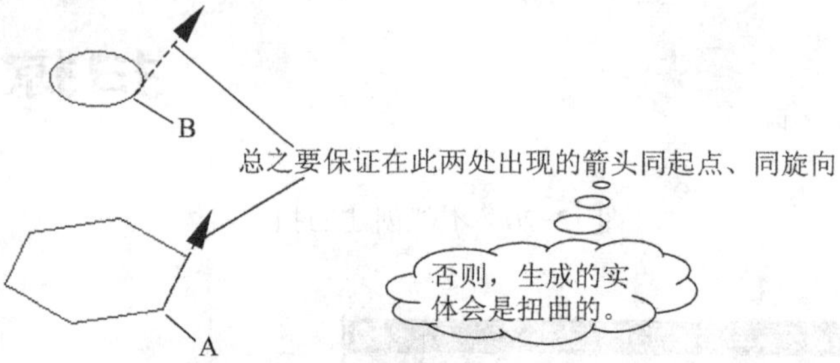


图 12-24　选择截形时注意起点和方向

D．点菜单中的 Done 项。

E．弹出图 12-25 所示的对话框。

可从中选择需要的项目（本例未改），然后点 OK 按钮退出对话框；

F．出现结果，着色处理后效果如图 12-26 所示。

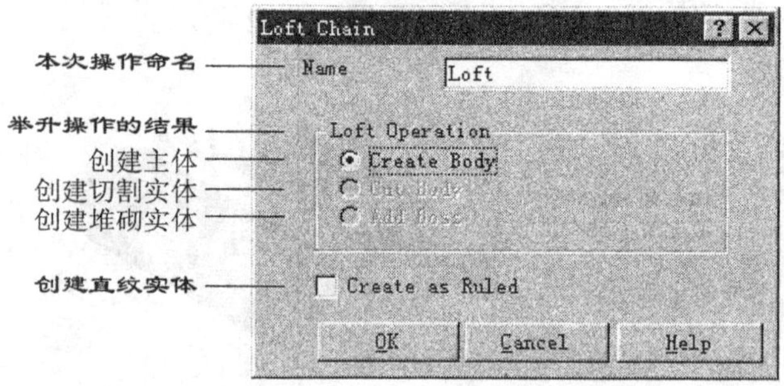


图 12-25　举升实体参数设置

图 12-26　创建的举升实体

其它注意事项同创建举升曲面的。

### 12.1.5　创建基本实体

与创建基本曲面一样，实体造型中也将几种形状规则，但却常用的形体（球、圆柱、长方体等）的创建单列出来，可以很方便地生成和修改。

MasterCAM 中可以创建五种基本实体。

#### 12.1.5.1　创建圆柱实体（Cylinder）

选择 Solids\Next menu\Primitives\Cylinder 命令后，会在屏幕上出现一个圆柱体（可能要全屏显示才能看到，而且最好改到轴测方向观察，并着色处理），同时菜单会发生变化，如图 12-27 所示。

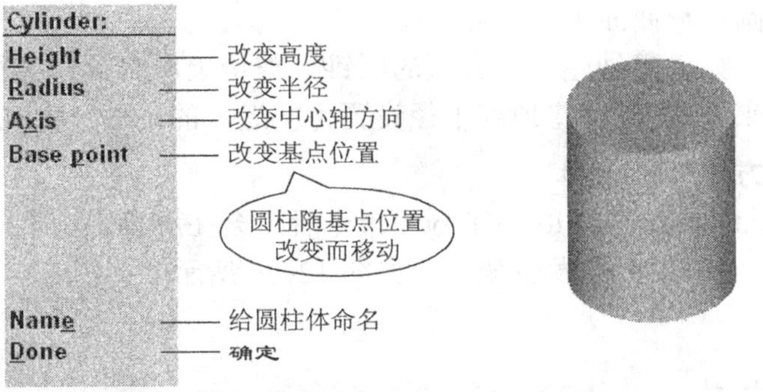


图 12-27　圆柱实体参数设置

改变需要的项目后，点 Done 项，则实体圆柱正式创建。

与创建圆柱形曲面相比较可知：基本过程和主要参数是一样的，圆柱形曲面创建中多出“开始角度”、“扫掠角度”两项，而且可以改属性；圆柱实体创建中多出“给圆柱命名”一项，这种取名在实体造型中是十分必要的，删除、修改某个实体都要用到这个名字，以后你会知道的。如果你不取名，系统会自动给实体赋予一个名字。

图 12-28 是曲面造型和实体造型两种方式下创建圆柱体时出现的关键菜单，请比较。

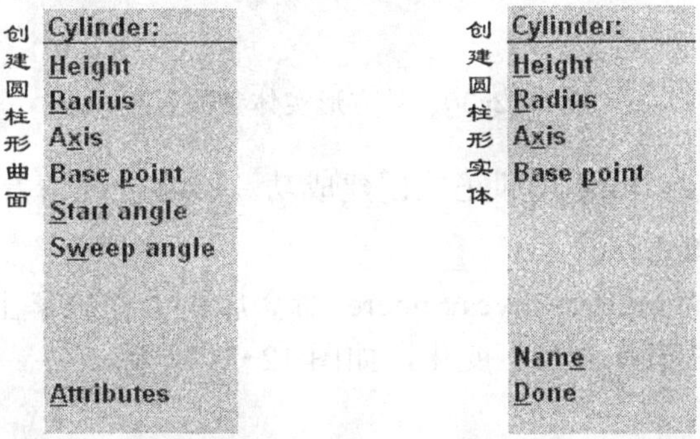


图 12-28　创建圆柱曲面和创建圆柱实体的菜单比较

学会了创建圆柱形曲面、则创建圆柱形实体是毫无问题的。不另举例

### 12.1.5.2　创建圆锥实体（Cone）

选择 Solids\Next menu\Primitives\Cone 命令后，会在屏幕上出现一个圆锥体（改为轴测状态即可看到），同时菜单会发生变化，如图 12-29 所示。

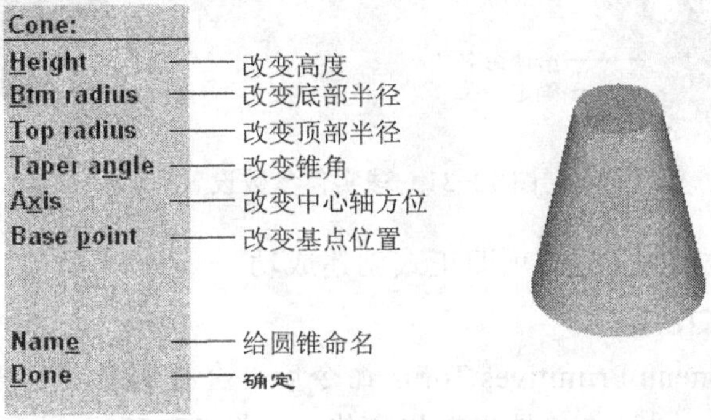


图 12-29　圆锥实体参数设置

改变需要的参数后点 Done 项即正式创建成功。

可见：与创建圆锥形曲面大同小异。

注意一个问题：如果想创建一个尖顶的圆锥，理论上应将顶部半径设置为 0，但系统不允许（创建不出来），这时可将顶部半径设置为接近 0 的小数（如 0.01）即可。

### 12.1.5.3　创建长方体（Block）

选择 Solids\Next menu\Primitives\Block 命令后，会在屏幕上出现一个长方体（改为轴测状态即可看到），同时菜单会发生变化，如图 12-30 所示。

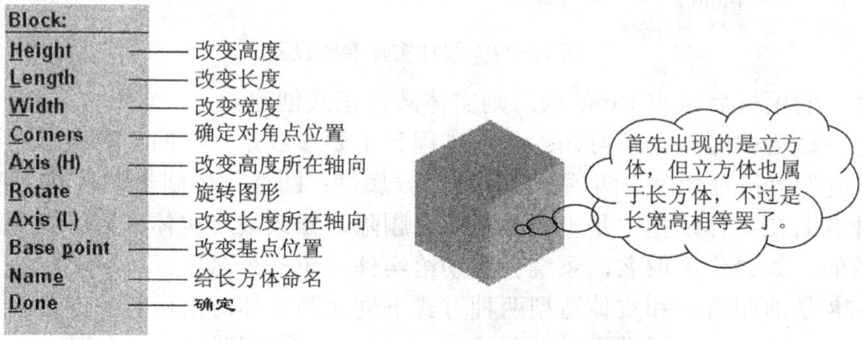


图 12-30　长方形实体参数设置

改变需要的参数后点 Done 项即正式创建成功。不明之处请看创建长方体曲面一节。

### 12.1.5.4　创建球体（Sphere）

选择 Solids\Next menu\Primitives\Sphere 命令后，会在屏幕上出现一个球体（改为轴测状态即可看到），同时菜单会发生变化，如图 12-31 所示。

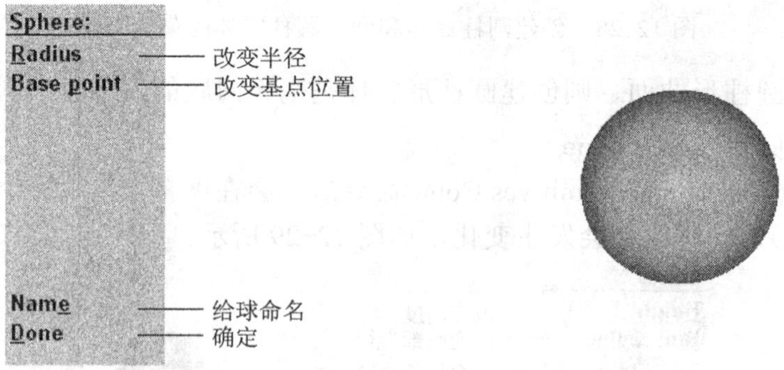


图 12-31　球实体参数设置

根据需要改变参数后点 Done 项即正式创建成功。

### 12.1.5.5　创建圆环（Torus）

选择 Solids\Next menu\Primitives\Torus 命令后，会在屏幕上出现一个圆环（改到轴测方向观察并着色处理），同时菜单处也发生变化，如图 12-32 所示。

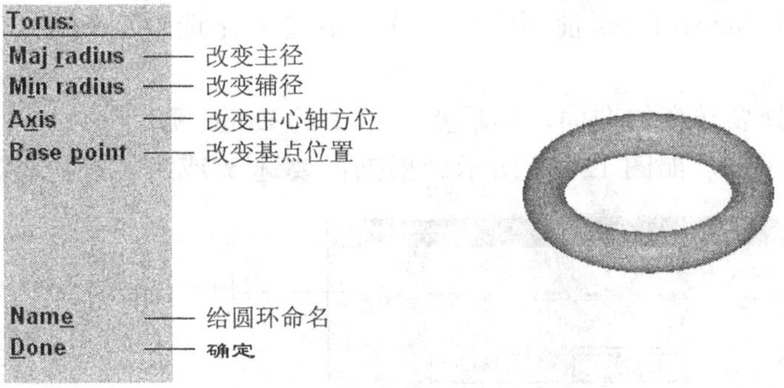


图 12-32　圆环实体参数设置

不明之处，请见创建圆环曲面一节。

### 12.1.6　由曲面生成实体

这是 9.0 版中新增的，可以用已创建的曲面来得到实体（反过来也行哦！前面已讲过了）。

**【实例 12-5】**创建一个曲面，然后由它生成实体。

1）创建曲面。

创建图 12-33 所示的下一个曲面（应该没有困难了）。注意：曲面的壁厚为 0。

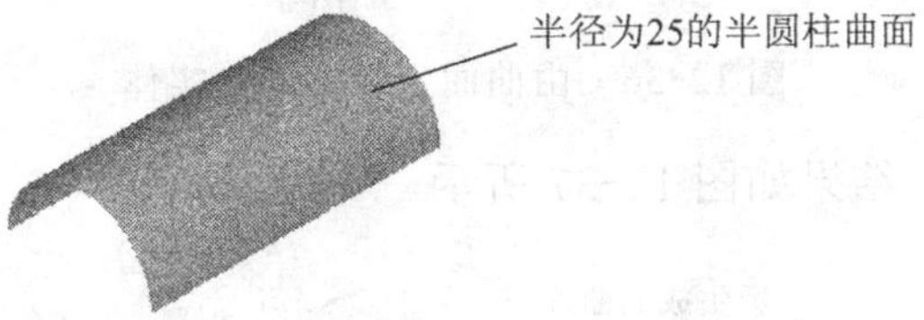


图 12-33　创建一个曲面

2）由曲面生成实体。

A．选择 Solids\Next menu\From surfaces 命令。

B．弹出对话框，如图 12-34 所示。

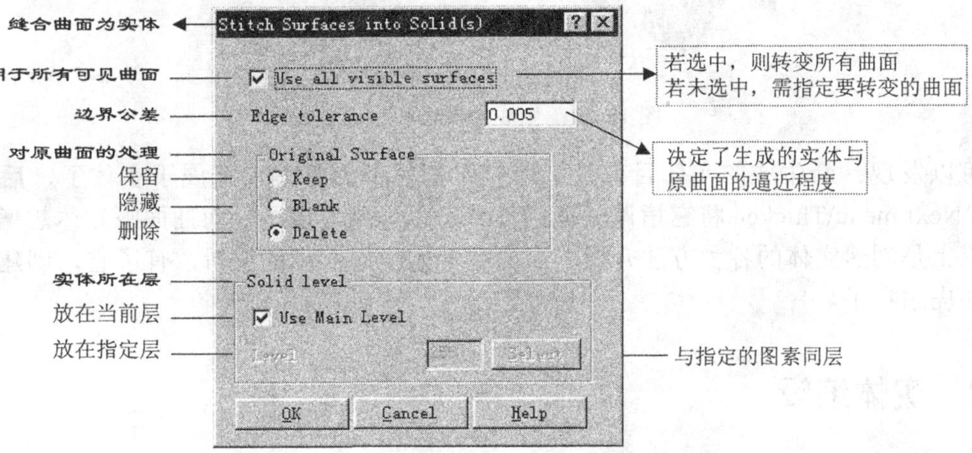


图 12-34　由曲面生成实体参数设置对话框

去掉 Use all visible surfaces 前面的“ √ ”号（不选中）；选中 Keep 项；其它不变；点 OK 按钮退出对话框。

C．按提示选择要转变的曲面，然后点菜单中的 Done 项。

D．出现一提示框，如图 12-35 所示。根据需要选 Y 或 N（本例选 Y）；

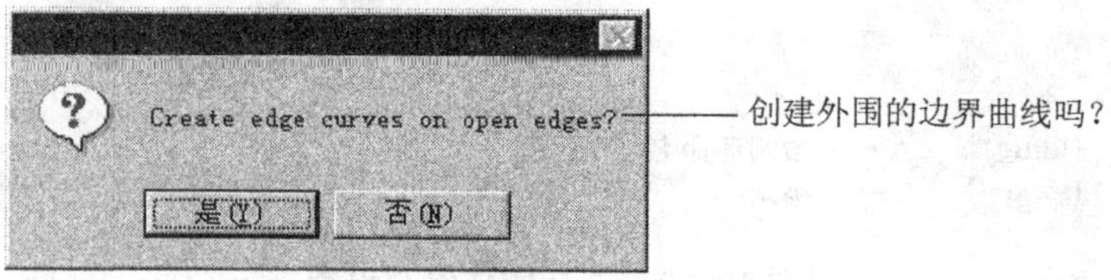


图 12-35　提示框

E．弹出颜色对话框，要你为边界线选定一种颜色，选好后按 OK 按钮退出对话框。

F．创建成功，结果如图 12-36 所示。

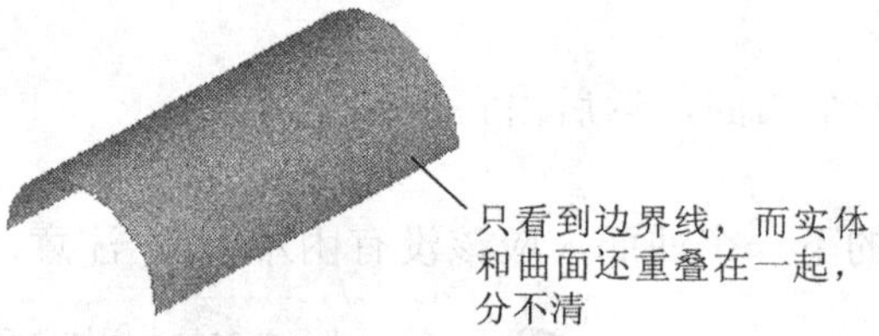


图 12-36　由曲面生成的薄壁实体

将实体和曲线移开，结果如图 12-37 所示。

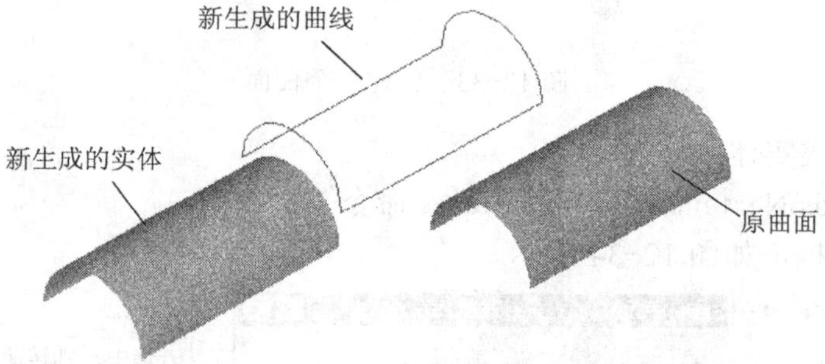


图 12-37　生成的实体和边界曲线

可以发现：新生成的实体目前没有厚度，但它的属性确实已属于实体了，后面可用 Solids\Next menu\Thicken 将它增厚处理，你就可以看到厚度了，而曲面呢？休想增厚。

以上是创建实体的各种方法介绍，下面要开始学习实体的编辑，有了它，创建复杂实体就如虎添翼了。

## 12.2　实体编辑

对实体可进行如图 12-38 所示的一些编辑操作：

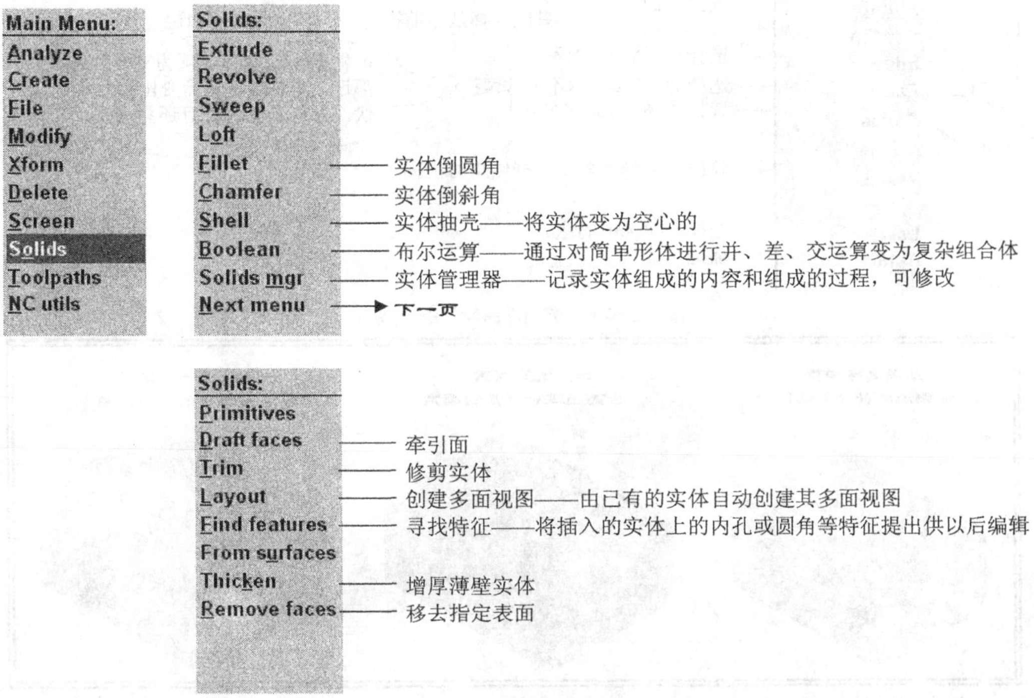


图 12-38　实体编辑功能

下面分别予以介绍。

### 12.2.1　实体倒圆角

#### 12.2.1.1　倒常量半径圆角。

在指定边界线上倒出各处半径相等的圆角。

【实例 12-6】创建一长方形实体，并对其倒圆角。

1）创建长方形实体。

选择 Solids\Next menu\Primitives\Block 命令→将视角平面改到轴测方向→点 Length 项，在出现的输值框中输入长度 30 后回车→点 Width 项，在出现的输值框中输入宽度 40 后回车→点菜单中的 Done 项→返回到主菜单，完成创建工作→着色处理，结果如图 12-39 所示（后面多个例子用到这一长方体）。

图 12-39　创建长方形实体

2）对实体进行倒圆角操作。

A．选择 Solids\Fillet 命令。

B．出现菜单，如图 12-40 所示。

C．将 FromBack 项和 Faces 项设为 Y（准备只选择从目前视角看不可见的面），其余项均设为 N。

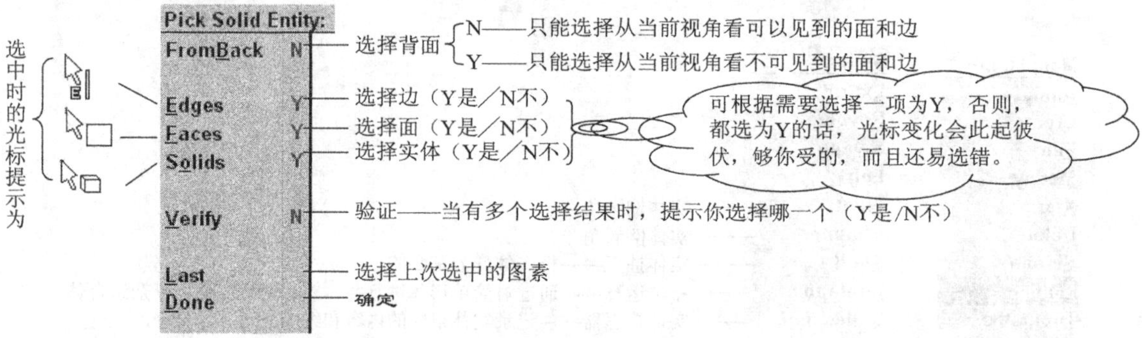


图 12-40　选择实体上图素菜单

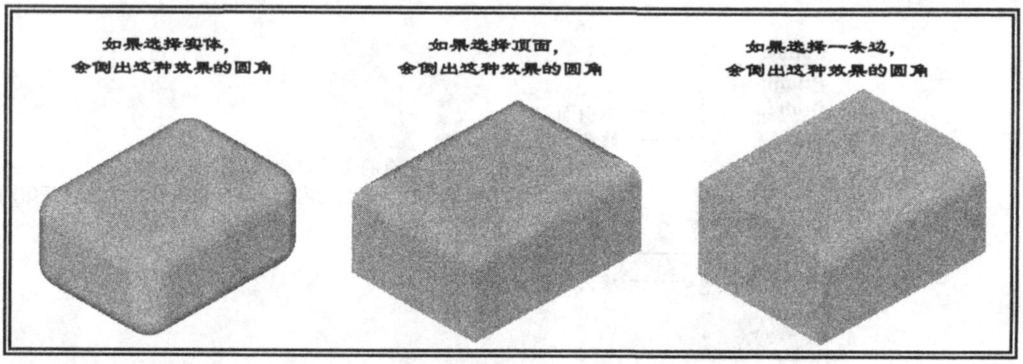


D．点击背后的面，如图 12-41 所示，然后点菜单中的 Done 项。

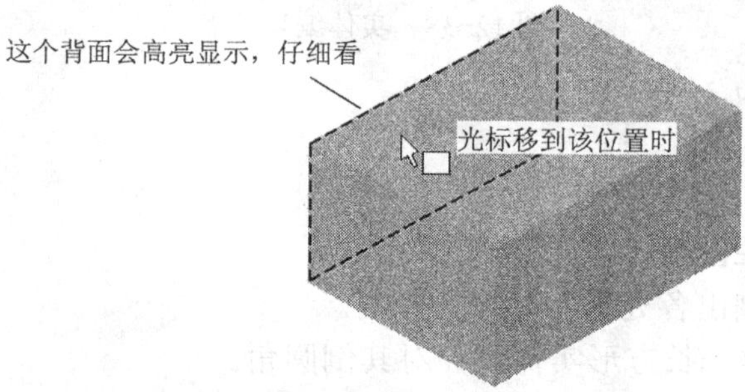


图 12-41　选择实体背后的面

E．出现圆角参数对话框（图 12-42）。

在 Radius 框中输入半径值 5，其它项不做改动，点 OK 按钮退出对话框。

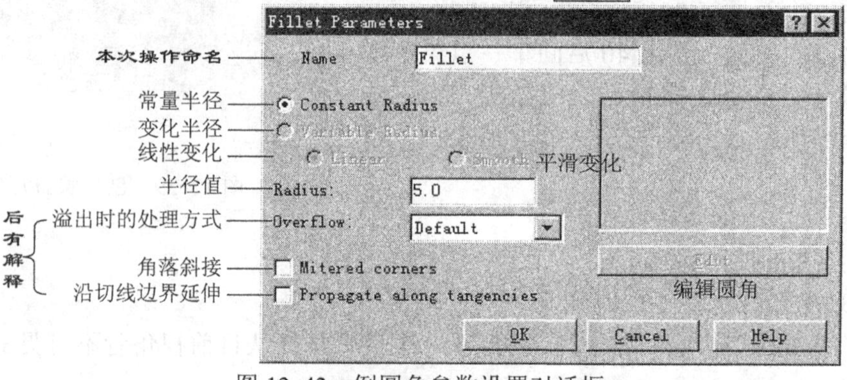


图 12-42　倒圆角参数设置对话框

F．该面（实际上是左面）倒出了圆角，不过要旋转过来才能看全（图 12-43）。

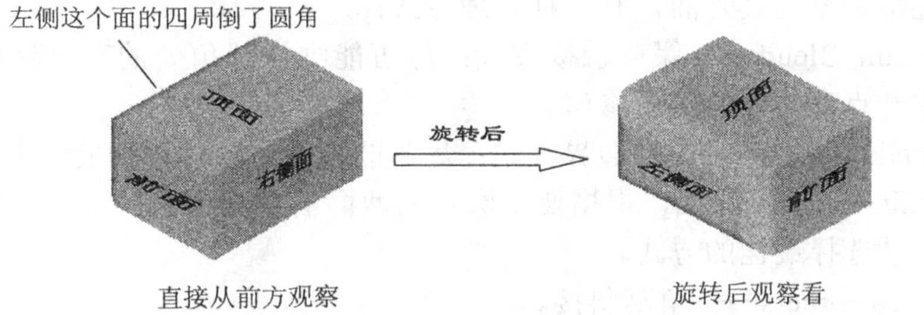


图 12-43　倒出圆角

G．再将图形转回到轴测方向，下面要对右侧面和顶面（见上图）的交界线进行倒圆角操作。

H．再选择 Solids\Fillet 命令。

I．在出现的菜单中将 Edges 项设为 Y（准备只选择边界线），其余均设为 N。

J．点击要倒圆角的边界线，见图 12-44，然后点击菜单中的 Done 项。

K．在出现的对话框中将 Radius 框中的值设为 3，其它项不做改动，点 OK 按钮退出对话框。

L．出现结果，如图 12-45 所示。

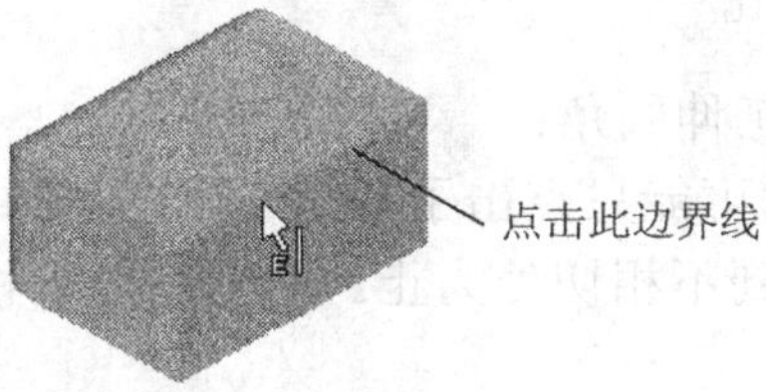


图 12-44　选择边界线

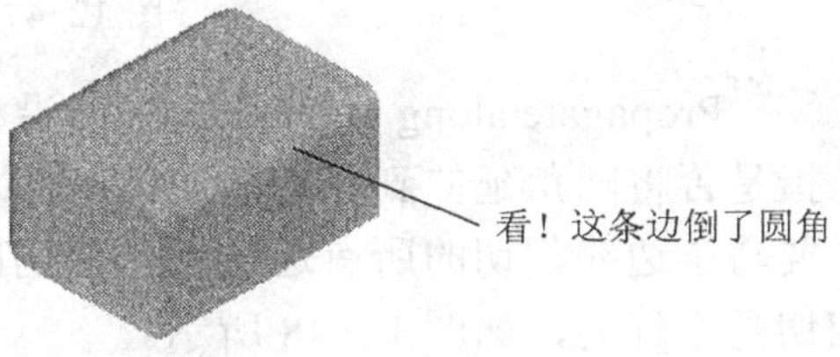


图 12-45　倒出圆角

实例结束。

**注意**：如果选择的是边，则将指定边倒圆角；如果选择的是面，则将指定面的所有外围边界都倒出圆角；如果选择的是实体，则将所选实体的所有边界线全部倒出圆角。

圆角参数对话框中有三个地方要解释一下：

① Overflow——溢出时的处理方式，如图 12-46 所示。

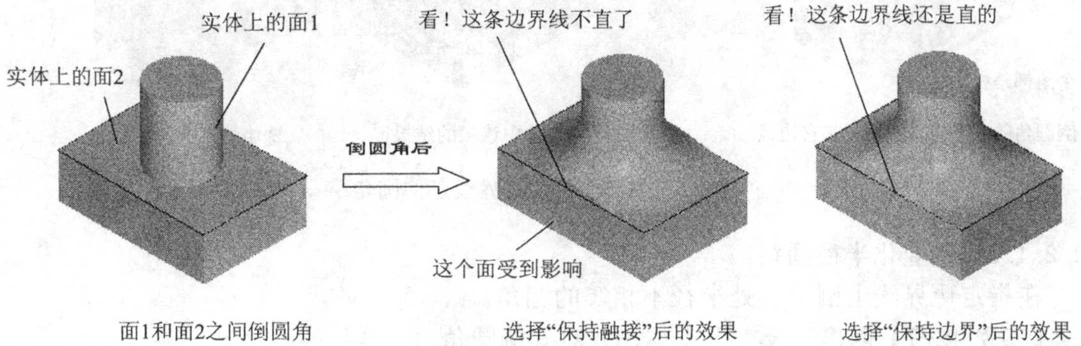


图 12-46　溢出的处理方式

如果圆角半径过大，超出了实体上与圆角相接的某个面，称为溢出，这时可能影响到与这两面有连接关系的其它面，有三种处理方式：

◆ Maintain Blend——保持融接方式：尽可能维持圆角处的变化趋势，而其它相关的面可能发生一点变化（延伸，修剪等）

◆ Maintain Edges——保持边界方式：尽可能维持与圆角相关的面上的边界。

◆ Default——缺省方式，根据要倒圆角的两面的实际情况，看上面两种方式中哪种方式最佳，自动选择最佳的方式。

② Mitered corners——角落斜接。

用于三条边的交汇处形成的角落倒圆角时如何处理，如图 12-47 所示。

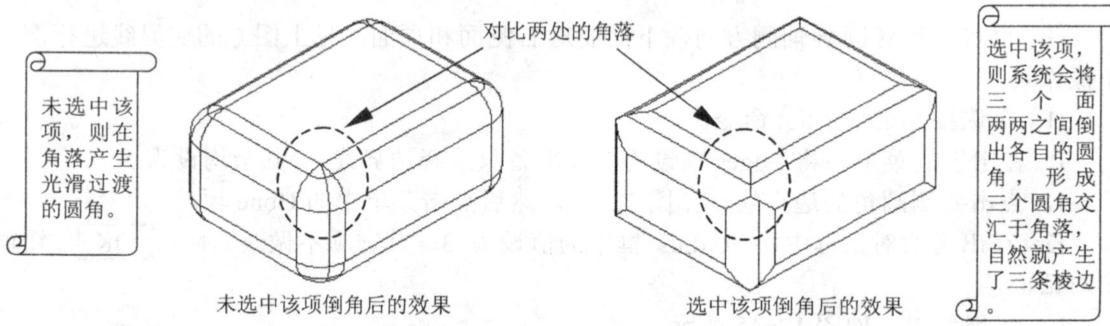


图 12-47 角落斜接对比

③ Propagate along tangencies——沿相切边界线延伸圆角：

指是否将圆角延伸到相切的边上，也就是说，虽然可能只点击了一处要倒圆角的边线，但只要与该边线相切的所有边线都将倒出圆角，一直到不相切处为止。注意：要“相切”，不相切是不行的，如图 12-48 所示。

实体上的边也可以倒出变半径的圆角来，方法与曲面上倒变半径圆角相似，请参考前面介绍的方法，下面举一例说明。

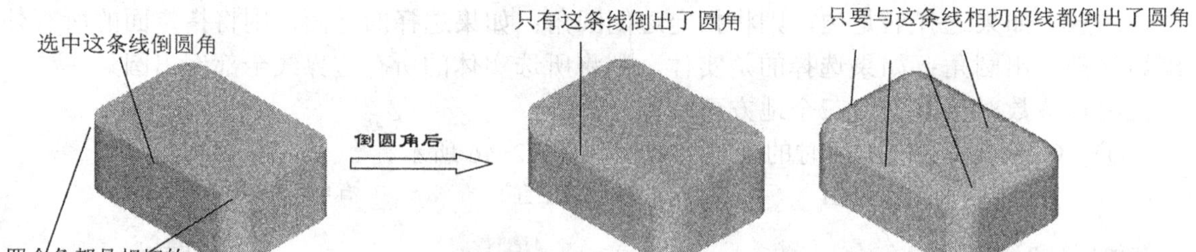


图 12-48 沿相切边界线延伸圆角

### 12.2.1.2 倒变化半径圆角。

在指定边界线上倒出各处半径不相等的圆角。

**【实例 12-7】**创建一长方形实体，并对其倒圆角。

1）创建长方形实体。

选择 Solids\Next menu\Primitives\Block 命令→将视角平面改到轴测方向→点 Length 项，在出现的输值框中输入长度 30 后回车→点 Width 项，在出现的输值框中输入宽度 40 后回车→点菜单中的 Done 项→返回到主菜单，完成创建工作→着色处理结果如图 12-49 所示。

图 12-49　创建长方形实体

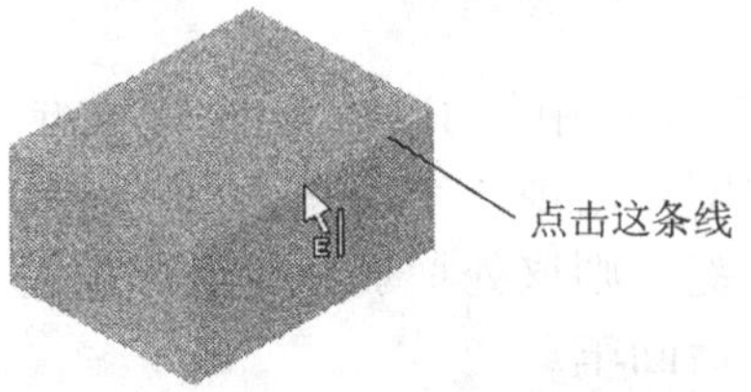


图 12-50　选择边界线

2）对实体进行倒圆角操作。

A．选择 Solids\Fillet 命令；

B．出现菜单，将 Edges 项设为 Y（准备只选择边界线），其余均设为 N。

C．点击要倒圆角的边界线，如图 12-50 所示，然后点击菜单中的 Done 项。

D．出现对话框，如图 12-51 所示。

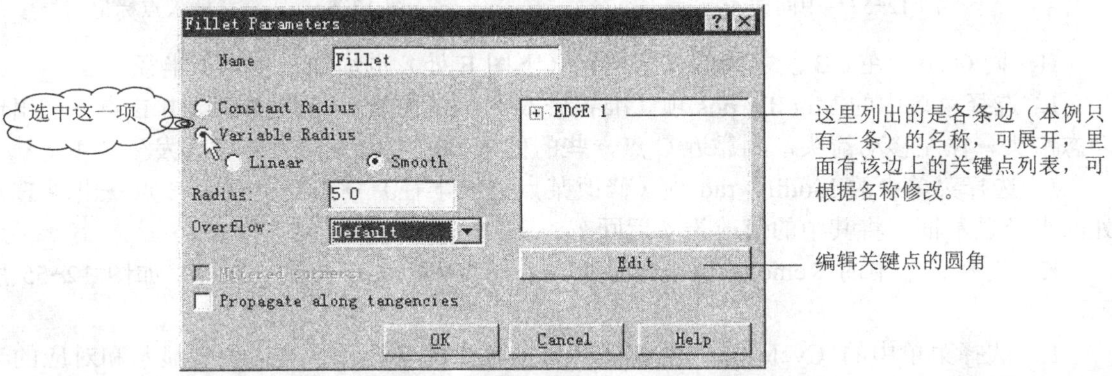


图 12-51　倒圆角参数设置对话框

选中 Variable Radius 项，并将过渡方式设为 Smooth（平滑方式，见图 12-51）；然后点击其中的 EDIT 按钮，准备对该边界线上各关键点的圆角半径进行修改。

E．菜单和图形上都发生变化，如图 12-52 所示。

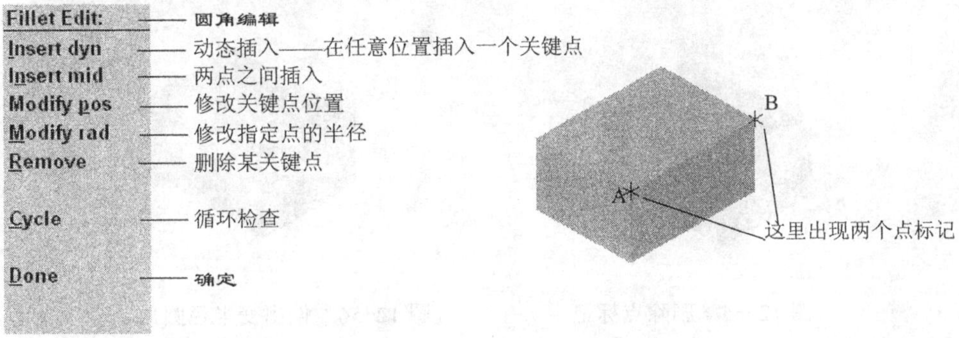


图 12-52　变化圆角选项菜单及点标记

F．先选 Insert mid 项，准备在 A、B 两点（上图所示）的正中间插入一个关键点。

提示 **Select interval on target edge**（在目标边界线上选择插入位置）——在 AB 点中间点击一下鼠标左键，则正中间插入了一个关键点，会在图 12-53 中显示出来。

同时，会出现一个输值框，要你输入该点处的半径（后面还可以改变），输入 3 后回车。

G．再选菜单中的 Insert dyn 项（准备随意插入几个点）→然后在线上接近 A 点处点击一下，立即会出现一个动态箭头→移动箭头到 AC 段之间的任意位置处（图 12-54 中 D 处）点击左键，则该处增加一个点→屏幕下方同时出现一个输值框，要你输入该点处的半径，输入 6 后回车。

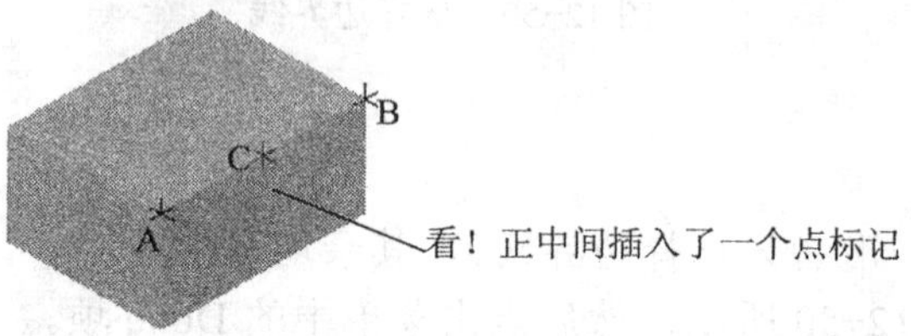


图 12-53　中间插入点标记

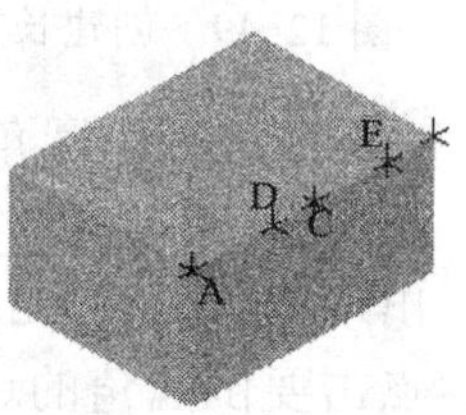


图 12-54　再随意插入点标记

H．同 G 步，在 CB 段之间的任意位置（下图 E 处）也增加一个点，半径为 5。

I．选择菜单中的 Modify pos 项（准备修改 E 点的位置）→按提示点击 E 点→又出现动态箭头→往左移动箭头，到靠近 C 点一些的位置处点左键→则 E 点位置发生改变。

J．选择菜单中的 Modify rad 项（修改某点处的半径）→点新位置的 E 点→出现 E 点处的半径显示框，将其中的值改为 4 后回车。

K．选择菜单中的 Remove 项（删除某点）→点中点 C→该点被删除，如图 12-55 所示。

L．选择菜单中的 Cycle 项（准备循环显示各点的状况，含点的位置显示和对应的半径值），会从 B 点开始，逐一显示 E、D、A 点的位置（高亮显示），每到一处，都会显示出该点的坐标值，同时会在屏幕下方出现输值框，可在此修改这一点的半径。

将 D 点处的半径改为 1，A 点处的半径改为 8，另两点不变。

M．点菜单中的 Done 项，返回到出现对话框的状况。

N．点对话框中的 OK 按钮，结果如图 12-56 所示。

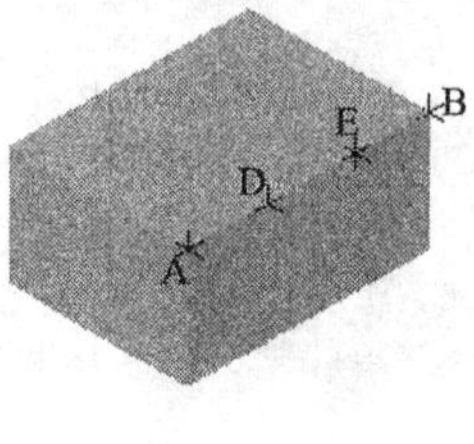


图 12-55　删除点标记

图 12-56　倒出变半径圆角

实例结束。

### 12.2.2　实体倒斜角

倒斜角就是工厂中俗称的倒角，这种操作比倒圆角用得还多些，因为圆角不易加工。除了零件功能上的需要或美观上的需要之外，有时担心零件上锐利的边角会划伤人的身体，也要对这些边进行倒角处理，对加工工人来说，似乎是件习以为常的事了，要切记的是：可能有些边从功能上来讲是要保持锋利（如冲裁模中凸、凹模的刃口），不能倒角的。

倒斜角的操作与实体倒圆角差不多。

**【实例 12-8】**创建一长方形实体，并对其倒斜角。

1）创建长方形实体：

选择 Solids\Next menu\Primitives\Block 命令→将视角平面改到轴测方向→点 Length 项，在出现的输值框中输入长度 30 后回车→点 Width 项，在出现的输值框中输入宽度 40 后回车→点菜单中的 Done 项→返回到主菜单，完成创建工作→着色处理结果如图 12-57 所示。

2）倒出斜角。

A．选择 Solids\Chamfer 命令。

B．出现新菜单，如图 12-58 所示。

图 12-57　创建长方形实体

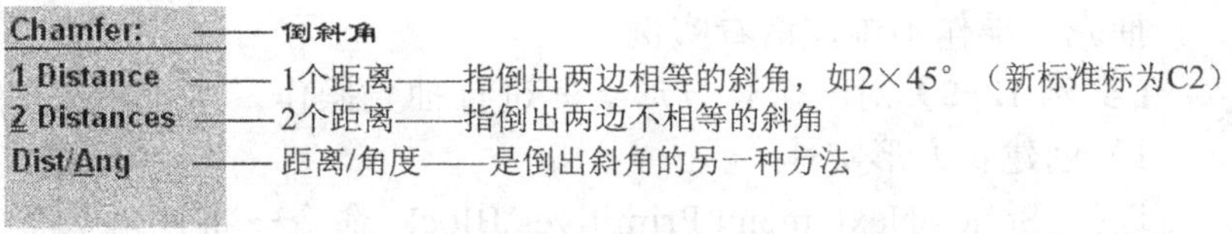


图 12-58　倒斜角选项

选中其中的 2 Distances 项，菜单变为图 12-59 所示。

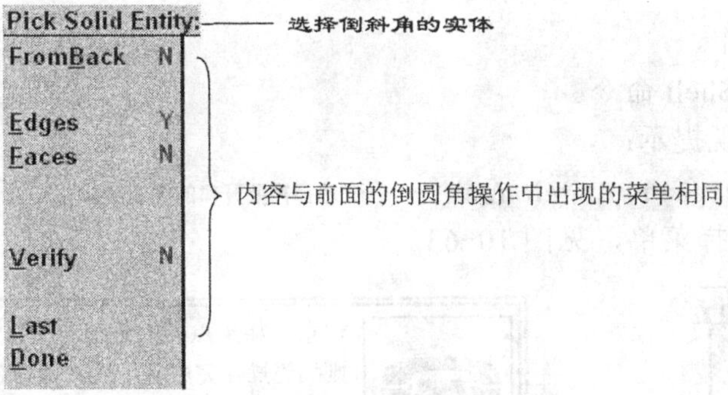


图 12-59　选择实体图素菜单

将 Faces 项设为 Y，其余设为 N。

C．选中顶面（如图 12-60 所示），然后点菜单中的 Done 项。

D．出现对话框：

将距离 1 的值设为 10；将距离 2 的值设为 5；然后点 OK 按钮退出对话框。

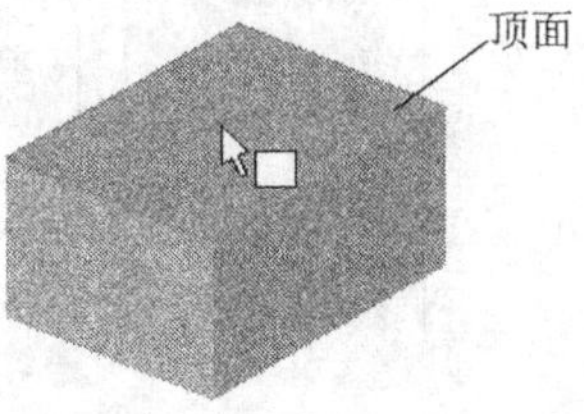


图 12-60　选中顶面

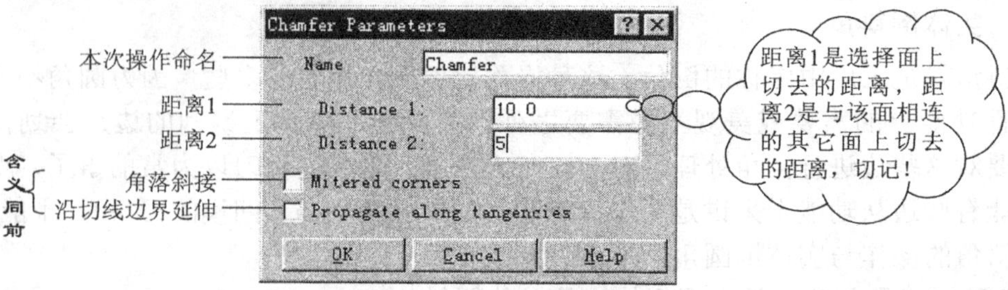


图 12-61　倒斜角参数设置

E．出现结果，如图 12-62 所示。

如果选择的是边（Edge），则只对边进行倒角。

当采用 2 Distance 方式和 Dist/Ang 方式进行倒角时，不能用点击实体（Solid）的方式对整个实体进行倒角，而用 1 Distance 方式进行倒角时，则可以对整个实体（Solid）进行倒角。

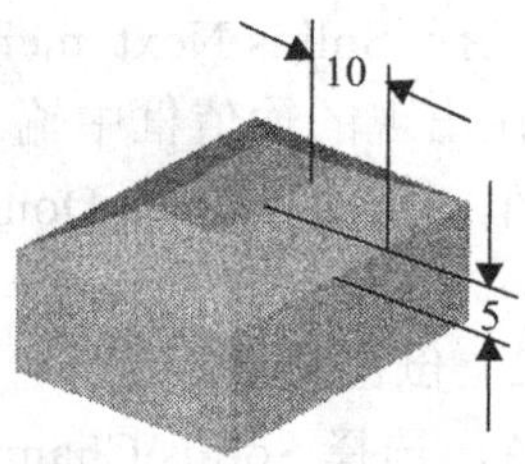


图 12-62　实体倒出斜角

### 12.2.3　实体抽壳

实体抽壳就是将实体内部掏空，使实心的实体变为有一定壁厚的空心实体。

抽壳的操作不难，请看实例。

**【实例 12-9】**对一个长方形实体进行抽壳操作。

1）创建长方形实体。

选择 Solids\Next menu\Primitives\Block 命令→将视角平面改到轴测方向→点 Length 项，在出现的输值框中输入长度 30 后回车→点 Width 项，在出现的输值框中输入宽度 40 后回车→点菜单中的 Done 项→返回到主菜单，完成创建工作→着色处理→结果如图 12-57 所示。

2）进行抽壳操作。

A．选择 Solids\Shell 命令。

B．屏幕下方出现提示：

**Select body or face(s) to be left open.**——选择需要开口的面或实体

同时菜单变为选择菜单，见图 10-63。

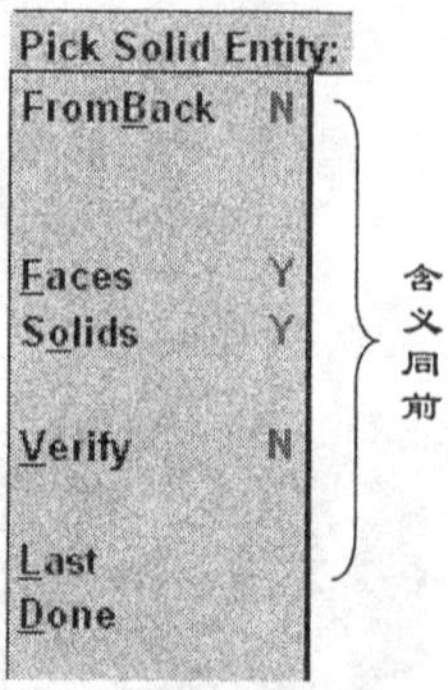

注意：如果点击的是某个实体（Solids），则抽壳操作完成后，该实体内部被掏空，而外面完好无损，像个鼓一样，看不出有抽壳操作的痕迹，要“剖开”后才能看出里面确实是空的。

如果点击的是某个面，则抽壳操作完成后，实体上该面是开口的，所以很容易就看到里面被掏空了，本实例介绍这种情况。

图 12-63　选择实体图素菜单

确保 Faces 项设为 Y，然后点击实体的顶面，再点菜单中的 Done 项。

C．出现对话框，如图 12-64 所示。

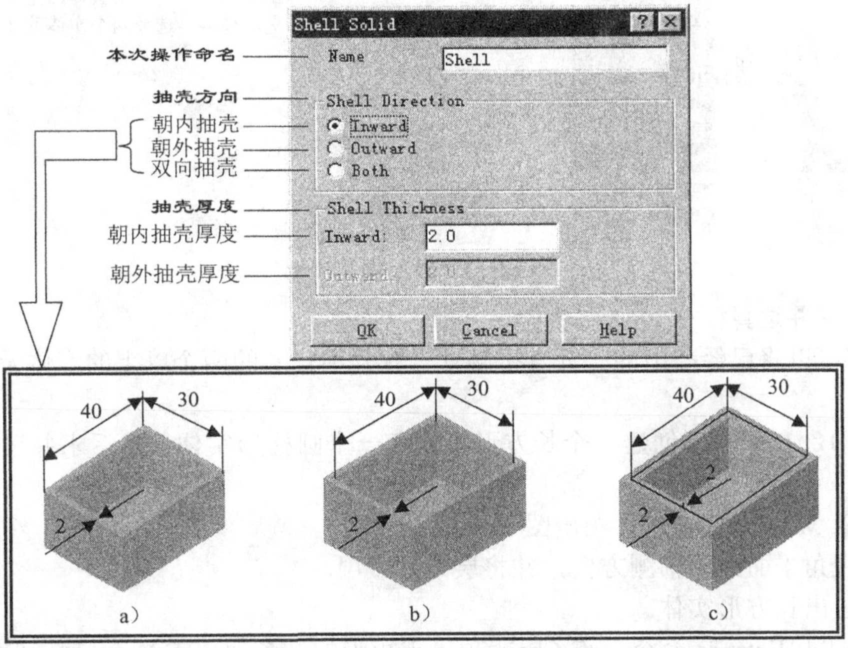


图 12-64　实体抽壳对话框

a）朝内抽壳　b）朝外抽壳　c）双向抽壳

按图 12-64 所示进行设置，然后点击 OK 按钮退出对话框。

D．出现如图 12-65 所示的结果。

如果前面选择面时，点击了顶面和左侧面，则抽壳后的结果如图 12-66 所示。

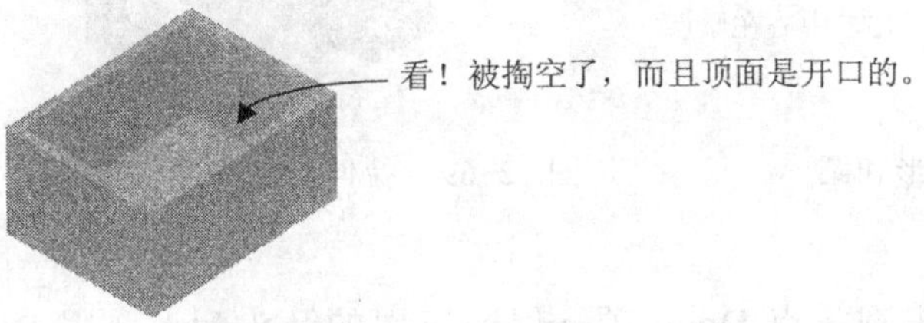


图 12-65　实体抽壳结果

图 12-66　两面开口的抽壳效果

同理可以设想一下如果选择要开口的面是三个、四个，抽壳操作后会是什么结果。总之点了哪个面，则那个面就会是开口的。

### 12.2.4　布尔运算

布尔（Boolean，有些书中翻译为布林、波尔……）运算是实体造型中的一种重要方法，利用布尔运算可以建造出复杂的形体。

布尔运算包含三种运算方法——求并运算、求差运算、求交运算，后面将简称为并、差、交。

命令的位置如图 12-67 所示。

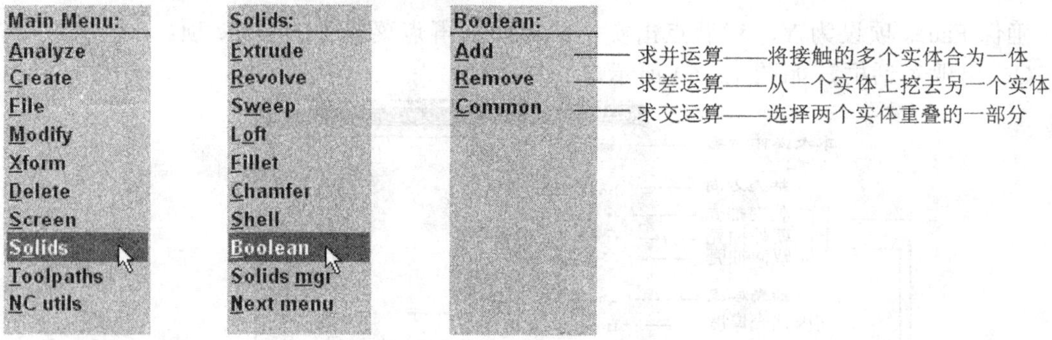


图 12-67 布尔运算功能

### 12.2.4.1 求并运算

该运算可以将已经绘出的、并有接触处（脱开不行）的两个以上的实体无缝地连接成一个实体。

**【实例 12-10】** 分别创建一个长方形实体和一个圆柱形实体，然后求并运算，合为一体。

1）进入 MasterCAM 后，画出图 12-68。

2）将视角平面改为轴测方向，并将层改到 2 层。

3）创建出长方形实体。

选择 Solids\Extrude 命令→点 Chain 项→点矩形的一条边→点 Done 项→保证出现的箭头朝下（用 Reverse it 项可改变方向）→点菜单中的 Done 项→在出现的对话框中，选中 Create Body 项，在 Distance 栏中输入 20，然后点 OK 按钮退出对话框→出现结果，着色处理，效果如图 12-69 所示。

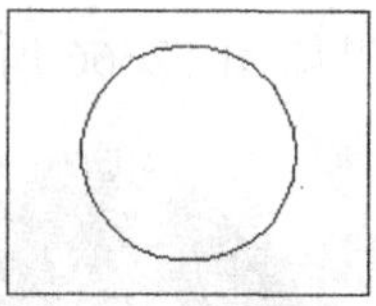


图 12-68 绘制矩形和圆

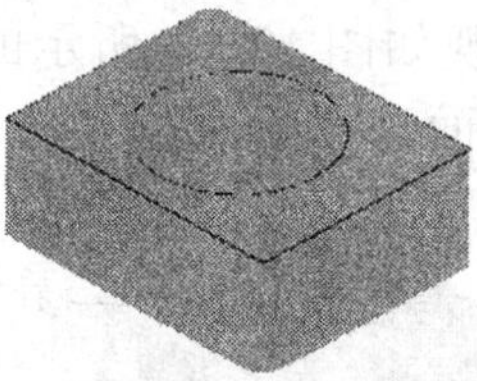

图 12-69 拉伸得到长方形实体

4）创建出圆柱实体。

选择 Solids\Extrude 命令→点击圆→点 Done 项→保证出现的箭头朝上（用 Reverse it 项可改变方向）→点菜单中的 Done 项→在出现的对话框中，选中 Create Body 项，在 Distance 栏中输入 40，然后点 OK 按钮退出对话框，出现结果如图 12-70 所示。

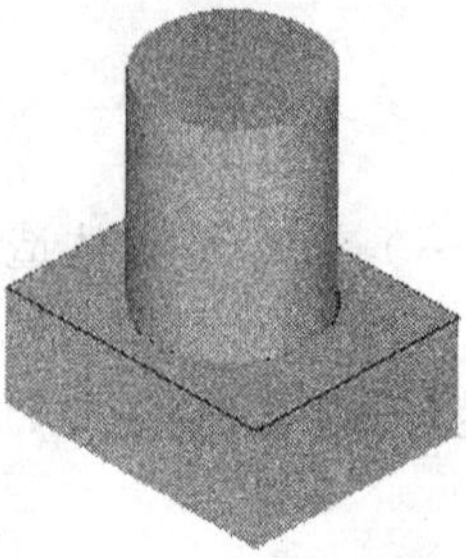

> 这时圆柱和长方体还是两个实体，不过是叠在一起罢了，就像两个积木块叠起来一样。
> 但进行了下面的求并操作后，就会“合二为一”

图 12-70 再拉伸出圆柱实体

5）关闭 1 层（即将 1 层设为不可见）。

6）进行求并运算。

A．选择 Solids\Boolean\Add 命令。

B．选择一个实体——点长方体。

C．选择另一个实体——点圆柱体。

D．点菜单中的 Done 项。

E．成功，两实体变为了一个实体。

这时图形上看不出有什么变化，但确实已经合为一体了，你可以用“移动”或者“删除”命令试试，看是不是一次就可以选中。

### 12.2.4.2　求差运算

如果两实体有重叠部分，该运算可以从实体 A 上挖去实体 B，使实体 A 上出现凹坑甚至是孔洞。

小孩堆积木时，积木之间不会重叠，也就是说一个积木不会嵌入到另一个积木的材料中去。但在电脑上绘图时，两个实体之间有重叠部分是可以表示出来的，不过这种实体却并不现实，即实际上这样的零件并不存在，我们称这种情况为“干涉”。

利用求差运算可以将重叠部分的“材料”去掉。

**【实例 12-11】**在长方形实体上“挖”出一个圆柱形孔。

1）进入 MasterCAM 后，画出图 12-71。

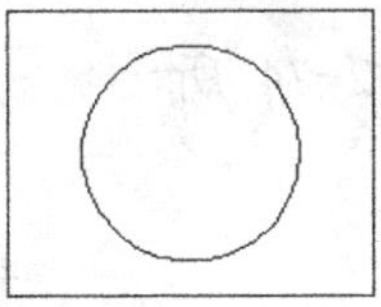


图 12-71　创建矩形和圆柱

2）将视角平面改为轴测方向，并将层改到 2 层。

3）创建出长方形实体。

选择 Solids\Extrude 命令→点 Chain 项→点矩形的一条边→点 Done 项→保证出现的箭头朝下（用 Reverse it 项可改变方向）→点菜单中的 Done 项→在出现的对话框中，选中 Create Body 项，在 Distance 栏中输入 20，然后点 OK 按钮退出对话框→出现结果，着色处理，效果如图 12-72 所示。

4）创建出圆柱实体。

选择 Solids\Extrude 命令→点击圆→点 Done 项→保证出现的箭头朝下（用 Reverse it 项可改变方向）→点菜单中的 Done 项→在出现的对话框中，选中 Create Body 项，在 Distance 栏中输入 40，然后点 OK 按钮退出对话框→出现结果，见图 12-73。

5）关闭 1 层（即将 1 层设为不可见）。

6）进行求差运算。

F．选择 Solids\Boolean\Remove 命令。

G．提示为：Select target body for boolean operation.（选择进行布尔运算的目标实体）——点长方体。

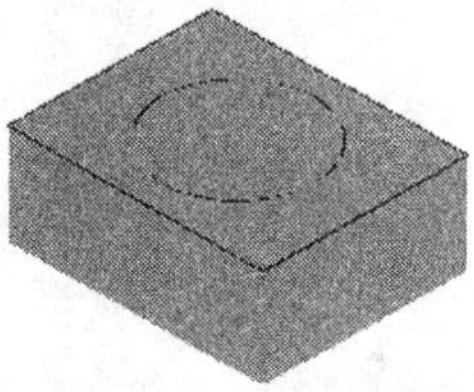

图 12-72 创建出长方形实体

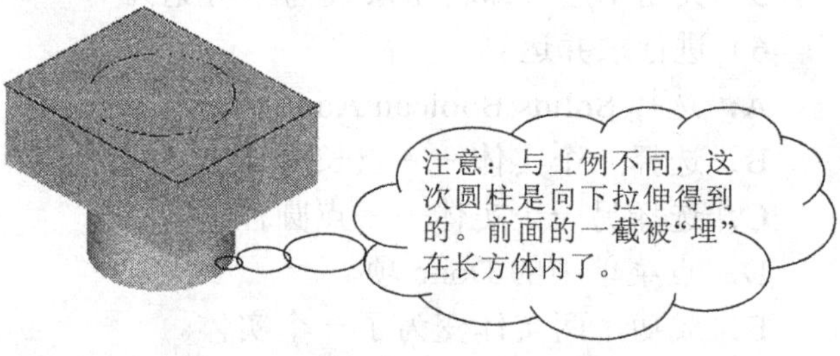


图 12-73 再创建出圆柱形实体

H．提示改为：**Select tool body for boolean operation.**（选择进行布尔运算的工具实体）——点圆柱体。

> **注意** 前面求并运算时，先点哪个实体，后点哪个实体没什么关系，就像做加法，4+3 和 3+4 结果都一样。
>
> 但求差运算时就不能随意了，像做减法一样，4-3 和 3-4 的结果是完全不一样的。所以操作时，要先点选需挖去材料的实体（姑且称之为母体吧，称目标实体和后面的所谓工具实体让人难以理解和记忆，它一般是大一些的实体），然后点选被挖走的实体（姑且称之为子体）。
>
> 另外，母体只能是一个，但子体允许选多个哦！

I．点菜单中的 Done 项。

J．成功，长方体上被“挖”了一个孔，如图 12-74 所示。

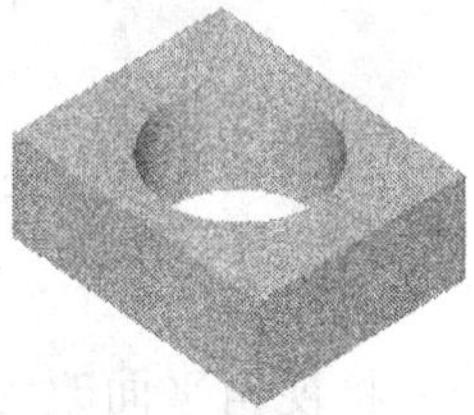

图 12-74 布尔差运算的结果

现在你理解了求差运算的意义了吗？

#### 12.2.4.3 求交运算

求交运算比起上面的两种运算，用的机会可要少多了，但灵活地应用它，有时可以达到某些特殊的效果。

求交运算可以得到两个实体的相交部分实体。

【实例 12-12】创建两个并列的圆锥实体，然后对它们进行求交运算。

1）进入 MasterCAM 后，首先将视角平面改为轴测方向。

2）创建一个圆锥实体。

选择 Solids\Next menu\Primitives\Cone 命令→点 Height 项，在出现的输值框中输入高度 40 后回车→点 Btm radius 项，在出现的输值框中输入底部半径 15 后回车→点 Top radius 项，在出现的输值框中顶部半径 0.1 后回车→点 Axis 项，在出现的新菜单中点 Z 项→自动返回上一级菜单，点菜单中的 Done 项→圆锥创建成功→全屏显示图形，再适当缩小图形→着色处理，结果如图 12-75 所示。

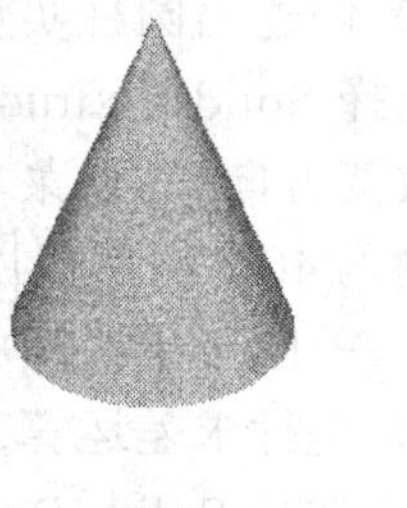

图 12-75 创建一个圆锥实体

3）创建另一个圆锥实体，与刚画出的圆锥相距 15。

选择 Solids\Next menu\Primitives\Cone 命令→这时高度、底部半径、顶部半径、轴向方向会自动取上次设置的值，故不需再设置，仅点菜单中的 Base point 项，准备改变基点的位置（圆锥随基点移动）→点菜单中的 Relative（相对于），然后捕捉上一个圆锥的底部圆的中心点→点菜单中的 Rectang（直角坐标）项，在出现的输值框中输入坐标值-15，0，0 后回车，出现结果，如图 12-76 所示。

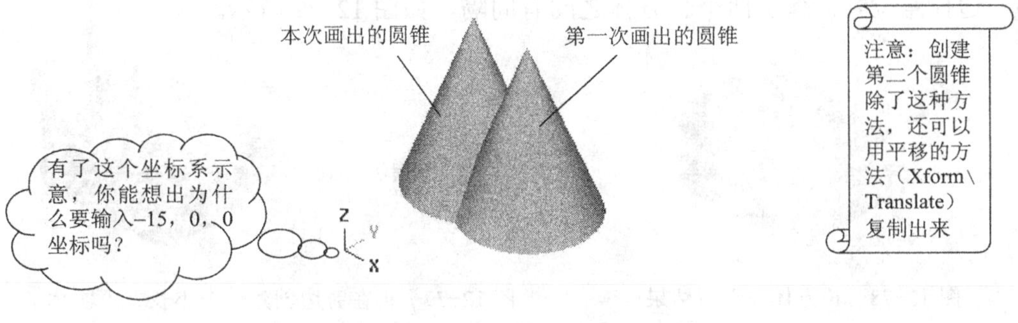


图 12-76　再创建一个圆锥实体

4）进行求交运算。

A．选择 Solids\Boolean\Common 命令。

B．点一个圆锥，再点另一个圆锥（谁先谁后没关系）。

C．点菜单中的 Done 项。

D．图 12-77 为从三个不同角度观察得到的三种效果。

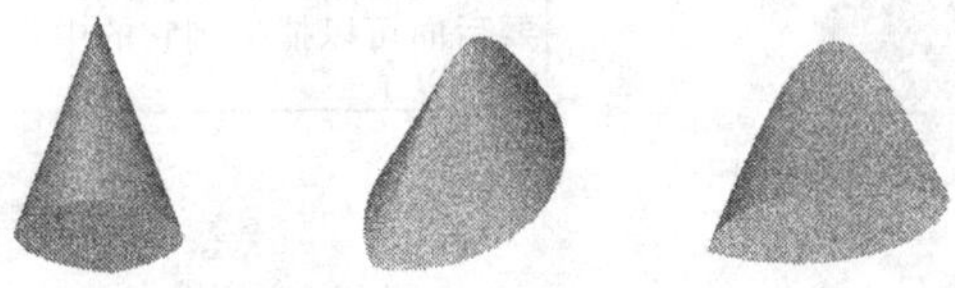

图 12-77　求交运算后的结果

如果将里面掏空的话，就像一顶贝雷帽或者是船形帽了。

实例结束。

【建议练习】要做一个“凸透镜”（就是放大镜片），可以对两个有重叠部分的球体进行求交运算。试试看。

### 12.2.5　实体管理器

实体管理器在实体造型中起着重要的作用，一个复杂的实体的创建过程一定是包含了多次的实体创建及编辑（含布尔运算），实体管理器对一个实体的创建过程自始至终都有详细的记录，而且是按创建顺序记录的，记录中包含了实体创建时的相关参数，因此，可以对以前任一次的操作进行修改（比如删除、修改参数等），甚至还可以将创建顺序重排，这样处理后的意义是：实体将按新的顺序自动重新创建。

【实例 12-13】实体管理器应用实例

1）创建一个实体。

A．创建一个长方形实体：长 30mm，宽 40mm，高 20mm，着色处理，操作过程同前。

B．抽壳处理：向内抽壳 2mm，顶面开口，操作过程见本章实例 12-4，结果如图 12-78。

C．再创建一个长方形实体——长 20mm，宽 20mm，高 10mm，基点选在上一个长方体的左边任意位置，保证两个长方体之间有间隔，如图 12-79 所示。

图 12-78　长方体抽壳后结果

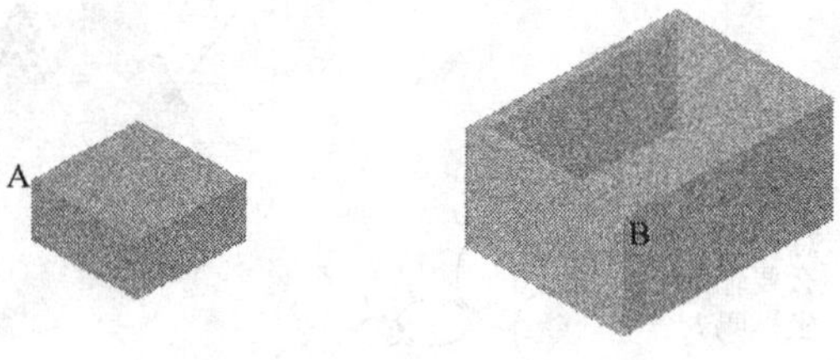


图 12-79　再在旁边创建一个小长方形实体

D．将小长方体从 A 点（上图示意）移到大长方体的 B 点位置。

先要将构图平面改为 3D 方式→然后选择命令 Xform\Translate→点击小长方形体，再点菜单中的 Done 项→点菜单中的 Between pts 项→捕捉到 A 点后点击左键→再捕捉 B 点后点击左键→在出现的对话框中选择 Move 项，然后点 OK 按钮退出对话框→移动成功，结果如图 12-80 所示：

图 12-80　平移小实体

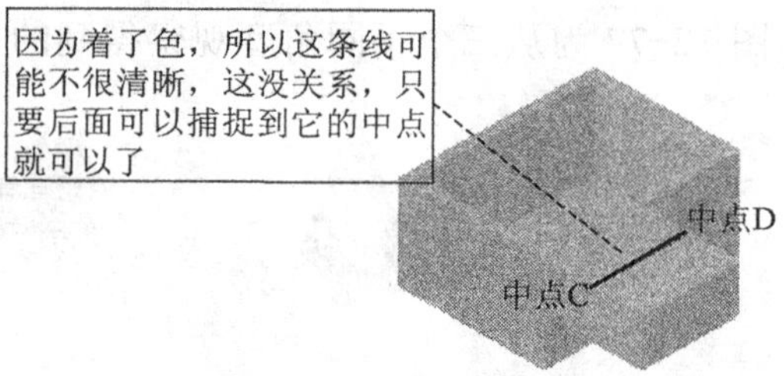


图 12-81　绘制一条辅助线

E．在顶面画一条小长方体的中点连线（为后面画出的圆柱定位作准备，圆柱准备放在该线的中点）。

选择 Create\Line\Endpoints 命令，画出图 12-81 所示的直线 CD。

F．对两实体进行布尔并运算。

选择 Solids\Boolean\Add 命令→点击大长方体（已变为“盒子”了）→再点击小长方体→点菜单中的 Done 项→操作成功，合二为一（但图形看不出有什么变化）。

G．创建一个圆柱体——半径 5mm，高度 40，方向朝下，基点放在 CD 直线的中点。

选择 Solids\Next menu\Primitives\Cylinder 命令→点 Height 项，在出现的输值框中输入 40 后回车→点 Radius 项，在出现的输值框中输入 5 后回车→点 Base point 项，然后捕捉 CD 线的中点（这里易出错，特别小心，可以临时取消着色，以便观察和捕捉，而且可以点菜单中的 Midpoint 项，再点 CD 线，这样更可靠一些……）→因为这时圆柱的底面在 CD 线的中点，圆柱朝上，现要改为朝下，可以点 Axis 项，再点菜单中的 Flip 项，则会改向（注意，你在你的电脑中操作时如果已经是朝下的，则本步可省）→点菜单中的 Done

项，结束操作，此时效果如图 12-82 所示。

H．对大实体和圆柱体做布尔差运算。

选择 Solids\Boolean\Remove 命令→点击大实体→再点击圆柱体→点菜单中的 Done 项→操作成功，实体上被“挖”出一个孔→删除 CD 直线结果见图 12-83。

I．对图 12-83 中的 A 线和 B 线倒圆角——半径为 10，操作方法见本章实例 1，结果如图 12-84 所示。

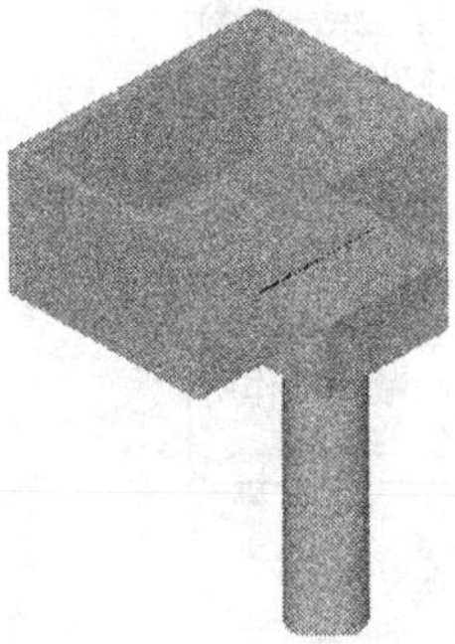

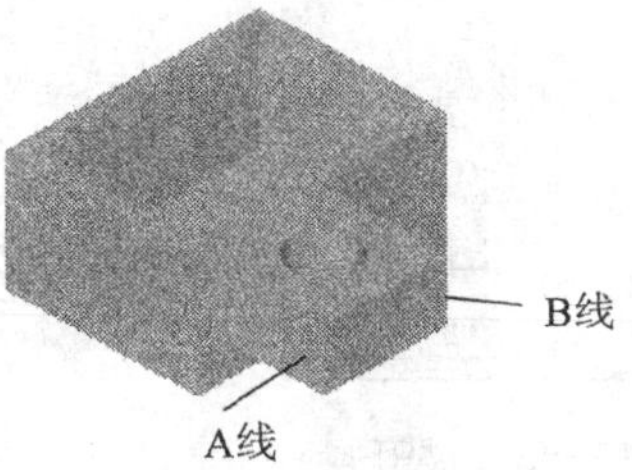


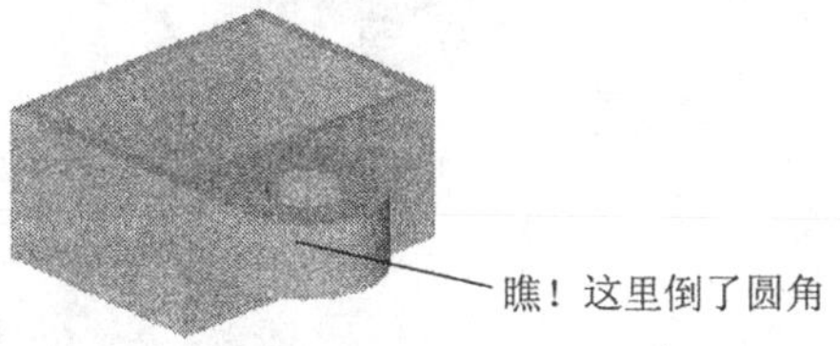


图 12-82　创建一个圆柱实体图　12-83　布尔差运算　　图 12-84　倒圆角

……高兴的话，你还可以用你学过的“招数”对这个实体不断复杂化。但本例对实体的创建暂时到此为止。

归纳一下：我们对这个实体已经做过哪些工作呢？按顺序有：创建长方体→抽壳→创建小长方形体→布尔并运算→创建圆柱体→布尔差运算→倒圆角，一共七个操作，对吧！？至于画直线和移动，则不算是实体创建和编辑操作。另外，创建实体共有三次（创建大长方体、创建小长方体和创建圆柱体），但因已通过并运算和差运算，三者已有机地融合在一起，所以系统将只视为一个实体，在实体管理器中可以体现出来，因此实际上系统只认 5 个操作。

2）利用实体管理器修改实体。

A．改变抽壳时的壁厚——由 2 改为 3。

选择 Solids\Solids mgr 命令；出现对话框，见图 12-85。

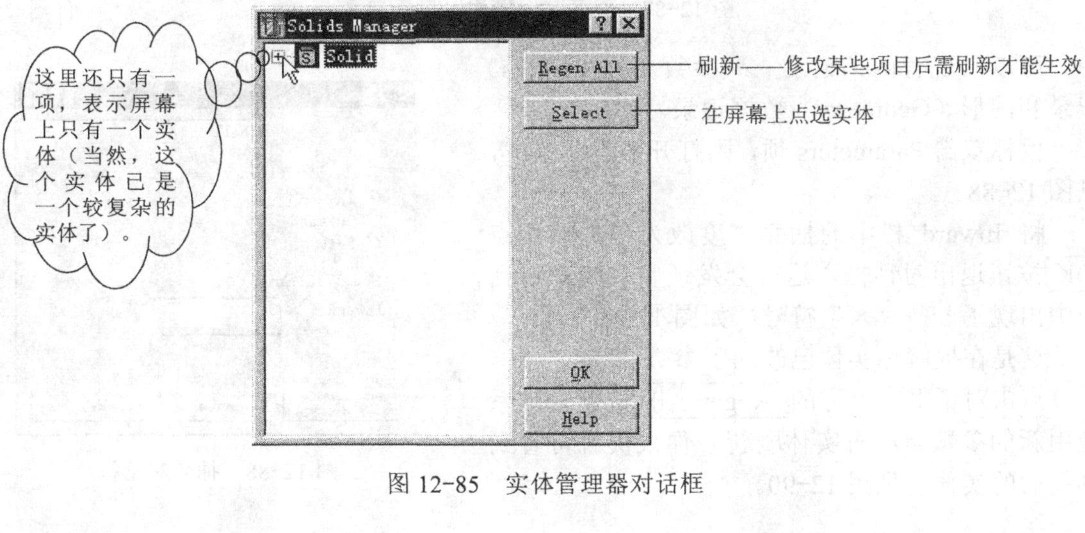


图 12-85　实体管理器对话框

点击⊞号（上图光标位置），则会展开实体中的各个操作（可再点击各个操作前的⊞号，进一步展开该操作的各项操作记录），如图 12-86 所示。

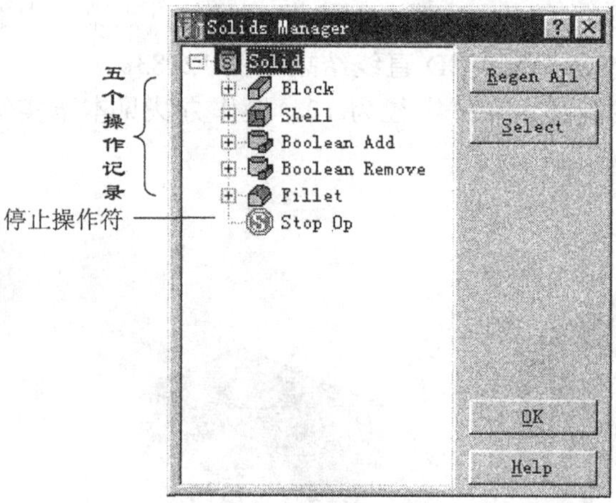


停止操作符的作用是设定系统运算到何处结束，可以往前拖动该符号（不能拖到基本实体创建之前去，其它地方均可），则该符号之后的操作将隐藏起来，你在屏幕上将看不到被隐藏的操作所产生的结果。

图 12-86　展开操作

点击 Shell 操作前的⊞号，展开该操作的操作记录，见图 12-87。

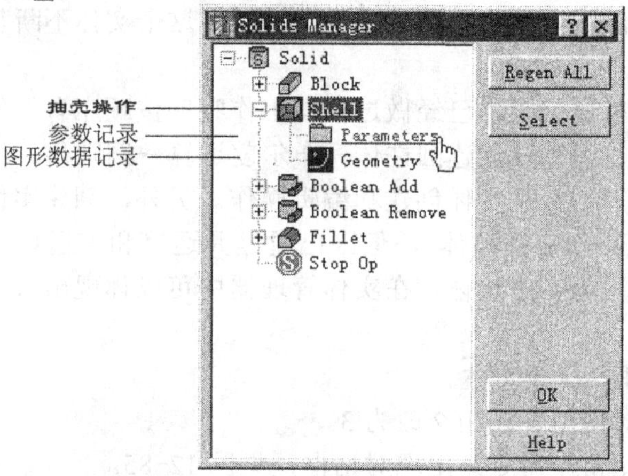


图 12-87　展开某个操作以显示记录

可以发现有两类记录——参数（Parameters）记录和图形（Geometry）数据记录。

鼠标双击 Parameters 项，则打开抽壳对话框，见图 12-88。

将 Inward 栏中的抽壳厚度改为 3，然后点 OK 按钮退出对话框。这时会发现实体管理对话框中出现了一些“×”符号，如图 12-89 所示。

这是在提醒你实体已改动了参数。

点击对话框右上方的 Regen All 按钮，则系统用新的参数自动对实体刷新，你很快就可看到刷新后的实体，见图 12-90。

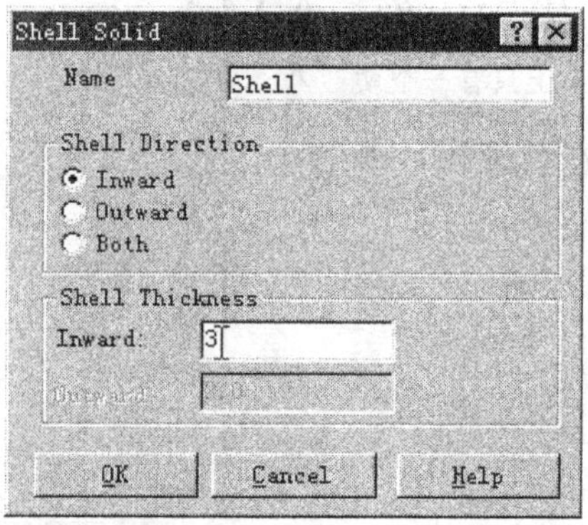


图 12-88　抽壳对话框

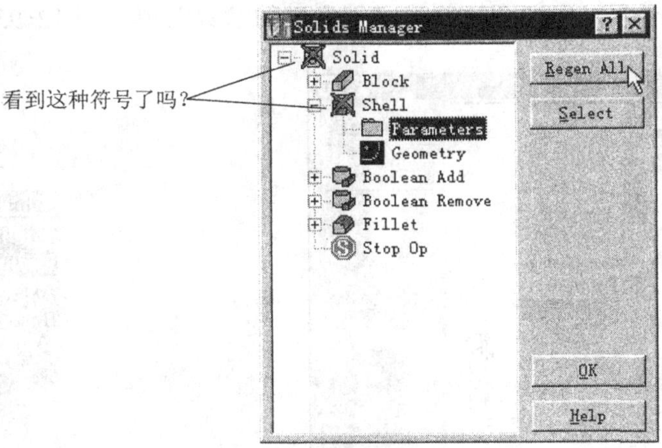


图 12-89　出现修改标记

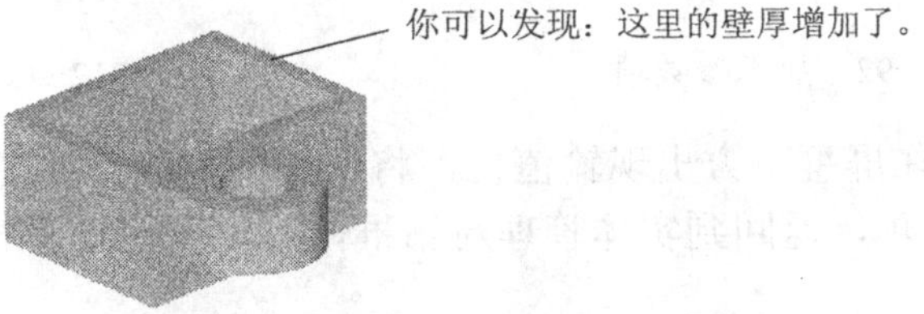


图 12-90　改动了抽壳厚度的实体

这时实体管理对话框仍未关闭（点 OK 按钮才会关闭），可以继续修改其它参数。

B．将孔的半径由 5 改为 4。

这里要注意："孔" 是由布尔差运算而得到的，要减少 "孔" 的半径，实际上是要减少布尔差运算之前创建的圆柱体的半径，所以操作过程如下：

展开布尔差运算（Boolean Remove）这个操作记录，如图 12-91 中鼠标所指。

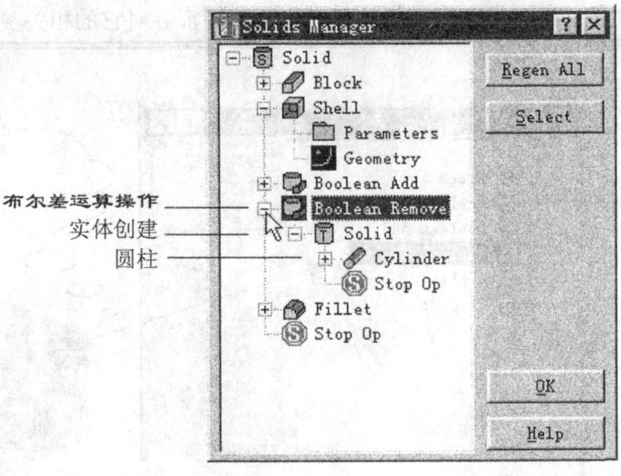


图 12-91　展开布尔差运算操作记录

再展开其中的 Solid 项。

接着展开其下的 Cylinder 项，见图 12-92，可以看到 Parameters 项。

双击 Parameters 项，出现圆柱创建时见到过的参数菜单（图 12-93）。

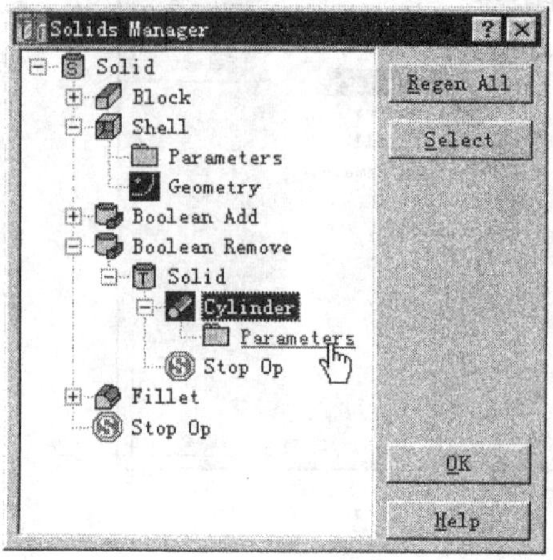


图 12-92　显示参数项

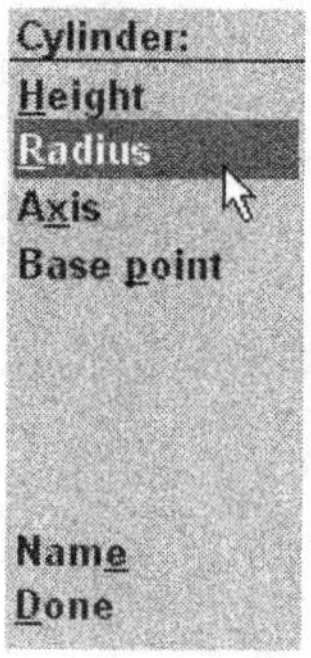


图 12-93　创建圆柱菜单

点 Radius 项，会在屏幕下方出现输值框，将框中的值改为 4，然后回车；

点菜单中的 Done 项，返回到实体管理对话框，可以发现框中相关项上出现一些“×”符号。

点击对话框右上方的 Regen All 按钮，则系统用新的参数自动对实体刷新，之后就可看到实体上的孔确实变小了。

点 Boolean Remove 前的 − 符号，收拢该项操作（即恢复到展开前的状况）。

同理收拢 Shell 操作，这时实体管理对话框和图形如图 12-94 所示。

> 注意：选中实体对话框中某个项目或某个操作，该项目（操作）会高亮显示，与此同时，图形中与该项目（操作）对应的特征也会高亮显示，如下图。这有利于你正确选择要修改的特征并对它的相关参数进行修改。

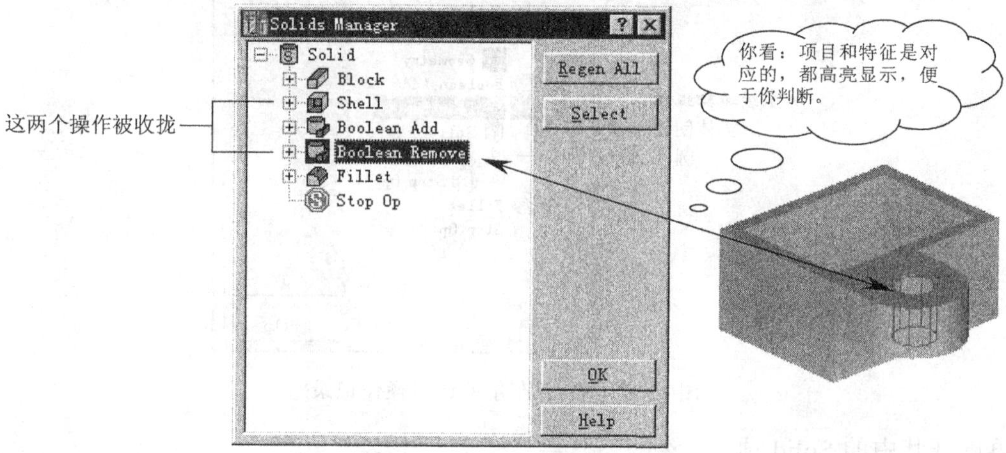


图 12-94　项目与图形中的特征相呼应

C．删除倒圆角的操作。

移动光标到 Fillet 操作上，点鼠标右键，出现浮动菜单，见图 12-95。

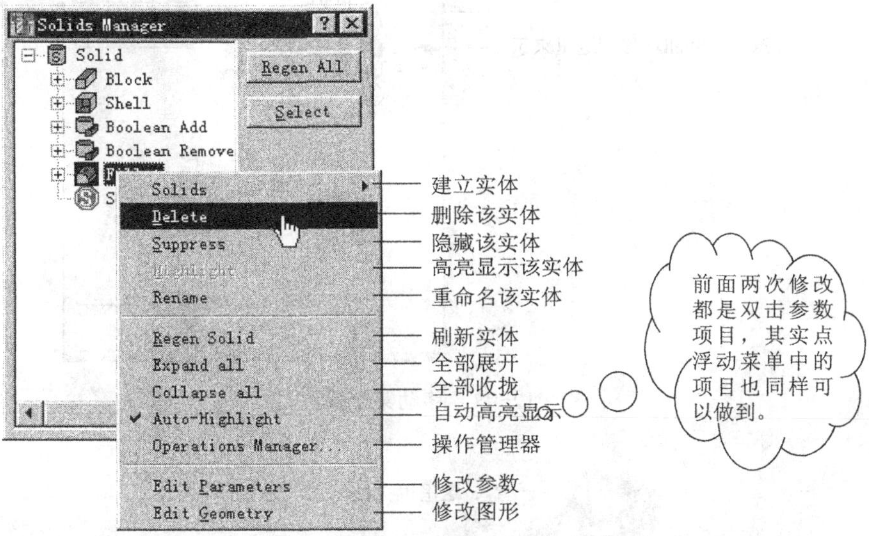


图 12-95　删除操作

然后点击 Delete 项，则可将前面倒圆角的操作删除，就像从来都未曾倒过圆角一样，毫无痕迹。

点击对话框右上方的 Regen All 按钮，刷新实体，见图 12-96。

图 12-96　改动参数后的实体

D．将抽壳（Shell）操作移到最后。

**注意**：在实体管理对话框中将抽壳操作名移动到 Boolean Add 操作之后，就像你对实体先进行布尔并运算，再进行抽壳一样，两者效果是一样的。

步骤如下：

打开实体管理器，选中 Shell 操作项（点 Shell 文字处或其前的那个图标均可）；

按住鼠标左键不放，拖动 Shell 项往下移动，直到 Boolean Add 项高亮显示时，才放开鼠标左键，则可将选定操作移动到高亮显示的项目之后。

移动后的实体管理对话框如图 12-97 所示。

点击对话框右上方的 Regen All 按钮，刷新实体，这时图形见图 12-98。如果没有实体管理器的功能，要达到这样的效果可要动动脑筋了，说不定还要重新创建。

实体管理器中还有其它的一些功能，限于篇幅不能一一介绍，但上面的几个操作熟练掌握之后，相信你能悟出一些东西来。你可以自行逐一试验各项功能。

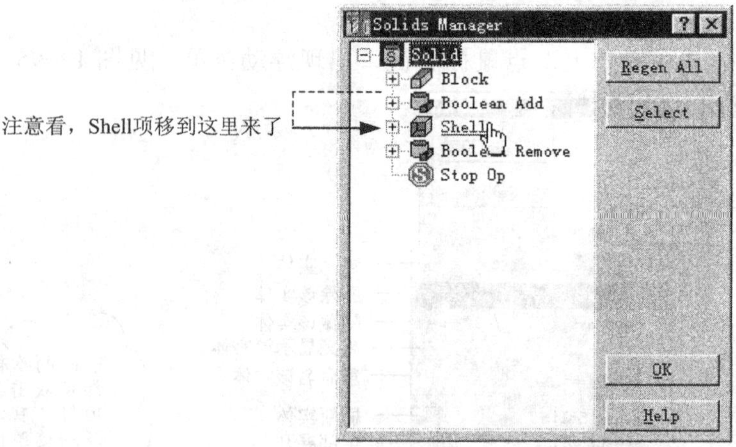


图 12-97 移动某个操作

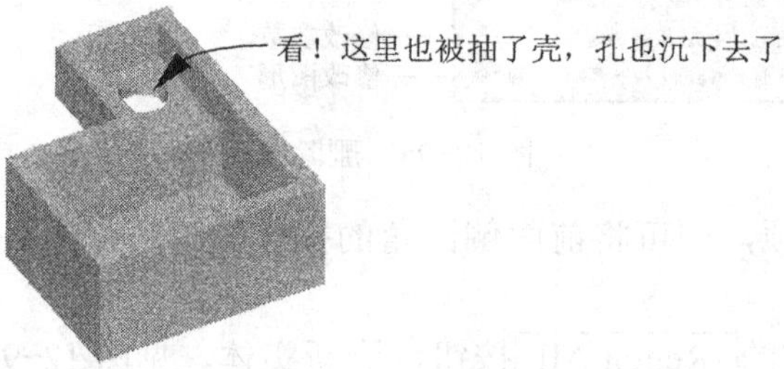


图 12-98 移动操作后的结果

### 12.2.6 牵引面

牵引面不太好理解，容易出错。

牵引面其实就是将实体上的某个面旋转一定的角度，当然，其它和该面共交线的面也会跟着发生变化，保持与该面的连接关系。

往哪个方向倾斜，到时候会出现一个圆锥（台）形标志的，一目了然，而且可以改变。

这种使某个面（某些面）倾斜一定角度的操作在设计模具的拔模斜度时是用得上的。

选择要牵引的面（一个或多个）后，会出现牵引面参数对话框，见图 12-99。

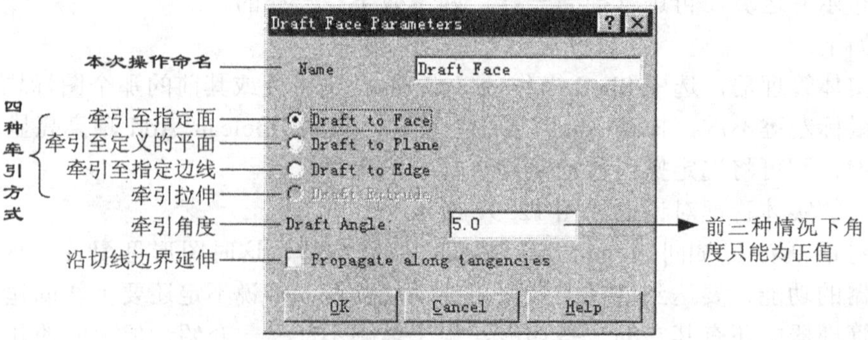


图 12-99 牵引面参数对话框

从中可看出有四种牵引方式，操作时可根据需要选择一种方式。下面逐一介绍。

#### 12.2.6.1　牵引到指定面

将要牵引的面拉伸到实体上的某个面处，这个面的大小不会变化，而与牵引面相连的面则会因牵引面的变化（倾斜）而变化，见图 12-100。

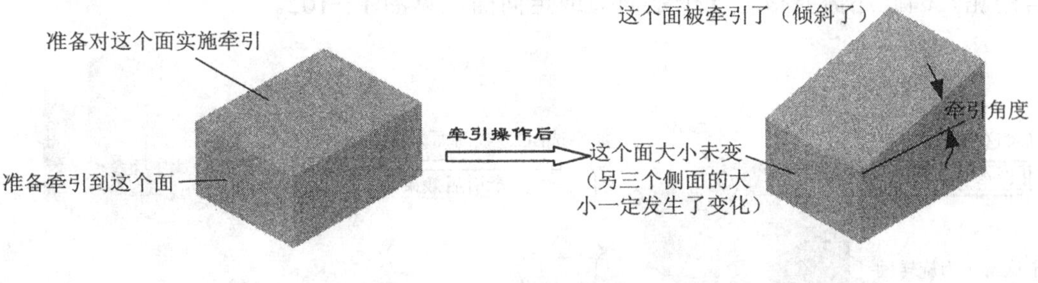


图 12-100　牵引到指定面

或者可以这么理解：要牵引的面将以两个面（要牵引的面和要牵引到的面）的交线作为旋转轴进行旋转。

#### 12.2.6.2　牵引到定义的平面

与上面类似，无非是不牵引到本实体上的面，而是牵引到一个定义的面上（或者其它实体上的面上），定义面的方法前面多次用到过（如修剪曲面、曲面和平面间倒角等命令中）。

定义的面可以是虚拟的（即没画出来的），所以虽看不到，但头脑中却要想象得到它的存在，这需要一点抽象思维能力。

你可以设想将实体往虚拟的平面上拔长，则在平面上有一个相交的轮廓（虚拟的投影面），实施牵引操作后，该投影面的大小不会变化，其它面则可能会因牵引面的倾斜而相应发生变化，见图 12-101。

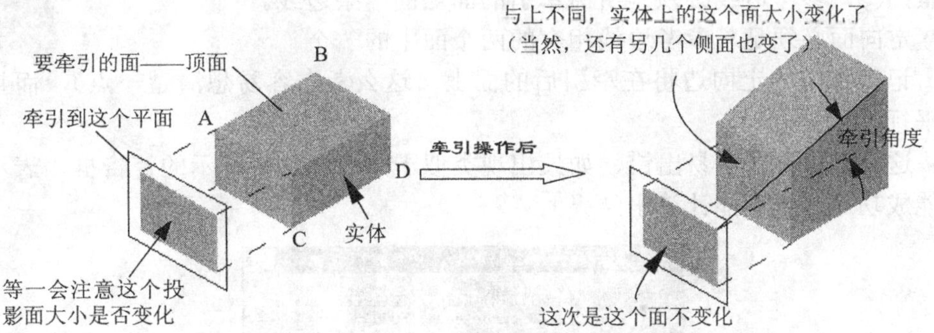


图 12-101　牵引到定义的平面

同上，也可以这么理解：要牵引的面将以两个面（要牵引的面和虚拟的投影面）的“交线”作为旋转轴进行旋转。

【建议练习】如果选择顶面为要牵引的面，将平面定义为长方体的对边所形成的斜面（例如上图中 AB 线和 CD 线构成的平面，可用三点法定义这个面）。牵引后会是什么结果呢？请仔细体会。

### 12.2.6.3 牵引到指定边线

选择的边线称为参考边（Reference Edge），它将作为牵引面的旋转轴线，牵引后该边线不发生变化（位置和长短都不变），问题是，有了旋转轴线后，牵引角度是相对于何处而言的呢？因此还需要指定一个定向边或定向面，见图 12-102。

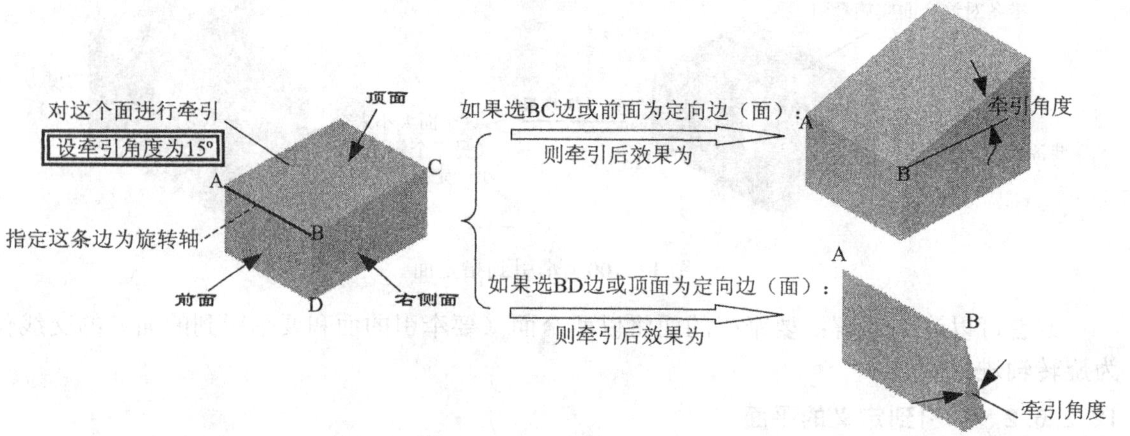


图 12-102 牵引到指定边线

可见，定向边（面）不同，牵引结果可能大不一样。

“牵引到指定边线”的操作过程是：

选择 Solids\Next menu\Draft faces 命令→选择要牵引的面（可为多个）→点菜单中的 Done 项→出现对话框，选择其中的 Draft to Edge 项，输入牵引角度，再点 OK 按钮退出对话框→选择作为旋转轴线的边线→点菜单中的 Done 项→选择定向边（或面）→点菜单中的 Done 项→成功。

**注意**：①．参考边线必须是所需牵引的面上的一条边线。

②．定向面必须是与参考边线相交的两个面中的一个。

③．记得指定的定向边将在牵引后的面上（这么考虑容易想清楚一点），而且与参考边线不平行。

④．这种牵引方式容易出错，如果出现类似于图 12-103 所示的警告框，表示牵引操作将不能成功（系统不能计算出结果）。

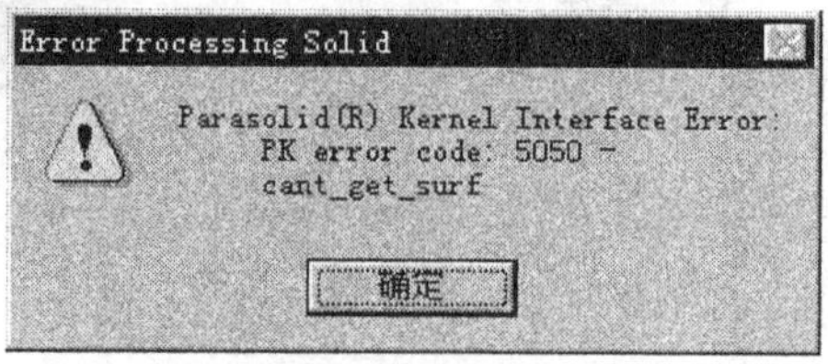


图 12-103 不能成功提示框

### 12.2.6.4 牵引拉伸

以上三种情况都是在直接生成的实体上进行的，大家可能注意到牵引面参数对话框中

Draft Extrude 一项一直是灰显的，表示无效，那么什么时候该项才可以使用呢？

如果是先画出线框，然后再用 Solids\Extrude 命令生成的实体，则对其上的某个侧面（注意：是侧面）进行牵引时，这一项将可以使用。

例如，先画好一个线框，如图 12-104 所示。然后用 Solids\Extrude 命令往上拉伸生成实体（图 12-105），则侧面可以用 Draft Extrude 方式进行牵引。

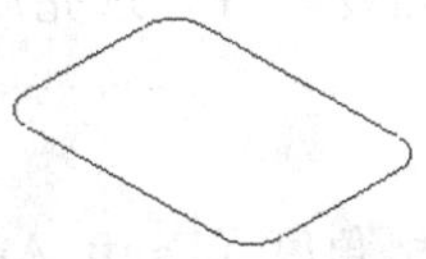

图 12-104　创建一个线框

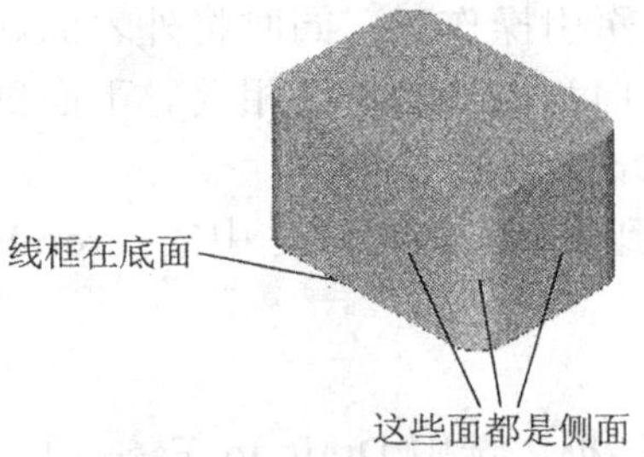


图 12-105　创建实体

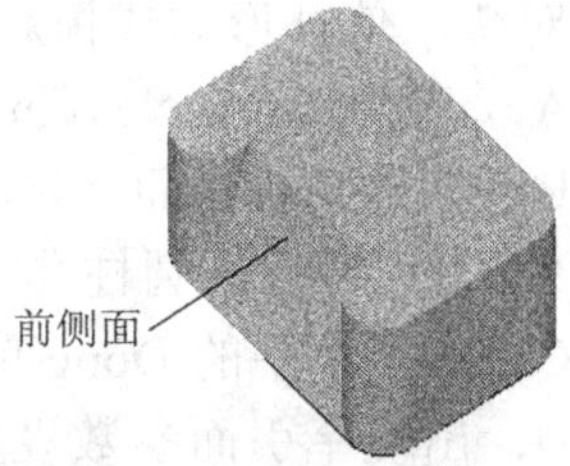


图 12-106　牵引侧面后的结果

这种方式进行牵引时，将以线框上的对应于牵引面上的那一段线（也就是拉伸出该面的线）作为旋转轴线，定向面就是线框所在的面，与前三种情况不同的是：这种方式下牵引角度可以取为负值。

例如，对图 12-105 前侧面进行牵引的结果，如图 12-106 所示。

**【实例 12-14】**对含孔的长方形体添加拔模斜度（角度为 5°）

1）创建实体。

A．创建有圆角的矩形框和圆，见图 12-107。

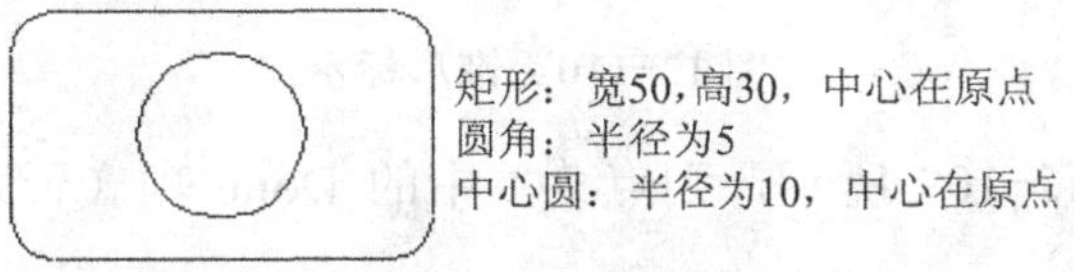


图 12-107　创建矩形和圆

B．改到轴测方向观察。

C．先将中心圆往上拉伸 40，再将带圆角的矩形往上拉伸 25，角度都为 0，着色处理后，见图 12-108。

D．对长方体和圆柱体进行布尔差运算（从长方体上减去圆柱），形成孔，结果如图 12-109 所示。

图 12-108　创建两个实体

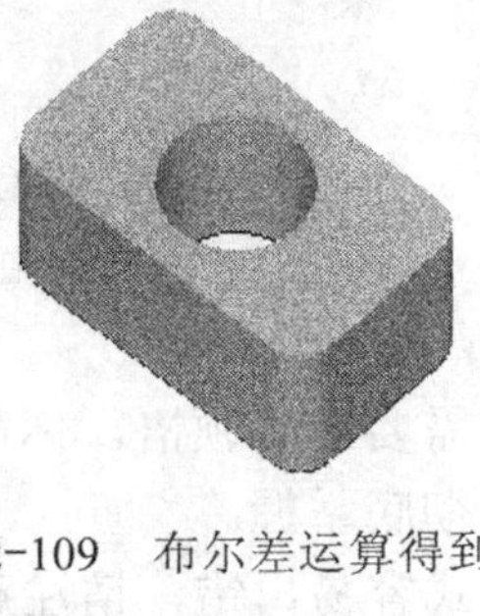

图 12-109　布尔差运算得到孔

【建议练习】你能够不创建线框，而直接生成长方体和圆柱体两个基本实体，再用布尔差运算得到这种效果吗？大胆试试。

2）生成拔模斜度。

**注意**：按拔模过程分析，外围各面的拔模斜度应该与内孔表面的拔模斜度相反，即外围如果是下大上小的话，则内孔应该是下小上大。怎么做到这一点呢？当然可以分别进行牵引达到目的，但实际上，如果牵引操作时，同时将外表面和内表面选中，系统可以自动区别对待，使外形的拔模斜度方向和内形的正好相反。下面试试：

A. 选择 Solids\Next menu\Draft faces 命令。

B. 点击侧边各面（选看不到的面时应将菜单中的 FromBack 项设为 Y，选完后又要恢复为 N），再点击圆柱孔表面。

C. 点菜单中的 Done 项。

D. 出现牵引面参数设置对话框，选中 Draft to Face 项，将牵引角度（Draft Angle）设为 5，然后点 OK 按钮退出对话框。

E. 点击顶面。

F. 出现一个锥形标示（含一个方向箭头），如图 12-110 所示。

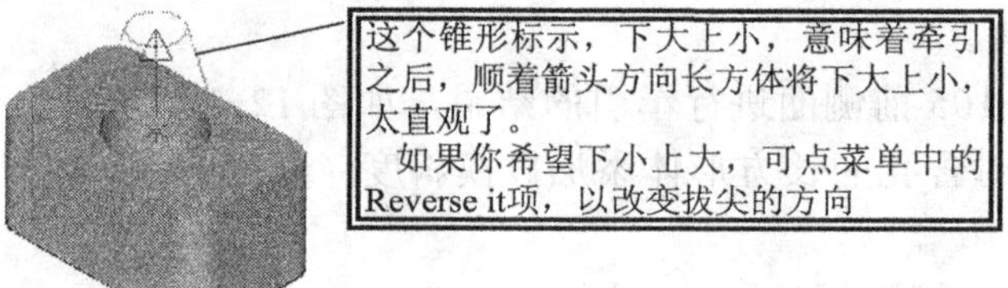


图 12-110　锥形标示

G. 如果方向如图 12-109 所示，则点菜单中的 Done 项（否则点菜单中的 Reverse it 项更改方向后再点 Done）。

H. 出现结果，可以发现外围确实变为下大上小、明显倾斜了，但内孔的情况因着色而看不清，可以取消着色效果观察，图 12-111 是两种情况下的效果。

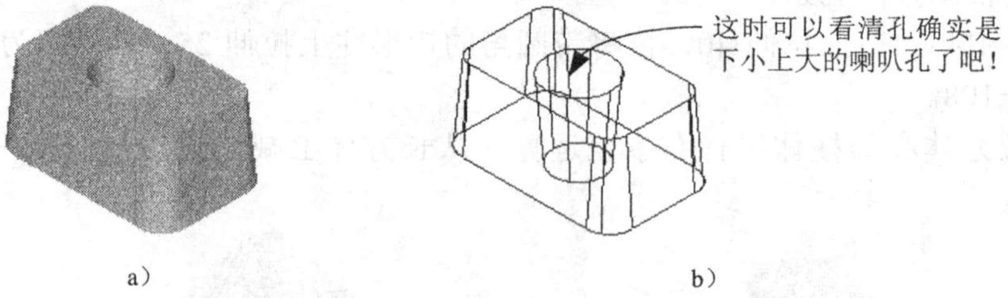


图 12-111　出现拔模斜度

a）着色效果　b）不着色效果

实例结束。

牵引面的操作需要细心领悟，你可以创建一个长方形实体，然后有目的地反复试验各种牵引方法，方可彻底掌握。

后两种牵引方式容易出错，请注意。

### 12.2.7　修剪实体

修剪实体的操作可以将已经创建出来的实体用平面、曲面、或者实体薄片（Sheet，9.0 中新增）来“切开”，使实体一分为二。

修剪实体的操作与修剪曲面的操作相仿，而且花样还少一些。

选择 Solids\Next menu\Trim 命令后，会出现实体修剪菜单，见图 12-112。

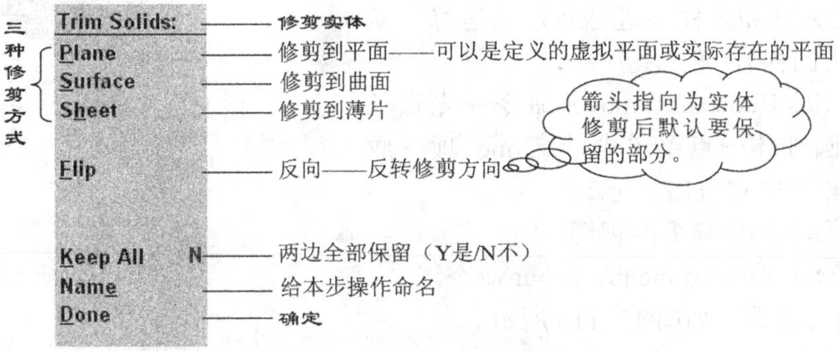


图 12-112　修剪实体选项菜单

选择三种修剪方式中的一种后，点击用于修剪的平面（或曲面、薄片），看看菜单中哪些项目还需要改变，最后点 Done 项，则修剪完成，操作过程极为简单。

具体用法将在综合实例中见到。

### 12.2.8　创建多面视图

这个功能在 8.0 版中还是附加程序，在 9.0 版中“转正”了。

利用该命令可以由创建的实体直接生成多面视图（三个视图或四个视图），在工程中大量使用。

**【实例 12-15】**创建一个带孔的长方形实体，然后创建其三视图。

1）创建一个带孔的长方形实体。

A．创建一个长方形体（长×宽×高=80×50×25）。

选择 Solids\Next menu\Primitives\Block 命令→改到轴测方向观察→点 Leigth 项，将长度改为 80→点 Width 项，将宽度改为 50→点 Height 项，将高度度改为 25→点 Base point 项，再点菜单中的 Origin，将基点设在原点→点菜单中的 Done 项，结束长方形体的创建→着色处理，结果如图 12-113 所示。

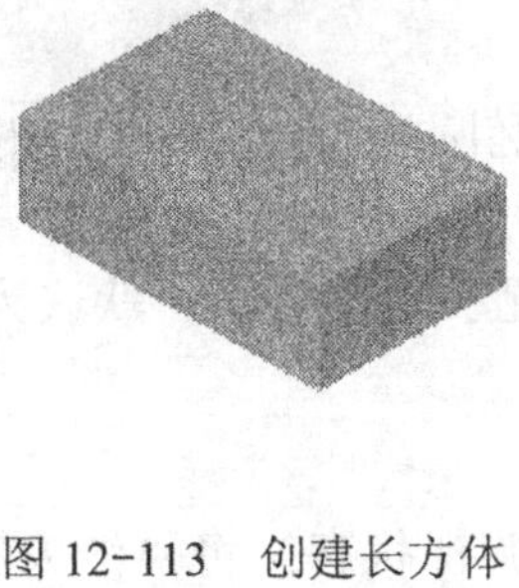

图 12-113　创建长方体

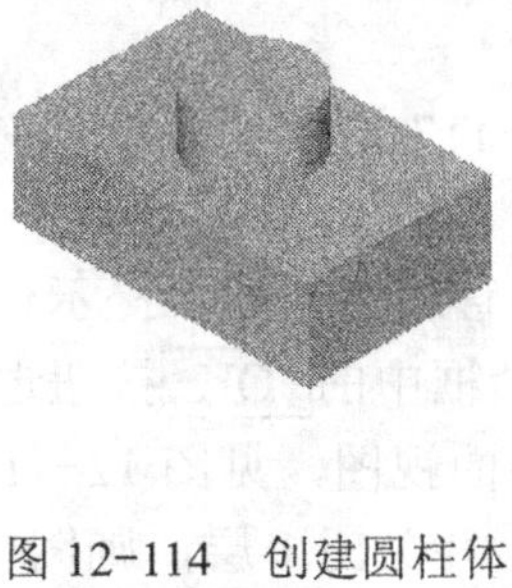

图 12-114　创建圆柱体

B．创建一个圆柱体（$\phi 30\times40$）。

选择 Solids\Next menu\Primitives\Cylinder 命令→点 Base point 项，再点菜单中的 Origin，将基点设在原点→点 Radius 项，将半径改为 15→点 Height 项，将高度度改为 40→点菜单中的 Done 项，结束圆柱体的创建，结果如图 12-114 所示。

C．对长方体和圆柱体进行布尔差运算（从长方体上减去圆柱），形成孔：

选择 Solids\Boolean\Remove 命令→先点长方体→再点圆柱体→点菜单中的 Done 项→成功，此时结果如图 12-115 所示。

图 12-115　布尔差运算得孔

2）由实体自动创建多面视图。

A．选择 Solids\Next menu\Layout 命令。

B．弹出对话框，如图 12-116 所示。

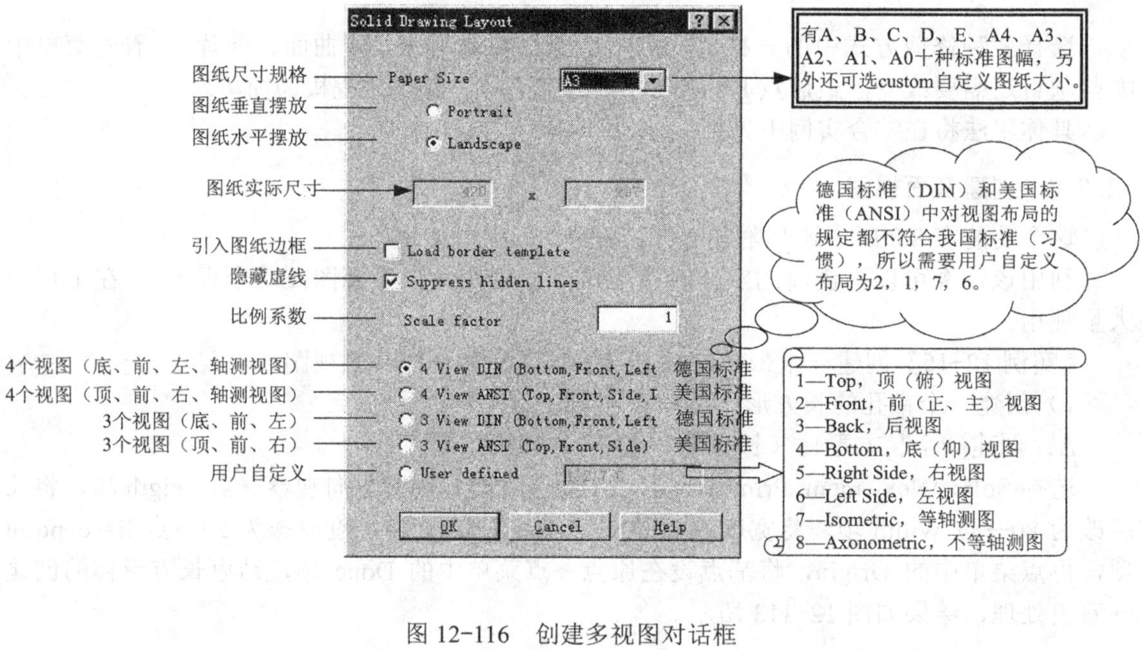


图 12-116　创建多视图对话框

请按图 12-117 所示进行设置（改动了 4 处，见椭圆框），点击 OK 按钮，退出对话框。

C．弹出层管理对话框，提示你准备将多面视图置于哪一个层，默认为 5 层，同意，所以直接点对话框中的 OK 按钮退出该对话框。

D．出现多面视图，见图 12-118。

改到 5 层，并关闭 1 层，则图中的实体（目前为俯视状态）将“消失”。

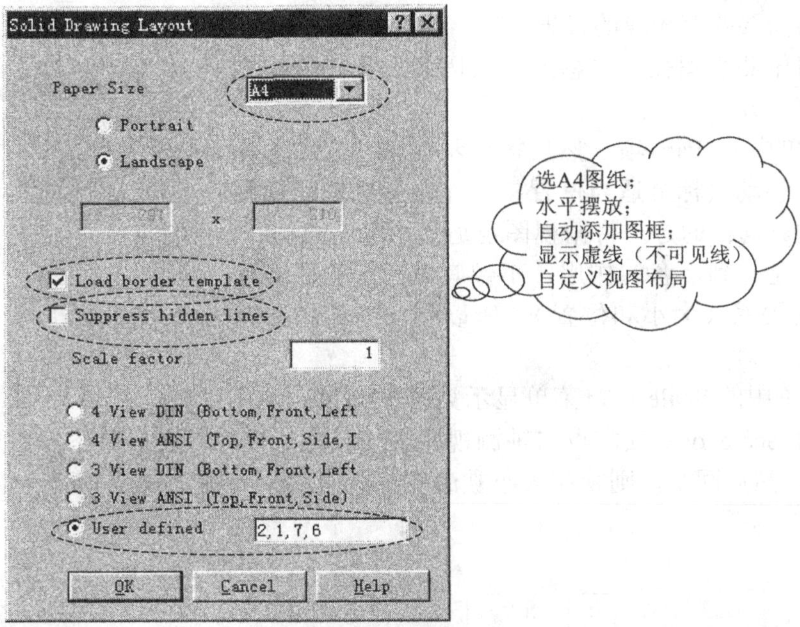


图 12-117　设置参数

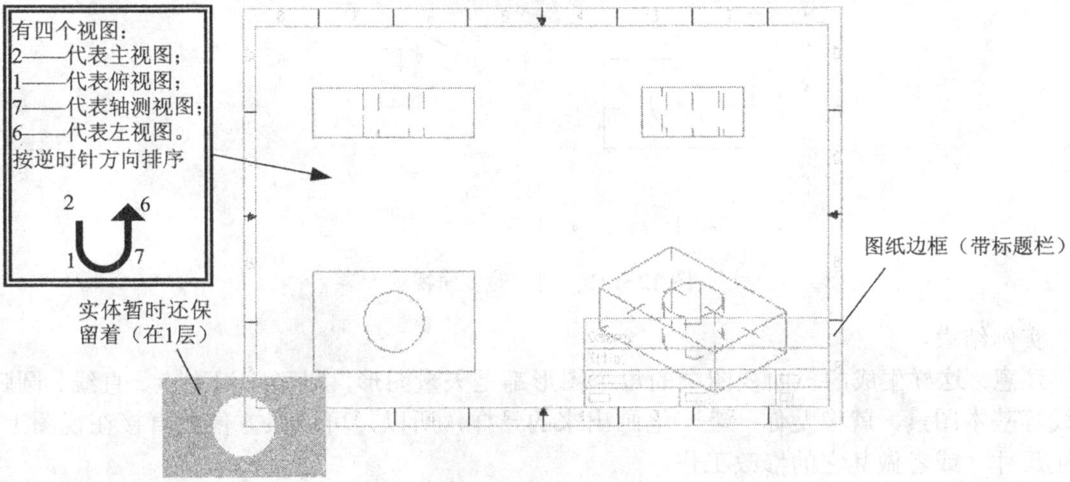


图 12-118　得到多视图

E．此时菜单内容也发生改变，见图 12-119。

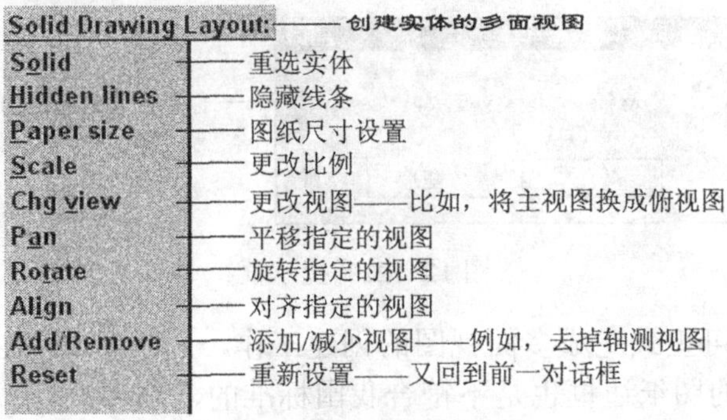


图 12-119　多视图选项

可以根据需要改变相应的设置。

本例仅将轴测视图往上平移一点（因为发现轴测视图与标题栏重叠了）。

F．点菜单中的 Pan 项，然后按提示在轴测视图上捕捉一点，往上移动鼠标至适当位置，点左键，则轴测视图移动到新位置。同样的方法将俯视图也适当上移一点。

轴测图只是起到示意的作用，不像其它三个视图要保证严格的对应关系（大小和位置），所以下一步将轴测视图缩小一点。

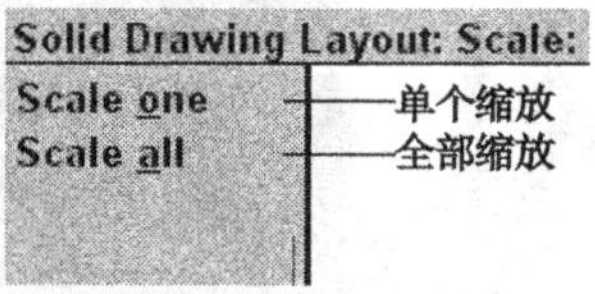

图 12-120　修改视图比例

G．点菜单中的 Scale 项，菜单显示见图 12-120。

选其中的 Scale one 项，点击轴测视图上的任意一根线，在屏幕下方出现的输值框中输入比例 0.6，然后回车，则视图大小被改变。此时效果如图 12-121 所示。

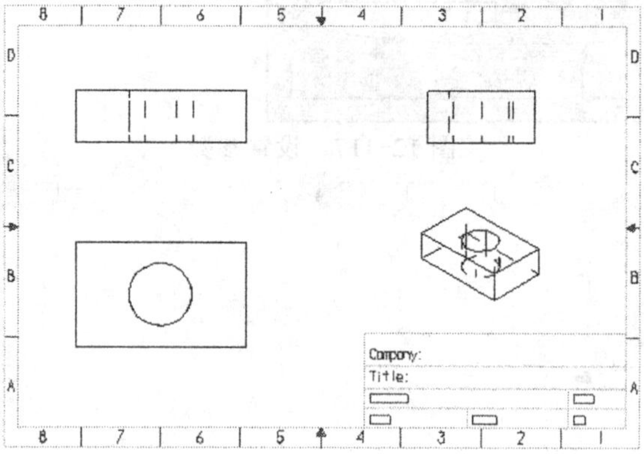

图 12-121　创建的多面视图

实例结束。

**注意**：这样生成的多面视图中的每个图形都是矢量图形，即可以识别点、直线、圆弧、曲线等基本图素，就像是你一笔一笔画出来的一样，所以，可以很方便地直接在视图上面标注尺寸，或者做其它的修改工作。

另外：当你确定生成的多面视图不再改动，想返回到前面菜单中去时，会出现下面的对话框，如图 12-122 所示。

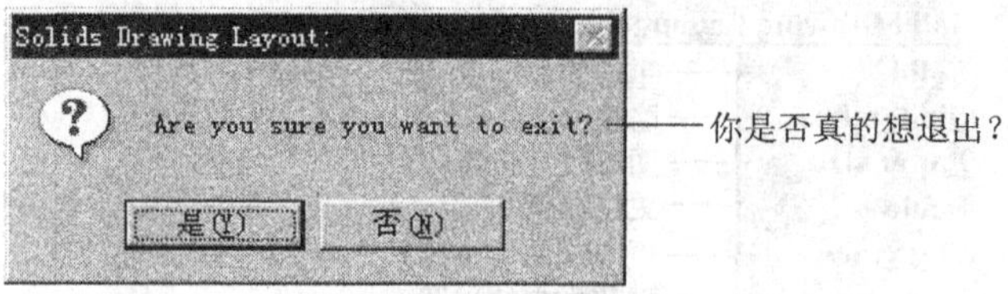

图 12-122　提示框

须点击 Y 按钮才可正式完成多面视图的创建工作，开始新的其它工作。

还有：系统自带的图纸边框也是不符合我国标准的，须做改动。各种边框图均存放在 Mcam9\Mill\Mc9\Samples\Title Slocks 目录下。

### 12.2.9　寻找特征

它是 9.0 版新增的功能，可以将其它软件（当然 MasterCAM 本身也可以）中绘制的实体（限于主体 Body）中的内孔、圆角两种特征独立出来，成为一个“操作”，在新的实体构建中可以引入这个操作，而且可以修改。

选择命令后，选择屏幕上的实体（如果只有一个实体，则不需你选择，系统可自动选择这个实体），接着会弹出如图 12-123 所示的对话框。

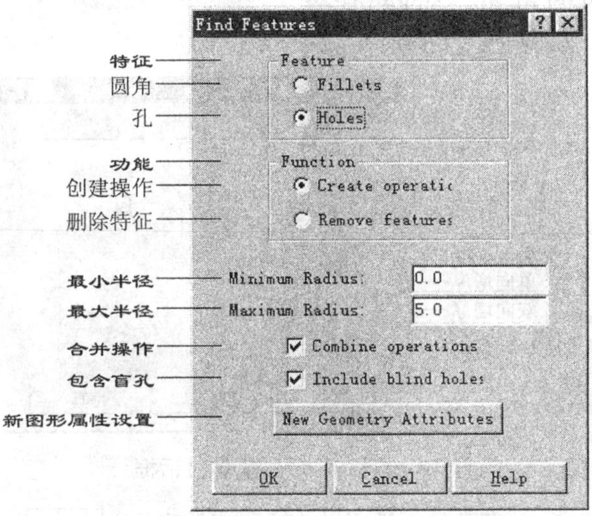


图 12-123　寻找特征对话框

对初学者来说，本项操作意义不大，故介绍从略。

### 12.2.10　增厚薄壁实体

在菜单上，该命令的上一个命令是 From surfaces（来自曲面），该命令可以由已有的曲面生成实体，如果曲面本身是封闭的，则形成的实体是一个实心的实体；而如果曲面本身是开放的，则形成的实体是一个薄壁实体，而且厚度极小，如果想将这个厚度增加，就要用到本节介绍的命令。

**【实例 12-16】**将薄壁实体增厚。

1）先创建一个圆柱形曲面。

A．选择 Create\Surface\Next menu\Primitive\Cylinder 命令。

B．改为轴测方向观察。

C．点 Radius 项，在出现的输值框中将圆柱面的半径设为 25。

D．删除圆柱的上、下两面，使圆柱变为中空的。

E．着色处理。

结果如下图 12-124 所示。

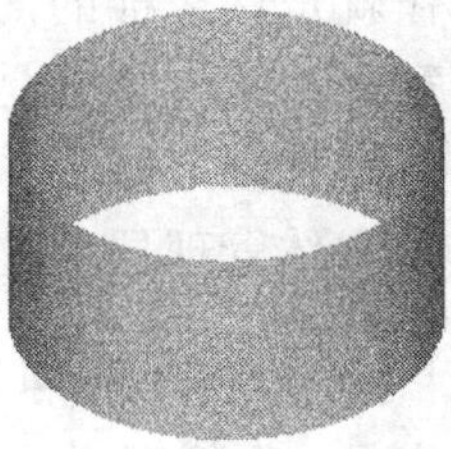

图 12-124　创建圆柱形曲面

2）将曲面转变为薄壁实体。

A．选择 Solids\Next menu\From surfaces 命令。

B．在出现的对话框中选中 Delete 项（表示将原曲面删除），点 OK 按钮退出对话框。

C．在接着出现的对话框中点击 否（N）按钮（表示不创建边界曲线）。

D．转换成功（但图上看不出有任何动静），这时曲面已转变成薄壁实体了，原曲面已被删除。

3）将该薄壁实体增加厚度，厚度为 5。

A．选择 Solids\Next menu\Thicken 命令。

B．出现对话框，如图 12-125 所示。

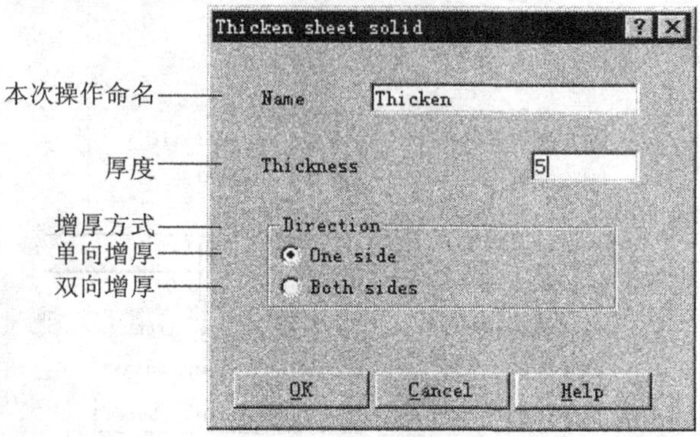


图 12-125 增厚实体对话框

将厚度（Thickness）设置为 5，选单向增厚，然后点击 OK 按钮退出对话框。

C．图形上出现一个箭头，表示增厚方向，见图 12-126。

本例同意这个方向，所以直接点菜单中的 OK 项。

D．结果出现，如图 12-127 所示。

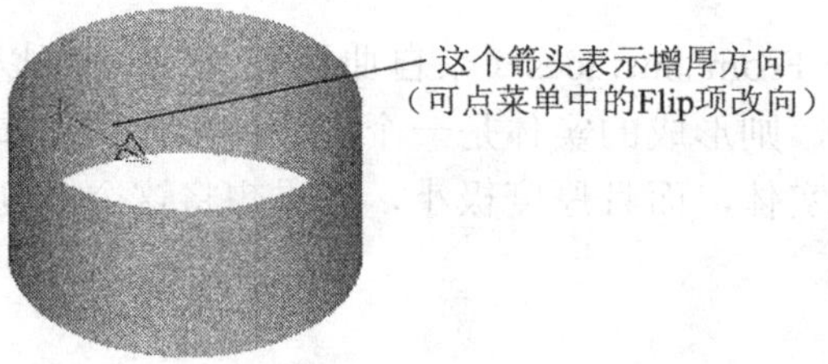


图 12-126 设置增厚方向

图 12-127 增厚后的实体

操作就是这么样的简单。

**注意：**如果选择的是双向增厚，则不会出现增厚方向箭头，最终总厚度将为 10。

在这个基础上能否再用薄壁增厚命令将厚度改变呢？不行了。如果要改变厚度，这时只能通过实体管理器才能做到。

### 12.2.11 移去指定表面

这也是 9.0 版新增加的功能。

该命令可以移去实体上的指定面，使实体变为一个开口的薄壁实体。

**【实例 12-17】**创建一个长方形实体，然后移去其顶面。

1）创建如下长方形实体，尺寸任意，见图 12-128。

图 12-128　创建一长方形实体

2）移去其顶面。

A．选择 Solids\Next menu\Remove faces 命令。

B．点击长方体的顶面，然后点菜单中的 Done 项。

C．出现对话框，如图 12-129 所示。

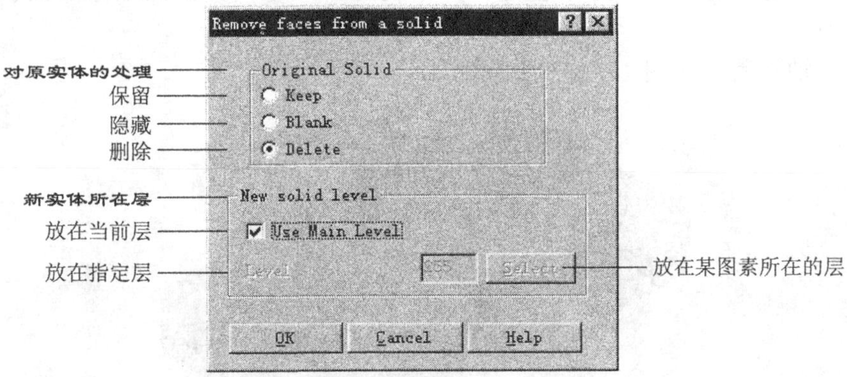


图 12-129　实体移面对话框

按图 12-129 所示进行设置，然后点 OK 按钮退出对话框。

D．接着又出现一个对话框，见图 12-130。

图 12-130　提示框

点 否（N） 按钮。

E．成功，结果如图 12-131.

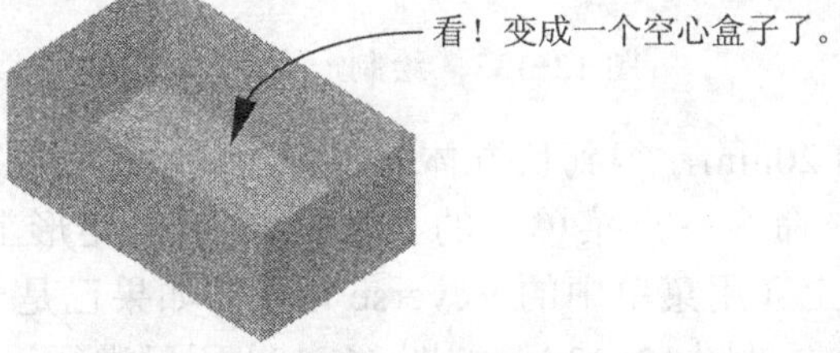


图 12-131　移去顶面后的实体

你高兴的话，又可以用上一个命令对它进行增厚操作。

好！关于实体编辑的所有命令均介绍完毕。

## 12.3 实体造型综合实例

首先要说明：利用电脑进行设计，电脑只是贯彻你的设计思想的一种工具，你——设计者，才是设计的主人。设计过程中最突出的问题是各要素的相互位置关系容易糊涂，所以你必须牢记关键点的坐标、关键线的长度、关键面的位置等；当然，灵活掌握软件的各种辅助工具也是十分必要的，比如测量距离、坐标的方法，标注尺寸的方法，另开一层画草图的方法，等等。从头到尾，对设计作品的构思、尺寸、关键点坐标都应了然于胸，思路一定要清晰。

创建一个轴承盖，如图 12-132 所示。

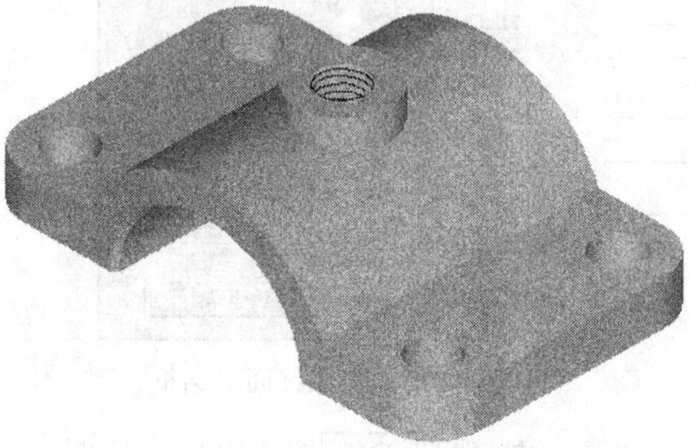

图 12-132 创建的实体模型结果图

操作步骤如下：

1）创建一个长方体底座。

A．打开 MasterCAM，绘制一个矩形，宽 200mm，高 120mm，中心在原点。

B．将视角平面改为轴测方向，见图 12-133。

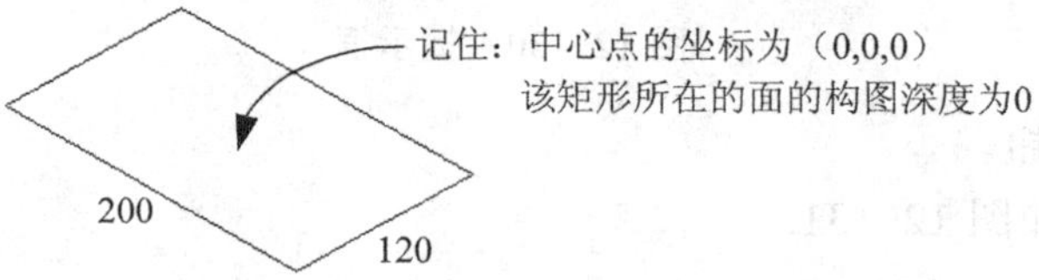


图 12-133 绘制一个矩形

C．将矩形往上拉伸 20mm，得到长方体。

选择 Solids\Extrude 命令→点菜单中的 Chain 项→点矩形上任一条线→点菜单中的 Done 项→把箭头改为朝上（用菜单中的 Reverse it 项，如果已是朝上，本步跳过）→点菜单中的 Done 项弹出对话框见图 12-134，按图 12-134 所示进行设置。

设置完后点 OK 按钮退出对话框，长方体创建完成。

D．着色处理，结果如图 12-135 所示。

2）改到 2 层。

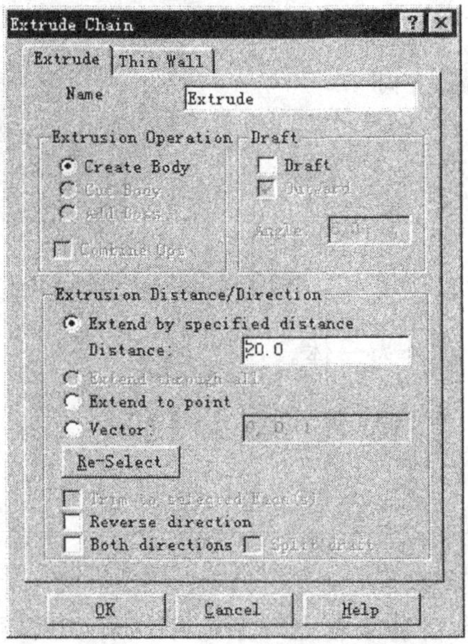


图 12-134　创建拉伸实体对话框

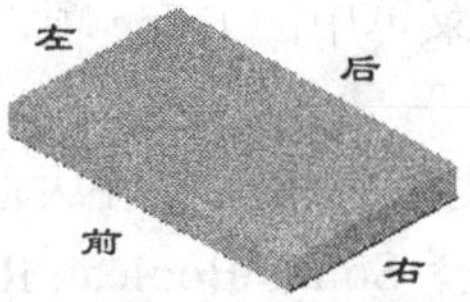


图 12-135　创建出的长方形实体

3）创建卧放的圆柱体。

A．选择 Solids\Next menu\Primitives\Cylinder 命令。

B．点击菜单中的 Axis 项，再点接着出现的菜单中的 Y 项，使圆柱的轴线与 Y 轴同向。

C．点击菜单中的 Base point 项，再捕捉长方体底面后方的中点（即矩形后侧长边的中点，注意捕捉到后菜单中 Midpoint 项应高亮显示，为便于观察可暂时去掉着色，捕捉后恢复着色）。

D．点击菜单中的 Height 项，在出现的输值框中输入圆柱高度 120（正好是长方体的宽度）后回车。

E．点击菜单中的 Radius 项，在出现的输值框中输入圆柱半径 55，然后回车。

此时结果如图 12-136 所示（未着色）。

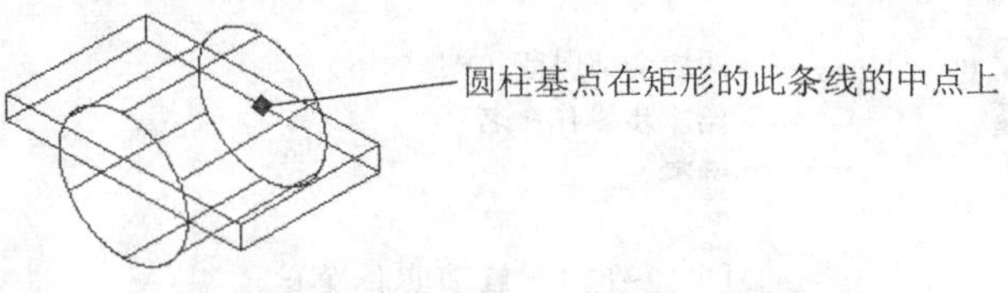


图 12-136　创建一个圆柱形实体

4）再创建一个圆柱。

构思：与上一圆柱同基点位置，但半径小些，而且为与上一个圆柱相区别，高度加长一些（后面要进行布尔差运算的，该圆柱将被“挖”掉，所以长些没关系）。

A．选择 Solids\Next menu\Primitives\Cylinder 命令。

B．点击菜单中的 Radius 项，在出现的输值框中输入圆柱半径 45，然后回车。

C．点击菜单中的 Height 项，在出现的输值框中输入圆柱高度 150 后回车。

此时结果如图 12-137 所示（着色后效果）。

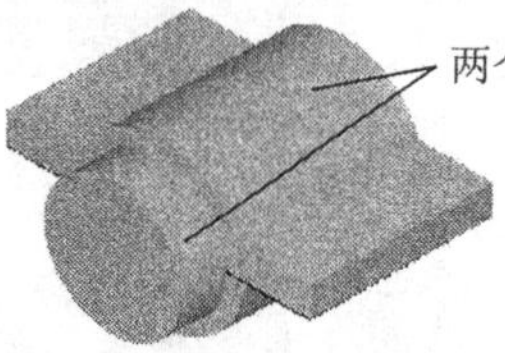


图 12-137　再创建一个圆柱形实体

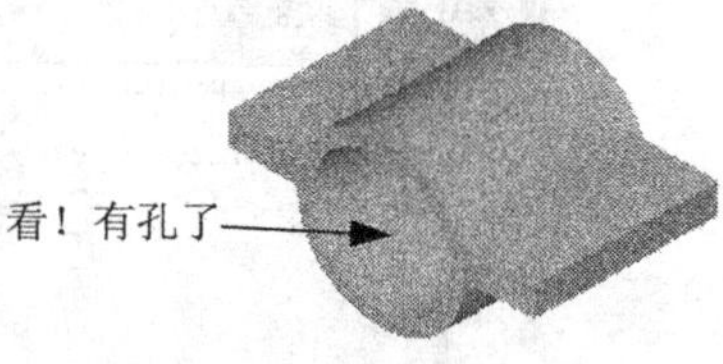


图 12-138　布尔差运算得到孔

5）对长方体和大圆柱进行布尔并运算，组合为一体。

A．选择 Solids\Boolean\Add 命令。

B．点击长方体，再点击大圆柱。

C．点菜单中的 Done 项。

成功。

6）进行布尔差运算在大圆柱上“挖”出孔来。

A）选择 Solids\Boolean\Remove 命令（会自动接着上一个命令，所以只要点击此时菜单中的 Remove 项即可，不必从头开始）。

B）先点击大圆柱（这时可发现它与长方体合为一体了）。

C）接着点击小圆柱。

操作成功，出现结果如图 12-138 所示。下一步是要将下半部切掉。

7）修剪实体，去掉下半边圆柱。

A．选择 Solids\Next menu\Trim 命令。

B．出现菜单，如图 12-139 所示。将 Keep All 项设为 N；点击 Plane 项（准备用长方体的底面所在的平面进行修剪）。

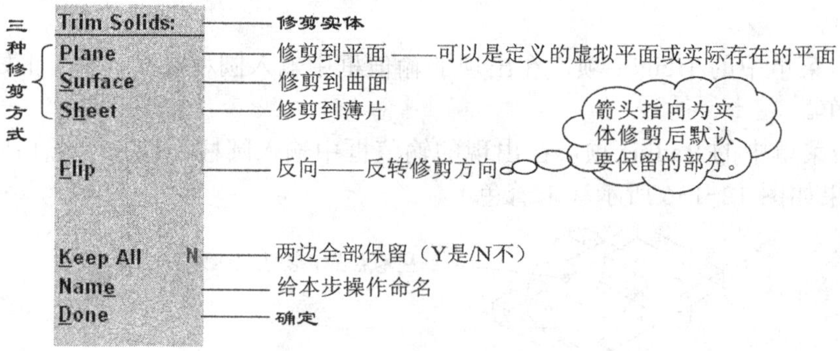


图 12-139　修剪实体菜单

C．在“定义平面”菜单中选择 Z=const 项，在出现的输值框中输入虚拟平面的 Z 坐标 0（还记得吗？这个面的构图深度是 0 哦？），然后回车。

D．出现一个方向标志（见图 12-140）。

E．如果发现箭头朝上，则点击菜单中的 Done 项（否则要先点 Flip 项进行反向）。

F．修剪成功，结果如图 12-141 所示。

现在感觉到圆柱的厚度太薄，想加厚，采取外径不变，减小内孔半径的方法。

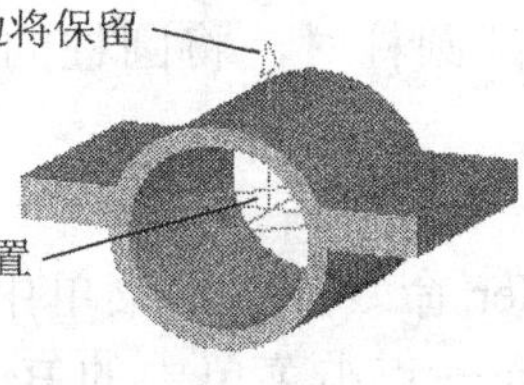


图 12-140　确定修剪平面的位置

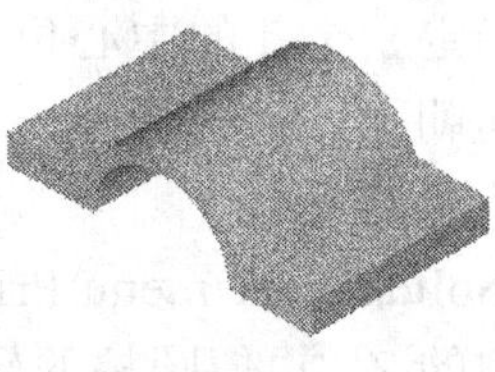

图 12-141　修剪后的结果

8）修改圆柱内孔半径为 40mm。

A．选择 Solids\Solids mgr 命令。

B．出现实体管理器对话框（图 12-142），逐一展开 Boolean Remove 下的各级，如下图，最后双击 Parameters 项，准备修改参数。

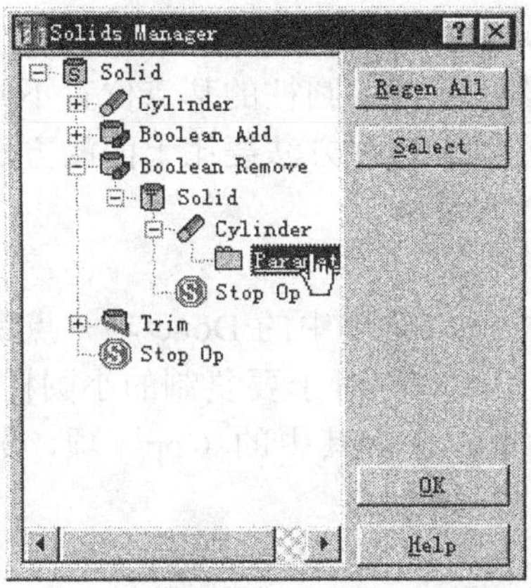


图 12-142　实体管理对话框

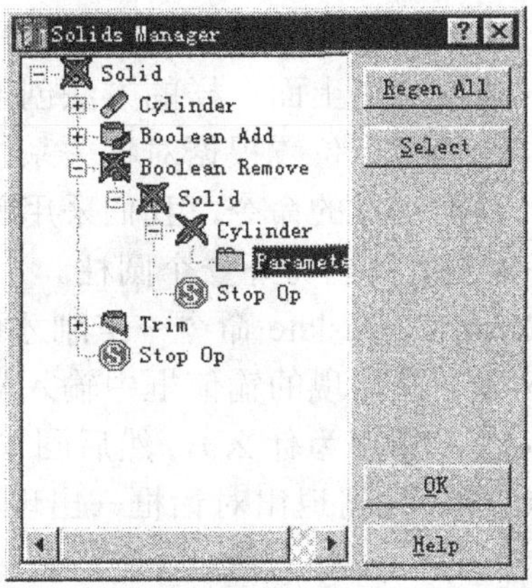


图 12-143　修改参数后的实体对话框

C．这时会返回到当初设置小圆柱参数的菜单位置，点击其中的 Radius 项，在出现的输入值框中将原来的半径 45 修改为 40，然后回车。

D．点菜单中的 Done 项。

E．又出现实体管理对话框，不同的是这次框内出现了很多“×”标记，提醒你改动了参数，如图 12-143 所示。

F．点对话框中的 Regen All 按钮对实体进行刷新，然后点 OK 按钮退出对话框。可以发现除了圆柱部分的厚度增加外，其余均未变化。

9）创建底板上的四个圆孔。

A．创建一个圆柱体。

构思：圆孔中心的分布如图 12-144 所示。

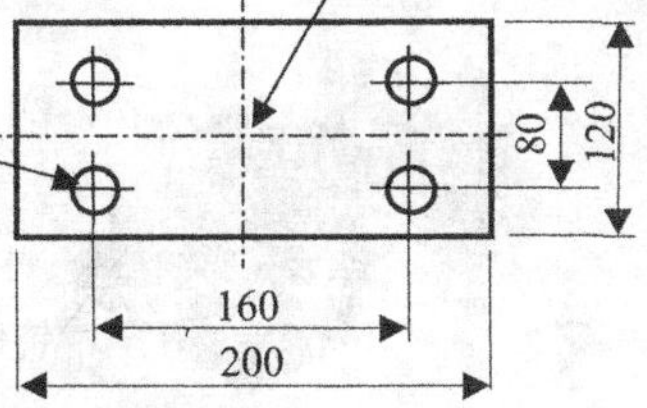


图 12-144　底板上圆孔的分布

可以确定一个孔的中心位置的坐标，创建圆柱时，将圆柱的基点设于此坐标处，圆柱的创建方向朝上，……嘿嘿，就这么办。

操作步骤如下：

选择 Solids\Next menu\Primitives\Cylinder 命令→点击菜单中的 Axis 项，再点接着出现的菜单中的 Z 项，使圆柱的轴线与 Z 轴同向→点击菜单中的 Base point 项，输入坐标-80，-40，0（先没有出现输值框，不要紧，只管输入，会马上出现输值框的），然后回车→点击菜单中的 Radius 项，在出现的输值框中输入圆柱半径 10，然后回车→（如果发现圆柱朝下，则还要点击菜单中的 Axis 项，再点新菜单中的 Flip 项以改变方向，如果是朝上，则本步可省）→点击菜单中的 Height 项，在出现的输值框中输入高度 50 后回车→点菜单中的 Done 项，结束该圆柱的创建工作，结果见图 12-145。

有了一个圆柱，其它三个圆柱可以平移复制，或者镜向得到。

其实，这时可用上面一样的方法创建另外三个圆柱，仅各圆柱的基点位置不同而已，其它都一样，而基点位置根据对称关系很容易计算出来，这种方法要比上面的方法快。但为了多复习前面讲过的命令，我们采用前一种方法，请谅解。

B．平移复制得到另外一个圆柱。

选择 Xform\Translate 命令→点刚才创建的小圆柱→点菜单中的 Done 项→点新菜单中的 Rectang 项→在出现的输值框中输入坐标-0，80，0（是相对于要复制的小圆柱而言的，是相对坐标值，想想为什么），然后回车→出现对话框，选择其中的 Copy 项，数量一栏设为 1，点 OK 按钮退出对话框→出现结果，见图 12-146。

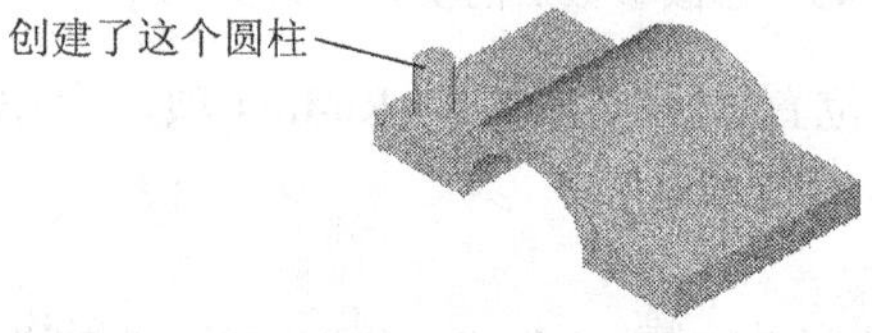


图 12-145　创建一个圆柱

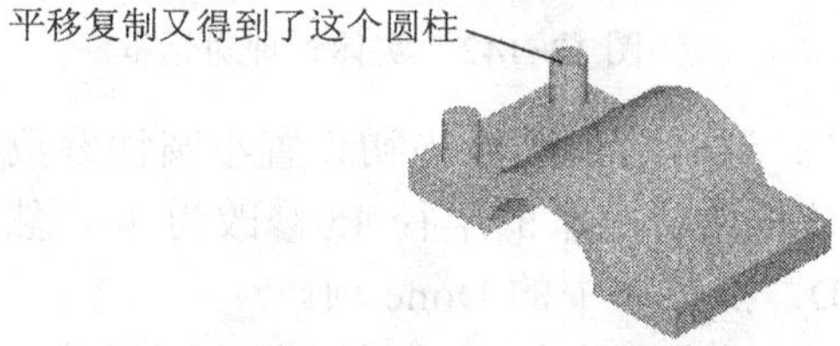


图 12-146　平移复制得到另一个圆柱

C．镜像复制得到右边的两个圆柱。

选择 Xform\Mirror 命令→点击左边的两个小圆柱→点菜单中的 Done 项→点新菜单中的 2 Points 项（本例点 Y axis 项也可以，因为圆柱中心线正好在 Y 轴上）→捕捉到前面圆柱孔的中心时点鼠标左键（注意菜单上的 Center 项要高亮显示才行）→捕捉到后面圆柱孔的中心时点鼠标左键→出现对话框，选择其中的 Copy 项，点 OK 按钮退出对话框→出现结果，如图 12-147 所示。

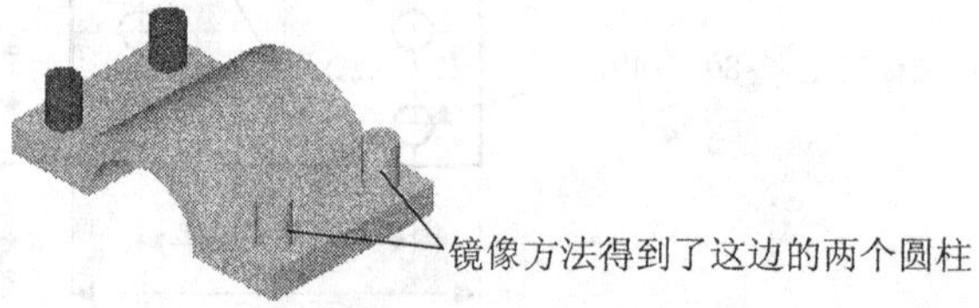


图 12-147　镜像复制得到另两个圆柱

D．进行布尔差运算。

选择 Solids\Boolean\Remove 命令→点击大实体→再依次点击四个小圆柱→点菜单中的 Done 项→操作成功，出现结果，见图 12-148。

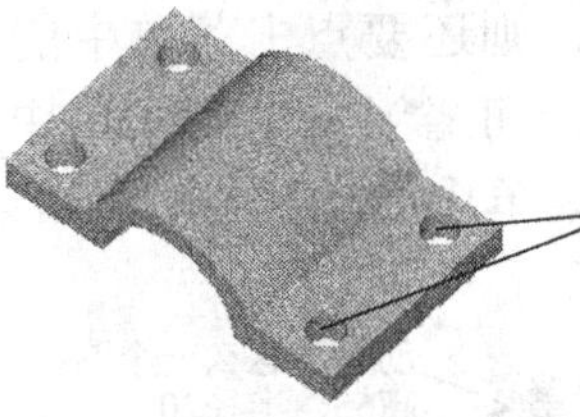


图 12-148　布尔差运算得到四个孔

10）底座的四个角处倒出圆角。

选择 Solids\Fillet 命令→确保菜单中的 Edges 项设为 Y，其它均为 N→捕捉底座上四个角部的边线（遇到捕捉背后被遮住而不可见的边线时，可将 FromBack 一项设为 Y 再捕捉，捕捉完后要将该项恢复为 N）→点菜单中的 Done 项→弹出对话框，确保 Constant Radius 项被选中，将 Radius 栏中的值 20，点 OK 按钮退出对话框→倒圆角成功，结果如图 12-149 所示。

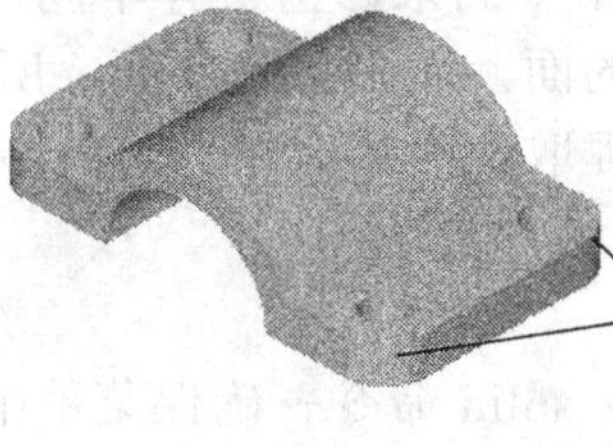


图 12-149　倒出四个圆角

11）大圆孔口倒出 C2 的斜角（即 2×45° 斜角）。

选择 Solids\Chamfer 命令→点击菜单中的 1 Distance 项→确保菜单中的 Edges 项设为 Y，其它均为 N→点击前侧的孔口圆弧线→点菜单中的 Done 项→在出现的对话框中在 Distance 一栏内填入 2→点 OK 按钮退出对话框→倒角成功，如图 12-150 所示。

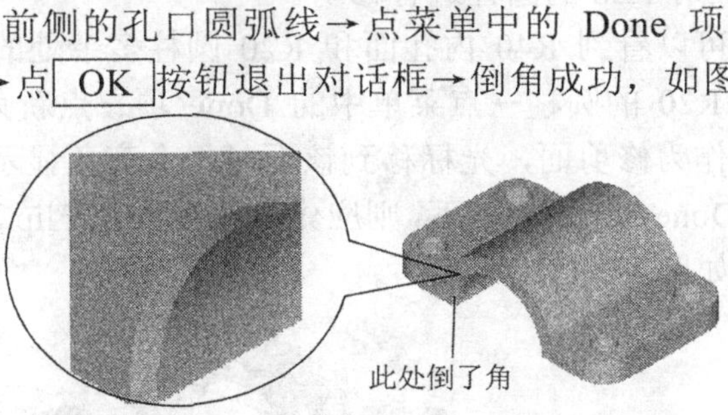


图 12-150　倒出孔口斜角

用同样的方法将后侧的孔口倒出 C2 的斜角。

12）制作顶部的凸台。

这又需要画圆柱，然后还需要修剪操作，关键是确定圆柱的基点位置。

A．画出圆柱。

选择 Solids\Next menu\Primitives\Cylinder 命令→点击菜单中的 Base point 项，输入坐标 0，0，0（输入时才会出现输值框），然后回车→点击菜单中的 Height 项，在出现的输值框中输入高度 65 后回车→点击菜单中的 Axis 项，再点接着出现的菜单中的 Z 项，使圆柱的轴线与 Z 轴同向→（如果发现圆柱朝下，则还要点击菜单中的 Axis 项，再点新菜单中的 Flip 项以改变方向，如果是朝上，则本步可省）→点击菜单中的 Radius 项，在出现的输值框中输入圆柱半径 20，然后回车→点菜单中的 Done 项，结束该圆柱的创建工作，结果如图 12-151 所示。

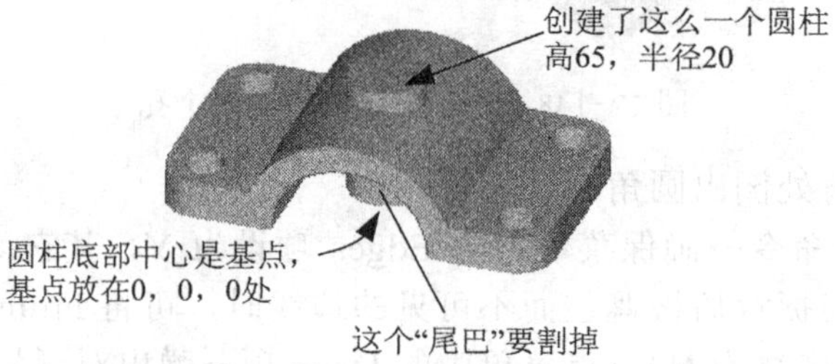

图 12-151 创建一个圆柱

现在的问题是该圆柱突出在 R40 内孔（用实体管理器改过的内径，还记得吗？）中的部分是多余的，要修剪去掉，与前面用平面来修剪实体不同，这里需要用 R40 的内孔表面来做修剪面，修剪面不能是实体上的面，而必须是曲面，所以需要先得到一个与内孔表面重叠的曲面，我们学习过从实体上提取曲面的命令，下一步就用这种方法得到这个曲面。

B．由实体表面得到曲面。

选择 Create\Surface\Next menu\From solid 命令→确保菜单中的 Faces 项设为 Y，其它设为 N→点击 R40 内孔表面（需要临时将图形旋转过来，便于点击）→该面会变色显示，确认无误后点击菜单中的 Done 项→操作成功（图上看不出变化，但此处确实有了一个曲面）→按键盘上的 Esc 键退出该命令。

C．用刚生成的曲面对 R20 的圆柱进行修剪。

先要将图形旋转到可以看到 R40 内孔面和 R20 圆柱多余处的方位→选择 Solids\Next menu\Trim 命令→点击 R20 的圆柱→点菜单中的 Done 项→点新菜单中的 Surface 项→点击前一步生成的曲面（作为修剪面，光标移到该面时，会变色显示）→出现箭头，如果朝上，则直接点菜单中的 Done 项（如果朝下，则应先点菜单中的 Flip 项改变方向，再点 Done）→“尾巴”被剪掉了，如图 12-152 所示。

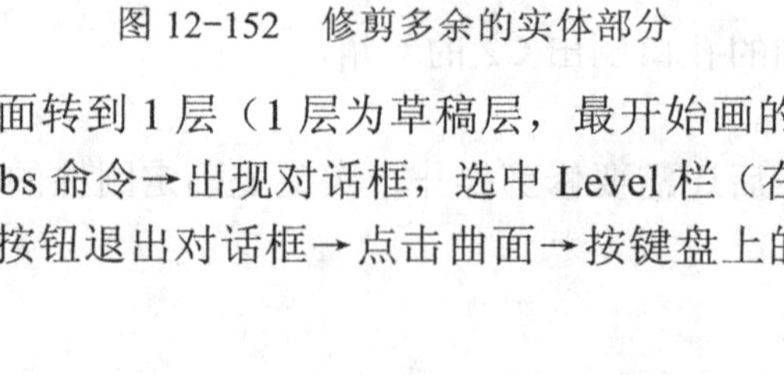

图 12-152 修剪多余的实体部分

D．将刚才生成的曲面转到 1 层（1 层为草稿层，最开始画的矩形也在那一层：

选择 Screen\Chg attribs 命令→出现对话框，选中 Level 栏（在其下的方框中打“√”），在框中输入 1，点 OK 按钮退出对话框→点击曲面→按键盘上的 Esc 键返回上级菜单→

点菜单中的 Done 项，成功。

E．将凸台（圆柱）与主体进行布尔并运算。

选择 Solids\Boolean\Add 命令→点击主体，再点击 R20 圆柱→点菜单中的 Done 项→成功，得到新主体，比原来又复杂了一些。

13）生成凸台上的孔。

这又是先创建一个圆柱，然后与主体进行布尔差运算得到孔的问题。

A．创建一个圆柱，半径为 10。

构思：因为上次画完 R20 的圆柱后，中间未插入其它创建圆柱或修改圆柱的操作，所以上一次对圆柱的设置（基点位置、半径、高度等）均保留，而本次创建的圆柱与上一圆柱在同一基点位置，只需将半径改为 10，为便于判断，将高度改为 80：

操作步骤：选择 Solids\Next menu\Primitives\Cylinder 命令→点击菜单中的 Height 项，在出现的输值框中输入高度 80 后回车→点击菜单中的 Radius 项，在出现的输值框中输入圆柱半径 10，然后回车→点菜单中的 Done 项，结束该圆柱的创建工作，此时结果见图 12-153。

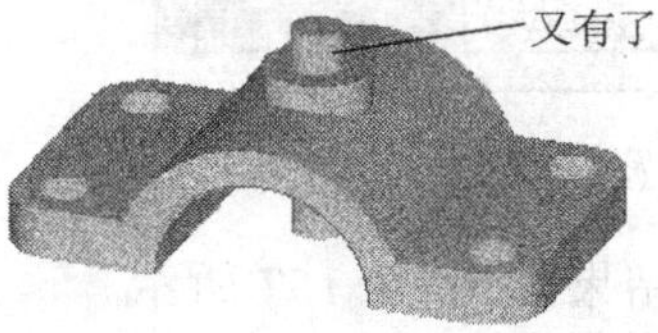


图 12-153　作“掏孔”的准备

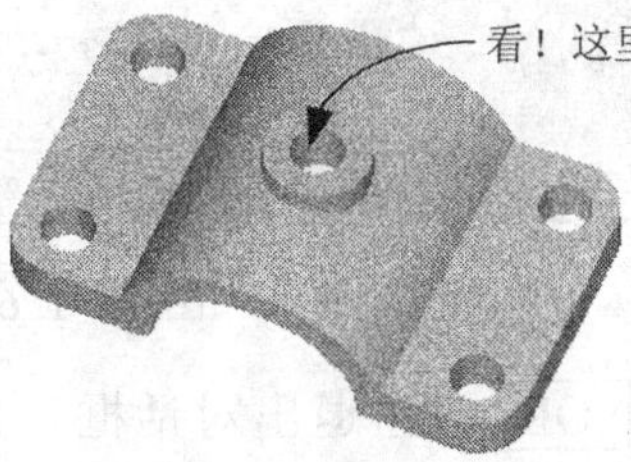


图 12-154　布尔运算得到孔

B．用布尔差运算在新主体上减去 R10 的圆柱，得到 R10 的孔。

选择 Solids\Boolean\Remove 命令→先点击主体→再点击 R10 圆柱→点菜单中的 Done 项→成功，结果见图 12-154。

你可以在此基础上对这个零件继续“添砖加瓦”，或者再进行可能的编辑操作。

本例已牵涉到实体造型和编辑中大部分命令，也基本上都是常用的命令，相信做完此例，应该有些体会了。

如果你还有精力或兴趣，请随我继续如下的工作，做之前请保存现在的图形。

14）创建螺纹孔。

从轴承零件的功用来看顶上的孔是通油孔，要安装螺塞或油杯，那么孔内就会有螺纹，有些读者可能喜欢较真，想在这个孔内“制出”螺纹来，这不难办到，无非多花点时间而已，下面介绍一下创建的思路和过程，不过先要提醒你，在用扫掠的方法生成螺牙时，花的时间可能很长（数分钟），你的电脑若处理数据能力一般，可要忍受得住哦！说不定还死机呢！

先设置好螺纹参数——设螺纹为粗牙普通螺纹、公称直径（大径）为 24（光孔已经是 20mm 了），螺距为 3，牙型角 60°。

操作步骤如下：

A．将构图平面和视角平面都改为 F（前面）。

B．在上个实体零件的旁边画一个边长为 3 的等边三角形（需要局部放大观察，见图 12-155）。

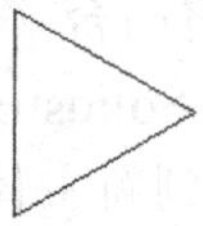

图 12-155　制作截形

C．将构图平面改为 T（顶面），将视角平面改为轴测方向。

D．在旁边再创建一条螺旋线，半径为 10，螺距为 3，圈数为 7 圈。

选择 Create\Next menu\Spiral/Helix 命令→出现对话框，按图 12-156 所示选择项目和取值：

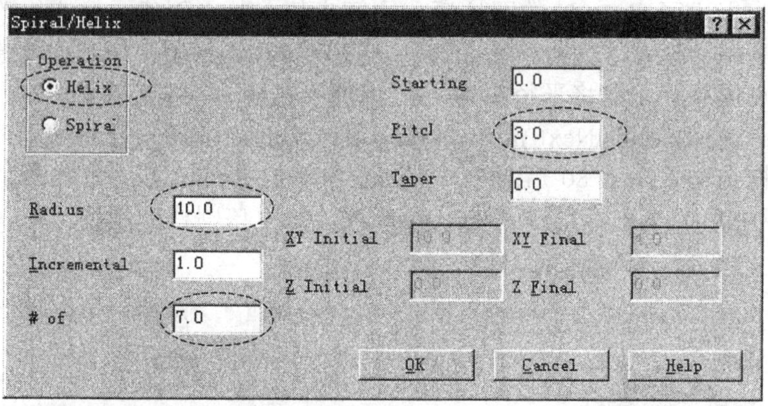


图 12-156　螺旋线参数设置

设置完后点 OK 按钮退出对话框。螺旋线绘出，结果如图 12-157 所示。

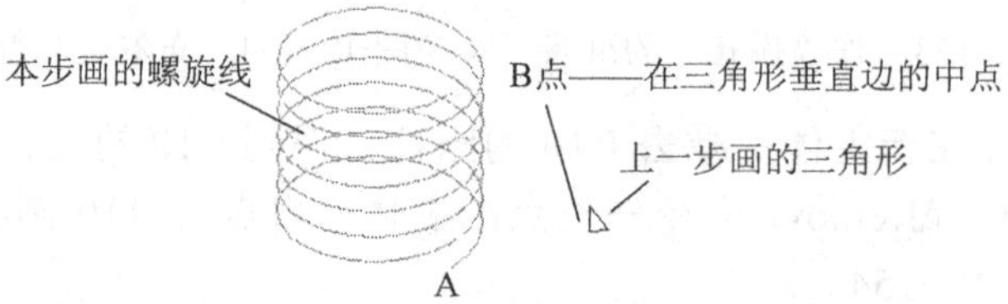


图 12-157　绘出轨迹线

E．将螺旋线从 A 点移到三角形垂直边中点 B 的位置（A、B 点位置见图 12-157）。

先一定要将构图平面设置为 3D 方式→然后选择 Xform\Translate 命令→点击螺旋线→点菜单中的 Done 项→点菜单中的 Between pts 项→捕捉 A 点点左键→捕捉 B 点点左键（这一点要仔细找准）→在弹出的对话框中选中 Move 项，数目一栏设置为1，点 OK 按钮退出对话框→成功，结果如图 12-158 所示。

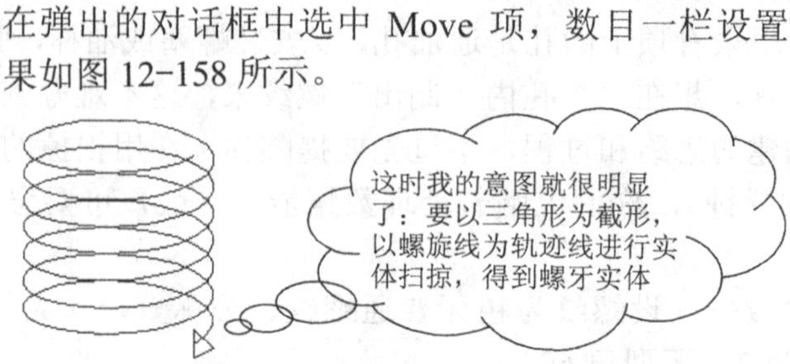


图 12-158　将截形移至轨迹线起点

F．扫掠得到螺牙实体。

选择 Solids\Sweep 命令→点菜单中的 Chain 项→点三角形上任意一条线→点菜单中的 Done 项→点螺旋线→弹出对话框，选中 Create Body 项，点 OK 按钮退出对话框→等待数分钟→出现结果，如图 12-159 所示。

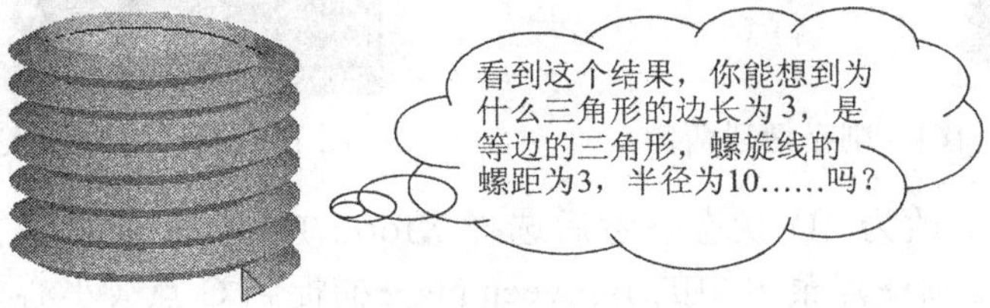


图 12-159　创建螺牙

下面要将这 7 圈螺牙的头部和尾部“切平”

G．切平螺牙的头部（设下侧为头部）。

先将两个剪切面创建出来：

这时构图平面应该还是 3D→选择 Create\Arc\Circ pt+rad 命令→在输值框中输入半径 15（比螺旋半径大）后回车→关闭着色效果→在螺旋线的头部（下面的端点）“放”一个圆→在螺旋线的尾部（上面的端点）“放”一个圆→退出画弧命令；

接着将这两个圆变成平面：

选择 Create\Surface\Trim/extend\Flat bndy 命令→点击一个圆→点菜单中的 Done 项→点菜单中的 Do it 项→点击另一个圆→点菜单中的 Done 项→点菜单中的 Do it 项→两平面创建成功→恢复着色效果，结果如图 12-160。

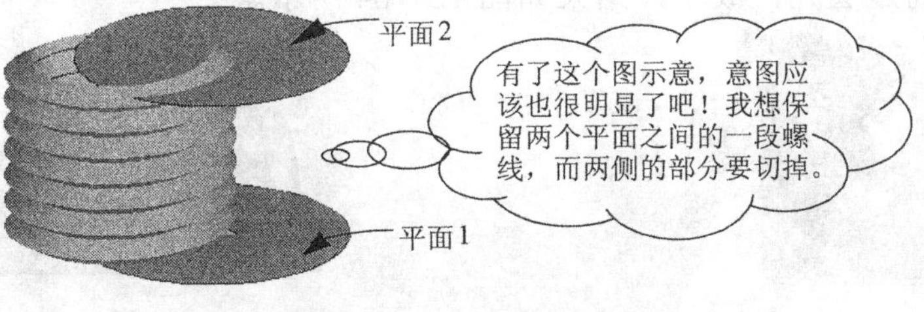


图 12-160　准备剖切用平面

有了上面的准备工作，下面要正式切除螺牙的头和尾部了。

选择 Solids\Next menu\Trim 命令→点击螺牙实体→点菜单中的 Done 项→点新菜单中的 Plane 项→点菜单中的 Entity 项→点平面 1→如果出现的箭头朝上，则点菜单中的 Done 项（否则，要先点 Flip 项改变方向，再点 Done）→成功。

再用同样的方法剪掉上半截：

选择 Solids\Next menu\Trim 命令→点击螺牙实体→点菜单中的 Done 项→点新菜单中的 Plane 项→点菜单中的 Entity 项→点平面 2→如果出现的箭头朝下，则点菜单中的 Done 项（否则，要先点 Flip 项改变方向，再点 Done）→成功。

删除两个平面（平面 1 和平面 2）及其上的两条圆弧线，结果如图 12-161 所示。

H．将螺牙从 C 点位置（螺旋线尾端点，见图 12-162）移到油孔顶面 0° 位置的端点处（上图右 D 点处），为捕捉准确，可暂时去掉着色效果，并可随时旋转和局部放大图形。

图 12-161 削平螺牙两侧

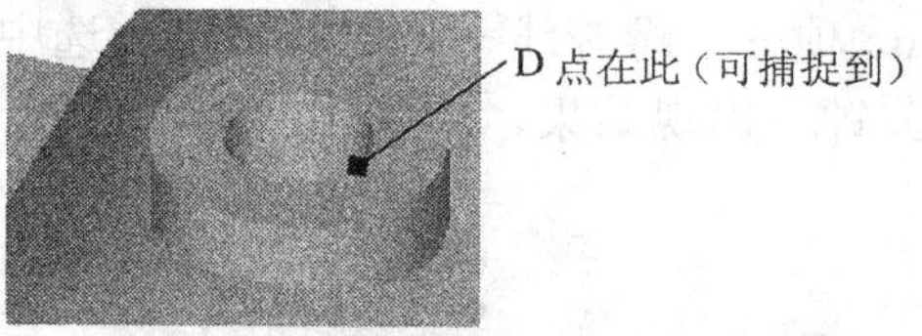


图 12-162 将螺牙从C点移到D点

先要将构图平面改为3D状态→然后选择 Xform\Translate 命令→点中螺牙→返回到上一级菜单，点 Done 项→点菜单中的 Between pts→捕捉到C点（小心）→捕捉到D点（更要小心，不怕难的话，干脆做辅助线）→出现对话框，确保 Move 项被选中，数目一栏为1，点 OK 按钮退出对话框→等待数分钟，操作成功，结果见图 12-163（未着色）。

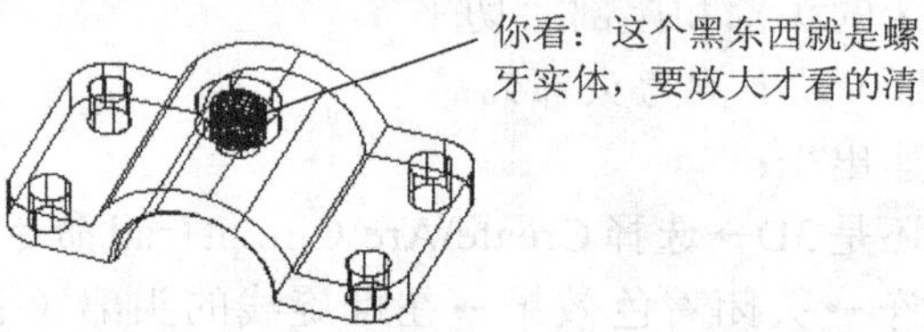


图 12-163 移动螺牙后的结果

到了这一步，你想我下一部会干什么呢？我要做布尔差运算。

I. 对轴承盖实体和螺牙实体进行布尔差运算。

选择 Solids\Boolean\Remove 命令→先点击轴承盖实体→再点击螺牙实体→点菜单中的 Done 项→等待一会儿，成功，结果如图 12-164 所示。

图 12-164 圆孔变为螺纹孔

说明：

① 上面绘制的螺纹还只是简化的螺纹，细节地方未处理（如牙尖、牙根处），但创建的思路已是如此。

② 如果是以加工为目的，螺纹牙型画出来没什么意义，只要选择合适的刀具并控制刀具的运动轨迹就可以加工出螺纹来。

③ 上面的方法不是唯一的，你如果对 MasterCAM 熟练了，有些地方可以有更简单的处理方法，本例为兼顾到插图能明确示意、还考虑到要尽量多牵扯一些命令和方法进去，走了一点弯路。

④ 设想一下：如果创建螺牙之后，若在其内创建一个半径为 10 的圆柱，再将此圆柱与螺牙进行布尔并运算……啊哈，不就是螺栓的头部（外螺蚊）了吗！

好，本例到此全部结束，希望读者能举一反三。

# 第3篇　CAM部分

## 第13章　CAM概述及加工公用设置

### 13.1　概述

实际生产中，一个零件的加工牵涉到很多的内容，比如选择刀具、选择机床、确定加工方法和工艺路线、选择工艺参数（主要指切削速度、进给量、背吃刀量（旧称切削深度））等，缺一不可。

MasterCAM 中，这些选择工作都是在操作者的指引下完成的，也就是说，系统一般并不能帮你自动完成这些专业性很强的选择工作，至少是不能完成决策工作。但一旦决策由设计者形成，则对后面的许多细致工作，系统还是能帮助你的，它会有很多“主意”让你参考。

CAM 技术必须有数控机床的支持，所以机床的选择没有多大的变数，但刀具的选择、加工方法的选择、工艺路线的确定、每次加工时的工艺参数的确定等，却是必须由操作者按自己的专业知识和经验来亲自指定的，而未参加工作的读者，在专业知识特别是加工经验方面却正是弱项，所以学习过程中更多的可能是类比实例进行选择，甚至有时还想当然地进行选择，比如出现了用零点几毫米直径的刀具挖槽，用数千上万转的机床转速进行普通的加工、企图一次装夹就加工出工件的各个面（包括底面）、一次就切掉十几个毫米厚的材料……总之，将屏幕上出现的“工件”当豆腐看，想像不出用钢制刀具切金属材料的艰难。MasterCAM 提供了一个加工的模拟器，可以非常逼真地按你设计的加工规程显示加工的全过程，但难堪的是：MasterCAM 还不能理智地判断参数选择是否恰当，只要刀具路径不出现干涉、每个地方刀具都能走到，则不管天高地厚，哪怕是用针一样的刀具，它也乐滋滋地跑个不停，很快就将多余材料切得干干净净，露出零件面貌，让人喜不自禁，却不知它在“骗人”。

专业知识和经验不是几天、几个星期就补得上的，特别是工艺参数的选择，连一些有一定加工经验的人都不一定能够选择最合理的值，常是趋于保守地选择一个可行的值。所以，学习 MasterCAM 过程中，还是将重点放在操作的过程，至于参数的选择，以后实际应用时会逐步体会得到的。

被刀具接触到的材料都将被切除，所以加工最关键的是刀具的运动轨迹，MasterCAM 中将其称为刀具路径（Toolpath）。

MasterCAM 中重点设计了二维加工刀具路径和三维加工刀具路径两大类别，以在立式铣床上加工为例，二维加工一般是指在切削动作进行当中，刀具在高度方向的位置不再发生变化（切完一层材料后，再移下刀具切削下一层材料，这算做两个切削动作，不算改变了高度），工件只在 XY 平面内移动位置，使刀具不断切削到材料；而三维加工是指工件除了在 XY 平面内不断移动位置的同时，Z 方向也不断发生变化，或者说 X、Y、Z 三轴联动，这样才能加工出球面等形状的零件。

在一块板材上进行钻孔，孔的大小由所选择的刀具大小决定，但孔的位置却是靠 X 和 Y 方向的坐标移动来实现的，当移动到一个正确位置时，刀具边转动边徐徐下降，直到孔被钻到规定深度为止。这种加工动作仍属于二维加工，因为移动 X、Y 方向的位置时，Z 方向没发生变化，是在定位之后才变化的。

二维加工包括了外形铣削、挖槽、钻孔和面铣削四种加工方式；三维曲面（实体表面包含在内）加工分粗加工和精加工两大类，共设计了 10 多种加工方式，此外，还设计了其它一些特殊情况下的加工方式，并可以对生成的刀具路径进行编辑修改等，所有命令全部都在 Toolpaths 菜单下，如图 13-1 所示。

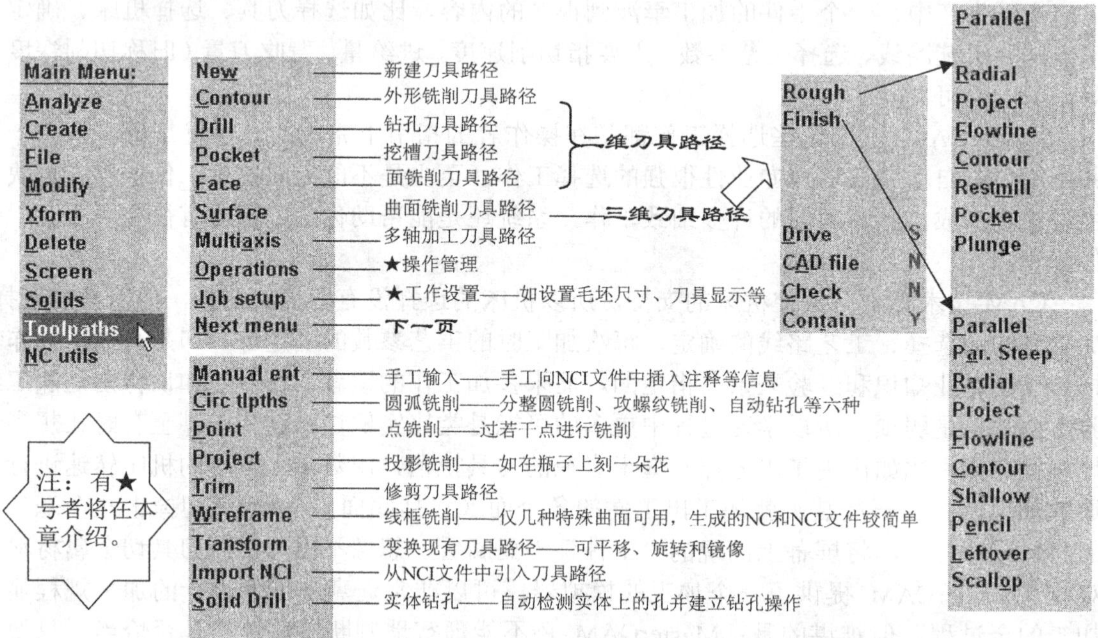


图 13-1　刀具路径菜单命令及功能

不管是哪种类型的加工，其中的刀具设置、工件毛坯的设置、操作管理（含加工过程的模拟）等都是完全一样的，下面先对这三个方面的问题做一个介绍，以后各章中将不再细说方法，仅提及而已，到时若有不明之处，请返回来查询。

## 13.2　刀具设置

任何一种加工方法，在进入了命令之后，首先出现的是一个对话框，里面有 2 个或 3 个甚至个别的有 4 个标签页，但第一个标签页一定是刀具参数标签页，例如图 13-2 是用 Toolpaths\Contour 命令、然后选择要加工的位置后出现的外形铣削对话框，注意其中第一个标签页。

这个标签页中内容很多，下面分别介绍。

### 13.2.1 刀具的选择

请先注意图 13-2 中最大的一个空白区，刚开始里面一定是什么东西都没有，完全空白的，其上方有一句提示，意思见图 13-2 中的解释。

在该框中点击右键，会弹出一个浮动菜单，如图 13-3 所示。

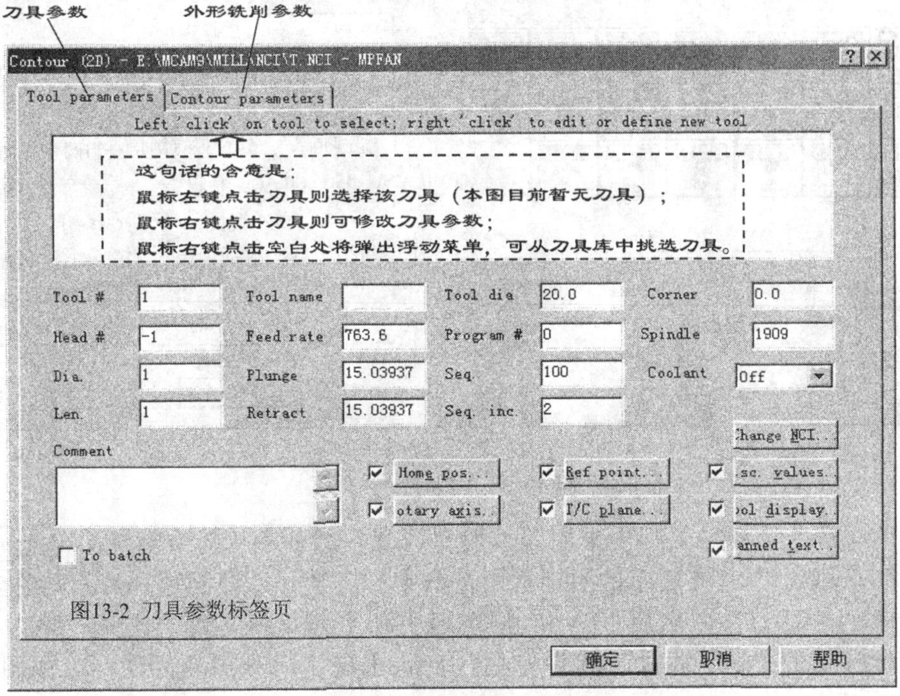


图 13-2 刀具参数标签页

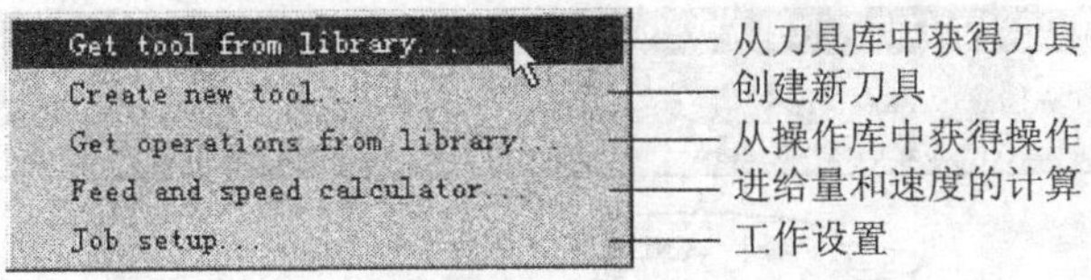


图 13-3 浮动菜单

一般常选第一项 —— 从刀具库中获得刀具，点击该项，弹出如图 13-4 所示的对话框，里面列出了刀具库中的刀具。

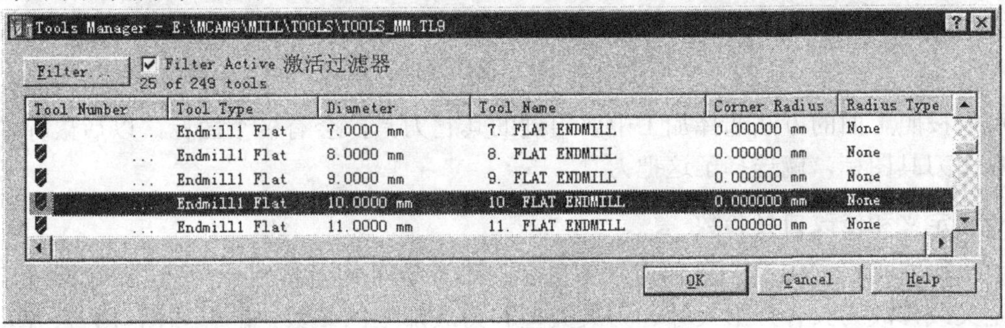


图 13-4 刀具库中列出的刀具

点击图 13-4 中左上角的 Filter... （过滤器 —— 所谓过滤器，就是从许多种类刀具中选择符合要求的刀具类型）按钮，出现如图 13-5 所示的对话框。

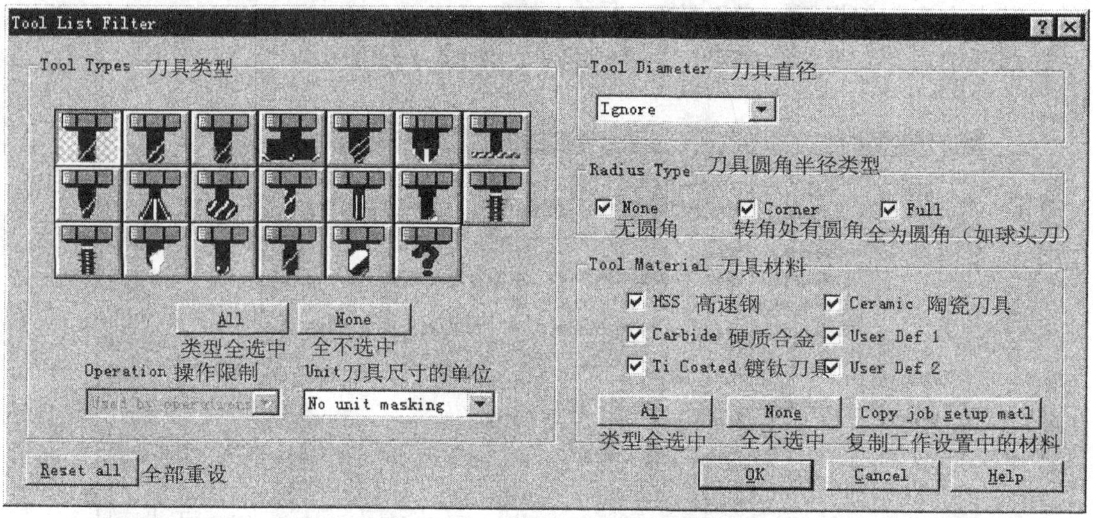


图 13-5　刀具列表过滤

一般只需从中选择好要列出来的刀具类型、其它的各项可以全部选中，点 OK 按钮退出对话框，回到图 13-4 所示的对话框中，其中列出了你选择的那一类刀具的全部规格，选择你满意的一种刀具，然后点 OK 按钮退出那个对话框，则选定了一把刀具。此时刀具参数标签页的上面大框中不再是空白，而是出现了一个刀具的图标，如图 13-6 所示。

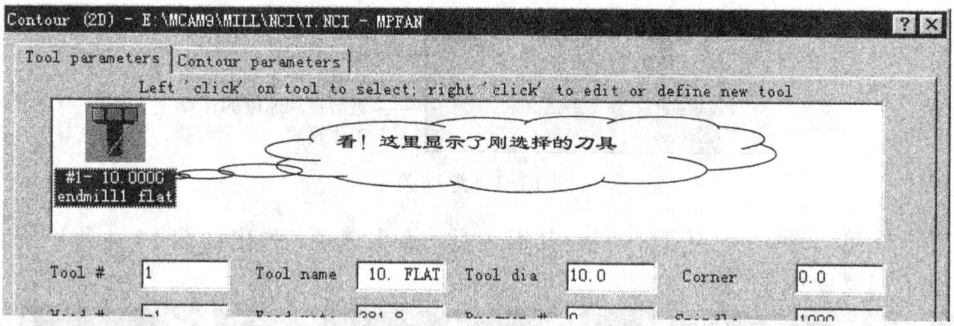


图 13-6　显示出选择的刀具

可以按照上面的方法选择加工中要用到的其它刀具，会有多个图标，以后鼠标左键点中了哪个刀具图标，就选择了这把刀具。

### 13.2.2　定义和修改刀具参数

用鼠标右击这把刀具，会弹出一个包含三个标签页的对话框 —— 定义刀具对话框，可以定义或修改刀具各外形尺寸、刀具类型和刀具加工的参数，解释如图 13-7、图 13-8 和图 13-9 所示。

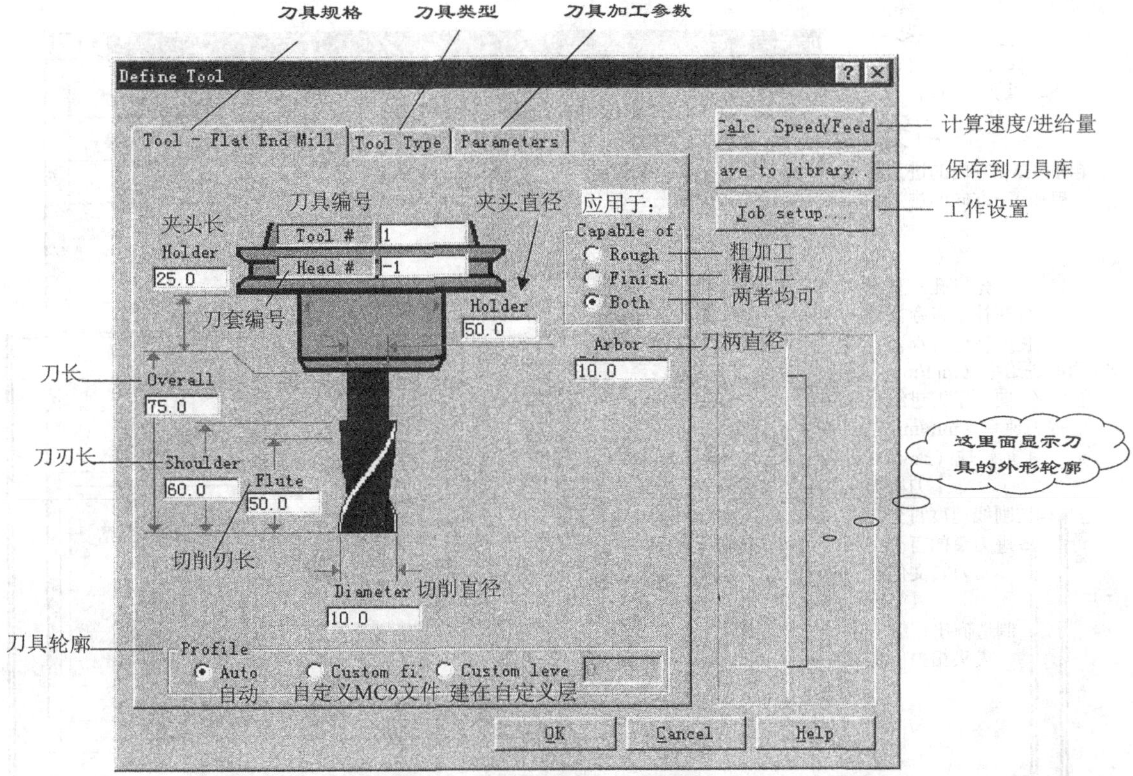


图 13-7　刀具规格尺寸设置标签页

- End Mill——平铣刀
- Spher Mill——球头刀
- Bull Mill——牛头刀
- Face Mill——盘铣刀
- Rad Mill——径向铣刀
- Chfr Mill——倒角刀
- Slot Mill——槽铣刀
- Taper Mill——锥度铣刀
- Dove Mill——燕尾铣刀
- Lol Mill——棒状铣刀
- Drill——麻花钻
- Reamer——铰刀
- Bore Bar——镗刀
- Tap RH——右旋丝锥
- Tap LH——左旋丝锥
- Ctr Drill——中心钻
- Spot Drill——点钻
- Cntr Bore——沉孔铣刀
- C. Sink——锥孔铣刀
- Undefined——未定义刀具

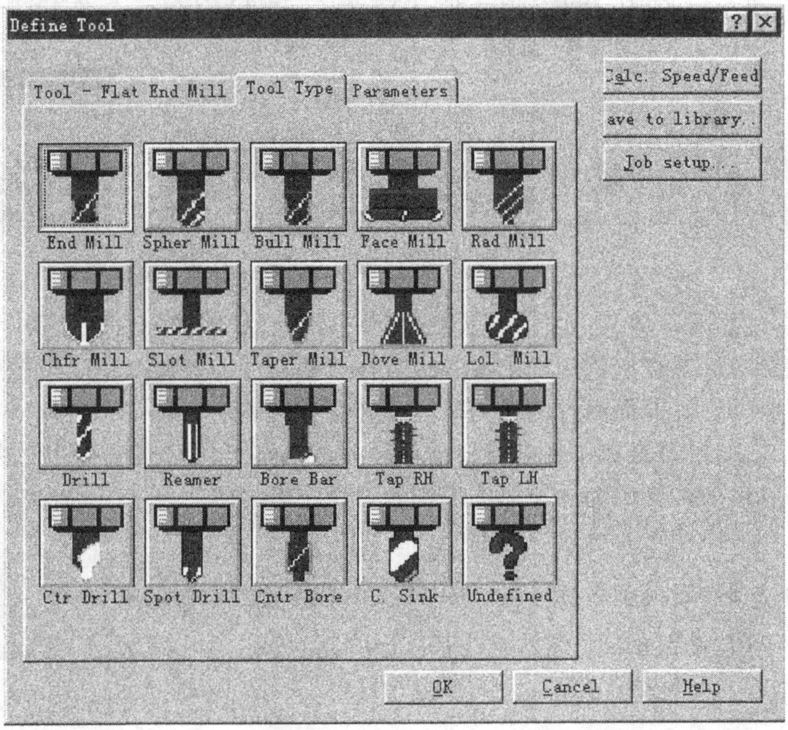


图 13-8　刀具类型设置标签页

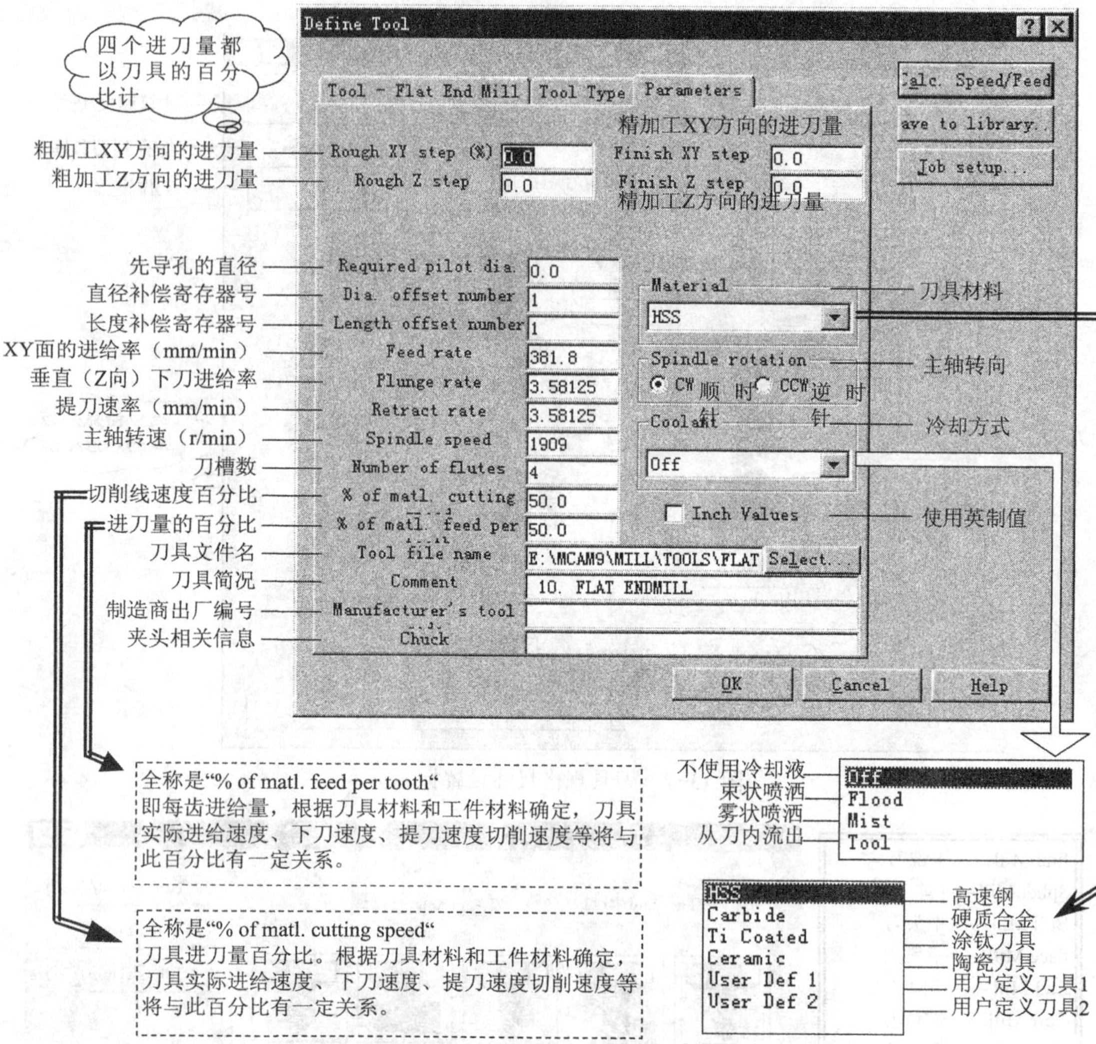


图 13-9 刀具加工参数设置标签页

图 13-7 和图 13-8 所示的两个标签页容易理解和选择，请注意图 13-9 所示的刀具加工参数标签页，这里面的参数设置很重要，并不是每个框中的值都要你进行选择填写，主要要确定好前面两行的进刀量设置（百分比表示）和后面的两个百分比项（箭头引出解释的），如果刀具和工件的材料都已选择，则按下对话框中右上角的 Calc Speed/Feed 按钮，可以自动计算出加工所需的主轴转速和进给量等。

具体设置方法见后面的相关实例。

### 13.2.3 刀具参数标签页（图 13-2）中其它各项目的解释

1）各填充框的含义，见图 13-10。

2）8 个按钮的含义，见图 13-11。

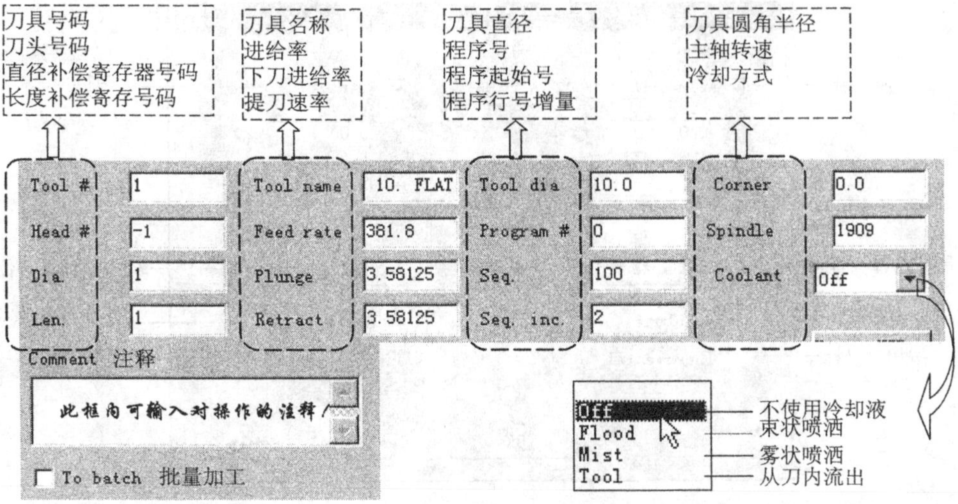


图 13-10 刀具参数标签页中各填充框的解释

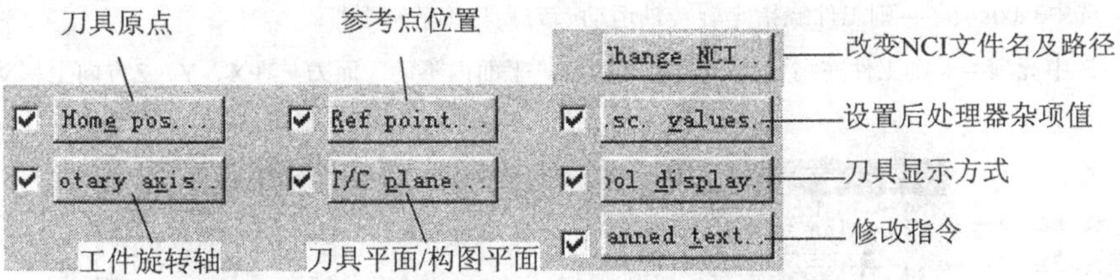


图 13-11 8 个按钮的含义

按下 8 个按钮弹出的对话框中各项目解释如下：

①刀具原点对话框（图 13-12）。

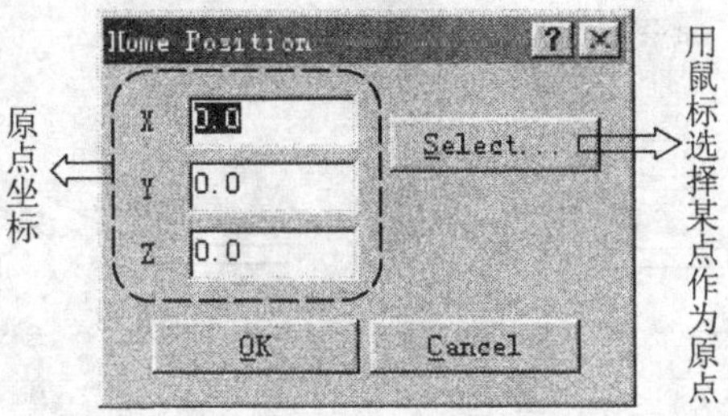


图 13-12 刀具原点对话框

②参考点位置对话框（图 13-13）。

加工时，刀具先从上面所设的刀具原点位置移动到图 13-13 所示的 Approach 中指定的 X、Y、Z 坐标处，再开始第一条刀具路径的加工；加工完成后，先移动到 Retract 中指定的 X、Y、Z 坐标处，再返回到刀具原点。

③工件旋转轴对话框（图 13-14 初学者略看，不必细究）。

一般在铣床加工系统中不需进行此项设置，而在车床系统中则有必要。允许在机床上模拟四轴去设置参数。

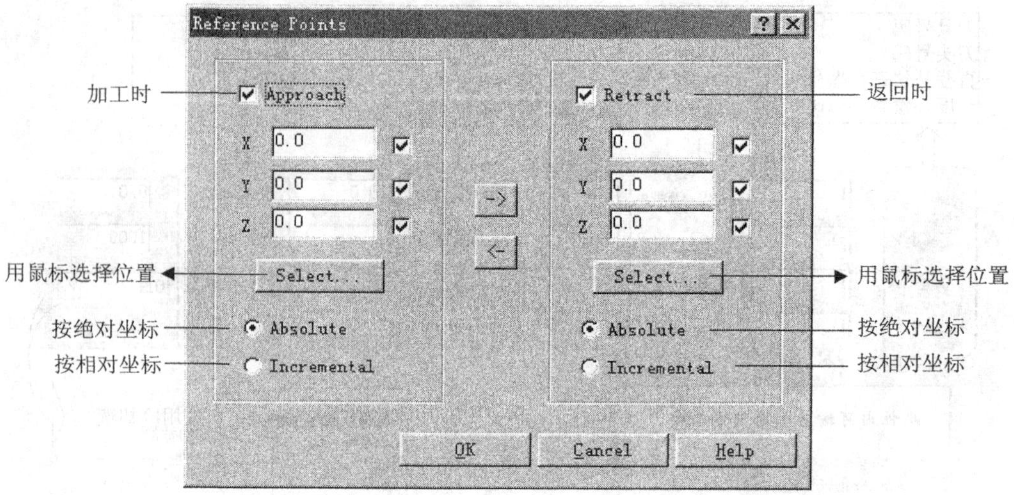


图 13-13 参考点位置对话框

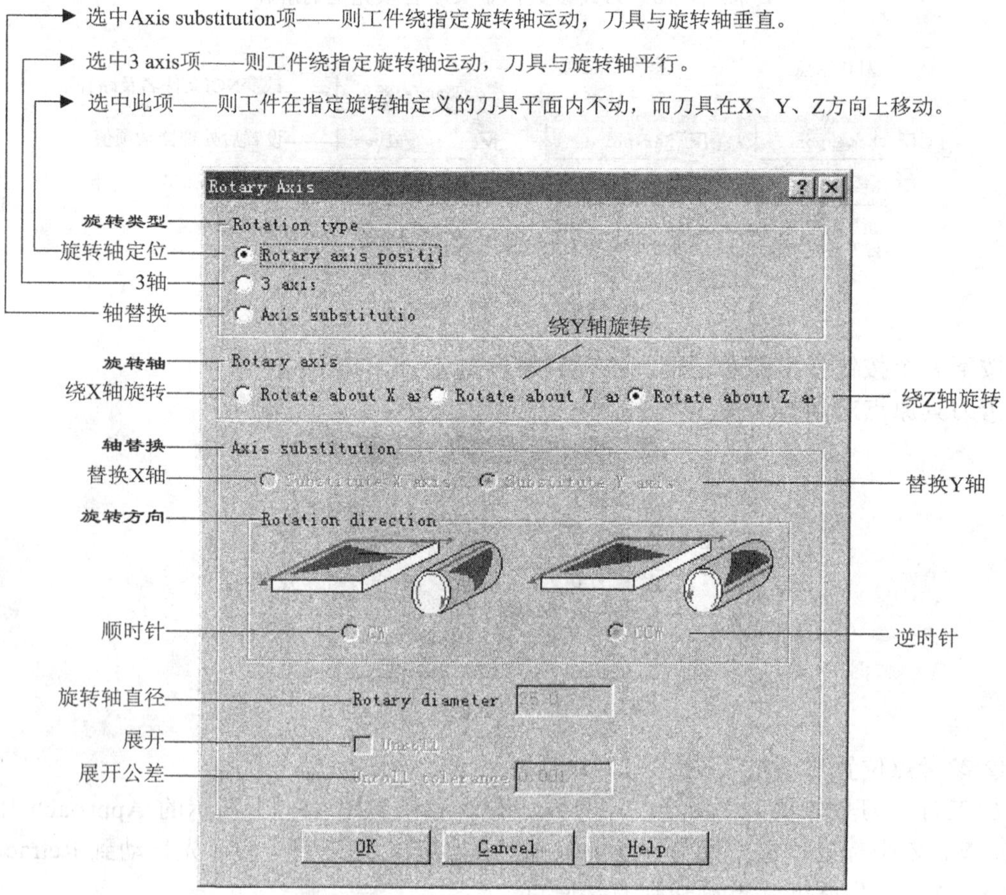


图 13-14 工件旋转轴对话框

④刀具平面/构图平面对话框（图 13-15）。

用来设置刀具平面和构图平面的原点及视图方向。

**注意**：有一些项目相同，未重复解释。

刀具平面是刀具的工作面，也就是刀具与加工的工件接触的平面，通常垂直于刀具轴线。数控加工中有三个主要的刀具平面：

X-Y 平面 —— 上平面，数控加工代码为 G17；

X-Z 平面 —— 前平面，数控加工代码为 G18；

Y-Z 平面 —— 侧平面，数控加工代码为 G19。

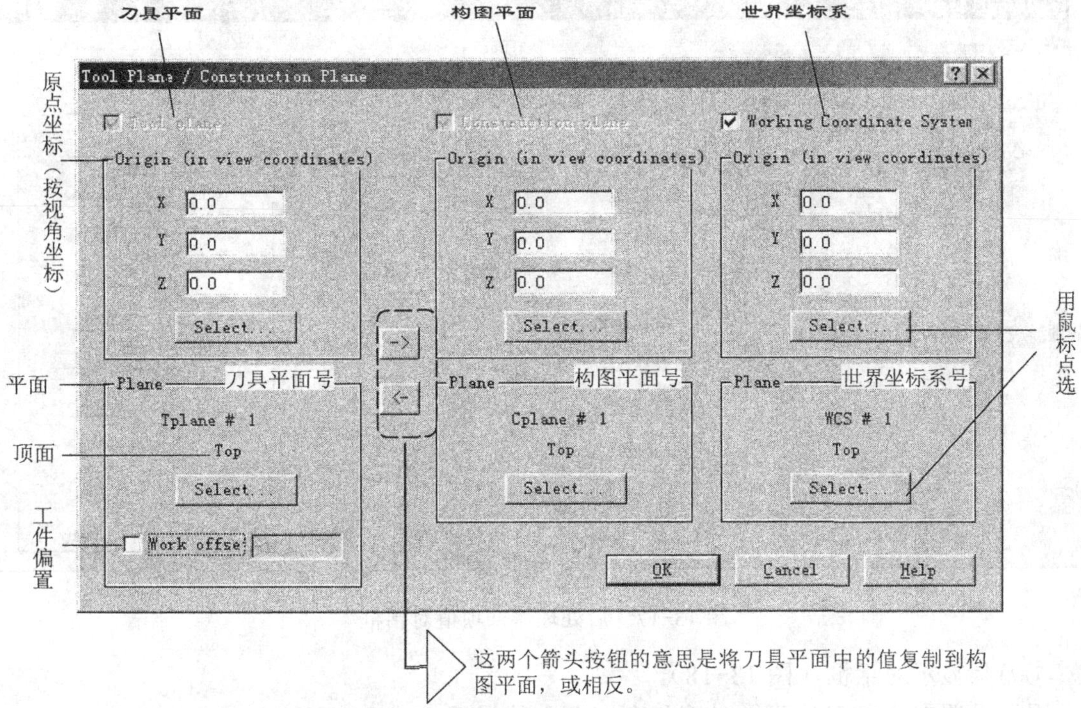


图 13-15　刀具平面/构图平面的设置

⑤改变 NCI 文件名及路径对话框（图 13-16）。

用于设置生成的 NCI 文件名及它的存储位置。

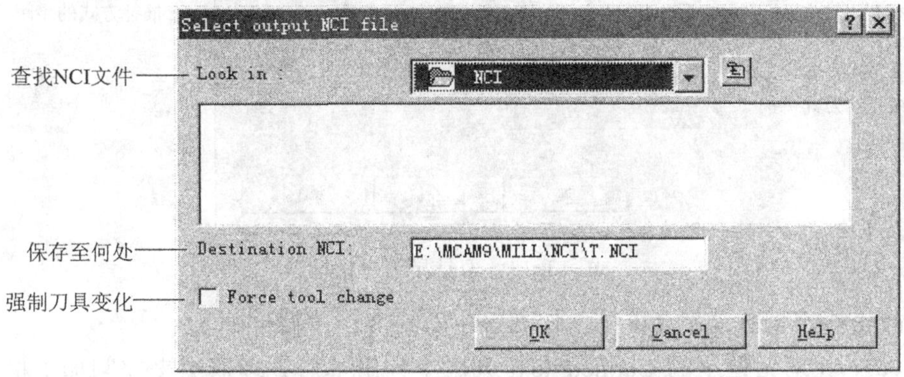


图 13-16　选择输出 NCI 文件对话框

⑥设置后处理器杂项值对话框（图 13-17，初学者不必深究）。

用于设置后处理器各杂项的值，包含 10 个整数值和 10 个实数值，创建 NCI 文件时，这些杂项值将出现在每个操作的开始位置，而且这些杂项值是与适当的变量有链接关系的。

整数用作计算数据型式或编号，而实数（带小数的数）用于存储测量值和其它一些限制精度的值。

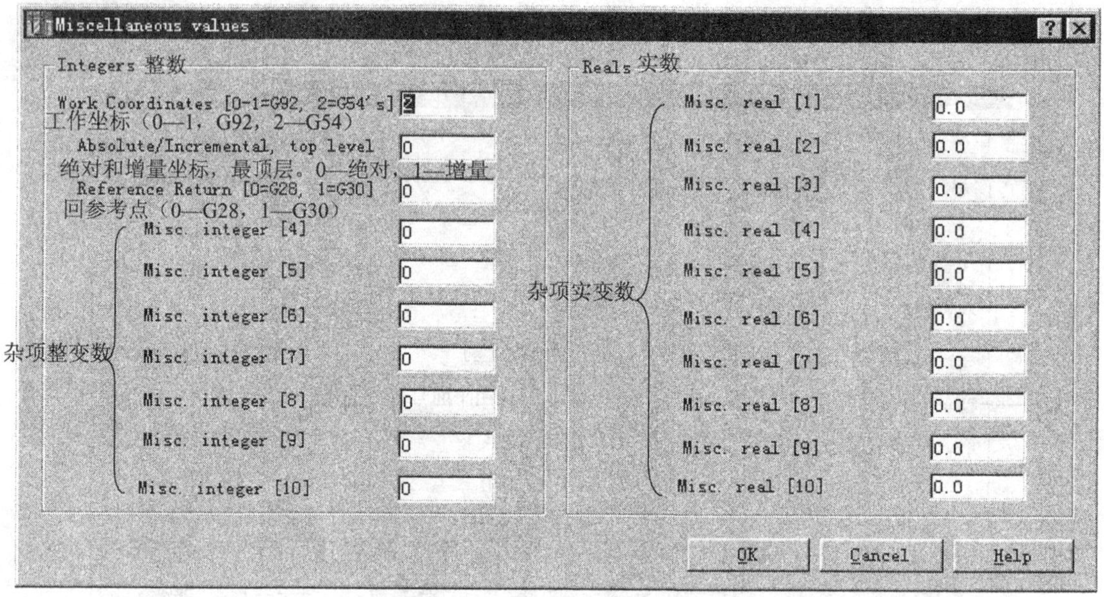


图 13-17　后处理器杂项值对话框

⑦刀具显示对话框（图 13-18）。

用于设置在生成刀具路径时刀具在屏幕上的显示方式。

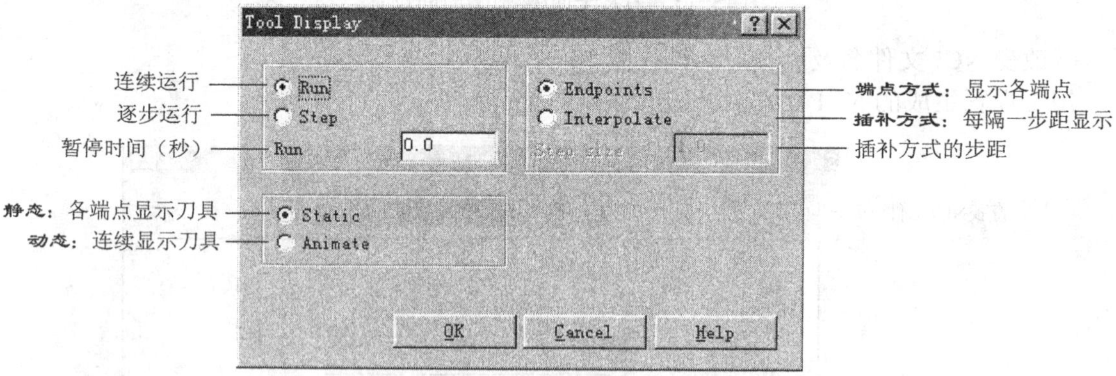


图 13-18　刀具显示对话框

⑧修改指令对话框（图 13-19，初学者不必深究，了解即可）。

Canned text 对话框中的 Canned text 列表中列出了后处理器用来控制加工机械命令的变量；Selected canned 列表中列出了指定给选择点或刀具的 Canned 文本的变量。

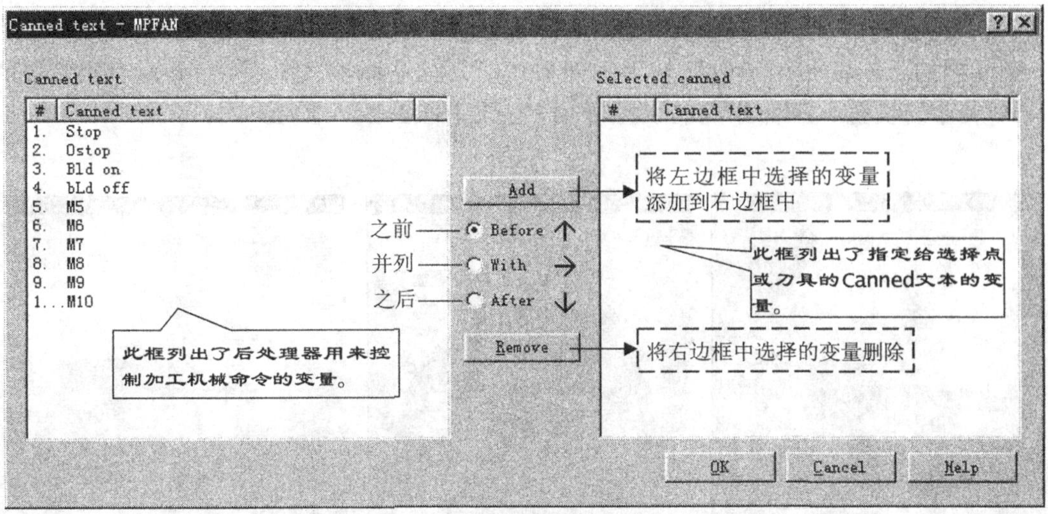


图 13-19 修改指令对话框

## 13.3 工作设置

主要是设置毛坯，这是加工必不可少的准备工作。

点击定义刀具对话框（见图 13-7）中右上角处的 Job setup... 按钮，可以打开工作设置对话框，但一般我们是采用 Toolpaths\Job setup 命令直接打开工作设置对话框。

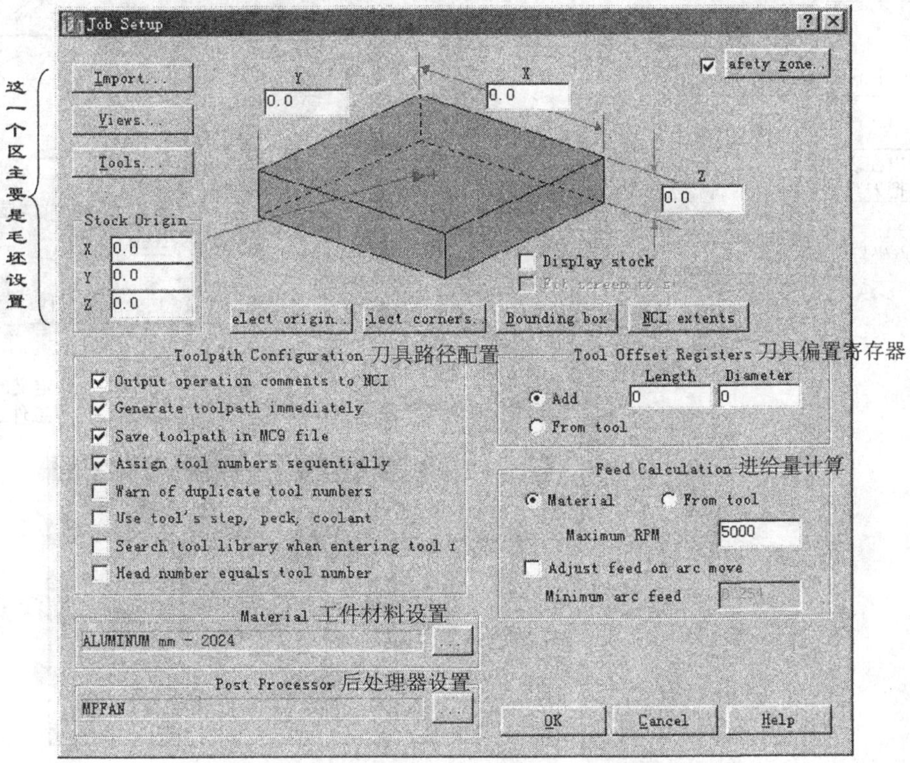


图 13-20 工作设置对话框

下面用注释的方法分区进行解释，具体用法及概念解释见后面章节。

对话框的上半截是用于设置加工工件毛坯的，有毛坯长、宽、高（分别对应图中的 X、Y、Z）尺寸的设置、工件原点的设置等项目，见图 13-21～图 13-26。

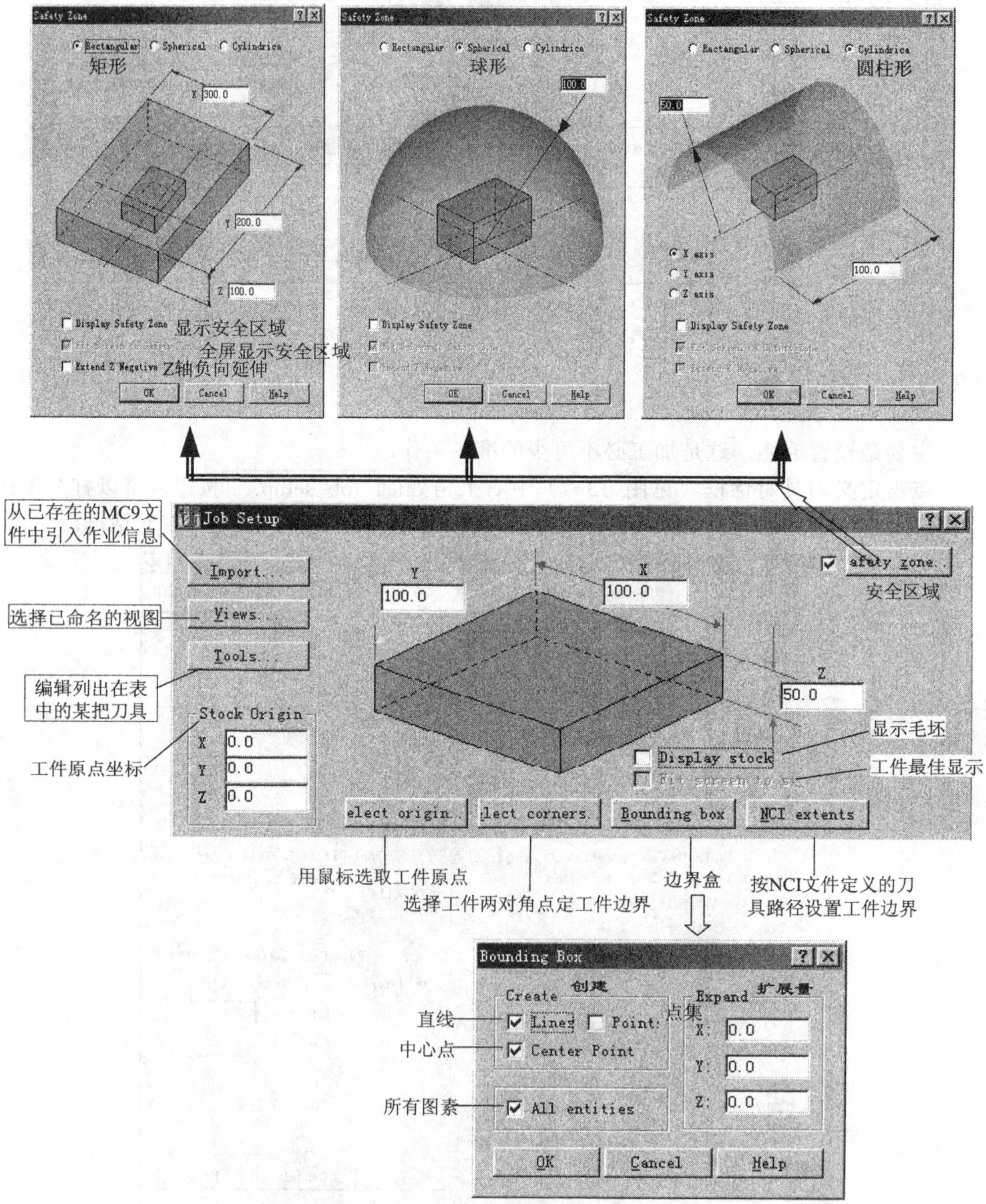


图 13-21　毛坯设置

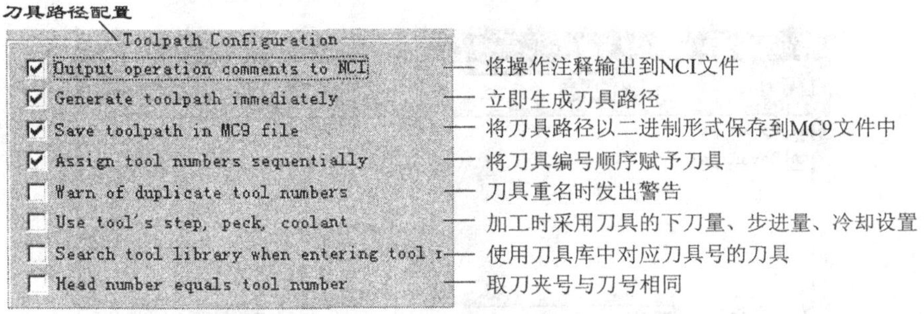


图 13-22 刀具路径配置区

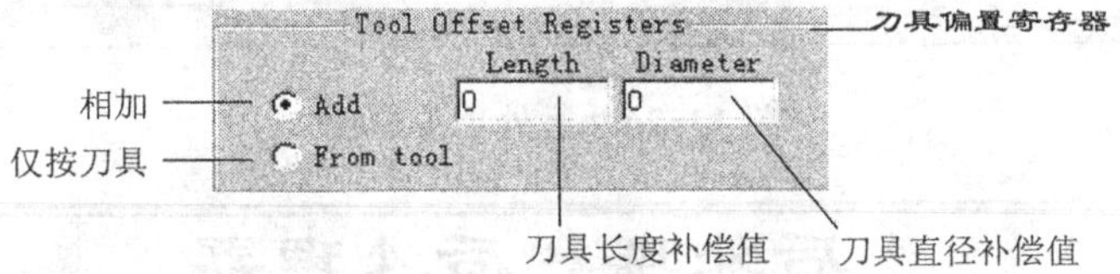


图 13-23　刀具偏置寄存器区

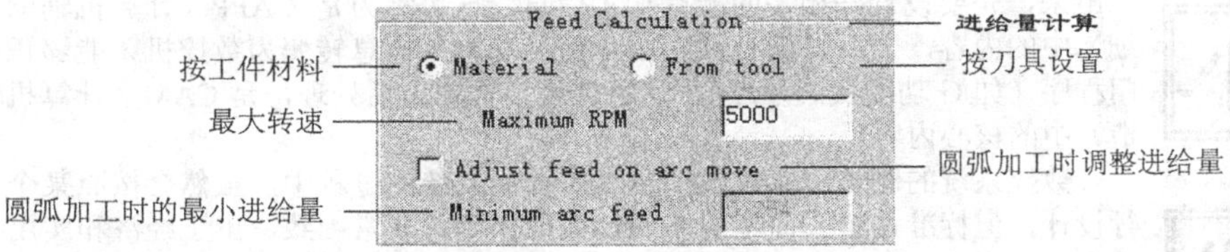


图 13-24　进给量计算区

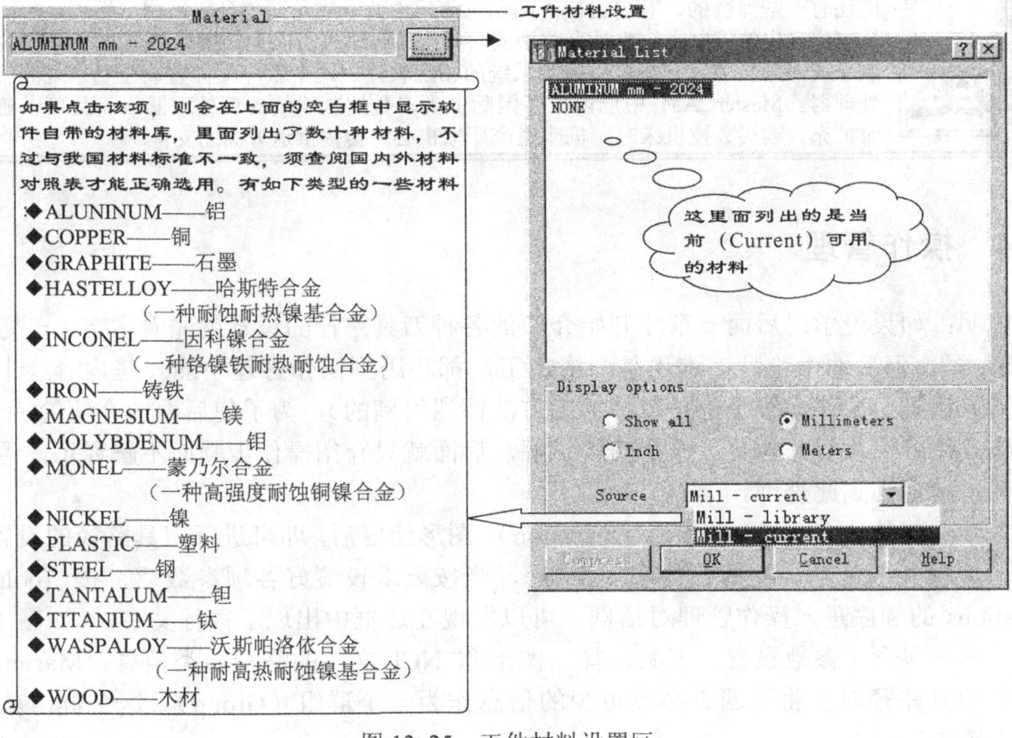


图 13-25　工件材料设置区

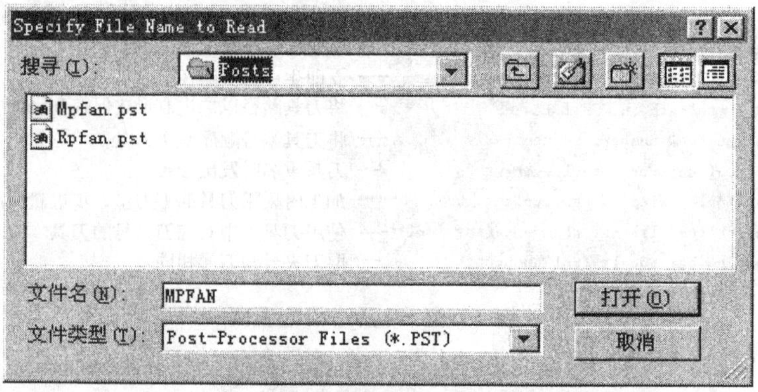


图 13-26 后处理器设置

小讲座

### 后处理和后处理器

在电脑上绘制好要加工的零件图形，这称为 CAD（计算机辅助设计），为了加工出来，先要设置好相关的所有加工信息，这可称为是 CAPP（计算机辅助工艺规划）中的内容，之后，就必须将图形信息和加工信息转变为数控机床能够识别的专门程序（如 G 功能代码程序），这种转换工作称为后处理，是 CAM（计算机辅助制造）中的核心内容。

数控系统的制造厂家在设计自己的控制系统的过程中，虽然会按照某个标准进行设计，但标准是个大而全的东西，面面俱到，非常细致，出于经济和实用等方面的考虑，自然不会完全照搬，可能是有选择地采用标准中的一些东西，而且，可能对某些内容根据使用过程中反馈的信息进行合理的修改，出于自身利益的需要，可能还有一些保密的、有自己特点的创意等，由此一来，即使是采用同一标准，不同厂家生产出的控制系统都是有差别的，如果某台数控机床上采用的是 A 厂生产的控制系统，则必须有支持该厂控制系统的相应软件，这个软件就称为该控制系统的后处理器。MasterCAM 中已内含了国际上大多数控制系统的后处理器，而且可以随时扩充。购买数控机床时，机床生产厂家也必定会提供这方面的支持。

## 13.4 操作管理

申明：如果没学习后面一章才开始介绍的各种刀具路径的设置就先看本节，一定感到很“麻木”，但后面不论是二维还是三维加工，都将用到操作管理中的一些内容（上面所讲的刀具设置、工作设置等也是每种加工方法都遇得到的），为了使后面的介绍简练一些，在此先介绍各个项目的含义，作个初步了解，后面就只介绍操作步骤而不解释了，遇有不明之处，请返回到此查询。

先要弄清楚什么叫做“操作”（Operation）：图形绘好后，即可进行刀具路径的设置（即对图形进行外形铣削、挖槽、曲面加工等），当按要求设置好各项参数后，按 Toolpaths\Operations 的顺序进入操作管理对话框，可以发现左边框中出现了数行文字，（如图 13-27 所示，其中包含了参数设置、刀具选择、图形和 NCI 文件的路径四类信息，MasterCAM 在生成刀具路径时，将这四类必不可少的信息作为一个群组（Group），这个群组就叫作一个“操作”。

如果点击一个操作中的任一项，可以打开各自的对话框，允许重新设置相关参数。

### 13.4.1 操作管理对话框介绍

下面对操作管理对话框中右上方的六个按钮的功能作一介绍（见图 13-27）。

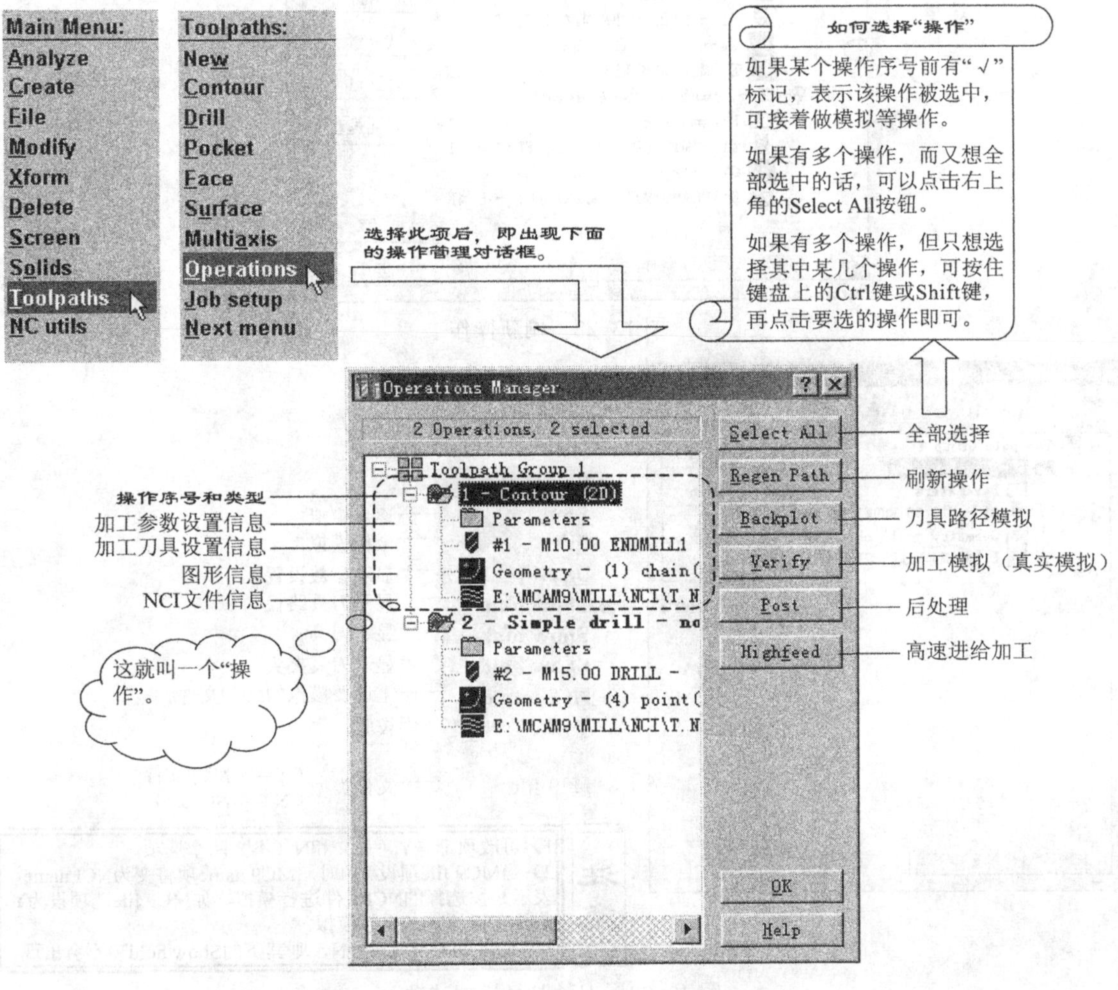


图 13-27 操作管理对话框

1. Select All —— 全部选择按钮

按下此按钮，可以选中左边框中所有的操作。

2. Regen Path —— 刷新操作按钮

可点击每个操作中四个项目中的任一项，便会打开各自的对话框或菜单，允许对参数进行修改，但修改后，必须按下此按钮对修改结果进行刷新，才能使所做的修改生效。

**注意**：如果对某个操作做过修改，便会在该操作上出现"×"的标记，如图 13-28 所示，但如果进行了刷新，则该标记会消失。

3. Backplot —— 刀具路径模拟按钮

按下此按钮，可以对刀具的移动路径进行模拟显示，以供你判断是否满意。

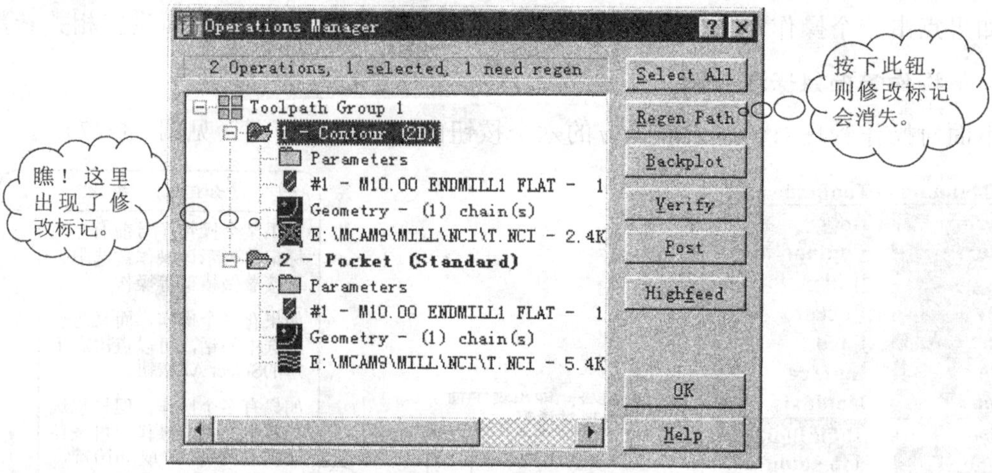


图 13-28　刷新操作

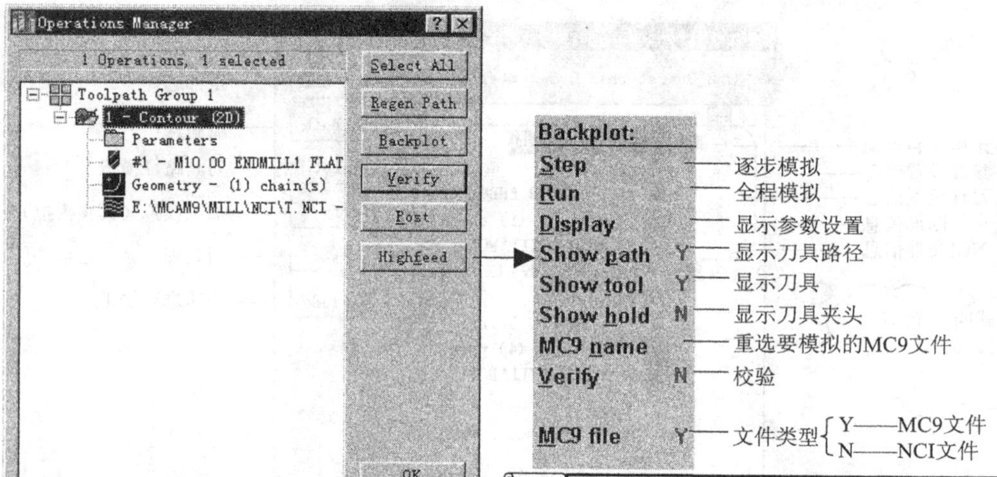


**注意**

1）可改项都是Y（是）和N（不）两个选项。
2）当MC9 file项设为N时，MC9 name项将变为NCI name，表示是按选择的NCI文件进行模拟。如MC9 file选项设为Y，则按选择的MC9文件模拟。
3）如Show tool项设为N，则其下的Show hold项不会出现。

图 13-29　刀具路径模拟选项

对其中的每一项（见图 13-29）分别解释如下：

（1）Step —— 逐步模拟　如果刀具路径不是特别简单的话，刀具路径一般是由多段组成的，比如走圆和走直线就是不同的两段，逐步模拟（又称步进）就是让刀具路径一段一段地显示给你看。

（2）Run —— 全程模拟　刀具的加工过程从头到尾连续不断地显示。

（3）Display —— 显示参数设置　点击此项，将弹出如下对话框，共有三个标签页，见图 13-30～图 13-32。

（4）Show path —— 显示刀具路径　其中：Y —— 显示，N —— 不显示。

（5）Show tool —— 显示刀具　其中：Y —— 显示，N —— 不显示。

（6）Show hold —— 显示刀具夹头　只有当 Show tool 一项设为 Y 时，才会出现本项。

夹头是夹持刀具的装置。即：Y —— 显示，N —— 不显示。

（7）MC9 name —— 重选要模拟的 MC9 文件　一般情况下，是对屏幕显示的图形进行模拟，但你可按下此项，选择其它的 MC9 文件进行模拟操作。

**注意**：若 MC9 file（是本菜单的最后一项）设为 N 时，这一项会相应变为 NCI name，NCI 文件是一种加工信息文件，它本来就是根据 MC9 图形文件生成的，根据它也能进行加工模拟。

（8）Verify —— 校验　其中：Y —— 校验，N —— 不校验。

所谓校验是指显示刀具的加工痕迹，会通过颜色来提醒你刀具是否越界、是否与工件发生碰撞等不正常情况。

（9）MC9 file —— 指定要进行刀具路径模拟的文件类型　其中：Y —— MC9 文件，N —— NCI 文件。

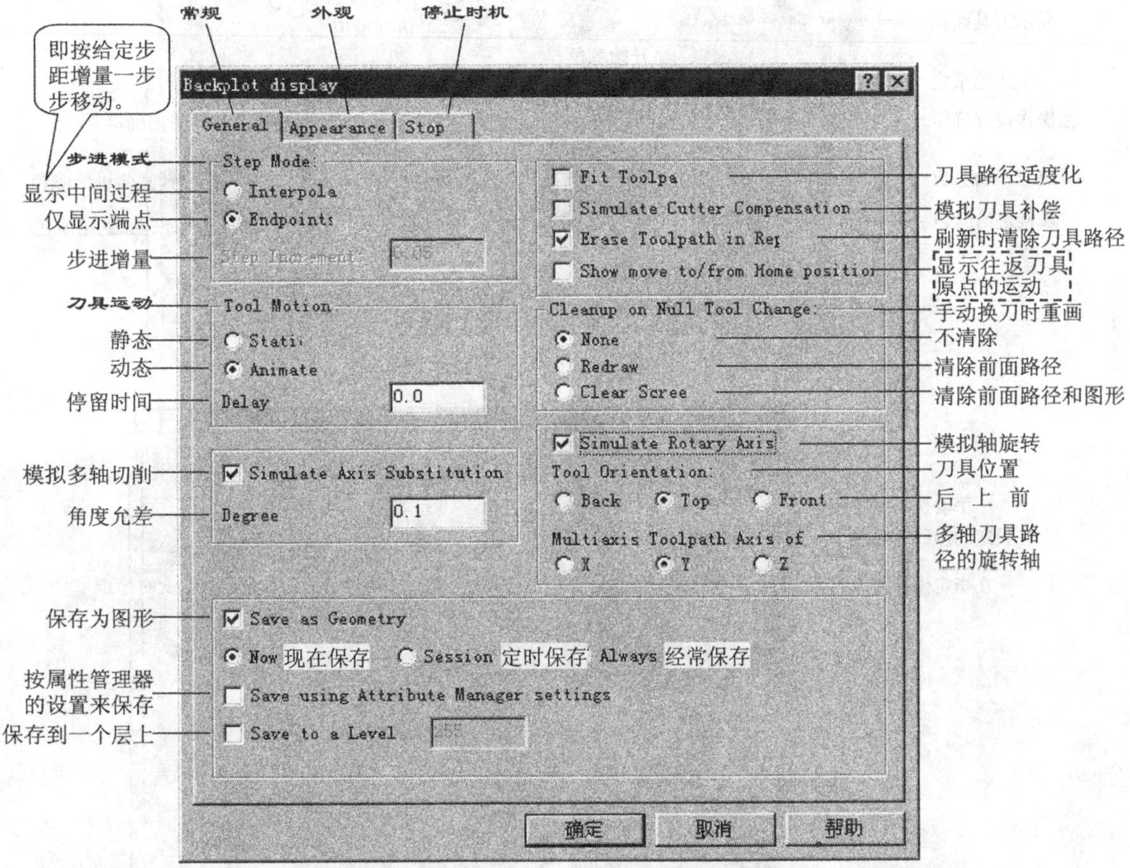


图 13-30　校验刀具路径时的显示设置之一

| 难点释 | |
|---|---|
| | **静态**——在每一个步进点保留刀具的图像，这样会沿刀具路径留下许多个刀具的图像。<br>**动态**——与实际加工过程相仿，刀具移动到新位置后，原来位置的刀具图像将消失。<br>**刀具路径适度化**——指使刀具路径充满整个屏幕。<br>**手动换刀时重画**——指换刀切削时，是否将前面的刀具路径清除，有三个选项：<br>None——不清除；<br>Redraw——清除前面的刀具路径，但保留图形；<br>Clear Screen——清除前面的刀具路径和图形，只显示当前刀具路径。 |

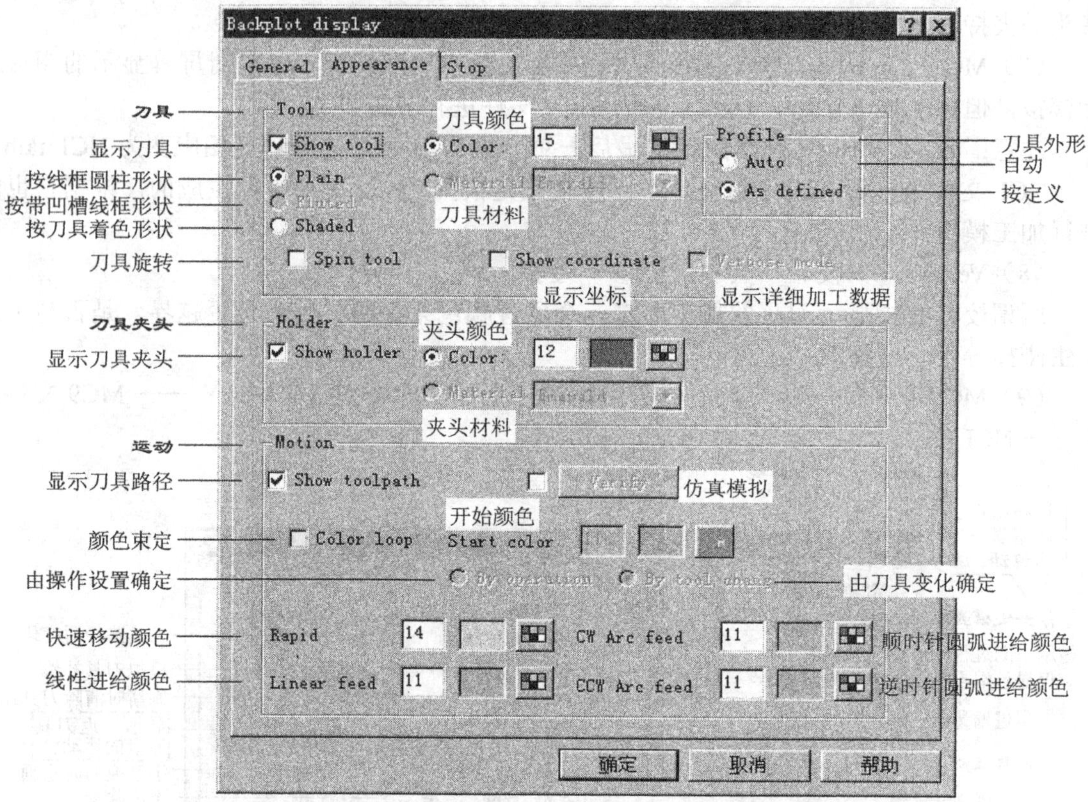


图 13-31　校验刀具路径时的显示设置之二

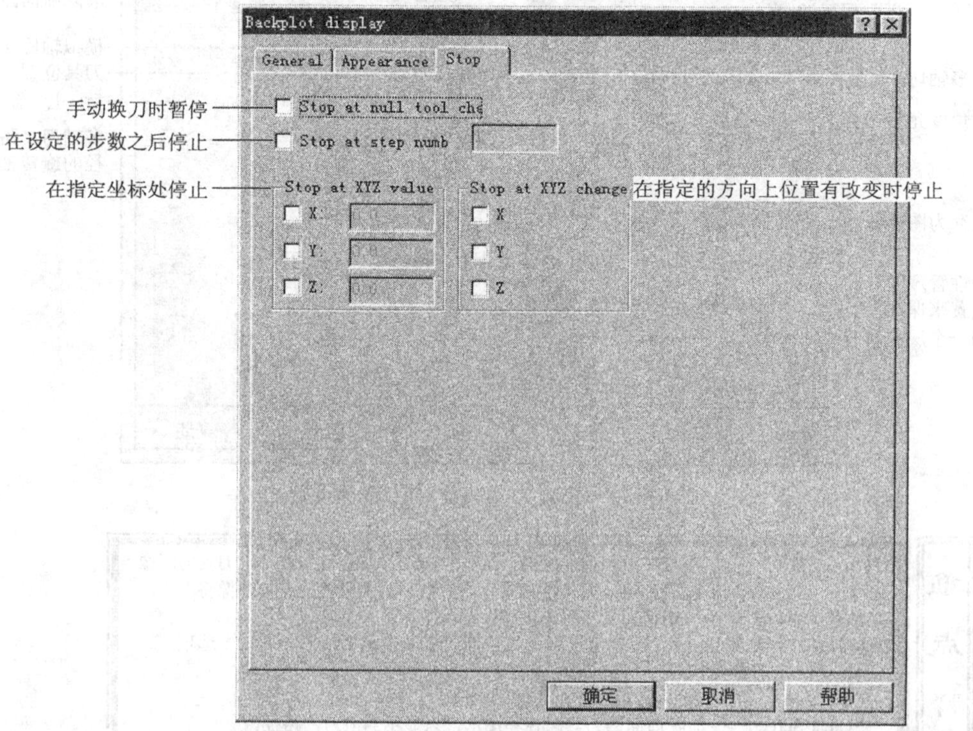


图 13-32　校验刀具路径时的显示设置之三

4. Verify ——加工模拟按钮

可以模拟真实加工状况，刀具和工件毛坯及加工过程都可十分逼真，见图 13-33。操作控制面板中各按钮的功能，见图 13-34。

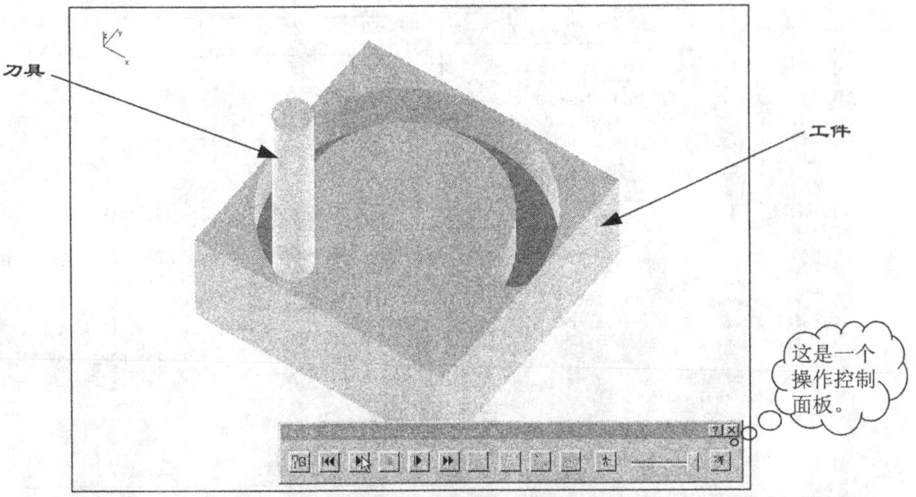


图 13-33　加工实况模拟

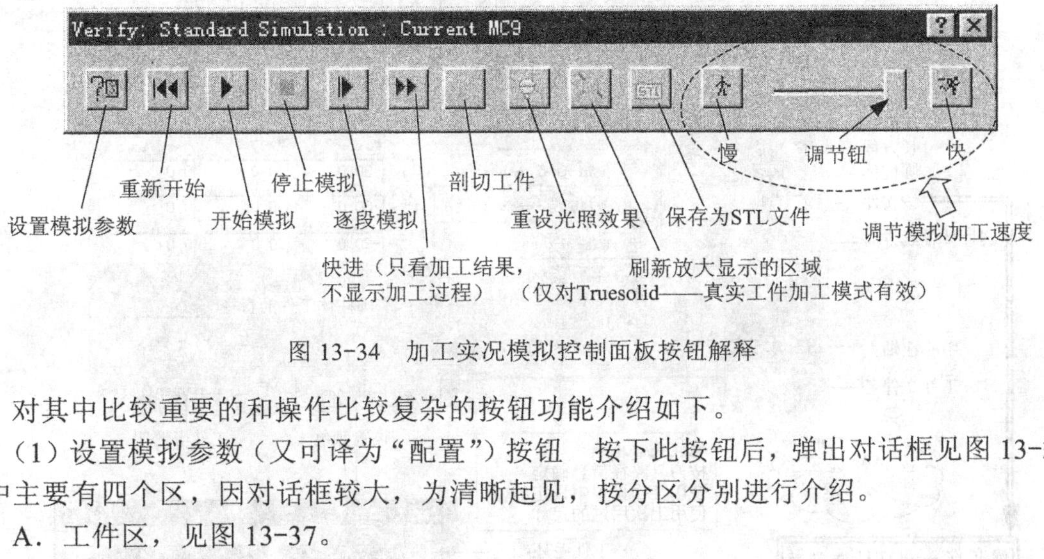


图 13-34　加工实况模拟控制面板按钮解释

对其中比较重要的和操作比较复杂的按钮功能介绍如下。

（1）设置模拟参数（又可译为“配置”）按钮　按下此按钮后，弹出对话框见图 13-36。图中主要有四个区，因对话框较大，为清晰起见，按分区分别进行介绍。

A．工件区，见图 13-37。

B．刀具区，见图 13-35。

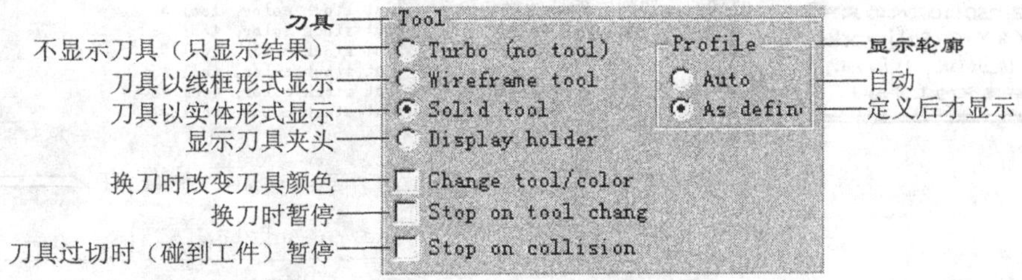


图 13-35　模拟加工刀具设置

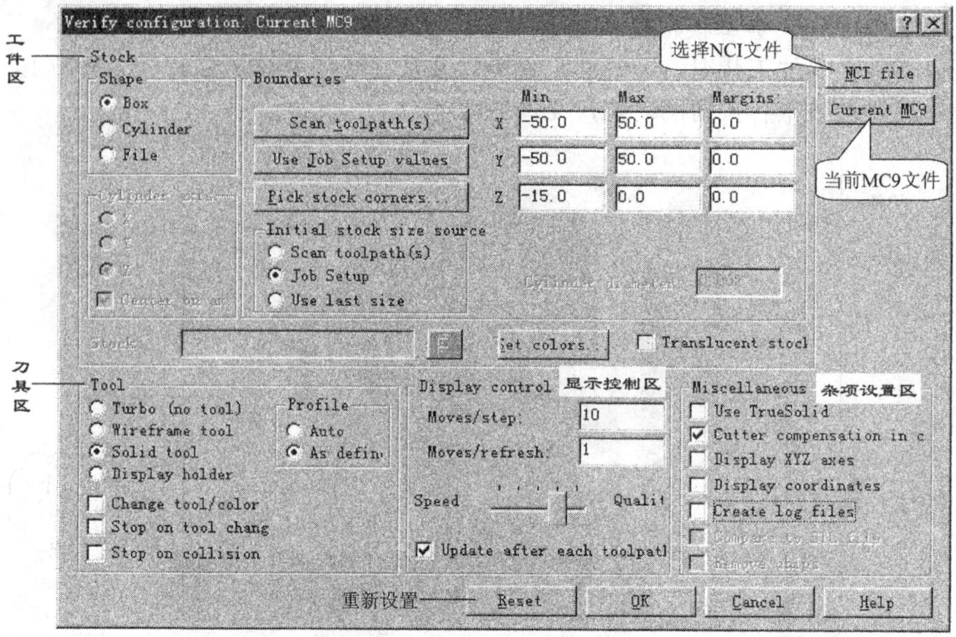


图 13-36 模拟加工参数设置

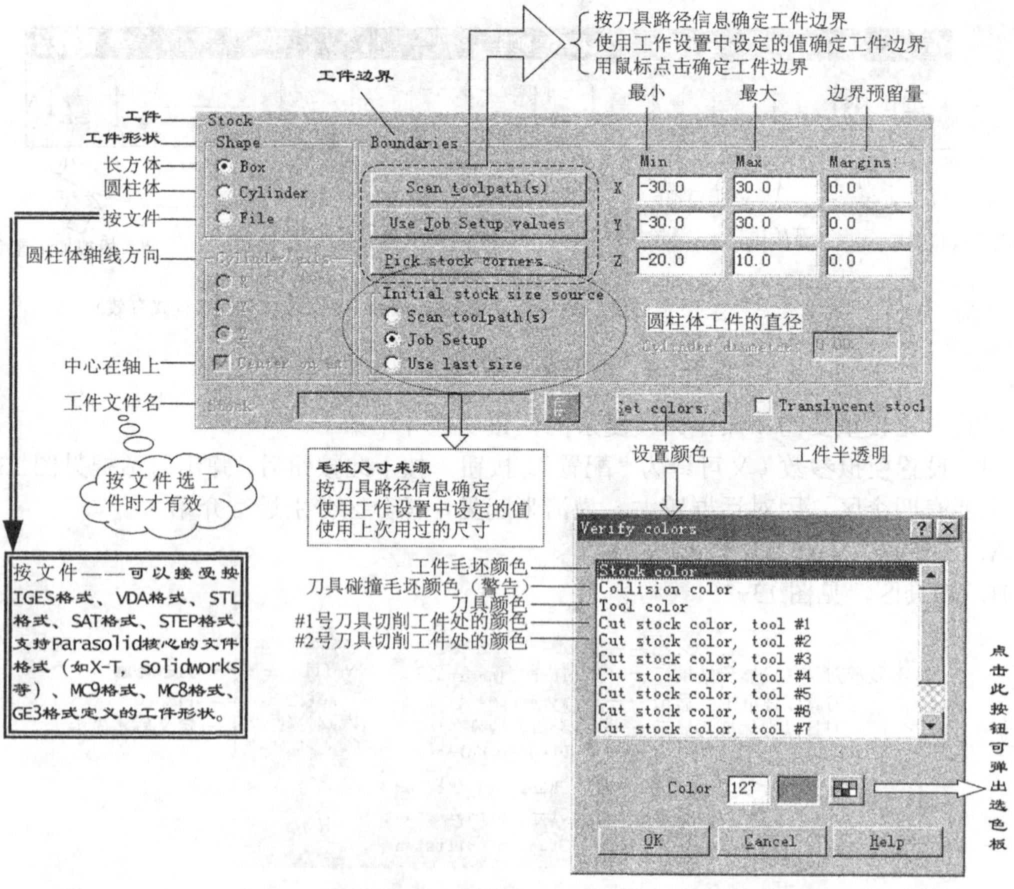


图 13-37 模拟加工工件设置

C．显示控制区，见图 13-38。

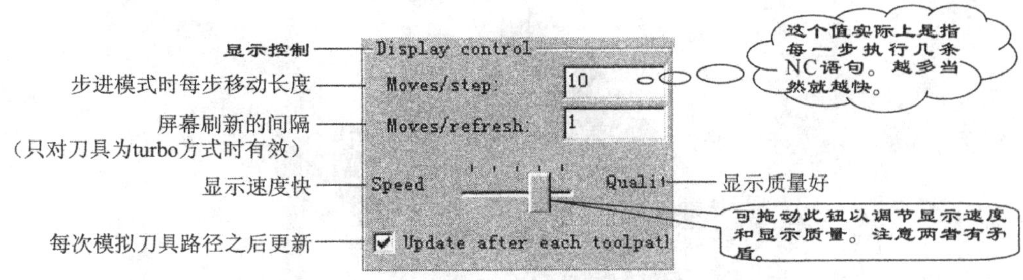


图 13-38　模拟加工显示控制区

D．杂项设置区，见图 13-39。

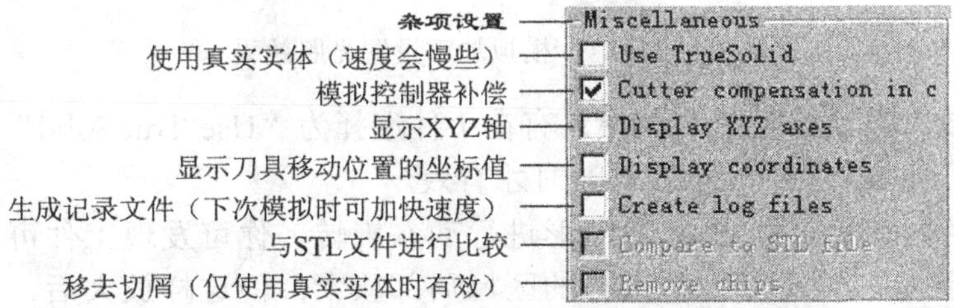


图 13-39　模拟加工杂项设置区

（2）显示工件剖面　模拟加工完毕后，按下此按钮可以查看工件指定的截面形状，有助于你判断加工结果是否满意。

选择该项，在欲剖的位置点击一下，再在欲保留的一边点击一下，即可显示截面，，如图 13-40 所示。

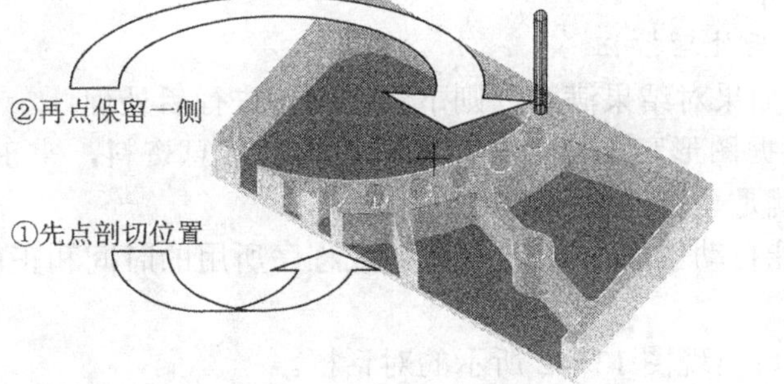


图 13-40　显示工件剖面

**注意**：只能在前后方向和左右方向进行剖切，而且这种效果是暂时的，再按一次剖切工件按钮或重新开始按钮，则立即复原，剖面效果消失。

（3）重设光照效果　模拟加工时，会自动使用默认的一套“灯光”系统照明工件，如果不满意，可以重新设置。

模拟加工结束后，点击该按钮，再在工件上点击一下，便会在工件中央出现一个缩小了的窗口，里面也显示一个工件的全貌，将光标在四周游动，便会看到小窗口内的工件显示不同的光照效果时的情景，当满意时，点击鼠标左键即可消去小窗口，而工件会按这时的光照效果显示出来（见图 13-41）。

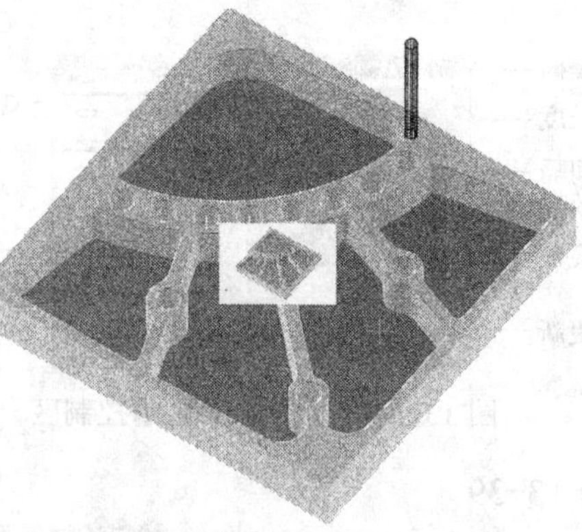

图 13-41　模拟加工设置光照效果

（4）刷新放大显示的区域　该项只有在工件选择为“Use TrueSolid”（使用真实实体）和刀具设置为“Turbo”（不显示刀具）时才有效。

模拟完毕后，若点击图标对图形进行动态旋转，你可发现工件可以自由地随之转动。若点击图标，则可对工件选择的区域局部放大；但这样放大后，工件上某些线条将出现锯齿形状，用刷新图标（）不起作用，这时可用该按钮对该区域进行刷新。此外，只要是工件显示方面出现问题(如显示不完整)，都可用该按钮对其复原（实际上是重新进行计算并用计算结果重写屏幕）。

**注意**：工件没有选为 TrueSolid 模式，而采用标准模式时，局部缩放是不起作用的，动态旋转可起作用，但与上有不同，只是在中间出现一个小区域显示旋转结果，可移动鼠标直至工件摆放角度满意后再点击鼠标左键，这时整个工件才显示更改后的结果，不像上面操作直观（转了个弯）。

5. Post ——后处理按钮

模拟加工后，如果对结果满意，则下一步便可进行后处理。

后处理就是根据图形和加工刀具路径等必需的信息资料，来正式生成数控程序（NC 程序），数控机床就是靠这样的程序来加工的。

MasterCAM 能自动生成 NC 程序，生成程序所用的时间和正确率都是手工编程不能比拟的。

按下此按钮后，出现图 13-42 所示的对话框。

图 13-43 显示的是对同一加工所生成的 NCI 文件和 NC 文件，可以发现两者的格式和形式是不一样的。

6. Highfeed ——高速进给加工按钮

可对 2 轴半和 3 轴机床的切削进给率进行优化，可在不影响精度的前提下计算进给速度，减少加工时间。它并非在各处都采用相同的进给速度，而是按等体积原则（每次去除材料的体积相等）计算刀具在不同位置时的进给速度，产生一个更快的切削循环和最佳的切削力控制。

高速进给加工对粗加工刀具路径和精加工刀具路径均可进行优化，对粗加工刀具路径进行优化是按恒定切削体积的原则进行的，即在切除材料少的地方进给量大，而在切除材料多的地方进给量就小；精加工刀具路径的优化既按恒定切削体积的原则，还在圆弧和拐角处调整进给速度，以减少机床伺服系统滞后误差的影响。

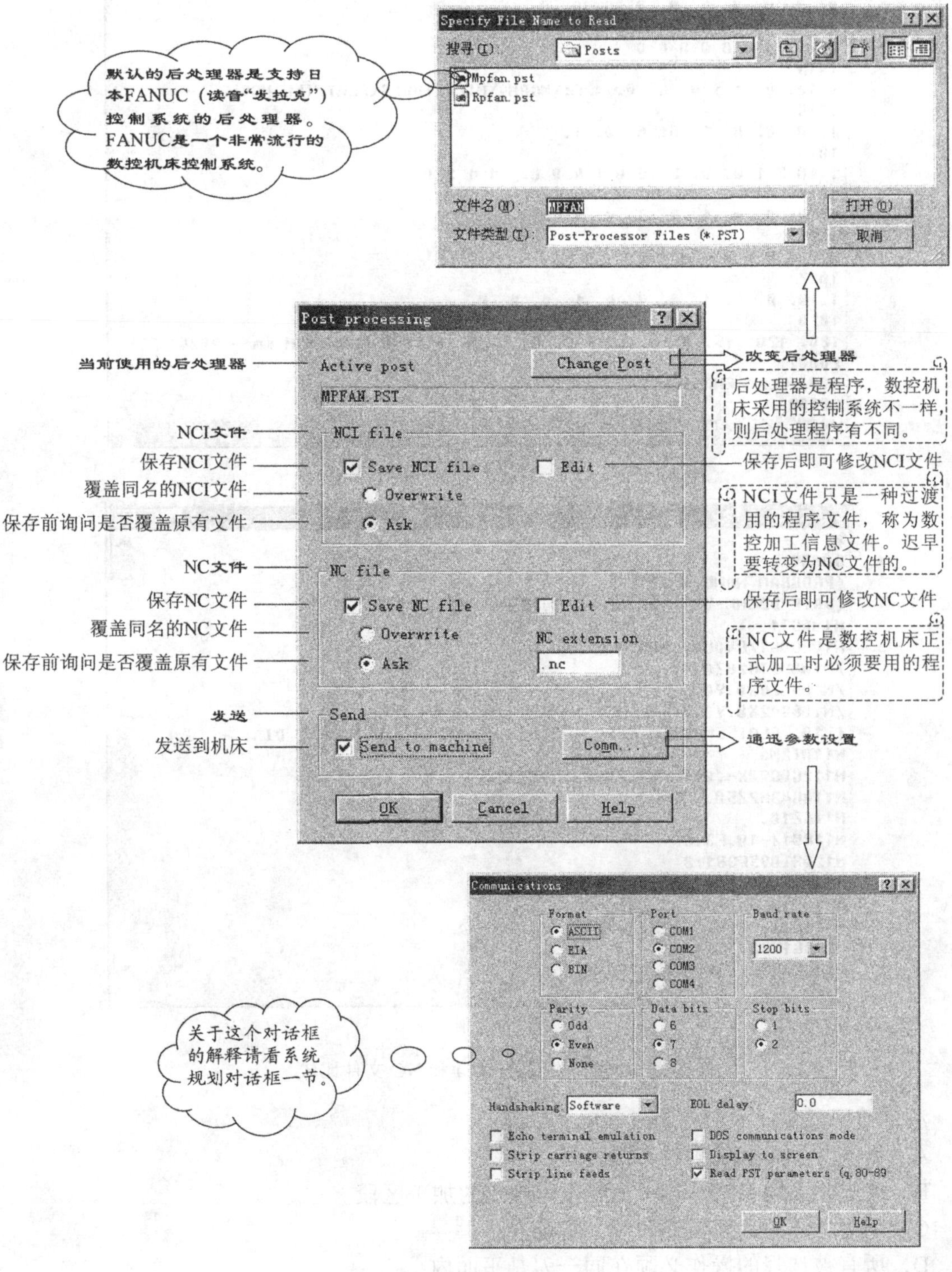


图 13-42　后处理操作对话框

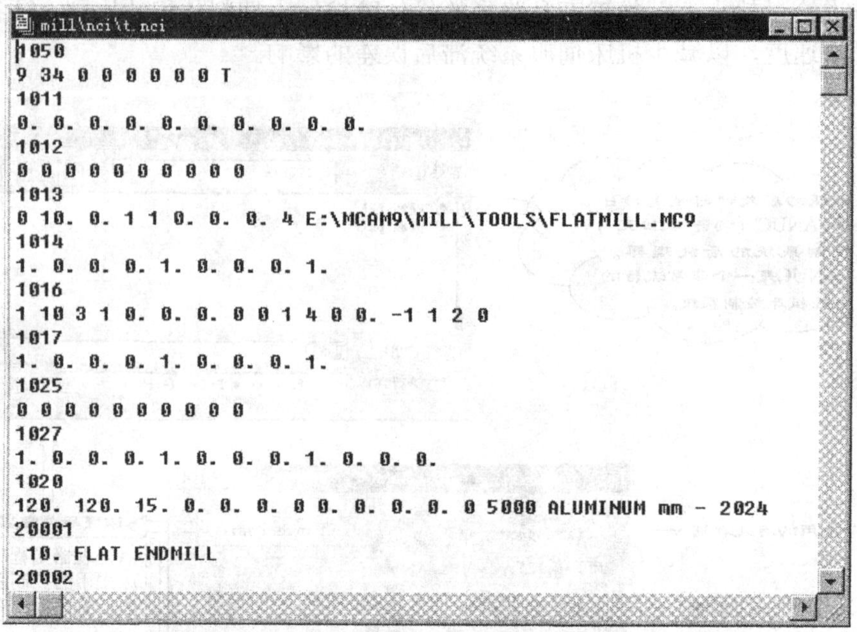

```
mill\nci\t.nci
1050
9 34 0 0 0 0 0 0 0 T
1011
0. 0. 0. 0. 0. 0. 0. 0. 0. 0.
1012
0 0 0 0 0 0 0 0 0 0 0 0
1013
0 10. 0. 1 1 0. 0. 0. 4 E:\MCAM9\MILL\TOOLS\FLATMILL.MC9
1014
1. 0. 0. 0. 1. 0. 0. 0. 1.
1016
1 10 3 1 0. 0. 0. 0 0 1 4 0 0. -1 1 2 0
1017
1. 0. 0. 0. 1. 0. 0. 0. 1.
1025
0 0 0 0 0 0 0 0 0 0 0 0
1027
1. 0. 0. 0. 1. 0. 0. 0. 1. 0. 0. 0.
1020
120. 120. 15. 0. 0. 0. 0 0. 0. 0. 0. 0 5000 ALUMINUM mm - 2024
20001
 10. FLAT ENDMILL
20002
```

NCI 文件

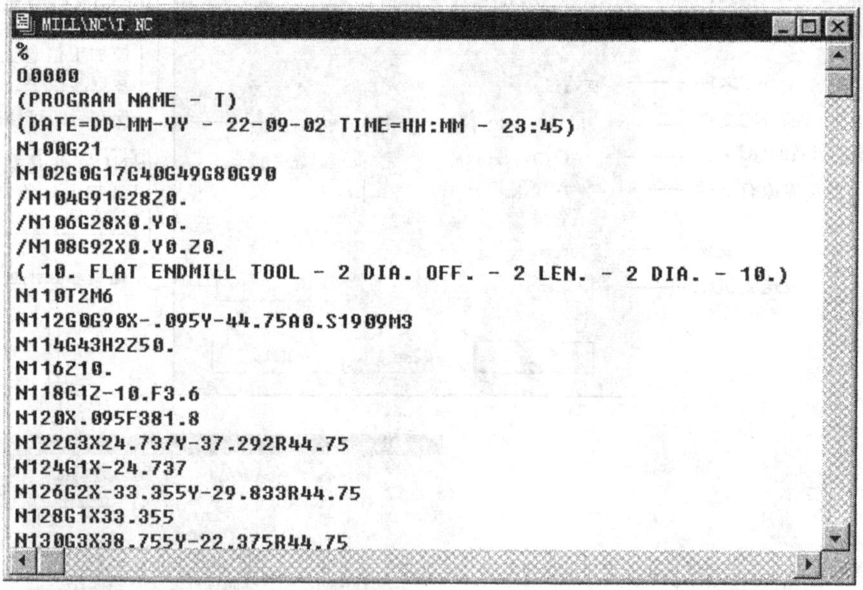

```
MILL\NC\T.NC
%
O0000
(PROGRAM NAME - T)
(DATE=DD-MM-YY - 22-09-02 TIME=HH:MM - 23:45)
N100G21
N102G0G17G40G49G80G90
/N104G91G28Z0.
/N106G28X0.Y0.
/N108G92X0.Y0.Z0.
( 10. FLAT ENDMILL TOOL - 2 DIA. OFF. - 2 LEN. - 2 DIA. - 10.)
N110T2M6
N112G0G90X-.095Y-44.75A0.S1909M3
N114G43H2Z50.
N116Z10.
N118G1Z-10.F3.6
N120X.095F381.8
N122G3X24.737Y-37.292R44.75
N124G1X-24.737
N126G2X-33.355Y-29.833R44.75
N128G1X33.355
N130G3X38.755Y-22.375R44.75
```

NC 文件

图 13-43　生成的 NCI 和 NC 文件比较

注意使用条件：

A．用于 2 轴半和 3 轴的刀具路径；

B．仅用于采用 G00～G03 功能代码控制的加工区段；

C．采用平铣刀、牛头刀和球刀的场合；

D．所有被选择的操作必须在同一刀具平面内；

E．不能用于 5 轴刀具路径；

F．控制器刀具补偿采用后即不能修改进给速度；

G．不能控制定位用的 G 代码。

警告：刀具路径经过高速进给加工处理的将不能再刷新。

按下 Highfeed 按钮后，即出现对话框，有三个标签页，见图 13-44～图 13-46。

当将相关参数设置好后，按对话框中的 确定 按钮，对话框消失，而菜单处变为图 13-47。

按下 Run 项，则生成高速进给刀具路径，之后弹出图 13-48 所示的对话框，告诉你优化后的结果，并询问是否保存结果。

若按下 是（Y） 按钮，则保存高速进给加工刀具路径，并且自动锁住，不允许再重新生成刀具路径。

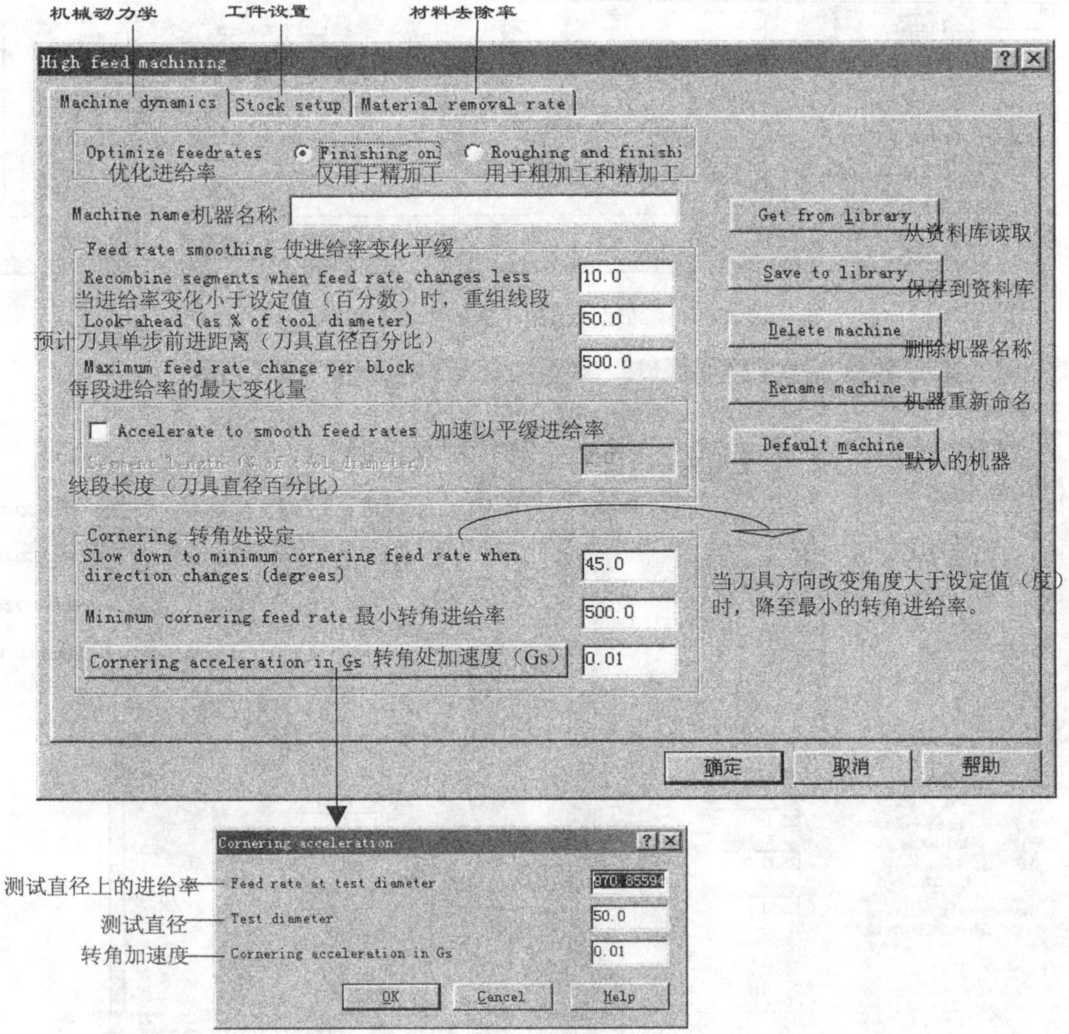


图 13-44　高速进给加工的机械动力学标签页

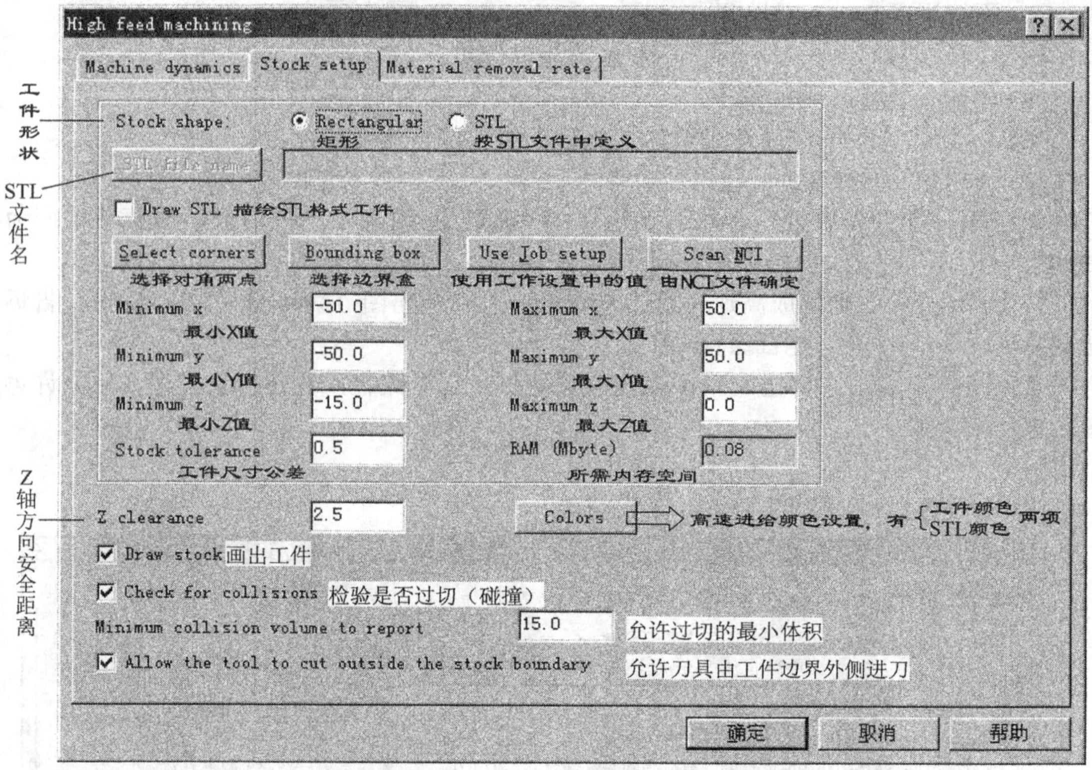


图 13-45　高速进给加工的工件设置标签页

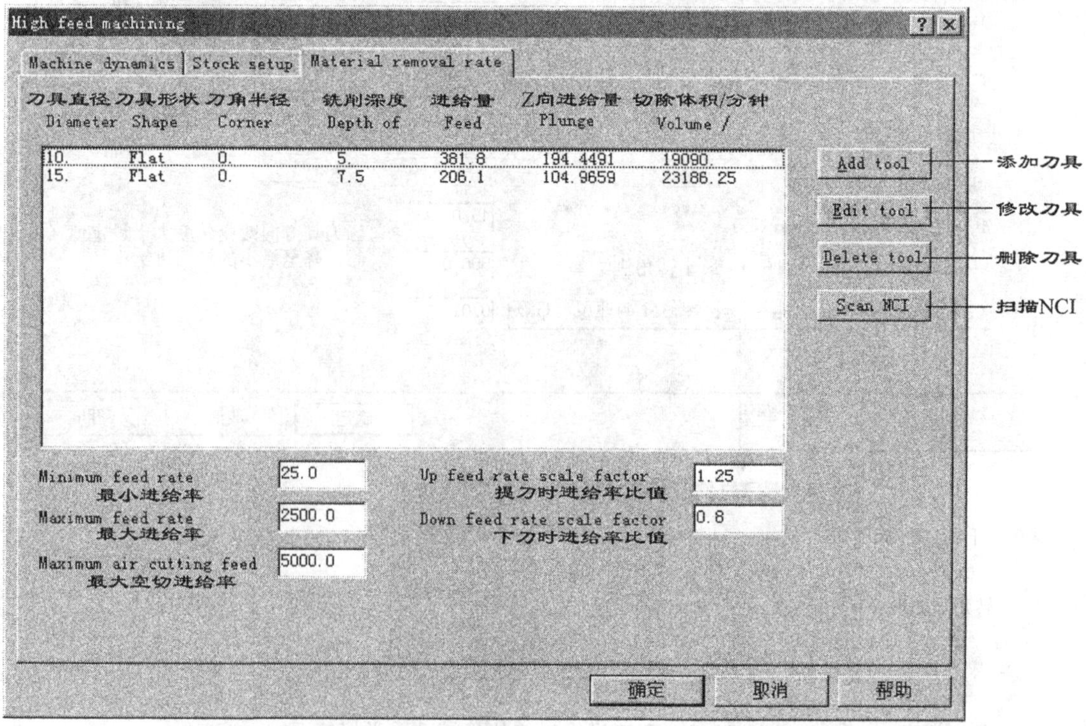


图 13-46　高速进给加工的材料去除率标签页

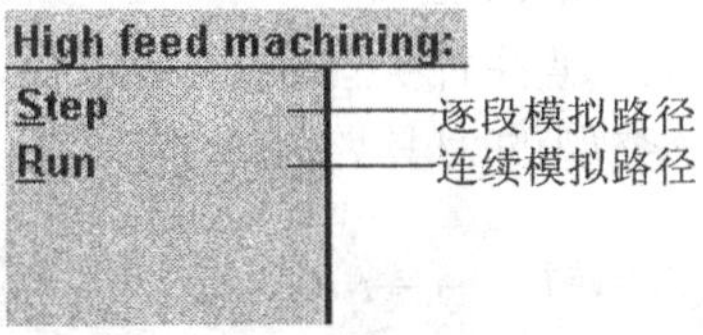


图 13-47　高速进给加工模拟方式菜单

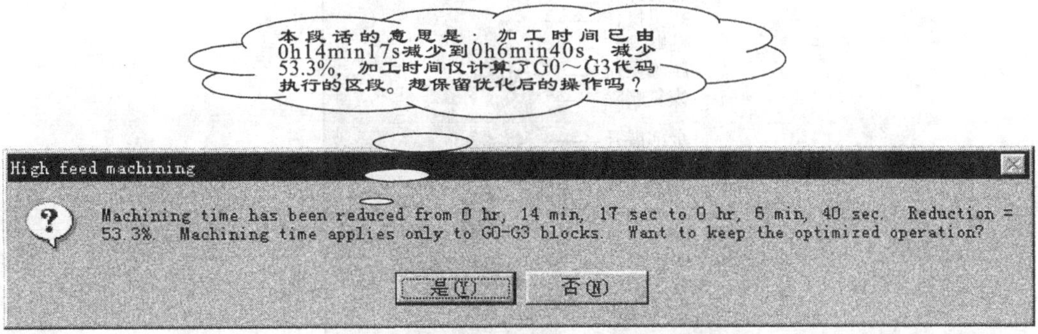


图 13-48　高速进给加工执行结果

生成高速进给加工刀具路径后的操作管理器显示如图 13-49 所示。

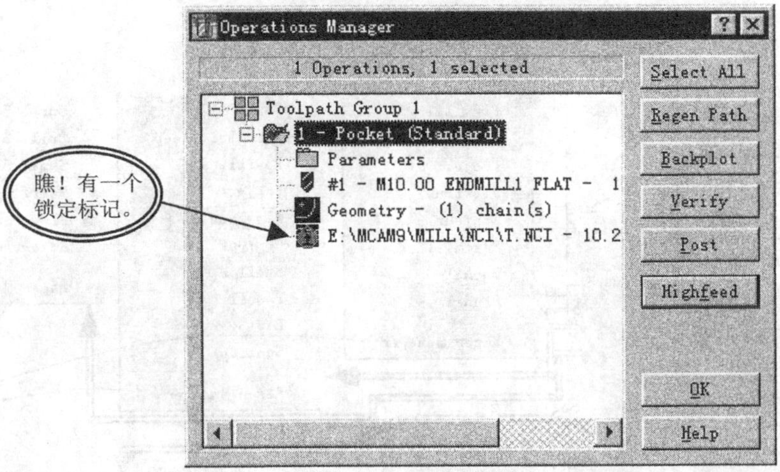


图 13-49　生成高速进给加工刀具路径后的操作管理器状态

### 13.4.2　操作管理对话框中的浮动菜单功能介绍

在操作管理对话框内任一处单击鼠标右键，会弹出如图 13-50 所示的浮动菜单，里面包含了极多的功能，或者说是 CAM 功能的汇总，当然大多数都不是什么新功能，从别的地方也可以做同样的操作，浮动菜单不过是提供了一种快捷选择某个命令的方法而已，下面将菜单展开来进行注释，不详细解释，相信大家看后就基本明白了。

含有子菜单（有“▶”标记项）和将弹出对话框（有“…”标记项）的项目介绍如下：

1）刀具路径（Toolpaths），见图 13-51。

选择 Toolpaths 菜单项，可以创建各种类型的刀具路径，就像你从主菜单中的 Toolpaths 菜单项进入，然后选择创建某种类型的刀具路径一样。

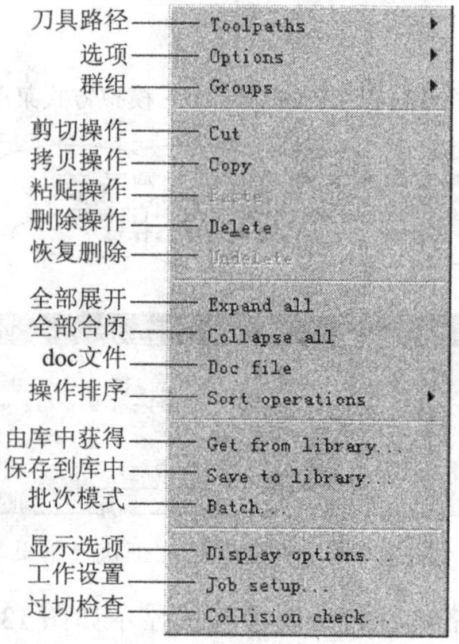


图 13-50　浮动菜单功能

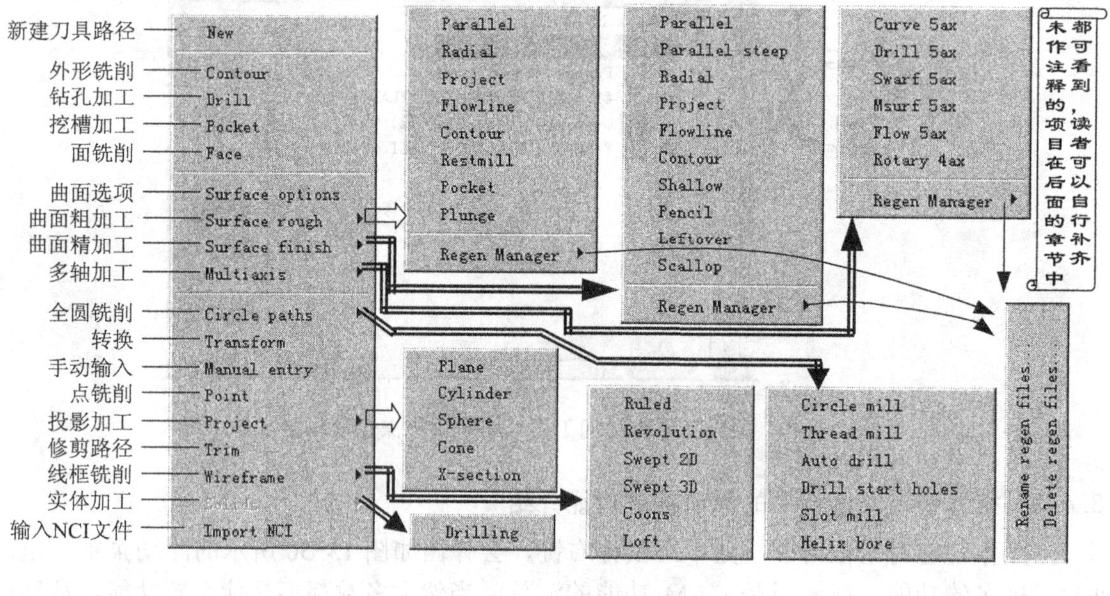


图 13-51　刀具路径浮动菜单输入 NCI 文件

2）选项（Options），见图 13-52。能做什么工作下面的注释一目了然。

3）群组（Groups），见图 13-53。

4）操作排序（Sort operations），见图 13-54。

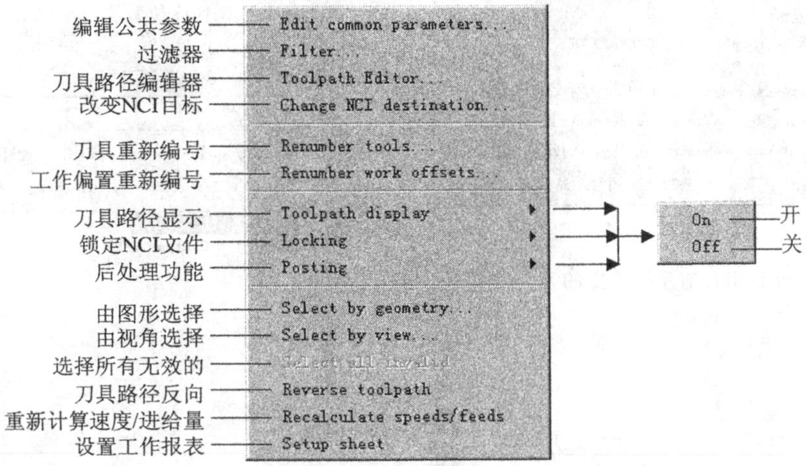


图 13-52 选项浮动菜单

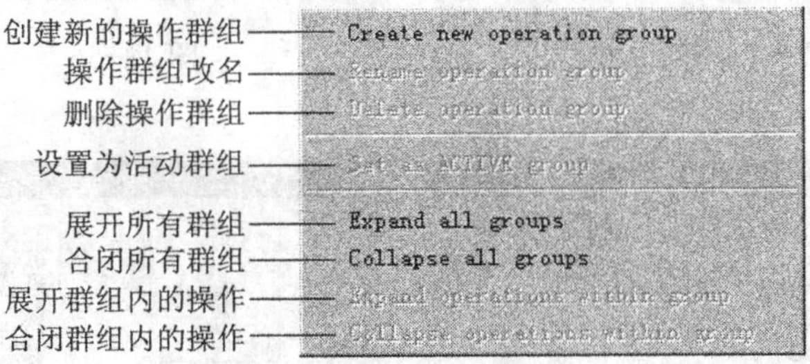


图 13-53 群组浮动菜单

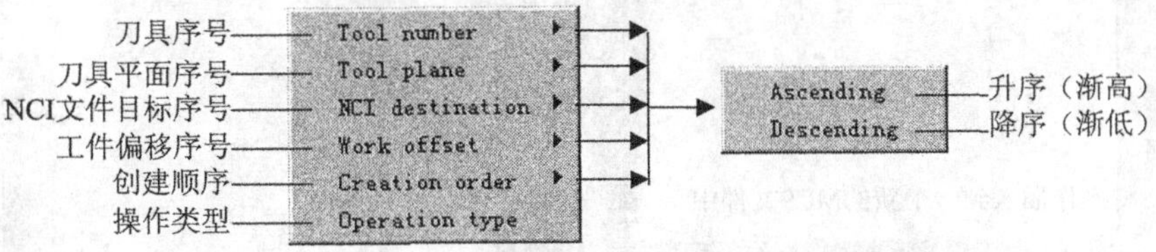


图 13-54 操作排序浮动菜单

5）由库中获得（插入操作）对话框，见图 13-55。

6）保存操作到库中对话框，见图 13-56。

7）批次模式对话框，见图 13-57。

如果按下 Advanced... 按钮，会出现对话框，见图 13-58、图 13-59。

8）显示选项对话框，见图 13-60。

该对话框用于设置操作管理器中的显示项目。

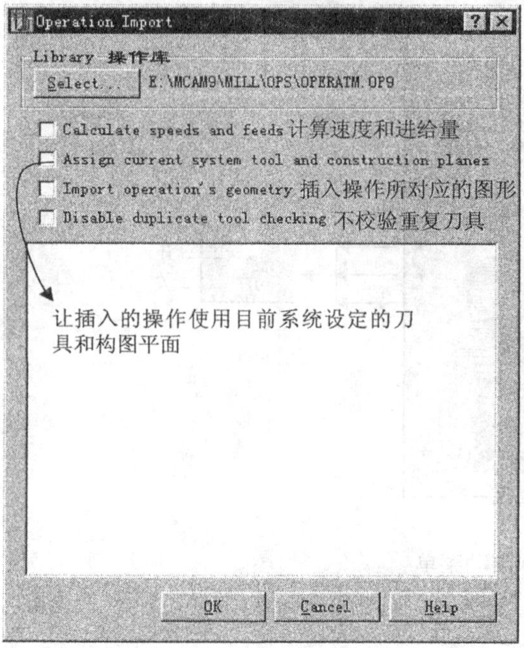


图 13-55　插入操作对话框

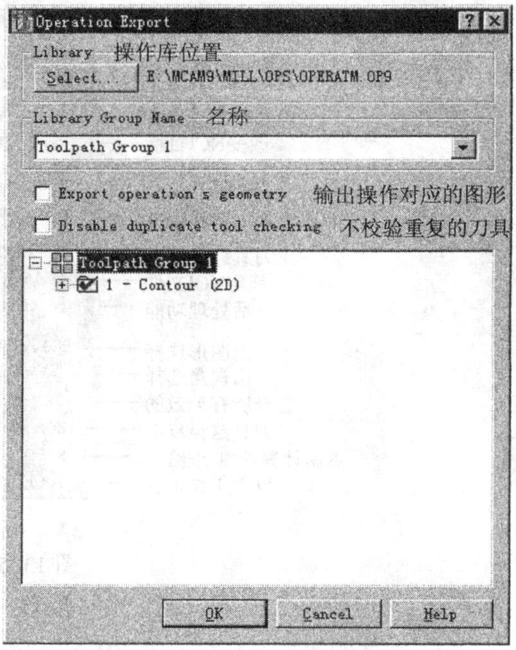


图 13-56　保存操作对话框

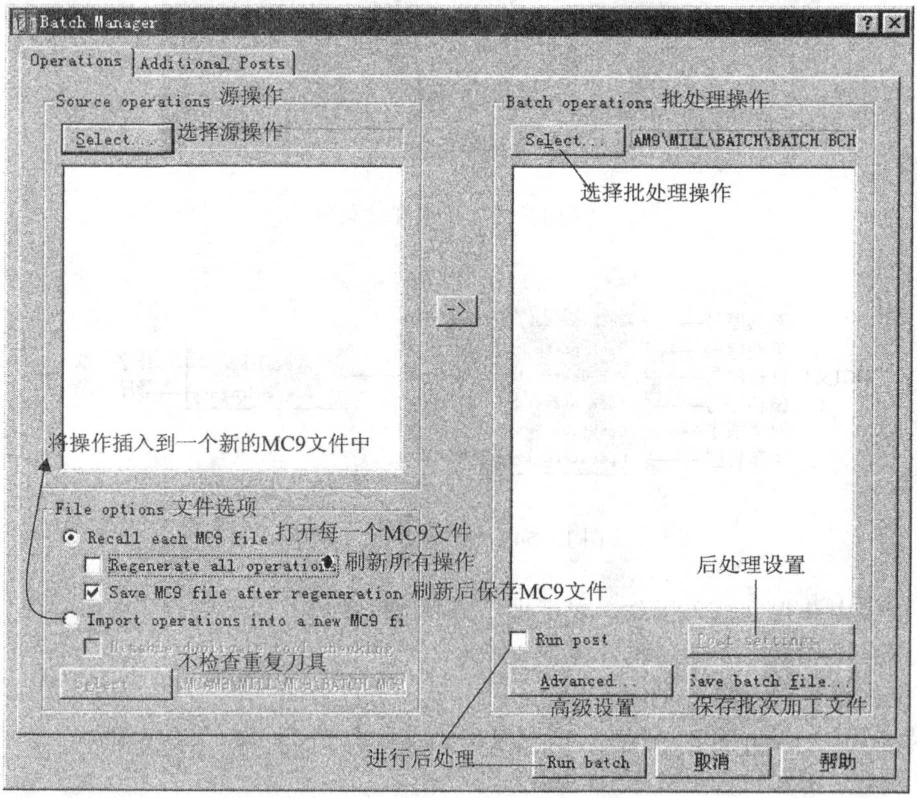


图 13-57　批次加工管理对话框之操作标签页

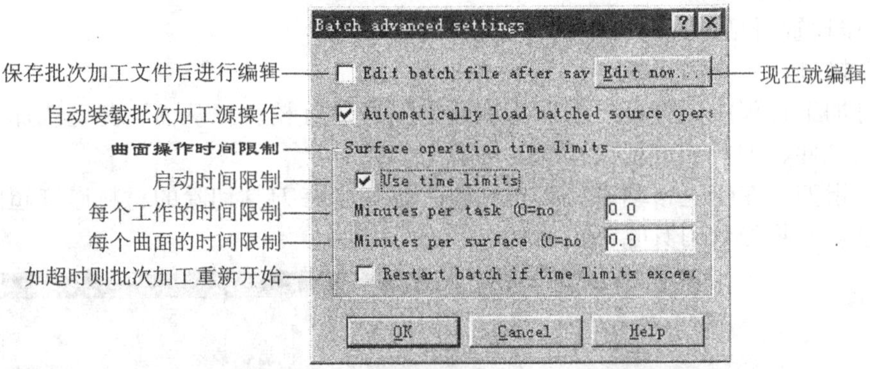


图 13-58　批次加工高级设置对话框

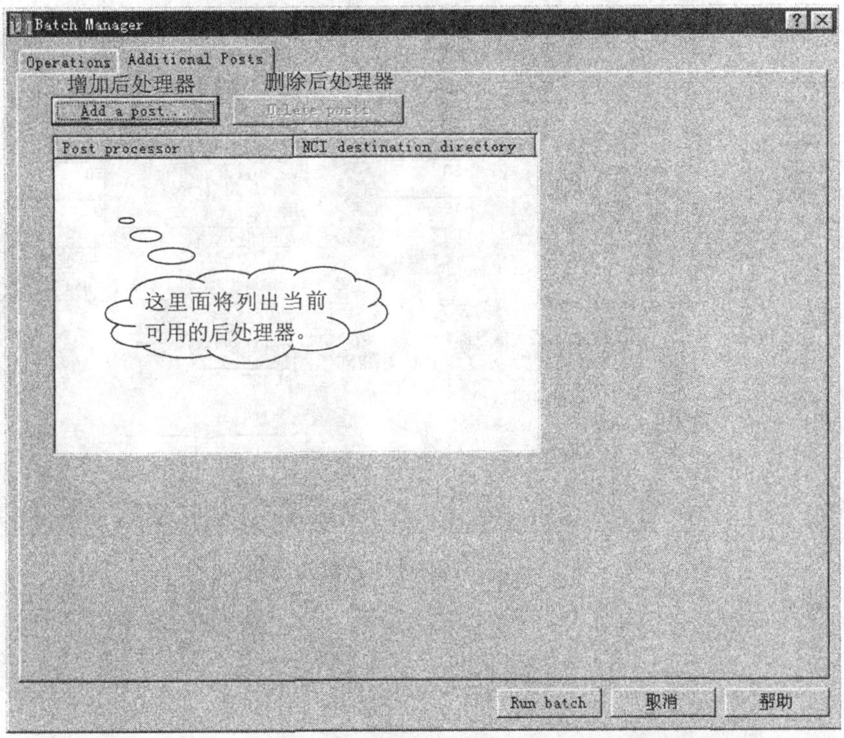


图 13-59　批次加工管理器对话框的其它后处理器标签页

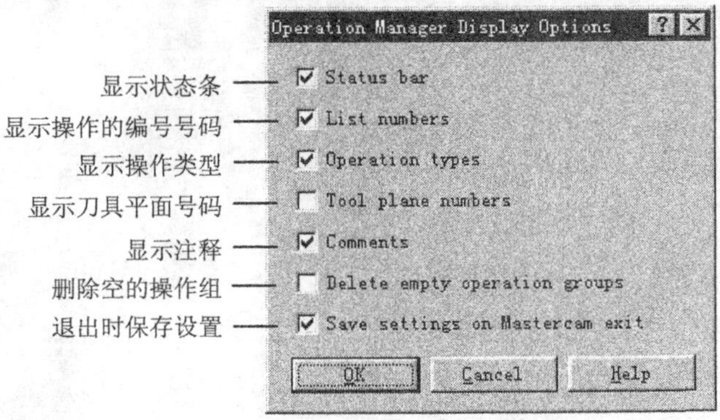


图 13-60　操作管理器显示项目设置

9）工作设置对话框，与图 13-20 完全一样。

10）碰撞过切检查对话框，见图 13-61。

用于对加工过程中是否会产生碰撞或过切预先进行校验，从而避免正式加工时出现此类问题导致工件、刀具或者机床损坏。

碰撞是指刀具在快速移动时碰到了材料；过切是指刀具切除的材料厚度超出了预定值（即切得过多，将导致刀具吃不消而损坏）。

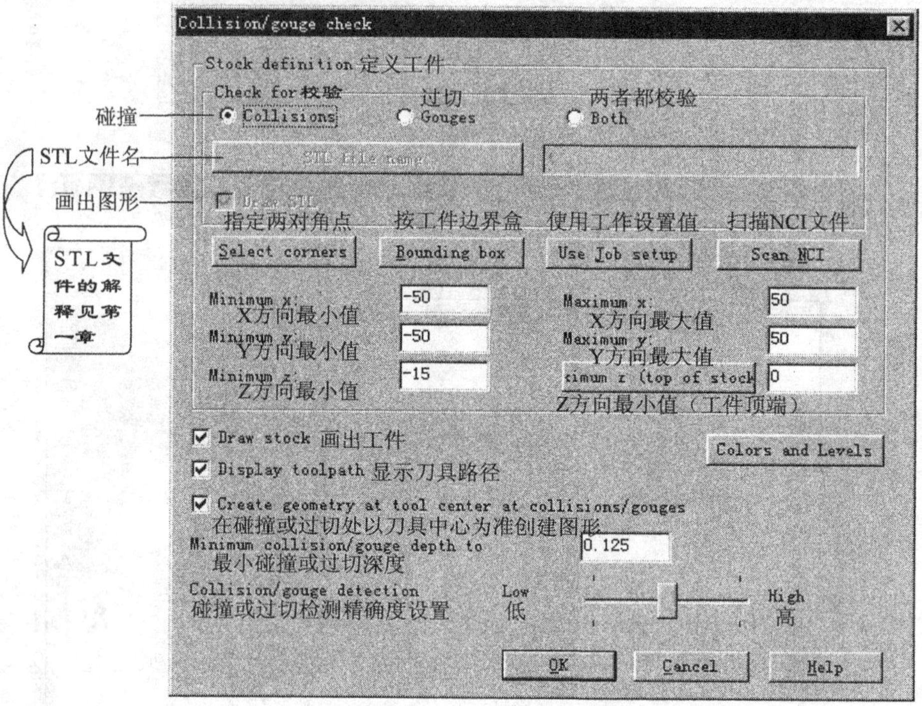


图 13-61　碰撞/过切检查对话框

# 第 14 章　二维刀具路径

二维刀具路径包括外形铣削、面铣削、挖槽加工、钻孔加工四类。

## 14.1　外形铣削

外形铣削是指刀具按照指定的轮廓线进行加工，刀具中心可以在轮廓线上（不补偿）、或者在轮廓线的两侧（这时需要补偿）。

外形铣削的命令是 Toolpaths\Contour。

下面以实例进行介绍。

**注意：**

1）本章的实例是连锁的，即后面的实例是在前一个实例的基础上继续进行的，到了最后一个实例做完后，你将发现我们经过了多种工序，最终完成了一个零件的加工。

2）鉴于每种加工方法中有很多的设置操作是相同的，为精简篇幅，对实例 14-1 介绍得很详细，而后面的实例中，对重复部分只简单带过，不详细解释了，所以请特别注意实例 14-1。

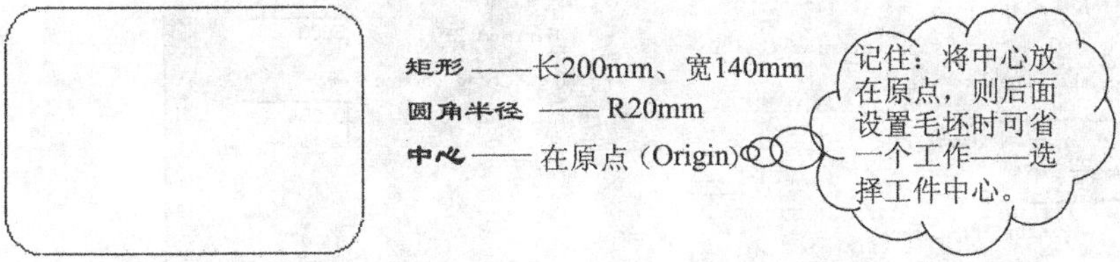


图 14-1　要加工的轮廓图

3）另外，对实例中出现的各对话框中各个项目的注释全部在上一章中（有些还做了解释），需要的时候请回头去查询。

**【实例 14-1】**创建一个四周有圆角的矩形，然后进行外形铣削。

操作步骤：

1. 创建基本图形

创建一个图形，如图 14-1 所示。

用外形铣削的方法加工，设必须保证加工后的轮廓尺寸如图 14-1 所示。

2. 先设置毛坯的外形尺寸和材料

构思：① 加工后零件的外形尺寸为 200mm×140mm，为此，将毛坯的外形尺寸设为 204mm×144mm，即四周留出了 2mm 的加工余量；② 二维加工中，工件深度不需在图中表示出来，所需的加工深度和毛坯总厚度在本步进行设置，本例将毛坯厚度设置为 32mm（后面会将顶面铣去 2mm，最终厚度为 30mm）；③ 将工件材料设置为铝材。下面看如何做出以上设置：

选择 Toolpaths\Job setup 命令，将打开工作设置对话框（见图 14-4），请改动图中被圈中的几处。

工件材料的选择方法是：按下图 14-2 中 Material 栏右边的 ··· 按钮，出现材料列表对话框（见第 13 章图 13-25），点 Source 栏右侧的▼按钮，选下拉菜单中的 Mill-library 项，会在上面的大框中显示材料库中所有的材料，选择要用的材料，然后退出对话框，则工件材料选择完毕。

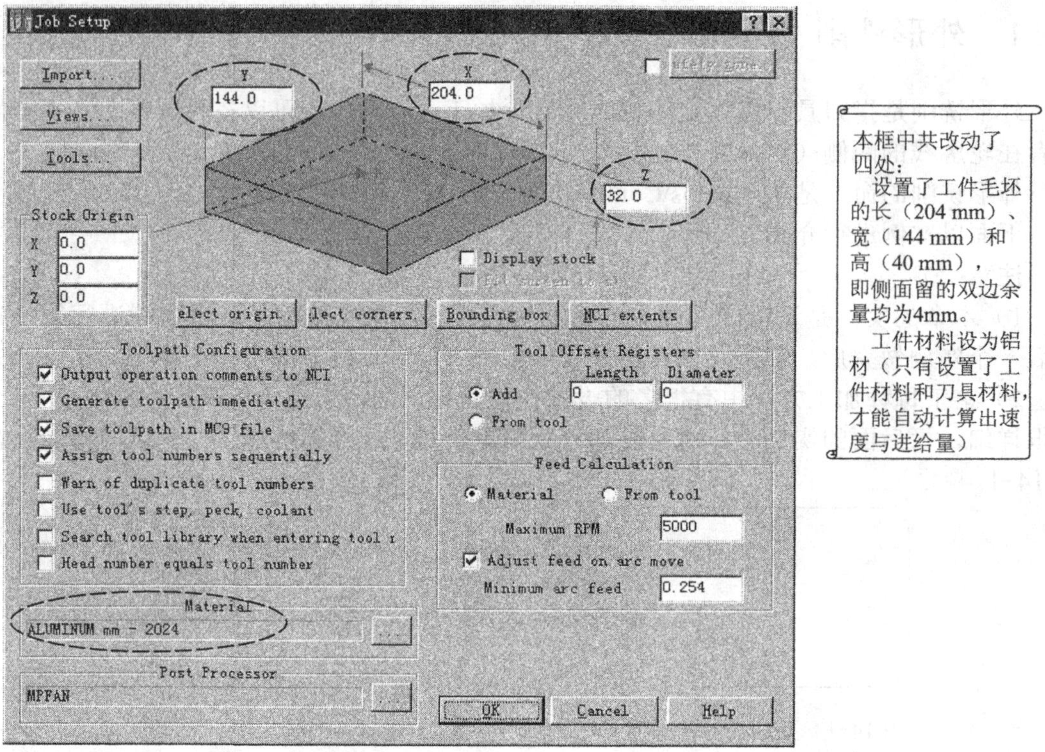


图 14-2 工作设置框

3. 选择刀具和设置刀具的加工参数

A. 选择 Toolpaths\Contour 命令；

B. 选择菜单中的 Chain 项，然后点选矩形（为与我的一致，请点在矩形下侧的长边上），特别注意并记住显示的串接箭头指向（见图 14-3）。

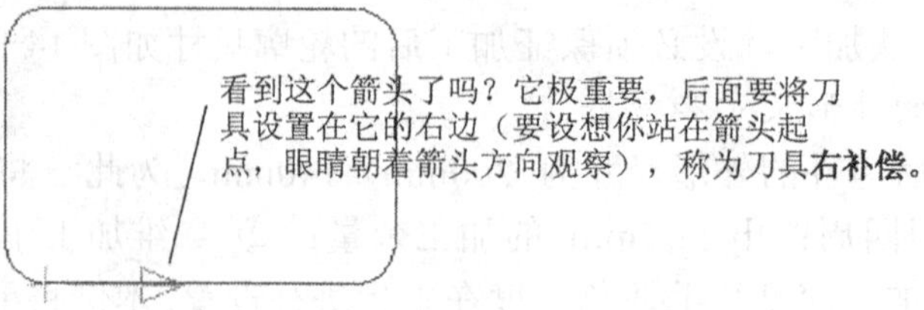


图 14-3 注意箭头指向

C. 确认后点菜单中的 Done 项，接着会弹出外形铣削对话框，选择第一个标签页，按 13.2.1 节中介绍的方法，选择一把直径为 20mm 的平铣刀（End Mill），空白框中应出现刀具图标，如图 14-4 所示。

D．用鼠标右键点击这把刀具，弹出定义刀具对话框，按图 14-5 修改第一个标签页中列出的刀具的各个尺寸（注意：工厂中应按你准备采用的实际刀具的尺寸进行填写）。

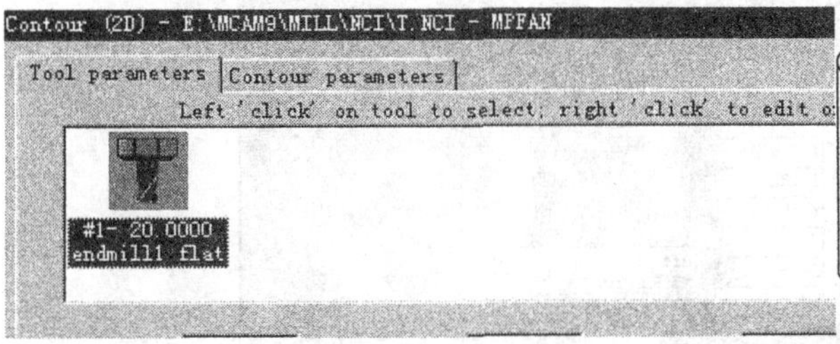


**友情提示：**选择刀具的步骤是在空白区点右键，选浮动菜单中的Get tool from library项，在弹出的对话框中选Endminn Flat20.0000 mm…一栏，点OK按钮。

图 14-4　选择一把刀具

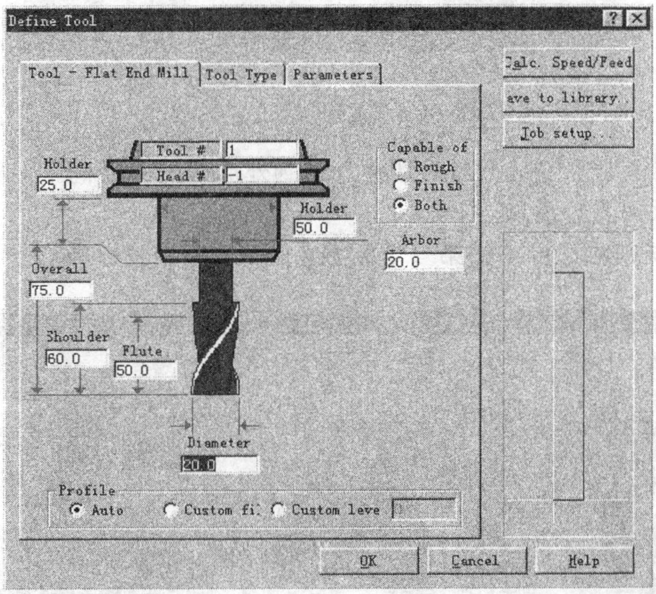


图 14-5　修改刀具尺寸

E．选中第三个标签页——Parameters 标签页，准备设置刀具的加工参数，改动该标签页中的几项参数，见图 14-6。

对话框中各项的含义请对照第 13 章图 13-9 进行思考。

说明：因准备采用计算机补偿方法（后述），所以直径补偿寄存器号和长度补偿寄存器号两栏可不必理睬。

F．计算机床主轴转速和各方向进给速度（进给率）。

如果你有经验，可以直接在刀具参数标签页（不是上面的对话框哦！）各框中填入值，除此之外，还可以利用系统配备的自动计算功能，由系统根据刀具材料和工件材料自动确定速度和进给率，本例用此法。

方法是：点击定义刀具对话框（图 14-6）中右上角的 Calc. Speed/Feed 按钮，你会发现有些框中的值发生了变化。

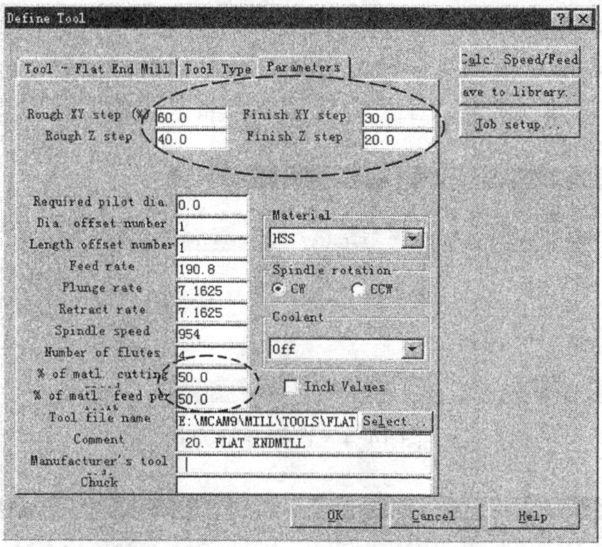


图 14-6　设置刀具加工参数

G. 点 OK 按钮退出定义刀具对话框，回到外形铣削对话框。

4. 设置加工所需要的参数。

A. 选中外形铣削对话框中的第二个标签页——外形铣削参数标签页，见图 14-7。

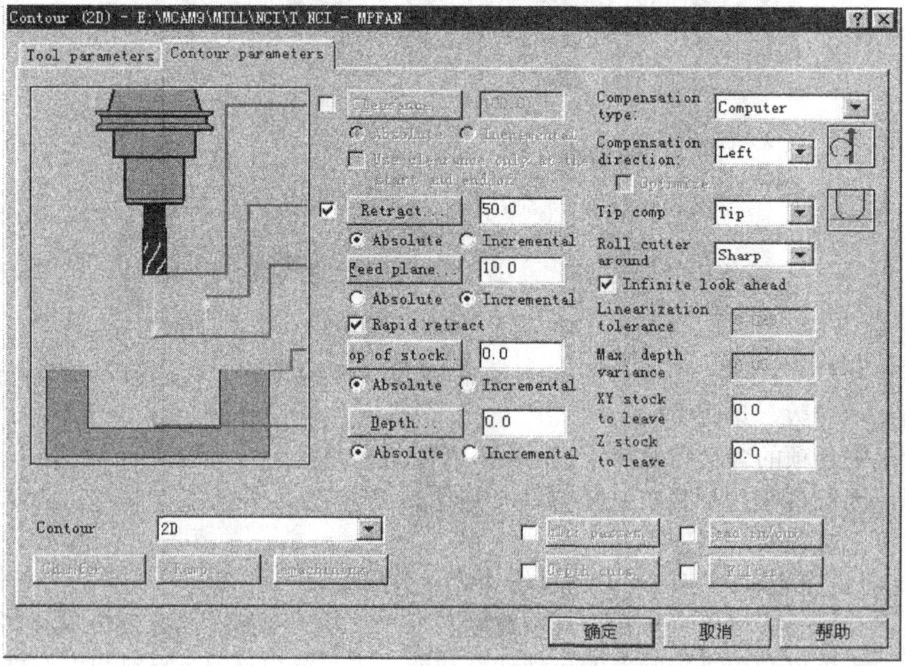


图 14-7　外形铣削参数标签页

图 14-7 中包含了许多项目的设置，借此机会，先用一些篇幅对各个项目进行一些解释，采用拆开分区解释的方法，见图 14-8～图 14-10。

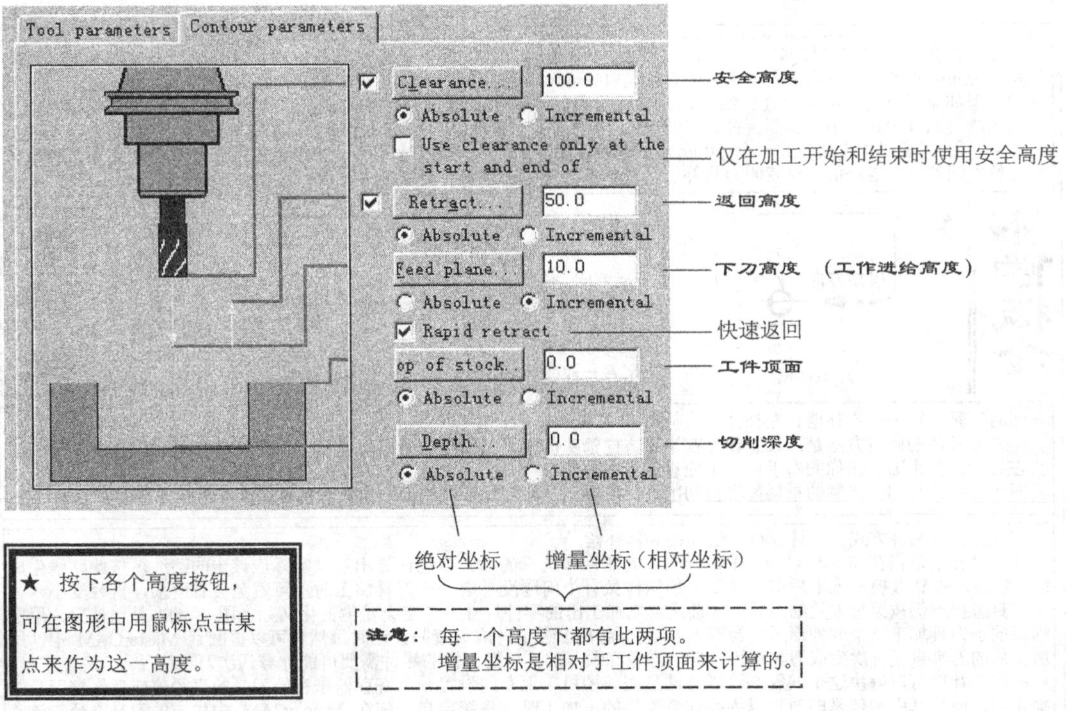


图 14-8　刀具各高度值的设置

图 14-9　外形铣削参数标签页解释

关于补偿：有些书中称偏置，例如：想铣出一个直径是 100mm 的圆盘，我们会先画出一个直径是 100mm 的圆，但如果刀具的中心正好在圆线上，则加工出来的圆盘当然会比 100mm 小（实际直径为 100 减去两个刀具的半径值），所以如果想铣出一个 100mm 的圆盘，刀具应偏离圆外一个半径值，这就叫刀具补偿（或偏置）。

刀具补偿分直径补偿和长度补偿，上面所讲的即是直径补偿一例，关于长度补偿，举个例子：用一把刀具来调整刀具相对于工件的高度，但加工时（特别是在加工中心上自动换刀连续加工时），其它的刀具可能比调整时用的刀具长一些或短一些，如果不进行长度补偿，则加工深度无法控制，会加工得过深、过浅或导致刀具碰撞工件。

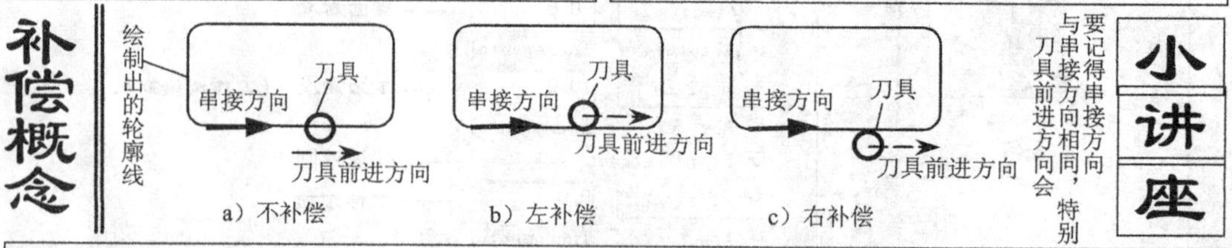


有三种设置——不补偿、左补偿、右补偿

左右补偿的确定方法是：设想你站在串接方向箭头的起点，眼睛朝着箭头指向，如果刀具在你的左手边，则设置为左补偿，如果刀具在你的右手边，则应设置为右补偿。

时刻记住：与刀具接触的材料都将被切削掉，所以刀具应在轮廓线的哪一边就看你准备加工出什么样的轮廓了。

实现补偿有两种方式——计算机补偿和控制器补偿。

计算机补偿是指在 MasterCAM 中由绘制出的图形和选择的刀具自动计算出刀具实际应该走的路线，按此路线生成 NC 程序，传到数控机床上后即可加工，但这样做有个问题没考虑——刀具加工时不可避免会有磨损，直径变小，如果刀具磨损后仍按原来设置的刀具路径前进，则加工出的零件尺寸上一定会发生变化（如上图 c 的右补偿情况，用磨损后的小刀具加工出来的外形尺寸会变大），甚至超出公差值，成为废品。这时虽然你可以再回到 MasterCAM 中，用磨损后的刀具直径再次生成刀具路径，但这样做麻烦，加工一批同样的零件需要可能计算几次刀具路径。

控制器补偿可以解决这个问题，这种方法是在数控机床上专门设置一个寄存器来存储刀具的直径值或者保存刀具磨损量值，而且其中的值是随时可以由操作者更换的，加工时，系统会自动将在 MasterCAM 中生成的刀具路径与该寄存器中的值进行加或减运算，再由运算结果确定刀具的正确加工路径，发现刀具磨损了，只须测出磨损后刀具的实际尺寸，将该值（或磨损量值）输入到寄存器中更换旧值，则加或减运算后，刀具路径得到更新。

比较高级的数控机床上才会允许采用控制器补偿方式，学习时暂全部采用计算机补偿方式。

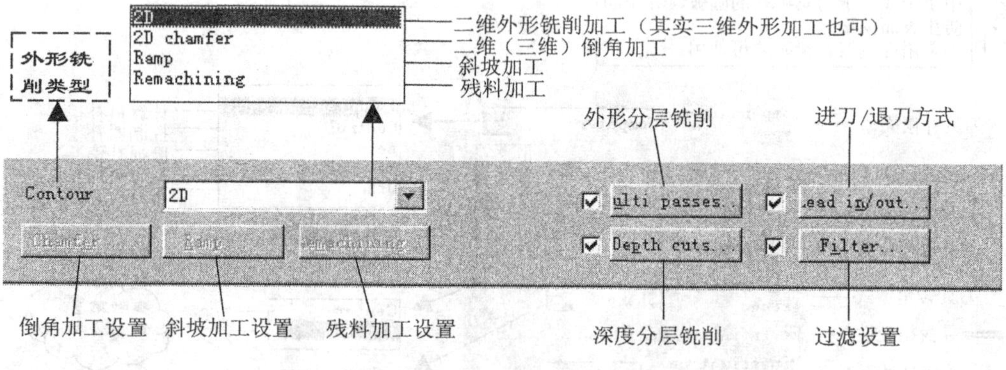


图 14-10　外形铣削参数标签页中各个按钮的含义

按下图 14-10 中各按钮弹出的对话框解释如下：

图 14-10 中左边三个是关于外形铣削类型的对话框，而右边四个是关于加工过程中表示加工状况的对话框。

① 倒角加工设置对话框，见图 14-11。

倒角时必须选择倒角铣刀（Chfr Mill），倒角的角度由刀具设置时确定，而倒角宽度在下面对话框中设置。

零件上的锐利边界常需要倒角，这时可用这个对话框进行设置。

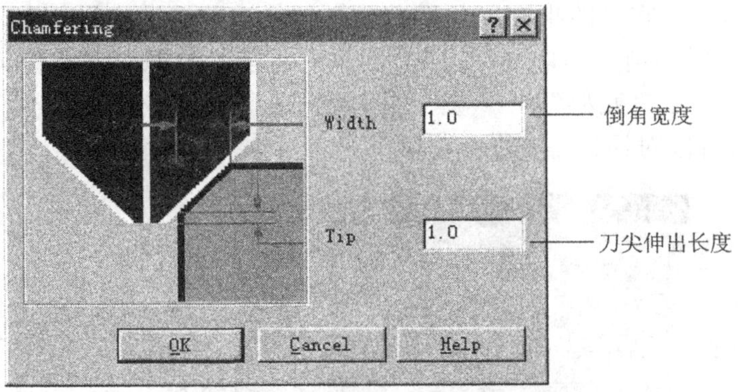


图 14-11　倒角加工设置对话框

② 斜坡加工设置对话框，见图 14-12。

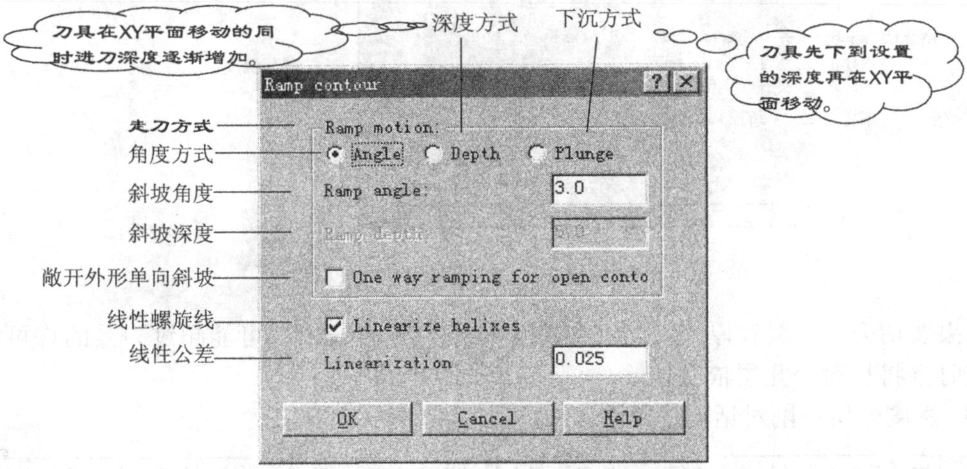


图 14-12　斜坡加工设置对话框

③ 残料加工设置对话框，见图 14-13。

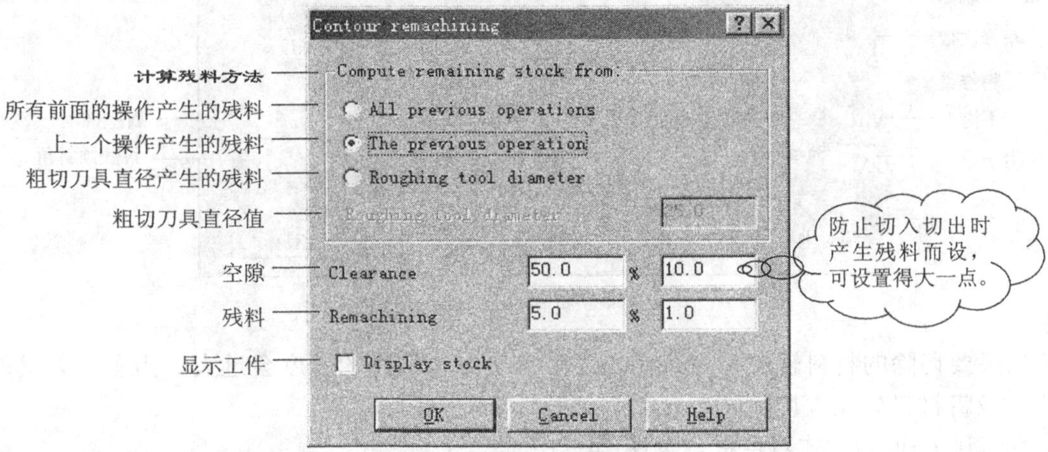


图 14-13　残料加工对话框

电脑毕竟不是人，它只能指挥刀具沿着预定的轨迹前进，如果加工区域情况复杂，或者刀具加工参数设置不当（如切削间距过大等），可能会导致某些地方刀具未到达，于是就没有被加工，留下了“残料”。

④ 外形分层铣削对话框，见图 14-14。

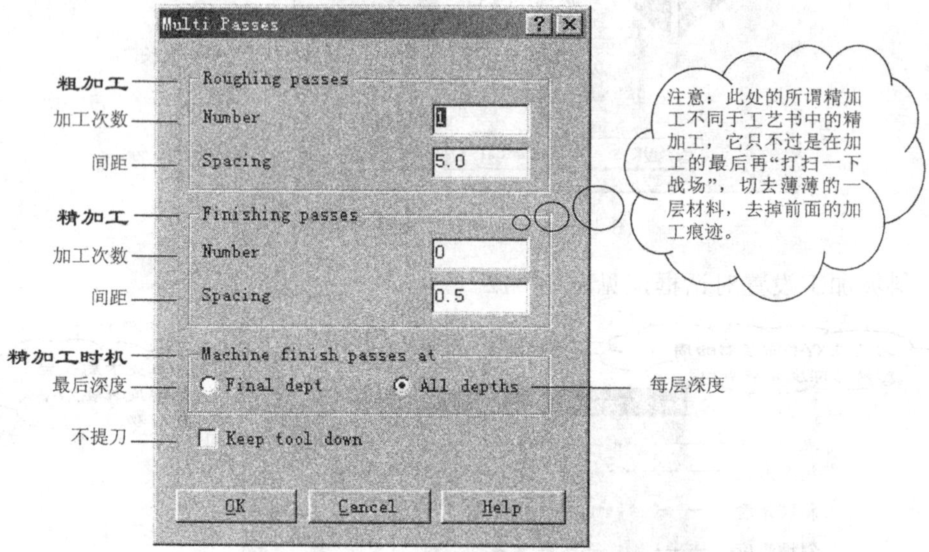


图 14-14 外形分层铣削对话框

如果要切去的材料较厚，刀具在直径方向切入量将较多，可能超过刀具的许可切削深度，这时宜将材料分几层依次切除。

⑤ 深度分层铣削对话框，见图 14-15。

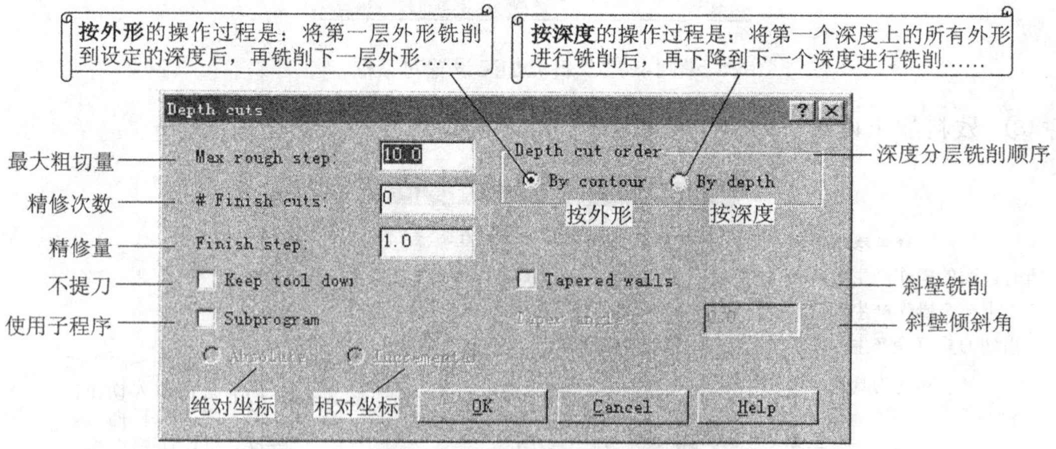


图 14-15 深度分层铣削对话框

如果要切除的材料较深，刀具在长度方向上参加切削的长度会过大，为了使刀具能吃得消，应将材料分几次切除。

⑥ 进刀/退刀方式对话框，见图 14-16。

刀具切入材料和切出材料时，是忌讳突然切入和切出的，要尽量用较好的姿态逐渐切入和切出材料，使受力的变化尽量平缓，以免影响刀具寿命。

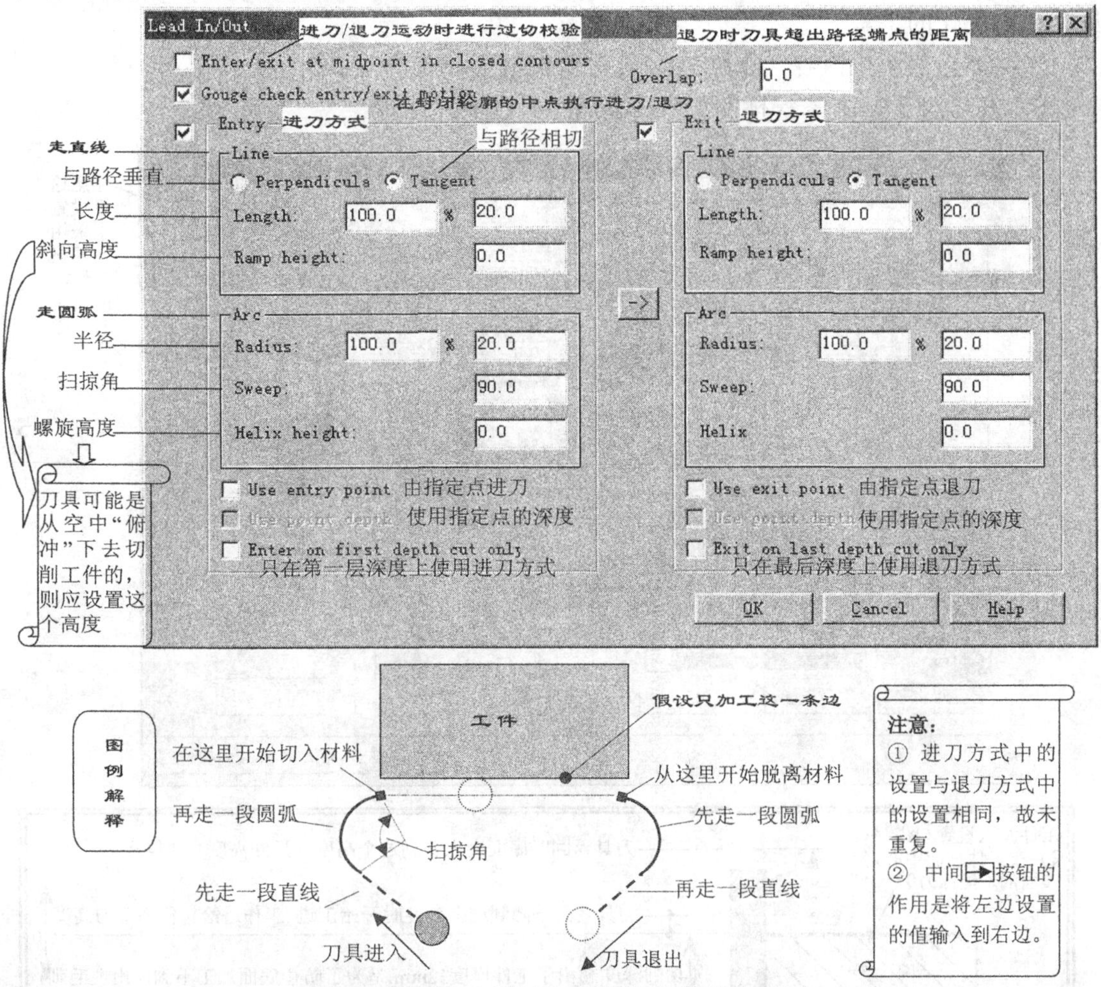


图 14-16　进刀/退刀方式设置对话框及解释

⑦ 过滤设置对话框，见图 14-17。

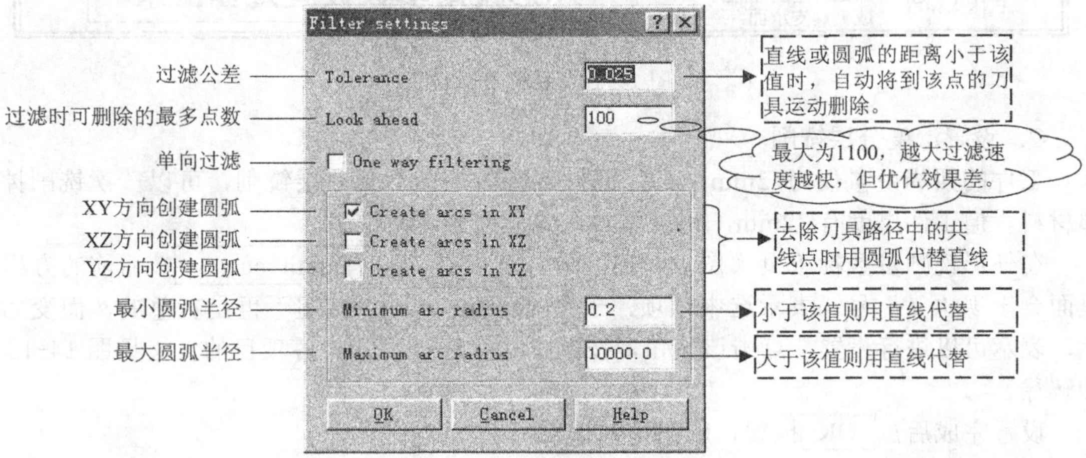


图 14-17　过滤设置对话框

过滤是为了简化 NCI 文件，亦即优化刀具路径，是通过删除共线的点和不必要的刀具移动来优化的。

好，穿插了不少内容，下面接着进行实例的操作。

B．在“外形铣削参数标签页”中按图 14-18 进行设置。

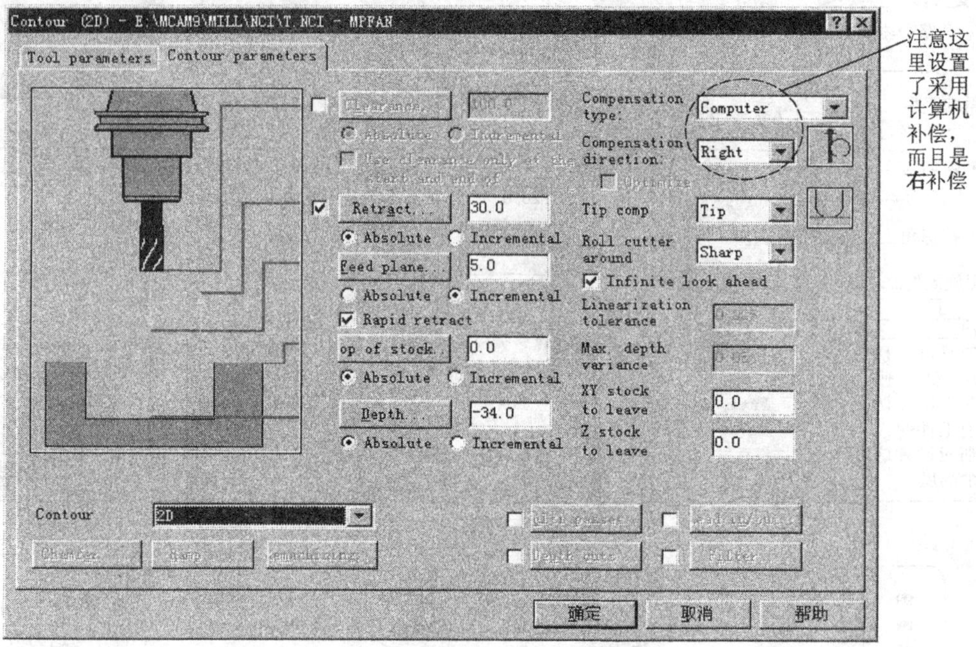


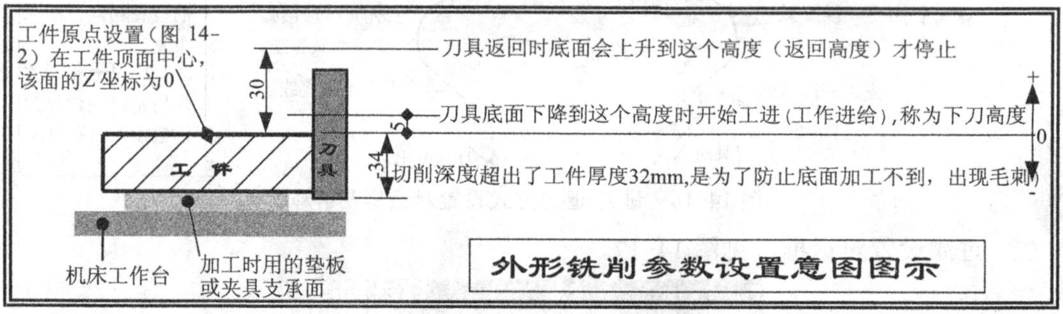


图 14-18 铣削参数设置

C．设置深度分层铣削。

工件的四周余量仅为 2mm，又是铝材，所以外形不必分层铣削，可以一次铣削掉全部材料。但工件厚度有 32mm，稍嫌厚，在此设置分两次铣去。

在外形铣削参数标签页（图 14-18）中，点击右下角 Depth cuts… 按钮前的方框，里面会出现“√”号，表示选中该项，于是 Depth cuts… 按钮不再是灰色的，而变为黑色，表示可以进行设置，点击该按钮，按图 14-19 进行设置（各项目的含义见图 14-15 中的解释）。

设置完成后点 OK 按钮，退出该对话框。

D．设置进刀退刀方式。

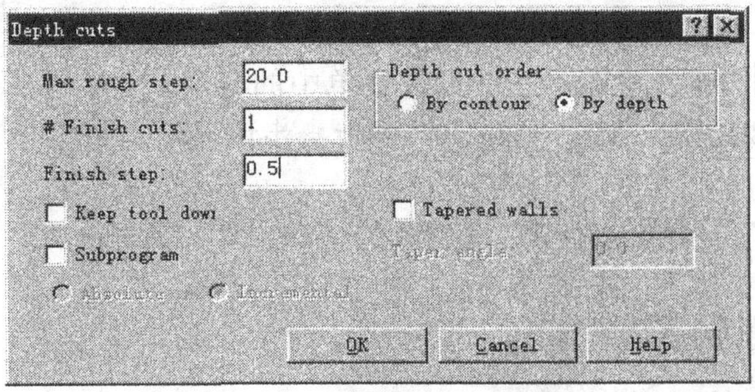


图 14-19　设置深度分层铣削

因是外形铣削，所以刀具可以采用任何姿态下降到工件的侧面（后面讲到挖槽加工时可就不能随意下刀了，因为刀具将扎入材料中间开始挖槽），但如何切入材料表面呢？还有，加工完后如何离开工件呢？我们希望刀具受力的变化不要太突然和太剧烈（那样轻则引起工艺系统振动，重则可能是刀具折断，特别是用小直径刀具加工时）。

平缓进刀和退刀比较好的方式是沿切向进入和退出（加工时还可采取进入时减慢进给速度，待切入后再恢复到正常速度的方法防止受力突然急剧增加）。

设置进刀退刀方式的步骤是——在外形铣削参数标签页（图 14-18）中，点击右下角 Lead in/out… 按钮前的方框，里面会出现“√”号，表示选中该项，该按钮变为黑色，表示可以进行设置，点击该按钮，按图 14-20 进行设置（各项目的含义见图 14-16 中的解释）。

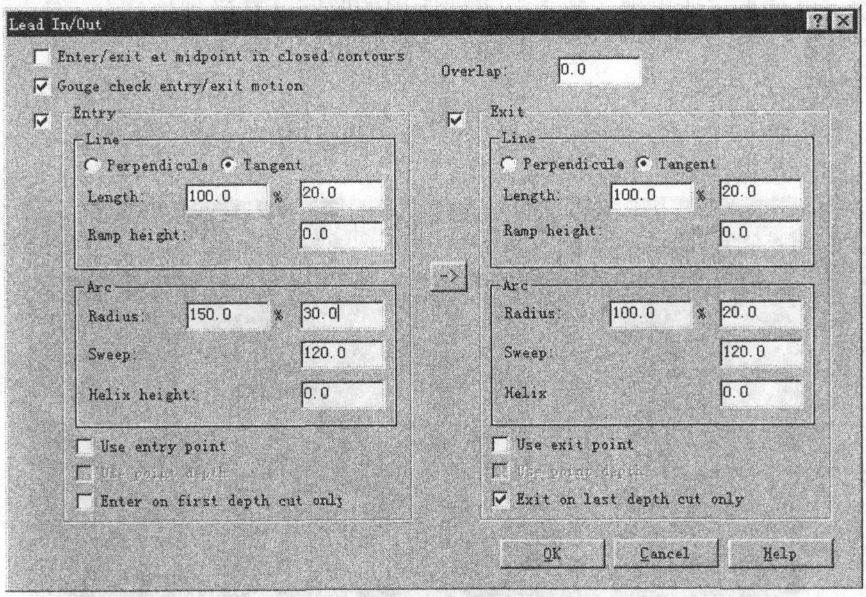


图 14-20　进退刀参数设置

设置完成后点 OK 按钮，退出该对话框。

E. 点 确定 按钮退出外形铣削参数设置对话框，“战前”准备结束。

下面要在屏幕上验证以上的各项设置所产生的效果。

### 5. 校核刀具路径是否正确

退出外形铣削参数设置对话框后，会出现操作管理对话框（以后可在任何时候用

Toolpaths\Operations 命令打开此对话框），如图 14-21 所示，各项目含义请见图 13-27。

点击 Backplot 按钮，按图 14-22 设置菜单中的各项。

如果点击选择 Step 项，则刀具路径将一步一步地显示，每按一下键盘上的 S 键，刀具就往前面走一步。

本例选择 Run 项（你可以两种方法都试一下），让刀具自动从头走到尾，你可看见图形上出现了刀具路径，如图 14-23 所示。

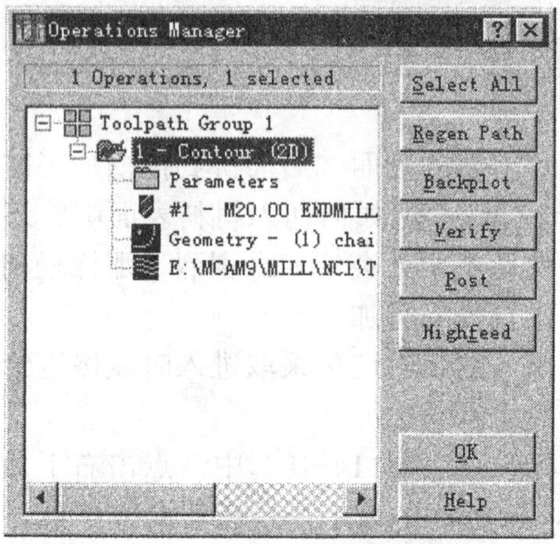


图 14-21　操作管理对话框

图 14-22　刀具路径校验设置

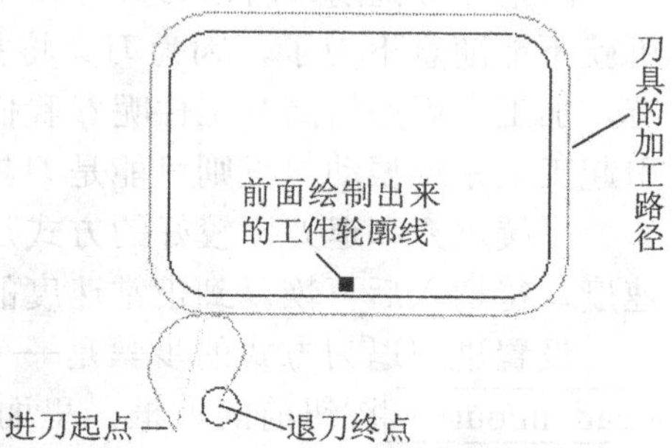


图 14-23　显示刀具路径

请注意：屏幕下方还出现了加工该工件所用的时间（精确到秒）。

这样看还不过瘾，下面采用真实模拟的方法模拟加工过程。

6. 真实加工模拟

A. 选择图 14-21 操作管理对话框中的 Verify 按钮，屏幕状况见图 14-24（控制面板中各按钮的介绍见图 13-34）。

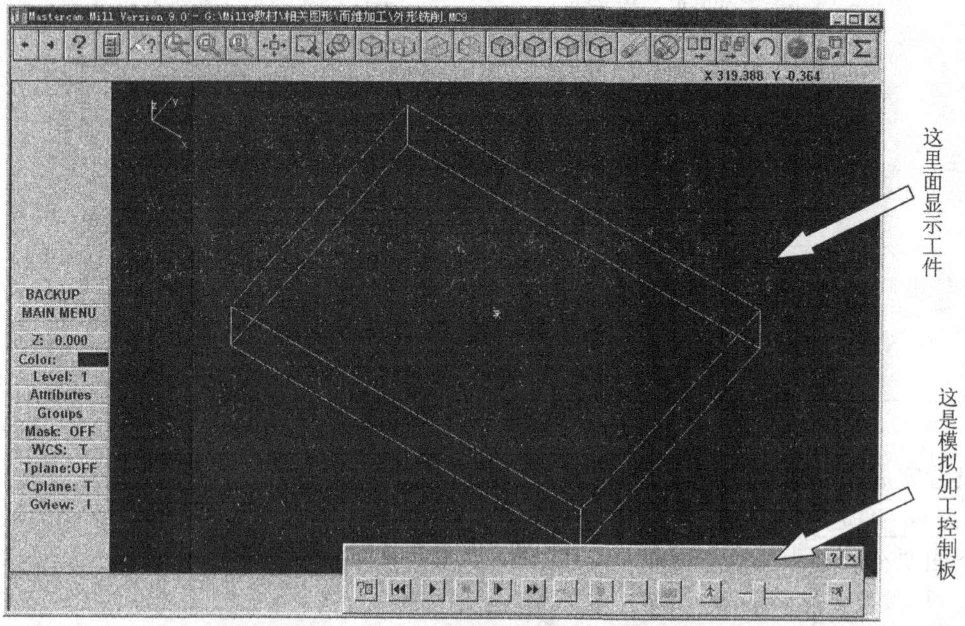


图 14-24　准备模拟加工时的屏幕状况

B．点击控制板左边第一个按钮，将弹出模拟参数配置对话框（详细解释见图 13-35～图 13-39），按图 14-25 所示进行设置（只改动了圈中的三项）。

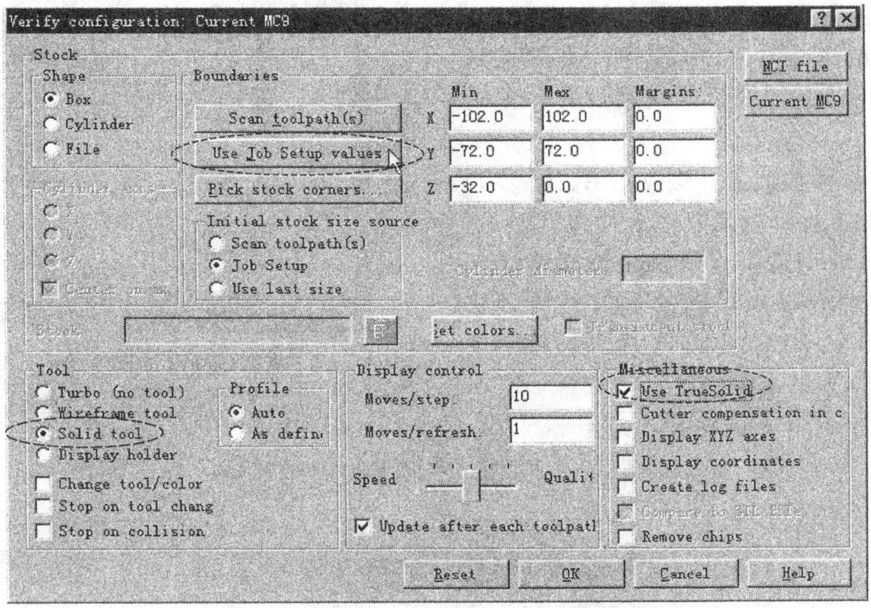


图 14-25　设置模拟加工参数

特别注意按下了 Use Job Setup values 按钮，则后面模拟加工时将采用前面设置过的工件毛坯尺寸和工件中心。否则，系统会为你作主选择毛坯，那样可能达不到你的要求。

设置好后点 OK 按钮退出对话框。

C．点击控制板左边第三个按钮，则开始自动模拟加工过程，最后结果见图 14-26。

图 14-26　模拟加工后的结果显示

D．修改加工参数。

通过观察，发现进刀动作过多（有三次），想改为 1 次（首次切入时用一次，后面不玩这种动作），修改方法如下：

点击控制板上右上角的 × 按钮，关闭模拟加工状态，回到操作管理对话框；

→点击框中的 Parameters 项，重新展开外形铣削参数设置对话框（见图 14-7）；

→再次点击 Lead in/out… 按钮，打开进退刀参数设置对话框（见图 14-20）；

→选中左下角的 Enter on first depth cut only 项；

→再逐次退出各对话框，回到操作管理对话框，可以发现框中出现了“×”标记（见图 14-27）。

→点击 Regen Path 按钮，系统可自动对刀具路径进行刷新，刷新后×标记消失。

E．重新模拟加工（按 A、B、C 步），可以发现加工过程确实发生了变化。

至此，外形铣削刀具路径创建完毕，如果满意，接下来可以创建 NCI 文件（数控加工信息文件）和 NC 文件（数控加工文件），下面看看创建过程。

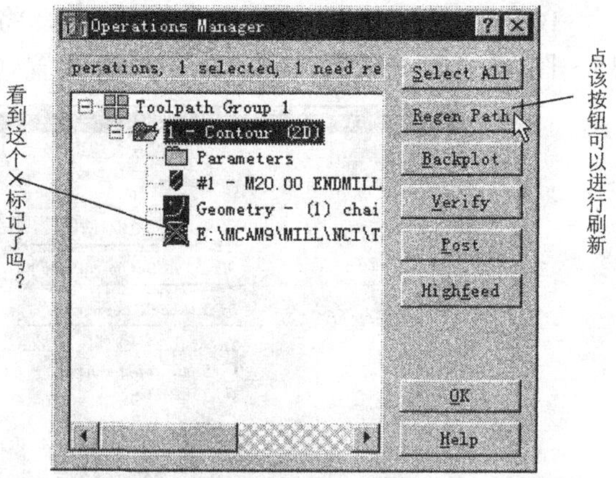


图 14-27　需要刷新时的操作管理对话框状况

7．创建 NCI 文件和 NC 文件

点击操作管理对话框中的 Post 按钮，弹出后处理对话框，按下图进行设置（该对话框的解释请看图 13-42。

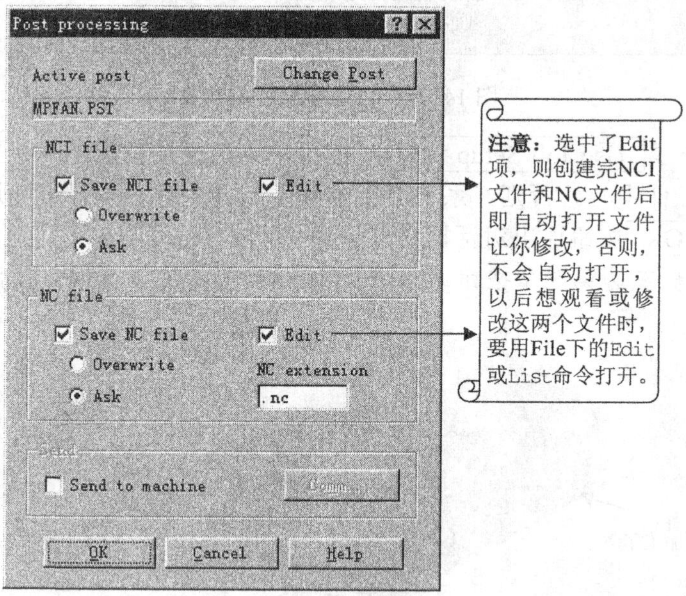


图 14-28　后处理对话框

设置好后，点 OK 按钮，会依次出现对话框，要你为 NCI 文件和 NC 文件取名，取好名后点 保存（S） 按钮，则 NCI 文件和 NC 文件都极快地创建出来并被保存，因为上面对话框中选中了 Edit 项，所以接着会依次打开这两份文件，供你修改。

NCI 文件和 NC 文件的样式，可参考图 13-43。

8．传送 NC 文件到数控机床

如果进行操作的电脑正与数控机床相连，而且各项通信设置是已设置好了的，则可以用后处理对话框中的 Send 功能（见上图下方）将 NC 程序文件传到数控机床上，数控机床有了这份程序文件，就可以正式加工了，正式加工的结果会与你在电脑上看到的一模一样。

如果你是在家中或电脑机房里完成的工作，可将 NC 文件拷出到磁盘上，再转到数控机床上进行加工。

电脑创建 NC 程序的速度和准确率等都是人工编程不可比拟的，这也正是 CAM 技术的引人注目之处。

好，我们通过外形铣削实例介绍了由图形创建刀具路径、加工模拟和创建 NC 程序文件的全过程。如果你仅仅是想让刀具动起来，以便观察刀具路径是否正确（即加工结果是否能达到我们的要求），可以先忽略一些加工参数的设置，如刀具加工参数的设置，下刀姿态的设置、分层的设置等，待刀具的动作满意后，再回头进行各项的设置，边看边改。实际上，正式加工前，特别是加工重要零件、复杂零件或贵重材料零件时，为避免损失，常先要用木制或蜡制毛坯进行试加工，发现问题再在电脑中改变相应设置，直到加工效果满意后，才正式进行加工的，也就是说，正式加工会很慎重，而不会拿到 NC 程序就急于去加工的。

本篇开头即已讲到：对初学者而言，一个重要的关卡是如何设置合理的加工参数，本例也牵涉到了加工参数的设置问题，但篇幅所限，没有深入介绍“为什么”和“怎样做”，牵涉到的参数也还只是几项而已。单是加工参数的设置问题，都是可以写成一本书的，而且十分繁琐，有些还是只能意会不好言传，正因为如此，CAD/CAPP/CAM 技术中，CAPP 技术至今都是瓶颈，国外、国内进展都较慢，没有令人振奋的突破。所以本书的读者不要在此方面期望太高，先大致学会设置过程，了解有哪些参数吧，弄清这些已很不错了。

这个例子讲得很详细，以后的各种类型的加工方法，有很多都是与之相同的，所以，以后的例子中，介绍可能要简单多了，因此，请一定反复演练本例，牵涉到的各种参数可对照前面（特别是 13 章中）的解释，在理解的前提下随意试验（未理解则请慎重试验）。

这个例子后面接着要用，请保存取名为“二维加工图 1”。

## 14.2　面铣削

下面准备在上图的基础上，将顶面铣去 2mm，这个过程称为面铣削。

**【实例 14-2】**面铣削操作。

打开上一例保存的图形“二维加工图.MC9”。

可以发现上例中的刀具路径仍显示在图上，为了不影响本次的操作，准备将上一次的刀具路径隐藏，方法是：

选择 Toolpaths\Operations 命令，打开操作管理对话框，按住键盘上的 Shift 键，同时在框中刀具路径 1 的最后一行的▦图标上用鼠标左键点击一下，使该图标变为灰色，则关闭了刀具路径，退出操作管理对话框后，前面的刀具路径将不可见。

下面进行面铣削操作。

1）选择命令 Toolpaths\Face。

2）点菜单中的 Chain 项，然后点击带圆角的矩形，再点菜单中的 Done 项。

3）弹出面铣削设置对话框，第一个标签页是选择刀具，准备选择一把面铣刀（Face

Mill，国内习惯称为盘铣刀)，按前面的方法进入刀具库，可能没有见到这种刀具，不要紧，我们来学习如何创建一把新刀具：

A．在框中空白处点鼠标右键，选择浮动菜单中的 Create new tool…项，见图 14-29。

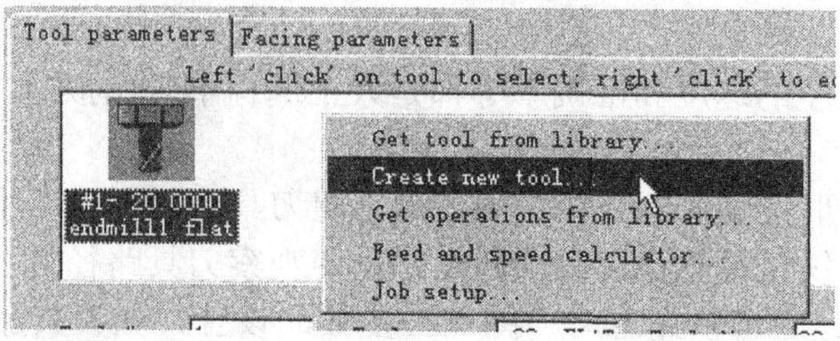


图 14-29 准备创建新刀具

B．弹出定义刀具对话框，自动展示第二个标签页——刀具类型标签页，用鼠标点击第一排第四个图标——Face Mill 图标。

C．自动转到刀具设置标签页，按图 14-30 设置刀具的各种尺寸（若有实际刀具，要按实际刀具的尺寸填写）。

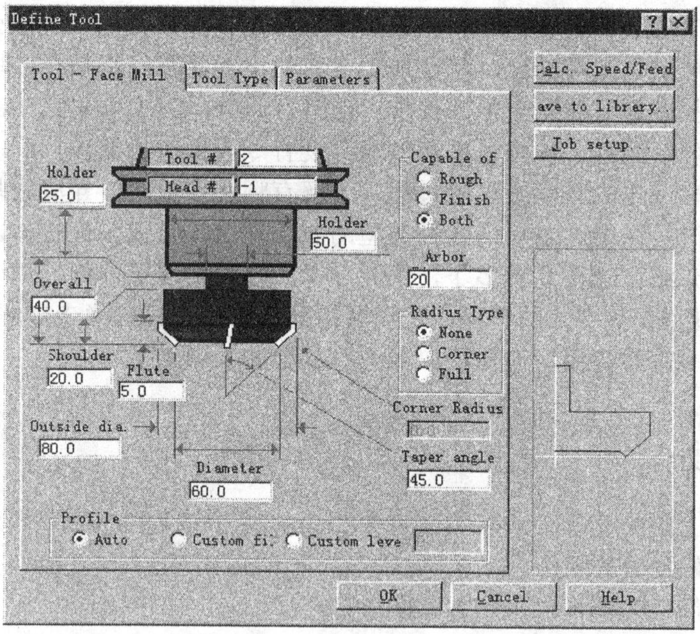


图 14-30 设置刀具的尺寸

因有图示意，故框中各项目不再解释。如果你觉得这把刀具以后用得着，可以点击右上角的 Save to library… 按钮将该刀具保存到刀具库中。

D．点 Parameters 标签页，按下图设置六处的百分比（圈中处），然后点右上角的 Calc Speed/Feed 按钮，让系统自动算出速度和进给量（见图 14-31）。

E．点 OK 按钮退出对话框，回到面铣削设置对话框。

4）设置面铣削加工参数。选择第二个标签页——Facing parameters 标签页，按图 14-32 进行设置。

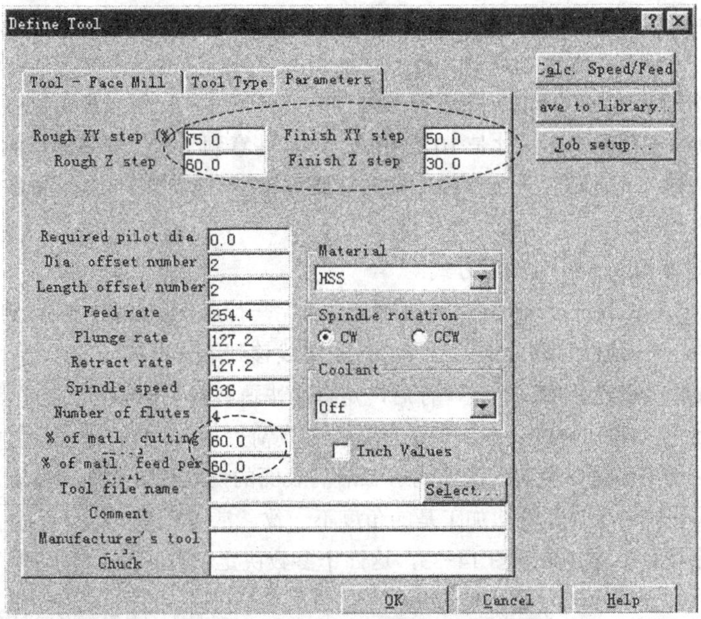


图 14-31　设置刀具加工参数

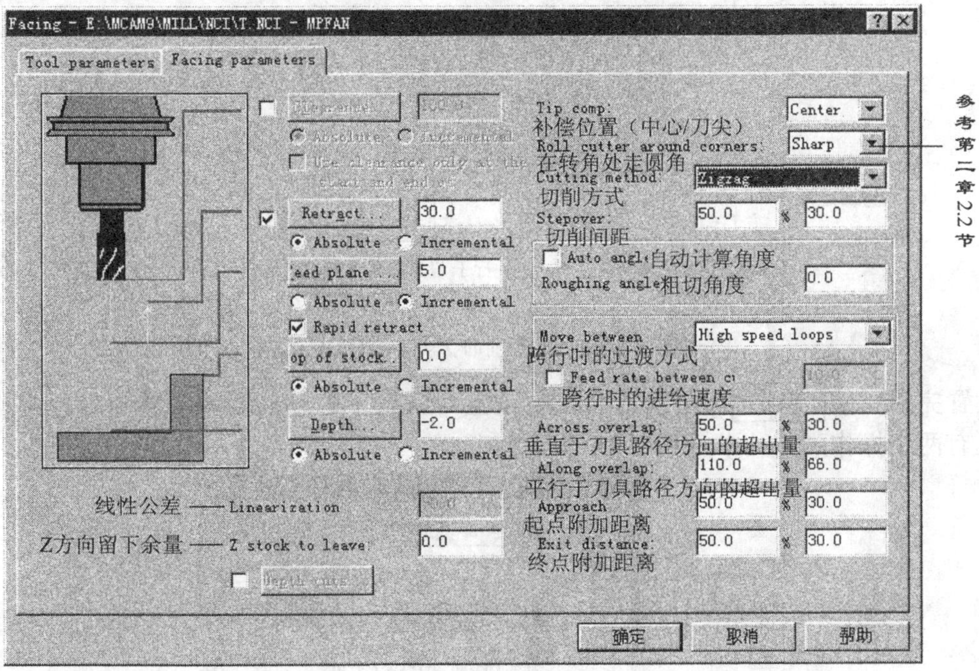


图 14-32　面铣削参数设置标签页

几个参数的解释：

① 切削方式——有四种方式：

- ◆ Zigzag——往返均加工。
- ◆ One way –climb——单向加工（返回时不加工）、顺铣。
- ◆ One way –conventional——单向加工（返回时不加工）、逆铣。

◆ One pass——只铣一次，必须用刀具直径大于加工面的铣刀才能做到。

② Stepover——切削间距。刀具会一行一行地切削，两行之间的距离即为切削间距，应比刀具直径小，不然会有切不到的地方。切削间距用刀具直径的百分数表示，如刀具直径为 10mm，若将切削间距设置为 50%，则切削间距的实际尺寸是 10×50%=5mm。注意到了这个项目的后面有两个输值框了吗？你只需在第一个框中输入百分比，则后面框中的实际距离值会自动算出。这个参数后面的各种加工中都遇得到，所以介绍多一点。

③ 跨行时的过渡方式——有三种方式：

◆ High speed loops——高速回圈加工。切完一行后，走圆弧快速移到下一行。

◆ Linear——线性移动。切完一行后，走直线移到下一行再加工。

◆ Rapid——快速移动。切完一行后，走直线快速移到下一行再加工。

④ 自动计算角度和粗切角度——所谓角度是指刀具前进方向与 X 轴方向的夹角，决定了刀具是平行于工件的某条边切削还是斜着切，影响到加工后的表面的切削痕迹方向，如果该表面要经过多次切削，最好使切削痕迹交错，也就是每次加工是的角度不一致，常错开 90°。

⑤ 右下角四个项目的含义见下图 14-33，这四个参数决定了刀具的活动范围。

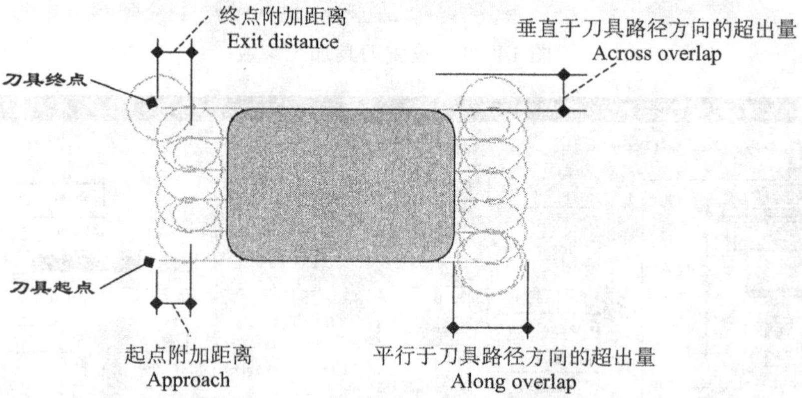


图 14-33　面铣削时刀具活动范围

设置完后，点 确定 按钮退出面铣削设置对话框，自动回到操作管理对话框中，这时可见有两个操作列于其中，见图 14-34。

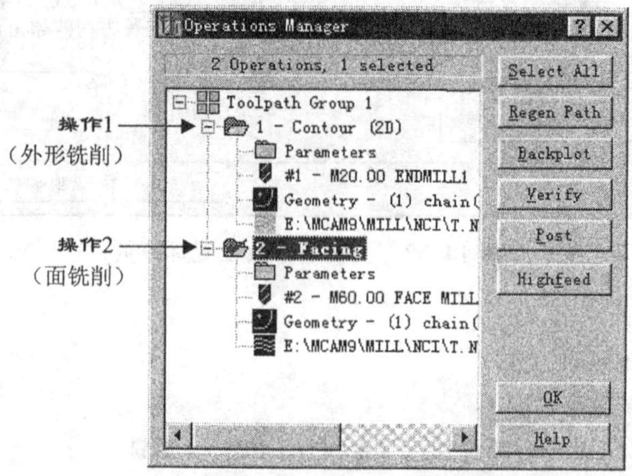


图 14-34　新增一个操作

5）真实模拟面铣削过程。

点击操作 2 的 2 —Facing 一行，使其前的图标上出现“√”号（如上图），表示选中该操作；然后点 Verify 按钮，屏幕上出现模拟加工环境，点控制板上的▶按钮（工件和模拟参数不必再配置，因为外形铣削时已经配置好了），即可自动模拟加工，加工过程及结果如图 14-35 所示。

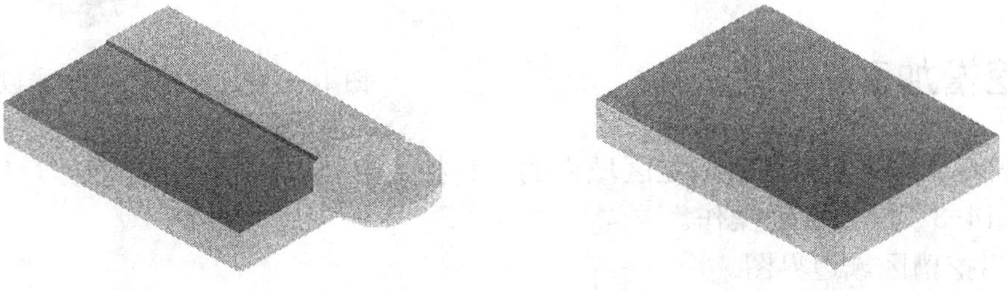

a）　　　　b）

图 14-35　面铣削加工

a）正在加工　b）加工完毕

实际加工中，宜先加工顶面（面铣削），再加工侧面（外形铣削），这样一来可以减少切削顶面时产生的飞溅切屑划伤先加工好的侧面，当然还有其它一些考虑。

目前我们的设计却是先加工侧面（操作 1）再加工顶面（操作 2），下面来学学如何将两个操作交换位置。

很简单，在操作管理对话框中，只要用鼠标点击操作 1 的第 1 行（1—Contour（2D）那一行），按住鼠标左键不放，然后拖到操作 2 的后面再松开鼠标就可以了，改变顺序后的结果如图 14-36 所示，请与图 14-34 比较，看顺序是否发生了变化。

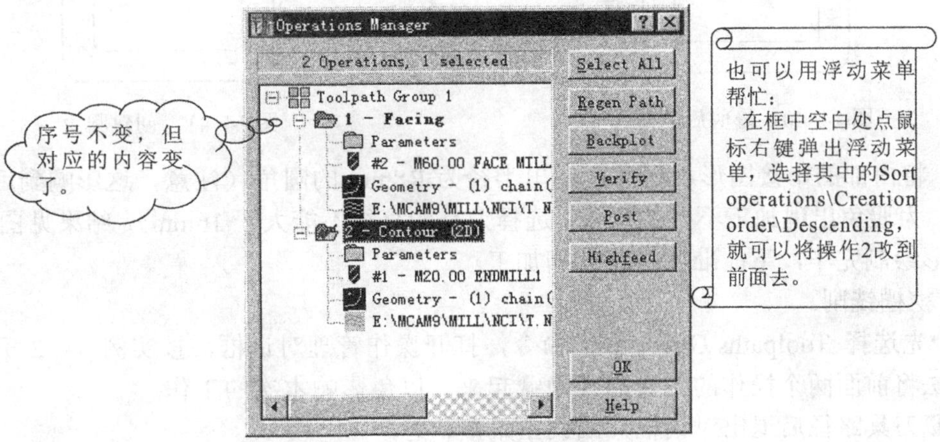


图 14-36　改变操作顺序

6）两个操作联合起来模拟加工。

点操作管理对话框中的 Select All 按钮，选中全部的两个操作（以后操作更多些，可以按住键盘上的 Ctrl 键，再用鼠标点击准备模拟加工的操作，就象我们在 Windows 环境下选择某些目录或文件一样），然后再点 Verify 按钮，点操作板上的▶按钮，即可连续演示两个操作的加工过程，结果如图 14-37 所示。

确认无误后，点操作板右上角的☒按钮退出模拟环境，再退出操作管理对话框，回到主菜单状态，准备后面的加工。

请保存图形，取名为“二维加工图 2”，后面接着要继续对它进行加工。

图 14-37 顶面和侧面加工以后的结果

## 14.3 挖槽加工

顾名思义，就是将工件上指定区域内的材料挖去，槽的深浅由你设置。

**【实例 14-3】**挖槽铣削操作。

1）画出挖槽区域边界图。

A．绘制一个宽 140mm，高 80mm 的矩形，中心也在原点，见图 14-38。

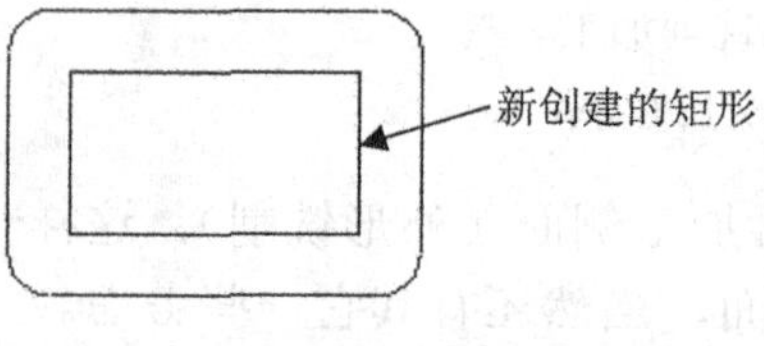


图 14-38 创建一个小一些的矩形

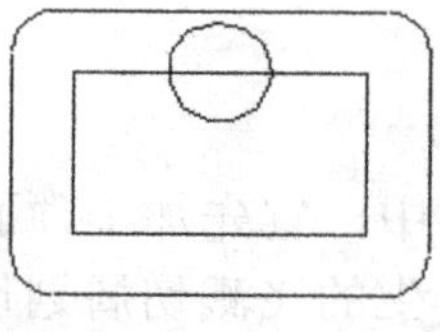

图 14-39 创建一个圆

B．创建一个圆，半径为 25mm，圆心在小矩形上面边线的中点，见图 14-39。

C．修剪为如图 14-40 的形状。

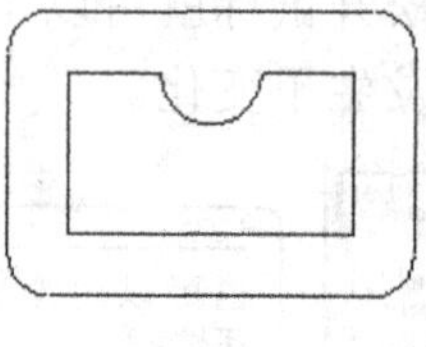

图 14-40 修剪后的图形

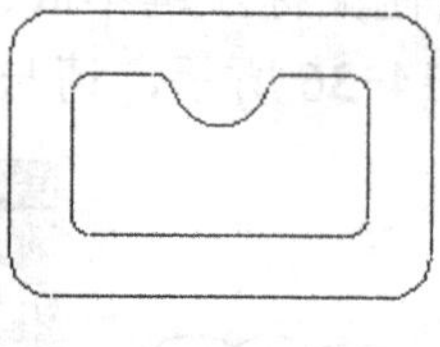

图 14-41 创建圆角

D．将内部的串接图形各拐弯出倒出半径为 R8mm 的圆角（注意，这影响到后面刀具的选择，为避免出现加工不到的死角，选择刀具的直径不能大于 16mm），结果见图 14-41。

图形绘制完毕，下面准备进行挖槽加工。

2）挖槽铣削。

A．先选择 Toolpaths\Operations 命令，打开操作管理对话框，按实例 14-2 开头时介绍的方法将前面两个操作的刀具路径隐藏起来，以免影响本次的工作。

隐藏刀具路径后退出对话框，回到主菜单状态。

B．选择 Toolpaths\Pocket 命令→点菜单中的 Area 项→再在要挖槽的区域内（本例是小矩形内）点击一下鼠标左键→点菜单中的 Done 项→则挖槽区域被选定，接着弹出挖槽参数设置对话框（内有三个标签页）。

C．按第十三章和前面实例 14-1 中介绍的方法，在刀具库中选择一把直径是 14mm 的平铣刀（End Mill）

D．选择第二个标签页，按图 14-42 进行设置。

该对话框有些项目我们已经学过了，还有一些（下方的按钮功能）是新项目，下面做一些解释（简单的则直接注释在图上）。注意：以下各项只解释，不要照着进行设置，即小号字部分在做实例时可跳过。

过滤设置和分层铣削按钮的功能同外形铣削的，另外四个按钮的功能解释如下：

① 挖槽加工类型——共有五种。

- Standard——标准挖槽模式
- Facing——面铣削模式。同 14.2 中的面铣削。
- Island facing——岛屿铣面。将工件中部某个“孤岛”铣去一层材料，外围不加工。
- Remachining——残料加工。将区域内未铣到的残余材料铣去。
- Open——开口轮廓的加工。Standard 方式要求挖槽区域的边界线是封闭的，如果边界未封闭，可以用这一种加工方式，系统会自动将开口处“连接”起来，于是区域变为“封闭”的，然后按 Standard 方式挖槽加工。

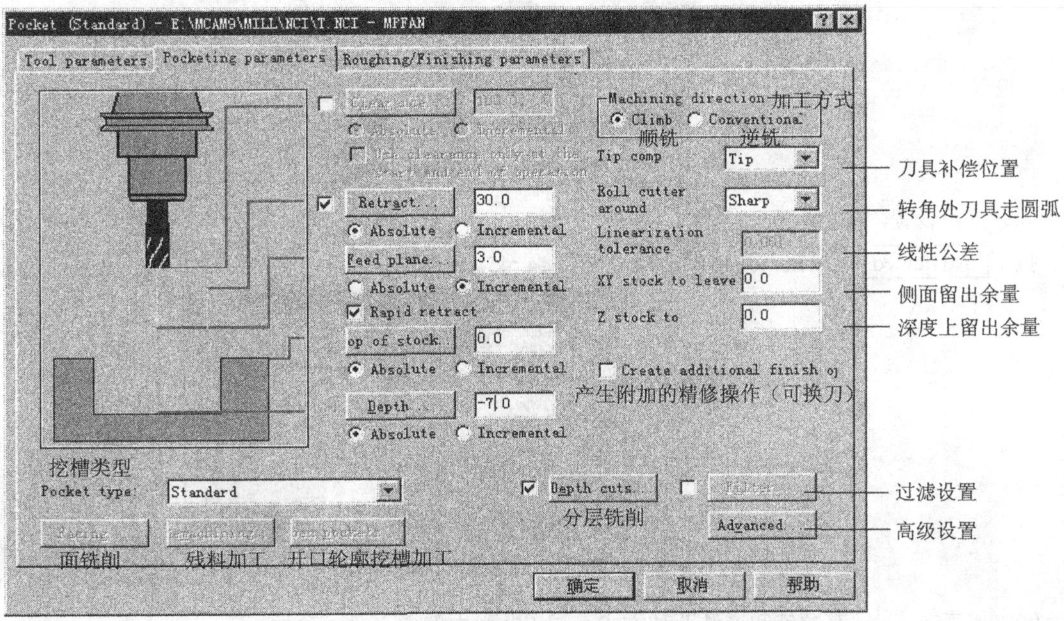


图 14-42　挖槽参数设置

② 面铣削按钮。

按下 Facing… 按钮，弹出对话框，如图 14-43 所示。

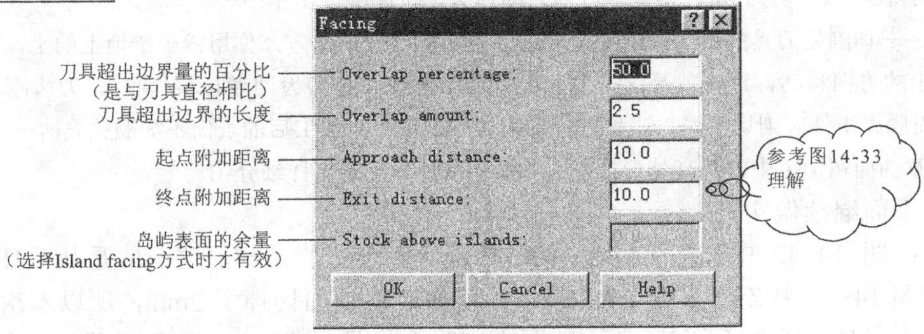


图 14-43　面铣削对话框

③ 残料加工按钮。

按下 Remachining… 按钮，会弹出对话框，其中只有两个项目与图 14-13 不同：

◤Apply entry/exit curves to rough passe——在粗铣加工路径上使用进刀/退刀动作。

◤Machine complete finish passé——精加工全部区域。

**注意**：挖槽加工中，容易出现残料的问题，用这种加工方式，可以自动搜索何处有残料，并且设计加工路线让刀具去切除这些残料。操作过程中，先后会出现如下提示：显示粗加工过的区域；显示精加工应切削的区域；显示残料区域；显示经残料加工后仍存的残料；显示残料加工刀具路径。操作过程不需要动多少脑筋。

④ 开口轮廓的挖槽加工。

按下 Open pockets 按钮，弹出对话框，如图 14-44 所示。

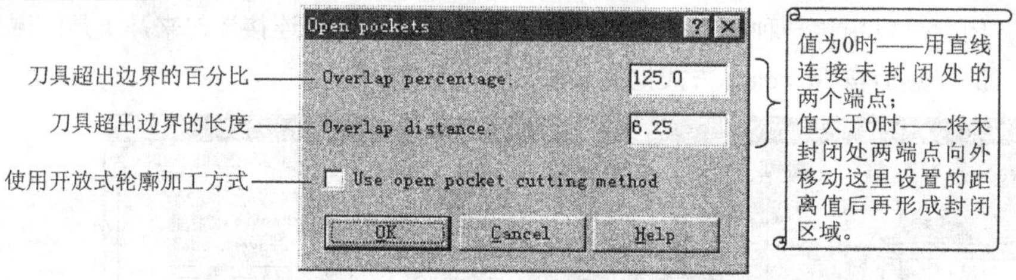


图 14-44　开口轮廓的挖槽加工设置

⑤ 高级设置。

按下 Advanced… 按钮，弹出对话框，见图 14-45。

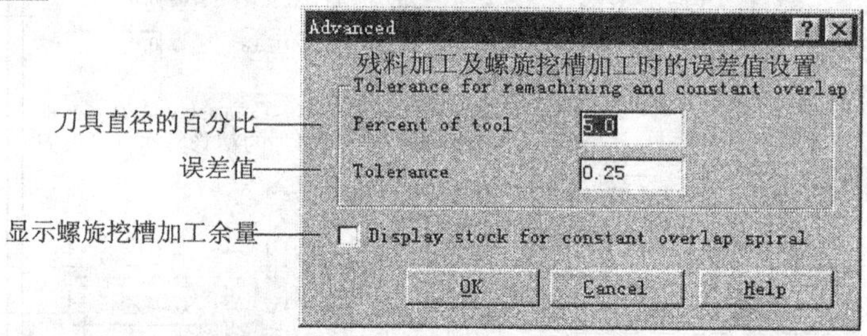


图 14-45　高级设置对话框

⑥ 加工方式——有顺铣和逆铣两种方式，与工艺学中的定义是一致的。

顺铣——切削处刀具的旋向与工件的送进方向一致。打个比方，你用锄头挖地，而地面同时往你脚后移动，顺铣就是这样的状况。通俗地说，是刀齿追着材料"咬"，刀齿刚切入材料时切得深，而脱离工件时则切得少。这种方式可以得到较好的表面质量，机床受冲击小……。

逆铣——切削处刀具的旋向与工件的送进方向相反。打个比方，你用铲子铲地上的土，而地面同时迎着你铲土的方向移动，逆铣就是这样的状况。通俗地说，是刀齿迎着材料"咬"，刀齿刚切入材料时切得薄，而脱离工件时则切得厚。这种方式机床受冲击较大，加工后的表面不如顺铣光洁……。

下一章曲面粗加工中的等高外形加工一节对这两种方式还有详细介绍。

好！下面继续做实例。

**注意**：图 14-42 中，加工深度（Depth）一栏设置的是-7，这个值是从毛坯顶面量起的（注意图 14-18 中 Z=0 在哪个地方），而前面已将顶面切掉了 2mm，所以本次挖槽切削后的槽底到工件（不是毛坯！）顶面的距离实际上将是 5mm。这里理解了，那么另两个高度值 30 和 3 就也能理解了，这种问题头脑一定要相当清楚。

要想一次切掉 5mm 比较吃力，设想分两层切掉，因此准备使用深度分层

E. 点图 14-42 所示标签页中的 Depth cuts… 按钮，弹出分层铣削对话框(解释见图 14-15，仅有一项不同)。

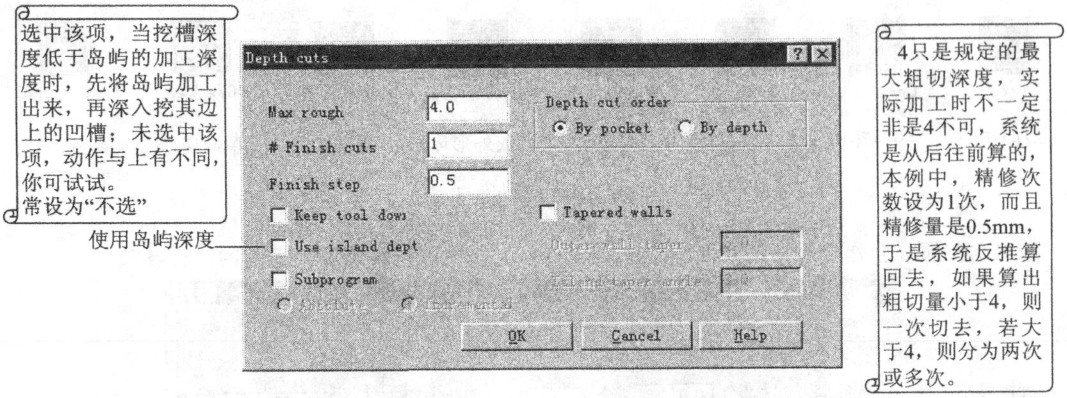


图 14-46　深度分层铣削

按图 14-46 进行设置，设置完后点 OK 按钮退出对话框，回到挖槽参数设置对话框。

F. 选择第三个标签页（粗/精加工参数设置），按图 14-47 进行设置。

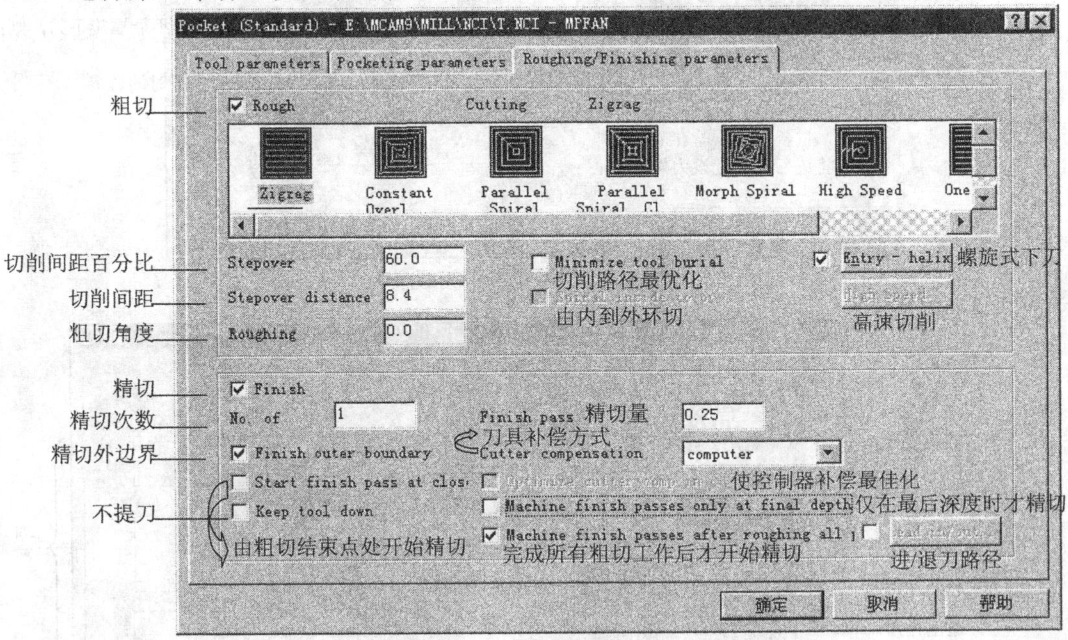


图 14-47　粗/精加工参数设置

借此机会解释一下其中的项目（有些只在上图中注释），各个项目你可以进行对比试验，就可以知道各自的作用。

① 粗切走刀方式——共有八种，图标已形象地示意了走刀路线，下面只介绍各走刀方式的名称，见图 14-48。

② 螺旋式下刀按钮。

与外形铣削不同，挖槽加工开始下刀时的位置一般是在工件的正上方，因此，下刀切削时不可避免会首先与工件顶面的材料接触，继而切入，为了使刀具突然受力不要太剧烈，如何使刀具“轧”入工件是有讲究的，可以使用螺旋式下刀这种姿态，就像人走螺旋形楼梯下楼一样，边转边下，到接触工件表面时，是切向方向切入材料的，而不是直挺挺地轧下去的。

图 14-48　八种走刀方式

点中此按钮，会弹出对话框（图 14-49、14-50），从中可设置螺旋式下刀的各种参数。

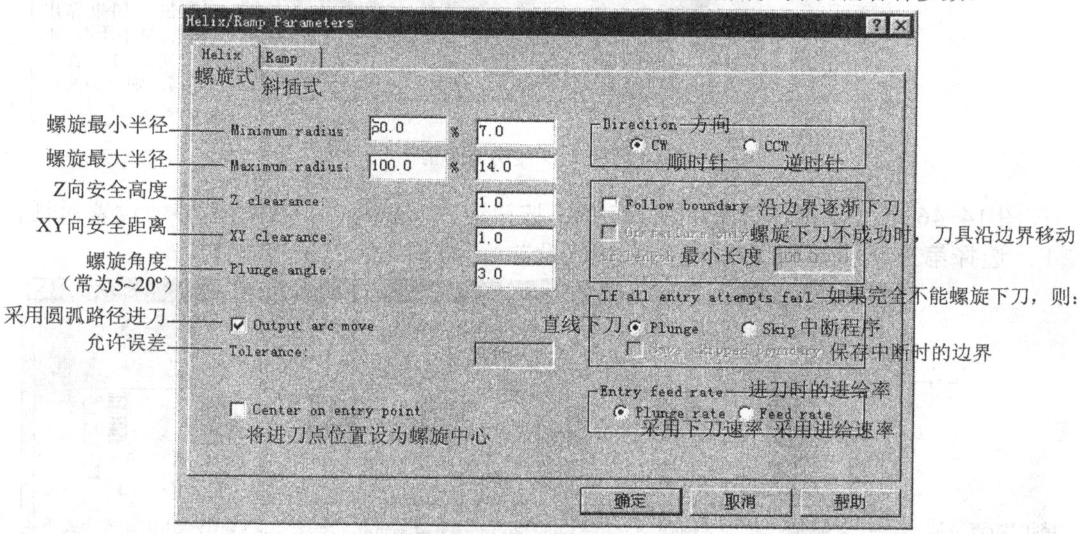


图 14-49　螺旋式下刀设置

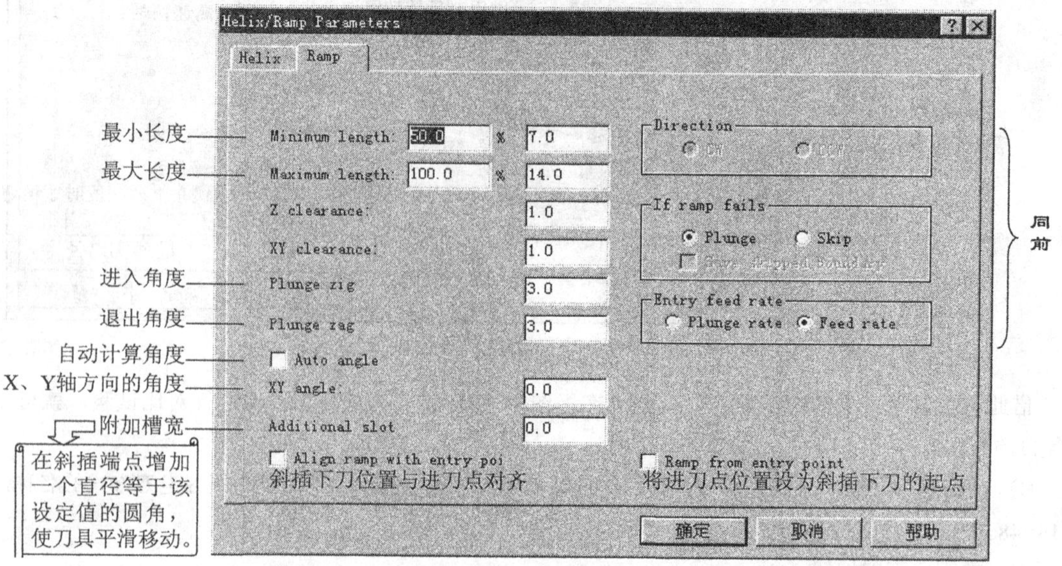


图 14-50　斜插式下刀设置

③　高速切削按钮。

只有选择了高速切削方式时才有效，按下按钮后出现图 14-51 所示的对话框。

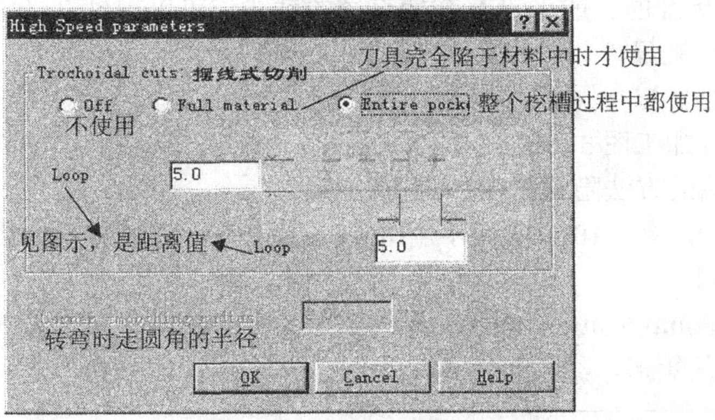


图 14-51　高速切削参数设置

④　进退刀路径按钮——按下按钮后弹出的对话框请看图 14-16。

G．设置完后，点 确定 按钮退出挖槽参数设置对话框，可发现操作管理对话框中又增添了一个操作——编号为 3，见图 14-52。

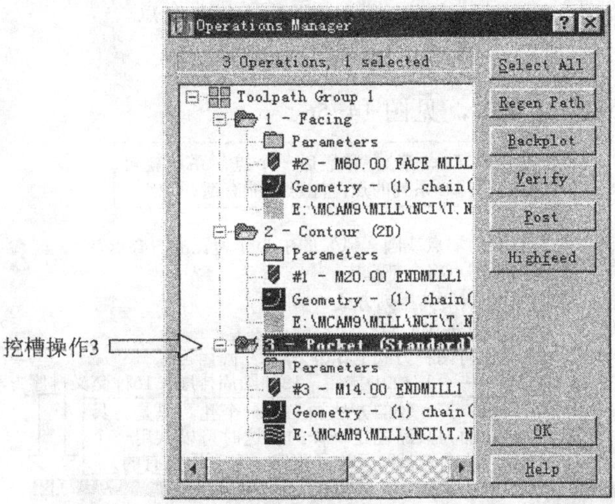


图 14-52　新增挖槽操作

图 14-53　模拟挖槽过程

H．只选中该操作，然后进行模拟加工，其过程和结果见图 14-53。

挖槽结束，请保存结果，取名为“二维加工图 3”，后面接着要继续对它进行加工。

## 14.4　钻孔加工

本节学习如何创建钻孔刀具路径。

钻孔加工时，孔的大小是由刀具直径确定的，所以，做图时，并不一定要将圆画出来，但圆心位置是必不可少的，所以先要在圆心位置作出点来。

当然，将圆画出而不画圆心点也可以，系统能通过已存在的圆找到圆心。

**注意**：孔可以用小于孔径的圆柱铣刀按挖槽的方法铣出来，但那叫做铣孔，不叫钻孔。如果孔的直径不是标准的、或者没有合适直径的钻头，可以用铣孔的方法将孔加工出来。

**【实例 14-4】**钻孔操作。

1. 创建孔的中心点

A．打开“二维加工图 3 .MC9”图形文件。

B．按前面介绍的方法隐藏挖槽的刀具路径。

C．画一个 170，高 110 的矩形，中心放在原点——打算将孔的中心设在矩形的四个角点处，见图 14-54。

D．用 Create\Point\Position 命令，在刚画出的矩形的四个角上及各边的中点创建八个点，然后删除刚画的矩形，结果见图 14-55。

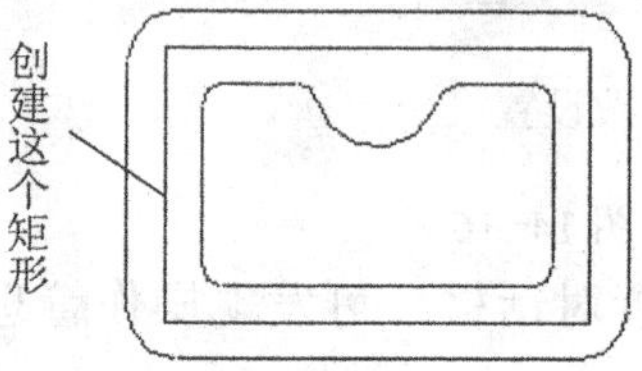


图 14-54　创建一个矩形

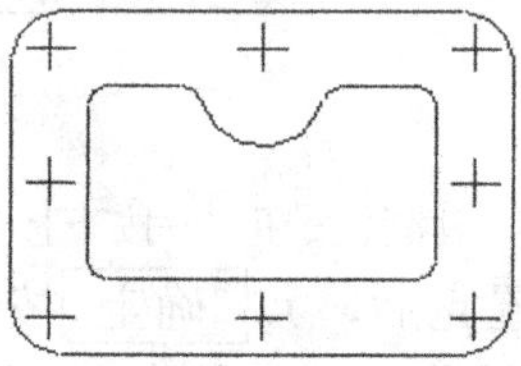

图 14-55　创建八个点

2. 创建钻孔刀具路径

A．选择 Toolpaths\Drill 命令，出现选择菜单，见图 14-56。

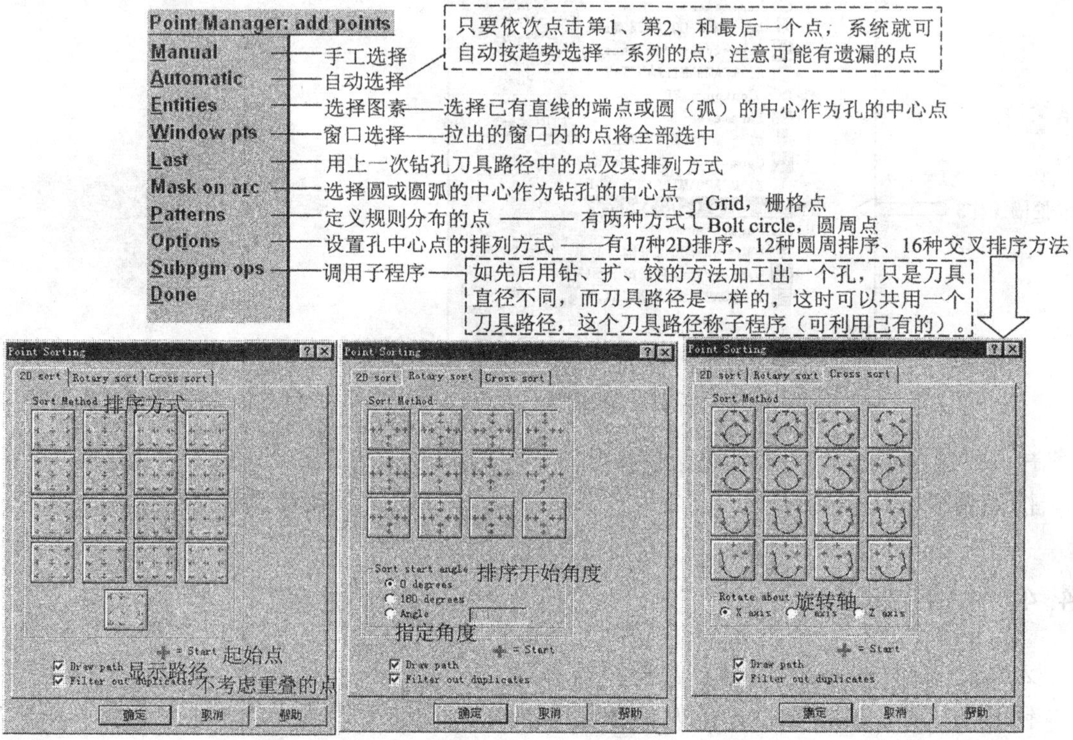


图 14-56　选择孔中心点的方式及排序方式

B．点 Manual 项，用手工选择的方法，依次点击八个点（注意，点击的顺序就是后面钻孔的顺序），选完后按键盘上的 Esc 键，再点菜单中的 Done 项，接着会出现钻孔设置对话框。

C．按前面介绍的方法选择一把直径是 12mm 的钻头（Drill、麻花钻，注意这已是第四把刀了，见图 14-57），刀具的加工参数自行修改试试看（不设置并不影响模拟加工）。

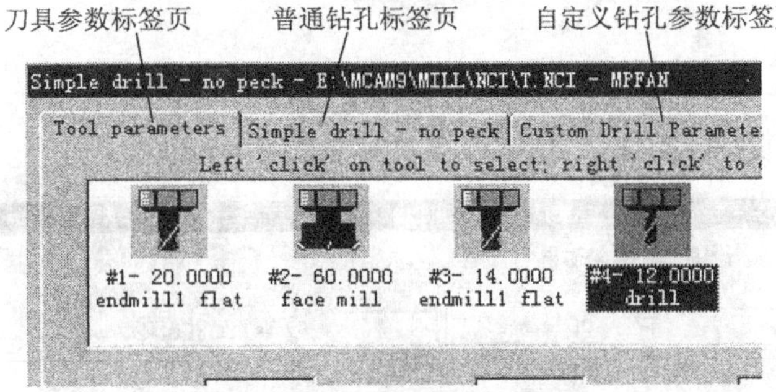


图 14-57　钻孔设置对话框和已选的刀具

D．点选第二个标签页——Simple drill 标签页，按图 14-58 所示进行设置（不明项目后面再解释）。

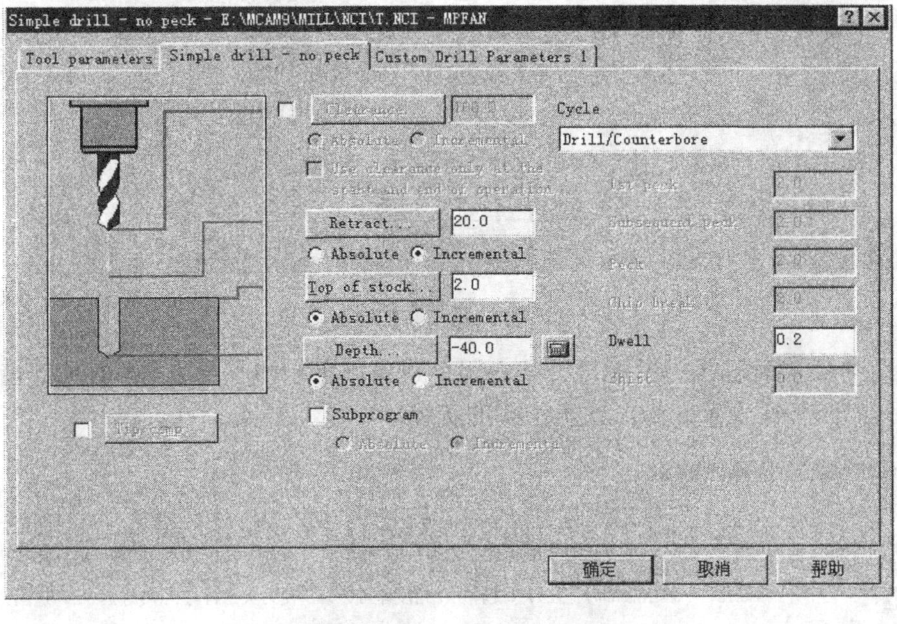


图 14-58　钻孔参数设置

E．设置完后点 确定 按钮退出对话框（第三个标签页为自定义钻孔参数设置标签页，未打算自定义钻孔方式，所以不需设置），则钻孔加工刀具路径创建完毕。

F．点菜单中的 Operations 项，打开操作管理对话框，只选择刚创建的钻孔操作（序号为 4），点 Verify 按钮，按前面介绍的方法模拟加工，结果见图 14-59。

G．钻孔加工操作完毕。

下面补充介绍一下钻孔设置对话框中第二、三标签页中未学过的项目：

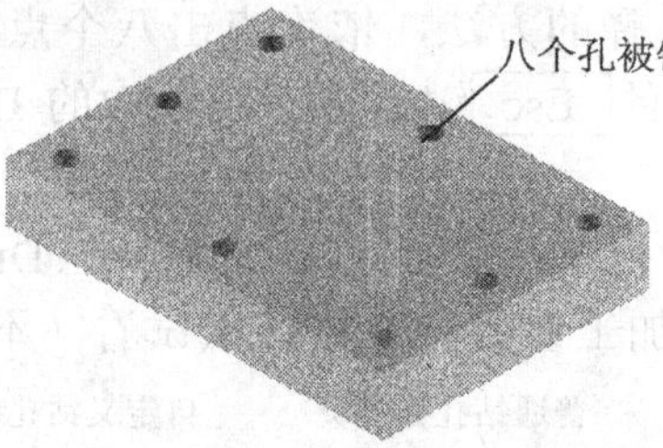


图 14-59　钻孔后的结果

① 第二个标签页——Simple drill 标签页；见图 14-60。

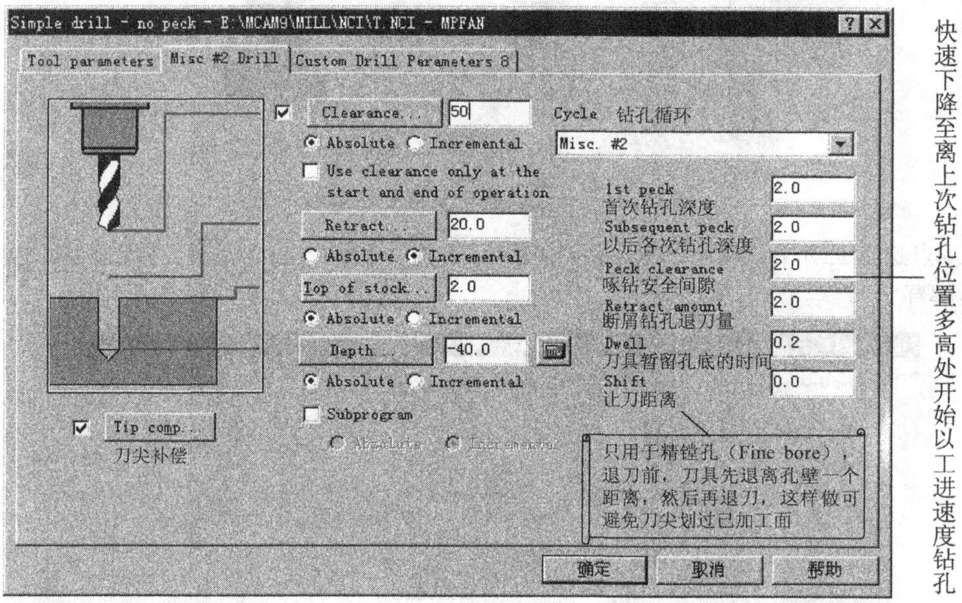


图 14-60　钻孔参数设置标签页

系统设置了 7 种标准钻孔循环方式，另外还可以由用户自定义 13 种钻孔循环，如图 14-61 所示，其中 H 表示孔深，D 表示孔的直径。

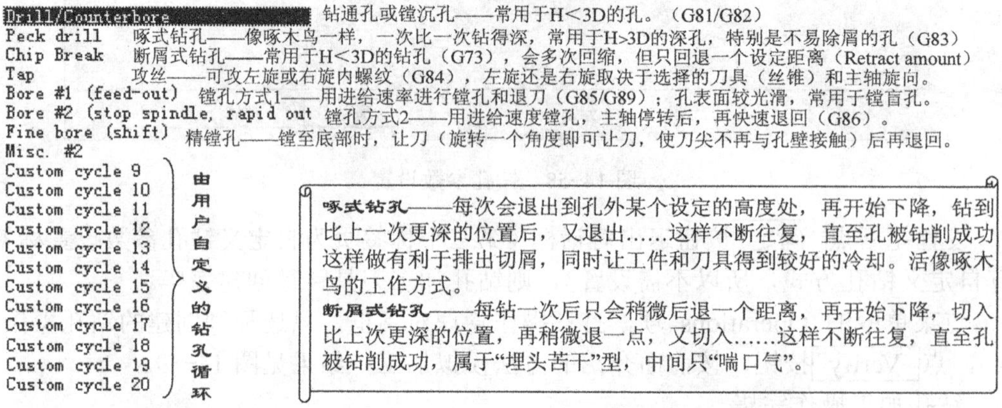


图 14-61　钻孔循环方式

按下刀尖补偿（Tip Compensation）按钮，弹出图 14-62 所示的对话框，正确设置后，可确保孔能够被钻透。

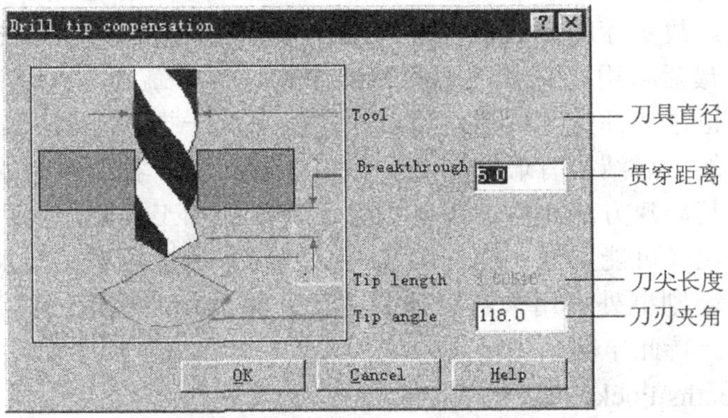


图 14-62　刀尖补偿对话框

② 第三个标签页——Custom Drill parameters 标签页，用于自定义钻孔参数，初学者不需要进行这样的工作。

至此，我们学习了全部四种基本的二维刀具路径——外形铣削、面铣削、挖槽加工和钻孔加工，掌握了这些方法，则任何的二维加工都可以顺利完成了。

要注意这几种加工方法的共同特点：在 X、Y 方向移动时（数控机床上的工作台运动），Z 方向刀具并没有升降。钻孔加工中 Z 方向有升降，但是是在 X、Y 方向移动到合适位置（称点位控制），不再移动时才下降进行切削的。因主要都是要准确控制 X、Y 两个方向的运动，所以它们都称为二维加工。

下面仍要将实例继续下去，以此学习更多的二维加工方式。

请保存结果，取名为“二维加工图 4”，后面接着要继续对它进行加工。

## 14.5　雕刻文字

雕刻文字实际上就是挖槽加工，如果挖的是文字图形外围的材料，则加工后文字将凸现出来；如果挖的是文字图形内部的材料，则加工后文字将凹现出来；分别称为阳文和阴文。学员一般对刻字加工感兴趣，工厂有时也需要进行刻字，所以专门介绍一下。

**【实例 14-5】**在图形中部被挖槽的区域中刻出凸起的文字。

1）准备工作。打开图形“二维加工图 4.MC9”，用前面实例中介绍的方法隐藏刀具路径。

2）按第 6 章介绍的方法，在图形中部被挖槽的区域中创建文字“NC 加工”，采用隶书、文字高度 25，文字间隔 3，水平摆放，如图 14-63 所示。

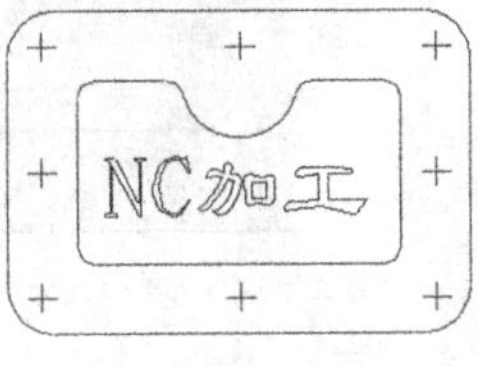


图 14-63　创建文字

3）雕刻文字。

这里请原谅我要偷个懒：你可以用 Analyze\Between pts 来分

析文字图形中哪个地方最狭窄（在“加”字中间），为了使每个地方都能切到，刀具应比最狭窄处还小，这样一来，势必牵涉到用小直径刀具加工，实际加工中，小直径刀具加工会导致刀具易折断的问题，所以进给量应该很小，同时为保证达到足够的切削线速度，主轴的转速一定很高，故实际的做法是，将大地方与小地方区别对待，先用尽可能大的刀具将大量材料去除，最后再用小直径的刀具将狭窄的地方“疏通”。不管是大刀具还是小刀具加工，设置和模拟过程都是一样的，所以，本例只选一把刀具加工一次，与实际加工工艺有违之处或发现加工后结果有瑕疵之处，行家请勿见笑。我们学习的重点是创建刀具路径，学习者在学会其创建方法之后，可以按自己掌握的加工经验，用多步加工、分区加工等方法使加工合理化（可能要做一些辅助线，以便约束挖槽区域不要太大，比如在字的边缘创建一个矩形框，则框外可用大直径刀具加工，里面用小些的刀具），这不过是要求细心的重复劳动而已。特此申明。

A．选择 Toolpaths\Pocket 命令。

B．点菜单中的 Area 项，然后在文字外围（不要超出内圈的矩形区域）点击一下，会选中大部分挖槽区域（有颜色示意）。

C．“加”字“口”部内是死区（未变色），要在其中补点一下。

D．确认文字全部线条都变色后，点菜单中的 Done 项，自动弹出挖槽参数设置对话框。

E．按前面介绍的方法，从刀具库中选择一把直径是 2mm 的平铣刀（End Mill）。

F．选择第二个标签页，按图 14-64 所示进行设置。

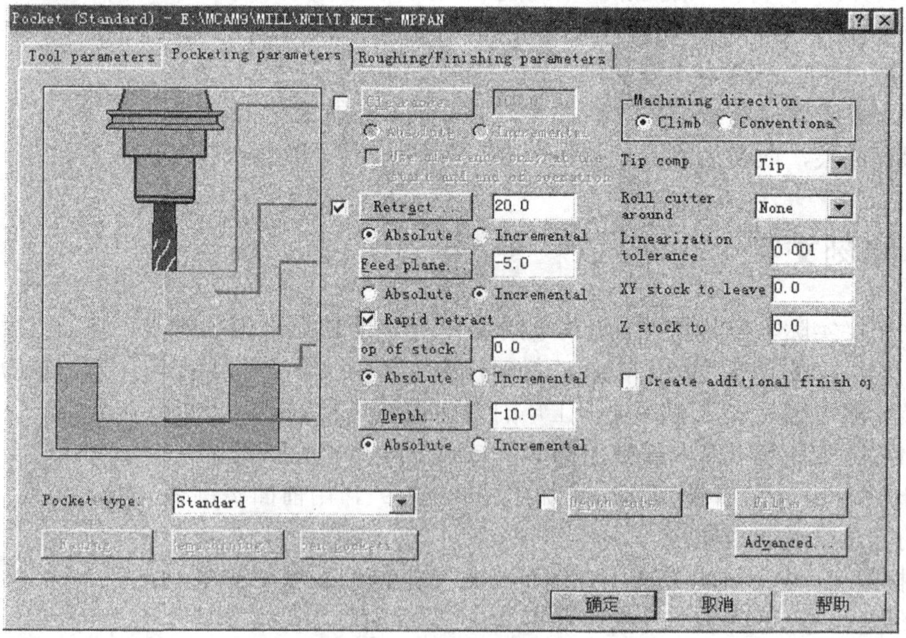


图 14-64　设置挖槽参数

G．选择第三个标签页，按图 14-65 所示进行设置。

> **本次参数设置说明：**
> ① 注意挖槽深度设为-10mm，但我的设想是在挖完槽之后再刻字，而前面挖槽时的深度为-7mm，所以本次刻字的深度仅为 3mm 深，而不是 10mm；
> ② 注意到进给高度设为了-5mm，之所以敢这么设置，也是因为是先挖槽，再刻字的，挖槽时的深度为-7mm，而进给高度是-5mm，所以刻字时刀具是下降到离槽底 2mm 时才开始准备“动手”的（即此前是快进，到了这个位置开始工进），走了 2mm 才正式切到材料。
> ③ 不过，刀具路径创建完后，如果只模拟演示刻字的加工，而不与前面的挖槽联系起来，则系统会认为刻字深度有 10mm，所以会判断刀具“吃不消”，用红色表示刀具过切（切得太多），刀具的动作会停止（如果你设置过切停刀的话，见图 13-37），看到这“血淋淋”的场面，不要紧张，后面全部模拟时不会有这个现象的。
> ④ 3mm 深度对直径是 2mm 的刀具来说是深的，你可以按照前面介绍的方法设置分层铣削。

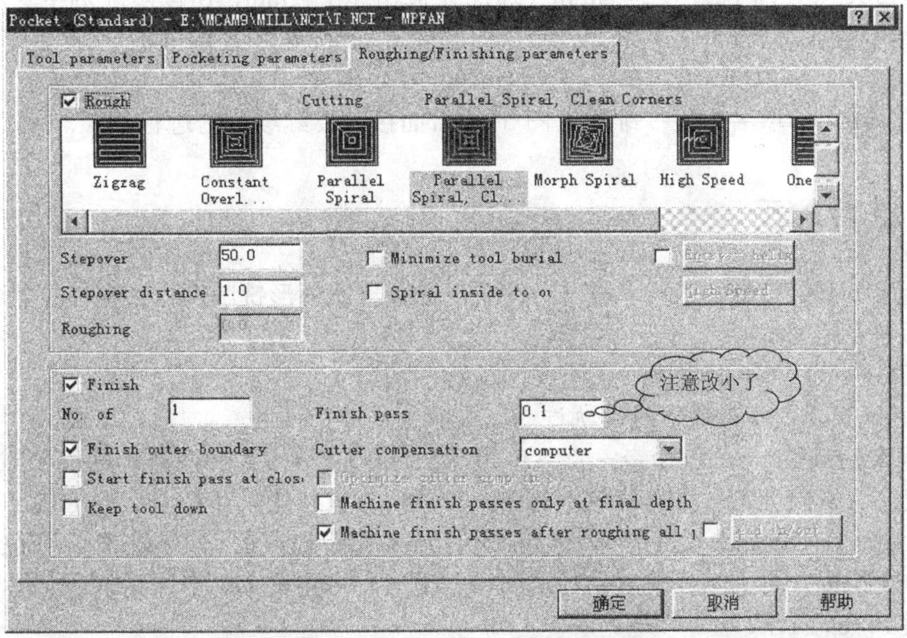


图 14-65 设置粗/精加工参数

H. 设置完后，点 确定 按钮退出对话框，刀具路径创建完毕

I. 仅对刻字刀具路径进行模拟演示，结果见图 14-66。

图 14-66 刻字结果

**注意**：挖槽加工中最容易出现残料问题，可以用下面的几个方法进行调整，以避免出现残料：①改小切削间距百分比（Stepover）；②改变挖槽走刀方式；③改变刀具直径；④如果上面几种方法都不奏效，可能要考虑采用专门的残料加工方法了。

要多次调试，直至没有残料为止。

刻字加工实例结束。

【推荐练习】作为练习，请在上侧圆台中间刻出一个下沉的文字“中”，图形及结果如图 14-67、图 14-68 所示。

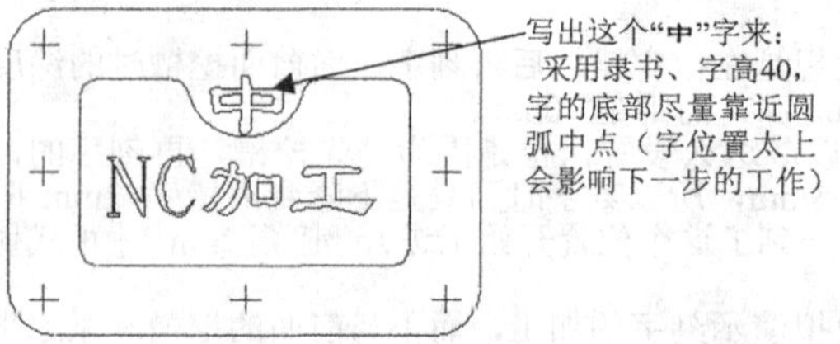


图 14-67 创建一个文字

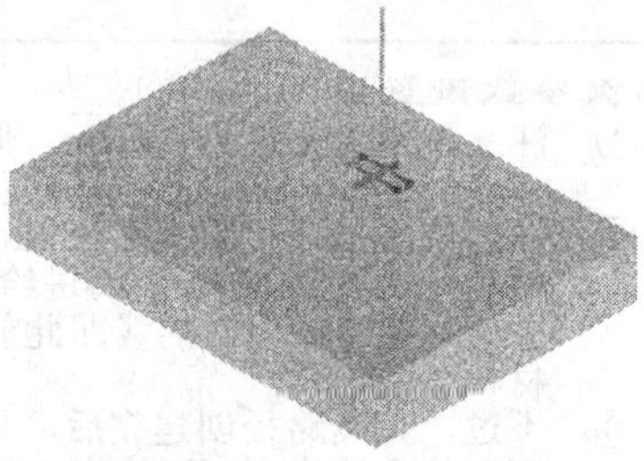

图 14-68 刻出凹陷的文字

创建过程中注意以下几点：①不要另选刀具，就用上面刻字用的 5 号刀具（左键点击该刀具即可）；②刻字深度设为-5mm（顶面先被切掉了 2mm，所以实际刻字深度是 3mm 深），进给高度设为 2mm（离加工后的顶面实际有 4mm 高才开始工进下刀），返回高度设为 20mm；③采用等距环切（第 2 种，Constant overl…）走刀方式。

请保存结果，取名为"二维加工图 5"，后面接着要继续对它进行加工。

## 14.6 综合加工

二维加工我们已进行了 6 个操作，下面再进行一次外形铣削操作，结束这个综合实例，同时进行综合加工。

**【实例 14-6】** 在顶面铣出一条水线（或称油沟）。

1. 用偏置的方法创建水线的轨迹

使用 Xform\Ofs ctour 命令→点菜单中的 Chain 项→点最外面的轮廓线（点在左边线上，保证箭头指向上方）→点菜单中的 Done 项→在出现的对话框中，将 Offset 栏中的选项设为 Right，在 Distance 栏中填入 25，将 Operation 栏中选项设为 Copy，其它不变→点 OK 按钮退出对话框，得到一条偏置的轮廓线——矩形，→将这个矩形四角倒出 R5 的圆角，结果如图 14-69 所示。

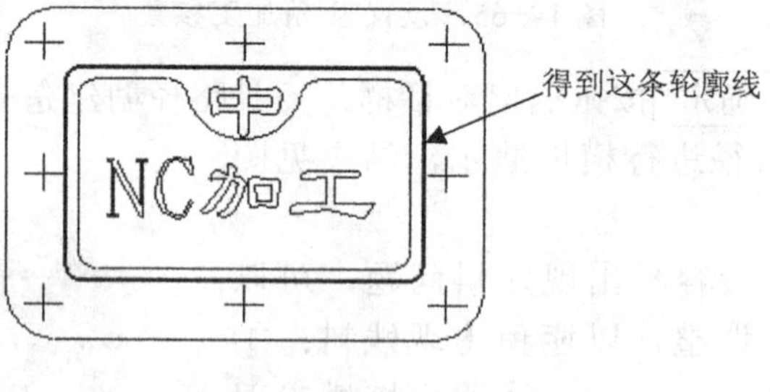


图 14-69 创建一条轮廓线

构思：下面要采用外形铣削的方法，选择一把球头刀具，让刀具中心顺着刚创建的轮廓线走一刀（不设置刀具补偿就行），于是，就会切出一条截面为半圆形的沟来（这种沟可以是润滑用的油沟、或者是埋设密封圈的沟槽，常称水线）。

2. 铣出水线

A. 选择 Toolpaths\Contour 命令→点菜单中的 Chain 项，再点击刚创建的轮廓线（为统一，请点在左边竖线上，使箭头指向顺时针方向）→点菜单中的 Done 项，出现对话框。

B. 按前面介绍的方法，选择一把直径是 3mm 的球头铣刀（注意：是球头铣刀——Sphere Mill，参见图 13-8），这是本例中选择的第六把刀了，见图 14-70 所示。

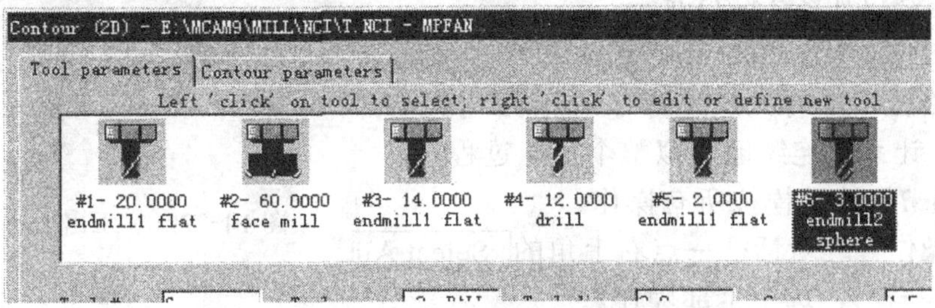


图 14-70　选择一把 3mm 的球头铣刀

真实加工时，当然还要设置刀具的加工参数，如果只是模拟加工以检验刀具路径是否正确，则可免。

C. 选择第二个标签页，按图 14-71 进行设置。

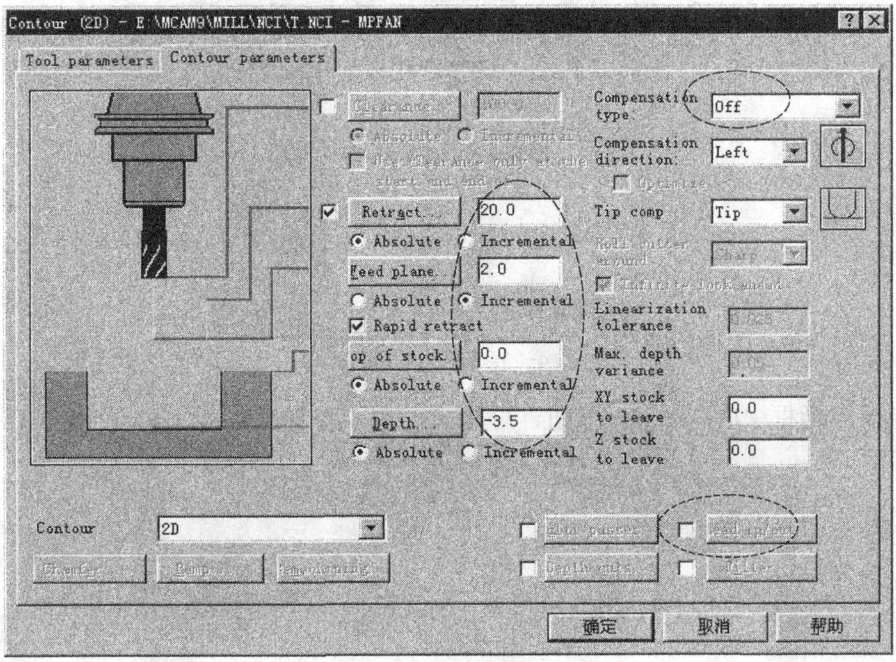


图 14-71　设置外形铣削参数

注意圈中的几处设置：

① 刀具补偿设为了“off”，即不进行补偿，这样刀具会不偏不倚地沿着轨迹线切削。

② 铣削深度设为-3.5，因为顶面先被铣去了 2mm，在-2 的位置，所以本此铣出的油沟是在此深度上继续下去 1.5mm，即深度为 1.5，正好等于刀具半径，而刀具又是球头的，所以铣出的油沟截面形状为半圆形。

其它几个高度的设置应该也能够理解。

③ 因为在材料内部进行“外形”铣削，所以不要设置进刀/退刀（Lead in/out），否则周围材料有

被误切的危险。

D. 设置完后退出对话框，然后进入操作管理对话框，只选择最后创建的刀具路径（即操作 7），进行模拟加工，结果如图 14-72 所示。

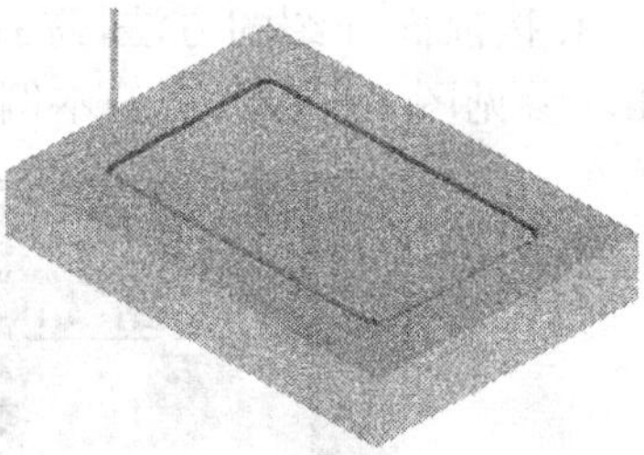

图 14-72 加工出来的水线（油沟）

好！本例打算就到这里止，我们先后一共创建了六个刀具路径，即有六道工序了，下面选择全部的六个操作，让系统连续地模拟整个加工过程。

**【实例 14-7】**连续模拟所有操作。

1）打开操作管理对话框→点右上角的 Select All 按钮（见图 14-73），选中全部操作。

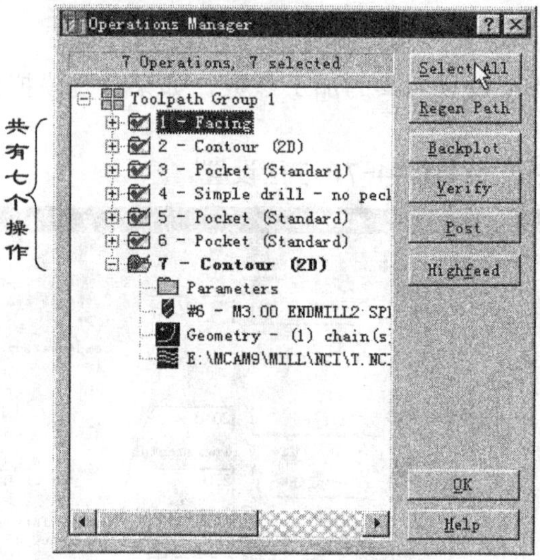


图 14-73 选择所有的操作

2）点本对话框中的 Verify 按钮，屏幕上出现模拟加工环境，见图 14-74。

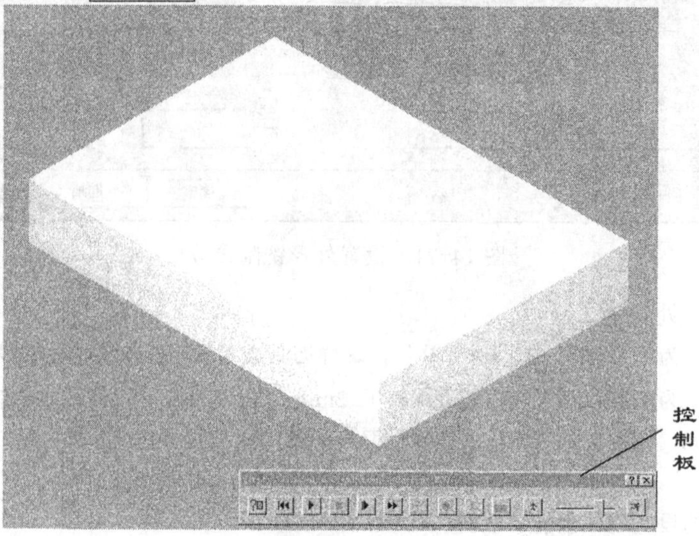


图 14-74 模拟加工环境

3）点控制板上左边第一个按钮，进行模拟参数设置，请按图 14-75 进行设置。

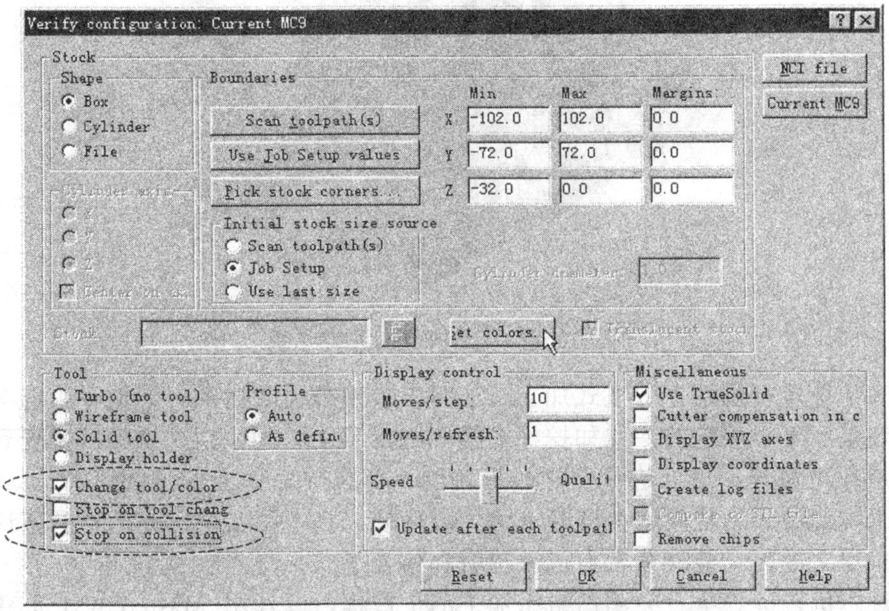


图 14-75　设置模拟加工参数

注意被椭圆框圈中的两项：

◆ Stop on collision——遇到碰撞时停刀。

◆ Change tool/color——不同刀具加工出的表面采用不同的颜色。

为此还必须为每种刀具设置加工后的材料颜色，方法是：点击对话框中的 Set Color 按钮，弹出对话框，见图 14-76。

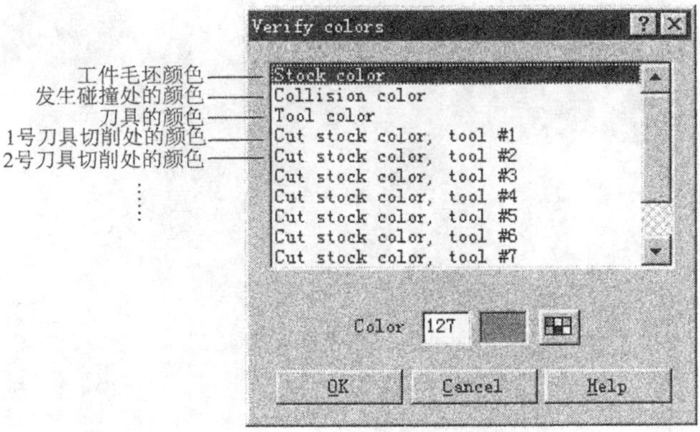


图 14-76　模拟加工颜色设置

4）设置完后退出对话框，回到模拟加工环境。

点控制板上的按钮，开始加工，最终结果如图 14-77 所示。

以上是经历了六道工序加工后的结果，工件已由长方形毛坯变成了有孔有槽有字……的零件。

图 14-77　全部加工完后的结果

学习时主要重视过程，但正式加工时还有很多细节要注意的，本例不可能全部详细介绍，其实还是留下了破绽的，比如挖好的槽在刻出了中心的字后，槽的四壁受到了一些影响，最好应该再修理一下（进行一次外形铣削，那么前面就应留出余量来），还有字还有个别地方未贯通……这些问题在屏幕上就可以发现，真正加工时，是不能留下这样的遗憾的。本例未尽之处，只能靠读者自己去理解和体会了。

但通过本例，读者至少会明白组织加工的全过程，以及用 MasterCAM 创建各种刀具路径的方法，会建立起一种加工理念，以此为基础，读者能够通过自己不断的对比练习，很快摸索出利用本软件进行 CAM 工作的具体方法和过程。

本例虽然只是二维加工，但即便中间包含有曲面要加工，过程仍然一样。

如果觉得满意，没有需要再修改的，就可按实例 14-1 中介绍的方法，正式生成 NC 文件，利用这份 NC 文件，就可以正式加工了。

请保存你的工作成果。

# 第 15 章　三维刀具路径

三维刀具路径用于加工曲面和实体表面，命令的位置如图 15-1 所示。

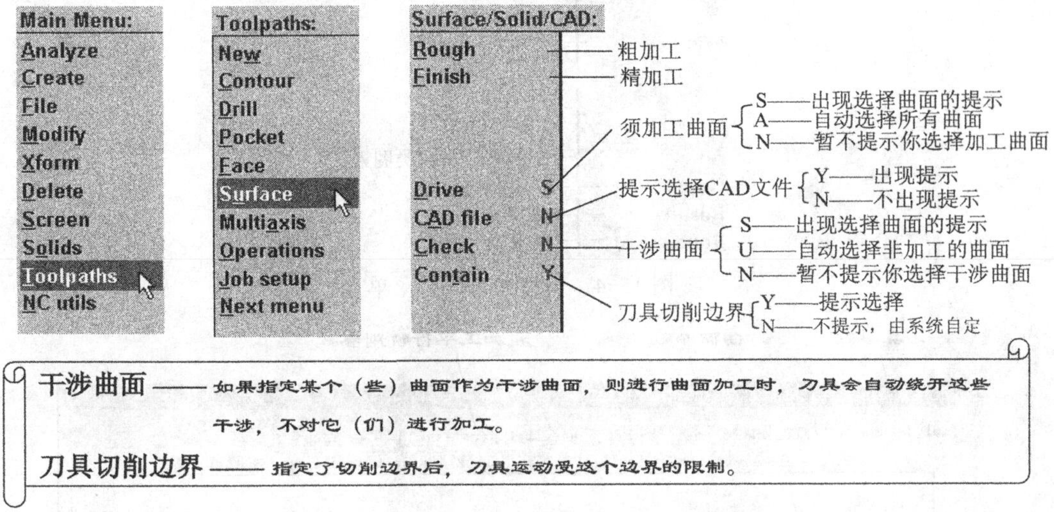


图 15-1　曲面加工命令位置及参数解释

## 15.1　曲面粗加工

### 15.1.1　概述及共同参数的设置

共设置了八种加工方式，见图 15-2。

选择前面四种加工方式中的任一种后，都会出现如下菜单，见图 15-3。

之后，出现下面“选择加工曲面”对话框，而后三种加工方式，是直接出现图 15-4 所示的对话框。

选好要加工的曲面后，按下 Done 项，即出现刀具路径对话框，见图 15-5。

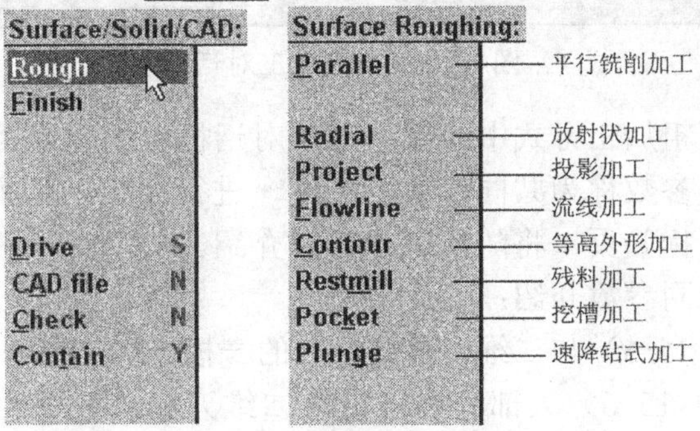


图 15-2　曲面粗加工方式

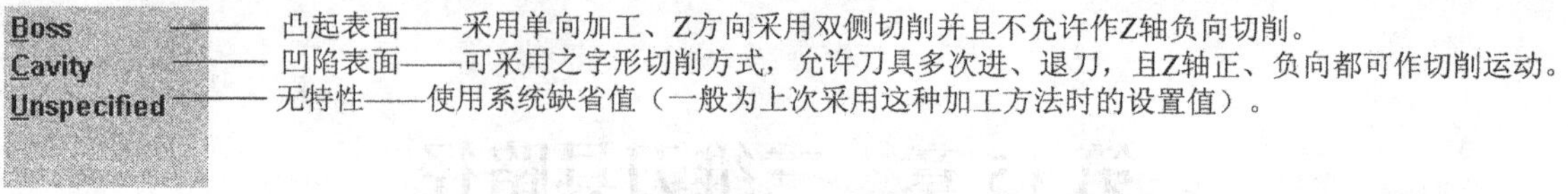


图 15-3　选择曲面类型菜单

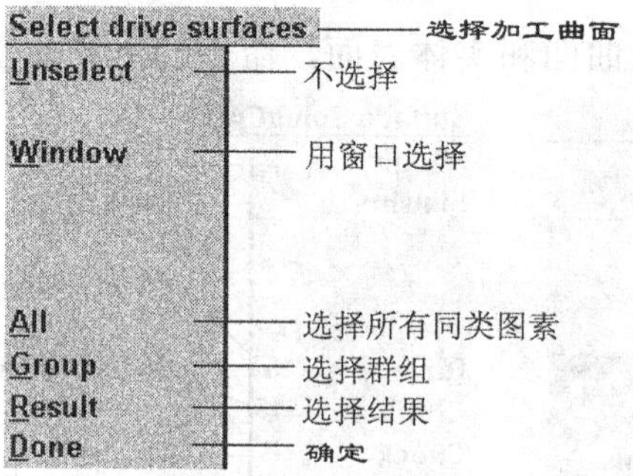


图 15-4　选择加工曲面菜单

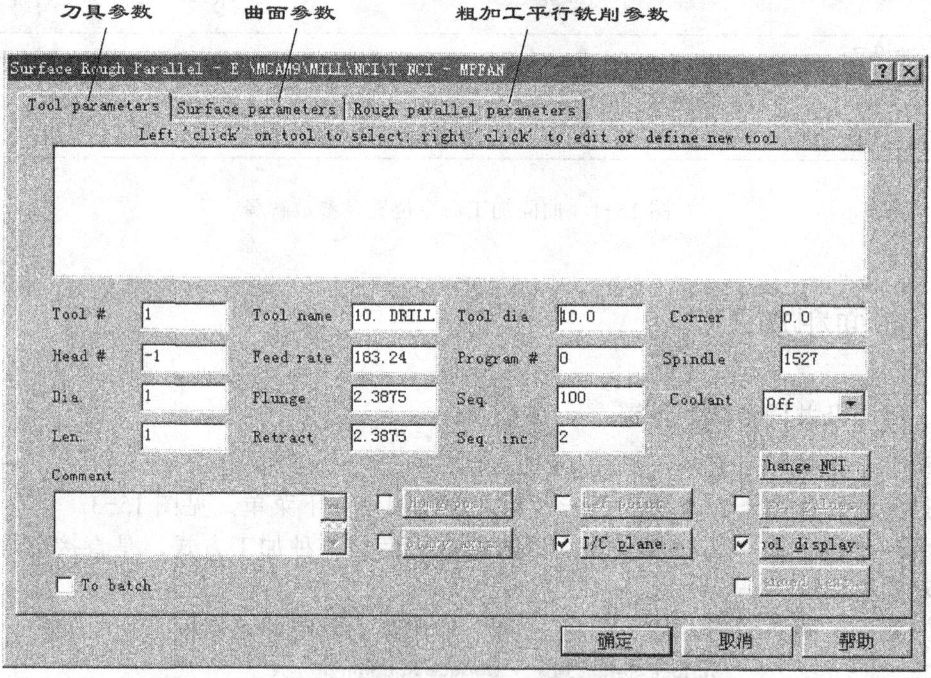


图 15-5　曲面加工对话框

不论采用八种曲面粗加工方式中的哪一种，对话框中的前两个标签页都是相同的，在此将这两个标签页中的参数称为共同参数，先逐一进行介绍。后面的一个（有些有两个）为各种加工方法的特征标签页，将随后进行专门介绍。

曲面粗加工中的共同参数介绍：

第一个标签页（图 15-5）与二维刀具路径中的一模一样，不明之处，请看前面的介绍。

第二个标签页（图 15-6）大部分内容也与二维刀具路径中的相同，着重介绍右侧的项目。

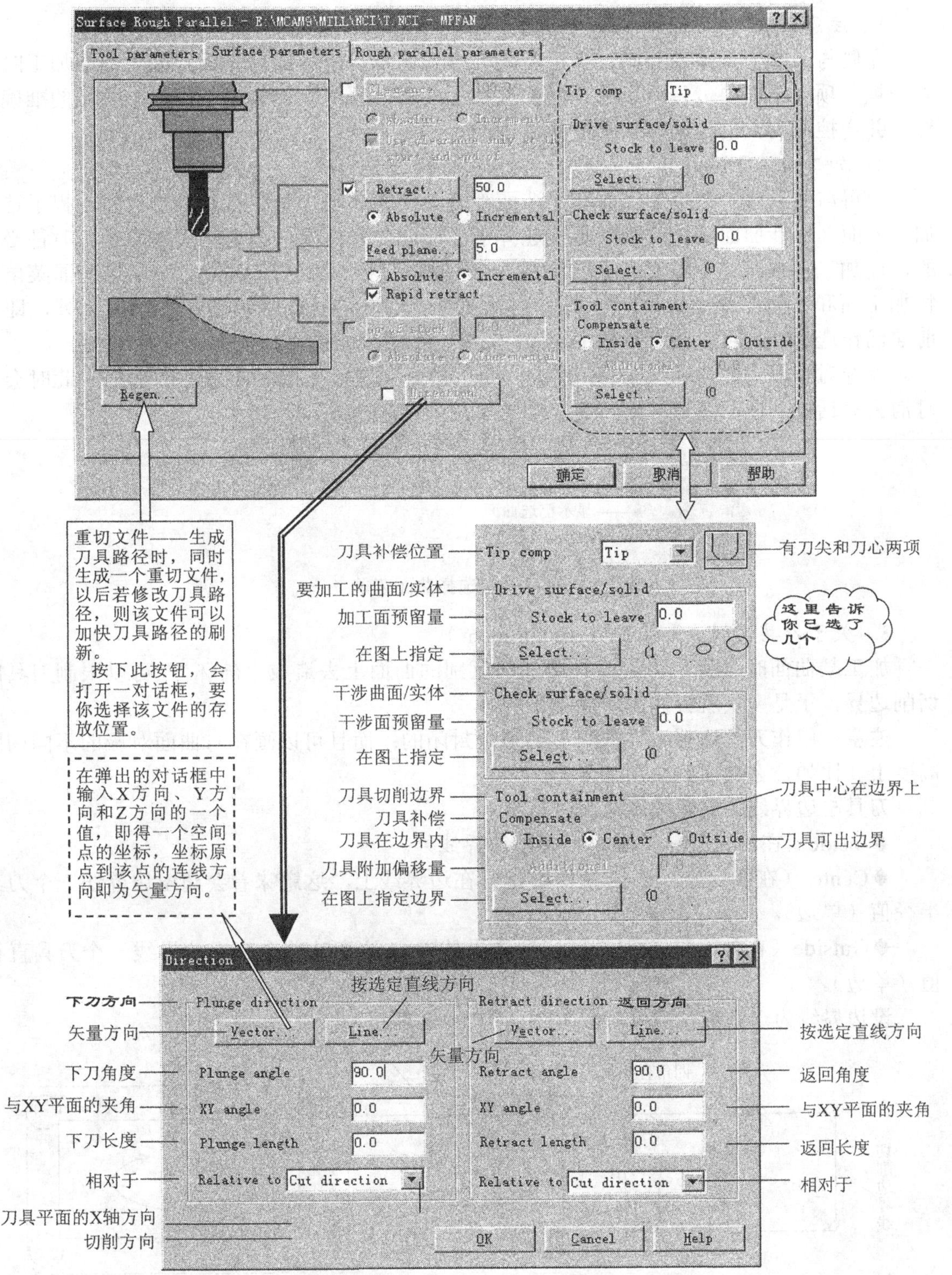


图 15-6　曲面参数设置标签页

对某些项目解释如下：

1. 注意事项

左侧与二维刀具路径相比，少了背吃刀量（旧称切削深度）一项，因为曲面加工时背吃刀量一项并不需要，告诉了哪个曲面要加工之后，系统即“知道”曲面上各点的准确位置，并会控制刀具的运动不切到曲面以内的。

2. 加工面（Drive）和干涉面（Check）选择

记得前面菜单中关于加工面和干涉面都有三个选项吧，其中有一项是“暂不提示选择加工曲面（干涉曲面）”，其实，是否选择干涉曲面要看情况，不是每次曲面加工时都必需的，而加工曲面则是迟早必须要告知的（否则执行这个命令干什么？），如果前面菜单中将加工面和干涉面都设为“N”，则在对话框中，可不能再错过机会了。除此之外，即便前面已作选择，也可在该对话框中通过 Select 按钮，重新选择曲面。

点选对话框中各自的 Select 按钮，即可进行加工曲面或干涉曲面的选择。此时会暂时消去对话框，展示图形屏幕，而左侧的菜单如图 15-1 所示。

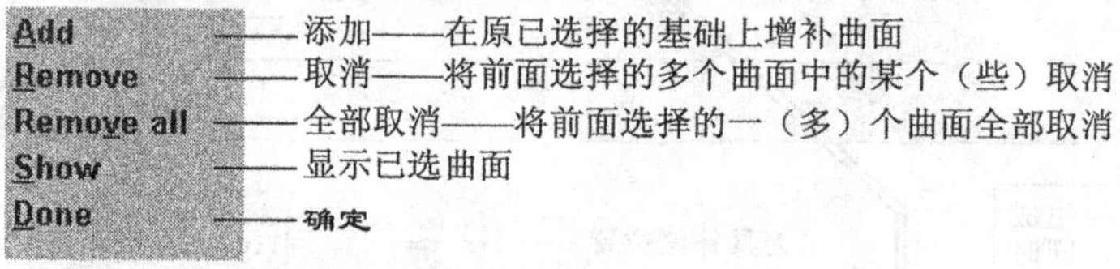


图 15-7　选择曲面菜单

3. 关于刀具切削边界（Tool containment）

加工某曲面时，为了防止刀具切到邻近别的曲面上去造成“破坏”，可以限制刀具的切削边界，于是刀具就会循规蹈矩不出界。

**注意**：用作刀具切削边界的图形必须是封闭的；而且可以画在与曲面对应的不同构图高度上（比如，在曲面的头顶上方）。

刀具与边界线的位置关系有三种情况：

◆Inside（在内）—— 刀具决不切出边界线外。

◆Center（在线上）—— 刀具中心正好在边界线上，这意味着会超出边界线一个刀具半径值（单边）。

◆Outside（在外）—— 刀具可切到边界外围 。这意味着会超出边界线一个刀具直径值（单边）。

设边界线为一矩形，请读者参考下面图 15-8 理解。

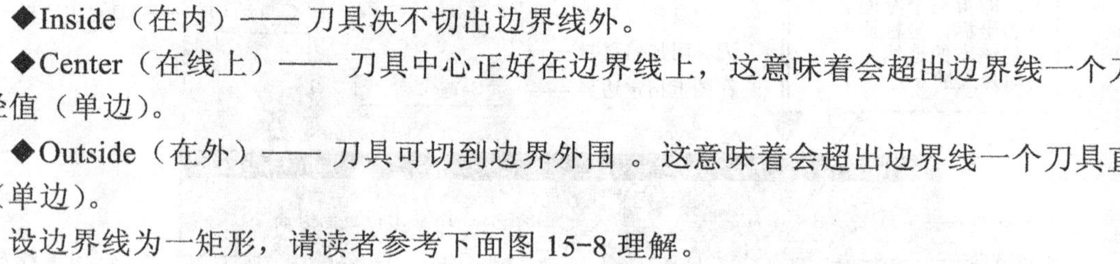


图 15-8　刀具的切削边界

a）Inside 方式　b）Center 方式　c）Outside 方式

当设为 Inside 或 Outside 方式时，Additional Offset（附加偏移量）框有效，可以输入一个值，刀具的运动边界将比设定的切削边界小（Inside 方式时）或大（Outside 方式时）一个附加偏移量，见图 15-9。

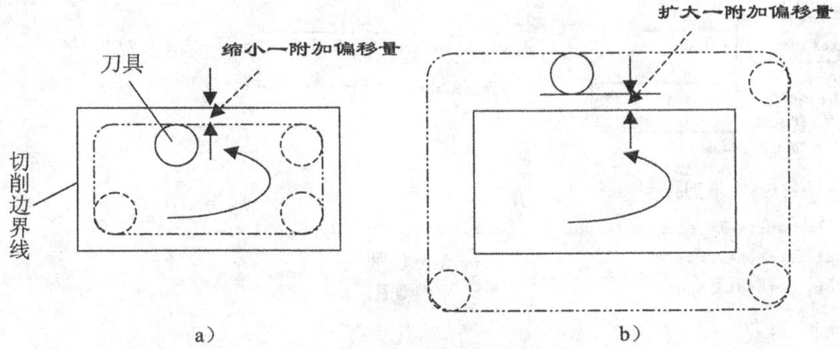


图 15-9 附加偏移量

a）Inside 方式 b）Outside 方式

4. 下刀方向与返回方向

按下第二个标签页中的 Direction… 按钮后，出现新对话框，可从中设置进刀（下刀）和退刀（返回）时刀具的动作。

（1）下刀角度和返回角度 定义下刀或返回时的刀具路径在 Z 方向（立式铣床主轴方向）的角度。

（2）与 XY 平面的夹角 定义下刀或返回时的刀具路径与 XY 平面的夹角。

（3）下刀长度与返回长度 定义下刀或返回时的刀具路径的长度。

（4）相对于 —— 定义以上的几个角度是相对于什么基准方向而言的。有两个基准方向：

A. 相对于刀具平面所在的 X 轴方向。

B. 相对于切削方向。

（5）矢量方向 按下 Vector… 按钮，弹出图 15-10 所示的对话框，在其中分别输入 X 方向、Y 方向、Z 方向的某个值，由此可决定刀具路径的方向。

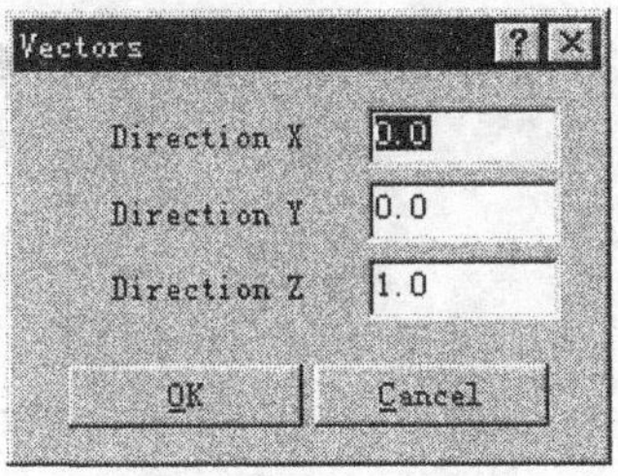


图 15-10 矢量方向设置

（6）按选定直线的方向 按下该按钮，允许在图形窗口内选择一条直线，系统会自动提取该直线的长度和方向作为下刀和返回刀具路径的角度和长度（框内的值会自动变化）。

除了前两个标签页是相同的外，第三、第四（个别的有四个标签页）标签页是各不相同的，体现了各种加工方法的特点。下面分别予以介绍。

**注意：**具体的加工方法实例在后面用一个综合实例专门介绍。

### 15.1.2 平行铣削加工 ——Parallel

这是一种通用和常用的加工方法，适合各种形态的曲面加工。

生成的是一组与 X 轴同向或倾斜一定角度的、而且切削痕迹平行的刀具路径。

其特征标签页如图 15-11 所示。

请注意：后面的加工方法有许多项目与它相似，故本方法介绍得很仔细，后面将从简。

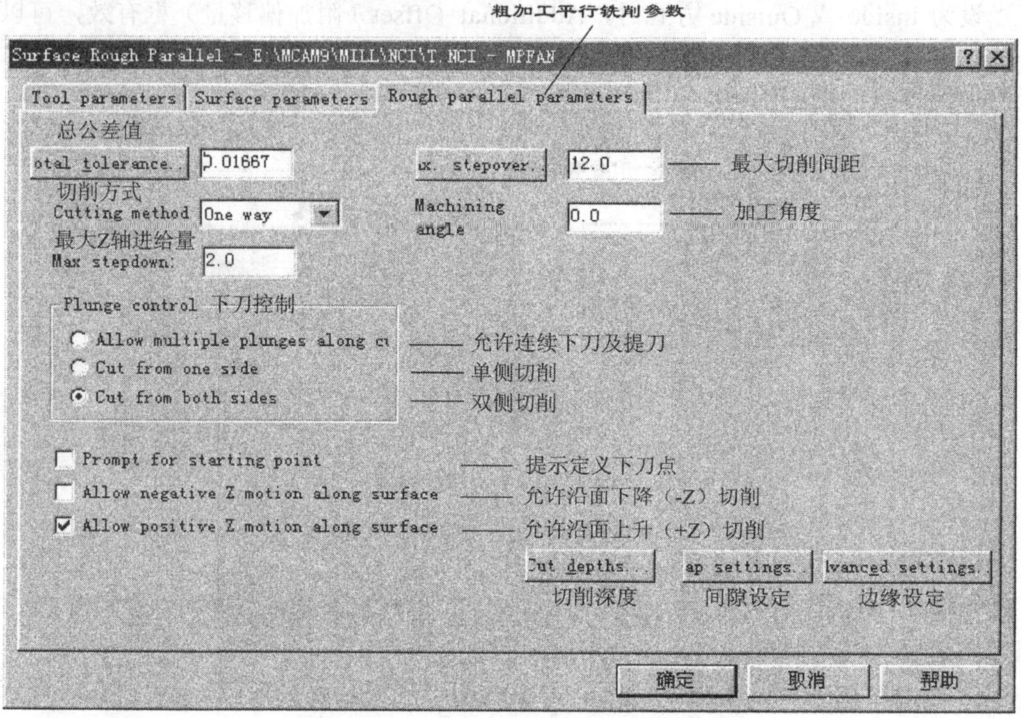


图 15-11　平行铣削粗加工参数设置

疑点解释：

(1)总公差值(Total tolerance) 总公差仅在曲面刀具路径中有效，结合了MasterCAM8.0中的过滤公差和切削公差两项。按下 Total tolerance… 按钮，弹出对话框（图 15-12），可进行设置。

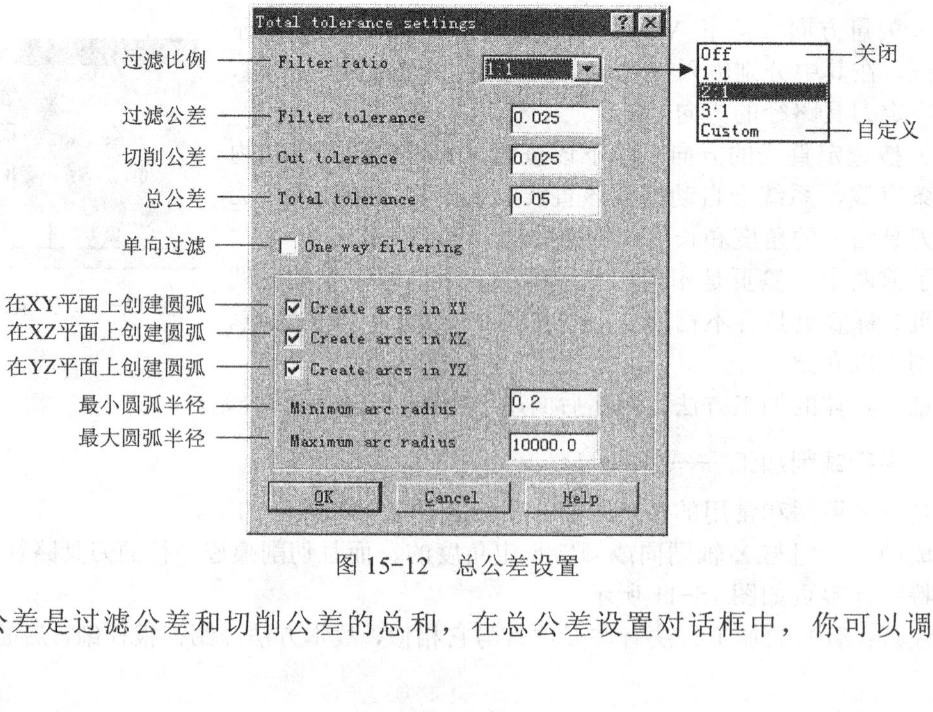


图 15-12　总公差设置

总公差是过滤公差和切削公差的总和，在总公差设置对话框中，你可以调整过滤公差和切削公差的比例、改变公差值、选择圆弧选项……。总公差结合了这些公差，通常过滤公差和切削公差的比率为 2∶1。使用总公差可以防止过滤公差与切削公差之比过大或过小。

**注意**：如果过滤比率设为“Off”，则“总公差”框中显示的值为“切削公差”的值。

**过滤比率** —— MasterCAM 对刀具路径以过滤公差和切削公差的比率的形式采用了总公差这一概念，这一比率自动地用于过滤公差和切削公差。如果关闭，则 MasterCAM 在刀具路径中仅使用切削公差。

**过滤公差** —— 当刀具路径中一个点到另一条直线或弧线之间的距离小于或等于设定的公差值时，MasterCAM 将该处两段刀具路径视为重复，可以自动地从刀具路径中取消其中一段刀具运动，按此方法对整个刀具路径进行精简优化，这个过程称为过滤。

**切削公差** —— 切削公差决定了曲面加工刀具路径的精度，它采用弦高法（刀具路径和真实曲线、曲面或实体表面之间的距离）来决定这个精度，显然，值越小，意味着刀具路径和真实曲线、曲面或实体表面之间的距离越近，即刀具前进的路径越接近真实的曲线、曲面或实体表面，当然，代价是加工时间加长、NC 程序也更长些。

**设置过滤** —— 当过滤一个刀具路径时，MasterCAM 将距离小于或等于设定值的两个刀具路径合二为一，用一条直线路径代替，你也可以随意地用半径在设定的最大值和最小值之间的圆弧运动取代若干处直线刀具运动，并可以选择在 XY 平面、XZ 平面或在 YZ 平面上创建圆弧运动，这取决于你使用机器的后处理能力，在 NC 代码中通常用 G17、G18、G19 来控制不同平面上的圆弧。

**注意**：因为在创建曲面刀具路径时即可设置圆弧过滤，所以不必再在 NC utils→Filter 中，或者在操作管理器中点击鼠标右键，在弹出的浮动菜单中选择 Options→Filter…进行过滤设置了。

（2）切削方式（Cutting method）　有 Zigzag 和 One way 两个选项：

One way —— 单向，指刀具沿一个方向切削，反方向不进行切削（空行程）。

Zigzag —— 双向，刀具在正、反两方向都进行切削。

（3）最大 Z 轴进给量（Max stepdown）　定义在 Z 方向的最大切削厚度，见图 15-13。

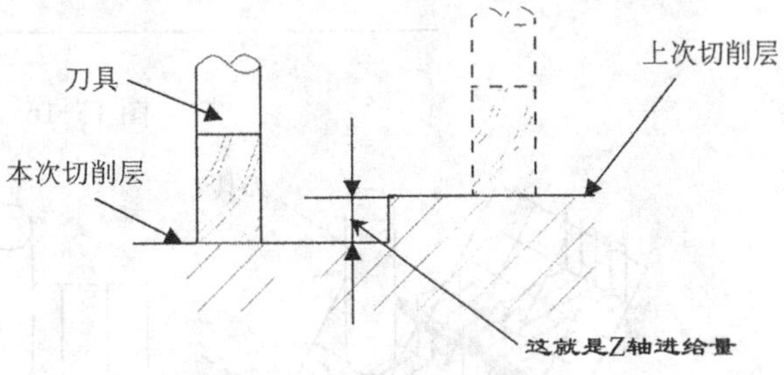

图 15-13　Z 轴进给量

（4）最大切削间距（Max stepover）　指相邻的两条切削路径之间的最大距离，显然应该比刀具直径小，否则中间会有一部分材料切不到（图 15-14）。

按下 Max stepover… 按钮，会弹出图 15-15 所示的对话框：

（5）加工角度（Machining angle）　指刀具路径与 X 轴的夹角。

（6）下刀控制（Plunge control）　有三个单选项（三个里面只能选其一）：

- ◆ 允许连续下刀及提刀 —— 可顺着曲面的起伏连续下刀和提刀（图 15-17a）。
- ◆ 单侧切削 —— 只沿曲面的一侧下刀和提刀（图 15-17b）。
- ◆ 双侧切削 —— 可沿曲面的两侧下刀和提刀（图 15-17c）。

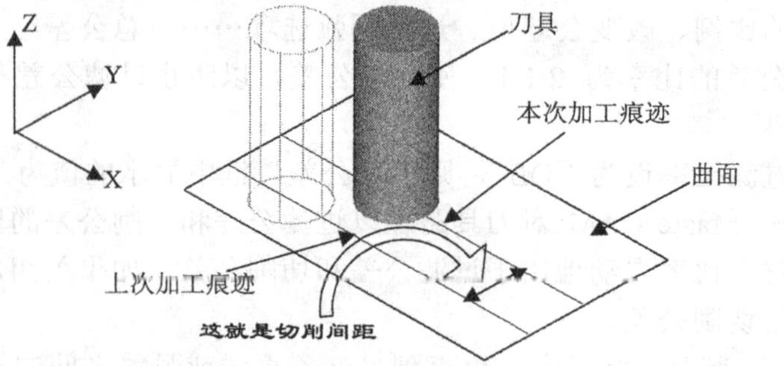


图 15-14　切削间距

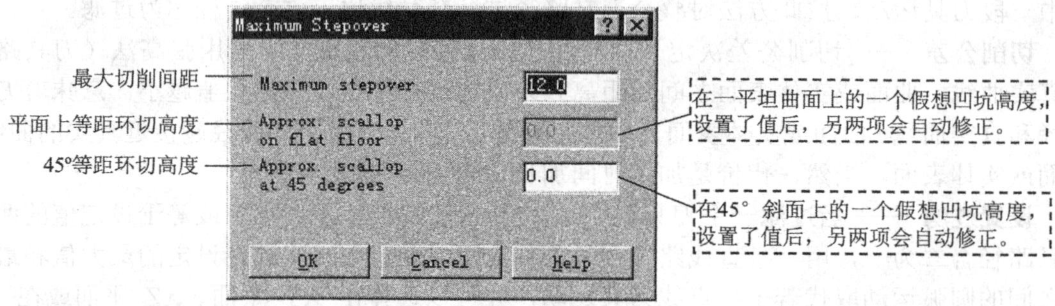


图 15-15　设置最大切削间距

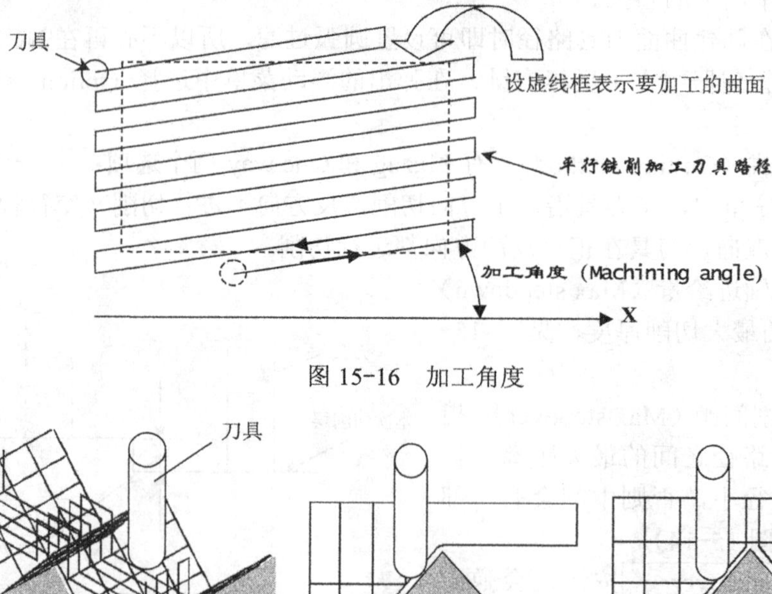


图 15-16　加工角度

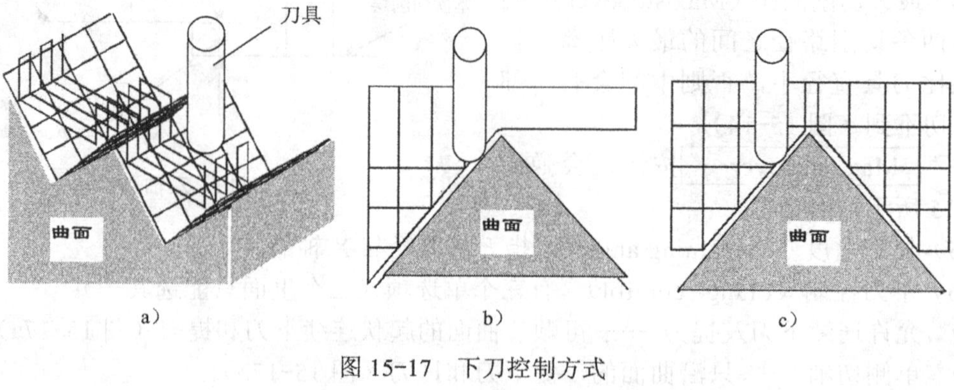


a）　　b）　　c）

图 15-17　下刀控制方式

a）允许连续下刀及提刀　b）单侧切削　c）双侧切削

（7）提示定义下刀点　若选择此项，则在设置好参数，退出对话框后，生成刀具路径之前，会出现如下提示：

Enter an approximate starting point ——输入一个大致的开始点

之所以是大致的点，说明可以不必准确捕捉（当然准确捕捉更好），只需在你满意的位置附近点击一下鼠标左键，系统可以自动地捕捉到离选择点最近的角点作为刀具路径的起始点。

（8）允许沿面（-Z）下降切削　刀具只在下降（-Z 方向）时切削工件。

（9）允许沿面（+Z）上升切削　刀具只在上升（+Z 方向）时切削工件。

**注意**：要想使刀具在上升和下降时都切到工件，则上两项都要选中。

（10）背吃刀量对话框　见图 15-18，（本对话框中有些项目要在特定的加工方式下才有效）。

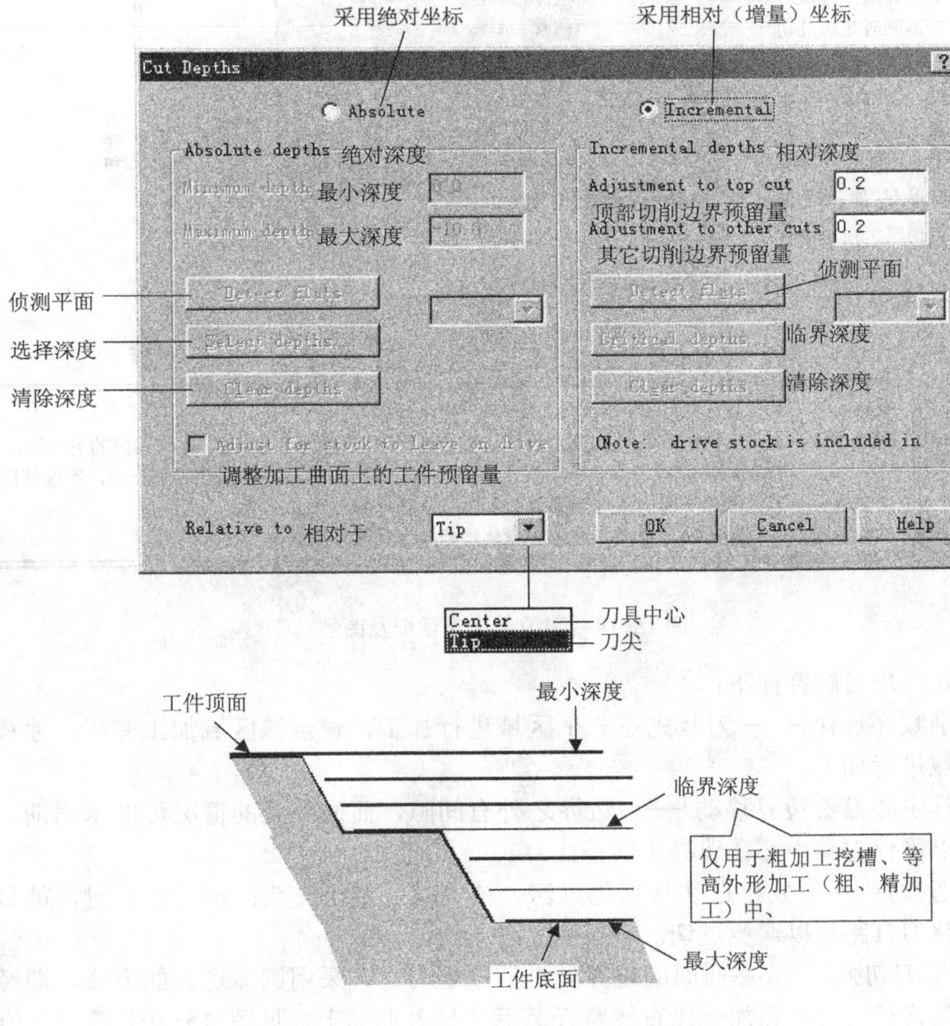


图 15-18　背吃刀量对话框及深度图解

（11）间隙设定对话框　连续的曲面上有缺口或断开的地方，或者两曲面之间相隔很近，都可视为间隙。此对话框（图 15-19）用来设定刀具在跨越不同间隙时的各种运动方式。

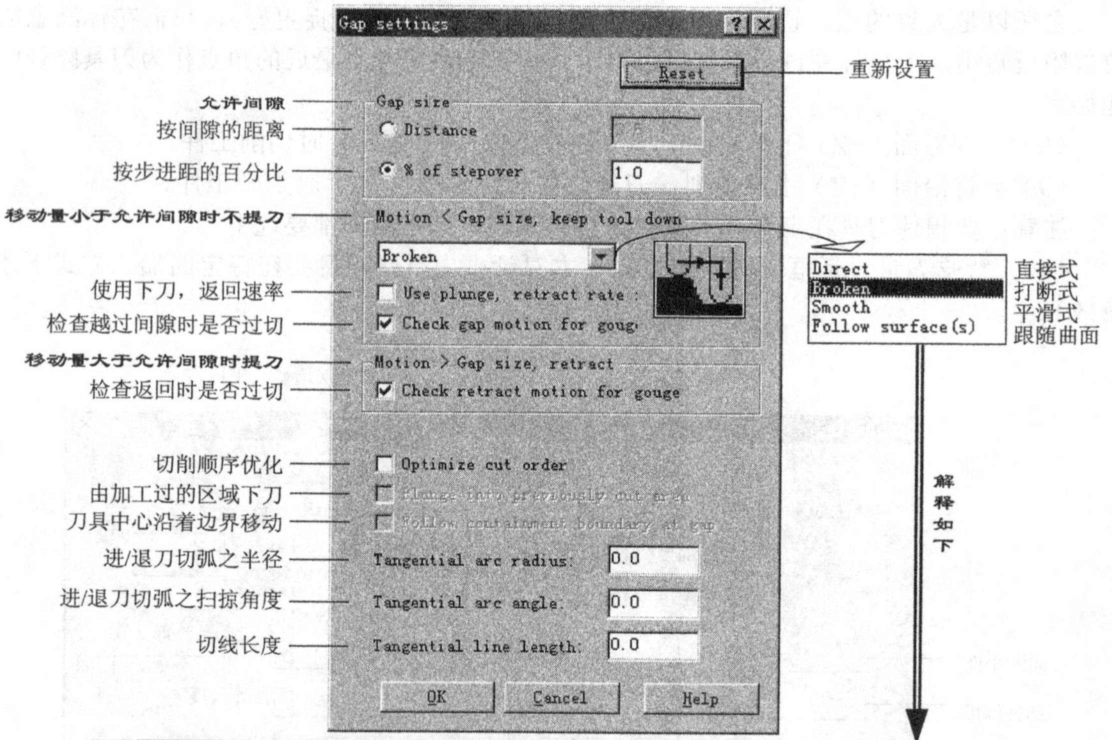


跨越间隙四种方式

**直接式**——刀具直接从间隙的一端移动到另一端进行切削。

**打断式**——刀具遇到间隙后，如果刀具是从下向上运动，则先上升，再平移到间隙的另一边，继续切削。如果刀具是从上向下运动，则先下降，再平移到间隙的另一边，继续切削。

**平滑式**——刀具路径平滑地越过间隙处，常用于高速进给加工。

**跟随曲面**——刀具从前一段曲面的外形变化趋势跨过间隙移动到另一段曲线上。

图 15-19 间隙设定对话框及图解

其中几个项目解释如下：

①切削顺序优化 —— 刀具先在一个区域进行加工，直至该区域加工完毕，才移动到另一个区域进行加工。

②刀具中心沿着边界移动 —— 边界之外有间隙，而间隙处的情况可能未明朗，选择此项，可以确保刀具中心在边界上而不出界。

③过切检查 —— 发生过切（切得过深，或刀具、甚至夹头碰撞工件）时，能自动识别，并调整刀具路径以避免过切。

④进/退刀切弧 —— 在曲面的边界处进刀或退刀时，采用圆弧进刀的方式，即经过一段引导圆弧路径（可能还加一段直线路径）后才切入曲面上，见图 15-20。总之是为了刀具切入工件不至于太突然，这对保护刀具是有利的。

（12）边缘设定对话框 设置刀具在曲面或实体边缘处的运动方式，见图 15-21。

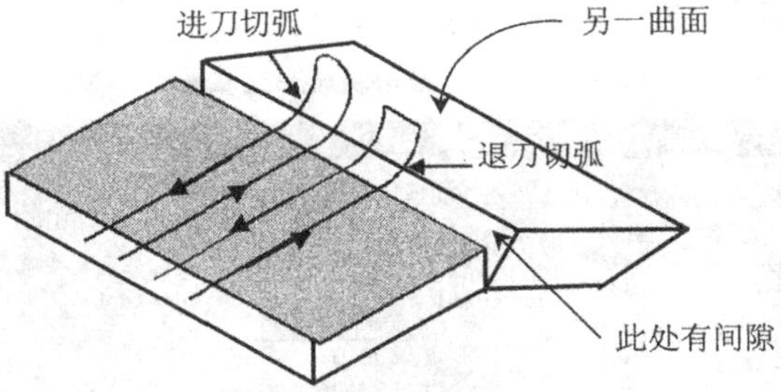


图 15-20　进/退刀采用切弧

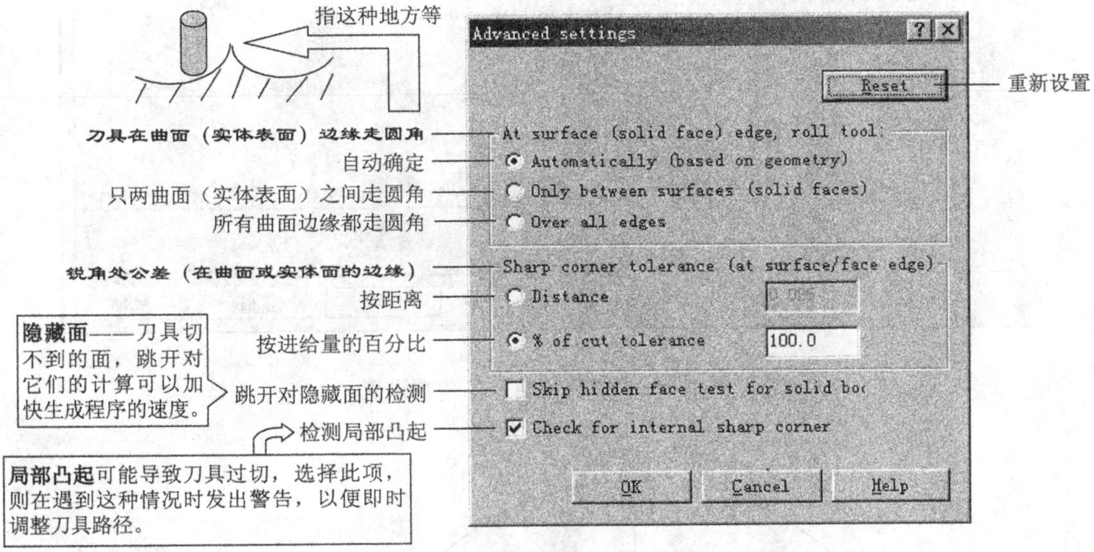


图 15-21　边缘设定对话框及图解

自动确定 —— 指由系统根据情况自行确定是否走圆角。如果定义了刀具切削边界，则在所有边界走圆弧；如果没有定义刀具切削边界，则只在曲面相交处和实体边界走圆弧。注意：对等高外形加工和投影加工，即使没有定义刀具切削边界，也会在所有边界走圆弧。

锐角处公差 —— 指刀具在走圆弧时移动量的误差。值越大，生成的锐角越平缓。

### 15.1.3　放射状粗加工 —— Radial

第一、二个标签页与前完全一样，下面仅介绍第三个标签页。

除了图 15-22 中作了注解的外，其余未作注解的项目与平行铣削粗加工中的一样，不明之处请参考前面的解释。

放射状粗加工的刀具路径如下图例所示，是围绕一个旋转中心点（人为指定）向外放射状发散。图 15-22 中各注解的含义请对照图 15-23 理解。

图 15-23 中如果想整个都用这种方法加工，则起始角度设为 0°，扫掠角度设为 360°，

起始补偿距离设为 0 即可做到。

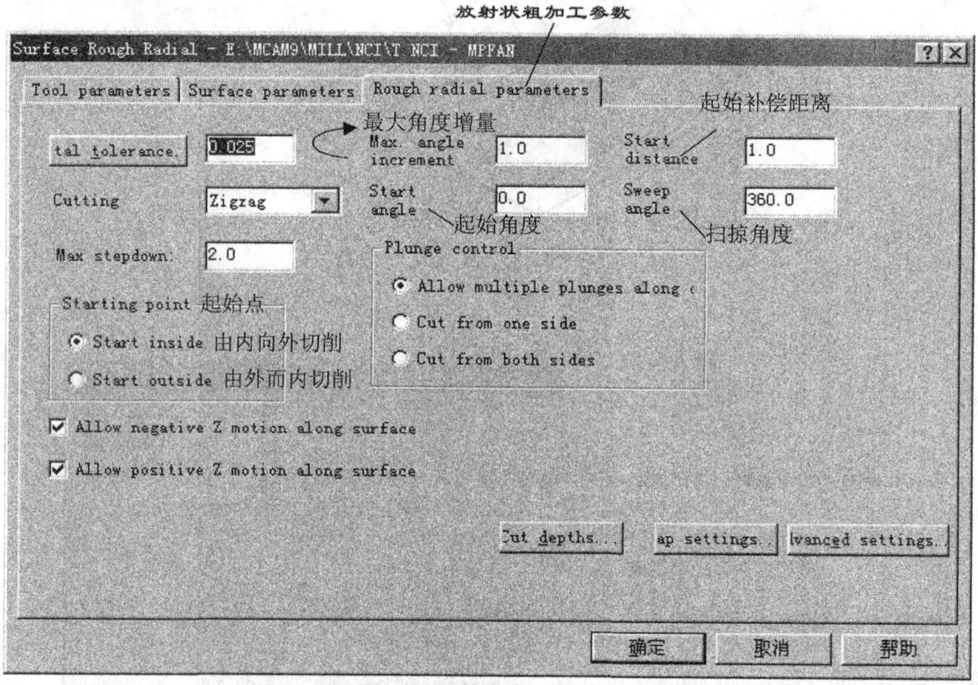


图 15-22　放射状粗加工参数设置

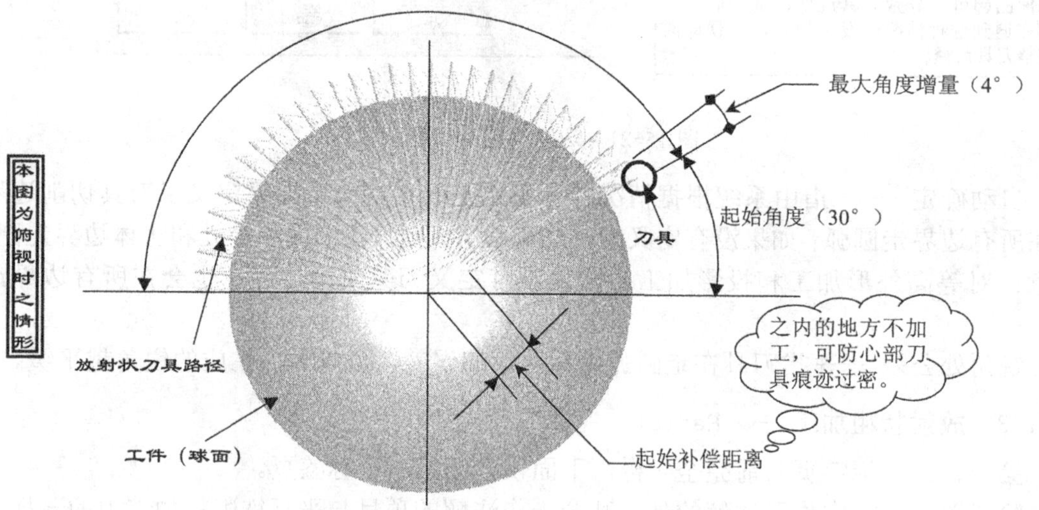


图 15-23　放射状加工图示

最大角度增量值得注意，它是相邻两条刀具路径之间的夹角，因是放射状的刀具路径，所以越到中间越密集，而越到外围则越稀散，所以工件越大，而你对最大角度增量的值也设得较大的话，可能外围有些地方加工不到，或者加工后表面毛糙，质量不高（刀具划痕比中心少些）。但如果最大角度增量取得较小，则刀具往复次数又太多，中心部重复切削频繁，且耗时多，所以也是不利的。因此应根据工件大小和表面形状酌情选择。

放射状加工刀具路径适合加工对称或近似对称的表面，特别是回转表面。

**注意：**在填写完对话框的参数，退出对话框后，会提示你输入一个旋转中心点：

**Enter rotation point** ——输入旋转中心点

你可以在图形上满意的位置点击一下，以它的位置作为旋转中心（高点低点都没有关系，只要在旋转中心轴上就行）。

### 15.1.4　投影粗加工 —— Project

仅下列标签页中（见图 15-24）作了注释的几项不同，其它与前面的完全相同。

可投影的除了已绘出的曲线外，还可以是点集（数个点）、甚至是一个已生成的 NCI 文件。如果选择 NCI 文件一项，右侧“源操作”框中会有内容。

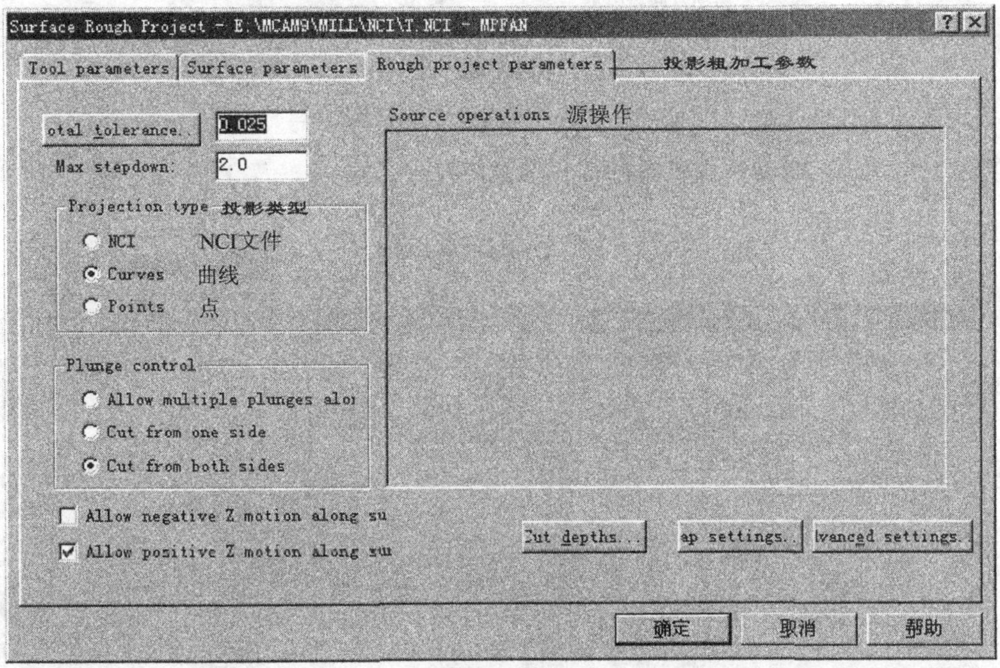


图 15-24　投影粗加工参数设置

例如，可以将一个“王”字用投影加工的方法“刻”在它正下方的圆弧曲面顶上。

图 15-25　投影图例

### 15.1.5　流线粗加工 ——Flowline

此加工方法能沿着曲面的流线方向生成刀具路径。

有两个概念要明确 —— 即切削方向和截断方向。解释见图 15-26。

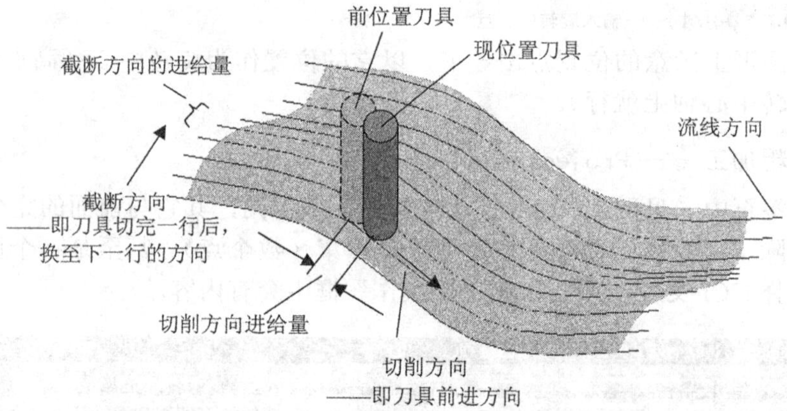


图 15-26　流线加工概念及术语图解

仅图 15-27 所示对话框中的某些项目与前不同：

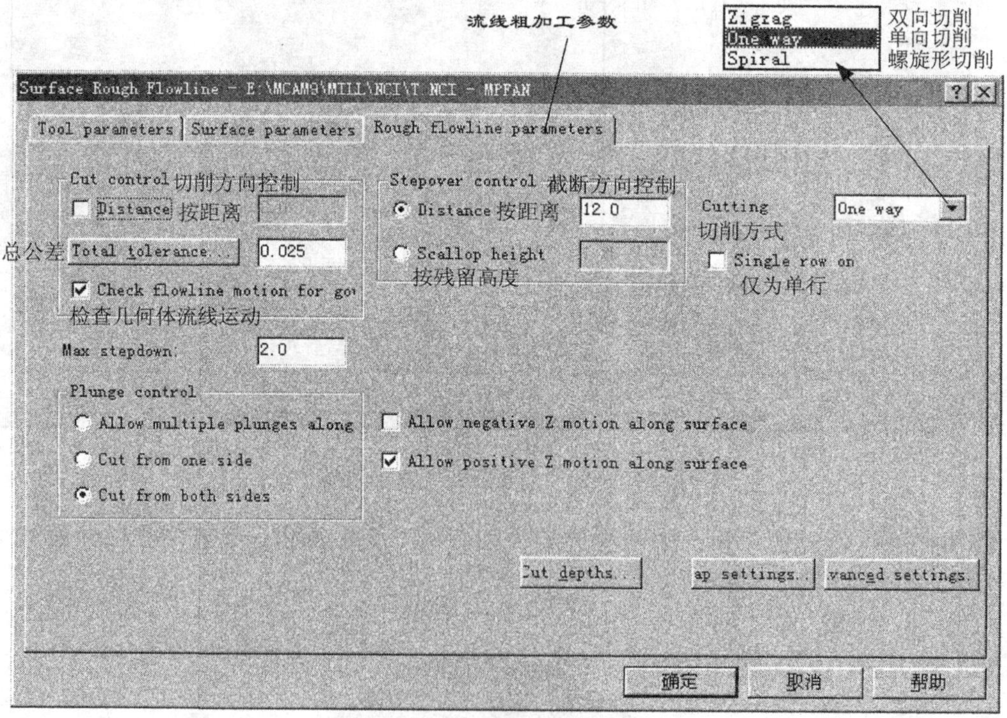


图 15-27　流线粗加工参数设置

此标签页中某些较难理解的项目解释如下：

（1）切削方向控制　在每一条流线方向上切削的进刀量设置，有两种方法：一是按距离直接设置（选中 Distance 项）进刀量；二是通过设置总公差（含实际刀具路径与理想曲面之间的允许误差——称切削公差，以及过滤公差）来自动计算进刀量。

（2）检查几何体流线运动　如检查发现可能有过切现象发生，则系统会自动调整刀具路径以避免过切。如果刀具路径移动量大于设定的总公差值，则会用自动提刀的方式避免过切。

（3）截断方向控制　与切削方向控制类似，只不过是指刀具在垂直于切削方向的另一个方向上的如何进刀而已。也有两种方式：一是直接在 Distance 框中输入一个值，作为截断方向的进刀量（即相邻两条刀具路径之间的距离）；二是通过设置刀具的残留高度（Scallop height），由系统自动计算该方向的进刀量应该为多少。

那么什么是残留高度呢？如图 15-28 示意。

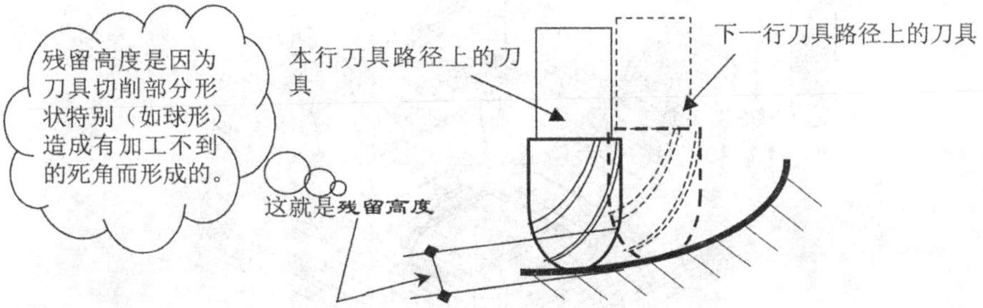


图 15-28　残留高度图解

（4）仅为单行　在相邻曲面的一行（而不是在相邻曲面的一个小区）的上方创建流线加工刀具路径，选中此项，可以创建 MasterCAM 8 版本样式的流线刀具路径。

输入完所需参数、退出对话框后，菜单将变成图 15-29 形式。

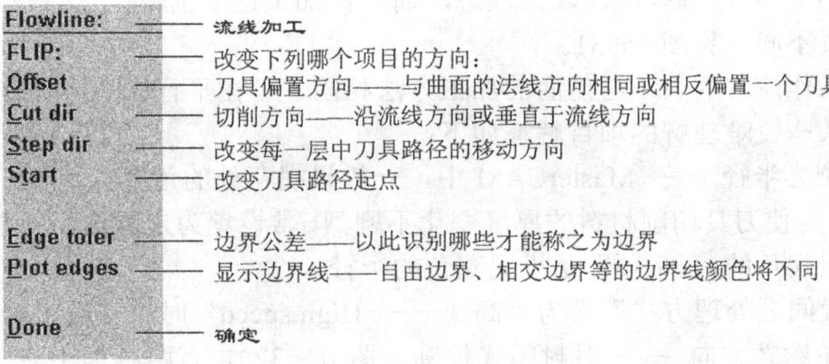


图 15-29　流线加工参数设置菜单

按图形中的各种标记设好相应的选项后，按 Done 项，则自动生成流线粗加工刀具路径。

曲面流线加工是顺着曲面的流线方向形成刀具路径，加上可以控制残留高度（直接影响加工表面的残留面积，正是导致表面粗糙度的主要原因），因而可以得到较精细的加工表面质量。常用于曲率半径较大（即曲面较为平坦，没有剧烈的起伏）的曲面或某些较复杂、且加工质量要求较高的关键表面的加工，当然，残留高度定得越小，计算量就越大。

**注意**：如果同时对相连或相距不远的多个曲面进行加工，应逐个选取相邻曲面，防止流线方向不一致造成加工困难。

### 15.1.6 等高外形粗加工 —— Contour

该加工方法使刀具一层一层地切除材料，在每一层上切削是刀具并不下降，而是像二维外形铣削的动作一样进行切削，铣完一层，再下降一个距离，同样的方法对下一层进行切削，依此类推……逐步向曲面靠拢，见图 15-30。

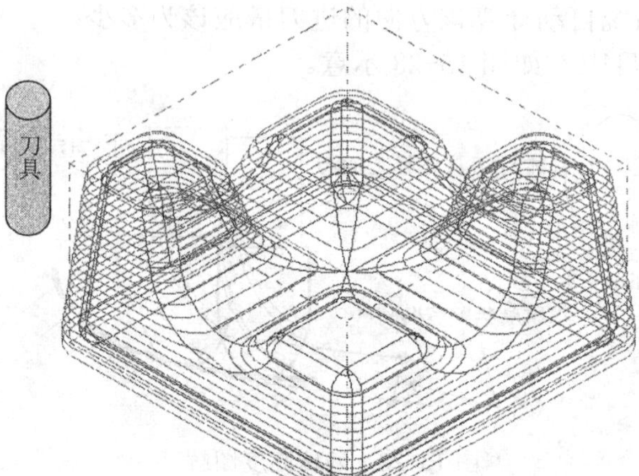


图 15-30　等高外形加工图例

若毛坯形状已接近最终曲面形状（如经过铸造或锻造而得到的毛坯，或已用其它方法去除了一些材料的毛坯），选择此法较为理想，而且，加工速度也较快。

仅下面标签页不同，见图 15-31。

图 15-31 中未作注解的表示与前面的加工方法相同，可在平行铣削一节查询。

已做注解的某些较难理解的项目解释如下：

（1）转角走圆之半径 —— MasterCAM 中，一般设拐弯处的角度小于 135° 时为锐角，在这样的拐角处，为使刀具切削材料的厚度变化不剧烈，常设置为走圆角而不是走直线（两种方法都能加工出拐角的），本项即是设置圆角的半径。

仅当“两区段间之处理方式”设为“高速 —— High speed”时才可设置本项。

（2）封闭式轮廓之方向 —— 对封闭式轮廓（图 15-32），有两种加工方式 —— 顺铣和逆铣。顺铣与逆铣的差别如图 15-33 所示。

由图 15-33 可见：顺铣时刀具旋转方向与工件（装在机床工作台上随工作台移动）的移动方向相同；而逆铣则是刀具旋转方向与工件的移动方向相反。

两种情况切下的切屑状况不同，顺铣得到的切屑先厚后薄，而逆铣得到的切屑是先薄后厚。请像上图中形容的一样按挖土和铲土去理解。

理论上讲：因加工中心上采用了消除进给丝杠游隙（就是间隙）的措施，采用顺铣方式具有消耗功率小、刀刃磨损小、工作较平稳、振动小、表面较光洁等优点，故优于逆铣方式。但如像普通铣床没有采取消除游隙的措施，则顺铣的优势大打折扣，须另当别论。

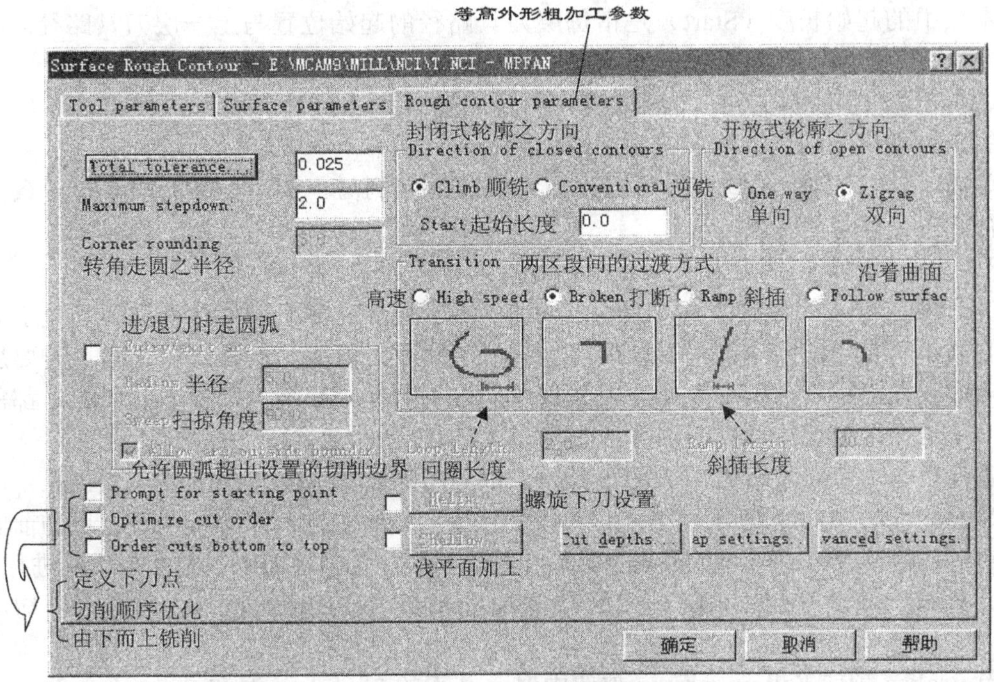


图 15-31　等高外形粗加工参数设置

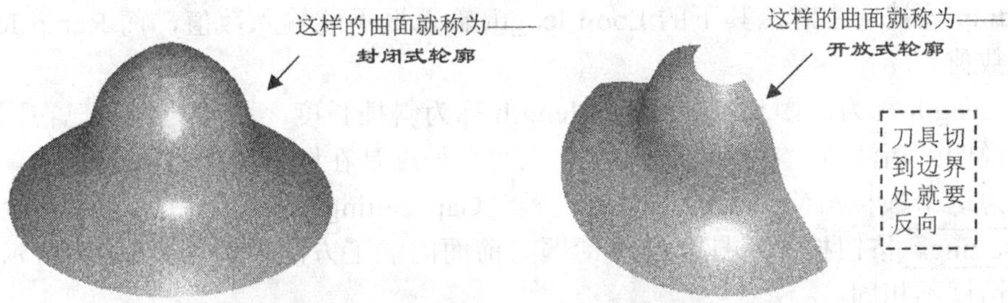


图 15-32　封闭式轮廓和开放式轮廓

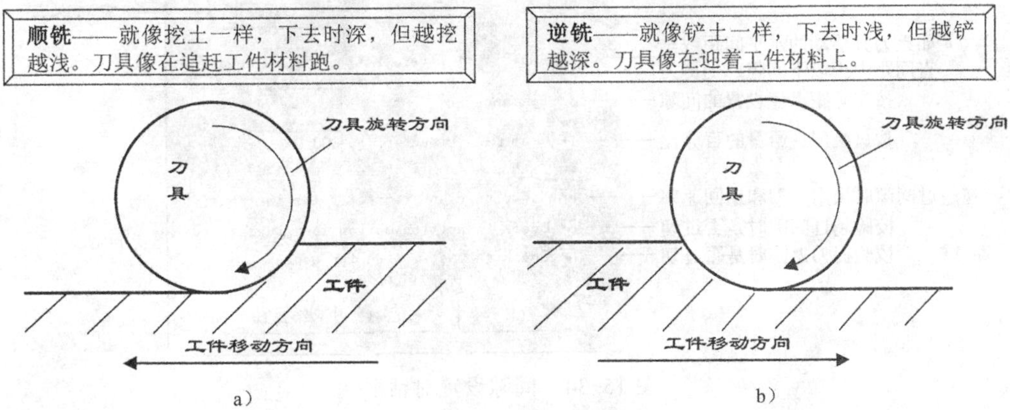


图 15-33　顺铣和逆铣

a）顺铣加工　b）逆铣加工

本项中的起始长度（Start）是指每层刀具路径的起始位置与上一层刀具路径的起始位置之间的偏移距离，设置该值得可避免各层起点位置一致而造成一条刀痕。

（3）开放式轮廓之方向　因为没有封闭，所以加工到边界时刀具就需转弯以免在无材料的空间做切削动作。该项设置了两种动作：

单向 —— 刀具加工到边界后，提刀，快速返回到另一头，再下刀沿着下一条刀具路径进行加工。就像梳头发一样。

双向 —— 刀具在顺方向和反方向都进行切削，即来回切削。

（4）两区段间的过渡方式（Transition）　该项用于设置当刀具移动量（垂直于刀具前进方向）小于设定的间隙时，刀具如何从这一条路径过渡到另一条路径上去。若要加工的两个曲面相距离很近，或一个曲面因某种原因被隔开一个距离，都属于此问题，都需要考虑如何从这个区域过渡到另一个区域去。

该项类似于前面介绍的平行铣削粗加工中的间隙设置（Gap settings），High speed 相当于 Smooth 项、Ramp 相当于 Direct 项，另两项（Broken 与 Follow surface）则与前面的完全相同。可以参考这四项下面配备的图示，并联系平行铣削粗加工中的间隙设置进行理解。

当 High speed 项被选中时，其下的 Loop length 和 Ramp length 两处输入框均可输入数值；

当 Broken 项或 Follow surface 被选中时，其下的 Loop length 和 Ramp length 两处输入框均不可输入数值；

当 Ramp 项被选中时，其下的 Loop length 输入框不能输入数值，而 Ramp length 输入框可输入数值。

Loop length 称为回圈长度，Ramp length 称为斜插长度，两者的含义已在图中用箭头作了指示说明，请注意，在使用软件时，这两个长度是在图标中用红线表示的，很醒目。

正因为这个项目与前面讲的“间隙设置（Gap settings）”类似，所以本标签页右下侧的 Gap settings 按钮按下后打开的对话框与前面的加工方法中按图 15-34 所示的按钮后弹出的对话框不相同。

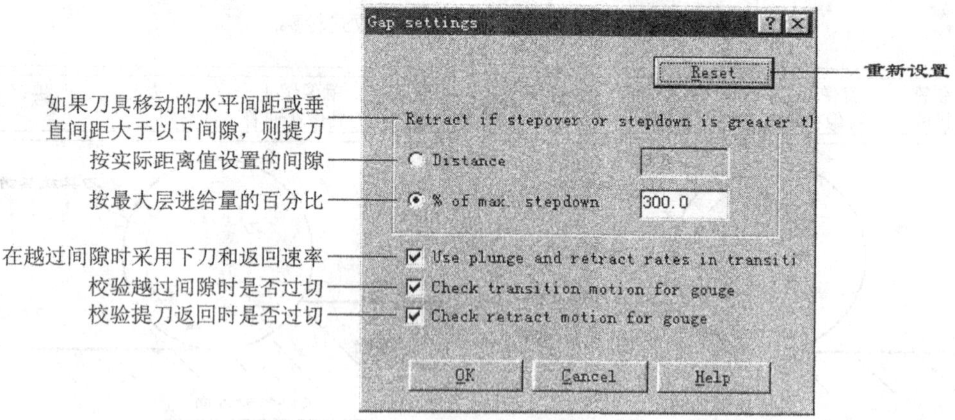


图 15-34　间隙设置对话框

在等高外形粗加工的特征标签页中，还有两个前面几种曲面粗加工方法中不曾有的按钮 —— Helix 按钮和 Shallow 按钮，按下按钮后会弹出新的对话框。

（5）Helix 按钮 —— 进行螺旋下刀设置 按下该按钮后，弹出对话框，如图 15-35 所示。

（6）Shallow 按钮 —— 浅平面加工设置（图 15-36） 该项用于在等高外形加工路径中增加或去除浅平面刀具路径，为保证曲面上浅平面处（曲面上的较平坦部位）的加工质量，应在此处增加刀具路径。

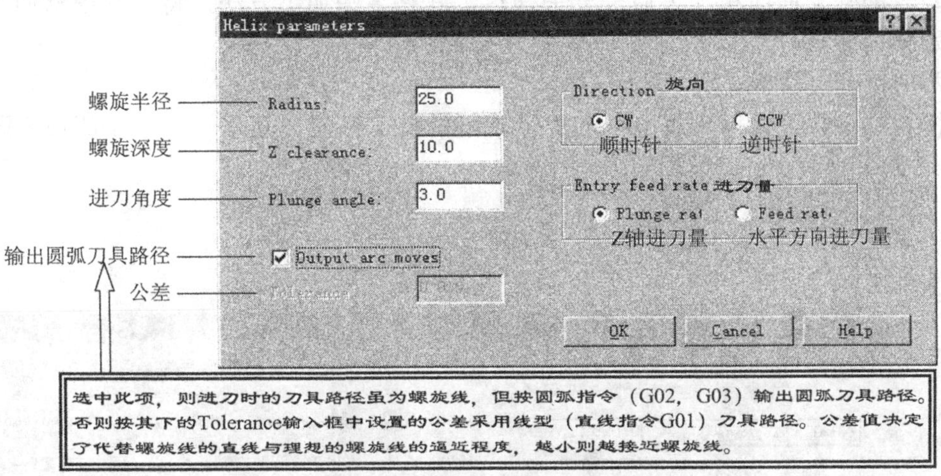


图 15-35 螺旋下刀设置

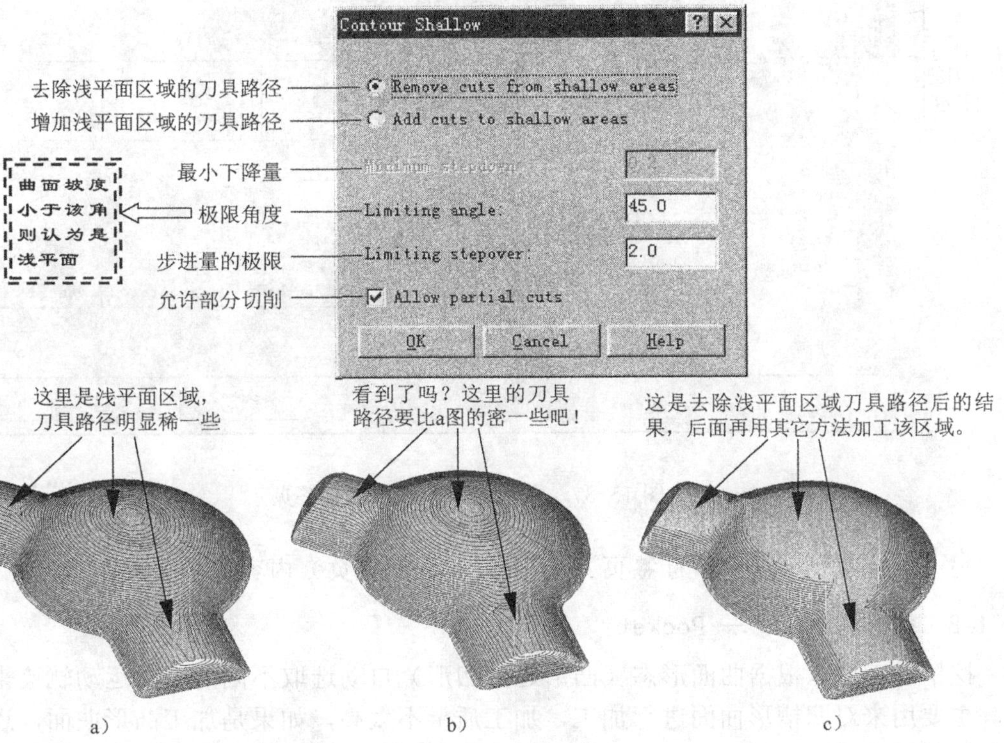


图 15-36 浅平面加工设置及图解

a）未启用浅平面加工 b）启用浅平面加工并选用增加浅平面区域的刀具路径

c）启用浅平面加工并选用去除浅平面区域的刀具路径

曲面精加工中的等高外形铣削与曲面粗加工中的等高外形铣削的对话框是一样的。

### 15.1.7 残料粗加工 —— Restmill

MasterCAM8.0 版中，残料加工是等高外形铣削对话框中的一项（和浅平面加工按钮并列），而 MasterCAM9.0 版中，将它独立出来，成为了一种曲面粗加工的方法，因为：不仅仅是等高外形曲面粗加工后需要去残料，其它某些加工方法，特别是挖槽加工后，也常留有残料需要去除。

有两个特征对话框：

残料加工参数设置标签页与等高外形铣削的特征标签页几乎一样，仅两项不同，解释见图 15-37。

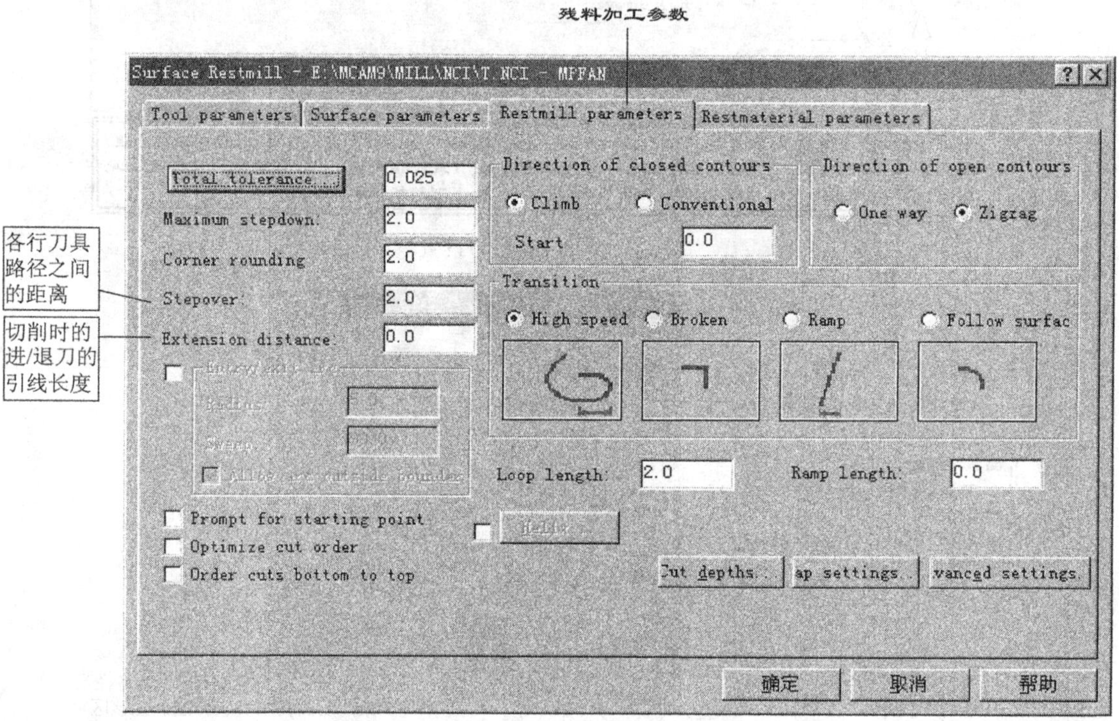


图 15-37　残料加工参数设置标签页

另一个标签页（第四个标签页 —— 残料参数标签页）内容及解释见图 15-38。

### 15.1.8 挖槽粗加工 —— Pocket

挖槽加工可以根据曲面形态（凸形还是凹形）自动选取不同的刀具运动轨迹来去除材料，主要用来对凹槽形曲面进行加工，加工质量不太高，如果是加工凸形曲面，还需创建一个切削的边界。

特征对话框如图 15-39 所示，未作注解的与二维挖槽加工对话框相同，请看前面相关的介绍。

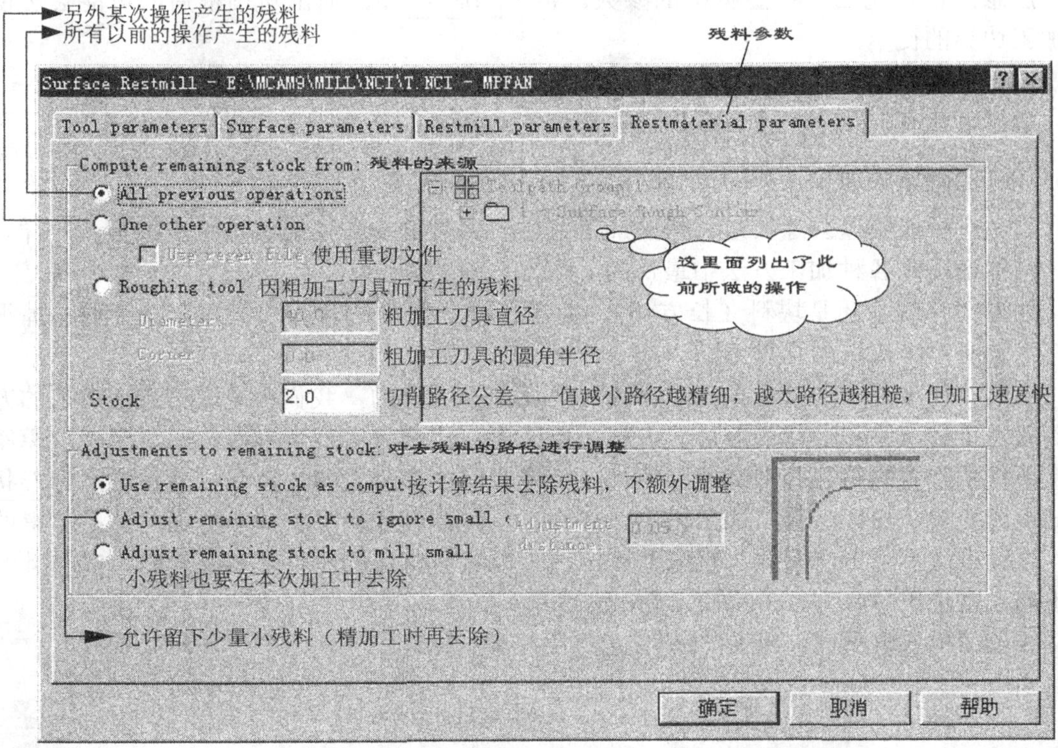


图 15-38　残料参数设置标签页

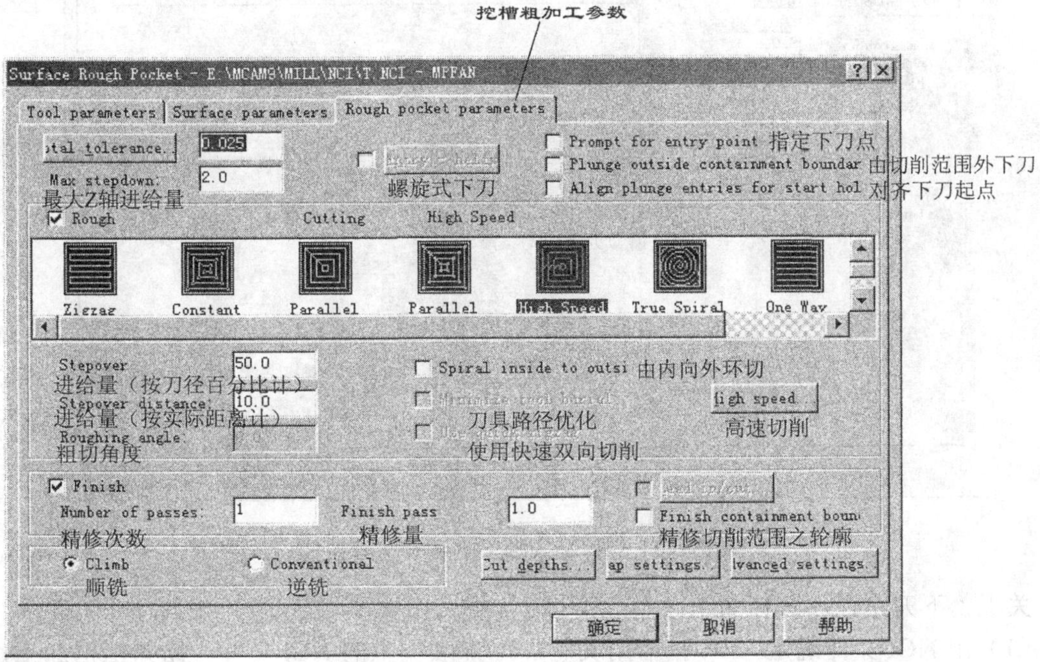


图 15-39　挖槽粗加工参数设置标签页

**注意**：设置完三个标签页中的参数，按下 确定 按钮退出对话框后，可能会出现选择加工边界的提示：

**Select tool containment boundary** ——选择加工边界

边界可能有一个或多个，顺序点击即可。

### 15.1.9 速降钻式加工 —— Plunge

这是一种能快速去除大量材料的加工方法，刀具的动作象连续地钻出很多孔一样。切除材料的速度是各种加工方法中最快的。

如果选择的毛坯是块料（长方体），而零件的形状与它相差较大，意味着要去掉很多材料，这时可考虑选用这种方法。

当然，如果零件的批量大，这样选择毛坯是不经济的，我们会采取铸造或锻造的方法得到接近零件尺寸和形状的毛坯。但模具制造中，因模具零件特别是凸模、凹模、模座等常是单件生产，为铸造和锻造而专门设计铸模和锻模又会觉得太奢侈，所以常选择形状规则的现成块料，这样一来，加工量自然就大了，但综合比较，在成本方面应该是值得的。

这种方法不一定所有数控机床都支持，因为它对机床的刚性等要求较高，对刀具的要求也高，常选用球头刀（Spherical Mill）。

仅下面标签页不同，见图 15-40。

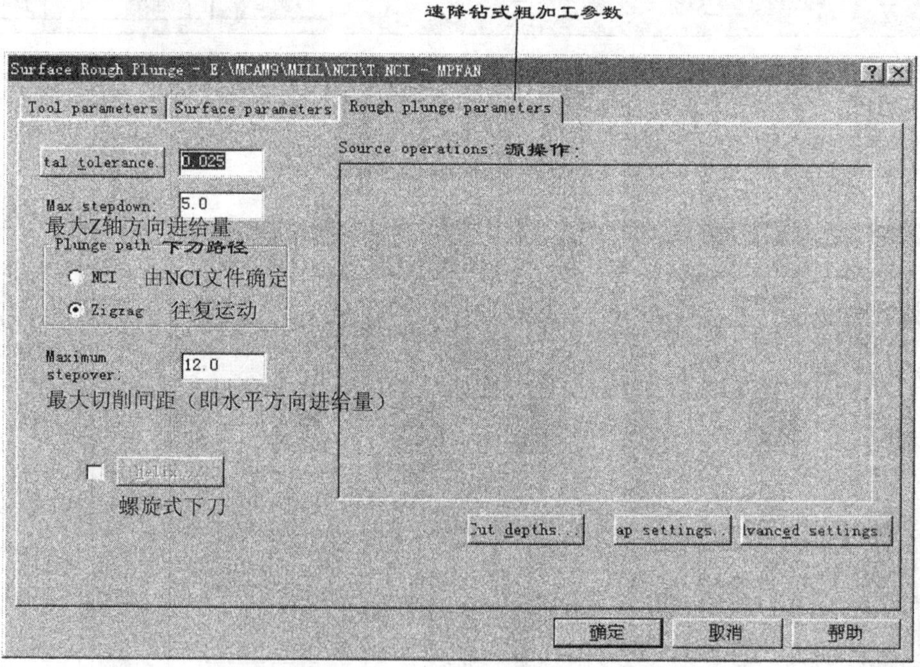


图 15-40 速降钻式加工参数设置标签页

关于“下刀路径”解释如下：

（1）由 NCI 文件确定 —— 指借用其它加工方法产生的 NCI 文件（比如挖槽加工，其中已有刀具的运动轨迹记录）来获得速降钻式加工的刀具运动轨迹，当然必须是对同一个表面或同一个区域的加工才行。注意是借用，并不是照搬，有些地方会做些改变。

使用这种方法获得速降钻式加工刀具路径，应注意将源 NCI 文件的 posting 置为“off”，方法是 Main Menu\ Toolpaths\Operations，弹出操作管理对话框，在框中空白位置点击鼠标右键（right-click），在弹出的浮动菜单中选择 Options\Posting\Off，即关闭了后处理功能。

（2）往复运动（Zigzag）—— 刀具的下降深度由要加工的曲面控制（离曲面的距离达到允许的公差值时会自动停止下降，但刀具在水平方向所走的路线却是“Z”字型的，可顺着加工区域的形状来回往复地运动（当然，加工一行之后会前进一个距离，这个距离由 Maximum stepover 框中的值确定）。

以上介绍的是八种曲面粗加工方式。

下面将介绍使种曲面精加工方式。

## 15.2　曲面精加工

有粗加工就意味着有精加工（见图 15-41），粗加工的主要目的是尽快去除材料，使工件接近成品的尺寸和形状，并不着力于较高的精度；而精加工则是为了全面达到零件的各项技术要求，包含尺寸精度要求、形状和位置精度要求、表面粗糙度要求。经过了粗加工后，精加工阶段的材料去除量是很小的了。

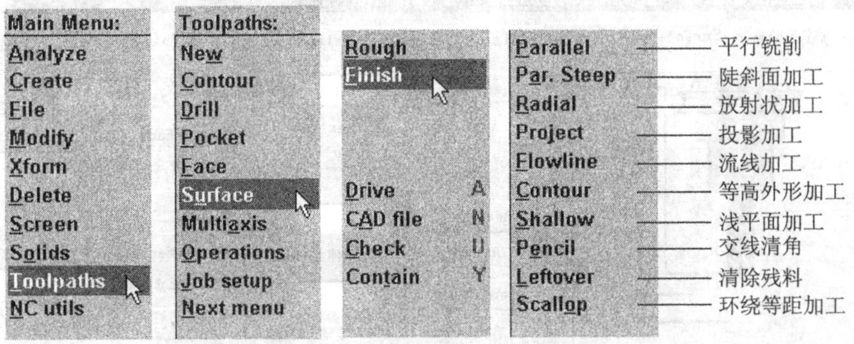


图 15-41　曲面精加工方法

MasterCAM 中对精加工安排了 10 种方法，从上图可以看出：很多加工方法与粗加工中的一样（当然，内部的参数项目可能有少量变化），仅有几个是新“面孔”。

下面逐一进行介绍，注意如果与前面粗加工的相同，则介绍会从简，或不做解释。

### 15.2.1　平行铣削 ——Parallel

出现的对话框与粗加工中的平行铣削基本一样：

第一个标签页（图 15-42）是刀具参数设置，可见与二维加工和三维曲面粗加工中的一样。

第二个标签页（图 15-43）是进行曲面参数设置，与曲面平行铣削粗加工中的一样。

受刀具切削间距的限制，平坦的曲面上刀具路径密，而陡斜面（指接近垂直的面，包括垂直面）上的刀具路径要稀一些，从而容易导致有较多余料，用这种方法可以改善这种状况。

前两个标签页与前面的都一样，第三个标签页如图 15-46 所示。

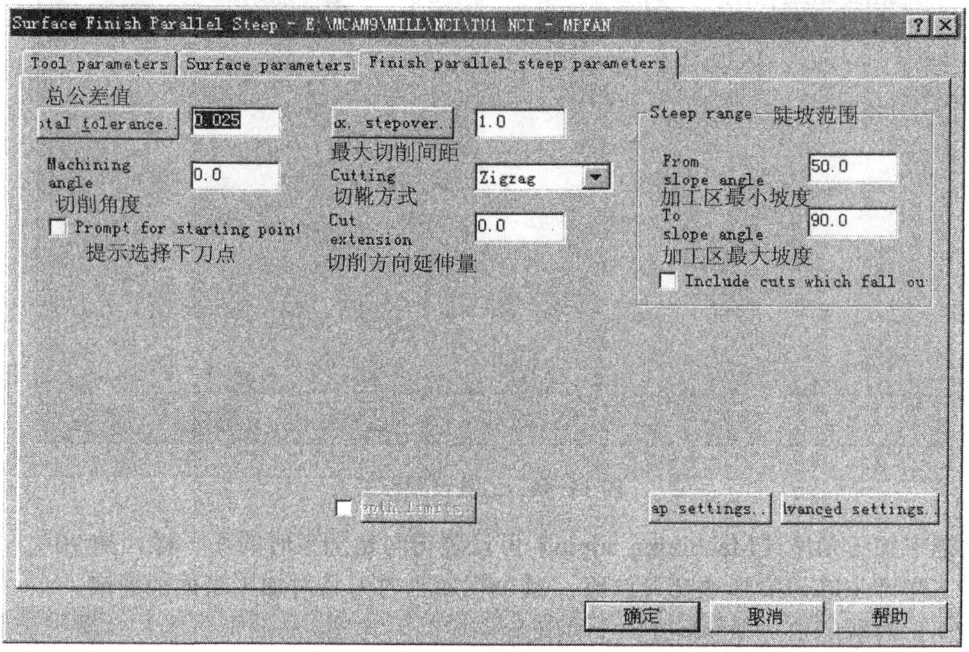


图 15-46　陡斜面加工参数设置标签页

这里有几个问题要弄清楚：

（1）陡斜面的定义　MasterCAM 用两个角度来定义工件的陡斜面，且只加工由“加工区最小坡度”到“加工区最大坡度”之间的区域。坡度是角度，见图 15-47，这个角度是指曲面法线与 Z 轴的夹角，示例见图 15-48。

（2）切削方向延伸量　刀具在前面加工过的区域开始进刀，经过了设置的距离（即延伸量）后，才正式切入需加工的陡斜面区，退出陡斜面区时也要超出这样一个距离，等于是将刀具路径的两端增长了一点，而且能够顺应路径的形状圆滑过渡（即连接点是光滑的），这样一来，刀具的切削范围实际上扩大了一点。

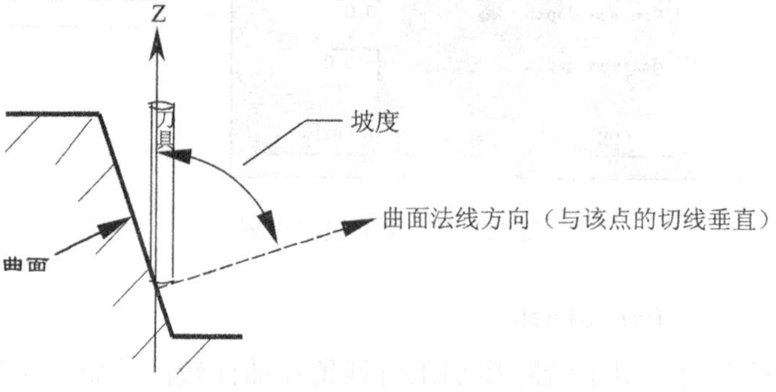


图 15-47　陡斜面坡度

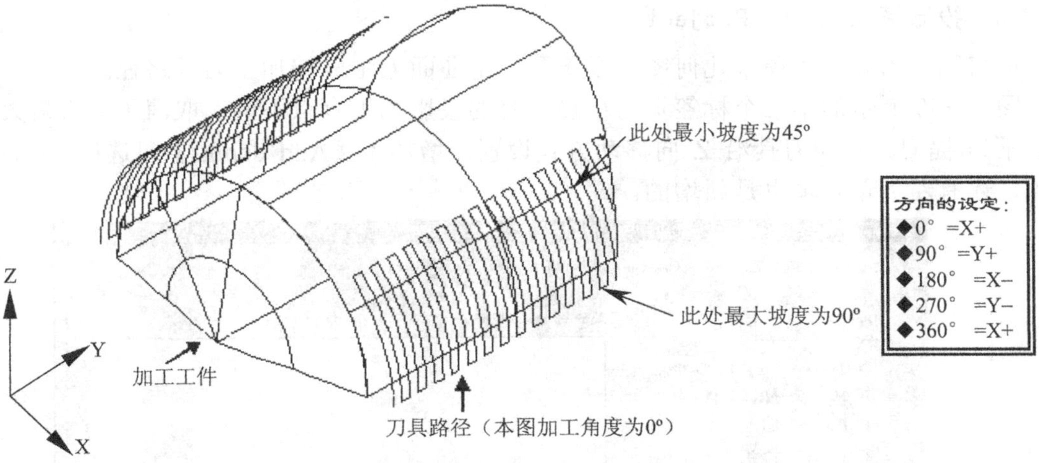


图 15-48　陡斜面图解

（3）加工角度　指刀具路径与 X 轴正方向的夹角，注意最好与前面加工方法时的加工路径垂直或接近垂直为好，这样可形成交错的刀痕纹路，有利于改善表面粗糙度。

再次提醒你：仅能对坡度在最小斜坡度和最大斜坡度之间的曲面进行陡斜面精加工。

### 15.2.3　放射状精加工 —— Radial

第一、第二标签页是共同的，第三标签页中的项目在放射状粗加工中都有，只是比粗加工的少了几个项目而已，见图 15-49，此处不再重复。

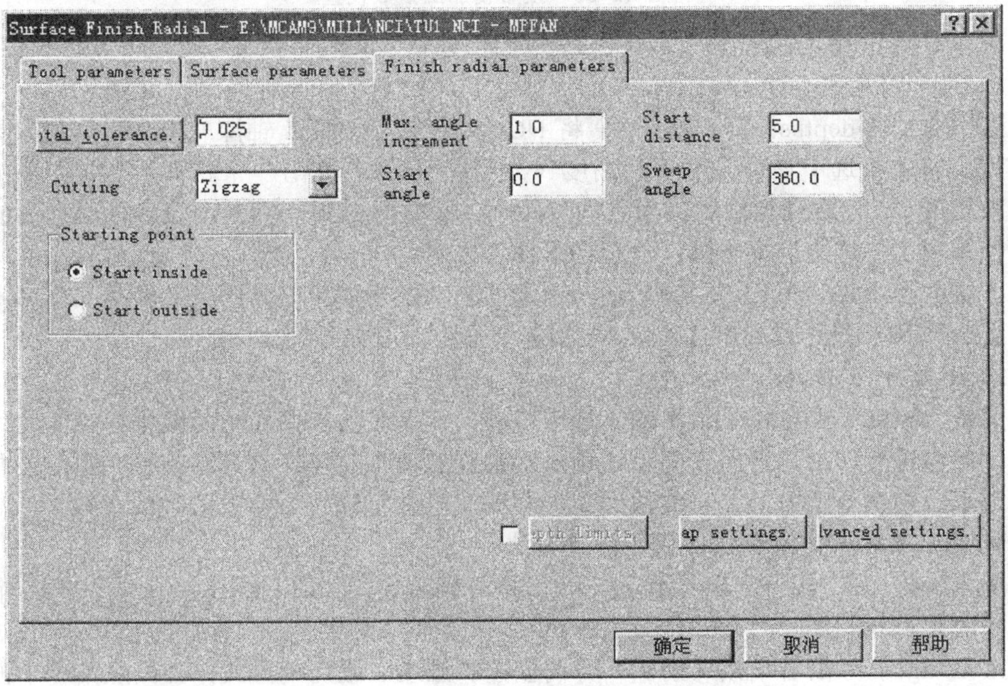


图 15-49　放射状精加工参数设置

### 15.2.4 投影精加工 —— Project

可将已有的刀具路径或几何图形投影到指定曲面上生成精加工刀具路径。

图 15-50 所示的第三个标签页与粗加工时的投影加工有点不同。取消了每次最大进刀量、下刀/提刀方式和刀具沿 Z 向移动方式设置，增加了【Add depths】复选框、Blend 单选项，还有左下角几项也是新增的。

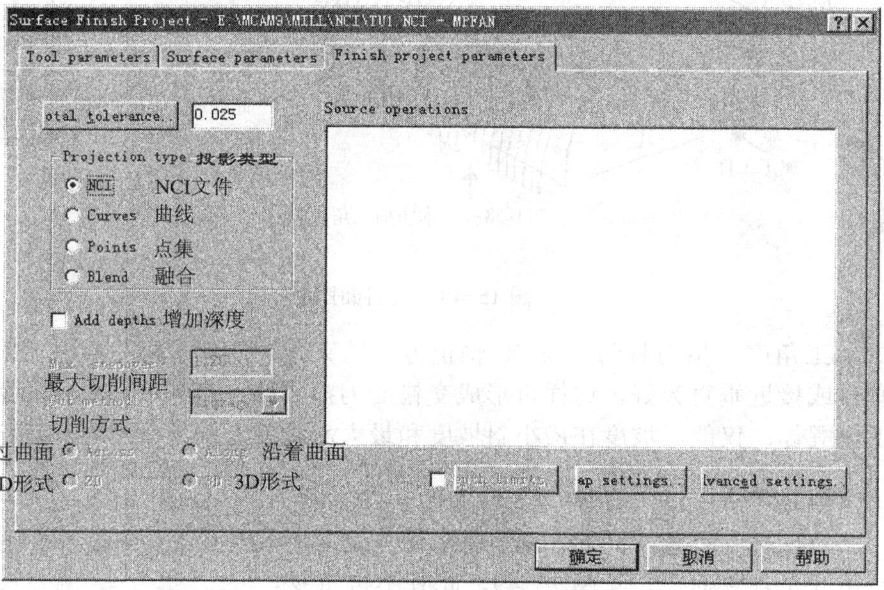


图 15-50 投影精加工参数设置

需弄清楚的两个问题：

1. 增加深度 —— Add depths

选中【Add depths】复选框 —— 将 NCI 文件中定义的 Z 轴深度作为投影后刀具路径的深度。将比未选中该项时的下刀高度（参见图 14-8）高出一个距离值，该距离值恰好等于投影的 NCI 路径到投影曲面之间的距离，形象一点说，刀具将在离曲面很高的地方就开始采用工作进给速度下降，一直切入曲面之内。

未选中【Add depths】复选框 —— 由曲面来决定投影后刀具路径的深度。

仅选择 NCI 投影方式时【Add depths】复选框才有效。

2. 融合 —— Blend

这是 MasterCAM9.0 中新增的，选用该项，可以在加工曲面上由两条串接的曲线所确定的区域内进行切削，下面介绍了这种投影融合的刀具路径，刀具路径是在由两条曲线投影到加工曲面（本图为一个直纹曲面和一个球面组合而成）上形成的区域之间。

MasterCAM 为定义融合提供了两种方法：

◆Across —— 从一个串接到另一个串接之间创建二维切削方式，刀具从第一个被选定串接的起点开始加工。

◆Along —— 沿着串接（箭头）方向创建二维或三维切削方式，刀具从第一个被选定串接的起点开始加工。

例如，对图 15-51 所示零件，采用融合的方式进行投影加工。

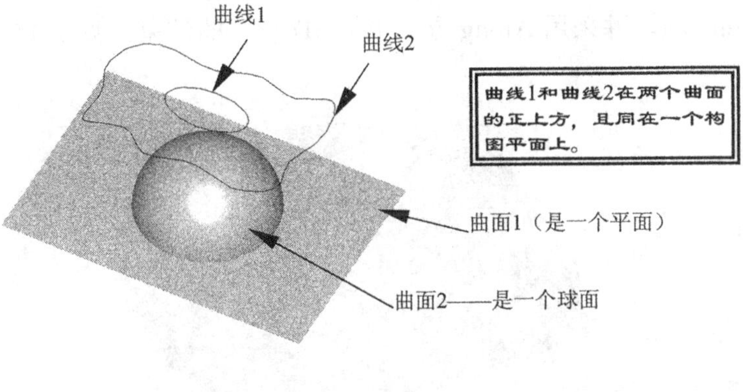


图 15-51　融合方式进行投影加工

1）选用 Blend 项，并采用 Across 方式的结果，见图 15-52。

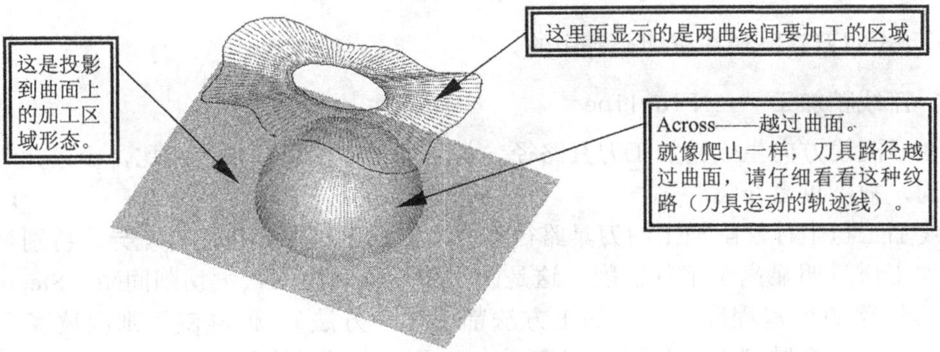


图 15-52　Across 方式融合

**注意：**看到只有曲线 1 和曲线 2 之间的投影区域被加工了吗？

2）选用 Blend 项，并采用 Along 方式中的 2D 形式的结果，见图 15-53。

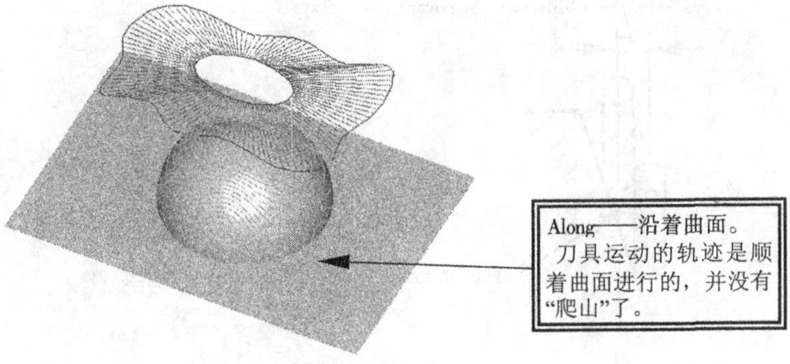


图 15-53　Along 方式融合（2D 形式）

2D 形式的刀具路径在刀具平面上的投影是等距的。

3）选用 Blend 项，并采用 Along 方式中的 3D 形式的结果，见图 15-54。

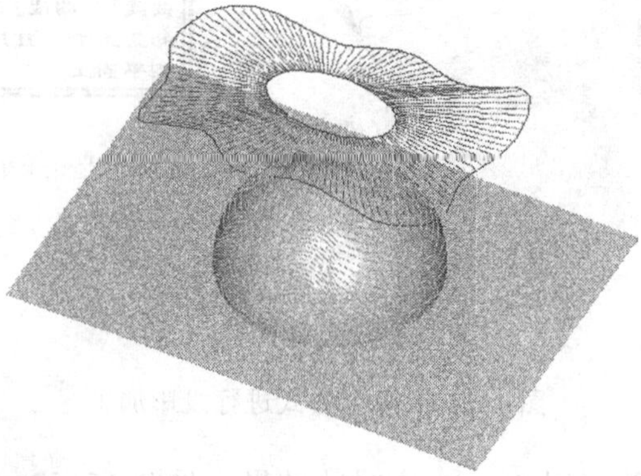

图 15-54 Along 方式融合（3D 形式）

3D 形式的刀具路径在空间是等距的。

### 15.2.5 流线精加工 ——Flowline

沿曲面流线方向生成精加工刀具路径，与粗加工中的流线加工相比，少了几个项目，其它相同，故不重复介绍。

流线加工与平行铣削加工的刀具路径类似，但加工结果却可能有差异，特别是在陡斜面上的加工质量明显高于平行铣削，这是因为平行铣削采用最大切削间距（Stepover）来控制刀具纹路的细密程度（很多加工方法都用这种方法），但陡斜面则因坡度很陡，同样的切削间距，在陡斜面上形成的刀痕要比在平面或平坦的面上大得多，如图 15-55 所示。

但流线加工可用残留高度（Scallop heigth）来控制加工表面残余材料的高度，在陡斜面上，会自动将刀具路径的密度增加，已确保残留高度达到设定的要求。

所以，流线加工可能比平行铣削的加工表面质量更好。

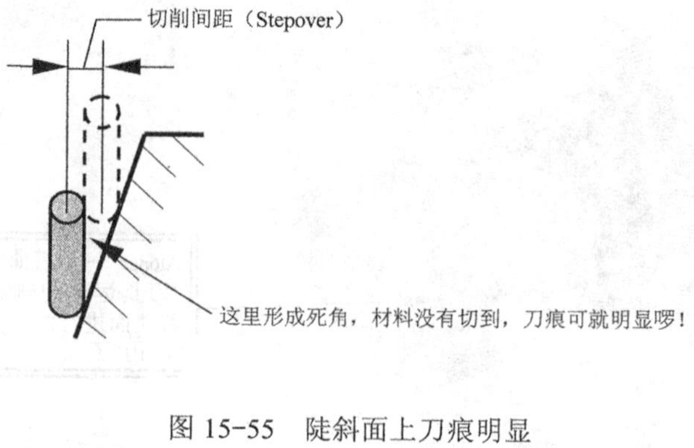


图 15-55 陡斜面上刀痕明显

流线精加工的特征参数标签页见图 15-56，各项的含义同流线粗加工：

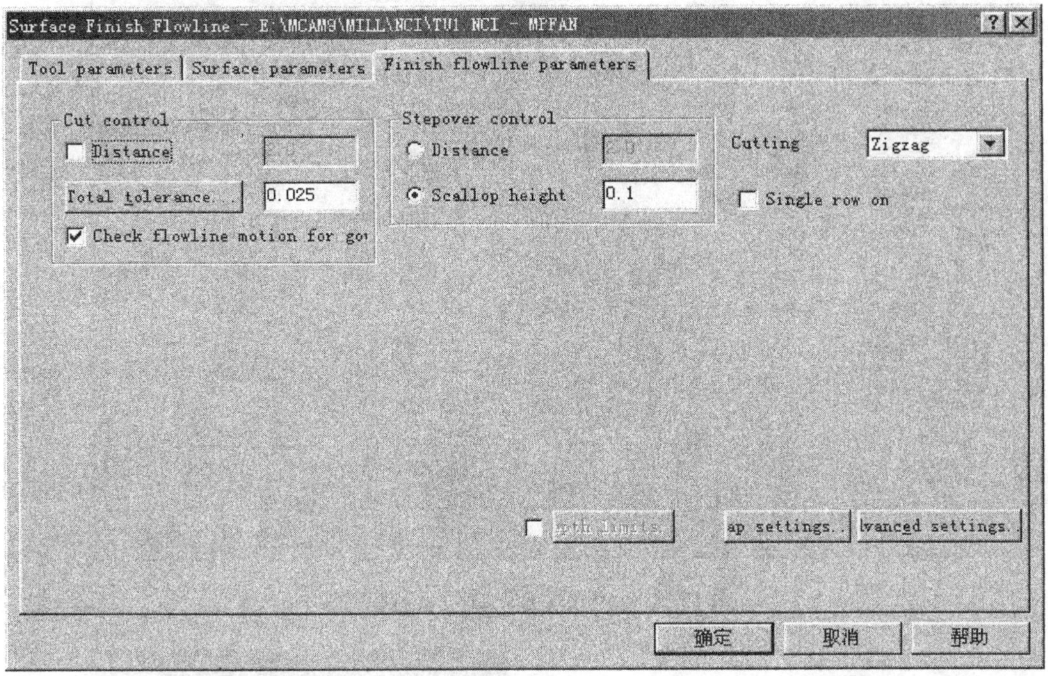


图 15-56 流线型精加工参数设置标签页

### 15.2.6 等高外形精加工 —— Contour

与粗加工中的等高外形加工设置项目完全一样（这是唯一的一种），不重复介绍。

### 15.2.7 浅平面加工 —— Shallow

浅平面并不是指比较浅的平面，而是指比较平坦的曲面，与陡斜面相反。

浅平面加工是在符合条件的面上薄薄地去除一层材料。

等高外形粗加工中专门设有一个浅平面加工选项，而在曲面精加工中，专门把浅平面加工独立出来，因为有多种加工方法（包括精加工中的方法）都可能在浅平面内产生残料，需要去除。本方法专门用于清除曲面浅平面上的余量，大多数情况下接在等高外形精加工后面进行。

对图 15-57，解释如下几个概念：

1. 这种加工方法中增加了一种切削方式 —— 3D Collapse（三维环绕切削）

这种方法的设计是：围绕切削区去构建一个边界，刀具沿着这个边界去切削一周，然后按设定的最大切削间距将边界朝加工区内偏置一个距离，得到一条与边界线平行的轨迹线，刀具按此新的轨迹线进行第二圈的加工……依此类推，直至将该区域加工完毕。

选中该方式，下方的 Collapse 按钮可以选用，出现的对话框见图 15-58。

2. 如何确定哪些是浅平面

与陡斜面类似，也是由“最小坡度”和“最大坡度”两个角度来定义的，凡坡度落在这两个设定角度之间的则被视为浅平面。

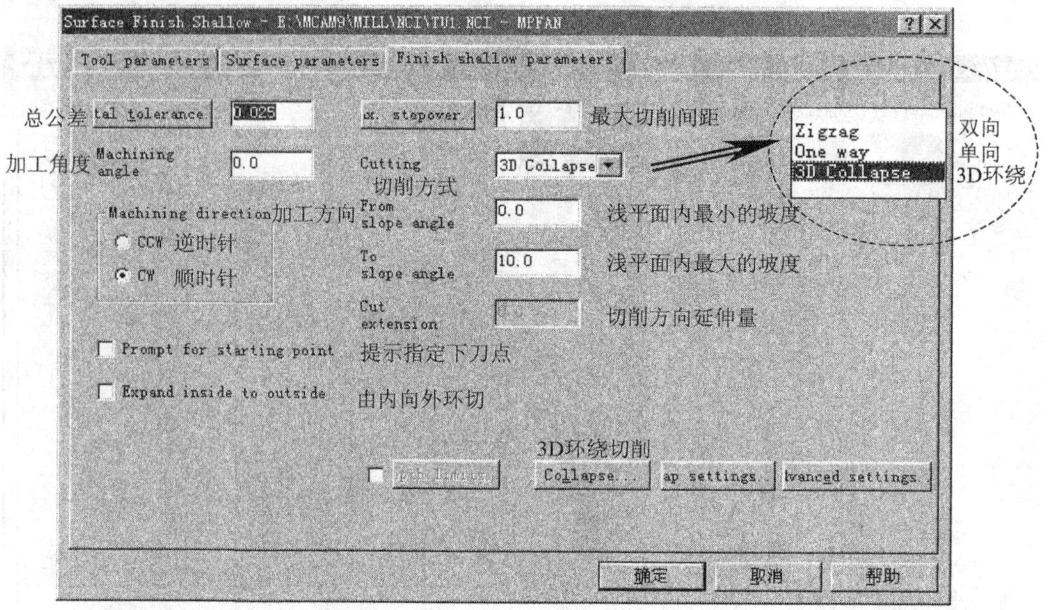


图 15-57 浅平面加工参数设置标签页

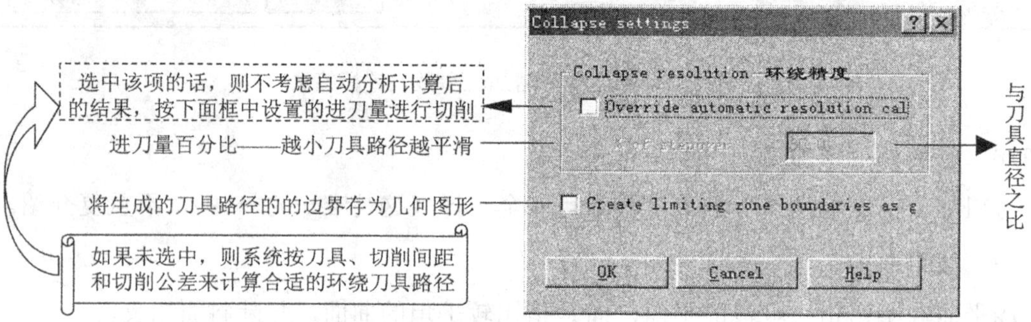


图 15-58 三维环绕切削设置

坡度的定义可以像陡斜面一节中的坡度定义一样理解，其实，将某点的坡度定义为该点切线与水平面间的夹角更容易理解（见图 15-59 右边），从数学知识可知，两种方法所定义的角度是相等的。角度不区分正、负，只看值的大小。

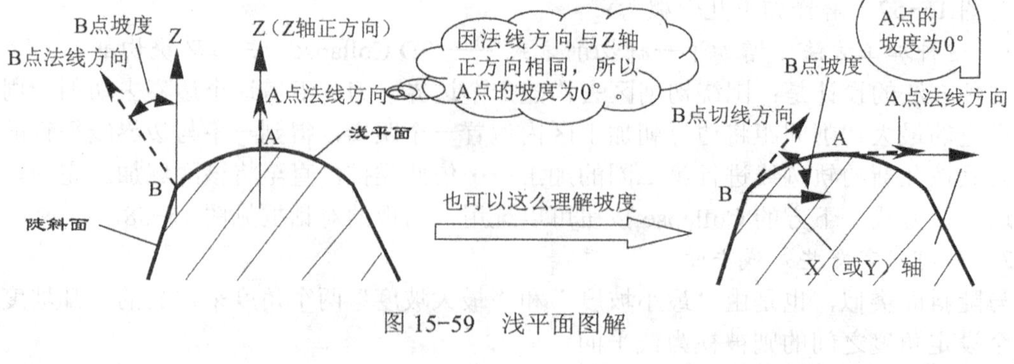


图 15-59 浅平面图解

系统默认的坡度范围为 0°～10°，你可以改变，将加工范围扩大到更陡一点的斜坡上，当然，不能超过 90°（90° 时是垂直面）。

特征标签页中其它项目的含义同前，不再重复介绍。

### 15.2.8　交线清角精加工 ——Pencil

用于清除曲面间的交角部分残余材料，应与其它加工方法配合使用。

粗学该软件的人，特别是对生产过程缺乏体会的读者，在用该软件进行刀具路径设置和模拟加工时，常产生错觉，认为实际加工时也象在电脑上模拟加工一样，切工件就像切豆腐一样轻松，为了刻出小字来，或为了加工出微小的细节处，随心所欲地选择小直径的刀具，1mm 以下的刀具也常选，你可想象一下，拿缝衣服的针去切金属会是什么感觉。MasterCAM 作为一个软件，是用各种算法来解决各种问题的，你选的刀具再小，它也是用公式计算，只要算得出结果就可以继续执行后面的工作，而结果是否合理，就可能无能为力了（这需要专家系统的支持）。

理论上说来，小刀具更有可能加工出更多的地方，但刀具的强度、刚性、磨损量等都是实际加工时要考虑的问题。所以实际加工中，开始的粗加工可能采用较大的刀具（结实些）大刀阔斧地去除大量的材料，精加工阶段，因为要切除的材料很少，才会考虑用较小但强度、刚度足够的刀具努力完成表面的加工，但常可能有些细节需要很小的刀具才有可能切得到，这些地方就属于难加工的地方了，现场采取的办法是用小刀具，仔细地、小心地、一点一点地切除它们，常常会付出损失几把刀具的代价，而且，这样的刀具也可能只是头部是小直径的（甚至是尖的），而后部可能大些，为的是增加刀具的强度，尽量减少折断的可能性。

因此，刀具选用时，要做到根据情况刀具直径能大则大，勿随便选小直径刀具，如不得不选择小刀具，则要尽量减少它的加工范围，能小尽量小。这样做当然会给加工过程的设计带来一些麻烦，比如要多选几种加工方法。但要知道：设计和工艺规划是为加工服务的，加工不出来，任何“完美”的设计和规划都是空谈。

图 15-60 所示的情况就属于需要清角的情况。

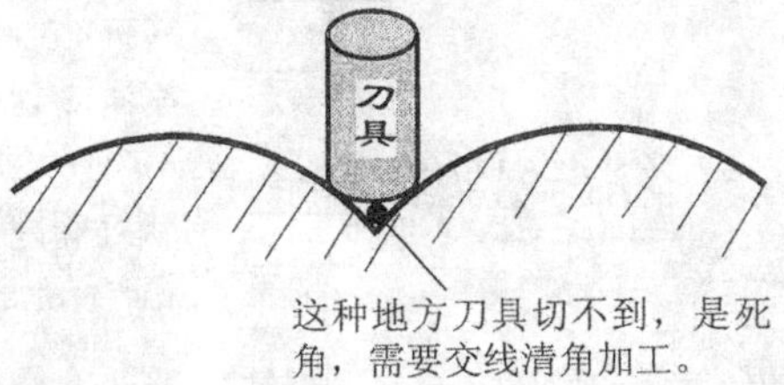


图 15-60　需要清角的地方

交线清角精加工的特征标签页如图 15-61 所示。

可以发现：其中的项目全是前面讲到过的，没有什么新增项目，选好刀具，设置好各个参数后，系统会自动算出哪些地方需要清角，然后进行加工。

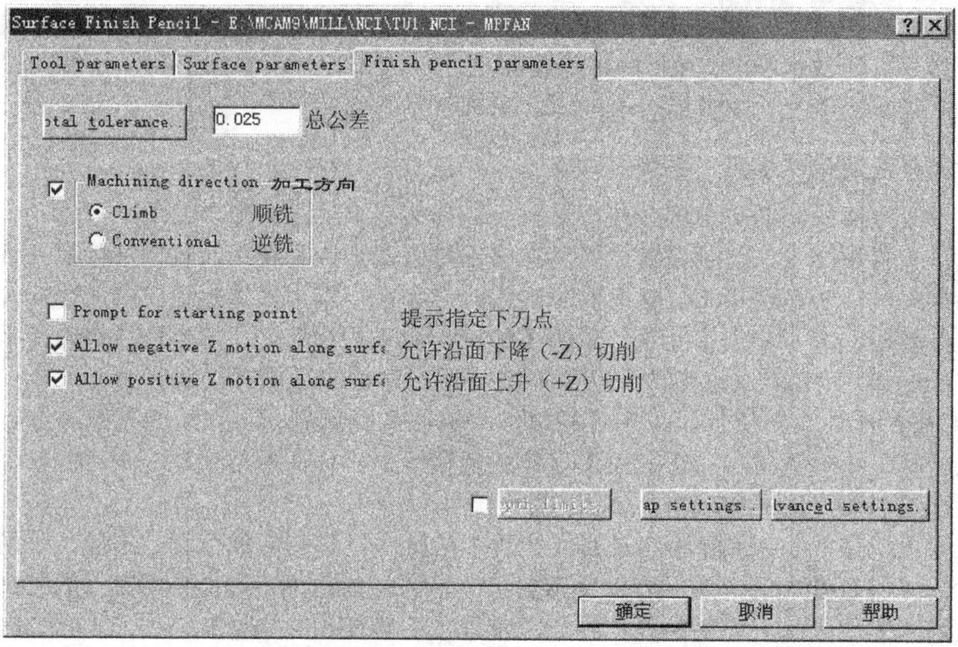


图 15-61　交线清角参数设置标签页

## 15.2.9　清除残料精加工——Leftover

用于清除因采用大尺寸刀具加工或加工方式选择不当所残留的材料，也应与其它加工方法配合使用。

除了有两个共同的标签页外，还有两个独有的特征标签页，见图 15-62 和图 15-63。

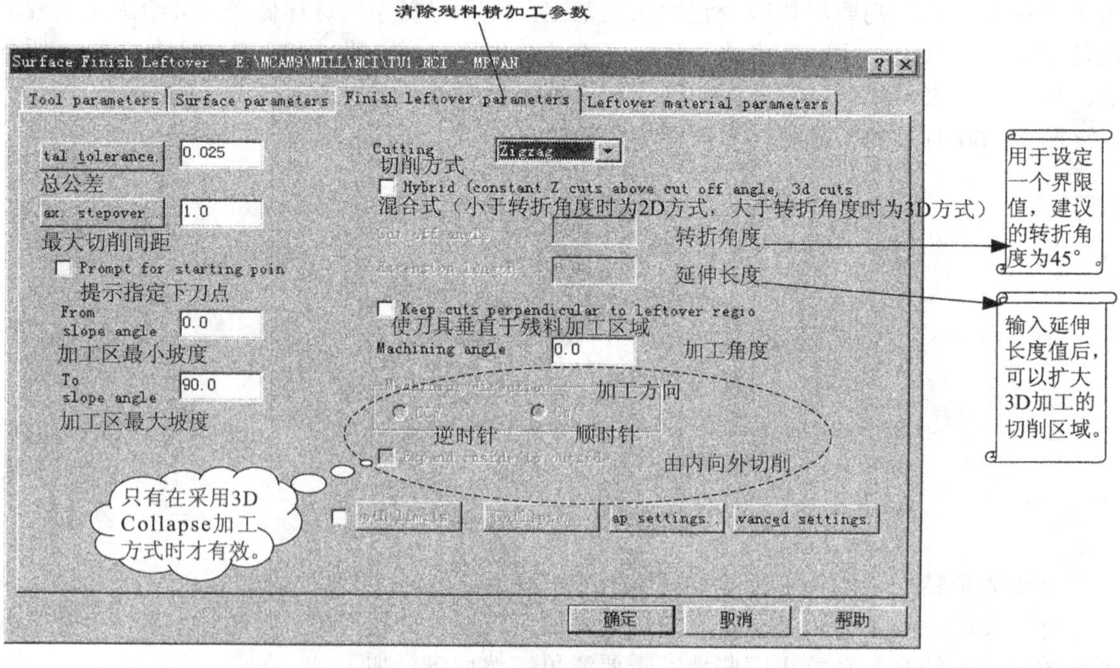


图 15-62　清除残料精加工参数标签页

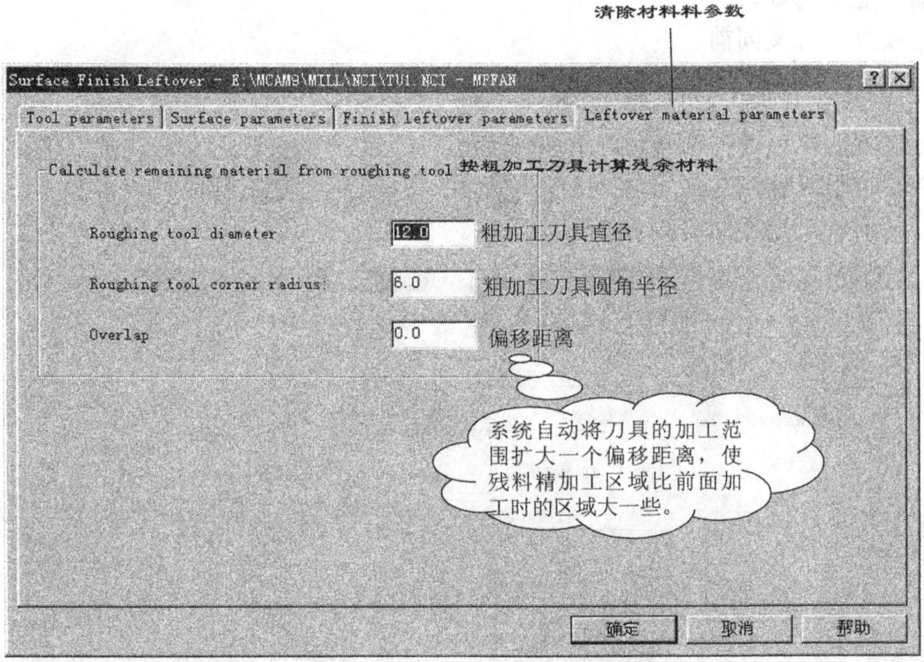


图 15-63 清除材料参数设置标签页

图 15-62 中的某些项目解释如下：

Hybrid 方式 —— 是 2D 加工形式和 3D 加工形式的混合。在 3D Collapse 切削方式下无效。

大于转折角度时采用 2D 方式（这时曲面比较陡），小于转折角度时采用 3D 方式（这时曲面比较平缓）。

◆2D 方式 —— 是指在切削一周的过程中，切入深度 Z 不变，刀具路径在二维方向（刀具平面上的投影，或者你理解为俯视方向吧）是等距的。

◆3D 方式 —— 是指在切削一周的过程中，Z 值根据曲面的形态而变化，刀具路径在空间（三维方向）是保持等距的，这可以使得在加工陡峭的面时自动增加刀具路径，免得在陡峭面上刀具切削的痕迹过稀。

图 15-64 是对偏移距离（Overlop）的解释 —— 残料加工的区域是看前面的粗加工在哪个区域，以及用粗加工刀具加工的区域有多大。若在此对话框中设置了一个偏移距离值，则系统自动将粗加工的刀具假想地加上这个值，例如，若粗加工刀具的半径原本只选择为$\phi$10mm，若偏移距离设为 2，则假想认为粗加工的区域是用$\phi$12mm 的刀具按原轨迹线切出来的区域（是假的哦！），这当然比用$\phi$10mm 刀具切出的区域要“大”些，那么，清除残料精加工时，搜索的加工范围也就大一些，因而

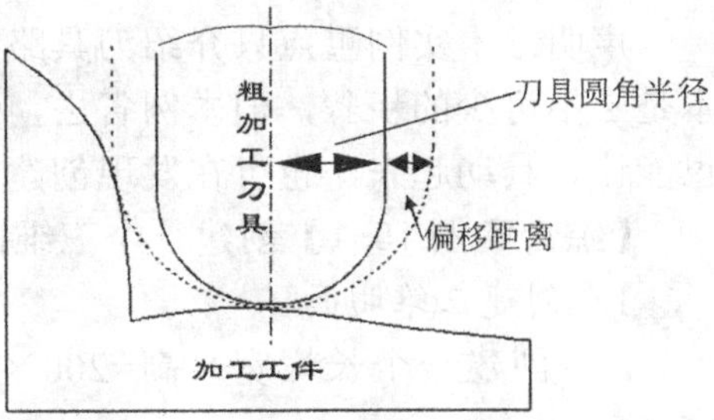


图 15-64 偏移距离图解

残料清除可能更彻底。

其它项目的含义同前。

### 15.2.10 环绕等距加工 —— Scallop

该加工方法可生成一组环绕工件曲面而且等距的刀具路径。与流线加工类似，根据曲面的形态决定切除深度，而不管毛坯是何形状，局部地方要去掉的材料多也不管。所以若毛坯尺寸和形状接近零件时用此法较为稳妥。

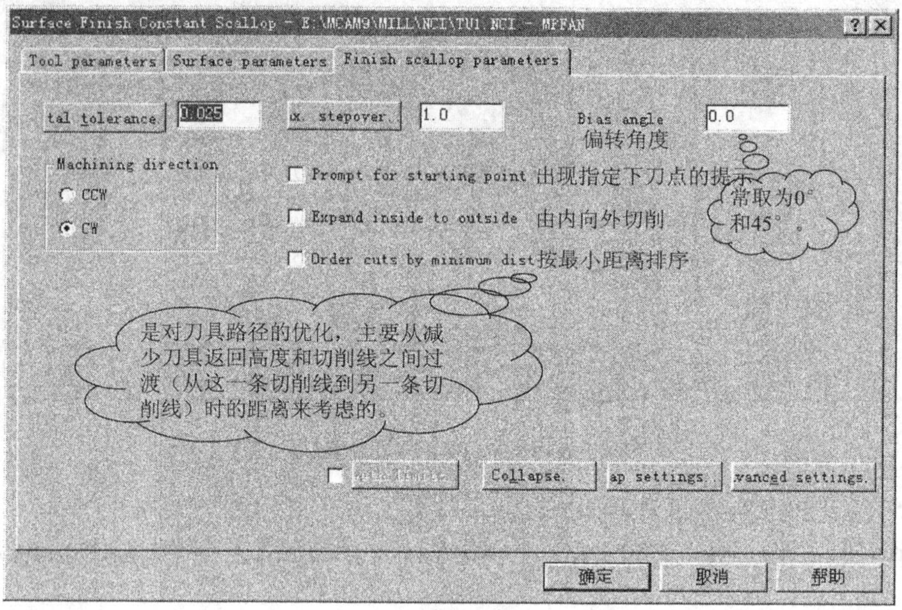


图 15-65 环绕等距精加工参数设置标签页

图 15-65 中其它项目的意思与前面加工方法中的同名选项相同。

以上介绍的是 10 种曲面精加工方法，下面将通过一个综合实例来介绍几种有代表性的和常用的曲面加工方法。

## 15.3 三维曲面加工综合实例

声明：本实例重点只介绍刀具路径的创建过程，具体的材料设置，刀具加工参数设置本是必不可少的步骤，但本例省去，读者可按照二维加工中介绍的方法进行设置（不设置也能让刀具动起来，也可在发现创建的刀具路径没有错误后再设置不迟）。

**【综合实例 15-1】**创建一个三维曲面，然后对其进行加工。

1. 创建三维曲面

A. 创建一个长×宽×高=200×150×80 的长方体线框，底面的正中心在原点（图 15-66）。

B. 用等分绘点和绘直线命令创建图 15-67 所示意的许多点，注意：每条线都是 3 等分（即每条线上四个点），方法见第六章。

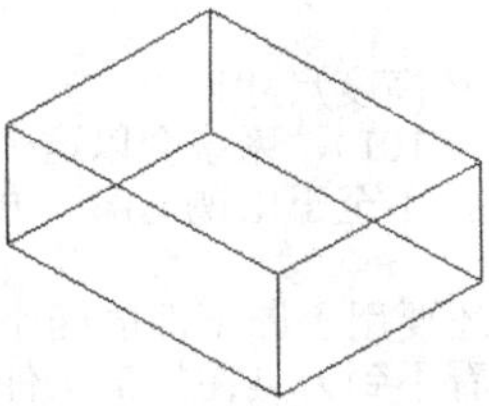

图 15-66　创建一个长方体

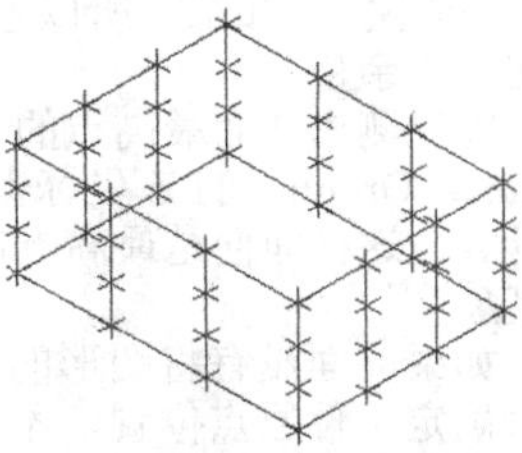

图 15-67　想法创建许多点

C．改到 2 层，按图 15-68 所示连接各点绘制四条曲线（图中点划线是让你分辨得清是另一条线，你不必改线型）。

D．关闭 1 层，结果见图 15-69。

E．按实例 10-2 中介绍的方法，自动创建一个昆式曲面，见图 15-70。

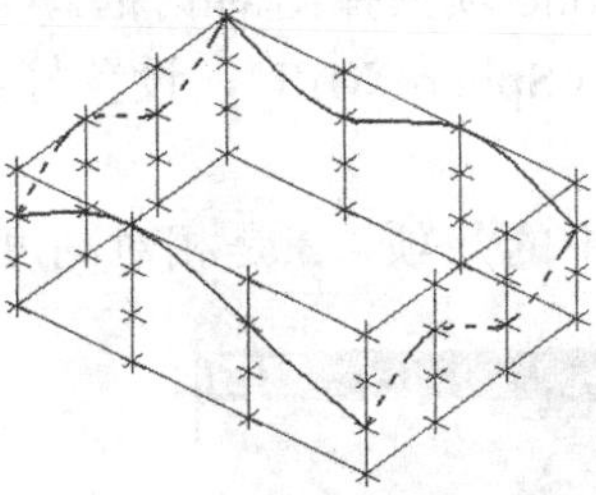

图 15-68　创建四条曲线

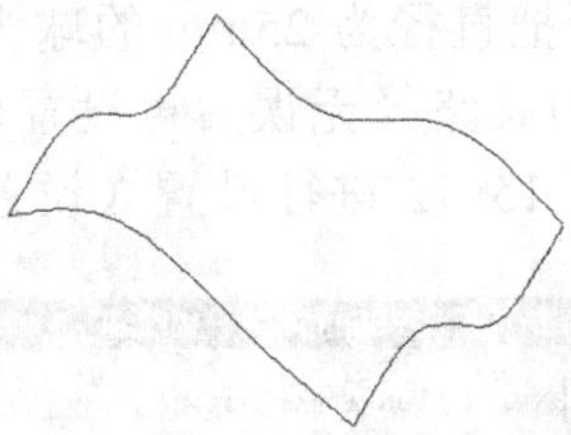

图 15-69　创建的四条曲线

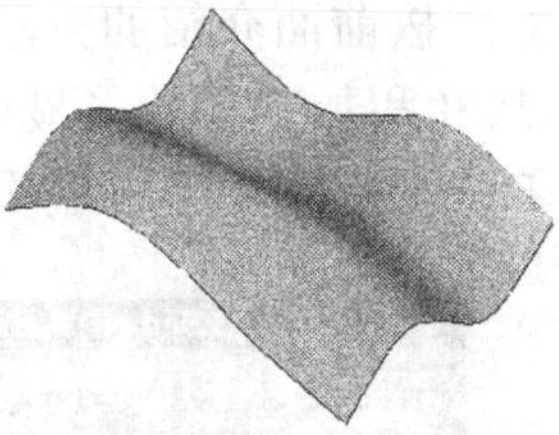

图 15-70　创建昆式曲面

F．改到前视角平面，用 Analyze\Point 命令，分析最高点（不必太准，但尽量接近最高点）的坐标，记住其 Z 坐标（约为 100，这关系到后面的毛坯高度设置）。

2．用速降钻式加工方法粗加工昆式曲面

A．确定毛坯尺寸和工件原点。

选择 Toolpaths\Job setup 命令，打开工作设置对话框，按图 15-71 所示进行设置（注意：本对话框下半部分未作改动，采用默认设置）。

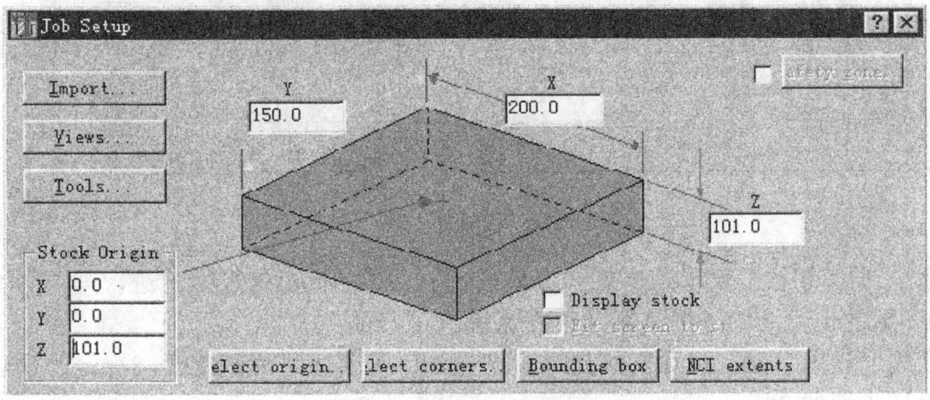


图 15-71　设置毛坯尺寸

**毛坯设置技巧说明**

外围不打算加工，所以毛坯 X、Y 向的尺寸正好与长方体的长和宽相等，表示外围没留出加工余量。

前已测出曲面最高点的 Z 坐标约为 100，故将毛坯高度尺寸设为 101，而工件原点（Stock Origin）的 Z 坐标也改为 101（离底平面距离为 101），系统会以这个高度为准进行计算，这样即便是最高点也起码有 1mm 的加工余量，不至于出现局部地方无材料可切的现象。

如果前面没有将图形的底面正中间设在原点，则还要用上图下面的四个按钮中的一个来确定工件原点位置，不这么做的话，后面可能会看不到刀具在加工工件（刀具找到别的地方去了）。

下一步要开始加工了，因最开始是一个方方正正的毛坯，切除材料后才可达到所要的形状，这么多材料不能寄希望于一次就全部切掉，要一步步来。顶面要切除的材料较多，比较适合用速降钻式加工的方法动第一刀，因为后面的加工方法还要有材料可切，所以还要留出余量。

B．选择 Toolpaths\Surface\Rough 命令，将菜单中的 Contain 项设为 N（准备由系统确定切削边界）→再点 Plunge→点击昆式曲面→点菜单中的 Done 项→弹出对话框。

C．按前面介绍的方法选择一把直径为 25mm 的球头铣刀（Sphere Mill），设置好刀具规格尺寸和加工参数（最后确认刀具路径无误后再设置也行）。

D．选择第二个标签页，按图 15-72 进行设置（设置了圈中的几项，3 是相对高度）。

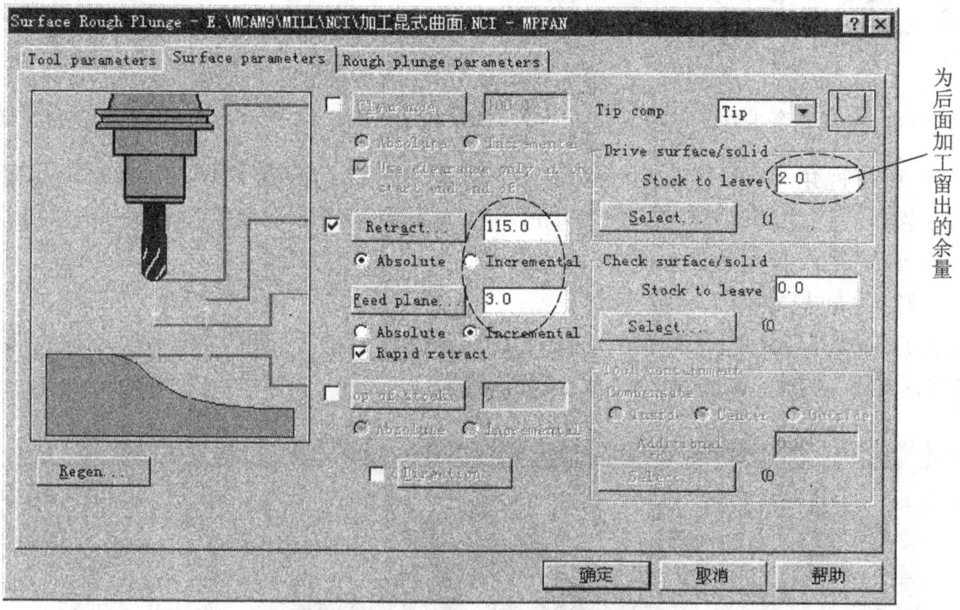


图 15-72 设置曲面加工参数

**注意：**进给高度 3 表示是从任一点处的曲面上方 3mm 处开始工进，即刀具总是从离曲面 3mm 远的地方开始减慢速度（工作速度）下降的。

返回高度设为 100，而且用的是绝对坐标，因为毛坯顶面高度是 81mm，所以实际上只离开毛坯顶面约 20mm。

E．选择第三个标签页，按图 15-73 进行设置（设置了圈中的几项）。

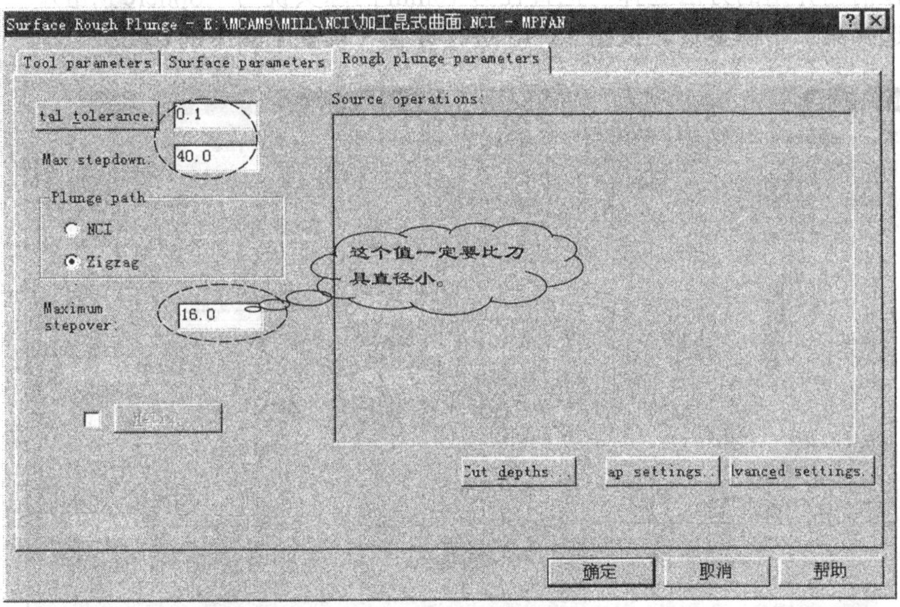


图 15-73　设置速降钻式加工参数

F. 点 确定 按钮退出对话框，提示点击一个低点 —— 在前面最低的一角点击一下。

G. 提示点击一个高点 —— 在相对的另一侧高的角落点点击一下。

H. 刀具路径创建完成，屏幕上出现刀具路径。

I. 模拟加工，结果如图 15-74 所示。

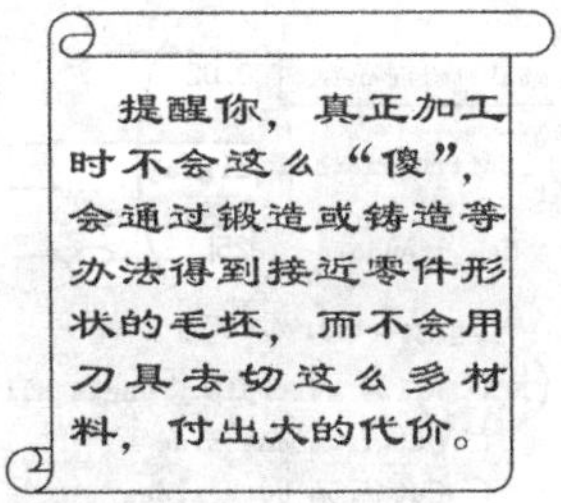


图 15-74　速降钻式加工结果

可见，已接近曲面形状。

下一步准备用最常用的平行铣削方法对表面继续进行粗加工，修理凹坑，进一步去掉材料，使形状更加接近曲面。

先要将刚生成的刀具路径隐藏，方法见前。

3. 用平行铣削粗加工方法第二次加工昆式曲面

A. 选择 Toolpaths\Surface\Rough\Parallel 命令→点菜单中的 Unspecified→点昆式曲面→点菜单中的 Done 项→弹出对话框。

E．点 确定 按钮退出对话框，确保流线方向顺着曲面长的方向（如果不是这个方向，点菜单中的 Cut dir 项可改变，这主要是考虑到要与上一步的加工痕迹交错）→点菜单中的 Start 项，将加工开始点设在左前点→点菜单中的 Done 项→刀具路径创建完成，选择已有的两个操作进行模拟加工，结果如图 15-80 所示。

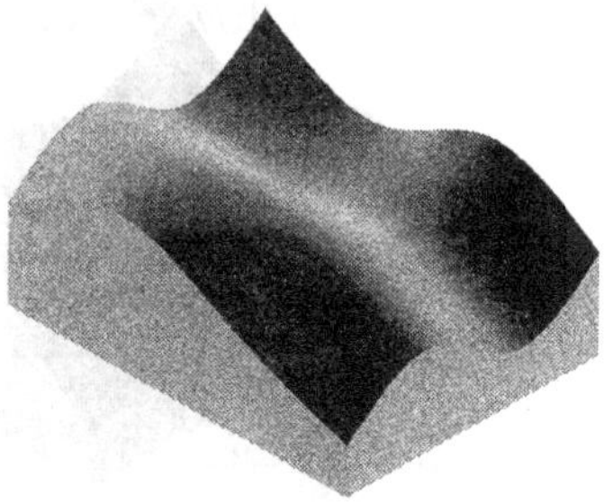

图 15-80 精加工后的表面

效果还满意吗？下一步要做的工作是，用投影加工的方法在曲面上刻出一个圆（从顶面上俯视是圆，但在曲面上不会是圆）。

5. 投影加工

A．先在曲面上方（构图深度 150）画一个半径为 30mm 的圆（改到顶视角平面才好画），结果如下：

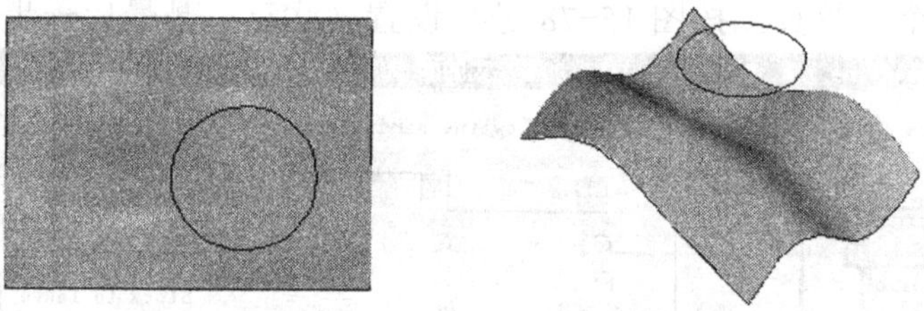

a） b）

图 15-81 创建一个圆

a）俯视观察时圆的位置 b）轴测观察时圆的位置

B．按二维刀具路径中挖槽的方法对圆内区域进行挖槽刀具路径创建，刀具选直径为 8mm 的平铣刀，创建时不要受曲面的影响（当做没有曲面一样），切削深度也不必设置（只要刀具运动轨迹，其它不管），要注意的是：将第三个标签页中的 Stepover（切削间距）设得小些，比如设为 15%，则生成的刀具路径会密一些，后面投影到曲面上的刀具切痕也会细密一些，加工质量就显得较好。

C．选择 Toolpaths\Surface\Finish\Project 命令→点昆式曲面→点菜单中的 Done 项→弹出对话框。

D．选择一把 8mm，圆角半径是 2mm 的牛头铣刀（Bull Mill，这种刀具底部有圆角，但不象球头刀一样全是圆角，象鼻子，所以俗称牛鼻刀）。

E．在第二个标签页中，各高度参数会沿用前面的值，不必改动，但要注意将右上方 Drive surface/solid 栏内的 Stock to leave 框中的值设为-2（这是关键，表示槽将沉下去 2mm，否则槽不会刻到曲面下面去，刀具只在曲面的表面做做动作，而且，这个深度值不能比前面设的刀具圆角半径大，还要注意是负值）

F．在第三个标签页中，选中 NCI 项，再点右边大框中的操作 4（是前面创建的二维挖槽操作，从操作名和刀具值等处都可分辨出来）中的最后一行（有 NCI 标记的那一行），表示选择这个 NCI 文件进行投影，如图 15-82 所示。

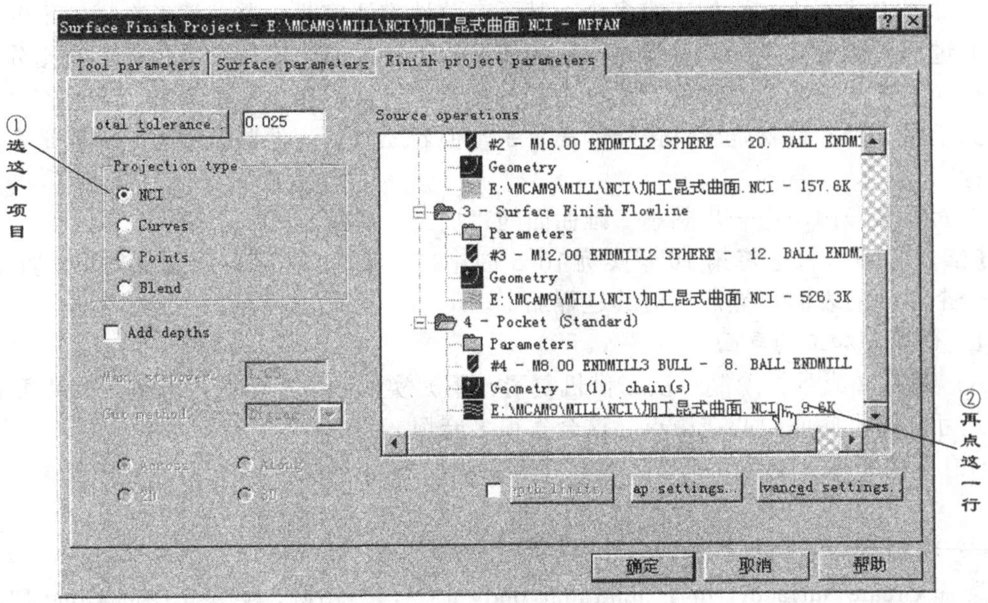


图 15-82　设置投影精加工参数

G. 会自动退出对话框，同时菜单出发生变化（可以校验刀具路径），按键盘上的 Esc 键直接返回上一级菜单，又回到前对话框，点 确定 按钮，退出对话框，则屏幕上可以看到投影刀具路径创建成功。

H. 打开操作管理对框，按住键盘上的 Ctrl 键，再依次点击操作 1、操作 2、操作 3、操作 5（不选操作 4，因为它只是临时用用的二维操作路径），点 Verify 按钮进行模拟加工（时间会较长），结果如图 15-83 所示。

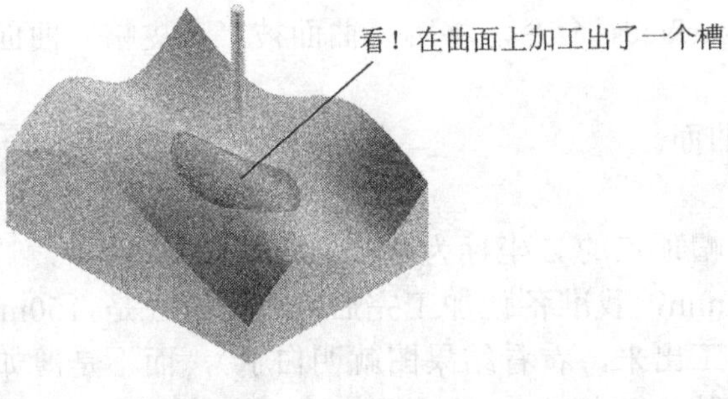


图 15-83　加工后的结果

**投影加工教你一招：**

本例能刻下去的深度不能大于刀具的圆角半径。如果想刻深一点如何办呢？可以这样做，将曲面往下偏置一个距离（等于你要刻下去的深度），然后将刀具路径往偏置后的曲面上投影，什么刻下深度、圆角半径等都不必设了。这叫做“瞒天过海”。

本实例结束。

由此例读者应能理会出加工的构思和过程，当然也学习了四种曲面加工方法的操作和设置技巧。限于篇幅，其实还有很多细节是忽略了的。

自始至终，人都是主角，方案都是操作者定的，软件只是为你任劳任怨办事的一种工具，人和软件相得益彰，对软件了解的越深，越能灵活自如地应用它，从而完成任意复杂程度的加工设计任务，最终得到满足要求的 NC 文件。

三维加工并不比二维加工难多少，甚至有些地方还容易一些，读者在理解了创建刀具路径的过程后，最要紧的，是通过大量的练习，特别是采用不同参数值后的对比分析，熟悉各种加工方法下必会出现的对话框中的各项目的含义，做到心中无数，方可临“危”不惧，到了这一步，你就是软件操作的高手了，但若还有加工经验做基础，你就是个真真正正的行家。

下面再举一例，进一步熟悉三维曲面的“加工”过程。

**【综合实例 15-2】**将第 10 章实例 10-5 创建的“瓜皮帽”形曲面调出来，再加点东西，成为一个零件的表面，然后再对其进行加工。

1. 创建要加工的表面

A. 调出（或重新绘制一次，借机复习一下）实例 10-5 创建的曲面，特别要记住其外形尺寸，而且底面中心在原点（这会省很多麻烦）。

B. 将构图深度 Z 设为 0，创建一个半径为 75mm 的圆，圆心在原点，结果见图 15-84。

C. 将圆变为一个直纹曲面。

选择 Create\Surface\Trim/Extend\Flat bndy 命令，点击圆，点菜单中的 Done 项，点菜单中的 Do it 项，成功，结果见图 15-85。

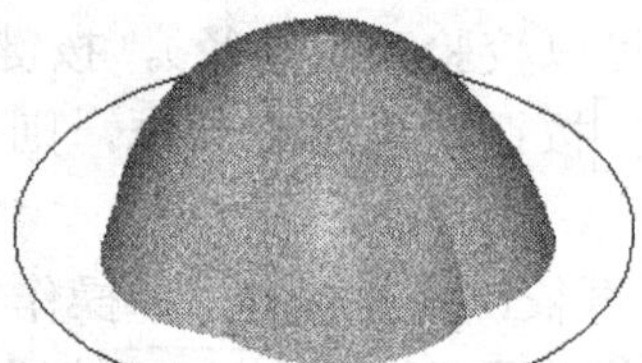

图 15-84　创建一个圆

图 15-85　将圆变为直纹曲面

D. 用 Create\Surface\Trim/extend\To surfaces 命令，将圆形曲面被“瓜皮帽”曲面遮住的中心部分修剪掉（方法前有介绍）。

曲面创建成功，下面要加工这个组合曲面。

2. 用挖槽切削粗加工方法切削材料

A. 先将两个曲面移下 60mm，使瓜皮帽顶点的 Z 坐标为 0。

答疑：目前曲面从底到顶的距离是 60mm，我准备使加工完后有一个直径是 150mm，厚度为 10mm 的底座（没画出来，但要加工出来，看看结果图就明白了），而不是薄如纸的一个圆片，将瓜皮帽的顶点下移 60mm 到 Z 坐标为 0 的底面去，则底面变成了顶面，后面确定毛坯的尺寸、工件的原点、加工时的各高度时，更好设置一点。

方法提示：选择 Xform\Translate 命令→点菜单中的 All 项，再点 Entities 项→点菜单中的 Done 项→点菜单中的 Rectang 项→在出现的输值框中输入 0，0，-60 后回车→选择对话框中的 Move 项，数目框中的值为 1，再点 OK 按钮退出对话框→移动成功。

B. 确定毛坯尺寸和工件原点。

选择 Toolpaths\Job setup 命令，打开工作设置对话框，按图 15-86 进行设置（注意：本对话框下半部分未作改动，采用默认设置）。

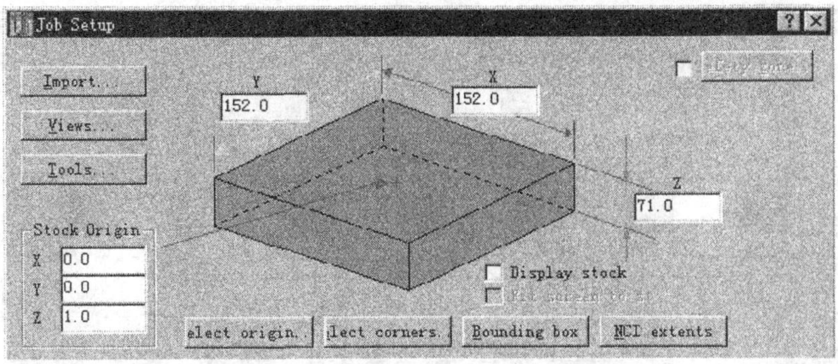


图 15-86 设置毛坯尺寸和工件原点

| 毛坯设置技巧说明 | 毛坯 X、Y 向的尺寸均设为 152，比圆的直径（150）大了 2mm，表示外围将最少有 2mm 的加工余量，后面将用二维外形铣削的方法切除（其实，后面会采用圆柱形毛坯）。<br>工件原点（Stock Origin）的 Z 坐标为 1（工件顶面在 0 位置了哦!），系统会以这个高度为准进行计算，所以最高的顶点处也有 1mm 的加工余量，<br>毛坯高度尺寸为 71，去掉顶面上高出的 1mm，下面还有 70mm，瓜皮帽曲面全高为 60，所以给底座留出了 10mm。 |
| --- | --- |

下一步要开始加工了，因最开始是一个方方正正的毛坯，切除材料后才可达到所要的形状，这么多材料不能寄希望于一次就全部切掉，要一步步来。外围要切除的材料较多，比较适合用挖槽加工的方法动第一刀，因为后面的加工方法还要有材料可切，所以还要留出余量。

C．选择 Toolpaths\Surface\Rough\Pocket 命令→点击瓜皮帽和平面（要加工的曲面）→点菜单中的 Done 项→弹出对话框。

D．在第一个标签页按前面介绍的方法选择一把直径为 25mm 的平铣刀（End Mill，刀长（Overall）要大于 60mm，以免夹头碰撞工件。

E．按图 15-87、图 15-88 所示设置第二个和第三个标签页的某些参数。

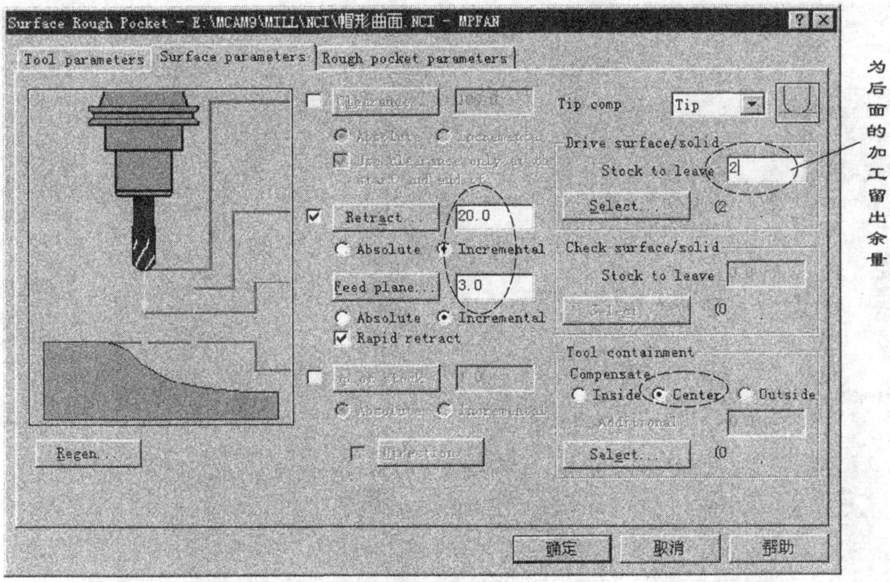


图 15-87 设置曲面参数

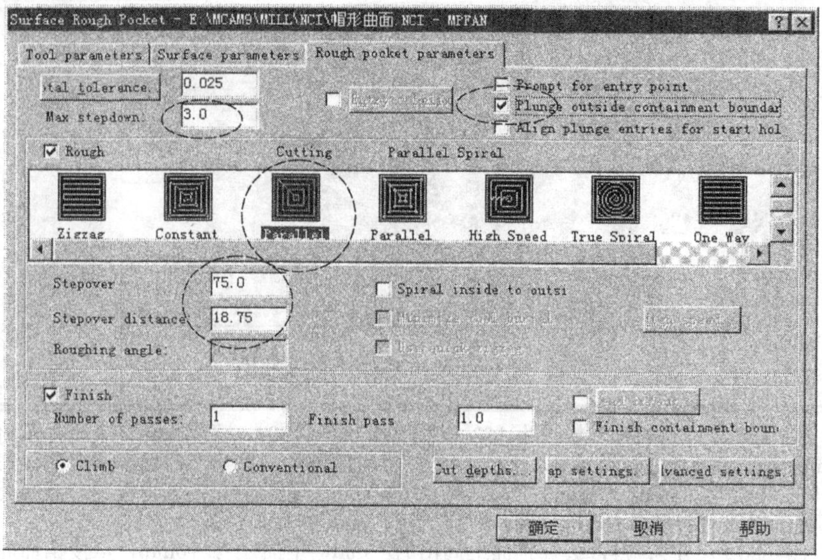


图 15-88　设置挖槽粗加工参数

F. 点 确定 按钮退出对话框。

G. 提示选择挖槽边界 —— 点最外的圆线，点 Done（注意，本例挖的是外侧，有点特别，曲面可做内边界，还需要一个外边界）。

H. 出现一个提示框，提示你有些地方切不到（当然会有，比如“瓜皮”之间的交界缝，25mm 的圆柱状铣刀是根本进不去的，但那种小地方不是本次加工要考虑的，挖槽的目的是去掉大部分材料，所以我会“气势汹汹”地直扑目标！），点 Yes 按钮，后面还会有类似的提示，一概点 Yes 按钮。

I. 刀具路径创建完成，模拟加工时，先点控制板上的第一个按钮进行模拟加工配置，按图 15-89 进行设置，特别注意圈中的两项。

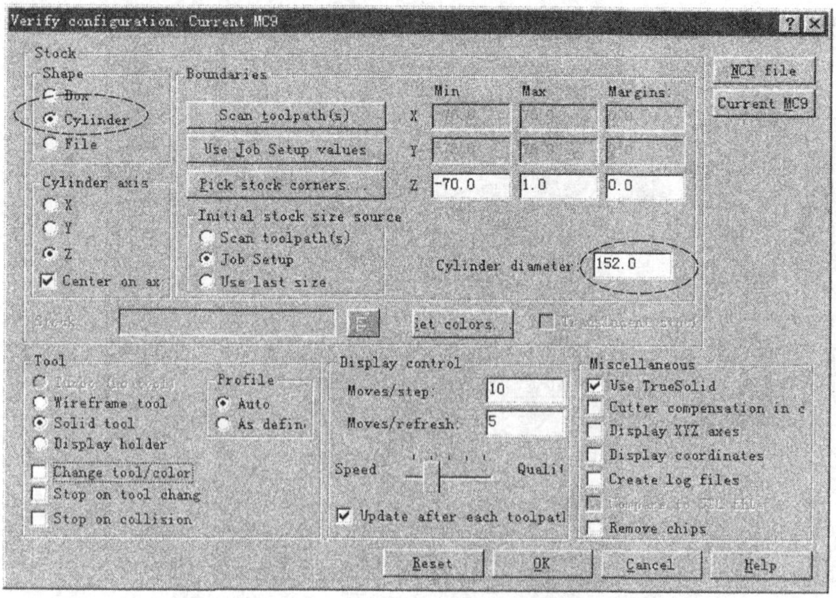


将毛坯设置为圆柱形，直径为152mm，厚度仍按工作设置中的设定值。

图 15-89　设置模拟加工参数

J．设置完后退出对话框，模拟加工后的结果见图 15-90。

有点像梯田，有很多台阶。下面要用等高外形粗加工的方法切削一次，先将已有的刀具路径隐藏。

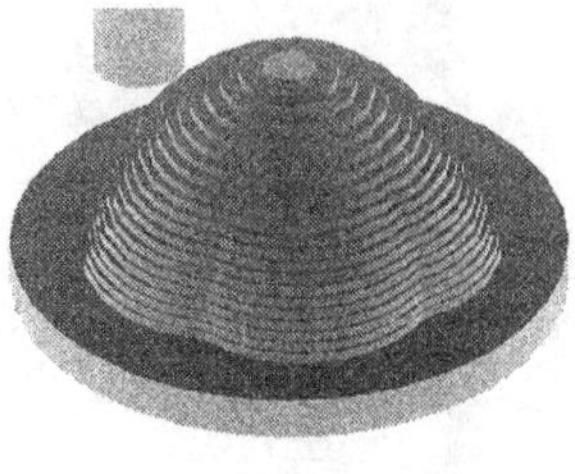

图 15-90 挖槽粗加工后的曲面

3．采用等高外形粗加工的方法切削

A．选择 Toolpaths\Surface\Rough\Contour 命令→点击瓜皮帽和平面→点菜单中的 Done 项→弹出对话框。

B．在第一个对话框中，选择一把直径是 20mm 的平铣刀（Flat Mill）。

C．按图 15-91 所示设置第二和第三标签页中的参数（注意圈中的设置）。

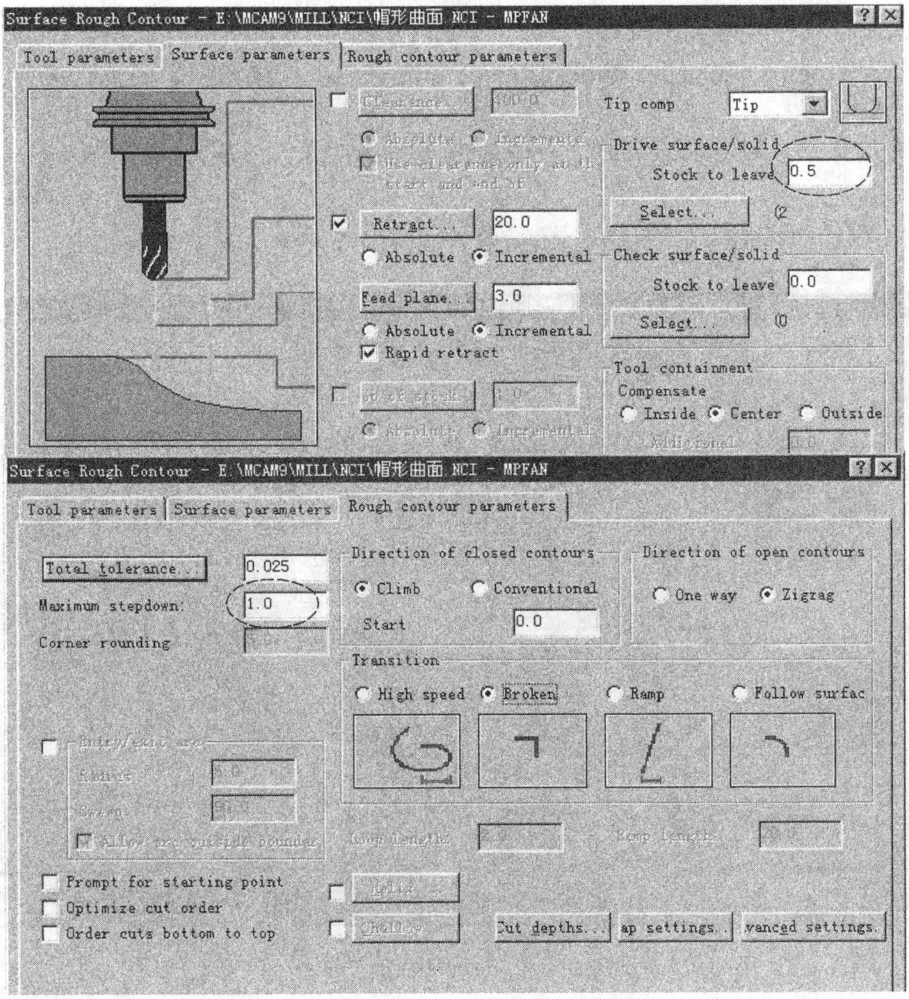


图 15-91 第二第三标签页的设置

后面的提示和处理与上一种加工方法一样。

D．上两步一起进行模拟加工（方法见前），结果如图 15-92 所示。

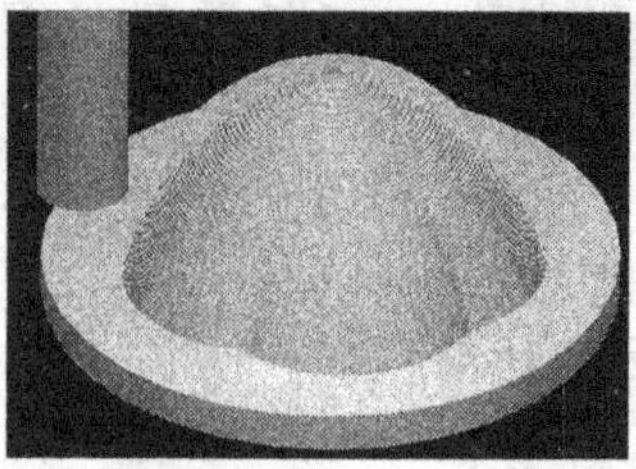

图 15-92　等高外形粗加工后的工件

可见，表面比上次光滑多了。

下面采用放射状精加工方法精切表面，这种对称形的曲面最适合用放射状加工方法。先隐藏前面的刀具路径。

4. 放射状精加工精切曲面

A. 选择 Toolpaths\Surface\Finish\Radial 命令→点击瓜皮帽和平面→点菜单中的 Done 项→弹出对话框。

B. 在第一个标签页中，按前面介绍的方法选择一把直径是 8mm 的球头铣刀（Sphere Mill）。

C. 按图 15-93 所示设置第二个标签页（注意不再留余量）。

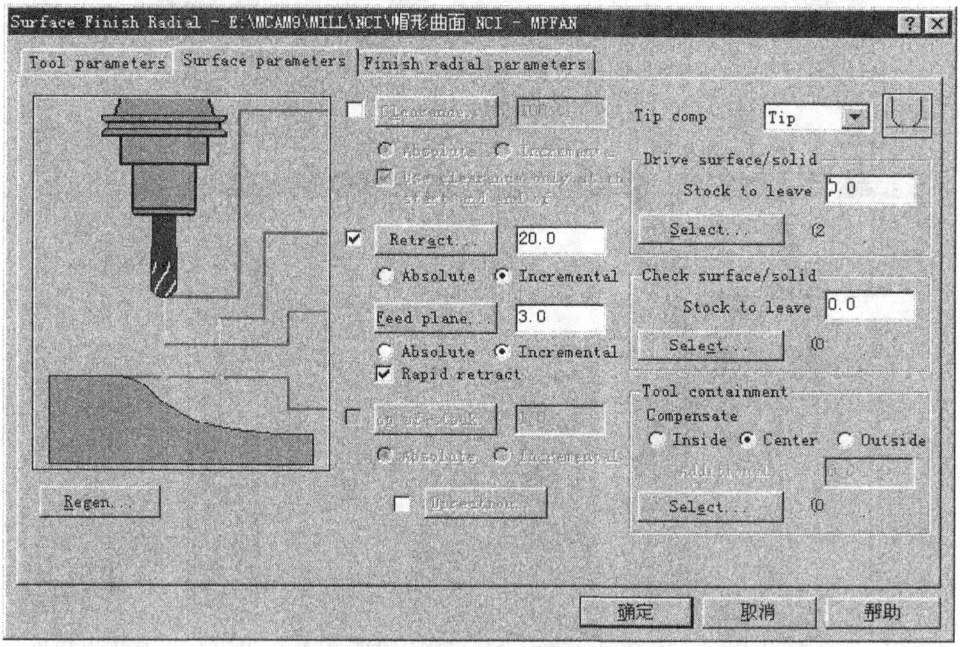


图 15-93　设置曲面加工参数

D. 按图 15-94 所示设置第三个标签页。

E. 提示选择加工边界 —— 点最外侧的圆线，再点菜单中的 Done 项。

F. 提示选择一个旋转点 —— 点菜单中的 Origin 项。

G. 出现提示框，点 Yes 按钮（生成路径过程中如再出现该提示框，一样办理）。

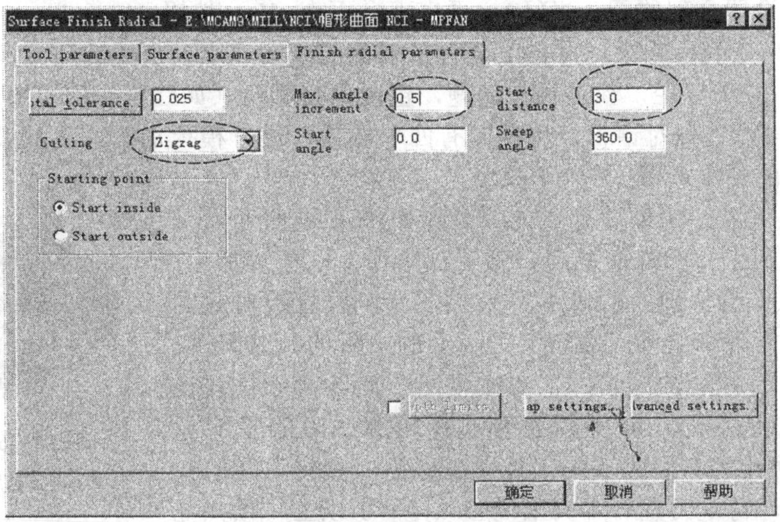


图 15-94　设置放射状精加工参数

H．生成放射状加工刀具路径，模拟加工后结果如图 15-95 所示。

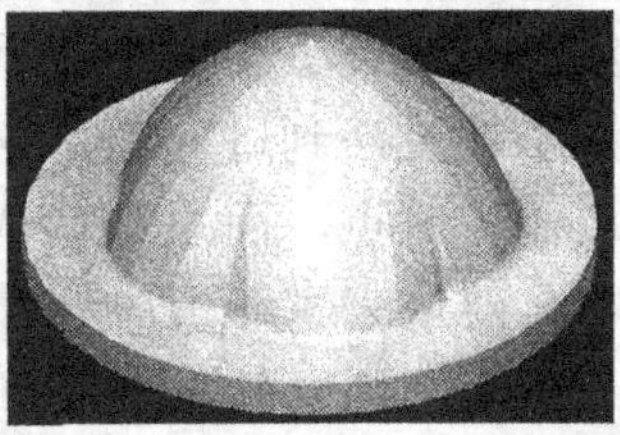

图 15-95　放射状精加工后的结果

可见，效果还不是十分满意，可以将参数值改得更小些（比如图 15-94 中的 0.5、0.025 可再小，改变刀具的类型和直径也可使效果得到改善）。

与放射状加工效果相当的还有环绕等距加工（Scallop），你可以试试，它要动的参数极少。

下面准备进行交线清角，以加工出大刀具切不到的地方（侧面上的那五条小沟）。

5．交线清角

A．选择 Toolpaths\Surface\Finish\Pencil 命令→点击瓜皮帽和平面→点菜单中的 Done 项→弹出对话框。

B．选择一把直径是 2mm 的球头刀（不要紧张，如果刀具太小，可以做成锥形的，只要尖点处小就行了，工厂中有专门的清角刀具，小刀具带来的后果除了刀具易断，还有转速会很高，进给量和背吃刀量需很小等，好在要清角的地方一般很少，另外还可能要用从大到小的几把刀具来逐步清角，本例仅清一次，以示方法）。

C．第二个标签页中的设置可与上一步放射状加工一样。

D．第三个标签页中的内容可不作变化。

E．提示选择刀具加工边界 —— 点最外侧的圆，再点菜单中的 Done。

F．出现提示框，点 Yes 按钮（2mm 的刀具仍会有切不到的死角，所以设计时要注意各转折处要设置合理的圆角半径），再出现，再点 Yes 按钮。

G. 刀具路径创建完毕，屏幕上会有带颜色的线条表示要加工的地方（如兰色）和提刀（如黄色）、移刀路径，如路径有问题，也会用带颜色（如红色）的线来表示。

H. 打开操作管理对话框，选择所有四个操作，进行模拟加工，注意最后一刀是清角加工，加工后的结果如图 15-96 所示。

最后要提一下：如果要加工的零件上既有三维曲面，又需要进行二维加工中的外形铣削、刻字、钻孔，挖槽等加工，怎么办呢？没什么特别的，以本例来说，就可以直接对底面的圆柱底座进行外形铣削（我留了 2mm 的余量的），你按二维加工中介绍的方法试试看，主要注意两个问题，一是要设置刀具补偿（是左还是右补偿要看选择轮廓线时的箭头指向），而是为防止刀具和夹头与工件发生碰撞，要将刀具的长度设得足够长，背吃刀量对本例来说应该是-70 以上（顶点处是 0），别舍不得或不敢设置。

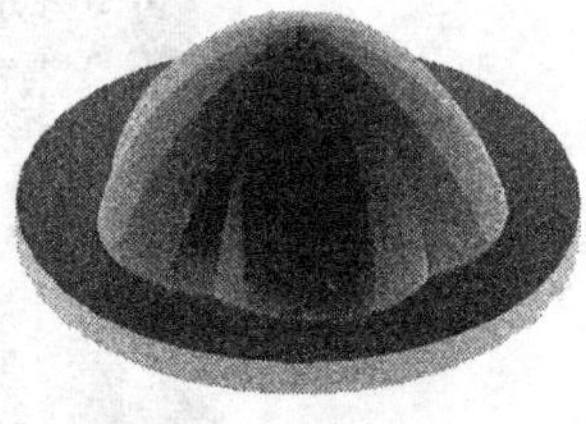

图 15-96 经过四次加工后的结果

你还可以在任意位置钻孔。

所以遇到二维和三维加工在一起的情况，你分别对待就是。

学习中遇到最多的问题是对第二个标签页中的那几个高度老是糊糊涂涂，还有工件原点的设置也常出问题，我们这些例子都没遇到过问题，这主要是在设计的时候就有意识地将关键点（圆心、矩形中心等）放在了原点，而系统默认的工件原点恰好就在原点，所以避免了一些问题，属于有先见之明，建议大家练习时也养成这种习惯。

这两个实例中的曲面都可加工出来，还有什么曲面加工不出来的呢？！

不过话说回来，加工也不是这么简单的一件事情，上面的曲面只不过是单独的一个或两个曲面，如果遇到电话机外壳那样的曲面呢？起伏不断，坑坑洼洼，还有很多细小的转角，有些地方很陡，有些地方又很平坦……这样的表面要模拟加工出满意的效果，可要费一番心思的，要将所有招数都拿出来。

## 15.4 实体表面加工

与曲面加工没什么不同，而且就放在曲面加工命令之内。

选择 Toolpaths\Surface 后，选择 Rough 或 Finish，在新出现的菜单中选择一种加工方法，接下来是选要加工的曲面，后面出现的菜单中有 Solids 一项，点中它后，选择要加工的实体，接下来的工作就与曲面加工一模一样了。

# 第 16 章　其它刀具路径

除了前两章介绍的二维和三维刀具路径，MasterCAM 还提供了几种特殊情况下的刀具路径创建方法，如图 16-1 所示。

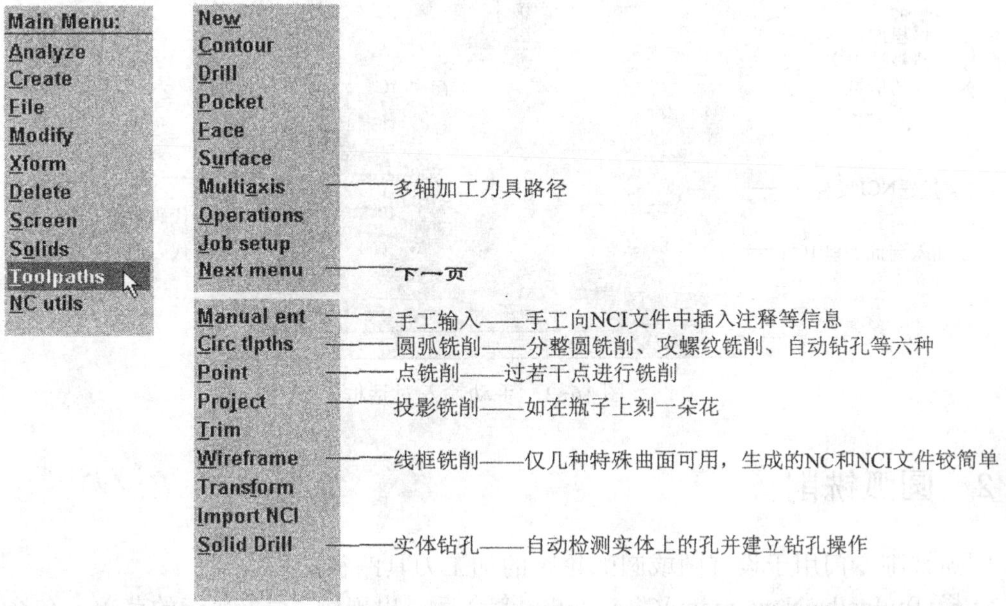


图 16-1　刀具路径菜单

下面分别进行简要介绍。

## 16.1　手动输入

该功能用于让操作者凭自己的经验在 NCI 文件和 NC 文件中添加内容，主要是插入一些注释性的文字或特殊的指令，当然插入命令也是可以的。

不是创建刀具路径，只是修改 NCI 和 NC 文件，当然这就可能会影响到刀具路径。

选择 Toolpaths\Next menu\Manual ent 命令后，会弹出图 16-2 所示的对话框。可以直接在对话框框中输入要添加的文本（最多 750 个字符），也可以调入用别的文本编辑器写好的文本文件，而且可对调入的文件继续进行修改。

注意，手动输入时必须考虑选择的后处理器类型，按其要求进行输入文字的工作，确保格式正确。

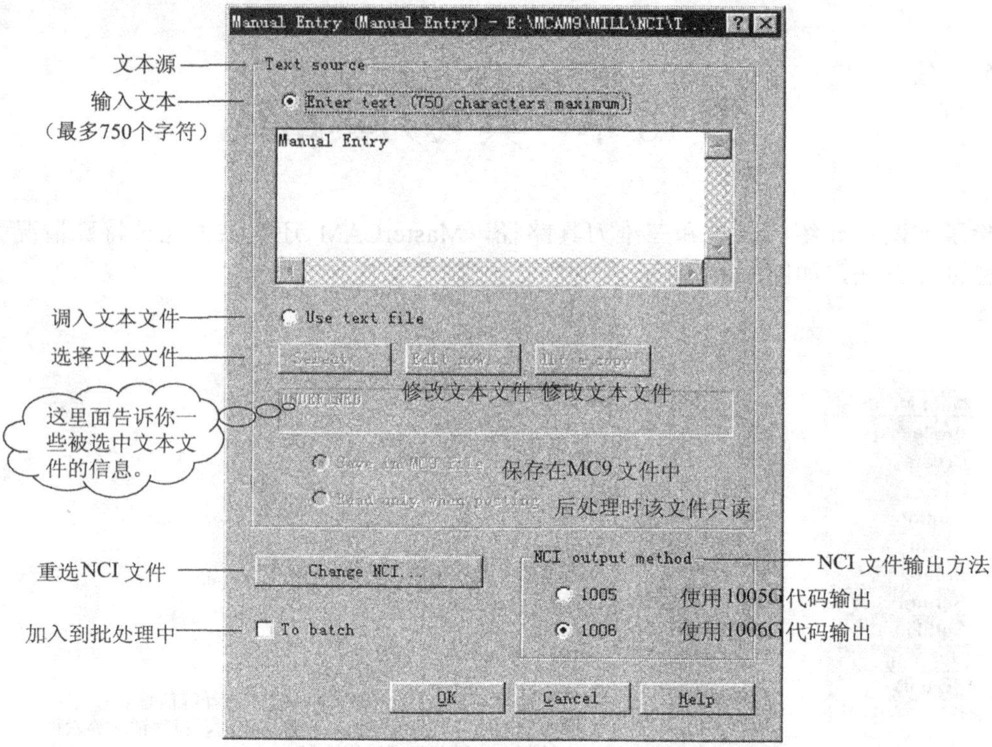


图 16-2 手动输入对话框

## 16.2 圆弧铣削

圆弧铣削专门用于设置圆或圆弧轮廓的加工刀具路径。

选择 Toolpaths\Next menu\Circ tlpths 命令后，出现图 16-3 所示的菜单，包含了六种加工类型（后三种为 9.0 版新增）。

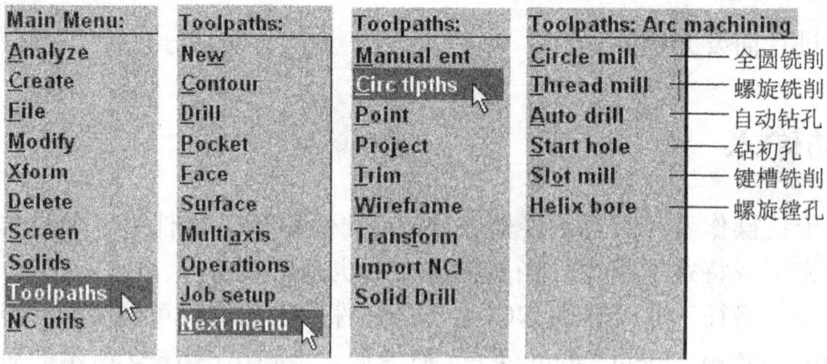


图 16-3 圆弧铣削命令位置及功能

下面逐一进行简单介绍。

1. 全圆铣削

可以加工出整圆孔，动作过程是从已有的孔（预先钻出，称为底孔）内下刀（下到规定深度）→然后走圆弧形轨迹切入孔轮廓线上→再绕孔轮廓线一周→接着用圆弧形轨迹退刀→最后提刀上升至规定高度停止，整个加工结束。这种动作适合于将已有的孔进一步扩大（用铣刀扩孔，不是用扩孔钻头扩孔）。

刀具运动轨迹如图 16-4 所示。

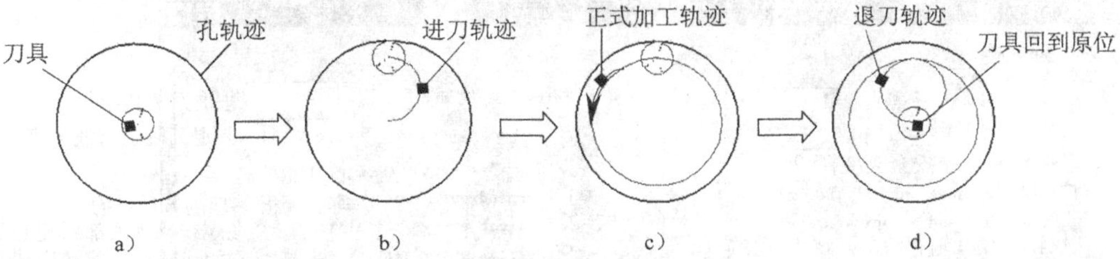


图 16-4　全圆铣削过程简介

a）下刀到底　b）圆弧进刀　c）整圆切削　d）圆弧退刀

选择 Toolpaths\Next menu\Circ tlpths\Circal mill 命令后，出现选择菜单，可自由选择一种方式选择要加工的圆心点（最多可以选择 32766 个点），或者已画出的需要铣削的孔图素，选完后点菜单中的 Done 项（可能要点两次），之后便弹出全圆铣削对话框，第一个标签页仍然是选择刀具，同前，第二个标签页（图 16-5）用于设置全圆加工参数，项目大部分与外形铣削等加工方法的相同，将新的几个项目解释在下图中。

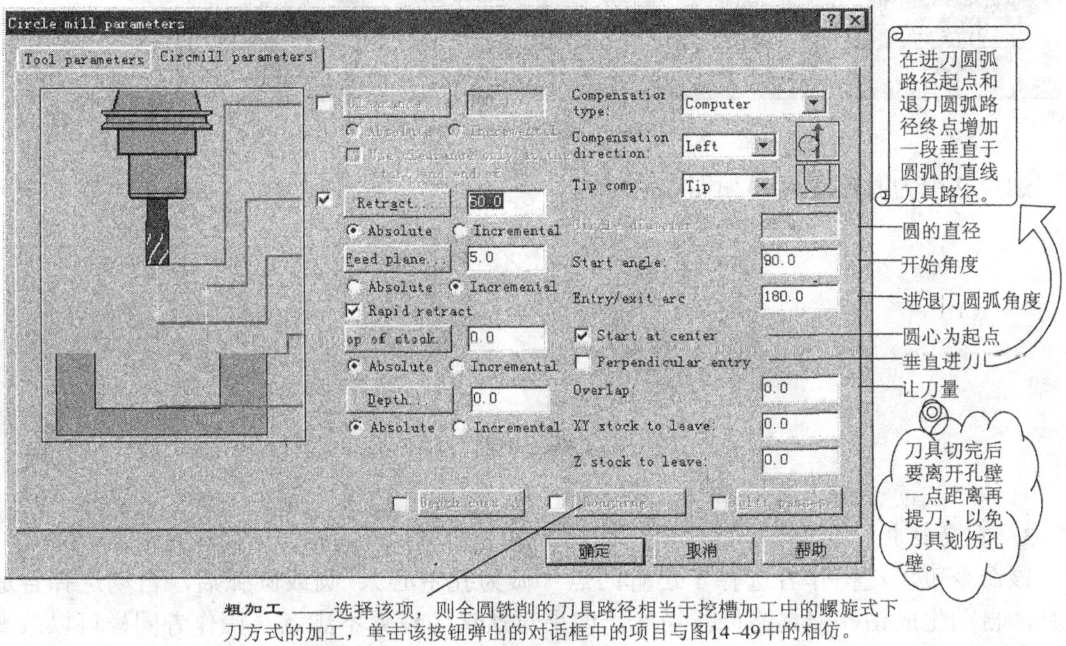


图 16-5　全圆铣削参数设置对话框

2. 螺旋铣削

该方法加工孔时的刀具路径为一条螺旋线。

如果选择的刀具是镗刀杆（Bore bar），其上装有螺纹加工用的刀头（如加工普通螺纹用的刀刃夹角为 60°），则这种刀具路径可用于加工内螺纹或外螺纹。

选择命令 Toolpaths\Next menu\Circ tlpths\Thread mill 后，选择已有的圆心点或已绘出的圆，点菜单中的 Done 项，如果不改变什么设置的话，再点菜单中的 Done 项，则自动弹出螺旋铣削对话框，第一个标签页仍然是选择刀具，同前，第二个标签页用于设置螺旋铣削的各项参数，解释见图 16-6。

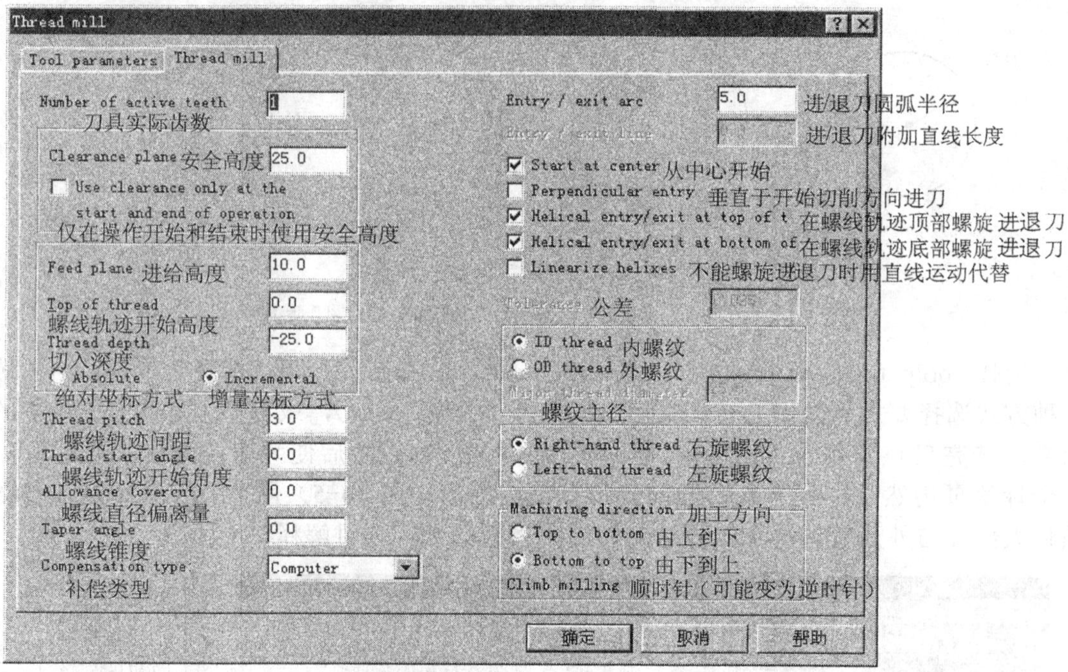


图 16-6　螺旋铣削参数设置

螺旋铣削刀具路径图例如图 16-7 所示。

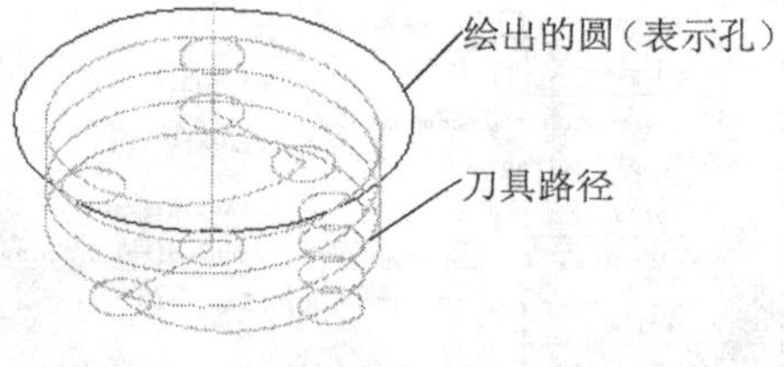


图 16-7　螺旋铣削刀具路径

具体用法读者自试之。

3. 自动钻孔

该命令可以在操作者选择了已有的点（做为孔中心）、圆或圆弧后，自动选择合适的刀具，自动生成钻孔刀具路径。当然，如果对默认的设置不满意，操作者同样可以改变一些参数的设置。

选择 Toolpaths\Next menu\Circ tlpths\Auto drill 命令后，选择点、圆或圆弧，选完后点菜单中的 Done 项（点两次，若选的是点，还要返回上级菜单），接着弹出图 16-8 所示的对话框。

第一个标签页是刀具参数设置标签页，与其它加工方法中的有些不同，所以做了注释，未注释的按钮与其它加工方法中的刀具参数标签页中的相同，

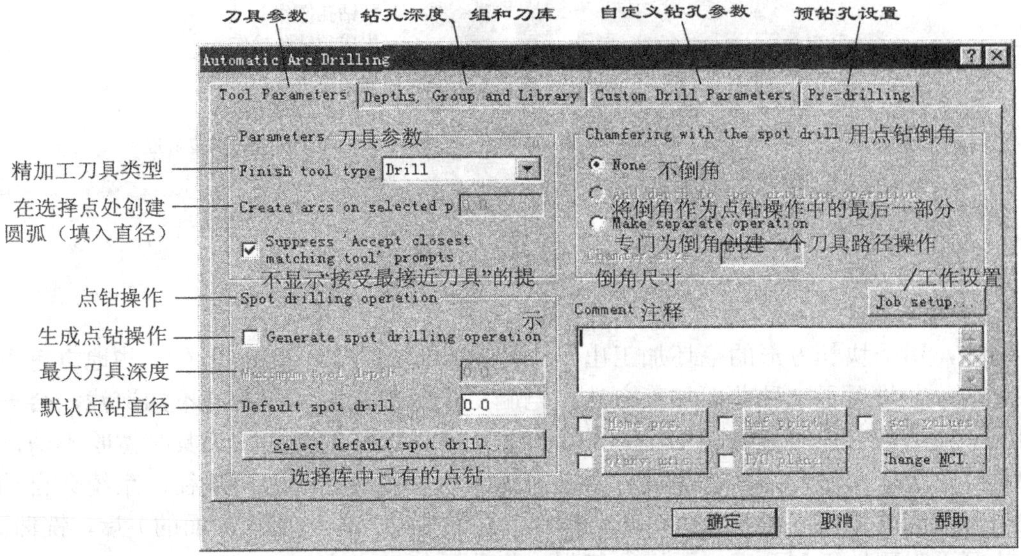


图 16-8　自动钻孔对话框中的刀具参数标签页

第二个标签页中的某些新项目解释于见图 16-9。

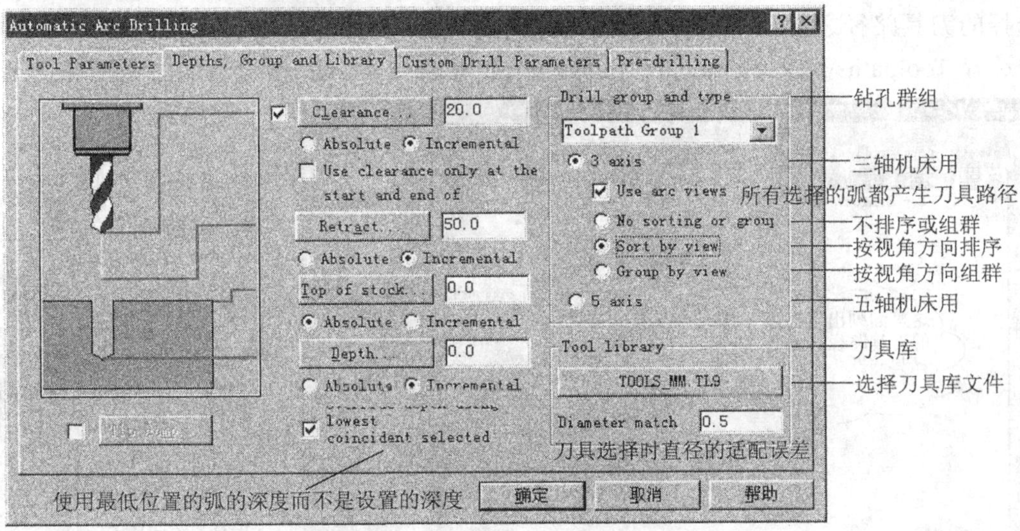


图 16-9　钻孔深度、群组和刀库设置标签页

第三个标签页是用户自定义钻孔参数，内容与二维加工中介绍的钻孔加工中的相同，不予解释。

以上是对一次钻出的孔而言（既然是一次加工出来，所以就称为精加工了），但如果孔较大，而且精度要求较高，则可能先要钻出一个小些的孔，再将这个孔扩大（也是用钻的方法）到需要的直径，则前面钻出的孔称为预钻孔。

有时，可能要预钻几次，当然是一次比一次要大些，两次预钻孔的直径差称为预钻孔直径增量。

第四个标签页中内容很少，解释见图 16-10。

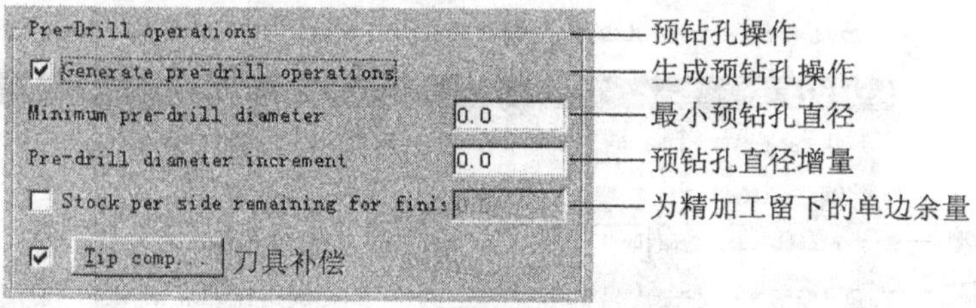


图 16-10　预钻孔参数设置

4. 钻初孔

例如，用一块长方形的毛坯加工出一个碗状曲面的零件，则一定有一些地方有很厚的材料要切，若设置了一种曲面加工方法，电脑上模拟加工时，刀具并不知深浅，会一刀就切到底，然后顺着曲面边缘加工，如果真实加工时做这样的动作，刀具必然吃不消，遇到这种情况，可以用该命令，在加工曲面之前插入一个钻初孔的刀具路径，系统会自动在每一次下刀较深的位置，加入一个钻孔的操作，孔钻成功（不会切入曲面的）后，铣曲面时，铣刀就可无阻碍地下到孔底，再横向切削，将曲面加工出来。

这样做，可以减少铣刀受力和磨损，提高刀具寿命。

创建钻初孔的刀具路径，必须先有已创建好的刀具路径，钻初孔的刀具路径将插入到被选择的刀具路径之前。

选择 Toolpaths\Next menu\Circ tlpths\Start hole 命令后，弹出对话框，见图 16-11。

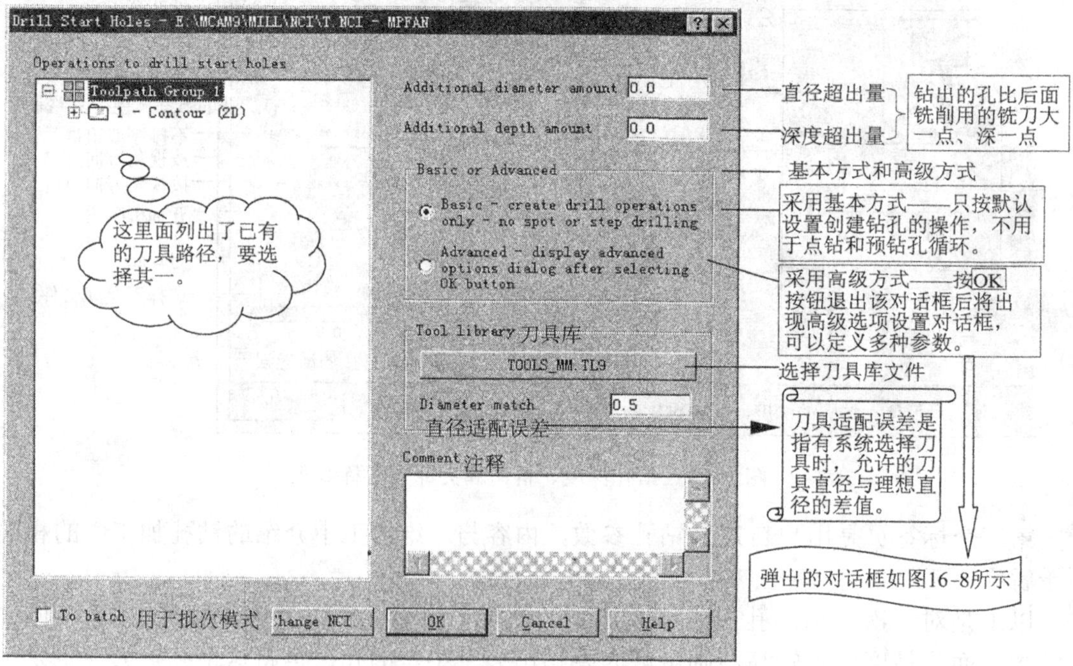


图 16-11　钻初孔对话框

5. 键槽铣削。

加工边界必须是由圆弧连接两条直线所构成，用 Create\Rectangle 命令，改变矩形的选项为 Obround 项，这样作出来的矩形就是所谓的键槽（不相切也可以），如图 16-12 和

图 16-13 所示。

图 16-12　键槽图形

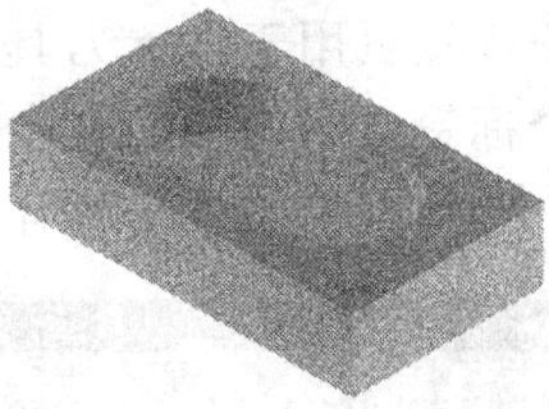

图 16-13　铣出的键槽

当然，你也可以用别的方法作出这样形状的图形出来。

选择 Toolpaths\Next menu\Circ tlpths\Slot mill 命令后，点选已画出的键槽轮廓线，点菜单中的 Done 项，弹出键槽铣削对话框，第一、二个标签页应该很熟悉了，第三个标签页中的项目注释见图 16-14。

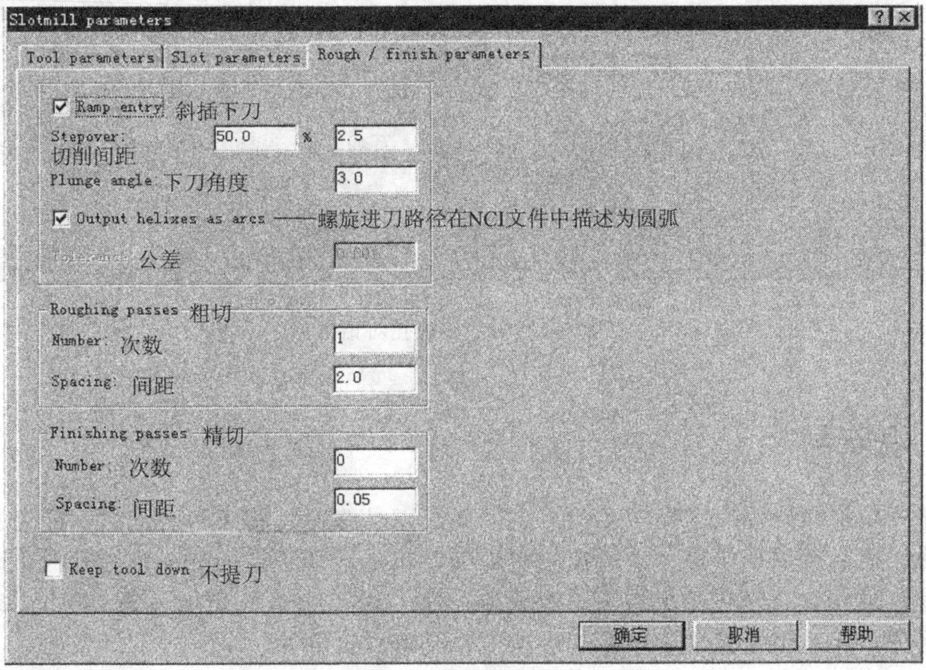


图 16-14　键槽铣削对话框

实际上，用普通的挖槽命令也可以实现键槽铣削。

6. 螺旋镗孔

用钻头钻孔，则钻头多大，孔就多大。如果想要加工出比刀具直径大的孔，这时除了用铣刀像挖槽一样将孔挖出来之外，还可以用螺旋镗孔的方式，将孔“镗”出来，镗孔的动作是：整个刀杆除了自身旋转外，还可以整体绕某根轴线旋转。

与前面讲的螺旋铣削动作类似，但实际上螺旋镗孔时，下刀量要比螺旋铣削小很多。

选择 Toolpaths\Next menu\Circ tlpths\Helix bore 命令后，选择已绘制的点（将成为圆心）、圆或原弧，点菜单中的 Done 项（点两次，若选的是点，要返回上级菜单再点击 Done），接着弹出螺旋镗削对话框。

第一个标签页用于设置刀具。

第二个标签页中的内容与全圆铣削中出现的极为相似。

第三个标签页中的项目解释见图 16-15。

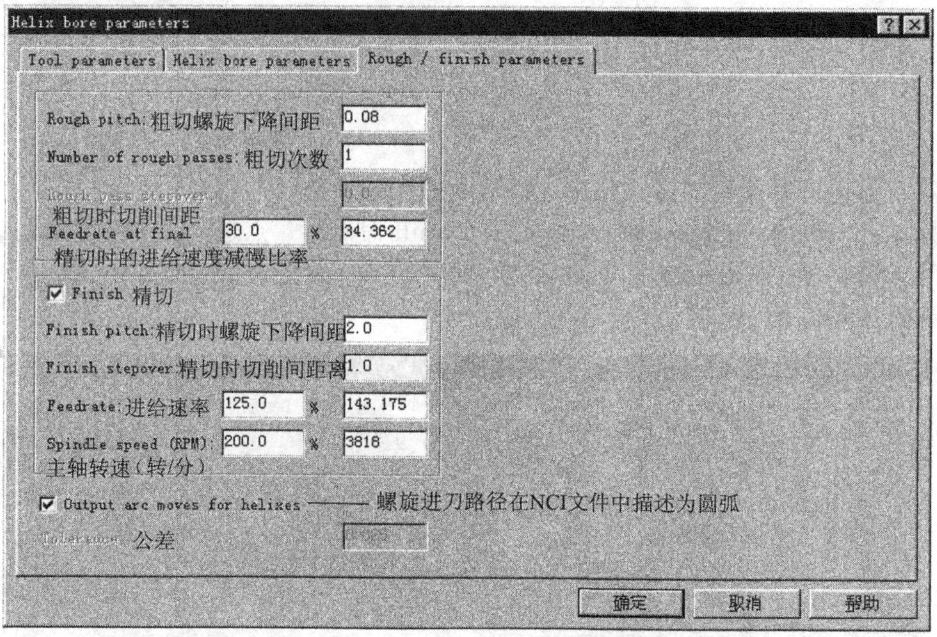


图 16-15　螺旋镗孔对话框

## 16.3　点铣削

点铣削功能允许你在选择的多个点之间构成刀具路径，相邻两个点之间的刀具路径为直线路径，而且可以指定每个点所在位置处的刀具是提升还是下降，且提升或下降的高度可以设置，这样做可以使刀具躲开某些区域（如安装工件用的压板、螺钉等），以免发生碰撞，另外，运动速度是快速还是工进速度也是可以设置的。

选择 Toolpaths\Next menu\Point 命令后，出现图 16-16 所示菜单。

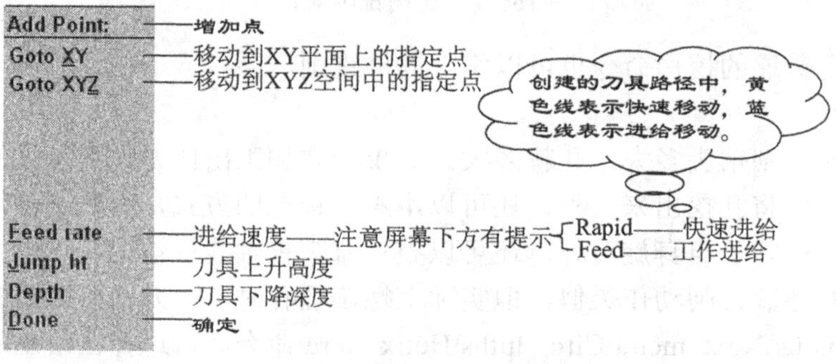


图 16-16　增加点菜单

选择前两项中的一项，会弹出点选择菜单，可以捕捉已有的点，也可以自由输入任意点（输入坐标法或鼠标任意点击法），选择好点后，按键盘上的 Esc 键，菜单又发生了一点变化，比图 16-16 多了几项内容，如图 16-17 所示。

设置了上升或下降高度后，可以指定该点处的刀具是升高还是降低。

设置好相应的项目后，点 Done 项，接着弹出点铣削对话框，与前面介绍的各种加工方法不同的是，该对话框中只有一个标签页——刀具参数标签页，而且内容与前完全一样，选择一把刀具，并设置了相关的各种参数后，点 确定 按钮退出对话框，则刀具路径创建完毕。

你可以“手把手”地逐一指点各点处的位置和高度，最后可以形成一条完整的刀具路径。

使用该命令可以创建一个点的刀具路径，也可以修改点的刀具路径，方法是：创建好刀具路径后，进入操作管理对话框，点中 Geometry 一行，出现图 16-18 所示的编辑点菜单，你可以通过合适的方式修改点，从而得到满意的刀具路径。

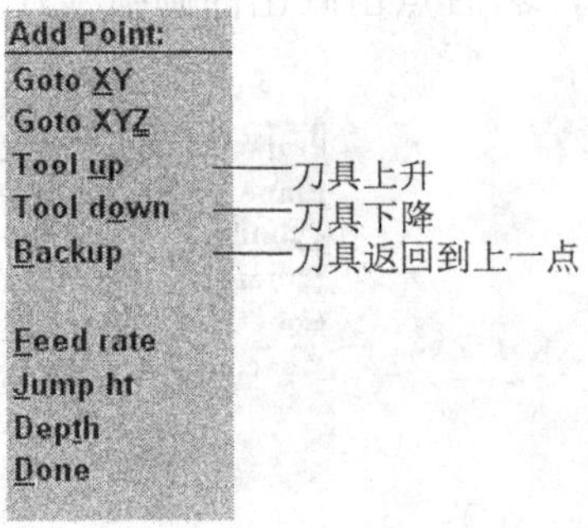


图 16-17　选择点后的菜单状况

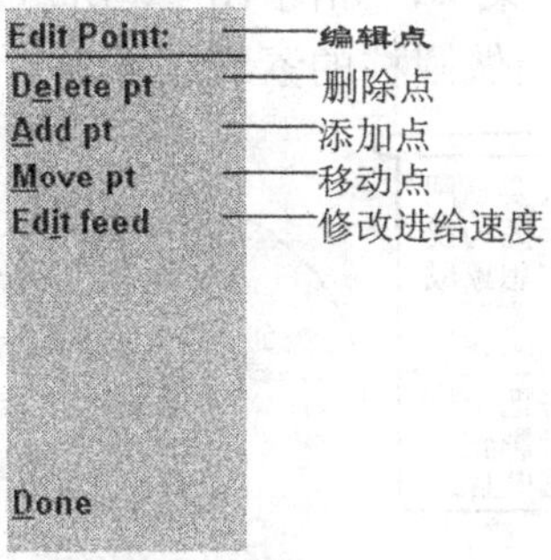


图 16-18　编辑点菜单

## 16.4　投影铣削

曲面粗加工和曲面精加工中，都有投影加工的方法，此处的投影铣削与它们有差别。关键的差别是，可以用已创建出来的 NCI 文件投影到五种面（平面、圆柱面、圆锥面、球面、截面）上，而且，NCI 文件可以是保存在别的文件中的，而不必是本图形文件中的。

**【实例 16-1】**对一个三角形进行挖槽刀具路径的创建、得到 NCI 文件，然后投影至球面上。

1）创建一个三角形（按多边形绘制，边数为 3，半径为 50mm，中心放在原点），画好后再倒 *R*10mm 的圆角，结果如图 16-19 所示。

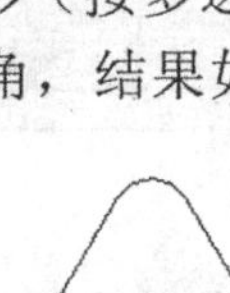

图 16-19　带圆角的三角形

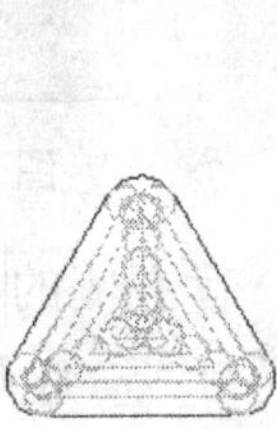

图 16-20　创建刀具路径

2）对三角形创建挖槽刀具路径（刀具为直径 10mm 的平铣刀，平行铣削路径，完全按照挖槽真实挖槽的情况设置各项参数，包括切入深度，注意将切削间距 Stepover 设置得尽量小一点，以便投影时刀具切削的纹路密一些），结果见图 16-20。

3）校验后生成 NCI 文件（方法见图 14-28 及其周围的说明），注意将 NCI 文件保存在 D：盘根目录下（别的地方当然也可以，只要你记得位置，本例先请照办），名字取为“投影试验.NCI”。最后退出各对话框。

4）选择 File\New 命令新建图形，先将构图平面改为前面（视角平面也改到前面），然后画出一个圆弧，数据及结果见图 16-21 所示。

5）考虑到前面画的三角形是在 Z=0 的面上画的，所以打算把圆弧往下移动，是圆弧的顶点处在 Z=0 的位置（在三角形下面），这种操作用 Xform\Translate 命令来完成，方法见前。

6）进行投影铣削。

A．选择 Toolpaths\Next menu\Project 命令。

B．出现菜单，如图 16-22 所示，点 Sphere 项，然后点击画出的圆弧（注意：你还可以将该圆弧当做圆柱的素线来看）。

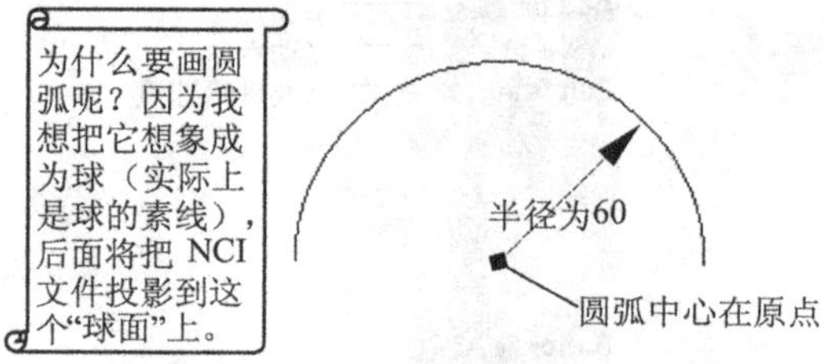


图 16-21　创建圆弧

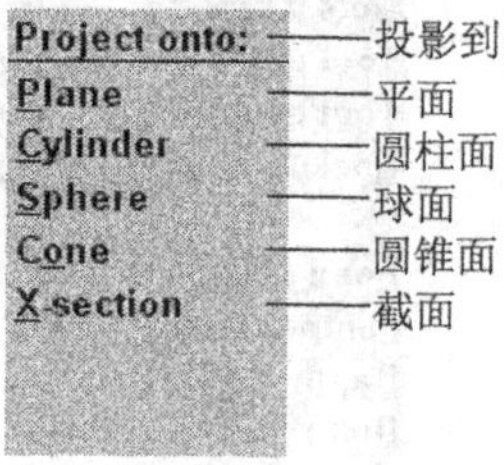


图 16-22

C．出现对话框，如图 16-23 所示。

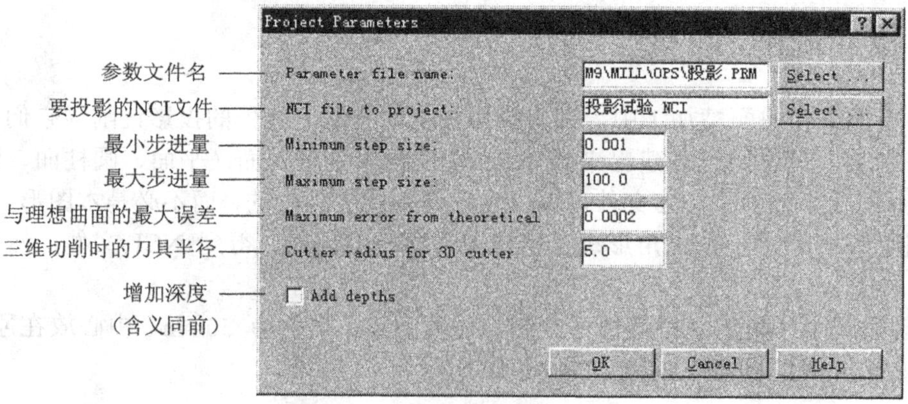


图 16-23　投影铣削参数设置

点“参数文件名”一行右侧的 Select… 按钮，为即将创建的参数文件取个名字。

点“要投影的 NCI 文件”一行右侧的 Select… 按钮，找到前面保存的挖槽加工的 NCI 文件。

选中 Add depths 项。

其它参数可取系统设定值（刀具半径可设为与前面挖槽时使用的刀具半径相同）。

设置好后点 OK 按钮退出对话框。

D．出现一个提示框，告诉你关于刀具的设置情况，可直接点 确定 按钮。

于是刀具路径正式完成，设置好毛坯，然后模拟加工后结果见图 16-24。

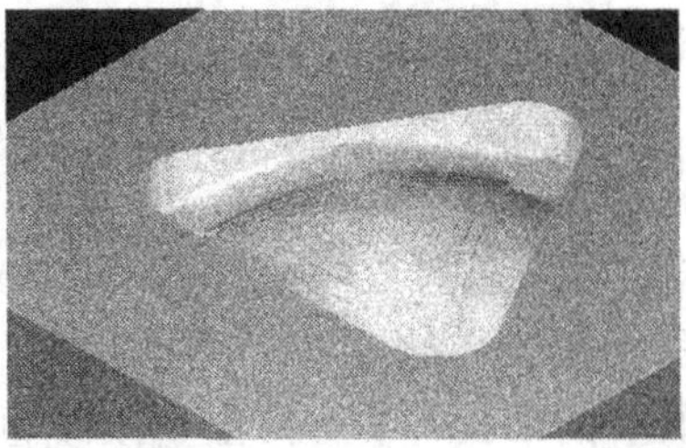

图 16-24　投影铣削加工后的结果

可以看出，三角形好像在一个球的顶面上一样，这种加工方法中，球虽未画出，但系统已按你的指定将圆弧当做球面看了。

如果你想看到在球面上刻出三角形槽的效果，则在投影加工之前要创建球面的加工刀具路径。

要想使加工效果满意，其实还有一些细微的地方要设置，请读者多做对比试验，摸清它的规律。投影铣削还是有一些设想和参数与曲面加工中的投影加工是相同的，所以，可以联系到前面所讲的投影加工一起来理解。

**注意**：除了钻孔加工、五轴加工或文件中包含有 XZ 或 YZ 面上的圆弧外，其余的加工产生的 NCI 文件均可投影。

投影加工常选球头铣刀。

如果是投影到截面上，则截面的外形不能是 Spline 曲线。

……

## 16.5　线框铣削

前面介绍曲面创建方法时，常是先创建出线框，然后利用这个线框生成各种类型的曲面，有了曲面，就可以创建针对该曲面的刀具路径，问题是：人看到曲面当然是赏心悦目，但计算机又“看”不件创建的曲面，能否省掉中间创建曲面的一步，而直接由线框创建刀具路径呢？本命令可以做到这一点。

选择 Toolpaths\Next menu\Wireframe 命令后，出现菜单，如图 16-25 所示。

下面用实例简要介绍各种方法。

1．直纹线框铣削刀具路径

**【实例 16-2】**创建线框，然后生成直纹铣削刀具路径。

1）创建由两个半圆弧连接而成的线框，如图 16-26 所示。

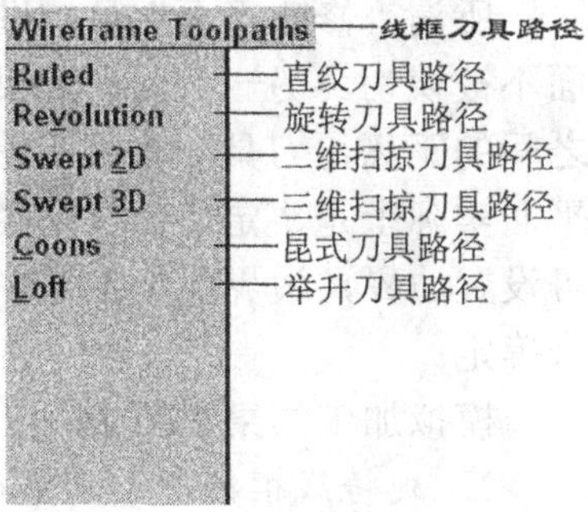


图 16-25　线框铣削功能菜单

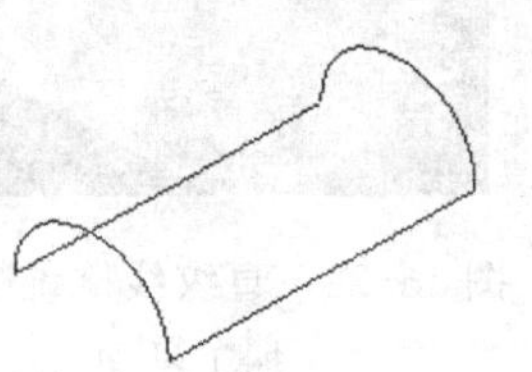


图 16-26　创建线框

这种线框在曲面造型一章已多次用到过，创建方法见前。

2）生成直纹铣削刀具路径。

A．选择 Toolpaths\Job setup 命令，设置毛坯尺寸：长 52，宽 102，高 26，工件原点的 Z 值改为 26。

B．选择 Toolpaths\Next menu\Wireframe\Ruled 命令→点菜单中的 Single 项，再点前面的圆弧，接着点后面的圆弧（与创建直纹曲面一样，两圆弧都要点在同边同侧）→点菜单中的 Done 项→弹出直纹线框铣削对话框。

C．在第一个标签页中选择一把直径是 20mm 的平铣刀（Flat Mill）。

D．第二个标签页内容解释如下图 16-27 所示。

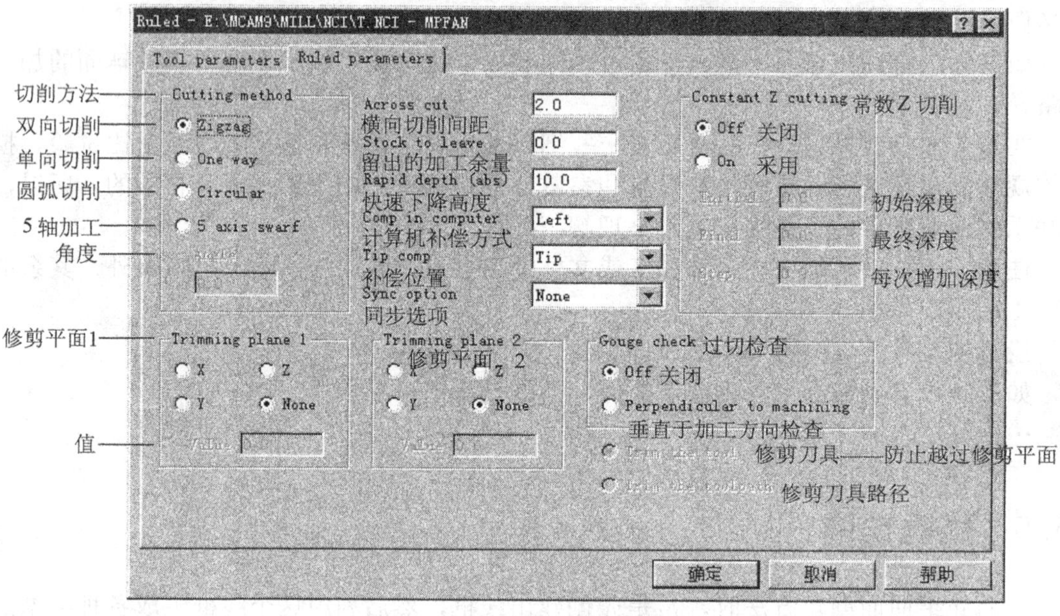


图 16-27　直纹铣削参数设置

读者可以修改横向切削间距、计算机补偿方式两项的设置，使模拟加工能看到结果（容易出错的是刀具路径到“曲面”里面去了，材料切得没剩多少，这时要修改补偿方向），如果要使结果更满意，还需要改变其它项目，请自行试验。

设置好参数后，点 确定 按钮退出对话框，则刀具路径创建完成。

所谓“修剪平面”是指设置一个平面的位置，让刀具不要跨过该平面，以保护某些表面不被误切。另一方面，如果要加工区的长度短于修剪平面之间的距离，刀具会将加工路线延长到修剪平面。所以修剪平面实际上是决定了刀具路径的边界，在 X、Y、Z 方向都可设置边界，边界的位置靠在 Value 框中输入的值（坐标）来确定。

图 16-28　直纹线框铣削模拟加工结果

模拟加工结果如图 16-28 所示。

2. *旋转线框铣削刀具路径*

**【实例 16-3】**创建一条轮廓线作为线框，然后生成旋转线框铣削刀具路径。

1）进入 MasterCAM 后，画一个半径是 30 的圆，圆心在原点，画出后剪掉右边一半，只留下左边，结果如图 16-28 所示。

图 16-29　创建一条圆弧线

2）创建旋转线框铣削刀具路径。

A. 选择 Toolpaths\Next menu\Wireframe\Revolution 命令→点击圆弧→点菜单中的 Done 项→点击原点（将它作为旋转轴线上的一点）→出现图 16-30 所示的对话框。

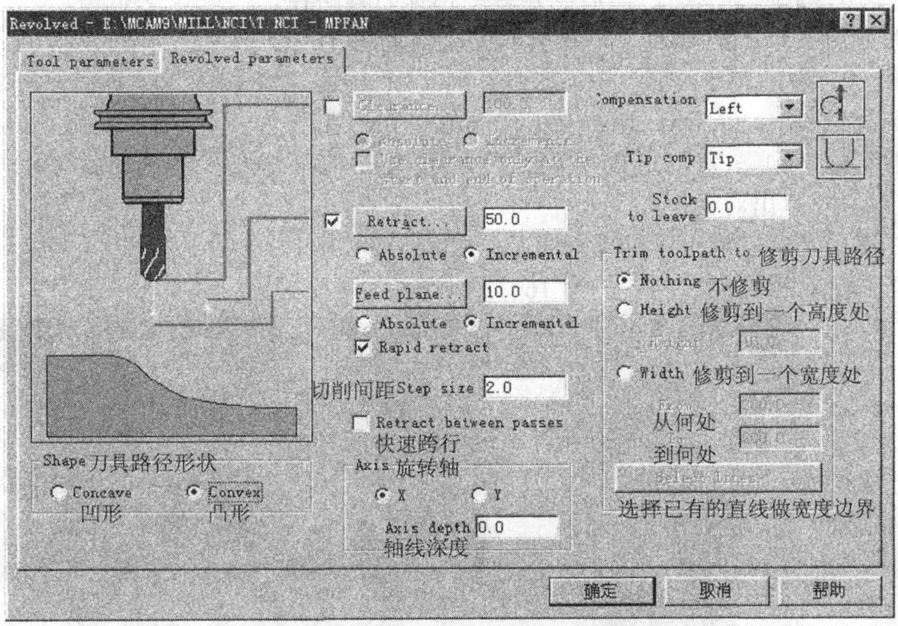


图 16-30　旋转线框铣削参数设置

B. 在第一个标签页中选择一把直径是 10mm 的平铣刀。

C. 在第二个标签页中：选择刀具路径形状为“凸形”、选择旋转轴为“Y”、切削间距可改小为 0.5，进给高度（Feed plane）可改小为 5，注意补偿方向（是左还是右与你选择轮廓线时出现的箭头方向有关，如果后面刀具路径切深了，可改变补偿方式试一试），其它可用默认值。

D. 设置完后点 确定 按钮退出对话框。

E. 设置工件毛坯尺寸（长 62 宽 62 高 31），模拟加工（可在配置中将毛坯显示为圆柱，直径为 62，方法见综合实例 15-2）结果如图 6-31 所示。

有了上两例做基础，下面的几种方法就容易理解些了。创建线框刀具路径，关键是事先必须对自己要完成的工作有非常清晰的构思，再辅以对特征对话框中个参数项的理解，就能随心所欲地完成工作，达到自己的目标。

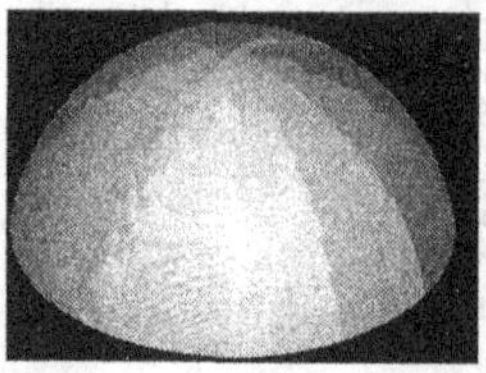

图 16-31　旋转线框铣削模拟加工结果

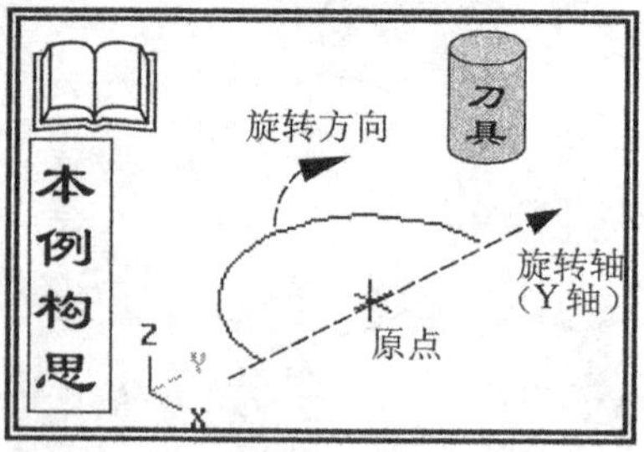


3. 二维扫掠刀具路径

二维扫掠刀具路径可以加工出由一个截形和一个轨迹线“扫掠”出来的曲面。

**【实例 16-4】**画出线框，然后创建二维扫掠刀具路径。

1）绘制线框——按 10.1.5 节介绍的方法创建图 16-32（同图 10-70）所示图形。

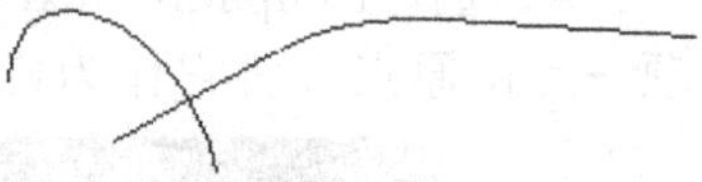

图 16-32　创建线框

2）选择 Toolpaths\Next menu\Wireframe\Swept 2D 命令→点截形（圆弧）→点轨迹线→点菜单中的 Done 项→点轨迹线的起点（视为截形与轨迹线的交点）→弹出对话框。

3）在第一个对话框中选择一把直径是 20mm 的平铣刀。

4）第二个对话框项目解释见图 16-33（未注者同前）。

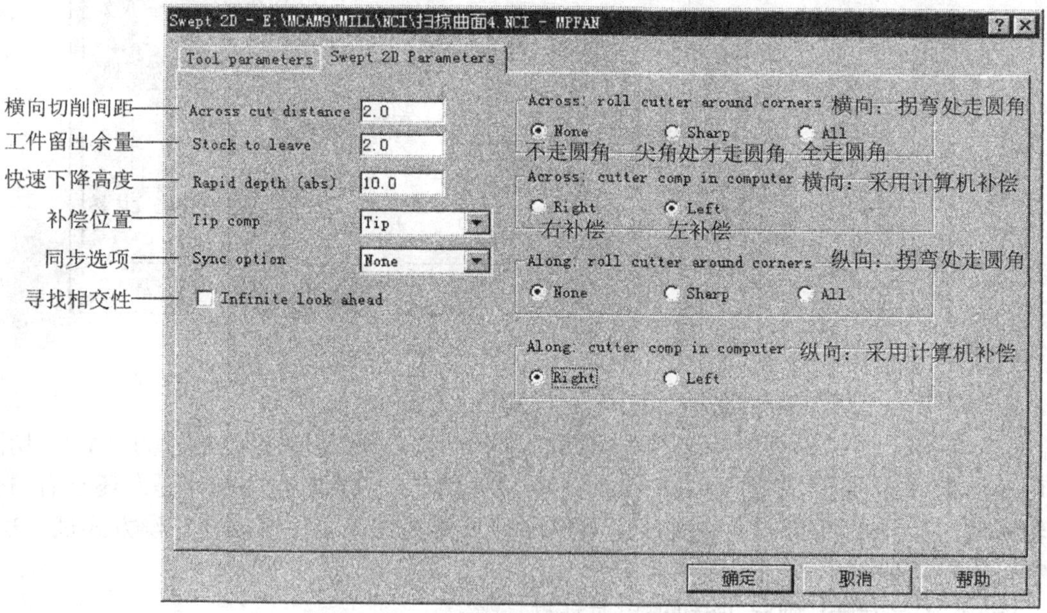


图 16-33　二维扫掠线框铣削参数设置

可将横向切削间距设为 0.5，工件留出余量设为 0，其它选择默认设置（补偿方式可能要看结果做改动。

5）设置好毛坯尺寸后，模拟加工，结果见图 16-34。

4. 三维扫掠刀具路径

三维扫掠刀具路径可以加工出由一个截形和两个轨迹线、或者两个截形和一个轨迹线“扫掠”出来的曲面。当然，这种方法同样可以完成上面的实例所做的工作。

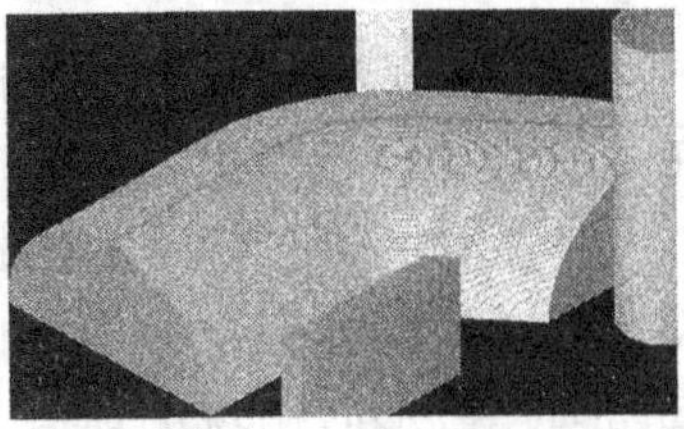

图 16-34　二维扫掠线框铣削模拟加工结果

**【实例 16-5】** 创建一个线框，然后对其进行三维扫掠刀具路径的创建。

1）按实例 10-7 中介绍的方法再创建图 10-72 所示的线框，其中包括两个截形、一条轨迹线（记得将轨迹线上两直线之间的圆角半径设置为 60，因为那个例子中拐角出效果不好，这次要吃一堑长一智），见图 16-35。

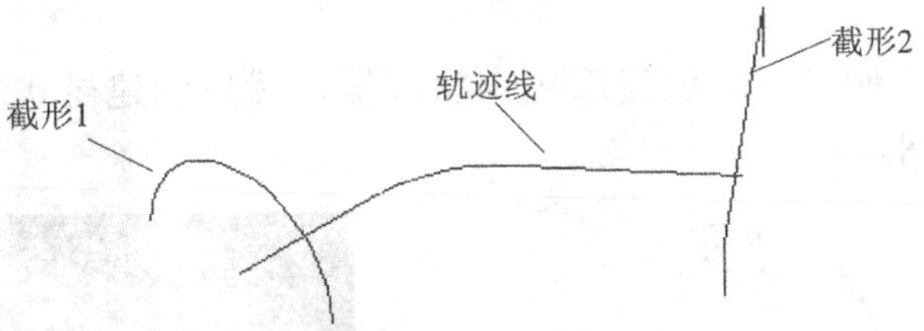


图 16-35　创建线框

2）创建三维扫掠线框铣削刀具路径。

A. 选择 Toolpaths\Next menu\Wireframe\Swept 3D 命令→在出现的输值框中输入截形数目 2 后回车→点菜单中的 Chain 项，再点击截形 1（圆弧）、再点击截形 2（半边矩形），注意要点在同一侧，使出现的箭头同向同起点→点轨迹线→点菜单中的 Done 项→弹出对话框。

B. 在第一个对话框中，选择一把直径是 10mm 的平铣刀。

C. 第二个对话框中的项目解释如图 16-36 所示。

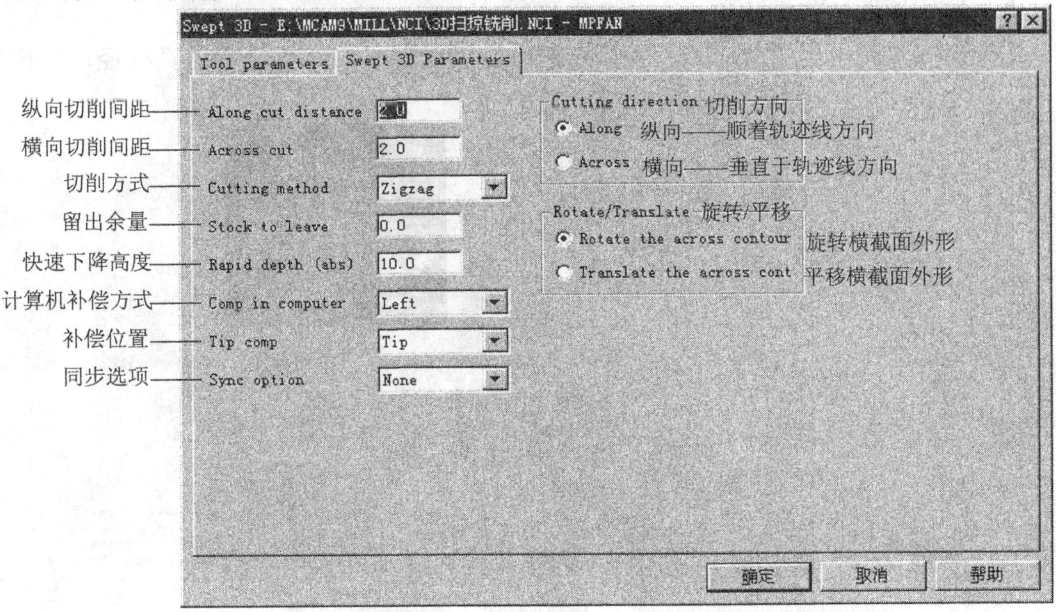


图 16-36　三维扫掠线框铣削参数设置

按上图所示进行设置，设置完后点 确定 按钮退出对话框，则刀具路径创建完毕。

（注意：为了保证表面比较细密，可将两向的切削间距改小些；切削方向设置为纵向，可使切削痕迹比较流畅；如果你选择截形时出现的箭头方向与我的不同，则你在练习时可能要改变补偿方式）。

D. 设置好毛坯尺寸后模拟加工，即得结果，见图 16-37。

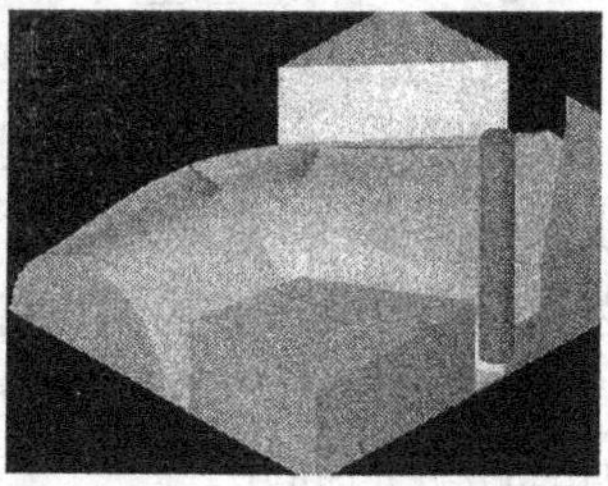

图 16-37　三维扫掠线框铣削模拟加工结果

5. 昆式线框铣削刀具路径

创建刀具路径过程中的提示与创建昆式曲面的过程基本相同，而出现的特征对话框中的项目由与扫掠线框铣削中的相仿，读者自行练习。

【推荐练习】按实例 10-5 创建瓜皮帽状线框，然后创建昆式线框铣削刀具路径，并模拟加工，见图 16-38。

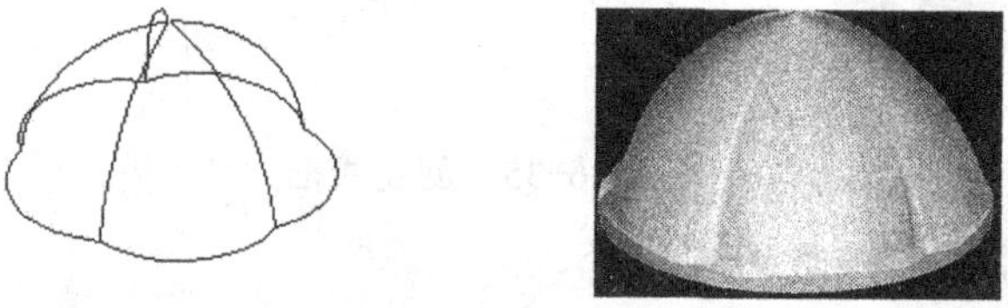

a）　　b）

图 16-38　昆式线框铣削

a）创建的线框　b）加工结果

6. 举升线框铣削刀具路径

创建刀具路径过程中的提示与创建举曲面的过程基本相同，而出现的特征对话框中的项目由与扫掠线框铣削中的相仿，读者自行练习。

【推荐练习】画出图 16-39a 所示线框，然后创建举升线框铣削刀具路径，并模拟加工。

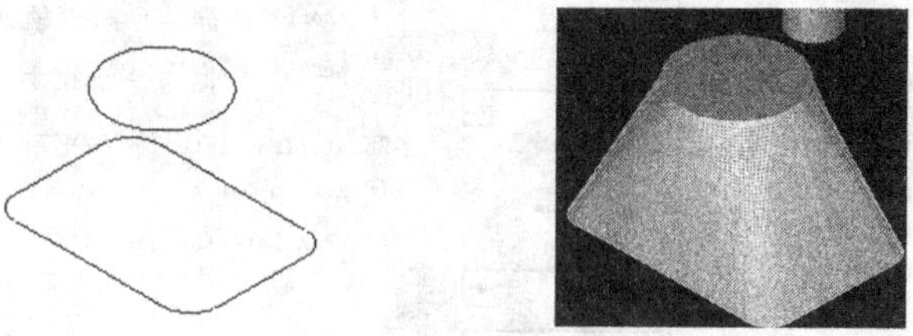

a）　　b）

图 16-39　举升线框铣削

a）创建的线框　b）加工结果

## 16.6　实体钻孔

如果创建实体时，已将孔创建出来，这样的孔若要加工，可以启用此命令，系统能自动侦测出实体上的孔，并生成钻孔加工刀具路径。

**【实例 16-6】** 创建一个长×宽×高=200×150×50 的长方形实体（基点在原点），用差运算方法创建出四个直径是 20mm 的孔（位置自定），然后实施实体钻孔操作。

图 16-40　创建带孔的实体

1）创建实体，方法见前，结果如图 16-40 所示。

2）创建实体钻孔刀具路径。

A．选择 Toolpaths\Next menu\Solid Drill 命令。

B．弹出对话框，如图 16-41 所示。

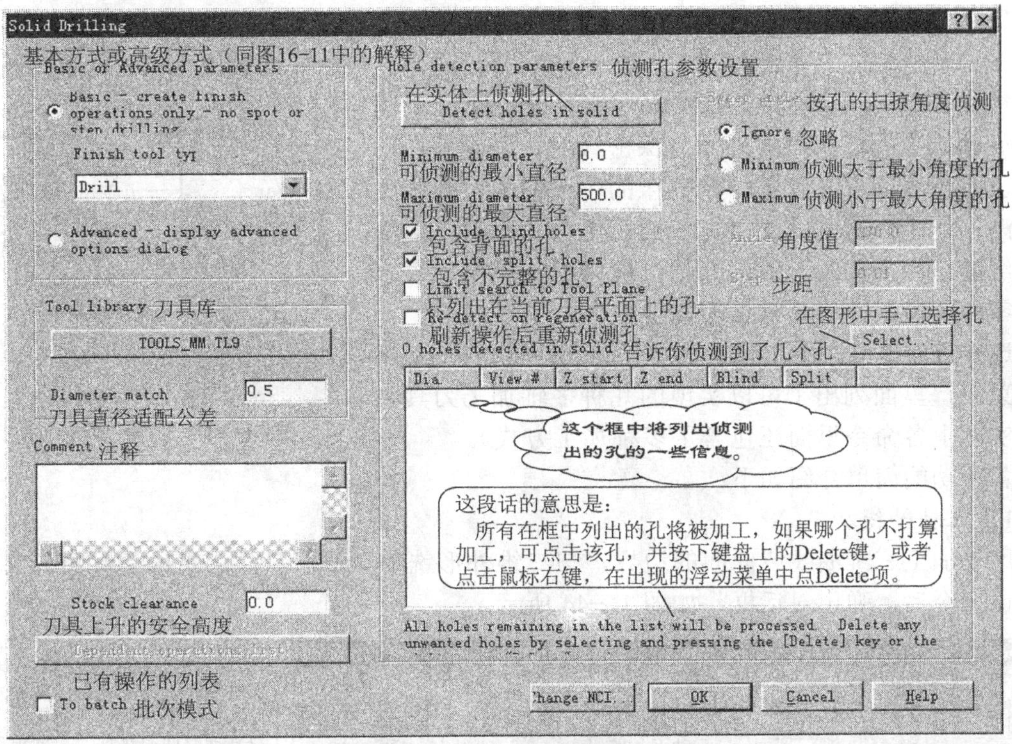


图 16-41　实体钻孔参数设置

按下 Detect holes in solid 按钮，即可开始自动侦测，并将侦测结果列在右下角的框中，各项参数的作用请参照上图中的解释进行试验，本例全采用默认值。，故直接点击 OK 按钮退出对话框，可见到刀具路径创建成功。

C．设置工件毛坯尺寸，进行模拟加工，结果如下图 16-42。

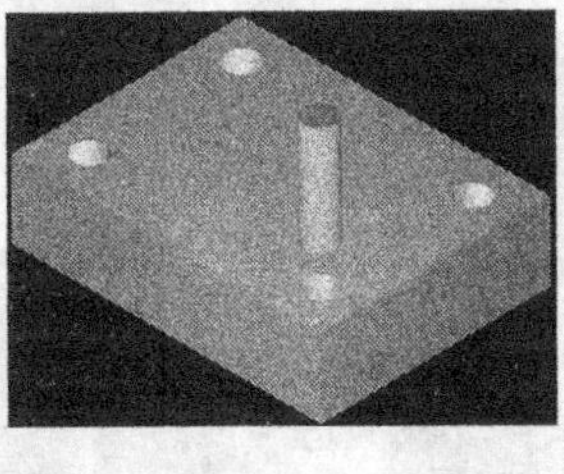

图 16-42　实体钻孔结果

## 16.7　多轴加工

机床上的轴有 X 轴、Y 轴和 Z 轴，一般的数控铣床只可以实现两轴或三轴联动，即由数控系统同时控制两个轴或三个轴的准确和连续的运动。绝大多数的零件表面可以由这样的机床加工出来，但还有一些特殊的表面，如螺旋桨表面、甚至是球面，用控制两轴或三轴的方法加工，其质量（含加工精度和表面质量）达不到要求，甚至有加工死角。而若采用四轴以上的数控机床，则可以自由调整刀具相对于工件的姿态，使加工达到要求。就像你削苹果时，需要不断调整刀具和苹果的相互位置一样。

如果机床上的 X 轴（常是顺着顶面的工作台的方向）除了能直线移动之外，还能由系统控制偏转一定的角度，相当于 X 轴绕某个轴在旋转，这个轴我们称为 A 轴；类似地，Y 轴能够偏转，则派生出 B 轴，Z 轴能够偏转，则派生出 C 轴，于是就有了六个轴——X、Y、Z、A、B、C，系统出了能控制 X、Y、Z 轴的运动外，若还能控制 A、B、C 轴中的一个轴、两个轴或三个轴的运动，则分别称为四轴、五轴、六轴数控机床（非数控机床是不可能做到的），四轴以上的机床一般是高档机床了，原来五轴以上的机床美国是列为保密级的，限制出口，现在已有不少国家具备了多轴机床的生产能力，故应用也逐渐广泛了，但除非必要，一般也不会“大材小用”，用高级的东西来加工一般的零件，所以遇到用多轴机床加工零件的情况并不是常见的。

选择 Toolpaths\Multiaxis 命令，将出现图 16-43 所示的菜单，里面列出了可以实现的几种多轴加工刀具路径（实际上各命令里面还包含了多种加工方式）。

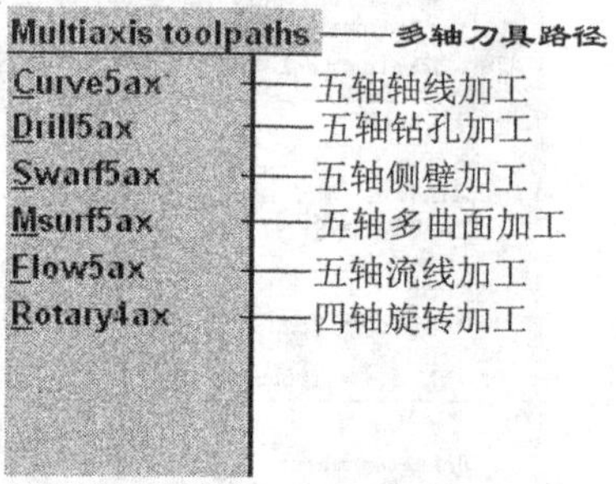


图 16-43　多轴加工功能

各项功能简单介绍如下：

1. *五轴轴线加工*

用于加工三维曲线或曲面的边界，与二维外形铣削类似，只是刀具的运动更为灵活。选择该命令后，弹出对话框，如图 16-44 所示。

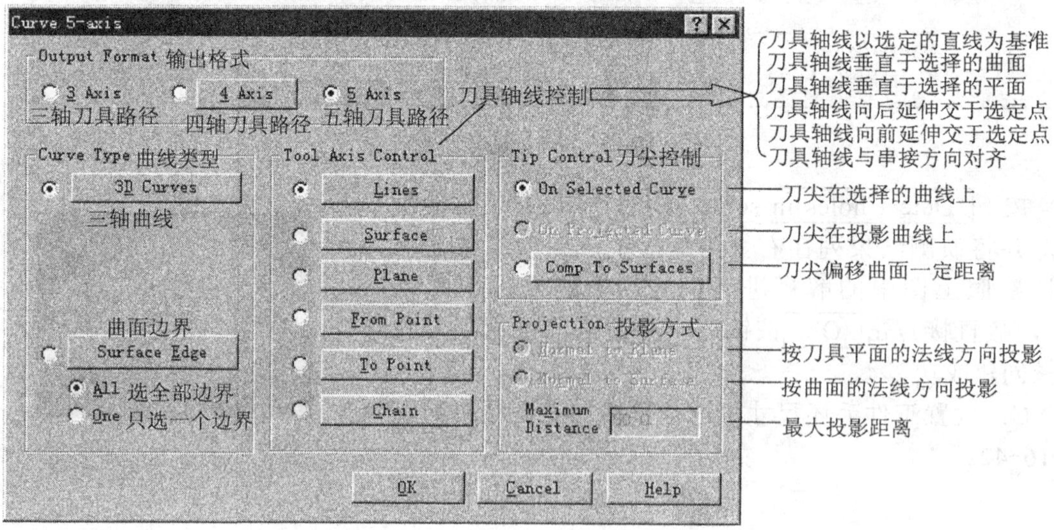


图 16-44　五轴轴线加工对话框

做好相应的设置后，点 OK 按钮，退出对话框，会提示你选择要加工的曲面或曲线，按提示选择后，将出现五轴轴线加工参数设置对话框：

第一个标签页用于设置刀具，与前面介绍的完全一样。

第二个标签页用于设置多轴加工参数，其中的项目你一定很熟悉。

第三个标签页是五轴轴线加工参数设置标签页，解释如图 16-45 所示。

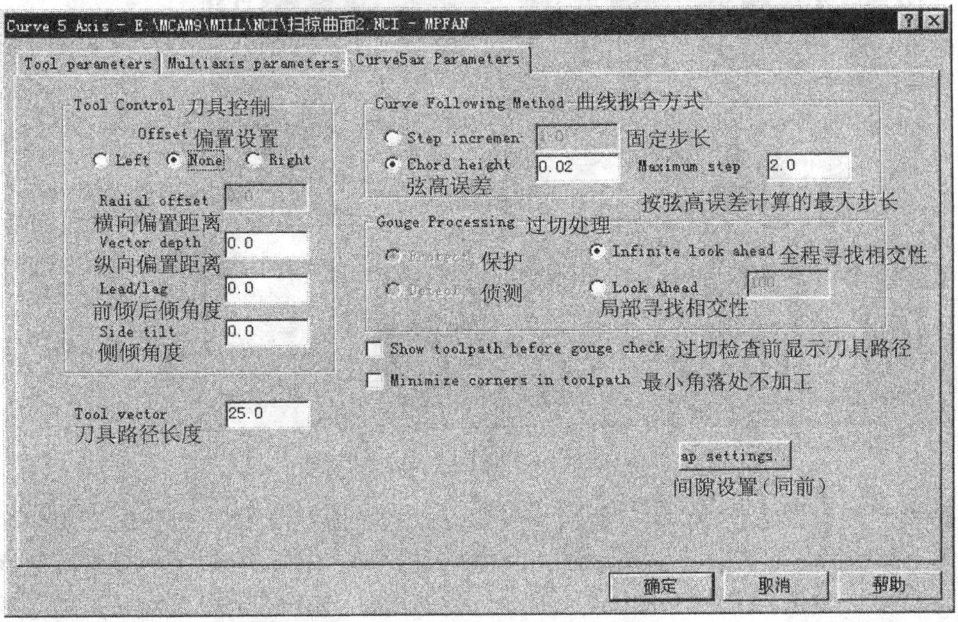


图 16-45　五轴轴线加工参数设置标签页

设置好三个标签页的参数后即可生成刀具路径，后面的工作就同前了。

2. 五轴钻孔加工

与二维钻孔加工类似，但刀具可以倾斜，所以可以加工出斜孔。

选择该命令后，先弹出如图 16-46 所示的对话框。

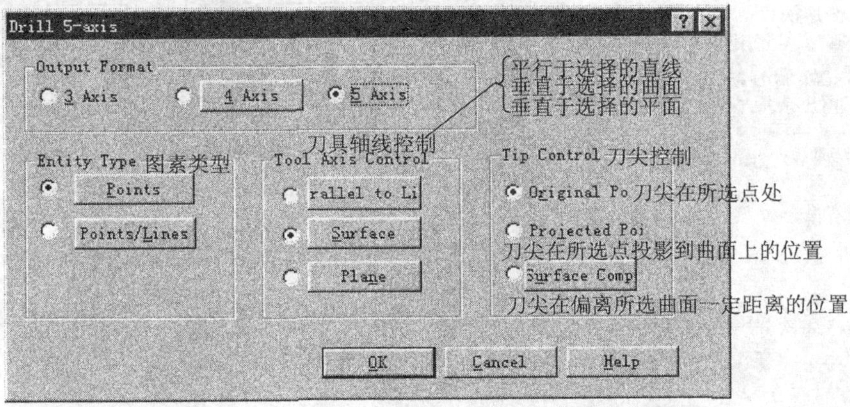


图 16-46　五轴钻孔对话框

做好相应的设置后，点 OK 按钮，退出对话框，会提示你选择点（孔心位置），选完后还要选择刀具轴线曲面（即要钻孔的曲面），选择后，将出现五轴钻孔加工参数设置对话框，可以发现与前面二维钻孔中出现的对话框基本相同，不再解释。

3. 五轴侧壁加工

用刀具的侧刃来加工工件的侧面（壁）。

选择该命令后，弹出如下对话框，对新项目注释如图 16-47 所示。

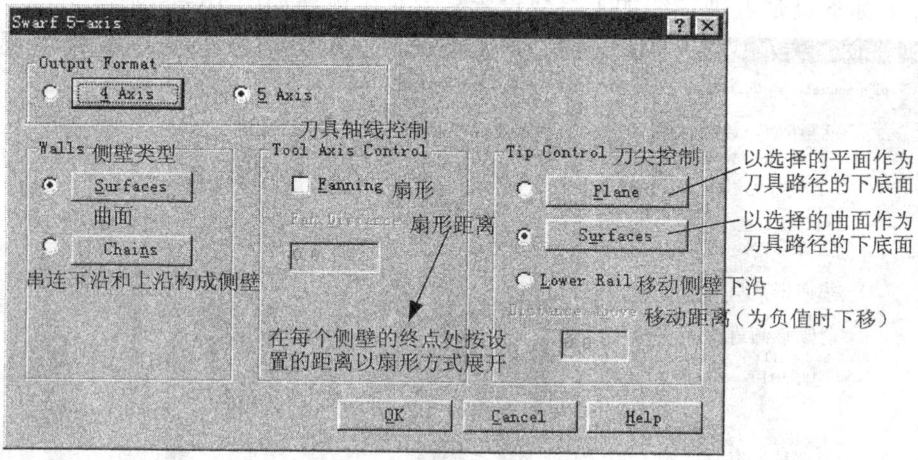


图 16-47　五轴侧壁加工对话框

做好相应的设置后，点 OK 按钮，退出对话框，会提示你选择要加工的曲面（可以选多个），选完后点菜单中的 Done 项，接着要选择第一个加工曲面，并要指出该曲面的下沿，选择后，点菜单中的 OK，再点菜单中的 Done 项，将出现五轴钻孔加工参数设置对话框。

第一、二个对话框应该很熟悉了，第三个对话框中的新内容解释见图 16-48。

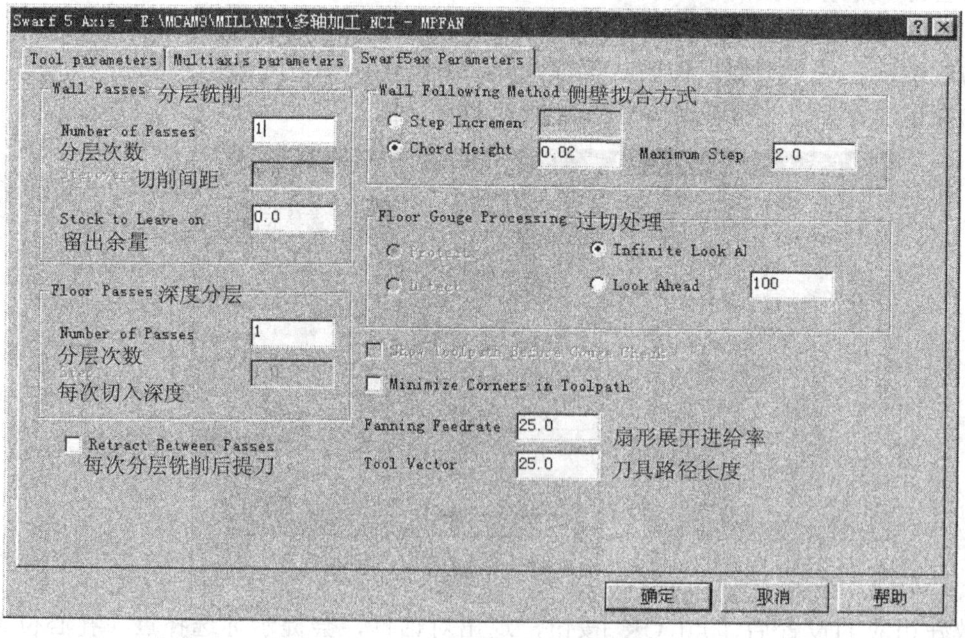


图 16-48　五轴侧壁加工参数设置对话框

设置好三个标签页的参数后即可生成刀具路径，后面的工作就熟悉了。

4. 五轴多曲面加工

顾名思义，对多个曲面组合而成的表面适宜用这个方法。

5. 五轴流线加工

与前面所讲的流线加工类似，这种方法因可以控制刀具切削所产生的残留高度，所以比较好控制加工质量。

6. 四轴旋转加工

较适合加工接近圆柱表面的工件，刀具可在垂直于选定的轴的方向上旋转。

后面的三种方法，过程都大体同前，只是都有一个特征标签页，其中很多项目又都与上面三种方法中的相同，故不一一介绍了。

# 第 17 章　刀具路径编辑

可以对已创建的刀具路径进行修剪、复制等操作，命令位置见图 17-1。

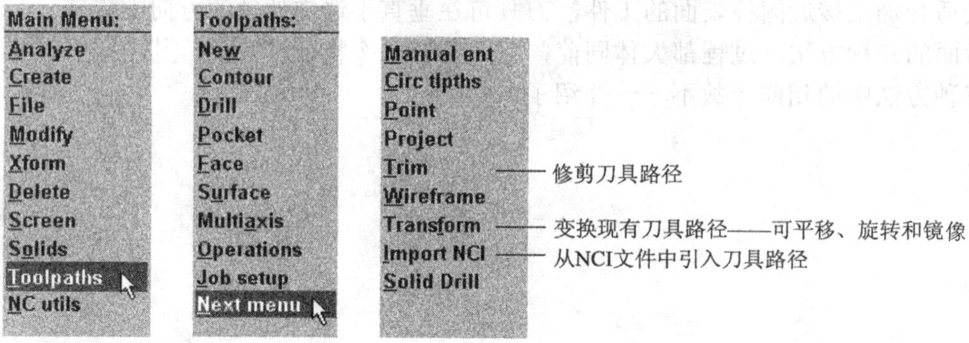


图 17-1　刀具路径修剪命令

下面分别进行简要介绍。

## 17.1　修剪刀具路径

如果想在加工时让刀具躲开某一区域（该区域原来已是刀具路径范围中的一部分），不对该区域进行切削，而又不愿意重新创建刀具路径的话，可以对刀具路径进行修剪。

**【实例 17-1】**创建一个二维挖槽刀具路径，然后对其进行修剪。

1）画出两个中心均在原点的矩形，外面的矩形为 200×150，不倒圆角，里面的矩形为 150×100，四角倒出 *R*10 的圆角，结果如图 17-2 所示。

2）在里面的矩形区域内创建二维挖槽刀具路径，刀具选择直径是 16mm 的平铣刀，挖槽深度 5mm，采用平行铣削方式（Parallel spiral），结果如图 17-3 所示。

3）在矩形的右上角作出一个圆，见图 17-4。

该圆将里面的矩形分成 A、B 两个区域。

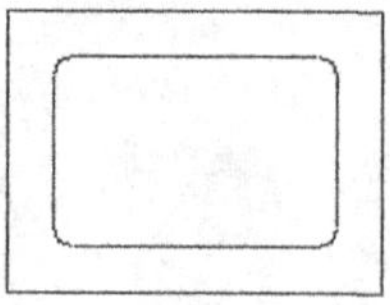

图 17-2　创建两个矩形

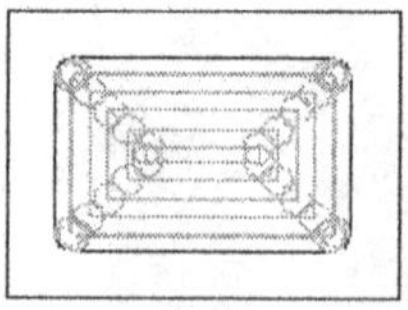

图 17-3　创建挖槽刀具路径

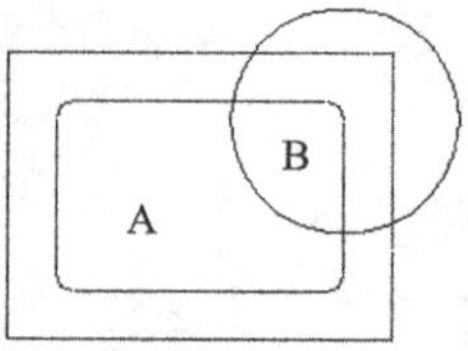


图 17-4　创建一条弧线

下面准备保留 A 区的刀具路径，修剪掉 B 区的刀具路径。

4）修剪刀具路径。

A．选择 Toolpaths\Next menu\Trim 命令。

B．提示选择修剪区域 1——点击圆，再点菜单中的 Done 项。

C．提示在要保留刀具路径的区域选择一个点——在 A 区任意位置点击一下。

D．出现对话框，如图 17-5 所示。

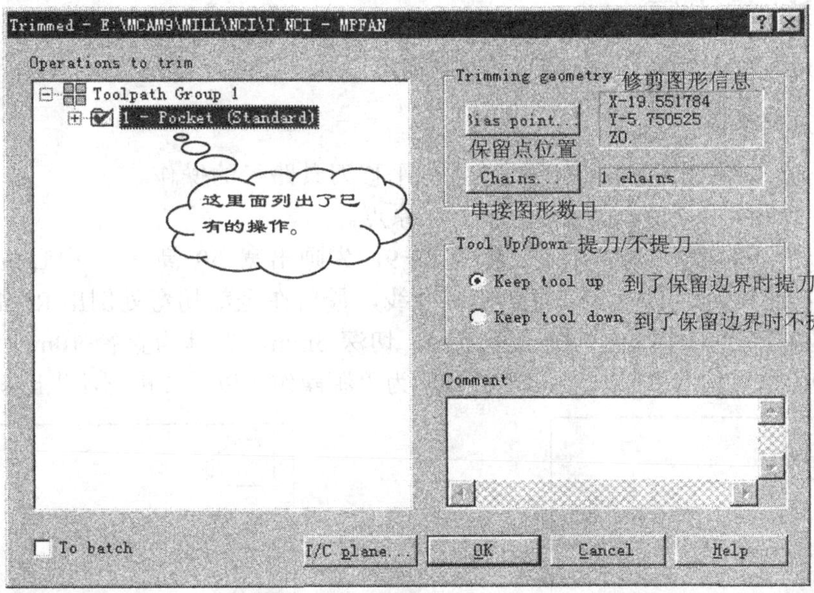


图 17-5　修剪刀具路径对话框

在左边框中选择要修剪的刀具路径所在的操作名，在右边确认提刀还是不提刀，然后点 OK 按钮退出对话框。

E．刀具路径被修剪，见图 17-6 所示。

F．设置工件毛坯尺寸为长 200，宽 150，高 15，选择原来的操作（可以发现原来的操作 1 中最后一行出现了一个剪刀标记），进行模拟加工，结果见图 17-7。

**注意**：图 17-5 中设置提刀还是不提刀加工结果是不一样的，若选提刀，则刀具每次运动到边界处时，都将刀具升起，跨过保留区域后，再下降到原来的刀具运动轨迹线（已被断开）上继续加工；若选不提刀，则刀具第一次运动到保留边界时，刀具将直线运动到被断开的路径轨迹的另一端，当然这一段就被切成了直线。两者用局部放大图表示如图 17-8 所示，请比较。

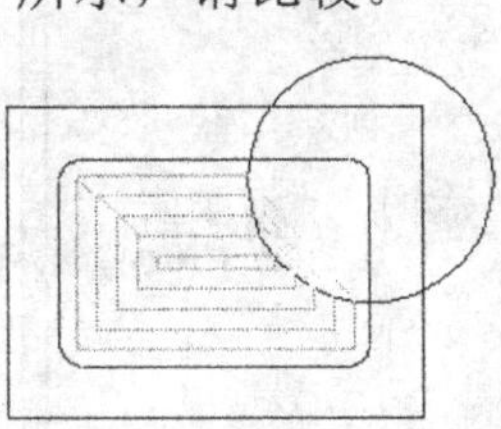

图 17-6　修剪后的刀具路径

图 17-7　修剪路径后的加工结果

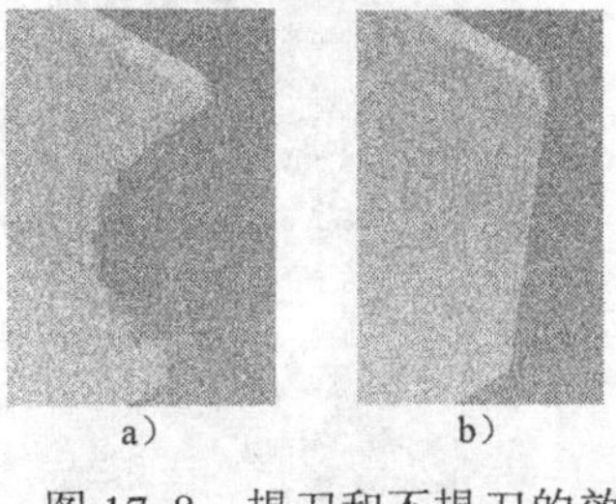

图 17-8　提刀和不提刀的效果

a）提刀　b）不提刀

可见：提刀会导致边缘不整齐，有“锯齿”，但可以安排一次加工将边界修整光滑；不提刀则切除了一部分要保留的材料（当然，如果是其它形状如凹形，则又少切了一些材料）。选择哪一种，请视具体情况办。

## 17.2　变换刀具路径

可以对刀具路径进行平移、旋转、镜像操作。

### 17.2.1　平移刀具路径

**【实例 17-2】**创建图形和刀具路径，进行平移刀具路径的操作。

1）创建一个矩形，250，高 150，中心在原点。

2）创建一个削边矩形状的图形（见图 17-9，先画出宽 50 高 35，中心在-85，45 坐标处的矩形，再连线两边的中点，再修剪多余线，最后在全部拐弯处倒出 R6 的圆角）。

3）对小区域创建二维挖槽铣削刀具路径，切深 5mm，刀具为直径 10mm 的平铣刀，环绕切削方式），结果见图 17-10），这个操作成为“源操作”以后要由它派生出新的操作来。

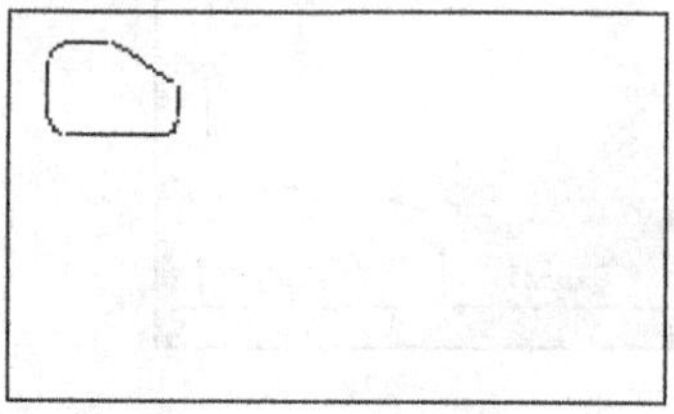

图 17-9　创建图形

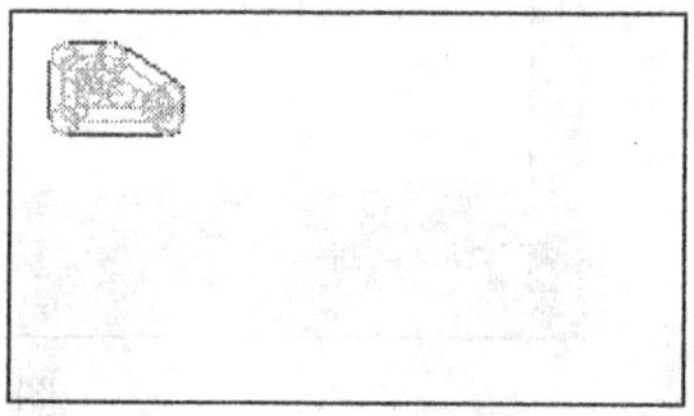

图 17-10　创建挖槽刀具路径

4）设置毛坯尺寸（长 250，宽 150、厚 20）

5）保存图形，文件名为“路径变换.MC9”（后面要用几次）。

6）平移刀具路径。

A．选择 Toolpaths\Next menu\Transform 命令，弹出对话框，见图 17-11。

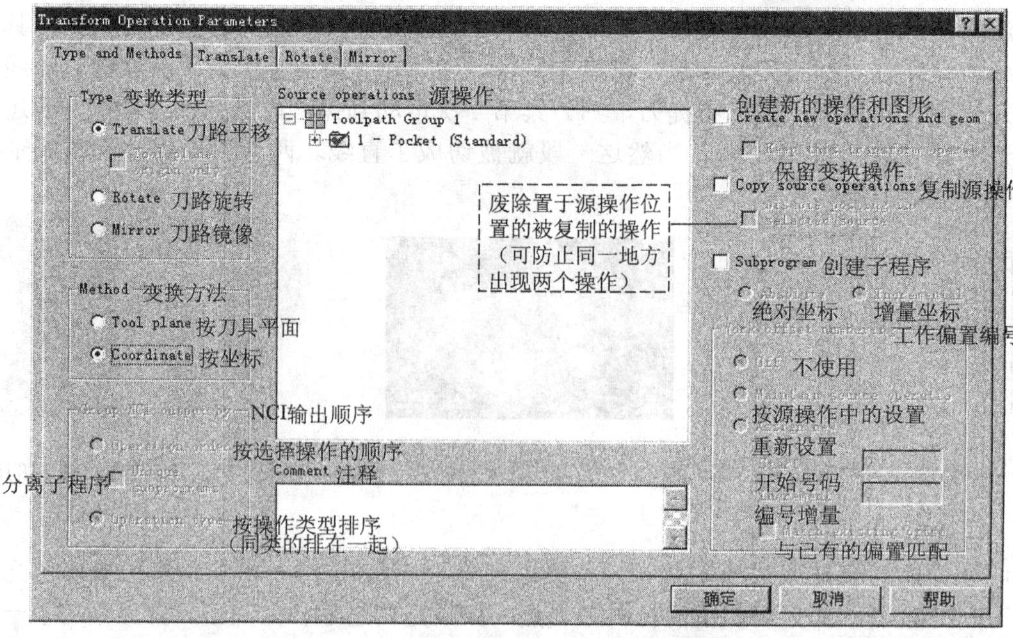


图 17-11　变换操作对话框之类型与方法标签页

在变换类型一栏中，选择哪种类型，则后面对应的标签页才可使用。

B．在变换类型一栏中，选择“刀路平移”，然后选择“Ttanslate”标签页，按图 17-12 进行设置。

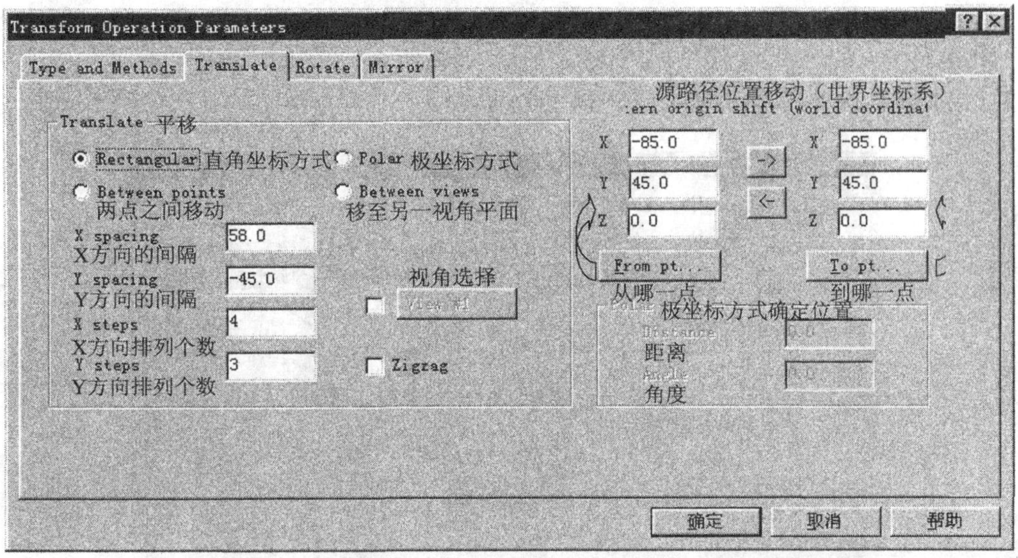


图 17-12　设置平移参数

设置完后点 确定 按钮，即可得到平移后的刀具路径。

注意左上角的设置，我的想法是：以源路径的中点（前面输入过坐标-85，45）为起点进行平移，源路径处仍要加工，所以实际上该点没有移动（从原地移到原地），左侧的坐标是手工输入的，右侧的坐标因与左边一样，所以只要按 -> 按钮就可以“搬”过来。

图 17-12 左下方的四个项目应该容易理解，注意 Y 方向的间隔为负值（因 Y 方向的排列在 Y 轴负方向上）

派生出来的路径和加工（选中全部操作）后的结果见图 17-13 和图 17-14。

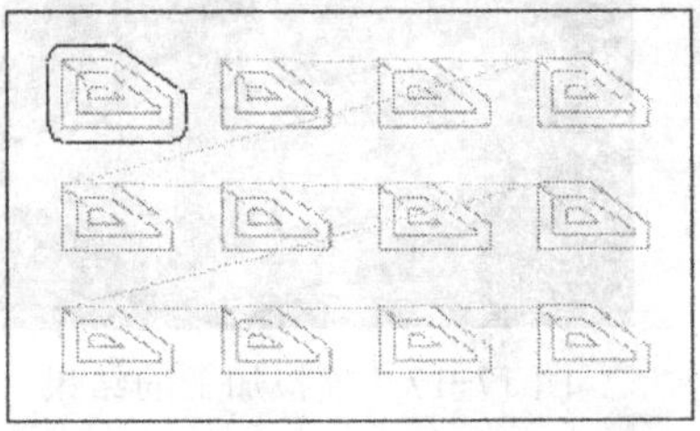

图 17-13　平移后得到的刀具路径

图 17-14　模拟加工的结果

如果没有学习这种方法，你就只好将削边小矩形复制 11 个，然后 12 个区域一起进行挖槽刀具路径的创建，也可得到结果。现在又学到了这种方法，所以以后对付这一类问题（刀具路径一样，只是位置不同）就更有办法了。习惯哪种方法，可自选之。

请保存图形，取名为“平移路径.MC9”。

### 17.2.2　旋转刀具路径

【实例 17-3】创建图形和源刀具路径，进行旋转刀具路径的操作。

1）打开“路径变换.MC9”图形文件。

2）选择 Toolpaths\Next menu\Transform 命令，弹出对话框（图 17-11），选择变换类型为“Rotate”。

3）选择 Rotate 标签页，按图 17-15 进行设置。

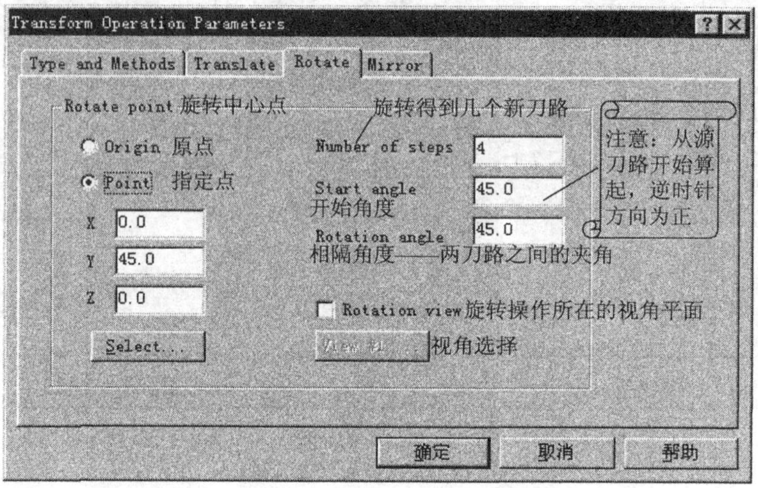


图 17-15　设置旋转参数

设置完后点 确定 按钮退出对话框，则因旋转而派生的刀具路径生成，见图 17-16。选择两个操作，模拟加工结果见图 17-17。

保存结果，取名为“旋转路径.MC9”。

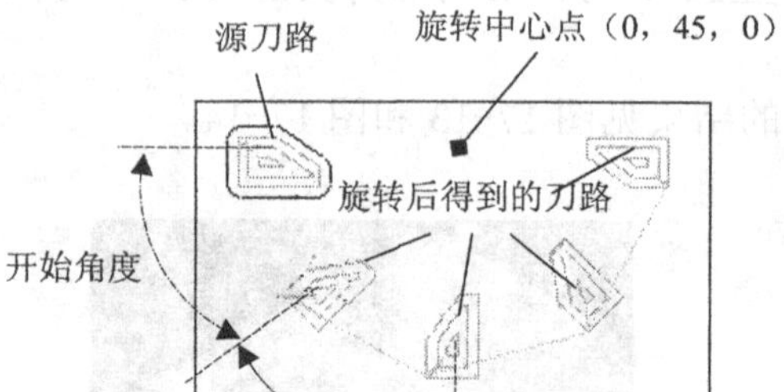


图 17-16　旋转后得到的刀具路径

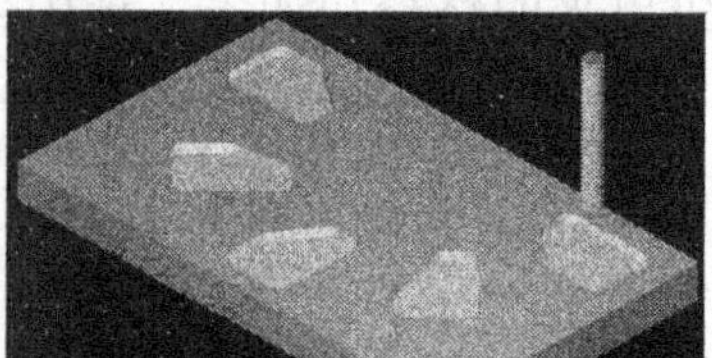

图 17-17　模拟加工的结果

### 17.2.3　镜像刀具路径

就像图形可以镜像一样，刀具路径也可以镜像处理。

【实例 17-4】创建图形和源刀具路径，进行镜像刀具路径的操作。

1）打开“路径变换.MC9”图形文件。

2）选择 Toolpaths\Next menu\Transform 命令，弹出对话框（图 17-11），选择变换类

型为“Mirror”。

3）选择 Mirror 标签页，按图 17-18 进行设置。

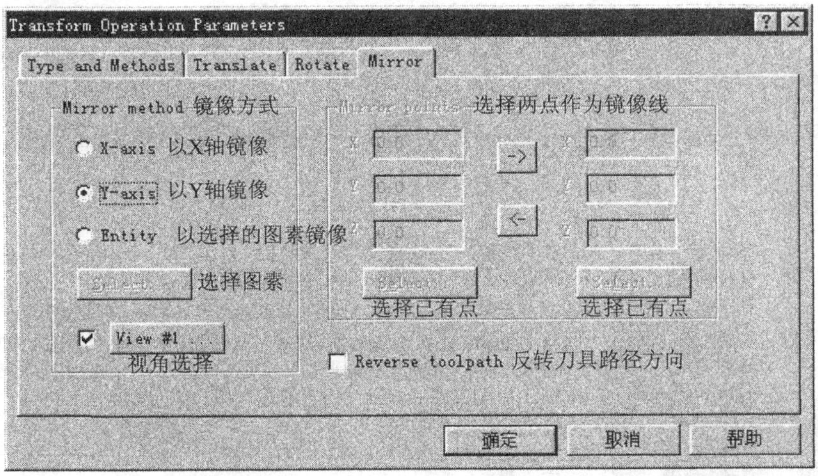


图 17-18　设置镜像参数

设置完后点 确定 按钮退出对话框，则因镜像而派生的刀具路径生成，见图 17-19。选择两个操作，模拟加工结果见图 17-20。

保存结果，取名为“镜像路径.MC9”。

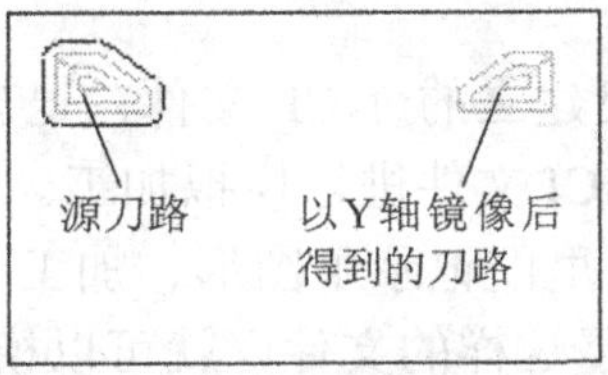


图 17-19　镜像后得到的刀具路径

图 17-20　模拟加工的结果

## 17.3　引入刀具路径

选择 Toolpaths\Next menu\Import NCI 命令，将打开一个对话框，从中选择你需要的 NCI 文件（注意在什么目录下），然后点 保存 按钮，能够将选择的 NCI 文件插入到当前图形文件中，路径会在屏幕上显示出来，同时操作管理对话框中也会增加一个操作，模拟加工可以看到被引入的操作的加工结果。

# 第 18 章　NC 管理

NC 管理下的各命令位置见图 18-1，实际上，一些项目已经在前面反复用到过了，下面对各项作个总结。

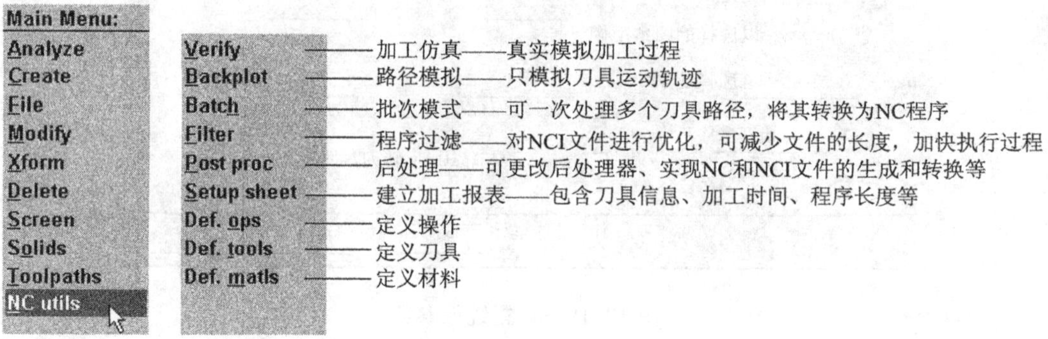


图18-1　NC 管理菜单

## 18.1　加工仿真

选择该命令后，打开一个对话框，可从中选择已建立的 NCI 文件，退出对话框后即进入我们已很熟悉的模拟加工环境，于是可以对该 NCI 文件进行模拟加工。

NCI 文件是“数控加工信息文件”的英文缩写，里面记录了图形、加工刀具、刀具路径的全部信息（其格式不是一般人所能看懂的），有了这样的文件，就可以模拟加工出来。

## 18.2　路径模拟

上面所讲的是真实仿真，如果只关心刀具运动轨迹是否正确，可以选择该命令进行路径模拟。

选择该命令后会出现一个菜单，具体用法见图 13-29 及其后的详细介绍，不重复。

## 18.3　批次模式

批次模式用于一次处理多个刀具路径转化为 NC 程序的操作。

选择该命令后，出现一个对话框，内含两个标签页，详细解释见图 13-58～图 13-60。

## 18.4　程序过滤

用于对选择的 NCI 文件进行优化，是通过删除共线的点和不必要的刀具移动等方法来实现优化的，执行了过滤以后，NCI 文件变短，刀具运行时间变短，速度加快。

选择该命令后，菜单发生改变，选择 Settings 项，会弹出过滤设置对话框，如图 18-2 所示，其中各项目的详细解释见图 14-17。

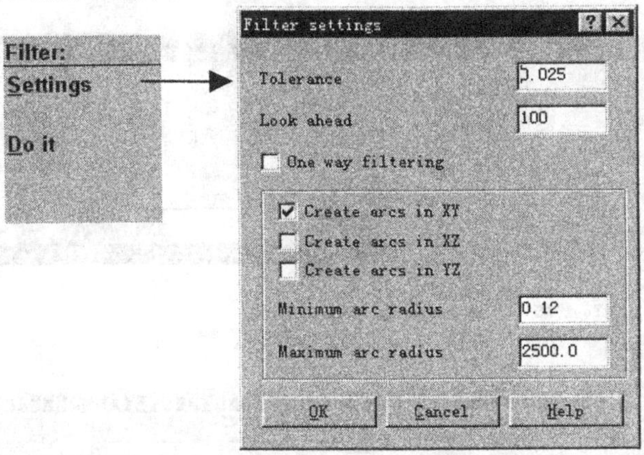


图18-2 过滤菜单和对话框

设置过滤参数后退出对话框，再点击菜单中的 Do it 项，即可开始进行过滤处理。会出现选择 NCI 文件的对话框，选择一个要过滤的 NCI 文件后，过滤计算完成后将出现提示框告诉你过滤结果。

## 18.5 后处理

后处理及后处理器的概念在 13.3 节已作解释。

选择该命令后，菜单变为图 18-3 所示。

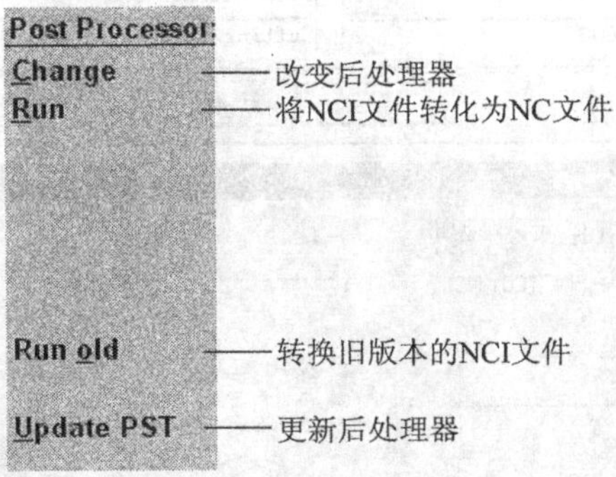


图18-3 后处理菜单

其中主要是设置后处理器或更新后处理器。至于如何进行后处理操作，请看图 13-42，这种操作更为重要。

## 18.6 建立加工报表

一个图形的刀具路径创建完成后，已包含了很多加工所需要的信息，计算机是“知道”的，但如何让人能直观地看到呢？可以建立加工报表。

加工报表中包含程序名、刀具号码、刀具直径、直径和长度补偿号码、加工时间等信息，可选择采用图形格式或文本格式，具体采用哪种格式，请看图 4-13 中的指示。

选择建立加工报表的命令后，弹出对话框，其中共有三个标签页，见图 18-4。

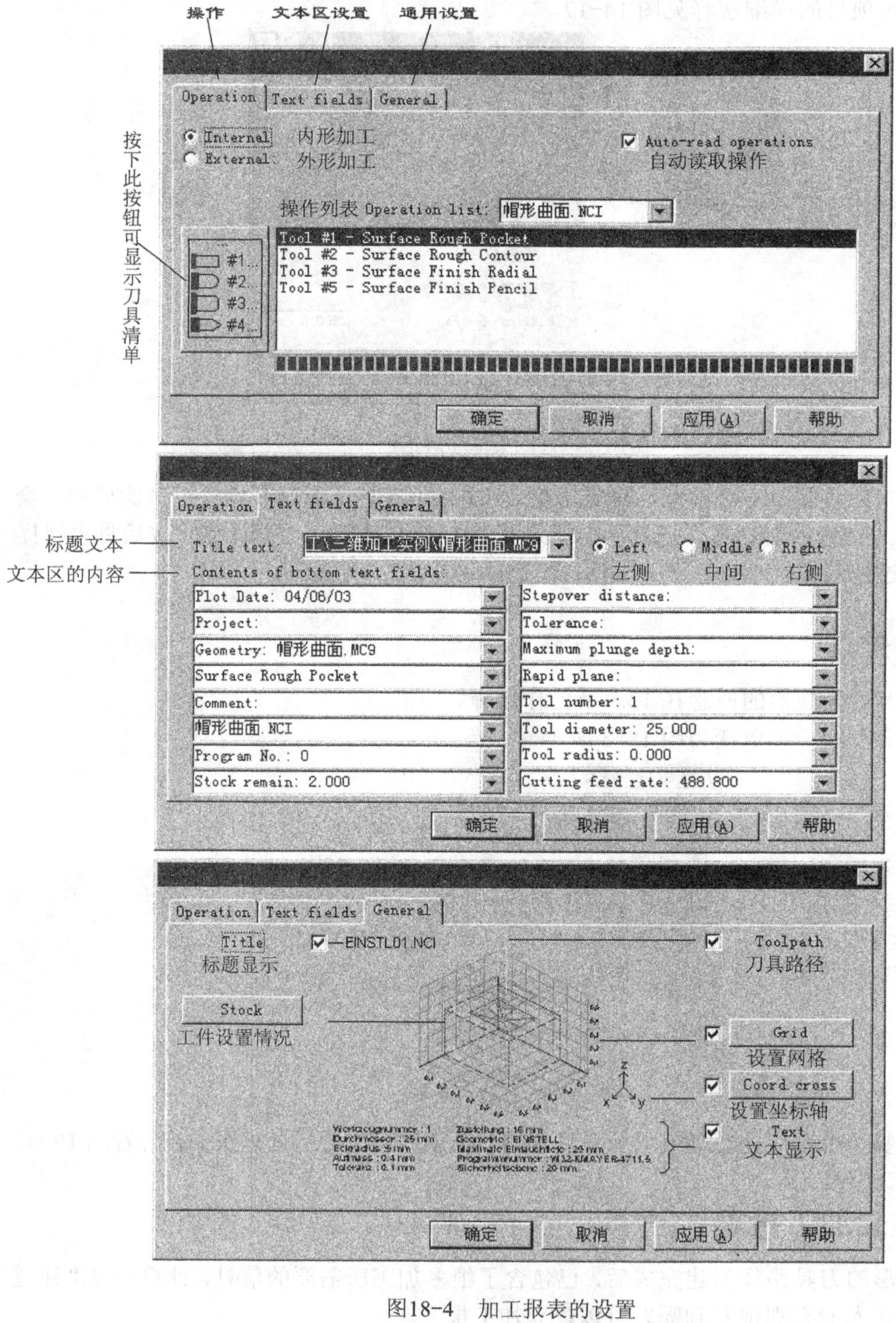


图18-4 加工报表的设置

设置项目非常多，功能也十分强，但因语言和习惯原因，加工报表不适合国内普通用户，所以不做详细介绍。

设置好参数后，点 应用 按钮，再点 确定 按钮退出对话框，即生成加工报表，需要的是图形格式还是文本格式要事先在系统配置中设置好（参考图 4-13）。

生成了加工报表后，还可以利用菜单中的选项进行修改，见图 18-5。

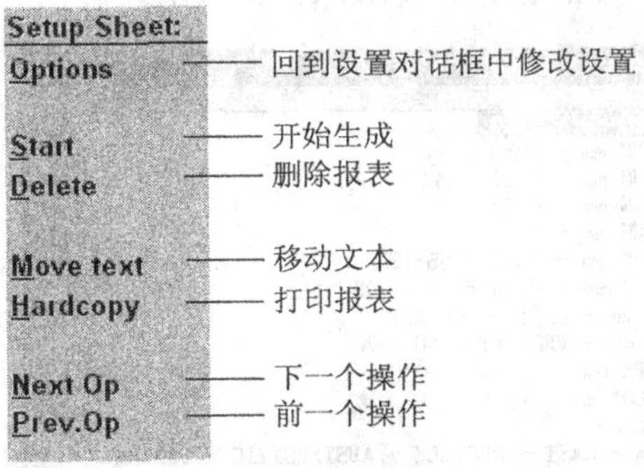


图18-5　修改报表内容

## 18.7　定义操作

用于设置默认的操作参数。

选择命令后，菜单内容变为图 18-6 所示。

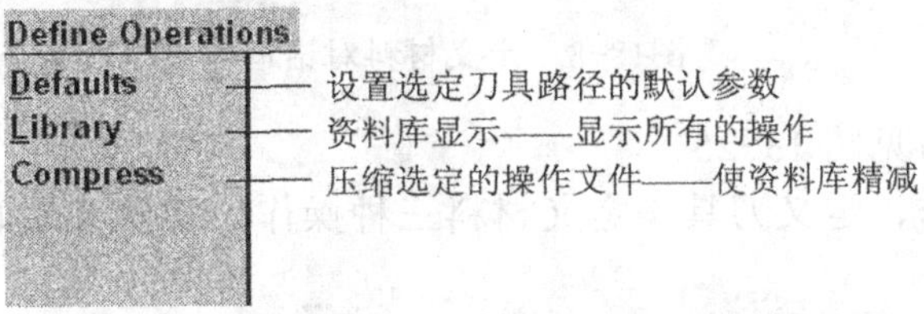


图18-6　定义操作菜单

相关内容请看图 4-16。

## 18.8　定义刀具

用于查看和设置刀具库中的内容。

选择命令后，菜单内容变为图 18-7 所示。

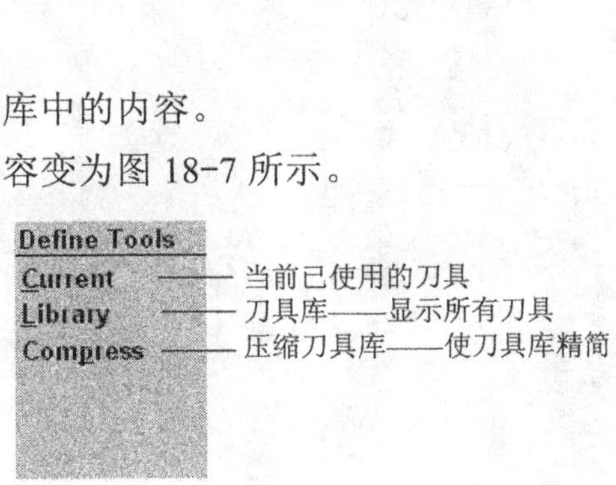


图18-7　定义刀具菜单

## 18.9　定义材料

用于查看和设置材料库中的内容。

选择命令后，会打开一个对话框，如图 18-8 所示。

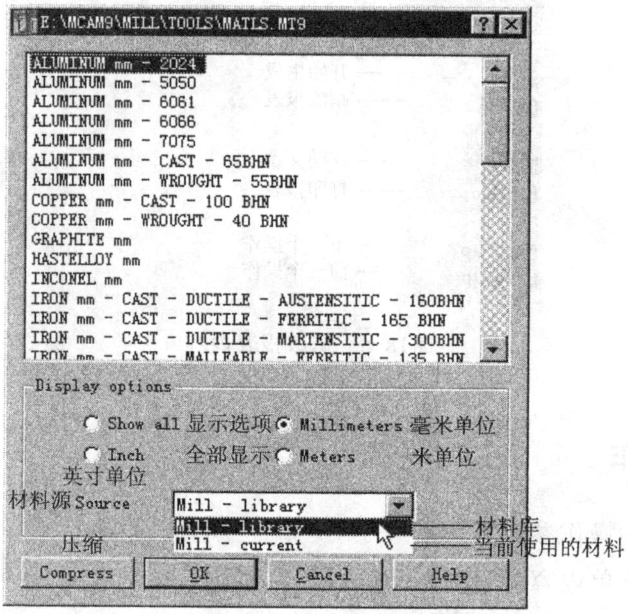


图18-8　定义材料对话框

与之相关的内容请见图 13-25。

建议：对定义操作、定义刀具、定义材料三种操作，初学者最好勿随便改动，否则可能影响正常工作。

# 附　录

## 附录A　ISO标准中对G功能代码的规定

| 代　码 | 功　　能 | 说　　明 |
| --- | --- | --- |
| G00 | 点定位 | |
| G01 | 直线插补 | |
| G02 | 顺时针圆弧插补 | |
| G03 | 逆时针圆弧插补 | |
| G04 | 暂停 | 执行本段程序前暂停一段时间 |
| G05 | 不指定 | |
| G06 | 抛物线插补 | |
| G07 | 不指定 | |
| G08 | 自动加速 | |
| G09 | 自动减速 | |
| G10- G16 | 不指定 | |
| G17 | 选择 XY 平面 | |
| G18 | 选择 ZX 平面 | |
| G19 | 选择 Y Z 平面 | |
| G20- G32 | 不指定 | |
| G33 | 切削等螺距螺纹 | |
| G34 | 切削增螺距螺纹 | |
| G35 | 切削减螺距螺纹 | |
| G36-G39 | 不指定 | 按运动方向看 |
| G40 | 取消刀具补偿 | 刀具在工件左侧 |
| G41 | 刀具补偿—左侧 | 刀具在工件右侧 |
| G42 | 刀具补偿—右侧 | 刀补值加给给定的坐标值 |
| G43 | 正补偿 | 刀补值从给定的坐标值中减去 |
| G44 | 负补偿 | |
| G45 | 用于刀具补偿 | |
| G46-G52 | 用于刀具补偿 | |
| G53 | 直线位移功能取消 | |
| G54 | X 轴直线位移 | |
| G55 | Y 轴直线位移 | |
| G56 | Z 轴直线位移 | |
| G57 | XY 平面直线位移 | |
| G58 | XZ 平面直线位移 | |
| G59 | YZ 平面直线位移 | |
| G60 | 准确定位(精) | 按规定公差定位 |
| G61 | 准确定位(中) | 按规定公差定位 |
| G62 | 快速定位(粗) | 按规定之规大公差定位 |
| G63 | 攻丝 | |
| G64-G67 | 不指定 | |
| G68 | 内角刀具偏置 | |
| G69 | 外角刀具偏置 | |
| G70-G79 | 不指定 | |
| G80 | 取消固定循环 | 取消 G80-G89 固定循环 |
| G81 | 钻孔循环 | |
| G82 | 钻或扩孔循环 | |
| G83 | 钻深孔循环 | |
| G84 | 攻丝循环 | |
| G85 | 镗孔循环 1 | |
| G86 | 镗孔循环 2 | |
| G87 | 镗孔循环 3 | |
| G88 | 镗孔循环 4 | |
| G89 | 镗孔循环 5 | |
| G90 | 绝对值输入方法 | |
| G91 | 增量值输入方法 | |
| G92 | 预置寄存 | 修改尺寸而产生运动 |
| G93 | 按时间倒数给定进给速度 | |
| | 进给速度(毫米/分) | |
| G94 | 进给速度 | |
| G95 | (毫米/主轴每转) | |
| G96 | 主轴恒线速度(米/分) | |
| G97 | 主轴转速(转/分) | |
| G98-G99 | 不指定 | 取消 G96 的指定 |

注：我国部颁标准 JB3208-83 与本 ISO 标准一致。

# 附录 B ISO 标准中对辅助功能 M 的规定

| 代 码 | 功 能 | 说 明 | 代 码 | 功 能 | 说 明 |
|---|---|---|---|---|---|
| M00 | 程序停止 | 主轴冷却液停 | M36 | 进给速度范围 1 | |
| M01 | 计划停止 | 需按钮操作确定才执行 | M37 | 进给速度范围 2 | |
| M02 | 程序结束 | 主轴冷却液停机床复位 | M38 | 主轴速度范围 1 | |
| M03 | 主轴顺时针方向转 | 右旋螺纹进入工件方向 | M39 | 主轴速度范围 2 | |
| M04 | 主轴逆时针方向转 | 右旋螺纹离开工件方向 | M40-M45 | 不指定 | 可用于齿轮换档 |
| M05 | 主轴停止 | 冷却液关闭 | M46-M47 | 不指定 | |
| M06 | 换刀 | 手动或自动换刀，不含选刀 | M48 | 取消 M49 | |
| M07 | 2 号冷却液开 | | M49 | 手动速度修正失效 | 回至程序规定的转速或进给率 |
| M08 | 1 号冷却液开 | | | | |
| M09 | 冷却液停止 | | M50 | 3 号冷却液开 | |
| M10 | 夹紧 | 工作台、工件、夹具、主轴等 | M51 | 4 号冷却液开 | |
| M11 | 松开 | | M52-M54 | 不指定 | |
| M12 | 不指定 | | M55 | 刀具直线位移到顶点位置 1 | |
| M13 | 主轴顺时针转，冷却液开 | | M56 | 刀具直线位移到顶点位置 2 | |
| M14 | 主轴逆时针转，冷却液开 | | M57-M59 | 不指定 | |
| | | | M60 | 换工件 | |
| M15 | 正向快速移动 | | M61 | 刀具直线位移到预定位置 1 | |
| M16 | 反向快速移动 | | M62 | 刀具直线位移到预定位置 2 | |
| M17-M18 | 不指定 | | | | |
| M19 | 主轴停转 | 主轴缓转至预定角度停止 | M63-M70 | 不指定 | |
| M20-M29 | 不指定 | | M71 | 刀具转动到预定角度 1 | |
| M30 | 纸带结束 | 完成主轴冷却液停止,机床复位,纸带回转等动作 | M72 | 刀具转动到预定角度 2 | |
| | | | M73-M99 | 不指定 | |
| M31 | 互锁机构暂失效 | | | | |
| M32-M35 | 不指定 | | | | |

注：我国部颁标准 JB3208-83 与本 ISO 标准一致。

# 附录C　FANUC数控系统10M/11M/12M系列中的G代码功能

| G码 | 功　能 | 10M | 11M | 12M | G码 | 功　能 | 10M | 11M | 12M |
|---|---|---|---|---|---|---|---|---|---|
| ▲G00 | 定位 | B | B | B | G51.1 | 可程序镜像设定 | O | O | O |
| ▲G01 | 直线插值 | B | B | B | G52 | 局部坐标系统设定 | B | B | B |
| G02 | 圆弧插值CW，螺旋切削CW | B | B | B | G53 | 机械坐标系统选择 | B | B | B |
| G03 | 圆弧插值CCW，螺旋切削CCW | B | B | B | ▲G54 | 第一工件坐标系统选择 | B | B | B |
| G04 | 暂停 | B | B | B | G55 | 第二工件坐标系统选择 | B | B | B |
| G07 | 假想轴切削 | X | O | O | G56 | 第三工件坐标系统选择 | B | B | B |
| G09 | 正确停止检查 | B | B | B | G57 | 第四工件坐标系统选择 | B | B | B |
| G10 | 设定资料 | O | O | O | G58 | 第五工件坐标系统选择 | B | B | B |
| G11 | 取消资料设定模式 | O | O | O | G59 | 第六工件坐标系统选择 | B | B | B |
| ▲G15 | 取消极坐标指令 | X | O | O | G60 | 单方向定位 | X | O | O |
| G16 | 极坐标指令 | X | O | O | G61 | 正确停止模式 | B | B | B |
| ▲G17 | XY平面设定 | B | B | B | G62 | 自动转角调整模式 | X | O | O |
| ▲G18 | ZX平面设定 | B | B | B | G63 | 攻牙模式 | B | B | B |
| G19 | YZ平面设定 | B | B | B | ▲G64 | 切削模式 | B | B | B |
| G20 | 英制输入 | B | B | B | G65 | 巨指令呼叫 | O | O | O |
| G21 | 公制输入 | B | B | B | G66 | 巨指令模式呼叫A | O | O | O |
| ▲G22 | 软体极限设定ON | O | O | O | G66.1 | 巨指令模式呼叫B | O | O | O |
| G23 | 软体极限取消OFF | O | O | O | ▲G67 | 巨指令模式呼叫A/B取消 | O | O | O |
| G27 | 参考点回归检验 | B | B | B | G68 | 坐标系统旋转 | X | O | O |
| G28 | 回归参考点 | B | B | B | ▲G69 | 坐标系统旋转取消 | X | O | O |
| G29 | 由参考点回归 | B | B | B | G73 | 啄钻循环 | B | B | B |
| G30 | 回归至第2，第3，第4参考点 | O | O | O | G74 | 攻左牙循环 | B | B | B |
| G31 | 跳跃（SKIP）功能 | O | O | O | G76 | 精镗孔循环 | B | B | B |
| G31.1 | 多重跳跃功能1 | O | O | O | G80 | 固定循环取消 | B | B | B |
| G31.2 | 多重跳跃功能2 | O | O | O | G81 | 钻孔循环 | B | B | B |
| G31.3 | 多重跳跃功能3 | O | O | O | G82 | 钻孔循环，反镗孔循环 | B | B | B |
| G33 | 螺纹切削 | O | O | O | G83 | 啄钻循环 | B | B | B |
| G37 | 自动量测刀具长度 | O | O | O | G84 | 攻右牙循环 | B | B | B |
| G38 | 刀具半径补偿方向变更 | O | O | O | G85 | 镗孔循环 | B | B | B |
| G39 | 刀具转角圆弧半径补偿 | O | O | O | G86 | 镗孔循环 | B | B | B |
| ▲G40 | 刀具半径补偿取消 | B | B | B | G87 | 背面镗孔循环 | B | B | B |
| G41 | 刀具半径偏左补偿 | B | B | B | G88 | 镗孔循环 | B | B | B |
| G42 | 刀具半径偏右补偿 | B | B | B | G89 | 镗孔循环 | B | B | B |
| G43 | 刀具长度正向补偿 | B | B | B | ▲G90 | 绝对值指令 | B | B | B |

（续）

| G码 | 功　能 | 10M | 11M | 12M | G码 | 功　能 | 10M | 11M | 12M |
|---|---|---|---|---|---|---|---|---|---|
| G44 | 刀具长度负向补偿 | B | B | B | ▲G91 | 增量值指令 | B | B | B |
| G45 | 刀具补偿增加 | B | B | B | G92 | 件坐标设定 / 最大主轴转速设定工 | B | B | B |
| G46 | 刀具补偿减少 | B | B | B | G93 | 逆时进给 | X | O | O |
| G47 | 刀具补偿二倍增加 | B | B | B | G94 | 每分进给 | B | B | B |
| G48 | 刀具补偿二倍减少 | B | B | B | G95 | 每转进给 | B | B | B |
| ▲G49 | 刀具长度补偿取消 | B | B | B | G96 | 固定转速控制设定 | O | O | O |
| G50 | 比例功能取消 | X | O | O | ▲G97 | 固定转速控制取消 | O | O | O |
| G51 | 比例功能设定 | X | O | O | ▲G98 | 固定循环回归起始点 | B | B | B |
| G50.1 | 可程序镜像取消 | O | O | O | G99 | 固定循环回归参考点 | B | B | B |

注：1．FANUC 数控系统 10M/11M/12M 系列是 1984 年日本 FANUC 公司推出的，适用于大、中型加工中心、数控镗床、数控铣床，应用较多。

2．表中 “B” 为标准机能，是购买机器时就具有的基本功能，“O” 为选择功能，买者需加价增添此功能；“X” 则表示原来就没有此功能。）

3．有“▲”记号的“G”码为开机或按下“(RESET)”键时所设定的机能，若同一区段内有二个具有“▲”记号的“G”码时，则由系统参数（2401）设定。

# 附录 D　FANUC 数控系统 10M/11M/12M 系列中的辅助机能 M 的规定（部分）

（有*记号依各制造厂而定）

辅助机能中作为机器操作的指令机能，需视机器本身所具有的装置和制造厂商提供的功能而定，在 CNC 铣床和切削中心中一般具有下列的辅助机能：

（1）M00：（程序停止）

（2）M01：（选择性停止）—— 此配合操作面盘上选择停止按钮来使用，当此按钮在“ON”时程序停止，若在“OFF”则 M01 没有作用。

（3）M02：（程序终了）—— 当执行到 M02 时表示程序完毕，且操作面盘上的（M02）指示灯显亮，若要回至起始位置则需按“RESET”键。

（4）M03：（主轴顺时针方向旋转）。

（5）M04：（主轴逆时针方向旋转）。

（6）M05：（主轴停止）。

（7）M06：（刀具交换）。（包含主轴定位和换刀臂的动作）。

（8）M07：（雾化冷却剂开启）。

（9）M08：（切削剂开启）。

（10）M09：（切削剂关闭）。

（11）M19：（主轴定位）。

（12）M30：（程序终了并回至开始位置）—— 与 M02 类似，但当执行“M30”时游标会回至程序的第一个区段，若使用纸带则亦倒回至起始位置而不必按“RESET”键。

（13）M60：（托板交换）—— 具有托板装置时使用。

（14）M73：（Y 轴镜像 OFF*）。

（15）M74：（Y 轴镜像 ON*）。

（16）M75：（X 轴镜像 OFF*）。

（17）M76：（X 轴镜像 ON*）。

（18）M94：（程序镜像功能 OFF*）。

（19）M95：（程序镜像功能 ON*）。

（20）M96：（刀具圆弧转角模式）。

（21）M97：（刀具交角转角模式）。

（22）M98：（副程序呼叫）。

（23）M99：（副程序结束）。

## 附录 E　MasterCAM 软件中快捷键及对应功能（部分）

| 方　式 | 快 捷 键 | 功　　能 |
|---|---|---|
| 组合键式 | Alt+A | 进入自动保存文件对话框 |
| | Alt+B | 工具条显示/关闭 |
| | Alt+C | 选择执行 Chooks 程序（动态连接库程序） |
| | Alt+D | 进入绘图尺寸参数设置对话框 |
| | Alt+E | 隐藏/复现图形元素 |
| | Alt+F | 进入字体设置对话框 |
| | Alt+G | 打开设置栅格 |
| | Alt+H | 进入 MasterCAM 在线帮助 |
| | Alt+I | 打开文本文件 |
| | Alt+J | 打开工作设定对话框 |
| | Alt+L | 设置当前绘图线型 |
| | Alt+M | 列出系统内存使用情况 |
| | Alt+O（字母 O） | 打开操作管理对话框 |
| | Alt+P | 显示/隐藏提示区 |
| | Alt+S | 显示曲面 |
| | Alt+T | 切换刀具路径显示 |
| | Alt+U | 取消前一个操作 |
| | Alt+V | 显示 MasterCAM 的版本号、当前的绘图层等信息 |
| | Alt+W | 选择绘图区形式（如用一个或两个绘图区等） |
| | Alt+X | 执行转换（Xform）的目录功能 |
| | Alt+Z | 打开图层管理对话框 |
| | Alt+0（零） | 设置构图平面深度 |
| | Alt+1 | 打开颜色对话框 |

（续）

| 方式 | 快捷键 | 功能 |
|---|---|---|
| 组合键式 | Alt+2 | 打开图层管理对话框 |
| | Alt+3 | 打开限定层管理对话框 |
| | Alt+4 | 设置刀具平面 |
| | Alt+5 | 执行设置构图平面功能 |
| | Alt+6 | 设置观察视角 |
| | Alt+Tab | 切换视窗 |
| | Alt+'（引号） | 执行两点画圆功能 |
| | Page Up | 绘图视窗放大 |
| | Page Down | 绘图视窗缩小 |
| | ← | 绘图视窗左移（注：绘图区中图形右移） |
| | → | 绘图视窗右移（注：绘图区中图形左移） |
| | ↑ | 绘图视窗上移（注：绘图区中图形下移） |
| | ↓ | 绘图视窗下移（注：绘图区中图形上移） |
| | Esc | 结束正在进行的操作 |
| 功能键式 | F1 | 进入视窗放大状态，=Zoom |
| | F2 | 视窗缩小 0.5 倍，=Unzoom |
| | F3 | 重画视图，Repaint |
| | F4 | 进入分析功能，=Analyze |
| | F5 | 进入删除功能，=Delete |
| | F6 | 进入文件功能，=File |
| | F7 | 进入修整功能，=Modify |
| | F8 | 进入创建功能，=Creat |
| | F9 | 显示系统信息（如当前的文件信息，最近一次存储时间等） |
| | F10 | 进入系统功能选择对话框 |
| 组合功能键式 | Alt+F1 | 放大至绘图区大小，=Fit |
| | Alt+F2 | 视窗缩小 0.8 倍 |
| | Alt+F3 | 显示光标所在位置的坐标 |
| | Alt+F4 | 退出 MasterCAM，=Exit |
| | Alt+F5 | 进入视窗删除功能 |
| | Alt+F7 | 隐藏图素 |
| | Alt+F8 | 进入系统设置对话框，=Configure |
| | Alt+F9 | 显示坐标轴 |
| | Alt+F10 | 进入系统功能选择对话框，=F10 |

# 参考资料


1 王睿，郑联语．MasterCAM8.0 基础教程．北京：人民邮电出版社，2001
2 巨泽建等．MasterCAM8．X 使用速成．北京：清华大学出版社，2002
3 蔡汉明等．数控编程 —— MasterCAM8.0 实用教程．北京：人民邮电出版社，2001
4 简琦昭等．MasterCAM V8.1 高手指路．北京：清华大学出版社，2002
5 刘瑞新等．MasterCAM 应用教程．北京：机械工业出版社，2002
6 孙江宏．MasterCAM CAD/CAM 实用教程．陈秀梅，北京：科学出版社，2002
7 刘瑞新等．MasterCAM 应用教程．北京：机械工业出版社，2002
8 严烈．MasterCAM8 模具设计超级宝典．北京：冶金工业出版社，2000
9 孙祖和．MasterCAM 设计和制造范例解析．北京：机械工业出版社，2003
10 苟琪．MasterCAM 实用教程．北京：机械工业出版社，2001
11 周文成．MasterCAM8 实体模块应用入门．北京：北京大学出版社，2001
12 张导成等．三维 CAD/CAM —— MasterCAM 应用．北京：机械工业出版社，2002